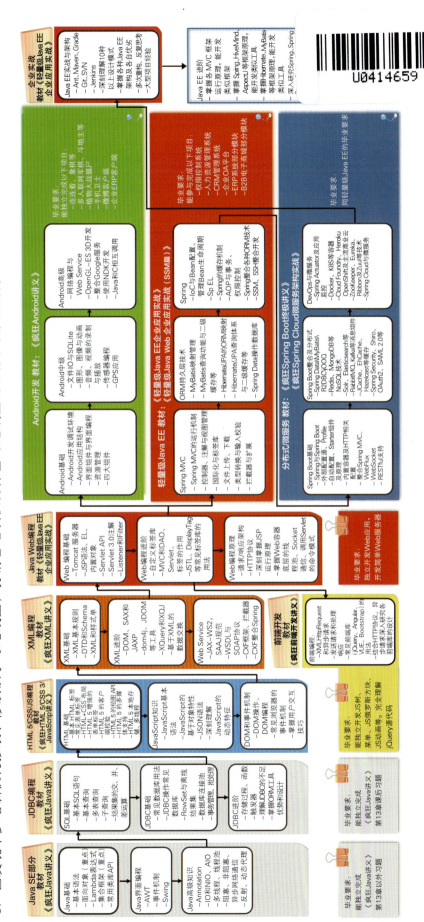

疯狂Java体系

疯狂源自梦想　技术成就辉煌

疯狂Java面试讲义——数据结构、算法和技术素养

作　　者：李刚
定　　价：108.00元
出版时间：2021-04
书　　号：978-7-121-40937-0

疯狂HTML 5＋CSS 3＋JavaScript讲义（第2版）

作　　者：李刚
定　　价：89.00元
出版时间：2017-05
书　　号：978-7-121-31405-6

轻量级Java Web企业应用实战——Spring MVC+Spring+MyBatis整合开发

作　　者：李刚
定　　价：139.00元
出版时间：2020-04
书　　号：978-7-121-38500-1

疯狂Spring Boot终极讲义

作　　者：李刚
定　　价：168.00元
出版时间：2021-07
书　　号：978-7-121-41371-1

疯狂Java讲义（第5版）

作　　者：李刚
定　　价：139.00元（含光盘1张）
出版时间：2019-03
书　　号：978-7-121-36158-6

疯狂前端开发讲义——jQuery+AngularJS+Bootstrap前端开发实战

作　　者：李刚
定　　价：79.00元
出版时间：2017-10
书　　号：978-7-121-32680-6

疯狂XML讲义（第3版）

作　　者：李刚
定　　价：99.00元
出版时间：2019-11
书　　号：978-7-121-37502-6

疯狂Android讲义（第4版）

作　　者：李刚
定　　价：139.00元
出版时间：2019-03
书　　号：978-7-121-36009-9

扫码关注"疯狂Java图书"公众号

疯狂
Spring Boot
终极讲义

李刚 编著

电子工业出版社
Publishing House of Electronics Industry
北京·BEIJING

内 容 简 介

在学习本书之前,如果对以下问题感到苦恼,那么你应该认真阅读本书:
- Spring Boot 自动配置的原理是什么?Spring Boot 自动配置源代码是如何实现的?
- 怎样才能真正完全掌握 Spring Boot 官方手册中介绍的内容?

本书和市面上已有的 Spring Boot 图书完全不同,本书不是一本介绍类似于@PathVariable、@MatrixVariable、@RequestBody、@ResponseBody 这些基础注解的图书,它是真正讲解 Spring Boot 的图书。

Spring Boot 的核心是什么?它的核心就是自动配置,以及以自动配置为基础与大量第三方后端技术进行整合。因此学习 Spring Boot 时,应该重点关注的是它为整合各种框架所提供的自动配置,包括 Spring Boot 如何整合各种前端框架,如 Spring MVC、Spring WebFlux;Spring Boot 如何整合各种持久层技术,如 Spring Data、MyBatis、Hibernate/JPA、R2DBC、jOOQ 等;Spring Boot 如何整合 NoSQL 技术,如 Redis、MongoDB、Neo4j、Cassandra、Solr、Elasticsearch 等;Spring Boot 如何整合各种消息组件,如 ActiveMQ、Artemis、RabbitMQ、Kafka 等;Spring Boot 如何整合各种缓存机制,如 JCache、EhCache、Redis、Hazelcast 等;Spring Boot 如何整合各种安全框架,如 Spring Security、Shiro 等,这些都只是 Spring Boot 整合的典型内容,也是 Spring Boot 官方手册中介绍的内容。但绝大多数人看 Spring Boot 官方手册是完全看不懂的,因为它写得太简单了——总共才 300 来页,对于整合各种技术都只介绍了最简单的代码片段,因此看不懂是完全正常的。

本书的作用就是带你彻底掌握 Spring Boot 官方手册中所整合的各种技术,而且本书会讲清楚 Spring Boot 和 Spring 框架的关系,带着你揭开 Spring Boot 的核心——自动配置的面纱,领着你剖析 Spring Boot 自动配置的源代码实现,然后以此为基础,详细讲解 Spring Boot 如何整合各种 Java 后端技术。掌握了本书中的知识之后,你不仅能轻松看懂 Spring Boot 官方手册(其实无须再看了),而且真正掌握了 Spring Boot 的大成,并通过 Spring Boot 的整合触类旁通地掌握各种 Java 后端技术。

本书配有读者答疑交流群,读者可通过扫描本书封面、勒口上的二维码,按照指引加入读者答疑交流群,作者将通过交流群提供线上答疑服务。

在阅读本书之前,建议先认真阅读作者所著的《轻量级 Java Web 企业应用实战》一书。本书适合有较好的 Java 编程基础,尤其适合有一定 Spring MVC、Spring、MyBatis、Hibernate/JPA 基础的读者学习。

未经许可,不得以任何方式复制或抄袭本书之部分或全部内容。
版权所有,侵权必究。

图书在版编目(CIP)数据

疯狂 Spring Boot 终极讲义 / 李刚编著. —北京:电子工业出版社,2021.7
ISBN 978-7-121-41371-1

Ⅰ. ①疯⋯ Ⅱ. ①李⋯ Ⅲ. ①JAVA 语言-程序设计 Ⅳ. ①TP312.8

中国版本图书馆 CIP 数据核字(2021)第 113193 号

责任编辑:张月萍
印　　刷:三河市良远印务有限公司
装　　订:三河市良远印务有限公司
出版发行:电子工业出版社
　　　　　北京市海淀区万寿路 173 信箱　　邮编:100036
开　　本:787×1092　1/16　　印张:44.5　　字数:1316 千字　　彩插:1
版　　次:2021 年 7 月第 1 版
印　　次:2021 年 11 月第 3 次印刷
印　　数:4001~5000 册　　定价:168.00 元

凡所购买电子工业出版社图书有缺损问题,请向购买书店调换。若书店售缺,请与本社发行部联系,联系及邮购电话:(010)88254888,88258888。
质量投诉请发邮件至 zlts@phei.com.cn,盗版侵权举报请发邮件至 dbqq@phei.com.cn。
本书咨询联系方式:010-51260888-819,faq@phei.com.cn。

前　　言

Spring Boot 是很简单的：基本上只要原本就真正掌握了 SSM（Spring + Spring MVC + MyBatis）或 SSH（Struts + Spring + Hibernate）开发，然后再花上半天或一天的时间就能顺利过渡到使用 Spring Boot 开发。

Spring Boot 是很难的：如果想真正掌握 Spring Boot，或者曾经看过 Spring Boot 官方手册，你就会发现 Spring Boot 完全是 Java 后端开发集大成的框架，它几乎无所不能。

- 在 MVC 框架方面，它为整合 Spring MVC、Spring WebFlux 提供了自动配置。
- 在持久层方面，它为整合 Spring Data、JPA/Hibernate、MyBatis、R2DBC、jOOQ 等各种主流持久层框架提供了自动配置。
- 在 NoSQL 方面，它为整合 Redis、MongoDB、Neo4j、Cassandra、Couchbase 等 NoSQL 数据库提供了自动配置。
- 在全文检索方面，它为整合 Solr、Elasticsearch 提供了自动配置。
- 在消息机制方面，它为整合 ActiveMQ、Artemis、RabbitMQ、Kafka 提供了自动配置。
- 在缓存方面，它为整合 JCache、EhCache、Redis、Hazelcast 等各种主流缓存框架提供了自动配置。
- 在安全机制方面，它为整合 Spring Security、OAuth 2、SAML 2.0 等各种主流安全机制提供了自动配置。
- 在应用部署方面，它既为部署到 Cloud Foundry、K8s、OpenShift、AWS、Google Cloud 等各种云平台提供了支持，也为部署到容器提供了支持。

此外，Spring Boot 也是构建微服务架构、分布式应用的基础。换言之，Spring Boot 是一个上手极易但学会极难的框架。

因此只要顺着 Spring Boot 所整合的各种技术进行学习，一旦真正掌握了 Spring Boot 所能整合的各种技术，基本上也就掌握了 Java 后端开发的绝大部分技术。

遗憾的是，大多数人学习或使用 Spring Boot，根本就只涉及了它的皮毛，造成这种现象很重要的一个原因是，大部分网络资料或市面上的图书名义上是讲解 Spring Boot，其实是在讲 Spring 或 Spring MVC，只要你看到资料（或图书）以 Spring Boot 的名义在讲解@Component、@Controller、@PathVariable、@MatrixVariable、@RequestBody、@ResponseBody 等注解，基本就可以断定它并不是真正在介绍 Spring Boot——因为这些内容完全不属于 Spring Boot。

本书是一本带你真正掌握 Spring Boot 的图书，书中内容会紧扣 Spring Boot 核心：自动配置，深入挖掘自动配置的本质，不仅透彻地剖析了 Spring Boot 自动配置的源代码实现，而且会手把手教你如何实现自己的自动配置、Starter 组件。

本书对 Spring Boot 官方手册的知识结构进行了重新组织，极大丰富了内容，尽量保证有一定 Java 基础的读者都能看懂。

举例来说，Spring Boot 官方手册在介绍 Kafka 整合时，假设的前提是学习者是有经验的 Kafka 开发者，不仅熟悉 Kafka 的配置和各种 API，而且熟悉如何在 Java 应用中使用 Kafka API。这个假设前提的要求未免太高了，而大部分读者可能并没有好的基础，所以绝大多数技术学习者打开 Spring Boot 官方手册往往一脸懵，只能转投那些粗制滥造的 "Spring Boot" 学习资料。

但本书只假设读者有较好的 Java 基础，熟悉常见的 SSH、SSM 技术栈，剩下的事情就交给本书吧。还是以 Kafka 为例，本书会从 ZooKeeper、Kafka 的安装和配置讲起，并详细介绍 Kafka 的实现机制和用法，从目录就能看到，本书会包括 Kafka 的如下知识：

- ➢ 安装 Kafka 及 CMAK。
- ➢ 使用 CMAK。
- ➢ 主题与分区。
- ➢ 消息生产者。
- ➢ 消费者与消费者组。
- ➢ 使用 Kafka 核心 API。
- ➢ 使用 Kafka 流 API。

此处仅仅以 Kafka 为例进行说明，实际上本书对 Spring Boot 所整合的绝大部分技术都进行了详细的讲解：

- ➢ 在 MVC 框架方面，本书详细介绍了 Spring Boot 为整合 Spring MVC、Spring WebFlux 提供的自动配置与扩展配置。
- ➢ 在持久层方面，本书详细介绍了 Spring Boot 为整合 Spring Data、JPA/Hibernate、Spring JDBC、MyBatis 所提供的自动配置与扩展配置，还包括如何放弃自动配置来开发多数据源的应用，以及使用 JTA 实现分布式事务等实际项目时要用到的高级知识点。
- ➢ 在持久层方面，本书详细讲解了 R2DBC、jOOQ 这些主流持久化技术的用法，并详细介绍了 Spring Boot 为整合 R2DBC、jOOQ 技术所提供的自动配置与扩展配置。
- ➢ 在 NoSQL 方面，本书详细讲解了 Redis、MongoDB、Neo4j、Cassandra 等 NoSQL 数据库的用法，并详细介绍了 Spring Boot 为整合 Redis、MongoDB、Neo4j、Cassandra 所提供的自动配置与扩展配置。
- ➢ 在全文检索方面，本书详细讲解了 Solr 和 Elasticsearch 这两个搜索引擎的用法，并详细介绍了 Spring Boot 为整合 Solr、Elasticsearch 所提供的自动配置与扩展配置。
- ➢ 在消息机制方面，本书详细讲解了 ActiveMQ、Artemis、RabbitMQ、Kafka 这四个消息组件的用法，并详细介绍了 Spring Boot 为整合 ActiveMQ、Artemis、RabbitMQ、Kafka 所提供的自动配置与扩展配置。

本书不是一本从"简单"出发的图书，而是致力于传授 Spring Boot 的精髓：Spring Boot 不应该是一个孤立的框架，它的主要作用就是提供自动配置、Starter 与其他 Java 框架进行整合，因此只要真正掌握了 Spring Boot 所整合的技术栈，也就几乎完整地掌握了 Java 后端开发的全部技术栈——这才是本书的目的。

在真正搞懂这本书之前，别轻易说自己掌握了 Spring Boot，翻看一下本书的目录，你可能会发现对于 Spring Boot，你所掌握的可能只是本书第 1 章的内容。

多年来，我写作的目的始终如一：**如果我写的书不能比市面上其他同类技术的书更好，**

那就完全没必要写这本书。

同样,本书不是那种满足于泛泛而谈的 Spring Boot 图书,它并不是简单地满足于教你依葫芦画瓢使用 Spring Boot 进行开发,而是真正带你走进 Spring Boot 的本质,让你完全可以自己开发 Spring Boot 自动配置和 Starter,并通过学习 Spring Boot 所整合的技术栈,进而掌握 Java 后端开发的完整技术栈。

想了好久,还是决定给书名加上"终极讲义"这四个字,这样可以"警示"那些只想简单涉猎 Spring Boot 的读者避开本书:本书是 Java 后端开发的"终极讲义",因此它涵盖的内容不可能很简单。

对于希望真正掌握 Java 后端开发的学习者来说,他们可能会通过 Spring Boot 官方手册来发现本书尚未涵盖的内容:Spring Boot 不是还可以整合缓存框架、安全机制、Spring Session、Spring Integration 等技术吗?还有 Spring Boot 应用的部署呢?还有 Spring Boot 应用的监控呢?这些内容确实不在本书中,它们将会被放在后续出版的本书高级篇中。

本书有什么特点

总之,此书一出更无书。

本书以 Spring Boot 官方手册为基础,结合 Spring Boot 源代码进行剖析,重新梳理了 Spring Boot 的知识脉络,对 Spring Boot 官方手册进行了极大的丰富,因此掌握本书知识之后,已没必要再去看 Spring Boot 官方手册,更没必要去看其他 Spring Boot 图书或资料了。

总结起来,本书具有以下三个典型特点。

1. 真正讲解 Spring Boot

本书紧扣 Spring Boot 的核心:自动配置和 Starter,从源代码层面讲解了自动配置和 Starter 组件的实现,还手把手教会读者实现自己的自动配置和 Starter 组件;然后以 Spring Boot 自动配置为基础,详尽介绍了 Spring Boot 为整合各种 Java 后端技术所提供的支持,包括常见的自动配置和深入的扩展配置。

2. Java 后端开发的终极讲义

本书所介绍的框架和技术包括:Jetty、Tomcat、Undertow、Reactor Netty、Spring MVC、Spring WebFlux、Spring Data、JPA/Hibernate、Spring JDBC、R2DBC、jOOQ、Atomikos、Redis、MongoDB、Neo4j、Cassandra、Solr、Elasticsearch、ActiveMQ、Artemis、RabbitMQ、Kafka;再加上后续出版的本书高级篇要介绍的各种框架和技术,将是 Java 后端开发的**终极讲义**。

3. 切实可行的学习曲线

与 Spring Boot 官方手册不同,本书只要求读者具有基本的 SSH、SSM 基础,并不需要掌握其他框架或技术的知识,本书制定了一条切实可行的学习曲线:只要跟着本书学习,就能真正掌握 Spring Boot 及 Spring Boot 所整合的各种技术。

本书写给谁看

  如果你已有一定的 SSH、SSM 基础,或者已经学完了《轻量级 Java Web 企业应用实战》一书,那么你非常适合阅读此书。此外,如果你对 Spring Boot 开发有一定的经验,甚至在工作中已经用到了 Spring Boot,但希望真正掌握 Spring Boot,本书也将非常适合你。如果你对 Java Web 开发掌握得还不熟练,或者对 SSH、SSM 完全不会,则建议遵循学习规律,循序渐进,暂时不要购买、阅读此书,而是按照《疯狂 Java 学习路线图》中建议的顺序学习。

2021-04-28

目 录

第 1 章 序幕：Spring Boot 入门 1
1.1 Spring Boot 简介 2
- 1.1.1 Java EE 应用与 Spring 2
- 1.1.2 为什么要用 Spring Boot 3

1.2 第一个 Spring Boot 应用 3
- 1.2.1 准备开发环境 3
- 1.2.2 创建 Spring Boot 项目 5
- 1.2.3 编写控制器 9
- 1.2.4 运行应用 12
- 1.2.5 创建可执行的 JAR 包 18
- 1.2.6 开发业务组件 20
- 1.2.7 开发 DAO 组件 24

1.3 编写单元测试 27
- 1.3.1 测试 RESTful 接口 27
- 1.3.2 模拟 Web 环境测试控制器 28
- 1.3.3 测试业务组件 30
- 1.3.4 使用模拟组件 31

1.4 使用其他构建工具 32
- 1.4.1 使用 Gradle 构建工具 32
- 1.4.2 使用 Ant 开发 Spring Boot 应用 35

1.5 本章小结 38

第 2 章 应用配置与自动配置 39
2.1 SpringApplication 与 Spring 容器 40
- 2.1.1 类配置与 XML 配置 40
- 2.1.2 启动日志和失败分析器 43
- 2.1.3 延迟初始化 44
- 2.1.4 自定义 Banner 45
- 2.1.5 设置 SpringApplication 与流式 API 47
- 2.1.6 事件监听器与容器初始化器 48
- 2.1.7 配置环境后处理器 50
- 2.1.8 ApplicationRunner 和 CommandLineRunner 53
- 2.1.9 创建非 Web 应用 55
- 2.1.10 通过 ApplicationArguments 访问应用参数 56

2.2 外部配置源 57
- 2.2.1 配置源的加载顺序与优先级 57
- 2.2.2 利用 JSON 参数配置 59
- 2.2.3 使用 YAML 配置文件 60
- 2.2.4 改变配置文件的位置 64
- 2.2.5 导入额外的配置文件 67
- 2.2.6 使用占位符 68
- 2.2.7 读取构建文件的属性 69
- 2.2.8 配置随机值 70

2.3 类型安全的绑定 71
- 2.3.1 使用属性处理类获取配置属性 ... 72
- 2.3.2 为容器中的 Bean 注入配置属性 ... 75
- 2.3.3 属性转换 78
- 2.3.4 校验@ConfigurationProperties 79

2.4 Profile 81
- 2.4.1 配置和切换 Profile 81
- 2.4.2 添加活动 Profile 84
- 2.4.3 Profile 组 85
- 2.4.4 混合复合类型 86
- 2.4.5 根据环境自动更新 Profile 89

2.5 日志配置 90
- 2.5.1 理解 Spring Boot 的日志设计 ... 91
- 2.5.2 日志级别与格式 92
- 2.5.3 输出日志到文件 97
- 2.5.4 日志组 100
- 2.5.5 关闭控制台日志 100
- 2.5.6 改用 Log4j2 日志实现 103
- 2.5.7 Logback 扩展 104

2.6 自动配置概述 106
- 2.6.1 自动配置的替换原则 106
- 2.6.2 禁用特定的自动配置 107

2.7 创建自己的自动配置 107
- 2.7.1 自动配置的本质 108
- 2.7.2 条件注解 113
- 2.7.3 自定义条件注解 119
- 2.7.4 自定义自动配置 121
- 2.7.5 创建自定义的 Starter 126

2.8 热插拔与开发者工具 128
    2.8.1 静态模板的重加载 128
    2.8.2 添加开发者工具 129
    2.8.3 自动重启功能 131
    2.8.4 实时重加载 134
    2.8.5 全局配置 135
2.9 本章小结 136

第 3 章 Spring Boot 的 Web 应用支持 137

3.1 Web 应用配置 138
    3.1.1 设置 HTTP 端口 138
    3.1.2 使用随机的 HTTP 端口 138
    3.1.3 运行时获取 HTTP 端口 138
    3.1.4 启用 HTTP 响应压缩 141
    3.1.5 Web 服务器的编程式配置 141
3.2 为应用添加 Servlet、Filter、Listener 144
    3.2.1 使用 Spring Bean 添加 Servlet、
           Filter 或 Listener 144
    3.2.2 使用 XxxRegistrationBean 注册
           Servlet、Filter 或 Listener 147
    3.2.3 使用 ClassPath 扫描添加 Servlet、
           Filter 或 Listener 148
    3.2.4 JSP 限制 150
3.3 配置内嵌 Web 服务器 150
    3.3.1 切换到其他 Web 服务器 150
    3.3.2 配置 SSL 152
    3.3.3 配置 HTTP/2 154
    3.3.4 配置访客日志 156
3.4 管理 Spring MVC 157
    3.4.1 Spring MVC 的自动配置 157
    3.4.2 静态资源管理 158
    3.4.3 自定义首页和图标 164
    3.4.4 使用 Thymeleaf 模板引擎 165
    3.4.5 Thymeleaf 的基本语法 168
    3.4.6 Spring Boot 整合 Thymeleaf 170
    3.4.7 Spring Boot 整合 FreeMarker 174
    3.4.8 Spring Boot 整合 JSP 178
    3.4.9 路径匹配和内容协商 183
    3.4.10 错误处理 184
    3.4.11 文件上传和输入校验 188
3.5 国际化支持 193
    3.5.1 应用国际化 194
    3.5.2 在界面上动态改变语言 197
3.6 管理 Spring WebFlux 框架 199
    3.6.1 Spring WebFlux 简介 199
    3.6.2 Spring WebFlux 的自动配置 201
    3.6.3 静态资源和首页、图标 201
    3.6.4 使用注解开发 Spring WebFlux
           应用 203
    3.6.5 函数式开发 WebFlux 应用及整
           合模板引擎 208
    3.6.6 错误处理 213
3.7 WebSocket 支持 215
    3.7.1 使用@ServerEndpoint 开发
           WebSocket 215
    3.7.2 使用 WebFlux 开发 WebSocket ... 218
3.8 优雅地关闭应用 222
3.9 本章小结 222

第 4 章 RESTful 服务支持 224

4.1 开发 RESTful 服务 225
    4.1.1 基于 JSON 的 RESTful 服务 225
    4.1.2 基于 XML 的 RESTful 服务 226
    4.1.3 Spring Boot 内置的 JSON 支持 ... 229
4.2 RESTful 服务的相关配置 232
    4.2.1 自定义 Jackson 的 ObjectMapper ... 232
    4.2.2 自定义 JSON 序列化器和反序列
           化器 233
    4.2.3 使用 HttpMessageConverters 更换
           转换器 237
    4.2.4 跨域资源共享 239
4.3 RESTful 客户端 241
    4.3.1 使用 RestTemplate 调用 RESTful
           服务 242
    4.3.2 定制 RestTemplate 247
    4.3.3 使用 WebClient 调用 RESTful 服务 .. 249
    4.3.4 WebClient 底层的相关配置 252
4.4 本章小结 253

第 5 章 访问 SQL 数据库 254

5.1 整合 Spring Data JPA 255
    5.1.1 Spring Data 的设计和核心 API ... 255

	5.1.2	Spring Data JPA 基本功能	258
	5.1.3	数据源配置详解	262
	5.1.4	方法名关键字查询	267
	5.1.5	指定查询语句和命名查询	273
	5.1.6	自定义查询	278
	5.1.7	Example 查询	281
	5.1.8	Specification 查询	285
5.2	直接整合 JDBC		288
5.3	整合 Spring Data JDBC		294
5.4	整合 MyBatis		299
	5.4.1	扫描 Mapper 组件	299
	5.4.2	直接使用 SqlSession	303
	5.4.3	配置 MyBatis	305
	5.4.4	扩展 MyBatis	307
5.5	整合 jOOQ		307
	5.5.1	生成代码	307
	5.5.2	使用 DSLContext 操作数据库	310
	5.5.3	jOOQ 高级配置	322
5.6	整合 R2DBC		322
	5.6.1	使用 DatabaseClient	323
	5.6.2	使用 R2DBC 的 Repository	324
5.7	使用 JTA 管理分布式事务		329
	5.7.1	理解 JTA 分布式事务	329
	5.7.2	使用 Atomikos 管理 MyBatis 多数据源应用	331
	5.7.3	使用 Atomikos 管理 Spring Data JPA 多数据源应用	339
	5.7.4	使用 Java EE 容器提供的事务管理器	345
5.8	初始化数据库		346
	5.8.1	基于 Spring Data JPA 的自动建表	346
	5.8.2	执行 SQL 脚本初始化数据库	347
	5.8.3	使用 R2DBC 初始化数据库	349
5.9	本章小结		350

第 6 章	操作 NoSQL 数据库		352
6.1	整合 Redis		353
	6.1.1	Redis 源代码编译、安装与配置	353
	6.1.2	使用 Redis	355
	6.1.3	连接相关命令	357
	6.1.4	key 相关命令	358

	6.1.5	String 相关命令	359
	6.1.6	List 相关命令	360
	6.1.7	Set 相关命令	362
	6.1.8	ZSet 相关命令	363
	6.1.9	Hash 相关命令	366
	6.1.10	事务相关命令	368
	6.1.11	发布/订阅相关命令	369
	6.1.12	Lettuce 用法简介	370
	6.1.13	使用 RedisTemplate 操作 Redis	380
	6.1.14	使用 Spring Data Redis	382
	6.1.15	连接多个 Redis 服务器	390
6.2	整合 MongoDB		390
	6.2.1	下载和安装 MongoDB	390
	6.2.2	MongoDB 副本集配置	392
	6.2.3	MongoDB 安全配置	393
	6.2.4	MongoDB 用法简介	397
	6.2.5	连接 MongoDB 与 MongoTemplate	407
	6.2.6	使用 MongoDB 的 Repository	409
	6.2.7	连接多个 MongoDB 服务器	418
6.3	整合 Neo4j		419
	6.3.1	理解图形数据库	419
	6.3.2	下载和安装 Neo4j	423
	6.3.3	配置 Neo4j	425
	6.3.4	CQL 概述	427
	6.3.5	使用 CREATE 创建节点	428
	6.3.6	使用 MATCH 查询节点、属性	431
	6.3.7	使用 CREATE 创建关系	437
	6.3.8	使用 MATCH 查询关系	440
	6.3.9	使用 DELETE 删除节点或关系	442
	6.3.10	使用 REMOVE 删除属性或标签	444
	6.3.11	使用 SET 添加、更新属性或添加标签	445
	6.3.12	使用 UNION 和 UNION ALL 计算并集	446
	6.3.13	操作索引	448
	6.3.14	操作约束	450
	6.3.15	使用 FOREACH、UNWIND 处理列表	451
	6.3.16	连接 Neo4j 与 Neo4jTemplate	453
	6.3.17	使用 Neo4j 的 Repository	455
	6.3.18	连接多个 Neo4j 服务器	465

- 6.4 整合 Cassandra 466
  - 6.4.1 Cassandra 数据模型 466
  - 6.4.2 Cassandra 存储引擎 469
  - 6.4.3 下载和安装 Cassandra 470
  - 6.4.4 配置 Cassandra 472
  - 6.4.5 管理 keyspace 473
  - 6.4.6 管理表 475
  - 6.4.7 CQL 的 DML 478
  - 6.4.8 集合类型与用户定义类型 481
  - 6.4.9 索引操作及索引列查询 487
  - 6.4.10 连接 Cassandra 与 CassandraTemplate 488
  - 6.4.11 使用 Cassandra 的 Repository 491
  - 6.4.12 连接多个 Cassandra 服务器 ... 500
- 6.5 整合 Solr 500
  - 6.5.1 LIKE 模糊查询与全文检索 500
  - 6.5.2 反向索引库与 Lucene 501
  - 6.5.3 下载和安装 Solr 502
  - 6.5.4 管理 Solr 的 Core 506
  - 6.5.5 使用 SolrClient 连接 Solr 513
  - 6.5.6 使用 Spring Data 连接 Solr 与 SolrTemplate 518
  - 6.5.7 使用 Solr 的 Repository 519
- 6.6 整合 Elasticsearch 523
  - 6.6.1 下载和安装 Elasticsearch 523
  - 6.6.2 Elasticsearch 安全配置 524
  - 6.6.3 Elasticsearch 基本用法 527
  - 6.6.4 使用 RESTful 客户端操作 Elasticsearch 532
  - 6.6.5 使用反应式 RESTful 客户端操作 Elasticsearch 538
  - 6.6.6 使用 Spring Data 连接 Elasticsearch 与 ElasticsearchRestTemplate 541
  - 6.6.7 使用 Elasticsearch 的 Repository 541
- 6.7 本章小结 546

第 7 章 消息机制 547

- 7.1 面向消息的架构和 JMS 548
  - 7.1.1 面向消息的架构 548
  - 7.1.2 JMS 的基础与优势 550
  - 7.1.3 理解 P2P 与 Pub-Sub 550
- 7.2 整合 JMS 551
  - 7.2.1 安装和配置 ActiveMQ 551
  - 7.2.2 安装和配置 Artemis 554
  - 7.2.3 发送 P2P 消息 557
  - 7.2.4 同步接收 P2P 消息 561
  - 7.2.5 异步接收 P2P 消息 563
  - 7.2.6 发布和订阅 Pub-Sub 消息 564
  - 7.2.7 可靠的 JMS 订阅 565
  - 7.2.8 Spring Boot 的 ActiveMQ 配置 566
  - 7.2.9 Spring Boot 的 Artemis 配置 568
  - 7.2.10 Spring Boot 的 JNDI ConnectionFactory 配置 569
  - 7.2.11 发送消息 569
  - 7.2.12 接收消息 570
- 7.3 整合 AMQP 572
  - 7.3.1 安装和配置 RabbitMQ 573
  - 7.3.2 管理 RabbitMQ 575
  - 7.3.3 RabbitMQ 的工作机制 578
  - 7.3.4 使用默认 Exchange 支持 P2P 消息模型 580
  - 7.3.5 工作队列（Work Queue）....... 587
  - 7.3.6 使用 fanout 实现 Pub-Sub 消息模型 589
  - 7.3.7 使用 direct 实现消息路由 591
  - 7.3.8 使用 topic 实现通配符路由 593
  - 7.3.9 RPC 通信模型 595
  - 7.3.10 Spring Boot 的 RabbitMQ 支持 598
  - 7.3.11 使用 AmqpTemplate 发送消息 601
  - 7.3.12 接收消息 602
- 7.4 整合 Kafka 603
  - 7.4.1 安装 Kafka 及 CMAK 603
  - 7.4.2 使用 CMAK 607
  - 7.4.3 主题和分区 610
  - 7.4.4 消息生产者 614
  - 7.4.5 消费者与消费者组 615
  - 7.4.6 使用 Kafka 核心 API 621
  - 7.4.7 使用 Kafka 流 API 626
  - 7.4.8 Spring Boot 对 Kafka 的支持 ... 629
  - 7.4.9 发送消息 632
  - 7.4.10 接收消息 633
  - 7.4.11 Spring Boot 整合 Kafka 流 API 635
- 7.5 本章小结 637

第8章 高并发秒杀系统 639

8.1 项目背景及系统架构 640
8.1.1 应用背景 640
8.1.2 相关技术介绍 640
8.1.3 系统架构 642
8.1.4 系统的功能模块 642
8.2 项目搭建 643
8.3 领域对象层 645
8.3.1 设计领域对象 645
8.3.2 创建领域对象类 648
8.4 实现 Mapper（DAO）层 649
8.4.1 实现 Mapper 组件 649
8.4.2 部署 Mapper 组件 651
8.5 分布式 Session 及用户登录的实现 652
8.5.1 实现 Redis 组件 652
8.5.2 分布式 Session 的实现 656
8.5.3 用户登录的实现 659
8.5.4 图形验证码 663
8.5.5 登录页面的实现 664
8.6 秒杀商品列表及缓存的实现 668
8.6.1 秒杀商品列表 668
8.6.2 自定义 User 参数解析器 670
8.6.3 访问权限控制 671
8.6.4 秒杀商品页面模板 674
8.7 商品秒杀界面的实现及静态化 675
8.7.1 获取秒杀商品 676
8.7.2 秒杀界面的页面实现 677
8.8 秒杀实现及使用 RabbitMQ 实现并发削峰 684
8.8.1 生成秒杀图形验证码 684
8.8.2 获取动态的秒杀地址 686
8.8.3 处理秒杀请求 687
8.8.4 使用 RabbitMQ 限制并发 690
8.8.5 获取秒杀结果 694
8.9 订单界面的实现及静态化 695
8.9.1 获取订单 696
8.9.2 订单界面的实现 697
8.10 本章小结 699

CHAPTER 1

第 1 章
序幕：Spring Boot 入门

本章要点

- 了解 Spring Boot 框架的核心功能
- 掌握 Spring Boot 与 Spring 框架的关系
- 准备开发环境和创建 Spring Boot 项目
- 开发并自动配置控制器
- 运行 Spring Boot 应用的几种方式
- 为 Spring Boot 应用创建可执行的 JAR 包
- 开发并自动配置业务组件
- 开发并自动配置 DAO 组件
- Spring Boot 的单元测试支持
- 使用 TestRestTemplate 测试 RESTful 接口
- 使用 MockMvc 模拟 Web 环境测试控制器
- 测试业务组件
- 使用 Mock 模拟被依赖组件
- 使用 Gradle 构建 Spring Boot 项目
- 使用 Ant 全手动开发 Spring Boot 应用

本章将会介绍 Spring Boot 基本功能的入门知识。本章将会带着大家逐步开发一个简单的 Web 应用，并对外暴露 RESTful 访问接口。通过本章的例子能让大家充分感受到 Spring Boot 的魅力：自动配置完成了绝大部分基础配置，开发者只要专注于业务代码的实现即可。

通过学习本章内容，大家可以快速上手 Spring Boot 应用开发，这也是大部分 Spring Boot 资料所介绍的层次：仅仅停留在入门阶段。

1.1 Spring Boot 简介

Spring Boot 是 Java 企业开发里最流行的框架，它为各种第三方框架的快速整合提供了自动配置，一旦用上了 Spring Boot，就相当于搭上了快速开发的高速列车，让开发者只需专注于应用中业务逻辑功能的实现。

1.1.1 Java EE 应用与 Spring

Spring 是 Java 领域中应用最广的框架，没有之一。不管哪家公司招聘 Java 开发者，Spring 都是必备技能；不管哪个 Java 开发框架，都需要与 Spring 整合。

从本质上说，Spring 只是一个"组件"容器，它负责创建并管理容器中的组件（也被称为 Bean），并管理组件之间的依赖关系。正是由于 Spring 将容器功能做到了极致，Java EE 应用所涉及的以下各种组件，都处于 Spring 容器的管理之下：

- 前端控制器组件。
- 安全组件。
- 业务逻辑组件。
- 消息组件。
- DAO 组件（Spring 也称其为 Repository）。
- 连接数据库的基础组件（如 DataSource、ConnectionFactory、SessionFactory 等）。

对于其他各种功能型的框架，它们都需要一个容器来承载其运行，而 Spring 正是这个不可替代的容器，因此在 Java 领域中完全可以说："不会 Spring，不谈就业"。

关于 Java 领域中的功能型框架，各方面的功能都存在不少框架可供选择。

- 前端：Spring WebFlux、Spring MVC、Struts 2 等。
- 安全领域：Spring Security、Shiro 等。
- 消息组件：ActiveMQ、RabbitMQ、Kafka 等。
- 缓存：JCache、EhCache、Hazelcast、Redis 等。
- 持久层框架：JPA、MyBatis、jOOQ、R2DBC 等。
- 分布式：ZooKeeper、Dubbo 等。
- NoSQL 存储：Redis、MongoDB、Neo4j、Cassandra、Geodo、CouchBase 等。
- 搜索引擎：Lucene、Solr、Elasticsearch 等。
- 数据库存储：MySQL、PostgreSQL、Oracle 等。
- Web 服务器：Tomcat、Jetty、Undertow 等。

上面大致列出了 Java 后端开发所涉及的各种框架和技术（顺便说一句，如果真正全面掌握了这些技术，在一线城市工作月薪 2 万元以上大有人在，所以无须压力过大）。由于各个领域都存在多种框架供开发者选择，因此不同公司出于不同的技术考虑，所使用的技术栈并不完全相同。比如前端框架，传统的老项目，可能依然在使用 Struts 2，而那些追求高并发、高可用的项目，往往开始使用 Spring WebFlux；再比如安全领域，有些公司项目可能会选择 Spring Security，也有些公司项目会选择 Shiro。

但作为容器的 Spring，它是无可替代的，上面列出的这些框架，它们都需要与 Spring 进行整合，这就是 Spring 的魅力。

传统 Spring 使用 XML 配置或注解来管理这些组件，因此搭建一个 Java EE 应用往往需要进行大量的配置和注解。这些配置工作都属于项目的基础搭建，与业务功能无关，这些工作对于初、中级开发者往往难度不小，很容易出错。在这种背景下，Spring 家族推出了救开发者于水火的 Spring Boot。

▶▶ 1.1.2 为什么要用 Spring Boot

Spring 框架非常优秀，它唯一的缺点就是"配置过多"，尤其是搭建项目时需要进行大量的配置，而 Spring Boot 的出现，就是为了解决这个问题。

Spring Boot 为绝大部分第三方框架的快速整合提供了自动配置，因此，当使用 Spring Boot 来整合这些第三方框架时，基本无须提供过多的基础配置。Spring Boot 使用"约定优先于配置（CoC，Convention over Configuration）"的理念，针对企业应用开发各种场景提供了对应的 Starter，开发者只要将该 Starter 添加到项目的类加载路径中，该 Starter 即可完成第三方框架的整合。

总体来说，Spring Boot 具有以下特性：

- 内嵌 Tomcat、Jetty 或 Undertow 服务器，因此 Spring Boot 应用无须被部署到其他服务器中。
- Spring Boot 应用可被做成独立的 Java 应用程序。
- 尽可能地自动配置 Spring 及第三方框架。
- 完全没有代码生成，也不需要 XML 配置。
- 提供产品级监控功能，如运行状况检查和外部化配置等。

同时，Spring Boot 的名字也暗示了它的作用，Spring Boot 直译就是"启动 Spring"，因此它的主要功能就是为 Spring 及第三方框架的快速启动提供自动配置。Spring Boot 同样不属于功能型框架，当 Spring 及第三方框架整合起来之后，Spring Boot 的责任也就完成了，在实际开发中发挥功能的依然是前面列出的那些框架和技术，因此实际开发用到的依然是这些框架和技术。

1.2 第一个 Spring Boot 应用

下面就通过实际开发一个 Spring Boot 应用来体验 Spring Boot 多么简单。

▶▶ 1.2.1 准备开发环境

在开发 Spring Boot 应用之前，先简单介绍一下所需的开发环境。

（1）Java：这没啥好说的。本书安装的是 Java 11。如果连安装 Java、配置 Java 所需的环境变量都不会，那么暂时还不能阅读本书，建议先学习《疯狂 Java 讲义》。

（2）Maven：本书用的是 Maven 3.6.x 系列，也可直接使用 IDE 自带的 Maven。

安装 Maven 也很简单，登录 http://maven.apache.org/down/oad.cgi 站点下载 Maven 3.6.x 压缩包，并将压缩包解压缩到任意盘符的根路径（本书使用 D:\）下，然后配置如下环境变量。

- JAVA_HOME：该环境变量应指向 JDK 安装路径。该环境变量的作用是告诉其他 Java 程序能找到整个 JDK，因此不要指向 JDK 路径下的 bin 目录。
- M2_HOME：该环境变量应指向 Maven 安装路径。

 提示：
> Maven 安装路径就是前面释放 Maven 压缩文件的路径。在 Maven 安装路径下应该包含 bin、boot、conf 和 lib 这 4 个文件夹。

➢ 将%M2_HOME%\bin 路径添加到操作系统的 PATH 环境变量之中,该环境变量的作用是方便操作系统找到 Maven 的 mvn 命令。

如果要设置 Maven 本地资源库(用于保存 Maven 从网上下载的各种框架的 JAR 包、源代码、文档等资源)的路径,则可打开 Maven 安装路径下的 conf\settings.xml 文件进行设置,在该文件中可找到一个<localRepository.../>元素,该元素中的路径就是 Maven 本地资源库的路径。例如,如下配置将本地资源库设置为 F:\下的 repo 路径。

```
<localRepository>f:/repo</localRepository>
```

如果要设置 Maven 中央资源库的国内镜像(国内往往无法连接国外的 Maven 中央资源库),则依然修改 conf\settings.xml 文件,向其中的<mirrors.../>元素添加<mirror.../>子元素来定义镜像。例如,如下配置添加 Maven 中央资源库的阿里云镜像。

```xml
<mirror>
    <id>aliyunmaven</id>
    <mirrorOf>*</mirrorOf>
    <name>aliyun maven</name>
    <url>https://maven.aliyun.com/repository/public</url>
</mirror>
```

> **提示:** 作者无法保证上面的镜像地址一直可用。如果发现上面的镜像地址不可用,请自行更换其他可用的镜像地址,或者用 VPN 直接连接外网 Maven 中央资源库。

(3)IntelliJ IDEA:本书用的是 2020.3 商业版,登录其官网(https://jetbrains.com/idea/)下载并安装即可。安装 IntelliJ IDEA 和安装普通的 Windows 软件完全一样,没啥需要介绍的。

IntelliJ IDEA 商业版是收费软件,学生可通过学校邮箱或学生证申请免费的 License;如果在 GitHub 上维护了开源项目,则也可申请免费的 License。

如果想设置 IntelliJ IDEA 所使用的 Maven,则可单击 IntelliJ IDEA 主菜单"File"→"Settings",打开如图 1.1 所示的"Settings"对话框。

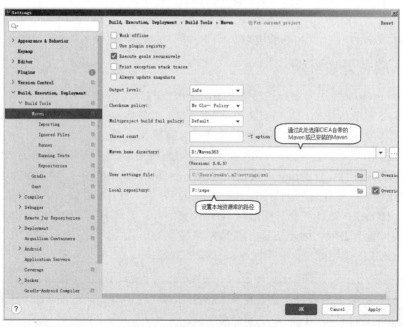

图 1.1 "Settings"对话框

在"Settings"对话框中,单击左边导航树中的"Build, Execution, Deployment"→"Build Tools"→"Maven",打开如图 1.1 所示的 Maven 设置界面。

在该设置界面中重点关注的主要有两处。

➢ Maven home directory:该列表框用于选择使用哪个 Maven,可选择使用 IntelliJ IDEA 自带的 Maven 或前面独立安装的 Maven。

➢ Local repository:该路径用于设置 Maven 本地资源库的路径。建议设置该路径;否则,IntelliJ IDEA 将在用户的 Home 目录下重新创建新的 Maven 本地资源库,这不利于本地资源库的管理。注意,只有先勾选后面的"Override"复选框,才能设置此处的路径。

这就是本书开发 Spring Boot 应用所用到的 3 个工具:Java、Maven 和 IntelliJ IDEA。

1.2.2 创建 Spring Boot 项目

其实 Spring Boot 项目没有任何特别之处,只要创建一个普通的 Maven 项目即可。单击 IntelliJ IDEA 主菜单"File"→"New"→"Project ...",打开如图 1.2 所示的对话框。

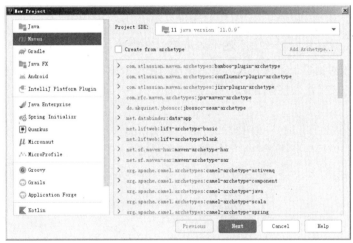

图 1.2 创建项目

在图 1.2 所示对话框的左边选择"Maven"列表项,表示创建一个普通的 Maven 项目,然后单击"Next"按钮,IntelliJ IDEA 显示如图 1.3 所示的对话框。

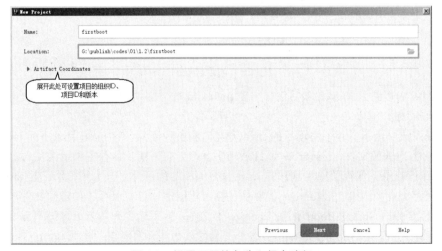

图 1.3 设置项目的名称和保存路径

在图 1.3 所示的对话框中可设置该项目的名称和存储路径。如果展开"Artifact Coordinates"，还可设置该项目的坐标（组织 ID、项目 ID、版本）。若不在这里设置，后面直接修改文件反而更方便。设置完成后，单击"Next"按钮，IntelliJ IDEA 显示如图 1.4 所示的对话框。

图 1.4　项目创建完成

在图 1.4 所示的对话框上方可为本项目选择使用哪个 Maven，此处的选择与图 1.1 所示的选择不同：图 1.1 所示的选择是为整个 IntelliJ IDEA 设置默认的 Maven 属性，而此处的选择将仅对该项目有效。

设置完成后，单击"Finish"按钮即可创建一个 Maven 项目。当项目创建完成后，可在 IntelliJ IDEA 主界面左边的项目导航面板中看到如图 1.5 所示的导航树。

图 1.5　项目导航树

通过图 1.5 可以看到 Maven 项目包含一个 pom.xml 构建文件和一个 src 目录，该 src 目录下包含如下两个子目录。

> main：该目录下保存了主项目的 Java 源文件和各种资源。该 main 目录下的 java 子目录用于保存 Java 源文件，resources 子目录（要自行创建）用于保存各种资源文件。
> test：该目录下保存了项目测试的 Java 源文件和各种资源。该 test 目录下的 java 子目录用于保存 Java 源文件，resources 子目录（要自行创建）用于保存各种资源文件。

接下来需要修改 Spring Boot 项目的 pom.xml 文件，为了避免开发者手动编写 pom.xml 文件，Spring Boot 贴心地提供了 Spring Initializr，这个工具可以帮助开发者自动生成 Spring Boot 的 Maven 或 Gradle 项目。

使用浏览器访问 https://start.spring.io/，可以看到如图 1.6 所示的界面。

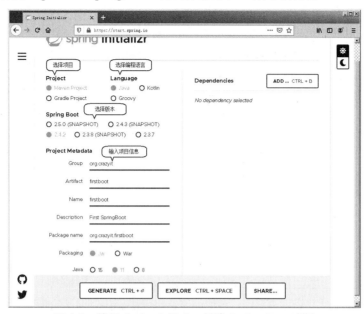

图 1.6　使用 Spring Initializr 创建 Spring Boot 项目

在图 1.6 所示界面中可进行如下几项选择。
➢ Project：选择创建 Maven 项目还是 Gradle 项目。
➢ Language：选择项目所使用的编程语言，可选择 Java、Kotlin 或 Groovy。
➢ Spring Boot 的版本：建议选择最新发布版。SNAPSHOT 代表快照版，往往还不稳定。

选择完以上 3 项之后，在"Project Metadata"区域为项目输入组织名（通常是公司域名倒写）、Artifact 名、name 和包名等信息。

为 Spring Boot 应用选择打包类型：由于 Spring Boot 内嵌了 Tomcat、Jetty 或 Undertow 服务器，因此 Spring Boot 应用通常不需要被部署到 Web 服务器中，选择打包成 JAR 包即可。只有在极个别的情况下，不想使用 Spring Boot 内嵌服务器，才会考虑将它打包成 WAR 包（Web 应用包），部署到独立的 Web 服务器中。

选择项目所使用的 Java 版本，此处选择 Java 最新的 LTS 版（长期支持版）：11。

当这些选择完成后，接下来为 Spring Boot 项目添加依赖库。单击图 1.6 所示界面右边的"ADD..."按钮，可以看到如图 1.7 所示的选择界面。

图 1.7　选择依赖库

在图 1.7 所列出的依赖库中选择所需的库，按住 Ctrl 键可以一次选择多个，此处选择了 Spring Web（包括 Spring MVC 和内嵌的 Tomcat）依赖库。

选择完成后，返回图 1.6 所示界面，此时可以看到为项目添加了依赖库，如图 1.8 所示。

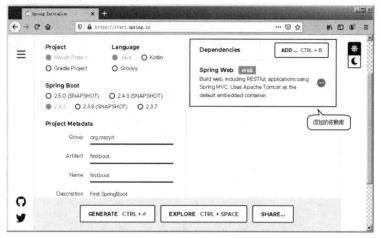

图 1.8　添加了依赖库

按图 1.8 所示设置完这些信息之后，单击"GENERATE"按钮，将会弹出一个文件下载框，下载完成后就会得到一个"<项目名>.zip"压缩包，该压缩包内包含如下文件结构。

➢ src：该目录下同样包含了 main 和 test 两个子目录，分别用于保存主项目文件和项目测试文件。
➢ pom.xml：Maven 构建文件。
➢ mvnw.bat（mvnw）：Maven 包装脚本，用于在 Maven 环境不兼容的情况下保证 Maven 的成功运行。

此处重点是 pom.xml 文件，直接使用该文件代替前面 Maven 项目中的 pom.xml 文件，打开该文件将看到如下内容。

程序清单：codes\01\1.2\firstboot\pom.xml

```xml
<?xml version="1.0" encoding="UTF-8"?>
<project xmlns="http://maven.apache.org/POM/4.0.0"
    xmlns:xsi="http://www.w3.org/2001/XMLSchema-instance"
    xsi:schemaLocation="http://maven.apache.org/POM/4.0.0
    https://maven.apache.org/xsd/maven-4.0.0.xsd">
    <modelVersion>4.0.0</modelVersion>
    <!-- 指定继承 spring-boot-starter-parent POM 文件 -->
    <parent>
        <groupId>org.springframework.boot</groupId>
        <artifactId>spring-boot-starter-parent</artifactId>
        <version>2.4.2</version>
        <relativePath/> <!-- lookup parent from repository -->
    </parent>
    <!-- 配置项目的基本信息 -->
    <groupId>org.crazyit</groupId>
    <artifactId>firstboot</artifactId>
    <version>0.0.1-SNAPSHOT</version>
    <name>firstboot</name>
    <description>First SpringBoot</description>
    <properties>
        <!-- 定义所使用的 Java 版本和源代码所使用的字符集 -->
        <java.version>11</java.version>
        <project.build.sourceEncoding>UTF-8</project.build.sourceEncoding>
    </properties>
```

```xml
<dependencies>
    <!-- Spring Web 依赖 -->
    <dependency>
        <groupId>org.springframework.boot</groupId>
        <artifactId>spring-boot-starter-web</artifactId>
    </dependency>
    <!-- Spring Boot 单元测试的依赖 -->
    <dependency>
        <groupId>org.springframework.boot</groupId>
        <artifactId>spring-boot-starter-test</artifactId>
        <scope>test</scope>
    </dependency>
</dependencies>
<build>
    <plugins>
        <!-- 定义 Spring Boot Maven 插件，可用于运行 Spring Boot 应用 -->
        <plugin>
            <groupId>org.springframework.boot</groupId>
            <artifactId>spring-boot-maven-plugin</artifactId>
        </plugin>
    </plugins>
</build>
</project>
```

上面配置文件中的粗体字代码就是在图 1.6 所示界面的"Project Metadata"区域输入的项目信息，后面的<dependencies.../>元素中包含了两项依赖，其中第一项依赖与图 1.8 所示界面中添加的依赖库完全对应，而 spring-boot-starter-test 则是 Spring Boot 项目自动添加的。

上面 pom.xml 文件的最后一个<build.../>元素中定义了一个 Spring Boot Maven 插件，该插件可用于运行 Spring Boot 应用，如果不需要使用该插件来运行 Spring Boot 应用（直接用 IDE 工具运行更简单，后面会有介绍），就不需要配置该插件。

如果对 Maven 熟悉的话，就会发现 Spring Initializr 所生成的 pom.xml 文件其实也很简单，完全可以自行编写，只不过 Spring Boot 可以贴心地自动生成。

上面的过程看似啰唆，其实就做了两件事情：
➢ 使用 IntelliJ IDEA 创建了一个 Maven 项目。
➢ 使用 Spring Initializr 创建了一个 Spring Boot 项目，并用生成的 pom.xml 文件代替了 Maven 项目中的 pom.xml 文件。

实际上，真正开发时很少有人用 Spring Initializr 去创建 Spring Boot 项目，因为太烦琐了，直接从其他 Spring Boot 项目复制一份 pom.xml 文件，然后修改一下不就好了吗？

▶▶ 1.2.3 编写控制器

Spring Boot 的功能只是为整合提供自动配置，因此 Spring Boot 应用的控制器依然是 Spring MVC、Spring WebFlux 或 Struts 2 的控制器，具体定义哪种控制器取决于项目技术栈的前端框架，本例采用目前国内最流行的 Spring MVC 作为前端框架，因此这里定义一个 Spring MVC 的前端控制器类。

程序清单：codes\01\1.2\firstboot\src\main\java\org\crazyit\firstboot\controller\BookController.java

```java
@Controller
public class BookController
{
    @GetMapping("/")
    public String index(Model model)
    {
```

```
        model.addAttribute("tip", "欢迎访问第一个 Spring Boot 应用");
        return "hello";
    }
    @GetMapping("/rest")
    @ResponseBody
    public ResponseEntity restIndex()
    {
        return new ResponseEntity<>("欢迎访问第一个 Spring Boot 应用",
            null, HttpStatus.OK);
    }
}
```

上面的 BookController 就是一个再普通不过的 Spring MVC 的控制器，如果以前用过 Spring MVC，那么对于上面粗体字代码中的@Controller、@GetMapping、@ResponseBody 注解应该非常熟悉，它们都是最基本的 Spring MVC 注解。此处对这 3 个注解简单说明一下。

> @Controller：用于修饰类，指定该类的实例作为控制器组件。
> @GetMapping：用于修饰方法，指定该方法所能处理的 GET 请求的地址。
> @ResponseBody：用于修饰方法，指定该方法生成 RESTful 响应。

值得说明的是，本书并不会详细介绍 Spring MVC 的知识，就像本书不会介绍 Spring 的基础知识，也不会介绍 JPA、MyBatis、Hibernate 等框架的基础知识一样，本书介绍的是 Spring Boot 与这些框架的整合开发，因此在学习本书之前，建议先认真学习《轻量级 Java Web 企业应用实战》。

上面的控制器类中定义了两个处理方法，其中第一个 index()方法返回的"hello"字符串只是一个逻辑视图名，因此它还需要物理视图资源。

Spring Boot 推荐使用 Thymeleaf 作为视图模板技术，Thymeleaf 具有很多优势，比传统的 JSP、FreeMarker、Velocity 等视图模板技术更加优秀，因此本书也推荐使用这种视图模板技术。

> **提示：** 对于使用前后端分离架构的应用，Spring Boot 应用根本不需要生成视图响应，自然也就不需要任何视图模板技术了。在前后端分离架构的应用中，Spring Boot 应用只需要对外提供 RESTful 响应（也就是由上面 restIndex()方法所生成的响应），前端应用则通过 RESTful 接口与后端通信，前端应用负责生成界面，与用户交互。

此外，为了对本例的界面进行一些美化，本例还用到了 Bootstrap UI 库，因此本例需要添加 Spring Boot Thymeleaf 依赖和 Bootstrap 依赖。

前面使用 Spring Initializr 添加过一个依赖库，其实那种方式太烦琐了，在实际开发时都是直接编辑 pom.xml 文件来添加依赖库的。打开 pom.xml 文件，在<dependencies.../>元素中添加如下两个元素。

程序清单：codes\01\1.2\firstboot\pom.xml

```
<!-- Spring Boot Thymeleaf 依赖 -->
<dependency>
    <groupId>org.springframework.boot</groupId>
    <artifactId>spring-boot-starter-thymeleaf</artifactId>
</dependency>
<!-- 添加 Bootstrap WarJar 的依赖 -->
<dependency>
    <groupId>org.webjars</groupId>
    <artifactId>bootstrap</artifactId>
    <version>4.5.3</version>
</dependency>
```

在 pom.xml 文件中添加了依赖库之后，IntelliJ IDEA 将会自动在 pom.xml 的编辑界面中显示

"Reload"按钮，单击该按钮重新加载项目的依赖库；如果在 pom.xml 的编辑界面中没有自动显示"Reload"按钮，也可单击 Maven 面板上的"Reload"按钮执行重新加载。

可能有人会问：我怎么知道各依赖库的标准写法呢？其实很简单，登录 https://mvnrepository.com/ 站点，在搜索文本框中输入要添加的依赖库名，以输入"Bootstrap"为例，单击"Search"按钮，将可看到如图 1.9 所示的界面。

图 1.9　搜索目标依赖库

在图 1.9 所示界面中单击目标依赖库的链接（通常第一个就是要找的目标依赖库），即可看到如图 1.10 所示的版本列表。

图 1.10　依赖库的版本列表

在图 1.10 所示界面中单击版本号对应的链接，此处以单击"4.5.3"为例，将可看到如图 1.11 所示的界面。

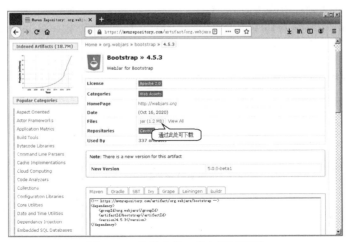

图 1.11　依赖库的下载和配置界面

这里既提供了依赖库 JAR 包的下载链接，也提供了依赖库的配置代码——界面下方提供了多个标签页，有 Maven、Gradle、SBT、Ivy 等，这些都代表了该依赖库在不同构建工具中的配置代码。图 1.11 所显示的就是该依赖库在 Maven 中的配置代码，只要将该配置代码复制到 pom.xml 文件的<dependencies.../>元素中即可。

为 BookController 的第一个处理方法返回的"hello"逻辑视图名定义 Thymeleaf 视图页面，该页面代码如下。

程序清单：codes\01\1.2\firstboot\src\main\resources\templates\hello.html

```html
<!DOCTYPE html>
<html xmlns:th="http://www.thymeleaf.org">
<head>
    <meta charset="UTF-8"/>
    <title>第一个 Spring Boot 应用</title>
    <!-- 引用 WarJar 中的静态资源-->
    <link rel="stylesheet" th:href="@{/webjars/bootstrap/4.5.3/css/bootstrap.min.css}"/>
    <script type="text/javascript" th:src="@{/webjars/jquery/3.5.1/jquery.js}">
    </script>
</head>
<body>
<div class="container">
    <!-- 使用 th:text 将表达式的值绑定到标准 HTML 元素 -->
    <div class="alert alert-primary" th:text="${tip}"></div>
</div>
</body>
</html>
```

Spring Boot 默认要求将 Thymeleaf 视图页面放在 resources\templates\目录下，因此需要将上面的视图页面放在该目录下。由于该页面是为"hello"逻辑视图名提供视图，因此该页面的文件名为"hello.html"。

Thymeleaf 视图页面的语法也非常简单，其核心设计就是一点：用以"th:"开头的属性来处理表达式的值，比如 th:text 属性的作用就是用目标 HTML 元素来显示表达式的值。

▶▶ 1.2.4 运行应用

前面说过，Spring Boot 应用是独立的 Java 应用，它内嵌了 Tomcat、Jetty 或 Undertow 作为服务器，因此不需要被部署到其他服务器中。

但 Spring Boot 应用至少需要一个主类作为程序入口类，找到 Spring Initializr 生成的项目压缩包中 src\main\java\org\crazyit\firstboot 目录下的 FirstbootApplication 类，该类就是 Spring Boot 应用的程序入口类，将该类复制到 Maven 项目对应的目录下，打开该类文件将看到如下代码。

程序清单：codes\01\1.2\firstboot\src\main\java\org\crazyit\firstboot\FirstbootApplication.java

```java
@SpringBootApplication
public class FirstbootApplication
{
    public static void main(String[] args)
    {
        // 创建 Spring 容器，运行 Spring Boot 应用
        SpringApplication.run(FirstbootApplication.class, args);
    }
}
```

该主类的代码非常简单，仅仅调用了 SpringApplication 类的 run()方法来创建 Spring 容器，运行 Spring Boot 应用。

Spring Boot 是基于 Spring 框架的，而 Spring 框架最重要的核心就是 Spring 容器，对于 Spring 来说，"万物"都是 Bean，而容器就是所有 Bean 所在的"天地"，负责管理所有 Bean 的"生老病死"。一个 Spring 容器就是"天地万物"，因此所有 Spring 框架的应用的第一步都一样，就是创建 Spring 容器。

SpringApplication 类中 run()方法的返回值就是 ConfigurableApplicationContext，这就是 Spring 容器，可见 run()方法将会创建并返回 Spring 容器。

有了 Spring 容器之后，容器中的 Bean 从哪里来呢？这就要看 run()方法的第一个参数了，该参数可以是任意用@Configuration 注解修饰的 Java 类（Java 配置类，相当于传统的 XML 配置文件），Spring 容器会加载该配置类并创建该配置类中的所有 Bean，并且会扫描该配置类相同包中或其子包下的所有 Bean。

以上面程序来说，由于 run()方法的第一个参数是 FirstbootApplication 类，因此该类应该是带@Configuration 注解修饰的配置类，但很明显该类没有用@Configuration 修饰。查看@SpringBootApplication 注解的源代码，可以看到如下内容：

```
@Target(ElementType.TYPE)
@Retention(RetentionPolicy.RUNTIME)
@Documented
@Inherited
@SpringBootConfiguration
@EnableAutoConfiguration
@ComponentScan(excludeFilters = { @Filter(type = FilterType.CUSTOM,
        classes = TypeExcludeFilter.class),
        @Filter(type = FilterType.CUSTOM,
        classes = AutoConfigurationExcludeFilter.class) })
public @interface SpringBootApplication {
    ...
}
```

再打开上面@SpringBootConfiguration 注解的源代码，可以看到如下内容：

```
@Target({ElementType.TYPE})
@Retention(RetentionPolicy.RUNTIME)
@Documented
@Configuration
public @interface SpringBootConfiguration {
    @AliasFor(
        annotation = Configuration.class
    )
    boolean proxyBeanMethods() default true;
}
```

通过该源代码可以看到，其实@SpringBootConfiguration 就是@Configuration。由此可见，@SpringBootApplication 注解相当于以下 3 个注解的组合版。

➢ @Configuration：该注解修饰的类将作为 Java 配置类。
➢ @EnableAutoConfiguration：启用自动配置。
➢ @ComponentScan：指定"零配置"时扫描哪些包及其子包下的 Bean。

可见@SpringBootConfiguration 注解只是一个"快捷方式"，它同时启用了 3 个注解，从而完成了 3 个功能：

➢ 将被修饰的类变成 Java 配置类。
➢ 启用自动配置。
➢ 定义了 Spring 容器扫描 Bean 类的包及其子包。

由此可见，@SpringBootApplication 注解和 SpringApplication 的 run()方法就"藏着"Spring Boot

自动配置的大部分秘密：其实所谓的"自动配置"，只不过是Spring Boot提供了"预配置"而已，并没有所谓的自动配置。

对于开发者而言，Spring Boot自动配置的好处显而易见：由于Spring Boot提供了预配置，因此开发者无须过多配置即可把项目搭建起来。对于新手来说，他们能迅速搭建项目，避免出错，降低了开发的挫败感；对于真正掌握了Spring框架的开发者而言，Spring Boot只不过是表皮，其所使用的依然是Spring框架的本身：

- Spring容器还在吗？依然还在，没有变化。
- Spring配置文件还在吗？依然还在，形式略有变化而已。
- Spring容器定义、创建Bean的方式变了吗？没有任何改变。
- Spring Boot预配置（自动配置）的Bean不合适怎么办？使用自定义配置的Bean替换它们就行了。

> **提示：** 有不少人问，学Spring Boot需要学Spring吗？这个问题的答案其实取决于你的目标——如果你只是想成为一个依葫芦画瓢的开发者，只满足依赖Spring Boot的自动配置、参考现有的代码来实现功能，那么学Spring Boot可以跳过Spring；但如果你希望真正掌握Spring Boot的实现机制，在遇到技术问题时，能独立分析并解决问题，比如Spring Boot如何整合多个数据源，如何用Spring Boot整合新出现的、官方暂不支持的框架，如何为Spring Boot开发自己的自动配置器，等等，那么就要记住：Spring是本质，Spring Boot只是表皮，扎实掌握Spring才能真正学好Spring Boot。

由于被@SpringBootApplication修饰的类位于org.crazyit.firstboot包下，因此Spring容器会自动扫描并处理该包及其子包下的所有配置类（@Configuration注解修饰的类）和组件类（@Component、@Controller、@Service、@Repository等注解修饰的类）。

> **提示：** 其实@Configuration、@Controller、@Service、@Repository等注解的本质都是@Component，Spring容器会扫描@Component修饰的类，将它变成容器中的Bean。查看@Configuration、@Controller、@Service、@Repository等注解的源代码，都可看到如下内容：
> ```
> @Component
> public @interface Controller {
>     @AliasFor(
>         annotation = Component.class
>     )
>     String value() default "";
> }
> ```

由于前面定义的控制器类BookController位于org.crazyit.firstboot.controller包下，且使用了@Controller修饰，因此Spring容器就能将它加载成容器中的Bean。

运行该Spring Boot应用，就是运行该主类的main()方法，可通过如下两种方式来运行：

- 通过IDE工具运行。
- 使用构建工具运行。

使用IDE运行main()方法非常简单，以IntelliJ IDEA为例，在该工具中打开FirstbootApplication类，即可在该类的main()方法前看到如图1.12所示的运行图标。

第 1 章　序幕：Spring Boot 入门

```
17      @SpringBootApplication
18      public class FirstbootApplication
19      {
20          public static void main(String[] args)
21 运行     {
22              // 创建Spring容器，运行Spring Boot应用
23              SpringApplication.run(FirstbootApplication.class, args);
24          }
25      }
26
```

图 1.12　main()方法的运行图标

在运行 Spring Boot 应用之前，先删除该项目里 src\test\ 目录下的所有 Java 源文件，这是由于 Maven 项目所生成的测试用例还是基于 JUnit 4.x 的，已经过时了，Spring Boot 应用的测试用例默认基于 JUnit 5.x，因此要删除这个自动生成的测试用例。

单击图 1.12 所示界面上的绿色的运行图标，即可在 IntelliJ IDEA 控制台看到应用启动的输出日志，启动成功后，将看到如下输出：

```
o.s.b.w.embedded.tomcat.TomcatWebServer  : Tomcat initialized with port(s): 8080 (http)
o.apache.catalina.core.StandardService   : Starting service [Tomcat]
org.apache.catalina.core.StandardEngine  : Starting Servlet engine: [Apache Tomcat/9.0.41]
o.a.c.c.C.[Tomcat].[localhost].[/]       : Initializing Spring embedded WebApplicationContext
w.s.c.ServletWebServerApplicationContext : Root WebApplicationContext: initialization completed in 2002 ms
o.s.s.concurrent.ThreadPoolTaskExecutor  : Initializing ExecutorService 'applicationTaskExecutor'
o.s.b.w.embedded.tomcat.TomcatWebServer  : Tomcat started on port(s): 8080 (http) with context path ''
o.c.firstboot.FirstbootApplication       : Started FirstbootApplication in 3.779 seconds (JVM running for 5.364)
```

上面第一行粗体字代码显示内嵌的 Tomcat 初始化完成，默认监听 8080 端口；第二行粗体字代码显示正在初始化 Spring 容器（WebApplicationContext）；第三行粗体字代码显示 FirstbootApplication 启动完成。

启动完成后，打开浏览器向"http://localhost:8080/"发送请求，可以看到如图 1.13 所示的视图页面。

使用浏览器向 RESTful 接口"http://localhost:8080/rest"发送请求（也可使用 Postman 发送请求），将可看到如图 1.14 所示的响应。

图 1.13　视图页面

图 1.14　测试 RESTful 接口

如果想用构建工具来运行 Spring Boot 应用，则需要添加该构建工具的 Spring Boot 插件。以 Gradle 为例，就需要使用 Spring Boot Maven 插件，在前面的 pom.xml 文件中已经添加了 Spring Boot Maven 插件，接下来只要在该 pom.xml 文件所在的路径下运行如下命令即可。

```
mvn spring-boot:run
```

当然，在运行该命令之前，先要停止在 IntelliJ IDEA 中启动的 Spring Boot 应用；否则，第二次启动的应用无法绑定 8080 端口。

至于如何运行 Maven 的 mvn 命令，那就有很多方法了，下面列举几种。

1. 使用操作系统的命令行窗口

启动系统的命令行窗口（如 Windows 系统的 cmd 窗口），进入项目中 pom.xml 文件所在的路径，然后执行 "mvn spring-boot:run" 命令，如图 1.15 所示。

图 1.15　使用命令行窗口运行 Spring Boot 应用

2. 使用 IntelliJ IDEA 的 Terminal 窗口

单击 IntelliJ IDEA 主界面最下方的 "Terminal" 标签，打开 "Terminal" 窗口，进入项目中 pom.xml 文件所在的路径下，然后执行 "mvn spring-boot:run" 命令，如图 1.16 所示。

图 1.16　使用 Terminal 窗口运行 Spring Boot 应用

这种方式与前一种方式本质相同，只不过这里是通过 IntelliJ IDEA 打开了所在平台的命令行窗口，在 Windows 系统中打开的就是 cmd 窗口。

3. 使用 Run Anything

单击 IntelliJ IDEA 主界面右上角的 "Run Anything" 按钮（或双击键盘上的 Ctrl 键），弹出如图 1.17 所示的 "Run Anything" 面板。

图 1.17　使用 Run Anything 运行 Spring Boot 应用

在 "Run Anything" 面板中输入要运行的命令 "mvn spring-boot:run"，然后按回车键即可运行 Spring Boot 应用。

4. 使用 Maven 面板

单击 IntelliJ IDEA 主界面右边的"Maven"标签,打开"Maven"面板,然后展开该面板中的"Plugins"树节点,再展开该节点下的"spring-boot"插件节点,在该插件节点下的"spring-boot:run"上单击鼠标右键,弹出如图 1.18 所示的快捷菜单。

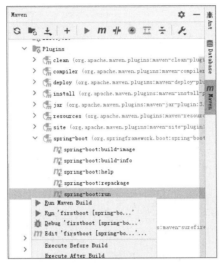

图 1.18 使用 Maven 面板运行 Spring Boot 应用

单击图 1.18 所示菜单中的"Run Maven Build"菜单项,即可运行"mvn spring-boot:run"命令。

5. 使用运行配置

单击 IntelliJ IDEA 主界面上的"Add Configuration..."按钮,在弹出的对话框中单击"+"按钮,然后在弹出的菜单中选择"Maven"菜单项,如图 1.19 所示。

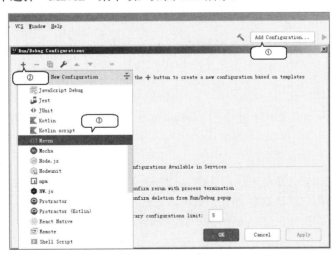

图 1.19 添加运行配置

IntelliJ IDEA 工具弹出如图 1.20 所示的对话框,在"Name"文本框中填写配置名(该名称可以随意填写,自己能区分就行),在"Command line"文本框中输入要执行的 Maven 命令"spring-boot:run",然后单击"OK"按钮。接下来在 IntelliJ IDEA 主界面中原"Add Configuration..."处可以看到刚刚配置的"运行 Spring Boot"项,运行该项,即可运行 Spring Boot 应用。

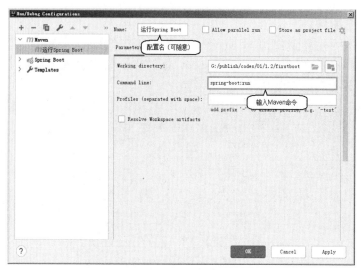

图 1.20　填写运行配置信息

▶▶ 1.2.5　创建可执行的 JAR 包

由于 Spring Boot 应用内嵌了 Web 服务器（Tomcat、Jetty 或 Undertow），所以无须将 Spring Boot 应用部署到其他 Web 服务器中，Spring Boot 应用完全可以独立运行。

在发布 Spring Boot 应用时，只需要将该应用打包成一个可执行的 JAR 包，以后就可直接通过该 JAR 包来运行 Spring Boot 应用了。

为了将 Spring Boot 应用打包成 JAR 包，首先需要保证在 pom.xml 文件中添加了 Spring Boot Maven 插件，也就是其中包含如下配置：

```xml
<build>
    <plugins>
        <!-- 定义 Spring Boot Maven 插件，可用于运行 Spring Boot 应用 -->
        <plugin>
            <groupId>org.springframework.boot</groupId>
            <artifactId>spring-boot-maven-plugin</artifactId>
        </plugin>
    </plugins>
</build>
```

此外，如果在 pom.xml 文件中定义了 <packaging.../> 元素，请确保该元素的值是 jar，即该元素的内容如下：

```xml
<packaging>jar</packaging>
```

省略 <packaging.../> 元素是可以的，当在 pom.xml 文件中添加了 Spring Boot Maven 插件后，<packaging.../> 元素的内容默认就是 jar，因此可以省略该元素。

接下来只要执行如下两条 Maven 命令即可生成可执行的 JAR 包：

```
mvn clean
mvn package
```

上面第一条命令指定执行到 Maven 生命周期的 clean 阶段，用于清除所有在构建过程中生成的文件。

上面第二条命令指定执行到 Maven 生命周期的 package 阶段，用于生成可执行的 JAR 包。

至于如何执行 "mvn clean" 和 "mvn package" 命令，同样可通过上面介绍过的任意一种方法：

➢ 使用命令行窗口。

第1章 序幕：Spring Boot 入门

- 使用 IntelliJ IDEA 的 Terminal 窗口。
- 使用 Run Anything。
- 使用 Maven 面板。
- 使用运行配置。

通过 Maven 面板的 Lifecycle 节点可以查看该项目构建的生命周期，该生命周期就包含了 clean、package 等阶段，双击该阶段即可执行到 Maven 生命周期的对应阶段。

如果成功执行完构建生命周期的 package 阶段，则可看到如下输出：

```
[INFO] --- maven-jar-plugin:3.2.0:jar (default-jar) @ firstboot ---
[INFO] Building jar: G:\publish\codes\01\1.2\firstboot\target\firstboot-0.0.1-SNAPSHOT.jar
[INFO]
[INFO] --- spring-boot-maven-plugin:2.4.2:repackage (repackage) @ firstboot ---
[INFO] Replacing main artifact with repackaged archive
[INFO] ------------------------------------------------------------------------
[INFO] BUILD SUCCESS
[INFO] ------------------------------------------------------------------------
```

上面的输出表明：Spring Boot 应用的可执行的 JAR 包构建完成，该 JAR 包的文件名为 firstboot-0.0.1-SNAPSHOT.jar，该文件名中的 firstboot 是 artifactId、0.0.1-SNAPSHOT 是 version，都是由 pom.xml 文件指定的。

打包完成后，即可在项目的 target 目录下看到一个 firstboot-0.0.1-SNAPSHOT.jar 包，这就是可执行的 JAR 包。接下来只要执行如下 Java 命令即可启动 Spring Boot 应用：

```
java -jar firstboot-0.0.1-SNAPSHOT.jar
```

在打包过程中很容易出现如下错误（尤其是在 Windows 平台开发 Spring Boot 应用时）：

```
[ERROR] Failed to execute goal org.apache.maven.plugins:maven-resources-plugin:
3.2.0:resources (default-resources) on project firstboot:
Input length = 1 -> [Help 1]
[ERROR]
[ERROR] To see the full stack trace of the errors, re-run Maven with the -e switch.
[ERROR] Re-run Maven using the -X switch to enable full debug logging.
```

导致出现该错误的原因是：Spring Boot 应用需要在 src/main/resources/ 目录下添加配置文件 application.properties（或 application.yaml），Windows 平台默认以 GBK 字符集保存这两个文件，但 Maven 打包时默认以 UTF-8 字符集读取配置文件。解决该错误非常简单，只要将 application.properties（或 application.yaml）以 UTF-8 字符集重新保存一次即可。

提示： 使用 Notepad++打开需要转码的文件，然后通过 Notepad++的"Encoding"主菜单即可完成转码。

由于 Maven 生命周期的缘故，执行"mvn package"命令会从默认生命周期的第一阶段一直执行到 package 阶段，而 Maven 的默认生命周期包含 compile（编译项目）→ test（单元测试）→ package（项目打包）→ install（安装到本地仓库）→ deploy（部署到远程）这几个核心阶段，这就意味着 Maven 在打包之前会先执行 compile、test 两个阶段。

如果 Spring Boot 应用包含了单元测试的测试用例（1.3 节会介绍单元测试），那么"mvn package"命令会先执行 compile 阶段（编译项目），再执行 test 阶段（单元测试），最后才执行 package（项目打包）阶段。如果在单元测试阶段某个测试失败，则会显示类似于如下的测试失败信息：

```
[ERROR] Tests run: N, Failures: M, Errors: L, Skipped: 0
```

上面信息显示运行了 N 个测试方法，其中失败了 M 个，有 L 个出现错误。一旦在构建过程中出现上述错误，就意味着 Maven 无法通过 test 阶段，从而根本无法执行到 package 阶段，这样打包也会失败。解决这种错误的方法也很简单：检查并修改测试出错的单元测试，使之能通过单元测试。

如果时间仓促，来不及修改所有的单元测试，可先将那些测试出错的单元测试注释掉，这样能暂时让项目通过单元测试，打包成功。但这只是权宜之计，在项目最终发布之前，还是要保证项目的所有单元测试都能测试通过。

▶▶ 1.2.6 开发业务组件

前面控制器的处理方法直接返回了字符串作为响应，这在实际项目中肯定是不行的，实际项目中的控制器要调用业务组件来处理用户响应，因此本例会开发一个业务组件来处理用户请求。

为了和前一个简单的示例区分开，此处将前一个项目复制一份，重命名为"firstboot2"。

本例的业务组件要能实现添加图书、删除图书、列出全部图书这三个功能。下面是本例业务组件的接口代码。

程序清单：codes\01\1.2\firstboot2\src\main\java\org\crazyit\firstboot\service\BookService.java

```java
public interface BookService
{
    List<Book> getAllBooks();
    Integer addBook(Book book);
    void deleteBook(Integer id);
}
```

该 Service 组件的实现类则调用 DAO 组件的方法来实现上述方法。下面是 BookService 组件的实现类代码。

程序清单：codes\01\1.2\firstboot2\src\main\java\org\crazyit\firstboot\service\impl\BookServiceImpl.java

```java
@Service
@Transactional(propagation = Propagation.REQUIRED, timeout = 5)
public class BookServiceImpl implements BookService
{
    // 依赖注入容器中的 BookDao 组件
    @Autowired
    private BookDao bookDao;
    @Override
    public List<Book> getAllBooks()
    {
        return (List<Book>) bookDao.findAll();
    }
    @Override
    public Integer addBook(Book book)
    {
        bookDao.save(book);
        return book.getId();
    }
    @Override
    public void deleteBook(Integer id)
    {
        bookDao.deleteById(id);
    }
}
```

上面第一行粗体字代码使用了 @Service 注解修饰该实现类，且该实现类位于 org.crazyit.firstboot.service.impl 包下，也就是位于 FirstbootApplication 类所在包的子包下，因此 Spring Boot 会自动扫描该实现类，并将它配置成容器中的 Bean。

上面第二行粗体字代码使用了@Transactional 注解修饰该 Service 组件，该注解指定事务传播规则为"REQUIRED"，事务超时时长为 5 秒，Spring 将会为该 Service 组件生成事务代理，从而为该 Service 组件中的每个方法都添加事务。为目标组件生成事务代理是 Spring AOP 的功能，但生成事务代码所需要的事务管理器，同样由 Spring Boot 的自动配置提供。

上面第三行粗体字代码使用了@Autowired 注解修饰 BookDao 实例变量，这也是 Spring 的基本用法，Spring 将会把容器中唯一的、类型为 BookDao 的 Bean 注入该实例变量（下一节将会介绍开发 BookDao 组件）。

接下来要对前面的控制器类进行一些修改，让 Spring 将 BookService 组件注入控制器，控制器调用 BookService 的方法来处理用户请求。

下面是修改后的 BookController 类的代码。

程序清单：codes\01\1.2\firstboot2\src\main\java\org\crazyit\firstboot\controller\BookController.java

```java
@Controller
public class BookController
{
    @GetMapping("/")
    public String index(Model model)
    {
        model.addAttribute("tip", "欢迎访问第一个 Spring Boot 应用");
        return "hello";
    }
    @GetMapping("/rest")
    @ResponseBody
    public ResponseEntity restIndex()
    {
        return new ResponseEntity<>("欢迎访问第一个 Spring Boot 应用",
            null, HttpStatus.OK);
    }
    @Autowired
    private BookService bookService;

    @PostMapping("/addBook")
    public String addBook(Book book, Model model)
    {
        bookService.addBook(book);
        return "redirect:listBooks";
    }
    @PostMapping("/rest/books")
    @ResponseBody
    public ResponseEntity<Map<String, String>> restAddBook(@RequestBody Book book)
    {
        bookService.addBook(book);
        return new ResponseEntity<>(Map.of("tip", "添加成功"),
            null, HttpStatus.OK);
    }

    @GetMapping("/listBooks")
    public String list(Model model)
    {
        model.addAttribute("books", bookService.getAllBooks());
        return "list";
    }
    @GetMapping("/rest/books")
    @ResponseBody
    public ResponseEntity<List<Book>> restList()
    {
        return new ResponseEntity<>(bookService.getAllBooks(),
```

```
            null, HttpStatus.OK);
    }
    @GetMapping("/deleteBook")
    public String delete(Integer id)
    {
        bookService.deleteBook(id);
        return "redirect:listBooks";
    }
    @DeleteMapping("/rest/books/{id}")
    @ResponseBody
    public ResponseEntity<Map<String, String>> restDelete(@PathVariable Integer id)
    {
        bookService.deleteBook(id);
        return new ResponseEntity<>(Map.of("tip", "删除成功"),
            null, HttpStatus.OK);
    }
}
```

上面的 BookController 类增加了一个 BookService 实例变量，且使用了 @Autowired 注解修饰，因此 Spring 就会将容器中唯一的、类型为 BookService 的 Bean 注入该实例变量。

接下来该 BookController 定义了 6 个处理方法，这些处理方法使用了 @GetMapping、@PostMapping、@DeleteMapping 等注解修饰，映射这些处理方法能处理来自不同 URL 地址的请求。这些注解都是 @RequestMapping 的简化版，用于指定被修饰的方法仅能处理 GET、POST、DELETE 请求。这些注解都属于 Spring MVC 的基本注解，并不属于 Spring Boot。

上面这些方法定义了两个版本：带界面响应的版本和 RESTful 版本。使用 @ResponseBody 修饰的方法就是用于生成 RESTful 响应的方法。

对于 RESTful 响应的处理方法，Spring Boot 应用无须提供视图页面，在前后端分离的架构中，前端应用会负责提供用户界面、处理用户交互。Spring Boot 应用只要暴露 RESTful 接口即可。

对于要生成界面的处理方法，程序还需要为它们提供视图页面。首先在前面的 hello.html 页面中增加一个表单，该表单供用户填写图书信息。修改后的 hello.html 页面代码如下。

程序清单：codes\01\1.2\firstboot2\src\main\resources\templates\hello.html

```html
<!DOCTYPE html>
<html xmlns:th="http://www.thymeleaf.org">
<head>
    <meta charset="UTF-8"/>
    <title>第一个 Spring Boot 应用</title>
    <!-- 引用 WarJar 中的静态资源-->
    <link rel="stylesheet" th:href="@{/webjars/bootstrap/4.5.3/css/bootstrap.min.css}"/>
    <script type="text/javascript" th:src="@{/webjars/jquery/3.5.1/jquery.js}"></script>
</head>
<body>
<div class="container">
    <!-- 使用 th:text 将表达式的值绑定到标准 HTML 元素 -->
    <div class="alert alert-primary" th:text="${tip}"></div>
    <h2>添加图书</h2>
    <form method="post" th:action="@{/addBook}">
        <div class="form-group row">
            <label for="title" class="col-sm-3 col-form-label">图书名：</label>
            <div class="col-sm-9">
                <input type="text" id="title" name="title"
                    class="form-control" placeholder="输入图书名">
            </div>
```

```html
        </div>
        <div class="form-group row">
            <label for="author" class="col-sm-3 col-form-label">作者:</label>
            <div class="col-sm-9">
                <input type="text" id="author" name="author"
                    class="form-control" placeholder="输入作者">
            </div>
        </div>
        <div class="form-group row">
            <label for="price" class="col-sm-3 col-form-label">价格:</label>
            <div class="col-sm-9">
                <input type="number" step="0.1" id="price" name="price"
                    class="form-control" placeholder="输入价格">
            </div>
        </div>
        <div class="form-group row">
            <div class="col-sm-6 text-right">
                <button type="submit" class="btn btn-primary">添加</button>
            </div>
            <div class="col-sm-6">
                <button type="reset" class="btn btn-danger">重设</button>
            </div>
        </div>
    </form>
</div>
</body>
</html>
```

上面页面中添加了一个 Bootstrap 样式的表单，该表单的界面看起来会比较美观，该表单的提交地址是 addBook，与前面 BookController 中处理方法定义的处理地址对应。

还需要一个 list.html 页面用于显示所有图书，该页面代码如下。

程序清单：codes\01\1.2\firstboot2\src\main\resources\templates\list.html

```html
<!DOCTYPE html>
<html xmlns:th="http://www.thymeleaf.org">
<head>
    <meta charset="UTF-8"/>
    <title>所有图书</title>
    <!-- 引用 WarJar 中的静态资源-->
    <link rel="stylesheet" th:href="@{/webjars/bootstrap/4.5.3/css/bootstrap.min.css}"/>
    <script type="text/javascript" th:src="@{/webjars/jquery/3.5.1/jquery.js}">
    </script>
</head>
<body>
<div class="container">
    <h2>全部图书</h2>
    <table class="table table-hover">
        <tr>
            <th>书名</th>
            <th>作者</th>
            <th>价格</th>
            <th>操作</th>
        </tr>
        <tr th:each="book : ${books}">
            <td th:text="${book.title}">书名</td>
            <td th:text="${book.author}">作者</td>
            <td th:text="${book.price}">0</td>
            <td><a th:href="@{/deleteBook?id=} + ${book.id}">删除</a></td>
        </tr>
```

```
        </table>
        <div class="text-right"><a class="btn btn-primary"
            th:href="@{/}">添加图书</a></div>
</div>
</body>
</html>
```

该页面代码中的粗体字代码使用 th:each 标签对指定集合进行迭代,这也是 Thymeleaf 的功能。Thymeleaf 与传统视图技术的最大区别在于:传统视图技术总是使用额外的标签来控制页面数据的显示;而 Thymeleaf 则使用额外的 th:*属性来控制页面数据的显示。这样做的好处在于:浏览器能自动忽略 HTML 标签中不认识的属性(th:*属性),因此,即使在不执行动态解析的情况下,也可直接使用浏览器查看 Thymeleaf 页面效果。

▶▶ 1.2.7 开发 DAO 组件

前面 BookService 中用到了 BookDao 组件和 Book 类,这些都是与持久化相关的类,本例直接使用 Spring Boot Data JPA 来访问数据库,为此首先要为项目添加如下依赖:

➢ Spring Boot Data JPA 依赖。
➢ MySQL 数据库驱动依赖。

在 pom.xml 文件的<dependencies.../>元素中添加如下两个子元素来添加依赖。

程序清单:codes\01\1.2\firstboot2\pom.xml

```xml
<!-- Spring Boot Data JPA 依赖 -->
<dependency>
    <groupId>org.springframework.boot</groupId>
    <artifactId>spring-boot-starter-data-jpa</artifactId>
</dependency>
<!-- MySQL 数据库驱动依赖 -->
<dependency>
    <groupId>mysql</groupId>
    <artifactId>mysql-connector-java</artifactId>
    <scope>runtime</scope>
</dependency>
```

添加了上面的依赖之后,重新加载项目的依赖库,然后在项目的 src\main\application\目录下添加一个 application.properties 文件——这个文件是 Spring Boot 项目的配置文件,当整合不同的项目时,该配置文件支持大量不同的属性,不同的属性也由不同的处理类负责读取(后面深入介绍 Spring Boot 整合时,会详细介绍该文件中不同属性的作用)。

此处只使用 application.properties 文件配置数据库的连接信息,该文件的内容如下。

程序清单:codes\01\1.2\firstboot2\src\main\resources\application.properties

```
# 数据库 URL 地址
spring.datasource.url=jdbc:mysql://localhost:3306/springboot?serverTimezone=UTC
# 连接数据库的用户名
spring.datasource.username=root
# 连接数据库的密码
spring.datasource.password=32147
# 指定显示 SQL 语句
spring.jpa.show-sql=true
# 指定根据实体自动建表
spring.jpa.generate-ddl=true
```

上面配置文件指定了连接数据库的基本信息:URL 地址、用户名和密码,并指定了 JPA 能根据实体类自动建表,还会显示它所执行的 SQL 语句。

上面的数据库连接信息指定连接 MySQL 的 springboot 数据库，因此需要创建一个 springboot 数据库，仅创建数据库即可，应用启动时会自动建表。

为项目创建一个 Book 实体类，该实体类的代码如下。

程序清单：codes\01\1.2\firstboot2\src\main\java\org\crazyit\firstbook\domain\Book.java

```java
@Entity
@Table(name = "book_inf")
public class Book
{
    @Id
    @Column(name = "book_id")
    @GeneratedValue(strategy = GenerationType.IDENTITY)
    private Integer id;
    private String title;
    private String author;
    private double price;
    // 省略 getter、setter 方法
    ...
}
```

此处再次体现了 Spring Boot 的自动配置。上面的配置文件仅仅指定了连接数据库的基本信息，Spring Boot 将会自动在容器中配置一个 DataSource Bean；上面的配置文件仅仅指定了两个 JPA 属性，Spring Boot 将会自动在容器中配置一个 EntityManagerFactory Bean。这一切都是"静悄悄"地自动发生的，当然，这正是 Spring Boot 的职责所在。

为项目创建 DAO 组件：BookDao，该 DAO 组件的接口代码如下。

程序清单：codes\01\1.2\firstboot2\src\main\java\org\crazyit\firstboot\dao\BookDao.java

```java
public interface BookDao extends CrudRepository<Book, Integer>
{
}
```

该 BookDao 接口完全是一个空接口，它仅仅继承了 CrudRepository，但它实际上已经拥有了大量方法。

这得益于 Spring Data 的优秀设计，继承了 CrudRepository 接口的 BookDao 不需要提供实现类，Spring Data 会自动为它动态生成实现类，并将该实现类的实例部署在 Spring 容器中。不仅如此，Spring Data 还可为 BookDao 动态增加很多查询方法，本书第 5 章会深入介绍 Spring Boot 整合 Spring Data 后的强大功能，此处暂不深入。

Spring Boot 应用的主程序无须任何变化，依然只需要调用 SpringApplication 的 run() 方法即可。该应用既提供了用户界面供浏览器访问，又提供了 RESTful 接口供前端应用或移动 APP 调用。

启动该 Spring Boot 应用，使用浏览器访问该应用，可以看到如图 1.21 所示的页面。

图 1.21　表单页面

在图 1.21 所示的页面中填写图书信息，然后单击"添加"按钮，即可看到如图 1.22 所示的图书列表页面。

图 1.22 列出全部图书

单击图 1.22 所示页面中的"删除"链接，即可删除该图书。

正如在前面所看到的，该应用还提供了 RESTful 接口，可使用 Postman 来测试 RESTful 接口。

使用 Postman 向"http://localhost:8080/rest/books"发送 GET 请求，可以看到如图 1.23 所示的结果。

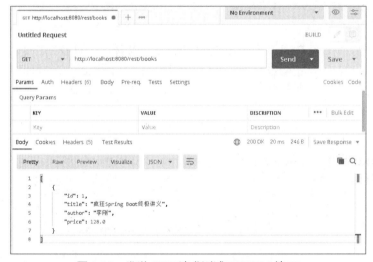

图 1.23 发送 GET 请求测试 RESTful 接口

使用 Postman 向"http://localhost:8080/rest/books"发送 POST 请求，可以看到如图 1.24 所示的结果。

图 1.24 发送 POST 请求测试 RESTful 接口

使用 Postman 向"http://localhost:8080/rest/books/1"发送 DELETE 请求可删除 ID 为 1 的图书，此时可以看到如图 1.25 所示的结果。

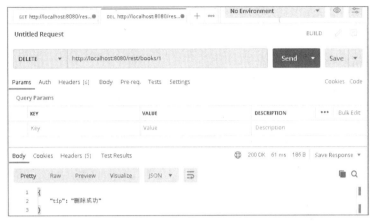

图 1.25　发送 DELETE 请求测试 RESTful 接口

1.3　编写单元测试

单元测试对程序来说非常重要，它不仅能增强程序的健壮性，而且也为程序的重构提供了依据。目前很多开源项目的测试覆盖率都高达 90%以上，由此可见单元测试的重要性。本节就来介绍如何利用 Spring Boot 的单元测试为应用编写测试用例。

1.3.1　测试 RESTful 接口

Spring Boot 提供了@SpringBootTest 注解，该注解用于修饰单元测试用例类。剩下的事情就简单了，测试用例的测试方法依然使用@Test 或@ParameterizedTest 注解修饰。

前面使用 Spring Initializr 生成的 pom.xml 文件中已经添加了如下依赖：

```xml
<!-- Spring Boot 单元测试的依赖 -->
<dependency>
    <groupId>org.springframework.boot</groupId>
    <artifactId>spring-boot-starter-test</artifactId>
    <scope>test</scope>
</dependency>
```

该依赖就是指 Spring Boot 单元测试的依赖库，由于该依赖库又依赖 JUnit 5.x，因此添加该依赖将会自动添加 JUnit 5 依赖。

新建测试用例类，用于测试前面 Spring Boot 应用中的 BookController 组件。该测试用例的代码如下。

程序清单：codes\01\1.2\firstboot2\src\test\java\org\crazyit\firstboot\controller\RandomPortTest.java

```java
@SpringBootTest(webEnvironment = WebEnvironment.RANDOM_PORT)
public class RandomPortTest
{
    @Autowired
    private TestRestTemplate restTemplate;
    @Test
    public void testIndexRest()
    {
        // 测试 restIndex 方法
        var result = restTemplate.getForObject("/rest", String.class);
```

```
        Assertions.assertEquals("欢迎访问第一个 Spring Boot 应用", result);
    }
    @ParameterizedTest
    @CsvSource({"疯狂Java讲义,李刚,129.0", "疯狂Android讲义,李刚,128.0"})
    public void testRestAddBook(String title, String author, double price)
    {
        var book = new Book(title, author, price);
        // 测试 restAddBook 方法
        var result = restTemplate.postForObject("/rest/books",
            book, Map.class);
        Assertions.assertEquals(result.get("tip"), "添加成功");
    }
    @Test
    public void testRestList()
    {
        // 测试 restList 方法
        var result = restTemplate.getForObject("/rest/books",
            List.class);
        result.forEach(System.out::println);
    }
    @ParameterizedTest
    @ValueSource(ints = {4, 5})
    public void testRestDelete(Integer id)
    {
        // 测试 restDelete 方法
        restTemplate.delete("/rest/books/{0}", id);
    }
}
```

上面测试用例类使用了@SpringBootTest 注解修饰，并为@SpringBootTest 指定了 webEnvironment 属性为 WebEnvironment.RANDOM_PORT，这表示在运行测试时，将会为 Web 服务器随机分配端口。

上面测试方法有的使用了@Test 修饰，有的使用了@ParameterizedTest 修饰，其中后者是 JUnit 5.x 新增的测试注解，用于表示参数化测试。JUnit 5.x 会根据@ValueSource、@CsvSource 等注解提供的参数来调用参数化测试方法。关于 JUnit 5.x 的详细介绍，可参考《疯狂 Java 面试讲义——数据结构、算法与技术素养》的第 16 章。

上面的测试用例中依赖注入了一个 TestRestTemplate 对象，这个 TestRestTemplate 对象实际上是对 RestTemplate 进行了封装，可以在测试环境中更方便地使用 RestTemplate 的功能，因此 TestRestTemplate 主要用于测试 RESTful 接口的功能。

上面的@SpringBootTest 注解指定了 webEnvironment = WebEnvironment.RANDOM_PORT，因此不需要知道 Web 服务器的端口是多少，就可以直接进行测试；如果想使用固定的端口，则可以将 webEnvironment 属性指定为 WebEnvironment.DEFINED_PORT，这样 Spring Boot 就会读取项目配置文件（如 application.properties）中的端口（server.port 属性）来启动 Web 服务器，若没有配置的话，默认值为 8080 端口。

▶▶ 1.3.2 模拟 Web 环境测试控制器

在设置@SpringBootTest 的 webEnvironment 属性时，不管是设置为 RANDOM_PORT，还是设置为 DEFINED_PORT，在运行单元测试时，都会启动一个真实的 Web 服务器。如果不想启动真实的 Web 服务器，则可以将 webEnvironment 属性设置为 WebEnvironment.MOCK，该属性值设置启动模拟的 Web 服务器。

前面的测试用例使用 TestRestTemplate 来测试 RESTful 接口，如果想测试普通的控制器处理方法，比如读取处理方法返回的 ModelAndView，则可使用 MockMvc。

下面是使用 MockMvc 测试控制器处理方法的测试用例。

程序清单：codes\01\1.2\firstboot2\src\test\java\org\crazyit\firstboot\controller\MockEnvTest.java

```java
@SpringBootTest(webEnvironment = WebEnvironment.MOCK)
@AutoConfigureMockMvc
public class MockEnvTest
{
    @Autowired
    private MockMvc mvc;
    @Test
    public void testIndex() throws Exception
    {
        // 测试 index 方法
        var result = mvc.perform(MockMvcRequestBuilders.get(new URI("/")))
                .andReturn().getModelAndView();
        Assertions.assertEquals(Map.of("tip", "欢迎访问第一个 Spring Boot 应用")
                , result.getModel());
        Assertions.assertEquals("hello", result.getViewName());
    }
    @ParameterizedTest
    @CsvSource({"疯狂 Java 讲义, 李刚, 129.0", "疯狂 Android 讲义, 李刚, 128.0"})
    public void testAddBook(String title, String author, double price)
        throws Exception
    {
        // 测试 addBook 方法
        var result = mvc.perform(MockMvcRequestBuilders
                .post(new URI("/addBook"))
                .param("title", title)
                .param("author", author)
                .param("price", price + ""))
                .andReturn().getModelAndView();
        Assertions.assertEquals("redirect:listBooks", result.getViewName());
    }
    @Test
    public void testList() throws Exception
    {
        // 测试 list 方法
        var result = mvc.perform(MockMvcRequestBuilders.get(new URI("/listBooks")))
                .andReturn().getModelAndView();
        Assertions.assertEquals("list", result.getViewName());
        List<Book> books = (List<Book>) result.getModel().get("books");
        books.forEach(System.out::println);
    }
    @ParameterizedTest
    @ValueSource(ints = {7, 8})
    public void testDelete(Integer id) throws Exception
    {
        // 测试 delete 方法
        var result = mvc.perform(MockMvcRequestBuilders.get("/deleteBook?id={0}", id))
                .andReturn().getModelAndView();
        Assertions.assertEquals("redirect:listBooks", result.getViewName());
    }
}
```

上面测试用例的第一行粗体字代码使用了 @SpringBootTest 修饰该测试用例类，并将 webEnvironment 属性指定为 WebEnvironment.MOCK，这意味着启动模拟的 Web 服务器。

> **注意**
>
> webEnvironment 属性的默认值就是 WebEnvironment.MOCK，因此上面注解将 webEnvironment 属性指定为 WebEnvironment.MOCK 其实是多余的。

上面第二行粗体字代码使用@AutoConfigureMockMvc 启用 MockMvc 的自动配置，这样 Spring Boot 会在容器中自动配置一个 MockMvc Bean。

上面第三行粗体字代码定义了一个类型为 MockMvc 的实例变量，并使用了@Autowired 注解修饰，以便 Spring 容器为该属性依赖注入容器中的 MockMvc 对象。

使用 MockMvc 执行测试的方法只要两步：

① 使用 MockMvcRequestBuilders 的 get()、post()、put()、patch()、delete()、options()、head()等方法创建对应的请求；如果需要设置请求参数、请求头等，则接着调用 MockHttpServletRequestBuilder 的 param()、header()等方法。

② 调用 MockMvc 对象的 perform()方法执行请求。

MockMvc 的 perform()方法返回 ResultActions，通过该对象的返回值可读取到控制器处理方法的 ModelAndView，还可通过 getResponse()获取控制器处理方法返回的响应，具体读取哪种信息根据测试需求决定，本测试用例主要读取控制器处理方法返回的 ModelAndView，如上面的代码所示。

▶▶ 1.3.3 测试业务组件

前面两节都是针对控制器组件进行测试的，因此需要启动 Web 服务器；如果只是测试 Service 组件或 DAO 组件等，则不需要启动 Web 服务器，可将@SpringBootTest 注解的 webEnvironment 属性设置为 WebEnvironment.NONE，这就代表不启动 Web 服务器。

下面测试用例用于测试上面的 BookService 组件。

程序清单：codes\01\1.2\firstboot2\src\test\java\org\crazyit\firstboot\service\BookServiceTest.java

```
@SpringBootTest(webEnvironment = WebEnvironment.NONE)
public class BookServiceTest
{
    @Autowired
    private BookService bookService;
    @Test
    public void testGetAllBooks()
    {
        bookService.getAllBooks().forEach(System.out::println);
    }
    @ParameterizedTest
    @CsvSource({"疯狂Java讲义, 李刚, 129.0", "疯狂Android讲义, 李刚, 128.0"})
    public void testAddBook(String title, String author, double price)
    {
        var book = new Book(title, author, price);
        Integer result = bookService.addBook(book);
        System.out.println(result);
        Assertions.assertNotEquals(result, 0);
    }
    @ParameterizedTest
    @ValueSource(ints = {9, 10})
    public void testDeleteBook(Integer id)
```

```
        {
            bookService.deleteBook(id);
        }
}
```

上面程序中的第一行粗体字代码指定了 webEnvironment 属性为 WebEnvironment.NONE，这意味着不启动 Web 服务器来运行该测试用例。

上面程序中的第二行粗体字代码定义了一个 BookService 类型的实例变量，并使用了 @Autowired 注解修饰，Spring 容器会将容器中唯一的类型为 BookService 的 Bean 注入该实例变量。

由于此处测试的只是普通的 BookService 对象，因此测试方法直接调用被测试组件的方法即可，如上面的测试代码所示。

▶▶ 1.3.4 使用模拟组件

实际应用中的组件可能需要依赖其他组件来访问数据库，或者调用第三方接口提供的服务，为了避免这些不稳定因素影响单元测试的效果，可以使用 Mock 组件来模拟这些不稳定的组件，用于确保被测试组件代码的健壮性。

例如，上面例子中的 BookService 组件需要调用 BookDao 来访问数据库，而 BookDao 有可能还不稳定（在被测试之前，该组件就是不稳定的），甚至该组件还未被开发出来，如果此时想对 BookService 组件进行测试，那么就需要提供一个 Mock 组件来模拟 BookDao。

下面是使用 Mock 模拟 BookDao，对 BookService 执行单元测试的测试用例。

程序清单：codes\01\1.2\firstboot2\src\test\java\org\crazyit\firstboot\service\MockTest.java

```
@SpringBootTest(webEnvironment = WebEnvironment.NONE)
public class MockTest
{
    // 定义要测试的目标组件：BookService
    @Autowired
    private BookService bookService;
    // 为 BookService 依赖的组件定义一个 Mock Bean
    // 该 Mock Bean 将会被注入被测试的目标组件
    @MockBean
    private BookDao bookDao;
    @Test
    public void testGetAllBooks()
    {
        // 模拟 bookDao 的 findAll()方法的返回值
        BDDMockito.given(this.bookDao.findAll()).willReturn(
            List.of(new Book("测试1", "李刚", 89.9),
                new Book("测试2", "yeeku", 99.9)));
        List<Book> result = bookService.getAllBooks();
        Assertions.assertEquals(result.get(0).getTitle(), "测试1");
        Assertions.assertEquals(result.get(0).getAuthor(), "李刚");
        Assertions.assertEquals(result.get(1).getTitle(), "测试2");
        Assertions.assertEquals(result.get(1).getAuthor(), "yeeku");
    }
}
```

上面测试用例中定义了一个 BookDao 类型的实例变量，但并未使用@Autowired 注解修饰该实例变量，而是使用了@MockBean 修饰该实例变量，这就表明 Spring 会使用 Mock Bean 来模拟该 BookDao 实例变量。

在 testGetAllBooks()测试方法中，粗体字代码用 BDDMockito 类的 given()静态方法为 bookDao

（不是 BookDao 组件，而是一个 Mock Bean）的 findAll()方法指定了返回值。

当 BookService 调用 getAllBooks()方法时，该方法所依赖的 BookDao 组件的 findAll()方法将直接使用该 Mock Bean 的 findAll()方法的返回值。

运行上面的 testGetAllBooks()测试方法，此时不管底层数据库包含什么样的数据，上面的测试用例总能通过测试。这是因为该测试用例并未使用真正的 BookDao 组件，而是直接使用了 Mock Bean 的返回值，所以测试结果总是稳定的。

1.4 使用其他构建工具

前面介绍了目前国内最流行的 Maven 作为 Spring Boot 应用的构建工具，但实际上 Spring Boot 应用是与构建工具、IDE 工具无关的，开发 Spring Boot 应用完全可以不用 Maven，而是使用 Gradle、Ant 等构建工具。下面将通过使用不同的构建工具帮助大家更好地理解 Spring Boot 的本质。

1.4.1 使用 Gradle 构建工具

Gradle 也是非常优秀的构建工具，使用 Gradle 构建 Spring Boot 应用与使用 Maven 其实并没有太大的区别。

IntelliJ IDEA 已经内置了 Gradle，先对 IntelliJ IDEA 的 Gradle 进行设置。单击 IntelliJ IDEA 主菜单"File"→"Settings"，打开"Settings"对话框，单击左边的"Build, Execution, Deployment"→"Build Tools"→"Gradle"节点，打开如图 1.26 所示的设置对话框。

图 1.26　设置 Gradle 本地资源库的路径

在图 1.26 所示的对话框中设置 Gradle 本地资源库的路径（可任选一个目录作为 Gradle 本地资源库的路径），如果不设置该路径，IntelliJ IDEA 默认使用用户 Home 目录下的 .gradle 子目录作为 Gradle 本地资源库的路径，这样不利于管理。

接下来使用 IntelliJ IDEA 创建一个 Gradle 项目，单击 IntelliJ IDEA 主菜单"File"→"New"→"Project..."，打开如图 1.27 所示的对话框。

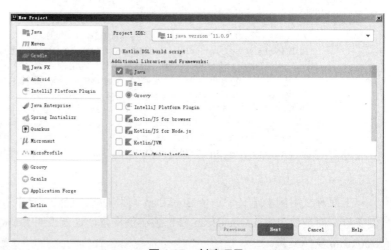

图 1.27　创建项目

在图 1.27 所示对话框的左边选择"Gradle"列表项,然后勾选右边的"Java"复选框,表明该项目使用 Java 语言。

单击"Next"按钮,IntelliJ IDEA 显示如图 1.28 所示的对话框。

图 1.28　设置项目的名称和保存路径

在图 1.28 所示的对话框中可设置该项目的名称和存储路径。如果展开"Artifact Coordinates",还可设置该项目的坐标(组织 ID、项目 ID、版本),如果不在这里设置,后面直接修改文件反而更方便。设置完成后,单击"Finish"按钮,即可创建一个 Gradle 项目。当项目创建完成后,可在 IntelliJ IDEA 主界面左边的项目导航面板中看到如图 1.29 所示的导航树。

图 1.29　项目导航树

对比图 1.5 中的 Maven 项目结构与此处的 Gradle 项目结构,不难发现二者其实大同小异,最大的区别是 Gradle 项目使用 build.gradle 作为构建文件,而 Maven 项目使用 pom.xml 作为构建文件。

此外,在 IntelliJ IDEA 中创建 Gradle 项目时会自动使用 Gradle Wrapper,那什么是 Gradle Wrapper 呢?

由于 Gradle 处于快速迭代阶段,经常发布新版本,如果让项目直接使用特定版本的 Gradle,不仅麻烦,而且可能不同项目使用的 Gradle 版本也不相同,Gradle Wrapper 就是对 Gradle 的包装,它可以为每个项目自动下载和配置 Gradle,从而让开发者无须关心如何下载、配置 Gradle。

图 1.29 所示导航树中的 gradlew.bat(Linux 批处理文件)就是 Gradle Wrapper 的命令。

接下来问题就来了,Gradle Wrapper 从哪里下载 Gradle?它下载的 Gradle 保存在哪里?要回答这两个问题,需要打开图 1.29 所示导航树中的 gradle 目录,在它的 wrapper 子目录中有一个 gradle-wrapper.properties 文件,打开该文件即可发现如下内容:

```
# 设置保存 Gradle 的基路径
distributionBase=GRADLE_USER_HOME
```

```
# 设置Gradle的保存路径
distributionPath=wrapper/dists
# 设置从哪里下载Gradle
distributionUrl=https\://services.gradle.org/distributions/gradle-6.5.1-bin.zip
# 设置保存Gradle压缩包的基路径
zipStoreBase=GRADLE_USER_HOME
# 设置Gradle压缩包的保存路径
zipStorePath=wrapper/dists
```

上面的配置文件中设置了 Gradle Wrapper 从 https://services.gradle.org/distributions/gradle-6.5.1-bin.zip 下载 Gradle 压缩包，通过国内网络可能无法访问它，于是 IntelliJ IDEA 就会一直卡住，此时只要将此处改为国内的镜像地址即可。

下载得到的 Gradle 压缩包和解压缩程序的存储路径都是%GRADLE_USER_HOME%/wrapper/dists，其中 GRADLE_USER_HOME 代表环境变量，如果不设置该环境变量，则相当于它的默认值是用户 Home 目录下的.gradle 子目录。因此，Gradle 默认被保存在用户 Home 目录下的.gradle/wrapper/dists 子目录下。

为了便于管理 Gradle Wrapper 下载得到的 Gradle，建议设置 GRADLE_USER_HOME 环境变量。例如，将 GRADLE_USER_HOME 环境变量也设为 "F:\gradle_repo\"，与图 1.26 中设置的路径保持相同，这样 Gradle Wrapper 下载的 Gradle 和 Gradle 本地资源库都被保存在同一个目录中，方便管理。

与使用 Maven 构建工具类似，使用 Gradle 工具的关键就是编写 build.gradle 文件，不过 Spring Boot 提供了 Spring Initializr 工具，登录 https://start.spring.io/，依然按图 1.6 所示来填写要创建的项目信息，只不过这次选择创建 Gradle 项目。创建完成后，同样可以下载得到一个压缩包，用该压缩包中的 build.gradle 文件代替 Maven 项目中的 build.gradle 文件。

build.gradle 文件内容如下。

程序清单：codes\01\1.4\firstboot\build.gradle

```gradle
plugins {
    id 'org.springframework.boot' version '2.4.2'
    id 'io.spring.dependency-management' version '1.0.10.RELEASE'
    id 'java'
}
// 定义项目的基本信息
group = 'org.crazyit'
version = '0.0.1-SNAPSHOT'
sourceCompatibility = '11'
// 定义Gradle资源库
repositories {
    // 优先使用Maven本地资源库
    mavenLocal()
    mavenCentral()
}
dependencies {
    // Spring Web依赖
    implementation 'org.springframework.boot:spring-boot-starter-web'
    // Spring Boot Thymeleaf依赖
    implementation 'org.springframework.boot:spring-boot-starter-thymeleaf'
    // Bootstrap WarJar的依赖
    implementation 'org.webjars:bootstrap:4.5.3'
    // Spring Boot Data JPA依赖
    implementation 'org.springframework.boot:spring-boot-starter-data-jpa'
    // MySQL数据库驱动依赖
    implementation 'mysql:mysql-connector-java'
```

```
    // Spring Boot 单元测试的依赖
    testImplementation 'org.springframework.boot:spring-boot-starter-test'
}
test {
    useJUnitPlatform()
}
```

上面构建文件中的第一行粗体字代码对应于 Maven 项目的 pom.xml 中的<parent.../>元素配置的信息。

上面构建文件中的 dependencies 完全对应于 Maven 项目的 pom.xml 中的< dependencies.../>元素配置的依赖库，只不过 Gradle 配置依赖库更加简洁，它将依赖库的 groupId、artifactId、version 信息直接写在一行，中间用英文冒号隔开即可。

上面构建文件中的第二行粗体字代码是作者自行添加的，这行配置告诉 Gradle 优先使用 Maven 本地资源库（F:\repo）路径下的依赖 JAR 包，这样避免了所有 JAR 包都要从网上下载。

在提供了该构建文件之后，剩下的开发过程与 Maven 项目开发没有什么区别，运行 Spring Boot 应用也没有什么区别，直接使用 IntelliJ IDEA 运行 Spring Boot 主类的 main()方法即可。

如果想使用 Spring Boot 的 Gradle 插件来运行 Spring Boot 应用，只要执行如下命令即可：

```
gradle bootRun
```

与前面的 Maven 项目使用"mvn spring-boot:run"命令运行 Spring Boot 应用类似，这里同样可以通过以下方式来运行"gradle bootRun"命令：

> 使用操作系统的命令行窗口。
> 使用 IntelliJ IDEA 的 Terminal 窗口。
> 使用 Run Anything。
> 使用 Gradle 面板。
> 使用运行配置。

在以 Gradle 为构建工具的 Spring Boot 项目的 Gradle 面板中，可以通过"tasks"→"application"→"bootRun"找到该 bootRun 节点，运行该节点即可运行 Spring Boot 应用。

1.4.2 使用 Ant 开发 Spring Boot 应用

Ant 是一个有点老的构建工具，它不像 Maven 有生命周期的概念，它也没有"约定优于配置"的理念，它采用全自定义的方式来构建项目，所有构建过程都要通过 build.xml 文件指定，单独的 Ant 甚至不能依赖管理，必须由开发者手动下载 JAR 包，这或许就是 Ant 最大的弱点。

> **提示：**
> Ant 有一个配套项目：Ivy，Ivy 可以为 Ant 增加依赖管理的功能。Ant+Ivy 的组合其实非常好用，并不比 Maven、Gradle 工具逊色。形象地说，Ant 就像一辆具有历史感的手动跑车，当真正熟悉了它的操作之后，你就会被它的灵活和澎湃所震撼。

在介绍使用 Ant 开发 Spring Boot 应用之前，先简单说一下 Ant 的安装。

登录 https://ant.apache.org/bindownload.cgi 站点下载 Ant 1.10.x 压缩包，并将该压缩包解压缩到任意盘符的根路径（本书使用 D:\）下，然后配置如下环境变量。

> JAVA_HOME：该环境变量应指向 JDK 安装路径。该环境变量的作用是告诉其他 Java 程序能找到整个 JDK，因此不要指向 JDK 路径下的 bin 目录。
> ANT_HOME：该环境变量应指向 Ant 安装路径。

提示： Ant 安装路径就是前面释放 Ant 压缩文件的路径。在 Ant 安装路径下应该包含 bin、etc、lib 和 manual 这 4 个文件夹。

➢ 将%ANT_HOME%\bin 路径添加到操作系统的 PATH 环境变量中，该环境变量的作用是方便操作系统找到 Ant 的 ant 命令。

本例将不使用任何 IDE 工具，只使用 Ant 构建工具来开发一个 Spring Boot 应用，该应用的目录结构如下：

```
antboot
├──build.xml    生成文件
├──lib    存放 Spring Boot 应用所需的各种 JAR 包
└──src
      ├──main
      │     ├──java    存放 Java 源文件
      │     └──resources    存放 application.properties 等文件
      │             └──templates    存放 Thymeleaf 视图页面
      └──test
            ├──java    存放单元测试的 Java 源文件
            └──resources    存放单元测试的资源文件
```

这里 src 目录的内容与前面 Maven 项目、Gradle 项目中的 src 目录的内容完全相同。

该 Ant 项目最麻烦的地方就是 lib 目录，该目录下保存了 Spring Boot 应用所需的全部 JAR 包。由于 Spring Boot 应用还大量依赖第三方框架，因此该目录下的 JAR 包非常多，具体可参考本书提供的 codes\01\1.4\antboot\lib 目录下的内容。

正如前面所言，使用 Ant 开发项目时，所有构建过程都要通过 build.xml 文件指定。下面是本例使用的 build.xml 文件。

程序清单：codes\01\1.4\antboot\build.xml

```xml
<?xml version="1.0" encoding="utf-8"?>
<project name="hibernate" basedir="." default="">
    <property name="src" value="src/main/java"/>
    <property name="src_res" value="src/main/resources"/>
    <property name="test" value="src/test/java"/>
    <property name="test_res" value="src/test/resources"/>
    <property name="dest" value="classes"/>
    <path id="classpath">
        <!-- 引用项目的 JAR 包 -->
        <fileset dir="lib">
            <include name="**/*.jar"/>
        </fileset>
        <pathelement path="${dest}"/>
    </path>
    <target name="compile" description="Compile all source code">
        <delete dir="${dest}"/>
        <mkdir dir="${dest}"/>
        <copy todir="${dest}">
            <fileset dir="${src_res}">
                <exclude name="**/*.java"/>
            </fileset>
```

```xml
            <fileset dir="${test_res}">
                <exclude name="**/*.java"/>
            </fileset>
        </copy>
        <!-- 编译所有 Java 源文件 -->
        <javac destdir="${dest}" debug="true" includeantruntime="yes"
            deprecation="false" optimize="false" failonerror="true"
            encoding="utf-8">
            <src path="${src}"/>
            <src path="${test}"/>
            <classpath refid="classpath"/>
            <compilerarg value="-Xlint:deprecation"/>
        </javac>
    </target>
    <target name="run" description="Run the main class"
        depends="compile">
        <!-- 运行 Spring Boot 的主类 -->
        <java classname="org.crazyit.firstboot.FirstbootApplication"
            fork="true" failonerror="true">
            <classpath refid="classpath"/>
        </java>
    </target>
</project>
```

上面构建文件中的第一行粗体字代码定义了一个 compile target，该 target 依次执行一系列 task：

➢ 删除${dest}对应的目录。
➢ 创建${dest}对应的目录。
➢ 将${src_res}对应目录下的所有文件复制到${dest}目录下。
➢ 将${test_res}对应目录下的所有文件复制到${dest}目录下。
➢ 编译${src}对应目录和${test}对应目录下的 Java 源文件，将生成的*.class 文件放入${dest}对应的目录下。

上面过程中用到的${dest}、${src_res}、${test_res}、${src}、#{test}都是前面定义的属性，分别代表 classes、src/main/resources、src/test/resources、src/main/java、src/test/java 目录，因此该 compile target 实际完成如下工作：

➢ 删除 classes 目录，这是先执行清理。
➢ 创建 classes 目录。
➢ 将 src/main/resources 目录下的所有资源文件复制到 classes 目录下。
➢ 将 src/test/resources 目录下的所有资源文件复制到 classes 目录下。
➢ 编译 src/main/java 目录和 src/test/java 目录下的 Java 源文件，将生成的*.class 文件放入 classes 目录下。

通过这个过程可以清楚地看到 Ant 在构建过程中做了哪些事情，从而可以清楚地看到 Spring Boot 应用对各种资源的处理。application.properties 文件、Thymeleaf 的 templates 目录都被放入 classes 目录下，这说明 Spring Boot 以类加载路径的方式来管理所有资源。

上面构建文件中的第二行粗体字代码定义了一个 run target，该 target 的作用非常简单，就是简单地执行 org.crazyit.firstboot.FirstbootApplication 类，该类就是 Spring Boot 应用的主类，因此使用 Ant 执行 run target 即可运行 Spring Boot 应用。

执行如下命令，即可运行 Spring Boot 应用：

```
ant run
```

1.5 本章小结

本章主要介绍了快速上手 Spring Boot 的相关知识,这些知识也是大部分 Spring Boot 图书所介绍的内容。本章的内容比较简单,包括创建 Spring Boot 项目,如何利用自动配置来开发和部署控制器、业务组件与 DAO 组件,掌握这些内容即可开发出简单的 Web 项目。本章也介绍了 Spring Boot 单元测试、构建、打包等基础知识,包括使用 TestRestTemplate 测试 RESTful 接口、使用 MockMvc 模拟 Web 环境测试控制器、使用 Mock 模拟被依赖组件、使用 Gradle 构建 Spring Boot 项目、将 Spring Boot 项目打包成可执行的 JAR 包等内容,这些都是 Spring Boot 最基础的内容。

第 2 章
应用配置与自动配置

本章要点

- SpringApplication 与 Spring 容器的关系
- 加载额外的类配置与 XML 配置
- 启动日志和失败分析器
- 设置延迟初始化
- 设置自定义 Banner
- SpringApplication 的三种运行方式
- 使用监听器监听 Spring Boot 事件
- 使用初始化器对容器执行定制初始化
- 使用后处理器对配置环境进行设置
- 使用 ApplicationRunner 或 CommandLineRunner 执行初始化
- 创建非 Web 应用
- 理解自动配置的本质及基本原则
- 各种配置源的加载顺序与优先级
- 使用 JSON 参数进行配置
- YAML 配置文件与属性配置文件的对应关系
- 设置配置文件的位置
- 添加额外的配置文件
- 在配置文件中使用占位符
- 利用构建文件的属性进行配置
- 配置随机值
- 使用@ConfigurationProperties 修饰属性处理类
- 使用@ConfigurationProperties 修饰容器中的 Bean
- 校验@ConfigurationProperties 配置的属性
- 配置和切换 Profile
- 添加新的活动 Profile
- 使用 Profile 组
- 混合复合类型
- 根据运行环境自动切换 Profile
- 理解 Spring Boot 的日志设计
- 设置日志级别与日志格式
- 控制日志输出到文件
- 使用日志组
- 通过自定义关闭控制台日志
- 通过自定义改用 Log4j2 日志实现
- 掌握 Logback 日志实现的扩展功能
- 掌握 Spring Boot 自动配置的本质
- 掌握各种条件注解的功能和用法
- 开发自己的条件注解
- 开发自己的自动配置
- 创建自定义 Starter
- 掌握禁用缓存及各种热插拔功能
- 深入掌握 devtools 工具的功能和用法

Spring Boot 使用 SpringApplication 作为应用程序入口，它提供了很多设置方法，这些方法最终会作用于 Spring Boot 的基础：Spring 容器，本章将会详细介绍 SpringApplication 与 Spring 容器的关系，帮助大家揭开 Spring Boot 自动配置的面纱。

本章将会深入讲解与 Spring Boot 配置有关的知识。虽然 Spring Boot 提供了方便的自动配置功能，但这种自动配置也体现为对各种框架所需的信息进行配置管理（主要使用 application.yml/application.properties 文件进行配置），比如要连接数据库，总得配置连接数据库的 URL 地址、用户名和密码，Spring Boot 再怎么自动配置，它也无法知道这些信息，因此，本章会详细说明 Spring Boot 各种配置源的用法和加载方式，也会教大家如何使用 Spring Boot 的配置信息。

Spring Boot 应用的日志也要通过 application.yml/application.properties 文件进行配置，因此，本章会全面介绍 Spring Boot 日志配置的相关内容。

本章的高潮是带着大家开发自己的自动配置。Spring Boot 的核心功能就是自动配置，通过带着大家开发自己的自动配置，为整合自己的框架提供 Starter，实际上就是剖析 Spring Boot 的源代码实现，学习这个部分的内容就是学习 Spring Boot 的精华。

2.1 SpringApplication 与 Spring 容器

SpringApplication 是 Spring Boot 提供的一个工具类，它提供了 run()方法来启动 Spring 容器，运行 Spring Boot 应用。

▶▶ 2.1.1 类配置与 XML 配置

传统 Spring 框架大多采用 XML 文件作为配置文件，但 Spring Boot 推荐使用 Java 配置类（带@Configuration 注解）作为配置文件，其实这两种方式在本质上并没有太大的差别。

建议与 Spring Boot 推荐的风格保持一致，使用@Configuration 修饰的类作为主配置源。在默认情况下，推荐用@Configuration 修饰带 main()方法的主类，则该主类也是 Spring Boot 应用的主配置源，前面的示例就是这么做的。

除了加载主配置源中所有的配置，Spring Boot 还会自动扫描主配置源所在的包及其子包下所有带@Component 注解（@Configuration、@Controller、@Service、@Repository 都是@Component 的变体）的配置类或 Bean 组件。

如果希望 Spring Boot 能加载其他配置类或者扫描其他包下的配置类或 Bean 组件，则可使用如下两个注解。

- ➢ @Import：该注解显式指定 Spring Boot 要加载的配置类。
- ➢ @ComponentScan：该注解指定 Spring Boot 扫描指定包及其子包下所有的配置类或 Bean 组件。

如果项目不可避免地要用到 XML 配置文件，则可用@ImportResource 注解来导入 XML 配置文件。

@Import、@ComponentScan 和@ImportResource 都是 Spring 框架提供的注解，因此这些内容其实属于 Spring 框架的基础内容。

下面通过例子示范如何让 Spring Boot 应用加载各种不同的配置源。首先创建一个 Maven 项目，然后用前面 Spring Boot 项目中的 pom.xml 文件替换本项目的 pom.xml 文件，本项目只保留

spring-boot-starter-web 依赖即可。

将本应用的主类改为如下形式。

程序清单：codes\02\2.1\configsource\src\main\java\org\crazyit\app\App.java

```java
// 额外指定扫描 org.crazyit.app 和 org.fkit.app 包及其子包下所有的配置类和 Bean 组件
@SpringBootApplication(scanBasePackages = {"org.crazyit.app", "org.fkit.app"})
// 加载类加载路径下的 beans.xml 文件作为配置文件
@ImportResource("classpath:beans.xml")
// 加载 cn.fkjava.app 包下的 MyConfig 文件作为配置类
@Import(cn.fkjava.app.MyConfig.class)
public class App
{
    public static void main(String[] args)
    {
        // 创建 Spring 容器，运行 Spring Boot 应用
        SpringApplication.run(App.class, args);
    }
}
```

本例与前面的示例相比，主要区别在于 App 类上的三行粗体字注解，其中@SpringBoot-Application 注解指定了 scanBasePackages 属性，查看该注解的源代码可发现如下代码片段：

```java
@AliasFor(
    annotation = ComponentScan.class,
    attribute = "basePackages"
)
String[] scanBasePackages() default {};
```

通过上面的源代码可以看到，@SpringBootApplication 的 scanBasePackages 其实就是 @ComponentScan 的 basePackages 属性，通过该属性可显式指定 Spring Boot 扫描指定包及其子包下所有的配置类和 Bean 组件。

正如前面所提到的，如果不为@SpringBootApplication 指定 scanBasePackages 属性，则 Spring Boot 默认会加载主配置类（@SpringBootApplication 修饰的类）所在的包及其子包下的所有配置类和 Bean 组件，这相当于 scanBasePackages 属性的默认值就是主配置类所在的包。

如果显式指定了 scanBasePackages 属性，那么就相当于覆盖了该属性的默认值，因此此处指定的属性值为"{"org.crazyit.app", "org.fkit.app"}"，这就是告诉 Spring Boot 要同时加载 org.crazyit.app 和 org.fkit.app 两个包及其子包下的配置类和 Bean 组件，其中"org.crazyit.app"包是该属性原有的默认值。

在 org.fkit.app 包下定义了一个简单的类。

程序清单：codes\02\2.1\configsource\src\main\java\org\fkit\app\Dog.java

```java
@Component
public class Dog
{
    public String bark()
    {
        return "来自 Dog 的测试方法";
    }
}
```

上面的 Dog 类使用了@Component 注解修饰，它将会被扫描、配置成 Spring 容器中的 Bean。

App 类上的第二行粗体字注解指定了额外使用类加载路径下的 beans.xml 文件作为配置文件，这个 XML 文件就是 Spring 框架传统的配置文件。下面是该文件的内容。

程序清单：codes\02\2.1\configsource\src\main\resources\beans.xml

```xml
<?xml version="1.0" encoding="utf-8"?>
<!-- Spring 配置文件的根元素，使用 spring-beans.xsd 语义约束 -->
<beans xmlns:xsi="http://www.w3.org/2001/XMLSchema-instance"
    xmlns="http://www.springframework.org/schema/beans"
    xsi:schemaLocation="http://www.springframework.org/schema/beans
    http://www.springframework.org/schema/beans/spring-beans.xsd">
    <!-- 用 XML 配置 Bean 组件 -->
    <bean id="bird" class="org.fkjava.app.Bird"/>
</beans>
```

上面的配置文件在容器中配置了一个 Bird Bean，该 Bird 类的代码非常简单，此处不再给出。

App 类上的第三行粗体字注解指定了额外使用 cn.fkjava.app.MyConfig 作为配置类，该配置类的代码如下。

程序清单：codes\02\2.1\configsource\src\main\java\cn\fkjava\app\MyConfig.java

```java
@Configuration
public class MyConfig
{
    @Bean
    public DateFormat dateFormat()
    {
        return DateFormat.getDateInstance();
    }
}
```

上面的配置类使用@Bean 注解配置了一个 DateFormat Bean。

该例子示范了 Spring Boot 加载配置文件的三种不同方式：

➢ 通过@ComponentScan 的 basePackages 指定额外要扫描的包及其子包。
➢ 使用@ImportResource 注解指定加载 XML 配置文件。
➢ 使用@Import 注解指定加载其他 Java 配置类。

本例提供一个简单的控制器类，Spring 容器会将上面通过不同方式配置的 Bean 注入该控制器。下面是该控制器类的代码。

程序清单：codes\02\2.1\configsource\src\main\java\org\crazyit\app\controller\HelloController.java

```java
@RestController
public class HelloController
{
    // 依赖注入容器中的 Dog 类型的 Bean
    @Autowired
    private Dog dog;
    // 依赖注入容器中的 Bird 类型的 Bean
    @Autowired
    private Bird bird;
    // 依赖注入容器中的 DateFormat 类型的 Bean
    @Autowired
    private DateFormat dateFormat;
    @GetMapping("/")
    public String test()
    {
        return "Hello, " + dog.bark() + ", " +
            bird.fly() + ", " +
            dateFormat.format(new Date());
    }
}
```

运行上面的 App 主类启动 Spring Boot 应用,使用浏览器访问"http://localhost:8080"测试上面的 test()方法,可以看到 Spring 容器完成了 dog、bird、dateFormat 这三个实例变量的依赖注入,这就意味着前面三种配置方式都成功了。

▶▶ 2.1.2 启动日志和失败分析器

如果使用 SpringApplication 的静态 run()方法来运行 Spring Boot 应用,则默认显示 INFO 级别的日志消息,包括一些与启动相关的详情。

如果想关闭启动信息的日志,则可将如下属性设为 false。

```
spring.main.log-startup-info=false
```

上面的配置也会关闭应用程序的活动 Profile 的日志。

如果应用启动失败,则 Spring Boot 的失败分析器(Failure Analyzer)会提供详细的错误信息及修复建议。例如,当 8080 端口被占用时,程序再次尝试在 8080 端口启动 Spring Boot 应用,将看到类似于图 2.1 所示的错误信息。

图 2.1 端口被占用的错误信息

这个错误信息就是 Spring Boot 内置的失败分析器提供的。

如果没有合适的失败分析器来处理启动过程中出现的错误,但依然希望 Spring Boot 显示完整的错误报告,则可通过开启 debug 属性,或者将 ConditionEvaluationReportLoggingListener 的日志级别设为 DEBUG 来实现。

比如通过 JAR 包来运行 Spring Boot 应用,则可通过"--debug"选项来开启 debug 属性。例如如下命令:

```
java -jar firstboot-0.0.1-SNAPSHOT.jar --debug
```

在 application.properties 文件中添加如下配置,可以将 ConditionEvaluationReportLoggingListener 的日志级别设为 DEBUG。

```
logging.level.org.springframework.boot.autoconfigure.logging=debug
```

上面的配置用于将 org.springframework.boot.autoconfigure.logging 包下所有类的日志级别设为 DEBUG,而 ConditionEvaluationReportLoggingListener 位于该包下。

虽然 Spring Boot 内置了大量失败分析器,但 Spring Boot 依然允许开发者注册自己的失败分析器,该失败分析器既可补充现有失败分析器的功能,也可替换现有的失败分析器。

下面通过例子示范如何使用自定义的失败分析器处理 BindException。首先创建一个 Maven 项目,然后用前面 Spring Boot 项目中的 pom.xml 文件替换本项目的 pom.xml 文件,本项目只保留 spring-boot-starter-web 依赖即可。

本应用的主类很简单,依然是在 main()方法中使用 SpringApplication 的 run()方法运行带 @SpringBootApplication 注解修饰的类即可。

开发自定义的失败分析器,自定义的失败分析器应继承 AbstractFailureAnalyzer<T>,该基类中的泛型 T 代表该失败分析器要处理的异常。

继承 AbstractFailureAnalyzer<T>抽象基类就要实现它的 analyze()抽象方法,该方法返回的 FailureAnalysis 代表了对该异常的分析结果;如果不想让该失败分析器分析该异常,而是希望将该异常留给下一个分析器进行分析,则可让该方法返回 null。

下面是该失败分析器的实现类代码。

程序清单:codes\02\2.1\FailureAnalyzer\src\main\java\org\crazyit\app\MyAnalyzer.java

```java
public class MyAnalyzer extends AbstractFailureAnalyzer<BindException>
{
    @Override
    public FailureAnalysis analyze(Throwable rootFailure, BindException cause)
    {
        cause.printStackTrace();
        return new FailureAnalysis("程序启动出错,程序绑定的端口被占用:"
            + cause.getMessage(),
            "请先停止占用 8080 端口的程序后再运行本应用或使用" +
                "server.port 改变本应用的端口", cause);
    }
}
```

上面失败分析器的 analyze()方法返回了一个 FailureAnalysis 对象,表明该失败分析器会对 BindException 进行分析。FailureAnalysis 的本质就是包装三个信息。

- description:失败的描述信息。第一个构造参数。
- action:对该失败的修复建议。第二个构造参数。
- cause:导致失败的异常。第三个构造参数。

自定义失败分析器需要在 META-INF/spring.factories 文件中注册,首先在项目的 resources 目录下创建 META-INF 文件夹(注意大小写和短横线),然后在 META-INF 文件夹内创建 spring.factories 文件,该文件的内容如下:

```
org.springframework.boot.diagnostics.FailureAnalyzer=\
org.crazyit.app.MyAnalyzer
```

上面代码将 org.crazyit.app.MyAnalyzer 类注册为自定义的失败分析器。

如果再次运行 Spring Boot 应用时出现端口被占用的情况,则将看到如图 2.2 所示的错误提示。

图 2.2 自定义失败分析器

▶▶ 2.1.3 延迟初始化

Spring Boot 使用 ApplicationContext 作为 Spring 容器,因此 Spring Boot 默认会对容器中所有的 singleton Bean 执行预初始化。

在某些特殊需求下,Spring Boot 也允许将取消 ApplicationContext 的预初始化行为改为延迟初始化。要将 Spring 容器设为延迟初始化,有如下三种方式。
- ➢ 调用 SpringApplicationBuilder 对象的 lazyInitialization(true)方法。
- ➢ 调用 SpringApplication 对象的 setLazyInitialization(true)方法。
- ➢ 在 application.properties 文件中配置如下代码:

```
spring.main.lazy-initialization=true
```

启用延迟初始化之后,Spring 容器将不会预初始化 Bean,而是等到程序需要调用 Bean 的方法时才执行初始化,因此可降低 Spring Boot 应用的启动时间。

启用延迟初始化主要有如下缺点:
- ➢ 在 Web 应用中,很多与 Web 相关的 Bean 要等到 HTTP 请求第一次到来时才会初始化,因此会降低第一次处理 HTTP 请求的响应效率。
- ➢ Bean 错误被延迟发现。由于延迟初始化的缘故,有些 Bean 的配置可能存在错误,但应用启动时并不会报错,只有等到应用要用到这个配置错误的 Bean 时,程序才会报错,这样就延迟了发现错误的时机。
- ➢ 运行过程中的内存紧张。由于应用启动时并未初始化程序所需的全部 Bean,随着应用程序的运行,当应用中所有的 Bean 初始化完成后,可能就会造成运行时内存紧张。为了避免出现这个问题,可以在延迟初始化之前对 JVM 的堆内存进行微调。

一般来说,如果不是有非常特殊的原因,则不建议启用 Spring Boot 的延迟初始化。

▶▶ 2.1.4 自定义 Banner

在启动 Spring Boot 应用时,默认会显示一个大大的 Spring 的 Banner。如果要关闭该 Banner,则可通过 application.properties 文件中的 spring.main.banner-mode 属性进行设置。该属性支持如下三个属性值。
- ➢ console:在控制台输出 Banner。
- ➢ log:在日志文件中输出 Banner。
- ➢ off:彻底关闭 Banner。

Spring Boot 也允许指定自定义的 Banner,在类加载路径下添加一个 banner.txt 文件或设置 spring.banner.location,即可指定自定义 Banner 文件的位置;Spring Boot 默认使用 UTF-8 字符集来读取该 Banner 文件的内容,如果要改变读取该文件的字符集,则可在 application.properties 文件中设置如下属性:

```
spring.banner.charset = GBK
```

上面的属性设置表示使用 GBK 字符集来读取 Banner 文件的内容。

此外,Spring Boot 还允许使用图片文件来添加 Banner,只要在类加载路径下添加一个 banner.gif、banner.jpg 或 banner.png 图片文件,或者通过 spring.banner.image.location 属性设置图片 Banner 的加载路径,Spring Boot 就会自动把该图片转换为字符画(ASCII art)形式,并作为应用程序的 Banner 显示。

当图片 Banner 和文本 Banner 同时存在时,Spring Boot 将会先显示图片 Banner 对应的字符画,然后再显示文本 Banner 的内容。

在文本 Banner 中支持的变量如表 2.1 所示。

表 2.1 在文本 Banner 中支持的变量

变量	描述
${application.version}	在 MANIFEST.MF 文件中定义的应用程序版本号
${application.formatted-version}	在 MANIFEST.MF 文件中定义的应用程序版本号。增加 v 前缀，并用括号括起来
${spring-boot.version}	Spring Boot 的版本号
${spring-boot.formatted-version}	Spring Boot 的版本号，增加 v 前缀，并用括号括起来
${Ansi.NAME}、${AnsiColor.NAME}、${AnsiBackground.NAME}、${AnsiStyle.NAME})	ANSI 转义码的名称
${application.title}	在 MANIFEST.MF 文件中定义的应用程序标题

下面通过例子示范如何为 Spring Boot 应用自定义 Banner。首先创建一个 Maven 项目，然后用前面 Spring Boot 项目中的 pom.xml 文件替换本项目的 pom.xml 文件，本项目只保留 spring-boot-starter-web 依赖即可。

本应用的主类很简单，依然是在 main()方法中使用 SpringApplication 的 run()方法运行带 @SpringBootApplication 注解修饰的类即可。

向应用的 resources 目录中添加一个 banner.gif 图片文件，注意别用太复杂的图片，因为字符画没办法表现太多细节。

向应用的 resources 目录中添加一个 banner.txt 文件，该文件的内容如下。

codes\02\2.1\CustomBanner\src\main\resources\banner.txt

```
自定义 Banner -Spring Boot - ${spring-boot.formatted-version}
```

在本应用的 resources 目录中同时定义了 banner.gif 和 banner.txt，这意味着为项目同时添加了图片 Banner 和文本 Banner。

使用图片定义 Banner，Spring Boot 将会自动把图片转换为字符画，有时候转换出来的字符串非常大，因此可通过 spring.banner.image.*属性进行设置。本例在 application.properties 文件中使用如下属性进行设置。

codes\02\2.1\CustomBanner\src\main\resources\application.properties

```
# 定义图片 Banner 的大小
spring.banner.image.height=20
spring.banner.image.width=60
# 设置字符串的色深
spring.banner.image.bitdepth=4
```

运行该 Spring Boot 应用，将会看到如图 2.3 所示的 Banner。

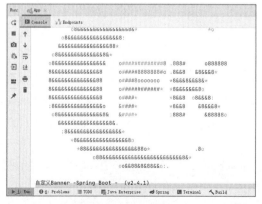

图 2.3 自定义 Banner

该 Banner 的图像部分来自 banner.gif 图片文件，文字部分则来自 banner.txt 文件。

SpringApplication 还提供了 setBanner()方法以编程式的方式来设置 Banner，调用该方法需要传入一个 Banner 参数，该 Banner 对象的 printBanner()负责输出 Banner 内容——简单来说，想用什么内容作为自定义的 Banner，就让该方法输出什么内容。

▶▶ 2.1.5 设置 SpringApplication 与流式 API

在最简单的情况下，调用 SpringApplication 的 run()静态方法即可运行 Spring Boot 应用，通过这种方式创建的 SpringApplication 自动采用默认配置。

如果要对 SpringApplication 进行自定义设置，比如前面介绍过的，调用 setLazyInitialization(true)启用延迟初始化，调用 setBanner()设置自定义 Banner 等，那么就需要先定义 SpringApplication 对象，然后调用该对象的 run()实例方法。例如如下代码片段：

```
@SpringBootApplication
public class App
{
    public static void main(String[] args)
    {
        // 创建 SpringApplication 对象
        var application = new SpringApplication(App.class);
        // 设置启用延迟初始化
        application.setLazyInitialization(true);
        Banner banner = ...
        application.setBanner(banner);
        application.run(args);
    }
}
```

上面 main()方法的第一行代码创建了 SpringApplication 对象，SpringApplication 的构造参数代表 Spring 容器的配置源，通常就是一个带@Configuration 注解修饰的类的引用，Spring Boot 将会加载该构造参数对应的配置类，并加载该类所在的包及其子包下所有的配置类和 Bean 组件。

main()方法中的两行粗体字代码对 SpringApplication 进行了设置——设置 SpringApplication 延迟初始化、使用自定义的 Banner。main()方法的最后一行代码调用了 run()实例方法启动 Spring Boot 应用。

除了直接调用构造器来创建 SpringApplication 对象，Spring Boot 还提供了 SpringApplicationBuilder 工具类，通过该工具类能以流式 API 创建 SpringApplication，并启动 Spring Boot 应用。

此外，SpringApplicationBuilder 还提供了如下方法来加载配置文件。

- ➢ sources(Class<?>... sources)：为应用添加配置类。
- ➢ child(Class<?>... sources)：为当前容器添加子容器配置类。
- ➢ parent(Class<?>... sources)：为当前容器添加父容器配置类。

从这些方法可以看出，使用 SpringApplicationBuilder 可以构建 ApplicationContext 的层次结构（让 Spring 容器具有父子关系）。例如，如下代码片段使用 SpringApplicationBuilder 来启动 Spring Boot 应用。

```
@SpringBootApplication
public class App
{
    public static void main(String[] args)
    {
        new SpringApplicationBuilder()
                // 加载父容器对应的配置类
                .sources(Parent.class)
                // App 类对应的配置作为子容器
```

```
            .child(App.class)
            // 启用延迟初始化
            .lazyInitialization(true)
            // 关闭 Banner
            .bannerMode(Banner.Mode.OFF)
            .run(args);
    }
}
```

上面程序加载了两个配置类，将通过 Parent 配置类创建的 ApplicationContext 作为父容器，而将通过 App 配置类创建的 ApplicationContext 作为子容器，这样就保证了两个 Spring 容器之间具有清晰的层次结构。

> **提示：**
> 让多个 Spring 容器具有层次结构具有很多好处。比如，由于子容器是由父容器负责加载的，因此子容器中的 Bean 可访问父容器中的 Bean，但父容器中的 Bean 不能访问子容器中的 Bean。

▶▶ 2.1.6 事件监听器与容器初始化器

除了 Spring 框架原有的容器事件（如 ContextRefreshedEvent），SpringApplication 还会额外触发一些新的事件，而且有些事件是在 ApplicationContext 被创建之前被触发的。因此，如果采用传统方式注册事件监听器（如通过<bean.../>元素或@Bean 注解注册事件监听器），那么这些事件将不会被监听到。道理很简单：采用传统方式注册的事件监听器都是部署在 ApplicationContext 容器中的，它们必须等到容器被创建之后才会出现，而 SpringApplication 的有些事件是在容器被创建之前被触发的。

为了监听 SpringApplication 触发的事件，SpringApplication 提供了如下方式来注册事件监听器。

- 调用 SpringApplication 的 addListeners()方法或 SpringApplicationBuilder 的 listeners()方法添加事件监听器。
- 使用 META-INF/spring.factories 文件来配置事件监听器。在该文件中添加如下代码即可注册事件监听器：

```
org.springframework.context.ApplicationListener=org.crazyit.app.MyListener
```

当 Spring Boot 应用启动时，SpringApplication 会依次触发如下事件：

① 在应用刚刚开始、还未进行任何处理之时，触发 ApplicationStartingEvent 事件，除非监听器和初始化器注册失败。

② 当 ApplicationContext 要使用的 Environment 已经确定，但 ApplicationContext 还未被创建之时，触发 ApplicationEnvironmentPreparedEvent 事件。

③ 当 ApplicationContext 准备完成且初始化器（ApplicationContextInitializer）已被调用，但未加载任何 Bean 定义之前，触发 ApplicationContextInitializedEvent 事件。

④ 在所有 Bean 定义被加载之后、Spring 容器刷新之前，触发 ApplicationPreparedEvent 事件。

⑤ 在 Spring 容器刷新之后，ApplicationRunner、CommandLineRunner 的接口方法被调用之前，触发 ApplicationStartedEvent 事件。

⑥ 当应用程序的 LivenessState 状态变成 CORRECT，表明应用程序进入 live 状态时，触发 AvailabilityChangeEvent 事件。

⑦ 当所有 ApplicationRunner、CommandLineRunner 的接口方法被调用完成后，触发 ApplicationReadyEvent 事件。

提示：
ApplicationRunner 和 CommandLineRunner 是 Spring Boot 提供的两个回调接口，2.1.8 节会详细介绍。

⑧ 当应用程序的 ReadinessState 状态变成 ACCEPTING_TRAFFIC，表明应用程序准备接受服务请求时，触发 AvailabilityChangeEvent 事件。

⑨ 如果启动遇到异常，则触发 ApplicationFailedEvent 事件。

上面列出的都是绑定到 SpringApplication 的 SpringApplicationEvent 事件。此外，还会在 ApplicationPreparedEvent 事件与 ApplicationStartedEvent 事件之间触发如下两个容器事件：

➤ Web 服务器初始化完成后触发 WebServerInitializeEvent 事件；如果使用 Servlet Web 服务器，则触发 ServletWebServerInitializedEvent 事件；如果使用反应式 Web 服务器，则触发 ReactiveWebServerInitializedEvent 事件。

➤ 在刷新 ApplicationContext 时触发 ContextRefreshedEvent 事件。

Spring Boot 使用事件机制来处理应用初始化的各种任务，掌握 Spring Boot 事件机制有助于更好地理解 Spring Boot 应用的初始化过程，通过添加自定义的事件监听器，可以让程序在 Spring Boot 应用启动过程中对其进行某些特殊的定制。

需要说明的是，由于事件监听器采用同一个线程来执行，因此不应该在事件监听器中执行某些耗时的操作；如果确实需要完成某些耗时的操作，则建议使用 ApplicationRunner 或 CommandLineRunner 接口。

由于上面这些事件都是通过 Spring 框架的事件机制来发布的，这种机制会保证子容器中触发的事件也会自动触发父容器中的监听器。因此，如果应用程序采用了层次结构的容器（通过 SpringApplicationBuilder 启动 Spring Boot 应用时，可使用层次结构的容器），那么事件监听器就有可能接收到同一类型事件的多个实例——它们来自不同的容器。

为了让事件监听器能区分事件到底来自哪个容器，可以用事件监听器依赖注入的容器与事件来自的容器进行比较；为了将容器依赖注入事件监听器，可通过如下两种方式。

➤ 接口注入：让事件监听器实现 ApplicationContextAware 接口，Spring 容器将会被注入监听器。

提示：
ApplicationContextAware 是 Spring 接口注入的基础内容，如果要了解如何利用该接口完成接口注入，请参考《轻量级 Java Web 企业应用实战》的 4.4 节。

➤ 普通注入：如果事件监听器是容器中的 Bean，则可直接使用@Autowired 注解来完成依赖注入。

除了监听器，Spring Boot 还提供了 ApplicationContextInitializer 对 Spring 容器执行初始化。ApplicationContextInitializer 接口的实现类被称为"初始化器"，该接口的实现类必然实现其中的 initialize(C ctx)方法，通过该方法的参数也可对 Spring 容器进行设置。

有了 ApplicationContextInitializer 实现类之后，接下来可通过如下方式来注册初始化器。

➤ 调用 SpringApplication 的 addInitializers()方法或 SpringApplicationBuilder 的 initializers()方法添加初始化器。

➤ 使用 META-INF/spring.factories 文件来配置初始化器。在该文件中添加如下代码即可注册初始化器：

```
org.springframework.context.ApplicationContextInitializer=\
org.crazyit.app.MyInitializer
```

▶▶ 2.1.7 配置环境后处理器

如果想在 Environment 对象创建之后、Spring 容器刷新之前对 Environment 对象（配置环境）进行定制，Spring Boot 提供了配置环境后处理器——实现 EnvironmentPostProcessor 接口的类被称为"配置环境后处理器"。EnvironmentPostProcessor 实现类必然实现其中的 postProcessEnvironment (environment, application)方法，通过该方法的参数可对创建 Spring 容器的 Environment 进行额外的定制，比如将自定义的配置文件的属性加载到配置环境中。

> **注意**
> 可能有人会产生疑问：直接在 Spring Boot 配置类（用@SpringBootApplication 修饰的类）中用@ValueSource 注解加载自定义资源，然后将它添加到 Environment 中，这样不是更方便吗？请记住一点：@ValueSource 注解必须等到 Spring 容器刷新之后才会得到处理，此时去读取@ValueSource 注解所加载的资源，再添加到 Environment 中已经太迟了。

有了 ApplicationContextInitializer 实现类之后，可通过 META-INF/spring.factories 文件来注册配置环境后处理器。例如如下代码：

```
org.springframework.boot.env.EnvironmentPostProcessor=\
org.crazyit.app.FkEnvironmentPostProcessor
```

下面通过例子示范如何为 Spring Boot 应用添加监听器、初始化器和配置环境后处理器。按照惯例，首先创建一个 Maven 项目，然后用前面 Spring Boot 项目中的 pom.xml 文件替换本项目的 pom.xml 文件，本项目只保留 spring-boot-starter-web 依赖即可。

本应用的主类很简单，依然是在 main()方法中使用 SpringApplication 的 run()方法运行带 @SpringBootApplication 注解修饰的类即可。

本例开发一个事件监听器，监听 SpringApplication 触发的 ApplicationStartedEvent 事件。该监听器类的代码如下。

程序清单：codes\02\2.1\CustomInit\src\main\java\org\crazyit\app\MyListener.java

```java
public class MyListener implements ApplicationContextAware,
        ApplicationListener<ApplicationStartedEvent>
{
    private ApplicationContext ctx;
    @Override
    public void onApplicationEvent(ApplicationStartedEvent event)
    {
        // 获取触发事件的容器
        ConfigurableApplicationContext c = event.getApplicationContext();
        if (c == ctx)
        {
            System.out.println("-----触发事件的容器与监听器所在的容器相同-----");
        }
        // 后面的代码可插入任意自定义处理
        System.out.println("========执行自定义处理=======");
    }
    // 接口注入方法，通过该方法可访问 Spring 容器
    @Override
    public void setApplicationContext(ApplicationContext ctx) throws BeansException
    {
```

```
            this.ctx = ctx;
    }
}
```

上面的监听器类实现了 ApplicationListener<ApplicationStartedEvent>接口，表明该监听器会监听 ApplicationStartedEvent 事件；而且该类实现了 ApplicationContextAware 接口，通过该接口可让该监听器访问它所在的容器。

该监听器类中的 onApplicationEvent()方法就是事件处理方法，SpringApplication 的事件将会触发监听器的 onApplicationEvent()方法，该方法中的粗体字代码对发布事件的容器与监听器所在的容器进行判断——当 SpringApplication 加载了层次结构的容器时，子容器发布的事件会触发父容器中的事件监听器，此时发布事件的容器和监听器所在的容器可能不是同一个容器。

接下来定义一个初始化器，初始化器可对 Spring 容器执行初始化设置。下面是该初始化器类的代码。

程序清单：codes\02\2.1\CustomInit\src\main\java\org\crazyit\app\MyInitializer.java
```
public class MyInitializer implements
        ApplicationContextInitializer<ConfigurableApplicationContext>
{
    @Override
    public void initialize(ConfigurableApplicationContext
        configurableApplicationContext)
    {
        // 接下来的代码可对Spring容器执行任意初始化
        System.out.println("====模拟对Spring容器执行初始化====");
    }
}
```

初始化器在实现 ApplicationContextInitializer 接口时必须实现 initialize()方法，该方法可对 Spring 容器执行任意初始化。上面代码仅仅输出一行来模拟对 Spring 容器进行初始化设置——大部分时候，Spring Boot 对容器已经进行了完备的初始化，不需要开发者执行额外的初始化；如果要对 Spring 容器进行某些与业务相关的特定设置，或者让 Spring Boot 整合某些前沿的、Spring Boot 官方暂未支持的框架，则可在此处对 Spring 容器执行自定义的初始化设置。

再定义一个配置环境后处理器，配置环境后处理器可对 Environment 进行设置，Spring Boot 会使用设置、修改后的 Environment 来创建 ApplicationContext（Spring 容器）。配置环境后处理器最常见的用法就是：通过它来加载自定义的配置文件，该配置文件中的配置信息最终将被应用于 Spring 容器。

下面是本例中配置环境后处理器类的代码。

程序清单：codes\02\2.1\CustomInit\src\main\java\org\crazyit\app\FkEnvironmentPostProcessor.java
```
public class FkEnvironmentPostProcessor implements EnvironmentPostProcessor
{
    private final PropertiesPropertySourceLoader loader =
        new PropertiesPropertySourceLoader();
    @Override
    public void postProcessEnvironment(ConfigurableEnvironment environment,
        SpringApplication application)
    {
        // 定义自定义的配置文件
        Resource path = new ClassPathResource("fk/fk.properties");
        // 加载自定义的配置文件
        PropertySource<?> ps = loadProperty(path);
        System.out.println("fkjava.name: " + ps.getProperty("fkjava.name"));
        System.out.println("fkjava.age: " +ps.getProperty("fkjava.age"));
```

```
            // 将 PropertySource 中的属性添加到 Environment 配置环境中
            environment.getPropertySources().addLast(ps);
    }
    private PropertySource<?> loadProperty(Resource path)
    {
        if (!path.exists())
        {
            throw new IllegalArgumentException("资源: " + path + " 不存在");
        }
        try
        {
            // 加载path对应的配置文件
            return this.loader.load("custom-resource", path).get(0);
        }
        catch (IOException ex)
        {
            throw new IllegalStateException("加载配置文件出现错误: " + path, ex);
        }
    }
}
```

配置环境后处理器要实现 FkEnvironmentPostProcessor 接口，实现该接口必须实现 postProcessEnvironment()方法，该方法用于对 Environment 进行后处理。

在 postProcessEnvironment()方法中，第一行粗体字代码使用 Resource 定义资源，用于管理类加载路径下的自定义资源文件；第二行粗体字代码调用 loadProperty()方法加载自定义的资源文件；第三行粗体字代码则负责将自定义资源文件中的属性添加到 Environment 中，这就实现了对配置环境的设置、修改，Spring Boot 会自动使用修改后的 Environment 来创建 ApplicationContext，因此此处所做的修改最终将被应用于 Spring 容器。

上面的环境配置后处理器指定要加载类加载路径下的 fk/fk.properties 文件。在 resources 目录下创建一个 fk 子目录，并在该子目录下新建一个 fk.properties 文件，该文件的内容如下。

程序清单：codes\02\2.1\CustomInit\src\main\resources\fk\fk.properties
```
fkjava.name=疯狂软件
fkjava.age=20
```

为了保证 IntelliJ IDEA 能正常读取该文件的内容，单击 IntelliJ IDEA 主菜单"File"→"Settings"，打开"Settings"对话框，在"Editor"→"File Encodings"节点要保证有如图2.4 所示的设置。

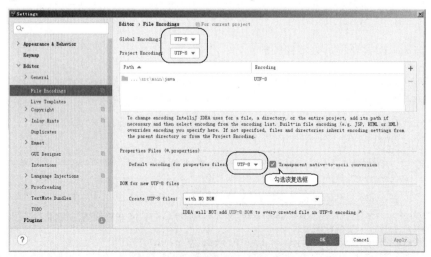

图2.4　设置属性文件的字符集

接下来使用 META-INF/spring.factories 文件来注册上面的事件监听器、容器初始化器和环境配置后处理器。下面是该配置文件的代码。

程序清单：codes\02\2.1\CustomInit\src\main\resources\META-INF\spring.factories

```
# 定义事件监听器
org.springframework.context.ApplicationListener=\
org.crazyit.app.MyListener
# 定义初始化器
org.springframework.context.ApplicationContextInitializer=\
org.crazyit.app.MyInitializer
# 定义配置环境后处理器
org.springframework.boot.env.EnvironmentPostProcessor=\
org.crazyit.app.FkEnvironmentPostProcessor
```

通过主程序来运行 Spring Boot 应用，将会看到如下输出：

```
fkjava.name: 疯狂软件
fkjava.age: 20
...
此处显示 Spring Boot 的 Banner
..
====模拟对 Spring 容器执行初始化====
...
此处看到容器中 Bean（如 Tomcat 服务器）被初始化的日志
...
-----触发事件的容器与监听器所在的容器相同-----
========执行自定义处理=======
```

从上面的执行过程可以看到，由配置环境后处理器负责对 Environment 进行处理，因此在 Environment 被创建之后，该后处理器立即得到执行的机会，所以它可以在 Spring Banner 被打印之前执行。

当 Spring 容器被创建之后，容器初始化器会获得执行的机会，它可以对 Spring 容器进行初始化设置。当 Spring 容器被初始化之后，程序开始初始化容器中的 Bean。

当容器被刷新之后，容器发布 ApplicationStartedEvent 事件，触发 MyListener 监听器，这就是上面的事件监听器、初始化器和配置环境后处理器的执行过程。

通过上面的执行过程可以看到，虽然 Spring Boot 进行了高度封装，但它依然提供了大量的初始化 API：事件监听器、容器初始化器和配置环境后处理器。通过这些初始化 API，开发者完全可以在恰当的时机，对 Spring 容器执行任何自己想要的初始化。

▶▶ 2.1.8 ApplicationRunner 和 CommandLineRunner

ApplicationRunner 和 CommandLineRunner 也属于 SpringApplication 的初始化 API，在 SpringApplication 的 run()方法（应用启动）完成之前，ApplicationRunner 和 CommandLineRunner 实现类会自动调用接口中的 run()方法。

由此可见，ApplicationRunner 和 CommandLineRunner 非常适合在应用程序启动之后、对外提供服务之前执行一些特定的初始化处理。

ApplicationRunner 和 CommandLineRunner 这两个接口基本是一样的，它们都只定义了一个 run()方法，该方法将会在应用程序启动之后、对外提供服务之前自动执行。其区别是两个 run()方法的参数类型不同：

➢ ApplicationRunner 中 run()方法的参数类型是 ApplicationArguments，用于访问运行 SpringApplication 的参数。

➢ CommandLineRunner 中 run()方法的参数类型是 String...，它可直接代表运行 SpringApplication 的参数。

不难看出，ApplicationRunner 接口与 CommandLineRunner 接口的功能基本是相同的。总之，随便用哪个区别并不大，只不过它们获取 SpringApplication 运行参数的方式不同而已。ApplicationRunner 接口的 run()方法使用 ApplicationArguments 获取参数，而 ApplicationArguments 提供了如下方法来获取运行参数。

➢ Set<String> getOptionNames()：获取参数中所有的选项参数名，以双横线（--）开头的参数才是选项参数。
➢ List<String> getOptionValues(String name)：根据选项名获取选项值。
➢ List<String> getNonOptionArgs()：获取非选项参数。
➢ String[] getSourceArgs()：获取原始的参数。

下面通过例子示范如何通过 ApplicationRunner 对 SpringApplication 执行初始化。首先创建一个 Maven 项目，然后用前面 Spring Boot 项目中的 pom.xml 文件替换本项目的 pom.xml 文件，本项目只保留 spring-boot-starter-web 依赖即可。

本应用的主类很简单，依然是在 main()方法中使用 SpringApplication 的 run()方法运行带 @SpringBootApplication 注解修饰的类即可。

本例提供如下 ApplicationRunner 实现类。

程序清单：codes\02\2.1\RunnerTest\src\main\java\org\crazyit\app\init\FkRunner.java

```java
@Component
public class FkRunner implements ApplicationRunner
{
    // 该 run()方法将在应用启动完成之前执行
    @Override
    public void run(ApplicationArguments args)
    {
        System.out.println("模拟对 SpringApplication 执行初始化，下面获取运行参数");
        System.out.println("getSourceArgs:" + Arrays.toString(args.getSourceArgs()));
        System.out.println("getOptionValues:" + args.getOptionValues("book.name"));
        System.out.println("getNonOptionArgs:" + args.getNonOptionArgs());
    }
}
```

上面的 FkRunner 实现类使用了@Component 注解修饰，Spring 容器会自动加载该 Bean，该类实现了 ApplicationRunner 接口，该接口中的 run()方法将会在 SpringApplication 的 run()方法完成之前自动执行，该 run()方法通过 ApplicationArguments 获取 SpringApplication 的运行参数。

本例主类的 main()方法代码如下。

程序清单：codes\02\2.1\RunnerTest\src\main\java\org\crazyit\app\App.java

```java
public static void main(String[] args)
{
    // 创建 Spring 容器，运行 Spring Boot 应用
    SpringApplication.run(App.class, args);
}
```

从上面的粗体字代码可以看到，SpringApplication 的运行参数就是运行该程序的命令行参数：args。为了在运行该程序时配置命令行参数，打开 IntelliJ IDEA 的运行配置，按图 2.5 所示输入命令行参数。

图 2.5　输入命令行参数

如图 2.5 所示，为该程序配置了三个命令行参数，其中第三个参数以双短横线开头，这意味着它是 Spring Boot 应用的选项参数。

提示：
> 以双短横线开头的选项参数会覆盖 application.properties 等配置文件中的属性，2.2 节还会进一步介绍命令行配置的相关内容。

输入运行程序的命令行参数后，单击"OK"按钮返回 IntelliJ IDEA 主界面，运行 Spring Boot 应用将看到如下输出：

```
模拟对 SpringApplication 执行初始化，下面获取运行参数
getSourceArgs:[fkjava, crazyit, --book.name=Spring Boot]
getOptionValues:[Spring Boot]
getNonOptionArgs:[fkjava, crazyit]
```

▶▶ 2.1.9　创建非 Web 应用

SpringApplication 会按如下规则来创建 ApplicationContext 容器：
- 如果为项目添加了 Spring MVC 依赖，则使用 AnnotationConfigServletWebServerApplication-Context 作为 Spring 容器。
- 如果为项目添加了 Spring WebFlux 依赖，没有添加 Spring MVC 依赖，则使用 AnnotationConfigReactiveWebServerApplicationContext 作为 Spring 容器。
- 否则，使用 AnnotationConfigApplicationContext 作为 Spring 容器。

当为项目同时添加了 Spring MVC 依赖和 Spring WebFlux 依赖时，依然使用 AnnotationConfig-ServletWebServerApplicationContext 作为 Spring 容器。

SpringApplication 还提供了一个 setApplicationContextClass()方法，该方法用于设置 Spring 容器的实现类，这样可获得对 Spring 容器类型的全部控制权。但通常不建议调用该方法，因为有太多细节需要处理，很容易出现错误。

更现实的做法是，调用 SpringApplication 的 setWebApplicationType()方法来设置 Spring 容器的类型，该方法接受如下 WebApplicationType 类型的枚举值。

- NONE：运行非 Web 应用，不启动内嵌的 Web 服务器。
- REACTIVE：运行反应式 Web 应用，启动内嵌的反应式 Web 服务器。
- SERVLET：运行基于 Servlet 的 Web 应用，启用内嵌的 Servlet Web 服务器。

因此，如果要创建非 Web 应用，则可通过如下主类来运行 Spring Boot 应用。

```java
@SpringBootApplication
public class App
{
    public static void main(String[] args)
    {
        // 创建 SpringApplication 对象
        var application = new SpringApplication(App.class);
        // 设置创建非 Web 应用
        application.setWebApplicationType(WebApplicationType.NONE);
        // 调用 run()方法运行 Spring Boot 应用
        application.run(args);
    }
}
```

本书后面还有很多示例都会创建非 Web 应用，此处不再给出具体的例子。

▶▶ 2.1.10 通过 ApplicationArguments 访问应用参数

前面在介绍 ApplicationRunner 时已经讲了 ApplicationArguments，实际上 Spring Boot 会自动在容器中配置一个该类型的 Bean，它可被依赖注入任何其他 Bean 组件，这样其他 Bean 组件即可通过 ApplicationArguments 来访问应用的运行参数。

下面通过例子示范如何通过 ApplicationArguments 访问应用的运行参数。首先创建一个 Maven 项目，然后用前面 Spring Boot 项目中的 pom.xml 文件替换本项目的 pom.xml 文件，本项目只保留 spring-boot-starter-web 依赖即可。

本应用的主类很简单，依然是在 main()方法中使用 SpringApplication 的 run()方法运行带@SpringBootApplication 注解修饰的类即可。

接下来定义一个控制器类，该控制器类的代码如下。

程序清单：codes\02\2.1\AccessArgs\src\main\java\org\crazyit\app\controller\HelloController.java

```java
@RestController
public class HelloController
{
    // 依赖注入容器中的 ApplicationArguments Bean
    @Autowired
    private ApplicationArguments args;
    @GetMapping("/")
    public void test()
    {
        System.out.println("访问应用的运行参数");
        System.out.println("getSourceArgs:" + Arrays.toString(args.getSourceArgs()));
        System.out.println("getOptionValues:" + args.getOptionValues("book.name"));
        System.out.println("getNonOptionArgs:" + args.getNonOptionArgs());
    }
}
```

上面控制器类中的粗体字代码使用@Autowired 修饰了 ApplicationArguments 变量，因此 Spring 将会把容器中的 ApplicationArguments Bean 依赖注入该实例变量。

在获得了 ApplicationArguments 对象的引用之后，其他方法都可通过该对象来获取应用的运行参数。

同样先按图 2.5 所示为应用程序配置运行参数，然后运行主类启动该 Spring Boot 应用。上面的 test()方法不会自动执行，test()方法被映射到"/"地址，因此打开浏览器访问"http://localhost:8080/"，即可在控制台看到如下输出：

```
访问应用的运行参数
getSourceArgs:[fkjava, crazyit, --book.name=Spring Boot]
getOptionValues:[Spring Boot]
getNonOptionArgs:[fkjava, crazyit]
```

2.2 外部配置源

正如从前面示例所看到的，Spring Boot 允许使用配置文件对应用程序进行配置，Spring Boot 支持如下不同形式的配置源。
- 属性文件（前面介绍的 application.properties 就是属性文件）。
- YAML 文件（后缀可以是.yml 或.yaml）。
- 环境变量。
- 命令行参数。

获取这些外部化的属性主要有如下几种方式：
- 使用@Value 注解将属性值注入任何 Bean 组件。
- 使用 Spring 的 Environment 抽象层进行访问。
- 使用@ConfigurationProperties 注解将一批特定属性绑定到指定 Java 对象。

本节后面将会通过示例详细介绍这些访问形式。

▶▶ 2.2.1 配置源的加载顺序与优先级

各种外部配置源的加载顺序如下，所有先加载的配置源都可能被后加载的配置源覆盖，因此可认为后加载的配置源的优先级更高。

① 默认属性（通过 SpringApplication.setDefaultProperties()方法指定）。
② 配置类(@Configuration 修饰的类)上用@PropertySource 注解加载的属性文件中的属性值。注意：采用这种方式配置的属性只有等到 Spring 容器刷新时才会被添加到 Environment 中，因此通过这种方式来配置某些属性（如 logging.*、spring.main.*等）就太迟了，因为这些属性需要在 Spring 容器刷新之前起作用。

> 提示：
> @PropertySource 和第 13 项中的@TestPropertySource 都是 Spring 框架的注解，它们都可用于加载一份或多份属性文件，从而读取该属性文件中的所有属性值。

③ 配置数据（如 application.properties 文件等）。
④ RandomValuePropertySource，只包含 random.*中的属性。
⑤ 操作系统环境变量。
⑥ Java 系统属性（System 的 getProperties()方法返回的属性）。
⑦ 来自 java:comp/env 的 JNDI 属性。
⑧ ServletContext 的初始化参数（在 web.xml 文件中通过<context-param.../>元素设置的初始化参数）。
⑨ ServletConfig 的初始化参数（在 web.xml 文件中通过<init-param.../>元素设置的初始化参数，

或者通过@Servlet 注解设置的初始化参数）。

⑩ 来自 SPRING_APPLICATION_JSON 的属性（嵌套在环境变量或系统属性中的 JSON 文本）。

⑪ 命令行参数。

⑫ 测试用例类上通过@SpringBootTest 注解的 properties 所指定的属性。

⑬ 测试用例类上用@TestPropertySource 注解加载的属性文件中的属性值。

⑭ 当 Spring Boot 的 devtools 工具处于激活状态时，用户 Home 目录中.config/spring-boot/子目录下 spring-boot-devtools.properties 或 spring-boot-devtools.yml 文件中设置的属性。

上面的第 7 项和第 8 项只有在 Web 服务器或应用服务器中才有用，因此，只有把 Spring Boot 应用部署到 Web 服务器或应用服务器中才能使用这两项。

上面的第 12 项和第 13 项仅对单元测试有效，而第 14 项需要在用户 Home 目录（在 Windows 平台下对应于"C:\Users\用户名"目录）下添加配置文件，因此上面这些配置项中优先级最高的可认为是命令行参数。

Spring Boot 会自动提取命令行参数中的选项参数（以双横线开头的参数，如--server.port=9090），如果这些选项参数对 Spring Boot 是有意义的，如 server.port 等选项参数，Spring Boot 就会用该选项参数的值覆盖配置文件中所指定的属性值。

例如，在启动 Spring Boot 应用时指定了命令行参数--server.port=9090，不管在 application.properties 文件中将 server.port 指定了什么端口，该应用的服务端口肯定都是 9090。

如果不希望将命令行的选项属性添加到配置环境中，则可调用 SpringApplication 对象的 setAddCommandLineProperties(false)方法来禁用该功能。

从上面的加载顺序可以看出，通过 SpringApplication（包括 SpringApplicationBuilder）设置的属性值的优先级是最低的。

假如应用的主类通过如下代码来运行 Spring 容器：

```
new SpringApplicationBuilder()
    .bannerMode(Banner.Mode.OFF)
    .sources(org.crazyit.app.App.class)
    .run(args);
```

而且该应用还提供了如下 application.properties 文件：

```
spring.main.sources=org.fkit.app.Config, org.fkjava.app.ExtraConfig
spring.main.banner-mode=console
```

由于 application.properties 配置文件后加载（相当于优先级更高），因此在 application.properties 文件中配置的属性将会覆盖 SpringApplicationBuilder 对象所设置的属性，因此该应用启动时依然会显示 Spring Boot 的 Banner。

但应用的主配置类会按如下顺序加载：

org.crazyit.app.App → org.fkit.app.Config → org.fkjava.app.ExtraConfig

可能有人感到奇怪，为何不是用 Config、ExtraConfig 这两个主配置类覆盖 App 类呢？这是由于 SpringApplicationBuilder 的 sources()方法和 spring.main.sources 属性的作用都是添加更多的主配置类，因此不会覆盖。

此外，application.properties（包括 application.yml）也有几个不同的来源，它们按如下顺序加载：

① JAR 包内的 application.properties（或 application.yml）。

② JAR 包内的 application-{profile}.properties（或 application-{profile}.yml），这是特定的 Profile

对应的配置文件。

③ JAR 包外临时指定的 application.properties（或 application.yml）。
④ JAR 包外临时指定的 application-{profile}.properties（或 application-{profile}.yml）。

从上面的加载顺序可以看出如下规律：

JAR 包外临时指定的配置文件的优先级高于 JAR 包内配置文件的优先级；特定的 Profile 对应的配置文件的优先级高于通用配置文件的优先级。

掌握这些配置源的加载顺序和优先级是很有必要的，尤其是在实际项目的开发过程中，项目的配置源可能有多种不同的形式，不同配置源的加载顺序和优先级将会影响配置属性最终的值。

▶▶ 2.2.2 利用 JSON 参数配置

Spring Boot 还支持一个特殊的系统属性（环境变量）：spring.application.json（SPRING_APPLICATION_JSON），通过这个特殊的系统属性或环境变量可以传入一段 JSON 文本，而这段 JSON 文本将会被解析成配置属性——该配置属性在加载顺序中排在第 10 位（见 2.2.1 节）。

例如，对于如下示例的控制器。

程序清单：codes\02\2.2\JSON\src\main\java\org\crazyit\app\controller\HelloController.java

```java
@RestController
public class HelloController
{
    // 使用@Value注解访问配置属性
    @Value("${fkjava.name}")
    private String name;
    @Value("${fkjava.age}")
    private String age;
    @Value("${fkjava.servers[0]}")
    private String server1;
    @Value("${fkjava.servers[1]}")
    private String server2;
    @GetMapping
    public Map<String, String> hello()
    {
        return Map.of("名称", name, "年龄", age,
            "服务器1", server1, "服务器2", server2);
    }
}
```

上面的控制器要访问 fkjava.name、fkjava.age 和 fkjava.servers 这些配置属性，本例先使用 application.properties 来配置如下属性。

程序清单：codes\02\2.2\JSON\src\main\resources\application.properties

```
fkjava.name=疯狂软件服务器
fkjava.age=35
```

上面的配置文件配置了两个属性，但并未配置 fkjava.servers 属性。因此，如果直接运行该示例的主类，则肯定会引起异常。

下面将该示例的主类改为如下形式。

程序清单：codes\02\2.2\JSON\src\main\java\org\crazyit\app\App.java

```java
@SpringBootApplication
public class App
{
    public static void main(String[] args)
```

```
        {
            // 设置 spring.application.json 系统属性
            System.setProperty("spring.application.json",
                "{\"fkjava\":{\"name\":\"疯狂软件\", \"age\":20, " +
                "\"servers\":[\"fkjava.org\", \"crazyit.org\"]}}");
            SpringApplication.run(App.class, args);
        }
    }
```

上面的粗体字代码设置了一个 spring.application.json 系统属性，该属性的值为：

```
{"fkjava":{"name":"疯狂软件", "age":20, "servers":["fkjava.org", "crazyit.org"]}}
```

上面的文本就是一段典型的 JSON 文本，Spring Boot 会自动将这段 JSON 文本解析成如下配置属性：

- fkjava.name，其值为"疯狂软件"。
- fkjava.age，其值为 20。
- fkjava.servers，其值为 List。

运行上面的主程序启动 Spring Boot 应用，访问"http://localhost:8080/"测试控制器的 hello() 方法，将会看到如下输出：

```
{
"名称":"疯狂软件",
"年龄":"20",
"服务器2":"crazyit.org",
"服务器1":"fkjava.org"
}
```

从上面的输出可以看到，通过 spring.application.json 系统属性传入的配置属性覆盖了 application.properties 中配置的属性，这也正好符合 2.2.1 节所介绍的内容。

上面的 App 类使用粗体字代码设置了 spring.application.json 系统属性，也可删除这行粗体字代码，改为设置 SPRING_APPLICATION_JSON 环境变量，同样设置为如下值：

```
{"fkjava":{"name":"疯狂软件", "age":20, "servers":["fkjava.org", "crazyit.org"]}}
```

再次运行该程序，将会看到同样的运行效果。

也可通过 VM 选项的-D 选项来设置系统属性，例如添加如下 VM 选项：

```
-Dspring.application.json="{\"fkjava\":{\"name\":\" 疯 狂 软 件 \", \"age\":20, \"servers\":[\"fkjava.org\", \"crazyit.org\"]}}"
```

还可通过命令行参数来设置 spring.application.json 系统属性，例如添加如下命令行参数：

```
--spring.application.json="{\"fkjava\":{\"name\":\" 疯 狂 软 件 \", \"age\":20, \"servers\":[\"fkjava.org\", \"crazyit.org\"]}}"
```

添加上面任何一种配置之后，再次运行程序都可看到相同的运行效果。

▶▶ 2.2.3 使用 YAML 配置文件

前面多次提到，application.properties 文件的另一种形式是 application.yml，这两种文件只是载体形式不同，其本质是一样的。

YAML 是 JSON 格式的超集，因此它能以层次格式来存储配置属性。Spring Boot 使用 SnakeYAML 来解析 YAML 文件，但由于 spring-boot-starter 自动依赖 SnakeYAML，因此只要为项目添加了 spring-boot-starter 依赖（几乎所有 Spring Boot 项目都会添加），SpringApplication 即可使用 SnakeYAML 解析 YAML 文件。

比如有如下 application.properties 配置片段：

```
spring.application.name=cruncher
spring.datasource.driver-class-name=com.mysql.cj.jdbc.Driver
spring.datasource.url=jdbc:mysql://localhost/springboot
spring.datasource.username=root
spring.datasource.password=32147
server.port=9000
```

如果写成 YAML 配置片段，则对应于如下形式：

```
spring:
  application:
    name: "cruncher"
  datasource:
    driver-class-name: "com.mysql.cj.jdbc.Driver"
    url: "jdbc:mysql://localhost/test"
    username: "root"
    password: "32147"
server:
  port: 9000
```

发现其中的对应关系了吧！如果属性文件的 key 中包含了点号（.），那么转换为 YAML 文件时就变成了缩进。因此，对于"spring.application.name"形式的 key，就变成了 YAML 文件中的如下形式：

```
spring:
  application:
    name:
```

在掌握了属性文件与 YAML 文件之间的对应关系之后，其实项目是用属性文件作为配置文件，还是用 YAML 文件作为配置文件，只是个人的习惯问题。就作者个人的习惯来说，作者觉得属性文件更直观，所以本书中示例的配置文件大多采用属性文件的形式。

如果 YAML 配置属性值包含多个列表项，那么它将被自动转换为[index]的形式。例如如下配置：

```
fkjava:
  servers:
    - www.crazyit.org
    - www.fkit.org
```

它将被转换为如下属性：

```
fkjava.servers[0]= www.crazyit.org
fkjava.servers[1]= www.fkit.org
```

如果程序要加载 YAML 文件配置的属性，则 Spring Boot 提供了如下工具类。
- ➢ YamlPropertiesFactoryBean：它将 YAML 文件加载为 Properties 对象。
- ➢ YamlMapFactoryBean：它将 YAML 文件加载为 Map 对象。
- ➢ YamlPropertySourceLoader：它将 YAML 文件加载为 PropertySource。

> **提示：**
> 实际上，YamlPropertiesFactoryBean 和 YamlMapFactoryBean 是由 Spring 框架提供的。

需要说明的是，@PropertySource 和@TestPropertySource 这两个注解都只能加载属性文件，不能加载 YAML 文件，这是 YAML 文件的局限之一。

@PropertySource 注解和@TestPropertySource 注解只能读取属性文件。

下面通过例子来示范使用 YamlPropertySourceLoader 加载 YAML 文件,并将所加载的文件内容添加到配置环境(Environment)中。这里依然创建一个 Maven 项目,然后用前面 Spring Boot 项目中的 pom.xml 文件替换本项目的 pom.xml 文件,本项目只保留 spring-boot-starter-web 依赖即可。

本应用的主类很简单,依然是在 main() 方法中使用 SpringApplication 的 run() 方法运行带 @SpringBootApplication 注解修饰的类即可。

为本例定义两份 YAML 文件,其中第一份是系统会自动加载的 application.yml 文件,该文件的内容如下。

程序清单:codes\02\2.2\yamlEnv\src\main\resources\application.yml

```yaml
fkjava:
  server:
    name: "疯狂软件服务器"
    port: 9000
```

第二份是系统不会自动加载的 fk/fk.yml 文件,该文件的内容如下。

程序清单:codes\02\2.2\yamlEnv\src\main\resources\fk\fk.yml

```yaml
fkjava:
  name: "疯狂软件"
  age: 20
  servers:
    - www.fkjava.org
    - www.crazyit.org
```

本例定义一个配置环境后处理器来加载这份 fk.yml 文件,该后处理器的代码如下。

程序清单:codes\02\2.2\yamlEnv\src\main\java\org\crazyit\app\FkEnvironmentPostProcessor.java

```java
public class FkEnvironmentPostProcessor implements EnvironmentPostProcessor
{
    // 创建 YamlPropertySourceLoader,用于加载 YAML 文件
    private final YamlPropertySourceLoader loader =
            new YamlPropertySourceLoader();
    @Override
    public void postProcessEnvironment(ConfigurableEnvironment environment,
            SpringApplication application)
    {
        // 指定自定义的配置文件
        Resource path = new ClassPathResource("fk/fk.yml");
        // 加载自定义的配置文件
        PropertySource<?> ps = null;
        try
        {
            ps = this.loader.load("custom-resource", path).get(0);
        }
        catch (IOException e)
        {
            e.printStackTrace();
        }
        System.out.println("fkjava.name: " + ps.getProperty("fkjava.name"));
        System.out.println("fkjava.age: " +ps.getProperty("fkjava.age"));
        System.out.println("fkjava.servers[0]: " +ps.getProperty("fkjava.servers[0]"));
        System.out.println("fkjava.servers[1]: " +ps.getProperty("fkjava.servers[1]"));
        // 将 PropertySource 中的属性添加到 Environment 配置环境中
        environment.getPropertySources().addLast(ps);
    }
}
```

上面后处理器的第一行粗体字代码创建了 YamlPropertySourceLoader 对象，第二行粗体字代码调用了该对象的 load() 方法来加载 YAML 配置文件。

> **提示：**
> 与 YamlPropertySourceLoader 对应的是 PropertiesPropertySourceLoader，只不过它用于将属性文件加载为 PropertySource，前面介绍配置环境初始化器时已示范了 PropertiesPropertySourceLoader 的用法。

还需要使用 META-INF/spring.factories 文件来定义该配置环境后处理器，该文件的内容如下。

程序清单：codes\02\2.2\yamlEnv\src\main\resources\META-INF\spring.factories

```
# 定义配置环境后处理器
org.springframework.boot.env.EnvironmentPostProcessor=\
org.crazyit.app.FkEnvironmentPostProcessor
```

这样一来，默认的 application.yml 和 fk/fk.yml 文件都被加载进来，接下来即可在其他任何 Bean 组件（如控制器）中通过 @Value 注解来访问它们。例如如下代码。

程序清单：codes\02\2.2\yamlEnv\src\main\java\org\crazyit\app\controller\HelloController.java

```java
@RestController
public class HelloController
{
    // 使用@Value注解访问配置属性
    @Value("${fkjava.server.name}")
    private String serverName;
    @Value("${fkjava.server.port}")
    private String serverPort;
    @Value("${fkjava.age}")
    private String age;
    @GetMapping
    public String hello()
    {
        return "名称: " + serverName + ", 端口: " + serverPort
            + ", 年龄: " + age;
    }
}
```

从上面的粗体字代码可以看到，当使用 @Value 注解来访问 YAML 配置属性时，依然要通过"扁平化"之后的 key（就是转换为属性文件对应的 key）进行访问。

运行主类启动 Spring Boot 应用，可以在控制台看到如下输出：

```
fkjava.name: 疯狂软件
fkjava.age: 20
fkjava.servers[0]: www.fkjava.org
fkjava.servers[1]: www.crazyit.org
```

通过浏览器访问 "http://localhost:8080/" 测试上面的 hello() 方法，将看到如下输出：

名称：疯狂软件服务器，端口：9000，年龄：20

如果仅仅需要加载自定义的 YAML 文件，在普通组件中使用这些配置属性，并不需要将 YAML 文件中的属性添加到配置环境中，那么只要在容器中配置一个 YamlPropertiesFactoryBean 工厂 Bean 或 YamlMapFactoryBean 工厂 Bean，它们就会自动读取 YAML 文件，并将其中的配置内容加载为 Properties 对象或 Map 对象。

例如，下面的示例对上面的示例进行一些修改，删除其中的配置环境后处理器，然后添加如下配置类。

程序清单：codes\02\2.2\yaml\src\main\java\org\crazyit\app\MyConfig.java

```java
@Configuration
public class MyConfig
{
    // 在容器中配置一个 YamlPropertiesFactoryBean
    @Bean
    public YamlPropertiesFactoryBean fkProps()
    {
        var factory = new YamlPropertiesFactoryBean();
        factory.setResources(new ClassPathResource("fk/fk.yml"));
        return factory;
    }
}
```

上面的配置类在容器中配置了一个 YamlPropertiesFactoryBean 工厂 Bean，并指定该工厂 Bean 要加载 fk/fk.yml 文件。Spring 容器中的工厂 Bean（实现 FactoryBean 接口的 Bean）有一个特征：当程序通过 Spring 容器获取工厂 Bean 时，Spring 容器实际返回的是该工厂 Bean 的产品（getObject() 方法的返回值）。因此，当程序获取上面配置的 fkProps 时，实际返回的只是一个 Properties 对象。

接下来，其他 Bean 组件（如控制器）则可通过如下方式来访问 fk/fk.yml 文件中的属性。

程序清单：codes\02\2.2\yaml\src\main\java\org\crazyit\app\controller\HelloController.java

```java
@RestController
public class HelloController
{
    // 使用@Value 注解访问配置属性
    @Value("${fkjava.server.name}")
    private String serverName;
    @Value("${fkjava.server.port}")
    private String serverPort;
    // 指定将容器中的 fkProps Bean 注入 fkProps 实例变量
    @Resource(name = "fkProps")
    private Properties fkProps;
    @GetMapping
    public String hello()
    {
        return "名称: " + serverName + ", 端口: " + serverPort
            + ", 年龄: " + fkProps.getProperty("fkjava.age");
    }
}
```

上面程序中的粗体字代码指定将容器中的 fkProps Bean 注入 fkProps 实例变量，而 fkProps 就是上面配置类中配置的 YamlPropertiesFactoryBean 的产品，也就是它所加载的 YAML 文件转换得到的 Properties 对象。

▶▶ 2.2.4 改变配置文件的位置

在默认情况下，Spring Boot 会自动按如下顺序加载默认的配置文件，后加载的属性文件可以覆盖先加载的属性文件，因此可认为后加载的属性文件具有更高的优先级。

① 类加载路径的根路径。

② 类加载路径下的/config 子目录。

③ 当前路径。

④ 当前路径下的/config 子目录。

⑤ 当前路径下/config 子目录的任意直接子目录，如/config/abc/、/config/xyz/等。

如果想改变这种默认行为，Spring Boot 可通过如下系统属性（或环境变量，或命令行参数）来改变配置文件的位置。

➢ spring.config.name：改变配置文件的文件名，默认是 application。如果用 OS 环境变量来设置，则该属性对应于 SPRING_CONFIG_NAME 环境变量名。

➢ spring.config.location：改变配置文件的加载路径。如果用 OS 环境变量来设置，则该属性对应于 SPRING_CONFIG_LOCATION 环境变量名。

➢ spring.config.additional-location：添加配置文件的加载路径，不会覆盖原有的配置文件的加载路径。

> **注意**
> 不要尝试使用 Spring Boot 配置属性来设置 spring.config.name、spring.config.location、spring.config.additional-location 属性，因为这几个属性的加载时机非常早，所以只能通过系统环境变量、系统属性或命令行参数来设置。

通过 spring.config.location 或 spring.config.additional-location 属性指定的加载路径是有先后顺序的，后面路径中的配置文件将会后加载，因此它具有更高的优先级。

比如将 spring.config.location 设置为"optional:classpath:/fkjava/,optional:file:./fkit/"，Spring Boot 将依次从如下路径加载配置文件：

① optional:classpath:fkjava/

② optional:file:./fkit/

因此上面的配置会后加载 optional:file:./fkit/路径中的配置文件，所以该路径中的配置文件具有更高的优先级。

如果使用 spring.config.additional-location 属性来添加配置文件的加载路径，那么新增的路径总是排在默认的加载路径之后。换句话说，通过 spring.config.additional-location 属性指定的加载路径，比系统默认的加载路径具有更好的优先级。比如将 spring.config.additional-location 属性设置为"optional:classpath:/fkjava/,optional:file:./fkit/"，此时 Spring Boot 将依次从如下路径加载配置文件：

① optional:classpath:/（类加载路径的根路径）

② optional:classpath:/config/（类加载路径下的/config 子目录）

③ optional:file:./（当前路径）

④ optional:file:./config/（当前路径下的/config 子目录）

⑤ optional:file:./config/*/（当前路径下/config 子目录的任意直接子目录）

⑥ optional:classpath:fkjava/

⑦ optional:file:./fkit/

上面列出的前 5 项是 Spring Boot 配置文件的默认加载路径。

上面的第 5 项"optional:file:./config/*/"路径中包含一个通配符（*），这意味着它可以匹配当前路径下/config 子目录的任意直接子目录，如/config/abc/、/config/xyz/等。在配置加载路径时，使用通配符有如下限制：

➢ 通配符只能在外部路径中使用，例如 file:前缀就表示使用文件系统的当前路径；classpath:前缀的路径不能使用通配符。

> 每个加载路径只能在最后面使用一个通配符,不能写成 file:./*/*/,这太荒唐了,只能写成如 file:/fkjava/*/的形式,这表示当前路径下/fkjava 子目录的任意直接子目录。

对于 2.2.3 节示例中位于 resources 目录下的 fk/fk.yml 文件,可将主类修改为如下形式加载该配置文件。

程序清单:codes\02\2.2\change\src\main\java\org\crazyit\app\App.java

```java
@SpringBootApplication
public class App
{
    static {
        // 设置配置文件的文件名
        System.setProperty("spring.config.name", "application, fk");
        // 设置配置文件的加载路径
        System.setProperty("spring.config.location",
            "classpath:/, optional:classpath:/fk/");
        // 设置额外的加载路径
//        System.setProperty("spring.config.additional-location",
//            "optional:classpath:/fk/");
    }
    public static void main(String[] args)
    {
        // 创建 Spring 容器,运行 Spring Boot 应用
        SpringApplication.run(App.class, args);
    }
}
```

上面的粗体字代码通过系统属性设置了 Spring Boot 配置文件的主文件名可以是 application 和 fk;配置文件的加载路径是 classpath:/(代表类加载路径的根路径)和 optional:classpath:/fk/(代表类加载路径下的/fk/子目录)。

其中 optional:classpath:/fk/使用了 optional:前缀,用于告诉 Spring Boot 不要检查该路径下是否存在配置文件,如果该路径下存在配置文件就加载,否则就忽略该路径。如果不添加 optional:前缀,那么 Spring Boot 会强制检查该路径下是否存在配置文件;若该路径下不存在任何配置文件,则 Spring Boot 将会抛出 ConfigDataLocationNotFoundException 异常。

使用系统属性设置了 Spring Boot 配置文件的文件名之后,Spring Boot 就不会自动加载 application.properties(及 application.yml)文件了,因此上面的粗体字代码还显式地设置了要加载类加载路径下的 application.properties(及 application.yml)文件。

如果使用 spring.config.additional-location 系统属性,则只是添加新的配置文件的加载路径,因此上面被注释掉的代码设置"spring.config.additional-location"属性时,只要设置"optional:classpath:/fk/"即可。

经过上面两行粗体字代码的设置,Spring Boot 就能自动加载 application.yml 和 fk.yml 作为配置文件,这样其他 Bean 组件(如控制器)依然可通过@Value 注解来访问这些配置属性。例如如下代码。

程序清单:codes\02\2.2\change\src\main\java\org\crazyit\app\controller\HelloController.java

```java
@RestController
public class HelloController
{
    // 使用@Value 注解访问配置属性
    @Value("${fkjava.server.name}")
    private String serverName;
    @Value("${fkjava.server.port}")
    private String serverPort;
```

```
    @Value("${fkjava.age}")
    private String age;
    @GetMapping
    public String hello()
    {
        return "名称: " + serverName + ", 端口: " + serverPort
                + ", 年龄: " + age;
    }
}
```

▶▶ 2.2.5 导入额外的配置文件

在 Spring 容器刷新之后,Spring Boot 还可使用如下方式导入额外的配置文件:
➢ 使用@PropertySource 注解导入额外的属性文件。
➢ 使用 spring.config.import 属性导入额外的配置文件(包括属性文件和 YAML 文件)。

因此,如果只是需要为应用中的 Bean 组件(如控制器)导入一些配置属性,则完全可通过上面两种方式来导入。

下面通过例子示范使用@PropertySource 注解和 spring.config.import 属性导入额外的配置文件。首先创建一个 Maven 项目,然后用前面 Spring Boot 项目中的 pom.xml 文件替换本项目的 pom.xml 文件,本项目只保留 spring-boot-starter-web 依赖即可。

先为本应用定义一份自定义的 YAML 文件,该文件的内容如下。

程序清单:codes\02\2.2import\src\main\resources\fk\fk.yml

```yaml
fkjava:
  name: "疯狂软件"
  age: 25
  servers:
    - www.fkjava.org
    - www.crazyit.org
```

再定义一份自定义的属性文件,该文件的内容如下。

程序清单:codes\02\2.2import\src\main\resources\fk\crazyit.properties

```
crazyit.book.name=Spring Boot
crazyit.book.price=128
```

其中,fk.yml 文件只能通过 spring.config.import 属性导入,而 crazyit.properties 文件既可通过 spring.config.import 属性导入,也可通过@PropertySource 注解导入。

下面是本例中默认的配置文件。

程序清单:codes\02\2.2import\src\main\resources\application.yml

```yaml
fkjava:
  server:
    name: "疯狂软件服务器"
    port: 9000
spring:
  config:
    # 指定导入类加载路径下的 fk/fk.yml 文件
    import: optional:classpath:/fk/fk.yml
```

上面配置文件中的粗体字代码导入了类加载路径下的 fk/fk.yml 文件。

下面通过在应用主类中使用@PropertySource 注解导入 crazyit.properties 文件。该主类的代码如下。

程序清单：codes\02\2.2\import\src\main\java\org\crazyit\app\App.java

```java
@SpringBootApplication
// 导入类加载路径下的 fk/crazyit.properties 文件
@PropertySource("classpath:/fk/crazyit.properties")
public class App
{
    public static void main(String[] args)
    {
        // 创建 Spring 容器，运行 Spring Boot 应用
        SpringApplication.run(App.class, args);
    }
}
```

通过上面的方式导入额外的配置文件之后，接下来在其他 Bean 组件（如控制器）中同样可通过@Value 注解来读取这些配置属性。

▶▶ 2.2.6 使用占位符

在配置文件中可通过占位符（${}）的方式来引用已定义的属性，或者引用其他配置源（如系统属性、环境变量、命令参数等）配置的属性。

下面示例的配置文件使用了占位符。

程序清单：codes\02\2.2\placeholder\src\main\resources\application.yml

```yaml
app:
  name: "占位符"
  # 引用配置文件中的配置属性
  description: "${app.name}应用演示了如何在配置文件中使用占位符"
book:
  # 引用外部的配置属性
  description: ${book.name}是一本非常优秀的图书
server:
  # 配置服务端口
  port: ${port}
```

上面配置文件中的三行粗体字代码使用了占位符，其中第一个占位符引用的是 app.name 属性。由于在该配置文件前面配置了该属性，因此它引用的是当前文件中已有的属性。

后面两个占位符所引用的属性在配置文件中不存在，因此它们引用的是来自其他配置源的属性。

本例的控制器类同样可通过@Value 属性访问这些属性，就像它们没有使用占位符一样。下面是本例中控制器类的代码。

程序清单：codes\02\2.2\placeholder\src\main\java\org\crazyit\app\controller\HelloController.java

```java
@RestController
public class HelloController
{
    // 使用@Value 注解访问配置属性
    @Value("${app.description}")
    private String appDescription;
    @Value("${book.description}")
    private String bookDescription;
    @GetMapping
    public Map<String, String> hello()
    {
        return Map.of("应用描述:", appDescription,
                "图书描述: ", bookDescription);
    }
}
```

为本例的运行添加如下命令行参数：

```
--book.name="疯狂 Spring Boot" --port=9090
```

上面的命令行参数配置了两个选项参数：--book.name 和--port，这两个选项参数将用于填充配置文件中的占位符。启动该应用，使用浏览器访问 "http://localhost:9090/"（命令行传入的--port 选项参数改变了配置文件中的 server.port 选项，因此端口变成了 9090）来测试 hello()方法，将会看到如下输出：

```
{
"应用描述:":"占位符应用演示了如何在配置文件中使用占位符",
"图书描述: ":"疯狂 Spring Boot 是一本非常优秀的图书"
}
```

▶▶ 2.2.7 读取构建文件的属性

Spring Boot 还允许配置文件读取构建文件（pom.xml 或 build.gradle）中的属性。

对于 Maven 项目，只要在项目的 pom.xml 文件中定义如下<parent.../>元素：

```xml
<parent>
    <groupId>org.springframework.boot</groupId>
    <artifactId>spring-boot-starter-parent</artifactId>
    <version>2.4.2</version>
</parent>
```

接下来即可在配置文件中通过 "@属性名@" 来引用 pom.xml 文件中的属性。如下是本例的配置文件。

程序清单：codes\02\2.2\expansion\src\main\resources\application.yml

```yaml
app:
  java:
    # 引用 pom.xml 文件中的属性
    version: @java.version@
  sourceEncoding: @project.build.sourceEncoding@
  name: @name@
  version: @version@
```

在上面的配置文件中，通过 "@属性名@" 的形式引用了 pom.xml 文件中的属性。

本例的控制器类同样可通过@Value 属性访问这些属性，就像访问普通属性一样。下面是本例中控制器类的代码。

程序清单：codes\02\2.2\expansion\src\main\java\org\crazyit\app\controller\HelloController.java

```java
@RestController
public class HelloController
{
    // 使用@Value 注解访问配置属性
    @Value("${app.java.version}")
    private String javaVersion;
    @Value("${app.sourceEncoding}")
    private String sourceEncoding;
    @Value("${app.name}")
    private String appName;
    @Value("${app.version}")
    private String appVersion;
    @GetMapping
    public Map<String, String> hello()
    {
        return Map.of("javaVersion", javaVersion,
```

```
            "sourceEncoding", sourceEncoding,
            "appName", appName,
            "appVersion", appVersion);
    }
}
```

启动该应用，使用浏览器访问"http://localhost:8080/"来测试hello()方法，将会看到如下输出：

```
{
"appName":"expansion",
"javaVersion":"11.0.9",
"sourceEncoding":"UTF-8",
"appVersion":"0.0.1-SNAPSHOT"
}
```

上面输出的这些属性就来自构建文件：pom.xml。

对于 Gradle 项目，首先需要在 build.gradle 文件中对 Java 插件的 processResources 进行如下配置，然后将这段配置添加到原有的 build.gradle 文件的最后。

程序清单：codes\02\2.2\expansion2\build.gradle

```
// 配置Java插件的processResources Task
processResources {
    expand(project.properties)
}
```

接下来即可在配置文件中通过"${属性名}"的形式引用 build.gradle 文件中的属性。

可能有人已经发现，引用 build.gradle 文件中的属性的语法和通配符语法是相同的，这就会引起冲突。为了避免冲突，请按这种方式转义配置文件中的占位符：\${...}。

下面是本例的配置文件：

程序清单：codes\02\2.2\expansion2\src\main\resources\application.yml

```
app:
  java:
    version: "${sourceCompatibility}"
  name: "${rootProject.name}"
  version: "${version}"
```

上面配置文件中的${...}形式不再是通配符语法，而是引用 build.gradle 文件中的属性。该应用的控制器及其测试项目与前一个示例大致相同，此处不再介绍。

▶▶ 2.2.8　配置随机值

有些特殊的时候（比如出于测试的需要），需要为应用配置各种随机值，包括随机整数、UUID等，它们都可通过 Spring Boot 的 RandomValuePropertySource 来配置。

实际上，在配置文件中配置随机值甚至无须知晓 RandomValuePropertySource 的存在，只要在配置文件中使用 ${random.xxx} 的形式即可生成各种随机值，不过这个 random 就是 RandomValuePropertySource。

下面是本例的配置文件。

程序清单：codes\02\2.2\random\src\main\resources\application.yml

```
fkjava:
  secret: "${random.value}"
  number: "${random.int}"
  bignumber: "${random.long}"
  uuid: "${random.uuid}"
```

```
number-less-than-ten: "${random.int(10)}"
number-in-range: "${random.int(20,100)}"
```

有了该配置文件之后，接下来其他 Bean 组件（如控制器等）同样可通过@Value 属性访问这些属性，就像访问普通属性一样。下面是本例中控制器类的代码。

程序清单：codes\02\2.2\random\src\main\java\org\crazyit\app\controller\HelloController.java

```java
@RestController
public class HelloController
{
    // 使用@Value注解访问配置属性
    @Value("${fkjava.secret}")
    private String secret;
    @Value("${fkjava.number}")
    private String number;
    @Value("${fkjava.bignumber}")
    private String bignumber;
    @Value("${fkjava.uuid}")
    private String uuid;
    @Value("${fkjava.number-less-than-ten}")
    private String numberLessThanTen;
    @Value("${fkjava.number-in-range}")
    private String numberInRange;
    @GetMapping
    public Map<String, String> hello()
    {
        return Map.of("secret", secret, "number", number,
                "bignumber", bignumber,
                "uuid", uuid,
                "numberLessThanTen", numberLessThanTen,
                "numberInRange", numberInRange);
    }
}
```

启动该应用，使用浏览器访问 "http://localhost:8080/" 来测试 hello()方法，将会看到如下输出：

```
{
"numberLessThanTen":"2",
"uuid":"c3097fcd-bd9b-4103-9a26-9a21e4933a65",
"numberInRange":"26",
"number":"-2117909685",
"bignumber":"8895131872976650641",
"secret":"36819fa168d7a110b4a1819f0b2c9698"
}
```

上面这些输出就是在配置文件中定义的随机值。如果刷新页面，则会发现这些随机值并不会有任何改变。请记住，这些随机值都是在配置文件中定义的，因此刷新页面它们并不会改变，只有当应用重启，Spring Boot 重新加载配置文件时，才会重新生成这些随机值。

2.3 类型安全的绑定

前面介绍的都是使用@Value 注解来读取配置文件中的属性，但使用@Value 注解每次只能读取一个配置属性，若需要整体读取多个属性，或者读取具有某种结构关系的一组属性，Spring Boot 则提供了@ConfigurationProperties 注解来进行处理。

@ConfigurationProperties 注解有两种主要用法。

> 修饰属性处理类：当@ConfigurationProperties 注解修饰的类被部署为容器中的 Bean 时，该

注解指定的属性将会被注入该 Bean 的属性。因此，将@ConfigurationProperties 注解修饰的类称为"属性处理类"。
> 修饰@Bean 注解修饰的方法：使用@Bean 修饰的方法将会配置一个容器中的 Bean，而@ConfigurationProperties 注解指定的属性将会被注入该 Bean 的属性。

在使用@ConfigurationProperties 注解时可指定如下属性。
> prefix（或 value）：指定要加载的属性的前缀。
> ignoreInvalidFields()：指定是否忽略无效属性值。比如处理类定义了某个字段的类型是 Integer，但在配置文件中为该字段配置的值是 abc，这就是无效的值。
> ignoreUnknownFields()：指定是否忽略未知的字段值。如果在配置文件中配置的属性比处理类需要的属性更多，那么多出来的属性就属于未知属性。

▶▶ 2.3.1 使用属性处理类获取配置属性

请先看使用@ConfigurationProperties 注解修饰类的例子。下面是本例的配置文件。

程序清单：codes\02\2.3\setter\src\main\resources\application.properties

```
org.crazyit.enabled=true
org.crazyit.name=Crazy Java
org.crazyit.remoteAddress=192.168.1.188
org.crazyit.item.brand=Tesla
org.crazyit.item.comments=Good, Excellent
```

接下来定义如下带@ConfigurationProperties 注解的属性处理类来处理上面的配置信息。

程序清单：codes\02\2.3\setter\src\main\java\org\crazyit\app\config\CrazyitProperties.java

```java
// 指定读取以 org.crazyit 开头的属性
@ConfigurationProperties(prefix = "org.crazyit", ignoreUnknownFields=false)
@Component
public class CrazyitProperties
{
    private boolean enabled;
    private String name;
    private InetAddress remoteAddress;
    private final Item item = new Item();
    // 省略各属性的 setter、getter 方法
    ...
    public static class Item
    {
        private String brand;
        private List<String> comments =
            new ArrayList<>(Collections.singleton("GREAT"));
        // 省略各属性的 setter、getter 方法
        ...
    }
}
```

上面第一行粗体字代码使用了@ConfigurationProperties 注解修饰 CrazyitProperties 类，因此该类将会被配置成容器中的 Bean，且配置文件中以"org.crazyit"开头的属性将会被注入该 Bean 实例。

如果使用 IntelliJ IDEA 开发上面的属性处理类，则 IntelliJ IDEA 会提示添加 spring-boot-configuration-processor 依赖，添加该依赖后 IntelliJ IDEA 可提供"自动补全"功能。比如上面的属性处理类定义了 enabled、name 等属性，当切换到配置属性的编辑器中编写以"org.crazyit"开头的属性时，IntelliJ IDEA 可自动提示要配置 enabled、name 等属性。如果在配置属性的编辑器中按

住 Ctrl 键，再单击任何以"org.crazyit"开头的配置属性，则 IntelliJ IDEA 将会自动打开该 CrazyitProperties 类，并滚动到该配置属性对应的 setter 方法处。

尽量为@ConfigurationProperties 修饰的类添加 spring-boot-configuration-processor 依赖，这样 IntelliJ IDEA 能提供更友好的编辑帮助。

值得注意的是，Spring Boot 并不会自动启用@ConfigurationProperties 注解。让 Spring Boot 启用该注解有如下方式：

- ➢ 为@ConfigurationProperties 注解修饰的类添加@Component 注解。
- ➢ 将@ConfigurationProperties 注解修饰的类显式配置成容器中的 Bean。
- ➢ 使用@EnableConfigurationProperties 注解，该注解可显式指定一个或多个属性处理类，Spring Boot 将会启用这些属性处理类上的@ConfigurationProperties 注解。
- ➢ 使用@ConfigurationPropertiesScan 注解，该注解可指定启用一个或多个包及其子包下所有带@ConfigurationProperties 注解的类。

其实上面前两种方式的本质是一样的，无论是使用@Component 注解修饰属性处理类，还是将属性处理类配置成容器中的 Bean，它们最终的本质都是将该属性处理类配置成容器中的 Bean。

因此上面的第二行粗体字代码使用了@Component 注解修饰，这也是让 Spring Boot 启用@ConfigurationProperties 注解的方式之一。

当该属性处理类被配置成容器中的 Bean 之后，接下来该 Bean 可被注入任何其他 Bean 组件（如控制器），这个其他 Bean 组件即可通过该属性处理类的实例来读取所有以"org.crazyit"开头的属性。

下面是本例中控制器类的代码。

程序清单：codes\02\2.3\setter\src\main\java\org\crazyit\app\controller\HelloController.java

```
@RestController
public class HelloController
{
    private final CrazyitProperties crazyitProperties;
    // 依赖注入 CrazyitProperties 属性处理 Bean
    @Autowired
    public HelloController(CrazyitProperties crazyitProperties)
    {
        this.crazyitProperties = crazyitProperties;
    }
    @GetMapping
    public CrazyitProperties hello()
    {
        return crazyitProperties;
    }
}
```

上面控制器类的粗体字代码将容器中的 CrazyitProperties 依赖注入控制器，这样该控制器即可通过 CrazyitProperties 来访问所有以"org.crazyit"开头的属性。

启动该应用，使用浏览器访问"http://localhost:8080/"来测试 hello()方法，将会看到如下输出：

```
{
"enabled":true,
"name":"Crazy Java",
"remoteAddress":"192.168.1.188",
"item": {
  "brand":"Tesla",
```

```
      "comments":["Good","Excellent"]
   }
}
```

从上面的输出来看，使用@ConfigurationProperties 注解修饰的 CrazyitProperties 可"整体"读取所有以"org.crazyit"开头的属性，这确实非常方便。

刚刚定义的 CrazyitProperties 为每个配置属性都提供了同名的实例变量和 setter 方法，这样 Spring Boot 会通过反射调用这些 setter 方法来完成属性值注入。

实际上，属性处理类同样也支持用构造器来完成属性值注入，只要额外使用@ConstructorBinding 注解修饰用于执行属性值注入的构造器即可。如果该类仅包含一个构造器，则可直接用该注解修饰属性处理类。

值得注意的是，如果使用构造器来完成属性值注入，则要求使用@EnableConfigurationProperties 注解或@ConfigurationPropertiesScan 注解来启用@ConfigurationProperties 注解。

下面的示例对前面的属性处理类略做修改，将其改为如下所示的属性处理类。

程序清单：codes\02\2.3\constructor\src\main\java\org\crazyit\app\config\CrazyitProperties.java

```
@ConfigurationProperties(prefix = "org.crazyit", ignoreUnknownFields=false)
public class CrazyitProperties
{
   private boolean enabled;
   private String name;
   private InetAddress remoteAddress;
   private final Item item;
   // 指定使用构造器执行属性值注入
   @ConstructorBinding
   public CrazyitProperties(boolean enabled, String name,
         InetAddress remoteAddress, Item item)
   {
      this.enabled = enabled;
      this.name = name;
      this.remoteAddress = remoteAddress;
      this.item = item;
   }
   // 省略 getter 方法，无须定义 setter 方法
   ...
   public static class Item
   {
      private String brand;
      private List<String> comments = new ArrayList<>(
            Collections.singleton ("GREAT"));
      // 省略各属性的 setter、getter 方法
      ...
   }
}
```

上面的属性处理类并未为实例变量定义 setter 方法，而是定义了一个带参数的构造器，且该构造器使用了@ConstructorBinding 修饰，这样 Spring Boot 将会使用构造器来完成属性值注入。

下面是本例的配置文件，该配置使用了 YAML 格式（本质是一样的）。

程序清单：codes\02\2.3\constructor\src\main\resources\application.yml

```
org:
  crazyit:
    enabled: true
    name: 疯狂 Java
    remote-address: 192.168.1.188
    item:
```

```
        brand: Apple
        comments:
            - Good
            - Excellent
```

留意上面配置的属性为 org.crazyit.remote-address，这与 CrazyitProperties 类中定义的 remoteAddress 属性并不完全相同，Spring Boot 能成功注入吗？

答案是肯定的，原因就在于 Spring Boot 支持所谓的宽松绑定（Relaxed Binding）。宽松绑定并不要求配置属性的属性名与属性处理类中的属性名完全相同。

例如，对于上面 CrazyitProperties 类中的 remoteAddress 属性，表 2.2 中列出的各种属性都可被成功注入 remoteAddress 属性。

表 2.2 宽松绑定

属性	说明
org.crazyit.remote-address	"烤串"写法。这是*.properties 和*.yml 配置文件的推荐写法
org.crazyit.remoteAddress	标准驼峰写法
org.crazyit.remote_address	下画线写法。这是*.properties 和*.yml 配置文件的可选写法
ORG_CRAZYIT_REMOTEADDRESS	大写字母格式（将原来的点号换成下画线）。如果使用系统环境变量来配置属性，则这是推荐写法

对比上面*.properties 和*.yml 两个文件在配置 org.crazyit.item.comments 属性时的区别，该属性的类型是 List，因此必须在配置文件中配置 List。

> 在*.properties 文件中配置 List 有两种方式：简单地使用英文逗号隔开的多个值（如前面 setter 例子所示），或者用标准的方括号语法来配置 List。
> 在*.yml 文件中配置 List 也有两种方式：以短横线开头（如上面 constructor 例子所示），或者简单地使用英文逗号隔开的多个值来配置 List。

由此可见，不管是*.properties 文件还是*.yml 文件，都可简单地使用英文逗号隔开的多个值来构建 List。

对于用构造器执行属性值注入的属性处理类，要求使用@ConfigurationPropertiesScan 或@EnableConfigurationProperties 注解来启用@ConfigurationProperties，因此本例在应用主类上增加了@ConfigurationPropertiesScan 注解。下面是本例的应用主类。

程序清单：codes\02\2.3\constructor\src\main\java\org\crazyit\app\App.java

```
@SpringBootApplication
// 指定扫描 org.crazyit.app.config 包及其子包下的@ConfigurationProperties 注解修饰的类
@ConfigurationPropertiesScan("org.crazyit.app.config")
public class App
{
    public static void main(String[] args)
    {
        // 创建 Spring 容器，运行 Spring Boot 应用
        SpringApplication.run(App.class, args);
    }
}
```

上面的粗体字注解指定了要启用 org.crazyit.app.config 包及其子包下所有属性处理类上的@ConfigurationProperties 注解。

运行、测试该应用，其效果与前一个示例的效果基本相同。

▶▶ 2.3.2 为容器中的 Bean 注入配置属性

@ConfigurationProperties 注解除了可修饰属性处理类，还可修饰@Bean 注解修饰的方法，这

样 Spring Boot 将会读取@ConfigurationProperties 注解加载的配置属性，并将属性值注入该@Bean 方法所配置的 Bean 组件。

例如，下面的示例定义一个 Book 类，该类的代码如下。

程序清单：codes\02\2.3\bindBean\src\main\java\org\crazyit\domain\Book.java

```java
public class Book
{
    private String title;
    private double price;
    private String author;
    private List<String> keywords;
    // 省略 getter、setter 方法
    ...
}
```

接下来使用 Java 配置来配置该 Bean 类，并使用@ConfigurationProperties 注解修饰该@Bean 方法。下面是该配置类的代码。

程序清单：codes\02\2.3\bindBean\src\main\java\org\crazyit\config\MyConfig.java

```java
@Configuration
public class MyConfig
{
    @Bean
    // @ConfigurationProperties 注解会驱动 Spring 自动调用该 Bean 的 setter 方法
    @ConfigurationProperties("fkjava.book")
    public Book book()
    {
        return new Book();
    }
}
```

上面带@Bean 注解的 book()方法配置了 Book 类的实例。上面的配置只是创建了一个默认的 Book 对象，并没有为之设置任何属性。但由于该 book()方法使用了@ConfigurationProperties("fkjava.book") 注解修饰，Spring Boot 将会自动读取所有以"fkjava.book"开头的属性，并将这些属性值对应地注入该 Book 对象。

在配置文件中提供如下配置属性。

程序清单：codes\02\2.3\bindBean\src\main\resources\application.yml

```yaml
fkjava:
  book:
    title: "疯狂 Spring Boot 终极讲义"
    price: 128
    author: "李刚"
    keywords:
      - Java
      - Spring
      - 疯狂
```

上面配置文件中配置的属性与 Book 类的属性对应（不需要严格对应，按 Spring Boot 推荐，配置文件中配置的属性名应使用"烤串"写法），这样 Spring Boot 就会读取这些配置属性，并将它们注入 Book Bean。

> **提示：**
> 从本质上看，@ConfigurationProperties 注解的作用就是驱动被修饰的@Bean 方法所配置的对象调用相应的 setter 方法，比如@ConfigurationProperties 注解读取到 title 属性，它就会驱动 Spring Boot 以反射方式执行@Bean 方法所配置的对象的 setTitle()方法，并将 title 属性值作为 setTitle()方法的参数。

通过使用@ConfigurationProperties 修饰@Bean 方法，让 Spring Boot 将属性值注入@Bean 方法所配置的 Bean 组件。

当容器中有了属性完备的 Book 对象之后，接下来可将它注入任何 Bean 组件（如控制器组件）。下面是本例的控制器类。

程序清单：codes\02\2.3\bindBean\src\main\java\org\crazyit\app\controller\HelloController.java

```
@RestController
public class HelloController
{
    private final Book book;
    @Autowired
    public HelloController(Book book)
    {
        this.book = book;
    }
    @GetMapping
    public Book hello()
    {
        return book;
    }
}
```

上面的控制器类接受容器注入的 Book Bean。

运行主类，启动 Spring Boot 应用，使用浏览器访问"http://localhost:8080/"测试 hello()方法，将会看到如下输出：

```
{
"title":"疯狂 Spring Boot 终极讲义",
"price":128.0,"author":"李刚",
"keywords":["Java","Spring","疯狂"]
}
```

通过上面示例示范了@ConfigurationProperties 的基本用法，不难发现它与@Value 各有特色——使用@Value 注解读取配置属性简单、方便（只要用该注解修饰实例变量即可），但每个@Value 注解只能注入一个配置属性；而@ConfigurationProperties 可整体注入一批配置属性，但它需要额外定义一个属性处理类（即使修饰@Bean 方法，也需要有一个 Bean 类）。

由于@Value 是 Spring 容器的核心特征，因此该注解可以支持 SpEL（Spring 表达式语言），而@ConfigurationProperties 则不支持该功能。

@Value 和@ConfigurationProperties 的对比如表 2.3 所示。

表 2.3 @Value 和@ConfigurationProperties 的对比

特征	@ConfigurationProperties	@Value
注入的属性个数	批量	单个
宽松绑定	支持	部分支持
SpEL	不支持	支持
元数据支持	支持	不支持

从表 2.3 可以看出，@Value 对宽松绑定并不完全支持，因此建议在@Value 注解中引用要注入的属性名时，总使用 Spring Boot 推荐的"烤串"写法。例如，对于@Value("fkjava.book-price")，Spring Boot 可从 application.properties（或 application.yml）文件中读取 fkjava.book-price 或 fkjava.bookPrice 属性来完成注入，也可从 OS 环境变量中读取 FKJAVA_BOOKPRICE 环境变量的值来完成注入；但如果写成@Value("fkjava.bookPrice")，则只会读取 application.properties（或 application.yml）文件中的 fkjava.bookPrice 属性来执行注入，fkjava.book-price 属性和 FKJAVA_BOOKPRICE 环境变量都不会起作用。

▶▶ 2.3.3 属性转换

Spring Boot 内置了常用的类型转换机制，例如，从前面的示例看到，Spring Boot 可将配置属性值自动转换为 int、double 类型。在默认情况下，如果转换失败，Spring Boot 应用启动将会失败，并抛出异常。如果希望 Spring Boot 忽略转换失败的配置属性值，则可将@ConfigurationProperties 注解的 ignoreInvalidFields 属性设置为 true（它的默认值为 false）。

此外，Spring Boot 还可自动转换如下类型。

➢ Duration：Spring Boot 可自动将配置属性值转换为 Duration 类型，支持为属性值指定单位。
➢ Period：Spring Boot 可自动将配置属性值转换为 Period 类型，支持为属性值指定单位。
➢ DataSize：Spring Boot 可自动将配置属性值转换为 DataSize 类型，支持为属性值指定单位。

在定义 Duration 类型的配置属性时，如果直接定义整数值，则该整数值将被当成多少毫秒处理，除非在该属性上使用@DurationUnit 注解指定了默认的时间单位。在配置属性值时可指定如下时间单位。

➢ ns：纳秒。
➢ μs：微秒。
➢ ms：毫秒。
➢ s：秒。
➢ m：分钟。
➢ h：小时。
➢ d：天。

在定义 Period 类型的配置属性时，如果直接定义整数值，则该整数值将被当成多少天处理，除非在该属性上使用@PeriodUnit 注解指定了默认的时间单位。在配置属性值时可指定如下时间单位。

➢ y：年。
➢ m：月。
➢ w：星期。
➢ d：天。

例如配置属性值 1y3d，它代表了 1 年 3 天。

在定义 DataSize 类型的配置属性时，如果直接定义整数值，该整数值将被当成多少字节处理，除非在该属性上使用@DataSizeUnit 注解指定了默认的数据单位。在配置属性值时可指定如下数据单位。

➢ B：字节。
➢ KB：千字节。
➢ MB：兆字节。
➢ GB：吉字节。

> TB：太字节。

例如，本例提供了如下属性处理类。

程序清单：codes\02\2.3\conversion\src\main\java\org\crazyit\app\config\CrazyitProperties.java

```java
// 指定读取以 "org.crazyit" 开头的属性
@ConfigurationProperties(prefix = "org.crazyit")
@Component
public class CrazyitProperties
{
    private Duration timeout;
    @DurationUnit(ChronoUnit.SECONDS)
    private Duration lastTime;
    private Period runPeriod;
    @DataSizeUnit(DataUnit.MEGABYTES)
    private DataSize maxSize;
    // 省略getter、setter 方法
    ...
}
```

上面的 lastTime 使用了@DurationUnit(ChronoUnit.SECONDS)修饰，这意味着它的默认时间单位是秒；maxSize 使用了@DataSizeUnit(DataUnit.MEGABYTES)修饰，这意味着它的默认数据单位是 MB。

下面是本例的配置文件。

程序清单：codes\02\2.3\conversion\src\main\resources\application.properties

```
# 默认时间单位是毫秒
org.crazyit.timeout=30000
# 默认时间单位是秒
org.crazyit.last-time=45
org.crazyit.run-period=2m5d
# 默认数据单位是 MB
org.crazyit.max-size=2
```

将上面的 CrazyitProperties 属性处理类的实例注入控制器，该控制器的代码很简单，此处不再给出。运行主类启动 Spring Boot 应用，使用浏览器访问 "http://localhost:8080/" 测试控制器的处理方法，将会看到如下输出：

```
{
"maxSize":2048,
"props":
  {
  "timeout":"PT30S",
  "lastTime":"PT45S",
  "runPeriod":"P2M5D",
  "maxSize":{"negative":false}
  }
}
```

▶▶ 2.3.4 校验@ConfigurationProperties

Spring Boot 还可对属性处理类进行校验，只要为属性处理类添加@Validated 注解，并使用 JSR 303 的校验注解修饰需要校验的实例变量，Spring Boot 就会自动校验配置文件中的属性值。如果某个属性值不能通过校验，Spring Boot 应用启动将会失败，并用 FailureAnalyzer 显示校验错误信息。

如果属性处理类包含复合类型的属性，且需要 Spring Boot 对该复合类型的子属性进行校验，

则应为复合类型的属性添加@Valid 注解。

@ConfigurationProperties 的数据校验是基于 JSR 303 的，因此在执行数据校验之前，必须先添加 JSR 303 规范的依赖以及 JSR 303 实现的依赖。Spring Boot 为数据校验提供了 spring-boot-starter-validation 依赖库，它已经包含了 JSR 303 规范和实现的依赖，因此只要在 pom.xml 文件中添加如下依赖库即可。

程序清单：codes\02\2.3\validate\pom.xml

```xml
<!-- 添加 Spring Boot Validation 依赖库 -->
<dependency>
    <groupId>org.springframework.boot</groupId>
    <artifactId>spring-boot-starter-validation</artifactId>
</dependency>
```

接下来为属性处理类添加校验注解。

程序清单：codes\02\2.3\validate\src\main\java\org\crazyit\app\config\CrazyitProperties.java

```java
// 指定读取以"org.crazyit"开头的属性
@ConfigurationProperties(prefix = "org.crazyit", ignoreUnknownFields=false)
@Component
@Validated
public class CrazyitProperties
{
    @NotEmpty
    private String name;
    @Range(max = 150, min=90, message = "价格必须位于 90~150 之间")
    private double price;
    @Pattern(regexp = "[1][3-8][0-9]{9}", message = "必须输入有效的手机号")
    private String mobile;
    @Valid
    private final Item item = new Item();
    // 省略 getter、setter 方法
    ...
    public static class Item
    {
        @Length(min=5, max=10, message = "品牌名长度必须为 5 到 10 个字符")
        private String brand;
        @Size(min = 1, message = "comments 至少包含一个元素")
        private List<String> comments =
            new ArrayList<>(Collections.singleton("GREAT"));
        // 省略 getter、setter 方法
        ...
    }
}
```

上面的属性处理类使用了 @Validated 注解修饰，且其中的 name、price、mobile 等属性使用了 @NotEmpty、@Range、@Pattern 注解修饰，因此 Spring Boot 将会对它们对应的配置属性进行校验。

> **提示**：
> 如果读者对 @NotEmpty、@Range、@Pattern 等注解不熟悉，则请深入学习 Spring 关于 JSR 303 校验的知识，可参考《轻量级 Java Web 企业应用实战》的 7.6 节。

上面属性处理类中的 item 属性是 Item 类型的，程序使用了 @Valid 修饰它，这样可保证 Spring Boot 对 Item 类包含的属性也执行数据校验。

下面是本例的配置文件。

程序清单：codes\02\2.3\validate\src\main\resources\application.properties
```
org.crazyit.name=Crazy Java
org.crazyit.price=89
org.crazyit.mobile=13334444
org.crazyit.item.brand=Apple
org.crazyit.item.comments=Great, Excellent
```

该配置文件故意将 price 和 mobile 两个属性配置得无法通过校验，这样 Spring Boot 应用启动时就会看到如图 2.6 所示的错误提示。

对于使用@ConfigurationProperties 修饰@Bean 方法的情况，Spring Boot 同样可对配置属性值进行数据校验，只要为@Bean 方法添加@Validated 注解修饰即可。

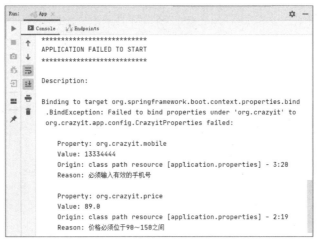

图 2.6　对配置属性执行数据校验

2.4　Profile

所谓 Profile，就是一组配置环境、各种程序组件的合集。

在实际开发环境中，经常需要在不同的环境间切换，比如开发项目时用的是开发场的部署环境（如数据库、索引库、部署节点等各种环境）；测试项目时用的是测试场的部署环境；上线项目时用的是产品场的部署环境，不同的部署环境使用的配置信息肯定是不同的，甚至个别程序组件还需要随着部署环境的改变而改变。

传统的做法是，当要变更应用程序的部署环境时，采用手动方式来更改配置信息，但实际项目的配置信息往往有很多，如端口、数据库连接、索引库连接、消息配置、缓存配置等信息，如果每次更换部署环境都需要手动修改配置信息的话，则相当麻烦，而 Profile 就可以解决这个问题。

每个 Profile 都包括一组配置文件和程序组件等，对应于一个部署环境。只要为每个部署环境都提供了对应的 Profile，接下来当应用被部署到不同的环境中时，只要切换到相应的 Profile 即可。

2.4.1　配置和切换 Profile

Profile 可包括程序组件和配置文件，声明程序组件和配置文件的 Profile 很简单：

➢ 使用@Profile 注解修饰@Component、@Configuration、@ConfigurationProperties 等注解修饰的类，这限制了这些类仅对特定的 Profile 有效。
➢ 通过配置文件的文件名限制 Profile。比如 application-dev.properties（或 application-dev.yml）文件限制了仅对 dev Profile 有效；application-test.properties（或 application-test.yml）文件

限制了仅对 test Profile 有效。
> 在配置文件中使用特定语法限制某些属性仅对特定的 Profile 有效。这种特殊的配置文件被称为"多 Profile 配置文件"。

对于@ConfigurationProperties 类有一点需要说明：如果@ConfigurationProperties 类是通过@EnableConfigurationProperties 注解来启用的，而不是通过扫描方式（用@ConfigurationPropertiesScan 注解）来启用的，则需要在@EnableConfigurationProperties 注解所在的@Configuration 类上使用@Profile 注解。对于以扫描方式启用的@ConfigurationProperties 注解，则可在@ConfigurationProperties 类本身上指定@Profile 注解。

下面通过例子来示范 Profile 的功能和用法。首先创建一个 Maven 项目，然后用前面 Spring Boot 项目中的 pom.xml 文件替换本项目的 pom.xml 文件，并为本项目添加 spring-boot-starter-web 依赖。此外，由于本例要示范连接不同部署环境的数据库，因此还需要添加 spring-boot-starter-jdbc 和 mysql-connector-java 两个依赖。

接下来定义如下 4 份配置文件。

程序清单：codes\02\2.4\profile\src\main\resources\application-default.yml

```yaml
spring:
  datasource:
    # 指定连接 deft 数据库
    url: jdbc:mysql://localhost:3306/deft?serverTimezone=UTC
    username: root
    password: 32147
```

从文件名可以看出，这份配置文件仅对 default Profile 有效。

程序清单：codes\02\2.4\profile\src\main\resources\application-dev.yml

```yaml
spring:
  datasource:
    # 指定连接 dev 数据库
    url: jdbc:mysql://localhost:3306/dev?serverTimezone=UTC
    username: root
    password: 32147
```

从文件名可以看出，这份配置文件仅对 dev Profile 有效。

程序清单：codes\02\2.4\profile\src\main\resources\application-test.yml

```yaml
spring:
  datasource:
    # 指定连接 test 数据库
    url: jdbc:mysql://localhost:3306/test?serverTimezone=UTC
    username: root
    password: 32147
```

从文件名可以看出，这份配置文件仅对 test Profile 有效。

程序清单：codes\02\2.4\profile\src\main\resources\application-prod.yml

```yaml
spring:
  datasource:
    # 指定连接 prod 数据库
    url: jdbc:mysql://localhost:3306/prod?serverTimezone=UTC
    username: root
    password: 32147
```

从文件名可以看出，这份配置文件仅对 prod Profile 有效。

上面 4 份配置文件指定连接不同的数据库。由于本例是在本机测试的，因此连接 4 个数据库的用户名、密码是相同的，但在实际开发中，4 个不同 Profile 的配置文件所连接的数据库、用户名、密码可以完全不同。

除配置文件外，还可限制程序组件仅对特定的 Profile 有效，只要为该程序组件添加@Profile 注解即可。下面是本例用到的控制器类的代码。

程序清单：codes\02\2.4\profile\src\main\java\org\crazyit\app\controller\DefaultController.java

```java
@RestController
@Profile("default")
public class DefaultController
{
    private final DataSource dataSource;
    @Autowired
    public DefaultController(DataSource dataSource)
    {
        this.dataSource = dataSource;
    }
    @GetMapping
    public Map<String, String> hello() throws SQLException
    {
        return Map.of("class", "默认场的控制器","数据库",
            dataSource.getConnection().getCatalog());
    }
}
```

上面的控制器类使用了@Profile("default")修饰，这意味着该控制器类仅对 default Profile 有效。类似地，还定义了 DevController、ProdController、TestController 控制器类，只不过它们分别使用了@Profile("dev")、@Profile("prod")、@Profile("test")修饰，这意味着它们都只对特定的 Profile 有效。

上面程序直接将容器中的 DataSource 注入控制器，但在实际开发中绝不会这么干，此例仅仅是示范不同的 Profile 能连接不同的数据库。

根据上面的介绍不难看出，在 Spring Boot 应用中使用 Profile 其实很简单：配置文件通过文件名限制它所属的 Profile；程序组件通过@Profile 注解来限制它所属的 Profile。

在运行应用时，可通过 spring.profiles.active 属性指定激活哪个 Profile。该属性可通过前面介绍的各种方式来指定，但主要还是使用如下方式来指定：

➢ 通过 application.properties（或 application.yml）文件指定。
➢ 使用操作系统的 SPRING_PROFILES_ACTIVE 环境变量指定。
➢ 使用系统属性指定。
➢ 使用命令行参数指定。

与前面介绍的知识类似，上面 4 种方式也是按加载顺序排列的，最先加载的属性具有最低优先级，因此通过命令行参数指定的 spring.profiles.active 属性会覆盖前面几种方式指定的该属性。

如果在运行程序时没有指定 spring.profiles.active 属性，则会默认使用 default Profile，这意味着 Spring Boot 将会自动加载 application-default.properties（或 application-default.yml）文件。

如果项目中还定义了通用的配置文件：application.properties（或 application.yml）文件，则 Spring Boot 也会加载它，但对特定的 Profile 才有效的配置文件，其优先级更高，它总会覆盖通用的配置文件中的同名属性。

如果直接运行该应用，不指定 spring.profiles.active 属性，Spring Boot 将会自动使用 default Profile。使用浏览器访问"http://localhost:8080/"，可以看到如下输出：

```
{
"数据库":"deft",
"class":"默认场的控制器"
}
```

如果为应用程序配置如下命令行参数:

```
--spring.profiles.active=dev
```

再次运行该应用,此时 Spring Boot 将使用 dev Profile。使用浏览器访问"http://localhost:8080/",可以看到如下输出:

```
{
"class":"开发场的控制器",
"数据库":"dev"
}
```

如果为应用程序配置如下命令行参数:

```
--spring.profiles.active=prod
```

再次运行该应用,此时 Spring Boot 将使用 prod Profile。使用浏览器访问"http://localhost:8080/",可以看到如下输出:

```
{
"class":"产品场的控制器",
"数据库":"prod"
}
```

从上面的运行过程可以看出,通过使用 Profile,可以非常方便地让应用在不同的部署环境之间自由切换。虽然本例只是切换不同部署环境的数据库,但随着后面介绍的不断深入、配置文件的逐渐增多,使用 Profile 完全可以切换不同部署环境的各种基础资源。

▶▶ 2.4.2 添加活动 Profile

正如前面所介绍的,spring.profiles.active 属性也和其他属性一样,同样遵循越早加载,优先级越低的规则,后面加载的属性值可以覆盖前面加载的属性值。

除了可以改变激活的 Profile,Spring Boot 还允许添加额外的活动 Profile。新增的活动 Profile 不会彻底替换原有的 Profile,而是对原有的 Profile 进行追加:当追加的 Profile 中的程序组件、配置属性与原有的 Profile 冲突时,追加的 Profile 中的程序组件、配置属性会覆盖原有的 Profile 的设定;否则依然使用原有的 Profile 的设定。

添加新 Profile 可通过如下方式进行:

➢ 使用 spring.profiles.include 属性,与 spring.profiles.active 不同,include 是添加 Profile,而 active 是指定激活新的活动 Profile。
➢ 调用 SpringApplication 的 setAdditionalProfiles()方法来添加新的活动 Profile。

下面对上一个示例略做修改,本例再次添加一份与新的 Profile 相关的配置文件。

程序清单:codes\02\2.4\additional\src\main\resources\application-addition.yml

```
spring:
  datasource:
    # 指定连接 addition 数据库
    url: jdbc:mysql://localhost:3306/addition?serverTimezone=UTC
```

从该配置可以看到,这份配置文件仅配置了连接数据库的 URL 地址,并未指定用户名、密码信息,单独使用它无法连接数据库。

本例无须对上一个示例的其他部分进行修改,只是将主程序改为如下形式。

程序清单:codes\02\2.4\additional\src\main\resources\application-addition.yml

```
@SpringBootApplication
public class App
{
    public static void main(String[] args)
    {
        var app = new SpringApplication(App.class);
        // 添加 Profile
        app.setAdditionalProfiles("addition");
        app.run(args);
    }
}
```

上面程序中的粗体字代码添加了 addition Profile,它不会替换程序原来设置的 Profile,而是以添加的方式进行。

如果为应用程序配置如下命令行参数:

```
--spring.profiles.active=prod
```

再次运行该应用,此时 Spring Boot 将使用 prod Profile。使用浏览器访问"http://localhost:8080/",可以看到如下输出:

```
{
"class":"产品场的控制器",
"数据库":"addition"
}
```

此时命令行参数指定当前活动 Profile 是 prod,但主程序通过代码添加的是 addition Profile,这意味着当 prod 和 addition 两个 Profile 冲突时,addition Profile 的配置会覆盖 prod Profile 的配置,其余的将依然使用 prod Profile 的配置,因此我们就看到了上面的输出:程序依然使用 prod Profile 的控制器类,连接数据库时依然使用 prod Profile 配置的用户名、密码,只是它所连接的数据库变成了 addition。

2.4.3 Profile 组

在有些情况下,我们可能按不同的功能组定义了相应的配置文件(比如为数据库配置定义了一个文件,为消息机制又定义了一个配置文件,等等),其实这组配置文件依然应该属于一个特定的 Profile。在这种需求下,则可以考虑将它们定义成 Profile 组。

例如,在属性文件中通过如下配置片段来配置一个组:

```
spring.profiles.group.prod[0]=banner
spring.profiles.group.prod[1]=server
```

上面配置指定 banner 和 server 都属于 prod Profile 组,因此,如果程序设置 prod 作为活动 Profile,那么 banner 和 server 两个 Profile 的配置也会被加载。

下面的示例定义了如下几份配置文件。

程序清单:codes\02\2.4\group\src\main\resources\application-prod.yml

```
spring:
  datasource:
    # 指定连接 prod 数据库
```

```
        url: jdbc:mysql://localhost:3306/prod?serverTimezone=UTC
        username: root
        password: 32147
```

从文件名可以看出，这份配置文件仅对 prod Profile 有效。

程序清单：codes\02\2.4\group\src\main\resources\application-banner.yml

```
# 定义图片 Banner 的大小
spring:
  banner:
    image:
      height: 20
      width: 60
      # 设置字符串的色深
      bitdepth: 4
```

从文件名可以看出，这份配置文件仅对 banner Profile 有效。该 Profile 设置了图片 Banner 的有关信息，应该在 resources 目录下添加一个 banner.gif 图片文件作为 Banner。

程序清单：codes\02\2.4\group\src\main\resources\application-server.yml

```
server:
  port: 9090
```

从文件名可以看出，这份配置文件仅对 server Profile 有效。

接下来程序定义了一份与 Profile 无关的配置文件，在这份配置文件中指定本应用所激活的 Profile，并配置对应的 Profile 组。下面是该配置文件的内容。

程序清单：codes\02\2.4\group\src\main\resources\application.yml

```
spring:
  profiles:
    # 定义 Profile 组，该组包括 banner 和 server 两个 Profile
    group:
      prod:
        - banner
        - server
    # 将 prod 设为活动 Profile
    active: prod
```

上面的配置文件配置了 Profile 组：prod，该组包括 banner 和 server 两个 Profile。该配置文件还设置了当前活动 Profile 是 prod。

直接运行主类启动 Spring Boot 应用，将可以看到该应用同时加载了上面 prod、banner、server 这三个 Profile 的配置文件。

▶▶ 2.4.4 混合复合类型

当 Spring Boot 可以从多个配置文件中加载 List 类型的属性时，后加载的 List 集合总是完全替换先加载的 List 集合。打个比方，假如 Spring Boot 先从第一个配置文件中加载的 List 集合包含两个元素，接下来从第二个配置文件中加载的 List 集合包含一个元素，那么这个 List 属性最终就只有一个元素。

当 Spring Boot 可以从多个配置文件中加载 Map 类型的属性时，后加载的 Map 的 key-value 对将会被添加到先加载的 Map 中。打个比方，假如 Spring Boot 先从第一个配置文件中加载的 Map 集合包含两个 key-value 对，接下来从第二个配置文件中加载的 Map 集合包含一个 key-value 对，且该 key-value 对与之前的两个 key-value 对不冲突，那么这个 Map 属性最终会包含三个 key-value 对。

例如，有如下属性处理类。

程序清单：codes\02\2.4\mix\src\main\java\org\crazyit\app\config\CrazyitProperties.java
```java
@ConfigurationProperties("crazyit")
public class CrazyitProperties
{
   private final List<Book> list = new ArrayList<>();
   private final Map<String, Book> map = new HashMap<>();
   public List<Book> getList()
   {
      return this.list;
   }
   public Map<String, Book> getMap()
   {
      return this.map;
   }
}
```

上面的属性处理类分别定义了 List 和 Map 属性，其中还用到了一个 Book 类，该 Book 类包含 title 和 description 两个属性。

为了启用 CrazyitProperties 属性处理类，本例在主类上添加@ConfigurationPropertiesScan 注解来启用该属性处理类。

下面是本例的几份配置文件。

程序清单：codes\02\2.4\mix\src\main\resources\application-prod.yml
```yaml
spring:
  datasource:
    # 指定连接 prod 数据库
    url: jdbc:mysql://localhost:3306/prod?serverTimezone=UTC
    username: root
    password: 32147
crazyit:
  list:
    - title: a
      description: b
    - title: 疯狂 Java 讲义
      description: 北京大学信息科学学院的 Java 推荐教材
  map:
    prod:
      title: 产品级
      description: 产品级
```

上面的配置文件仅对 prod Profile 有效，该配置文件为 list 属性配置了两个元素，为 map 属性配置了一个 key-value 对。

程序清单：codes\02\2.4\mix\src\main\resources\application-banner.properties
```
crazyit.list[0].title = 疯狂 Android 讲义
crazyit.list[0].description = 最全面的 Android 编程图书
crazyit.map["banner"].title = Banner 级
crazyit.map["banner"].description = Banner 级
```

上面的配置文件仅对 banner Profile 有效，该配置文件为 list 属性配置了一个元素，为 map 属性配置了一个 key-value 对。

> **提示：** 此处故意使用*.properties 格式来配置这份配置文件，这是为了给读者提供*.yml 和 *.properties 两种配置格式的示例。在实际项目中，则建议要么统一用*.yml 配置格式，要么统一用*.properties 格式，不建议混着用。

程序清单：codes\02\2.4\mix\src\main\resources\application-server.yml

```yaml
crazyit:
  list:
    - title: 疯狂 Spring Boot 终极讲义
      description: "此书一出再无书"的 Spring Boot
  map:
    server:
      title: 服务器级
      description: 服务器级
```

上面的配置文件仅对 server Profile 有效，该配置文件为 list 属性配置了一个元素，为 map 属性配置了一个 key-value 对。

接下来定义与 Profile 无关的配置文件，在该配置文件中配置激活的 Profile，并配置 Profile 组。下面是该文件的内容。

程序清单：codes\02\2.4\mix\src\main\resources\application.yml

```yaml
spring:
  profiles:
    # 定义 Profile 组，该组包括 banner 和 server 两个 Profile
    group:
      prod:
        - banner
        - server
    # 将 prod 设为活动 Profile
    active: prod
```

上面的配置将当前活动 Profile 设为 prod，且 prod Profile 组包括 banner 和 server 两个 Profile，可见这三个 Profile 的加载顺序为：

prod → banner → server

对于 list 属性而言，后配置的 List 集合直接替换先配置的 List 集合，因此最终生效的应该是 server Profile 中配置的 List 集合。

对于 map 属性而言，后配置的 Map 的 key-value 对将会被添加到先配置的 Map 中，因此最终生效的是 prod、banner、server 这三个 Profile 所配置的 key-value 对的总和。

运行主类启动 Spring Boot 应用，访问 "http://localhost:8080"，可以看到如下输出：

```
{
  "class": "产品场的控制器",
  "数据库": "prod",
  "crazyit": {
    "list": [
      {
        "title": "疯狂 Spring Boot 终极讲义",
        "description": ""此书一出再无书"的 Spring Boot"
      }
    ],
    "map": {
      "server": {
```

```
        "title": "服务器级",
        "description": "服务器级"
      },
      "prod": {
        "title": "产品级",
        "description": "产品级"
      },
      "\"banner\"": {
        "title": "Banner级",
        "description": "Banner级"
      }
    }
  }
}
```

▶▶ 2.4.5 根据环境自动更新 Profile

Spring Boot 允许使用三个减号（---）将一份 *.yml 配置文件分割成逻辑上的多个片段（*.properties 文件使用#---进行分割），每个片段都会被加载成单独的配置。

当配置文件被分割成多个配置之后，接下来可通过如下属性指定"条件性"生效。

- ➢ spring.config.activate.on-profile：指定此行配置以下的配置仅当指定的 Profile 激活时才有效。该属性也支持使用取反运算符（!），比如"!dev"表示非 dev Profile 时有效。
- ➢ spring.config.activate.on-cloud-platform：指定此行配置以下的配置仅当处于指定的云平台上时才有效。

比如配置片段：

```
myprop=always-set
#---
spring.config.activate.on-profile=prod
otherprop=sometimes-set
```

上面的配置片段配置了 myprop 属性为 always-set，这个属性总是有效的。此外，还配置了 otherprop 属性为 sometimes-set，只有当 prod Profile 处于活动状态时，该属性才有效。

再比如配置片段：

```
myprop: always-set
---
spring:
  config:
    activate:
      on-cloud-platform: kubernetes
otherprop: sometimes-set
```

上面的配置片段配置了 myprop 属性为 always-set，这个属性总是有效的。此外，还配置了 otherprop 属性为 sometimes-set，只有当该应用被部署在 K8s 云平台时，该属性才有效。

下面是本示例的完整配置文件。

程序清单：codes\02\2.4\multiprofile\src\main\resources\application.yml

```
spring:
  datasource:
    username: root
    password: 32147
---
spring:
  config:
    activate:
```

```yaml
      on-profile: default
  datasource:
    # 指定连接 deft 数据库
    url: jdbc:mysql://localhost:3306/deft?serverTimezone=UTC
---
spring:
  config:
    activate:
      on-profile: dev
  datasource:
    # 指定连接 dev 数据库
    url: jdbc:mysql://localhost:3306/dev?serverTimezone=UTC
---
spring:
  config:
    activate:
      on-profile: prod
  datasource:
    # 指定连接 prod 数据库
    url: jdbc:mysql://localhost:3306/prod?serverTimezone=UTC
---
spring:
  config:
    activate:
      on-profile: test
  datasource:
    # 指定连接 test 数据库
    url: jdbc:mysql://localhost:3306/test?serverTimezone=UTC
```

上面的配置文件中配置了会一直生效的两个属性：spring.datasource.username 和 spring.datasource.password，这两个属性指定了连接数据库的用户名和密码。

接下来的配置将上面的配置文件分成 4 个片段，每个片段都指定了 spring.config.activate.on-profile 属性，这意味着这些片段仅对特定的 Profile 有效。

如果直接运行该应用，不指定活动 Profile，则 Spring Boot 默认使用 default 作为活动 Profile。访问"http://localhost:8080"，将会看到如下输出：

```
{
数据库      "deft"
class      "默认场的控制器"
}
```

如果为应用程序配置如下命令行参数：

```
--spring.profiles.active=prod
```

再次运行该应用，此时 Spring Boot 将使用 prod Profile。使用浏览器访问"http://localhost:8080/"，将会看到如下输出：

```
{
数据库      "prod"
class      "产品场的控制器"
}
```

2.5 日志配置

通过 Spring Boot 提供的日志抽象层可以非常方便地管理应用的日志输出。

2.5.1 理解 Spring Boot 的日志设计

只要在项目中导入 spring-boot-starter.jar 依赖，它就会传递导入 spring-boot-starter-logging.jar，从 IntelliJ IDEA 的 Maven 面板上的依赖关系中可以看到如图 2.7 所示的依赖 JAR 包。

```
v  org.springframework.boot:spring-boot-starter:2.4.2
   >  org.springframework.boot:spring-boot:2.4.2
   >  org.springframework.boot:spring-boot-autoconfigure:2.4.2
   v  org.springframework.boot:spring-boot-starter-logging:2.4.2
      v  ch.qos.logback:logback-classic:1.2.3
            org.qos.logback:logback-core:1.2.3
            org.slf4j:slf4j-api:1.7.30
      v  org.apache.logging.log4j:log4j-to-slf4j:2.13.3
            org.slf4j:slf4j-api:1.7.30 (omitted for duplicate)
            org.apache.logging.log4j:log4j-api:2.13.3
      v  org.slf4j:jul-to-slf4j:1.7.30
            org.slf4j:slf4j-api:1.7.30 (omitted for duplicate)
```

图 2.7 Spring Boot 日志的依赖 JAR 包

从图 2.7 可以看到，spring-boot-starter-logging.jar 依赖如下三个 JAR 包。

➤ logback-classic.jar：它传递依赖于 logback-core.jar 和 slf4j-api.jar。
➤ log4j-to-slf4j.jar：它传递依赖于 log4j-api.jar 和 slf4j-api.jar。
➤ jul-to-slf4j.jar：它传递依赖于 slf4j-api.jar。

看到这里可能会有些头晕，因为 Java 领域的日志框架比较多，常见的日志框架就包括 SLF4J、Log4j、Log4j2、Logback、common-logging（JCL）、java.util.logging（JUL）、JBoss Logging 等。这些日志框架又可分为：

➤ 门面类（抽象层）：SLF4J、JCL、JBoss Logging。
➤ 日志实现：Log4j、Log4j2、Logback、JUL。

Spring Boot 默认使用 SLF4J+Logback 的日志组合，其中 SLF4J 作为日志门面（应用程序输出日志时也应该面向该 API），Logback 作为日志实现，开发者通常不需要直接操作日志实现的 API。因此，Spring Boot 默认会添加 SLF4J 依赖（slf4j-api.jar）和 Logback 依赖（logback-core.jar 和 slf4j-api.jar）。

由于 Spring Boot 框架需要整合大量第三方框架，而这些框架的底层可能会使用 JCL、Log4j、JUL 等日志，因此 Spring Boot 还要提供对应的日志路由，将其他日志框架所生成的日志信息统一路由给 SLF4J 来处理。所以，从上面的依赖关系中还看到了如下依赖。

➤ log4j-to-slf4j.jar：负责将 Log4j 日志路由到 SLF4J。
➤ jul-to-slf4j.jar：负责将 JUL 日志路由到 SLF4J。

图 2.8 显示了 Spring Boot 日志抽象层的示意图。

虽然 Spring Boot 默认采用 Logback 作为底层日志实现，但通过配置完全可以将底层日志实现改为使用其他框架。Spring Boot 允许将 Logback 依赖排除出去，添加其他日志实现（比如 Log4j）的依赖，这样即可将底层日志实现改为使用其他框架。

有一点需要说明的是：当把 Spring Boot 应用部署到 Web 服务器或应用服务器上时，JUL 生成的日志将不会被路由到 Spring Boot 应用的日志中，这是为了避免将服务器或部署在服务器上的其他应用程序的日志也路由到 Spring Boot 应用的日志中，否则会造成日志的混乱。

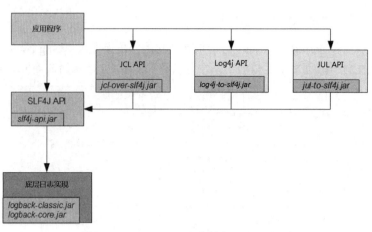

图 2.8 Spring Boot 日志抽象层的示意图

当把 Spring Boot 应用部署到 Web 服务器或应用服务器上时，JUL 生成的日志将不再被路由到 Spring Boot 应用的日志中。

▶▶ 2.5.2 日志级别与格式

下面通过一个例子来示范 Spring Boot 日志的用法。按照惯例，首先创建一个 Maven 项目，然后复制前面项目中的 pom.xml 文件，并在该文件中只保留 spring-boot-starter-web.jar 依赖。

定义如下控制器类。

程序清单：codes\02\2.5\LoggerQs\src\main\java\org\crazyit\app\controller\HelloController.java

```java
@RestController
public class HelloController
{
    Logger logger = LoggerFactory.getLogger(this.getClass());
    @GetMapping
    public Map<String, Object> hello()
    {
        logger.trace("-------TRACE 级别的日志-------");
        logger.debug("-------DEBUG 级别的日志-------");
        logger.info("-------INFO 级别的日志-------");
        logger.warn("-------WARN 级别的日志-------");
        logger.error("-------ERROR 级别的日志-------");
        return Map.of("hello", "Hello");
    }
}
```

上面 5 行粗体字代码执行了日志输出，它们使用的 5 个方法代表了 5 种不同的日志级别：

TRACE < DEBUG < INFO < WARN < ERROR

综合各种日志框架来看，它们总共支持如下几种日志级别：

ALL < TRACE < DEBUG < INFO < WARN < ERROR < FATAL < OFF

其中，ALL 代表输出所有日志；OFF 代表关闭所有日志；FATAL 是 Log4j 增加的一种日志级别，代表"致命错误"，它的级别比普通的 ERROR（错误）级别更高。

> **提示：**
> 由于 Spring Boot 并不支持 FATAL 级别，因此 FATAL 级别会被自动转换为 ERROR 级别。

日志系统有一个"潜规则"：**只有当日志输出方法的级别高于或等于日志的设置级别时，该日志才会实际输出。**

举例来说，假如将日志级别设为 INFO，只有当程序中使用 info()、warn()、error()方法输出日志时，日志才会实际输出，而使用 trace()、debug()方法输出的日志会被忽略；假如将日志级别设为 WARN，只有当程序中使用 warn()、error()方法输出日志时，日志才会实际输出，而使用 trace()、debug()、info()方法输出的日志会被忽略；假如将日志级别设为 ERROR，只有当程序中使用 error()方法输出日志时，日志才会实际输出，而使用 trace()、debug()、info()、warn()方法输出的日志都会被忽略。

由此可见，将日志的级别设得越高（比如设为 ERROR），应用程序输出的日志就越精简，应用的运行性能就越好——道理很简单，所有日志都要输出到 I/O 节点（文件或数据库），这些都是有性能开销的；将日志的级别设得越低（比如设为 DEBUG），应用程序输出的日志就越详细，应用运行过程的记录就保存得越完整，但性能也越低。因此，当项目处于开发、测试、试运行阶段时，通常会将日志级别设得低一些，从而记录相对完整的运行过程，以便后期调试、优化应用；当项目处于实际运行阶段时，通常会将日志级别设得高一些，从而保证良好的性能。

该示例的主程序并没有任何特别之处，调用 SpringApplication 的 run()方法运行 Spring Boot 应用即可。运行主类启动 Spring Boot 应用，访问"http://localhost:8080/"测试上面的 hello()方法，即可在控制台看到如下日志输出：

```
INFO ... o.c.app.controller.HelloController    : -------INFO 级别的日志-------
WARN ... o.c.app.controller.HelloController    : -------WARN 级别的日志-------
ERROR ... o.c.app.controller.HelloController   : -------ERROR 级别的日志-------
```

从上面的输出可以看到，Spring Boot 默认只输出 INFO、WARN 和 ERROR 级别的日志，这说明 Spring Boot 应用默认设置的日志级别为 INFO。

如果查看 Spring Boot 启动过程的话，则可以看到整个控制台输出如图 2.9 所示的日志。

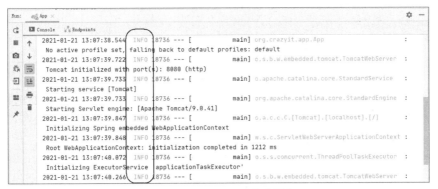

图 2.9　Spring Boot 启动日志

从 Spring Boot 启动日志可以清楚地看到，Spring Boot 应用默认的日志级别是 INFO，因此在图 2.9 所示的控制台中只能看到 INFO 级别的日志；现在看不到 ERROR 级别的日志，那是因为应用启动并没有出错，只有当程序出现错误时，Spring Boot 才会输出 ERROR 级别的日志。

从图 2.9 还可以看到，Spring Boot 输出的每条日志都包括如下信息。

- 日期和时间：时间精确到毫秒。
- 日志级别：ERROR、WARN、INFO、DEBUG 或 TRACE。
- 进程 ID。
- 三个减号（---）：分隔符。
- 线程名：用方括号括起来的是线程名（在控制台输出时可能会被截断）。
- 日志名：通常就是输出日志的类的完整类名（为了便于阅读，包名经常被简写，比如 o.s.w 其实代表了 org.springframework.web）。
- 日志信息。

要改变日志的设置级别，有以下几种方式：

- 通过 debug=true 或 trace=true 等属性（可通过配置文件、命令行参数、系统变量、OS 环境变量等方式）改变整个 Spring Boot 核心的日志级别。
- 通过 logging.level.<logger-name>=<level>属性（可通过配置文件、命令行参数、系统变量等方式）设置指定日志的日志级别。其中<logger-name>代表日志名，通常就是包名或全限定类名，而 level 则可以是 trace、debug、info、warn 和 error 等级别。

例如，为应用程序添加如下命令行参数：

```
--trace
```

上面的命令行参数设置整个 Spring Boot 应用的日志级别为 trace（当然，也可设为其他级别）。再次运行主类启动 Spring Boot 应用，此时可以看到如图 2.10 所示的日志。

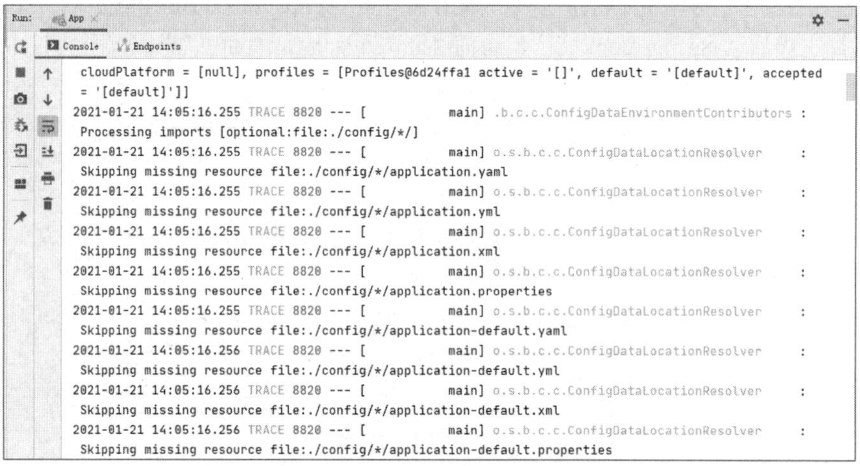

图 2.10 TRACE 级别的启动日志

从图 2.10 可以看到，此时输出了大量 TRACE 级别的日志。如果仔细查看这些日志，则可以发现有不少前面介绍的内容，比如第一行显示了当前应用的 Profile 的 active 属性为 "[]"，这表明设置激活的 Profile，因此 Spring Boot 自动选择 default 作为活动 Profile。

接下来的 TRACE 日志显示了 Spring Boot 尝试依次加载如下配置文件：

① file:./config/*/application.yaml
② file:./config/*/application.yml
③ file:./config/*/application.xml
④ file:./config/*/application.properties
⑤ file:./config/*/application-default.yaml
⑥ file:./config/*/application-default.yml

⑦ file:./config/*/application-default.xml
⑧ file:./config/*/application-default.properties

还记得 Spring Boot 加载配置文件的几个路径吗？类加载路径的根路径→类加载路径下的 /config 子目录→当前路径→当前路径下的/config 子目录→当前路径下/config 子目录的任意直接子目录。

图 2.10 所显示的就是加载"当前路径下/config 子目录的任意直接子目录"下的配置文件；在加载配置文件时，先加载与 Profile 无关的配置文件，后加载当前活动 Profile（default）对应的配置文件；配置文件有两种形式：YAML（后缀可能是.yml、.yaml）和属性文件（后缀为.properties）。

提示：
图 2.10 所显示的只是 Spring Boot 启动日志的一部分，通过仔细查看 TRACE 级别的启动日志，可以发现很多 Spring Boot 的运行原理，TRACE 级别的日志详细记录了 Spring Boot 的运行过程。

当启用 trace 模式时，Spring Boot 的核心日志（包括嵌入式容器、Hibernate 和整个 Spring 产品线）将被设为 TRACE 级别。需要说明的是，启用 trace 模式不会将其他程序组件的日志级别设为 TRACE。

当启用 debug 模式时，Spring Boot 的核心日志（包括嵌入式容器、Hibernate 和 Spring Boot）将被设为 DEBUG 级别。需要说明的是，启用 debug 模式不会将其他程序组件的日志级别设为 DEBUG。

访问"http://localhost:8080/"测试上面的 hello()方法，在控制台依然会看到如下日志输出：

```
INFO ... o.c.app.controller.HelloController      : -------INFO 级别的日志-------
WARN ... o.c.app.controller.HelloController      : -------WARN 级别的日志-------
ERROR ... o.c.app.controller.HelloController     : -------ERROR 级别的日志-------
```

由此可见，通过 debug=true 或 trace=true 属性改变的只是 Spring Boot 核心的日志级别，对程序组件本身的日志级别并没有影响。

若要设置程序组件本身的日志级别,则要通过 logging.level.<logger-name>=<level>属性来设置。例如如下配置代码：

```
# 将根日志的级别设为 WARN
logging.level.root=WARN
# 将 org.springframework.web 包及其子包下的所有日志级别设为 DEBUG
logging.level.org.springframework.web=DEBUG
# 将 org.hibernate 包及其子包下的所有日志级别设为 ERROR
logging.level.org.hibernate=ERROR
# 将 org.cazyit.app 包及其子包下的所有日志级别设为 DEBUG
logging.level.org.cazyit.app=DEBUG
# 将 org.crazyit.app.controller.HelloController 类的日志级别设为 TRACE
logging.level.org.crazyit.app.controlller.HelloController=TRACE
```

将上面应用的 application.yml 文件改为如下形式。

程序清单： codes\02\2.5\LoggerQs\src\main\resources\application.yml

```
logging:
  level:
    # 将 org.crazyit.app 包及其子包下的所有日志级别设为 TRACE
    org.crazyit.app: trace
```

删除命令行参数--trace（不再以 trace 模式启动应用），然后运行主类启动 Spring Boot 应用，再

次访问"http://localhost:8080",将会在控制台看到如下日志输出:

```
TRACE ... o.c.app.controller.HelloController    : -------TRACE 级别的日志-------
DEBUG ... o.c.app.controller.HelloController    : -------DEBUG 级别的日志-------
INFO  ... o.c.app.controller.HelloController    : -------INFO 级别的日志-------
WARN  ... o.c.app.controller.HelloController    : -------WARN 级别的日志-------
ERROR ... o.c.app.controller.HelloController    : -------ERROR 级别的日志-------
```

在掌握了上面的知识之后,不难发现:在 Spring Boot 应用中为任何第三方框架配置日志都很简单,只要将该框架的核心包的日志级别设为 DEBUG 即可。比如经常有人问,Spring Boot 怎么配置才能让 MyBatis 输出它执行的 SQL 语句呢?非常简单:

```
logging.level.<Mapper 组件所在包>=debug
```

也有人问:Spring Boot 怎么配置才能看到 Redis 的详细执行过程?非常简单:

```
logging.level.io.lettuce.core=debug
```

Spring Boot 整合 Redis 默认使用 Lettuce 依赖,而 io.lettuce.core 就是 Lettuce 组件核心 API 所在的包。

还有人问:Spring Boot 怎么配置才能看到 MongoDB 的详细执行过程?非常简单:

```
logging.level.com.mongodb=debug
```

上面 com.mongodb 就是 MongoDB 核心 API 所在的包。

从图 2.9 和图 2.10 可以看到,TRACE 和 INFO 日志颜色是绿色的(本书单色印刷看不到颜色,请结合程序看效果)。只要控制台支持 ANSI 颜色特性,Spring Boot 就会以不同颜色来区分不同级别的日志,从而增加日志的可读性。不同日志级别对应的默认颜色如下。

- FATAL:红色。
- ERROR:红色。
- WARN:黄色。
- INFO:绿色。
- DEBUG:绿色。
- TRACE:绿色。

Spring Boot 允许通过 spring.output.ansi.enabled 属性设置是否用不同颜色来区分不同级别的日志,该属性支持如下属性值。

- always:总是启用。
- detect:自动检查。如果控制台支持 ANSI 颜色特性,则启用。这是默认值。
- never:不启用。

如果要改变控制台的日志格式,则可通过 logging.pattern.console 属性进行设置。该属性的默认值为:

```
%clr(%d{${LOG_DATEFORMAT_PATTERN:-yyyy-MM-dd HH:mm:ss.SSS}}){faint}
%clr(${LOG_LEVEL_PATTERN:-%5p}) %clr(${PID:- }){magenta} %clr(---){faint} %clr(
[%15.15t]){faint}
%clr(%-40.40logger{39}){cyan} %clr(:){faint} %m%n${LOG_EXCEPTION_CONVERSION_WOR
D:-%wEx}
```

上面配置由多个"%clr(输出内容){颜色值}"片段组成,每个片段都代表一个输出元素,其中{颜色值}用于指定该片段的颜色。此处的颜色值支持如下几个值。

- blue:蓝色。
- cyan:青色。

- faint：原色。
- green：绿色。
- magenta：紫红色。
- red：红色。
- yellow：黄色。

如果不指定颜色值，直接使用"%clr(输出内容)"，则表明将该内容以当前日志级别对应的颜色输出。

例如，在上面的默认配置中包含了如下片段。

- %clr(${LOG_LEVEL_PATTERN:-%5p})：表明以日志级别对应的颜色来输出日志级别字符串。
- %clr(${PID:- }){magenta}：表明以紫红色来输出进程ID。
- %clr(---){faint}：表明以原色来输出三个减号（---）。

假如希望应用在控制台输出日志时不要显示日期、时间，且以日志级别对应的颜色来输出日志信息，还以蓝色输出三个减号（---），则可将application.yml文件改为如下形式。

程序清单：codes\02\2.5\LoggerQs\src\main\resources\application.yml

```
logging:
  level:
    # 将org.crazyit.app包及其子包下的所有日志级别设为TRACE
    org.crazyit.app: trace
  pattern:
    console: "%clr(${LOG_LEVEL_PATTERN:%5p}) %clr(${PID:- }){magenta}
    %clr(---){blue} %clr([%15.15t]){faint} %clr(%-40.40logger{39}){cyan}
    %clr(:){faint} %clr(%m%n${LOG_EXCEPTION_CONVERSION_WORD:-%wEx})"
```

上面的粗体字代码为控制台日志配置了日志格式。再次启动Spring Boot应用，访问"http://localhost:8080"，即可在控制台看到如图2.11所示的日志输出（本书单色印刷看不到颜色，请结合程序看效果）。

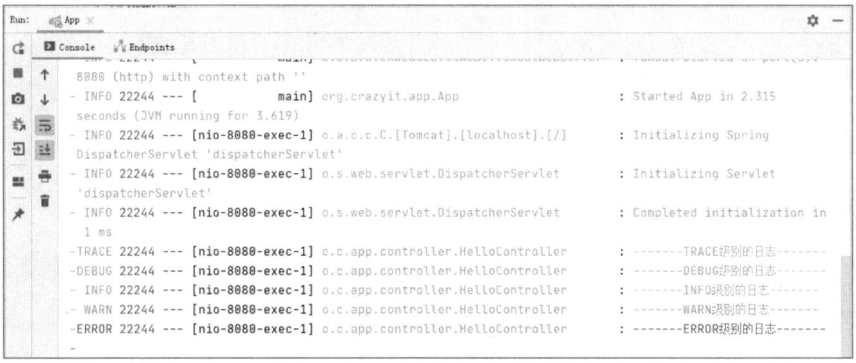

图2.11 自定义控制台日志格式

有一点需要指出的是，logging.pattern.console属性仅当使用Logback日志实现时才有效。

2.5.3 输出日志到文件

Spring Boot默认只将日志输出到控制台，不输出到文件。如果要将日志输出到文件，则可为Spring Boot设置如下两个属性之一。

> logging.file：设置日志文件。
> logging.path：设置日志文件的目录。使用默认的 spring.log 作为文件名。

表 2.4 显示了如何使用这两个属性。

表 2.4 使用 logging.file 或 logging.path 属性输出日志到文件

logging.file.name	logging.file.path	示例	描述
无	无		只输出到控制台
指定文件	无	my.log	输出到特定文件，该文件的路径可以是绝对路径或相对路径
无	指定目录	/f:/log	写入指定路径下的 spring.log 文件，该路径可以是绝对路径或相对路径

同样，Spring Boot 默认只将 INFO、WARN、ERROR 三个级别的日志输出到文件。

当日志文件达到 10MB 时，会自动重新使用新的日志文件。若要改变这个设置，对于 Logback 日志实现（Spring Boot 默认采用该日志实现），则可直接使用 application.properties（或 application.yml）设置；对于其他日志实现，则需要通过对应的日志设置文件来设置。比如采用 Log4j 日志实现，则需要使用 log4j.xml 文件进行设置。

当使用 Logback 日志实现时，可通过表 2.5 所示的属性进行设置。

表 2.5 Logback 的日志设置

属性名称	描述
logging.logback.rollingpolicy.file-name-pattern	设置对日志归档的文件名模板
logging.logback.rollingpolicy.clean-history-on-start	设置应用启动时是否清除日志归档
logging.logback.rollingpolicy.max-file-size	设置日志文件归档之前的最大大小
logging.logback.rollingpolicy.total-size-cap	设置日志归档在被删除之前所能容纳的最大大小
logging.logback.rollingpolicy.max-history	设置保留多少天的日志归档（默认为 7 天）

下面同样以一个例子来示范 Spring Boot 日志的用法。按照惯例，首先创建一个 Maven 项目，然后复制前面项目中的 pom.xml 文件，并在该文件中只保留 spring-boot-starter-web.jar 依赖。

定义如下控制器类。

程序清单：codes\02\2.5\fileoutput\src\main\java\org\crazyit\app\controller\HelloController.java

```
@RestController
@Slf4j
public class HelloController
{
    @GetMapping
    public Map<String, Object> hello()
    {
        log.trace("-------TRACE 级别的日志-------");
        log.debug("-------DEBUG 级别的日志-------");
        log.info("-------INFO 级别的日志-------");
        log.warn("-------WARN 级别的日志-------");
        log.error("-------ERROR 级别的日志-------");
        return Map.of("hello", "Hello");
    }
}
```

上面的控制器类使用了 @Slf4j 注解修饰，接下来程序就可"凭空"使用 log 对象的 trace()、debug() 等方法来输出日志，那这个 log 对象是从哪里来的？

这是因为本例增加了 Lombok 小工具，这个小工具专门通过各种注解来生成常用的代码，比如如下常用注解。

> @Getter：为所有实例变量生成 getter 方法。

- ➢ @Setter：为所有非 final 实例变量生成 setter 方法。
- ➢ @ToString：自动生成 toString()方法。
- ➢ @EqualsAndHashCode：自动生成 equals()和 hashCode()方法。
- ➢ @AllArgsConstructor：自动生成带所有参数的构造器。
- ➢ @NoArgsConstructor：自动生成无参数的构造器。
- ➢ @Data：自动生成一个数据类，相当于@Getter、@Setter、@ToString、@EqualsAndHashCode 和@NoArgsConstructor 等注解的组合。
- ➢ @Log、@Log4j、@Log4j2、@Slf4j、@XSlf4j、@CommonsLog、@JBossLog、@Flogger：为对应的日志实现生成一个日志对象。

由于 Lombok 可以自动生成 getter、setter 方法和数据类，因此有不少项目选择添加 Lombok 这个小工具，从而避免为应用数据类编写 getter 和 setter 方法。不过作者一般不这么做，毕竟使用 IDE 工具自动生成 getter()、setter()、toString()、equals()等方法也很简单。

为了在应用中使用 Lombok，需要做以下两件事情。

- ➢ 为项目添加 Lombok 依赖。例如，在 pom.xml 文件中添加如下配置：

```xml
<dependency>
    <groupId>org.projectlombok</groupId>
    <artifactId>lombok</artifactId>
    <version>1.18.16</version>
</dependency>
```

- ➢ 为 IntelliJ IDEA 添加 Lombok 插件。这是为了让 IntelliJ IDEA 在定义 Java 类时能识别 Lombok 生成的代码。为 IntelliJ IDEA 安装插件，只要通过其主菜单"File"→"Settings"→"Plugins"搜索到要安装的插件，然后安装对应的插件即可。

接下来将 application.yml 文件改为如下形式。

程序清单：codes\02\2.5\fileoutput\src\main\resources\application.yml

```
logging:
  level:
    # 将 org.crazyit.app 包及其子包下的所有日志级别设为 TRACE
    org.crazyit.app: trace
  file:
    # 指定日志文件的输出目录，默认文件名为 spring.log
#    path: logs/
    # 指定日志文件
    name: my.log
```

运行主类启动 Spring Boot 应用，将会看到 Spring Boot 在应用的根目录下生成一个 my.log 日志文件。

如果取消上面"path: logs/"行的注释，而将"name: my.log"行注释掉，再次运行主类启动 Spring Boot 应用，将会看到 Spring Boot 在应用的根目录下生成一个 logs 目录，并在该目录下生成了 spring.log 文件。

将日志输出到文件时，可通过 logging.pattern.file 属性指定日志格式。该属性的默认值为：

```
%d{${LOG_DATEFORMAT_PATTERN:-yyyy-MM-dd HH:mm:ss.SSS}}
${LOG_LEVEL_PATTERN:-%5p} ${PID:- } --- [%t] %-40.40logger{39} :
%m%n${LOG_EXCEPTION_CONVERSION_WORD:-%wEx}
```

与控制台默认的日志格式相比，输出到文件的默认格式主要就是没有颜色设置。同样，该属性也仅对 Logback 有效。

▶▶ 2.5.4 日志组

所谓日志组，就是将多个包、类组合在一起，起一个名字，以后可直接对该组设置日志级别。对该组设置日志级别，就相当于同时为该组内的所有包及其子包、类统一设置了日志级别。

例如，为上面的示例再增加一个控制器组件，其代码如下。

程序清单：codes\02\2.5\group\src\main\java\org\fkjava\app\controller\FkController.java

```java
package org.fkjava.app.controller;
...
@RestController
@Slf4j
public class FkController
{
    @GetMapping("/fk")
    public Map<String, Object> hello()
    {
        log.trace("-------TRACE 级别的日志-------");
        log.debug("-------DEBUG 级别的日志-------");
        log.info("-------INFO 级别的日志-------");
        log.warn("-------WARN 级别的日志-------");
        log.error("-------ERROR 级别的日志-------");
        return Map.of("hello", "Hello");
    }
}
```

上面的 FkController 组件位于 org.fkjava.app.controller 包下，接下来就可在 application.yml 文件中将 org.crazyit.app 和 org.fkjava.app 两个包配置为一个组，并设置整个组的日志级别。现在将本例的配置文件改为如下形式。

程序清单：codes\02\2.5\group\src\main\resources\application.yml

```yaml
logging:
  group:
    # 将 org.crazyit.app 和 org.fkjava.app 两个包定义成 fkapp 组
    fkapp: org.crazyit.app, org.fkjava.app
  level:
    # 将 fkapp 组对应的包及其子包下的所有日志级别设为 TRACE
    fkapp: trace
```

上面第一行粗体字代码将 org.crazyit.app 和 org.fkjava.app 两个包定义为 fkapp 组，第二行粗体字代码将 fkapp 组的日志级别设为 TRACE。

有一点需要提醒的是，由于 FkController 控制器位于 org.fkjava.app.controller 包下，它与应用主类 App 的包（org.crazyit.app）不存在子包关系，因此 Spring Boot 不会自动加载该控制器组件。所以，将 App 类上的@SpringBootApplication 注解改为如下形式：

```
@SpringBootApplication(scanBasePackages = {"org.crazyit.app", "org.fkjava.app"})
```

运行该示例，可以看到日志组内两个包下的所有日志级别都是 TRACE。

▶▶ 2.5.5 关闭控制台日志

如果想改变 Spring Boot 的底层日志实现（放弃 Logback 作为底层日志实现），则只需要如下两步。

① 去掉 Logback 依赖库，添加新日志实现的依赖库。
② 在类加载路径的根路径下为新日志实现提供对应的配置文件。

Spring Boot 默认从类加载路径的根路径下加载日志框架的配置文件，也可通过 logging.config 属性来设置新的加载路径。

Spring Boot 既可根据底层依赖库自动选择合适的日志实现，也可通过 org.springframework.boot.logging.LoggingSystem 属性显式指定日志实现。该属性的值可以是 LoggingSystem 实现类的全限定类名（比如 Log4J2LoggingSystem、LogbackLoggingSystem、JavaLoggingSystem 等类的全限定类名）；也可以将该属性的值指定为 none，这意味着彻底关闭 Spring Boot 的日志系统。

> **注意**
> 由于日志初始化会在 ApplicationContext 创建之前完成，因此不可能通过 Spring Boot 配置文件来配置 logging.config、org.springframework.boot.logging.LoggingSystem 等日志控制属性，只能通过系统属性来设置这些属性。

根据所选日志系统的不同，Spring Boot 会自动加载如表 2.6 所示的配置文件。

表 2.6 不同日志系统对应的配置文件

日志系统	配置文件
Logback	logback-spring.xml、logback-spring.groovy、logback.xml 或 logback.groovy
Log4j2	log4j2-spring.xml 或 log4j2.xml
JDK（JUL）	logging.properties

> **注意**
> Spring Boot 推荐使用带 -spring 的配置文件，比如对于 Logback 日志系统，使用 logback-spring.xml 作为配置文件比用 logback.xml 文件更好。此外，Spring Boot 建议尽量避免使用 JUL 日志系统实现，因为 JUL 的类加载机制会导致一些问题。

Spring Boot 提供了如表 2.7 所示的属性（或系统属性）用于对日志进行定制。

表 2.7 对日志进行定制的属性（或系统属性）

Spring Boot 属性	系统属性	说明
logging.exception-conversion-word	LOG_EXCEPTION_CONVERSION_WORD	用于记录异常的转换字
logging.file.name	LOG_FILE	指定日志文件名
logging.file.path	LOG_PATH	指定日志输出路径，使用 spring.log 作为日志文件名
logging.pattern.console	CONSOLE_LOG_PATTERN	指定控制台日志的格式模板
logging.pattern.dateformat	LOG_DATEFORMAT_PATTERN	指定日志中的日期格式模板
logging.charset.console	CONSOLE_LOG_CHARSET	指定输出控制台日志时所用的字符集
logging.pattern.file	FILE_LOG_PATTERN	指定文件日志的格式模板，仅当日志输出到文件时该属性有效
logging.charset.file	FILE_LOG_CHARSET	指定输出文件日志时所用的字符集，仅当日志输出到文件时该属性有效
logging.pattern.level	LOG_LEVEL_PATTERN	指定输出日志级别时使用的格式（默认为%5p）
PID	PID	当前进程 ID

前面已经通过示例介绍了上面的 logging.file.name、logging.file.path、logging.pattern.console、logging.pattern.file 属性，其他属性的说明也比较明了，此处不再通过示例介绍。

> **注意**
> 如果打算在日志属性中使用占位符，请记住要用 Spring Boot 语法，而不是底层日志框架的语法。尤其是使用 Logback 时，应该使用英文冒号（:）作为属性名和默认值的分隔符，而不是使用冒号减号（:-）。

下面通过一个示例来介绍对 Logback 日志进行定制。由于 Logback 是 Spring Boot 默认选择的日志实现，因此 Spring Boot 为 Logback 提供了一些通用的配置文件，开发者只要导入这些配置文件即可使用文件中预定义的配置。这些文件都位于 org/springframework/boot/logging/logback/路径下，其中常用的有如下几个。

- defaults.xml：提供了转换规则及各种通用配置。
- console-appender.xml：定义了一个 ConsoleAppender，用于将日志输出到控制台。
- file-appender.xml：定义了一个 RollingFileAppender，用于将日志输出到文件。

下面是一份典型的 logback-spring.xml 配置文件。

```xml
<?xml version="1.0" encoding="UTF-8"?>
<configuration>
    <!-- 导入Logback通用的日志配置 -->
    <include resource="org/springframework/boot/logging/logback/defaults.xml"/>
    <!-- 导入输入到文件的日志配置 -->
    <include resource="org/springframework/boot/logging/logback/console-appender.xml" />
    <!-- 指定root日志的级别是INFO，默认输出到控制台 -->
    <root level="INFO">
        <appender-ref ref="CONSOLE" />
    </root>
    <!-- 指定org.crazyit.app日志的级别是DEBUG -->
    <logger name="org.crazyit.app" level="DEBUG"/>
</configuration>
```

在上面的配置文件中还可指定如下占位符。

- ${PID}：代表当前进程 ID。
- ${LOG_FILE}：代表是否通过外部配置设置了 logging.file.name 属性。
- ${LOG_PATH}：代表是否通过外部配置设置了 logging.file.path 属性。
- ${LOG_EXCEPTION_CONVERSION_WORD}：代表是否通过外部配置设置了 logging.exception-conversion-word 属性。
- ${ROLLING_FILE_NAME_PATTERN}：代表是否通过外部配置设置了 logging.pattern.rolling-file-name 属性。

假如项目已经上线，不再需要 Logback 在控制台生成日志，只保留文件日志即可，则可添加如下 logback-spring.xml 配置文件。

程序清单：codes\02\2.5\onlyfile\src\main\resources\logback-spring.xml

```xml
<?xml version="1.0" encoding="UTF-8"?>
<configuration>
    <!-- 导入Logback通用的日志配置 -->
    <include resource="org/springframework/boot/logging/logback/defaults.xml" />
    <!-- 定义日志文件 -->
    <property name="LOG_FILE"
        value="${LOG_FILE:-${LOG_PATH:-${LOG_TEMP:-${java.io.tmpdir:-/tmp}}/}spring.log}"/>
    <!-- 导入输入到文件的日志配置 -->
```

```xml
    <include resource="org/springframework/boot/logging/logback/file-appender.xml" />
    <!-- 指定将日志输出到文件 -->
    <root level="INFO">
        <appender-ref ref="FILE" />
    </root>
</configuration>
```

上面配置显式指定了仅将日志输出到文件，不再输出到控制台，因此必须在 application.yml 文件中指定 logging.file.name 或 logging.file.path 属性。例如如下配置文件。

> 程序清单：codes\02\2.5\onlyfile\src\main\resources\application.yml

```yaml
logging:
  level:
    # 将 org.crazyit.app 包及其子包下的所有日志级别设为 TRACE
    org.crazyit.app: trace
  file:
    # 指定日志文件的输出目录，默认文件名为 spring.log
#    path: logs/
    # 指定日志文件
    name: my.log
```

再次运行该项目，将看到该 Spring Boot 应用不会在控制台输出日志，仅在当前目录的 my.log 文件中输出日志。

▶▶ 2.5.6　改用 Log4j2 日志实现

Log4j 本身已经很优秀，而 Log4j2 则完全是 Log4j 的重新设计，因此放弃 Logback，改为使用 Log4j2 也是不错的技术选择。若要让 Spring Boot 底层使用 Log4j2 也很简单：正如前面所介绍的，只需要去除 Logback 依赖库，并添加 Log4j2 依赖库即可。

将 pom.xml 文件的依赖部分改为如下形式。

> 程序清单：codes\02\2.5\log4j2\pom.xml

```xml
<dependencies>
    <!-- Spring Web 依赖 -->
    <dependency>
        <groupId>org.springframework.boot</groupId>
        <artifactId>spring-boot-starter-web</artifactId>
        <exclusions>
            <!-- 去除 spring-boot-starter-logging 依赖 -->
            <exclusion>
                <groupId>org.springframework.boot</groupId>
                <artifactId>spring-boot-starter-logging</artifactId>
            </exclusion>
        </exclusions>
    </dependency>
    <dependency>
        <groupId>org.springframework.boot</groupId>
        <artifactId>spring-boot-starter-log4j2</artifactId>
    </dependency>
</dependencies>
```

上面第一段粗体字配置去除了 spring-boot-starter-logging.jar 依赖，这里并不是单独地去除 Logback 依赖库，因为 Spring Boot 为 Log4j2 也提供了对应的 Starter，所以可以直接去除 Spring Boot 默认的日志 Starter。

上面第二段粗体字配置添加了 spring-boot-starter-log4j2.jar 依赖，它会传递性添加它所依赖的 Log4j2 依赖库和 SLF4J 依赖库，从 IntelliJ IDEA 的 Maven 面板上的依赖关系中可以看到如图 2.12

所示的依赖 JAR 包。

通过上面的配置，将项目的底层日志框架改成了 Log4j2，但得益于 Spring Boot 日志机制的抽象机制，上层程序使用日志没有任何改变，日志效果也没有任何改变——如果不是有经验的开发者，则可能都不知道底层日志框架已从 Logback 改成了 Log4j2。

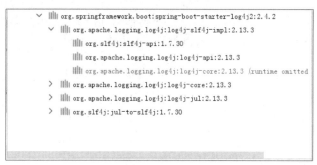

图 2.12　Log4j2 日志的依赖 JAR 包

如果要对 Log4j2 做自定义的详细配置，则既可通过 log4j2.yml（或 log4j2.yaml）进行配置，也可通过 log4j2.json（或 log4j2.jsn）进行配置。log4j2.yml 或 log4j2.json 配置文件应遵守 Log4j2 本身的语法。

▶▶ 2.5.7　Logback 扩展

Spring Boot 默认选择 Logback 作为底层日志实现，也对 Logback 进行了一些有用的扩展，通过 logback-spring.xml 文件可配置并使用这些扩展功能。

> 若要使用 Logback 的扩展功能，就不能使用 logback.xml 配置文件，因为该配置文件的加载时机太早了，Spring Boot 的其他基础功能还没来得及加载。

Spring Boot 对 Logback 的扩展主要体现在如下两个方面。

➢ 与 Profile 相关的日志。
➢ 环境属性。

首先看与 Profile 相关的日志配置。前面已经说过，当项目处于开发阶段时，希望生成更多的日志；当项目处于产品上线阶段时，希望生成较少的日志，从而提高运行速度。这个需求正好符合前面 2.4 节介绍的 Profile，而 Logback 也可设置与 Profile 相关的日志。

在 logback-spring.xml 文件中可指定一个 <springProfile.../> 元素，该元素可指定一个 name 属性，该 name 属性可被指定为 Profile 名或 Profile 表达式。当 name 属性被指定为 Profile 名时，表明该配置仅当特定的 Profile 被激活时有效；当 name 属性被指定为 Profile 表达式时，表明仅当该 Profile 表达式有效时，<springProfile.../> 元素内的配置才生效。例如 name 属性值为 "!dev"，表示只要当前活动 Profile 不是 dev，<springProfile.../> 元素内的配置就会生效。

例如下面的配置文件。

程序清单：codes\02\2.5\proflog\src\main\resources\logback-spring.xml

```
<?xml version="1.0" encoding="UTF-8"?>
<configuration>
    <!-- 以下配置仅当活动 Profile 为 default、dev 和 test 时有效 -->
    <springProfile name="default | dev | test">
```

```xml
        <include resource="org/springframework/boot/logging/logback/defaults.xml" />
        <property name="LOG_FILE"
 value="${LOG_FILE:-${LOG_PATH:-${LOG_TEMP:-${java.io.tmpdir:-/tmp}}}/spring.log}"/>
        <include resource="org/springframework/boot/logging/logback/console-appender.xml"/>
        <include resource="org/springframework/boot/logging/logback/file-appender.xml"/>
        <root level="DEBUG">
            <appender-ref ref="CONSOLE" />
            <appender-ref ref="FILE" />
        </root>
        <!-- 指定 org.crazyit.app 日志的级别是 DEBUG -->
        <logger name="org.crazyit.app" level="DEBUG"/>
    </springProfile>
    <!-- 以下配置仅当活动 Profile 为 prod 时有效 -->
    <springProfile name="prod">
        <include resource="org/springframework/boot/logging/logback/defaults.xml" />
        <property name="LOG_FILE"
 value="${LOG_FILE:-${LOG_PATH:-${LOG_TEMP:-${java.io.tmpdir:-/tmp}}}/spring.log}"/>
        <include resource="org/springframework/boot/logging/logback/console-appender.xml"/>
        <include resource="org/springframework/boot/logging/logback/file-appender.xml"/>
        <root level="INFO">
            <appender-ref ref="CONSOLE" />
            <appender-ref ref="FILE" />
        </root>
        <!-- 指定 org.crazyit.app 日志的级别是 INFO -->
        <logger name="org.crazyit.app" level="INFO"/>
    </springProfile>
</configuration>
```

上面的配置文件中包含了两个<springProfile.../>元素，其中前一个<springProfile.../>元素对 default、dev、test 有效，在该元素中配置的日志级别为 DEBUG，这意味着当活动 Profile 为 default、dev、test 时，应用的日志级别为 DEBUG；后一个<springProfile.../>元素对 prod 有效，在该元素中配置的日志级别为 INFO，这意味着当活动 Profile 为 prod 时，应用的日志级别为 INFO。

直接运行本应用，可以看到应用的日志级别为 DEBUG；如果为应用增加如下命令行参数：

```
--spring.profiles.active=prod
```

再次运行该应用，则可看到应用的日志级别为 INFO。

此外，Logback 的配置文件还可读取 Spring Boot 的配置属性（通过 application.properties、系统属性、命令行参数等方式配置的属性）。在该配置文件中可通过<springProperty.../>元素来获取配置属性，该元素支持如下几个属性。

➢ name：为读取到的属性值指定名字。
➢ source：指定读取 Spring Boot 的哪个配置属性。此处推荐使用"烤串"写法的名称，Spring Boot 解析该配置属性时能有效地使用宽松绑定。
➢ scope：指定存储该配置属性的作用域。
➢ defaultValue：当该配置属性可能不存在时，此属性用于指定默认值。

例如如下配置片段：

```xml
<!-- 定义 fluentHost 变量保存 myapp.fluentd.host 配置属性的值 -->
<springProperty scope="context" name="fluentHost" source="myapp.fluentd.host"
        defaultValue="localhost"/>
<appender name="FLUENT" class="ch.qos.logback.more.appenders.DataFluentAppender">
```

```xml
        <!-- 使用前面定义的fluentHost属性 -->
        <remoteHost>${fluentHost}</remoteHost>
        ...
</appender>
```

2.6 自动配置概述

Spring Boot最大的功劳就在于自动配置，它的自动配置功能能根据类加载路径下的JAR依赖自动配置基础设施。例如，当Spring Boot检测到类加载路径下包含了MySQL依赖，且容器中没有配置其他任何DataSource时，Spring Boot就会自动启动HSQLDB数据库。

Spring Boot的自动配置大多会根据特定依赖库自动触发，启用自动配置需要使用@EnableAutoConfiguration注解。注意，整个应用只需要添加一个该注解，因此，通常只要将该注解添加到主配置类（SpringApplication所运行的配置类）即可。

前面已经说过，@SpringBootApplication注解是@Configuration、@EnableAutoConfiguration和@ComponentScan这三个注解的组合体，因此，在实际项目中只要用@SpringBootApplication注解修饰主配置类，也就自然为主配置类增加了@EnableAutoConfiguration注解，从而开启了自动配置。

▶▶ 2.6.1 自动配置的替换原则

Spring Boot自动配置通常有一个原则（只是通常，但也有特例）：只有当容器中不存在特定类型的Bean或特定Bean时，Spring Boot自动配置才会配置该类型的Bean或特定Bean。

例如，在项目的类加载路径下添加spring-boot-starter-jdbc依赖，Spring Boot将会尝试在容器中自动配置一个DataSource Bean；但如果显式在Spring容器中配置了一个DataSource Bean，那么Spring Boot就不再尝试去自动配置DataSource。

看上去似乎很智能，对不对？其实原理很简单，Spring Boot提供了一个@ConditionalOnMissingBean注解，该注解通常与@Bean注解同时使用，这意味着只有当某个Bean不存在时，才会创建@Bean注解配置的Bean。

比如如下配置片段：

```java
@ConditionalOnMissingBean({DataSource.class})
@Bean
public DataSource dataSource()
{
    return new XxxDataSource();
}
```

上面配置指定只有当容器中不存在类型为DataSource的Bean时，@Bean注解所配置的Bean才会生效。

再比如如下配置片段：

```java
@ConditionalOnMissingBean(name = "dataSource")
@Bean
public DataSource dataSource()
{
    return new XxxDataSource();
}
```

上面配置指定只要容器中不存在ID为dataSource的Bean，@Bean注解所配置的Bean就会生效。

由于Spring Boot的自动配置具有一定的透明性（有时候无法准确地知道Spring Boot自动配置

了哪些 Bean），因此 Spring Boot 为应用程序提供了"--debug"开关。

如果通过"--debug"开关启动 Spring Boot 应用，则将为核心组件开启 DEBUG 级别的日志，并将自动配置的相关日志输出到控制台。

▶▶ 2.6.2 禁用特定的自动配置

在某些情况下，如果希望应用禁用特定的自动配置类，则可通过@EnableAutoConfiguration 注解的如下属性来指定。

- ➤ exclude：该属性的值可以是一个 Class 数组，用于禁用一个或多个自动配置类。
- ➤ excludeName：与前一个属性的作用基本相同，只不过它指定一个或者多个自动配置类的完整类名的字符串形式。

而在实际项目中通常使用@SpringBootApplication 注解,该注解已包含了@EnableAutoConfiguration 注解，@SpringBootApplication 注解的 exclude 和 excludeName 属性就是@EnableAutoConfiguration 注解的这两个属性的别名。

例如，如下主类上的@SpringBootApplication 注解可禁用 DataSourceAutoConfiguration 自动配置类。

```
@SpringBootApplication(exclude={DataSourceAutoConfiguration.class})
public class App
{
    public static void main(String[] args)
    {
        SpringApplication.run(App.class, args);
    }
}
```

上面粗体字代码使用 exclude 属性指定了要禁用的自动配置类，如果使用 excludeName 属性，则务必指定要禁用的自动配置类的全限定类名。

此外，Spring Boot 也允许在 application.properties 文件中通过 spring.autoconfigure.exclude 属性来指定要禁用的自动配置类。例如如下配置：

```
spring.autoconfigure.exclude=\
  org.springframework.boot.autoconfigure.jdbc.DataSourceAutoConfiguration,\
  org.springframework.boot.autoconfigure.data.redis.RedisAutoConfiguration
```

上面的配置片段表示禁用了 DataSourceAutoConfiguration、RedisAutoConfiguration 两个自动配置类。

最后需要说明的是，虽然这些自动配置类都使用了 public 修饰，但这些自动配置类唯一应该被公开使用的是它们的类名——主要通过类名来禁用它们。这些类的类体部分（如内部配置类或 Bean 方法）仅供 Spring Boot 内部使用，Spring Boot 官方不建议使用自动配置类的任何成员。

2.7 创建自己的自动配置

Spring Boot 的核心功能就是自动配置，只有真正掌握 Spring Boot 自动配置的原理，才算熟练掌握了 Spring Boot，如果仅仅会基于自动配置来开发应用，那么其实只能算"依葫芦画瓢"搞了几个"Hello World"例子。

在进行实际项目开发时，仅依靠 Spring Boot 的自动配置是远远不够的。举例来说，比如 Spring Boot 应用要访问多个数据源，自动配置就完全无能为力了。

自动配置确实非常方便，但它只能提供最通用的基础组件，而实际应用往往需要进行不同程度的扩展,完全依赖自动配置是绝对不够的。因此,开发者不仅需要熟练地使用自动配置,而且更需要掌握自动配置底层的原理,这样才能从容面对实际项目的各种扩展需求:当自动配置实现不了时,替换自动配置,改为项目自己的定制配置。

▶▶ 2.7.1 自动配置的本质

自动配置其实很简单,**其本质就是在容器中预配置要整合的框架所需的基础 Bean**。

以整合常见的 MyBatis 为例,直接用 Spring 整合 MyBatis 无非就是完成如下事情:

- 配置 SqlSessionFactory Bean,当然,该 Bean 需要注入一个 DataSource。
- 配置 SqlSessionTemplate Bean,将上面配置的 SqlSessionFactory 注入该 Bean 即可。
- 注册 Mapper 组件的自动扫描,就是相当于添加<mybatis:scan.../>元素。

> 提示:
> 关于 Spring 整合 MyBatis 的详细步骤,可参考《轻量级 Java Web 企业应用实战》的 5.7 节。

所谓的自动配置,说穿了非常简单,无非就是由框架提供一个@Configuration 修饰的配置类(相当于传统的 XML 配置文件),在该配置类中用@Bean 预先配置默认的 SqlSessionFactory、SqlSessionTemplate,并注册 Mapper 组件的自动扫描即可。

打开 MyBatis 为整合 Spring Boot 提供的自动配置类:MybatisAutoConfiguration 的源文件,可以看到如下源代码:

```
@org.springframework.context.annotation.Configuration
// 当 SqlSessionFactory、SqlSessionFactoryBean 类存在时配置生效
@ConditionalOnClass({ SqlSessionFactory.class, SqlSessionFactoryBean.class })
// 当单例的 DataSource Bean 存在时配置生效
@ConditionalOnSingleCandidate(DataSource.class)
// 启用 MybatisProperties 属性处理类
@EnableConfigurationProperties(MybatisProperties.class)
@AutoConfigureAfter({ DataSourceAutoConfiguration.class,
    MybatisLanguageDriverAutoConfiguration.class })
public class MybatisAutoConfiguration
        // 实现 InitializingBean 接口,该接口中的 afterPropertiesSet()生命周期方法
        // 将会在该 Bean 初始化完成后被自动调用
        implements InitializingBean {
    private static final Logger logger = LoggerFactory.
        getLogger(MybatisAutoConfiguration.class);
    // MybatisProperties 类负责加载配置属性
    private final MybatisProperties properties;
    // 下面的成员变量用于保存 MyBatis 的拦截器、类型处理器等
    private final Interceptor[] interceptors;
    private final TypeHandler[] typeHandlers;
    private final LanguageDriver[] languageDrivers;
    private final ResourceLoader resourceLoader;
    private final DatabaseIdProvider databaseIdProvider;
    private final List<ConfigurationCustomizer> configurationCustomizers;
    ...
    // 重写 InitializingBean 接口中的 afterPropertiesSet()方法
    @Override
    public void afterPropertiesSet() {
        checkConfigFileExists();
    }
    // 检查配置文件是否存在
    private void checkConfigFileExists() {
        if (this.properties.isCheckConfigLocation() &&
```

```java
        StringUtils.hasText(this.properties.getConfigLocation())) {
      // 根据 MybatisProperties 读取 configLocation 加载 MyBatis 配置文件
      Resource resource = this.resourceLoader
          .getResource(this.properties.getConfigLocation());
      // 如果 resource.exists() 为 false（文件加载失败），则抛出异常
      Assert.state(resource.exists(),                  // ①
          "Cannot find config location: " + resource +
          " (please add config file or check your Mybatis configuration)");
    }
  }
  // 配置 SqlSessionFactory Bean
  @Bean
  // 当 SqlSessionFactory Bean 不存在时配置生效
  @ConditionalOnMissingBean
  public SqlSessionFactory sqlSessionFactory(DataSource dataSource)
        throws Exception {
    // 创建 SqlSessionFactoryBean 工厂 Bean
    SqlSessionFactoryBean factory = new SqlSessionFactoryBean();
    // 注入 DataSource Bean
    factory.setDataSource(dataSource);        // ②
    factory.setVfs(SpringBootVFS.class);
    // 如果存在 MyBatis 配置文件，则应用该配置文件
    if (StringUtils.hasText(this.properties.getConfigLocation())) {
      factory.setConfigLocation(this.resourceLoader.
          getResource(this.properties.getConfigLocation()));
    }
    applyConfiguration(factory);
    // 应用 MybatisProperties 读取到的配置属性
    if (this.properties.getConfigurationProperties() != null) {
      factory.setConfigurationProperties(
          this.properties.getConfigurationProperties());
    }
    // 应用所有拦截器
    if (!ObjectUtils.isEmpty(this.interceptors)) {
      factory.setPlugins(this.interceptors);
    }
    // 应用所有 DatabaseIdProvider
    if (this.databaseIdProvider != null) {
      factory.setDatabaseIdProvider(this.databaseIdProvider);
    }
    // 根据包名应用 TypeAlias
    if (StringUtils.hasLength(this.properties.getTypeAliasesPackage())) {
      factory.setTypeAliasesPackage(this.properties.getTypeAliasesPackage());
    }
    // 根据父类型应用 TypeAlias
    if (this.properties.getTypeAliasesSuperType() != null) {
      factory.setTypeAliasesSuperType(this.properties.getTypeAliasesSuperType());
    }
    // 根据包名应用 TypeHandler
    if (StringUtils.hasLength(this.properties.getTypeHandlersPackage())) {
      factory.setTypeHandlersPackage(this.properties.getTypeHandlersPackage());
    }
    // 应用所有 TypeHandler
    if (!ObjectUtils.isEmpty(this.typeHandlers)) {
      factory.setTypeHandlers(this.typeHandlers);
    }
    // 设置 Mapper 的加载位置
    if (!ObjectUtils.isEmpty(this.properties.resolveMapperLocations())) {
      factory.setMapperLocations(this.properties.resolveMapperLocations());
    }
    ...
```

```java
        // 返回SqlSessionFactory Bean
        return factory.getObject();
    }
    ...
    // 配置SqlSessionTemplate Bean
    @Bean
    // 当SqlSessionTemplate Bean不存在时配置生效
    @ConditionalOnMissingBean
    public SqlSessionTemplate sqlSessionTemplate(SqlSessionFactory
            sqlSessionFactory) {
        ExecutorType executorType = this.properties.getExecutorType();
        // 如果executorType属性存在,则使用该属性创建SqlSessionTemplate
        if (executorType != null) {
            return new SqlSessionTemplate(sqlSessionFactory, executorType);
        } else {
            return new SqlSessionTemplate(sqlSessionFactory);
        }
    }
    // 定义自动扫描Mapper组件的注册器类
    public static class AutoConfiguredMapperScannerRegistrar
            // 实现BeanFactoryAware接口可访问Spring容器
            // 实现ImportBeanDefinitionRegistrar接口可配置额外的Bean
            implements BeanFactoryAware, ImportBeanDefinitionRegistrar {
        // 用于保存获取到的Spring容器
        private BeanFactory beanFactory;
        // 重写ImportBeanDefinitionRegistrar接口中的方法
        @Override
        public void registerBeanDefinitions(AnnotationMetadata importingClassMetadata,
            BeanDefinitionRegistry registry) {
            ...
            // 获取自动配置要处理的包
            List<String> packages = AutoConfigurationPackages.get(this.beanFactory);
            if (logger.isDebugEnabled()) {
                packages.forEach(pkg -> logger.
                    debug("Using auto-configuration base package '{}'", pkg));
            }
            // 创建BeanDefinitionBuilder对象
            // 它帮助开发者以反射方式创建任意类的实例
            // 此处就是帮助创建MapperScannerConfigurer实例
            BeanDefinitionBuilder builder =
                BeanDefinitionBuilder.genericBeanDefinition(
                    MapperScannerConfigurer.class);
            // 为要创建的对象设置属性
            builder.addPropertyValue("processPropertyPlaceHolders", true);
            builder.addPropertyValue("annotationClass", Mapper.class);
            builder.addPropertyValue("basePackage",
                StringUtils.collectionToCommaDelimitedString(packages));
            builder.addPropertyValue("lazyInitialization",
                "${mybatis.lazy-initialization:false}"));
            // 在容器中注册BeanDefinitionBuilder创建的对象
            registry.registerBeanDefinition(MapperScannerConfigurer.class.getName(),
                builder.getBeanDefinition());   // ③
        }
        // 重写该方法用于获取Spring容器
        @Override
        public void setBeanFactory(BeanFactory beanFactory) {
            this.beanFactory = beanFactory;
        }
    }
}

@org.springframework.context.annotation.Configuration
```

```
    // 导入AutoConfiguredMapperScannerRegistrar注册类
    @Import(AutoConfiguredMapperScannerRegistrar.class)
    // 当MapperFactoryBean、MapperScannerConfigurer Bean不存在时配置生效
    @ConditionalOnMissingBean({ MapperFactoryBean.class,
            MapperScannerConfigurer.class })
    public static class MapperScannerRegistrarNotFoundConfiguration
        // 实现InitializingBean接口，该接口中的afterPropertiesSet()生命周期方法
        // 将会在该Bean初始化完成后被自动调用
        implements InitializingBean {
        // 重写InitializingBean接口中的afterPropertiesSet()方法
        @Override
        public void afterPropertiesSet() {
            logger.debug("...");
        }
    }
}
```

上面的 MybatisAutoConfiguration 是一个典型的自动配置类，该类使用了如下注解修饰。

- ➤ @Configuration：被修饰的类变成配置类。
- ➤ @ConditionalOnClass：条件注解之一，本节会详细介绍。
- ➤ @ConditionalOnSingleCandidate：条件注解之一，本节会详细介绍。
- ➤ @EnableConfigurationProperties：前面已有介绍，用于启动属性处理类。
- ➤ @AutoConfigureAfter：指定该自动配置类必须在 Xxx 自动配置类生效之后。此处指定该自动配置类必须在 DataSourceAutoConfiguration、MybatisLanguageDriverAutoConfiguration 两个类生效之后，其中 DataSourceAutoConfiguration 是 Spring Boot 本身提供的自动配置类，它负责在容器中配置一个 DataSource Bean；而 MybatisLanguageDriverAutoConfiguration 则负责在容器中配置脚本语言驱动的 Bean。很明显，它们都是 MyBatis 的基础设施。

该自动配置类实现了 InitializingBean 生命周期接口，该接口中的 afterPropertiesSet()生命周期方法将会在该 Bean 初始化完成后被自动调用，这也是 Spring 框架的基本内容之一。该类实现了 afterPropertiesSet()方法，该方法调用 checkConfigFileExists()方法。

checkConfigFileExists()方法的代码也很简单，它调用 Spring 提供的 ResourceLoader 来加载配置文件（ResourceLoader 和 Resource 是 Spring 资源访问 API），它根据 MybatisProperties 属性处理类（该类就是本章2.4节所介绍的用@ConfigurationProperties 注解修饰的类）所读取到的 configLocation 属性来加载 MyBatis 配置文件——如果开发者在 application.yml 中指定了 configLocation 属性，但此处根据该属性加载不到 MyBatis 配置文件，上面①号代码将抛出异常。

MybatisAutoConfiguration 自动配置类接下来定义了 sqlSessionFactory()方法，且该方法使用了如下注解修饰。

- ➤ @Bean：该注解用于配置 Bean。
- ➤ @ConditionalOnMissingBean：条件注解之一，本节会详细介绍。

这个方法的作用再明显不过了：在容器中配置一个 SqlSessionFactory，因此该方法体的第一行代码就创建了 SqlSessionFactoryBean 对象，这是一个负责生成 SqlSessionFactory 的工厂 Bean。接下来的②号代码用于为 SqlSessionFactoryBean 注入 DataSource（SqlSessionFactory 需要依赖 DataSource），后面的代码主要就是将 MybatisProperties 读取到的属性应用到 SqlSessionFactoryBean 上，该方法的最后一行代码返回了 SqlSessionFactory。

MybatisAutoConfiguration 类接下来又定义了 sqlSessionTemplate()方法，且该方法同样使用了 @Bean、@ConditionalOnMissingBean 两个注解修饰。该方法的作用也是显而易见的：它负责在容器中配置 SqlSessionTemplate。

MybatisAutoConfiguration 类接下来定义了一个 AutoConfiguredMapperScannerRegistrar 内部类，该内部类实现了 BeanFactoryAware、ImportBeanDefinitionRegistrar 接口。BeanFactoryAware 是接口注入方法（类似于 ApplicationContextAware），实现该接口可用于获取 Spring 容器。实现 ImportBeanDefinitionRegistrar 接口则可用于配置额外的 Bean。

任何类实现了 ImportBeanDefinitionRegistrar 接口之后，必然会实现该接口中的如下方法：

`registerBeanDefinitions(AnnotationMetadata meta, BeanDefinitionRegistry reg)`

在实现该方法时可调用 BeanDefinitionRegistry 参数的如下方法向容器中配置 Bean：

`registerBeanDefinition(String beanName, BeanDefinition definition)`

该方法的第一个参数就是要配置的 Bean ID，第二个参数就是要配置的 BeanDefinition——它会以反射方式创建目标类的实例。

上面 registerBeanDefinitions()方法先获取了自动配置要处理的包，并用 DEBUG 级别的日志输出了这些包名。接下来的粗体字代码创建了一个 BeanDefinitionBuilder 对象，并为之设置了 processPropertyPlaceHolders、annotationClass、basePackage、lazyInitialization 属性，因此 BeanDefinition-Builder 的作用就是负责创建一个 MapperScannerConfigurer 对象。

registerBeanDefinitions()方法中的③号代码调用 BeanDefinitionRegistry 的 registerBeanDefinition()方法向容器中配置了一个 Bean，该 Bean 的 ID 是 MapperScannerConfigurer 类的类名，该 Bean 由 BeanDefinitionBuilder 返回的 BeanDefinition 负责生成。

提示：
> ImportBeanDefinitionRegistrar 的作用有点类似于@Configuration 注解，实现该接口的类也相当于配置类，只不过这种配置类要通过 registerBeanDefinitions()方法向容器中配置 Bean；而@Configuration 修饰的配置类则使用@Bean 注解向容器中配置 Bean。

MybatisAutoConfiguration 类接下来定义了一个 MapperScannerRegistrarNotFoundConfiguration 类，该类其实没有任何实际作用，因此该类所实现的 afterPropertiesSet()方法仅仅是输出日志。重点是该类上的注解。

➢ @Configuration：该注解将被修饰类变成配置类。
➢ @Import：导入 AutoConfiguredMapperScannerRegistrar 类，这样才能让该配置类在容器中配置 MapperScannerConfigurer。
➢ @ConditionalOnMissingBean：条件注解。指定只有当 MapperScannerConfigurer、MapperFactoryBean 类型的 Bean 都不存在时，该配置类才生效。原因很简单，如果容器中已有 MapperScannerConfigurer 类型的 Bean，说明开发者已经手动配置了 MapperScanner-Configurer，那么自然就不需要这个自动配置了；如果容器中已配置了 MapperFactoryBean，说明开发者打算用工厂 Bean 的方式来配置 Mapper 组件，那么就需要 Mapper 组件的自动扫描功能，自然也就需要自动配置的 MapperScannerConfigurer。

提示：
> MyBatis 整合 Spring 后为 Mapper 组件提供了两种配置方式：使用工厂 Bean 配置和自动扫描。更多具体细节可参考《轻量级 Java Web 企业应用实战》的 5.7 节。

所以说 MapperScannerRegistrarNotFoundConfiguration 类没有作用，但该类上的注解有作用，其作用就是条件性地导入 AutoConfiguredMapperScannerRegistrar 类——该类负责在容器中配置 MapperScannerConfigurer。条件是：当开发者没有手动配置 MapperScannerConfigurer，且不打算用

工厂 Bean 的方式配置 Mapper 组件（打算使用自动扫描方式配置）时，该自动配置类才会在容器中自动配置 MapperScannerConfigurer。

上面对 MyBatis 提供的自动配置类的源代码进行了非常详细的讲解。事实上，Spring Boot 框架的所有自动配置类基本都是这个套路，这些配置类都会大量使用@Configuration、@Bean、@Import 及@Conditional 条件注解等注解，也会大量使用 Spring 框架及被整合框架的核心 API。如果刚开始阅读这些源代码时存在一定的不适应，那是正常的；但如果静下心来认真看这些源代码还看不明白，那不是 Spring Boot 知识有缺陷，而是对 Spring 框架的 API 还不熟，建议先认真学习 Spring 框架本身。

当开发完自动配置类之后，还需要使用 META-INF/spring.factories 文件来定义自动配置类，应该在该文件中以 "org.springframework.boot.autoconfigure.EnableAutoConfiguration" 为 key 列出所有自动配置类。

还是以 MyBatis 整合 Spring Boot 的自动配置为例，打开其 JAR 包中的 META-INF/spring.factories 文件，可以看到如下代码：

```
org.springframework.boot.autoconfigure.EnableAutoConfiguration=\
org.mybatis.spring.boot.autoconfigure.MybatisLanguageDriverAutoConfiguration,\
org.mybatis.spring.boot.autoconfigure.MybatisAutoConfiguration
```

上面列出了 MybatisLanguageDriverAutoConfiguration 类和 MybatisAutoConfiguration 类，它们就是 MyBatis 为整合 Spring Boot 所提供的自动配置类。前面详细讲解了 MybatisAutoConfiguration 类，而 MybatisLanguageDriverAutoConfiguration 自动配置类则用于在容器中配置各种脚本语言驱动的 Bean，该自动配置类的源代码更简单，就是通过大量@Configuration 和@Bean 注解在容器中配置 Bean，读者可自行查看该类的源代码。

自动配置类只能通过 META-INF/spring.factories 进行加载，并确保它们处于一个特殊的包空间内，尤其是不能让它们变成普通@ComponentScan 的目标。此外，自动配置类也不应该用@ComponentScan 来扫描其他组件，如果确实需要加载其他配置文件，则应使用@Import 显式指定要加载的配置类。

如果要为自动配置类指定它们的加载顺序，Spring Boot 则提供了如下两个注解。

➢ @AutoConfigureAfter：指定被修饰的类必须在一个或多个自动配置类加载之后加载。
➢ @AutoConfigureBefore：指定被修饰的类必须在一个或多个自动配置类加载之前加载。

如果自动配置包中包含多个自动配置类，且要求以特定的顺序来加载这些自动配置类，则可用@AutoConfigureOrder 注解来修饰它们。@AutoConfigureOrder 注解完全类似于 Spring 框架原有的@Order 注解，只不过它专门用于修饰自动配置类。

由此可见，创建自动配置的关键就是开发自动配置类，而开发自动配置类除了要熟练掌握 Spring 及被整合框架的 API，还要熟练使用 Spring Boot 提供的条件注解。下面就来详细介绍 Spring Boot 的条件注解。

▶▶ 2.7.2 条件注解

条件注解可用于修饰@Configuration 类或@Bean 方法等，表示只有当特定条件有效时，被修饰的配置类或配置方法才会生效。正是得益于条件注解的帮助，Spring Boot 的自动配置才能执行类似于如下的智能行为。

➢ 当 Spring Boot 检测到类加载路径包含某个框架时，会自动配置该框架的基础 Bean。
➢ 只有当开发者没配置某些 Bean 时，Spring Boot 才会在容器中自动配置对应的 Bean。
➢ 只有当开发者配置了某些属性时，Spring Boot 才会在容器中自动配置对应的 Bean。

总结起来，Spring Boot 的条件注解可支持如下几类条件。
- 类条件注解：@ConditionalOnClass、@ConditionalOnMissingClass。
- Bean 条件注解：@ConditionalOnMissingBean、@ConditionalOnSingleCandidate、@ConditionalOnBean、@ConditionalOnMissingFilterBean。
- 属性条件注解：@ConditionalOnProperty。
- 资源条件注解：@ConditionalOnResource。
- Web 应用条件注解：@ConditionalOnWebApplication、@ConditionalOnNotWebApplication、@ConditionalOnWarDeployment。
- SpEL 表达式条件注解：@ConditionalOnExpression。
- 特殊条件注解：@ConditionalOnCloudPlatform、@ConditionalOnJava、@ConditionalOnJndi、@ConditionalOnRepositoryType。

上面这些条件注解都是基于 Spring 的@Conditional 条件注解变化而来的。

类条件注解有两个，即@ConditionalOnClass 和@ConditionalOnMissingClass，分别表示某些类存在或不存在时被修饰的类或被修饰的方法生效。@ConditionalOnClass 注解可通过 value 或 name 属性指定它所要求存在的类，其中 value 属性值是被检查类的 Class 对象，name 属性值是被检查类的字符串形式的全限定类名——既然是检查目标类是否存在，那么通常用 name 属性值居多；@ConditionalOnMissingClass 则只能通过 value 属性指定它所要求不存在的类，value 属性值只能是被检查类的字符串形式的全限定类名——既然要确保该类不存在，那么该类对应的 Class 通常也就不存在了。

下面通过例子来示范@ConditionalOnClass 注解的用法。首先创建一个 Maven 项目，然后复制前面项目中的 pom.xml 文件，仅保留 spring-boot-starter.jar 依赖库。

定义如下配置类。

程序清单：codes\02\2.7\ClassConditional\src\main\java\org\crazyit\app\FkConfig.java

```java
@Configuration(proxyBeanMethods = false)
// 仅当com.mysql.cj.jdbc.Driver 类存在时该配置类生效
@ConditionalOnClass(name = "com.mysql.cj.jdbc.Driver")
public class FkConfig
{
    @Bean
    public MyBean myBean()
    {
        return new MyBean();
    }
}
```

上面配置类使用了@ConditionalOnClass(name = "com.mysql.cj.jdbc.Driver")修饰，这意味着只有当 com.mysql.cj.jdbc.Driver 类存在时，该配置类才会生效。此处使用的 com.mysql.cj.jdbc.Driver 类可改为任何要检查的类，这里仅仅是随便选一个目标类进行示范，并没有任何特别的意义。

该示例的主类代码如下：

```java
@SpringBootApplication
public class App
{
    public static void main(String[] args)
    {
        // 创建Spring 容器，运行Spring Boot 应用
        var ctx = SpringApplication.run(App.class, args);
```

```
            System.out.println(ctx.getBean("fkConfig"));
            System.out.println(ctx.getBean("myBean"));
    }
}
```

上面的粗体字代码试图获取 FkConfig 配置类对应的 Bean 及该配置类所配置的 myBean。如果直接运行主类，则将看到如下异常：

```
NoSuchBeanDefinitionException: No bean named 'fkConfig' available
```

通过该异常可以看到，此时 FkConfig 配置文件并未生效——这是因为 com.mysql.cj.jdbc.Driver 类不存在的缘故。

在 pom.xml 文件中通过如下配置片段来添加 MySQL 数据库驱动的依赖：

```
<dependency>
    <groupId>mysql</groupId>
    <artifactId>mysql-connector-java</artifactId>
</dependency>
```

如果再次运行主类，则将看到如下输出：

```
org.crazyit.app.domain.MyBean@4b1abd11
org.crazyit.app.FkConfig@3f36b447
```

@ConditionalOnMissingClass 注解的用法与@ConditionalOnClass 注解的用法大致相同，只不过它要求的是被检查类不存在，这样被它修饰的配置类或方法才会生效。

@ConditionalOnMissingBean、@ConditionalOnBean、@ConditionalOnSingleCandidate 都用于要求目标 Bean 存在或不存在（带 Missing 的注解要求目标 Bean 不存在）。它们大致可指定如下属性。

- Class<? extends Annotation>[] annotation：指定要检查的 Bean 必须用该属性指定的注解修饰。
- Class<?>[] ignored：指定忽略哪些类型的 Bean。该属性及 ignoredType 属性仅对@ConditionalOnMissingBean 注解有效。
- String[] ignoredType：与 ignored 属性的作用相同，只不过该属性用字符串形式的全限定类名。
- String[] name：指定要检查的 Bean 的 ID。
- search：指定搜索目标 Bean 的搜索策略，支持 CURRENT（仅在容器中搜索）、ANCESTORS（仅在祖先容器中搜索）、ALL（在所有容器中搜索）三个枚举值。
- Class<?>[] value：指定要检查的 Bean 的类型。
- String[] type：与 value 属性的作用相同，只不过该属性用字符串形式的全限定类名。

@ConditionalOnSingleCandidate 注解相当于@ConditionalOnBean 的增强版，它不仅要求被检查的 Bean 必须存在，而且只能有一个"候选者"——能满足 byType 依赖注入的条件。

从上面的属性可以看出，如果指定 value 或 type 属性，则意味着@ConditionalOnBean、@ConditionalOnMissingBean 注解将根据目标 Bean 的类型进行检查（即要求特定类型的 Bean 必须存在或不存在）；如果指定 name 属性，则意味着@ConditionalOnBean、@ConditionalOnMissingBean 注解将根据目标 Bean 的 ID 进行检查（即要求特定 ID 的 Bean 必须存在或不存在）；如果指定 annotation 属性，则意味着@ConditionalOnBean、@ConditionalOnMissingBean 注解将根据目标 Bean 所带的注解进行检查（即要求带特定注解的 Bean 必须存在或不存在）。

如果@ConditionalOnBean、@ConditionalOnMissingBean 注解不指定任何属性，则默认根据目标 Bean 的类型进行检查，默认检查被修饰的方法所返回的 Bean 类型。例如如下代码片段：

```
@ConditionalOnMissingBean
@Bean
```

```
public MyService myService() {
    ...
}
```

上面配置意味着当容器中不存在 MyService 类型的 Bean 时，该配置方法就会生效。

如果要检查具有特定 ID 的 Bean 是否存在，则需要指定 name 属性。例如如下代码片段：

```
@ConditionalOnMissingBean(name = "jdbcTemplate")
@Bean
public JdbcTemplate JdbcTemplate() {
    ...
}
```

上面配置意味着只要容器中不存在 ID 为 jdbcTemplate 的 Bean，该配置方法就会生效。

@ConditionalOnMissingFilterBean 注解相当于@ConditionalOnMissingBean 的特殊版本，它专门用于检查容器中是否存在指定类型的 javax.servlet.Filter，因此它只能通过 value 属性指定其要检查的 Filter 的类型。

@ConditionalOnProperty 注解用于检查特定属性是否具有指定的属性值。该注解支持如下属性。

➤ String[] value：指定要检查的属性。
➤ String[] name：指定 value 属性的别名。
➤ String havingValue：指定被检查属性必须具有的属性值。
➤ String prefix：自动为各属性名添加该属性指定的前缀。
➤ boolean matchIfMissing：指定当属性未设置属性值时，是否通过检查。

havingValue 属性用于指定被检查属性必须具有的属性值，表 2.8 显示了该属性的作用。

表 2.8 havingValue 属性的作用

属性值	havingValue=""	havingValue="true"	havingValue="false"	havingValue="foo"
"true"	yes	yes	no	no
"false"	no	no	yes	no
"foo"	yes	no	no	yes

例如，对于如下配置类。

程序清单：codes\02\2.7\PropertyConditional\src\main\java\org\crazyit\app\FkConfig.java

```
@Configuration(proxyBeanMethods = false)
public class FkConfig
{
    @Bean
    // 只有当org.fkjava.test 属性具有 foo 属性值时，下面的配置方法才会生效
    @ConditionalOnProperty(name = "test", havingValue = "foo",
        prefix = "org.fkjava")
    public DateFormat dateFormat()
    {
        return DateFormat.getDateInstance();
    }
}
```

上面粗体字注解指定了 name = "test"和 prefix = "org.fkjava"，表明该注解要检查 org.fkjava.test 配置属性，且要求其属性值为 foo（由 havingValue 属性指定）。

该示例的主类同样只是获取容器中的 dateFormat Bean，主程序比较简单，此处不再给出其代码，读者可自行参考本书配套代码。

如果直接运行该程序，则将看到如下异常：

```
NoSuchBeanDefinitionException: No bean named 'dateFormat' available
```

通过该异常可以看到，此时 dateFormat() 配置方法并未生效——这是因为没有配置 org.fkjava.test 属性的缘故。

在 application.properties 文件中添加如下配置：

```
org.fkjava.test=foo
```

如果再次运行主类，则将看到如下输出：

```
java.text.SimpleDateFormat@ad508834
```

@ConditionalOnResource 注解的作用很简单，它要求指定的资源必须存在，其修饰的配置类或方法才会生效。使用该注解时只需指定 resources 属性，该属性指定必须存在的资源。

@ConditionalOnWebApplication 要求当前应用必须是 Web 应用时，其修饰的配置类或方法才会生效。使用该注解时可通过 type 属性指定 Web 应用的类型，该属性支持如下三个枚举值。

> ANY：当前应用是任何 Web 应用时，该注解修饰的配置类或方法都会生效。
> REACTIVE：只有当应用是反应式 Web 应用时（Spring WebFlux），该注解修饰的配置类或方法才会生效。
> SERVLET：只有当应用是基于 Servlet 的 Web 应用时（Spring MVC），该注解修饰的配置类或方法才会生效。

@ConditionalOnNotWebApplication 则要求当前应用不是 Web 应用时，该注解修饰的配置类或方法才会生效。

@ConditionalOnWarDeployment 要求当前应用以传统 WAR 包方式被部署到 Web 服务器或应用服务器中时（不以独立 Java 程序的方式运行），该注解修饰的配置类或方法才会生效。

@ConditionalOnNotWebApplication 和@ConditionalOnWarDeployment 用起来更简单，它们都不需要指定任何属性。

下面通过一个例子来示范@ConditionalOnWebApplication 注解的用法。首先创建一个 Maven 项目，然后将前面项目中的 pom.xml 文件复制过来，并在本项目的 pom.xml 文件中增加如下两个依赖（具体可查看本例的 pom.xml 文件）。

> spring-boot-starter-webflux.jar：Spring WebFlux（反应式 Web 应用）的依赖库。
> spring-boot-starter-web.jar：Spring Web 的依赖库。

> **提示：**
> 关于 Spring WebFlux 的详细介绍，请见本书第 3 章，此处只需要知道它是反应式 Web 应用即可。

为该示例定义如下配置类。

程序清单：codes\02\2.7\WebConditional\src\main\java\org\crazyit\app\FkConfig.java

```java
@Configuration(proxyBeanMethods = false)
public class FkConfig
{
    @Bean
    // 只有当当前应用是反应式 Web 应用时，该配置才会生效
    @ConditionalOnWebApplication(type =
        ConditionalOnWebApplication.Type.REACTIVE)
    public DateFormat dateFormat()
    {
        return DateFormat.getDateInstance();
    }
}
```

上面的粗体字注解要求当前应用是反应式 Web 应用，只有这样该注解修饰的方法才会生效。

由于该项目中同时添加了 Spring WebFlux 依赖和 Spring Web 依赖，因此该应用既可以是基于 Servlet 的 Web 应用，也可以是反应式 Web 应用，具体取决于 SpringApplication 的设置。

下面是本例的主类代码。

程序清单：codes\02\2.7\WebConditional\src\main\java\org\crazyit\app\App.java

```java
@SpringBootApplication
public class App
{
    public static void main(String[] args)
    {
        var app = new SpringApplication(App.class);
        // 设置 Web 应用的类型，如果不设置则使用默认的类型
        // 如果有 Sping Web 依赖，则自动是基于 Servlet 的 Web 应用
        // 如果有 Sping WebFlux 依赖，则自动是反应式 Web 应用
        app.setWebApplicationType(WebApplicationType.REACTIVE);  // ①
        // 创建 Spring 容器，运行 Spring Boot 应用
        var ctx = app.run(args);
        System.out.println(ctx.getBean("dateFormat"));
    }
}
```

上面①号代码调用 SpringApplication 的方法将该应用设置为反应式 Web 应用，这样就可让上面配置类中的方法生效；如果将①号代码注释掉，Spring Boot 将会自动决定该 Web 应用的类型：如果 Spring Boot 找到了 Spring Web 依赖，那么该应用就是基于 Servlet 的 Web 应用（不管是否存在 Spring WebFlux 依赖）；只有在找不到 Spring Web 依赖、找得到 Spring WebFlux 依赖时，Spring Boot 才会自动将该应用设置为反应式 Web 应用。

因此，如果保留上面①号代码，运行该程序，则将看到如下输出：

```
java.text.SimpleDateFormat@ad508834
```

如果注释掉上面①号代码，运行该程序，则将看到如下异常：

```
NoSuchBeanDefinitionException: No bean named 'dateFormat' available
```

该异常说明@ConditionalOnWebApplication 注解修饰的方法并未生效。

@ConditionalOnExpression 注解要求指定 SpEL 表达式的值为 true，这样其所修饰的配置类或方法才会生效。

例如下面的配置类。

程序清单：codes\02\2.7\ExpressionConditional\src\main\java\org\crazyit\app\FkConfig.java

```java
@Configuration(proxyBeanMethods = false)
public class FkConfig
{
    @Bean
    public User user()
    {
        return new User("fkjava", true);
    }
    @Bean
    // 只有当 user.active 表达式为 true 时，该方法才会生效
    @ConditionalOnExpression("user.active")
    public DateFormat dateFormat()
    {
        return DateFormat.getDateInstance();
    }
}
```

上面的粗体字注解要求 user.active 表达式为 true 时，其修饰的方法才会生效。此处的 user.active 就是一个 SpEL 表达式，它负责解析容器中 user 的 active 属性。由于在该配置类前面还配置了一个 user Bean，且该 user 的 active 属性为 true，因此上面的 dateFormat()方法会生效。

@ConditionalOnCloudPlatform 注解要求应用被部署在特定云平台上，这样其修饰的配置类或方法才会生效。该注解可通过 value 属性指定它所要求的云平台，该 value 属性支持如下枚举值。

- CLOUD_FOUNDRY：要求应用被部署在 CLOUD_FOUNDRY 云平台上时，该注解修饰的配置类或方法才会生效。
- HEROKU：要求应用被部署在 HEROKU 平台上时，该注解修饰的配置类或方法才会生效。
- KUBERNETES：要求应用被部署在 K8s 平台上时，该注解修饰的配置类或方法才会生效。
- SAP：要求应用被部署在 SAP 云平台上时，该注解修饰的配置类或方法才会生效。

> **提示：** 关于 Spring Boot 应用的部署，以及 CLOUD_FOUNDRY、HEROKU 和 K8s 平台的内容，将会在本书高级篇中介绍。

@ConditionalOnJava 注解对目标平台的 Java 版本进行检测，它既可要求目标平台的 Java 版本是某个具体的版本，也可要求其高于或低于某个版本。使用该注解时可指定如下两个属性。

- JavaVersion value：指定要求的 Java 版本。
- ConditionalOnJava.Range range：该属性支持 EQUAL_OR_NEWER（大于或等于 value 属性指定的版本）和 OLDER_THAN（小于 value 属性指定的版本）两个枚举值。如果不指定该属性，则要求目标平台的 Java 版本必须是 value 属性所指定的版本。

下面的配置类示范了@ConditionalOnJava 注解的用法。

程序清单：codes\02\2.7\JavaConditional\src\main\java\org\crazyit\app\FkConfig.java

```java
@Configuration(proxyBeanMethods = false)
public class FkConfig
{
    @Bean
    // 只有当目标平台的 Java 版本是 11 或更新的版本时，该方法才会生效
    @ConditionalOnJava(value = JavaVersion.ELEVEN,
        range = ConditionalOnJava.Range.EQUAL_OR_NEWER)
    public DateFormat dateFormat()
    {
        return DateFormat.getDateInstance();
    }
}
```

上面粗体字注解要求目标平台的 Java 版本必须高于或等于 11 时，该配置才会生效。因此，只有用 Java 11 或更新版本的 Java 运行该程序，才会看到容器中的 dateFormat Bean。

@ConditionalOnJndi 注解要求指定 JNDI 必须存在，使用该注解时通过 value 属性指定要检查的 JNDI。

@ConditionalOnRepositoryType 注解要求特定的 Spring Data Repository 被启用时，其修饰的配置类或方法才会生效。

2.7.3 自定义条件注解

在介绍了那么多 Spring Boot 内置的条件注解之后，为了帮助大家更好地掌握条件注解，这一节将会示范开发自定义的条件注解。

正如前面所讲的，所有自定义条件注解其实都是基于@Conditional 而来的，使用@Conditional

定义新条件注解关键就是要有一个 Condition 实现类，该 Condition 实现类就负责条件注解的处理逻辑——它所实现的 matches()方法决定了条件注解的要求是否得到满足。

下面是自定义条件注解的 Condition 实现类的代码。

程序清单：codes\02\2.7\CustomConditional\src\main\java\org\crazyit\app\condition\MyCondition.java

```java
public class MyCondition implements Condition
{
    @Override
    public boolean matches(ConditionContext context,
        AnnotatedTypeMetadata metadata)
    {
        // 获取@ConditionalCustom 注解的全部属性
        Map<String, Object> map = metadata.getAnnotationAttributes(
            ConditionalCustom.class.getName());
        // 获取注解的 value 属性值（String[]数组）
        String[] vals = (String[]) map.get("value");
        Environment env = context.getEnvironment();
        // 遍历每个属性值
        for (Object val : vals)
        {
            // 如果某个属性值对应的配置属性不存在，则返回 false
            if (env.getProperty(val.toString()) == null)
            {
                return false;
            }
        }
        return true;
    }
}
```

上面的 Condition 实现类负责处理@ConditionalCustom 条件注解，因此它先获取了该注解的 value 属性值，然后根据 value 属性值（属性值是数组）逐个地获取应用的配置属性，只要任意一个配置属性不存在，matches()方法就会返回 false。

从上面的逻辑可以看到，自定义条件注解的处理逻辑比较简单：就是要求 value 属性所指定的所有配置属性必须存在，至于这些配置属性的值是什么无所谓，这些配置属性是否有值也无所谓。

有了上面的 Condition 实现类之后，接下来即可基于@Conditional 来定义自定义条件注解。下面是自定义条件注解的代码。

程序清单：codes\02\2.7\CustomConditional\src\main\java\org\crazyit\app\condition\ConditionalCustom.java

```java
@Target({ ElementType.TYPE, ElementType.METHOD })
@Retention(RetentionPolicy.RUNTIME)
@Documented
@Conditional(MyCondition.class)
public @interface ConditionalCustom
{
    String[] value() default {};
}
```

看到这个条件注解的代码了吧！其实其所有的代码都是固定的，只要通过粗体字代码指定该条件注解的 Condition 实现类即可，该 Condition 实现类就会负责该条件注解的判断逻辑。

下面的配置类示范了如何使用该自定义的条件注解。

程序清单：codes\02\2.7\CustomConditional\src\main\java\org\crazyit\app\FkConfig.java

```java
@Configuration(proxyBeanMethods = false)
public class FkConfig
{
    @Bean
    // 只有当org.fkjava.test 和org.crazyit.abc 两个配置属性都存在时才生效
    @ConditionalCustom({"org.fkjava.test", "org.crazyit.abc"})
    public DateFormat dateFormat()
    {
        return DateFormat.getDateInstance();
    }
}
```

上面的粗体字代码要求应用必须有 org.fkjava.test 和 org.crazyit.abc 这两个配置属性，dateFormat() 配置方法才能生效，至于这两个配置属性的值是什么，甚至是否有值都无所谓。

因此可在 application.properties 文件中添加如下配置。

程序清单：codes\02\2.7\CustomConditional\src\main\resources\application.properties

```
org.fkjava.test=foo
org.crazyit.abc
```

有了上面两个配置属性之后（即使 org.crazyit.abc 属性没有值），@ConditionalCustom 条件注解修饰的方法才会生效。

▶▶ 2.7.4 自定义自动配置

开发自己的自动配置很简单，其实也就两步：

① 使用 @Configuration 和条件注解定义自动配置类。
② 在 META-INF/spring.factories 文件中注册自动配置类。

为了清楚地演示 Spring Boot 自动配置的效果，避免引入第三方框架导致的额外复杂度，本例先自行开发一个 funny 框架，该框架的功能是用文件或数据库保存程序的输出信息。

新建一个 Maven 项目，为该项目添加 mysql-connector-java 和 slf4j-api 两个依赖。由于该项目是我们自己开发的框架，因此无须为该项目添加任何 Spring Boot 依赖。下面是该项目的 pom.xml 文件代码。

程序清单：codes\02\2.7\funny\pom.xml

```xml
<?xml version="1.0" encoding="UTF-8"?>
<project xmlns="http://maven.apache.org/POM/4.0.0"
    xmlns:xsi="http://www.w3.org/2001/XMLSchema-instance"
    xsi:schemaLocation="http://maven.apache.org/POM/4.0.0
    http://maven.apache.org/xsd/maven-4.0.0.xsd">
    <modelVersion>4.0.0</modelVersion>
    <groupId>org.crazyit</groupId>
    <artifactId>funny</artifactId>
    <version>1.0-SNAPSHOT</version>
    <name>funny</name>
    <properties>
        <!-- 定义所使用的Java 版本和源代码所用的字符集 -->
        <maven.compiler.source>11</maven.compiler.source>
        <maven.compiler.target>11</maven.compiler.target>
        <project.build.sourceEncoding>UTF-8</project.build.sourceEncoding>
    </properties>
    <dependencies>
        <!-- MySQL 数据库驱动依赖 -->
        <dependency>
```

```xml
            <groupId>mysql</groupId>
            <artifactId>mysql-connector-java</artifactId>
            <version>8.0.22</version>
        </dependency>
        <dependency>
            <groupId>org.slf4j</groupId>
            <artifactId>slf4j-api</artifactId>
            <version>1.7.30</version>
            <optional>true</optional>
        </dependency>
    </dependencies>
</project>
```

接下来为这个框架项目开发如下类。

程序清单：codes\02\2.7\funny\src\main\java\org\crazyit\funny\io\WriterTemplate.java

```java
public class WriterTemplate
{
    Logger log = LoggerFactory.getLogger(this.getClass());
    private final DataSource dataSource;
    private Connection conn;
    private final File dest;
    private final Charset charset;
    private RandomAccessFile raf;
    public WriterTemplate(DataSource dataSource) throws SQLException
    {
        this.dataSource = dataSource;
        this.dest = null;
        this.charset = null;
        if (Objects.nonNull(this.dataSource))
        {
            log.debug("==========获取数据库连接==========");
            this.conn = dataSource.getConnection();
        }
    }
    public WriterTemplate(File dest, Charset charset) throws FileNotFoundException
    {
        this.dest = dest;
        this.charset = charset;
        this.dataSource = null;
        this.raf = new RandomAccessFile(this.dest, "rw");
    }
    public void write(String message) throws IOException, SQLException
    {
        if (Objects.nonNull(this.conn))
        {
            // 查询当前数据库的 funny_message 表是否存在
            ResultSet rs = conn.getMetaData().getTables(conn.getCatalog(), null,
                    "funny_message", null);
            // 如果 funny_message 表不存在
            if (!rs.next())
            {
                log.debug("~~~~~~创建 funny_message 表~~~~~~");
                conn.createStatement().execute("create table funny_message " +
                        "(id int primary key auto_increment, message_text text)");
                rs.close();
            }
            log.debug("~~~~~~输出到数据表~~~~~~");
            // 插入要输出的字符串
            conn.createStatement().executeUpdate("insert into " +
                    "funny_message values (null, '" + message + "')");
```

```
        }
        else
        {
            log.debug("~~~~~~输出到文件~~~~~~");
            // 输出到文件
            raf.seek(this.dest.length());
            raf.write((message + "\n").getBytes(this.charset));
        }
    }
    // 关闭资源
    public void close() throws SQLException, IOException
    {
        if (this.conn != null)
        {
            this.conn.close();
        }
        if (this.raf != null)
        {
            this.raf.close();
        }
    }
}
```

该工具类其实很简单，就是根据是否传入 DataSource 来决定输出目标：如果为该工具类传入了 DataSource，它就会向该数据源所连接的数据库中的 funny_message 表输出内容（如果该表不存在，该工具类将会自动建表）；如果没有为该工具类传入 DataSource，它就会向指定文件输出内容。

这个框架非常简单，它只有这一个工具类。接下来执行如下命令：

```
mvn install
```

该命令会将该项目打包成 JAR 包，并安装到 Maven 的本地资源库中。以作者的工作电脑为例，该 JAR 包就会被自动复制到 F:\repo\org\crazyit\funny\1.0-SNAPSHOT 路径下，其中 F:\repo 代表本地资源库的路径。

有了该框架之后，接下来为该框架开发自动配置。如果为整合现有的第三方框架开发自动配置，则可直接从这一步开始（因为框架已经存在了，直接为框架开发自动配置即可）。同样新建一个 Maven 项目，这个项目是自定义 Starter 项目，因此必须要有 Spring Boot 支持，将前面 Spring Boot 项目中的 pom.xml 文件复制过来，保留其中的 spring-boot-starter 依赖，并添加刚刚开发的 funny 框架的依赖。此外，由于该项目不是 Spring Boot 应用，因此不需要主类，也不需要运行，故删除其中 spring-boot-maven-plugin 插件。修改后的 pom.xml 文件内容如下。

程序清单：codes\02\2.7\funnystarter\pom.xml

```xml
<?xml version="1.0" encoding="UTF-8"?>
<project xmlns="http://maven.apache.org/POM/4.0.0"
    xmlns:xsi="http://www.w3.org/2001/XMLSchema-instance"
    xsi:schemaLocation="http://maven.apache.org/POM/4.0.0
    https://maven.apache.org/xsd/maven-4.0.0.xsd">
    <modelVersion>4.0.0</modelVersion>
    <!-- 指定继承 spring-boot-starter-parent POM 文件 -->
    <parent>
        <groupId>org.springframework.boot</groupId>
        <artifactId>spring-boot-starter-parent</artifactId>
        <version>2.4.2</version>
        <relativePath/>
    </parent>
    <!-- 定义基本的项目信息 -->
    <groupId>org.crazyit</groupId>
    <artifactId>funny-spring-boot-starter</artifactId>
```

```xml
    <version>0.0.1-SNAPSHOT</version>
    <name>funny-spring-boot-starter</name>
    <properties>
        <!-- 定义所使用的 Java 版本和源代码所用的字符集 -->
        <java.version>11</java.version>
        <project.build.sourceEncoding>UTF-8</project.build.sourceEncoding>
    </properties>
    <dependencies>
        <!-- Spring Boot Starter 依赖 -->
        <dependency>
            <groupId>org.springframework.boot</groupId>
            <artifactId>spring-boot-starter</artifactId>
        </dependency>
        <!-- 依赖自定义的 funny 框架 -->
        <dependency>
            <groupId>org.crazyit</groupId>
            <artifactId>funny</artifactId>
            <version>1.0-SNAPSHOT</version>
        </dependency>
        <dependency>
            <groupId>org.springframework.boot</groupId>
            <artifactId>spring-boot-configuration-processor</artifactId>
            <optional>true</optional>
        </dependency>
    </dependencies>
</project>
```

上面第一行粗体字代码指定了该项目的 artifactId 为 funny-spring-boot-starter，暗示它最终会被打包成一个 Spring Boot Starter。

上面第二段粗体字代码定义了该项目依赖 org.crazyit:funny 框架，也就是前面开发的框架。如果正在为其他第三方框架开发自动配置，则此处应该填写被整合的第三方框架的坐标。

接下来定义如下自动配置类。

程序清单：codes\02\2.7\funnystarter\src\main\java\org\crazyit\funny\autoconfigure\FunnyAutoConfiguration.java

```java
@Configuration
// 当 WriterTemplate 类存在时配置生效
@ConditionalOnClass(WriterTemplate.class)
// 启用 FunnyProperties 属性处理类
@EnableConfigurationProperties(FunnyProperties.class)
// 让该自动配置类位于 DataSourceAutoConfiguration 自动配置类之后处理
@AutoConfigureAfter(DataSourceAutoConfiguration.class)
public class FunnyAutoConfiguration
{
    // FunnyProperties 类负责加载配置属性
    private final FunnyProperties properties;
    public FunnyAutoConfiguration(FunnyProperties properties)
    {
        this.properties = properties;
    }

    @Bean(destroyMethod = "close")
    // 当单例的 DataSource Bean 存在时配置生效
    @ConditionalOnSingleCandidate(DataSource.class)
    // 只有当容器中没有 WriterTemplate Bean 时，该配置才会生效
    @ConditionalOnMissingBean
    // 通过@AutoConfigureOrder 注解指定该配置方法
    // 比下一个配置 WriterTemplate 的方法的优先级更高
    @AutoConfigureOrder(99)
    public WriterTemplate writerTemplate(DataSource dataSource) throws SQLException
```

```java
{
    return new WriterTemplate(dataSource);
}

@Bean(destroyMethod = "close")
// 只有当前面的 WriterTemplate 配置没有生效时，该方法的配置才会生效
@ConditionalOnMissingBean
@AutoConfigureOrder(199)
public WriterTemplate writerTemplate2() throws FileNotFoundException
{
    File f = new File(this.properties.getDest());
    Charset charset = Charset.forName(this.properties.getCharset());
    return new WriterTemplate(f, charset);
}
}
```

如果真正理解了前面介绍的 MybatisAutoConfiguration 自动配置类，此时不难发现：FunnyAutoConfiguration 这个自动配置类与其如出一辙（事实上，作者在开发该类时，很多注解都是直接从 MybatisAutoConfiguration 自动配置类上复制过来的）。

> **提示：** 说句实话，编程其实很简单，大多数时候就是复制、粘贴、改一改，但前提是你阅读了足够多优秀的框架源代码，知道从哪里复制合适的代码。

我们可以看到在 FunnyAutoConfiguration 类上同样使用了@Configuration、@ConditionalOnClass、@EnableConfigurationProperties、@AutoConfigureAfter 这 4 个注解，只不过此处使用 FunnyProperties 类来负责读取配置属性。

在 FunnyAutoConfiguration 自动配置类中定义了两个@Bean 方法，这两个@Bean 方法都用于自动配置 WriterTemplate。为了指定它们的优先级，程序使用了@AutoConfigureOrder 注解修饰它们，该注解指定的数值越小，优先级越高。

FunnyAutoConfiguration 自动配置类中的@Bean 方法同样使用了@ConditionalOnMissingBean、@ConditionalOnSingleCandidate 等条件注解修饰，从而保证只有当容器中不存在 WriterTemplate 时，该自动配置类才会配置 WriterTemplate Bean，且优先配置基于 DataSource 的 WriterTemplate。

上面的自动配置类还用到了 FunnyProperties 属性处理类，该类很简单，其代码如下。

程序清单：codes\02\2.7\funnystarter\src\main\java\org\crazyit\funny\autoconfigure\FunnyProperties.java

```java
@ConfigurationProperties(prefix = FunnyProperties.FUNNY_PREFIX)
public class FunnyProperties
{
    public static final String FUNNY_PREFIX = "org.crazyit.funny";
    private String dest;
    private String charset;
    // 省略 getter、setter 方法
    ...
}
```

上面的属性处理类负责处理以 "org.crazyit.funny" 开头的属性，这个 "org.crazyit.funny" 是必要的，它相当于这一组配置属性的 "命名空间"，通过这个命名空间可以将这些配置属性与其他框架的配置属性区分开。

有了上面的自动配置类之后，接下来使用如下 META-INF/spring.factories 文件来注册自动配置类。

程序清单：codes\02\2.7\funnystarter\src\main\resources\META-INF\spring.factories
```
org.springframework.boot.autoconfigure.EnableAutoConfiguration=\
  org.crazyit.funny.autoconfigure.FunnyAutoConfiguration
```

经过上面步骤，自动配置开发完成。接下来执行如下命令：
```
mvn install
```
该命令会将该项目打包成 JAR 包，并安装到 Maven 的本地资源库中。以作者的工作电脑为例，该 JAR 包就会被自动复制到 F:\repo\org\crazyit\funny-spring-boot-starter\0.0.1-SNAPSHOT 路径下，其中 F:\repo 代表本地资源库的路径。

▶▶ 2.7.5 创建自定义的 Starter

根据 Spring Boot 官方推荐，一个完整的 Spring Boot Starter 应该包含以下两个组件。

- ➢ 自动配置（auto-configure）模块：包含自动配置类和 META-INF/spring.factories 文件。
- ➢ Starter 模块：负责管理自动配置模块及其他第三方依赖。简而言之，添加本 Starter 就能开始使用该自动配置。

根据该推荐不难看出，其实 Starter 并不包含任何 class 文件，它只负责管理依赖。如果查看 Spring Boot 官方提供的 JAR 就会发现，它所有的自动配置类的 class 都由 spring-boot-autoconfigure.jar 提供，而各个 xxx-starter.jar 包内并未提供任何 class 文件，只是在这些 JAR 包下的相同路径下提供了一个 xxx-starter.pom 文件，该文件指定该 Starter 负责管理的自动依赖模块和第三方依赖。

Spring Boot 还为自动配置包和 Starter 包提供了推荐名。

- ➢ 自动配置包的推荐名：xxx-spring-boot。
- ➢ Starter 包的推荐名：xxx-spring-boot-starter。

对于第三方 Starter，Spring Boot 建议不要使用 spring-boot-starter-xxx 这种命令方式，因为这种命令方式应该留给 Spring 官方使用。

如果不指望自己的自动配置模块后续得到 Spring Boot 官方的认同，则其实完全可以将自动配置模块和 Starter 模块打包成单一的包，前面我们开发的自动配置和 Starter 就被打包成一个 JAR 包。

有了自定义的 Starter 之后，接下来使用该 Starter 与使用 Spring Boot 官方 Starter 并没有任何区别。首先新建一个 Maven 项目，并用前面 Spring Boot 项目中的 pom.xml 文件替换本项目的 pom.xml 文件，在 pom.xml 文件的依赖管理中只使用如下代码片段来添加依赖。

程序清单：codes\02\2.7\funnytest\pom.xml
```xml
<!-- 自定义的 funny-spring-boot-starter 依赖 -->
<dependency>
    <groupId>org.crazyit</groupId>
    <artifactId>funny-spring-boot-starter</artifactId>
    <version>0.0.1-SNAPSHOT</version>
</dependency>
```

由于 funny-spring-boot-starter 本身需要依赖 spring-boot-starter，因此不再需要显式配置依赖 spring-boot-starter。

在添加了上面的 funny-spring-boot-starter 依赖之后，该 Starter 包含的自动配置生效，它会尝试在容器中自动配置 WriterTemplate，因此还需要在 application.properties 文件中进行配置。

程序清单：codes\02\2.7\funnytest\src\main\resources\application.properties
```
org.crazyit.funny.dest=f:/abc-98765.txt
org.crazyit.funny.charset=UTF-8
# 指定连接数据库的信息
```

```
spring.datasource.url=jdbc:mysql://localhost:3306/funny?serverTimezone=UTC
spring.datasource.username=root
spring.datasource.password=32147
# 配置 funny 框架的日志级别为 DEBUG
logging.level.org.crazyit.funny = debug
```

该示例的主类很简单,它直接获取容器中的 WriterTemplate Bean,并调用该 Bean 的 write()方法执行输出。下面是该主类的代码。

程序清单:codes\02\2.7\funnytest\src\main\java\org\crazyit\app\App.java

```java
@SpringBootApplication
public class App
{
    public static void main(String[] args) throws IOException, SQLException
    {
        // 创建 Spring 容器,运行 Spring Boot 应用
        var ctx = SpringApplication.run(App.class, args);
        // 获取自动配置的 WriterTemplate
        WriterTemplate writerTemplate = ctx.getBean(WriterTemplate.class);
        writerTemplate.write("自动配置其实很简单");
    }
}
```

运行该程序,由于当前 Spring 容器中没有 DataSource Bean,因此 FunnyAutoConfiguration 将会自动配置输出到文件的 WriterTemplate。因此,运行该程序,可以看到程序向"f:/abc-98765.txt"文件(由前面的 org.crazyit.funny.dest 属性配置)输出内容。

而且,由于将框架的日志级别设为 DEBUG,因此还可在控制台看到如下输出:

~~~~~~输出到文件~~~~~~

如果在项目的 pom.xml 文件中通过如下配置来添加依赖。

程序清单:codes\02\2.7\funnytest\pom.xml

```xml
<!-- Spring Boot JDBC Starter 依赖 -->
<dependency>
    <groupId>org.springframework.boot</groupId>
    <artifactId>spring-boot-starter-jdbc</artifactId>
</dependency>
```

此时为项目添加了 spring-boot-starter-jdbc 依赖,该依赖将会在容器中自动配置一个 DataSource Bean,这个自动配置的 DataSource Bean 将导致 FunnyAutoConfiguration 会自动配置输出到数据库的 WriterTemplate。因此,运行该程序,可以看到程序向 funny 数据库的 funny_message 表输出内容。

而且,由于将框架的日志级别设为 DEBUG,因此还可在控制台看到如下输出:

~~~~~~输出到数据表~~~~~~

本节的内容已经完全深入 Spring Boot 的本质:Spring Boot 的核心功能就是为整合第三方框架提供自动配置,而本节则带着大家实现了自己的自动配置和 Starter,读者一旦真正掌握了本节的内容,就会对 Spring Boot 产生"一览众山小"的感觉。

> **注意**
>
> 通过本节的内容也向大家揭示了一个事实:本书不是那种满足于泛泛而谈的 Spring Boot 图书,它并不是简单满足于教你"依葫芦画瓢"地使用 Spring Boot 进行开发,而是真正带你走进 Spring Boot 的本质,甚至让你达到完全可以自己开发 Spring Boot 框架的程度,这才是本书的目的。

2.8 热插拔与开发者工具

如果想在项目开发过程中实时看到代码的修改效果,则需要通过 Spring Boot 的热插拔(hot swapping)功能来实现,Spring Boot 专门为热插拔等功能提供了开发者工具。

2.8.1 静态模板的重加载

Spring Boot 支持的模板技术(如 Thymeleaf、FreeMarker 和 Groovy 等)都可通过配置来禁用缓存,禁用缓存可在不重启 Web 服务器的情况下重加载模板页面。

如果使用 Thymeleaf 模板,则通过如下设置关闭缓存:

```
spring.thymeleaf.cache=false
```

如果使用 FreeMarker 模板,则通过如下设置关闭缓存:

```
spring.freemarker.cache=false
```

如果使用 Groovy 模板,则通过如下设置关闭缓存:

```
spring.groovy.template.cache=false
```

如果使用 Mustache 模板,则通过如下设置关闭缓存:

```
spring.mustache.template.cache=false
```

Spring Boot 通过监测类加载路径下文件的改变来实现模板的重加载——只有当 Spring Boot 监测到类加载路径下的模板页面发生了改变时,才会触发重加载。

开发者修改并保存了模板页面(这些模板页面通常位于 src\main\resources\template 目录下)的代码后,如果项目没有重新构建,则 Spring Boot 并不能实时加载模板的改变。

如果仅仅是更改了静态资源(比如图片、CSS 样式单等),由于它们都不在项目的类加载路径下,因此都不会触发 Spring Boot 重加载静态资源。

> **提示:**
> 如果使用 IDE 工具的 debug 模式运行应用,则 IDE 工具可以自动重加载静态模板和静态资源的改变,并能在不重启 Web 服务器的情况下热加载 Java 类文件的改变,这种机制被称为"热插拔(hot swapping)"。

如果使用 Eclipse 作为 IDE 工具,由于 Eclipse 默认开启了自动构建功能,因此,只要开发者保存修改后的模板页面文件,Eclipse 就会重新构建项目,Spring Boot 就会重加载静态模板。

如果使用 IntelliJ IDEA 作为 IDE 工具,由于 IntelliJ IDEA 默认没有开启自动构建功能(IntelliJ IDEA 并不推荐开启自动构建功能),因此,开发者修改模板页面的代码后,还需要通过单击 "Build" → "Build Project" 菜单项(或按"Ctrl + F9"快捷键)手动构建项目,Spring Boot 才能重加载静态模板。

如果想启用 IntelliJ IDEA 的自动构建功能,则可通过单击其主菜单 "File" → "Settings",在 "Settings" 对话框中选择 "Build, Execution, Deployment",在 "Compiler" 设置页面中来启用自动构建功能。如图 2.13 所示,勾选 "Build project automatically" 复选框,然后单击 "OK" 按钮。

如果还想启用 IntelliJ IDEA 的运行时自动构建功能,则可单击 "Help" → "Find Action…" 菜单项(或按"Ctrl+Shift+A"快捷键)打开搜索页面,搜索"Registry",找到其中的 "compiler.automake.allow.when.app.running" 项并勾选它,如图 2.14 所示。

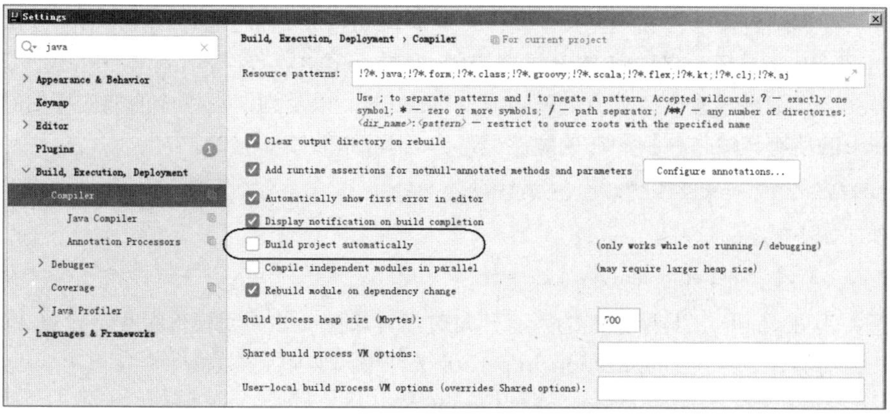

图 2.13 设置启用自动构建功能

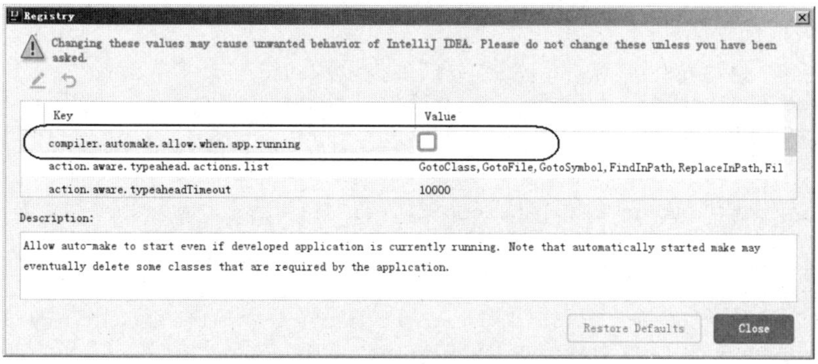

图 2.14 启用运行时自动构建功能

在开启了 IntelliJ IDEA 的自动构建和运行时自动构建功能之后，IntelliJ IDEA 将和 Eclipse 具有相同的行为：只要开发者保存修改后的模板页面文件，IntelliJ IDEA 就会重新构建项目，Spring Boot 就会重加载静态模板。

如果直接使用构建插件，则需要执行 "mvc compile"（Maven 项目）或 "gradle build"（Gradle 项目）命令才会构建项目，Spring Boot 才会重加载静态模板。

▶▶ 2.8.2 添加开发者工具

Spring Boot 推荐在开发阶段使用 spring-boot-devtools 工具（开发者工具，后文简称 "devtools 工具"），只要在 pom.xml 文件中添加如下依赖即可增加该工具。

```xml
<dependency>
    <groupId>org.springframework.boot</groupId>
    <artifactId>spring-boot-devtools</artifactId>
    <optional>true</optional>
</dependency>
```

对于 Gradle 项目，则使用如下配置片段来添加 spring-boot-devtools 依赖：

```
dependencies {
    developmentOnly("org.springframework.boot:spring-boot-devtools")
}
```

devtools 工具提供了大量开发时功能，例如：
➢ 应用快速重启。
➢ 浏览器实时重加载（LiveReload）。
➢ 各种开发时配置属性（如前面介绍的关闭模板缓存等）。

因此，只要为项目添加了 devtools 工具，它就会自动完成前面 2.8.1 节所介绍的设置。

此外，devtools 工具还会自动将 Web 日志组（包括 Spring MVC 和 Spring WebFlux）设为 DEBUG 级别，这样就会详细显示各个请求、处理请求的 Handler，以及为请求生成的响应等信息。如果想显示每个请求的所有详情（包括潜在的敏感信息），则可添加如下配置：

```
spring.mvc.log-request-details=true
```

或者添加如下配置：

```
spring.codec.log-request-details=true
```

如果想关闭 devtools 工具所添加的所有开发时配置属性（如关闭模板缓存、设置 Web 日志组为 DEBUG 级别等），则可在 application.properties 文件中添加如下配置：

```
spring.devtools.add-properties=false
```

DevToolsPropertyDefaultsPostProcessor 类定义了如下 HashMap 对象，该对象定义了 devtools 工具所添加的开发时配置属性：

```
Map<String, Object> properties = new HashMap<>();
properties.put("spring.thymeleaf.cache", "false");
properties.put("spring.freemarker.cache", "false");
properties.put("spring.groovy.template.cache", "false");
properties.put("spring.mustache.cache", "false");
properties.put("server.servlet.session.persistent", "true");
properties.put("spring.h2.console.enabled", "true");
properties.put("spring.web.resources.cache.period", "0");
properties.put("spring.web.resources.chain.cache", "false");
properties.put("spring.template.provider.cache", "false");
properties.put("spring.mvc.log-resolved-exception", "true");
properties.put("server.error.include-binding-errors", "ALWAYS");
properties.put("server.error.include-message", "ALWAYS");
properties.put("server.error.include-stacktrace", "ALWAYS");
properties.put("server.servlet.jsp.init-parameters.development", "true");
properties.put("spring.reactor.debug", "true");
```

如果执行"java -jar xxx.jar"命令，以 JAR 包的方式运行 Spring Boot 应用，或者以特殊的类加载器来启动 Spring Boot 应用，则该应用会被当成产品场的应用，Spring Boot 会自动禁用 devtools 工具。Spring Boot 也可改变该默认行为，如果在运行应用时设置了-Dspring.devtools.restart.enabled=true 系统属性，那么不管以哪种方式运行 Spring Boot 应用，都会启用 devtools 工具。不过切记，千万不要在产品场的应用中启用 devtools 工具，否则会带来安全隐患。

不要在产品场的 Spring Boot 应用中启用 devtools 工具。

为了避免将 devtools 工具依赖传递到项目的其他模块，建议在 Maven 项目中将 spring-boot-devtools 依赖的 <optional.../> 元素设为 true，在 Gradle 项目中使用 developmentOnly 配置 spring-boot-devtools 依赖，如前面的粗体字代码所示。

正因为 devtools 工具在产品场中可能存在安全隐患，所以在打包 Spring Boot 应用时会自动排除 devtools 工具，从而避免安全隐患。

但如果要远程使用 devtools 功能，这时就需要强制将 devtools 工具打包进去。对于 Maven 构建工具，则需要将 excludeDevtools 属性设为 false。例如如下配置片段：

```
<build>
    <plugins>
```

```xml
            <plugin>
                <groupId>org.springframework.boot</groupId>
                <artifactId>spring-boot-maven-plugin</artifactId>
                <configuration>
                    <excludeDevtools>false</excludeDevtools>
                </configuration>
            </plugin>
        </plugins>
</build>
```

对于 Gradle 构建工具，则需要指定包含 developmentOnly 依赖库。例如如下配置片段：

```
bootJar {
    classpath configurations.developmentOnly
}
```

▶▶ 2.8.3 自动重启功能

devtools 工具会监测类加载路径下的文件（尤其是*.class 文件），只要这些文件发生了改变，devtools 工具就会自动重启 Spring Boot 应用。该功能在开发时比较实用，它能快速地呈现代码修改后的效果。

> 静态资源（如 CSS 样式单和 JS 脚本等）和视图模板资源发生了改变，不需要重启应用就可呈现改变后的效果，因此它们不会触发应用重启。

与触发静态模板的重加载类似，使用不同的工具，触发 devtools 工具自动重启的方式也不同。

> ➢ 对于 Eclipse，只要保存修改后的文件就会触发其自动重启。
> ➢ 对于 IntelliJ IDEA，保存文件后，必须运行"Build"→"Build Project"（或按"Ctrl + F9"快捷键）才会触发其自动重启。当然，也可选择为 IntelliJ IDEA 开启自动构建功能。

> 提示：
> 不建议开启 IntelliJ IDEA 的自动构建功能，否则你会发现：只要对 Java 源代码做了一点修改，Spring Boot 应用就会自动重启，这样会导致 IntelliJ IDEA "卡"得很，很烦人。作者的经验是：批量修改完成后，按下"Ctrl + F9"快捷键构建项目，从而触发 Spring Boot 应用的自动重启。

> ➢ 若使用 Maven 构建工具，则在保存文件后运行"mvn compile"命令触发其自动重启；若使用 Gradle 构建工具，则在保存文件后运行"gradle build"命令触发其自动重启。

devtools 工具依赖 Spring 容器的关闭钩子（shutdown hook）来关闭应用，从而实现自动重启。这意味着如果禁用了 Spring 容器的关闭钩子，devtools 工具的自动重启功能就会失效。例如，如下代码可禁用 Spring 容器的关闭钩子。

```
// app 是 SpringApplication 对象
app.setRegisterShutdownHook(false);
```

devtools 工具的自动重启是通过"双类加载器"来实现的，其中 base 类加载器负责加载那些无须改变的类（如从第三方 JAR 包加载的类），restart 类加载器负责加载那些需要变化的类（在项目中开发的类）。当 devtools 工具被触发自动重启时，base 类加载器保持不变，继续复用；而 restart 类加载器则需要重新创建，并加载所有可能改变的类，原有的 restart 类加载器被直接抛弃。

正因为 devtools 工具在自动重启时复用了 base 类加载器及其所加载的全部类（很明显，第三方 JAR 包涉及的类更多），所以 devtools 工具的自动重启速度比直接启动（也被称为冷启动）要快得多。

> **提示：**
> 如果觉得 devtools 工具的自动重启速度还不够快或者遇到了类加载问题，还可考虑使用第三方 reload 技术（如 JRebel 工具），这些技术可以在 reload 时重写已加载的类，因此效率更高。

IntelliJ IDEA 可通过安装 "JRebel 和 XRebel for IntelliJ" 插件来使用 JRebel 工具，Eclipse 可通过安装 "JRebel 和 XRebel for Eclipse" 插件来使用 JRebel 工具。

JRebel 是商业工具，在安装之后必须输入有效的 License 来激活该插件，在激活插件之后，即可从 pom.xml 文件中删除 spring-boot-devtools 依赖，直接使用 JRebel 工具的 reload 技术。Eclipse 默认开启了自动构建功能，因此，只要保存修改后的文件就会触发 JRebel 的 reload。IntelliJ IDEA 默认没有开启自动构建功能，因此同样需要运行 "Build" → "Build Project"（或按 "Ctrl + F9" 快捷键）才会触发 JRebel 的 reload。

在默认情况下，/META-INF/maven、/META-INF/resources、/resources、/static、/public、/templates 路径下文件的改变，不会触发 Spring Boot 应用的自动重启，只会触发静态资源的重加载和浏览器的实时重加载（LiveReload）。

> **提示：**
> 实时重加载是指当服务器响应发生改变时（包括控制器处理方法的响应发生改变，CSS 样式单、JS 脚本等静态资源发生改变，等等），浏览器会自动刷新，用于显示服务器响应的改变。后面 2.8.4 节会介绍浏览器实时重加载的用法。

如果希望改变不触发自动重启的文件目录，则可通过 "spring.devtools.restart.exclude" 属性进行设置。例如如下配置：

```
spring.devtools.restart.exclude=static/**,public/**
```

上面配置设置了只有 /static、/public 路径下文件的改变才不会触发自动重启。此时 /META-INF/maven、/META-INF/resources、/resources、/templates 路径下文件的改变依然会触发自动重启。

如果要保留原有的不自动重启目录，只是添加新的不自动重启目录，则可通过 "spring.devtools.restart.additional-exclude" 属性进行设置。例如如下配置：

```
spring.devtools.restart.additional-exclude=fkjava/**
```

上面配置设置了 /META-INF/maven、/META-INF/resources、/resources、/static、/public、/templates、/fkjava 路径下文件的改变不会触发自动重启。

devtools 工具通过周期性轮询指定路径下文件的改变来触发应用的自动重启，与轮询机制有关的两个配置选项如下。

➢ spring.devtools.restart.poll-interval：指定每隔多少秒轮询一次。
➢ spring.devtools.restart.quiet-period：指定保持多少秒的静默期。

例如如下配置：

```
spring.devtools.restart.poll-interval=2s
spring.devtools.restart.quiet-period=1s
```

上面配置设置了 devtools 工具每隔 2 秒轮训一次被监测的路径，并保持 1 秒的静默期来确保没有额外的类文件发生改变。

如果 IDE 工具启用了自动构建功能（Eclipse 自动启用），那么 Spring Boot 应用在开发过程中会不断重启（修改、保存源代码→自动编译→触发自动重启），这是非常烦人的。为了解决这个问题，一种做法是关闭 IDE 的自动编译。此外，devtools 工具提供了另一种做法，就是设置触发文件。

所谓触发文件，就是专门为 devtools 工具的自动重启指定一个特定文件，只有当该文件被修改时才会触发 devtools 工具自动重启（对其他文件的修改都不会触发自动重启）。例如，如下配置为 devtools 工具指定自动重启的触发文件：

```
spring.devtools.restart.trigger-file=.reloadtrigger
```

上面配置设置了只有当 src/main/resources/.reloadtrigger 文件被修改时，才能触发 devtools 工具自动重启。

> **提示：**
> 设置了自动重启的触发文件之后，如果 IDE 工具没有开启自动构建功能，则需要先修改、保存自动重启的触发文件，然后构建项目（Build Project），才能触发自动重启。但是，如果 IDE 工具没有开启自动构建功能，那又何必搞什么自动重启的触发文件呢？纯属多此一举。

如果想禁用自动重启功能，则可将 spring.devtools.restart.enabled 属性设为 false，通常在 application.properties 文件中设置即可。这种设置方式依然会初始化自动重启的类加载器，只是不再监测文件的改变。

如果要彻底禁用自动重启功能，则需要在调用 SpringApplication 的 run() 方法之前通过系统属性进行设置。例如如下代码：

```java
public static void main(String[] args)
{
    // 通过系统属性禁用自动重启功能
    System.setProperty("spring.devtools.restart.enabled", "false");
    SpringApplication.run(App.class, args);
}
```

devtools 工具的自动重启机制默认使用 base 类加载器来加载 JAR 包中的类文件，使用 restart 类加载器来加载当前项目中的类文件。图 2.15 显示了两个类加载器的示意图。

图 2.15　两个类加载器的示意图

当应用重启时，base 类加载器所加载的类文件并不会更新，只有 restart 类加载器所加载的类文件才会更新，这种默认的设定在大部分时候都没有任何问题。

但有的时候，项目所依赖的 JAR 包本身也处于开发、调试过程中（比如图 2.15 中的 a.jar 包），此时希望应用重启时也能更新该 JAR 包中的类文件，这就需要强制使用 restart 类加载器来加载指定 a.jar 包中的类文件，如图 2.16 所示。

图 2.16　强制使用 restart 类加载器加载 JAR 包

为了实现图 2.16 所示的效果，devtools 工具需要添加 META-INF/spring-devtools.properties 文件，然后在该文件中设置如下属性进行定制。

➢ restart.include.*：该属性显式指定用 restart 类加载器加载哪些 JAR 包。

➢ restart.exclude.*：该属性显式指定用 base 类加载器加载哪些 JAR 包。通常无须指定该属性，因为 devtools 工具默认就是使用 base 类加载器来加载 JAR 包的。

例如如下配置代码：

```
restart.exclude.fkjavacommonlibs=/fkjava-common-[\\w\\d-\\.]+\\.jar
restart.include.utillibs=/fkjava-util-[\\w\\d-\\.]+\\.jar
```

上面配置指定所有以"fkjava-common-"开头的 JAR 包依然使用 base 类加载器加载，所有以"fkjava-util-"开头的 JAR 包使用 restart 类加载器加载，当 devtools 工具自动重启 Spring Boot 应用时，以"fkjava-util-"开头的 JAR 包中的类文件也会被更新。

上面配置中的 key 必须是唯一的，如"restart.exclude.fkjavacommonlibs"和"restart.include.utillibs"，只要它们以"restart.exclude"或"restart.include"开头就有效。

devtools 工具会加载类加载路径下的所有 META-INF/spring-devtools.properties 文件，因此该文件既可被直接打包在项目里，也可被打包到项目所用的 JAR 包中。

▶▶ 2.8.4　实时重加载

devtools 工具内嵌了一个实时重加载（LiveReload）服务器，它可在资源改变时触发浏览器刷新。但前提是为该浏览器安装了 LiveReload 插件，基本上各主流的浏览器都有对应的 LiveReload 插件。

以 Firefox 为例，在浏览器的地址栏中输入"about:addons"，进入"附加选项管理器"页面，在该页面的搜索框中输入"LiveReload"，可以看到如图 2.17 所示的搜索页面。

图 2.17　搜索 LiveReload 插件

安装图 2.17 所示的第一个 LiveReload 插件即可（当然，也可安装其他 LiveReload 插件，只要该插件功能正常即可）。

为浏览器安装 LiveReload 插件之后，使用该浏览器访问 Spring Boot 应用的页面时，通过单击如图 2.18 所示的按钮激活 LiveReload 插件。

图 2.18　激活 LiveReload 插件

接下来，只要 Spring Boot 项目（带 devtools 工具）中的静态资源（如 CSS 样式单、JS 脚本等）发生了改变，且触发了项目构建，浏览器就会自动刷新（无须手动刷新），实时呈现静态资源的改变效果。

为了在文件发生改变时触发 LiveReload，必须启用 devtools 工具的自动重启功能。

如果想关闭 devtools 工具的 LiveReload 服务器，则可在 application.properties 文件中添加如下属性：

```
spring.devtools.livereload.enabled=false
```

每次最多只能启动一个 LiveReload 服务器。因此，如果通过 IDE 运行了多个带 devtools 工具的应用，那么只有第一个应用能够获得 LiveReload 功能。

▶▶ 2.8.5　全局配置

如果要对 devtools 工具进行全局设置，则可在用户 Home 目录（Windows 系统通常是"C:\Users\<用户名>"目录，Linux 系统通常是"/home/<用户名>"目录）下新建路径：.config/spring-boot（别忘了，config 前面有一个点），然后在该路径下定义如下全局配置文件：

- spring-boot-devtools.properties
- spring-boot-devtools.yaml
- spring-boot-devtools.yml

在这些文件中配置的属性将会被应用到本机上所有使用 devtools 工具的 Spring Boot 应用中，比如要配置自动重启的触发文件，则可在上面的文件中添加如下配置：

```
spring.devtools.reload.trigger-file=.reloadtrigger
```

需要说明的是，由于 Spring Boot 早期版本使用 Home 目录下的.spring-boot-devtools.properties 文件作为 devtools 工具的全局配置文件，为了兼容 Spring Boot 早期版本，如果在用户 Home 目录的.config/spring-boot 子目录下没有提供全局配置文件，那么 Spring Boot 会尝试使用 Home 目录下的.spring-boot-devtools.properties 文件作为全局配置文件。

devtools 工具的全局配置文件与 Profile 无关，其体现为如下几点：

- 通过 spring-boot-devtools.properties（或 spring-boot-devtools.yaml、spring-boot-devtools.yml）文件设置活动 Profile 不会有任何效果。
- spring-boot-devtools-<profile>.properties 形式的配置文件将会被忽略，不会有任何作用。

➢ 通过 spring-boot-devtools.properties（或 spring-boot-devtools.yaml、spring-boot-devtools.yml）文件指定 spring.config.activate.on-profile 属性没有任何意义。

2.9 本章小结

本章主要介绍了 Spring Boot 配置和自动配置有关内容。本章首先介绍了 SpringApplication，通过该对象可以对 Spring 容器进行设置。本章重点介绍了 Spring Boot 支持的各种配置源，主流方式包括配置文件（application.yml 或 application.properties）、命令行方式、系统属性、环境变量和 JSON 参数等。本章详细介绍了各种配置源的加载顺序和优先级，还详细讲解了如何使用这些配置属性，包括@Value 注解和@ConfigurationProperties 注解的用法。

本章也详细介绍了 Profile 的功能和用法，这也是学习本章需要重点掌握的内容，因为实际项目开发经常要用到 Profile 配置。

本章还详细介绍了 Spring Boot 日志的有关配置，包括控制日志的级别、格式、输出节点等，以及如何对 Spring Boot 日志进行定制。

本章重中之重就是实现自定义 Starter，自定义 Starter 可用于为任何第三方框架提供自动配置；开发自己的自定义 Starter，既是对 Spring Boot 框架的深度理解，也是对 Spring Boot 扩展技术的掌握——以后为整合任何框架开发 Starter。

本章最后介绍了 Spring Boot 热插拔的有关配置，这部分内容主要是为日常开发提供便捷方式，希望大家在后面的学习、调试中不断地实践。

第 3 章
Spring Boot 的 Web 应用支持

本章要点

- 设置使用自定义的 HTTP 端口
- 使用随机的 HTTP 端口
- 使用 WebServer 获取 HTTP 端口
- 启用 HTTP 响应压缩功能
- 使用编程方式对 Web 服务器进行配置
- 为应用添加 Servlet、Filter、Listener 组件的三种方式
- 设置改用其他 Web 服务器
- 为 Web 服务器配置启用 SSL
- 为 Web 服务器配置启用 HTTP/2
- 为 Web 服务器配置访客日志
- Spring Boot 为 Spring MVC 提供的自动配置
- Spring MVC 的静态资源、自定义图标和首页
- Thymeleaf 模板引擎的用法及基本语法
- Spring Boot 整合 Thymeleaf
- Spring Boot 整合 FreeMarker
- Spring Boot 整合 JSP
- 路径匹配和内容协商
- Spring Boot 为 Spring MVC 提供错误处理
- 文件上传和输入校验
- 应用程序国际化
- 使用 LocaleResolver 实现在界面上动态改变语言
- Spring Boot 为 Spring WebFlux 提供的自动配置
- Spring WebFlux 的静态资源、自定义图标和首页
- 使用注解开发 Spring WebFlux
- 函数式开发 WebFlux 及整合模板引擎
- Spring Boot 为 Spring WebFlux 提供的错误处理
- 使用@ServerEndpoint 开发 WebSocket
- 使用 WebFlux 开发 WebSocket

本章将会全面介绍 Web 开发相关内容。本章首先要介绍的是与 Web 应用本身有关的内容，包括 Web 应用端口有关配置，以及如何为 Web 应用添加 Servlet API 组件，如 Servlet、Filter、Listener 等。本章会详细讲解内嵌 Web 服务器的有关配置，包括为 Web 服务器启用 SSL、HTTP/2、访客日志等，这些内容是 Web 开发的基础。

本章要介绍的两大块重点是 Spring MVC 和 Spring WebFlux。这两个框架都是 Spring 家族提供的前端 MVC 框架，只不过 Spring WebFlux 是基于反应式 API 的。本章会详细介绍 Spring Boot 为 Spring MVC 和 Spring WebFlux 提供的自动配置支持、模板引擎支持、错误处理支持等内容。Spring Boot 对这两个框架的支持有些是通用的，有些是分开的，大家要加以区分。

本章也将介绍 Spring Boot 的国际化支持。本章还会详细介绍 Spring Boot 的 WebSocket 功能。

3.1 Web 应用配置

为了简化开发，Spring Boot 为 Web 应用提供了大量默认配置，这些默认配置能让开发者快速上手，但是当项目到了实际部署阶段时，则可能需要进行大量的自定义配置。

▶▶ 3.1.1 设置 HTTP 端口

正如从前面所看到的，Web 应用的默认端口是 8080，如果需要改变该端口，则可通过 server.port 进行设置——既可在 resources 目录下的 application.properties（或 application.yaml）文件中进行配置，也可通过系统属性进行配置。

提示：
> 当使用系统环境变量来配置 Web 应用的 HTTP 端口时，要使用 SERVER_PORT 环境变量来指定 Web 应用的 HTTP 端口。

另外，需要说明的是，通过环境变量（比如 SERVER_PORT）设置的 HTTP 端口的优先级更高。假如为操作系统本身添加了 SERVER_PORT 环境变量，且该环境变量的值为 9090，那么即使在 Spring Boot 应用的 application.properties（或 application.yaml）文件中设置了 server.port=8181，该应用提供服务的 HTTP 端口也依然是 9090。

▶▶ 3.1.2 使用随机的 HTTP 端口

如果希望 Spring Boot 应用能够使用随机的、未分配的端口，那么只要将 server.port 设为 0 即可。

在某些极端情况下，开发者希望 Spring Boot 创建 WebApplicationContext 容器（Web 环境下的 Spring 容器），但并不希望对外提供 HTTP 服务，那么可将 server.port 设为-1，这样就关闭了 HTTP 端口，也就无法对外提供 HTTP 服务了。

提示：
> Spring 容器的根接口是 BeanFactory，它派生了一个子接口为 ApplicationContext，大部分应用所创建的 Spring 容器都是 ApplicationContext 实现类的实例，WebApplicationContext 则是 ApplicationContext 的子接口。

▶▶ 3.1.3 运行时获取 HTTP 端口

在配置了 Spring Boot 使用随机的 HTTP 端口之后，在运行应用时可通过日志输出来发现实际的 HTTP 端口。例如，将 server.port 设为 0 之后，依然可以在运行 Spring Boot 应用的控制台看到如下一行输出：

```
o.s.b.w.embedded.tomcat.TomcatWebServer    : Tomcat started on port(s): 50828 (http) with context path ''
```

提示：
读者在运行应用时看到的端口可能与上面显示的并不相同——因为这里是动态的 HTTP 端口。

此外，如果需要应用在运行时动态地获取 HTTP 端口，则可通过 Spring Boot 为获取 HTTP 端口提供的如下两种方式。

> 通过 WebServerApplicationContext 来获取 WebServer 对象（WebServer 就代表了 Spring Boot 所使用的 Web 服务器），接下来即可通过 WebServer 来获取端口，启动或关闭 Web 服务器。
> 通过实现 ApplicationListener<WebServerInitializedEvent>接口的 Bean（监听器）来监听容器初始化事件，这样同样可获取 WebServer 对象。

下面通过例子来示范如何在运行时获取 HTTP 端口。首先创建一个 Maven 项目，然后修改该项目的 pom.xml 文件，即进行如下两项修改。

> 让项目的 pom.xml 文件继承最新版的 spring-boot-starter-parent POM 文件。
> 添加 Spring Boot 的 spring-boot-starter-web.jar 依赖。

如果程序需要在普通组件中动态地获取 HTTP 端口，则可让该组件实现 ApplicationListener<WebServerInitializedEvent>接口，这样该组件就变成了监听服务器事件的一个容器监听器。如下是监听器类的代码。

程序清单：codes\03\3.1\discoverport\src\main\java\org\crazyit\app\listener\ContainerEventListener.java

```
@Component
public class ContainerEventListener
        implements ApplicationListener<WebServerInitializedEvent>
{
    @Override
    public void onApplicationEvent(WebServerInitializedEvent evt)
    {
        System.out.println("动态 HTTP 端口为："
            + evt.getWebServer().getPort());
    }
}
```

从上面的粗体字代码可以看出，该 Bean 类实现了 ApplicationListener<WebServerInitializedEvent>接口，这样 Spring 容器就会自动将它注册为容器中的监听器。

提示：
当应用使用 ApplicationContext 作为 Spring 容器时，Spring 容器会自动将容器中所有实现了监听器接口的 Bean 注册为监听器；但如果使用 BeanFactory 作为 Spring 容器，则需要调用 BeanFactory 的方法来手动注册监听器。关于注册监听器的具体方法，可参考《轻量级 Java Web 企业应用实战》的 4.4 节。

上面的容器监听器还实现了 onApplicationEvent(WebServerInitializedEvent evt)方法，该方法将会在 Web 服务器初始化完成时被自动触发，程序通过该事件方法的参数即可获取 WebServer 对象（应用所使用的 Web 服务器），进而获取 HTTP 端口。

程序获取到 HTTP 端口只是简单地打印,至于实际应用怎么使用该端口,则需要根据应用的实际业务来定。

此外,还可通过依赖注入来注入 WebServerApplicationContext 成员变量,这样即可通过该变量来获取 WebServer 对象,进而获取 HTTP 端口。例如如下控制器代码。

程序清单:codes\03\3.1\discoverport\src\main\java\org\crazyit\controoler\HelloController.java

```
@RestController
public class HelloController
{
    @Autowired
    private WebServerApplicationContext ctx;

    @GetMapping("/hello")
    public String hello()
    {
        return "HTTP 端口为: " + ctx.getWebServer().getPort();
    }
}
```

上面程序中的粗体字代码使用@Autowired 修饰了 WebServerApplicationContext 类型的变量,接下来即可通过该变量来获取 WebServer 对象,进而获取 HTTP 端口。

运行该应用,当应用的 Web 服务器初始化完成时,将可以在控制台看到如下输出:

动态 HTTP 端口为:50828

上面这行输出即表明应用通过监听器动态获取了 HTTP 端口。

通过浏览器向"http://127.0.0.1:动态端口/hello"地址发送请求,将可以看到如图 3.1 所示的输出。

图 3.1 获取动态端口

如果在测试阶段使用@SpringBootTest(webEnvironment=WebEnvironment.RANDOM_PORT)指定随机端口进行测试,则可直接使用@LocalServerPort 注解修饰成员变量来获取随机的 HTTP 端口。例如如下测试用例的代码片段:

```
@SpringBootTest(webEnvironment=WebEnvironment.RANDOM_PORT)
public class MyWebIntegrationTests
{
    @LocalServerPort
    int port;

    // ...
}
```

上面测试用例中的粗体字代码即可通过依赖注入来获取 HTTP 端口。

@LocalServerPort 只是@Value("${local.server.port}")的元注解,千万不要在普通应用中使用该注解来注入 HTTP 端口。这是因为:该注解修饰的成员变量必须在 Web 服务器初始化完成后才会被注入,这样可能导致应用代码去访问该成员变量时,该成员变量还没来得及被注入。

3.1.4 启用 HTTP 响应压缩

当使用 Tomcat、Jetty 或 Undertow 作为 Spring Boot 应用的 Web 服务器时，可通过在 application.properties（或 application.yaml）文件中设置如下属性来开启 HTTP 响应压缩。

```
server.compression.enabled=true
```

开启 HTTP 响应压缩后，可以减少网络传输的数据量，从而提高 HTTP 响应的速度。

在默认情况下，只有当 HTTP 响应的数据大于 2048 字节时才会开启 HTTP 响应压缩（道理很简单：如果响应数据本身就不多，压缩就失去意义了）。当然，Spring Boot 也允许通过属性来改变该默认行为，例如，在 application.properties（或 application.yaml）文件中设置如下属性：

```
server.compression.min-response-size=1024
```

上面的属性设置表明：只要 HTTP 响应的数据大于 1024 字节就会开启 HTTP 响应压缩。

在默认情况下，只有当 HTTP 响应的内容类型（content type）是以下几种时才会开启 HTTP 响应压缩。

- text/html
- text/xml
- text/plain
- text/css
- text/javascript
- application/javascript
- application/json
- application/xml

从上面这些内容类型可以看出，Spring Boot 默认只会对常见的文本响应（javascript、json 响应依然是文本响应）执行压缩。如果希望应用对某些特定的响应类型进行压缩，则可通过 application.properties（或 application.yaml）文件中的 server.compression.mime-types 属性进行配置。例如如下配置：

```
server.compression.mime-types=text/html, text/css
```

上面的属性配置意味着仅当 HTTP 响应的内容类型是 text/html 和 text/css 时才执行压缩。

3.1.5 Web 服务器的编程式配置

如果希望使用编程式的方式对 Web 服务器进行配置，Spring Boot 则提供了如下两种方式。
- 定义一个实现 WebServerFactoryCustomizer 接口的 Bean 实例。
- 直接在容器中配置一个自定义的 ConfigurableServletWebServerFactory，它负责创建 Web 服务器。

实现 WebServerFactoryCustomizer 接口的 Bean 实例可以访问 ConfigurableServletWebServerFactory 对象，调用 ConfigurableServletWebServerFactory 的方法即可对 Web 服务器进行配置。

如下例子示范了通过实现 WebServerFactoryCustomizer 接口来配置 Web 服务器。首先创建一个 Maven 项目，然后修改该项目的 pom.xml 文件，即进行如下两项修改。
- 让项目的 pom.xml 文件继承最新版的 spring-boot-starter-parent POM 文件。
- 添加 Spring Boot 的 spring-boot-starter-web.jar 依赖。

接下来为应用添加一个控制器来生成 RESTful 响应用于测试，并通过如下 Bean 类对 Web 服务器进行配置。

程序清单：codes\03\3.1\programmatic1\src\main\java\org\crazyit\app\controller\CustomizationBean.java

```java
@Component
public class CustomizationBean implements
    WebServerFactoryCustomizer<ConfigurableServletWebServerFactory>
{
    @Override
    public void customize(ConfigurableServletWebServerFactory server)
    {
        // 设置端口
        server.setPort(8181);
        // 设置该服务器的 context Path
        server.setContextPath("/mytest");
        Compression compression = new Compression();
        compression.setMinResponseSize(DataSize.ofBytes(1024));
        // 设置开启 HTTP 响应压缩
        server.setCompression(compression);
    }
}
```

正如从上面代码所看到的，该 Bean 类实现了 WebServerFactoryCustomizer 接口，该 Bean 就必须实现 public void customize()方法，通过该方法的参数即可访问 ConfigurableServletWebServer-Factory 参数，该参数就代表了本应用所使用的 Web 服务器，剩下的就是调用该参数的方法对 Web 服务器进行配置。

上面示例将应用的 HTTP 端口设为 8181，并将应用的 context Path 修改为 "/mytest"，还设置了开启 HTTP 响应压缩——只要响应数据大于 1024 字节就开启 HTTP 响应压缩。

运行该应用的主类来启动应用，将可以在控制台看到如下日志输出：

```
Tomcat started on port(s): 8181 (http) with context path '/mytest'
```

正如从该示例所看到的，使用编程式配置完全可以获得对 Web 服务器的全部控制权。换句话说，编程式配置才是 Web 服务器配置的本质，使用 application.properties（或 application.yaml）配置只是一种快捷方式。

> **提示：** 有些开发者往往对 application.properties 配置感到困惑：觉得该文件支持的配置选项太多了，好像除了查文档或死记，全无任何规律可循。其实这都是因为没有掌握 Spring Boot 本质的缘故，一旦明白了 application.properties 配置只是编程式配置的快捷方式，以及 application.properties 文件中所有的配置选项通常完全对应于编程式配置的 setter 方法，就不会对 application.properties 文件感到困惑了。

除可通过实现 WebServerFactoryCustomizer 接口对 Web 服务器进行配置之外，还可直接在容器中配置一个自定义的 ConfigurableServletWebServerFactory 来对 Web 服务器进行配置，正如前面所介绍的，开发者配置了自定义的 ConfigurableServletWebServerFactory 之后，它就取代了 Spring Boot 自动配置的 ConfigurableServletWebServerFactory，而 ConfigurableServletWebServerFactory 则负责创建 Web 服务器。

由于 ConfigurableServletWebServerFactory 只是一个接口，因此通常会使用它的如下三个实现类来进行具体设置。

➢ JettyServletWebServerFactory：代表 Jetty 服务器。

➢ TomcatServletWebServerFactory：代表 Tomcat 服务器。

➢ UndertowServletWebServerFactory：代表 Undertow 服务器。

下面的例子示范了使用自定义的ConfigurableServletWebServerFactory代替自动配置的该Bean。首先创建一个 Maven 项目，然后让其 pom.xml 文件继承 spring-boot-starter-parent，并添加 spring-boot-starter-web.jar 依赖。

接下来使用 Java 配置方式创建并返回一个 ConfigurableServletWebServerFactory Bean，它就会代替 Spring Boot 自动配置的 ConfigurableServletWebServerFactory Bean。

程序清单：codes\03\3.1\programmatic2\src\main\java\org\crazyit\app\AppConfig.java

```java
@Configuration
public class AppConfig
{
    @Bean
    public ConfigurableServletWebServerFactory webServerFactory()
    {
        TomcatServletWebServerFactory factory = new TomcatServletWebServerFactory();
        // 设置端口
        factory.setPort(8181);
        Session session = new Session();
        // 设置服务器 session 的超时时长为 10 分钟
        session.setTimeout(Duration.ofMinutes(10));
        factory.setSession(session);
        // 设置 404 的错误页面
        factory.addErrorPages(new ErrorPage(HttpStatus.NOT_FOUND, "/notfound.html"));
        // 设置该服务器的 context Path
        factory.setContextPath("/newtest");
        Compression compression = new Compression();
        compression.setMinResponseSize(DataSize.ofBytes(1024));
        // 设置开启 HTTP 响应压缩
        factory.setCompression(compression);
        return factory;
    }
}
```

上面 AppConfig 类使用了@Configuration 注解修饰，这意味着该 Java 类其实就相当于一份 Spring 配置文件，可以近似地把该注解当成 XML 配置文件的<beans.../>根元素。

提示：
Spring 支持使用 Java 类作为配置文件。关于使用 Spring 的 Java 配置的详细介绍，可参考《轻量级 Java Web 企业应用实战》的 4.6 节。

上面 AppConfig 类中被@Bean 注解修饰的方法就相当于配置了一个 Bean 实例（其作用大致类似于XML 配置文件中的<bean.../>元素），这意味着上面的webServerFactory()方法其实就是在Spring 容器中配置了一个 ConfigurableServletWebServerFactory 对象，它就代替了 Spring Boot 自动配置的该 Bean，而该 Bean 将会负责创建 Web 服务器。

上面程序中的粗体字代码创建了一个 TomcatServletWebServerFactory 对象，这表明本应用将会使用 Tomcat 作为 Web 服务器，接下来的代码就是调用该对象的 setter 方法来对 Web 服务器进行配置了。

上面示例将应用的 HTTP 端口设为 8181，将服务器 session 的超时时长设为 10 分钟，并将应用的 context Path 修改为 "/newtest"，还设置了开启 HTTP 响应压缩——只要响应数据大于 1024 字节就开启 HTTP 响应压缩。

运行该应用的主类来启动应用，将可以在控制台看到如下日志输出：

```
Tomcat started on port(s): 8181 (http) with context path '/newtest'
```

可见，直接在容器中定义 ConfigurableServletWebServerFactory 来配置 Web 服务器不仅可以设置一些通用行为，还可以针对特定的 Web 服务器（例如该示例中的 Tomcat）进行设置。

事实上，使用 application.properties 文件同样可针对特定的 Web 服务器进行特定的设置。例如，server.tomcat.*代表专门针对 Tomcat 进行设置；server.jetty 代表专门针对 Jetty 进行设置。

3.2 为应用添加 Servlet、Filter、Listener

对于传统 Web 应用而言，Servlet、Filter 和 Listener 是最重要的"三大金刚"，但自从 Spring MVC（Spring Boot 自动整合了 Spring MVC）流行之后，很多开发者甚至忘记了这三种最重要的组件。实际上，即使使用 Spring MVC，在某些极端场景下，开发者也依然需要使用传统的 Servlet、Filter 和 Listener 组件。

Spring Boot 允许开发者在 Web 应用中使用传统的 Servlet、Filter、Listener 组件，为 Spring Boot 应用添加 Servlet、Filter、Listener 有如下三种方式：

➢ 使用 Spring Bean 添加 Servlet、Filter 或 Listener。
➢ 使用 XxxRegistrationBean 手动添加 Servlet、Filter 或 Listener。
➢ 使用 Classpath 扫描添加 Servlet、Filter 或 Listener。

3.2.1 使用 Spring Bean 添加 Servlet、Filter 或 Listener

对于 Spring Boot 而言，它会自动把 Spring 容器中的 Servlet、Filter、Listener 实例注册为 Web 服务器中对应的组件。

通过这种方式添加的 Servlet、Filter 或 Listener，由于它们都是 Spring 容器中的 Bean，因此可以方便地访问 application.properties 中配置的属性值，也可以利用依赖注入将 Spring 容器中的其他 Bean 注入这些 Servlet、Filter 或 Listener。

当 Spring 容器中只有一个 Servlet 时，它默认被映射到应用的根路径（/）；当 Spring 容器中包含多个 Servlet 时，它们的映射地址就是其 Bean 名称（name 属性值），而 Filter 的映射地址则默认为 "/*"。

下面的例子将会示范通过 Spring Bean 来添加 Servlet、Filter 或 Listener。首先创建一个 Maven 项目，然后让其 pom.xml 文件继承 spring-boot-starter-parent，并添加 spring-boot-starter-web.jar 依赖。

接下来为该应用添加如下 Servlet。

程序清单：codes\03\3.2\webapi1\src\main\java\org\crazyit\app\web\FirstServlet.java

```java
public class FirstServlet extends HttpServlet
{
    @Value("${crazyit.greeting}")
    private String greeting;
    @Override
    public void doGet(HttpServletRequest req, HttpServletResponse resp)
        throws ServletException, IOException
    {
        log("----FirstServlet---");
        resp.setContentType("text/html");
        resp.setCharacterEncoding("utf-8");
        PrintWriter out = resp.getWriter();
```

```
        out.println("为Spring Boot添加的第一个Servlet, 信息: " + greeting);
    }
}
```

上面的 FirstServlet 类继承了 HttpServlet, 表明它就是一个标准的 Servlet; 但由于在本例中会通过把它配置成 Spring Bean 的方式来注册它, 因此它可以很方便地访问 application.properties 中配置的属性值, 如上面程序中的粗体字注解 @Value("${crazyit.greeting}"), 它的作用就是将 application.properties 中的 crazyit.greeting 属性值赋值给 greeting 成员变量。

由于该 Servlet 是 Spring 容器中的 Bean, 因此也可以将容器中的其他 Bean 注入该 Servlet。

本例还提供了另一个 Servlet——SecondSerlvet, 其代码也比较简单, 读者可以自行参考本书配套代码。

下面是本例的 Filter 类代码。

程序清单: codes\03\3.2\webapi1\src\main\java\org\crazyit\app\web\CrazyitFilter.java
```
public class CrazyitFilter implements Filter
{
    private static final Logger LOG = LoggerFactory.getLogger(CrazyitFilter.class);
    @Override
    public void doFilter(ServletRequest requ, ServletResponse resp,
            FilterChain filterChain) throws IOException, ServletException
    {
        LOG.info("处理请求之前的过滤处理");
        // 放行请求, 继续让目标Servlet (或其他Web组件) 处理用户请求
        filterChain.doFilter(requ, resp);
        LOG.info("处理请求之后的过滤处理");
    }
}
```

上面的 CrazyitFilter 类实现了 Filter 接口, 因此它就是一个标准的 Filter。

下面是本例的 Listener 类代码。

程序清单: codes\03\3.2\webapi1\src\main\java\org\crazyit\app\web\CrazyitListener.java
```
public class CrazyitListener implements ServletContextListener
{
    private static final Logger LOG = LoggerFactory.getLogger(CrazyitFilter.class);
    @Override
    public void contextInitialized(ServletContextEvent sce)
    {
        LOG.info("----Web应用初始化完成----");
    }
    @Override
    public void contextDestroyed(ServletContextEvent sce)
    {
        LOG.info("----Web应用销毁之前----");
    }
}
```

上面的 CrazyitListener 类实现了 ServletContextListener 接口, 因此它就是一个可用于监听 Web 应用初始化和应用销毁两个事件的监听器。

根据监听目标的不同, Servlet 规范提供了如下监听器接口供开发者使用, 分别用于实现监听不同目标的监听器。

> ServletContextAttributeListener: 监听 ServletContext (application) 范围内属性变化事件的监听器接口。
> ServletRequestListener: 监听 ServletRequest (用户请求) 创建或关闭事件的监听器接口。

- ServletRequestAttributeListener：监听 ServletRequest（用户请求）范围内属性变化事件的监听器接口。
- HttpSessionAttributeListener：监听 HttpSession（用户会话）范围内属性变化事件的监听器接口。
- HttpSessionListener：监听 HttpSession（用户会话）创建或关闭事件的监听器接口。
- ServletContextListener：监听 ServletContext（application）启动或关闭事件的监听器接口。

> **提示：**
> 上面这些 Servlet、Filter 和 Listener 的基础知识，其实都是 Java Web 开发的初步知识，并不属于 Spring Boot 的范畴。

不管是上面哪一种监听器，只要将其部署成 Spring 容器中的 Bean，Spring Boot 就会自动把它注册成 Web 应用中的监听器。

接下来同样使用 Java 配置方式将这些 Servlet、Filter 和 Listener 部署成 Spring 容器中的 Bean。下面是本例的 AppConfig 类代码。

程序清单：codes\03\3.2\webapi1\src\main\java\org\crazyit\app\AppConfig.java

```java
@Configuration
public class AppConfig
{
    @Bean("first")
    public HttpServlet createServlet1()
    {
        FirstServlet firstServlet = new FirstServlet();
        return firstServlet;
    }
    @Bean("second")
    public HttpServlet createServlet2()
    {
        SecondServlet secondServlet = new SecondServlet();
        return secondServlet;
    }
    @Bean
    public ServletContextListener createListener()
    {
        CrazyitListener listener = new CrazyitListener();
        return listener;
    }
    @Bean
    public Filter createFilter()
    {
        CrazyitFilter filter = new CrazyitFilter();
        return filter;
    }
}
```

上面@Configuration 修饰的 AppConfig 类定义了 4 个@Bean 修饰的方法，这些方法用于将 FirstServlet、SecondServlet、CrazyitListener、CrazyitFilter 部署成 Spring 容器中的 Bean，而 Spring Boot 会自动把它们注册成 Web 容器中的 Servlet、Listener、Filter。

运行该示例的主类来启动应用，将可以在控制台看到如下日志输出：

----Web 应用初始化完成----

上面的输出即表明 CrazyitListener 已经开始起作用了——当 Web 应用初始化时，该监听器监听到了该事件。

使用浏览器向"http://主机名:8080/first/"（不要忘记了 first 后面的斜杠）地址发送请求，即可在控制台看到如下输出：

```
处理请求之前的过滤处理
first: ----FirstServlet---
处理请求之后的过滤处理
```

上面的输出就是 CrazyitFilter 和 FirstServlet 的日志输出结果。

上面示例的 Spring 容器中配置了两个 Servlet，因此它们的映射地址就是其 Bean 名称（name 属性值）。例如，上面配置 FirstServlet 的 name 属性值为 "first"，因此它的映射地址就是 "first/"；配置 SecondServlet 的 name 属性值为 "second"，因此它的映射地址就是 "second/"。

> 当 Spring 容器中只有一个 Servlet 时，该 Servlet 的 name 属性不会起作用，它的映射地址总是 "/"。

▶▶ 3.2.2 使用 XxxRegistrationBean 注册 Servlet、Filter 或 Listener

前面介绍的方式是 Servlet、Filter 总是使用默认的映射地址，如果嫌这种约定的映射方式不够灵活，则可使用 ServletRegistrationBean、FilterRegistrationBean、ServletListenerRegistrationBean 来注册 Servlet、Filter 和 Listener，这样开发者就可以获得全部控制权。

从它们的名字不难看出，ServletRegistrationBean 专门用于注册 Servlet；FilterRegistrationBean 用于注册 Filter；ServletListenerRegistrationBean 则用于注册 Listener，它同样可以注册这些不同类型的 Listener：ServletContextAttributeListener、ServletRequestListener、ServletRequestAttributeListener、HttpSessionAttributeListener、HttpSessionListener、ServletContextListener。

本例使用与前面例子相同的 Servlet、Listener 和 Filter，只是改为使用 XxxRegistrationBean 来注册它们。下面是本例的 AppConfig 类代码。

程序清单：codes\03\3.2\webapi2\src\main\java\org\crazyit\app\AppConfig.java

```java
@Configuration
public class AppConfig
{
    @Bean
    public ServletRegistrationBean<FirstServlet> createServlet1()
    {
        FirstServlet firstServlet = new FirstServlet();
        // 注册 Servlet
        ServletRegistrationBean<FirstServlet> registrationBean =
                new ServletRegistrationBean<>(firstServlet, "/first");
        return registrationBean;
    }
    @Bean
    public ServletRegistrationBean<SecondServlet> createServlet2()
    {
        SecondServlet secondServlet = new SecondServlet();
        // 注册 Servlet
        ServletRegistrationBean<SecondServlet> registrationBean =
                new ServletRegistrationBean<>(secondServlet, "/second");
        return registrationBean;
    }
    @Bean
    public ServletListenerRegistrationBean<CrazyitListener> createListener()
```

```
    {
        CrazyitListener listener = new CrazyitListener();
        // 注册 Listener
        ServletListenerRegistrationBean<CrazyitListener> registrationBean =
                new ServletListenerRegistrationBean<>(listener);
        return registrationBean;
    }
    @Bean
    public FilterRegistrationBean<CrazyitFilter> createFilter()
    {
        CrazyitFilter filter = new CrazyitFilter();
        // 注册 Filter
        FilterRegistrationBean<CrazyitFilter> registrationBean =
                new FilterRegistrationBean<>(filter);
        return registrationBean;
    }
}
```

正如从上面的粗体字代码所看到的，使用 XxxRegistrationBean 注册 Servlet、Listener、Filter 的方法非常简单，程序只要在 Spring 容器中部署包装 Servlet、Listener、Filter 的 XxxRegistrationBean 对象，Spring Boot 就会自动注册被包装的 Servlet、Listener、Filter。

在使用 XxxRegistrationBean 注册 Servlet 和 Filter 时，可以直接指定它们的映射地址，如上面的粗体字代码所示。

运行该示例的主类来启动应用，然后使用浏览器向"http://主机名:8080/first"（注意 first 后面没有斜杠——与程序中注册的映射地址保持一致）地址发送请求，依然可以在控制台看到如下输出：

```
处理请求之前的过滤处理
----FirstServlet---
处理请求之后的过滤处理
```

此时可以在浏览器中看到如图 3.2 所示的输出。

图 3.2　使用 XxxRegistrationBean 添加 Servlet

从图 3.2 所示的结果可以看到，此时 FirstServlet 的 greeting 成员变量的值为 null，这意味着 Spring Boot 没有将 crazyit.greeting 属性值注入 FirstServlet——原因也很简单：此时的 FirstServlet 并不是 Spring 容器中的 Bean，而是由开发者自行创建的对象，开发者获得了该对象的全部控制权，因此开发者需要自行对其进行设置。

▶▶ 3.2.3　使用 ClassPath 扫描添加 Servlet、Filter 或 Listener

使用 ClassPath 扫描添加 Servlet、Filter 或 Listener 的方式更加简单，开发者只要在 Servlet 类、Filter 类和 Listener 类上分别添加@WebServlet、@WebFilter 和@WebListener 注解，再通过@ServletComponentScan 注解告诉 Spring Boot 自动扫描这些 Web 组件即可。

通过这种方式来添加 Servlet、Filter 和 Listener 时，只要简单地添加几个注解即可，基本无须手动使用代码进行注册。下面是本例的 Servlet 类代码。

程序清单：codes\03\3.2\webapi3\src\main\java\org\crazyit\app\web\FirstServlet.java

```
@WebServlet("/first")
public class FirstServlet extends HttpServlet
```

```java
{
    @Value("${crazyit.greeting}")
    private String greeting;
    @Override
    public void doGet(HttpServletRequest req, HttpServletResponse resp)
        throws ServletException, IOException
    {
        // 下面代码与前面示例中对应 Servlet 类的该方法的代码相同
        ...
    }
}
```

正如上面的粗体字代码所示，该 Servlet 类使用了@WebServlet("/first")注解修饰，这意味着该类将会被注册成 Servlet，其映射地址为"/first"。

与前面示例的 Servlet 类进行对比，不难发现，这种方式只需在 Servlet 类上添加@WebServlet 注解即可，其他无须任何改变。同样为 SecondServlet 类添加@WebServlet("/second")注解修饰。

下面是本例的 Filter 类代码。

程序清单：codes\03\3.2\webapi3\src\main\java\org\crazyit\app\web\CrazyitFilter.java

```java
@WebFilter("/*")
public class CrazyitFilter implements Filter
{
    private static final Logger LOG = LoggerFactory.getLogger(CrazyitFilter.class);
    @Override
    public void doFilter(ServletRequest requ, ServletResponse resp,
            FilterChain filterChain) throws IOException, ServletException
    {
        // 下面代码与前面示例中对应 Filter 类的该方法的代码相同
        ...
    }
}
```

上面的粗体字代码使用了@WebFilter("/*")注解修饰该 Filter 类，这意味着该类将会被注册成 Filter，其映射地址为"/*"。

下面是本例的 Listener 类代码。

程序清单：codes\03\3.2\webapi3\src\main\java\org\crazyit\app\web\CrazyitListener.java

```java
@WebListener
public class CrazyitListener implements ServletContextListener
{
    private static final Logger LOG = LoggerFactory.getLogger(CrazyitFilter.class);
    @Override
    public void contextInitialized(ServletContextEvent sce)
    {
        LOG.info("----Web 应用初始化完成----");
    }
    @Override
    public void contextDestroyed(ServletContextEvent sce)
    {
        LOG.info("----Web 应用销毁之前----");
    }
}
```

上面的粗体字代码使用了@WebListener 注解修饰该 Listener 类，这意味着该类将会被注册成 Listener。同样@WebListener 注解完全可以用于修饰各种不同的监听器。

> **提示:**
> 其实@WebServlet、@WebFilter、@WebListener注解与Spring Boot没有关系,它们都属于Java Web编程的基础知识。在传统Web应用中,只要为Web组件添加这些注解,Web容器(如Tomcat)就会自动发现它们,并将它们注册为Web应用中的组件。

接下来只要为AppConfig类添加@ServletComponentScan注解,告诉Spring Boot去扫描、注册这些Web组件即可。下面是本例的AppConfig类代码。

程序清单:codes\03\3.2\webapi3\src\main\java\org\crazyit\app\AppConfig.java

```
@Configuration
// 通过该注解设置到指定包中扫描 Servlet、Filter、Listener
@ServletComponentScan("org.crazyit.app.web")
public class AppConfig { }
```

上面的AppConfig类是一个空类,只是该类使用了@ServletComponentScan("org.crazyit.app.web")修饰,这样Spring Boot将会自动到org.crazyit.app.web包下扫描并添加Servlet、Filter和Listener。

运行该示例的主类来启动应用,然后使用浏览器向"http://主机名:8080/first"(注意first后面没有斜杠——与@WebServlet注解中指定的映射地址保持一致)地址发送请求,依然可以在控制台看到与前一个例子相同的输出。

此时将在浏览器中看到如图3.3所示的输出。

从图3.3所示的结果可以看到,此时FirstServlet的greeting成员变量有值(接受了Spring容器的依赖注入),这表明通过这种方式添加的FirstServlet同样可以接受Spring容器的依赖注入——原因也很简单:此时的FirstServlet依然是由Spring Boot扫描

图3.3 使用注解添加Servlet

并添加到Spring容器中的Bean(它的Bean id就是其全限定类名),因此它可以接受Spring容器的依赖注入。

▶▶ 3.2.4 JSP 限制

当使用内嵌Servlet容器(如Tomcat、Jetty或Undertow)运行Spring Boot应用(应用被打包成可执行的压缩包)时,对JSP的支持会存在如下限制。

- 如果使用Tomcat或Jetty,并使用WAR打包方式,应用可正常运行。可执行的WAR包既能以java-jar方式启动应用,该应用也可被部署到任何标准容器中。
- 使用可执行的JAR包时不支持JSP。
- Undertow不支持JSP。
- 自定义的错误页面不能覆盖容器默认的错误页面,这意味着自定义的错误页面不会起作用。

📁 3.3 配置内嵌 Web 服务器

前面示例使用的都是默认的Tomcat服务器,本节将会详细介绍关于内嵌Web服务器的配置。

▶▶ 3.3.1 切换到其他 Web 服务器

很多Spring Boot的Starter都包含了默认的内嵌服务器。其默认的服务器规则如下:

➤ 对于基于 Servlet 的应用，spring-boot-starter-web.jar 默认依赖 spring-boot-starter-tomcat.jar，因此它默认包含 Tomcat 作为内嵌服务器。如果项目需要，则也可改为依赖 spring-boot-starter-jetty.jar 或 spring-boot-starter-undertow.jar，这将意味着使用 Jetty 或 Undertow 作为内嵌服务器。

➤ 对于反应式应用，spring-boot-starter-webflux.jar 默认依赖 spring-boot-starter-reactor-netty.jar，因此它默认包含 Reactor Netty 作为内嵌服务器。如果项目需要，则也可改为依赖 spring-boot-starter-tomcat.jar、spring-boot-starter-jetty.jar 或 spring-boot-starter-undertow.jar，这将意味着使用 Tomcat、Jetty 或 Undertow 作为内嵌 Reactor 服务器。

下面以一个基于 Servlet 的应用为例来示范如何切换内嵌服务器。依然是先创建一个 Maven 项目，然后让其 pom.xml 文件继承 spring-boot-starter-parent，并添加 spring-boot-starter-web.jar 依赖。

由于 spring-boot-starter-web.jar 默认依赖 spring-boot-starter-tomcat.jar（这代表使用 Tomcat 作为内嵌服务器），为了切换到其他 Web 服务器，需要对 pom.xml 文件进行如下两步修改：

① 在 spring-boot-starter-web.jar 依赖配置内使用<exclusions.../>元素排除 spring-boot-starter-tomcat.jar 依赖。

② 显式添加 spring-boot-starter-jetty.jar 或 spring-boot-starter-undertow.jar 依赖。

如果打算使用 Undertow 作为内嵌服务器，则将 pom.xml 文件的依赖管理改为如下形式。

程序清单：codes\03\3.3\switch_container\pom.xml

```xml
<dependencies>
    <dependency>
        <groupId>org.springframework.boot</groupId>
        <artifactId>spring-boot-starter-web</artifactId>
        <exclusions>
            <!-- 排除对 Tomcat 的依赖 -->
            <exclusion>
                <groupId>org.springframework.boot</groupId>
                <artifactId>spring-boot-starter-tomcat</artifactId>
            </exclusion>
        </exclusions>
    </dependency>
    <!-- 显式添加对 Undertow 的依赖 -->
    <dependency>
        <groupId>org.springframework.boot</groupId>
        <artifactId>spring-boot-starter-undertow</artifactId>
    </dependency>
    ...
</dependencies>
```

上面配置中第一段粗体字代码为 spring-boot-starter-web.jar 依赖排除了 spring-boot-starter-tomcat.jar 依赖，这表示不再使用默认的 Tomcat 作为内嵌服务器；第二段粗体字代码显式添加了 spring-boot-starter-undertow.jar 依赖，这意味着使用 Undertow 作为内嵌服务器。

运行该示例的主类来启动应用，将可以在控制台看到如下输出：

```
starting server: Undertow - 2.1.4.Final
XNIO version 3.8.0.Final
XNIO NIO Implementation Version 3.8.0.Final
JBoss Threads version 3.1.0.Final
Undertow started on port(s) 8080 (http)
```

通过上面的输出即可看出，本应用不再使用 Tomcat 作为内嵌服务器，而是使用 Undertow-2.1.4.Final 作为内嵌服务器。

如果想使用 Jetty 作为内嵌服务器，则将 pom.xml 文件改为如下形式。

程序清单：codes\03\3.3\switch_container\pom1.xml

```xml
<properties>
    <project.build.sourceEncoding>UTF-8</project.build.sourceEncoding>
    <java.version>11</java.version>
    <servlet-api.version>3.1.0</servlet-api.version>
</properties>

<dependencies>
    <dependency>
        <groupId>org.springframework.boot</groupId>
        <artifactId>spring-boot-starter-web</artifactId>
        <exclusions>
            <!-- 排除对 Tomcat 的依赖 -->
            <exclusion>
                <groupId>org.springframework.boot</groupId>
                <artifactId>spring-boot-starter-tomcat</artifactId>
            </exclusion>
        </exclusions>
    </dependency>
    <!-- 显式添加对 Jetty 的依赖 -->
    <dependency>
        <groupId>org.springframework.boot</groupId>
        <artifactId>spring-boot-starter-jetty</artifactId>
    </dependency>
    <dependency>
        <groupId>org.springframework.boot</groupId>
        <artifactId>spring-boot-devtools</artifactId>
        <optional>true</optional>
    </dependency>
    <dependency>
        <groupId>junit</groupId>
        <artifactId>junit</artifactId>
        <version>4.11</version>
        <scope>test</scope>
    </dependency>
</dependencies>
```

上面第二段粗体字代码同样是为 spring-boot-starter-web.jar 依赖排除了默认的 spring-boot-starter-tomcat.jar 依赖；第三段粗体字代码同样是显式添加了 spring-boot-starter-jetty.jar 依赖。但由于 Jetty 9.4 系列还不支持 Servlet 4.0 规范，因此上面配置中第一行粗体字代码显式指定使用 Servlet 3.1 规范。

将该 pom1.xml 文件重命名为 pom.xml 文件，然后运行该示例的主类来启动应用，将可以在控制台看到如下输出：

```
Server initialized with port: 8080
jetty-9.4.31.v20200723;
...
Jetty started on port(s) 8080 (http/1.1) with context path '/'
```

通过上面的输出即可看出，本应用不再使用 Tomcat 作为内嵌服务器，而是使用 Jetty 9.4.31 作为内嵌服务器。

▶▶ 3.3.2 配置 SSL

出于安全考虑，现在都推荐基于 SSL 访问主流的应用，只要稍微留意一下就不难发现，在大部分网站的网址中都使用了 https://（注意多了一个 s），而不是传统的 http://，这就意味着该网站是基于 SSL 的。

为 Spring Boot 应用配置 SSL（Secure Sockets Layer，安全套接字层）非常简单，只需如下两步即可。

① 生成或购买 SSL 证书。

开发者自己生成的 SSL 证书通常只是用于测试，如果要部署实际运行的项目，浏览器会提示该 SSL 证书是不可信任的证书。对于实际运行的项目，应该购买 CA 机构颁发的 SSL 证书，只有 CA 机构颁发的 SSL 证书才会被浏览器信任，这样浏览器才不会提示证书不可信任。

② 在 application.properties（或 application.yaml）文件中通过 server.ssl.*属性进行配置。

需要说明的是，一旦在 application.properties（或 application.yaml）文件中配置了基于 SSL 的 HTTPS 连接器，传统的 HTTP 连接器就被自动关闭了。

> **提示：**
> Web 服务器接收用户请求、对外提供服务的组件叫作连接器（Connector），不同的连接器在不同的端口对外提供服务。一个 Web 服务器可配置多个连接器，这样该 Web 服务器即可在多个端口接收请求、提供服务。打开 Tomcat 的 conf/目录下的 server.xml 文件，可以看到有多个<Connector.../>元素，它们就用于为 Tomcat 配置连接器。打开 Jetty 的 etc/目录下的 jetty-http.xml 文件，可以看到其中有一个<Call name="addConnector".../>元素，该元素用于添加传统的 HTTP 连接器。

Spring Boot 不支持在 application.properties（或 application.yaml）文件中同时配置 HTTPS 连接器和 HTTP 连接器。如果希望应用能同时支持 HTTPS 连接器和 HTTP 连接器，则推荐使用 application.properties（或 application.yaml）文件配置 HTTPS 连接器，然后使用编程式的方式添加 HTTP 连接器——因为使用编程式的方式添加 HTTP 连接器比较容易。

下面先创建一个 Maven 项目，让其 pom.xml 文件继承 spring-boot-starter-parent，并添加 spring-boot-starter-web.jar 依赖。然后为该项目添加一个简单的控制器，并对主类进行简单修改，使之成为一个 Spring Boot 应用。

接下来为 Spring Boot 应用配置 SSL，只要如下两步即可。

① 生成 SSL 证书（如果打算购买 CA 机构颁发的 SSL 证书，这一步可以省略）。

启动命令行窗口，在该窗口中输入如下命令：

```
keytool -genkey -v -alias spring -keyalg RSA -keystore D:/spring.keystore -validity 36500
```

上面命令所使用的 keytool 是 JDK 提供的一个工具，如果读者运行该命令时提示找不到该工具，那么一定是 JDK 还没有配置好。

keytool 命令的-genkey 是它的子命令，用于生成 key。该子命令支持如下常用选项。

➢ -alias：指定证书别名。

➢ -keyalg：指定算法。

➢ -keystore：指定将证书存储在哪里。

➢ -validity：指定证书的有效时间，此处指定 36500，这意味着有效期是 100 年。

接下来会要求输入证书的密码，该密码在后面配置的时候要用到，因此必须记牢。接下来该命令会提示输入姓名、组织、城市、省份、国家信息，逐项完成输入并确认之后，就会在 D:/盘下生成一个 spring.keystore 文件。

生成 SSL 证书的详细过程如图 3.4 所示。

图 3.4 生成 SSL 证书的详细过程

② 为 Spring Boot 配置 SSL 连接器。

将第 1 步生成的 SSL 证书复制到应用的 resources 目录下（与 application.properties 位于相同的目录下），然后在应用的 application.properties 文件中添加如下配置：

程序清单：codes\03\3.3\ssl\src\main\resources\application.properties

```
# 配置 SSL 的服务端口
server.port=8443
# 指定 SSL 证书的存储位置
server.ssl.key-store=classpath:spring.keystore
# 指定 SSL 证书的密码
server.ssl.key-store-password=123456
```

上面配置中的 server.ssl.key-store-password 用于指定 SSL 证书的密码，该密码就是第 1 步在创建该证书时所输入的密码。

运行该示例的主类来启动应用，将可以在控制台看到如下输出：

```
Tomcat started on port(s): 8443 (https) with context path ''
```

从上面的输出可以看到，该应用改为使用 8443 端口对外提供 HTTPS 服务。

使用浏览器向"https://主机名:8443/hello"（注意是 https://，不再是 http://）地址发送请求，此时可以看到如图 3.5 所示的输出。

图 3.5 配置 SSL

从图 3.5 可以看出，此时 Spring Boot 应用已改为在 8443 端口对外提供 HTTPS 服务。只是浏览器会提示"警告：面临潜在的安全风险"，这是由于该应用所使用的 SSL 证书是我们自己创建的（没得到认证），如果改为使用从 CA 购买的 SSL 安全证书，浏览器将不再提示该警告。

3.3.3 配置 HTTP/2

通过为 Spring Boot 应用配置 server.http2.enabled 属性可以开启 HTTP/2 支持，但这种支持依赖在 Web 服务器和 JDK 上略有不同。对于 JDK 8，HTTP/2 支持不是开箱即用的，建议大家升级到 JDK 11（目前 Java 最新的长期支持版）。

> **提示：**
> HTTP/2 是为了解决现有的 HTTP/1.1 性能不好、安全性不足的问题才出现的，它是目前主流的 HTTP 协议。

需要说明的是，Spring Boot 不支持传统 HTTP 的 HTTP/2，它只支持基于 HTTPS 的 HTTP/2，因此在配置 HTTP/2 之前必须先配置 SSL。

下面针对不同的 Web 服务器介绍 HTTP/2 配置。

1. Undertow 的 HTTP/2 支持

从 Undertow 1.4.0+开始，即使使用早期的 JDK 8，Undertow 也可以很好地支持 HTTP/2。

2. Tomcat 的 HTTP/2 支持

从 Tomcat 9.0.x 开始，如果使用 JDK 9 及更新版本的 JDK，Tomcat 默认就可以支持 HTTP/2。

如果一定要使用 JDK 8 让 Tomcat 9.0.x 支持 HTTP/2，则必须为 JDK 8 安装 libtcnative 库，并在操作系统中为 libtcnative 库安装它的依赖。

如果没有安装 JDK 8 所依赖的 native 库，直接使用 Tomcat 9.0.x 来开启 HTTP/2 支持，将会在控制台看到如下错误信息：

```
The upgrade handler [org.apache.coyote.http2.Http2Protocol] for [h2] only supports
upgrade via ALPN but has been configured for the ["https-jsse-nio-8443"] connector that
does not support ALPN.
```

该错误并不是致命的，但它会导致该应用依然使用 HTTP/1.1 的 SSL 支持。

要开启 HTTP/2 支持，只要将前一个示例中的 application.properties 文件改为如下形式即可。

程序清单：codes\03\3.3\http2\src\main\resources\application.properties
```
# 配置 SSL 的服务端口
server.port=8443
# 指定 SSL 证书的存储位置
server.ssl.key-store=classpath:spring.keystore
# 指定 SSL 证书的密码
server.ssl.key-store-password=123456

# 开启 HTTP/2 支持
server.http2.enabled=true
```

上面粗体字代码为 Spring Boot 应用开启了 HTTP/2 支持。由于本书使用 JDK 11 环境，因此无须为 Tomcat 添加其他额外的库。

运行该示例的主类来启动应用，先在 Firefox 中按"Ctrl+Shift+I"快捷键打开浏览器的控制台，并切换到控制台的"网络"标签页面，然后使用浏览器向"https://主机名:8443/hello"地址发送请求，接下来可以在控制台看到如图 3.6 所示的结果。

图 3.6　配置 HTTP/2

3. Jetty 的 HTTP/2 支持

为了支持 HTTP/2，Jetty 需要额外的 org.eclipse.jetty.http2 的 http2-server.jar 依赖支持。此外，

根据配置环境的不同，可能还需要添加以下额外的不同依赖。

> 如果使用 JDK 9 及更新版本的 JDK，则需要添加 org.eclipse.jetty 的 jetty-alpn-java-server.jar 依赖。

> 如果使用 JDK 8u252+及更新版本的 JDK 8，则需要添加 org.eclipse.jetty 的 jetty-alpn-openjdk8-server.jar 依赖。

> 对于其他 JDK，则需要添加 org.eclipse.jetty 的 jetty-alpn-conscrypt-server.jar 依赖及 Conscrypt 库。

4. Reactor Netty 的 HTTP/2 支持

spring-boot-webflux-starter 默认使用 Reactor Netty 作为内嵌服务器，如果使用 JDK 9 及更新版本的 JDK，Reactor Netty 完全可以支持 HTTP/2；如果使用 JDK 8 环境，则需要额外的原生库来支持 HTTP/2。

▶▶ 3.3.4 配置访客日志

Web 服务器可以将所有访问记录以日志形式记录下来，Spring Boot 同样为这种访客日志提供了支持。Spring Boot 为 Tomcat、Jetty、Undertow 分别提供了相应的属性来配置访客日志。

依然使用前一个示例，只要在它的 application.properties 文件中添加如下内容即可。

程序清单：codes\03\3.3\accesslog\src\main\resources\application.properties
```
# 配置 Tomcat 的基路径
server.tomcat.basedir=my-tomcat
# 开启 Tomcat 的访客日志记录
server.tomcat.accesslog.enabled=true
# 指定访客日志的记录格式
server.tomcat.accesslog.pattern=%t %a "%r" %s (%D ms)
```

正如从上面配置所看到的，为 Tomcat 配置访客日志时配置了三个属性。但为 Jetty、Undertow 配置访客日志时，通常只需要配置两个属性。

> server.xxx.accesslog.enable：用于开启日志。其中 xxx 可被更换为 tomcat、jetty 或 undertow。

> server.xxx.accesslog.pattern：指定日志的记录格式。其中 xxx 可被更换为 tomcat、jetty 或 undertow。

Tomcat 往往需要额外配置一个属性，这是由于 Tomcat 的访客日志默认总保存在 Tomcat 基路径下的 logs 目录（该目录可通过 server.tomcat.accesslog.directory 属性修改）中，因此为 Tomcat 配置访客日志时需要额外配置一个 server.tomcat.basedir 属性，用于指定 Tomcat 的基路径。

运行该示例的主类来启动应用，然后使用浏览器向"https://主机名:8443/hello"地址多次发送请求，接下来即可在该应用的路径下发现一个 my-tomcat 目录，该目录下包含了一个 logs 目录，该目录中保存了 Tomcat 的访客日志文件。

如果使用 Undertow 作为服务器，则需要为 application.properties 文件中添加如下配置：
```
# 开启 Undertow 的访客日志记录
server.undertow.accesslog.enabled=true
# 指定访客日志的记录格式
server.undertow.accesslog.pattern=%t %a "%r" %s (%D ms)
```

添加上面配置之后，Spring Boot 会自动将 Undertow 的访客日志记录在应用路径下的 logs 目录（该目录可通过 server.undertow.accesslog.directory 属性修改）中。

如果使用 Jetty 作为服务器，则需要在 application.properties 文件中添加如下配置：

```
# 开启Jetty的访客日志记录
server.jetty.accesslog.enabled=true
# 指定日志文件的存储路径
server.jetty.accesslog.filename=/var/log/jetty-access.log
```

3.4 管理 Spring MVC

Spring Boot 的真正功能只是自动配置和快速整合,在 Spring Boot 应用中前端 MVC 框架依然由 Spring MVC 充当。因此,前面示例中用到的@Controller、@RestController、@RequestMapping、@GetMapping 等注解都是 Spring MVC 的注解。

请注意本书是介绍 Spring Boot 开发的图书,因此不会详细介绍 Spring MVC 框架的用法;相反,如果你拿到一本名义上是讲 Spring Boot 的图书,其实却对@Controller、@RestController、@PathVariable 等注解大讲特讲,那说明它在骗你。需要说明的是,Spring MVC 本身包含了大量功能和注解,如果读者对 Spring MVC 本身尚不熟悉,则建议先认真学习《轻量级 Java Web 企业应用实战》一书。

传统的基于 Spring MVC 的 Web 应用,通常会为 Spring MVC 提供 XML 配置文件,因此,将关于 Spring MVC 的配置放在该文件中即可。但由于 Spring Boot 采用了自动配置的方式来整合 Spring MVC,因此,Spring Boot 为 Spring MVC 配置提供了专门的方式。本节的重点是介绍 Spring Boot 对 Spring MVC 的管理,而不是介绍 Spring MVC 的用法。

▶▶ 3.4.1 Spring MVC 的自动配置

Spring Boot 使用 spring-boot-starter-web.jar 为 Web 开发提供支持,spring-boot-starter-web.jar 又依赖于 spring-web.jar 和 spring-webmvc.jar 这两个 JAR 包,其中 spring-webmvc.jar 就代表了 Spring MVC 框架。

spring-boot-starter.jar 又依赖于 spring-boot-autoconfigure.jar 包,Spring MVC 的自动配置主要由后一个包中的 WebMvcAutoConfiguration 自动配置类负责提供支持。

Spring Boot 为 Spring MVC 提供的自动配置适用于大部分应用,自动配置还在 Spring MVC 默认功能的基础上添加了如下特性:

- ➢ 引入了 ContentNegotiatingViewResolver 和 BeanNameViewResolver。
- ➢ 对服务器静态资源提供支持,包括对 WebJars 的支持。
- ➢ 自动注册 Converter、GenericConverter、Formatter 这些 Bean。
- ➢ 支持使用 HttpMessageConverters 来注册 HttpMessageConverter。
- ➢ 自动注册 MessageCodeResolver。
- ➢ 支持静态的 index.html 首页。
- ➢ 自定义 Favicon 支持。
- ➢ ConfigurableWebBindingInitializer Bean 的自动使用。

如果希望在保留自动配置提供的这些 Spring MVC 特性的同时,再增加一些自定义的 Spring MVC 配置(例如添加拦截器、格式化器、视图控制器等),则可通过定义自己的 WebMvcConfigurer 类,并使用@Configuration 注解修饰该类来实现,但不要使用@EnableWebMvc 注解修饰。

如果希望使用自定义的 RequestMappingHandlerMapping、RequestMappingHandlerAdapter 或 ExceptionHandlerExceptionResolver,则可通过定义一个 WebMvcRegistrations Bean 来提供这些组件

的自定义实例。

Spring MVC 使用 WebBindingInitializer 为每个特定的请求都初始化一个 WebDataBinder 对象，如果希望替换这个默认的初始化器，则可在 Spring 容器中自行配置一个 ConfigurableWebBindingInitializer Bean，该 Bean 就会代替 Spring Boot 自动配置的 WebBindingInitializer，Spring MVC 改为使用自定义的 ConfigurableWebBindingInitializer 作为 WebDataBinder 的初始化器。

> **提示：**
> 上面提到的 ContentNegotiatingViewResolver、BeanNameViewResolver、Converter、Formatter、HttpMessageConverter、ConfigurableWebBindingInitializer、RequestMappingHandlerMapping、RequestMappingHandlerAdapter、ExceptionHandlerExceptionResolver、WebBindingInitializer、ConfigurableWebBindingInitializer 等都属于 Spring MVC 的 API，如果读者希望深入掌握它们，则可参考《轻量级 Java Web 企业应用实战》一书。本书的内容是讲 Spring Boot 的，不会在 Spring MVC 内容上过多展开介绍。

如果希望全面控制 Spring MVC，则可使用 @Configuration 和 @EnableWebMvc 注解同时修饰自己的 Spring MVC 配置类。如果真打算这么做，那么就意味着完全关闭了 Spring MVC 的自动配置，开发者必须手动完成所有关于 Spring MVC 的配置工作。

> **注意**
> 尽量不要使用 @EnableWebMvc 注解，它同样是 Spring MVC 的注解，使用该注解意味着开发者全面控制 Spring MVC，那就失去使用 Spring Boot 的价值了。

▶▶ 3.4.2 静态资源管理

在默认情况下，Spring Boot 将通过类加载路径下的 /static（或 /public、/resources、/META-INF/resources）目录或应用的根路径来提供静态资源，因此，对于大部分应用而言，开发者只要将 JS 脚本、CSS 样式单、图片等静态资源统一放在类加载路径下的 /static 或 /public 目录中即可。

> **提示：**
> 打开 ResourceProperties 类的源代码，可以看到 CLASSPATH_RESOURCE_LOCATIONS 常量的定义：
> ```
> CLASSPATH_RESOURCE_LOCATIONS = new String[]{"classpath:/META-INF/resources/",
> "classpath:/resources/", "classpath:/static/", "classpath:/public/"};
> ```
> 可见，上面 4 个静态资源加载路径的优先级为：/META-INF/resources > /resources > /static > /public。

Spring Boot 提供静态资源的行为由 ResourceHttpRequestHandler 负责，因此，如果想改变这种行为，则可通过添加 WebMvcConfigurer（由 Spring MVC 提供）并重写该类的 addResourceHandlers 方法来实现。例如如下代码片段：

```
@Configuration
public class ResourcesConfig implements WebMvcConfigurer
{
    @Override
```

```
public void addResourceHandlers(ResourceHandlerRegistry registry)
{
    registry.addResourceHandler("/**")                          // ①
            .addResourceLocations("classpath:/public/");        // ②
}
```

上面代码片段指定了静态资源的加载路径为"classpath:/public/",也就是类加载路径下的/public/路径,该路径被映射到/**路径下。

通常并不需要使用上面的编程方式进行配置,因此,Spring Boot 提供了 spring.resources.static-locations 属性来配置静态资源的加载路径,该属性可指定一系列的路径列表,该属性的值将会覆盖/static、/public、/resources、/META-INF/resources 这些默认路径,但应用的根路径会被自动添加进来。

> **提示:**
> spring.resources.static-locations 属性值相当于上面代码片段中②号代码处指定的路径,同样在②号代码处也可通过字符串数组指定多个路径。

静态资源会被自动映射到/**路径下,比如有一份 abc.js 文件,它被保存在类加载路径下的/static/js/路径中,但实际上它的映射地址是/js/abc.js。

Spring Boot 也允许通过 spring.mvc.static-path-pattern 属性来改变静态资源的映射路径。比如在 application.properties 文件中增加如下配置:

```
spring.mvc.static-path-pattern=/res/**
```

> **提示:**
> spring.mvc.static-path-pattern 属性值相当于上面代码片段中①号代码处指定的映射地址。

上面配置指定将静态资源映射到/res/**路径下,比如有一份 abc.js 文件,它被保存在类加载路径下的/static/js/路径中,但实际上它的映射地址是/res/js/abc.js。

Spring Boot 也支持加载 WebJar 包中的静态资源,WebJar 包中的静态资源都会被映射到/webjars/**路径下。比如在应用的某个 JAR 包中包含 js/abc.js,那么它实际的映射地址就是/webjars/js/abc.js。

> **提示:**
> WebJar 是一种将前端资源(如 JS 库、CSS 样式单、图片等)打包到 JAR 中,然后使用基于 JVM 的包管理器来管理前端依赖的方案。

> **注意**
> 如果要将 Spring Boot 应用打包成 JAR 包,那么就应该避免使用 src/main/webapp 文件夹(虽然这是传统 Web 应用的标准格式),因为 src/main/webapp 文件夹仅在打包成 WAR 包时起作用,在打包成 JAR 包时大部分构建工具都会自动忽略 src/main/webapp 文件夹。

此外,Spring Boot 同样支持 Spring MVC 对静态资源处理的两个高级特性:
➤ 版本无关的静态资源。

➢ 静态资源的缓存清除。

1. 版本无关的静态资源

为了使用 WarJar 包中版本无关的静态资源，只要添加 webjars-locator-core.jar 依赖即可。例如，在页面中声明使用 "/webjars/jquery/jquery.min.js" 的 JS 库，但实际上 Spring Boot 会自动加载 "/webjars/jquery/x.y.z/jquery.min.js" 的 JS 库，其中 x.y.z 是 WebJar 的版本。

如果使用 JBoss 作为服务器，webjars-locator-core.jar 依赖应该被改为 webjars-locator-jboss-vfs.jar，否则所有的 WarJar 包都将解析不到（提示 404）。

下面通过一个例子来示范如何使用 WarJar 包中版本无关的静态资源。依然是先创建一个 Maven 项目，并修改该项目的 pom.xml 文件，即进行如下两项修改。

➢ 让项目的 pom.xml 文件继承最新版的 spring-boot-starter-parent POM 文件。

➢ 添加 Spring Boot 的 spring-boot-starter-web.jar 和 spring-boot-starter-thymeleaf.jar 两个依赖。

为了在模板引擎中示范使用静态资源，添加了 spring-boot-starter-thymeleaf.jar 依赖，这样该应用才可使用 Thymeleaf 模板引擎。

由于本例会使用 WarJar 的形式来导入 Bootstrap 前端库，因此开发变得格外方便，开发者不需要手动下载、复制 Bootstrap 的各种静态文件，只需要在 pom.xml 文件中添加 org.webjars:bootstrap（这种写法是依赖包坐标的写法，冒号前面的是组织 id，冒号后面的是项目 id）依赖即可。

如果希望使用 WarJar 中"版本无关的静态资源"的特性，则还需要添加 org.webjars:webjars-locator-core 依赖。

下面是本例的 pom.xml 文件中依赖管理部分的代码片段。

程序清单：codes\03\3.4\WebJar\pom.xml

```xml
<dependencies>
    <dependency>
        <groupId>org.springframework.boot</groupId>
        <artifactId>spring-boot-starter-web</artifactId>
    </dependency>
    <dependency>
        <groupId>org.springframework.boot</groupId>
        <artifactId>spring-boot-starter-thymeleaf</artifactId>
    </dependency>
    <!-- 添加 Bootstrap WarJar 的依赖 -->
    <dependency>
        <groupId>org.webjars</groupId>
        <artifactId>bootstrap</artifactId>
        <version>4.5.2</version>
    </dependency>
    <!-- 添加 WarJar 的版本无关特性的依赖 -->
    <dependency>
        <groupId>org.webjars</groupId>
        <artifactId>webjars-locator-core</artifactId>
        <version>0.46</version>
    </dependency>
    ...
</dependencies>
```

上面配置中第一段粗体字代码添加了 WarJar 格式的 Bootstrap，第二段粗体字代码添加了 WarJar 的版本无关特性的依赖。

接下来定义一个简单的控制器。

程序清单：codes\03\3.4\WebJar\src\main\java\org\crazyit\app\controller\HelloController.java
```
@Controller
public class HelloController
{
    @GetMapping("/crazyit")
    public void hello(){}
}
```

该控制器中的 hello() 方法没有返回值，DefaultRequestToViewNameTranslator 将把该处理方法映射的请求地址当成它的逻辑视图名，这就相当于该处理方法返回了"crazyit"逻辑视图名，因此还需要为该逻辑视图名提供对应的视图资源——在/resources/templates/目录下添加一个 crazyit.html 页面。其代码如下。

程序清单：codes\03\3.4\WebJar\src\main\resources\templates\crazyit.html
```
<!DOCTYPE html>
<html xmlns:th="http://www.thymeleaf.org">
<head>
    <meta charset="UTF-8"/>
    <title>WarJars 资源测试</title>
    <link rel="stylesheet" th:href="@{/webjars/bootstrap/css/bootstrap.min.css}" />
    <script type="text/javascript" th:src="@{/webjars/jquery/jquery.js}"></script>
</head>
<body>
<h2 class="text-primary">WarJars 资源测试</h2>
</body>
</html>
```

留意上面两行粗体字代码引入 CSS 样式单和 JS 库的方式——它们并不需要指定版本，它们会自动根据 pom.xml 文件所管理的 WarJar 包来添加版本。

在 IntelliJ IDEA 中查看 bootstrap-4.5.2.jar 的内容，可以看到如图 3.7 所示的结构。

图 3.7　bootstrap-4.5.2.jar 的内容

从图 3.7 可以看出，bootstrap.min.css.gz 文件实际上位于 webjars\bootstrap\4.5.2\css\路径下，但在页面中引入该静态资源时并不需要指定 4.5.2 这个版本号，这就是因为引入了 webjars-locator-core.jar 依赖。

通过该示例不难看出，使用 WarJar 管理静态资源的好处非常明显，主要体现为以下两点：
➤ 前端框架（如 Bootstrap）可作为整体引入，只要在 pom.xml 文件中添加依赖即可。这样管理静态资源更加简便。

➢ 对静态资源的版本管理更加方便，所有页面代码无须指定版本，只要在 pom.xml 文件的依赖管理部分指定版本即可。

运行该应用的主类来启动应用，使用浏览器向"http://localhost:8080/crazyit"地址发送请求，可以在浏览器的控制台看到如图 3.8 所示的信息。

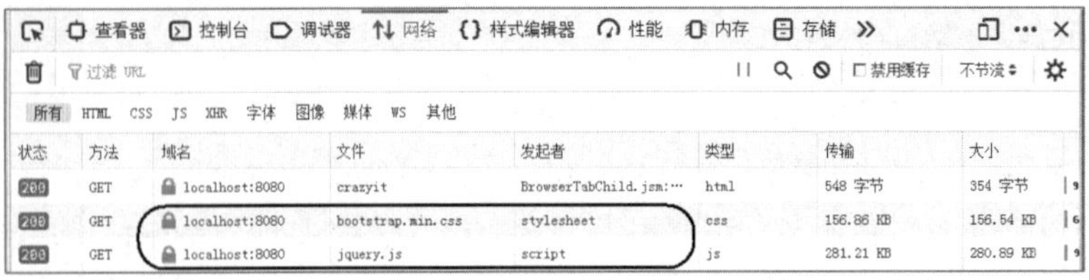

图 3.8　使用 WarJar 中的静态资源

从图 3.8 可以看到，通过这种方式 Spring Boot 可以很方便地使用 WarJar 中的静态资源。

2. 静态资源的缓存清除

当静态资源的内容发生变化时，由于浏览器缓存的缘故，有可能导致用户缓存的静态资源依然是旧的内容。为了防止这种情况的出现，可以考虑在静态资源的 URL 地址中添加一个版本号或其他字符串。

Spring Boot 的静态资源的缓存清除支持如下两种方式：
➢ 在静态资源的 URL 地址中添加动态的 hash 字符串。
➢ 在静态资源的 URL 地址中添加固定的版本号。

为了在静态资源的 URL 地址中添加动态的 hash 字符串，需要在 application.properties（或 application.yaml）文件中添加如下两个属性：

```
spring.web.resources.chain.strategy.content.enabled=true
spring.web.resources.chain.strategy.content.paths=/**
```

上面配置意味着在/**路径下所有静态资源的 URL 地址中都添加 hash 字符串。在进行了上面的配置之后，假如在页面中原本通过如下代码来添加 CSS 库：

```
<link href="/css/spring.css"/>
```

经过 Spring Boot 处理之后，就变成了如下代码：

```
<link href="/css/spring-2a2d595e6ed9a0b24f027f2b63b134d6.css"/>
```

在上面静态资源的 URL 地址中添加的部分就是一个会动态改变的 hash 字符串。

提示：

上面的两个配置属性其实是一种快捷方式，可通过如下 WebMvcConfigurer 类进行配置。

```
@Configuration
public class ResourcesConfig implements WebMvcConfigurer
{
    @Override
    public void addResourceHandlers(ResourceHandlerRegistry registry)
    {
        registry.addResourceHandler("/**")
            .addResourceLocations("classpath:/public/")
            .resourceChain(false)
            .addResolver(new VersionResourceResolver()
                .addContentVersionStrategy("/**"));
    }
}
```

为了在静态资源的 URL 地址中添加固定版本号，需要在 application.properties（或 application.yaml）文件中添加如下三个属性：

```
spring.web.resources.chain.strategy.fixed.enabled=true
spring.web.resources.chain.strategy.fixed.paths=/js/lib/
spring.web.resources.chain.strategy.fixed.version=v12
```

> **提示：**
> 添加动态 hash 字符串和添加固定版本号的属性基本相同，只是添加动态 hash 字符串的属性名用 content，而添加固定版本号的属性名用 fixed。

上面三个配置属性其实是一种快捷方式，同样可通过如下 WebMvcConfigurer 类进行配置。

```
@Configuration
public class ResourcesConfig implements WebMvcConfigurer
{
    @Override
    public void addResourceHandlers(ResourceHandlerRegistry registry)
    {
        // 静态文件版本管理（MD5 方式）
        registry.addResourceHandler("/**")
            .addResourceLocations("classpath:/public/")
            .resourceChain(false)
            .addResolver(new VersionResourceResolver()
                .addFixedVersionStrategy("v12", "/js/lib/"));
    }
}
```

留意到那行粗体字代码了吧！为静态资源的 URL 地址添加固定版本号使用 addFixedVersionStrategy()方法，为静态资源的 URL 地址添加动态 hash 字符串使用 addContentVersionStrategy()方法。

依然使用前一个示例的控制器，只不过该示例不再使用 WarJar 管理静态资源，因此可以从 pom.xml 文件中删除 org.webjars:bootstrap 和 org.webjars:webjars-locator-core 这两个依赖。

接下来手动下载并复制 jquery-3.5.1.js 放到应用的 resources/public/js 路径下（类加载路径下的 /public 是默认的静态资源路径），再手动下载并复制 bootstrap.min.css 放在应用的 resources/public/css 路径下。

接下来在 application.properties 文件中添加如下配置。

程序清单：codes\03\3.4\cache_busting\src\main\resources\application.properties

```
# 指定为静态资源的 URL 地址添加 hash 字符串
spring.web.resources.chain.strategy.content.enabled=true
# 添加 hash 字符串的静态资源的 URL 地址所匹配的地址模板
spring.web.resources.chain.strategy.content.paths=/**
# 指定为静态资源的 URL 地址添加固定版本号
spring.web.resources.chain.strategy.fixed.enabled=true
# 添加固定版本号的静态资源的 URL 地址所匹配的地址模板
spring.web.resources.chain.strategy.fixed.paths=/css/**
# 指定所添加的固定版本号
spring.web.resources.chain.strategy.fixed.version=v12
```

上面配置指定为与/**路径匹配的静态资源添加动态的 hash 字符串，为与/css/**路径匹配的静态资源添加固定的 v12 版本号。

将本例的 crazyit.html 页面代码修改为如下形式。

程序清单：codes\03\3.4\cache_busting\src\main\resources\templates\crazyit.html

```html
<!DOCTYPE html>
<html xmlns:th="http://www.thymeleaf.org">
<head>
    <meta charset="UTF-8"/>
    <title>静态资源的缓存清除</title>
    <!-- 资源地址必须以/开头，这是为了能与application.properties 中的配置相匹配 -->
    <script type="text/javascript" th:src="@{/js/jquery-3.5.1.js}"></script>
    <link rel="stylesheet" th:href="@{/css/bootstrap.min.css}"/>
</head>
<body>
<h2 class="text-primary">静态资源的缓存清除</h2>
</body>
</html>
```

由于本例的静态资源被直接放在 resources/public/目录下，因此上面页面可直接引用这些静态资源。但由于在 application.properties 文件中启用了"缓存清除"功能，因此 Spring Boot 会自动在静态资源的 URL 地址中添加动态内容或固定版本号。

运行该应用的主类来启动应用，使用浏览器向"http://localhost:8080/crazyit"地址发送请求，查看该页面的源代码，可以看到如下两行内容：

```html
<script type="text/javascript" src="/js/jquery-3.5.1-23c7c5d2d1317508e807a6c7f777d6ed.js">
</script>
<link rel="stylesheet" href="/v12/css/bootstrap.min.css"/>
```

Spring Boot 为/js/jquery-3.5.1.js这份静态资源添加了动态的 hash 字符串，为/css/bootstrap.min.css这份静态资源添加了固定的 v12 版本号。这是因为前者仅匹配/**路径模式，而后者可匹配/css/**路径模式，application.properties 文件指定了/**路径模式下的静态资源的 URL 地址要添加动态的 hash 字符串，而/css/**路径模式下的静态资源的 URL 地址则要添加固定的 v12 版本号。

在使用静态资源的缓存清除特性时，必须注意以下两点：

➢ 静态资源要存在。如果静态资源不存在，Spring Boot 不会为不存在的静态资源的 URL 地址添加内容。
➢ 斜杠要匹配。上面页面代码中引用静态资源的 URL 地址都是以斜杠开头的，这是为了与 application.properties 中配置的路径模式相对应。

▶▶ 3.4.3 自定义首页和图标

Spring Boot 既支持使用静态的 HTML 首页，也支持使用动态的模板引擎首页。Spring Boot 会优先在应用的静态资源路径下搜索 index.html 作为静态首页，如果找不到，接下来会搜索 index 模板，只要找到其中任意一个，它就会被自动当成应用的首页。

Spring Boot 自动在静态资源路径下搜索 favicon.ico 文件，如果找到该文件，它就会被当成应用的图标。

首先创建一个 Maven 项目，修改该项目的 pom.xml 文件，改为继承 spring-boot-starter-parent，并额外添加 spring-boot-starter-web、spring-boot-starter-thymeleaf、org.webjars:bootstrap 和 org.webjars: webjars-locator-core 依赖。

然后在应用的 resources/public/目录下添加一个 favicon.ico 图标文件——如果找不到图标文件，则可以用网上的"在线图标"工具，随便选一张图片来生成，最好生成 16×16 或 32×32 的图标，图标太大了没用——毕竟浏览器显示图标的区域就那么一点儿。

接下来在 resources/templates/目录下添加一个 index.html 文件，该文件的内容如下。

程序清单：codes\03\3.4\Favicon\src\main\resources\templates\index.html

```html
<!DOCTYPE html>
<html lang="zh" xmlns:th="http://www.thymeleaf.org">
<head>
    <meta charset="UTF-8">
    <title>首页</title>
    <link rel="stylesheet" th:href="@{/webjars/bootstrap/css/bootstrap.min.css}"/>
    <script type="text/javascript" th:src="@{/webjars/jquery/jquery.min.js}"></script>
</head>
<body>
<div class="container">
    <div class="jumbotron">首页</div>
</div>
</body>
</html>
```

本应用并没有为该页面提供控制器，但由于该页面文件是名为 index 的 Thymeleaf 模板，因此 Bootstrap 会自动将它当成应用首页。

运行该应用的主类来启动应用，使用浏览器向"http://localhost:8080"地址发送请求，可以在浏览器的控制台看到如图 3.9 所示的界面。

图 3.9　自定义图标和首页

▶▶ 3.4.4　使用 Thymeleaf 模板引擎

Spring Boot 推荐使用各种模板引擎来作为视图页面。Spring Boot 支持各种模板引擎技术，例如：
- FreeMarker
- Groovy
- Thymeleaf
- Mustache

尤其是 Thymeleaf，更是 Spring Boot 推荐的模板引擎，Spring Boot 为之提供了完美的支持，Thymeleaf 模板引擎可由纯 HTML 浏览器直接呈现（模板表达式在脱离运行环境下不污染 HTML 结构）。

Thymeleaf 标准方言中的大多数处理器都是属性处理器。这种页面模板即使在未被处理之前，浏览器也可正确地显示 HTML 模板文件，因为浏览器会简单地忽略其不识别的属性。看下面这个包含 JSP 脚本的 HTML 模板片段，它就不能在模板被解析之前通过浏览器直接显示。

```html
<input type="text" name="username" value="${user.username}" />
```

上面 value 属性的值是一个 EL 表达式，浏览器不能直接解析并显示它。

而使用 Thymeleaf 的页面代码片段则变成了如下形式：

```html
<input type="text" name="username" value="fkjava" th:value="${user.username}" />
```

留意到该 HTML 元素的语法几乎是标准的 HTML 语法，只是增加了一个 th:value 属性，在模板被解析之前，浏览器不识别 th:value 属性，那么该属性就会被直接忽略，这样浏览器照样可以正确显示这些信息，并可在浏览器中打开时显示一个默认值（在本例中为"fkjava"）。当该模板被解析之后，th:value 属性指定的表达式解析得到的值又会取代原来的 value 属性值，解析之后 th:value 属性就消失了，该属性对于浏览器就不存在了。

通过对比不难发现：Thymeleaf 其实非常简单、易用，它就是在标准 HTML 标签中增加一些 th:xxx 属性（出于降低学习难度的考虑，而且 xxx 往往还和标准 HTML 标签的属性名相同），在模板被解析之前，这些属性会被浏览器忽略；在模板被解析之后，这些属性完全不存在了，因此它们丝毫不影响在浏览器中呈现效果，这就是 Thymeleaf 的优势所在。

Thymeleaf 为了与 Spring MVC 进行整合（哪个 Java 框架能不与 Spring 整合呢？），专门提供了 thymeleaf-spring5-3.0.12.RELEASE.jar。打开 IntelliJ IDEA 工具主界面右上角的 Maven 视图，查看其 Dependencies 节点，即可看到如图 3.10 所示的内容。

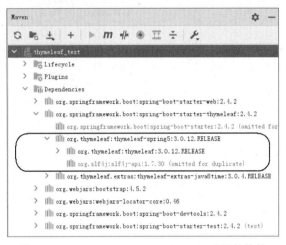

图 3.10　spring-boot-starter-thymeleaf 及其依赖

从图 3.10 可以看出，应用只要引入 spring-boot-starter-thymeleaf.jar 包，该 JAR 包又依赖于 org.thymeleaf:thymeleaf-spring，这就是提供 Thymeleaf 整合 Spring MVC 支持的 JAR 包；这个 JAR 包又依赖于 org.thymeleaf:thymeleaf，这就是 Thymeleaf 框架（模板引擎）的 JAR 包。

Thymeleaf 整合 Spring MVC 之后，对它的模板文件做如下小调整。

➢ 在模板中使用 SpEL 表达式取代原来的 OGNL。
➢ 在模板中创建表单时，完全支持 Bean 和结果的绑定，包括使用 PropertyEditor、类型转换和数据校验等。
➢ 允许通过 Spring MVC 管理国际化资源文件来显示国际化信息。

在 Thymeleaf 与 Spring MVC 整合的 JAR 包中包含了一个 SpringStandardDialect 方言类，它继承了 Thymeleaf 的标准方言类：StandardDialect，因此 SpringStandardDialect 不仅支持 Thymeleaf 标准方言中的所有功能，还增加了如下功能：

➢ 不再使用 OGNL 解析表达式，而是使用 SpEL 解析表达式。
➢ 允许通过 SpEL 语法访问 Spring 容器中的 Bean，如${@myBean.method()}。
➢ 为表格处理添加了 th:field、th:errors 和 th:errorclass 属性等。

Spring Boot 则为 Thymeleaf 整合提供了自动配置支持，对 Thymeleaf 的自动配置依然由 spring-boot-autoconfigure.jar 包提供，该 JAR 包的 org.springframework.boot.autoconfigure.thymeleaf 包下包含了如图 3.11 所示的类。

图 3.11　支持 Thymeleaf 自动配置的类

thymeleaf 包下最重要的类是 ThymeleafAutoConfiguration 和 ThymeleafProperties，它们的作用如下：

- ThymeleafAutoConfiguration 类对整合所需要的 Bean 进行自动配置，包括 templateEngine 和 templateResolver 的配置。
- ThymeleafProperties 类则对应于 application.properties 文件中关于 Thymeleaf 的配置属性，它负责读取该文件并设置 Thymeleaf。

ThymeleafProperties 类的重点源代码如下：

```java
@ConfigurationProperties(prefix = "spring.thymeleaf")
public class ThymeleafProperties {
    private static final Charset DEFAULT_ENCODING = Charset.forName("UTF-8");
    // 指定模板文件的默认路径
    public static final String DEFAULT_PREFIX = "classpath:/templates/";
    // 指定模板文件的默认后缀
    public static final String DEFAULT_SUFFIX = ".html";

    /**
     * 前缀设置，引用上面的常量 DEFAULT_PREFIX
     * 指定模板文件的默认路径: classpath:/templates/
     */
    private String prefix = DEFAULT_PREFIX;

    /**
     * 后缀设置，引用上面的常量 DEFAULT_SUFFIX
     * 即默认为.html
     */
    private String suffix = DEFAULT_SUFFIX;

    // 模板模式设置，默认为 HTML
    private String mode = "HTML";

    /**
     * 编码设置，引用上面的常量 DEFAULT_ENCODING
     * 即默认为 UTF-8
     */
    private Charset encoding = DEFAULT_ENCODING;

    // 模板的类型设置，默认为 text/html
    private String contentType = "text/html";

    // 是否启用模板缓存。默认开启，开发时建议关闭
    private boolean cache = true;
    ...
}
```

ThymeleafProperties 类指定了 Thymeleaf 配置的默认值，在项目中可以通过 application.properties 配置文件对默认值进行修改。

```
spring.thymeleaf.prefix=classpath:/templates/
spring.thymeleaf.suffix=.html
spring.thymeleaf.mode=HTML5
spring.thymeleaf.encoding=UTF-8
spring.thymeleaf.content-type=text/html
# 开发时建议关闭缓存，以便能实时看到对该文件的修改
spring.thymeleaf.cache=false
```

上面这些属性大部分通常无须修改，只有 spring.thymeleaf.cache 属性，在开发阶段建议将该属性设为 false，这样可避免 Spring Boot 缓存 Thymeleaf 模板，从而能在浏览器中实时看到 Thymeleaf 模板的改动。

> **提示：**
> 如果使用 Eclipse 作为开发工具，只要将 spring.thymeleaf.cache 属性设为 false，Thymeleaf 模板缓存就会被关闭。但如果使用 IntelliJ IDEA 作为开发工具，仅修改该属性还不够，还需要修改 spring.thymeleaf.prefix 属性，将其值改为基于文件系统路径的形式，即改为如下形式：
>
> ```
> spring.thymeleaf.prefix=file:src/main/resources/templates/
> ```
>
> 对比该属性的默认值——classpath:/templates/与修改后的属性值——file:src/main/resources/templates/，两个属性值看上去似乎一样，但前者是基于类加载路径的，后者是基于文件系统路径的。IntelliJ IDEA 默认关闭了自动编译，因此需要手动运行"Build Project"命令才会改变类加载路径下的资源，从而触发重新加载；而改为基于文件系统的路径，就可以避免每次都要手动运行"Build Project"命令。但最后发布项目时应将这行配置删除，因为打包后的项目不再包含 src 目录。

▶▶ 3.4.5 Thymeleaf 的基本语法

使用 Thymeleaf 模板，首先要改写<html.../>标签，为之引入 http://www.thymeleaf.org 命名空间。将该标签修改为如下形式：

```
<html xmlns:th="http://www.thymeleaf.org">
```

接下来即可在其他标签里面使用 th:*这样的语法。

通过 xmlns:th=http://www.thymeleaf.org 命名空间，引入 Thymeleaf 模板引擎，将静态页面转换为动态页面。需要进行动态处理的元素都使用"th:"作为前缀。

1. 引入 URL 地址

Thymeleaf 对 URL 地址的处理是通过@{...}语法来完成的。

```
<a th:href="@{http://www.fkit.org/fkjava.png}">绝对路径</a>
<a th:href="@{/}">相对路径</a>
<a th:href="@{css/bootstrap.min.css}">默认访问静态资源路径下 css 文件夹内的资源</a>
```

2. 表达式

Thymeleaf 提供了一些专门用于获取 Web Context 中请求参数、请求属性、会话属性和应用属性的表达式，这些表达式和 JSP EL 的功能非常相似。

- $ {x}：返回 Thymeleaf 上下文中的变量 x 或请求（HttpServletRequest）范围内的 x 属性的值。
- $ {param.x}：返回名为 x 的请求参数（可能是多值的）的值。
- $ {session.x}：返回会话（HttpSession）范围内的 x 属性的值。
- $ {application.x}：返回应用（ServletContext）范围内的 x 属性的值。

获取变量值用"$"符号，Thymeleaf 表达式同样支持属性路径的写法，例如${session.abc.xyz}表示访问 HttpSession 范围内 abc 属性的 getXyz()方法（xyz 属性）的返回值。

3. 字符串操作

很多时候可能只需要对一大段文字中的某一处地方进行替换，可以通过字符串拼接操作来完成。

```
<span th:text="'Welcome to fkit, ' + ${user.name} + '!'">
```

还有一种更简洁的方式：

```
<span th:text="|Welcome to fkit, ${user.name}!|">
```

但这种方式限制比较多，|…|中只能包含变量表达式${…}，不能包含其他常量、条件表达式等。

4. 运算符

在表达式中可以使用各种算术运算符，例如+、-、*、/、%。

```
th:with="isEven=(${bookStat.count} % 2 == 0)"
```

也可以使用逻辑运算符，例如>、<、<=、>=、==、!=，唯一需要注意的是，在使用<、>时需要用其 HTML 转义符。

```
th:if="${bookStat.count} &gt; 2"
th:text="'图书价格 ' + ( (${price} &gt; 80 )? '比较贵' : '比较合适' )"
```

5. 条件判断

在 Thymeleaf 中使用 th:if 和 th:unless 属性进行条件判断，只有当 th:if 中的条件成立时才显示标签，th:unless 与 th:if 恰好相反，只有当表达式中的条件不成立时才会显示其内容。

```
<a th:href="logout" th:if="${session.username != null}">退出</a>
<a th:href="login" th:unless="${session.username != null}">登录</a>
```

上面第一行代码表示只有当会话范围内的 username 属性不为 null 时才显示该超链接；第二行代码表示只有当会话范围内的 username 属性为 null 时才显示该超链接。

Thymeleaf 同样支持 Switch 结构，其 default 分支可以用"*"表示。

```
<div th:switch="${session.role}">
    <p th:case="'admin'">系统管理员</p>
    <p th:case="'manager'">经理</p>
    <p th:case="*">普通员工</p>
</div>
```

6. 循环迭代

Thymeleaf 使用 th:each 对 List、Set、Map 和数组进行迭代。语法如下：

```
th:each="obj, iterStat : ${objList}"
```

简单循环示例如下：

```
<tr th:each="book : ${books}">
    <td th:text="${book.title}">疯狂 Spring Boot 终极讲义</td>
    <td th:text="${book.author}">李刚编著</td>
    <td th:text="${book.remark}">最新的 Spring Boot 书籍!</td>
</tr>
```

iterStat 被称作"状态变量"，其属性有：
- index：代表当前被迭代元素的索引（从 0 开始计算）。
- count：代表当前被迭代元素的索引（从 1 开始计算）。
- size：代表被迭代集合包含的元素总数。
- current：代表当前被迭代的元素。
- even/odd：代表当前被迭代元素的索引是否为偶数/奇数（从 0 开始计算）。
- first：代表当前被迭代的元素是否为第一个。
- last：代表当前被迭代的元素是否为最后一个。

例如如下代码：

```html
<tr th:each="book, bookStat : ${bookList}">
    <td th:text="${bookStat.index} + 1">序号</th>
    <td th:text="${book.name}">疯狂Java讲义</td>
    <td th:text="${book.price}">128</td>
</tr>
```

7. 内置对象

视图页面还有一些常用的工具方法，这些工具方法由 Thymeleaf 的内置对象负责提供，这些内置对象可通过"#"直接访问。内置对象一般都以"s"结尾，如 dates、lists、numbers 等。

Thymeleaf 的内置对象有：
- ➤ #dates：负责处理日期格式化的内置对象，具体用法可参考 Date、DateFormat 等类。
- ➤ #calendars：类似于#dates，只是功能类似于 java.util.Calendar 类。
- ➤ #numbers：负责数字格式化的内置对象。
- ➤ #strings：负责字符串格式化的内置对象，具体用法可参考 java.lang.String 等类。
- ➤ #objects：具体用法可参考 java.lang.Object 类。
- ➤ #bools：负责处理 boolean 类型的内置对象。
- ➤ #arrays：负责操作数组的内置对象，具体用法可参考 java.util.Arrays 类。
- ➤ #lists：负责操作列表的内置对象，具体用法可参考 java.util.List 类。
- ➤ #sets：负责操作 Set 的内置对象，具体用法可参考 java.util.Set 类。
- ➤ #maps：负责操作 Map 的内置对象，具体用法可参考 java.util.Map 类。
- ➤ #aggregates：负责对集合和数组执行聚集运算的内置对象。
- ➤ #messages：负责处理消息的内置对象。

示例代码如下：

```html
<span th:text="${#dates.format(publishDate, 'yyyy-MM-dd HH:mm:ss')}"></span>
```

使用内置对象 dates 的 format()方法即可对日期进行格式化，format()方法的第一个参数是日期对象，第二个参数为日期格式（就像 SimpleDateFormat 一样）。

```html
<span th:text="${#numbers.formatDecimal(price, 0, 2)}"></span>
```

以上代码表示 price 变量只保留 2 位小数。

```html
<span th:text="${#numbers.formatDecimal(price, 3, 2)}"></span>
```

以上代码表示 price 变量的整数部分保留 3 位（不够前面补 0），小数部分只保留 2 位。

```html
<span th:text="${#strings.length(str)}"></span>
```

以上代码表示获取变量 str 的长度。

```html
<span th:text="${#lists.size(datas)}"></span>
```

以上代码表示使用#lists.size()来获取 datas 集合的长度。

总之，记住一句话：Thymeleaf 模板主要就是在标准 HTML 标签中添加一些 th:*属性，该属性指定的表达式的值将会取代该 HTML 标签的内容。

▶▶ 3.4.6 Spring Boot 整合 Thymeleaf

下面通过一个例子来示范如何在 Spring Boot 应用中使用 Thymeleaf。首先创建一个 Maven 项目，修改该项目的 pom.xml 文件，改为继承 spring-boot-starter-parent，并额外添加 spring-boot-starter-web、spring-boot-starter-thymeleaf、org.webjars:bootstrap 和 org.webjars:webjars-locator-core 依赖。

然后在应用的 resources/templates 目录（该目录是 Thymeleaf 模板文件的存放目录）下创建一

个 index.html 文件，该文件将会被当成应用首页。

index.html 文件的代码如下。

程序清单：codes\03\3.4\thymeleaf_test\src\main\resources\templates\index.html

```html
<!DOCTYPE html>
<html xmlns:th="http://www.thymeleaf.org">
<head>
    <meta charset="UTF-8"/>
    <title>登录系统</title>
    <!-- 引用 WarJar 中的静态资源-->
    <link rel="stylesheet" th:href="@{/webjars/bootstrap/css/bootstrap.min.css}"/>
    <script type="text/javascript" th:src="@{/webjars/jquery/jquery.js}"></script>
    <script type="text/javascript" th:src="@{/webjars/popper.js/umd/popper.min.js}">
    </script>
    <script type="text/javascript" th:src="@{/webjars/bootstrap/js/bootstrap.min.js}">
    </script>
</head>
<body>
<div class="container">
    <img th:src="@{/logo.png}" src="/logo.png"
        class="rounded mx-auto d-block"><h4>用户登录</h4>
    <div class="alert alert-danger" th:if="${error != null}"
        th:text="${error}">错误信息</div>
    <form method="post" th:action="@{/login}">
        <div class="form-group row">
            <label for="username" class="col-sm-3 col-form-label">用户名：</label>
            <div class="col-sm-9">
                <input type="text" id="username" name="username"
                    class="form-control" placeholder="输入用户名">
            </div>
        </div>
        <div class="form-group row">
            <label for="pass" class="col-sm-3 col-form-label">密码：</label>
            <div class="col-sm-9">
                <input type="password" id="pass" name="pass"
                    class="form-control" placeholder="输入密码">
            </div>
        </div>
        <div class="form-group row">
            <div class="col-sm-6 text-right">
                <button type="submit" class="btn btn-primary">登录</button>
            </div>
            <div class="col-sm-6">
                <button type="reset" class="btn btn-danger">重设</button>
            </div>
        </div>
    </form>
</div>
</body>
</html>
```

上面代码中第一段粗体字代码引用了 WebJar 中的静态资源，此处采用 Thymeleaf 语法来指定静态资源的 URL 地址，因此指定了 th:src 属性，且该属性的值都是@{...}形式，这是 Thymeleaf 引入 URL 地址的标准语法。

上面第二段粗体字代码的前两行定义了一个<img.../>元素，该元素同样指定了 th:src 属性，由于该属性需要引用 URL 地址，因此该属性的值同样使用了@{...}形式。

上面第二段粗体字代码的第三行定义了一个<div.../>元素，该元素先指定了一个 th:if 属性，这意味着只有当该属性指定的表达式的值为 true 时，该<div.../>元素才会显示出来；该属性还指定了一个 th:text 属性，该属性指定的表达式的值将会代替<div.../>元素的内容。

> **提示：**
> 大部分时候 th:text 属性指定的表达式的值都将用于取代 HTML 元素的内容。虽然 th:x 支持的属性很多，但其实并不需要强行记忆，因为大部分属性都很容易"猜"出其作用，比如 th:src 自然就对应于标准的 src 属性，th:action 自然就对应于标准的 action 属性。

上面页面中定义了一个表单，该表单的提交地址是/login，接下来定义处理该请求的控制器方法。控制器类的代码如下。

程序清单：codes\03\3.4\thymeleaf_test\src\main\java\org\crazyit\app\controller\ThymeleafController.java

```java
@Controller
public class ThymeleafController
{
    @PostMapping("/login")
    public String login(String username, String pass, Model model, WebRequest webReq)
    {
        if (username.equals("crazyit.org") && pass.equals("leegang"))
        {
            webReq.setAttribute("name", username, WebRequest.SCOPE_SESSION);
            webReq.setAttribute("role", "manager", WebRequest.SCOPE_SESSION);
            return "main";
        }
        model.addAttribute("error", "用户名/密码不匹配");
        return "index";
    }
}
```

该控制器类就属于标准的 Spring MVC 知识，与 Spring Boot 完全没有任何关系——Spring Boot 只是一个负责快速整合和自动配置的框架，具体开发还是要靠 Spring MVC 等功能性的框架。

上面 login()处理方法的逻辑是：当用户登录成功时，程序在 Session 范围会存入两个属性，并返回"main"逻辑视图名——这要求在 resources/templates 目录下有对应的 main.html 模板作为视图页面。

当用户登录失败时，程序在 Model 中添加了一个 error 属性，然后返回"index"逻辑视图名——对应于 resources/templates 目录下的 index.html 模板，该模板中有如下一行：

```
<div class="alert alert-danger" th:if="${error != null}" th:text="${error}">错误信息</div>
```

上面 th:if 属性值为：${error != null}，这意味着只有当前 context 或 request 范围内的 error 属性不为 null 时，该<div.../>元素才会显示出来。因此，当用户直接浏览该首页时并不会看到错误提示，只有登录失败时才会看到如图 3.12 所示的页面。

图 3.12　th:if 属性的作用

接下来为 "main" 逻辑视图定义模板,在 resources/templates 目录下添加 main.html 文件,该文件的主体代码如下。

程序清单:codes\03\3.4\thymeleaf_test\src\main\resources\templates\main.html
```html
<div class="container">
    <img th:src="@{/logo.png}" class="rounded mx-auto d-block"><h4>登录成功</h4>
    <!-- ${session.name}访问 Session 范围内的 name 属性    -->
    欢迎您,<span th:text="${session.name}">用户名</span>,登录成功 <br>
    您的角色是:<span th:switch="${session.role}">
        <span th:case="'admin'">系统管理员</span>
        <span th:case="'manager'">经理</span>
        <span th:case="*">普通员工</span>
    </span>
    <a th:href="@{/viewBooks}">查看图书</a>
</div>
```

上面代码中第一行粗体字代码使用${session.name}表达式来获取 Session 范围内的 name 属性;第二行粗体字代码则使用了 th:switch 属性,该属性用于对 Session 范围内的 role 属性进行 Switch 判断——由于在登录成功时控制器处理方法设置了 role 为 manager,因此此处将会显示 "经理"。

登录成功后,将看到如图 3.13 所示的页面。

图 3.13　th:switch 属性的作用

在图 3.13 所示的页面中有一个超链接,链接地址为 "/viewBooks"。在上面的控制器中添加一个处理方法来处理该请求,为控制器类添加如下代码。

程序清单:codes\03\3.4\thymeleaf_test\src\main\java\org\crazyit\app\controller\ThymeleafController.java
```java
@Autowired
private BookService bookService;
@GetMapping("/viewBooks")
public void viewBooks(Model model)
{
    model.addAttribute("bookList", bookService.getAllBooks());
}
```

上面代码定义了一个 BookService 类型的实例变量,并使用@Autowired 注解修饰该变量,这样 Spring 就会对该变量执行依赖注入。上面的处理方法调用 bookService 的方法来获取所有图书,并将获得的图书设置为 Model 中的 bookList 属性——这些内容完全不属于 Spring Boot 范畴——依赖注入是 Spring 的基础内容,控制器、处理方法、Model 都属于 Spring MVC 知识。

在上面的处理方法中还用到一个 BookService 组件,它是一个非常简单的组件,与 Spring Boot 知识没啥关系,此处就不再给出其代码,读者可自行参考本书配套代码。

上面的处理方法没有返回值,DefaultRequestToViewNameTranslator 将会把请求地址当成视图名,因此该处理方法要求在 resources/templates 目录下有一个 viewBooks.html 模板。

viewBooks.html 页面的主体代码如下。

程序清单：codes\03\3.4\thymeleaf_test\src\main\resources\templates\viewBooks.html

```html
<div class="container">
    <table class="table table-hover">
        <tr>
            <th>序号</th>
            <th>书名</th>
            <th>作者</th>
            <th>价格</th>
            <th>封面</th>
        </tr>
        <tr th:each="book, bookStat : ${bookList}">
            <td th:text="${bookStat.index} + 1">序号</td>
            <td th:text="${book.title}">书名</td>
            <td th:text="${book.author}">作者</td>
            <td th:text="${book.price}">价格</td>
            <td><img alt="封面" src="images/java.jpg"
                th:src="@{'images/'+ ${book.cover}}"
                width="70" height="100"></td>
        </tr>
    </table>
</div>
```

上面粗体字代码使用了 th:each 属性对 ${bookList} 进行迭代，并指定迭代变量为 book（代表正在被迭代的元素），迭代状态变量为 bookStat，这样就可以在 <tr.../> 元素的 <td.../> 元素内使用 book 和 bookStat 两个变量。

单击图 3.13 所示页面中的"查看图书"链接，可以看到如图 3.14 所示的页面。

图 3.14　th:each 属性的作用

▶▶ 3.4.7　Spring Boot 整合 FreeMarker

FreeMarker 是一个非常优秀的模板引擎，它能以非常简单的方式来输出数据显示。FreeMarker 负责将一个数据模型（通常是一个 Map 对象）中的数据合并到模板中，从而生成输出数据。

Spring Boot 同样为 FreeMarker 整合提供了自动配置支持，对 FreeMarker 自动配置依然由 spring-boot-autoconfigure.jar 包提供，该 JAR 包的 org.springframework.boot.autoconfigure.freemarker 包下包含如图 3.15 所示的类。

图 3.15　支持 FreeMarker 自动配置的类

freemarker 包下最重要的类是 FreeMarkerAutoConfiguration、FreeMarkerServletWebConfiguration/FreeMarkerReactiveWebConfiguration 和 FreeMarkerProperties，它们的作用如下：
- ➤ FreeMarkerAutoConfiguration：负责整合 Spring 容器和获取 FreeMarkerProperties 加载的配置信息。
- ➤ FreeMarkerServletWebConfiguration/FreeMarkerReactiveWebConfiguration：整合 FreeMarker 的自动配置类。
- ➤ FreeMarkerProperties：对应于 application.properties 文件中关于 FreeMarker 的配置属性，它负责读取该文件并设置 FreeMarker。

FreeMarkerProperties 类的重点源代码如下：

```
@ConfigurationProperties( prefix = "spring.freemarker" )
public class FreeMarkerProperties extends AbstractTemplateViewResolverProperties {
    public static final String DEFAULT_TEMPLATE_LOADER_PATH = "classpath:/templates/";
    public static final String DEFAULT_PREFIX = "";
    // 设置模板文件的默认后缀
    public static final String DEFAULT_SUFFIX = ".ftlh";
    // 将为该 settings 设置的所有属性直接传给 FreeMarker
    private Map<String, String> settings = new HashMap();
    // 设置 FreeMarker 模板文件的保存路径
    private String[] templateLoaderPath = new String[]{"classpath:/templates/"};
    private boolean preferFileSystemAccess = true;
    ...
}
```

由于 FreeMarkerProperties 继承了 AbstractTemplateViewResolverProperties，因此虽然看似 FreeMarkerProperties 支持的配置属性并不多，但如果打开它的父类，将会看到它同样支持 cache、charset 等属性。

> **注意**
> 上面指定了 FreeMarker 模板文件的默认后缀是"ftlh"，而不是 FreeMarker 默认的"ftl"。

FreeMarkerProperties 类指定了 FreeMarker 配置的默认值，在项目中可以通过 application.properties 配置文件对默认值进行修改。

```
# 设置 ftlh 模板文件的路径
spring.freemarker.tempalte-loader-path=classpath:/templates/
# 关闭缓存
spring.freemarker.cache=false
spring.freemarker.charset=UTF-8
spring.freemarker.check-template-location=true
spring.freemarker.content-type=text/html
spring.freemarker.expose-request-attributes=true
spring.freemarker.expose-session-attributes=true
spring.freemarker.request-context-attribute=request
```

上面这些属性大部分通常无须修改，只有 spring.freemarker.cache 属性，在开发阶段建议将该属性设为 false，这样可避免 Spring Boot 缓存 FreeMarker 模板，从而能在浏览器中实时看到 FreeMarker 模板的改动。

 提示：
> 如果使用 Eclipse 作为开发工具，只要将 spring.freemarker.cache 属性设为 false，FreeMarker 模板缓存就会被关闭。但如果使用 IntelliJ IDEA 作为开发工具，每次修改之后还要手动运行"Build Project"命令才会触发重新加载。

下面以一个例子来示范如何在 Spring Boot 应用中使用 FreeMarker。首先创建一个 Maven 项目，然后修改该项目的 pom.xml 文件，改为继承 spring-boot-starter-parent，并额外添加 spring-boot-starter-web、spring-boot-starter-freemarker、org.webjars:bootstrap 和 org.webjars:webjars-locator-core 依赖。

接下来在应用的 resources/templates 目录（该目录是 FreeMarker 模板文件的存放路径）下创建一个 index.ftlh 文件，该文件将会被当成应用首页。

index.ftlh 文件的代码如下。

程序清单：codes\03\3.4\freemarker\src\main\resources\templates\index.ftlh

```html
<!DOCTYPE html>
<html>
<head>
    <meta charset="UTF-8"/>
    <title>登录系统</title>
    <!-- 引用 WarJar 中的静态资源-->
    <link rel="stylesheet" href="/webjars/bootstrap/css/bootstrap.min.css"/>
    <script type="text/javascript" src="/webjars/jquery/jquery.js"></script>
    <script type="text/javascript" src="/webjars/popper.js/umd/popper.min.js"></script>
    <script type="text/javascript" src="/webjars/bootstrap/js/bootstrap.min.js">
    </script>
</head>
<body>
<div class="container">
    <img src="/logo.png"
         class="rounded mx-auto d-block"><h4>用户登录</h4>
    <!-- 在 FreeMarker 模板中使用某个属性之前，必须用 exists 判断其是否存在，否则会报错 -->
    <#if error?exists >
        <div class="alert alert-danger">${error}</div>
    </#if>
    <form method="post" action="/login">
        <div class="form-group row">
            <label for="username" class="col-sm-3 col-form-label">用户名：</label>
            <div class="col-sm-9">
                <input type="text" id="username" name="username"
                    class="form-control" placeholder="输入用户名">
            </div>
        </div>
        <div class="form-group row">
            <label for="pass" class="col-sm-3 col-form-label">密码：</label>
            <div class="col-sm-9">
                <input type="password" id="pass" name="pass"
                    class="form-control" placeholder="输入密码">
            </div>
        </div>
        <div class="form-group row">
            <div class="col-sm-6 text-right">
                <button type="submit" class="btn btn-primary">登录</button>
            </div>
            <div class="col-sm-6">
                <button type="reset" class="btn btn-danger">重设</button>
            </div>
        </div>
    </form>
</div>
</body>
</html>
```

从上面粗体字代码不难看出，不管是 FreeMarker 模板，还是 Thymeleaf 模板，其本质是相同的，区别只是模板的语法格式略有差异——FreeMarker 需要使用自有的<#if.../>、<#list.../>、<#switch.../>等（后面两个下面会介绍）额外的指令，而 Thymeleaf 则在标准的 HTML 标签中添加了 th:if、th:each、th:switch 等属性，它们实现的功能是完全相同的。

从设计上看，FreeMarker 需要在页面模板中添加自己的指令，而且还要将表达式写在 HTML 元素中——如上面代码中的这行：<div class="alert alert-danger">${error}</div>，${error}就被写在了 HTML 的<div.../>元素内，这就对原有的 HTML 页面形成了污染；而 Thymeleaf 则只需在 HTML 标签中添加 th:xxx 属性，在模板被解析之前，这些属性会被浏览器直接忽略，因此不会对原有的 HTML 页面形成污染。从这个角度来说，Thymeleaf 确实比 FreeMarker 略胜一筹，难怪 Spring Boot 推荐使用 Thymeleaf。

上面页面中表单的提交地址依然是/login，处理该请求的控制器类与前一个例子的控制器类基本相同，此处不再给出其代码。

处理登录请求的方法处理登录成功时同样返回"main"逻辑视图名，接下来为"main"逻辑视图定义模板，在 resources/templates 目录下添加 main.ftlh 文件，该文件的主体代码如下。

程序清单：codes\03\3.4\freemarker\src\main\resources\templates\main.ftlh

```html
<div class="container">
    <img src="/logo.png" class="rounded mx-auto d-block"><h4>登录成功</h4>
    <!-- 使用${Session['name']}访问 Session 范围内的指定属性 -->
    欢迎您，<span>${Session['name']}</span>，登录成功 <br>
    您的角色是：<#switch Session['role']>
        <#case 'admin'>
            <span>系统管理员</span>
            <#break>
        <#case 'manager'>
            <span>经理</span>
            <#break>
        <#default>
            <span>普通员工</span>
    </#switch>
    <a href="/viewBooks">查看图书</a>
</div>
```

从上面粗体字代码可以看到，在 FreeMarker 模板中可使用${}来输出表达式的值，这里使用${Session['name']}输出 Session 范围内的 name 属性的值。上面代码还使用了 FreeMarker 的<#switch.../>指令，它的作用就类似于 Thymeleaf 的 th:switch 属性的作用。

登录成功后，同样可以看到与图 3.13 所示相同的页面。

应用同样提供了"查看图书"链接，处理该链接的处理方法与前一个示例完全相同，故此处不再赘述。当处理方法处理完成后，同样需要一个名为"viewBooks"的视图模板，在 resources/templates 目录下定义一个 viewBooks.ftlh 模板。

viewBooks.ftlh 页面的主体代码如下。

程序清单：codes\03\3.4\freemarker\src\main\resources\templates\viewBooks.ftlh

```html
<div class="container">
    <table class="table table-hover">
        <tr>
            <th>序号</th>
            <th>书名</th>
            <th>作者</th>
            <th>价格</th>
```

```
            <th>封面</th>
        </tr>
        <#list bookList as book>
        <tr>
            <td>${book_index + 1}</td>
            <td>${book.title}</td>
            <td>${book.author}</td>
            <td>${book.price}</td>
            <td><img alt="封面" src="/images/${book.cover}"
                    width="70" height="100"></td>
        </tr>
        </#list>
    </table>
</div>
```

上面的页面模板中使用了 FreeMarker 的<#list.../>指令，该指令用于对数组、集合或 Map 进行迭代输出，其作用完全类似于 Thymeleaf 的 th:each 属性的作用。

当用户单击"查看图书"链接时，同样可以看到与图 3.14 所示完全相同的页面。

此外，Spring Boot 还支持 Groovy 和 Mustache 这两个模板引擎，Spring Boot 同样为它们提供了自动配置支持，因此用起来同样简单，此处不再重复介绍。

▶▶ 3.4.8 Spring Boot 整合 JSP

虽然 Spring Boot 推荐使用 Thymeleaf 作为模板引擎，但由于早期大量 Spring MVC 项目都是使用 JSP 作为视图页面的，因此 Spring Boot 依然为 JSP 提供了支持。

实际上，真正支持 JSP 的并不是 Spring Boot，而是 Spring MVC，因此 Spring Boot 只要为 Spring MVC 的 Servlet（JSP 的本质）提供自动配置支持，就会自动支持 JSP。所以，Spring Boot 在 org.springframework.boot.autoconfigure.web.servlet 包下提供了如图 3.16 所示的类来支持 Spring MVC 的自动配置。

图 3.16 支持 Spring MVC 自动配置的类

servlet 包下的 WebMvcProperties 类对应 application.properties 文件中关于 Spring MVC 的配置属性，它负责读取该文件并设置 Spring MVC。

WebMvcProperties 类的重点源代码如下：

```java
@ConfigurationProperties(prefix = "spring.mvc")
public class WebMvcProperties {
    // 设置与日期、时间格式相关的属性
    private final Format format = new Format();
    // 设置与异步相关的属性
    private final Async async = new Async();
    // 设置与DispatcherServlet相关的属性
    private final Servlet servlet = new Servlet();
    // 设置与视图解析相关的属性
    private final View view = new View();
    // 设置与内容协商相关的属性
    private final Contentnegotiation contentnegotiation = new Contentnegotiation();
    // 设置与路径匹配相关的属性
    private final Pathmatch pathmatch = new Pathmatch();

    public static class Format {
        // 设置所使用的日期格式，如 dd/MM/yyyy
        private String date;
        // 设置所使用的时间格式，如 HH:mm:ss
        private String time;
        // 设置所使用的日期时间格式，如 yyyy-MM-dd HH:mm:ss
        private String dateTime;
        ...
    }
    public static class Servlet {
        // 设置DispatcherServlet的映射地址，默认是/
        private String path = "/";
        // 设置DispatcherServlet的加载优先级，默认是-1
        private int loadOnStartup = -1;
        ...
    }
    public static class View {
        // 设置Spring MVC的视图前缀
        private String prefix;
        // 设置Spring MVC的视图后缀
        private String suffix;
    }
    ...
}
```

从上面粗体字代码可以看出，该配置类的很多属性并不是简单的 String 类型，而是自定义的复合类型，比如它的 view 属性是 View 类型，而 View 又包含了 prefix 和 suffix 两个属性，因此应用可通过 spring.mvc.view.prefix 和 spring.mvc.view.suffix 属性来设置 Spring MVC 视图解析的相关配置。

在 WebMvcProperties 类中定义了一个 servlet 属性，该属性主要用于配置 Spring MVC 核心控制器: DispatcherServlet 的相关属性。

该 servlet 属性的类型是 Servlet 类，通过该 Servlet 类的源代码可以看到，DispatcherServlet 默认映射地址是"/"（应用根路径），如果希望改变它的映射路径，则可使用如下配置代码:

```
spring.mvc.servlet.path=/crazyit
```

WebMvcProperties 类指定了 Spring MVC 配置的默认值，在项目中可以通过 application.properties 配置文件对默认值进行修改。

```
# 设置视图的前缀目录
spring.mvc.view.prefix=/WEB-INF/content/
```

```
# 设置视图的后缀
spring.mvc.view.suffix=.jsp
# 设置日期、时间的格式
spring.mvc.format.date=dd/MM/yyyy
spring.mvc.format.time=HH:mm:ss
spring.mvc.format.date-time=yyyy-MM-dd HH:mm:ss
# 指定开启后缀模式匹配，这样"/users"可以匹配"/users.*"
spring.mvc.pathmatch.use-suffix-pattern=true
```

整合 JSP 与整合普通模板引擎的最大区别在于：JSP 本质上是一个 Servlet，因此需要将 JSP 视图页面放在 Web 目录下——对于 Maven 项目而言，Web 目录就是 src/main/目录下的 webapp 目录，该目录与 java 目录（存放 Java 源文件）、resources 目录（存放包括模板在内的各种资源文件）并列，这意味着 Spring Boot 加载 JSP 视图页面的基路径就是 src/main/webapp/目录，而在 application.properties 中 spring.mvc.view.prefix 指定的路径，也是以该路径为基路径的。

下面以一个例子来示范如何在 Spring Boot 应用中使用 JSP。首先创建一个 Maven 项目，然后修改该项目的 pom.xml 文件，改为继承 spring-boot-starter-parent，并将该文件的依赖部分改为如下形式。

程序清单：codes\03\3.4\jsp_test\pom.xml

```xml
<dependencies>
    <dependency>
        <groupId>org.springframework.boot</groupId>
        <artifactId>spring-boot-starter-web</artifactId>
    </dependency>
    <!-- 添加 JSTL（JSP Standard Tag Library，JSP 标准标签库）依赖 -->
    <dependency>
        <groupId>javax.servlet</groupId>
        <artifactId>jstl</artifactId>
    </dependency>
    <!-- Jasper 是 Tomcat 中使用的 JSP 引擎，
        Spring Boot 默认依赖的 Tomcat 模板不包含 JSP 引擎 -->
    <dependency>
        <groupId>org.apache.tomcat.embed</groupId>
        <artifactId>tomcat-embed-jasper</artifactId>
        <scope>provided</scope>
    </dependency>
    ...
</dependencies>
```

上面第一段粗体字代码添加了 JSTL 依赖库，这是为了在 JSP 视图页面中使用 JSTL 来执行分支、迭代循环、输出表达式等功能。上面第二段粗体字代码添加了 tomcat-embed-jasper 依赖库，它是 Tomcat 内置的 JSP 引擎，由于 spring-boot-starter-web 所依赖的 tomcat-embed-core.jar 并未包含 JSP 引擎，因此必须自行添加 tomcat-embed-jasper 作为 JSP 引擎。

在应用的 src/main/目录下创建 webapp 目录，该目录就是 Spring Boot 加载 JSP 视图页面的基路径，然后在 webapp 目录下创建 WEB-INF/content/目录，本例打算将 JSP 视图页面放在该目录下，因此需要在 application.properties 文件中配置如下一行：

```
org.apache.tomcat.embed:    # 设置视图的前缀目录
spring.mvc.view.prefix=/WEB-INF/content/
```

在应用的 resources/webapp/WEB-INF/content/目录下创建一个 index.jsp 文件，该文件被当成应用首页。index.jsp 文件的代码如下。

程序清单：codes\03\3.4\jsp_test\src\main\webapp\WEB-INF\content\index.jsp

```jsp
<%@ page language="java" contentType="text/html; charset=UTF-8"
    pageEncoding="UTF-8"%>
<%@ taglib prefix="c" uri="http://java.sun.com/jsp/jstl/core" %>
<!DOCTYPE html>
<html>
<head>
    <meta charset="UTF-8"/>
    <title>登录系统</title>
    <!-- 引用 WarJar 中的静态资源-->
    <link rel="stylesheet" href="/webjars/bootstrap/css/bootstrap.min.css"/>
    <script type="text/javascript" src="/webjars/jquery/jquery.js"></script>
    <script type="text/javascript" src="/webjars/popper.js/umd/popper.min.js"></script>
    <script type="text/javascript" src="/webjars/bootstrap/js/bootstrap.min.js">
    </script>
</head>
<body>
<div class="container">
    <img src="/logo.png"
        class="rounded mx-auto d-block"><h4>用户登录</h4>
    <c:if test="${error != null}">
    <div class="alert alert-danger">${error}</div>
    </c:if>
    <form method="post" action="/login">
        <div class="form-group row">
            <label for="username" class="col-sm-3 col-form-label">用户名：</label>
            <div class="col-sm-9">
                <input type="text" id="username" name="username"
                    class="form-control" placeholder="输入用户名">
            </div>
        </div>
        <div class="form-group row">
            <label for="pass" class="col-sm-3 col-form-label">密码：</label>
            <div class="col-sm-9">
                <input type="password" id="pass" name="pass"
                    class="form-control" placeholder="输入密码">
            </div>
        </div>
        <div class="form-group row">
            <div class="col-sm-6 text-right">
                <button type="submit" class="btn btn-primary">登录</button>
            </div>
            <div class="col-sm-6">
                <button type="reset" class="btn btn-danger">重设</button>
            </div>
        </div>
    </form>
</div>
</body>
</html>
```

从上面粗体字代码不难看出，在 JSP 页面中使用 JSTL 之后，该页面代码与 FreeMarker 的何其相似，区别只是 JSTL 用<c:if.../>标签，而 FreeMarker 用<#if.../>指令。

由于 index.jsp 页面被放在 webapp/WEB-INF/content/目录下，该目录相当于传统 Web 应用的 WEB-INF/content/目录，该目录下的所有 JSP 页面并不能被直接访问，必须由 Servlet 转发才能被访问，因此需要在控制器类中添加如下处理方法。

程序清单：codes\03\3.4\jsp_test\src\main\java\org\crazyit\app\controller\JspController.java

```java
@GetMapping("/")
public String index()
{
    return "index";
}
```

上面处理方法直接返回"index"逻辑视图名，这样 Spring Boot 就会呈现 webapp/WEB-INF/content/目录下的 index.jsp 页面作为视图。

处理登录请求的处理方法在处理登录成功时同样返回"main"逻辑视图名，接下来为"main"逻辑视图定义模板，在 webapp/WEB-INF/content/目录下添加 main.jsp 文件，该文件的主体代码如下。

程序清单：codes\03\3.4\jsp_test\src\main\webapp\WEB-INF\content\main.jsp

```jsp
<div class="container">
    <img src="/logo.png" class="rounded mx-auto d-block"><h4>登录成功</h4>
    欢迎您，<span>${sessionScope.name}</span>，登录成功 <br>
    您的角色是：<span><c:choose>
            <c:when test="${sessionScope.role} == 'admin'">系统管理员</c:when>
            <c:when test="${sessionScope.role} == 'manager'">经理</c:when>
            <c:otherwise>普通员工</c:otherwise>
        </c:choose></span>
    <a href="/viewBooks">查看图书</a>
</div>
```

从上面粗体字代码可以看到，上面代码使用了 JSTL 的<c:choose.../>标签，它的作用类似于 FreeMarker 的<#switch.../>指令、Thymeleaf 的 th:switch 属性的作用。

登录成功后，同样可以看到与图 3.13 所示相同的页面。

应用同样提供了"查看图书"链接，处理该链接的处理方法与前一个示例完全相同，故此处不再赘述。当处理方法处理完成后，同样需要一个名为"viewBooks"的视图模板，在 webapp/WEB-INF/content/目录下定义一个 viewBooks.jsp 页面。

viewBooks.jsp 页面的主体代码如下。

程序清单：codes\03\3.4\jsp_test\src\main\webapp\WEB-INF\content\viewBooks.jsp

```jsp
<div class="container">
    <table class="table table-hover">
        <tr>
            <th>序号</th>
            <th>书名</th>
            <th>作者</th>
            <th>价格</th>
            <th>封面</th>
        </tr>
        <c:forEach items="${bookList}" var="book" varStatus="bookStat">
        <tr>
            <td>${bookStat.index + 1}</td>
            <td>${book.title}</td>
            <td>${book.author}</td>
            <td>${book.price}</td>
            <td><img alt="封面" src="/images/${book.cover}"
                width="70" height="100"></td>
        </tr>
        </c:forEach>
    </table>
</div>
```

上面页面模板中使用了 JSTL 的<c:forEach.../>标签，它同样用于对数组、集合或 Map 进行迭代输出，其作用类似于 FreeMarker 的<#list.../>指令、Thymeleaf 的 th:each 属性的作用。

当用户单击"查看图书"链接时，同样可以看到与图 3.14 所以完全相同的页面。

3.4.9 路径匹配和内容协商

正如从前面 WebMvcProperties 类中所看到的，Spring Boot 定义了 pathmatch、contentnegotiation 两个属性来处理路径匹配和内容协商。

pathmatch 属性的类型是 Pathmatch 类，该类中定义了如下一行：

```
private boolean useSuffixPattern = false;
```

这说明 Spring Boot 默认关闭了"后缀匹配"模式，这意味着"GET /users.json"请求不会匹配 @GetMapping("/users")注解修饰的方法,因为请求的URL地址带了.json后缀——这被认为是Spring MVC 的最佳实践。

实际上，Spring MVC 早期之所以支持"后缀匹配"模式，主要是照顾有些 HTTP Client 程序没有设置合适的"Accept"请求头，在这种情况下，Spring MVC 可以根据请求的后缀来判断 HTTP Client 希望接收响应的内容类型。

现在 Spring MVC 有了更好的解决方案，即使 HTTP Client 依然没有设置合适的"Accept"请求头，Spring MVC 也允许在请求中添加一个额外的 format 参数——该参数代表了 HTTP Client 希望接收响应的内容类型。例如，"GET /users?format=json"请求会匹配@GetMapping("/users")修饰的处理方法，而且该处理方法会自动生成 JSON 响应。

> **提示：**
> 关于内容协商的深入介绍和详细示例，可以参考《轻量级 Java Web 企业应用实战》的 6.5.8 节。

Spring Boot 关于内容协商的配置由 WebMvcProperties 类的 contentnegotiation 属性决定，该属性的类型是 Contentnegotiation 类，该类中包含如下两行：

```
private boolean favorParameter = false;
private String parameterName;
```

其中，favorParameter 属性控制是否允许使用额外的请求参数指定希望接收的响应的内容类型。由于该属性的默认值是 false，因此需要将该属性设为 true 来启用该功能。parameterName 属性则用于设置额外的参数名——默认是 format。因此可通过在 application.properties 文件中配置如下两行来启用该功能：

```
spring.mvc.contentnegotiation.favor-parameter=true
# 设置使用额外的 fkft 请求参数来指定响应的内容类型
spring.mvc.contentnegotiation.parameter-name=fkft
# 通过下面属性可注册自定义的扩展名和内容类型的对应关系
spring.mvc.contentnegotiation.media-types.markdown=text/markdown
```

总结来说，Spring Boot 默认禁止了"后缀匹配"模式，而是推荐使用额外的 format 请求参数指定接收响应的内容类型。

实际上，Spring Boot 已经将"后缀匹配"标记为过时，并有可能在未来版本中删除该功能。在当前 2.x 系列版本中，Spring Boot 还允许通过在 application.properties 文件中配置如下两行来开启"后缀匹配"模式。

```
# 开启路径匹配的"后缀匹配"模式
# 该配置让"GET /users.json"能匹配 GetMapping("/users")
spring.mvc.pathmatch.use-suffix-pattern=true
```

```
# 开启内容协商时的"后缀匹配"模式
spring.mvc.contentnegotiation.favor-path-extension=true
```

即使需要开启"后缀匹配"模式,也不建议开启全部的后缀匹配,而是建议只允许匹配注册的后缀类型(简单来说,就是白名单方式),这样会更加安全。为了设置只匹配注册的后缀类型,可在 application.properties 文件中配置如下几行。

```
# 开启路径匹配的"后缀匹配"模式
spring.mvc.pathmatch.use-suffix-pattern=true
# 开启内容协商时的"后缀匹配"模式
spring.mvc.contentnegotiation.favor-path-extension=true
# 设置只匹配已注册的后缀类型
spring.mvc.pathmatch.use-registered-suffix-pattern=true
# 通过下面属性可注册自定义的扩展名和内容类型的对应关系
spring.mvc.contentnegotiation.media-types.markdown=text/markdown
```

通过上面配置之后,只有当请求的后缀是 Spring MVC 已注册的后缀类型时,才支持后缀匹配。比如请求的后缀是.json、.xml 等,这些后缀都是 Spring MVC 已注册的后缀类型,因此可支持后缀匹配。但如果请求的后缀是.exe 等,那么依然不支持后缀匹配。

上面配置的最后一行用于为 Spring MVC 注册额外的扩展名和内容类型之间的对应关系。经过这行配置之后,该行配置注册的后缀也支持后缀匹配,比如这行配置就指定了当请求的后缀是.markdown 时,一样可以支持后缀匹配。

▶▶ 3.4.10 错误处理

Spring Boot 的错误处理其实就是对 Spring MVC 异常处理的自动配置,因此 Spring Boot 同样可支持两种错误处理机制:

- ➢ 以 Spring Boot 提供的自动配置为基础,通过提供一些配置信息来改变 Spring Boot 默认的错误处理行为。
- ➢ 使用@ResponseStatus、@ExceptionHandler、@ControllerAdvice 等基于 AOP 的异常处理机制,这是直接基于 Spring MVC 异常处理机制进行错误处理。

下面先看 Spring Boot 为错误处理提供的自动配置。Spring Boot 默认提供了一个/error 映射来处理所有的错误,并将其注册为 Servlet 容器的全局错误页面。对于程序客户端(比如 HTTP Client 或 RESTful 客户端),它会生成一个具有错误详情、HTTP 状态和异常信息的 JSON 响应。对于普通浏览器,它会生成一个 White Label(白标)页面,该页面以 HTML 格式显示同样的错误信息。

Spring Boot 为错误处理的配置提供了 ErrorProperties 类,在该类的源代码中可以看到如下代码:

```java
public class ErrorProperties {
    // 设置 Spring Boot 默认的错误映射地址,默认值为/error
    @Value("${error.path:/error}")
    private String path = "/error";
    // 设置错误属性是否包含异常对象的类
    private boolean includeException;
    // 设置错误属性是否包含异常的跟踪栈
    private ErrorProperties.IncludeStacktrace includeStacktrace;
    // 设置错误属性是否包含异常的描述信息
    private ErrorProperties.IncludeAttribute includeMessage;
    // 设置错误属性是否包含代表类型转换、输入校验错误的 BindingErrors
    private ErrorProperties.IncludeAttribute includeBindingErrors;
    // 设置与白标页面有关的属性
    private final ErrorProperties.Whitelabel whitelabel;
    ...
}
```

因此可通过在 application.properties 文件中增加如下属性来配置 Spring Boot 的错误处理行为：

```
# 指定包含异常类
server.error.include-exception=true
# 指定一直包含 BindingErrors
server.error.include-binding-errors=always
# 指定启用白标页面（这是默认值）
server.error.whitelabel.enabled=true
```

如果希望自行控制错误属性能包含哪些异常信息，还可考虑提供自定义的 ErrorAttributes 实现类，通过实现该类中的 getErrorAttributes(WebRequest webRequest, ErrorAttributeOptions options)方法即可控制向错误属性中添加哪些异常信息。

Spring Boot 为 ErrorAttributes 提供的实现类为 DefaultErrorAttributes，它生成的错误属性包含如下异常信息。

- timestamp：错误的时间戳。
- status：错误的状态码。
- error：错误的原因描述。
- exception：根异常的异常类名（如果将 server.error.include-exception 设为 true）。
- message：异常的描述信息（如果 server.error.include-message 没有被设为 never）。
- errors：来自 BindingResult 异常的 ObjectErrors（如果 server.error.include-binding-errors 没有被设为 never）。
- trace：异常的跟踪栈信息（如果 server.error.include-stacktrace 没有被设为 never）。
- path：引发异常的 URL 路径。

Spring Boot 可指定自定义的错误页面来代替原有的白标页面，只要将错误页面统一放在/error 目录下即可。自定义的错误页面既可是静态的 HTML 页面，也可是动态的页面模板，只不过应该将静态的 HTML 错误页面放在静态资源目录（如"classpath:/static/""classpath:/public/"等）下的/error 目录中，而将动态的页面模板放在/resources/templates/error 目录下，且动态页面模板的优先级更高。

例如，为 404 错误码指定静态的 HTML 错误页面，该应用的目录结构如下：

```
src/
+- main/
   +- java/
   |  + <source code>
   +- resources/
      +- public/
         +- error/
         |  +- 404.html
         +- <other public assets>
```

上面的 404.html 页面就被放在了 resources/public/error/目录下，其中 resources/public/或 resources/static/都是 Spring Boot 默认的静态资源目录，因此完全可以将该 404.html 页面放在 resources/static/error/目录下。

Spring Boot 的错误页面不仅支持精确匹配，还支持模糊匹配，比如定义文件名为"4xx.html"的页面，它可作为所有 4xx 错误码的错误页面。

对于 HTTP 404 错误码，Spring Boot 将按如下顺序搜索错误页面。

```
'/<templates>/error/404.<ext>'
'/<static>/error/404.html'
'/<templates>/error/4xx.<ext>'
'/<static>/error/4xx.html'
```

上面<ext>代表不同模板引擎的后缀，比如 FreeMarker 对应于 ftlh，Thymeleaf 对应于 html。
例如，为所有 5xx 错误码指定统一的动态页面模板，该应用的目录结构如下：

```
src/
 +- main/
    +- java/
    |   + <source code>
    +- resources/
       +- templates/
          +- error/
          |  +- 5xx.<ext>
          +- <other templates>
```

上面 5xx.<ext>可以是不同模板引擎所支持的页面模板，比如 5xx.html（Thymeleaf）、5xx.ftlh（FreeMarker）等。

下面示例依然按前面方法创建一个 Spring Boot 应用，并添加其所需的依赖（具体可直接查看本例的 pom.xml 文件）。为了更好地示范程序出错的情况，本例在控制器处理方法中手动抛出异常。本例中控制器类的代码如下。

程序清单：codes\03\3.4\error_handler\src\main\java\org\crazyit\app\controller\BookController.java

```java
@Controller
public class BookController
{
    @GetMapping("/book/{id}")
    public String viewBook(@PathVariable Integer id)
    {
        if (id < 0)
        {
            throw new IllegalArgumentException("被查看图书的 id 必须大于 0");
        }
        return "viewBook";
    }
}
```

从上面代码可以看出，只要 id 参数小于 0，viewBook()处理方法就会抛出 IllegalArgumentException 异常。

在 application.properties 文件中添加如下配置，用以改变 Spring Boot 默认的错误处理行为。

程序清单：codes\03\3.4\error_handler\src\main\resources\application.properties

```
# 指定包含异常类
server.error.include-exception=true
# 指定一直包含 BindingErrors
server.error.include-binding-errors=always
# 指定启用白标页面（这是默认值）
server.error.whitelabel.enabled=true
# 指定一直包含异常跟踪栈
server.error.include-stacktrace=always
```

接下来在应用的 resources/templates/error 目录下添加 404.html 和 5xx.html 这两个自定义的错误页面，其中 404.html 页面没有使用模糊匹配，因此它只能作为 HTTP 404 错误码的错误页面，其代码也比较简单，此处不再给出；而 5xx.html 页面则可作为所有 HTTP 5xx 错误码的错误页面，该页面使用如下代码来输出错误信息。

程序清单：codes\03\3.4\error_handler\src\main\resources\templates\error\5xx.html

```html
<div class="alert alert-danger">
    <div>status：<span th:text="${status}">错误</span></div>
```

```
<div>error：<span th:text="${error}">错误</span></div>
<div>exception：<span th:text="${exception}">错误</span></div>
<div>message：<span th:text="${message}">错误</span></div>
<div>path：<span th:text="${path}">错误</span></div>
<div>trace：<span th:text="${trace}">错误</span></div>
</div>
```

上面粗体字代码中的 th:text 属性用于输出错误属性的各种信息，如果请求时 id 参数小于 0，此时将会看到如图 3.17 所示的自定义错误页面。

图 3.17　自定义错误页面

从图 3.17 可以看到错误属性所包含的各种信息，之所以能看到这么详细的信息，是因为在 application.properties 中配置改变了 Spring Boot 默认的错误处理行为，让错误属性几乎包含全部错误信息。

对于某些特定的异常类型，依然可直接使用 Spring MVC 基于 AOP 的异常处理机制。我们先回顾一下《轻量级 Java Web 企业应用实战》中所讲解的关于异常处理注解的知识。

➢ @ResponseStatus：可用于修饰指定的异常类或异常处理方法，就是将异常类或异常处理方法与错误码和错误信息对应起来。

➢ @ExceptionHandler：该注解修饰的方法相当于一个 AfterThrowing Advice，它专门用于处理异常。

➢ @ControllerAdvice 或@RestControllerAdvice：该注解修饰的类相当于 Aspect 类。

为了示范只处理特定异常的效果，本例中的控制器处理方法抛出自定义的异常。下面是本例的控制器类代码。

程序清单：codes\03\3.4\ControllerAdvice\src\main\java\org\crazyit\app\controller\BookController.java

```
@Controller
public class BookController
{
    @GetMapping("/book/{id}")
    public String viewBook(@PathVariable Integer id)
    {
        if (id < 0)
        {
            throw new BookException("被查看图书的id必须大于0");
        }
        return "viewBook";
    }
}
```

上面的 viewBook()处理方法抛出了自定义的 BookException，接下来定义一个专门处理异常的 Aspect 类，该类使用@RestControllerAdvice 注解修饰。下面是该类的代码。

程序清单：codes\03\3.4\ControllerAdvice\src\main\java\org\crazyit\app\controller\ErrorHandlerAdvice.java

```
@RestControllerAdvice(basePackageClasses = BookController.class)
public class ErrorHandlerAdvice extends ResponseEntityExceptionHandler
```

```
{
    // 定义异常处理方法
    @ExceptionHandler(BookException.class)
    public ResponseEntity<?> handle(HttpServletRequest request, Throwable ex)
    {
        Integer statusCode = (Integer) request.getAttribute
            ("javax.servlet.error.status_code");
        if (statusCode == null)
        {
            return new ResponseEntity<>(ex.getMessage(),
                HttpStatus.INTERNAL_SERVER_ERROR);
        }
        return new ResponseEntity<>(ex.getMessage(), HttpStatus.valueOf(statusCode));
    }
}
```

上面的 ErrorHandlerAdvice 类使用了 @RestControllerAdvice 注解修饰，这意味着该类相当于一个 Aspect 类，它包含的带 @ExceptionHandler 注解的方法将会被用于处理处理方法抛出的异常。

上面第二行粗体字代码使用了 @ExceptionHandler(BookException.class) 注解修饰处理方法，这意味着被修饰的处理方法仅处理 BookException 异常。

由于上面的异常处理类使用了 @RestControllerAdvice 注解修饰，这意味着该类的处理方法将会直接生成 RESTful 响应（默认是 JSON 响应），不需要视图页面。

如果在请求本例的 /book/{id} 时 id 参数小于 0，此时将会看到如图 3.18 所示的自定义错误页面。

图 3.18　使用自定义的异常处理方法

从图 3.18 可以看出，本例的错误处理完全由开发者自行控制，自定义的异常处理方法负责生成 JSON 格式的错误信息，在错误信息中包装了原始的异常信息和错误代码。使用这种错误处理方法开发者可以获取全部的控制权，只是略显烦琐。

▶▶ 3.4.11　文件上传和输入校验

Spring Boot 为 Spring MVC 的文件上传同样提供了自动配置，Spring Boot 推荐使用基于 Servlet 3 的文件上传机制，这样即可直接利用 Web 服务器内部的文件上传支持，而无须引入第三方 JAR 包。

Spring Boot 的文件上传自动配置主要由 MultipartAutoConfiguration 和 MultipartProperties 两个类组成，其中 MultipartProperties 负责加载以 "spring.servlet.multipart" 开头的配置属性，而 MultipartAutoConfiguration 则根据 MultipartProperties 读取的配置属性来初始化 StandardServletMultipartResolver 解析器对象。

打开 MultipartProperties 类，可以看到如下关键代码。

```
@ConfigurationProperties(prefix = "spring.servlet.multipart",
    ignoreUnknownFields = false)
```

```
public class MultipartProperties {
    // 设置是否启用 MultipartResolver 解析器
    private boolean enabled = true;
    // 设置上传文件的中转目录
    private String location;
    // 设置每个文件上传域能支持的最大大小
    private DataSize maxFileSize = DataSize.ofMegabytes(1);
    // 设置每个请求的最大大小
    private DataSize maxRequestSize = DataSize.ofMegabytes(10);
    // 设置文件大小超过多少时才会写入中转目录
    private DataSize fileSizeThreshold = DataSize.ofBytes(0);
    ...
}
```

通过上面文件可以发现，可在 application.properties 文件中通过如下代码对文件上传进行配置：

```
# 设置每个文件上传域的最大大小
spring.servlet.multipart.max-file-size=10MB
# 设置整个请求支持的最大大小
spring.servlet.multipart.max-request-size=50MB
# 设置文件上传的中转目录
spring.servlet.multipart.location=d:/temp
```

下面通过示例来示范 Spring Boot 的文件上传支持。首先创建一个 Maven 项目，然后让其 pom.xml 文件继承 spring-boot-starter-parent，并添加 spring-boot-starter-web.jar、spring-boot-starter-thymeleaf.jar、bootstrap.jar 和 bs-custom-file-input.jar（文件上传域的前端库）依赖。

接下来使用 index.html 页面定义一个文件上传的表单。

程序清单：codes\03\3.4\fileupload\src\main\resources\templates\index.html

```html
<head>
    ...
    <script>
        $(document).ready(function () {
            bsCustomFileInput.init()
        });
    </script>
</head>
<div class="container">
    <h4>添加图书</h4>
    <form method="post" th:action="@{/addBook}" enctype="multipart/form-data">
        <div class="form-group row">
            <label for="name" class="col-sm-2 col-form-label">图书名：</label>
            <div class="col-sm-7">
                <input type="text" id="name" name="name"
                    class="form-control" placeholder="请输入图书名">
            </div>
            <div class="col-sm-3 text-danger">
                <span th:if="${book != null}" th:errors="${book.name}">错误提示</span>
            </div>
        </div>
        <div class="form-group row">
            <label for="cover" class="col-sm-2 col-form-label">图书封面：</label>
            <div class="col-sm-7">
                <div class="custom-file">
                    <input type="file" id="cover" name="cover"
                        class="custom-file-input">
                    <label class="custom-file-label" for="cover">选择文件</label>
                </div>
            </div>
            <div class="col-sm-3 text-danger">
```

```html
            <span th:if="${book != null}" th:errors="${book.cover}">错误提示</span>
        </div>
    </div>
    <div class="form-group row">
        <div class="col-sm-6 text-right">
            <button type="submit" class="btn btn-primary">添加</button>
        </div>
        <div class="col-sm-6">
            <button type="reset" class="btn btn-danger">重设</button>
        </div>
    </div>
</form>
</div>
```

上面页面代码中除了定义文件上传的表单,其中的粗体字代码还为 HTML 元素定义了 th:errors 属性,该属性用于输出类型转换、输入校验的错误提示。

本例还会为文件上传提供输入校验功能,Spring Boot 同样只是对 Spring MVC 输入校验提供了简单的包装,因此 Spring Boot 完全支持 Spring MVC 提供的两种输入校验机制。

➤ Spring 原生提供的 Validation,这种验证方式需要开发者手写验证代码,比较烦琐。
➤ 使用 JSR 303 的校验,这种验证方式只需使用注解,即可以声明式的方式进行验证,非常方便。

本例打算使用 JSR 303 校验机制,为文件上传请求定义如下控制器类。

程序清单:codes\03\3.4\fileupload\src\main\java\org\crazyit\app\controller\BookController.java

```java
@Controller
public class BookController
{
    // 定义文件上传的目录
    @Value("${file.upload-folder}")
    private String path;       // ①
    // @PostMapping 指定被修饰方法处理/addBook 请求
    @PostMapping("/addBook")
    public String add(@Validated Book book, Errors errors, Model model,
            ServletRequest request) throws IOException
    {
        // 如果文件不是图片
        if (!book.getCover().getContentType().toLowerCase().startsWith("image"))
        {
            errors.rejectValue("cover", null, "只能上传图片");
        }
        // 如果文件大小大于 2MB
        if (book.getCover().getSize() > 2 * 1024 * 1024)
        {
            errors.rejectValue("cover", null, "图片大小不能超 2MB");
        }
        // 如果校验失败
        if (errors.getErrorCount() > 0)
        {
            return "index";
        }
        else
        {
            var f = new File(path);
            // 如果 path 对应的路径不存在,则创建该目录
            if (!f.exists())
            {
                f.mkdir();
```

```
        }
        System.out.println(f.getAbsolutePath());
        // 调用 MultipartFile 的 getOriginalFilename()方法获取原始文件名
        // 然后调用 StringUtils 的 getFilenameExtension 获取扩展名
        var extName = StringUtils.getFilenameExtension(
            book.getCover().getOriginalFilename());
        var targetName = UUID.randomUUID().toString()
            + "." + extName;
        // 调用 MultipartFile 的 transferTo()方法完成文件复制
        book.getCover().transferTo(new File(path + targetName));
        book.setTargetName(targetName);
        System.out.println("添加的图书: " + book.getName());
        model.addAttribute("tip", book.getName() + "图书添加成功！");
        return "success";
    }
}
```

正如从上面第一段粗体字代码所看到的，add()方法使用了 @Validated 注解修饰 book 参数，表明程序应该对该 book 参数执行校验；在 book 参数后紧跟 Errors 类型的参数，表明该 Errors 参数将用于收集输入校验的错误信息。

上面 add()方法中的粗体字代码还对上传的文件进行了判断，要求上传的文件只能是图片，且大小不能超过 2MB。

留意上面的①号代码，此处指定了文件上传目录是 path 变量指定的目录，这个目录并不在该应用内部，而是在本地磁盘的任意目录下，为什么这么设置呢？这是由于 Spring Boot 应用不再是传统的 Java Web 应用，它完全可能被打包成一个可执行的 JAR 包，这样是没法向应用内部写入上传的文件的，因此建议将上传的文件保存在本地磁盘的某个目录下。

接下来又涉及一个问题，如何才能让应用本身访问上传的文件（比如回显上传的图片）呢？这就需要利用 Spring Boot 的静态资源处理了，还记得前面关于静态资源的讲解吗？Spring Boot 是允许添加自定义目录作为静态资源目录的，因此只要将保存上传的文件的本地目录添加成 Spring Boot 的静态资源目录即可。

下面定义一个 WebMvcConfigurer 实现类来为 Spring Boot 配置静态资源目录。该类的源代码如下。

程序清单：codes\03\3.4\fileupload\src\main\java\org\crazyit\app\UploadFilePathConfig.java

```
@Configuration
public class UploadFilePathConfig implements WebMvcConfigurer
{
    @Value("${file.static-access-path}")
    private String staticAccessPath;
    @Value("${file.upload-folder}")
    private String uploadFolder;
    @Override
    public void addResourceHandlers(ResourceHandlerRegistry registry)
    {
        // 将本地磁盘的指定路径映射成 Spring Boot 的静态资源路径
        registry.addResourceHandler(staticAccessPath)
            .addResourceLocations("file:" + uploadFolder);
    }
}
```

从上面的粗体字代码可以看出，程序将会把 file.upload-folder 属性指定的目录配置成了 Spring Boot 的静态资源目录，静态资源目录由 file.static-access-path 属性动态配置。

因此还需要在 application.properties 文件中添加如下两行来进行配置。

程序清单：codes\03\3.4\fileupload\src\main\resources\application.properties
```
# 静态资源对外暴露的访问路径
file.static-access-path=/uploads/**
# 文件上传目录
file.upload-folder=F:/uploads/
```

通过上面配置，Spring Boot 就会把文件上传到本地磁盘的指定目录下，而且该目录也被添加成应用的静态资源目录，这样应用就能正常访问该目录下上传的资源了。

Spring Boot 的文件上传支持依然由 MultipartFile（Spring MVC 的 API）提供，下面是本例用到的 Book 类的代码。

程序清单：codes\03\3.4\fileupload\src\main\java\org\crazyit\app\domain\Book.java
```java
public class Book
{
    @Length(min = 6, max = 30, message = "书名长度必须在 6~30 个字符之间")
    private String name;
    private MultipartFile cover;
    private String targetName;
    //省略构造器、setter 和 getter 方法
    ...
}
```

上面粗体字代码为 Book 类定义了一个 MultipartFile 类型的属性，它用于封装上传的文件。

此外，上面 Book 类中还用到了@Length 注解，该注解就是典型的 JSR 303 校验的注解。由于 JSR 303 只是规范，因此还需要添加 Spring Boot 为输入校验提供的 spring-boot-starter-validation 依赖库，在 pom.xml 文件中添加如下依赖：

```xml
<dependency>
    <groupId>org.springframework.boot</groupId>
    <artifactId>spring-boot-starter-validation</artifactId>
</dependency>
```

下面对 Spring Boot 的输入校验功能进行总结。Spring Boot 的输入校验功能基本完全由 Spring MVC 提供，其实大致只需要如下三步即可。

① 为被校验的字段添加 JSR 303 注解修饰，通过这些注解指定校验规则。

② 为被校验的参数添加@Validated 注解修饰，并紧跟一个 Errors 类型的参数，用于收集校验失败的错误提示。

③ 在页面上使用 th:errors 属性来输出校验失败的错误提示。

当文件上传成功后，使用如下页面来回显上传的文件。

程序清单：codes\03\3.4\fileupload\src\main\resources\templates\success.html
```html
<div class="alert alert-primary"><span th:text="${tip}">添加成功</span><br>
    书名：<span th:text="${book.name}">疯狂 Java 讲义</span><br>
    封面：<img th:src="@{'/uploads/' + ${book.targetName}}">
</div>
```

正如从上面粗体字代码所看到的，程序访问的是/uploads/目录下的上传文件名——但由于/uploads/目录其实被映射到了本地磁盘的文件上传目录下，因此可正常访问到上传的文件。

运行主类启动该应用，通过应用首页上传文件时，如果校验失败，将会看到如图 3.19 所示的页面。

图 3.19 文件上传时校验失败

本例在控制器处理方法中指定上传文件的大小不能超过 2MB，但在 application.properties 中则配置了每个上传文件的大小不能超过 10MB，这意味着如果上传文件的大小超过 2MB，触发的只是控制器的输入校验失败（错误信息被添加到 Errors 中）；如果上传文件的大小超过 10MB，则会触发 Spring Boot 本身的错误处理，此时将会看到如图 3.20 所示的白标页面。

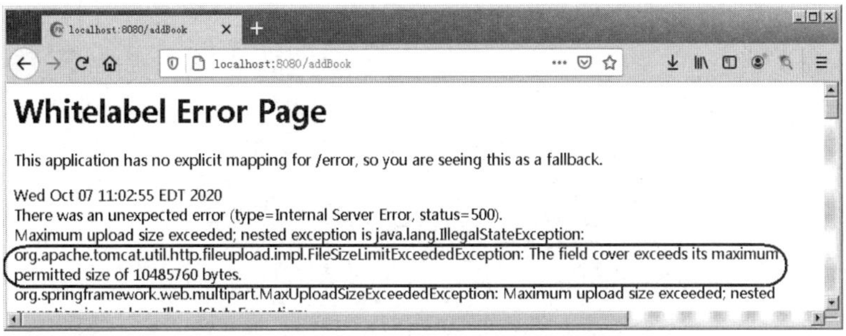

图 3.20 文件过大引发的错误处理

简单来说，在控制器代码中对文件大小进行校验，可以提供更精确的校验信息；但通过 spring.servlet.multipart.max-file-size 属性来控制上传文件的大小则更加简单、方便，如果开发者不想看到图 3.20 所示的默认的白标页面，则完全可提供自定义的错误页面来改变它——比如在 /resources/templates/目录下提供一个 5xx.html 页面。

如果输入校验通过，文件上传成功，将会看到如图 3.21 所示的回显页面。

图 3.21 文件上传成功

3.5 国际化支持

Spring Boot 同样对国际化提供了支持，Spring Boot 为国际化资源的自动配置提供了 MessageSourceProperties 类，该类的关键代码如下：

```
public class MessageSourceProperties {
    // 设置要加载的国际化资源文件的 basename
    private String basename = "messages";
    // 设置读取国际化资源文件所用的字符集
    private Charset encoding = StandardCharsets.UTF_8;
```

```
    // 设置国际化资源文件的缓存时间，如果不设置，则默认永远缓存
    // 如果不为缓存时间指定单位后缀，则默认时间单位是秒
    @DurationUnit(ChronoUnit.SECONDS)
    private Duration cacheDuration;
    private boolean fallbackToSystemLocale = true;
    // 设置是否总是应用 MessageFormat 规则，即使消息不带参数也执行解析
    private boolean alwaysUseMessageFormat = false;
    // 设置是否使用国际化消息的 key 作为默认消息
    private boolean useCodeAsDefaultMessage = false;
    ...
}
```

从上面代码可以看出，国际化配置最重要的属性就是 spring.messages.basename，该属性指定 Spring Boot 将要加载的国际化消息的 basename，如果有多份国际化资源要加载，则在多个 basename 之间用英文逗号隔开。一旦指定了国际化消息的 basename，Spring Boot 就将从类加载路径下按指定的 basename 加载国际化资源文件。

下面这段代码是关于国际化配置的示例代码。

```
# 加载国际化资源文件
spring.messages.basename=login_mess
# 指定国际化消息缓存 2 小时
spring.messages.cache-duration=7200
# 设置使用国际化消息的 key 作为默认消息
spring.messages.use-code-as-default-message=true
# 设置读取国际化消息的字符集是 UTF-8
spring.messages.encoding=UTF-8
```

需要注意的是，只有当指定 basename 的、默认的国际化消息存在时，Spring Boot 的自动配置才会生效。举例来说，比如配置了 spring.messages.basename=mess，这就意味着如果仅提供 mess_zh_CN.properties（简体中文的资源文件）和 mess_en_US.properties（美式英语的资源文件），关于国际化的自动配置不会生效；只有当提供一份默认的 mess.properties 文件时，国际化的自动配置才会生效。

通过上面配置让 Spring Boot 加载了国际化消息资源之后，接下来即可根据国际化消息的 key 来获取国际化消息。此时可分为两种情况：

➢ 在 Java 组件（如控制器等）中，直接使用容器内的 MessageSource Bean 的 getMessage()方法获取国际化消息。
➢ 在页面模板中，使用标签或表达式输出国际化消息。比如在 Thymeleaf 模板中，直接使用 #{key}即可输出指定 key 对应的国际化消息。

▶▶ 3.5.1 应用国际化

下面通过示例来示范 Spring Boot 应用的国际化。首先创建一个 Maven 项目，然后让其 pom.xml 文件继承 spring-boot-starter-parent，并添加 spring-boot-starter-web.jar、spring-boot-starter-thymeleaf.jar、bootstrap.jar 依赖。

接下来提供如下两份国际化消息资源文件。

程序清单：codes\03\3.5\i18n\src\main\resources\login_mess_zh_CN.properties

```
login_title=用户登录
name_label=用户名：
name_hint=请输入用户名
password_label=密码：
password_hint=请输入密码
```

```
login_btn=登录
reset_btn=重设
success_title=登录成功
success_info={0}，欢迎您，登录成功！
error_title=登录失败
error_info=对不起，您输入的用户名、密码不正确！
```

程序清单：codes\03\3.5\i18n\src\main\resources\login_mess_en_US.properties

```
login_title=Login Page
name_label=username:
name_hint=input your username
password_label=password:
password_hint=input your password
login_btn=login
reset_btn=reset
success_title=login successful
success_info={0}, welcome, you have logined!
error_title=failed to login
error_info=sorry, you inputed incorrect username/password!
```

这两份国际化资源文件的 basename 都是 login_mess，因此需要在 application.properties 文件中添加如下一行来加载它们。

```
# 加载国际化资源文件
spring.messages.basename=login_mess
```

正如前面所讲过的，仅有这两份针对特定 Locale 的国际化资源文件是不够的——Spring Boot 关于国际化的自动配置不会生效。为了让有关国际化的自动配置生效，可直接将 login_mess_en_US.properties 文件复制一份，并重命名为 login_mess.properties。

接下来添加一个 index.html 页面，并在该页面中使用#{}表达式来输出国际化消息。该页面的主体代码如下。

程序清单：codes\03\3.5\i18n\src\main\resources\templates\index.html

```html
<div class="container">
    <img th:src="@{/logo.png}"
        class="rounded mx-auto d-block"><h4 th:text="#{login_title}">首页</h4>
    <form method="post" th:action="@{/login}">
        <div class="form-group row">
            <label for="username" class="col-sm-3 col-form-label"
                th:text="#{name_label}">用户名</label>
            <div class="col-sm-9">
                <input type="text" id="username" name="username"
                    class="form-control" th:placeholder="#{'name_hint'}">
            </div>
        </div>
        <div class="form-group row">
            <label for="pass" class="col-sm-3 col-form-label"
                th:text="#{password_label}">密码</label>
            <div class="col-sm-9">
                <input type="password" id="pass" name="pass"
                    class="form-control" th:placeholder="#{'password_hint'}">
            </div>
        </div>
        <div class="form-group row">
            <div class="col-sm-6 text-right">
                <button type="submit" class="btn btn-primary"
                    th:text="#{login_btn}">登录</button>
            </div>
            <div class="col-sm-6">
```

```html
            <button type="reset" class="btn btn-danger"
                th:text="#{reset_btn}">重设</button>
        </div>
    </div>
</form>
</div>
```

上面页面中的粗体字代码使用了#{key}表达式来输出国际化消息,非常简单。
接下来定义处理该表单请求的控制器类,控制器类的代码如下。

程序清单:codes\03\3.5\i18n\src\main\java\org\crazyit\app\controller\UserController.java

```java
@Controller
public class UserController
{
    // 依赖注入userService组件
    @Autowired
    private UserService userService;
    @Autowired
    private MessageSource messageSource;
    @PostMapping("/login")
    public String login(User user, Model model,
        WebRequest webRequest, Locale locale)
    {
        if (userService.userLogin(user) > 0)
        {
            model.addAttribute("tip", messageSource.getMessage(
                "success_info", new String[]{user.getUsername()}, locale));
            // 为session添加属性
            webRequest.setAttribute("userName", user.getUsername(),
                WebRequest.SCOPE_SESSION);
            return "success";
        }
        model.addAttribute("tip", messageSource.getMessage("error_info",
            null, locale));
        return "fail";
    }
}
```

上面程序中第一行粗体字定义了一个MessageSource类型的变量,并使用@Autowired注解修饰它,这样Spring Boot会将容器中的MessageSource Bean注入该变量;第二行粗体字代码调用了MessageSource的getMessage()方法根据key来获取国际化消息。

上面的处理方法可能返回"success"和"fail"两个逻辑视图名,因此还需要提供success.html和fail.html两个视图页面,这两个页面的代码都很简单,依然是使用#{key}来输出国际化消息。

运行主类来启动该应用,直接访问应用首页,将会看到如图3.22所示的简体中文的界面。

图3.22 简体中文的界面

如果将浏览器的"网页语言"设置为美式英语,该程序界面将自动显示为美式英语的界面——

界面内容由 login_mess_en_US.properties 资源文件提供。

3.5.2 在界面上动态改变语言

Spring MVC 提供了 LocaleResolver 接口用于解析用户浏览器的 Locale，并为该接口提供了三个常用的实现类：AcceptHeaderLocaleResolver（根据浏览器的"Accept"请求头来确定）、CookieLocaleResolver（根据 Cookie 来确定）、SessionLocaleResolver（根据 Session 来确定），其中 AcceptHeaderLocaleResolver 是默认值，因此前面示例可通过修改浏览器的"网页语言"设置（其实就是改变浏览器所发送的"Accept"请求头）来改变应用界面。

如果希望在应用界面上提供下拉列表让用户选择语言，则应该使用 SessionLocaleResolver 或 CookieLocaleResolver 来解析用户浏览器的 Locale。

为了让用户能自行改变 Locale，还需要添加一个 LocaleChangeInterceptor 拦截器。本例额外定义一个 LocaleConfig 配置类来创建 LocaleResolver 解析器，并创建、添加 LocaleChangeInterceptor 拦截器。下面是该配置类的代码。

程序清单：codes\03\3.5\SessionResolver\src\main\java\org\crazyit\app\LocaleConfig.java

```java
@Configuration
public class LocaleConfig implements WebMvcConfigurer
{
    @Value("${locale-param}")
    private String localeParam;
    @Value("${locale-resolver-type}")
    private String resolverType;
    // 定义LocaleResolver解析器
    @Bean
    public LocaleResolver localeResolver()
    {
        if (resolverType.equals("session"))
        {
            var localeResolver = new SessionLocaleResolver();
            // 设置默认区域
            localeResolver.setDefaultLocale(Locale.CHINA);
            return localeResolver;
        }
        else if (resolverType.equals("cookie"))
        {
            var localeResolver = new CookieLocaleResolver();
            // 设置默认区域
            localeResolver.setDefaultLocale(Locale.CHINA);
            // 设置Cookie的名字
            localeResolver.setCookieName("lang");
            // 设置Cookie的最大寿命
            localeResolver.setCookieMaxAge(3600 * 24);
            return localeResolver;
        }
        else
        {
            // 依然使用默认的AcceptHeaderLocaleResolver解析器
            return new AcceptHeaderLocaleResolver();
        }
    }
    // 定义LocaleChangeInterceptor拦截器
    @Bean
```

```java
    public LocaleChangeInterceptor localeChangeInterceptor()
    {
        LocaleChangeInterceptor lci = new LocaleChangeInterceptor();
        // 设置参数名
        lci.setParamName(localeParam);
        return lci;
    }
    @Override
    public void addInterceptors(InterceptorRegistry registry)
    {
        // 注册 LocaleChangeInterceptor 拦截器
        registry.addInterceptor(localeChangeInterceptor());
    }
}
```

上面配置类使用@Bean 注解定义了两个 Bean，其中第一个就是 LocaleResolver，只要在 Spring 容器中定义了 LocaleResolver Bean，Spring 就会自动把它注册为 Locale 解析器，并用它来解析用户浏览器所属的 Locale。第二个则是 LocaleChangeInterceptor 拦截器，它会根据浏览器发送的额外的请求参数来改变 Locale；上面配置类重写了 addInterceptors()方法，并在该方法中注册了 LocaleChangeInterceptor 拦截器。

上面配置类会根据 application.properties 中的 locale-resolver-type 属性值来决定创建哪个 Locale 解析器实现类；还会根据 locale-param 属性决定额外的请求参数的名称，因此可以在 application.properties 文件中增加如下两行：

```
# 指定改变 Locale 的请求参数名为 loc
locale-param = loc
# 设置使用 Session 来保存用户选择的 Locale
locale-resolver-type=session
```

上面配置指定用于改变 Locale、额外的请求参数名为 loc，并设置使用 Session 来保存用户选择的 Locale，因此程序将创建 SessionLocaleResolver 解析器。

接下来在 index.html 页面中添加如下代码。

程序清单：codes\03\3.5\SessionResolver\src\main\resouces\templates\index.html

```html
<div class="col-sm text-right">
    <!-- 定义选择语言的下拉列表 -->
    <div class="dropdown">
        <button class="btn btn-primary dropdown-toggle" type="button"
            id="dropdownMenuButton" data-toggle="dropdown" th:text="#{choose}">
            选择语言</button>
        <div class="dropdown-menu">
            <a class="dropdown-item" th:href="@{/?loc=en_US}" th:text="#{en}">
                英文</a>
            <a class="dropdown-item" th:href="@{/?loc=zh_CN}" th:text="#{zh}">
                中文</a>
        </div>
    </div>
</div>
```

上面页面中的两行粗体字代码定义的超链接都是向应用根路径发送请求，但额外发送的 loc 请求参数的值分别为 en_US 和 zh_CN——前面注册 LocaleChangeInterceptor 时指定将会根据 loc 请求参数来改变用户浏览器的 Locale，并使用 Session 来保存用户浏览器的 Locale。因此，只要用户不关闭浏览器（保持会话连接），用户就可在应用界面上通过下拉列表来选择语言，如图 3.23 所示。

图 3.23　用户选择界面语言

3.6　管理 Spring WebFlux 框架

Spring WebFlux（通常简称为 WebFlux）是一套全新的反应式 Web 技术栈，Spring Boot 同样为它提供了自动配置。

▶▶ 3.6.1　Spring WebFlux 简介

Spring WebFlux 由 Spring 5.0 框架首次引入。与传统的 Spring MVC 相比，Spring WebFlux 主要有如下两个优势：

- ➢ 完全脱离了 Servlet API。使用 Spring WebFlux 开发 Web 应用时，Servlet 容器成了可选项，默认使用 Reactor Netty 作为服务器。
- ➢ Spring WebFlux 实现了完全的异步非阻塞，可以很好地支持反应式流（Reactive Stream）编程范式，也能支持背压（Backpressure）等特征。

> **提示：**
> 在传统的编程范式下，程序使用迭代器模式来遍历序列，由迭代器调用 next()方法控制"拉取"数据；在反应式流的编程范式下，数据序列一般作为消息发布者，当发布者有新的数据产生时，这些数据会被推送给订阅者进行处理，反应式流可以对数据进行各种不同的处理。

Reactor 框架采用 Mono 和 Flux 两个类代表消息发布者，因此它们都实现了 CorePublisher<T>接口。它们的区别在于：

- ➢ Mono 代表 0~1 个非阻塞数据；而 Flux 则代表一个非阻塞序列。
- ➢ Mono 相当于一个 Optional 值；而 Flux 才是 Stream。

简单来说，Mono 只包含一个数据项，而 Flux 能包含多个数据项。Spring WebFlux 同样也要使用 Mono 和 Flux 这两个类。

Spring WebFlux 就是基于 Reactor 实现的，其中 Flux 名称就来自 Reactor 中的 Flux 类，WebFlux 包括了对反应式 HTTP、服务器推送事件（SSE，Server Send Event）及 WebSocket 的支持。

Spring WebFlux 提供了两种开发方式：

- ➢ 使用类似于 Spring MVC 的注解方式。在这种方式下，依然使用@Controller、@RequestMapping 等注解修饰类和方法。
- ➢ 使用函数式编程模型的方式。在这种方式下，程序使用 RouterFunction 来注册映射地址和处理器方法之间的路由关系。

上面这两种编程模型只是形式上有所不同（在代码编写方式上存在不同），它们本质上是完全一样的，它们都运行在相同的反应式流的基础之上。

Spring WebFlux 与 Spring MVC 相比，其最大的区别在于：异步、非阻塞。具体来说，在传统 Web 编程模型（特征是同步、阻塞）中，当客户端请求（由 HttpServletRequest 代表）到来时，底层容器（如 Tomcat）通常要启动一条专门的线程来处理该请求，直到最终生成服务器响应（由 HttpServletResponse 代表）。在这个过程中，该线程只能处理该请求。如果在处理过程中遇到某个阻塞线程的操作（比如获取请求参数、I/O 操作、数据库读取等），该线程就会被阻塞，无法继续向下执行。

在传统 Web 编程模型（特征是同步、阻塞）中，服务器需要使用很大的线程池才能支持大量的并发请求；当请求的并发数量足够大时，只能通过水平的集群扩展、增加更多的集群节点来处理这些并发请求。

在 Spring WebFlux 编程模型中，当客户端请求（由 ServerRequest 代表）到来时，底层反应式容器无须启动额外的线程，当服务器端获取请求数据时，请求数据是消息发布者（Mono 或 Flux），服务器端程序是消息订阅者，二者之间是异步的；当服务器端生成响应时，服务器响应数据是消息发布者（Mono 或 Flux），客户端请求变成 Mono 或 Flux（发布者）的订阅者，二者之间依然是异步的。

当 Mono 或 Flux 有新的数据产生时，这些数据会被推送给所有的订阅者，这样就完全没必要为每个客户端启动新的线程。

在 Spring WebFlux 编程模型中，订阅者与发布者之间并不是同步的（就像你订阅了一份报纸，你不会一直等着报纸送过来），因此处理线程也不会发生阻塞，这样服务器就可使用少量、固定大小的线程池来处理请求。

> **提示：**
> 同步意味着 A 执行完第一步后，必须等 B 执行一步，然后 A 才能执行第二步，就像传统 Web 编程模型，服务器端的 Servlet（或 Spring MVC 控制器）获取请求数据后一直处于阻塞状态，直到从网络上成功获取到请求数据；异步则意味着 A 执行完第一步后就离开了，不再等待，至于 B 何时执行下一步，A 并不关心——反正等到 B 执行完下一步之后，它会发送一个消息通知 A 去继续执行第二步。

需要指出的是，Spring MVC 和 Spring WebFlux 并不是互斥的，它们完全可以在同一个项目中共存，而且并不像网络上某些菜鸟人云亦云"Spring WebFlux 运行起来更快"。在 Spring WebFlux 官方文档中可以看到如下文字：

"non-blocking generally do not make applications run faster.（非阻塞通常不会让应用运行得更快。）On the whole, it requires more work to do things the non-blocking way and that can slightly increase the required processing time.（从整体来说，它需要做更多工作来支持无阻塞方式，因此可能轻微增加处理时间。）"

Spring WebFlux 的最大优势在于：能以较少的、固定数量的线程和更小的内存处理更多的并发请求，因此 Spring WebFlux 在高负载的情况下可以具有更好的可伸缩性——因为无须显著增加线程和内存。

通常来说，Spring MVC 适用于同步处理的场景，Spring WebFlux 适用于异步处理的场景，尤其在大量 I/O 密集型（比如 Spring Cloud 网关）的服务中使用 Spring WebFlux 比较合适。

需要说明的是，如果使用 Spring WebFlux 再加上底层数据库 R2DBC（异步数据库连接），就能让整个应用程序完全具有反应式和背压支持，确实在处理高并发请求上具有极大的优势。

提示：
本书第 5 章将会详细介绍 Spring Boot 整合 R2DBC 的方法和功能。

3.6.2 Spring WebFlux 的自动配置

Spring Boot 使用 spring-boot-starter-webflux.jar 为 Spring WebFlux 开发提供支持，spring-boot-starter-webflux.jar 又依赖 spring-web.jar 和 spring-webflux.jar 这两个 JAR 包，其中 spring-webflux.jar 就代表了 Spring WebFlux 模块。

spring-boot-starter.jar 依赖于 spring-boot-autoconfigure.jar 包，Spring WebFlux 的自动配置主要由后一个包中的 WebFluxAutoConfiguration 自动配置类负责提供支持。

Spring Boot 为 Spring WebFlux 提供的自动配置适用于大部分应用，自动配置还在 Spring WebFlux 默认功能的基础上添加了如下特性：

➢ 为 HttpMessageReader 和 HttpMessageWriter 实例配置 codecs。
➢ 对服务器静态资源提供支持，包括对 WebJars 的支持。

如果希望在保留自动配置提供的这些 Spring WebFlux 特性的同时，再增加一些自定义的 Spring WebFlux 配置，则可实现自己的 WebFluxConfigurer 类，并使用@Configuration 注解修饰该类，但不要使用@EnableWebFlux 注解修饰。

如果希望全面控制 Spring WebFlux，则可使用@Configuration 和@EnableWebFlux 注解同时修饰自己的 WebFluxConfigurer 类。如果真打算这么做，那么就意味着完全关闭了 Spring WebFlux 的自动配置，开发者必须手动完成所有关于 Spring WebFlux 的配置工作。

注意
尽量不要使用@EnableWebFlux 注解，使用该注解意味着开发者全面控制 Spring WebFlux，那就失去使用 Spring Boot 的价值了。

Spring WebFlux 应用既可在异步服务器——Reactor Netty 和 Undertow 上运行，也可在传统的 Servlet 容器上运行，前提是这些 Servlet 容器至少支持 Servlet 3.1 非阻塞 I/O API。实际上，Tomcat 9.0 已能支持 Servlet 4.0 规范，Jetty 9.4 系列也能支持 Servlet 3.1 规范，因此 Spring WebFlux 应用也可在 Tomcat 9.0+、Jetty 9.4+服务器上运行。

Spring Boot 提供的内嵌的 Tomcat、Jetty、Undertow、Reactor Netty 都可以很好地支持 WebFlux 应用，由于 spring-boot-starter-webflux.jar 默认依赖 spring-boot-starter-reactor-netty.jar 包，这意味着 Spring Boot 的 WebFlux 支持默认以内嵌的 Reactor Netty 作为服务器。

如果要改变 WebFlux 应用所使用的服务器或对服务器进行配置，则可按本章 3.3 节中的介绍进行操作。

内嵌的 Reactor Netty 默认也在 8080 端口提供服务，如果要改变 HTTP 服务端口或在运行时获取端口，则可按本章 3.1 节的内容进行操作。

3.6.3 静态资源和首页、图标

与 Spring MVC 类似，Spring Boot 同样使用类加载路径下的/static（或/public、/resources、/META-INF/resources）目录或应用的根路径作为 WebFlux 的静态资源路径。通常开发者只要将 JS 脚本、CSS 样式单、图片等静态内容统一放在类加载路径下的/static 或/public 目录下即可。

Spring Boot 提供静态内容的行为由 ResourceWebHandler 负责，因此，如果想改变这种行为，

则可通过添加 WebFluxConfigurer 并重写该类的 addResourceHandlers 方法来实现。例如如下代码片段：

```
@Configuration
public class ResourcesConfig implements WebFluxConfigurer
{
    @Override
    public void addResourceHandlers(ResourceHandlerRegistry registry)
    {
        registry.addResourceHandler("/**")                          // ①
                .addResourceLocations("classpath:/public/");        // ②
    }
}
```

上面代码片段指定了静态资源的加载路径为"classpath:/public/"，也就是类加载路径下的/public/路径，该路径被映射到/**路径。

通常并不需要使用上面的编程方式进行配置，因此 Spring Boot 提供了 spring.resources.static-locations 属性来配置静态资源的加载路径，该属性可指定一系列的路径列表，该属性的值将会覆盖 /static/、/public/、/resources/、/META-INF/resources 这些默认路径，但应用的根路径会被自动添加进来。

> **提示：** spring.resources.static-locations 属性相当于上面代码片段中②号代码处指定的路径，同样在②号代码处也可通过字符串数组指定多个路径。

静态资源会被自动映射到/**路径下，比如有一份 abc.js 文件，它被保存在类加载路径下的/static/js/中，但实际上它的映射地址是/js/abc.js。

Spring Boot 也允许通过 spring.webflux.static-path-pattern 属性来改变静态资源的映射路径，假如在 application.properties 文件中增加如下配置：

```
spring.webflux.static-path-pattern=/res/**
```

> **提示：** spring.webflux.static-path-pattern 属性相当于上面代码片段中①号代码处指定的映射地址。

上面配置指定将静态资源映射到/res/**路径下，比如有一份 abc.js 文件，它的存放位置为：类加载路径下的/static/js/路径，但实际上它的映射地址是/res/js/abc.js。

Spring Boot 也支持加载 WebJar 包中的静态资源，WebJar 包中的静态资源都会被映射到/webjars/**路径下。比如在应用的某个 JAR 包中包含 js/abc.js，那么它实际的映射地址就是/webjars/js/abc.js。

> **注意：** Spring WebFlux 应用不再依赖 Servlet API，因此它不能被打包成 WAR 包，然后再部署，所以在 Spring WebFlux 应用中不应该使用/src/main/webapp 目录。

此外，Spring Boot 同样也支持静态资源处理的两个高级特性：
- 版本无关的静态资源。
- 静态资源的缓存清除。

前面介绍 Spring MVC 时已详细讲解了这两个特性的功能和用法，此处不再赘述。

与 Spring MVC 类似，Spring WebFlux 同样可使用静态资源路径下的 index.html 或模板路径下的 index 模板作为应用的首页；Spring WebFlux 同样会使用静态资源路径下的 favicon.ico 文件作为应用的图标。

▶▶ 3.6.4 使用注解开发 Spring WebFlux 应用

下面使用@Controller、@RequestMapping 等注解来开发 Spring WebFlux 应用。依然是创建一个 Maven 项目，让其 pom.xml 文件继承 spring-boot-starter-parent，并添加 spring-boot-starter-webflux.jar 依赖。

接下来定义如下控制器类。

程序清单：codes\03\3.6\Annotation\src\main\java\org\crazyit\app\controller\ItemController.java

```
@RestController
@RequestMapping("/item")
public class ItemController
{
    @GetMapping("/hello")
    public Mono<String> hello()
    {
        return Mono.just("Hello WebFlux");
    }
}
```

查看该类的代码，不难发现该控制器类与 Spring MVC 应用的控制器类非常相似，它们都使用@Controller 或@RestController 注解来修饰控制器类，并同样使用@RequestMapping 或其变体注解修饰处理方法；区别只是处理方法的返回值类型不同，WebFlux 应用的控制器的返回值类型可以使用 Mono 或 Flux（此处是 Mono）。

Mono 和 Flux 正是 Reactor 框架中的消息发布者 API，它们都实现了 CorePublisher<T>接口，这就表示采用了基于"订阅-发布"的异步模式。

本应用的主类并没有任何改变，依然通过 SpringApplication 的 run()静态方法来运行由@SpringBootApplication 注解修饰的类即可。

运行该应用的主类来启动应用，将会在控制台看到如下输出：

```
Netty started on port(s): 8080
```

从上面输出可以看出，WebFlux 应用默认使用 Netty 作为内嵌服务器，不再使用 Tomcat 作为服务器。

接下来使用浏览器或 Postman 向 http://localhost:8080/item/hello 发送 GET 请求，即可看到服务器生成如下响应：

```
Hello WebFlux
```

上面处理方法返回的 Mono 对象只是包含一个简单的 String 数据，下面定义的处理方法返回的 Mono 对象将会包含复合对象。在 ItemController 类中添加如下方法。

程序清单：codes\03\3.6\Annotation\src\main\java\org\crazyit\app\controller\ItemController.java

```
@Autowired
private ItemService itemService;
@GetMapping("/{id}")
public Mono<Item> getByItemId(@PathVariable("id") Integer id)
{
    return Mono.justOrEmpty(this.itemService.getItemById(id))
        .switchIfEmpty(Mono.error(new ItemNotFoundException("商品找不到")));
```

```java
}
@PostMapping("")
public Mono<Item> create(@RequestBody Item item)
{
    return Mono.just(this.itemService.createOrUpdate(item));
}
@PutMapping("")
public Mono<Item> update(@RequestBody Item item)
{
    Objects.requireNonNull(item);
    return Mono.just(this.itemService.createOrUpdate(item));
}
@DeleteMapping("/{id}")
public Mono<Item> delete(@PathVariable("id") Integer id)
{
    return Mono.justOrEmpty(this.itemService.delete(id));
}
```

上面这些处理方法同样很简单，它们调用 itemService 组件来执行 CRUD 操作。由于 itemService 的这四个 CRUD 方法的返回值只是单个 Item 对象或 null，因此程序只要将该返回值放入 Mono 对象中，这些处理方法的返回值就变成了消息发布者。

上面控制器类所依赖的 ItemService 组件实现类的代码如下。

程序清单：codes\03\3.6\Annotation\src\main\java\org\crazyit\app\service\impl\ItemService.java

```java
@Service
public class ItemServiceImpl implements ItemService
{
    private final Map<Integer, Item> data = new ConcurrentHashMap<>();
    private static final AtomicInteger idGenerator = new AtomicInteger(0);
    @Override
    public Collection<Item> list()
    {
        return this.data.values();
    }
    @Override
    public Item getItemById(Integer id)
    {
        return this.data.get(id);
    }
    @Override
    public Item createOrUpdate(Item item)
    {
        // 修改商品
        if (item.getId() != null && data.containsKey(item.getId()))
        {
            this.data.put(item.getId(), item);
        }
        else
        {
            Integer id = idGenerator.incrementAndGet();
            item.setId(id);
            this.data.put(id, item);
        }
        return item;
    }
    @Override
    public Item delete(Integer id)
    {
        return this.data.remove(id);
    }
}
```

正如从上面粗体字代码所看到的，该 Service 组件并未依赖 DAO 组件来访问真正的数据库，而是使用内存中的 Map 来模拟内存数据库——当程序需要添加记录时，就向 Map 中添加一个 key-value 对；当程序需要删除记录时，就删除一个 key-value 对。

提示：

在学习控制器层和 Service 层开发时，使用 Map 模拟内存数据库很有用，因为这样可以避免涉及数据库开发，从而更好地聚焦正在学习的内容。

运行该应用的主类来启动应用，然后使用 Postman 发送 GET、POST、PUT、DELETE 请求来测试上面的处理方法。

本节打算教读者使用 curl 来测试它们。

提示：

curl 是一个 Linux 和 Windows 系统都支持的命令行工具，如果能熟练地使用 curl 工具，就会发现它非常强大，而且用起来非常方便——唯一的缺点是要记几条命令。读者可登录 https://curl.haxx.se 下载和安装 curl 工具，并可参考 https://curl.haxx.se/docs/manpage.html 快速掌握该工具的用法。在熟练掌握它之后，你会发现它比 Postman 更高效、更好用。

curl 工具的基本用法如下：

```
curl 选项 URL 地址
```

启动命令行工具，执行如下命令：

```
curl -H "Content-Type: application/json" -X POST -d @item.json http://localhost:8080/item
```

上面命令涉及如下几个选项。

➢ -H：该选项用于指定请求头。
➢ -X：该选项用于指定请求方法，可指定 GET、POST、PUT、DELETE 等。
➢ -d：该选项用于指定请求数据。既可直接给出请求数据，也可通过读取文件的方式，带@符号就表示读取文件内容来作为请求数据。

提示：

由于印刷的原因，读者在看本书中的命令时，可能会把某个字符之间的间距当成空格。在这里要告诉大家一个关于计算机命令格式的常识：空格是命令格式中非常敏感的字符。基本常识是：每个选项名（如-H、-X、-d 等）与选项值之间有空格；选项值整体不能有空格，否则计算机会尝试将其空格后面的内容解释成下一个选项，因此，如果选项值之间有空格或特殊字符，则需要用双引号将它包围起来，比如上面的 "Content-Type: application/json" 就是-H 选项的选项值，需要用双引号将它包围起来；第二个选项名与前一个选择值之间有空格，例如，-X 选项与前面的 "Content-Type: application/json" 之间有空格，-d 选项与前面的 POST 之间有空格。

如果在 Windows 平台上使用 curl 命令，最好使用读取文件的方式来提交请求数据——因为 Windows 平台的命令行窗口默认采用 GBK 字符集，处理起来比较烦人。

上面命令中指定了-d @item.json 选项，这意味着 curl 命令要读取当前目录下的 item.json 文件内容作为请求数据。因此还需要在当前目录（在 Windows 命令行窗口中执行 curl 命令时，命令行窗口中的 ">" 符号前的字符串就是当前目录）下使用 UTF-8 字符集创建如下 item.json 文件。

程序清单：codes\03\3.6\Annotation\item.json

```
{
    "name": "疯狂Java讲义",
    "price": 128
}
```

执行上面命令，将会在命令行窗口中看到如下输出：

```
curl -H "Content-Type: application/json" -X POST -d @item.json http://localhost:8080/item
{"id":1,"name":"疯狂Java讲义","price":128.0}
```

上面第二行输出就是服务器响应，这就表明向服务器发送POST请求添加数据成功。

对item.json的数据略做修改（只能修改name属性或price属性的值），然后再次发送上面的POST请求，即可向服务器添加新的Item。

执行如下命令来发送GET请求：

```
curl http://localhost:8080/item/1
```

上面命令没有指定任何选项，这意味着发送默认的GET请求，没有请求数据，没有指定额外的请求头。执行上面命令，将会看到如下输出：

```
curl http://localhost:8080/item/1
{"id":1,"name":"疯狂Java讲义","price":128.0}
```

在当前目录下使用UTF-8字符集创建如下item_update.json文件。

```
{
    "id": 1,
    "name": "疯狂Android讲义",
    "price": 128
}
```

上面JSON字符串定义的Item对象指定了id属性，该字符串可用于更新id为1的Item对象。然后执行如下命令来发送PUT请求：

```
curl -H "Content-Type: application/json" -X PUT -d @item_update.json http://localhost:8080/item
```

上面命令与前面的执行POST请求的命令基本相同，只是将-X选项改成了PUT，并改为读取当前目录下的item_update.json文件内容作为请求数据。

执行上面命令，将会看到如下输出：

```
curl -H "Content-Type: application/json" -X PUT -d @item_update.json http://localhost:8080/item
{"id":1,"name":"疯狂Android讲义","price":128.0}
```

这样就对服务器端id为1的Item对象进行了修改，再次执行curl http://localhost:8080/item/1命令来查看id为1的Item对象，即可看到它的name属性值是修改后的属性值了。

执行如下命令来发送DELETE请求：

```
curl -X DELETE http://localhost:8080/item/1
```

上面命令使用-X选项指定发送DELETE请求，执行上面命令，将会看到如下输出：

```
curl -X DELETE http://localhost:8080/item/1
{"id":1,"name":"疯狂Android讲义","price":128.0}
```

上面命令执行完成后，服务器端id为1的Item对象就被删除了。如果再次执行curl http://localhost:8080/item/1命令来查看id为1的Item对象，即可看到如下输出：

```
curl http://localhost:8080/item/1
```

```
{"timestamp":"2020-10-14T23:37:31.472+00:00","path":"/item/1","status":500,
"error":"Internal Server Error","message":"商品找不到",...
```

从服务器响应可以看出，id 为 1 的 Item 对象不再存在。

上面四个处理方法返回的都是包含单个数据的 Mono 对象，当服务器响应是多项数据时，可使用 Flux 返回值来定义发布者。在 ItemController 类中添加如下处理方法。

程序清单：codes\03\3.6\Annotation\src\main\java\org\crazyit\app\controller\ItemController.java

```java
@GetMapping("")
public Flux<Item> list(Integer size)
{
    if (size == null || size == 0)
    {
        size = 5;
    }
    return Flux.fromIterable(this.itemService.list()).take(size);
}
```

上面粗体字代码调用 Flux 的 fromIterable()方法将整个序列包含的数据变成消息发布者，然后调用 Flux 的 take()方法取出指定数量的数据项——本例将会根据 size 请求参数（如果该参数不存在，则使用默认值 5）来取出数据项。

再次运行主程序来启动应用，先使用 curl 发送 POST 请求添加几条数据，然后使用 curl 执行如下命令：

```
curl http://localhost:8080/item?size=3
```

上面命令没有指定任何选项，这意味着它依然是发送 GET 请求，但在发送请求时指定了 size 参数。运行该命令，将会看到如下输出：

```
curl http://localhost:8080/item?size=3
[{"id":1,"name":"疯狂 Java 讲义","price":128.0},{"id":2,"name":"疯狂 Python 讲义","price":118.0},{"id":3,"name":"疯狂 Android 讲义","price":138.0}]
```

至此，可能有读者会对 WebFlux 感到有点失望，好像 WebFlux 与 Spring MVC 并没有什么区别，不仅开发方式差不多，连服务器生成的响应也差不多——实际上前面已经说过，WebFlux 的变化主要是两点：①彻底抛弃 Servlet API；②基于订阅-发布的异步机制。而这两点的变化主要体现在底层服务器能以较小的线程池处理更高的并发，从而提高应用的可伸缩性上，往往并不体现在表面上。

当然，异步响应也还是略有不同的，在 ItemController 类中再次添加如下处理方法。

程序清单：codes\03\3.6\Annotation\src\main\java\org\crazyit\app\controller\ItemController.java

```java
@GetMapping(value = "", produces = "application/stream+json")
public Flux<Item> list()
{
    // 需要周期性地生成数据，使用 Flux.interval
    return Flux.interval(Duration.ofMillis(2000))
        .onBackpressureDrop()
        // 每隔 interval 执行一次 itemService.list()方法
        .map((interval) -> itemService.list())
        // 将 List<Item>转换成 Flux<Item>
        .flatMapIterable(item -> item)
        .log("生成信息");
}
```

上面@GetMapping 注解中指定了 produces = "application/stream+json"，这意味着该处理方法将负责处理 "Accept" 请求头为 "application/stream+json" 的 GET 请求。

上面 list()方法中使用了 Flux 的 interval()方法来周期性地生成数据，而且由于客户端可接受"流式"JSON 响应,这样该方法将每隔 2 秒向客户端发送一次响应。

再次运行主程序来启动应用,先使用 curl 发送 POST 请求添加两条数据,然后使用 curl 执行如下命令:

```
curl http://localhost:8080/item -i -H "Accept: application/stream+json"
```

上面命令使用-H 选项指定了"Accept"请求头,还使用了-i 选项,该选项不需要选项值,它的作用是控制输出服务器响应的响应头。

运行上面命令,将可看到如下输出:

```
curl http://localhost:8080/item -i -H "Accept: application/stream+json"
HTTP/1.1 200 OK
transfer-encoding: chunked
Content-Type: application/stream+json

{"id":1,"name":"疯狂 Python 讲义","price":118.0}
{"id":2,"name":"疯狂 Java 讲义","price":128.0}
{"id":1,"name":"疯狂 Python 讲义","price":118.0}
{"id":2,"name":"疯狂 Java 讲义","price":128.0}
...
```

此时将会看到服务器响应不断地"跳出",每次生成两条数据——这是因为 Flux 订阅者每次获取的都只有两条数据(itemService.list()方法只返回两条数据)。

启动另一个命令行窗口,再次使用 curl 发送 POST 请求添加一个 Item 对象,然后切换回原来的命令行窗口,此时由于系统中包含了三个 Item 对象(itemService.list()方法返回三条数据),将可看到服务器每次会生成三条数据的响应。

▶▶ 3.6.5 函数式开发 WebFlux 应用及整合模板引擎

前面介绍了使用注解来开发 WebFlux 应用,在这种方式下获取请求数据比较简单,开发时甚至很难看出 WebFlux 的异步特征。

下面将介绍使用函数式的方式来开发 WebFlux 应用,在这种方式下,开发者可以更清晰地看出服务器端的处理方法以异步方式获取请求数据。

首先创建一个 Maven 项目,然后修改该项目的 pom.xml 文件,改为继承 spring-boot-starter-parent,并额外添加 spring-boot-starter-webflux、spring-boot-starter-thymeleaf、org.webjars:bootstrap 和 org.webjars:webjars-locator-core 依赖。

上面添加的第三个依赖是 Bootstrap 的 WebJar 包,通过添加 WebJar 即可在该应用中使用 Bootstrap 前端库;第四个依赖则是为版本无关的静态资源提供支持的 JAR 包;从这两个 JAR 包的正常工作可以看出,WebFlux 对静态资源的支持与 Spring MVC 基本相同。

在应用的 resources/public 目录下添加一个 favicon.ico 图标文件,该图标将被自动作为该应用的图标。

接下来为 WebFlux 应用添加模板页面,WebFlux 支持如下三种模板引擎:

➢ FreeMarker
➢ Thymeleaf
➢ Mustache

WebFlux 已经彻底抛弃 Servlet API 了,因此不要尝试在 WebFlux 应用中整合 JSP。

在 WebFlux 应用中整合上面三种模板引擎的方式大同小异,都只需要先添加对应的 spring-boot-starter-xxx.jar 包,比如整合 Thymeleaf 就添加 spring-boot-starter-thymeleaf.jar 包,然后在 resources/templates 目录下定义模板页面即可。

在 resources/templates 目录下添加一个 index.html 页面,根据 WebFlux 的首页规则,它会自动把该页面当成应用的首页。该 index.html 页面就是一个表单页面,代码比较简单,此处不再给出,读者可自行参考本书配套代码。

使用函数式的方式开发 WebFlux 应用时,需要开发两个组件。
- Handler:该处理器组件相当于控制器,它负责处理客户端的请求,并为客户端生成响应。该 Handler 组件的每个方法都只带一个 ServerRequest 参数(不是 Servlet API)——代表客户端请求对象,且每个方法的返回值类型都是 Mono<ServerResponse>,代表作为服务器响应的消息发布者。
- Router:该组件通过函数式的编程方式来定义 URL 地址与 Handler 处理方法之间的映射关系。

下面先看本应用的处理器代码。

程序清单:codes\03\3.6\thymeleaf_test\src\main\java\org\crazyit\app\handler\ThymeleafHandler.java

```java
@Component
public class ThymeleafHandler
{
    public Mono<ServerResponse> login(ServerRequest request)
    {
        // 以异步方式获取表单请求参数
        // 获取表单请求参数用 formData()方法
        // 如果获取 POST 请求体的数据,则用 bodyToFlux()或 bodyToMono()方法
        Mono<MultiValueMap<String, String>> mono = request.formData();  // ①
        /*
         * Mono 对象的 flatMap()与 map()方法很相似,
         * 都用于将当前 Mono 对象转换为另一个 Mono 对象,它们的区别在于:
         * flatMap()会直接将传入的 Lambda 表达式的返回值作为新的 Mono 对象,
         * 因此其 Lambda 表达式必须返回 Mono 对象;
         * map()会对传入的 Lambda 表达式的返回值再包装一层 Mono,
         * 因此其 Lambda 表达式通常不返回 Mono 对象
         */
        return mono.flatMap(map -> {
            String username = map.get("username").get(0);
            String pass = map.get("pass").get(0);
            if (username.equals("crazyit.org") && pass.equals("leegang"))
            {
                request.session().subscribe(session -> {
                    // 添加 Session 数据
                    var data = session.getAttributes();
                    data.put("name", username);
                    data.put("role", "manager");
                });
                return ServerResponse.ok().contentType(MediaType.TEXT_HTML)
                    // 如果需要使用模板引擎,则调用 render 方法
                    // 如果要直接生成 RESTful 响应,则调用 body()方法生成响应体
                    .render("main", Map.of("ids", List.of(1, 2, 3, 4)));
            }
            return ServerResponse.ok().contentType(MediaType.TEXT_HTML)
                .render("index", Map.of("error", "用户名/密码不匹配"));
        });
    }
}
```

```java
    @Autowired
    private BookService bookService;
    public Mono<ServerResponse> viewBook(ServerRequest request)
    {
        // 获取路径参数用 pathVariable()方法
        // 获取请求参数（附在URL地址中的请求参数）用 queryParam()方法
        String id = request.pathVariable("id");      // ②
        return ServerResponse.ok().contentType(MediaType.TEXT_HTML)
                // 如果需要使用模板引擎，则调用 render 方法
                // 如果要直接生成 RESTful 响应，则调用 body()方法生成响应体
                .render("viewBook", Map.of("book",
                bookService.getBookById(Integer.parseInt(id))));
    }
}
```

从上面的 Handler 代码可以看出，它的所有处理方法都只有一个参数 ServerRequest，这些方法的返回值类型都是 Mono<ServerResponse>。

上面①、②两行粗体字代码是 WebFlux 通过 ServerRequest 获取请求数据的两种方式。

> 对于以请求体提交的数据，通常会通过 formData()、bodyToFlux()或 bodyToMono()方法来获取，由于这种方式需要通过网络 I/O 读取数据，可能会造成阻塞，因此它们都采用了订阅-发布的异步方式，这三个方法的返回值都是 Mono 或 Flux（消息发布者）。

> 对于 URL 地址中的数据（包括传统请求参数和路径参数），由于它们只要直接解析 URL 字符串即可读取数据，不会造成阻塞，因此没有采用订阅-发布的异步方式。

需要指出的是，Mono 或 Flux 都是异步机制的消息发布者（程序准确地知道它们何时会发布消息），因此程序通常不应该直接获取 Mono 或 Flux 中的数据。

Mono 虽然提供了一个 block()方法来获取它发布的消息——但请记住：Mono 只是消息发布者，它何时能发布消息是不确定的，因此调用 Mono 的 block()方法会阻塞当前线程，直到 Mono 发布消息为止，如果直接调用 Mono 的 block()方法，那就相当于回到了同步方式——因此 Netty 服务器根本不允许这么做。类似地，Flux 也提供了 blockFirst()方法，该方法同样会阻塞当前线程，变成同步方式，因此 Netty 服务器同样禁止这么做。

对于 Mono（单个数据）或 Flux（数据序列），程序要么调用 subscribe(consumer)方法进行处理，要么调用 map(function)或 flatMap(function)方法进行处理。subscribe()方法与 map()（或 flatMap()）的区别就体现在它们的参数上：subscribe()方法需要的参数是 Consumer 类型，它的 apply()方法是没有返回值的，因此 Mono 或 Flux 调用 subscribe(consumer)方法"消费"数据之后不会有返回值；而 map()（或 flatMap()）方法需要的参数是 Function 类型（相当于一个转换器），它的 apply()方法是有返回值的，因此 Mono 或 Flux 调用 map(function)（或 flatMap(function)）方法"消费"数据之后会再次返回 Mono 或 Flux，原 Mono 或 Flux 中每个数据项经过 function 的 apply()方法转换得到的返回值，会作为新 Mono 或 Flux 的数据项。

图 3.24 显示了 Flux 执行 map()方法的示意图。其实 Mono 执行 map()方法更简单——Mono 相当于只会发布一个数据项的 Flux。

从图 3.24 可以看出，Function 接口中的 apply()方法是有返回值（由泛型形参 R 代表）的，因此 Flux 发布的每个数据项经过 apply()处理之后都会得到一个新的数据项，这些新的数据项就是结果 Flux 的数据项。

如果图 3.24 中的 apply()方法没有返回值（Consumer 接口的 apply()方法就没有返回值），Flux 发布的数据项经过 apply()方法处理之后将没有返回值，因此也不会有结果 Flux。

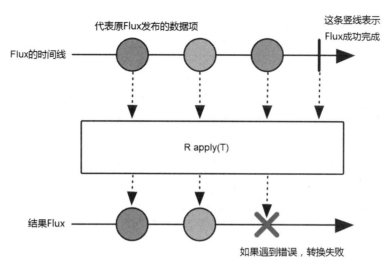

图 3.24　Flux 执行 map() 方法的示意图

> **提示：**
> 关于 Function 接口与 Consumer 接口，以及 Java 流式编程的知识，可参考《疯狂 Java 讲义》的第 8 章。

最后需要说明的是，Flux 的 map() 方法并不是直接迭代的，它是异步的！Flux 每次发布数据项的时间点都是不确定的，但每当它发布一个数据项后，该数据项就会由 Function 参数处理（订阅）。

Handler 类中处理方法的返回值类型都是 Mono<ServerResponse>，上面程序都是先调用 ServerResponse 的 ok()（相当于将响应状态码设为 200）、contentType() 方法返回 ServerResponse.BodyBuilder 对象的。

有了 ServerResponse.BodyBuilder 对象之后，根据响应类型的不同，可调用如下两个方法来生成 Mono<ServerResponse> 对象作为返回值。

> ➤ render(String name, Map<String,?> model)：使用模板引擎来生成响应，其中第一个参数代表逻辑视图名，第二个参数代表传给模板的 model 数据。render() 方法还有其他重载形式，功能类似。
> ➤ body(P publisher, Class<T> elementClass)：直接设置响应体类生成响应，同样用于生成 RESTful 响应。body() 方法还有其他重载形式，功能类似。

由于本例要整合 Thymeleaf 作为模板引擎，因此都调用 render() 方法来生成响应。

上面 Handler 的第一个处理方法还用到了"main"逻辑视图名，因此需要在 resources/templates 目录下定义一个 main.html 页面。该页面的主体代码如下。

程序清单：codes\03\3.6\thymeleaf_test\src\main\resources\templates\main.html

```
<div class="container">
    <img th:src="@{/logo.png}" class="rounded mx-auto d-block"><h4>登录成功</h4>
    欢迎您， <span th:text="${session.name}">用户名</span>，登录成功 <br>
    您的角色是： <span th:switch="${session.role}">
        <span th:case="'admin'">系统管理员</span>
        <span th:case="'manager'">经理</span>
        <span th:case="*">普通员工</span>
    </span>
    <div><a th:each="id: ${ids}" th:href="@{'/viewBook/' + ${id}}">
```

```html
        查看图书<span th:text="${id}"></span></a></div>
</div>
```

从上面的页面代码可以看出，不管是在 WebFlux 中使用 Thymeleaf，还是在 Spring MVC 中使用 Thymeleaf，变化的只是控制器或 Handler，而 Thymeleaf 页面并没有什么改变。

上面 Handler 的第二个处理方法还用到了"viewBook"逻辑视图名，因此需要在 resources/templates 目录下定义一个 viewBook.html 页面。该页面的主体代码如下。

程序清单：codes\03\3.6\thymeleaf_test\src\main\resources\templates\viewBook.html
```html
<div class="container">
    <h2 th:text="${book.title}">书名</h2>
    <div th:text="${book.author}">作者</div>
    <div th:text="${book.price}" class="text-primary">价格</div>
    <div><img alt="封面" src="images/java.jpg" th:src="@{'/images/'+${book.cover}}">
    </div>
</div>
```

使用函数式的方式开发 WebFlux 应用时仅定义 Handler 是不够的——毕竟 Handler 只是使用普通的@Component 注解修饰，这意味着仅将它配置成了 Spring 容器中的 Bean，并没有为它指定映射地址，因此还需要定义 Router 为 Handler 定义路由（也就是定义请求 URL 地址与 Handler 处理方法之间的对应关系）。

现在定义如下 Router 类。

程序清单：codes\03\3.6\thymeleaf_test\src\main\java\org\crazyit\app\router\ThymeleafRouter.java
```java
@Configuration
public class ThymeleafRouter
{
    @Bean
    public RouterFunction<ServerResponse> route(ThymeleafHandler handler)
    {
        return RouterFunctions
            // 定义映射地址与处理器方法之间的对应关系
            .route(RequestPredicates.POST("/login")
                .and(RequestPredicates.accept(MediaType.TEXT_HTML)), handler::login)
            .andRoute(RequestPredicates.GET("/viewBook/{id}")
                .and(RequestPredicates.accept(MediaType.TEXT_HTML)), handler::viewBook);
    }
}
```

从上面的映射地址可以看出，对于"POST /login"请求，程序调用 ThymeleafHandler 的 login()方法进行处理；对于"GET /viewBook/{id}"请求，程序调用 ThymeleafHandler 的 viewBook()方法进行处理。

上面 Router 类使用了@Configuration 注解修饰，这表明它其实就相当于 Spring 的配置文件，而其中配置的 RouterFunction<ServerResponse> Bean 就负责处理请求到 Handler 的路由——也就是定义请求 URL 地址与 Handler 处理方法之间的映射。

应用主类没有什么变化，依然是只要使用 SpringApplication 的 run()方法执行带@SpringBootApplication 注解的类即可。

运行主类来启动应用，使用浏览器直接访问 http://localhost:8080，浏览器将会显示应用首页：一个登录表单页面；在表单页面中输入正确的用户名、密码登录系统，登录成功后将看到如图 3.25 所示的页面。

单击图 3.25 所示页面下方的链接，将可看到如图 3.26 所示的页面。

图 3.25　处理表单参数登录成功

图 3.26　处理路径参数查看图书

▶▶ 3.6.6　错误处理

与 Spring MVC 类似，Spring Boot 使用 WebExceptionHandler 以合理的方式处理所有错误，它正好位于 WebFlux 提供的处理器之前。

> **提示：**
> WebExceptionHandler 是 Spring MVC 和 Spring WebFlux 错误处理机制共同的接口。

与 Spring MVC 类似，对于程序客户端（比如 HTTP Client 或 RESTful 客户端），Spring WebFlux 会生成一个具有错误详情、HTTP 状态和异常信息的 JSON 响应。对于普通浏览器，它会生成一个 White Label（白标）页面，该页面以 HTML 格式显示同样的错误信息。

Spring Boot 为错误处理配置提供的 ErrorProperties 类不仅适用于 Spring MVC，同样也适用于 Spring WebFlux，这意味着 Spring MVC 和 Spring WebFlux 在 application.properties 文件中的错误配置完全是相同的。

与 Spring MVC 类似，WebFlux 也允许提供自定义的 ErrorAttributes 实现类，通过实现该类中的 getErrorAttributes(ServerRequest request, ErrorAttributeOptions options)方法（注意第一个形参的类型是 ServerRequest，不是 WebRequest）即可控制向错误属性中添加哪些异常信息。

> **提示：**
> Spring MVC 的 ErrorAttributes 与 WebFlux 的 ErrorAttributes 是两个不同的接口，虽然这两个接口的名字相同，但它们所在的包不同。

Spring Boot 为 ErrorAttributes 提供的实现类为 DefaultErrorAttributes，它生成的错误属性包含如下异常信息。

- ➢ timestamp：错误的时间戳。
- ➢ status：错误的状态码。
- ➢ error：错误的原因描述。
- ➢ exception：根异常的异常类名（如果将 server.error.include-exception 设为 true）。
- ➢ message：异常的描述信息（如果将 server.error.include-message 没被设为 never）。
- ➢ errors：来自 BindingResult 异常的 ObjectErrors（如果 server.error.include-binding-errors 没被设为 never）。
- ➢ trace：异常的跟踪栈信息（如果 server.error.include-stacktrace 没被设为 never）。

- path：引发异常的 URL 路径。
- requestId：当前请求的唯一 ID。

与 Spring MVC 类似，Spring Boot 也允许为 WebFlux 提供自定义的错误页面（代替原有的白标页面），只要将错误页面统一放在 /error 目录下即可。自定义的错误页面既可是静态的 HTML 页面，也可是动态的页面模板，只不过应该将静态的 HTML 错误页面放在静态资源目录（如 classpath:/static/、classpath:/public/ 等）下的 /error 目录中，而将动态的页面模板放在 /resources/templates/error 目录下，且动态页面模板的优先级更高。

由此可见，Spring MVC 与 WebFlux 提供自定义错误页面的方法完全相同，此处不再赘述。下面直接以一个示例来示范如何为 WebFlux 提供自定义的错误页面。

下面示例依然按前面方法创建一个 Spring Boot 应用，并添加其所需的依赖（具体可直接查看本例的 pom.xml 文件）。为了更好地示范程序出错的情况，本例在控制器的处理方法中手动抛出异常。

程序清单：codes\03\3.6\error_handler\src\main\java\org\crazyit\app\controller\BookController.java

```java
@Controller
public class BookController
{
    @GetMapping("/book/{id}")
    public String viewBook(@PathVariable Integer id)
    {
        if (id < 0)
        {
            throw new IllegalArgumentException("被查看图书的id必须大于0");
        }
        return "viewBook";
    }
}
```

上面粗体字代码定义了 WebFlux 的处理方法，读者会发现该处理方法与 Spring MVC 控制器的处理方法并没有任何区别，因为该处理方法并未返回 Mono 或 Flux 对象，而是直接返回 String 对象，这也是 WebFlux 支持的返回值类型。

当 id 参数小于 0 时，将在该处理方法中手动抛出 IllegalArgumentException 异常。

在 application.properties 文件中添加如下配置，用以改变 Spring Boot 默认的错误处理行为。

程序清单：codes\03\3.6\error_handler\src\main\resources\application.properties

```
# 指定包含异常类
server.error.include-exception=true
# 指定一直包含 BindingErrors
server.error.include-binding-errors=always
# 指定启用白标页面（这是默认值）
server.error.whitelabel.enabled=true
# 指定一直包含异常跟踪栈
server.error.include-stacktrace=always
```

接下来在应用的 resources/templates/error 目录下添加 404.html 和 5xx.html 这两个自定义的错误页面，其中 404.html 页面没有使用模糊匹配，因此它只能作为 HTTP 404 错误码的错误页面，其代码也比较简单，此处不再给出；而 5xx.html 页面则可作为所有 HTTP 5xx 错误码的错误页面，该页面使用如下代码来输出错误信息。

程序清单：codes\03\3.6\error_handler\src\main\resources\templates\error\5xx.html

```html
<div class="alert alert-danger">
    <div>status: <span th:text="${status}">错误</span></div>
```

```html
<div>error：<span th:text="${error}">错误</span></div>
<div>exception：<span th:text="${exception}">错误</span></div>
<div>message：<span th:text="${message}">错误</span></div>
<div>path：<span th:text="${path}">错误</span></div>
<div>requestId：<span th:text="${requestId }">错误</span></div>
<div>trace：<span th:text="${trace}">错误</span></div>
</div>
```

上面粗体字代码中的 th:text 属性用于输出错误属性的各种信息，如果请求时 id 参数小于 0，此时将会看到如图 3.27 所示的自定义错误页面。

图 3.27 自定义错误页面

与图 3.17 所示的错误页面对比，可以发现图 3.27 中多了一个 requestId 错误信息，这是 WebFlux 错误处理机制多出来的错误信息。

3.7 WebSocket 支持

使用 WebSocket 能让客户端与服务器端进行双向的实时通信。当客户端与服务器端之间交互的内容较多或对实时性要求较高时，可使用 WebSocket。目前主流的浏览器都支持 WebSocket。

如果使用 Spring Boot 的内嵌的 Tomcat、Jetty、Undertow 服务器来支持 WebSocket，Spring Boot 的自动配置将会为 WebSocket 提供支持——这也是 Spring Boot 推荐的方式；如果选择将应用打包成 WAR 包，并部署到独立的 Web 服务器中，Spring Boot 的自动配置就会失效，此时将会由 Web 服务器来负责 WebSocket 配置。

▶▶ 3.7.1 使用@ServerEndpoint 开发 WebSocket

Spring Boot 的 spring-boot-starter-websocket.jar 为 WebSocket 提供了丰富的支持，使用这种方式来开发 WebSocket 服务器端程序非常简单，只要如下两步即可。

① 定义一个 WebSocket 处理类，该处理类有两种开发方式：
➢ 直接使用 JDK 提供的 WebSocket 注解修饰处理方法，并使用@ServerEndpoint 注解修饰该处理类即可。
➢ 实现 WebSocketHandler 接口，并实现该接口中定义的各种处理方法。

上面第一种方式不仅简单、方便，而且开发起来更灵活——因为它的处理方法不需要实现接口中的方法，因此可以定义更多灵活的参数，在实际开发中也更为常用，本书就以这种方式为主。

② 如果采用第一种方式开发 WebSocket 处理类，这一步只需要在 Spring 容器中配置一个 ServerEndpointExporter Bean 即可。如果采用第二种方式开发 WebSocket 处理类，这一步就需要使用 WebSocketConfigurer 来配置 WebSocket。

下面通过例子来示范 WebSocket 的开发。首先创建一个 Maven 项目，然后让其 pom.xml 文件继承 spring-boot-starter-parent，并添加 spring-boot-starter-websocket.jar 依赖。

接下来定义 WebSocket 处理类，并在该类中定义连接成功、收到消息、出现错误、连接关闭时的处理方法。下面是该处理类的代码。

程序清单：codes\03\3.7\ServerEndpoint\src\main\java\org\crazyit\app\websocket\WebSocketEndpoint.java

```java
@Component
@ServerEndpoint("/websocket/{name}")
public class WebSocketEndpoint
{
    public static Map<Session, String> socketMap = new ConcurrentHashMap<>();
    // 连接建立成功时触发的方法
    @OnOpen
    public void onOpen(@PathParam("name") String name, Session session)
    {
        socketMap.put(session, name);
    }
    // 连接关闭时触发的方法
    @OnClose
    public void onClose(Session session)
    {
        socketMap.remove(session);
    }
    // 收到客户端消息时触发的方法
    @OnMessage
    public void onMessage(String message, Session session)
    {
        System.out.printf("收到来自%s 的消息:%s%n", session, message);
        try
        {
            var name = socketMap.get(session);
            for (var client: socketMap.keySet())    // ①
            {
                client.getBasicRemote().sendText(name + "说: " + message);
            }
        } catch (IOException e)
        {
            e.printStackTrace();
        }
    }
    // 发生错误时触发的方法
    @OnError
    public void onError(Session session, Throwable error)
    {
        System.out.println("发生错误");
        socketMap.remove(session);
    }
}
```

该处理类也就定义了 onOpen()、onClose()、onMessage()、onError()四个方法，并分别使用了@OnOpen、@OnClose、@OnMessage、@OnError 注解修饰，表明这四个方法分别在建立连接、关闭连接、收到消息、遇到错误时被触发。

正如前面所提到的，使用这种方式开发 WebSocket 处理类更灵活，比如粗体字代码定义的 onOpen()方法，该方法额外定义了一个用@PathParam 修饰的形参，通过该形参即可获取路径参数。

> **提示：**
> JDK 提供的@PathParam 注解有点类似于 Spring 提供的@PathVariable 注解。

上面处理类使用 Map 保存 WebSocketSession 与客户端之间的对应关系，每当服务器接收到客户端发送过来的消息时,程序都会通过循环遍历 Map 中的每一个 WebSocketSession,并逐一向它们发送接收到的消息,这样任意客户端发送消息都会被"广播"给所有客户端。

有了处理类之后,接下来在 Spring 容器中配置一个 ServerEndpointExporter Bean,例如如下配置类。

程序清单:codes\03\3.7\ServerEndpoint\src\main\java\org\crazyit\app\WebSocketConfig.java

```
@Configuration
public class WebSocketConfig
{
    @Bean
    public ServerEndpointExporter serverEndpointExporter()
    {
        return new ServerEndpointExporter();
    }
}
```

上面配置类在 Spring 容器中配置了一个 ServerEndpointExporter Bean,正如它的名字所暗示的,它专门负责读取 Bean 类上的@ServerEndpoint 注解,并将该 Bean 导出为 WebSocket Endpoint。

本例使用 JavaScript 来开发 WebSocket 客户端,下面是客户端的页面代码。

程序清单:codes\03\3.7\WebSocketHandler\src\main\resources\public\client.html

```
<head>
    <meta charset="UTF-8">
    <title> 基于 WebSocket 的多人聊天 </title>
    <script type="text/javascript">
        // 定义 WebSocket 对象
        var webSocket = null;
        let sendMsg = function()
        {
            if (webSocket == null || webSocket.readyState != 1)
            {
                document.getElementById('show').innerHTML
                    += "还未连接服务器,请先连接 WebSocket 服务器<br>";
                return;
            }
            let inputElement = document.getElementById('msg');
            // 发送消息
            webSocket.send(inputElement.value);
            // 清空单行文本框
            inputElement.value = "";
        }
        let connect = function()
        {
            let name = document.getElementById('name').value.trim();
            if (name == null || name == "")
            {
                document.getElementById('show').innerHTML
                    += "用户名不能为空<br>";
                return;
            }
            if (webSocket && webSocket.readyState == 1)
            {
                webSocket.close();
            }
            webSocket = new WebSocket("ws://127.0.0.1:8080/websocket/" + name);
            webSocket.onopen = function()
            {
                document.getElementById('show').innerHTML
```

```
                    += "恭喜您，连接服务器成功！<br>";
                document.getElementById('name').value = "";
                // 为 onmessage 事件绑定监听器，接收消息
                webSocket.onmessage= function(event)
                {
                    // 接收并显示消息
                    document.getElementById('show').innerHTML
                        += event.data + "<br>";
                }
            };
        }
    </script>
</head>
<body>
<input type="text" size="20" id="name" name="name"/>
<input type="button" value="连接" onclick="connect();"/>
<div style="width:600px;height:240px;
    overflow-y:auto;border:1px solid #333;" id="show"></div>
<input type="text" size="80" id="msg" name="msg"/>
<input type="button" value="发送" onclick="sendMsg();"/>
</body>
```

上面 JavaScript 代码用到了 HTML 5 的 WebSocket 规范，因此该页面代码需要在支持 HTML 5 规范的浏览器中运行。

> **提示：**
> 关于 HTML 5 中 WebSocket 的详细功能和用法介绍，可参考《疯狂 HTML 5/CSS 3/JavaScript 讲义》。

主程序没有任何变化，依然是使用 SpringApplication 运行一个带 @SpringBootApplication 注解修饰的类即可。运行主程序来启动该应用，然后启动多个浏览器来访问 http://localhost:8080/client.html 页面。在页面上方的文本框内输入用户名，单击"连接"按钮建立与 WebSocket 服务器端的连接，然后即可实现多个客户端实时通信，如图 3.28 所示。

图 3.28　使用 WebSocket 实现多个客户端实时通信

▶▶ 3.7.2　使用 WebFlux 开发 WebSocket

WebFlux 也提供了 WebSocket 支持，使用 WebFlux 开发 WebSocket 时只要添加 spring-boot-starter-webflux.jar 依赖即可。

使用 WebFlux 开发 WebSocket 同样只需要两步：

① 实现 WebSocketHandler 开发 WebSocket 处理类。
② 使用 HandlerMapping 和 WebSocketHandlerAdapter 注册 WebSocket 处理类。

由于 WebFlux 是基于订阅-发布的异步机制的，因此在实现 WebSocketHandler 开发处理类时无须实现多个方法，只要实现一个 handle(WebSocketSession session)方法即可，该方法只在新的 WebSocket 连接建立时被触发，该方法中的 WebSocketSession 也是反应式 API，它提供了如下两个方法。

- Flux<WebSocketMessage> receive()：接收消息。
- send(Publisher<WebSocketMessage> messages)：发送消息。

看到这两个方法了吧！receive()方法的返回值并不是简单的数据，而是一个 Flux 对象，它是一个消息发布者，这表明在调用 receive()方法时，并不是立即接收数据，而是把该 WebSocketSession 注册为 Flux（消息发布者）的订阅者；同理，send()方法的参数并不是简单的数据，而是一个 Publisher 对象（Flux 是 Publisher 的实现类），这表明在调用 send()方法时，也并不是立即发送数据，而是把该 WebSocketSession 变成一个消息发布者。

通俗地说，receive()方法返回的 Flux 对象代表了接收到的消息流；而 send()方法的 Publisher 参数则代表了要发送的消息流。

一个典型的 WebSocket 处理类的代码框架如下：

```java
class ExampleHandler implements WebSocketHandler
{
    @Override
    public Mono<Void> handle(WebSocketSession session)
    {
        Flux<WebSocketMessage> output = session.receive()
            .doOnNext(message -> {
                // 对消息执行检查、调试
                ...
            })
            .concatMap(message -> {
                // 按顺序对消息进行转换
                ...
            })
            // 把消息（Flux 中的数据）恢复成 WebSocketMessage
            .map(value -> session.textMessage("Echo " + value));
        // 发送消息流
        return session.send(output);
    }
}
```

上面这个代码框架会对接收到的消息进行一些处理——在 concatMap()方法的 Lambda 表达式参数中进行处理，处理后的消息再次被封装成 Flux<WebSocketMessage>，该对象作为要发送的消息流，传给 send()方法。

下面给出一个简单的例子，依然是创建一个 Maven 项目，让其 pom.xml 文件继承 spring-boot-starter-parent，并添加 spring-boot-starter-webflux.jar 依赖。

首先开发如下 WebSocket 处理类。

程序清单：codes\03\3.7\simple\src\main\java\org\crazyit\app\handler\SimpleHandler.java

```java
@Component
public class SimpleHandler implements WebSocketHandler
{
    @Override
    public Mono<Void> handle(WebSocketSession session)
    {
```

```
        // 接收消息流
        Flux<WebSocketMessage> output = session.receive()
                // 把消息（Flux 中的数据）恢复成 WebSocketMessage
                .map(value -> session.textMessage("回复: " + value.getPayloadAsText()));
        // 发送消息流
        return session.send(output);
    }
}
```

上面这个处理类对接收到的消息没有进行任何额外的转换，它只是在原消息的前面添加了"回复："前缀，然后将接收到的消息流直接发送出去。

接下来就是使用 HandlerMapping 和 WebSocketHandlerAdapter 来注册 WebSocket 处理类，提供如下配置类进行配置。

程序清单：codes\03\3.7\simple\src\main\java\org\crazyit\app\WebSocketConfig.java

```
@Configuration
public class WebSocketConfig
{
    @Bean
    public HandlerMapping webSocketMapping(SimpleHandler simpleHandler)
    {
        // 使用 HashMap 定义 WebSocket 处理器与 URL 地址之间的对应关系
        Map<String, WebSocketHandler> map = new HashMap<>(1);
        map.put("/simple", simpleHandler);
        // 注册 WebSocket 处理器
        return new SimpleUrlHandlerMapping(map, -1);
    }
    @Bean
    public WebSocketHandlerAdapter handlerAdapter()
    {
        return new WebSocketHandlerAdapter();
    }
}
```

上面配置类中配置的第一个 Bean 是 SimpleUrlHandlerMapping（实现了 HandlerMapping 接口），它会根据一个 Map 来注册 WebSocket，并为之定义映射地址，比如该 WebSocket 的映射地址为/simple；第二个 Bean 是一个 WebSocketHandlerAdapter 对象，通过这两个 Bean 即可将 WebSocket 处理类暴露成 WebSocket 端点。

主类没有任何变化，运行主类来启动应用。本例直接使用第三方页面来测试（当然，也可编写自己的 JavaScript 页面），使用浏览器打开 https://www.websocket.org/echo.html 页面，然后在该页面的"Location"文本框中输入要测试的地址：ws://localhost:8080/simple，单击"Connect"按钮建立连接；接下来通过该页面上的"Send"按钮向 WebSocket 发送信息，可以看到如图 3.29 所示的结果。

图 3.29 使用 WebFlux 开发简单的 WebSocket

上面这个例子的处理类只对接收到的消息添加一个字符串前缀，然后"原路返还"给客户端，确实太简单了。如果程序想将接收到的消息转发给多个客户端或指定客户端——就像前面使用@ServerEndpoint 开发 WebSocket 的例子一样，那应该怎么做呢？程序同样需要使用 Map 来保存 WebSocketSession 与客户端之间的对应关系，但此时保存的是 WebSocketSession 与 FluxSink 之间的对应关系——请注意 WebFlux 中的 WebSocketSession 与@ServerEndpoint 中的 Session 是不同的，由于 WebFlux 中的 WebSocketSession 是反应式 API，它发送的是消息流（Flux），因此程序需要保存 FluxSink 来发送数据。

下面是本例的 WebSocket 处理类。

程序清单：codes\03\3.7\WebSocketHandler\src\main\java\org\crazyit\app\handler\ChatHandler.java

```java
@Component
public class ChatHandler implements WebSocketHandler, CorsConfigurationSource
{
    public static Map<WebSocketSession, FluxSink<WebSocketMessage>>
            socketMap = new ConcurrentHashMap<>();
    // WebSocket 建立连接时触发该方法
    @Override
    public Mono<Void> handle(WebSocketSession session)
    {
        var path = session.getHandshakeInfo().getUri().getPath();
        var name = path.substring(path.lastIndexOf("/") + 1);
        Mono<Void> input = session.receive()
                // 将 Flux<WebSocketMessage>转换成 Flux<String>
                .map(msg -> name + ": " + msg.getPayloadAsText())
                // 对每条消息进行处理（将消息发送给所有保存的输出流）
                .doOnNext(msg -> {
                    // 遍历系统保存的全部 WebSocketSession
                    for (var s : socketMap.keySet())
                    {
                        // 通过 WebSocketSession 获取对应的 FluxSink
                        // 然后使用 FluxSink 来发送消息
                        socketMap.get(s).next(s.textMessage(msg));
                    }
                }).then();
        // 创建要发送的消息流
        Flux<WebSocketMessage> source = Flux.create(sink -> socketMap.put(session, sink));
        // 发送消息流
        Mono<Void> output = session.send(source);   // ①
        // 将 input、output 两个 Mono 合并后返回
        return Mono.zip(input, output).then();
    }
    @Override
    public CorsConfiguration getCorsConfiguration(ServerWebExchange exchange)
    {
        CorsConfiguration configuration = new CorsConfiguration();
        configuration.addAllowedOrigin("*");
        return configuration;
    }
}
```

上面粗体字代码实现了将接收到的消息依次发送给每个客户端：程序遍历 Map 保存的所有 WebSocketSession，并通过 WebSocketSession 对应的 FluxSink 来发送消息（WebSocketMessage）。

程序中①号代码调用 WebSocketSession 的 send()方法发送的是 Flux<WebSocketMessage>——它只是消息发布者（消息流），真正能发送消息的是该 Flux 底层关联的 FluxSink，每当程序调用 FluxSink 的 next()方法添加一项数据时，Flux 消息流就会对外发布一个"消息"。

此外，该处理类还实现了 CorsConfigurationSource 接口，实现该接口是为了实现 getCorsConfiguration() 方法，在该方法中配置该处理类处理跨域资源共享（CORS）的能力，该处理类将其跨域资源共享设置为"*"，这意味着它可以处理来自任何域的请求。

该 WebSocket 处理类的配置类与前一个示例的配置类基本相同，只不过本例会配置该 WebSocket 处理类能处理匹配 "/websocket/{name}" 的请求，以便 WebSocket 处理类能获取到客户端的用户名。由于该配置类的代码与前一个示例大同小异，故此处不再给出。

本例使用的客户端页面代码与前面 @ServerEndpoint 示例的客户端页面代码完全相同，故此处不再给出。

运行主程序来启动该应用，使用多个浏览器来访问 http://localhost:8080/client.html，接下来同样可以看到多个客户端实时通信的效果，与前面 @ServerEndpoint 示例的运行效果相同。

3.8 优雅地关闭应用

如果希望 Spring Boot 应用在关闭之前，能把已经接收的请求处理完，则可在 application.properties 文件中增加如下配置：

```
server.shutdown=graceful
```

上面配置告诉 Spring Boot 应用"优雅"地关闭——在关闭之前设置一个"宽限期"，在这段时间内，应用不再接收新的请求，而是尽快把已经接收的请求处理完。

不同服务器不接收新请求的方式略有不同，Jetty、Reactor Netty 和 Tomcat 直接在网络层停止接收任何请求，而 Undertow 则会生成一个"服务不可用（错误码 503）"的响应来拒绝用户请求。

Spring Boot 也允许设置这个"宽限期"的超时时长，可在 application.properties 文件中增加如下配置：

```
spring.lifecycle.timeout-per-shutdown-phase=15s
```

上面配置将"宽限期"的超时时长设为 15 秒，这表示 Spring Boot 应用在临关闭的 15 秒内不会接收新请求，而是会尽快把已经接收的请求处理完。

这种关闭方式对四个内嵌的服务器（Tomcat、Jetty、Undertow 和 Reactor Netty）都是有效的，不管是对传统的基于 Servlet 的 Web 应用，还是对基于 WebFlux 的反应式 Web 应用，也都是有效的。

> 对于 Tomcat 而言，这种关闭方式只有在 Tomcat 9.0.33 及更新版本中才有效。在 IDE 工具中测试该特性可能不会成功，因为 IDE 工具往往不会向 Spring Boot 应用发送 SIGTERM 终止信号。

3.9 本章小结

本章内容可分为四大块：
- Web 服务器和 Web 应用相关内容。
- Spring Boot 整合 Spring MVC 相关内容。
- Spring Boot 整合 Spring WebFlux 相关内容。

➢ WebSocket 相关内容。

在 Web 服务器和 Web 应用相关部分，大家要掌握如何为 Web 应用配置端口、配置响应压缩，以及添加 Servlet、Filter、Listener 的三种方式，还要掌握启用 Web 服务器的 SSL、HTTP/2、访客日志等功能的方法。

Spring MVC、Spring WebFlux 都属于前端 MVC 框架，只不过 Spring MVC 是基于传统 Servlet API 的，而 Spring WebFlux 是基于反应式 API 的，因此 Spring Boot 对这两个框架的支持有重合的部分，比如视图模板支持、国际化支持等；也有分开的部分，比如为两个框架提供的自动配置、错误处理机制有所不同。

本章最后还介绍了 Spring Boot 为开发 WebSocket 所提供的支持，包括使用@ServerEndpoint 开发 WebSocket 和使用 WebFlux 开发 WebSocket，这些内容都需要熟练掌握。

CHAPTER 4

第 4 章
RESTful 服务支持

本章要点

- 开发基于 JSON 的 RESTful 服务
- 开发基于 XML 的 RESTful 服务
- 切换使用不同的 JSON 支持库
- 设置自定义 Jackson 的 ObjectMapper
- 使用自定义 JSON 序列化器和反序列化器
- 使用 HttpMessageConverters 更换内置的转换器
- 启用跨域资源共享（CORS）功能
- 使用 RestTemplate 调用 RESTful 服务
- 对 RestTemplate 进行定制
- 使用 WebClient 调用 RESTful 服务
- 对 WebClient 进行定制

第 4 章 RESTful 服务支持

本章内容依然属于 Web 相关部分，只不过这部分内容更适合前后端架构的设计，因此将它独立出来。开发 RESTful 服务无须提供视图页面，直接使用 JSON 数据或 XML 数据作为响应，这种 JSON 响应或 XML 响应将会交给前端应用解析、呈现。

本章并没有介绍@RestController、@ResponseBody 等注解，它们其实是属于 Spring MVC 的基础内容，并不在本章讲解范畴。本章要介绍的内容是：如何让 RESTful 服务生成 JSON 响应或生成 XML 响应，如何对 Jackson（处理 JSON 解析的库）进行适合项目的定制，以及如何更换使用其他 JSON 解析库。

本章也会介绍 Spring Boot 提供 RESTful 客户端支持，包括 RestTemplate 和 WebClient，通过这些客户端可以让应用整合第三方 RESTful 服务。

4.1 开发 RESTful 服务

RESTful 服务是"前后端分离"架构中的主要功能：后端应用对外暴露 RESTful 服务；前端应用则通过 RESTful 服务与后端应用交互。

RESTful 服务的数据格式既可是 JSON 的，也可是 XML 的。下面详细介绍使用 Spring Boot 来开发 RESTful 服务。

▶▶ 4.1.1 基于 JSON 的 RESTful 服务

正如从前面所看到的，开发基于 JSON 的 RESTful 服务非常简单，只要使用@RestController 注解修饰控制器类，或者使用@ResponseBody 修饰处理方法即可。

> **提示：**
> @RestController 和@Controller 的区别就在于，@RestController 会自动为每个处理方法都添加@ResponseBody 注解。

下面通过例子来示范 RESTful 服务的开发。首先创建一个 Maven 项目，然后让其 pom.xml 文件继承 spring-boot-starter-parent，并添加 spring-boot-starter-web.jar 依赖。

下面的控制器类示范了如何开发基于 JSON 的 RESTful 服务。

程序清单：codes\04\4.1\Restful\src\main\java\org\crazyit\app\controller\BookController.java

```java
@RestController
@RequestMapping("/book")
public class BookController
{
    @Autowired
    private BookService bookService;
    @PostMapping("")
    public Book create(@RequestBody Book book)
    {
        return this.bookService.createOrUpdate(book);
    }
    @PutMapping("")
    public Book update(@RequestBody Book book)
    {
        Objects.requireNonNull(book);
        return this.bookService.createOrUpdate(book);
    }
    @GetMapping("")
    public Collection<Book> list()
    {
```

```
            return this.bookService.list();
    }
}
```

从上面的粗体字代码可以看出，该控制器类使用了@RestController 注解修饰，这就相当于为所有处理方法都添加了@ResponseBody 修饰，这样 Spring Boot 将会直接用这些处理方法的返回值作为响应。

当然，如果只是用@Controller 注解修饰该控制器类，则还需要为处理方法额外添加@ResponseBody 注解进行修饰。

该 BookController 所用的 BookService 只是一个简单的 Service 组件，它使用了 Map 对象来模拟内存中的数据库，读者可以自行参考该 Service 组件的代码。

其他没什么特别的，使用 Spring Boot 开发基于 JSON 的 RESTful 服务就这么简单。运行主程序来启动该应用，然后即可测试该 RESTful 服务。

虽然各种资料都教你用图形化工具 Postman 来测试 RESTful 服务，但其实图形化工具主要是更适合菜鸟上手的工具。此处将使用 curl 工具在命令行进行测试。

先在命令行的当前位置准备一份 UTF-8 字符集的 book.json 文件：

```
{
    "title": "疯狂 Java 讲义",
    "price": 128,
    "author": "李刚"
}
```

然后输入命令：

```
curl -H "Content-Type: application/json" -X POST -d @book.json^
http://localhost:8080/book
```

上面命令向 http://localhost:8080/book 提交 POST 请求，以 book.json 文件的内容作为请求参数。运行上面命令，将会看到如下输出：

```
curl -H "Content-Type: application/json" -X POST -d @book.json^
http://localhost:8080/book
{"id":1,"title":"疯狂 Java 讲义","price":128.0,"author":"李刚"}
```

通过上面输出可以看出，上面提交的 POST 请求向后端应用添加了一个 Book 对象。

再输入如下命令：

```
curl http://localhost:8080/book
```

上面命令没有指定任何特殊选项，默认向 http://localhost:8080/book 发送 GET 请求。

运行上面命令，将会看到如下输出：

```
curl http://localhost:8080/book
[{"id":1,"title":"疯狂 Java 讲义","price":128.0,"author":"李刚"}]
```

通过上面输出可以看出，上面提交的 GET 请求可获取后端应用中所有的 Book 对象。

读者还可以通过多次提交 POST 请求来添加多个 Book 对象，然后通过 GET 请求即可看到后端应用所包含的全部 Book 对象。

▶▶ 4.1.2 基于 XML 的 RESTful 服务

在默认情况下，RESTful 服务总能对外提供基于 JSON 的 RESTful 服务，如果希望 RESTful 服务能同时提供基于 XML 的响应，这也很简单，Spring Boot 内置了两种支持方法：

➢ 使用 jackson-dataformat-xml 的 XML 绑定。

➢ 使用 JDK 自带的 JAXB 的 XML 绑定。

相比之下，使用 jackson-dataformat-xml 的 XML 绑定不仅开发起来更加简单，而且功能更加强大。

如果使用 jackson-dataformat-xml 的 XML 绑定来生成基于 XML 的 RESTful 服务，开发者只要为项目添加 jackson-dataformat-xml 的 JAR 包即可，也就是在 pom.xml 文件中添加如下依赖。

程序清单：codes\04\4.1\Restful_XML\pom.xml

```xml
<dependency>
    <groupId>com.fasterxml.jackson.dataformat</groupId>
    <artifactId>jackson-dataformat-xml</artifactId>
</dependency>
```

运行主程序来启动该应用，然后即可测试该 RESTful 服务。

输入命令来测试 POST 请求：

```
curl -H "Content-Type: application/json" -H "Accept: application/xml" -X POST^
-d @book.json http://localhost:8080/book
```

注意上面的粗体字代，该粗体字代码添加了一个 Accept 请求头，该请求头的值为 application/xml，这意味着该客户端希望后端应用生成 XML 响应。

提示：

> 早期 Spring MVC 允许在请求地址后添加后缀来代表响应类型，比如 book.json 代表希望应用生成 JSON 响应，而 book.xml 则代表让应用生成 XML 响应，但这种方式现在已经过时了，Spring Boot 也把这种方式标记为 @Deprecated，故此处不再介绍使用这种方式。

运行上面命令，将会看到如下输出：

```
curl -H "Content-Type: application/json" -H "Accept: application/xml" -X POST ^
-d @book.json http://localhost:8080/book
ok
<Book><id>1</id><title>疯狂 Java 讲义</title><price>128.0</price><author>李刚</author></Book>
```

通过上面输出可以看出，上面提交的 POST 请求向后端应用添加了一个 Book 对象，而 jackson-dataformat-xml 自动将服务器返回的 Book 对象转换为了 <Book.../> 元素，这就是 jackson-dataformat-xml 的优势：它不需要开发者做任何额外的配置，它会自动将 Java 对象序列化为同名的 XML 元素。

再输入如下命令：

```
curl http://localhost:8080/book -H "Accept: application/xml"
```

上面命令同样指定了 Accept 请求头，该请求头的值为 application/xml，该命令向 http://localhost:8080/book 发送 GET 请求。

运行上面命令，将会看到如下输出：

```
curl http://localhost:8080/book  -H "Accept: application/xml"
<Collection><item><id>1</id><title>疯狂 Java 讲义</title><price>128.0</price><author>李刚</author></item></Collection>
```

通过上面输出可以看出，由于此时服务器端的响应是一个 Collection 集合，因此 jackson-dataformat-xml 自动将该 Collection 序列化为 <Collection.../> 元素，而 Collection 集合中的对象（不管是哪种对象）都被序列化为 <item.../> 元素，如上面的 XML 响应所示。

如果打算使用 JAXB 的 XML 绑定，则会变得比较麻烦，JAXB 与 jackson-dataformat-xml 的区别在于：jackson-dataformat-xml 会自动将 Java 对象序列化为同名的 XML 元素，比如将 Book 对象序列化为<Book.../>元素，将 Collection 对象序列化为<Collection.../>元素，将 List 对象序列化为<List.../>元素。

而 JAXB 则不行，JAXB 需要使用@XmlRootElement、@XmlElement 注解来指定将 Java 对象序列化为哪个 XML 元素，其中@XmlRootElement 可修饰任意 Java 类型，用于指定将该类型的 Java 对象序列化为哪个 XML 元素，而@XmlElement 则用于指定将属性或集合元素映射成哪个 XML 元素。

为了让本例使用 JAXB 绑定来生成 XML 响应，为 Book 类添加如下注解。

程序清单：codes\04\4.1\Restful_JAXB\src\main\java\org\crazyit\app\domain\Book.java

```
@XmlRootElement(name = "bok")
public class Book
{
    private Integer id;
    @XmlElement(name = "book_name")
    private String title;
    private double price;
    private String author;
    // 省略其他构造器、setter 和 getter 方法
    ...
    @XmlElement(name = "book_name")
    public String getTitle()
    {
        return title;
    }
}
```

上面第一行粗体字注解指定将 Book 对象序列化为<bok.../>元素，由@XmlRootElement 的 name 属性指定；第二行粗体字注解则指定将 Book 对象的 title 属性序列化为<book_name.../>元素。

此外，由于 Java 9 及更新版本的 JDK 引入了模块化机制，因此 JDK 默认不再包括 JAXB 模块。如果使用 Java 9 及更新版本的 JDK（比如本书使用的是 Java 11），则需要额外添加 JAXB 的 JAR 包，例如，在 pom.xml 文件中添加如下依赖库：

```
<dependency>
    <groupId>org.glassfish.jaxb</groupId>
    <artifactId>jaxb-runtime</artifactId>
</dependency>
```

需要说明的是，添加 JAXB 的依赖之后，如果希望 JAXB 起作用，应该删除前面添加的 jackson-dataformat-xml 依赖，毕竟处理 XML 序列化的库只要一个就好，用哪个就添加它对应的依赖库。

再次运行 curl 命令提交 POST 请求，可看到如下输出：

```
curl -H "Content-Type: application/json" -H "Accept: application/xml" -X POST^
-d @book.json http://localhost:8080/book
<?xml version="1.0" encoding="UTF-8" standalone="yes"?><bok><author>李刚</author><id>1</id><price>128.0</price><book_name>疯狂 Java 讲义</book_name></bok>
```

正如从上面所看到的，由于提交 POST 请求时服务器端的响应是一个 Book 对象，因此 JAXB 将该 Book 对象序列化为<bok.../>元素，其中 title 属性被序列化为<book_name.../>元素，而其他属性则被序列化为同名的 XML 元素。

如果使用 curl 命令提交 GET 请求来获取所有图书，则会看到如下输出：

```
curl http://localhost:8080/book -H "Accept: application/xml"
```

此时看到服务器端没有生成任何响应，怎么会这样呢？难道服务器端没有数据？使用 curl 命令提交 GET 请求来获取图书，则可看到如下输出：

```
curl http://localhost:8080/book
[{"id":1,"title":"疯狂 Java 讲义","price":128.0,"author":"李刚"}]
```

通过上面输出不难看出，服务器端的处理方法其实返回了数据（它返回了一个 Collection 集合）。因此，如果获取 JSON 响应就能看到正常的响应结果，但如果获取 XML 响应就不能看到正常的响应结果，这很明显，问题就出在 JAXB 上。

正如前面所指出的，JAXB 要求使用@XmlRootElement 修饰被转换的 Java 类型，但 Collection 集合显然没有使用@XmlRootElement 修饰，因此 JAXB 无法将 Collection 返回值序列化为 XML 元素。

由此可见，如果处理方法的返回值类型没有使用@XmlRootElement 修饰，JAXB 就无法将它们序列化为 XML 元素，这意味着如果控制器处理方法的返回值类型是 Collection、List、Map、Set 等集合，JAXB 都不能自动将它们序列化为 XML 元素，这就是 JAXB 相比 jackson-dataformat-xml 最大的短板之一，基于该原因，通常推荐使用 jackson-dataformat-xml 作为 XML 序列化的支持库。

> **提示：**
> 如果项目确实需要使用 JAXB 作为 XML 序列化库，而处理方法又不可避免地需要返回 List、Map 等集合类型，则建议使用自定义类（该类使用@XmlRootElement 修饰）来包装 List、Map 等集合，然后使用@XmlElement 注解修饰该类包装的 List、Map 等集合属性。关于该用法的详细介绍，可参考《轻量级 Java Web 企业应用实战》的 6.8 节。

▶▶ 4.1.3 Spring Boot 内置的 JSON 支持

Spring Boot 内置了如下三种 JSON 库的支持：
- Jackson
- Gson
- JSON-B

正如从前面所看到的，如果没有任何特别的配置，Spring Boot 默认选择 Jackson 作为 JSON 库。实际上，Jackson 的自动配置由 spring-boot-starter-json.jar 提供，只要 Spring Boot 检测到系统类加载路径中有 Jackson 依赖库，Spring Boot 就会自动创建基于 Jackson 的 ObjectMapper。

1. Gson 支持

如果希望使用 Gson 作为 JSON 解析库，只要从依赖配置中排除 spring-boot-starter-json，并添加 Gson 依赖库即可。

只要 Spring Boot 检测到类加载路径中包含了 Gson 库，Spring Boot 就会自动配置一个 Gson Bean，该 Bean 负责为 Gson 提供自动配置支持。

Spring Boot 为 Gson 提供了如下常用的配置属性。
- spring.gson.pretty-printing：指定是否对 JSON 字符串执行格式化。
- spring.gson.date-format：指定日期的序列化格式，比如 yyyy-MM-dd。
- spring.gson.serialize-nulls：指定是否序列化 null 值。
- spring.gson.disable-html-escaping：指定是否禁用 HTML 转义。

> spring.gson.disable-inner-class-serialization：指定是否禁用内部类的序列化。
> spring.gson.enable-complex-map-key-serialization：指定是否对复合的 Map key 启用序列化。

如果通过 spring.gson.*这些属性还不能完全定制 Gson 的 JSON 序列化行为，Spring Boot 也允许在容器中配置一个或多个 GsonBuilderCustomizer，然后实现 customize(GsonBuilder gsonBuilder) 方法来定制序列化行为。

例如，将 pom.xml 文件修改为如下形式。

程序清单：codes\04\4.1\Restful_Gson\pom.xml

```xml
<dependencies>
    <dependency>
        <groupId>org.springframework.boot</groupId>
        <artifactId>spring-boot-starter-web</artifactId>
        <!-- 排除 spring-boot-starter-json（默认使用 Jackson） -->
        <exclusions>
            <exclusion>
                <groupId>org.springframework.boot</groupId>
                <artifactId>spring-boot-starter-json</artifactId>
            </exclusion>
        </exclusions>
    </dependency>
    <!-- 添加 Gson 库 -->
    <dependency>
        <groupId>com.google.code.gson</groupId>
        <artifactId>gson</artifactId>
        <version>2.8.6</version>
    </dependency>
    ...
</dependencies>
```

上面配置中的第一段粗体字代码排除了 spring-boot-starter-json，这样就排除了默认的 Jackson 库；第二段粗体字代码则添加了 Gson，这样 Spring Boot 就会在类加载路径中检测到 Gson 库，这样 Spring Boot 将会启用 Gson 作为 JSON 支持。

在 application.properties 文件中添加如下配置。

程序清单：codes\04\4.1\Restful_Gson\src\main\resources\application.properties

```
# 格式化 JSON 字符串
spring.gson.pretty-printing=true
# 指定日期格式
spring.gson.date-format=yyyy-MM-dd
# 指定序列化 null 值
spring.gson.serialize-nulls=true
# 指定不禁用 HTML 转义
spring.gson.disable-html-escaping=false
# 指定不禁用内部类的序列化
spring.gson.disable-inner-class-serialization=false
# 指定启用复合 Map key 的序列化
spring.gson.enable-complex-map-key-serialization=true
```

运行主类来启动应用，然后运行 curl 命令提交 POST 请求添加图书，则可看到如下输出：

```
curl -H "Content-Type: application/json" -X POST -d @book.json http://localhost:8080/book
{
  "id": 1,
  "title": "疯狂Java讲义",
  "price": 128.0,
  "author": "李刚"
}
```

可以看到，此时服务器端生成的响应是格式化后的 JSON 字符串，这就是将 spring.gson.pretty-printing 属性指定为 true 的效果。

需要说明的是，当实际项目上线时，一般不推荐服务器端生成格式良好的 JSON 响应，因为格式良好的 JSON 响应需要添加额外的空白、换行符等字符，这样会增加额外的性能负担。本书只是在学习、测试阶段生成格式良好的 JSON 字符串，这样以便学习、测试。

2. JSON-B 支持

JSON-B 是来自 Java 官方的 Java 对象与 JSON 消息的转换规范，它的地位类似于 XML 处理中的 JAXB，JSON-B 允许开发人员通过注释来定制 Java 对象与 JSON 消息的映射过程。

如果希望使用 JSON-B 作为 JSON 解析库，只要从依赖配置中排除 spring-boot-starter-json，并添加 JSON-B 的 API 库和实现库即可。

只要 Spring Boot 检测到类加载路径中包含了 JSON-B 的 API 库和实现库，Spring Boot 就会自动配置一个 Jsonb Bean，该 Bean 负责为 JSON-B 提供自动配置支持。

例如，将 pom.xml 文件修改为如下形式。

程序清单：codes\04\4.1\Restful_Jsonb\pom.xml

```xml
<dependencies>
    <dependency>
        <groupId>org.springframework.boot</groupId>
        <artifactId>spring-boot-starter-web</artifactId>
        <!-- 排除 spring-boot-starter-json（默认使用 Jackson） -->
        <exclusions>
            <exclusion>
                <groupId>org.springframework.boot</groupId>
                <artifactId>spring-boot-starter-json</artifactId>
            </exclusion>
        </exclusions>
    </dependency>
    <!-- 添加 JSON-B 的 API 库 -->
    <dependency>
        <groupId>javax.json.bind</groupId>
        <artifactId>javax.json.bind-api</artifactId>
        <version>1.0</version>
    </dependency>
    <!-- 添加 JSON-B 的 API 库所依赖的库 -->
    <dependency>
        <groupId>javax.json</groupId>
        <artifactId>javax.json-api</artifactId>
        <version>1.1.4</version>
    </dependency>
    <!-- 添加 JSON-B 的实现库：johnzon 实现 -->
    <dependency>
        <groupId>org.apache.johnzon</groupId>
        <artifactId>johnzon-jsonb</artifactId>
        <version>1.2.8</version>
    </dependency>
    ...
</dependencies>
```

上面配置中的第一段粗体字代码排除了 spring-boot-starter-json，这样就排除了默认的 Jackson 库；接下来的三个<dependency.../>元素分别添加了 JSON-B 的 API 库和实现库，这样 Spring Boot 就会在类加载路径中检测到 JSON-B 的 API 库和实现库，这样 Spring Boot 将会启用 JSON-B 作为 JSON 支持。

运行主类来启动应用，然后运行 curl 命令提交 POST 请求添加图书，则可看到如下输出：

```
curl -H "Content-Type: application/json" -X POST -d @book.json
http://localhost:8080/book
    {"author":"李刚","id":1,"price":128.0,"title":"疯狂 Java 讲义"}
```

4.2 RESTful 服务的相关配置

下面介绍有关 RESTful 服务支持的自定义配置。

▶▶ 4.2.1 自定义 Jackson 的 ObjectMapper

正如前面所介绍的，Jackson 是 Spring Boot 底层 JSON 默认的支持库，spring-boot-starter-json.jar 依赖 Jackson，只要 Spring Boot 在类加载路径中检测到 Jackson 库，Spring Boot 就会在容器中通过 Jackson2ObjectMapperBuilder 自动配置 ObjectMapper Bean，开发者可通过属性对 ObjectMapper 执行自定义配置。

Spring Boot 内置的 ObjectMapper（Jackson XML 转换器使用 XmlMapper）默认设置了如下属性。

- ➢ MapperFeature.DEFAULT_VIEW_INCLUSION：是否包含默认视图，该特征被禁用。
- ➢ DeserializationFeature.FAIL_ON_UNKNOWN_PROPERTIES：遇到未知属性时是否报错，该特征被禁用。
- ➢ SerializationFeature.WRITE_DATES_AS_TIMESTAMPS：是否以时间戳形式输出日期对象，该特征被禁用。

开发者也可通过 application.properties 文件对 Jackson 的 ObjectMapper 进行定制，即通过如下属性进行定制。

- ➢ spring.jackson.date-format：该属性指定处理 JSON 字符串所用的日期时间格式。
- ➢ spring.jackson.deserialization：该属性用于指定 Jackson 反序列化时的各种属性，它可指定 com.fasterxml.jackson.databind.DeserializationFeature 枚举列出的各枚举值对应的子属性。
- ➢ spring.jackson.default-property-inclusion：指定处理 JSON 字符串时是否包含默认属性，该属性支持 always、non_null、non_absent、non_default、non_empty 这几个属性值。
- ➢ spring.jackson.generator：该属性用于指定 Jackson 生成器的各种特性，它可指定 com.fasterxml.jackson.core.JsonGenerator.Feature 枚举列出的各枚举值对应的子属性。
- ➢ spring.jackson.locale：该属性指定 Jackson 所用的 Locale。
- ➢ spring.jackson.mapper：该属性用于指定 Jackson 映射器的各种特性，它可指定 com.fasterxml.jackson.databind.MapperFeature 枚举列出的各枚举值对应的子属性。
- ➢ spring.jackson.parser：该属性用于指定 Jackson 解析器的各种特性，它可指定 com.fasterxml.jackson.core.JsonParser.Feature 枚举列出的各枚举值对应的子属性。
- ➢ spring.jackson.property-naming-strategy：该属性指定处理 Java 对象的属性时所用的命令策略。
- ➢ spring.jackson.serialization：该属性用于指定 Jackson 序列化时的各种属性，它可指定 com.fasterxml.jackson.databind.SerializationFeature 枚举列出的各枚举值对应的子属性。
- ➢ spring.jackson.time-zone：该属性指定 Jackson 所用的时区。

上面的 spring.jackson.deserialization、spring.jackson.serialization、spring.jackson.mapper、spring.jackson.parser 和 spring.jackson.generator 这 5 个属性还可指定子属性，各子属性的意义就是

对应于其枚举的枚举值。

举例来说，spring.jackson.serialization 属性对应于 com.fasterxml.jackson.databind 包下的 SerializationFeature 枚举类，该枚举类内包含了 INDENT_OUTPUT 枚举值，因此 spring.jackson.serialization 可指定如下子属性：

```
spring.jackson.serialization.indent_output=true
```

上面配置指定序列化 JSON 字符串时显示合理的缩进，也就是输出格式良好的 JSON 字符串，其作用类似于前面配置 Gson 时指定的 spring.gson.pretty-printing=true。不过很明显，Jackson 支持配置的属性更多、更细致，这也从侧面说明了 Jackson 的功能更强大。

除了使用 application.properties 配置来定制 Jackson 的 ObjectMapper，Spring Boot 还提供了如下高级定制方式：
- ➤ 通过自定义 Jackson2ObjectMapperBuilderCustomizer 进行定制。
- ➤ 通过自定义 Module 进行定制。
- ➤ 完全替换 Spring Boot 的 ObjectMapper。

通过 application.properties 配置的 Jackson 属性依然由 Jackson2ObjectMapperBuilder 负责处理，Jackson2ObjectMapperBuilder 会将这些属性应用到它所创建的任何 Mapper 中，包括自动配置的 ObjectMapper 和 XmlMapper。

由此可见，使用 application.properties 对 Jackson 进行配置依然是一种"快捷方式"，如果需要，开发者可通过一个或多个 Jackson2ObjectMapperBuilderCustomizer 对 Jackson2ObjectMapperBuilder 进行定制。

事实上，Spring Boot 本身也是使用 Jackson2ObjectMapperBuilderCustomizer 执行定制的，Spring Boot 本身提供的 Jackson2ObjectMapperBuilderCustomizer 的 order 值为 0，通过为自定义的 Jackson2ObjectMapperBuilderCustomizer 指定不同的 order 值，自定义的 Jackson2ObjectMapperBuilder-Customizer 既可被应用在 Spring Boot 内置的 Jackson2ObjectMapperBuilderCustomizer 之前，也可被应用在它之后。

此外，所有实现了 com.fasterxml.jackson.databind.Module 接口的 Bean 都会被自动注册给 Jackson2ObjectMapperBuilder 对象，从而应用到它所创建的所有 ObjectMapper，因此也可通过添加自定义 Module 实现类来定制 Jackson 的 ObjectMapper。

如果在 Spring 容器中使用@Bean 定义自己的 ObjectMapper，并使用@Primary 注解修饰它；或者在 Spring 容器中使用@Bean 定义自己的 Jackson2ObjectMapperBuilder，这样将会彻底禁用 Spring Boot 自动配置的 ObjectMapper，改为使用自定义的 ObjectMapper（或自定义的 Jackson2ObjectMapperBuilder 所创建的 ObjectMapper）。

通过使用自己的 ObjectMapper 代替自动配置的 ObjectMapper，开发者获得了对 ObjectMapper 的全部控制权，但这种方式放弃了 Spring Boot 对 Jackson 提供的自动配置支持，并不是一种被推荐的做法，通常没必要这么干。

▶▶ 4.2.2 自定义 JSON 序列化器和反序列化器

前面介绍的都是对 Jackson 的通用配置，配置之后将会对整个 Jackson 的序列化或反序列化起作用。

在某些情况下，有实际开发经验的读者可能会遇到一些特殊的场景，比如服务器端需要处理的请求所包含的 JSON 字符串非常特殊，这些 JSON 字符串往往并不是专门准备好的，而是来自某些第三方程序的生成（比如通过网络爬虫爬取的），它们往往并不"干净"，此时就需要服务器端的

JSON 反序列化具有一定的"容错性",能自动处理这些特殊的 JSON 字符串。

在某些场景下,客户端对服务器端生成 JSON 响应有一些特别的要求,这些特别的要求仅仅是针对某一个或某几个特定的 Java 类型。

上面这些特殊需求,本质就是需要放弃 Jackson 原有的序列化、反序列化机制,完全改为由开发者来决定如何执行序列化、反序列化,此时就需要使用自定义的序列化器和反序列化器。

注册自定义的序列化器和反序列化器有两种方式:
➢ 利用 Jackson 的模块机制来注册自定义的序列化器和反序列化器。
➢ 利用 Spring Boot 提供的@JsonComponent 注解来注册自定义的序列化器和反序列化器。

关于直接利用 Jackson 的模块机制的注册方式,不在本书的介绍范围内,读者可自行参考 Jackson 的官方文档:https://github.com/FasterXML/jackson-docs/wiki/JacksonHowToCustomSerializers。

Spring Boot 提供了@JsonComponent 注解来注册自定义的序列化器和反序列化器,该注解有两种使用方式:
➢ 直接使用@JsonComponent 注解修饰 JsonSerializer、JsonDeserializer 或 KeyDeserializer 实现类,这些实现类将会由 Spring Boot 注册为自定义的 JSON 序列化器和反序列化器。
➢ 使用@JsonComponent 注解修饰包含 JsonSerializer/JsonDeserializer 内部实现类的外部类,这些内部实现类将会由 Spring Boot 注册为自定义的 JSON 序列化器和反序列化器。

不管是用@JsonComponent 直接修饰 JsonSerializer、JsonDeserializer 或 KeyDeserializer 实现类,还是用它修饰包含 JsonSerializer、JsonDeserializer 或 KeyDeserializer 内部实现类的外部类,其用法基本大同小异,直接用一个外部类来包含所有序列化器和反序列化器显得内聚性更好。

下面通过例子来示范如何自定义 JSON 序列化器和反序列化器。首先创建一个 Maven 项目,然后让其 pom.xml 文件继承 spring-boot-starter-parent,并添加 spring-boot-starter-web.jar 的依赖。

本例使用的控制器类、Service 组件、Book 类和 4.1 节示例相同,本例使用了如下外部类来注册自定义的 JSON 序列化器和反序列化器。

程序清单:codes\04\4.2\Restful_Custom\src\main\java\org\crazyit\app\controller\BookSerialize.java

```java
@JsonComponent
public class BookSerialize
{
    public static class Serializer extends JsonSerializer<Book>
    {
        @Override
        public void serialize(Book book, JsonGenerator jsonGenerator,
            SerializerProvider serializerProvider) throws IOException
        {
            System.out.println("序列化");
            // 输出对象开始的 Token(也就是左花括号)
            jsonGenerator.writeStartObject();
            // 依次输出 Book 的 4 个属性
            jsonGenerator.writeNumberField("id", book.getId());
            // 对于 book 的 title 属性,此处序列化为 name
            jsonGenerator.writeObjectField("name", book.getTitle());
            jsonGenerator.writeObjectField("author", book.getAuthor());
            jsonGenerator.writeNumberField("price", book.getPrice());
            jsonGenerator.writeEndObject();
        }
    }
    public static class Deserializer extends JsonDeserializer<Book>
    {
        @Override
        public Book deserialize(JsonParser jsonParser, DeserializationContext
```

```java
        deserializationContext) throws IOException, JsonProcessingException
{
    System.out.println("反序列化");
    var book = new Book();
    // 开始解析 JSON 字符串
    JsonToken jsonToken = jsonParser.getCurrentToken();
    String fieldName = null;
    // 如果还未解析到对象结束
    while (!jsonToken.equals(JsonToken.END_OBJECT))
    {
        if (!jsonToken.equals(JsonToken.FIELD_NAME))
        {
            jsonToken = jsonParser.nextToken();
            continue;
        }
        // 解析到 field 名
        fieldName = jsonParser.getCurrentName();
        // 解析下一个 Token (field 名之后就是 field 值)
        jsonToken = jsonParser.nextToken();
        try
        {
            // 如果 fieldName 是 name,则为 field 值的前后添加书名号
            if (fieldName.equals("name"))
            {
                String name = jsonParser.getText();
                if (!name.startsWith("《"))
                {
                    name = "《" + name;
                }
                if (!name.endsWith("》"))
                {
                    name = name + "》";
                }
                book.setTitle(name);
            }
            // 如果 fieldName 是 price,则将价格打 8 折
            else if (fieldName.equals("price"))
            {
                book.setPrice(jsonParser.getDoubleValue() * 0.8);
            }
            // 对于其他 fieldName,调用 fieldName 默认对应的 setter 方法
            else
            {
                BeanUtils.getPropertyDescriptor(Book.class, fieldName)
                    .getWriteMethod().invoke(book, jsonParser.getText());
            }
            // 解析下一个 Token
            jsonToken = jsonParser.nextToken();
        } catch (Exception e)
        {
            System.out.println("反序列化过程中出现异常: " + e);
        }
    }
    return book;
}
```

上面外部类使用了 @JsonComponent 修饰,且该外部类包含了两个内部类,它们分别实现了 JsonSerializer<Book> 和 JsonDeserializer<Book>,因此这两个内部类将会作为 Jackson 自定义的 JSON

序列化器和反序列化器。

上面内部类中实现 JsonSerializer 接口的是序列化器，序列化器必须实现 serialize()方法，该方法负责将 Java 对象序列化成 JSON 字符串。该方法中的 JsonGenerator 参数就负责完成输出，该参数提供了如下常用方法。

> writeStartObject()：输出对象开始的 Token，也就是输出左花括号（{）。
> writeStartArray()：输出数组开始的 Token，也就是输出左方括号（[）。
> writeXxxField()：输出各种类型的 field。
> writeEndObject()：输出对象开始的 Token，也就是输出右花括号（}）。
> writeEndArray()：输出数组开始的 Token，也就是输出右方括号（]）。

除上面这五个常用方法之外，JsonGenerator 还包含了其他方法，读者可自行查阅 Jackson 对应的 API 文档。

上面内部类中实现 JsonDeserializer 接口的是反序列化器，反序列化器必须实现 deserialize()方法，该方法负责将 JSON 字符串恢复成 Java 对象。该方法中的 JsonParser 负责读取 JSON 字符串所包含的数据，并将其封装成 Java 对象。

JsonParser 采用不断获取下一个 Token 的方式来读取 JSON 字符串所包含的数据，比如数组开始、数组结束、对象开始、对象结束、属性等各种 Token，Jackson 使用 JsonToken 枚举来定义所有类型的 Token。

上面序列化器在执行序列化时，只是将 Book 对象的 title 属性序列化为 name 属性；但反序列化器所做的事情就稍微复杂一些，它对 JSON 字符串中的 name 属性值进行了判断，它会自动在 name 属性值的前后加上书名号；此外，它还会对 price 属性值打 8 折。

运行主类来启动应用，然后在命令行的当前窗口中准备具有如下内容的 book.json 文件：

```
{
    "name": "疯狂Java讲义",
    "price": 128,
    "author": "李刚"
}
```

留意上面的 name 属性，该属性与系统中 Book 的 title 属性并不同名，但由于本例使用了自定义的反序列化器，因此该 name 属性的值将会被设为 Book 对象的 title 属性值。

在命令行窗口中使用 curl 命令提交 POST 请求，可以看到如下输出：

```
curl -H "Content-Type: application/json" -X POST -d @book.json^
 http://localhost:8080/book
{"id":1,"name":"《疯狂Java讲义》","author":"李刚","price":102.4}
```

从上面输出可以看到，通过使用自定义的反序列化器，Jackson 在反序列化时在 Book 的 title 属性值的前后添加了书名号，且对 price 属性值打了 8 折。

在命令行窗口中使用 curl 命令提交 GET 请求，可以看到如下输出：

```
curl http://localhost:8080/book
[{"id":1,"name":"《疯狂Java讲义》","author":"李刚","price":102.4}]
```

从上面输出可以看到，虽然 Book 对象的代表书名的属性是 title，但由于使用了自定义的序列化器，因此 title 属性被序列化为 JSON 字符串中的 name 属性。

切换回应用运行的控制台，可以看到控制台产生了"反序列化""序列化""序列化"……的输出，这也表明了自定义的序列化器和反序列化器正在起作用。

▶▶ 4.2.3 使用 HttpMessageConverters 更换转换器

如果读者还记得《轻量级 Java Web 企业应用实战》中关于 HttpMessageConverter 的内容，一定对这个 API 印象深刻：@RequestBody、@ResponseBody 两个注解的功能看似强大，但真正在底层"负重前行"的却是 HttpMessageConverter，它能把请求体中的数据转换成 Java 对象或 HttpEntity，它也能将处理方法返回的 Java 对象或 ResponseEntity 转换成响应。

前面介绍的 Jackson、Gson、JSON-B 之所以能正常起作用，都是由于 Spring MVC 为 HttpMessageConverter 提供了对应的实现类；如果开发者希望 Spring Boot 能使用第三方的 JSON 解析库，则可使用自定义的 HttpMessageConverter 实现类。

而 Spring Boot 提供了 HttpMessageConverters（注意该 API 多了一个 s）来添加自定义的 HttpMessageConverter，这样即可改为使用第三方的 JSON 或 XML 解析库，不再依赖 Spring Boot 内置的 Jackson、Gson、JSON-B 库。

下面通过例子来示范如何使用第三方的 HttpMessageConverter 代替 Spring Boot 内置支持的 HttpMessageConverter。首先依然是创建一个 Maven 项目，然后让其 pom.xml 文件继承 spring-boot-starter-parent，并添加 spring-boot-starter-web.jar 依赖。

由于本例不再使用 Jackson 库，因此需要从依赖配置中排除 spring-boot-starter-json，然后添加 Fastjson 库，本例使用该库提供的 HttpMessageConverter 实现类。将 pom.xml 文件中的依赖配置改为如下形式。

程序清单：codes\04\4.2\Restful_Fastjson\pom.xml

```xml
<dependencies>
    <dependency>
        <groupId>org.springframework.boot</groupId>
        <artifactId>spring-boot-starter-web</artifactId>
        <!-- 排除 spring-boot-starter-json（默认使用 Jackson) -->
        <exclusions>
            <exclusion>
                <groupId>org.springframework.boot</groupId>
                <artifactId>spring-boot-starter-json</artifactId>
            </exclusion>
        </exclusions>
    </dependency>
    <!-- 添加 Fastjson 库 -->
    <dependency>
        <groupId>com.alibaba</groupId>
        <artifactId>fastjson</artifactId>
        <version>1.2.75</version>
    </dependency>
    ...
</dependencies>
```

从上面的粗体字代码可以看到，本例添加了 Fastjson 依赖，这样即可使用该 JAR 包所提供的 HttpMessageConverter 实现类。

本例使用的控制器类、Service 组件、Book 类和 4.1 节示例相同，本例定义了如下配置类来注册自定义的 HttpMessageConverter。

程序清单：codes\04\4.2\Restful_Fastjson\src\main\java\org\crazyit\app\FkConfiguration.java

```java
@Configuration(proxyBeanMethods = false)
public class FkConfiguration
{
    @Bean
    public HttpMessageConverters customConverters()
```

```
        {
            // 创建自定义的 HttpMessageConverter
            var fastJson = new FastJsonHttpMessageConverter();
            // 设置 FastJsonHttpMessageConverter 支持的各种 MediaType
            List<MediaType> supportedMediaTypes = new ArrayList<>();
            supportedMediaTypes.add(MediaType.APPLICATION_JSON);
            supportedMediaTypes.add(MediaType.APPLICATION_ATOM_XML);
            supportedMediaTypes.add(MediaType.APPLICATION_FORM_URLENCODED);
            supportedMediaTypes.add(MediaType.APPLICATION_OCTET_STREAM);
            supportedMediaTypes.add(MediaType.APPLICATION_PDF);
            supportedMediaTypes.add(MediaType.APPLICATION_RSS_XML);
            supportedMediaTypes.add(MediaType.APPLICATION_XHTML_XML);
            supportedMediaTypes.add(MediaType.APPLICATION_XML);
            supportedMediaTypes.add(MediaType.IMAGE_GIF);
            supportedMediaTypes.add(MediaType.IMAGE_JPEG);
            supportedMediaTypes.add(MediaType.IMAGE_PNG);
            supportedMediaTypes.add(MediaType.TEXT_EVENT_STREAM);
            supportedMediaTypes.add(MediaType.TEXT_HTML);
            supportedMediaTypes.add(MediaType.TEXT_MARKDOWN);
            supportedMediaTypes.add(MediaType.TEXT_PLAIN);
            supportedMediaTypes.add(MediaType.TEXT_XML);
            fastJson.setSupportedMediaTypes(supportedMediaTypes);
            // 创建配置对象
            var config = new FastJsonConfig();
            // 为 FastJsonConfig 设置各种特性，准备供 FastJsonHttpMessageConverter 使用
            config.setSerializerFeatures(
                    // 禁用循环检测
                    SerializerFeature.DisableCircularReferenceDetect,
                    // 输出 Map 的空 value 值
                    SerializerFeature.WriteMapNullValue,
                    // 输出格式良好的 JSON 字符串
                    SerializerFeature.PrettyFormat
            );
            fastJson.setFastJsonConfig(config);
            // 通过 HttpMessageConverters 设置使用自定义的 HttpMessageConverter
            return new HttpMessageConverters(fastJson);
        }
    }
```

上面配置类中使用@Bean注解定义了一个Bean，它是一个HttpMessageConverters对象，而该对象则组合了第三方的HttpMessageConverter实现类对象：FastJsonHttpMessageConverter，这就意味着该应用将会彻底放弃Spring Boot内置的Jackson、Gson、JSON-B支持，改为使用第三方的FastJsonHttpMessageConverter作为HttpMessageConverter实现类。

由于使用了第三方的HttpMessageConverter实现类，这样Spring Boot提供的各种配置属性对该FastJsonHttpMessageConverter都不会自动起作用，因此上面第二段粗体字代码对FastJsonHttpMessageConverter进行了配置。

运行主类来启动应用，然后在命令行的当前窗口中准备具有如下内容的book.json文件：

```
{
    "title": "疯狂Java讲义",
    "price": 128,
    "author": "李刚"
}
```

在命令行窗口中使用curl命令提交POST请求，可以看到如下输出：

```
curl -H "Content-Type: application/json" -X POST -d @book.json http://localhost:8080/book
{
```

```
    "author":"李刚",
    "id":1,
    "price":128.0,
    "title":"疯狂Java讲义"
}
```

从上面输出可以看出，此时 Fastjson 提供的 HttpMessageConverter 正常发挥作用了。

在命令行窗口中使用 curl 命令提交 GET 请求，可以看到如下输出：

```
curl http://localhost:8080/book
[{
    "author":"李刚",
    "id":1,
    "price":128.0,
    "title":"疯狂Java讲义"
}]
```

从上面输出可以看出，服务器端的响应总是格式良好的 JSON 字符串。

提示:
> 不要被 Fastjson 这个名字所误导！Spring MVC 之所以不支持它，就是因为它在解析 JSON 格式的数据时，性能远低于 Jackson——尤其是数据量较大时表现尤为明显。本例只是通过它来示范如何配置第三方的 HttpMessageConverter，在实际应用中还是推荐使用 Jackson 或 Google Gson。

▶▶ 4.2.4 跨域资源共享

在前后端分离的开发架构中，前端应用和后端应用往往是彻底隔离的，二者不在同一台应用服务器内，甚至不在同一个物理节点上。在这种架构下，前端应用可能采用前端框架（比如 Angular、Vue 等）向后端应用发送请求，这种请求就是跨域请求，后端应用需要允许跨域资源共享（CORS）。

Spring Boot 的跨域资源共享依然直接使用 Spring MVC 的@CrossOrigin 注解，只要使用@CrossOrigin 注解修饰控制器的处理方法即可。关于该注解的详细用法，可直接参考《轻量级 Java Web 企业应用实战》的 6.8.5 节。

如果需要为应用进行全局的 CORS 配置，Spring MVC 可选择在 XML 配置文件中通过 <mvc:cors.../>元素进行配置，但 Spring Boot 显然不会这么做，它会通过在容器中定义一个 WebMvcConfigurer Bean，并在该 Bean 中实现自定义的 addCorsMappings(CorsRegistry)方法来设置全局的 CORS 配置。例如如下代码片段：

```java
@Configuration(proxyBeanMethods = false)
public class WebConfig implements WebMvcConfigurer
{
    @Override
    public void addCorsMappings(CorsRegistry registry)
    {
        // 指定对于/api/**路径下的所有请求
        registry.addMapping("/api/**")
            // 允许接收来自 http://www.crazyit.org 和 http://www.fkjava.org 的请求
            .allowedOrigins("http://www.crazyit.org", "http://www.fkjava.org")
            // 允许处理 GET、PUT、POST、DELETE、PATCH 请求
            .allowedMethods("GET", "PUT", "POST", "DELETE", "PATCH")
            // 只允许哪些请求头
            .allowedHeaders("header1", "header2", "header3")
            .allowCredentials(true).maxAge(3600);
        // 指定对于/api/路径下的所有请求
```

```
            // 指定对于/root/**路径下的所有请求
            registry.addMapping("/root/**")
                    // 允许接收来自http://www.crazyit.org 的请求
                    .allowedOrigins("http://www.crazyit.org")
                    // 允许处理GET、POST请求
                    .allowedMethods("GET", "POST ")
                    .allowCredentials(true).maxAge(1800);
            // 下面还可针对其他路径添加配置
            // ...
        }
    }
```

上面代码使用 CorsRegistry 调用了两次 addMapping()方法,其中第一次调用 addMapping()方法的规则对/api/路径及其所有子路径(不限深度)有效,它指定只允许来自 http://www.crazyit.org 和 http://www.fkjava.org 的跨域访问,而且可接受 GET、PUT、POST、DELETE 和 PATCH 请求,最大缓存时间是 1 小时。

第二次调用 addMapping()方法的规则对/root/路径及其所有子路径(不限深度)有效,它指定只允许来自 http://www.crazyit.org 的跨域访问,而且只接受 GET、POST 请求,最大缓存时间是半小时。

下面通过例子来演示暴露一个支持 CORS 的 RESTful 服务。首先依然是创建一个 Maven 项目,然后让其 pom.xml 文件继承 spring-boot-starter-parent,并添加 spring-boot-starter-web.jar 依赖。

接下来定义如下控制器类。

程序清单:codes\04\4.2\CrossOrigin\src\main\java\org\crazyit\app\controller\BookController.java
```
@RestController
@RequestMapping("/book")
public class BookController
{
    // 添加注解,指定支持跨域资源共享
    @CrossOrigin(maxAge = 3600)
    @GetMapping("")
    public ResponseEntity<List<String>> books()
    {
        var books = List.of("疯狂Java讲义",
                "疯狂Python讲义",
                "轻量级Java Web企业应用实战",
                "疯狂Android讲义");
        return new ResponseEntity<>(books, HttpStatus.OK);
    }
}
```

上面控制器类的处理方法使用了@CrossOrigin 注解修饰,这样该方法就可以处理跨域请求了。

现在开发一个简单的、独立的前端应用来模拟"前后端分离"架构。本示例的前端应用使用了简单的 jQuery 开发,并未使用专业的 Angular 或 Vue 前端框架。

下面是前端应用的页面代码。

程序清单:codes\04\4.2\test\index.html
```
<div class="container">
    <a id="bn" href="#" class="btn btn-primary">查看作者的图书</a>
    <div class="toast" role="alert" id="resultToast" data-delay="900000">
        <div class="toast-header">
            <h5>作者的图书</h5>
            <button type="button" class="ml-2 mb-1 close"
                data-dismiss="toast" aria-label="关闭">
```

```html
                <span aria-hidden="true">&times;</span>
            </button>
        </div>
        <div class="toast-body" id="content">
        </div>
    </div>
</div>
<script type="text/javascript">
    $('#bn').click(function(){
        $.get("http://192.168.1.88:8080/book", null, function(data){
            // 清空 content 元素里的内容
            $("#content").html("");
            $("#content").append("<ul class='list-group'>");
            // 遍历 data 数组，为每个数组元素都添加一个 li 元素
            for (b in data)
            {
                $("#content").append("<li class='list-group-item'>" + data[b] + "</li>");
            }
            $("#content").append("</ul>");
            $('#resultToast').toast('show');
        })
    });
</script>
```

上面粗体字代码显示了该前端应用需要向 http://192.168.1.88:8080/book 发送请求，该地址就是前面 Spring Boot 应用中 BookController 提供 RESTful 服务的地址。

首先运行 Spring Boot 应用的主类来启动该应用（必须在 IP 地址为 192.168.1.88 的计算机上运行该应用），然后再部署、运行 test 前端应用。查看前端应用的 index.html 页面，然后单击该页面上的"查看作者的图书"按钮，将看到如图 4.1 所示的效果。

图 4.1　跨域请求

如果将 BookController 处理方法上的 @CrossOrigin(maxAge = 3600) 注解删除，再次运行 Spring Boot 应用的主类来启动该应用，并再次单击 test 前端应用的 index.html 页面上的"查看作者的图书"按钮，将不会看到任何响应，这表明此时服务器端控制器的处理方法不再处理跨域请求。

4.3　RESTful 客户端

Spring Boot 不仅可以对外暴露 RESTful 服务，而且也可以作为客户端调用远程 RESTful 服务。Spring Boot 主要提供了两种方式来调用远程 RESTful 服务。

➢ 使用 RestTemplate 调用 RESTful 服务。
➢ 使用 WebClient 调用 RESTful 服务。

4.3.1 使用 RestTemplate 调用 RESTful 服务

RestTemplate 并不是 Spring Boot 提供的 API，而是 Spring 本身提供的 API；Spring Boot 提供的是 RestTemplateBuilder，它是 RestTemplate 的构建器，它可对它构建的 RestTemplate 应用 Spring Boot 的当前配置，也可调用方法对它构建的 RestTemplate 进行定制。

> **提示：** 注意少看一些乱七八糟的书或网络上的资料，那种直接通过 RestTemplate 构造器来构建 RestTemplate 的方法完全舍弃了 Spring Boot 的支持，是一种错误的做法。

通过 RestTemplateBuilder 构建 RestTemplate 之后，接下来即可调用 RestTemplate 的方法来调用远程 RESTful 服务。

RestTemplate 提供了如下几类方法。

- delete(String url, Map<String,?> uriVariables)：以 DELETE 请求调用远程 RESTful 服务。最后一个参数用于为 URL 地址中的路径参数（PathVariable）指定参数值。

> **提示：** 上面的 delete() 方法有 3 个重载的版本，因此最后的 uriVariables 参数可以省略，这意味着不需要为 URL 地址传入路径参数；最后的 uriVariables 参数也可以使用可变参数形式，这些参数将会按顺序传入 URL 地址。实际上，RestTemplate 提供的所有方法大致都是这种设计，最后一个代表路径参数的参数既可省略，也可使用 Map<String,?> 或 Object... 的形式。

- getForEntity(String url, Class<T> responseType, Map<String,?> uriVariables)：以 GET 请求调用远程 RESTful 服务。最后一个参数用于为 URL 地址中的路径参数（PathVariable）指定参数值。该方法返回服务器端响应的 ResponseEntity<T>。
- getForObject(String url, Class<T> responseType, Map<String,?> uriVariables)：以 GET 请求调用远程 RESTful 服务。最后一个参数用于为 URL 地址中的路径参数（PathVariable）指定参数值。该方法的返回值直接是 T 类型的对象。
- headForHeaders(String url, Map<String,?> uriVariables)：以 HEAD 请求调用远程 RESTful 服务。最后一个参数用于为 URL 地址中的路径参数（PathVariable）指定参数值。该方法返回服务器端响应的所有请求头。
- patchForObject(String url, Object request, Class<T> responseType, Map<String,?> uriVariables)：以 PATCH 请求调用远程 RESTful 服务，其中 request 参数代表请求参数。最后一个参数用于为 URL 地址中的路径参数（PathVariable）指定参数值。该方法的返回值直接是 T 类型的对象。
- postForEntity(String url, Object request, Class<T> responseType, Map<String,?> uriVariables)：以 POST 请求调用远程 RESTful 服务，其中 request 参数代表请求参数。最后一个参数用于为 URL 地址中的路径参数（PathVariable）指定参数值。该方法返回服务器端响应的 ResponseEntity<T>。
- postForObject(String url, Object request, Class<T> responseType, Map<String,?> uriVariables)：以 POST 请求调用远程 RESTful 服务，其中 request 参数代表请求参数。最后一个参数用于为 URL 地址中的路径参数（PathVariable）指定参数值。该方法的返回值直接是 T 类型的对象。

➢ put(String url, Object request, Map<String,?> uriVariables)：以 PUT 请求调用远程 RESTful 服务，其中 request 参数代表请求参数。最后一个参数用于为 URL 地址中的路径参数（PathVariable）指定参数值。

上面这些方法其实一眼就能明白它们的作用，它们分别对应于向 RESTful 服务器端发送 DELETE、GET、HEAD、PATCH、POST、PUT 方式的请求。

此外，RestTemplate 还提供了如下通用方法。

➢ exchange(String url, HttpMethod method, HttpEntity<?> requestEntity, Class<T> responseType, Map<String,?> uriVariables)：该方法以 method 方式的请求调用远程 RESTful 服务，其中 requestEntity 参数用于指定请求参数。

➢ execute(String url, HttpMethod method, RequestCallback requestCallback, ResponseExtractor<T> responseExtractor, Map<String,?> uriVariables)：该方法以 method 方式的请求调用远程 RESTful 服务，其中 requestCallback 参数用于准备要发送的请求，responseExtractor 参数用于提取服务器端响应的数据。

上面的 exchange()是一个功能强大的通用方法 它可以发送 DELETE、GET、HEAD、PATCH、POST、PUT 各种方式的请求。

上面的 execute()方法则是 RestTemplate 的底层实现，如果打开 RestTemplate 的 getForEntity() 的源代码，则可看到如下代码：

```
@Override
@Nullable
public <T> T getForObject(String url, Class<T> responseType,
        Object... uriVariables) throws RestClientException {
    RequestCallback requestCallback = acceptHeaderRequestCallback(responseType);
    HttpMessageConverterExtractor<T> responseExtractor = new
        HttpMessageConverterExtractor<>(responseType,
        getMessageConverters(), logger);
    return execute(url, HttpMethod.GET, requestCallback,
        responseExtractor, uriVariables);
}
```

看到最后一行粗体字代码了吧！其实 getForObject()等方法的底层就是调用 execute()方法来实现的，因此 execute()是最复杂的，但也是功能最灵活的方法。一般而言，除非有很特殊的需求，否则没必要调用 execute()方法来调用远程 RESTful 服务。

下面通过例子来调用 4.1.1 节开发的 RESTful 服务。首先创建一个 Maven 项目，然后让其 pom.xml 文件继承 spring-boot-starter-parent，并添加 spring-boot-starter-web.jar 依赖。

由于本例不需要对外暴露服务，因此不需要将该应用做成 Web 应用，故将本例的主程序改为如下形式。

程序清单：codes\04\4.3\RestTemplate\src\main\java\org\crazyit\app\App.java

```
@SpringBootApplication
public class App
{
    public static void main(String[] args)
    {
        var application = new SpringApplication(App.class);
        // 设置不再启动 Web 应用
        application.setWebApplicationType(WebApplicationType.NONE);
        // 或显式设置 Spring Boot 应用所使用的 Spring 容器
//      application.setApplicationContextClass(AnnotationConfigApplicationContext.class);
```

```
        application.run(args);
    }
}
```

将 Spring Boot 应用改为非 Web 应用有两种方式：
➢ 调用 application 的 setWebApplicationType(WebApplicationType.NONE)。
➢ 调用 application 的 setApplicationContextClass()方法显式设置 Spring 容器的实现类。

上面粗体字代码设置将 Spring Boot 应用改为非 Web 应用。

Spring Boot 提供了两个特殊接口：CommandLineRunner 和 ApplicationRunner，这两个接口的功能是一样的，Spring Boot 会在 SpringApplication 启动完成之前自动调用 CommandLineRunner 或 ApplicationRunner 实现类的 run()方法，通过这两个接口可以非常方便地在 SpringApplication 启动后运行一段代码。

CommandLineRunner 和 ApplicationRunner 接口都定义了一个 run()方法，区别在于 run()方法的参数类型不同，其中 CommandLineRunner 接口里 run()方法的参数类型是 String...（相当于 String[]），而 ApplicationRunner 接口里 run()方法的参数类型是 ApplicationArguments。这两个 run()方法参数的功能也相同，都用于获取运行该程序的命令行参数，只是形式不同而已。

下面的代码示范了如何使用 RestTemplate 发送 POST 请求调用 RESTful 服务。

程序清单：codes\04\4.3\RestTemplate\src\main\java\org\crazyit\app\service\ClientService.java

```java
@Service
public class ClientService implements CommandLineRunner
{
    @Override
    public void run(String... args)
    {
        System.out.println(this.callCreate());
    }
    private final RestTemplate restTemplate;

    public ClientService(RestTemplateBuilder restTemplateBuilder)
    {
        // 设置请求 URL 地址的根路径
        this.restTemplate = restTemplateBuilder.rootUri("http://192.168.1.188:8080/")
            .build();    // ①
    }
    public Book callCreate()
    {
        var book = new Book("疯狂Java讲义", 139.0, "李刚");
        return this.restTemplate.postForObject("/book", book, Book.class);
    }
}
```

上面 ClientService 实现了 CommandLineRunner 接口，因此 Spring Boot 会在 SpringApplication 启动后自动执行该组件的 run()方法，该 run()方法仅仅是调用了 callCreate()方法，该方法中的粗体字代码调用 RestTemplate 的 postForObject()方法发送 POST 请求调用 RESTful 服务。

上面 ClientService 定义了一个带 RestTemplateBuilder 参数的构造器，Spring Boot 将会自动为该构造器注入 RestTemplateBuilder 参数，该构造器中的①号代码先为 RestTemplate 设置了 root URI，然后调用 build()方法构建 RestTemplate。

该 ClientService 还用到一个 Book 类，它是一个 DTO（Data Transfer Object）对象，并不需要与 4.1.1 节的 RESTful 服务器端的 Book 类相同，它只要包含 id、title、author、price 这四个用于封装数据的属性即可。

首先运行 4.1.1 节的 RESTful 服务器端的主程序，然后运行本例的主程序，将会在控制台看到如下输出：

```
Book{id=1, title='疯狂Java讲义', price=139.0, author='李刚'}
```

从上面输出可以看出，此时已通过 POST 请求向服务器端添加了一个 Book 对象。

下面使用 RestTemplate 发送 GET 请求来获取服务器端的数据，在 ClientService 中添加如下方法（程序清单同上）：

```
@SuppressWarnings("unchecked")
public List<Book> callList()
{
    return this.restTemplate.getForObject("/book", List.class);
}
```

然后将 ClientService 类中的 run() 方法改为调用 callList() 方法，再次运行本例的主程序，此时将会看到如下输出：

```
[{id=1, title=疯狂Java讲义, price=139.0, author=李刚}]
```

从上面输出可以看出，通过 GET 请求调用 RESTful 服务同样成功。

下面使用 RestTemplate 发送 PUT 请求来更新服务器端的数据，在 ClientService 中添加如下方法（程序清单同上）：

```
public void callUpdate()
{
    var book = new Book("疯狂Android讲义", 129.0, "李刚");
    book.setId(1);
    this.restTemplate.put("/book", book);
}
```

然后将 ClientService 类中的 run() 方法改为先调用 callUpdate() 方法，再调用 callList() 方法，再次运行本例的主程序，此时将会看到如下输出：

```
[{id=1, title=疯狂Android讲义, price=129.0, author=李刚}]
```

从上面输出可以看出，通过 PUT 请求调用 RESTful 服务同样成功，此时服务器端 id 为 1 的 Book 对象已经被更新了。

通过上面三个方法不难看出，通过 RestTemplate 提供的 getForXxx()、postForXxx()、put() 方法发送 GET、POST、PUT 请求来调用 RESTful 服务都很方便；如果需要发送 DELETE、PATCH 请求同样也很方便，只要调用 RestTemplate 的 delete()、patchForXxx() 方法即可。

如果使用 exchange() 通用方法来发送请求，则可以发送任意类型的请求，因此比较灵活。例如，下面代码使用 exchange() 方法发送 PUT 请求，并获取服务器端的响应（RestTemplate 提供的 put() 方法发送请求之后不能获取服务器端的响应）。

在 ClientService 中添加如下方法（程序清单同上）：

```
public Book callExchange()
{
    var book = new Book("疯狂Python讲义", 128.0, "李刚");
    book.setId(1);
    // 创建HttpEntity作为请求参数
    var requestEntity = new HttpEntity<>(book);
    ResponseEntity<Book> resEntity = this.restTemplate
            .exchange("/book", HttpMethod.PUT, requestEntity, Book.class);
    System.out.println("服务器响应码:" + resEntity.getStatusCodeValue());
    return resEntity.getBody();
}
```

上面粗体字代码调用了 RestTemplate 的 exchange()方法来调用 RESTful 服务，该方法通过 HttpMethod.PUT 参数指定发送 PUT 请求，通过 requestEntity 参数指定请求体；在调用 RESTful 服务之后，程序使用 ResponseEntity 获取服务器端的响应，其中包含了服务器端响应的状态码。

然后将 ClientService 类中的 run()方法改为调用 callExchange()方法，再次运行本例的主程序，此时将会看到如下输出：

```
服务器响应码:200
Book{id=1, title='疯狂Python讲义', price=128.0, author='李刚'}
```

从上面输出可以看出，通过 exchange()方法发送 PUT 请求调用 RESTful 服务同样成功，而且可以直接通过 exchange()方法获取服务器端的响应。

在极端情况下，开发者需要调用 execute()方法来调用 RESTful 服务，那事情就变得复杂了：开发者必须提供 RequestCallback 参数和 ResponseExtractor 参数，其中前者用于准备要发送的请求；后者用于从服务器端的响应中提取数据。

当使用 execute()方法调用 RESTful 服务时，HttpMessageConverter 不会自动起作用，这意味着之前介绍的 Jackson、Gson、JSON-B（它们都由 HttpMessageConverter 调用）都不会起作用了，开发者需要直接从底层 I/O 级别来发送请求、处理响应，这种方式已经到了 Spring Boot 的源码实现级别，因此比较复杂，但也最灵活。

例如，下面代码使用 execute()方法发送 PUT 请求，并获取服务器端的响应。在 ClientService 中添加如下方法（程序清单同上）：

```java
public String callExecute()
{
    return this.restTemplate
        .execute("/book", HttpMethod.PUT, request -> {
            // 设置 Accept 请求头
            request.getHeaders().setAccept(List.of(MediaType.APPLICATION_JSON));
            // 设置 Content-Type 请求头
            request.getHeaders().set("Content-Type", "application/json");
            // 定义请求体的数据
            byte[] json = ("{\"id\":1, \"title\": \"疯狂Android讲义\", " +
                "\"price\": 129.0, \"author\":\"李刚\"}")
                .getBytes(StandardCharsets.UTF_8);
            // 设置请求体
            request.getBody().write(json);
        }, response -> {
            System.out.println("code:" + response.getStatusCode());
            System.out.println("text:" + response.getStatusText());
            InputStream is = response.getBody();
            return new String(is.readAllBytes(), StandardCharsets.UTF_8);
        });
}
```

上面代码调用了 execute()方法来发送 PUT 请求，在调用 execute()方法时传入了两个 Lambda 表达式作为参数，其中第一个 Lambda 表达式创建了一个 RequestCallback 对象；第二个 Lambda 表达式创建了一个 ResponseExtractor 对象。

上面程序中前三行粗体字代码位于第一个 Lambda 表达式中，用于初始化要发送的请求，其中前两行粗体字代码用于设置请求头，第三行粗体字代码用于设置请求体数据——直接使用 I/O 流写入。

上面程序中最后三行粗体字代码位于第二个 Lambda 表达式中，用于从服务器端的响应中提取数据，同样也是直接使用 I/O 流来读取数据的。

然后将 ClientService 类中的 run()方法改为调用 callExecute()方法，再次运行本例的主程序，此时将会看到如下输出：

```
code:200 OK
text:
{"id":1,"title":"疯狂Android讲义","price":129.0,"author":"李刚"}
```

留意上面输出，最后一行输出的并不是 Book 对象，而是普通的 String——只不过它符合 JSON 格式而已。

为什么上面这段 JSON 字符串没有被转换成 Book 对象？前面已经讲了，当使用 execute()方法发送请求时，HttpMessageConverter 不会自动起作用，因此需要开发者自行通过 I/O 流输出请求体数据，获取服务器端的响应也只是使用 I/O 流——这就是 execute()方法的魅力所在——它比较复杂，但它是最灵活的，它完全不依赖 Spring Boot 的 HttpMessageConverter。

▶▶ 4.3.2 定制 RestTemplate

使用 RestTemplateBuilder 构建的 RestTemplate 会自动应用 Spring Boot 应用的默认设置，如果要对 RestTemplate 进行自定义设置，Spring Boot 也提供了两种主要方式。

- 局部式：就如上面的 ClientService 那样，在调用 RestTemplateBuilder 构建 RestTemplate 之前，先调用 RestTemplateBuilder 的方法对其进行定制，通过这种方式设置的 RestTemplateBuilder 仅对它构建的 RestTemplate 起作用。
- 全局式：使用 RestTemplateCustomizer 进行定制，所有实现 RestTemplateCustomizer 接口的 Bean 都会被自动应用到自动配置的 RestTemplateBuilder 中，这种定制方式对整个应用范围的 RestTemplate 都起作用。

在定制 RestTemplate 时，除了可调用类似于 rootUri()的方法进行设置，还可在如下两方面进行定制。

- 添加或替换拦截器：既可通过 RestTemplateBuilder 的 additionalInterceptors()或 interceptors()方法分别添加或替换拦截器，也可直接调用 RestTemplate 的方法来添加或替换拦截器。
- 添加或替换消息转换器：既可通过 RestTemplateBuilder 的 additionalMessageConverters()或 messageConverters()方法分别添加或替换消息转换器，也可直接调用 RestTemplate 的方法来添加或替换消息转换器。

下面的例子对上一个例子稍做改变，将 RestTemplate 改为使用第三方的 HttpMessageConveter，为 RestTemplate 添加拦截器。

为了使用第三方的 HttpMessageConveter，首先在 pom.xml 文件中添加如下依赖：

```
<!-- 添加 Fastjson 库 -->
<dependency>
    <groupId>com.alibaba</groupId>
    <artifactId>fastjson</artifactId>
    <version>1.2.75</version>
</dependency>
```

上面这段依赖配置为应用添加了 Fastjson 的依赖库，这样即可在应用中使用 Fastjson 所提供的 HttpMessageConveter 实现类。

然后定义如下 RestTemplateCustomizer 实现类。

程序清单：codes\04\4.3\RestTemplate_Custom\src\main\java\org\crazyit\app\ConverterCustomizer.java

```
@Component
public class ConverterCustomizer implements RestTemplateCustomizer
{
```

```java
    @Override
    public void customize(RestTemplate restTemplate)
    {
        System.out.println("---设置消息转换器---");
        // 创建自定义的 HttpMessageConverter
        var fastJson = new FastJsonHttpMessageConverter();
        // 设置 FastJsonHttpMessageConverter 支持的各种 MediaType
        fastJson.setSupportedMediaTypes(List.of(MediaType.APPLICATION_JSON,
            MediaType.APPLICATION_XML));
        // 设置使用第三方的消息转换器
        restTemplate.setMessageConverters(List.of(fastJson));
    }
}
```

上面 ConverterCustomizer 实现了 RestTemplateCustomizer 接口，并使用了 @Component 注解修饰，因此它就是一个实现了 RestTemplateCustomizer 接口的 Bean，会被自动应用到自动配置的 RestTemplateBuilder 中。上面程序中的最后一行粗体字代码为 RestTemplate 设置了第三方的 HttpMessageConverter。

接下来再定义一个 RestTemplateCustomizer 实现类。

程序清单：codes\04\4.3\RestTemplate_Custom\src\main\java\org\crazyit\app\InterceptorCustomizer.java

```java
@Component
public class InterceptorCustomizer implements RestTemplateCustomizer
{
    @Override
    public void customize(RestTemplate restTemplate)
    {
        // 向 restTemplate 中添加自定义的拦截器
        restTemplate.getInterceptors().add((request, body, execution) -> {
            System.out.println("---添加拦截器---");
            // 获取请求地址
            String checkTokenUrl = request.getURI().getPath();
            // 计算 Token 的有效时间
            int ttTime = (int) (System.currentTimeMillis() / 1000 + 1800);
            // 获取请求方法名 POST、GET 等
            var methodName = request.getMethod().name();
            // 获取请求体
            var requestBody = new String(body);
            // 根据请求内容来生成 Token
            String token = generateToken(checkTokenUrl, ttTime, methodName, requestBody);
            // 将 Token 放入请求头中
            request.getHeaders().add("X-Auth-Token", token);
            return execution.execute(request, body);
        });
    }
    // 工具方法，模拟根据第三方要求生成授权 Token
    private String generateToken(String checkTokenUrl,
        int ttTime, String methodName, String requestBody)
    {
        return "fkjava";
    }
}
```

上面程序中的粗体字代码调用 RestTemplate 的 getInterceptors() 方法获取所有拦截器列表，然后调用 add() 方法为它添加拦截器。上面代码使用 Lambda 表达式创建了一个 ClientHttpRequestInterceptor 对象，该 Lambda 表达式为请求添加了一个额外的授权请求头。

这种添加额外的授权请求头的需求，在实际开发中非常常见：大部分时候，程序要调用的

RESTful 服务并不是"赤裸裸"地暴露出来，它会要求只有具有有效 Token 的请求才能调用 RESTful 服务，在这种需求下，应用可通过定制 RestTemplate 来为它们添加授权 Token，如上面的程序代码所示。

上面程序中的 generateToken()方法是一个工具方法，它需要根据第三方 RESTful 服务要求的格式来生成 Token，此处只是采用模拟方式生成一个固定的 Token，实际上需要查阅第三方 RESTful 服务的文档来改写该方法。

保持在 4.1.1 节开发的 RESTful 服务处于运行状态，再次运行本例的主程序，可以在控制台看到如下输出：

```
---设置消息转换器---
---添加拦截器---
code:200 OK
text:
{"id":1,"title":"疯狂Android讲义","price":129.0,"author":"李刚"}
```

从上面输出可以看到，通过 RestTemplateCustomizer 添加的消息转换器、拦截器都正常发挥作用了。这种使用 RestTemplateCustomizer 定制 RestTemplate 的方式是全局式的，RestTemplateCustomizer 会被自动注册到应用中自动配置的 RestTemplateBuilder 中，因此对 RestTemplateBuilder 构建的所有 RestTemplate 都起作用。

▶▶ 4.3.3 使用 WebClient 调用 RESTful 服务

对于 WebFlux 应用，则可使用 WebClient 调用 RESTful 服务。与 RestTemplate 相比，WebClient 具有反应式编程的特点，而且采用的是函数式编程方式。

Spring Boot 会为 WebClient 创建一个预配置的 WebClient.Builder 对象，开发者只要将该 Builder 对象注入自己的组件中，然后通过该 Builder 对象创建 WebClient 即可。

有了 WebClient 对象之后，可以调用该对象的如下方法来指定发送请求。

➢ delete()：指定发送 DELETE 请求。
➢ get()：指定发送 GET 请求。
➢ head()：指定发送 HEAD 请求。
➢ method(HttpMethod method)：指定发送任意方法的请求。
➢ patch()：指定发送 PATCH 请求。
➢ post()：指定发送 POST 请求。
➢ put()：指定发送 PUT 请求。

上面这些方法的返回值要么是 WebClient.RequestHeadersUriSpec，要么是 WebClient.RequestBodyUriSpec，其中 WebClient.RequestBodyUriSpec 是子接口，主要增加了 body()方法来设置请求体数据。

有了 WebClient.RequestHeadersUriSpec 或 WebClient.RequestBodyUriSpec 之后，接下来可调用如下方法来设置请求头和请求体。

➢ uri()：设置请求的 URI。
➢ header()：设置请求头。
➢ accept()：设置 Accept 请求头。
➢ body()：设置请求体，只有 WebClient.RequestBodyUriSpec 才有该方法。

在设置完请求头、请求体之后，接下来即可调用如下两个方法获取响应。

➢ exchange()：该方法返回 Mono<ClientResponse>对象。
➢ retrieve()：该方法返回 WebClient.ResponseSpec 对象。

其实 exchange()方法和 retrieve()方法的功能差不多，只是返回值类型存在区别而已。

下面还是通过例子来调用 4.1.1 节开发的 RESTful 服务。首先创建一个 Maven 项目，然后让其 pom.xml 文件继承 spring-boot-starter-parent，并添加 spring-boot-starter-webflux.jar 依赖。

由于本例需要使用 WebClient 来调用 RESTful 服务，因此必须将该应用做成反应式的 WebFlux 应用，故本例的主程序依然直接调用 SpringApplication 的静态 run()方法。

下面代码示范了如何使用 WebClient 发送 POST 请求调用 RESTful 服务。

程序清单：codes\04\4.3\WebClient\src\main\java\org\crazyit\app\controller\ClientController.java

```java
@RestController
public class ClientController
{
    private final WebClient webClient;
    public ClientController(WebClient.Builder webClientBuilder)
    {
        // 使用 WebClient.Builder 构建 WebClient
        this.webClient = webClientBuilder.baseUrl("http://192.168.1.188:8080/")
            .build();    // ①
    }
    @GetMapping("/callCreate")
    public Mono<Book> callCreate()
    {
        var book = new Book("疯狂 Java 讲义", 139.0, "李刚");
        return this.webClient
                // 设置发送 POST 请求
                .post().uri("/book")
                // 设置自定义的请求头
                .header("Content-Type", "application/json")
                // 设置 Accept 请求头
                .accept(MediaType.APPLICATION_JSON)
                // 设置请求体数据
                .body(Mono.just(book), Book.class)
                // 发送请求，与服务器端交互
                .retrieve().bodyToMono(Book.class);
    }
}
```

上面 ClientController 类中的 callCreate()方法中的粗体字代码调用 WebClient 的 post()方法发送 POST 请求调用 RESTful 服务；然后程序通过 uri 设置发送请求的 URI，调用 header()、accept()方法设置请求头，调用 body()方法设置请求体；最后调用 retrieve()方法实际发送请求。

上面 ClientController 定义了一个带 WebClient.Builder 参数的构造器，Spring Boot 将会自动为该构造器注入 WebClient.Builder 参数，该构造器中的①号代码先为 WebClient 设置了 base URL 地址，然后调用 build()方法创建 WebClient。

本例直接将 WebClient 注入了应用的控制器，这只是出于简单的考虑，在实际项目中通常会将 WebClient 注入应用的 Service 组件，与项目的其他业务方法协同工作。

该 ClientController 还用到一个 Book 类，它是一个 DTO（Data Transfer Object）对象，并不需要与 4.1.1 节的 RESTful 服务器端的 Book 类相同，它只要包含 id、title、author、price 这四个用于封装数据的属性即可。

由于本例是一个 WebFlux 应用，因此需要在指定端口进行监听。为了避免与 4.1.1 节的 RESTful 应用的监听端口冲突，本例在 application.properties 文件中添加如下配置将服务器端口改为 8181：

```
server.port=8181
```

首先运行 4.1.1 节的 RESTful 服务器端的主程序，然后运行本例的主程序，接下来在命令行窗

口中使用 curl 工具发送请求,可以看到如下输出:

```
curl http://localhost:8181/callCreate
{"id":1,"title":"疯狂 Java 讲义","price":139.0,"author":"李刚"}
```

从上面输出可以看到,此处向监听 8181 端口的应用发送请求,而该应用的控制器则通过 WebClient 调用了监听 8080 端口的 RESTful 服务。

下面使用 WebClient 发送 GET 请求来获取服务器端的数据,在 ClientController 中添加如下方法(程序清单同上):

```
@GetMapping("/callList")
public Flux<Book> callList()
{
    return this.webClient
            // 设置发送 GET 请求
            .get().uri("/book")
            // 设置自定义的请求头
            .header("Content-Type", "application/json")
            // 设置 Accept 请求头
            .accept(MediaType.APPLICATION_JSON)
            // 发送请求,与服务器端交互
            .retrieve().bodyToFlux(Book.class);
}
```

上面 callList()方法调用了 WebClient 的 get()方法来发送 GET 请求,再次运行本例的主程序,然后在命令行窗口中使用 curl 工具发送请求,可以看到如下输出:

```
curl http://localhost:8181/callList
[{"id":1,"title":"疯狂 Java 讲义","price":139.0,"author":"李刚"}]
```

从上面输出可以看出,通过 GET 请求调用 RESTful 服务同样成功。

下面使用 WebClient 发送 PUT 请求来更新服务器端的数据,在 ClientController 中添加如下方法(程序清单同上):

```
@GetMapping("/callUpdate")
public Mono<Book> callUpdate()
{
    var book = new Book("疯狂 Android 讲义", 128.0, "李刚");
    book.setId(1);
    return this.webClient
            // 设置发送 PUT 请求
            .put().uri("/book")
            // 设置自定义的请求头
            .header("Content-Type", "application/json")
            // 设置 Accept 请求头
            .accept(MediaType.APPLICATION_JSON)
            // 设置请求体数据
            .body(Mono.just(book), Book.class)
            // 发送请求,与服务器端交互
            .retrieve().bodyToMono(Book.class);
}
```

上面 callUpdate()方法调用了 WebClient 的 put()方法来发送 PUT 请求,再次运行本例的主程序,然后在命令行窗口中使用 curl 工具发送请求,可以看到如下输出:

```
curl http://localhost:8181/callUpdate
{"id":1,"title":"疯狂 Android 讲义","price":128.0,"author":"李刚"}
```

从上面输出可以看出,通过 PUT 请求调用 RESTful 服务同样成功,此时服务器端 id 为 1 的 Book 对象已经被更新了。

通过上面三个方法不难看出，通过 WebClient 提供的 get()、post()、put()方法发送 GET、POST、PUT 请求来调用 RESTful 服务都很方便；如果需要发送 DELETE、PATCH 请求同样也很方便，只要调用 WebClient 的 delete()、patch()方法即可。

如果使用 method()通用方法来发送请求，则可以发送任意类型的请求，因此比较灵活。例如，下面代码使用 method()方法发送 PUT 请求。

在 ClientController 中添加如下方法（程序清单同上）：

```java
@GetMapping("/callMethod")
public Mono<Book> callMethod()
{
    var book = new Book("疯狂 Python 讲义", 129.0, "李刚");
    book.setId(1);
    return this.webClient
            // 通过 method()方法可指定发送任意类型的请求
            .method(HttpMethod.PUT)
            .uri("/book")
            .header("Content-Type", "application/json")
            .accept(MediaType.APPLICATION_JSON)
            // 设置请求体数据
            .body(Mono.just(book), Book.class)
            // 发送请求，与服务器端交互
            .retrieve().bodyToMono(Book.class);
}
```

上面粗体字代码调用 WebClient 的 method()方法发送请求，由于传给该方法的参数是 HttpMethod.PUT，因此表示发送 PUT 请求。

再次运行本例的主程序，然后在命令行窗口中使用 curl 工具发送请求，可以看到如下输出：

```
curl http://localhost:8181/callMethod
{"id":1,"title":"疯狂 Python 讲义","price":129.0,"author":"李刚"}
```

从上面输出可以看出，通过 method()方法发送 PUT 请求调用 RESTful 服务同样成功。

▶▶ 4.3.4 WebClient 底层的相关配置

大部分时候，开发者无须理会 WebClient 底层的实现细节，Spring Boot 会根据类加载路径中的类库自动检测使用哪个 ClientHttpConnector 来驱动 WebClient，Spring Boot 内置支持 ReactorClientHttpConnector 和 JettyClientHttpConnector 两个实现类。

由于 spring-boot-starter-webflux.jar 默认依赖于 reactor-netty.jar，因此 Spring Boot 默认会选择 ReactorClientHttpConnector 作为实现类（它底层依赖于 Reactor Netty），它可以同时提供服务器端和客户端的实现；但如果选择 Jetty 作为 WebFlux 应用的服务器，则还需要添加 Jetty Reactive HTTP 的客户端 JAR 包。例如，在 pom.xml 文件中添加如下依赖配置：

```xml
<dependency>
    <groupId>org.eclipse.jetty</groupId>
    <artifactId>jetty-reactive-httpclient</artifactId>
    <version>1.1.4</version>
</dependency>
```

如果在 Spring 容器中配置了自定义的 ReactorResourceFactory 或 JettyResourceFactory，Spring Boot 会自动加载并应用它们对 Reactor Netty 或 Jetty 的资源配置进行重写，这样可同时作用于服务器端和客户端。

如果只想改变客户端的配置，则可在 Spring 容器中添加自定义的 ClientHttpConnector Bean，它会代替系统自动配置的 ClientHttpConnector，这样就可获取对客户端配置的全部控制权。

与定制 RestTemplate 类似，Spring Boot 同样为定制 WebClient 提供了两种方式。
> 局部式：在调用 WebClient.Builder 的 build() 方法构建 WebCilent 之前，先调用 WebClient.Builder 的方法对其进行定制，通过这种方式设置的 WebClient.Builder 仅对它构建的 WebClient 起作用。
> 全局式：使用 WebClientCustomizer 进行定制，所有实现 WebClientCustomizer 接口的 Bean 都会被自动应用到自动配置的 WebClient.Builder 中，这种定制方式对整个应用范围的 WebClient 都起作用。

上面两种方式最终都是调用 WebClient.Builder 的方法来进行定制，这种定制方式与前面介绍的 RestTemplate 的定制方式并没有太大的区别，故此处不再赘述。

4.4 本章小结

本章主要介绍了 RESTful 服务相关知识，内容包括两大块：开发 RESTful 服务器端和开发 RESTful 客户端。对于开发 RESTful 服务器端，本章分别介绍了如何生成 JSON 响应和 XML 响应，重点讲解了 Jackson 相关设置和定制，也讲解了如何通过 HttpMessageConverters 更换第三方的 HttpMessageConverter 转换器。

对于开发 RESTful 客户端，本章详细讲解了 RestTemplate 和 WebClient 两种开发 RESTful 客户端的方式，以及对它们的定制。

CHAPTER 5

第 5 章 访问 SQL 数据库

本章要点

- 理解 Spring Data 核心 API 设计
- 掌握 Spring Data JPA 基本功能
- 自动数据源配置和自定义数据源配置
- 掌握方法名关键字查询
- 掌握@Query 查询和命名查询
- 掌握自定义查询
- 掌握 Example（样本）查询
- 掌握 Specification 查询
- Spring Boot 整合 JDBC 操作数据库
- Spring Boot 整合 Spring Data JDBC 操作数据库
- Spring Boot 整合 MyBatis 的两种方式
- 配置和扩展 MyBatis
- 理解 jOOQ 的奇妙设计
- 使用 jOOQ 为数据库生成代码
- 调用 DSLContext 操作数据库
- Spring Boot 整合 jOOQ 以及 jOOQ 高级配置
- 理解 R2DBC 的设计和优势
- 使用 DatabaseClient 操作数据库
- Spring Boot 整合 R2DBC
- 理解 JTA 分布式事务
- 使用 Atomikos 管理 MyBatis 多数据源应用
- 使用 Atomikos 管理 Spring Data JPA 多数据源应用
- 使用 Java EE 容器提供的事务管理器
- 掌握初始化数据库的常见方式
- 执行 SQL 脚本来初始化数据库
- 使用 R2DBC 初始化数据库

本章介绍的是通过 Spring Boot 操作 SQL 数据库的知识。由于 Spring Boot 的主要功能就是"自动配置"，因此 Spring Boot 完全可以支持市面上各种数据库访问技术，本章会用到大量不同的数据库访问技术。

Spring Boot 的数据库操作建立在 Spring Data 基础之上，Spring Data 其实也是 Spring 家族的"扛鼎之作"，它的野心非常大，它完全可以对各种持久化技术提供高度封装，因此 Spring Data 未来一定是 Java 领域规范级的框架。本章及下一章将会详细介绍 Spring Data 及其子项目的各种知识，这两章的内容完全可以单独成书，如命名为《Spring Data 从入门到精通》等。另外，本章也会详细介绍 Spring Boot 与 MyBatis 的整合，这是国内很多公司所采用的技术栈。

本章将会详细介绍分布式应用所涉及的分布式事务处理，Spring Boot 通过整合 Atomikos 提供了分布式事务支持，这样即使没有应用服务器的支持，Spring Boot 应用也依然可以从容面对分布式事务控制。

5.1 整合 Spring Data JPA

Spring Boot 推荐使用 Spring Data 来访问 SQL 数据库和 NoSQL 数据库，Spring Data 提供了高度统一的 API 来访问各种数据，非常方便。

▶▶ 5.1.1 Spring Data 的设计和核心 API

以前用过 Ruby On Rails 的开发者一定会对 Rails 的数据访问印象深刻：太简洁了！太好用了！而 Spring Data 在易用性上完全不输 Rails，而且提供了更高层次的抽象。

Spring Data 提供了 SQL 数据库和 NoSQL 数据库访问的高度统一，简而言之，能用相同的一套 API 来同时访问 SQL 数据库和 NoSQL 数据库。

图 5.1 显示了 Spring Data 提供的高层次抽象关系图。

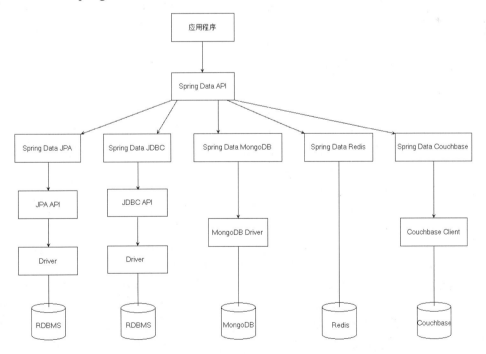

图 5.1 Spring Data 的高层次抽象关系图

根据 Spring Data 官方推荐，应用程序都应尽量面向 Spring Data API 编程，这样就可以将应用程序从底层数据访问的具体实现中抽离出来：不管底层用 SQL 数据库也好，用 NoSQL 数据库也罢，只要应用程序面向 Spring Data API 编程，程序就可以在 SQL 数据库和 NoSQL 数据库之间自由切换。

那 Spring Data 与 Spring Data JPA、Spring Data MongoDB、Spring Data Redis、Spring Data Couchbase 是什么关系呢？

从项目结构上说，Spring Data 相当于一个总的项目，Spring Data 包括如下子项目。

- Spring Data JDBC：Spring Data 对传统 JDBC 的封装。
- Spring Data JPA：Spring Data 对 JPA 的封装。
- Spring Data LDAP：Spring Data 对 LDAP（Lightweight Directory Access Protocol，轻量级路径访问协议）技术的封装。
- Spring Data MongoDB：Spring Data 对 MongoDB 的封装。
- Spring Data Redis：Spring Data 对 Redis 的封装。
- Spring Data R2DBC：Spring Data 对 R2DBC 的封装。
- Spring Data for Apache Cassandra：Spring Data 对 Cassandra 的封装。
- Spring Data for Apache Geode：Spring Data 对 Geode 的封装。
- Spring Data for Apache Solr：Spring Data 对 Solr 的封装。
- Spring Data Couchbase：Spring Data 对 Couchbase 的封装。
- Spring Data Elasticsearch：Spring Data 对 Elasticsearch 的封装。
- Spring Data Neo4j：Spring Data 对 Neo4j 的封装。

从逻辑关系上说，Spring Data 相当于 Spring Data Xxx 子项目的抽象层，而 Spring Data Xxx 是具体实现。实际上，Spring Data 还包括一个 Spring Data Commons 子项目，该子项目才是 Spring Data 的通用抽象层，通常所说的 Spring Data 其实是指 Spring Data Commons。

从 Spring Data 和 Spring Data Xxx 的逻辑关系不难看出 Spring Data 的野心：它要对所有持久化技术"一统江湖"，不管是 JPA 还是 JDBC，不管用哪一种持久化技术，Spring Data 都提供了统一的 API，也不管是 SQL 数据库还是 NoSQL 数据库，Spring Data 都能进行统一访问，甚至是未来可能出现的新的数据存储技术，Spring Data 只要提供对应的 Spring Data Xxx 子项目，它就依然能进行统一访问。

> **提示：**
> 目前国内 MyBatis 似乎依然还是主流，但其实国内技术圈的跟风氛围很重，无论是从技术架构的优秀性，还是从面向未来的扩展性来讲，MyBatis 和 Spring Data 完全不是同一个级别的东西，因此 Spring Data 取代 MyBatis 是必然的趋势。

从图 5.1 最左边的分支可以看到，在操作 SQL 数据库时，Spring Data 提供了 Spring Data JPA 子项目，Spring Data JPA 底层还封装了 JPA API，而 JPA 本身就是属于 ORM 框架的规范，底层可以在任意 ORM 技术之间自由切换，而且，Spring Data JPA 又对 JPA 进行了高层次的封装，进一步简化了基于 ORM 的数据库操作。

目前 Spring Data 已经做到代码简化与功能强大的高度统一，从代码简化的角度来说，DAO 组件（也叫 Repository 组件）的各种 CRUD 方法完全不需要开发者编写任何代码；从功能强大的角度来说，Spring Data 既允许开发者自定义 SQL 或 NoSQL 查询语句来执行查询，从而优化查询，也允许开发者直接使用相应技术的底层 API 来实现数据访问，完全是"鱼和熊掌可以兼得"。

正如上面所说的，基于 Spring Data 的 DAO 组件完全可以不用开发者编写任何代码，只要继承

Spring Data 所提供的接口即可。Spring Data 为数据访问提供了一个 Repository 接口，该接口只是一个标记性的接口，它并未提供任何方法。

Repository 接口派生了如下两个子接口。

- CrudRepository：主要提供了各种 CRUD 方法，继承该接口的 DAO 组件不用开发者编写任何代码就可执行各种 CRUD 数据访问及数据查询。
- ReactiveCrudRepository：类似于 CrudRepository 接口，只不过它的方法都是反应式的，因此它的方法的返回值都是 Mono 或 Flux。

下面简单介绍 CrudRepository<T,ID>接口中的方法。

- long count()：统计实体总数量。
- void delete(T entity)：删除一个实体。
- void deleteAll()：删除所有实体。
- void deleteAll(Iterable<? extends T> entities)：删除集合中的所有实体。
- void deleteById(ID id)：根据 id 删除实体。
- boolean existsById(ID id)：根据 id 判断实体是否存在。
- Iterable<T> findAll()：查询所有实体。
- Iterable<T> findAllById(Iterable<ID> ids)：根据所提供的多个 id，将对应的实体全部查询出来。
- Optional<T> findById(ID id)：根据 id 查询实体。
- <S extends T> save(S entity)：保存或更新单个实体。
- <S extends T> Iterable<S> saveAll(Iterable<S> entities)：保存或更新给定的所有实体。

而 ReactiveCrudRepository 接口中的方法与此类似，只是方法的返回值类型不同而已。

PagingAndSortingRepository 接口则继承了 CrudRepository 接口，增加了分页和排序功能。它增加了如下两个方法。

- Page<T> findAll(Pageable pageable)：根据传入的 Pageable 参数执行分页查询。
- Iterable<T> findAll(Sort sort)：根据传入的 Sort 参数执行排序。

而 ReactiveSortingRepository 接口则继承了 ReactiveCrudRepository 接口，它相当于 PagingAndSortingRepository 的反应式版本，因此它也增加了一个 findAll(Sort sort)方法，用于根据 Sort 参数执行排序，但反应式编程无须分页，因此无须增加分页功能。

CrudRepository、PagingAndSortingRepository、ReactiveCrudRepository、ReactiveSortingRepository 这 4 个接口就是 Spring Data 的核心接口。普通 DAO 组件继承 CrudRepository 或 PagingAndSortingRepository 接口即可，如果要进行反应式编程，让 DAO 组件继承 ReactiveCrudRepository 或 ReactiveSortingRepository 即可。

> **提示：**
> 只有当底层的数据存储技术及驱动支持反应式编程时，才能使用 Spring Data 的反应式 API 编程。如果底层的数据存储技术或驱动不支持反应式编程，Spring Data 也是"巧妇难为无米之炊"的。

上面介绍的 4 个 XxxRepository 属于 Spring Data Commons 子项目，因此它们属于 Spring Data 的通用抽象层。如果让 DAO 组件继承它们，DAO 组件的底层就可以在任意持久化技术甚至任意数据存储技术（不管是 SQL 数据库还是 NoSQL 数据库）之间自由切换。

除上面介绍的 4 个 XxxRepository 之外，Spring Data Xxx 子项目还提供了对应的 XxxRepository，比如 Spring Data JPA 提供了 JpaRepository，Spring Data MongoDB 提供了 MongoRepository……这

些针对特定技术的 Spring Data Xxx 子项目提供的 XxxRepository 都是 PagingAndSortingRepository 或 ReactiveSortingRepository 的子接口。

通常在 JpaRepository、MongoRepository……这种子接口中增加了针对特定技术的数据操作方法，但如果没有必要，则不建议让 DAO 组件继承 JpaRepository、MongoRepository……这种子接口，因为一旦 DAO 组件继承了 JpaRepository、MongoRepository……这种子接口，那就意味着该 DAO 组件与特定的持久化技术耦合了，降低了可扩展性。

此外，如果持久化技术支持 Example 查询，那么这种持久化技术对应的 XxxRepository 还会继承 QueryByExampleExecutor，用于为 Example 查询提供支持。为 Example 查询提供支持的反应式版本是 ReactiveQueryByExampleExecutor。

图 5.2 显示了 Spring Data 提供的 Repository 接口及其子接口的关系。

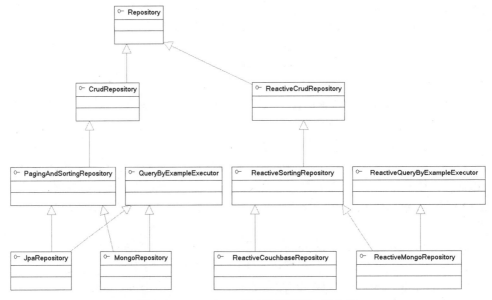

图 5.2　Repository 接口及其子接口的关系

理顺图 5.2 中各接口的关系，并掌握这些接口所提供的方法，以及 Spring Data 为这些接口生成的动态代理的方法，就是学习 Spring Data 的关键。

▶▶ 5.1.2　Spring Data JPA 基本功能

下面通过例子来介绍 Spring Boot 整合 Spring Data JPA 提供基本的数据访问功能。首先创建一个 Maven 项目，然后让其 pom.xml 文件继承 spring-boot-starter-parent，并添加 spring-boot-starter-data-jpa.jar 依赖。由于本例需要访问 MySQL 数据库，因此还要添加 MySQL 数据库驱动的依赖，具体可以参考本例的 pom.xml 文件。

下面先添加一个 application.properties 文件来配置数据源及 JPA 相关属性。

程序清单：codes\05\5.1\basic\src\main\resources\application.properties

```
# 数据库驱动
spring.datasource.driver-class-name=com.mysql.cj.jdbc.Driver
# 数据库 URL 地址
spring.datasource.url=jdbc:mysql://localhost:3306/springboot?serverTimezone=UTC
# 连接数据库的用户名
spring.datasource.username=root
# 连接数据库的密码
```

```
spring.datasource.password=32147

# ================================================
# 配置 JPA 相关属性
spring.jpa.database=mysql
# 指定显示 SQL 语句
spring.jpa.show-sql=true
# 指定根据实体自动建表
spring.jpa.generate-ddl=true
# 也可使用如下属性定义根据实体自动建表
#spring.jpa.hibernate.ddl-auto=update
# 为特定持久化技术配置属性
spring.jpa.properties.hibernate.dialect=org.hibernate.dialect.MySQL57Dialect
```

上面配置信息可以分为两段，其中第 1 段指定了连接数据库所需要的驱动、URL 地址、用户名和密码，这样 Spring Boot 就能自动配置一个数据源。具体关于该数据源是如何创建的、采用哪种数据源实现、是否可配置自定义数据源等内容，下一节会详细介绍。

第 2 段用于为 JPA 指定配置信息，这些配置信息由 spring-boot-autoconfigure 的 JpaProperties 类负责处理。该类的源代码片段如下：

```java
@ConfigurationProperties(prefix = "spring.jpa")
public class JpaProperties {
    // 配置额外的属性
    private Map<String, String> properties = new HashMap<>();
    // 配置所有的映射资源，通常无须指定
    private final List<String> mappingResources = new ArrayList<>();
    // 配置目标数据库的类型，与 database 属性的作用相同
    private String databasePlatform;
    // 配置目标数据库的类型，与 databasePlatform 属性的作用相同
    // 只不过该属性需要被指定为 Database 枚举值
    private Database database;
    // 配置是否根据实体自动建表
    private boolean generateDdl = false;
    // 配置是否显示 SQL 语句
    private boolean showSql = false;
    // 配置是否在视图页面中打开 JPA 的 EntityManager
    private Boolean openInView;
    ...
}
```

由于 JpaProperties 类的支持，Spring Boot 可处理 application.properties 文件中以 "spring.jpa" 开头的属性，并根据这些属性来配置 JPA。

接下来为应用定义实体类。

程序清单：codes\05\5.1\basic\src\main\org\crazyit\app\domain\User.java

```java
@Entity
@Table(name = "user_inf")
public class User
{
    @Id
    @Column(name = "user_id")
    @GeneratedValue(strategy = GenerationType.IDENTITY)
    private Integer id;
    private String name;
    private char gender;
    private int age;
    // 省略构造器、setter、getter 方法及 toString() 方法
    ...
}
```

上面实体类使用了@Entity、@Table、@Id 等 JPA 注解修饰，该实体类就能自动映射到底层数据表，当程序对实体对象执行持久化操作时，将会自动转换为对底层数据表的操作。

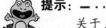

> **提示：**
> 关于 JPA 及 JPA 注解的详细介绍，并不属于本书的知识点，如果还不懂 JPA 相关知识，需要学习 JPA 相关内容，可参考《轻量级 Java EE 企业应用实战》一书。

接下来开发应用的 DAO 组件（Spring Boot 和有些公司喜欢叫 Repository 组件，"Repository"这个单词太长了，作者不喜欢），Spring Data 的强大开始显示出来：开发者只要定义 DAO 组件的接口，并让 DAO 组件的接口继承 CrudRepository 或 PagingAndSortingRepository 接口，根本不需要提供实现类，Spring Boot 就会使用动态代理的方式为 DAO 组件实现实现类。

下面是本例的 DAO 接口。

程序清单：codes\05\5.1\basic\src\main\org\crazyit\app\dao\UserDao.java

```java
// PagingAndSortingRepository 继承了 CrudRepository，它增加了排序和分页的功能
public interface UserDao extends PagingAndSortingRepository<User, Integer>
{
}
```

看到了吧！这个 DAO 接口完全就是一个空的接口，没有任何代码，但丝毫不影响它的功能。

接下来定义 Service 组件，并将上面的 DAO 组件注入 Service 组件；而且，本例不打算做成 Web 应用，因此让该 Service 组件实现 CommandLineRunner 接口，这样 Spring Boot 启动后就会自动执行该组件的 run()方法。

下面是该组件的代码。

程序清单：codes\05\5.1\basic\src\main\org\crazyit\app\service\UserService.java

```java
@Service
public class UserService implements CommandLineRunner
{
    @Autowired
    private UserDao userDao;
    @Override
    public void run(String... args)
    {
        testSave();
    }
    public void testSave()
    {
        for (var i = 1; i < 6; i++)
        {
            var user = new User("fkjava" + i, '男', 20 + i);
            userDao.save(user);
        }
    }
    public void testUpdate()
    {
        var user = new User("测试名", '女', 18);
        user.setId(1);
        // 更新实体
        userDao.save(user);
    }
    public void testDelete()
    {
        // 删除实体
```

```java
        userDao.deleteById(1);
    }
    public void testQuery()
    {
        // 查询指定实体是否存在
        System.out.println("id 为 2 的实体是否存在:" + userDao.existsById(2));
        System.out.println("User 实体的数量:" + userDao.count());
        // 查询 id 为 2 的实体
        userDao.findById(2).ifPresent(System.out::println);
        // 查询 id 为 3、4 的实体
        userDao.findAllById(List.of(3, 4)).forEach(System.out::println);
    }
    public void testPageQuery(int pageIndex, int pageCount)
    {
        // Pageable 封装分页信息，PageRequest 提供了 of()方法来创建 Pageable 对象
        Pageable pageable = PageRequest.of(pageIndex - 1, pageCount);
        Page<User> usersPage = userDao.findAll(pageable);
        System.out.println("查询总页数:" + usersPage.getTotalPages());
        System.out.println("查询总记录数:" + usersPage.getTotalElements());
        System.out.println("查询当前第几页:" + (usersPage.getNumber() + 1));
        System.out.println("查询当前页面的记录数:" + usersPage.getNumberOfElements());
        // 查询出的结果数据集合
        usersPage.getContent().forEach(u -> {
            System.out.println(u.getName() + "---->" + u.getAge());
        });
    }
    public void testPageOrderQuery(int pageIndex, int pageCount)
    {
        // 创建带分页功能的 Pageable 对象
        Pageable pageable = PageRequest.of(pageIndex - 1, pageCount,
            Sort.Direction.DESC, "age");
        Page<User> usersPage = userDao.findAll(pageable);
        System.out.println("查询总页数:" + usersPage.getTotalPages());
        System.out.println("查询总记录数:" + usersPage.getTotalElements());
        System.out.println("查询当前第几页:" + (usersPage.getNumber() + 1));
        System.out.println("查询当前页面的记录数:" + usersPage.getNumberOfElements());
        // 查询出的结果数据集合
        usersPage.getContent().forEach(u -> {
            System.out.println(u.getName() + "---->" + u.getAge());
        });
    }
}
```

上面程序中的粗体字代码使用依赖注入将 UserDao 组件注入 Service 组件，且该 Service 组件实现了 CommandLineRunner 接口，因此 Spring Boot 将会在应用启动后自动调用该组件的 run()方法。

上面程序定义了如下几个测试方法。

- testSave()：该方法测试调用 userDao 的 save()方法保存实体。
- testUpdate()：该方法测试调用 userDao 的 save()方法更新实体。
- testDelete()：该方法测试调用 userDao 的 deleteById()方法删除实体。
- testQuery()：该方法测试调用 userDao 的 existsById()、count()、findById()等方法查询实体。
- testPageQuery()：该方法测试调用 userDao 的 findAll()方法执行分页查询，在执行分页查询时传入了 Pageable 参数控制分页。
- testPageOrderQuery()：该方法测试调用 userDao 的 findAll()方法执行分页、排序查询，在执行分页、排序查询时传入了 Pageable 参数控制分页和排序。

上面 UserDao 所调用的这些方法其实都来自它继承的 PagingAndSortingRepository<User, Integer>，其中第 1 个泛型参数代表实体类型，第 2 个泛型参数代表实体的主键类型。

使用 Spring Data 开发 DAO 组件只要定义接口并继承 CrudRepository 或 PagingAndSortingRepository，Spring Data 就会为这些 DAO 接口自动生成实现类。

在执行分页、排序查询时需要传入一个 Pageable 参数，PageRequest 实现了 Pageable 接口，因此该参数可由 PageRequest 的 of()静态方法创建。该静态方法包含如下几个版本。

- ➤ static PageRequest of(int page, int size)：创建一个不排序的 PageRequest 对象。
- ➤ static PageRequest of(int page, int size, Sort.Direction direction, String... properties)：创建一个排序的 PageRequest 对象，其中 direction 参数指定升序或降序的排序方向，properties 则可依次指定第一排序属性、第二排序属性……依此类推。
- ➤ static PageRequest of(int page, int size, Sort sort)：创建一个排序的 PageRequest 对象，其中 sort 参数用于封装排序信息。

本例没有做成 Web 应用，因此在主程序中调用 setWebApplicationType()方法将应用设置为非 Web 应用，具体可直接参考本例的主程序代码。

直接运行主程序，UserService 的 run()方法调用 testSave()方法保存 5 个实例，运行成功后可以看到底层数据表中包含如图 5.3 所示的记录。

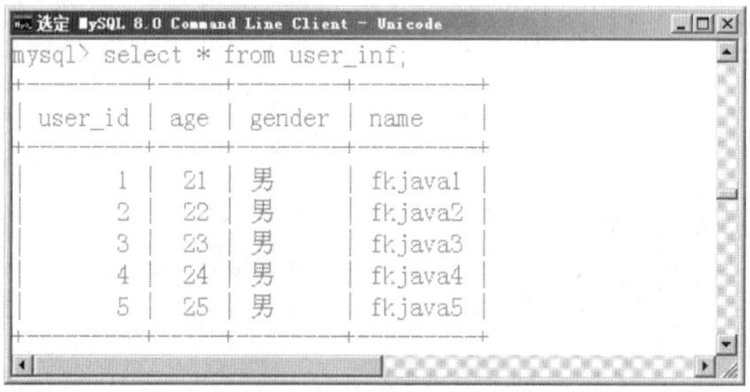

图 5.3 测试保存实体

读者可依次将 run()方法中的代码改为调用其余的几个测试方法，这样即可清楚地看到 UserDao 执行数据操作的效果。

▶▶ 5.1.3 数据源配置详解

前面我们看到，只要在 application.properties 文件中指定连接数据库的驱动、URL 地址、用户名和密码，Spring Boot 就能自动创建可用的数据源，那这个数据源采用的是哪种实现呢？Spring Boot 按如下逻辑来选择数据源实现：

Spring Boot 优先选择 HikariCP 作为数据源实现，因为该数据源实现的性能和并发性都相当好，只要类加载路径中具有 HikariCP 的实现，Spring Boot 总会优先选择它。

若 HikariCP 不可用，而 Tomcat 池化数据源可用，Spring Boot 选择 Tomcat 池化数据源。

若 HikariCP 和 Tomcat 池化数据源都不可用，而 Commons DBCP2 可用，则选择 Commons DBCP2。

简单来说，Spring Boot 选择数据源实现具有如下优先级：

HikariCP > Tomcat 池化数据源 > Commons DBCP2

需要指出的是，spring-boot-starter-jdbc.jar 或 spring-boot-starter-data-jpa.jar 都依赖 HikariCP，因此，只要在项目中添加了 spring-boot-starter-jdbc.jar 或 spring-boot-starter-data-jpa.jar，项目就自动添加了 HikariCP 数据源实现——除非显式地排除它。

由此可见,前面示例底层所使用的数据源就是 HikariCP,这是 Spring Boot 的默认选择。

以"spring.datasource"开头的属性都是由 DataSourceProperties 类负责加载、处理的。该类的源代码如下:

```java
@ConfigurationProperties(prefix = "spring.datasource")
public class DataSourceProperties implements BeanClassLoaderAware, InitializingBean {
    private ClassLoader classLoader;
    // 指定数据源的名称。如果使用嵌入式数据源,则该属性默认为 testdb
    private String name;
    // 指定是否随机生成唯一的数据源名
    private boolean generateUniqueName = true;
    // 指定数据源实现类的完整类名
    private Class<? extends DataSource> type;
    // 指定连接数据库的驱动名
    // 可以不用指定,Spring Boot 能根据 URL 地址自动检测
    private String driverClassName;
    // 指定数据库的 URL 地址
    private String url;
    // 指定数据库的用户名
    private String username;
    // 指定数据库的密码
    private String password;
    // 指定连接 JNDI 数据源时的 JNDI 名
    private String jndiName;
    // 指定数据库的初始化模式
    private DataSourceInitializationMode initializationMode =
            DataSourceInitializationMode.EMBEDDED;
    // 指定 DDL 和 DML 脚本所使用的平台,schema-${platform}.sql 代表 DDL 脚本
    // data-${platform}.sql 代表 DML 脚本
    private String platform = "all";
    // 指定 DDL 脚本
    private List<String> schema;
    // 指定执行 DDL 脚本所需的用户名
    // 通常无须指定,默认使用连接数据库的用户名
    private String schemaUsername;
    // 指定执行 DDL 脚本所需的密码
    // 通常无须指定,默认使用连接数据库的密码
    private String schemaPassword;
    // 指定 DML 脚本
    private List<String> data;
    // 指定执行 DML 脚本所需的用户名
    // 通常无须指定,默认使用连接数据库的用户名
    private String dataUsername;
    // 指定执行 DML 脚本所需的密码
    // 通常无须指定,默认使用连接数据库的密码
    private String dataPassword;
    // 执行遇到错误时是否停止
    private boolean continueOnError = false;
    // 指定 SQL 初始化脚本的分隔符
    private String separator = ";";
    // 指定 SQL 脚本所使用的字符集
    private Charset sqlScriptEncoding;
    ...
}
```

如果想对特定的数据源实现增加配置,则可通过具有特定前缀的属性进行配置。例如:

➢ spring.datasource.hikari.*:专门配置 HikariCP 的属性。

➢ spring.datasource.tomcat.*:专门配置 Tomcat 池化数据源的属性。

➢ spring.datasource.dbcp2.*：专门配置 Commons DBCP2 数据源的属性。

假如想限制 HikariCP 数据源的最大连接数，则可在配置文件中指定如下属性：

```
# 指定 HikariCP 最大连接数为 20
spring.datasource.hikari.maximum-pool-size=20
```

1. 配置 C3P0 数据源

如果想使用第三方的数据源实现，则可通过 spring.datasource.type 来指定。比如项目打算使用 C3P0 数据源实现，那么首先要修改 pom.xml 文件：将 HikariCP 数据源实现排除，并添加 C3P0 数据源实现，也就是将 pom.xml 文件改为如下形式。

程序清单：codes\05\5.1\c3p0\pom.xml

```xml
<dependencies>
    <dependency>
        <groupId>org.springframework.boot</groupId>
        <artifactId>spring-boot-starter-data-jpa</artifactId>
        <exclusions>
            <!-- 排除 HikariCP 数据源实现 -->
            <exclusion>
                <groupId>com.zaxxer</groupId>
                <artifactId>HikariCP</artifactId>
            </exclusion>
        </exclusions>
    </dependency>
    <!-- 添加 C3P0 数据源实现 -->
    <dependency>
        <groupId>com.mchange</groupId>
        <artifactId>c3p0</artifactId>
        <version>0.9.5.5</version>
    </dependency>
    ...
</dependencies>
```

上面配置中的第 1 段粗体字代码排除了 HikariCP 数据源实现，第 2 段粗体字代码则添加了 C3P0 数据源实现。

接下来在 application.properties 文件中添加如下配置。

程序清单：codes\05\5.1\c3p0\src\main\resources\application.properties

```
# 指定使用 C3P0 数据源
spring.datasource.type=com.mchange.v2.c3p0.ComboPooledDataSource
```

在添加了上面的配置之后，Spring Boot 将会创建默认的 C3P0 数据源，但程序没法在配置文件中为 C3P0 数据源指定更多的详细配置（比如最大连接数、初始连接数等）——因为 Spring Boot 自动配置默认并不支持 C3P0。

如果想要对 C3P0 进行更多详细的配置，除采用添加自定义的自动配置之外，Spring Boot 还提供了更简洁的方式：只要在容器中配置一个 DataSource Bean，Spring Boot 就会以该 Bean 代替自动配置的数据源（Spring Boot 2.4 及更新版本需要使用这种方式）。

因此，可定义如下配置类来配置自定义的数据源。

程序清单：codes\05\5.1\c3p0_custom\src\main\java\org\crazyit\app\DataConfig.java

```java
@Configuration
public class DataConfig
{
    @Bean
```

```java
@ConfigurationProperties(prefix = "app.datasource")
public DataSource dataSource()
{
    // 指定创建 C3P0 数据源
    return new ComboPooledDataSource();
}
```

上面配置类在 Spring 容器中配置了一个 C3P0 数据源，那么该数据源就会取代 Spring Boot 自动配置的数据源，这样 application.properties 文件中所有与数据源有关的配置信息都不会起作用了。

上面配置使用@ConfigurationProperties 修饰了该 Bean，这意味着 Spring Boot 会自动对该 Bean 设置 app.datasource.*属性，因此我们可在 application.properties 文件中定义如下详细配置。

程序清单：codes\05\5.1\c3p0_custom\src\main\resources\application.properties

```properties
# 数据库驱动, 对应于调用 C3P0 的 setDriverClass()方法
app.datasource.driver-class=com.mysql.cj.jdbc.Driver
# 数据库 URL 地址, 对应于调用 C3P0 的 setJdbcUrl()方法
app.datasource.jdbc-url=jdbc:mysql://localhost:3306/springboot?serverTimezone=UTC
# 连接数据库的用户名, 对应于调用 C3P0 的 setUse()方法
app.datasource.user=root
# 连接数据库的密码, 对应于调用 C3P0 的 setPassword()方法
app.datasource.password=32147
# 指定最大连接数, 对应于调用 C3P0 的 setMaxPoolSize()方法
app.datasource.max-pool-size=30
# 指定最小连接数, 对应于调用 C3P0 的 setMinPoolSize()方法
app.datasource.min-pool-size=2
# 指定初始连接数, 对应于调用 C3P0 的 setInitialPoolSize()方法
app.datasource.initial-pool-size=2
# 对应于调用 C3P0 的 setAcquireIncrement()方法
app.datasource.acquire-increment=5
# 对应于调用 C3P0 的 setAcquireRetryAttempts()方法
app.datasource.acquire-retry-attempts=12
```

上面这些配置属性名都是以 app.datasource 开头的，因此这些属性都会被设置给 DataSource Bean。例如上面的 app.datasource.driver-class 属性，它意味着对该 Bean 调用 setDriverClass()方法——application.properties 文件中"烤串"风格的属性名，对应于调用相应的"驼峰"风格的 setter 方法。

2. 配置多个数据源

通过自定义数据源的方式，我们甚至可以在应用中定义多个数据源。配置多个数据源很简单，也就是在 Spring 容器中配置多个类型为 DataSource 的 Bean。

需要说明的是，当容器中有多个类型为 DataSource 的 Bean 时，需要指定一个自动装配的"主候选 Bean"，这样 Spring Boot 将在自动装配时默认注入该 Bean，配置"主候选 Bean"使用@Primary 注解修饰。

在自定义数据源时，除可直接通过 new 创建数据源之外，还可使用 Spring Boot 提供的 DataSourceBuilder 来创建数据源，而 DataSourceBuilder 则可由 DataSourceProperties 负责创建，而 DataSourceProperties 读取的配置属性名总是通用的如 driver-class-name、url、username、password 等，因此使用这些通用属性就避免了查阅特定数据源实现类的 setter 方法名。

需要说明的是，Spring Boot 的自动配置默认会在容器中配置 DataSourceProperties Bean，因此，如果要让自己的 DataSourceProperties 代替自动配置的 DataSourceProperties，则应该使用@Primary 注解修饰该 Bean。

下面配置类为应用配置了两个 DataSourceProperties Bean。

程序清单：codes\05\5.1\c3p0_multi\src\main\java\org\crazyit\app\DataConfig.java

```java
@Configuration
public class DataConfig
{
    @Bean
    @Primary // 设置该 DataSource 是自动装配的"主候选 Bean"
    @ConfigurationProperties(prefix = "app.datasource.first")
    public DataSource dataSource1()
    {
        // 指定创建 C3P0 数据源
        return new ComboPooledDataSource();
    }
    @Bean
    @Primary
    @ConfigurationProperties("app.datasource.second")
    public DataSourceProperties dataSourceProperties()  // ①
    {
        return new DataSourceProperties();
    }
    @Bean
    @ConfigurationProperties("app.datasource.second.conf")
    public DataSource dataSource2()
    {
        return dataSourceProperties().initializeDataSourceBuilder()
                .type(HikariDataSource.class).build();
    }
}
```

上面配置类中配置了两个 DataSource，这意味着在 Spring 容器中配置了两个数据源，开发者可根据需要使用@Primary 注解修饰任意一个，被修饰的 DataSource 将作为自动状态的"主候选 Bean"。简单言之，Spring Boot 默认总是使用该 DataSource。对于另外一个未使用@Primary 注解修饰的 DataSource，程序只能使用@Resource 注解或@Qualifier 注解显式指定将它注入其他组件。

提示：
在上面配置的两个 DataSource 中，一个是 C3P0 数据源实现，一个是 HikariCP 数据源实现，因此该项目需要保留 HikariCP 数据源实现，并添加 C3P0 数据源实现。

留意上面使用 dataSource2()方法创建 DataSource 的方式，它并未直接 new 数据源实现类的实例，而是调用 DataSourceProperties 的 initializeDataSourceBuilder()方法先创建 DataSourceBuilder，再调用 DataSourceBuilder 的 build()方法来创建 DataSource。

上面①号方法创建一个 DataSourceProperties 来读取属性，它总是读取 driver-class-name、url、username、password 等通用属性名。当然，此处使用了@ConfigurationProperties 注解修饰，因此它将会读取前缀为"app.datasource.second"的属性名。

根据上面配置，我们需要在 application.properties 文件中提供如下属性。

程序清单：codes\05\5.1\c3p0_multi\src\main\resources\application.properties

```
# ========================配置第 1 个数据源========================
# 数据库驱动，对应于调用 C3P0 的 setDriverClass()方法
app.datasource.first.driver-class=com.mysql.cj.jdbc.Driver
# 数据库 URL 地址，对应于调用 C3P0 的 setJdbcUrl()方法
app.datasource.first.jdbc-url=jdbc:mysql://localhost:3306/springboot?serverTimezone=UTC
# 连接数据库的用户名，对应于调用 C3P0 的 setUser()方法
app.datasource.first.user=root
```

```
# 连接数据库的密码，对应于调用 C3P0 的 setPassword()方法
app.datasource.first.password=32147
# 指定最大连接数，对应于调用 C3P0 的 setMaxPoolSize()方法
app.datasource.first.max-pool-size=30
# 指定最小连接数，对应于调用 C3P0 的 setMinPoolSize()方法
app.datasource.first.min-pool-size=2
# =======================配置第 2 个数据源=======================
# 数据库驱动，对应于调用 DataSourceProperties 的 setDriverClassName()方法
app.datasource.second.driver-class-name=com.mysql.cj.jdbc.Driver
# 数据库 URL 地址，对应于调用 DataSourceProperties 的 setJdbcUrl()方法
app.datasource.second.url=jdbc:mysql://localhost:3306/springboot2?serverTimezone=UTC
# 连接数据库的用户名，对应于调用 DataSourceProperties 的 setUsername()方法
app.datasource.second.username=root
# 连接数据库的密码，对应于调用 DataSourceProperties 的 setPassword()方法
app.datasource.second.password=32147
# 指定最大连接数，对应于调用 HikariCP 的 setMaxPoolSize()方法
app.datasource.second.conf.maximum-pool-size=30
```

上面第 1 个数据源配置和之前的一样，没什么好说的。

上面第 2 个数据源配置指定了 5 个属性，其中前 4 个属性的属性名都是以"app.datasource.second"为前缀的，这些属性由容器中的 DataSourceProperties Bean 负责读取、应用，因此这些属性的属性名是 Spring Boot 支持的通用属性名；最后 1 个属性的属性名以"app.datasource.second.conf"为前缀，这个属性名与 dataSource2() 方法前面的 @ConfigurationProperties 注解对应，它由 HikariDataSource Bean 负责读取、应用。由此可见，虽然这 5 个属性最终都作用于 HikariDataSource 数据源，但它们起作用的方式是有区别的。

▶▶ 5.1.4　方法名关键字查询

继承 PagingAndSortingRepository 接口的 DAO 组件除了可调用父接口中定义的方法，还可按特定规则来定义查询方法，只要这些查询方法的方法名遵守特定的规则，Spring Data 就会自动为这些方法生成查询语句，提供方法实现体。

假如想根据 Person 的某个属性进行查询，实现类似于"select p from Person p where p.name = ?"这样的查询，则可以直接在 PersonDao 接口中定义如下方法：

```
public interface PersonDao extends PagingAndSortingRepository<User, Integer>
{
    List<Person> findByName(String name);
}
```

这种特定的查询方法能以 find...By、read...By、query...By、count...By、get...By 开头，并在方法名中嵌入特定关键字，Spring Data 就会自动生成相应的查询方法，开发者不需要编写任何实现逻辑。

Spring Data 的方法名关键字查询支持如表 5.1 所示的关键字。

表 5.1　方法名关键字查询支持的关键字

关键字	示例	JPQL 片段
Distinct	findDistinctByLastnameAndFirstname	select distinct … where x.lastname = ?1 and x.firstname = ?2
And	findByLastnameAndFirstname	… where x.lastname = ?1 and x.firstname = ?2
Or	findByLastnameOrFirstname	… where x.lastname = ?1 or x.firstname = ?2
Is, Equals	findByFirstname,findByFirstnameIs, findByFirstnameEquals	… where x.firstname = ?1
Between	findByStartDateBetween	… where x.startDate between ?1 and ?2
LessThan	findByAgeLessThan	… where x.age < ?1

续表

关键字	示例	JPQL 片段
LessThanEqual	findByAgeLessThanEqual	… where x.age <= ?1
GreaterThan	findByAgeGreaterThan	… where x.age > ?1
GreaterThanEqual	findByAgeGreaterThanEqual	… where x.age >= ?1
After	findByStartDateAfter	… where x.startDate > ?1
Before	findByStartDateBefore	… where x.startDate < ?1
IsNull, Null	findByAge(Is)Null	… where x.age is null
IsNotNull, NotNull	findByAge(Is)NotNull	… where x.age not null
Like	findByFirstnameLike	… where x.firstname like ?1
NotLike	findByFirstnameNotLike	… where x.firstname not like ?1
StartingWith	findByFirstnameStartingWith	… where x.firstname like ?1 (parameter bound with appended %)
EndingWith	findByFirstnameEndingWith	… where x.firstname like ?1 (parameter bound with prepended %)
Containing	findByFirstnameContaining	… where x.firstname like ?1 (parameter bound wrapped in %)
OrderBy	findByAgeOrderByLastnameDesc	… where x.age = ?1 order by x.lastname desc
Not	findByLastnameNot	… where x.lastname <> ?1
In	findByAgeIn(Collection\<Age\> ages)	… where x.age in ?1
NotIn	findByAgeNotIn(Collection\<Age\> ages)	… where x.age not in ?1
TRUE	findByActiveTrue()	… where x.active = true
FALSE	findByActiveFalse()	… where x.active = false
IgnoreCase	findByFirstnameIgnoreCase	… where UPPER(x.firstname) = UPPER(?1)
Top*N* 或 First*N*	findTop10ByLastname	… 返回符合条件的前 10 条记录

在这些关键字方法中同样可定义 Pageable、Sort 参数，用于控制分页和排序。

对于方法名关键字查询，还有一种情况需要说明，先对比如下两个方法。

➢ findByAddressAndZip：该方法要根据 address 和 zip 两个属性进行查询，它对应的 JPQL 片段为 "... where x.address = ?1 and zip = ?2"。

➢ findByAddressZip：留意该方法名中的 Address 和 Zip 之间既没有 And，也没有 Or，这就表明使用的是"属性路径"方式，该方法要根据 address 属性的 zip 属性进行查询，它对应的 JPQL 片段为 "... where x.address.zip = ?1"。

因此规则就是：如果方法名中的两个首字母大写的单词（代表属性）之间没有 And、Or，那么就代表属性路径。

除了查询，Spring Data 还支持以 "delete" 开头的删除方法，例如 deleteByName(String name) 等。以 delete 开头的方法完全支持类似于以 "findBy" 开头的方法名中的各种关键字。需要说明的是，使用以 "delete" 开头的删除方法需要修改底层数据，因此这种方法需要在事务环境下执行。

下面通过例子来示范方法名关键字查询的效果。首先创建一个 Maven 项目，然后让其 pom.xml 文件继承 spring-boot-starter-parent，并添加 spring-boot-starter-data-jpa.jar 依赖，且本例想简单使用 Spring Boot 的测试支持来测试 DAO 组件，因此添加了 spring-boot-starter-test.jar 依赖。由于本例需要访问 MySQL 数据库，因此还要添加 MySQL 数据库驱动的依赖，具体可以参考本例的 pom.xml 文件。

本例所使用的数据库脚本如下：

程序清单：codes\05\5.1\keyword\src\table.sql

```sql
drop database springboot;
create database springboot;
use springboot;
-- 创建 clazz_inf 表
```

```sql
create table clazz_inf
(
  clazz_code int primary key auto_increment,
  name varchar(255)
);
-- 创建 student_inf 表
create table student_inf
(
  student_id int primary key auto_increment,
  name varchar(255),
  age int,
  address varchar(255),
  gender char(2),
  clazz_code int,
  foreign key(clazz_code) references clazz_inf(clazz_code)
);
-- 向 clazz_inf 表中插入数据
insert into clazz_inf
values
(null, '疯狂Java训练营'),
(null, '疯狂Java就业班'),
(null, '疯狂Java基础班'),
(null, '疯狂Java提高班');
-- 向 student_inf 表中插入数据
insert into student_inf
values
(null, '孙悟空', 500, '花果山水帘洞', '男', 1),
(null, '牛魔王', 800, '积雷山摩云洞', '男', 1),
(null, '猪八戒', 600, '福陵山云栈洞', '男', 2),
(null, '沙和尚', 580, '流沙河', '男', 3),
(null, '白鼠精', 23, '陷空山无底洞', '女', 2),
(null, '蜘蛛精', 18, '盘丝岭盘丝洞', '女', 4),
(null, '玉面狐狸', 21, '积雷山摩云洞', '女', 3),
(null, '杏仙', 19, '荆棘岭木仙庵', '女', 4);
```

上面的数据库脚本用于准备初始化数据。

为本例添加 application.properties 文件，指定连接数据库的必要信息及 JPA 相关配置信息。该文件的代码如下。

程序清单：codes\05\5.1\keyword\src\main\resources\application.properties

```properties
# 数据库驱动
spring.datasource.driver-class-name=com.mysql.cj.jdbc.Driver
# 数据库 URL 地址
spring.datasource.url=jdbc:mysql://localhost:3306/springboot?serverTimezone=UTC
# 连接数据库的用户名
spring.datasource.username=root
# 连接数据库的密码
spring.datasource.password=32147
# 指定 HikariCP 最大连接数为 20
spring.datasource.hikari.maximum-pool-size=20
# ============================================
# 配置 JPA 相关属性
spring.jpa.database=mysql
# 指定显示 SQL 语句
spring.jpa.show-sql=true
# 指定根据实体自动建表
spring.jpa.generate-ddl=true
# 也可使用如下属性定义根据实体自动建表
#spring.jpa.hibernate.ddl-auto=update
```

```
# 为特定持久化技术配置属性
spring.jpa.properties.hibernate.dialect=org.hibernate.dialect.MySQL5Dialect
```

接下来定义本例用到的两个实体类,并添加 JPA 注解修饰它们。下面是这两个实体类的代码片段。

程序清单:codes\05\5.1\keyword\src\main\java\org\crazyit\app\domain\Clazz.java

```java
@Entity
@Table(name = "clazz_inf")
public class Clazz
{
    @Id
    @GeneratedValue(strategy = GenerationType.IDENTITY)
    @Column(name = "clazz_code")
    private Integer code;
    private String name;
    // 班级与学生是一对多的关系
    @OneToMany(fetch = FetchType.LAZY, targetEntity = Student.class, mappedBy = "clazz")
    private Set<Student> students = new HashSet<>();
    // 省略 getter、setter 方法及 toString()方法
    ...
}
```

程序清单:codes\05\5.1\keyword\src\main\java\org\crazyit\app\domain\Student.java

```java
@Entity
@Table(name = "student_inf")
public class Student
{
    @Id
    @Column(name = "student_id")
    @GeneratedValue(strategy = GenerationType.IDENTITY)
    private Integer id;
    private String name;
    private String address;
    private int age;
    private char gender;
    @ManyToOne(fetch = FetchType.EAGER, targetEntity = Clazz.class)
    // 定义名为 clazz_code 的外键列,该外键列引用 clazz_inf 表的 clazz_code 列
    @JoinColumn(name = "clazz_code", referencedColumnName = "clazz_code",
        nullable = true)
    private Clazz clazz;
    // 省略 getter、setter 方法及 toString()方法
    ...
}
```

在定义完这两个实体类之后,接下来为本例定义一个 StudentDao 接口,并在该接口中定义大量方法名关键字查询方法。

下面是该 StudentDao 接口的代码。

程序清单:codes\05\5.1\keyword\src\main\java\org\crazyit\app\dao\StudentDao.java

```java
public interface StudentDao extends PagingAndSortingRepository<Student, Integer>
{
    List<Student> findByAddress(String addr);

    List<Student> findByAgeGreaterThan(int start);

    List<Student> findByNameStartsWith(String namePrefix);

    List<Student> findByAgeBetweenAndAddress(int start, int end, String addr);
```

```java
    // 使用属性路径的形式根据关联实体的属性进行查询
    List<Student> findByClazzNameLike(String clazzPattern);

    // 根据地址删除
    int deleteByAddress(String addr);

    // 传入分页参数进行分页查询
    // 通过传入 Pageable、Sort 等参数，即使用 CrudRepository 同样能进行分页、排序等
    List<Student> findByClazzNameLike(String clazzPattern, Pageable pageable);

    // 同时根据多个属性及其关联属性执行查询
    List<Student> findByGenderAndAgeBetweenOrClazzNameLike(char gender,
        int start, int end, String clazzPattern);
}
```

在这个 DAO 接口中定义了大量查询方法，只要这些查询方法的方法名按关键字规则来取名，Spring Data 就可自动为这些查询方法生成查询语句，提供方法实现体。

下面基于 JUnit 5.x 为 StudentDao 定义一个测试用例。

程序清单：codes\05\5.1\keyword\src\test\java\org\crazyit\app\dao\StudentDaoTest.java

```java
@SpringBootTest(webEnvironment = SpringBootTest.WebEnvironment.NONE)
public class StudentDaoTest
{
    @Autowired
    private StudentDao studentDao;

    @ParameterizedTest
    @ValueSource(strings = {"花果山水帘洞", "积雷山摩云洞"})
    public void testFindByAddress(String addr)
    {
        studentDao.findByAddress(addr).forEach(System.out::println);
    }
    @ParameterizedTest
    @ValueSource(ints = {500, 550, 700})
    public void testFindByAgeGreaterThan(int start)
    {
        studentDao.findByAgeGreaterThan(start).forEach(System.out::println);
    }
    @ParameterizedTest
    @ValueSource(strings = {"孙", "白", "沙"})
    public void testFindByNameStartsWith(String namePrefix)
    {
        studentDao.findByNameStartsWith(namePrefix).forEach(System.out::println);
    }
    @ParameterizedTest
    @CsvSource({"500, 600, 花果山水帘洞", "18, 24, 积雷山摩云洞"})
    public void testFindByAgeBetweenAndAddress(int start, int end, String addr)
    {
        studentDao.findByAgeBetweenAndAddress(start, end, addr)
            .forEach (System.out::println);
    }
    @ParameterizedTest
    @ValueSource(strings = {"%就业班", "%训练营"})
    public void testFindByClazzNameLike(String clazzPattern)
    {
        studentDao.findByClazzNameLike(clazzPattern).forEach(System.out::println);
    }
    @ParameterizedTest
    @ValueSource(strings = {"花果山水帘洞", "积雷山摩云洞"})
```

```
    @Transactional
    public void testDeleteByAddress(String addr)
    {
        System.out.println("删除的记录数: " + studentDao.deleteByAddress(addr));
    }
    @ParameterizedTest
    @CsvSource({"1, 3", "2, 2", "3, 2"})
    public void testFindByClazzNameLike(int page, int size)
    {
        PageRequest pagable = PageRequest.of(page - 1, size);
        studentDao.findByClazzNameLike("%Java%", pagable).forEach(System.out::println);
    }
    @ParameterizedTest
    @CsvSource({"女, 20, 25, %基础班", "女, 18, 20, %训练营"})
    public void testFindByGenderAndAgeBetweenOrClazzNameLike(char gender,
         int start, int end, String clazzPattern)
    {
        studentDao.findByGenderAndAgeBetweenOrClazzNameLike(gender, start,
            end, clazzPattern).forEach(System.out::println);
    }
}
```

这个测试用例其实很简单，该测试用例类使用了@SpringBootTest 注解修饰，这样该测试用例就能在 Spring Boot 环境下运行，主要就是能接受依赖注入。

测试用例中的测试方法依然还是使用@Test、@RepeatedTest、@ParameterizedTest 注解修饰，这些都是 JUnit 5.x 提供的注解，其中第 1 个@Test 与 JUnit 4.x 的@Test 大致相同，而后 2 个注解则是 JUnit 5.x 新增的，分别代表重复测试和参数化测试，本例大量使用了参数化测试——所谓参数化测试，就是允许通过注解为测试方法动态地传入参数，传入了几组参数，测试方法就会自动执行几次。

> **提示:**
> 如果希望掌握 JUnit 5.x 的详细内容，可参考《疯狂 Java 面试讲义——数据结构、算法与技术素养》一书。

我们可以非常方便地运行测试用例中的测试方法: 使用 IntelliJ IDEA 编辑器打开这个测试用例类，在测试用例类的左边和测试方法的左边都可以看到运行按钮（绿色的小三角箭头图标），单击测试方法左边的运行按钮就会运行单个的测试方法；单击测试用例类左边的运行按钮就会运行该类中所有的测试方法。

运行上面的 testFindByAddress()方法，它用于测试 findByAddress()方法，该方法仅根据 address 属性来查询 Student 实体。当传入第 1 个参数时，该测试方法的运行结果为:

```
Hibernate: select student0_.student_id as student_1_1_, student0_.address as address2_1_, student0_.age as age3_1_, student0_.clazz_code as clazz_co6_1_, student0_.gender as gender4_1_, student0_.name as name5_1_ from student_inf student0_ where student0_.address=?
    Student{id=1, name='孙悟空', address='花果山水帘洞', age=500, gender=男}
```

从上面生成的 SQL 语句可以看出，该 SQL 语句只根据 address 属性查询 Student。

运行上面的 testFindByAgeGreaterThan()方法，它用于测试 findByAgeGreaterThan()方法，该方法仅根据 age 属性来查询 Student 实体。当传入第 1 个参数时，该测试方法的运行结果为:

```
Hibernate: select student0_.student_id as student_1_1_, student0_.address as address2_1_, student0_.age as age3_1_, student0_.clazz_code as clazz_co6_1_, student0_.gender as gender4_1_, student0_.name as name5_1_ from student_inf student0_ where student0_.age>?
```

```
Student{id=2, name='牛魔王', address='积雷山摩云洞', age=800, gender=男}
Student{id=3, name='猪八戒', address='福陵山云栈洞', age=600, gender=男}
Student{id=4, name='沙和尚', address='流沙河', age=580, gender=男}
```

从上面生成的 SQL 语句可以看出，该 SQL 语句只根据 age 属性查询 Student。由于查询方法名中使用了 GreaterThan 关键字，因此 SQL 语句生成了 age > ?的条件。

运行 testFindByNameStartsWith()、testFindByAgeBetweenAndAddress()测试方法，可以看到其运行效果与前两个测试方法的结果大致相似，只是 SQL 语句的查询条件中的运算符有所不同而已。

接下来运行第 1 个 testFindByClazzNameLike()方法，它用于测试 findByClazzNameLike()方法，该方法的方法名中用到了属性路径的形式，其中"ClazzName"代表根据 clazz 属性的 name 属性来执行查询。当传入第 1 个参数时，该测试方法的运行结果为：

```
Hibernate: select student0_.student_id as student_1_1_, student0_.address as
address2_1_, student0_.age as age3_1_, student0_.clazz_code as clazz_co6_1_,
student0_.gender as gender4_1_, student0_.name as name5_1_ from student_inf student0_
left outer join clazz_inf clazz1_ on student0_.clazz_code=clazz1_.clazz_code where
clazz1_.name like ? escape ?
Student{id=3, name='猪八戒', address='福陵山云栈洞', age=600, gender=男}
Student{id=5, name='白鼠精', address='陷空山无底洞', age=23, gender=女}
```

上面生成的 SQL 语句中的查询条件，此时不再是对 student_inf 表中的数据列进行判断，而是对其关联表 clazz_inf 中的 clazz_name 列进行判断，这就说明了 findByClazzNameLike()方法是根据 clazz 属性（代表关联实体）的 name 属性进行查询的。

剩下的 testFindByClazzNameLike()、testFindByGenderAndAgeBetweenOrClazzNameLike()方法测试的查询方法也都包含了属性路径的形式，读者可自行运行它们、查看结果来仔细体会。

▶▶ 5.1.5 指定查询语句和命名查询

方法名关键字查询用起来简单、方便，开发者只要定义规则的查询方法名，Spring Data 就会自动生成查询语句，为查询方法提供方法实现体。

但在某些特殊情况下，比如业务需要执行某些特定的查询，Spring Data 的关键字不支持这种查询；或者觉得 Spring Data 自动生成的查询语句效果不好，希望使用自定义的 JPQL 或 SQL 语句执行查询，Spring Data JPA 也为这种需求提供了支持。

Spring Data JPA 允许使用@Query 注解修饰查询方法，该注解可以指定如下常用属性。

- name：指定使用哪个命名查询。命名查询的本质就是为 JPQL 或 SQL 语句起个名字，因此指定使用哪个命名查询也就是指定了 JPQL 或 SQL 语句。
- nativeQuery：指定是否为 SQL 查询。
- value：指定自定义的 JPQL 或 SQL 语句。

当使用@Query 注解修饰了查询方法之后，该查询方法就会用该注解提供的 JPQL 或 SQL 语句来执行查询。

Spring Data JPA 还提供了一个@Modifying 注解，使用该注解修饰的方法可以修改底层的数据。

下面通过例子来示范@Query、@Modifying 注解的功能和用法。本例所连接的数据库、初始数据和前一个例子完全相同，我们直接看本例的 StudentDao 组件的接口。

程序清单：codes\05\5.1\query\src\main\java\org\crazyit\app\dao\StudentDao.java

```java
public interface StudentDao extends CrudRepository<Student, Integer>
{
    // 定义该方法使用 JPQL 语句查询
    @Query("select s from Student s where s.clazz.name like ?1")
    List<Student> findByClazzNameJPQL(String clazzName);
```

```java
        // 此处使用的是 SQL 语句, 添加 nativeQuery = true
        @Query(value = "select s.* from student_inf s join clazz_inf c" +
                " on s.clazz_code = c.clazz_code where c.name like ?1",
                nativeQuery = true)
        List<Student> findByClazzNameNative(String clazzName);

        // 本查询方法使用的 JPQL 语句, 只查询指定列 (投影)
        // 多列以数组返回
        @Query("select s.name, s.gender from Student s " +
                "where s.clazz.name like ?1")
        List<String[]> findNameAndGenderByClazzNameJPQL1(String clazzName);

        // 本查询方法使用的 JPQL 语句, 只查询指定列 (投影)
        // 多列以 List 返回
        @Query("select s.name, s.gender from Student s " +
                "where s.clazz.name like ?1")
        List<List<String>> findNameAndGenderByClazzNameJPQL2(String clazzName);

        // 本查询方法使用的 JPQL 语句, 只查询指定列 (投影)
        // 多列默认以 Object[]数组返回
        @Query("select s.name, s.gender from Student s where s.clazz.name like ?1")
        List<Object> findNameAndGenderByClazzNameJPQL3(String clazzName);

        // 本查询方法使用的 JPQL 语句, 只查询指定列 (投影)
        // 多列以 Map 返回, 列别名将作为 key
        @Query("select s.name as nm, s.gender as gender from " +
                "Student s where s.clazz.name like ?1")
        List<Map<String, Object>> findNameAndGenderByClazzNameJPQL4(String clazzName);

        // 使用命名参数
        @Query("select s.name, s.gender from Student s " +
                "where s.clazz.name like :clazz_name")
        List<String[]> findNameAndGenderByClazzNameJPQL5(
                @Param("clazz_name") String clazzName);    // ①

        @Modifying  // 修改数据要添加该注解, 执行该方法需要事务
        @Query("update Clazz c set c.name = ?1 where c.id > ?2")
        int updateClazzNameById(String name, Integer id);

        @Modifying  // 删除数据要添加该注解, 执行该方法需要事务
        @Query("delete from Clazz c where c.id > ?1")
        int deleteClazzById(Integer id);
}
```

上面 StudentDao 接口中定义了大量的查询方法, 这些查询方法都使用了@Query 注解修饰, 这些查询方法将会直接使用@Query 注解提供的 JPQL 或 SQL 语句执行查询。如果@Query 注解定义的查询语句是 SQL 语句, 则需要指定 nativeQuery = true。

上面①号方法在@Query 注解指定的查询语句中使用了命名参数, 因此我们也使用了@Param 注解来修饰方法形参, 这样即可将查询语句中的命名参数与方法中的参数对应起来。

上面 StudentDao 的最后两个方法分别用于修改和删除数据。由于修改和删除数据都会改变底层数据, 因此需要添加@Modifying 注解修饰。

本例依然为 StudentDao 提供单元测试用例来测试它, StudentDaoTest 类的代码如下。

程序清单: codes\05\5.1\query\src\test\java\org\crazyit\app\dao\StudentDaoTest.java

```java
@SpringBootTest(webEnvironment = SpringBootTest.WebEnvironment.NONE)
public class StudentDaoTest
```

```java
{
    @Autowired
    private StudentDao studentDao;

    @ParameterizedTest
    @ValueSource(strings = {"%训练营", "%基础班"})
    public void testFindByClazzNameJPQL(String clazzName)
    {
        studentDao.findByClazzNameJPQL(clazzName)
                .forEach(System.out::println);
    }
    @ParameterizedTest
    @ValueSource(strings = {"%训练营", "%基础班"})
    public void testFindByClazzNameNative(String clazzName)
    {
        studentDao.findByClazzNameNative(clazzName)
                .forEach(System.out::println);
    }
    @ParameterizedTest
    @ValueSource(strings = {"%训练营", "%基础班"})
    public void testFindNameAndGenderByClazzNameJPQL1(String clazzName)
    {
        studentDao.findNameAndGenderByClazzNameJPQL1(clazzName).forEach(
            arr -> System.out.println(Arrays.toString(arr)));
    }
    @ParameterizedTest
    @ValueSource(strings = {"%训练营", "%基础班"})
    public void testFindNameAndGenderByClazzNameJPQL2(String clazzName)
    {
        studentDao.findNameAndGenderByClazzNameJPQL2(clazzName)
                .forEach(System.out::println);
    }
    @ParameterizedTest
    @ValueSource(strings = {"%训练营", "%基础班"})
    public void testFindNameAndGenderByClazzNameJPQL3(String clazzName)
    {
        studentDao.findNameAndGenderByClazzNameJPQL3(clazzName)
                .forEach(System.out::println);
    }
    @ParameterizedTest
    @ValueSource(strings = {"%训练营", "%基础班"})
    public void testFindNameAndGenderByClazzNameJPQL4(String clazzName)
    {
        studentDao.findNameAndGenderByClazzNameJPQL4(clazzName)
                .forEach(map -> map.forEach((key, val)
                    -> System.out.println(key + "-->" + val)));
    }
    @ParameterizedTest
    @ValueSource(strings = {"%训练营", "%基础班"})
    public void testFindNameAndGenderByClazzNameJPQL5(String clazzName)
    {
        studentDao.findNameAndGenderByClazzNameJPQL5(clazzName).forEach(
            arr -> System.out.println(Arrays.toString(arr)));
    }
    @Transactional
    @ParameterizedTest
    @CsvSource({"Spring 企业开发, 1", "Spring Boot 提高班, 2"})
    public void testUpdateClazzNameById(String clazzName, Integer id)
    {
        System.out.println(studentDao.updateClazzNameById(clazzName, id));
    }
    @ParameterizedTest
```

```
        @Transactional
        @ValueSource(ints = {3, 4})
        public void testDeleteClazzById(Integer id)
        {
            System.out.println(studentDao.deleteClazzById(id));
        }
    }
```

在上面的程序中,testFindByClazzNameJPQL()测试方法用于测试 findByClazzNameJPQL()方法,当传入第 1 个参数时,该测试方法的运行结果为:

```
    Hibernate: select student0_.student_id as student_1_1_, student0_.address as
address2_1_, student0_.age as age3_1_, student0_.clazz_code as clazz_co6_1_,
student0_.gender as gender4_1_, student0_.name as name5_1_ from student_inf student0_
cross join clazz_inf clazz1_ where student0_.clazz_code=clazz1_.clazz_code and
(clazz1_.name like ?)
    Student{id=1, name='孙悟空', address='花果山水帘洞', age=500, gender=男}
    Student{id=2, name='牛魔王', address='积雷山摩云洞', age=800, gender=男}
```

上面查询用的 SQL 语句就是根据 findByClazzNameJPQL()方法上的@Query 注解指定的 JPQL 语句生成的——由于 JPQL 语句指定了要执行关联查询,因此上面生成的 SQL 语句就会执行多表连接查询。

testFindByClazzNameNative()测试方法用于测试 findByClazzNameNative()方法,当传入第 1 个参数时,该测试方法的运行结果为:

```
    Hibernate: select s.* from student_inf s join clazz_inf c on s.clazz_code =
c.clazz_code where c.name like ?
    Student{id=1, name='孙悟空', address='花果山水帘洞', age=500, gender=男}
    Student{id=2, name='牛魔王', address='积雷山摩云洞', age=800, gender=男}
```

上面查询用的 SQL 语句更简洁,它不再是根据 JPQL 语句动态生成 SQL 查询语句,而是直接使用 findByClazzNameNative()方法上的@Query 注解指定的 SQL 语句执行查询。

testFindNameAndGenderByClazzNameJPQL1()测试方法用于测试 findNameAndGenderByClazzNameJPQL1()方法,该查询方法不再查询完整的 Student 实体,而是只查询 Student 实体的两个属性,程序将查询出来的每条记录封装成 String[]数组。

当传入第 1 个参数时,该测试方法的运行结果为:

```
    Hibernate: select student0_.name as col_0_0_, student0_.gender as col_1_0_ from
student_inf      student0_      cross      join      clazz_inf      clazz1_      where
student0_.clazz_code=clazz1_.clazz_code and (clazz1_.name like ?)
    [孙悟空, 男]
    [牛魔王, 男]
```

接下来的 findNameAndGenderByClazzNameJPQL2()、findNameAndGenderByClazzNameJPQL3()测试方法的功能大同小异,只是将每条查询记录封装的类型不同而已:程序既可将每条记录(包含多个属性)封装成 List 集合,也可封装成普通的 Object(本质还是数组),读者可自行运行它们的测试方法来体会其功能。

testFindNameAndGenderByClazzNameJPQL4()测试方法用于测试 findNameAndGenderByClazzNameJPQL4()方法,该查询方法同样只是查询 Student 实体的两个属性,并将查询出来的每条记录封装成 Map 对象,此时程序将会使用列别名作为 key。

当传入第 1 个参数时,该测试方法的运行结果为:

```
    Hibernate: select student0_.name as col_0_0_, student0_.gender as col_1_0_ from
student_inf student0_ cross join clazz_inf clazz1_ where student0_.clazz_code=
clazz1_.clazz_code and (clazz1_.name like ?)
    gender-->男
```

```
nm-->孙悟空
gender-->男
nm-->牛魔王
```

testUpdateClazzNameById()测试方法用于测试 updateClazzNameById()方法，该方法将会修改数据表中的数据，因此该方法需要在事务环境下执行，程序使用了@Transactional 注解修饰该测试方法，如上面程序中的粗体字代码所示。

当传入第 1 个参数时，该测试方法的运行结果为：

```
Hibernate: update clazz_inf set name=? where clazz_code>?
3
INFO 12868 --- [main] o.s.t.c.transaction.TransactionContext : Rolled back transaction for test:
```

从上面的结果可以看出，执行该方法修改了 3 条记录。但如果查看底层数据表，就会发现没有任何记录被修改。请看上面结果的最后一行，这行明确指出：由于该方法是测试方法，因此 Spring Boot 自动回滚了事务，从而避免破坏底层数据。

> **提示：**
> 如果希望测试方法对底层数据表所做的修改不自动回滚，而是提交修改，则可使用 @Rollback(false)注解修饰该测试方法。

testDeleteClazzById()测试方法用于测试 deleteClazzById()方法，该方法将会删除 clazz_inf 数据表中的数据。该方法同样使用了@Transactional 注解修饰该测试方法，从而保证它在事务环境下执行。

当传入第 1 个参数时，将可看到程序执行出现如下异常：

```
org.springframework.dao.DataIntegrityViolationException: could not execute statement;
```

这就是正确的结果：由于 clazz_inf 表是主表，它的记录被从表 student_inf 中的记录所引用，当从表记录还存在时，直接删除主表将会破坏数据的完整性，从而引发异常——除非在删除主表记录时，级联删除从表记录。

除使用@Query 注解直接定义查询用的 JPQL、SQL 语句之外，Spring Data JPA 还支持使用命名查询来定义 JPQL、SQL 语句。

虽然也可通过@Query 注解的 name 属性指定命名查询，但其实没必要那么麻烦——只要让查询方法的方法名与命名查询的名字相同，Spring Data 就会为该查询方法使用对应的命名查询指定的查询语句。

下面在 StudentDao 接口中添加如下两个方法。

程序清单：codes\05\5.1\query\src\main\java\org\crazyit\app\dao\StudentDao.java

```java
// 使用命名 JPQL 查询
List<Student> namedJpql(String clazzNamePattern, char gender);

// 使用命名 SQL 查询
List<Student> namedSql(String clazzNamePattern);
```

接下来在 StudentDaoTest 测试用例中添加如下两个测试方法。

程序清单：codes\05\5.1\query\src\test\java\org\crazyit\app\dao\StudentDaoTest.java

```java
@ParameterizedTest
@CsvSource({"%提高班, 女", "%基础班, 女"})
public void testNamedJpql(String clazzNamePattern, char gender)
{
    studentDao.namedJpql(clazzNamePattern, gender)
```

```
                .forEach(System.out::println);
    }
    @ParameterizedTest
    @ValueSource(strings = {"%训练营", "%基础班"})
    public void testNamedSql(String clazzNamePattern)
    {
        studentDao.namedSql(clazzNamePattern).forEach(System.out::println);
    }
```

很明显，上面 StudentDao 接口中新增的两个方法既不符合方法名关键字语法，也没有使用 @Query 注解为它们指定查询语句，如果程序试图通过测试用例来执行这两个方法，将会显示如下异常信息：

```
Failed to create query for method
public abstract java.util.List org.crazyit.app.dao.StudentDao.namedJpql
```

为了让这两个查询方法可用，只要在 Student 类上使用@NamedQuery 或@NamedNativeQuery 注解定义命名查询或命名 SQL 查询即可。

在 Student 类上添加如下两个注解。

程序清单：codes\05\5.1\query\src\main\java\org\crazyit\app\domain\Student.java

```
@Entity
@Table(name = "student_inf")
// 定义命名查询，name 必须为 Domain 类.查询方法名
@NamedQuery(name="Student.namedJpql",
        query = "select s from Student s where s.clazz.name like ?1 and s.gender = ?2")
@NamedNativeQuery(name = "Student.namedSql",
        query = "select s.* from student_inf s join clazz_inf c on " +
                "s.clazz_code = c.clazz_code where c.name like ?1",
        resultClass = Student.class)
public class Student
{
    ...
}
```

上面分别使用@NamedQuery、@NamedNativeQuery 注解定义了命名查询和命名 SQL 查询，其中命名查询的名字为 Student.namedJpql，命名 SQL 查询的名字为 Student.namedSql，这两个名字都符合"Domain 类.查询方法名"的规则，这样 Spring Data 就能使用这两个命名查询的查询语句来执行查询方法了。

运行 testNamedSql()测试方法，当传入第 1 个参数时，该测试方法的运行结果为：

```
Hibernate: select s.* from student_inf s join clazz_inf c on s.clazz_code =
c.clazz_code where c.name like ?
Student{id=1, name='孙悟空', address='花果山水帘洞', age=500, gender=男}
Student{id=2, name='牛魔王', address='积雷山摩云洞', age=800, gender=男}
```

从上面的运行结果来看，该查询所使用的查询语句正是 Student 类上@NamedNativeQuery 注解指定的 SQL 语句，这就是命名 SQL 查询的作用。

▶▶ 5.1.6 自定义查询

在极端的情况下，Spring Data 使用自定义查询语句来执行查询也不能满足需求，程序甚至需要直接使用持久化技术底层的 API 来操作数据库，Spring Data 同样为这种需要提供了支持。

Spring Data 允许 DAO 组件接口额外继承一个自定义的 DAO 接口，这个自定义的 DAO 接口可以定义数据访问方法，也可以定义实现类来实现这些数据访问方法。看懂这种"奇葩"的设计了吗？画一个类图可能更直观，图 5.4 显示了这种设计。

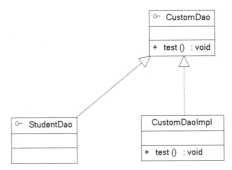

图 5.4　自定义查询的设计

在图 5.4 中，StudentDao 接口是 DAO 组件的接口，该接口继承了 CustomDao 接口。假如 CustomDao 接口中定义了一个 test()方法，且 CustomDao 的实现类 CustomDaoImpl 实现了该 test() 方法，那么接下来会发生什么事情呢？

表面上看，StudentDao 只是继承了 CustomDao 接口，因此它只能得到该接口中定义的抽象方法，StudentDao 与 CustomDaoImpl 实现类没有任何关系，但 Spring Data 就是能将 CustomDaoImpl 实现类中具体的 test()方法"移植"给 StudentDao 接口——看上去似乎很神奇，但其实原理很简单：由于 StudentDao 接口的实现类是 Spring Data 使用动态代理动态生成的，因此 Spring Data 想为它的 test()方法生成什么样的方法体都行——Spring Data 会直接用 CustomDaoImpl 所实现的 test()方法体作为 StudentDao 动态代理类中 test()方法的实现体。

通过这种看似"奇葩"的设计，我们就可以直接在 CustomDaoImpl 实现类中编写查询方法体——由于这个方法由开发者自行编写，因此想怎么实现就怎么实现——完全可以直接使用持久化技术底层的 API 来操作数据库，一切都由你做主。

可能有读者会疑惑，何必搞这么麻烦，直接在 StudentDao 接口中定义自定义的查询方法，并为它定义实现类，然后在实现类中实现这些自定义的查询方法不行吗？

别忘了 Spring Data 的优势所在：不需要开发者为 DAO 组件编写实现类，Spring Data 会为 DAO 组件动态生成实现类。如果自己为 StudentDao 接口提供实现类，那么前面介绍的"方法名关键字查询""@Query 指定查询语句""命名查询"就全部失效了，这就意味着要为所有用到的查询方法都提供方法实现，这显然是一个非常坏的想法。

在理解了这种设计之后，下面还是通过例子来介绍 Spring Data 的自定义查询。本例所连接的数据库、初始数据和前一个例子完全相同，下面直接看本例的 StudentDao 组件的接口。

程序清单：codes\05\5.1\custom_query\src\main\java\org\crazyit\app\dao\StudentDao.java

```java
public interface StudentDao extends CrudRepository<Student, Integer>, StudentDaoCustom
{
}
```

上面的 StudentDao 接口除了继承 CrudRepository<Student, Integer>接口，还继承了 StudentDaoCustom 接口，这就是为了从该接口的实现类中获取自定义的查询方法。

StudentDaoCustom 接口及实现类的代码如下。

程序清单：codes\05\5.1\custom_query\src\main\java\org\crazyit\app\dao\StudentDaoCustom.java

```java
public interface StudentDaoCustom
{
    List<Student> customQuery(String namePattern);

    List<Student> customSqlQuery(int startAge, int endAge);
}
```

程序清单：codes\05\5.1\custom_query\src\main\java\org\crazyit\app\dao\StudentDaoCustomImpl.java

```java
// 该类叫 StudentDaoImpl 或 StudentDaoCustomImpl 都可以
public class StudentDaoCustomImpl implements StudentDaoCustom
{
    // 依赖注入 JPA 的 EntityManager
    @Autowired
    private EntityManager em;

    @Override
    public List<Student> customQuery(String namePattern)
    {
        // 直接用 JPA 的 EntityManager 来执行查询
        return em.createQuery("select s from Student s where s.name like ?1",
            Student.class)
            .setParameter(1, namePattern)
            .getResultList();
    }
    @Override
    public List<Student> customSqlQuery(int startAge, int endAge)
    {
        // 直接用 JPA 的 EntityManager 来执行原生 SQL 查询
        return em.createNativeQuery("select s.* from student_inf s " +
            "where s.age between ?1 and ?2", Student.class)
            .setParameter(1, startAge)
            .setParameter(2, endAge)
            .getResultList();
    }
}
```

从上面 StudentDaoCustomImpl 实现类的方法可以看出，Spring Data 可以直接将 JPA 的 EntityManager 注入该组件，这样程序就能直接调用 EntityManager 的方法来操作数据库了。

Spring Data 对 StudentDaoCustom 实现类的类名是有要求的：它要么是 DAO 组件的接口名加上 Impl 后缀，要么是自定义接口名加上 Impl 后缀，只有满足该要求时，Spring Data 才能将该实现类中的方法"移植"到目标 DAO 组件中。

有读者可能会产生疑问：为什么 Spring Data 要对 StudentDaoCustom 实现类的类名有要求呢？它不能直接将 StudentDaoCustom 实现类中的方法"移植"给目标 DAO 组件吗？当然可以，但问题是如果 StudentDaoCustom 接口有多个实现类，Spring Data 如何确定使用哪个实现类呢？

下面是 StudentDao 组件的测试用例。

程序清单：codes\05\5.1\custom_query\src\test\java\org\crazyit\app\dao\StudentDaoTest.java

```java
@SpringBootTest(webEnvironment = SpringBootTest.WebEnvironment.NONE)
public class StudentDaoTest
{
    @Autowired
    private StudentDao studentDao;

    @ParameterizedTest
    @ValueSource(strings = {"孙%", "白%"})
    public void testCustomQuery(String namePattern)
    {
        studentDao.customQuery(namePattern).forEach(System.out::println);
    }
    @ParameterizedTest
    @CsvSource({"18, 20", "20, 25"})
    public void testCustomSqlQuery(int startAge, int endAge)
    {
        studentDao.customSqlQuery(startAge, endAge)
```

```
            .forEach(System.out::println);
    }
}
```

上面的测试用例分别测试了 StudentDao 组件的 customQuery()、customSqlQuery()方法,这两个方法的方法实现将来自 StudentDaoCustomImpl 实现类。

运行上面的 testCustomSqlQuery()测试方法,当传入第 1 个参数时,可以看到如下输出:

```
Hibernate: select s.* from student_inf s where s.age between ? and ?
Student{id=6, name='蜘蛛精', address='盘丝岭盘丝洞', age=18, gender=女}
Student{id=8, name='杏仙', address='荆棘岭木仙庵', age=19, gender=女}
```

从上面的输出可以看到,此处查询所使用的 SQL 语句正是 StudentDaoCustomImpl 的 customSqlQuery()方法中所使用的 SQL 语句。

▶▶ 5.1.7 Example 查询

在实际开发中一定会遇到这样的场景:程序需要查询底层数据库中与某个对象属性相同的其他实体——比如处理用户登录时,程序需要查询底层数据库中是否存在与用户提交数据相同的实体;处理商品查询时,程序需要查询底层数据库中所有与用户提交数据相同的商品……这种需求就是根据某个"样本"来执行查询的。

Spring Data JPA 为这种"样本"查询提供了支持,Spring Data 提供了一个 QueryByExampleExecutor 接口,该接口的源代码如下:

```java
public interface QueryByExampleExecutor<T> {
    // 查询符合"样本"的单个实体
    <S extends T> Optional<S> findOne(Example<S> example);
    // 查询符合"样本"的多个实体
    <S extends T> Iterable<S> findAll(Example<S> example);
    // 查询符合"样本"的多个实体,支持排序
    <S extends T> Iterable<S> findAll(Example<S> example, Sort sort);
    // 查询符合"样本"的多个实体,支持分页、排序
    <S extends T> Page<S> findAll(Example<S> example, Pageable pageable);
    // 查询符合"样本"的实体的总数
    <S extends T> long count(Example<S> example);
    // 查询符合"样本"的实体是否存在
    <S extends T> boolean exists(Example<S> example);
}
```

从该接口的源代码可以看出,该接口所提供的方法其实很简单,无非就是 6 个根据 Example 参数执行查询的方法,这样用户的 DAO 组件接口只要继承该接口就可调用这些方法了。

> **提示:**
> Spring Data JPA 提供的 JpaRepository 接口同时继承了 PagingAndSortingRepository 和 QueryByExampleExecutor 接口,因此继承 JpaRepository 接口即可获得 Example 查询方法。

从 QueryByExampleExecutor 接口的方法来看,Example 查询的关键在于 Example 参数,Example 是一个接口,它提供了如下两个 of()类方法来创建 Example 对象。

> of(T probe):以 probe 对象创建最简单的 Example 对象。
> of(T probe, ExampleMatcher matcher):以 probe 对象创建 Example 对象,并使用 matcher 指定匹配规则。

Example 的第 1 个 of()方法就是对 probe 样本进行简单的包装;重点是第 2 个 of()方法,这个

of()方法需要一个 ExampleMatcher 参数，该参数用于指定匹配规则。

ExampleMatcher 提供了如下静态方法来创建实例。
- ➢ static ExampleMatcher matching()：创建一个需要所有属性都匹配的匹配器。
- ➢ static ExampleMatcher matchingAll()：它完全等同于 matching()方法。
- ➢ static ExampleMatcher matchingAny()：创建一个只要任意一个属性匹配的匹配器。

假如传入的样本 Student 包含 3 个非空属性：name、gender、address，如果使用 matching()或 matchingAll()方法创建的 ExampleMatcher，那么就查询 name、gender、address 属性全都匹配的记录；但如果使用 matchingAny()方法创建的 ExampleMatcher，那么就查询只要 name、gender、address 任意一个属性能匹配的记录。简单来说，matching()或 matchingAll()方法创建的 ExampleMatcher 使用 AND 作为查询条件的连接符，而 matchingAny()方法创建的 ExampleMatcher 使用 OR 作为查询条件的连接符。

此外，ExampleMatcher 还可通过如下方法来指定对特定属性的匹配规则。
- ➢ withIgnoreCase()：指定属性匹配时默认不区分大小写。
- ➢ withIgnoreCase(String... propertyPaths)：指定 propertyPaths 参数列出的属性匹配时不区分大小写。
- ➢ withIgnoreNullValues()：指定不比较 Example 对象中属性值为 null 的属性。
- ➢ withIgnorePaths(String... ignoredPaths)：指定忽略 ignoredPaths 参数列出的属性，也就是这些属性不参与匹配。
- ➢ withIncludeNullValues()：强行指定要比较 Example 对象中属性值为 null 的属性。
- ➢ withMatcher(String propertyPath，比较器)：对 propertyPath 参数指定的属性使用专门的匹配规则。

上面最后一个方法允许通过"比较器"参数来指定匹配规则，该参数既可使用 GenericPropertyMatcher 对象，也可使用 Lambda 表达式——具体可查看该方法的 API 文档。

该"比较器"参数支持如表 5.2 所示的匹配规则。

表 5.2 匹配规则

匹配规则	逻辑结果
DEFAULT（区分大小写）	firstname = ?0
DEFAULT（不区分大小写）	LOWER(firstname) = LOWER(?0)
EXACT（区分大小写）	firstname = ?0
EXACT（不区分大小写）	LOWER(firstname) = LOWER(?0)
STARTING（区分大小写）	firstname like ?0 + '%'
STARTING（不区分大小写）	LOWER(firstname) like LOWER(?0) + '%'
ENDING（区分大小写）	firstname like '%' + ?0
ENDING（不区分大小写）	LOWER(firstname) like '%' + LOWER(?0)
CONTAINING（区分大小写）	firstname like '%' + ?0 + '%'
CONTAINING（不区分大小写）	LOWER(firstname) like '%' + LOWER(?0) + '%'

下面还是通过例子来介绍 Spring Data 的 Example 查询。本例所连接的数据库、初始数据和前一个例子完全相同，我们直接看本例的 StudentDao 组件的接口。

程序清单：codes\05\5.1\example\src\main\java\org\crazyit\app\dao\StudentDao.java

```
public interface StudentDao extends CrudRepository<Student, Integer>,
    QueryByExampleExecutor<Student>
{
}
```

上面 StudentDao 接口继承了 QueryByExampleExecutor，因此该 DAO 组件即可使用 Example 查询。

下面是 StudentDao 组件的测试用例。

程序清单：codes\05\5.1\example\src\test\java\org\crazyit\app\dao\StudentDaoTest.java

```java
@SpringBootTest(webEnvironment = SpringBootTest.WebEnvironment.NONE)
public class StudentDaoTest
{
    @Autowired
    private StudentDao studentDao;

    @ParameterizedTest
    @CsvSource({"孙悟空，男", "蜘蛛精，女"})
    public void testExampleQuery1(String name, char gender)
    {
        // 创建样本对象（probe）
        var s = new Student();
        s.setName(name);
        s.setGender(gender);
        // 不使用 ExampleMatcher，创建默认的 Example
        studentDao.findOne(Example.of(s)).ifPresent(System.out::println);
    }
    @ParameterizedTest
    @CsvSource({"孙悟空，男", "蜘蛛精，女"})
    public void testExampleQuery2(String name, char gender)
    {
        // 创建 matchingAll 的 ExampleMatcher
        ExampleMatcher matcher = ExampleMatcher.matching()
                // 忽略 null 属性，该方法可以省略
                //.withIgnoreNullValues()
                .withIgnorePaths("age"); // 忽略 age 属性
        // 创建样本对象（probe）
        var s = new Student();
        s.setName(name);
        s.setGender(gender);
        studentDao.findOne(Example.of(s, matcher)).ifPresent(System.out::println);
    }
    @ParameterizedTest
    @CsvSource({"孙悟空，男", "蜘蛛精，女"})
    public void testExampleQuery3(String name, char gender)
    {
        // 创建 matchingAny 的 ExampleMatcher
        ExampleMatcher matcher = ExampleMatcher.matchingAny()
                .withIgnorePaths("age"); // 忽略 age 属性
        // 创建样本对象（probe）
        var s = new Student();
        s.setName(name);
        s.setGender(gender);
        // 如果底层返回多条记录，使用 findOne()方法会报异常
        studentDao.findAll(Example.of(s, matcher)).forEach(System.out::println);
    }
    @ParameterizedTest
    @CsvSource({"孙，男", "蜘，女"})
    public void testExampleQuery4(String name, char gender)
    {
        ExampleMatcher matcher = ExampleMatcher.matching()
                .withIgnorePaths("age") // 忽略 age 属性
                .withMatcher("name",
                    // 指定匹配规则
```

```java
                    ExampleMatcher.GenericPropertyMatcher.of(
                    ExampleMatcher.StringMatcher.STARTING));
        // 创建样本对象 (probe)
        var s = new Student();
        s.setName(name);
        s.setGender(gender);
        studentDao.findOne(Example.of(s, matcher))
                .ifPresent(System.out::println);
    }
    @ParameterizedTest
    @CsvSource({"悟, 男", "精, 女"})
    public void testExampleQuery5(String name, char gender)
    {
        ExampleMatcher matcher = ExampleMatcher.matching()
                .withIgnorePaths("age") // 忽略 age 属性
                .withMatcher("name",
                // 使用 Lambda 表达式指定匹配规则
                    m -> m.contains().ignoreCase());
        // 创建样本对象 (probe)
        var s = new Student();
        s.setName(name);
        s.setGender(gender);
        studentDao.findAll(Example.of(s, matcher))
                .forEach(System.out::println);
    }
}
```

先看上面的 testExampleQuery1() 测试方法，该测试方法使用 Example 最简单的 of() 方法来包装 probe 对象，没有传入 ExampleMatcher 参数，这意味着使用默认的匹配规则。

运行该测试方法，当传入第 1 个参数时，可以看到如下输出：

```
Hibernate: select student0_.student_id as student_1_1_, student0_.address as address2_1_, student0_.age as age3_1_, student0_.clazz_code as clazz_co6_1_, student0_.gender as gender4_1_, student0_.name as name5_1_ from student_inf student0_ where student0_.gender=? and student0_.name=? and student0_.age=0
```

从上面的 where 条件可以看到，默认的匹配规则是：

> 默认使用 matchingAll() 匹配规则。
> id 属性不需要匹配。
> 属性值为 null 的属性不需要匹配——Student 的 address 属性的值为 null，因此自动被忽略。
> 对于基本类型的属性，即使属性值为 0，也需要进行匹配——Student 的 age 属性的值为 0，但依然需要进行匹配。

再看 testExampleQuery2() 测试方法，该测试方法显式使用了 ExampleMatcher 参数来创建 Example，而该 ExampleMatcher 参数调用了 withIgnorePaths("age")，这样就会将 age 属性排除在匹配之外。

运行该测试方法，当传入第 1 个参数时，可以看到如下输出：

```
Hibernate: select student0_.student_id as student_1_1_, student0_.address as address2_1_, student0_.age as age3_1_, student0_.clazz_code as clazz_co6_1_, student0_.gender as gender4_1_, student0_.name as name5_1_ from student_inf student0_ where student0_.gender=? and student0_.name=?
    Student{id=1, name='孙悟空', address='花果山水帘洞', age=500, gender=男}
```

从上面的 where 条件可以看出，此时 age 列不再出现在 where 条件中，这就是 ExampleMatcher 指定了 withIgnorePaths("age") 的效果。

接下来看 testExampleQuery3() 测试方法，该测试方法使用 matchingAny() 方法创建的 ExampleMatcher 参数来创建 Example，因此匹配规则就是只要任意一个属性匹配即可。

运行该测试方法，当传入第 1 个参数时，可以看到如下输出：

```
Hibernate: select student0_.student_id as student_1_1_, student0_.address as
address2_1_, student0_.age as age3_1_, student0_.clazz_code as clazz_co6_1_,
student0_.gender as gender4_1_, student0_.name as name5_1_ from student_inf student0_
where student0_.name=? or student0_.gender=?
    Student{id=1, name='孙悟空', address='花果山水帘洞', age=500, gender=男}
    Student{id=2, name='牛魔王', address='积雷山摩云洞', age=800, gender=男}
    Student{id=3, name='猪八戒', address='福陵山云栈洞', age=600, gender=男}
    Student{id=4, name='沙和尚', address='流沙河', age=580, gender=男}
```

上面的 where 条件使用 OR 来连接 name 列和 gender 列的过滤条件，这就是 matchingAny()匹配规则的效果。

程序中的 testExampleQuery4()、testExampleQuery5()测试方法都调用了 withMatcher()方法对 name 属性指定了匹配规则，只不过 testExampleQuery4()方法指定的是 STARTING 匹配规则，而 testExampleQuery5()方法指定的是不区分大小写的 CONTAINING 匹配规则。

运行 testExampleQuery5()测试方法，当传入第 1 个参数时，可以看到如下输出：

```
Hibernate: select student0_.student_id as student_1_1_, student0_.address as
address2_1_, student0_.age as age3_1_, student0_.clazz_code as clazz_co6_1_,
student0_.gender as gender4_1_, student0_.name as name5_1_ from student_inf student0_
where (lower(student0_.name) like ? escape ?) and student0_.gender=?
    Student{id=1, name='孙悟空', address='花果山水帘洞', age=500, gender=男}
```

从上面的 where 条件可以看出，CONTAINING 匹配规则在底层被转换为 SQL 语句的 like 运算符。

实际上，表 5.2 已经说明，STARTING、ENDING、CONTAINING 匹配规则在底层都被转换为 SQL 语句的 like 运算符。

▶▶ 5.1.8 Specification 查询

如果开发过与图 5.5 类似的动态查询页面，开发者一定会对 SQL 语句拼接的噩梦记忆犹新。

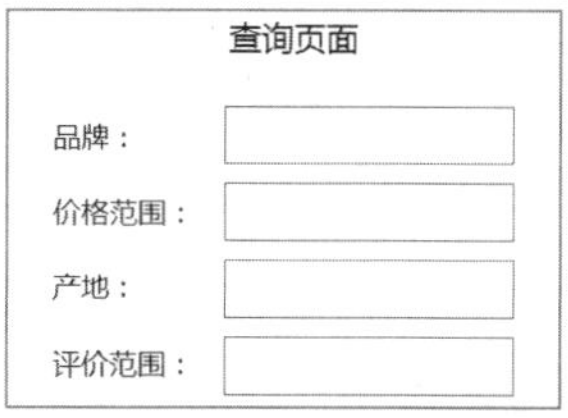

对于图 5.5 所示的这种动态查询页面（实际项目可能包括十几个动态查询条件），不同用户输入的查询条件是完全不同的：有的用户只根据品牌查询；有的用户需要根据品牌、价格范围查询；有的用户要根据品牌和产地查询……每个查询条件都有可能不填写，也可能填写，这就意味着程序必须动态判断用户是否填写了查询条件，再根据查询条件来拼接 SQL 语句——这是一件非常乏味的事情。

图 5.5 动态查询页面

为了处理这种动态查询的需求，JPA 提供了 Criteria 查询支持，而 Spring Data JPA 则对 Criteria 查询进行了封装，封装之后的结果就是 Specification 查询。

Spring Data JPA 提供了一个 JpaSpecificationExecutor 接口，该接口包含如下常用方法。

➢ long count(Specification<T> spec)：返回符合 Specification 条件的实体的总数。
➢ List<T> findAll(Specification<T> spec)：返回符合 Specification 条件的实体。
➢ Page<T> findAll(Specification<T> spec, Pageable pageable)：返回符合 Specification 条件的实体，额外传入的 Pageable 参数用于控制排序和分页。
➢ List<T> findAll(Specification<T> spec, Sort sort)：返回符合 Specification 条件的实体，额外传入的 Sort 参数用于控制排序。

> Optional<T> findOne(Specification<T> spec)：返回符合 Specification 条件的单个实体，如果符合条件的实体有多个，该方法将会引发异常。

只要让项目的 DAO 接口继承 JpaSpecificationExecutor，项目的 DAO 组件就可调用上面这些查询方法，而调用这些查询方法的关键就是 Specification 参数——该参数用于封装多个代表查询条件的 Predicate 对象。

Specification 接口只定义了一个 toPredicate()方法，该方法返回的 Predicate 对象就是 Criteria 查询的查询条件，程序通常使用 Lambda 表达式实现 toPredicate()方法来定义动态查询条件。

下面还是通过例子来介绍 Spring Data JPA 的 Specification 查询。本例所连接的数据库、初始数据和前一个例子完全相同，我们直接看本例的 StudentDao 组件的接口。

程序清单：codes\05\5.1\specification\src\main\java\org\crazyit\app\dao\StudentDao.java

```java
public interface StudentDao extends CrudRepository<Student, Integer>,
    JpaSpecificationExecutor<Student>
{
}
```

上面 StudentDao 接口继承了 JpaSpecificationExecutor，因此该 DAO 组件即可使用 Specification 查询。

下面是 StudentDao 组件的测试用例。

程序清单：codes\05\5.1\specification\src\test\java\org\crazyit\app\dao\StudentDaoTest.java

```java
@SpringBootTest(webEnvironment = SpringBootTest.WebEnvironment.NONE)
public class StudentDaoTest
{
    @Autowired
    private StudentDao studentDao;

    @ParameterizedTest
    @ValueSource(strings = {"男", "女"})
    public void testSpecification1(char gender)
    {
        studentDao.findAll((Specification<Student>) (root, query, cb) -> {
            // root.get("gender")表示获取 gender 这个字段名称，equal 表示执行 equal 查询
            // 相当于 select s from Student s where s.gender = ?1
            return cb.equal(root.get("gender"), gender);
        }).forEach(System.out::println);
    }
    @ParameterizedTest
    @MethodSource("studentList")
    public void testSpecification2(Student stu)
    {
        studentDao.findAll((Specification<Student>) (root, query, cb) -> {
            // 定义集合，用于收集动态的查询条件
            List<Predicate> predicates = new ArrayList<>();
            if (stu != null)
            {
                // 是否传入了姓名来查询
                if (StringUtils.hasText(stu.getName()))
                {
                    predicates.add(cb.like(root.get("name"),
                        "%" + stu.getName() + "%"));
                }
                // 是否传入了地址来查询
                if (StringUtils.hasText(stu.getAddress()))
                {
```

```
                    predicates.add(cb.like(root.get("address"),
                        "%" + stu.getAddress() + "%"));
                }
                // 是否传入了性别来查询
                if (stu.getGender() != '\0')
                {
                    predicates.add(cb.equal(root.get("gender"),
                        stu.getGender()));
                }
                // 判断是否传入了班级信息来查询
                if (stu.getClazz() != null && StringUtils.hasText(stu.getClazz().getName()))
                {
                    root.join("clazz", JoinType.INNER);
                    Path<String> clazzName = root.get("clazz").get("name");
                    predicates.add(cb.like(clazzName,
                        "%" + stu.getClazz().getName() + "%"));
                }
            }
            return cb.and(predicates.toArray(new Predicate[0]));
        }).forEach(System.out::println);
    }
    private static Stream<Student> studentList()
    {
        var s1 = new Student("牛", null, 0, '\0');
        var s2 = new Student("杏", "木仙", 0, '\0');
        var s3 = new Student("孙", "花", 0, '男');
        var s4 = new Student("蜘蛛", "盘丝", 0, '女');
        s4.setClazz(new Clazz("基础班"));
        return Stream.of(s1, s2, s3, s4);
    }
}
```

上面的测试用例定义了两个测试方法，其中第 1 个测试方法比较简单，它只封装了一个查询条件；第 2 个测试方法就比较灵活，它模拟了企业开发中动态查询的场景，它会根据传入的查询参数动态地生成查询语句。

对于第 1 个测试方法，由于只需要添加一个查询条件（Predicate），因此 Lambda 表达式直接返回 cb 对象（CriteriaBuilder）的 equal() 方法生成的 Predicate 即可。

> **提示：**
> CriteriaBuilder 是 JPA Criteria 查询的核心 API，它的作用就是用于生成各种查询条件。它提供了大量 equal()、ge()、gt() 等静态方法，其实就是将 JPQL 查询条件中的 =、>=、> 等运算符变成方法，从而允许开发者通过调用这些方法来动态地添加查询条件。

运行第 1 个测试方法，当传入第 1 个参数时，可以看到如下输出：

```
Hibernate: select student0_.student_id as student_1_1_, student0_.address as address2_1_, student0_.age as age3_1_, student0_.clazz_code as clazz_co6_1_, student0_.gender as gender4_1_, student0_.name as name5_1_ from student_inf student0_ where student0_.gender=?
Student{id=1, name='孙悟空', address='花果山水帘洞', age=500, gender=男}
Student{id=2, name='牛魔王', address='积雷山摩云洞', age=800, gender=男}
Student{id=3, name='猪八戒', address='福陵山云栈洞', age=600, gender=男}
Student{id=4, name='沙和尚', address='流沙河', age=580, gender=男}
```

从生成的 SQL 语句的 where 部分可以看到，此时确实只有一个查询条件。

第 2 个测试方法需要动态地添加查询条件，因此代码先判断传入的 Student 参数的属性状态，只有当这些属性存在且属性值不为 null 时，程序才动态地添加对应的查询条件。

运行第 2 个测试方法，当传入第 1 个 Student 参数（该 Student 参数只设置了 name 属性）时，可以看到如下输出：

```
Hibernate: select student0_.student_id as student_1_1_, student0_.address as address2_1_, student0_.age as age3_1_, student0_.clazz_code as clazz_co6_1_, student0_.gender as gender4_1_, student0_.name as name5_1_ from student_inf student0_ where student0_.name like ?
    Student{id=2, name='牛魔王', address='积雷山摩云洞', age=800, gender=男}
```

从上面生成的 SQL 语句可以看到，由于第 1 个测试的 Student 参数只设置了 name 属性，因此该 SQL 语句的 where 条件只判断 name 列。

当传入第 2 个 Student 参数（该 Student 参数设置了 name 和 address 属性）时，可以看到如下输出：

```
Hibernate: select student0_.student_id as student_1_1_, student0_.address as address2_1_, student0_.age as age3_1_, student0_.clazz_code as clazz_co6_1_, student0_.gender as gender4_1_, student0_.name as name5_1_ from student_inf student0_ where (student0_.name like ?) and (student0_.address like ?)
    Student{id=8, name='杏仙', address='荆棘岭木仙庵', age=19, gender=女}
```

从上面生成的 SQL 语句可以看到，由于第 2 个测试的 Student 参数设置了 name 和 address 属性，因此该 SQL 语句的 where 条件要判断 name 列和 address 列。

当传入第 3 个 Student 参数（该 Student 参数设置了 name、address 和 gender 属性）时，可以看到如下输出：

```
Hibernate: select student0_.student_id as student_1_1_, student0_.address as address2_1_, student0_.age as age3_1_, student0_.clazz_code as clazz_co6_1_, student0_.gender as gender4_1_, student0_.name as name5_1_ from student_inf student0_ where (student0_.name like ?) and (student0_.address like ?) and student0_.gender=?
    Student{id=1, name='孙悟空', address='花果山水帘洞', age=500, gender=男}
```

从上面生成的 SQL 语句可以看到，由于第 3 个测试的 Student 参数设置了 name、address 和 gender 属性，因此该 SQL 语句的 where 条件要判断 name 列、address 列和 gender 列。

当传入第 4 个 Student 参数（该 Student 参数设置了 name、address、gender 属性和关联 Clazz 实体的 name 属性）时，可以看到如下输出：

```
Hibernate: select student0_.student_id as student_1_1_, student0_.address as address2_1_, student0_.age as age3_1_, student0_.clazz_code as clazz_co6_1_, student0_.gender as gender4_1_, student0_.name as name5_1_ from student_inf student0_ inner join clazz_inf clazz1_ on student0_.clazz_code=clazz1_.clazz_code where (student0_.name like ?) and (student0_.address like ?) and student0_.gender=? and (clazz1_.name like ?)
```

从上面生成的 SQL 语句可以看到，由于第 4 个测试的 Student 参数设置了 name、address、gender 属性和关联 Clazz 实体的 name 属性，因此该 SQL 语句的 where 条件要判断 name 列、address 列和 gender 列，还要判断关联 clazz_inf 表的 name 列。

5.2 直接整合 JDBC

如果不嫌麻烦，Spring Boot 还允许直接整合 JDBC，利用 Spring 提供的 JdbcTemplate 来操作数据库。

只要为项目添加 spring-boot-starter-jdbc.jar 依赖（注意没有 data），Spring Boot 就会在容器中自动配置一个 JdbcTemplate，并可将该它注入其他的项目组件——该项目组件就可调用它的方法来操作数据库。

JdbcTemplate 是 Spring 早期提供的一个数据访问门面，它提供了大量工具方法来执行 SQL 语句。下面列出常用的一些方法。

- void execute(String sql)：指定单条 SQL 语句，通常是执行 SQL 语句。
- <T> List<T> queryForList(String sql, Class<T> elementType)：使用普通 Statement 执行 sql 参数指定的 SELECT 语句，只能返回单列结果集，该方法将每行记录转换成 T 类型的值。
- <T> List<T> queryForList(String sql, Class<T> elementType, Object... args)：其功能类似于上一个方法，只不过它使用 PreparedStatement 执行带占位符的 SQL 语句，args 用于为 SELECT 语句中的占位符设置参数值。
- <T> List<T> query(String sql, RowMapper<T> rowMapper)：使用普通 Statement 执行 sql 参数指定的 SELECT 语句，该方法使用 RowMapper 将每行记录转换成 T 类型的值。
- <T> List<T> query(String sql, RowMapper<T> rowMapper, Object... args)：其功能类似于上一个方法，只不过它使用 PreparedStatement 执行带占位符的 SELECT 语句。
- <T> T queryForObject(String sql, Class<T> requiredType)：使用普通 Statement 执行 sql 参数指定的 SELECT 语句，只能返回单行、单列结果集，该方法将单行、单列记录转换成 T 类型的值。
- <T> T queryForObject(String sql, Class<T> requiredType, Object... args)：其功能类似于上一个方法，只不过它使用 PreparedStatement 执行带占位符的 SELECT 语句。
- <T> T queryForObject(String sql, RowMapper<T> rowMapper)：使用普通 Statement 执行 sql 参数指定的 SELECT 语句，只能返回单行结果集，该方法使用 RowMapper 将单行记录转换成 T 类型的值。
- <T> T queryForObject(String sql, RowMapper<T> rowMapper, Object... args)：其功能类似于上一个方法，只不过它使用 PreparedStatement 执行带占位符的 SELECT 语句。
- int update(String sql)：使用普通 Statement 执行单条 DML 语句，返回受影响的记录条数。
- int update(String sql, Object... args)：其功能类似于上一个方法，只不过它使用 PreparedStatement 执行带占位符的 DML 语句。
- T execute(XxxCallback<T> action)：该方法属于 JdbcTemplate 的高级用法，它通过 XxxCallback 能直接以 JDBC 底层 API 来操作数据库。

对这些方法进行归纳，不难发现它们的设计很统一：update()用于执行 DML 语句，query[ForXxx]()用于执行 SELECT 语句，execute()用于执行 DDL 语句。此外，还有如下规律：

- 如果这些方法需要传入 Object... args 参数，则意味着使用 PreparedStatement 执行 SELECT 语句，否则使用普通 Statement 执行 SELECT 语句。
- 如果查询方法只指定了 requiredType 参数，则意味着查询结果集只能返回单列数据；如果查询方法指定了 rowMapper 参数，则意味着查询结果集可以返回多列数据，而 rowMapper 则负责将每行数据转为目标对象。

下面通过例子来介绍 Spring Boot 整合 JDBC 的功能和用法。首先创建一个 Maven 项目，然后让其 pom.xml 文件继承 spring-boot-starter-parent，并添加 spring-boot-starter-jdbc.jar 依赖。本例想简单使用 Spring Boot 的测试支持来测试 DAO 组件，因此添加了 spring-boot-starter-test.jar 依赖。由于本例需要访问 MySQL 数据库，因此还要添加 MySQL 数据库驱动的依赖，具体可以参考本例的 pom.xml 文件。

本例所使用的数据库脚本为 codes\05\5.1\keyword\src\table.sql 文件，执行该脚本后，数据库中只有一个 user_inf 表，该表中的数据如图 5.6 所示。

图 5.6　user_inf 表中的数据

接下来在 application.properties 文件中定义数据库的连接信息，该文件的内容如下。

程序清单：codes\05\5.2\jdbctemplate\src\main\resources\application.properties

```
# 数据库驱动
spring.datasource.driver-class-name=com.mysql.cj.jdbc.Driver
# 数据库 URL 地址
spring.datasource.url=jdbc:mysql://localhost:3306/springboot?serverTimezone=UTC
# 连接数据库的用户名
spring.datasource.username=root
# 连接数据库的密码
spring.datasource.password=32147
# 指定 HikariCP 最大连接数为 20
spring.datasource.hikari.maximum-pool-size=20
```

如果有需要，还可以为 JdbcTemplate 配置如下属性（它们由 JdbcProperties 类负责处理）。

➢ spring.jdbc.template.fetch-size：设置从底层数据库每次抓取的记录数，设为-1 表明使用底层数据库驱动的默认设置。

➢ spring.jdbc.template.max-rows：设置最多获取多少行，设为-1 表明使用底层数据库驱动的默认设置。

➢ spring.jdbc.template.query-timeout：设置查询的超时时长，默认使用底层数据库驱动的默认设置。如果不指定时间单位，默认的时间单位是秒。

下面是本例的 DAO 组件的接口代码。

程序清单：codes\05\5.2\jdbctemplate\src\main\java\org\crazyit\app\dao\UserDao.java

```java
public interface UserDao
{
    User get(Integer id);

    int save(User user);

    int update(User user);

    int delete(User user);

    int delete(Integer id);

    List<String> findNameByAgeBetween(int startAge, int endAge);

    List<User> findByNameLike1(String name);

    List<User> findByNameLike2(String name);
}
```

由于此处只是整合 JDBC，因此 Spring Boot 没法为该 DAO 接口自动生成实现类，开发者需要自己为它提供实现类。这里调用 JdbcTemplate 提供的工具方法来实现这些方法。

下面是 DAO 实现类的代码。

程序清单：codes\05\5.2\jdbctemplate\src\main\java\org\crazyit\app\dao\impl\UserDaoImpl.java

```java
@Repository
public class UserDaoImpl implements UserDao
{
    @Autowired
    private JdbcTemplate jdbcTemplate;
    // 使用 Lambda 表达式创建一个 RowMapper<User>对象
    // 它的作用就是将 ResultSet 的一行转换成 User 对象
    private final RowMapper<User> mapper = (rs, rowNum) -> {
        var user = new User(rs.getString("name"),
            rs.getString("password"), rs.getInt("age"));
        user.setId(rs.getInt("user_id"));
        return user;
    };
    @Override
    public User get(Integer id)
    {
        var sql = "select * from user_inf" +
            " where user_id = ?";
        // 调用 queryForObject 执行查询语句
        return this.jdbcTemplate.queryForObject(sql, mapper, id);
    }
    @Override
    public int save(User user)
    {
        var sql = "insert into user_inf values (null, ?, ?, ?)";
        // 调用 update 执行 DML 语句
        return this.jdbcTemplate.update(sql, user.getName(),
            user.getPassword(), user.getAge());
    }
    @Override
    public int update(User user)
    {
        var sql = "update user_inf set name = ?, " +
            "password = ?, age = ? where user_id = ?";
        // 调用 update 执行 DML 语句
        return this.jdbcTemplate.update(sql, user.getName(),
            user.getPassword(), user.getAge(), user.getId());
    }
    @Override
    public int delete(User user)
    {
        var sql = "delete from user_inf where user_id = ?";
        // 调用 update 执行 DML 语句
        return this.jdbcTemplate.update(sql, user.getId());
    }
    @Override
    public int delete(Integer id)
    {
        var sql = "delete from user_inf where user_id = ?";
        // 调用 update 执行 DML 语句
        return this.jdbcTemplate.update(sql, id);
    }
    @Override
    public List<String> findNameByAgeBetween(int startAge, int endAge)
    {
        var sql = "select name from user_inf" +
```

```java
            " where age between ? and ?";
        // 调用 queryForList 执行查询语句，查询返回单列数据
        return this.jdbcTemplate.queryForList(sql,
            String.class, startAge, endAge);
    }
    @Override
    public List<User> findByNameLike1(String name)
    {
        var sql = "select * from user_inf" +
            " where name like ?";
        // 调用 query 执行查询语句
        // 使用 mapper 将每行数据都转换成 User 对象
        return this.jdbcTemplate.query(sql, mapper, "%" + name + "%");
    }
    @Override
    public List<User> findByNameLike2(String name)
    {
        var sql = "select user_id id, name, password, age from user_inf" +
            " where name like ?";
        // 调用 query 执行查询语句
        // 使用 BeanPropertyRowMapper 对象将每行数据都转换成 User 对象
        return this.jdbcTemplate.query(sql, new BeanPropertyRowMapper<>
            (User.class), "%" + name + "%");
    }
}
```

从上面的实现类可以看出 JdbcTemplate 的魅力，它提供的 update、query、queryForXxx 确实非常好用：程序只要传入查询用的 SQL 语句、占位符参数，JdbcTemplate 就会返回查询得到的结果集——而且是封装后的对象，而不是原始的 ResultSet。

上面 DAO 组件的最后两个查询方法的实现基本相同，它们都使用了 RowMapper 将每行数据转换成 User 对象，只不过前者使用了自定义的 RowMapper 对象，后者则直接使用了 Spring 提供的 BeanPropertyRowMapper 对象。

BeanPropertyRowMapper 有一个特点：它要求查询结果集的列名与被映射对象的属性名一一对应，因此上面 DAO 组件的最后一个查询方法所使用的 SELECT 语句对 user_id 列进行了重命名——将 user_id 列重命名为 id，这就是为了保持与 User 类的属性名对应。

UserDao 组件的测试用例如下。

程序清单：codes\05\5.2\jdbctemplate\src\test\java\org\crazyit\app\dao\UserDaoTest.java

```java
@SpringBootTest(webEnvironment = SpringBootTest.WebEnvironment.NONE)
public class UserDaoTest
{
    @Autowired
    private UserDao userDao;

    @ParameterizedTest
    @CsvSource({"fkjava, fkjava123, 23", "crazyit, crazyit23, 24"})
    public void testSave(String name, String password, int age)
    {
        var user = new User(name, password, age);
        System.out.println("受影响的记录条数：" + userDao.save(user));
    }
    @ParameterizedTest
    @CsvSource({"1, foo", "2, bar"})
    public void testUpdate(Integer id, String name)
    {
        var user = userDao.get(id);
```

```
        user.setName(name);
        System.out.println("受影响的记录条数：" + userDao.update(user));
    }
    @ParameterizedTest
    @ValueSource(ints = {1, 2})
    public void testDelete(Integer id)
    {
        System.out.println("受影响的记录条数：" + userDao.delete(id));
    }
    @ParameterizedTest
    @CsvSource({"18, 20", "22, 25"})
    public void testFindNameByAgeBetween(int startAge, int endAge)
    {
        userDao.findNameByAgeBetween(startAge, endAge).forEach(System.out::println);
    }
    @ParameterizedTest
    @ValueSource(strings = {"玉面%", "白%"})
    public void testFindByNameLike1(String name)
    {
        userDao.findByNameLike1(name)
                .forEach(System.out::println);
    }
    @ParameterizedTest
    @ValueSource(strings = {"玉面%", "白%"})
    public void testFindByNameLike2(String name)
    {
        userDao.findByNameLike2(name)
                .forEach(System.out::println);
    }
}
```

与 Spring Data JPA 不同，使用 JdbcTemplate 不强制要求事务，因此上面这些测试方法运行时会直接对底层数据产生修改。

运行上面的 testSave()测试方法，运行成功后，可以看到底层数据表中多出两条记录，如图 5.7 所示。

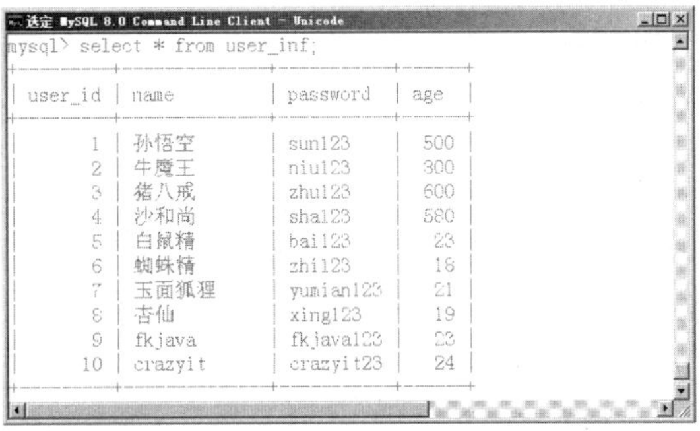

选定 MySQL 8.0 Command Line Client - Unicode

mysql> select * from user_inf;

user_id	name	password	age
1	孙悟空	sun123	500
2	牛魔王	niu123	300
3	猪八戒	zhu123	600
4	沙和尚	sha123	580
5	白鼠精	bai123	23
6	蜘蛛精	zhi123	18
7	玉面狐狸	yumian123	21
8	杏仙	xing123	19
9	fkjava	fkjava123	23
10	crazyit	crazyit23	24

图 5.7　使用 JdbcTemplate 插入记录

运行上面的 testUpdate()、testDelete()方法，将可看到数据表中数据被修改、删除的效果。

上面的 testFindByNameLike1()和 testFindByNameLike2()用于测试 UserDao 组件中的最后两个查询方法，这两个查询方法使用了不同的 RowMapper 将每行记录转换成 User。运行 testFindByNameLike1()测试方法，当传入第 1 个测试参数时，将会看到如下结果：

```
User{id=7, name='玉面狐狸', password='yumian123', age=21}
```

5.3 整合 Spring Data JDBC

前面讲过，Spring Data 是高层次的抽象，Spring Data 底层既可使用 JPA，这就是 Spring Data JPA；也可直接使用传统 JDBC，这就是 Spring Data JDBC。

虽然使用传统 JDBC 不如使用 JPA 方便，但 Spring Data JDBC 依然尽力让数据库操作变得简单、易用，得益于 CrudRepository、PagingAndSortingRepository 的强大功能，Spring Data JDBC 也能帮助开发者自动生成 DAO 组件实现类。

Spring Data JDBC 大致包括如下几方面功能。

- DAO 接口只需继承 CrudRepository 或 PagingAndSortingRepository，Spring Data JDBC 能为 DAO 组件提供实现类。
- Spring Data JDBC 支持方法名关键字查询，类似于 Spring Data JPA。
- Spring Data JDBC 支持用@Query 定义查询语句。
- Spring Data JDBC 同样支持 DAO 组件添加自定义的查询方法——通过添加额外的接口，并为该额外的接口提供实现类，Spring Data JDBC 就能将该实现类中的方法"移植"到 DAO 组件中。

将 Spring Data JDBC 与 Spring Data JPA 进行对比，不难发现 Spring Data JDBC 其实相当于"轻量化"的 Spring Data JPA，虽然 Spring Data JDBC 的功能不如 Spring Data JPA 强大（毕竟它底层没有 ORM 框架的加持），但 Spring Data JDBC 也不需要处理复杂的 ORM 映射、实体对象的生命周期管理等，因此 Spring Data JDBC 用起来更简单。

那问题来了，既然 Spring Data JDBC 不需要处理 ORM 映射，那么它如何处理结果集与对象之间的转换呢？Spring Data JDBC 默认的处理方式是"约定优于配置"的同名映射，比如：

- 如果保存 User 对象，Spring Data JDBC 就对应于向 user 表中插入记录；如果保存 UserInf 对象，Spring Data JDBC 就对应于向 user_inf 表中插入记录。
- 对于查询返回的 id 列，Spring Data JDBC 自动将它映射到对象的 id 属性；如果查询返回 user_id 列，那么就会自动将它映射到对象的 userId 属性。

此外，Spring Data JDBC 还提供了@Table 和@Column 注解（类似于 JPA 的@Table、@Column 注解），其中@Table 用于指定数据类所映射的表名，@Column 用于指定属性所映射的列名。如果不使用这两个注解，则默认使用同名映射策略。

在理解了 Spring Data JDBC 的设计之后，接下来通过示例来介绍 Spring Data JDBC 的功能和用法。首先创建一个 Maven 项目，然后让其 pom.xml 文件继承 spring-boot-starter-parent，并添加 spring-boot-starter-data-jdbc.jar 依赖（注意其中多了 data）。本例想简单使用 Spring Boot 的测试支持来测试 DAO 组件，因此添加了 spring-boot-starter-test.jar 依赖。由于本例需要访问 MySQL 数据库，因此还要添加 MySQL 数据库驱动的依赖，具体可以参考本例的 pom.xml 文件。

本例所使用的数据库脚本和前一个例子相同，这意味着数据库中同样包含一个 user_inf 表，user_inf 表中的数据如图 5.6 所示。

根据 Spring Data JDBC 的同名映射策略，此处 user_inf 表对应的数据类应该是 UserInf 类，user_inf 表中包含 user_id、name、password、age 四个数据列，因此在 UserInf 类中需要定义 userId、name、password、age 四个属性。

下面是本例的 UserInf 类的代码。

程序清单：codes\05\5.3\datajdbc\src\main\java\org\crazyit\app\domain\UserInf.java
```
public class UserInf
```

```
{
    @Id
    private Integer userId;
    private String name;
    // 指定password属性使用getter、setter方法访问
    // 其他属性直接通过Field访问
    @AccessType(AccessType.Type.PROPERTY)
    private String password;
    private int age;
    public UserInf(){}
    @PersistenceConstructor
    public UserInf(String name, String password, int age)
    {
        this.name = name;
        this.password = password;
        this.age = age;
    }
    // 省略getter、setter方法及toString()方法
    ...
}
```

该 UserInf 类的类名与 user_inf 表的表名对应，UserInf 类的属性名与 user_inf 表的列名对应。

上面 UserInf 类使用了@Id 修饰 userId 成员变量，这意味 userId 将作为 UserInf 的标识属性；程序还使用@AccesssType 注解修饰了 password 成员变量，该注解指定 Spring Data JDBC 使用哪种方式访问该属性，它支持 FIELD 和 PROPERTY 两个枚举值，其中 FIELD 指定直接通过成员变量来访问该属性（这是默认值），而 PROPERTY 则指定要通过 getter、setter 方法来访问该属性。

当数据类中包含多个构造器时，如果想明确指定 Spring Data 用哪个构造器来创建数据类的对象，则可使用@PersistenceConstructor 注解修饰该构造器。

提示:
其实 Spring Data JDBC 的数据类有点类似于 JPA 实体类，但数据类简单多了，它只能指定少量必需的配置，完全不能与 JPA 实体类相提并论，这既是它的优点——简单，也是它的缺点——功能不如 JPA。

接下来定义 UserInfDao 组件，同样只需要定义 UserInfDao 接口，Spring Data JDBC 就会为它动态生成实现类。下面是 UserInfDao 接口的代码。

程序清单：codes\05\5.3\datajdbc\src\main\java\org\crazyit\app\dao\UserInfDao.java

```
public interface UserInfDao extends PagingAndSortingRepository<UserInf, Integer>,
    UserInfDaoCustom
{
    // 下面几个方法都是方法名关键字查询
    List<UserInf> findByName(String name);

    List<UserInf> findByPasswordLike(String passPattern);

    List<UserInf> findByAgeBetween(int start, int end);

    List<UserInf> findByNameContainsAndPasswordStartsWith(String subName, String passPrefix);

    // 通过@Query注解指定查询语句
    @Query("select * from user_inf where name like :namePattern and age > :minAge")
    List<UserInf> findBySql(String namePattern, int minAge);

    @Query("update user_inf set name = :name where user_id = :id")
```

```
    @Modifying // 增加@Modifying注解表明该方法会修改数据
    int updateNameById(String name, Integer id);
}
```

上面 UserInfDao 同时示范了方法名关键字查询，使用@Query 指定查询语句，使用@Modifying 修饰要修改数据的方法。

此外，UserInfDao 还继承了 UserInfDaoCustom 接口，通过继承该接口可以为 UserInfDao 添加自定义的查询方法。

下面是 UserInfDaoCustom 接口的代码。

程序清单：codes\05\5.3\datajdbc\src\main\java\org\crazyit\app\dao\UserInfDaoCustom.java

```
public interface UserInfDaoCustom
{
    List<UserInf> customQuery(String passPattern,
            int startAge, int endAge) throws SQLException;
    List<UserInf> jdbcTemplateQuery(int startAge, int endAge);
}
```

上面 UserInfDaoCustom 接口中定义了两个自定义的查询方法，Spring Data JDBC 会将实现类中的这两个方法的实现体"移植"到 UserInfDao 组件中。

接下来的实现类要实现上面两个方法，程序既可使用最原始的 JDBC API（如 Connection、Statement 等）来实现方法，也可使用前面介绍的 JdbcTemplate 来实现方法——Spring Boot 既可将容器中的底层的 DataSource 注入 DAO 组件，也可将 JdbcTemplate 注入 DAO 组件。

下面是 UserInfDaoCustom 实现类的代码。

程序清单：codes\05\5.3\datajdbc\src\main\java\org\crazyit\app\dao\UserInfDaoCustomImpl.java

```
public class UserInfDaoCustomImpl implements UserInfDaoCustom
{
    @Autowired
    private DataSource dataSource;
    @Autowired
    private JdbcTemplate jdbcTemplate;
    @Override
    public List<UserInf> customQuery(String passPattern,
            int startAge, int endAge) throws SQLException
    {
        var sql = "select * from user_inf where password " +
            "like ? and age between ? and ?";
        try (
            // 通过dataSource来获取数据连接
            var conn = dataSource.getConnection();
            // 创建PreparedStatement
            var pstmt = conn.prepareStatement(sql);
        )
        {
            pstmt.setString(1, passPattern);
            pstmt.setInt(2, startAge);
            pstmt.setInt(3, endAge);
            // 执行查询
            var rs = pstmt.executeQuery();
            List<UserInf> resultList = new ArrayList<>();
            // 遍历结果集，提取结果集的数据
            while (rs.next())
            {
                var user = new UserInf(rs.getString("name"),
                    rs.getString("password"), rs.getInt("age"));
                user.setUserId(rs.getInt("user_id"));
```

```
            resultList.add(user);
        }
        rs.close();
        return resultList;
    }
    @Override
    public List<UserInf> jdbcTemplateQuery(int startAge, int endAge)
    {
        var sql = "select * from user_inf where age between ? and ?";
        // 调用 JdbcTemplate 的 query()执行查询
        return this.jdbcTemplate.query(sql, new Object[]{startAge, endAge},
            new BeanPropertyRowMapper<>(UserInf.class));
    }
}
```

上面第 1 个查询方法首先使用 DataSource 的 getConnection()方法获取数据连接，然后直接调用 JDBC API 来执行查询，因此程序代码烦琐且臃肿；第 2 个查询方法则使用 JdbcTemplate 的 query() 方法执行查询，只要一行代码即可搞定，这正是 JdbcTemplate 的优势所在。

通过上面实现类的代码可以看出，在实现自定义的查询方法时，无论是直接使用底层 JDBC API，还是使用 JdbcTemplate，Spring Boot 都提供了很好的支持，开发者完全可以根据自己的需求进行选择：直接用 JDBC API 比较烦琐，但它是灵活度最高的方式——毕竟想怎么干都行。

下面是 UserInfDao 组件的测试用例。

程序清单：codes\05\5.3\datajdbc\src\test\java\org\crazyit\app\dao\UserInfDaoTest.java

```
@SpringBootTest(webEnvironment = SpringBootTest.WebEnvironment.NONE)
public class UserInfDaoTest
{
    @Autowired
    private UserInfDao userInfDao;

    @ParameterizedTest
    @CsvSource({"fkjava, fkjava123, 23", "crazyit, crazyit23, 24"})
    public void testSave(String name, String password, int age)
    {
        var user = new UserInf(name, password, age);
        user = userInfDao.save(user);
        System.out.println("保存后的 user 的 id 为: " + user.getUserId());
    }
    @ParameterizedTest
    @CsvSource({"1, foo", "2, bar"})
    public void testUpdate(Integer id, String name)
    {
        var user = userInfDao.findById(id).get();
        user.setName(name);
        userInfDao.save(user);
        System.out.println("更新后的 user 的 id 为: " + user.getUserId());
    }
    @ParameterizedTest
    @ValueSource(strings = {"白鼠精", "蜘蛛精"})
    public void testFindByName(String name)
    {
        userInfDao.findByName(name).forEach(System.out::println);
    }
    @ParameterizedTest
    @ValueSource(strings = {"zhu%", "bai%"})
    public void testFindByPasswordLike(String passPattern)
    {
        userInfDao.findByPasswordLike(passPattern)
```

```java
            .forEach(System.out::println);
    }
    @ParameterizedTest
    @CsvSource({"18, 20", "22, 25"})
    public void testFindByAgeBetween(int start, int end)
    {
        userInfDao.findByAgeBetween(start, end)
                .forEach(System.out::println);
    }
    @ParameterizedTest
    @CsvSource({"八, zhu", "蜘蛛, 123"})
    public void testFindByNameContainsAndPasswordStartsWith(
            String subName, String passPrefix)
    {
        userInfDao.findByNameContainsAndPasswordStartsWith(subName,
                passPrefix).forEach(System.out::println);
    }
    @ParameterizedTest
    @CsvSource({"玉面%, 20", "蜘蛛%, 22"})
    public void testFindBySql(String namePattern, int minAge)
    {
        userInfDao.findBySql(namePattern, minAge)
                .forEach(System.out::println);
    }
    @ParameterizedTest
    @CsvSource({"武松, 1", "金莲, 2"})
    public void testUpdateNameById(String name, Integer id)
    {
        System.out.println(userInfDao.updateNameById(name, id));
    }
    @ParameterizedTest
    @CsvSource({"%123%, 18, 20", "%yumian%, 24, 30"})
    public void testCustomQuery(String passPattern,
            int startAge, int endAge) throws SQLException
    {
        userInfDao.customQuery(passPattern, startAge, endAge)
                .forEach(System.out::println);
    }
    @ParameterizedTest
    @CsvSource({"18, 20", "24, 30"})
    public void testJdbcTemplateQuery(int startAge, int endAge)
    {
        userInfDao.jdbcTemplateQuery(startAge, endAge)
                .forEach(System.out::println);
    }
}
```

上面testSave()、testUpdate()两个方法测试了UserInfDao的save()、findById()方法，这两个方法来自它继承的PagingAndSortingRepository接口；接下来的testFindByName()、testFindByPasswordLike()、testFindByAgeBetween()、testFindByNameContainsAndPasswordStartsWith()测试的是UserInfDao中的4个方法名关键字查询方法；再接下来的testFindBySql()、testUpdateNameById()两个方法测试了@Query定义查询语句的方法；最后的testCustomQuery()、testJdbcTemplateQuery()测试了自定义的查询方法。

在IntelliJ IDEA编辑器中打开该UserInfDaoTest测试用例类，单击其类名左边的运行按钮（绿色的小三角箭头图标）即可运行整个测试用例，这样会一次性看到全部测试方法的运行效果，读者可结合这些测试方法的运行效果来体会Spring Data JDBC的功能。

5.4 整合 MyBatis

MyBatis 是国内比较主流的持久层框架,严格来说,它算不上真正的 ORM 框架,它只是一个 SQL Mapping 框架,它的主要功能就是将查询结果映射成对象。

MyBatis 自己提供了相应的 Starter 来整合 Spring Boot。

▶▶ 5.4.1 扫描 Mapper 组件

MyBatis 本来就已经很方便了——只要求开发者定义 Mapper 接口,MyBatis 就能动态地为这些 Mapper 生成实现类——这些 Mapper 组件就相当于 DAO 组件。

当 MyBatis 不整合 Spring Boot(或 Spring)时,MyBatis 需要自行使用 SqlSession 的 getMapper() 方法来获取 Mapper 组件;当 MyBatis 整合 Spring Boot(或 Spring)时,Spring 容器会负责生成 Mapper 组件,并能将 Mapper 组件注入其他组件(如 Service 组件)。

事实上,MyBatis 整合 Spring Boot 与整合 Spring 也差不多,区别只是整合 Spring 需要开发者自行配置 DataSource、SqlSessionFactory 等基础资源;但整合 Spring Boot 不再需要开发者自行配置 DataSource 和 SqlSessionFactory——因为 Spring Boot 的功能就是自动配置。

那么问题来了,Spring Boot 或 Spring 如何识别哪些是 Mapper 组件呢?有两种方式:

- 为每个 Mapper 接口添加@Mapper 注解即可。
- 在应用配置类(比如用@Configuration 注解修饰的类)上添加@MapperScan 注解,该注解需要指定一个包名,用于告诉 Spring Boot 或 Spring 到哪个包下搜索 Mapper 组件。

MyBatis 官方文档推荐使用第一种方式,可能这种方式更加安全、可靠。

> **提示:**
> 实际上,@MapperScan 注解可以被添加到任意类上,比如被添加到 Spring Boot 主类(用@SpringBootApplication 注解修饰的类)上,总之,只要 Spring 能处理到该组件即可。

下面通过例子来示范 MyBatis 整合 Spring Boot 的方法。首先创建一个 Maven 项目,然后让其 pom.xml 文件继承 spring-boot-starter-parent,并添加 mybatis-spring-boot-starter.jar 依赖。本例会使用 Spring Boot 的测试支持来测试 DAO 组件,因此添加了 spring-boot-starter-test.jar 依赖。由于本例需要访问 MySQL 数据库,因此还要添加 MySQL 数据库驱动的依赖,具体可以参考本例的 pom.xml 文件。

本例所使用的数据库脚本和前一个例子相同,这意味着数据库中同样包含一个 user_inf 表,user_inf 表中的数据如图 5.6 所示。

首先添加 application.properties 配置文件,通过该文件指定数据库的连接信息。下面是该文件的详细内容。

程序清单:codes\05\5.4\mybatis\src\main\resources\application.properties

```
# 数据库驱动
spring.datasource.driver-class-name=com.mysql.cj.jdbc.Driver
# 数据库 URL 地址
spring.datasource.url=jdbc:mysql://localhost:3306/springboot?serverTimezone=UTC
# 连接数据库的用户名
spring.datasource.username=root
# 连接数据库的密码
spring.datasource.password=32147
# 指定 HikariCP 最大连接数为 20
spring.datasource.hikari.maximum-pool-size=20
```

```
# 为Mapper组件指定日志级别为DEBUG，用于输出Mapper组件执行的SQL语句
logging.level.org.crazyit.app.dao=debug
```

接下来为该应用定义数据类。请记住，MyBatis 并不是 ORM 框架，因此它所需要的数据类就是最普通的 Java 类，不是支持持久化的实体类，因此不需要任何额外的注解。下面是该数据类的代码。

程序清单：codes\05\5.4\mybatis\src\main\java\org\crazyit\app\domain\User.java

```java
public class User
{
    private Integer id;
    private String name;
    private String password;
    private int age;
    public User(){}
    public User(String name, String password, int age)
    {
        this.name = name;
        this.password = password;
        this.age = age;
    }
    // 省略getter、setter方法和toString()方法
    ...
}
```

下面定义本例所使用的 Mapper 组件的接口。

程序清单：codes\05\5.4\mybatis\src\main\java\org\crazyit\app\dao\UserMapper.java

```java
@Mapper
public interface UserMapper
{
    @Select(value="select user_id id, name, password, age from "
            + "user_inf where user_id = #{b}")
    User get(Integer id);

    @Insert("insert into user_inf values "
            + "(null, #{name}, #{password}, #{age})")
    int save(User user);

    @Update("update user_inf set name=#{name}, "
            + "password=#{password} where user_id=#{id}")
    int update(User user);

    @Delete("delete from user_inf where user_id=#{a}")
    int delete(Integer id);

    @Select("select user_id id, name, password, age from " +
            "user_inf where age between #{startAge} and #{endAge}")
    List<User> findByAgeBetween(int startAge, int endAge);

    @Select(value="select user_id id, name, password, age from " +
            "user_inf where name like #{name}")
    List<User> findByNameLike(String name);
}
```

留意上面的 Mapper 组件添加了@Mapper 注解修饰，这样 Spring 就能识别出它是 Mapper 组件了，从而在 Spring 容器中创建该 Mapper 组件，并能将该 Mapper 组件注入其他任何组件（比如 Service 组件）。

上面 Mapper 接口中用到了@Insert、@Update、@Delete、@Select 等注解，这些都属于 MyBatis

本身的用法，但不属于本书要介绍的内容，如果要专门讲解 MyBatis，那涉及的知识也不少，所需的篇幅也很多，读者可参考《轻量级 Java Web 企业应用实战》学习 MyBatis 开发。

MyBatis 的 Mapper 组件其实就相当于 DAO 组件，当 Spring Boot 为这些 Mapper 接口生成 Mapper 组件之后，Spring Boot 自然能将它们注入 Service 组件，当然也能注入它的测试用例。

下面是该 UserMapper 组件的测试用例类。

程序清单：codes\05\5.4\mybatis\src\test\java\org\crazyit\app\dao\UserMapperTest.java

```java
@SpringBootTest(webEnvironment = SpringBootTest.WebEnvironment.NONE)
public class UserMapperTest
{
    @Autowired
    private UserMapper userMapper;

    @ParameterizedTest
    @ValueSource(ints = {3, 4})
    public void testGet(Integer id)
    {
        System.out.println(userMapper.get(id));
    }
    @ParameterizedTest
    @CsvSource({"fkjava, fkjava123, 23", "crazyit, crazyit23, 24"})
    public void testSave(String name, String password, int age)
    {
        var user = new User(name, password, age);
        System.out.println("受影响的记录条数：" + userMapper.save(user));
    }
    @ParameterizedTest
    @CsvSource({"3, foo", "4, bar"})
    public void testUpdate(Integer id, String name)
    {
        var user = userMapper.get(id);
        user.setName(name);
        System.out.println("受影响的记录条数：" + userMapper.update(user));
    }
    @ParameterizedTest
    @ValueSource(ints = {1, 2})
    public void testDelete(Integer id)
    {
        System.out.println("受影响的记录条数：" + userMapper.delete(id));
    }
    @ParameterizedTest
    @CsvSource({"18, 20", "22, 25"})
    public void testFindByAgeBetween(int startAge, int endAge)
    {
        userMapper.findByAgeBetween(startAge, endAge).forEach(System.out::println);
    }
    @ParameterizedTest
    @ValueSource(strings = {"玉面%", "白%"})
    public void testFindByNameLike(String name)
    {
        userMapper.findByNameLike(name)
                .forEach(System.out::println);
    }
}
```

上面测试用例类的各测试方法依次测试了 UserMapper 组件的每个数据访问方法。

运行 testGet()测试方法，当传入第 1 个参数时，可以看到如下输出：

```
org.crazyit.app.dao.UserMapper.get           : ==>  Preparing: select user_id id, name,
```

```
password, age from user_inf where user_id = ?
    org.crazyit.app.dao.UserMapper.get       : ==> Parameters: 3(Integer)
    org.crazyit.app.dao.UserMapper.get       : <==      Total: 1
    User{id=3, name='猪八戒', password='zhu123', age=600}
```

这就是执行 UserMapper 中的 get()方法，也就是执行该方法上@Select 注解指定的 SQL 查询语句的效果。

运行 testSave()测试方法，当传入第 1 个参数时，可以看到如下输出：

```
    org.crazyit.app.dao.UserMapper.save      : ==> Preparing: insert into user_inf values (null, ?, ?, ?)
    org.crazyit.app.dao.UserMapper.save      : ==> Parameters: fkjava(String), fkjava123(String), 23(Integer)
    org.crazyit.app.dao.UserMapper.save      : <==    Updates: 1
受影响的记录条数: 1
```

这就是执行 UserMapper 中的 save()方法，也就是执行该方法上@Insert 注解指定的 SQL 插入语句的效果。

运行 testUpdate()测试方法，当传入第 1 个参数时，可以看到如下输出：

```
    org.crazyit.app.dao.UserMapper.get       : ==> Preparing: select user_id id, name, password, age from user_inf where user_id = ?
    org.crazyit.app.dao.UserMapper.get       : ==> Parameters: 3(Integer)
    org.crazyit.app.dao.UserMapper.get       : <==      Total: 1
    org.crazyit.app.dao.UserMapper.update    : ==> Preparing: update user_inf set name=?, password=? where user_id=?
    org.crazyit.app.dao.UserMapper.update    : ==> Parameters: foo(String), zhu123(String), 3(Integer)
    org.crazyit.app.dao.UserMapper.update    : <==    Updates: 1
受影响的记录条数: 1
```

由于 testUpdate()测试方法实际上测试了 UserMapper 的 get()方法和 update()方法，因此这就是先后执行了 get()方法上用@Select 注解指定的 SELECT 语句和 update()方法上用@Update 注解指定的 UPDATE 语句的效果。

运行 testDelete()测试方法，当传入第 1 个参数时，可以看到如下输出：

```
    org.crazyit.app.dao.UserMapper.delete    : ==> Preparing: delete from user_inf where user_id=?
    org.crazyit.app.dao.UserMapper.delete    : ==> Parameters: 1(Integer)
    org.crazyit.app.dao.UserMapper.delete    : <==    Updates: 1
受影响的记录条数: 1
```

这就是执行 UserMapper 中的 delete()方法，也就是执行该方法上@Delete 注解指定的 SQL 删除语句的效果。

运行 testFindByAgeBetween()测试方法，当传入第 1 个参数时，可以看到如下输出：

```
    o.c.app.dao.UserMapper.findByAgeBetween  : ==> Preparing: select user_id id, name, password, age from user_inf where age between ? and ?
    o.c.app.dao.UserMapper.findByAgeBetween  : ==> Parameters: 18(Integer), 20(Integer)
    o.c.app.dao.UserMapper.findByAgeBetween  : <==      Total: 2
    User{id=6, name='蜘蛛精', password='zhi123', age=18}
    User{id=8, name='杏仙', password='xing123', age=19}
```

这就是执行 UserMapper 中的 findByAgeBetween()方法，也就是执行该方法上@Select 注解指定的 SELECT 查询语句的效果。至于运行 testFindByNameLike()方法测试 findByNameLike()方法的结果，与前面的测试结果大致相似，此处不再赘述。

▶▶ 5.4.2 直接使用 SqlSession

如果你不喜欢 MyBatis 自动生成 Mapper 实现类的方式,而是想自行实现 DAO 组件(类似于 Mapper 组件)的所有方法,Spring Boot 也为这种想法提供了支持:MyBatis 会自动在 Spring 容器中配置 SqlSession(其实是 SqlSessionTemplate 实现类),并能将它注入其他组件(如 DAO 组件),这样 DAO 组件就能直接调用 SqlSession 的方法来操作数据库。

下面依然通过例子来示范如何直接使用 SqlSession。本例所使用的数据库脚本和前一个例子相同,这意味着数据库中同样包含一个 user_inf 表,该表中的数据如图 5.6 所示,因此本例所使用的数据类也和前一个示例相同,此处不再赘述。

下面定义本例所使用的 DAO 组件的接口。

程序清单:codes\05\5.4\sqlsession\src\main\java\org\crazyit\app\dao\UserDao.java

```java
public interface UserDao
{
    int delete(Integer id);
    List<User> findByAgeBetween(int startAge, int endAge);
}
```

由于本例需要自行使用 SqlSession 来实现所有的 DAO 方法,为了避免简单的重复,这里只为 DAO 接口定义两个方法——当然定义更多的方法也是可以的,只要接下来在 DAO 组件实现类中使用 SqlSession 实现这些方法即可。

此处的 DAO 组件就相当于前一个示例的 Mapper 组件,只不过 DAO 组件的接口没有使用任何注解修饰。接下来为该 DAO 接口编写实现类,该实现类需要实现接口中的每一个方法——使用 SqlSession 来操作数据库。下面是 UserDaoImpl 实现类的代码。

程序清单:codes\05\5.4\sqlsession\src\main\java\org\crazyit\app\dao\impl\UserDaoImpl.java

```java
@Repository
public class UserDaoImpl implements UserDao
{
    @Autowired
    private SqlSession sqlSession;
    @Override
    public int delete(Integer id)
    {
        return sqlSession.delete("org.crazyit.app.dao.UserMapper.delete", id);
    }
    @Override
    public List<User> findByAgeBetween(int startAge, int endAge)
    {
        return sqlSession.selectList("org.crazyit.app.dao.UserMapper.findByAgeBetween",
            Map.of("startAge", startAge, "endAge", endAge));
    }
}
```

从上面的方法实现来看,程序调用 SqlSession 操作数据库也非常简单,无非就是调用 SqlSession 的 insert()、update()、delete()来执行 DML 语句,调用 selectList()或 selectOne()来执行查询语句——这种用法是 MyBatis 最简单的也是最传统的用法。

SqlSession 调用 insert()、update()、delete()、selectList()、selectOne()执行 SQL 语句时,如果 SQL 语句中没有占位符参数,就只需要传入第 1 个参数——该参数代表要执行的 SQL 语句;如果要执行的 SQL 语句中带一个占位符参数,那么就传入第 2 个参数——该参数用于为 SQL 语句中的占位符参数设置值,如上面程序中的第一行粗体字代码所示;如果要执行的 SQL 语句中带多个占位符参数,那么第 2 个参数可使用 Map 来传入多个值,如上面程序中的第二行粗体字代码所示。

> **提示**:
> 直接调用 SqlSession 的方法执行 SQL 语句的用法是比较传统的用法,实际上现在 MyBatis 并不推荐这种用法。

那问题来了,上面程序中的 sqlSession 调用 delete()、selectList()方法的第 1 个参数并不是 SQL 语句本身,而是来自 XML Mapper 定义的 SQL 语句的 id(SQL 语句的唯一标志),因此我们还需要使用 XML Mapper 定义这些 SQL 语句。下面是本例的 UserMapper.xml 文件的代码。

程序清单:codes\05\5.4\sqlsession\src\main\resources\org\crazyit\app\dao\UserMapper.xml

```xml
<?xml version="1.0" encoding="UTF-8" ?>
<!DOCTYPE mapper PUBLIC "-//mybatis.org//DTD Mapper 3.0//EN"
    "http://mybatis.org/dtd/mybatis-3-mapper.dtd">
<mapper namespace="org.crazyit.app.dao.UserMapper">
    <delete id="delete">
        delete from user_inf where user_id=#{a}
    </delete>
    <select id="findByAgeBetween" resultType="user">  <!-- ① -->
        select user_id id, name, password, age from
        user_inf where age between #{startAge} and #{endAge}
    </select>
</mapper>
```

上面 XML Mapper 的作用就是定义 SQL 语句,并为 SQL 语句指定 id。在指定了 id 属性之后,接下来 MyBatis 组件即可通过 "namespace+id" 的形式来引用这些 SQL 语句——如 UserDaoImpl 实现类中的代码所示。

在定义了 UserMapper.xml 之后,还要告诉 Spring Boot 到哪个路径下加载 XML Mapper 文件。因此,本例在 application.properties 文件中增加如下两行。

程序清单:codes\05\5.4\sqlsession\src\main\resources\application.properties

```
# 设置 Mapper XML 文件的位置
mybatis.mapper-locations=classpath*:org/crazyit/app/dao/*.xml
# 设置为指定包下的所有类型分配别名
mybatis.type-aliases-package=org.crazyit.app.domain
```

上面第 1 行配置指定了到类加载路径下的 org/crazyit/app/dao/目录下搜索所有*.xml 文件——因此,本例将 XML Mapper 文件放在应用的 resources/org/crazyit/app/dao 目录下。

上面第 2 行配置指定了为 org.crazyit.app.domain 包下的所有类型分配别名——默认的别名规则就是类名的首字母小写,比如 User 类的别名就是 user(也可通过@Alias 注解显式地指定不同的别名),因此上面 UserMapper.xml 的①号代码的 resultType 属性值指定为 user,该 user 就是 User 类的别名。

下面是该 UserDao 组件的测试用例类。

程序清单:codes\05\5.4\sqlsession\src\test\java\org\crazyit\app\dao\UserDaoTest.java

```java
@SpringBootTest(webEnvironment = SpringBootTest.WebEnvironment.NONE)
public class UserDaoTest
{
    @Autowired
```

```java
    private UserDao userDao;

    @ParameterizedTest
    @ValueSource(ints = {1, 2})
    public void testDelete(Integer id)
    {
        System.out.println("受影响的记录条数: " + userDao.delete(id));
    }
    @ParameterizedTest
    @CsvSource({"18, 20", "22, 25"})
    public void testFindNameByAgeBetween(int startAge, int endAge)
    {
        userDao.findByAgeBetween(startAge, endAge).forEach(System.out::println);
    }
}
```

上面测试用例类的各测试方法依次测试了 UserDao 组件的两个数据访问方法。

运行 testDelete()测试方法，当传入第 1 个参数时，可以看到如下输出：

```
  org.crazyit.app.dao.UserMapper.delete      : ==>  Preparing: delete from user_inf where user_id=?
  org.crazyit.app.dao.UserMapper.delete      : ==> Parameters: 1(Integer)
  org.crazyit.app.dao.UserMapper.delete      : <==    Updates: 1
受影响的记录条数: 1
```

这就是执行 UserMapper 中的 delete()方法，也就是执行 UserMapper.xml 中<delete.../>元素所定义的 SQL 删除语句的效果。

运行 testFindNameByAgeBetween()测试方法，当传入第 1 个参数时，可以看到如下输出：

```
  o.c.app.dao.UserMapper.findByAgeBetween    : ==>  Preparing: select user_id id, name, password, age from user_inf where age between ? and ?
  o.c.app.dao.UserMapper.findByAgeBetween    : ==> Parameters: 18(Integer), 20(Integer)
  o.c.app.dao.UserMapper.findByAgeBetween    : <==      Total: 2
User{id=6, name='蜘蛛精', password='zhi123', age=18}
User{id=8, name='杏仙', password='xing123', age=19}
```

这就是执行 UserMapper 中的 findByAgeBetween()方法，也就是执行 UserMapper.xml 中<select.../>元素所定义的 SQL 查询语句的效果。

▶▶ 5.4.3 配置 MyBatis

正如在前面示例中所看到的，MyBatis 同样允许通过 application.properties（或 application.yml）文件进行参数配置，MyBatis 支持的配置属性以"mybatis"作为前缀（请记住 Spring Boot 整合 MyBatis 的 starter 是 MyBatis 提供的，MyBatis 当然用"mybatis"作为前缀）。

MyBatis 配置属性由 MybatisProperties 类负责处理，它支持的属性如下。

- ➢ config-location：指定 MyBatis 自己的 mybatis-config.xml 配置文件的位置。
- ➢ check-config-location：设置是否对 mybatis-config.xml 配置文件执行存在性检查（没有就报错）。
- ➢ mapper-locations：指定 XML Mapper 文件的存储位置。
- ➢ type-aliases-package：指定为哪些包下的类型指定别名。多个包名之间的分隔符可以是英文逗号、英文分号或换行符。
- ➢ type-aliases-super-type：指定所有需要分配别名的父类型，如果没有指定该属性，MyBatis 将为 type-aliases-package 包下的所有类型分配别名。

- type-handlers-package：指定 MyBatis 搜索 TypeHandler 的包名。多个包名之间的分隔符可以是英文逗号、英文分号或换行符。
- executor-type：指定 MyBatis Executor 的类型，可以是 SIMPLE、REUSE 或 BATCH。
- default-scripting-language-driver：指定默认脚本语言驱动类。
- configuration-properties：用于为 MyBatis 配置外部属性。

> **提示：**
> 关于 MyBatis 外部属性的介绍，可参考《轻量级 Java Web 企业应用实战》的 2.4 节。

- lazy-initialization：指定是否开启 Mapper 组件的延迟初始化。
- mapper-default-scope：指定 Spring Boot 自动配置的 Mapper Bean 的 scope。
- configuration.*：用于直接为 MyBatis 提供 Configuration Bean 配置属性。但如果指定了 config-location 属性，configuration.*属性下的所有子属性将会失效。

例如可指定如下配置：

```
mybatis.type-aliases-package=org.crazyit.app.domain
mybatis.type-handlers-package= org.crazyit.app.typehandler
# 设置启用下画线命名规则与驼峰命名规则的映射
# 比如 abc_xyz 列名自动映射成 abcXyz 属性
mybatis.configuration.map-underscore-to-camel-case=true
# 设置数据库驱动批量抓取的记录数
mybatis.configuration.default-fetch-size=100
# 设置默认的超时秒数
mybatis.configuration.default-statement-timeout=30
```

如果需要对 MyBatis 进行更高级的定制，MyBatis 也提供了 ConfigurationCustomizer，MyBatis 为整合 Spring Boot 提供的 starter 会自动搜索实现了 ConfigurationCustomizer 接口的 Bean，并通过该 Bean 的 customize()方法来设置 Configuration。

如下代码片段示范了如何用代码定制 MyBatis 的 Configuration。

程序清单：codes\05\5.4\sqlsession\src\test\java\org\crazyit\app\MyBatisConfig.java

```java
@Configuration
public class MyBatisConfig
{
    // 在 Spring 容器中主动定义 ConfigurationCustomizer Bean
    @Bean
    ConfigurationCustomizer mybatisConfigurationCustomizer() {
        return new ConfigurationCustomizer() {
            @Override
            public void customize(org.apache.ibatis.session.Configuration configuration)
            {
                // 下面即可对 Configuration 进行设置
                configuration.setCacheEnabled(true);
            }
        };
    }
}
```

在上面 ConfigurationCustomizer Bean 的 customize()方法中，开发者可按自己的想法对 Configuration 进行设置，一切由自己做主。

5.4.4 扩展 MyBatis

如果需要对 MyBatis 进行扩展，比如为它增加拦截器、类型处理器、脚本语言驱动、数据库 Id 提供者，只要在 Spring 容器中部署这些扩展 Bean 即可，MyBatis 为整合 Spring Boot 提供的 starter 可以自动检测容器中实现了如下接口的 Bean，并将它们注册为 MyBatis 扩展组件。

- Interceptor：检测并注册为 MyBatis 的拦截器。
- TypeHandler：检测并注册为 MyBatis 的类型处理器。
- LanguageDriver：检测并注册为 MyBatis 的脚本语言驱动。
- DatabaseIdProvider：检测并注册为 MyBatis 的数据库 Id 提供者。

因此，开发者只要提供 Interceptor、TypeHandler、LanguageDriver 或 DatabaseIdProvider 接口的实现类，并使用@Bean 注解将这些实现类配置成 Spring 容器中的 Bean，MyBatis 就会自动检测并注册它们，非常方便。

5.5 整合 jOOQ

还记得 Spring Data JPA 的 Specification 查询吗？其主要目的就是支持动态查询。还记得 Specification 查询那种通过方法动态组合 SQL 语句的方式吗？如果你喜欢它，那一定会爱上 jOOQ。

jOOQ（Java Object Oriented Querying，Java 面向对象查询）是来自 Data Geekery 的一款别出心裁的产品。首先需要说明一点，jOOQ 完全不是 ORM 框架，它重新回归了传统的数据库优先的设计，jOOQ 会根据底层数据库来生成大量 Java 代码，然后就能利用 jOOQ 的流式 API 构建类型安全的 SQL 语句。

从作者的角度来看，jOOQ 确实是一款非常独特且极具魅力的产品，虽然目前在国内似乎还未流行起来，但它完全具备成为一款现象级产品的潜力：虽然 jOOQ 不是 ORM 框架，但其别出心裁的设计，再加上生成代码的加持，使得它在简便性上不输给任何 ORM 框架；同时，它提供的流式 API 又能构建灵活且强大的 SQL 语句。

简而言之，jOOQ 是一款非常优秀的产品——既简洁易用，又高度灵活。

5.5.1 生成代码

正如前面所介绍的，jOOQ 回归了数据库优先的设计，在使用 jOOQ 之前需要先有数据库，本例所使用的数据库脚本和 5.2 节例子的数据库脚本相同，因此本例底层的数据库中也有如图 5.6 所示的数据表及数据。

接下来就利用 jOOQ 根据数据库来生成 Java 代码，jOOQ 提供了自己的代码生成器。

使用 jOOQ 生成代码最简单的方式只要 3 步。

① 准备 Java 包：包括 jOOQ 的 3 个 JAR 包及其依赖包（jooq-3.13.6.jar、jooq-meta-3.13.6.jar、jooq-codegen-3.13.6.jar、reactive-streams-1.0.3.jar）和数据库驱动包。

用户可登录 https://mvnrepository.com 网站搜索、下载这些 JAR 包。

② 准备一份配置文件，该配置文件用于指定数据库连接信息（毕竟要根据数据库来生成 Java 代码）及代码生成信息。例如，添加如下 springboot.xml 配置文件。

程序清单：codes\05\5.5\springboot.xml

```
<?xml version="1.0" encoding="UTF-8" standalone="yes"?>
<configuration xmlns="http://www.jooq.org/xsd/jooq-codegen-3.13.0.xsd">
    <!-- 配置数据库连接信息 -->
    <jdbc>
```

```xml
            <driver>com.mysql.cj.jdbc.Driver</driver>
            <url>jdbc:mysql://localhost:3306/springboot?serverTimezone=UTC</url>
            <user>root</user>
            <password>32147</password>
        </jdbc>
        <generator>
            <!-- 指定代码生成器，jOOQ 支持如下两个代码生成器
                - org.jooq.codegen.JavaGenerator（默认）
                - org.jooq.codegen.ScalaGenerator -->
            <name>org.jooq.codegen.JavaGenerator</name>
            <database>
                <!-- 指定数据库类型
                此处的格式应该是 org.jooq.meta.[database].[database]Database -->
                <name>org.jooq.meta.mysql.MySQLDatabase</name>
                <!-- 指定数据库 Schema 名 -->
                <inputSchema>springboot</inputSchema>
                <!-- 指定要为哪些数据库单元生成 Java 代码，多个表达式之间用竖线隔开 -->
                <includes>.*</includes>
                <!-- 指定要排除哪些数据库单元，多个表达式之间用竖线隔开 -->
                <excludes></excludes>
            </database>
            <target>
                <!-- 指定将生成的 Java 代码放在哪个包下 -->
                <packageName>test.generated</packageName>
                <!-- 指定将生成的 Java 代码放在哪个目录下 -->
                <directory>src/main/java</directory>
            </target>
        </generator>
</configuration>
```

上面配置文件的注释信息写得很详细，读者只要复制这份配置文件，有针对性地修改数据库连接信息、数据库类型，以及生成的 Java 代码的包名和路径即可。

③ 在命令行窗口中执行如下命令：

```
java -cp jooq-3.13.6.jar;^
jooq-meta-3.13.6.jar;jooq-codegen-3.13.6.jar;^
reactive-streams-1.0.3.jar;^
jakarta.xml.bind-api-2.3.3.jar;^
mysql-connector-java-8.0.22.jar ^
org.jooq.codegen.GenerationTool springboot.xml
```

上面的命令似乎有点复杂，但如果认真学过 Java 基础知识就会发现该命令很简单，它就是使用 java 命令来执行 org.jooq.codegen.GenerationTool 类，而 springboot.xml 就是执行 java 命令时传入的参数，-cp 选项用于为 java 命令指定临时的类加载路径。

执行上面的命令，即可看到在当前路径的 src/main/java 目录下生成大量 Java 代码，其实不太需要理会这些 Java 代码，更不需要修改它们。

虽然可以使用上面的方式来生成 Java 代码，但每次都启动命令行窗口，再输入上面这段命令也够麻烦的，因此在实际开发中往往还是直接使用 Maven 插件来生成 Java 代码。

下面通过例子来示范 Spring Boot 整合 jOOQ 的用法。首先创建一个 Maven 项目，然后让其 pom.xml 文件继承 spring-boot-starter-parent，并添加 spring-boot-starter-jooq.jar 依赖。本例会使用 Spring Boot 的测试支持来测试 DAO 组件，因此添加了 spring-boot-starter-test.jar 依赖。由于本例需要访问 MySQL 数据库，因此还要添加 MySQL 数据库驱动的依赖。

接下来就是修改 pom.xml 文件，添加关于 jOOQ 代码生成器插件的配置。下面是本例所使用的 pom.xml 文件的代码。

程序清单：codes\05\5.5\jooq\pom.xml
```xml
<?xml version="1.0" encoding="UTF-8"?>
<project xmlns="http://maven.apache.org/POM/4.0.0"
    xmlns:xsi="http://www.w3.org/2001/XMLSchema-instance"
     xsi:schemaLocation="http://maven.apache.org/POM/4.0.0
    http://maven.apache.org/xsd/maven-4.0.0.xsd">
    <modelVersion>4.0.0</modelVersion>
    <parent>
        <groupId>org.springframework.boot</groupId>
        <artifactId>spring-boot-starter-parent</artifactId>
        <version>2.4.2</version>
    </parent>
    <groupId>org.crazyit</groupId>
    <artifactId>jooq</artifactId>
    <version>1.0-SNAPSHOT</version>
    <name>jooq</name>
    <url>http://www.crazyit.org</url>
    <properties>
        <project.build.sourceEncoding>UTF-8</project.build.sourceEncoding>
        <java.version>11</java.version>
    </properties>
    <dependencies>
        ...
        <!-- 添加 jOOQ 代码生成器的依赖库 -->
        <dependency>
            <groupId>org.jooq</groupId>
            <artifactId>jooq-codegen-maven</artifactId>
            <version>3.14.6</version>
        </dependency>
    </dependencies>
    <build>
        <plugins>
            <plugin>
                <groupId>org.jooq</groupId>
                <artifactId>jooq-codegen-maven</artifactId>
                <executions>
                    <execution>
                        <!-- 将 jOOQ 代码生成器的 generate goal 绑定到
                        generate-sources 阶段执行，该阶段位于 build 阶段之前 -->
                        <phase>generate-sources</phase>
                        <goals>
                            <goal>generate</goal>
                        </goals>
                    </execution>
                </executions>
                <configuration>
                    <jdbc>
                        <driver>com.mysql.cj.jdbc.Driver</driver>
                        <url>jdbc:mysql://localhost:3306/springboot?serverTimezone=
                            UTC</url>
                        <user>root</user>
                        <password>32147</password>
                    </jdbc>
                    <generator>
                        <!-- 指定 jOOQ 的代码生成器类，它支持如下两个实现类
                        org.jooq.codegen.JavaGenerator
                        org.jooq.codegen.ScalaGenerator
                        -->
                        <name>org.jooq.codegen.JavaGenerator</name>
                        <database>
                            <!-- 指定数据库类型，其格式为
```

```xml
                                org.jooq.meta.[database].[database]Database -->
                                <name>org.jooq.meta.mysql.MySQLDatabase</name>
                                <!-- 指定数据库的 Schema -->
                                <inputSchema>springboot</inputSchema>
                                <!-- 指定要为哪些数据库单元生成 Java 类 -->
                                <includes>.*</includes>
                                <!-- 指定排除哪些数据库单元 -->
                                <excludes></excludes>
                            </database>
                            <target>
                                <!-- 指定将所生成的源文件放在哪个包下 -->
                                <packageName>org.crazyit.generated</packageName>
                                <!-- 指定将所生成的 Java 源文件放在哪个目录下 -->
                                <directory>src/main/java</directory>
                            </target>
                        </generator>
                    </configuration>
                </plugin>
                ...
            </plugins>
        </build>
    </project>
```

不难发现，这份 pom.xml 文件与前面示例中 pom.xml 文件的最大区别就在于粗体字代码部分，这段粗体字代码的配置看似比较复杂，但对于熟悉 Maven 的读者而言应该是很简单的，它的作用就是将 jOOQ 代码生成器提供的 generate goal 绑定到 Maven 生命周期的 generate-sources 阶段。

这段粗体字代码的前半部分是标准的插件定义：<plugin.../> 元素中的 <groupId.../> 和 <artifactId.../> 元素指定插件坐标，用于唯一地确定一个插件，而 <executions.../> 元素用于将插件中指定的 goal 绑定到 Maven 生命周期的指定阶段。

至于粗体字代码的 <configuration.../> 部分，它会随着插件的不同而发生改变，用于为指定插件提供对应的配置信息。不难发现，<configuration.../> 部分的信息与前面 springboot.xml 文件中的配置几乎是相同的，因此 <configuration.../> 同样用于指定数据库连接信息，以及生成 Java 代码的信息。

有了上面的 pom.xml 文件之后，接下来只要执行 Maven 生命周期的 generate-sources 阶段，即可运行 jOOQ 代码生成器插件的 generate goal。

> **提示：**
> 如果读者对 Maven 不太精通，对 Maven 生命周期、生命周期的阶段、插件、goal 这些概念感到陌生，建议先学习一下《轻量级 Java EE 企业应用实战》的 1.6 节内容。

在 IntelliJ IDEA 中运行 Maven 的 "maven generate-sources" 命令（本书 1.2 节介绍了在 IntelliJ IDEA 中运行 Maven 命令的不同方式），当该命令运行完成后，就可以在 IntelliJ IDEA 的 "Project" 面板中看到 jOOQ 生成的代码。

▶▶ 5.5.2 使用 DSLContext 操作数据库

jOOQ 的核心 API 就是 DSLContext，它提供了大量流式 API 来构建类型安全的 SQL 语句，从而操作数据库。

DSLContext 提供了大量方法来拼接 SQL 语句，下面针对不同的 SQL 语句进行简单介绍。

1. SELECT 语句

假如有如下完整的 SELECT 语句：

```
SELECT AUTHOR.FIRST_NAME, AUTHOR.LAST_NAME, COUNT(*)
```

```
  FROM AUTHOR
  JOIN BOOK ON AUTHOR.ID = BOOK.AUTHOR_ID
  WHERE BOOK.LANGUAGE = 'DE'
    AND BOOK.PUBLISHED_IN > 2008
GROUP BY AUTHOR.FIRST_NAME, AUTHOR.LAST_NAME
  HAVING COUNT(*) > 5
ORDER BY AUTHOR.LAST_NAME ASC NULLS FIRST
  LIMIT 2
  OFFSET 1
    FOR UPDATE
```

这条 SELECT 语句用 DSLContext 可写成如下形式(create 就是 DSLContext 实例):

```
create.select(AUTHOR.FIRST_NAME, AUTHOR.LAST_NAME, count())
    .from(AUTHOR)
    .join(BOOK).on(BOOK.AUTHOR_ID.eq(AUTHOR.ID))
    .where(BOOK.LANGUAGE.eq("DE"))
    .and(BOOK.PUBLISHED_IN.gt(2008))
    .groupBy(AUTHOR.FIRST_NAME, AUTHOR.LAST_NAME)
    .having(count().gt(5))
    .orderBy(AUTHOR.LAST_NAME.asc().nullsFirst())
    .limit(2)
    .offset(1)
    .forUpdate()
    .fetch();
```

这是 DSLContext 执行 SELECT 语句的完整形式。下面针对 SELECT 语句的不同子句进行简单介绍。

(1) SELECT 子句

SELECT 子句对应于 DSLContext 的 select()方法。SELECT *则对应于不带任何参数的 select()方法。

对于如下 SELECT 子句:

```
SELECT BOOK.ID, BOOK.TITLE
SELECT BOOK.ID, TRIM(BOOK.TITLE)
SELECT *
```

它们分别对应于 DSLContext 的如下代码:

```
Select<?> s1 = create.select(BOOK.ID, BOOK.TITLE);
Select<?> s2 = create.select(BOOK.ID, trim(BOOK.TITLE));
Select<?> s3 = create.select();
```

对于一些常用的投影查询,DSLContext 提供了便捷的方法。例如如下 SELECT 子句:

```
SELECT COUNT(*)
SELECT 0 -- 不绑定任何变量
SELECT 1 -- 不绑定任何变量
```

它们分别对应于 DSLContext 的如下代码:

```
Result<?> result1 = create.selectCount().fetch();
Result<?> result2 = create.selectZero().fetch();
Result<?> result3 = create.selectOne().fetch();
```

SELECT DISTINCT 子句则对应于 selectDistinct()方法。

对于如下 SELECT DISTINCT 子句:

```
SELECT DISTINCT BOOK.TITLE
```

它对应于 DSLContext 的如下代码:

```
Select<?> select1 = create.selectDistinct(BOOK.TITLE).fetch();
```

（2）FROM 子句

FROM 子句对应于 DSLContext 的 from()方法。

对于如下 SELECT...FROM 子句：

```
SELECT 1 FROM BOOK
SELECT 1 FROM BOOK, AUTHOR
SELECT 1 FROM BOOK "b", AUTHOR "a"
```

它们分别对应于 DSLContext 的如下代码：

```
create.selectOne().from(BOOK).fetch();
create.selectOne().from(BOOK, AUTHOR).fetch();
create.selectOne().from(BOOK.as("b"), AUTHOR.as("a")).fetch();
```

此外，DSLContext 还提供了一个便捷的 selectFrom()方法，它相当于 select().from()的便捷写法。例如如下 SELECT...FROM 子句：

```
SELECT * FROM BOOK
```

它对应于 DSLContext 的如下代码：

```
create.selectFrom(BOOK)
```

（3）JOIN 运算符

jOOQ 支持许多不同类型的标准或非标准的 SQL JOIN 运算符。例如：

- [INNER] JOIN：对应于 join()方法。
- LEFT [OUTER] JOIN：对应于 leftJoin()方法。
- RIGHT [OUTER] JOIN：对应于 rightJoin()方法。
- FULL OUTER JOIN：对应于 fullJoin()方法。
- LEFT SEMI JOIN：对应于 leftSemiJoin()方法。
- LEFT ANTI JOIN：对应于 leftAntiJoin()方法。
- CROSS JOIN：对应于 crossJoin()方法。
- NATURAL JOIN：对应于 naturalJoin()方法。
- NATURAL LEFT [OUTER] JOIN：对应于 naturalLeftJoin()方法。
- NATURAL RIGHT [OUTER] JOIN：对应于 naturalRightJoin()方法。

此外，jOOQ 也支持如下运算符。

- CROSS APPLY（仅对 T-SQL 和 Oracle 12c 有效）。
- OUTER APPLY（仅对 T-SQL 和 Oracle 12c 有效）。
- 横向派生（LATERAL derived）表（仅对 PostgreSQL 和 Oracle 12c 有效）。
- 分区外（partitioned outer）连接。

从上面的介绍可以看出，除 SQL 92、SQL 99 所支持的各种标准连接之外，对于所有主流数据库所支持的各种扩展连接，jOOQ 都提供了完全支持。

例如如下 JOIN...ON 语句：

```
SELECT *
FROM AUTHOR
JOIN BOOK ON BOOK.AUTHOR_ID = AUTHOR.ID
```

它对应于 DSLContext 的如下代码：

```
create.select()
   .from(AUTHOR)
   .join(BOOK).onKey()
   .fetch();
```

例如如下 JOIN...USING 语句（使用同名列作为连接条件）：

```
SELECT *
FROM AUTHOR
JOIN BOOK USING (AUTHOR_ID)
```

它对应于 DSLContext 的如下代码：

```
create.select()
    .from(AUTHOR)
    .join(BOOK).using(AUTHOR.AUTHOR_ID)
    .fetch();
```

例如如下自然连接语句：

```
SELECT *
FROM AUTHOR
NATURAL JOIN BOOK
```

它对应于 DSLContext 的如下代码：

```
create.select()
    .from(AUTHOR)
    .naturalJoin(BOOK)
    .fetch();
```

例如如下 Oracle 中的分区外连接语句：

```
SELECT *
FROM AUTHOR
LEFT OUTER JOIN BOOK
PARTITION BY (PUBLISHED_IN)
ON BOOK.AUTHOR_ID = AUTHOR.ID
```

它对应于 DSLContext 的如下代码：

```
create.select()
    .from(AUTHOR)
    .leftOuterJoin(BOOK)
    .partitionBy(BOOK.PUBLISHED_IN)
    .on(BOOK.AUTHOR_ID.eq(AUTHOR.ID))
    .fetch();
```

(4) WHERE 子句

WHERE 子句对应于 where()方法，where()方法可以接受个数可变的参数，这些参数代表了多个过滤条件，多个过滤条件是 AND 关系。

当然，DSLContext 也为多个过滤条件提供了 and()和 or()方法。

例如如下 WHERE 子句：

```
SELECT *
FROM BOOK
WHERE AUTHOR_ID = 1
AND TITLE = '疯狂Java讲义'
```

它对应于 DSLContext 的如下代码：

```
create.select()
    .from(BOOK)
    .where(BOOK.AUTHOR_ID.eq(1))
    .and(BOOK.TITLE.eq("疯狂Java讲义"))
    .fetch();
```

上面代码是直接为 where()方法传入多个过滤条件，这些过滤条件之间用 AND 连接。

也可将上面代码直接写成：

```
create.select()
    .from(BOOK)
    .where(BOOK.AUTHOR_ID.eq(1),
        BOOK.TITLE.eq("疯狂Java讲义"))
    .fetch();
```

例如如下 WHERE 子句：

```
SELECT *
FROM BOOK
WHERE AUTHOR_ID = 1
OR TITLE = '疯狂Java讲义'
```

它对应于 DSLContext 的如下代码：

```
create.select()
    .from(BOOK)
    .where(BOOK.AUTHOR_ID.eq(1))
    .or(BOOK.TITLE.eq("疯狂Java讲义")))
    .fetch();
```

(5) GROUP BY 子句

GROUP BY 子句对应于 groupBy()方法。

例如如下 GROUP BY 子句：

```
SELECT AUTHOR_ID, COUNT(*)
FROM BOOK
GROUP BY AUTHOR_ID
```

它对应于 DSLContext 的如下代码：

```
create.select(BOOK.AUTHOR_ID, count())
    .from(BOOK)
    .groupBy(BOOK.AUTHOR_ID)
    .fetch();
```

jOOQ 也支持空的 groupBy()方法，这将导致 SELECT 语句只返回一条记录。例如如下 GROUP BY 子句：

```
SELECT COUNT(*)
FROM BOOK
GROUP BY ()
```

它对应于 DSLContext 的如下代码：

```
create.selectCount()
    .from(BOOK)
    .groupBy()
    .fetch();
```

(6) HAVING 子句

HAVING 子句对应于 having()方法。

例如如下 HAVING 子句：

```
SELECT AUTHOR_ID, COUNT(*)
FROM BOOK
GROUP BY AUTHOR_ID
HAVING COUNT(*) >= 2
```

它对应于 DSLContext 的如下代码：

```
create.select(BOOK.AUTHOR_ID, count())
    .from(BOOK)
    .groupBy(AUTHOR_ID)
    .having(count().ge(2))
    .fetch();
```

如果底层数据库支持省略 GROUP BY 的 HAVING 子句（这种语法相当于带有隐式的 GROUP BY 子句），jOOQ 也为这种语法提供了支持。

例如，如下 SQL 语句仅当 BOOK 表中的记录超过 4 条时才会选出一条记录。

```
SELECT COUNT(*)
FROM BOOK
HAVING COUNT(*) >= 4
```

它对应于 **DSLContext** 的如下代码：

```
create.select(count(*))
    .from(BOOK)
    .having(count().ge(4))
    .fetch();
```

（7）ORDER BY 子句

ORDER BY 子句对应于 orderBy()方法，orderBy()方法能接受个数可变的参数，这里的每一个参数分别代表一个排序列。

例如如下 ORDER BY 子句：

```
SELECT AUTHOR_ID, TITLE
FROM BOOK
ORDER BY AUTHOR_ID ASC, TITLE DESC
```

它对应于 **DSLContext** 的如下代码：

```
create.select(BOOK.AUTHOR_ID, BOOK.TITLE)
    .from(BOOK)
    .orderBy(BOOK.AUTHOR_ID.asc(), BOOK.TITLE.desc())
    .fetch();
```

有些数据库允许在 ORDER BY 子句中通过列索引来指定 SELECT 子句中的列，其中 1 代表 SELECT 子句中的第 1 列，2 代表 SELECT 子句中的第 2 列……依此类推。而 **DSLContext** 也为这种语法提供了支持。

例如如下 ORDER BY 子句：

```
SELECT AUTHOR_ID, TITLE
FROM BOOK
ORDER BY 1 ASC, 2 DESC
```

上面的 ORDER BY 子句就相当于"ORDER BY AUTHOR_ID ASC, TITLE DESC"的简化写法，它对应于 **DSLContext** 的如下代码：

```
create.select(BOOK.AUTHOR_ID, BOOK.TITLE)
    .from(BOOK)
    .orderBy(one().asc(), inline(2).desc())
    .fetch();
```

有些数据库支持在 ORDER BY 子句中指定对 null 值排序——指定将 null 值排在前面或后面。

例如如下 ORDER BY 子句：

```
SELECT
    AUTHOR.FIRST_NAME, AUTHOR.LAST_NAME
FROM AUTHOR
ORDER BY LAST_NAME ASC,
    FIRST_NAME ASC NULLS LAST
```

它对应于 **DSLContext** 的如下代码：

```
create.select(AUTHOR.FIRST_NAME,
        AUTHOR.LAST_NAME)
    .from(AUTHOR)
```

```
    .orderBy(AUTHOR.LAST_NAME.asc(),
        AUTHOR.FIRST_NAME.asc().nullsLast())
    .fetch();
```

（8）LIMIT...OFFSET 子句

LIMIT...OFFSET 子句用于对查询结果进行分页。虽然直到 SQL 2008 标准时，LIMIT...OFFSET 还未变成 SQL 标准的一部分，但它实际上已经成为事实标准。虽然早期版本的 MySQL 支持的是 "limit n, m" 的写法，但新版的 MySQL 改为推荐使用 "limit m offset n"，因为后者的可读性更好。

LIMIT...OFFSET 子句对应于 limit()、offset()方法。例如如下 LIMIT...OFFSET 子句：

```
SELECT *
FROM BOOK
LIMIT 2 OFFSET 4
```

它对应于 DSLContext 的如下代码：

```
create.select().from(BOOK).limit(2).offset(4).fetch();
```

此外需要说明的是，DSLContext 的 limit()、offset()方法是高层次的抽象，当上面的 DSLContext 代码被转换成不同数据库的 SQL 方言时，它会被自动翻译成对应数据库所支持的分页语句。例如上面的 DSLContext 的分页代码，转换到不同的数据库对应的分页语句为：

```
--对于 MySQL、H2、HSQLDB、PostgreSQL 和 SQLite 数据库
SELECT * FROM BOOK LIMIT 2 OFFSET 4
-- 对于 Derby、SQL Server 2012、Oracle 12c、SQL 2008 标准
SELECT * FROM BOOK OFFSET 4 ROWS FETCH NEXT 2 ROWS ONLY
-- 对于 Informix 数据库
SELECT SKIP 4 FIRST 2 * FROM BOOK
-- 对于 Ingres 数据库（大致相当于 SQL 2008 标准）
SELECT * FROM BOOK OFFSET 4 FETCH FIRST 2 ROWS ONLY
-- 对于 Firebird 数据库
SELECT * FROM BOOK ROWS 4 TO 6
-- 对于 Sybase SQL Anywhere 数据库
SELECT TOP 2 START AT 5 * FROM BOOK
-- 对于 DB2 数据库（大致相当于 SQL 2008 标准，但没有 OFFSET）
SELECT * FROM BOOK FETCH FIRST 2 ROWS ONLY
-- 对于 Sybase ASE、SQL Server 2008 数据库（没有 OFFSET）
SELECT TOP 2 * FROM BOOK
```

2. INSERT INTO 语句

INSERT INTO...VALUES 语句对应于 insertInto()、values()方法。例如如下 INSERT INTO 语句：

```
INSERT INTO AUTHOR
    (ID, FIRST_NAME, LAST_NAME)
VALUES (100, 'Yeeku', 'Lee');
```

它对应于 DSLContext 的如下代码：

```
create.insertInto(AUTHOR,
        AUTHOR.ID, AUTHOR.FIRST_NAME, AUTHOR.LAST_NAME)
    .values(100, "Yeeku", "Lee")
    .execute();
```

如果底层数据库允许使用 INSERT INTO...VALUES 语句插入多条记录，DSLContext 自然也支持这种语法。例如如下 INSERT INTO 语句：

```
INSERT INTO AUTHOR
    (ID, FIRST_NAME, LAST_NAME)
VALUES
    (100, 'Yeeku', 'Lee'),
```

```
(101, '李刚', '李');
```

它对应于 DSLContext 的如下代码：

```
create.insertInto(AUTHOR,
    AUTHOR.ID, AUTHOR.FIRST_NAME, AUTHOR.LAST_NAME)
    .values(100, "Yeeku", "Lee")
    .values(101, "李刚", "李")
    .execute()
```

幸运的是，即使底层数据库不支持使用 INSERT INTO...VALUES 语句插入多条记录，但只要底层数据库支持 INSERT...SELECT 语句，上面的 DSLContext 代码在被转换成不同数据库的 SQL 方言时，它也会被自动翻译成对应数据库所支持的 INSERT 语句。例如上面的 DSLContext 代码，它也能被自动转换为如下插入语句：

```
INSERT INTO AUTHOR
    (ID, FIRST_NAME, LAST_NAME)
SELECT 100, 'Yeeku', 'Lee' FROM DUAL UNION ALL
SELECT 101, '李刚', '李' FROM DUAL;
```

3. UPDATE 语句

UPDATE 语句对应于 update()方法，UPDATE 语句中的 SET 子句则对应于 set()方法。
例如如下 UPDATE 语句：

```
UPDATE AUTHOR
    SET FIRST_NAME = 'Yeeku',
        LAST_NAME = 'Lee'
WHERE ID = 3;
```

它对应于 DSLContext 的如下代码：

```
create.update(AUTHOR)
    .set(AUTHOR.FIRST_NAME, "Yeeku")
    .set(AUTHOR.LAST_NAME, "Lee")
    .where(AUTHOR.ID.eq(3))
    .execute();
```

大部分数据库都允许在 UPDATE 语句的 SET 子句中使用标量子查询（返回单行、单列的子查询），DSLContext 自然也为这种用法提供了支持。例如如下 UPDATE 语句：

```
UPDATE AUTHOR
    SET FIRST_NAME = (
        SELECT FIRST_NAME
        FROM PERSON
        WHERE PERSON.ID = AUTHOR.ID
    ),
WHERE ID = 3;
```

它对应于 DSLContext 的如下代码：

```
create.update(AUTHOR)
    .set(AUTHOR.FIRST_NAME,
        select(PERSON.FIRST_NAME)
            .from(PERSON)
            .where(PERSON.ID.eq(AUTHOR.ID))
    )
    .where(AUTHOR.ID.eq(3))
    .execute();
```

如果底层数据库支持在 UPDATE 语句的 SET 子句中使用 row 表达式，DSLContext 自然也能为此提供支持。例如如下 UPDATE 语句：

```
UPDATE AUTHOR
```

```
    SET (FIRST_NAME, LAST_NAME) =
        ('Yeeku', 'Lee')
WHERE ID = 3;
```

它对应于 DSLContext 的如下代码：

```
create.update(AUTHOR)
    .set(row(AUTHOR.FIRST_NAME, AUTHOR.LAST_NAME),
        row("Yeeku", "Lee"))
    .where(AUTHOR.ID.eq(3))
    .execute();
```

这种语法对于在 UPDATE 语句的 SET 子句中使用 SELECT 语句很有用（此处的 SELECT 语句能返回单行、多列数据）。例如如下 UPDATE 语句：

```
UPDATE AUTHOR
    SET (FIRST_NAME, LAST_NAME) = (
        SELECT PERSON.FIRST_NAME, PERSON.LAST_NAME
        FROM PERSON
        WHERE PERSON.ID = AUTHOR.ID)
WHERE ID = 3;
```

它对应于 DSLContext 的如下代码：

```
create.update(AUTHOR)
    .set(row(AUTHOR.FIRST_NAME, AUTHOR.LAST_NAME),
        select(PERSON.FIRST_NAME, PERSON.LAST_NAME)
        .from(PERSON)
        .where(PERSON.ID.eq(AUTHOR.ID))
    )
    .where(AUTHOR.ID.eq(3))
    .execute();
```

4. DELETE 语句

DELETE 语句对应于 delete()方法。

例如如下 DELETE 语句：

```
DELETE AUTHOR
WHERE ID = 100;
```

它对应于 DSLContext 的如下代码：

```
create.delete(AUTHOR)
    .where(AUTHOR.ID.eq(100))
    .execute();
```

在掌握了 DSLContext 的基本用法之后，就大致能应付日常开发的大部分场景了。由于本书的重点是介绍 Spring Boot，而不是 jOOQ，因此本节未能详尽地介绍 jOOQ 的完整功能。jOOQ 的功能真是太强大了：只有你想不到的，没有它做不到的，它几乎能支持所有主流数据库的各种奇奇怪怪的 SQL 优化的写法，其详细用法可参考 https://www.jooq.org/doc/3.14/manual-single-page 页面。

可见，使用 jOOQ 的关键就是 DSLContext。当 jOOQ 不整合 Spring Boot、独立使用时，程序需要自己获取 DSLContext；而当 jOOQ 整合了 Spring Boot 之后呢？可能有人已经猜到了，Spring Boot 会自动配置 DSLContext，并且可以将它注入任何组件（主要还是 DAO 组件），这样该组件即可利用 DSL 来操作数据库了。

下面是本例的 UserDao 组件的接口代码。

程序清单：codes\05\5.5\jooq\src\main\java\org\crazyit\app\dao\UserDao.java

```
public interface UserDao
{
```

```
    int save(UserInfRecord user);

    int updateById(String name, String password, Integer id);

    List<UserInfRecord> findByNameAndPassword(String name, String password);

    List<UserInfRecord> findByAgeBetween(int startAge, int endAge);

    List<String> findNameByAgeGreatThan(int startAge);

    List<Record2<String, String>> findNamePasswordByAgeLessThan(int endAge);
}
```

在上面 UserDao 的方法声明中用到了 UserInfRecord 类和 Record2 类,其中 UserInfRecord 是 jOOQ 针对底层数据库生成的 Java 类,它对应于 user_inf 表的一行记录,简单来说,它就相当于 MyBatis、Spring Data JDBC 中的数据类,但此处的数据类不需要开发者编写,而是由 jOOQ 的代码生成器自动生成;Record2 则是 jOOQ 提供的一个工具类,用于封装包含 2 列的一行记录,jOOQ 还提供了 Record3、Record4、…、Record22,用于封装包含 3 列、4 列、…、22 列的一行记录。

接下来为 UserDao 接口提供实现类,该实现类调用 DSLContext 实现操作数据库、实现 UserDao 中定义的数据访问方法。下面是 UserDao 实现类的代码。

程序清单:codes\05\5.5\jooq\src\main\java\org\crazyit\app\dao\impl\UserDaoImpl.java

```java
@Repository
public class UserDaoImpl implements UserDao
{
    // 在 jOOQ 官方文档中使用 create 保存 DSLContext,这里也这么做
    private DSLContext create;
    @Autowired
    public UserDaoImpl(DSLContext dslContext)
    {
        this.create = dslContext;
    }
    @Override
    public int save(UserInfRecord user)
    {
        // 执行 INSERT INTO 语句
        return this.create.insertInto(Tables.USER_INF)
            .values(null, user.getName(),
                user.getPassword(), user.getAge())
            .execute();
    }
    @Override
    public int updateById(String name, String password, Integer id)
    {
        // 执行 UPDATE 语句
        return this.create.update(Tables.USER_INF)
            .set(Tables.USER_INF.NAME, name)
            .set(Tables.USER_INF.PASSWORD, password)
            .where(Tables.USER_INF.USER_ID.eq(id))
            .execute();
    }
    @Override
    public List<UserInfRecord> findByNameAndPassword(String name, String password)
    {
        // 执行 SELECT...FROM 语句
        return this.create.selectFrom(Tables.USER_INF)
            // 有多少个条件,直接在 where 方法中列出来即可
            .where(Tables.USER_INF.NAME.equal(name),
                Tables.USER_INF.PASSWORD.equal(password))
```

```java
            // fetch 默认抓取整个对象
            .fetch();
    }
    @Override
    public List<UserInfRecord> findByAgeBetween(int startAge, int endAge)
    {
        // 执行 SELECT...FROM 语句
        return this.create.selectFrom(Tables.USER_INF)
            // 用 where 方法添加 where 条件
            .where(Tables.USER_INF.AGE.between(startAge).and(endAge))
            .fetch();
    }
    @Override
    public List<String> findNameByAgeGreatThan(int startAge)
    {
        // 执行 SELECT...FROM 语句
        return this.create.selectFrom(Tables.USER_INF)
            // 有多少个条件，直接在 where 方法中列出来即可
            .where(Tables.USER_INF.AGE.gt(startAge))
            // 只抓取指定的属性
            .fetch(Tables.USER_INF.NAME);
    }
    @Override
    public List<Record2<String, String>> findNamePasswordByAgeLessThan(int endAge)
    {
        // 执行 SELECT...FROM 语句
        return this.create.select(Tables.USER_INF.NAME,
            Tables.USER_INF.PASSWORD)
            .from(Tables.USER_INF)
            // 有多少个条件，直接在 where 方法中列出来即可
            .where(Tables.USER_INF.AGE.lt(endAge))
            // 只抓取指定的属性
            .fetch();
    }
}
```

留意观察上面 DSLContext 调用方法时传入的参数，当它要引用 user_inf 表时，并不是直接写"user_inf"字符串，而是用 Tables.USER_INF，此处的 Tables 就是 jOOQ 代码生成器所生成的一个类，它代表了当前数据库中所有表的集合——当前数据库中每一个表都是 Tables 类的一个成员变量，因此程序通过 Tables.USER_INF 来引用 user_inf 表。

通过 Tables.USER_INF 来引用 user_inf 表，这样就避免了 SQL 出错的可能，这就是 jOOQ 的主要特色之一：安全的 SQL。类似地，当程序要引用 user_inf 表的 name 列时，则通过 Tables.USER_INF.NAME，而且这种形式的数据列提供了大量方法来对应各种 SQL 运算符，如上面代码中的 gt() 方法对应于">"运算符，lt() 方法对应于"<"运算符，between()、and() 方法对应于 between...and 运算符——还是那句话：只有你想不到的，没有 jOOQ 做不到的，所有主流数据库的各种奇奇怪怪的运算符、各种类型的数据列都提供了对应的方法。

下面是 UserDao 组件的测试用例。

程序清单：codes\05\5.5\jooq\src\test\java\org\crazyit\app\dao\UserDaoTest.java

```java
@SpringBootTest(webEnvironment = SpringBootTest.WebEnvironment.NONE)
public class UserDaoTest
{
    @Autowired
    private UserDao userDao;

    @ParameterizedTest
```

```
    @CsvSource({"fkjava, fkjava123, 23", "crazyit, crazyit23, 24"})
    public void testSave(String name, String password, int age)
    {
        var user = new UserInfRecord(null, name, password, age);
        System.out.println("插入的记录条数: " + userDao.save(user));
    }
    @ParameterizedTest
    @CsvSource({"foo, foo123, 1", "bar, bar123, 2"})
    public void testUpdateById(String name, String password, Integer id)
    {
        System.out.println("更新的记录条数: " +
                userDao.updateById(name, password, id));
    }
    @ParameterizedTest
    @CsvSource({"猪八戒, zhu123", "白鼠精, bai1234"})
    public void testFindByNameAndPassword(String name, String password)
    {
        userDao.findByNameAndPassword(name, password)
                .forEach(System.out::println);
    }
    @ParameterizedTest
    @CsvSource({"18, 20", "22, 25"})
    public void testFindByAgeBetween(int startAge, int endAge)
    {
        userDao.findByAgeBetween(startAge, endAge)
                .forEach(System.out::println);
    }
    @ParameterizedTest
    @ValueSource(ints = {500, 600})
    public void testFindNameByAgeGreatThan(int startAge)
    {
        userDao.findNameByAgeGreatThan(startAge)
                .forEach(System.out::println);
    }
    @ParameterizedTest
    @ValueSource(ints = {20, 22})
    public void testFindNamePasswordByAgeLessThan(int endAge)
    {
        userDao.findNamePasswordByAgeLessThan(endAge)
                .forEach(System.out::println);
    }
}
```

上面的测试用例对 UserDao 的各方法进行了测试。

运行 testSave()测试方法，它对 UserDao 的 save()方法进行了测试，运行完成后，可以看到底层 user_inf 表中多出 2 条记录，如图 5.8 所示。

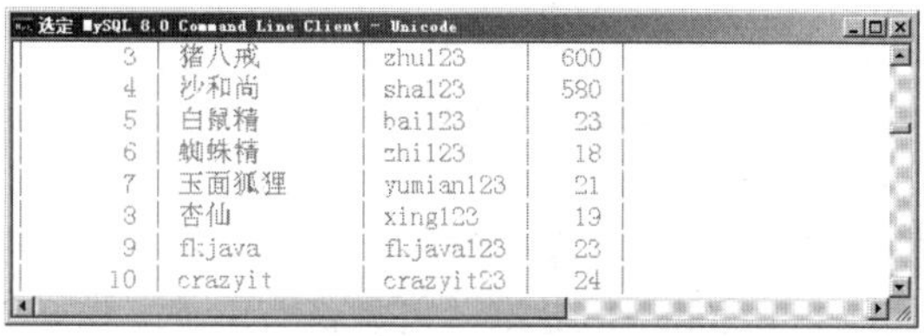

3	猪八戒	zhu123	600
4	沙和尚	sha123	580
5	白鼠精	bai123	23
6	蜘蛛精	zhi123	18
7	玉面狐狸	yumian123	21
8	杏仙	xing123	19
9	fkjava	fkjava123	23
10	crazyit	crazyit23	24

图 5.8 测试 save()方法

运行 testUpdateById()测试方法，它对 UserDao 的 updateById()方法进行了测试，运行完成后，可以看到前 2 条记录的 name、password 列被成功修改。

运行 testFindByNameAndPassword()测试方法，它对 UserDao 的 findByNameAndPassword()方法进行了测试，当传入第 1 个参数时，可以看到如图 5.9 所示的查询结果。

图 5.9 所示的效果看上去有点奇怪，似乎这是 MySQL 命令行的效果，但实际上不是，请看 findByNameAndPassword()方法的返回值：List<UserInfRecord>，这意味着该效果只是 UserInfRecord 对象的输出效果——该输出效果由它的 toString()方法控制，而这个 toString()方法由 jOOQ 代码生成器负责生成。

运行 testFindByAgeBetween()和 testFindNameByAgeGreatThan()测试方法，它们分别用于测试 findByAgeBetween()和 findNameByAgeGreatThan()方法，它们的返回值也是 List<UserInfRecord>，因此这两个方法的运行效果与 findByNameAndPassword()方法类似，此处不再赘述。

运行 testFindNamePasswordByAgeLessThan()测试方法，它测试的方法的返回值是 List<Record2<String, String>>，当传入第 1 个参数时，可以看到如图 5.10 所示的查询结果。

图 5.9 查询结果

图 5.10 查询返回 Record2

图 5.10 所示的效果依然类似于 MySQL 命令行的效果，这其实是 Record2 类的 toString()方法的输出效果。

▶▶ 5.5.3　jOOQ 高级配置

如果要对 jOOQ 进行高级配置，则可通过@Bean 注解修饰实现了如下 jOOQ 接口的类。

- ConnectionProvider
- ExecutorProvider
- TransactionProvider
- RecordMapperProvider
- RecordUnmapperProvider
- Settings
- RecordListenerProvider
- ExecuteListenerProvider
- VisitListenerProvider
- TransactionListenerProvider

只要这些 Bean 被部署在 Spring 容器中，Spring Boot 就会自动应用它们来创建、配置 jOOQ 的 Configuration。

此外，如果想完全控制 jOOQ 的创建、配置过程，还可以直接在 Spring 容器中配置一个 jOOQ 的 Configuration Bean，该 Configuration Bean 将会完全取代 Spring Boot 自动配置的 Configuration，这样就取得了对 jOOQ Configuration 全部的控制权。

📁 5.6　整合 R2DBC

R2DBC 是 Reactive Relational Database Connectivity 的缩写，中文翻译为"反应式关系数据库连

接"——看上去似乎很复杂。但相信你对 JDBC 一定很熟悉，而 R2DBC 就是 JDBC 的反应式版本。

提示：

回头去看看图 5.2，Spring Data 的 Repository 提供了两个子接口：CrudRepository 和 ReactiveCrudRepository，不少 NoSQL 数据库都提供了反应式 API 的驱动（或客户端），但传统的 JDBC 并不支持反应式 API，而 R2DBC 出现了，其实它就是 JDBC 的反应式版本，从这个角度来看，可以把 R2DBC 理解为 RJDBC，这样是不是更容易理解？

传统 JDBC 的数据库访问是同步的、阻塞式的，在高并发场景下，程序必须为每次数据库访问都启动单独的线程；而 R2DBC 的数据库访问则是异步的、非阻塞式的，因此它能以少量线程来处理高并发请求的场景。

▶▶ 5.6.1 使用 DatabaseClient

Spring Data 为 JDBC 提供了 Spring Data JDBC 项目，为 R2DBC 则提供了 Spring Data R2DBC 项目。如果说 R2DBC 是 JDBC 的反应式版本，那么 Spring Data R2DBC 就是 Spring Data JDBC 的反应式版本。

Spring 为支持 JDBC 提供了 Spring JDBC 模块，为支持 R2DBC 则提供了 Spring R2DBC 模块（下载早期版本的 Spring 看不到该模块，要下载 Spring 5.3 及更新版本才能看到该模块）——spring-r2dbc-x.x.x.jar。在以前的版本中，Spring R2DBC 的功能被放在 Spring Data R2DBC 中，从 Spring 5.3 开始，Spring R2DBC 从 Spring Data R2DBC 中分离出来，变成了 Spring 框架的一个子模块。

早期 DatabaseClient 是 Spring Data R2DBC 提供的核心 API，它及其内部类提供了大量的流式 API 来拼接 SQL 语句，例如通过 select()方法模拟 SQL 语句的 SELECT 子句、通过 from()方法模拟 SQL 语句的 FROM 子句、通过 orderBy()方法模拟 SQL 语句的 ORDER BY 子句、通过 matching()方法模拟 WHERE 子句……这种做法是不是很眼熟？

没错，这种做法和 jOOQ 很相似，但问题在于：jOOQ 会根据数据库生成很多 Java 代码，jOOQ 的 select()、from()、orderBy()等方法的参数都是 jOOQ 根据数据库生成的对象，这样可保证通过这种方式写出来的 SQL 语句一定是类型安全的，但 DatabaseClient 的 select()、from()、orderBy()等方法的参数居然是 String 类型，这哪有什么好处？

提示：

总有程序员感叹，技术越学越多，但作者想告诉他们，那只是因为学得还不够多。学得足够多之后，就会发现各种技术之间的相似性，就像这里的 DatabaseClient 和 jOOQ 一样。

可能 Spring 官方也发现 DatabaseClient 的这套 select()、from()、orderBy()等做法似乎并不明智，因此从 Spring Data R2DBC 1.2 版本开始，Spring Data R2DBC 将原有的 DatabaseClient 标记为过时，而是推荐使用 Spring R2DBC 的 DatabaseClient——新设计的 DatabaseClient 直接使用 sql()方法来接收 String 类型的 sql 参数，这样更加简单、粗暴。

R2DBC 整合 Spring Boot 之后，Spring Boot 的主要功能是什么？当然是自动配置了，Spring Boot 会自动在容器中配置一个 DatabaseClient 对象，并可将它注入其他组件（比如 DAO 组件），其他组件即可调用 DatabaseClient 的方法来操作数据库，下一节会通过例子来介绍 DatabaseClient 的用法。

▶▶ 5.6.2 使用 R2DBC 的 Repository

既然已经知道了 Spring Data JDBC 和 Spring Data R2DBC 的关系，那么参照 Spring Data JDBC 的功能，也能猜到 Spring Data R2DBC 的功能。借助 ReactiveCrudRepository、ReactiveSortingRepository 的支持，当然 Spring Data R2DBC 也能帮助开发者自动生成 DAO 组件实现类。

Spring Data R2DBC 大致包括如下几方面功能。

- ➢ DAO 接口只需继承 ReactiveCrudRepository 或 ReactiveSortingRepository，Spring Data R2DBC 能为 DAO 组件提供实现类。
- ➢ Spring Data R2DBC 支持方法名关键字查询，类似于 Spring Data JDBC。
- ➢ Spring Data R2DBC 支持使用@Query 注解定义查询语句。
- ➢ Spring Data R2DBC 同样支持 DAO 组件添加自定义的查询方法——通过添加额外的接口，并为额外的接口提供实现类，Spring Data R2DBC 就能将该实现类中的方法"移植"到 DAO 组件中。

再次强调，Spring Data R2DBC 就相当于 Spring Data JDBC 的反应式版本，因此继承 R2DBC 的 ReactiveRepository 生成的 DAO 组件，它们的方法返回值应该是 Mono 或 Flux。

与 Spring Data JDBC 类似，Spring Data R2DBC 也采用了同名映射策略，同样也支持@Table 和@Column 两个注解。

在理解了 Spring Data R2DBC 的设计之后，接下来通过示例来介绍 Spring Data R2DBC 的功能和用法。首先创建一个 Maven 项目，然后让其 pom.xml 文件继承 spring-boot-starter-parent，并添加 spring-boot-starter-data-r2dbc.jar 依赖。R2DBC 最好能结合 Spring WebFlux 使用，因此需要添加 spring-boot-starter-web.jar 依赖。由于本例需要访问 MySQL 数据库，因此还要添加 MySQL 的 R2DBC 驱动的依赖，具体可以参考本例的 pom.xml 文件。

本例所使用的数据库脚本和 5.2 节例子的数据库脚本相同，因此本例底层的数据库中也包含了如图 5.6 所示的数据表及数据。

本例会示范使用@Table 注解来指定数据类映射的表名，使用@Column 注解来指定数据类的属性映射的列名，因此本例直接定义 User 类。下面是本例的 User 类的代码。

程序清单：codes\05\5.6\r2dbc\src\main\java\org\crazyit\app\domain\User.java

```
@Table("user_inf")
public class User
{
    @Id
    @Column("user_id")
    private Integer id;
    private String name;
    // 指定 password 属性使用 setter、getter 方法访问，
    // 其他属性直接通过 Field 访问
    @AccessType(AccessType.Type.PROPERTY)
    private  String password;
    private int age;
    public User(){}
    @PersistenceConstructor
    public User(String name, String password, int age)
    {
        this.name = name;
        this.password = password;
        this.age = age;
    }
```

```
    // 省略getter、setter和toString()方法
    ...
}
```

该User类使用了@Table("user_inf")修饰,表明该数据类映射的表名为user_inf;User类中的id成员变量使用了@Column("user_id")修饰,表明它映射的列名为user_id。

该User类使用了@Id注解修饰id成员变量,这意味id将作为User的标识属性;程序还使用了@AccessType注解修饰password成员变量,该注解指定Spring Data R2DBC使用getter、setter方法来访问该属性。

该User类还使用了@PersistenceConstructor注解修饰其中一个构造器,这样Spring Data就会使用该构造器来创建数据类的对象。

接下来定义UserDao组件,同样只需要定义UserDao接口,Spring Data R2DBC就会为它动态地生成实现类。下面是UserDao接口的代码。

程序清单:codes\05\5.6\r2dbc\src\main\java\org\crazyit\app\dao\UserDao.java

```java
public interface UserDao extends ReactiveCrudRepository<User, Integer>,
    UserDaoCustom
{
    // 下面几个方法都是方法名关键字查询方法
    Flux<User> findByName(String name);

    Flux<User> findByPasswordLike(String passPattern);

    Flux<User> findByAgeBetween(int start, int end);

    Flux<User> findByNameContainsAndPasswordStartsWith(String subName, String passPrefix);

    // 方法名关键字删除
    Mono<Integer> deleteByNameLike(String namePattern);

    // 通过@Query注解指定查询语句
    @Query("select * from user_inf where name like :namePattern and age > :minAge")
    Flux<User> findBySql(String namePattern, int minAge);

    @Query("update user_inf set name = :name where user_id = :id")
    @Modifying     // 增加@Modifying注解表明该方法会修改数据
    Mono<Integer> updateNameById(String name, Integer id);
}
```

上面的UserDao同时示范了方法名关键字查询,使用@Query注解指定查询语句,使用@Modifying注解修饰要修改数据的方法。

由于本例的DAO组件是反应式的,因此它继承的是ReactiveCrudRepository,而且这些数据操作方法的返回值类型都是Mono或Flux。

此外,上面的UserDao还继承了UserDaoCustom接口,通过继承该接口可以为UserDao添加自定义的查询方法。

下面是UserDaoCustom接口的代码。

程序清单:codes\05\5.6\r2dbc\src\main\java\org\crazyit\app\dao\UserDaoCustom.java

```java
public interface UserDaoCustom
{
    Flux<User> customQuery1(int startAge, int endAge);

    Flux<User> customQuery2(int startAge, String passPattern);
}
```

该 UserDaoCustom 接口中定义了两个自定义的查询方法，Spring Data R2DBC 会将实现类中的这两个方法的实现体"移植"到 UserDao 组件中。

接下来的实现类要实现上面两个方法，此处就可借助前面介绍的 DatabaseClient 来操作数据库了——Spring Boot 可将容器中自动配置的 DatabaseClient 注入 DAO 组件，这就是 R2DBC 整合 Spring Boot 的好处。

下面是 UserDaoCustom 实现类的代码。

程序清单：codes\05\5.6\r2dbc\src\main\java\org\crazyit\app\dao\UserDaoCustomImpl.java

```java
public class UserDaoCustomImpl implements UserDaoCustom
{
    @Autowired
    private DatabaseClient dbClient;

    private Function<Row, User> mappingFunc = row -> {
        var user = new User(row.get("name", String.class),
            row.get("password", String.class),
            row.get("age", Integer.class));
        user.setId(row.get("user_id", Integer.class));
        return user;
    };
    @Override
    public Flux<User> customQuery1(int startAge, int endAge)
    {
        return dbClient.sql("select * from user_inf where age between :0 and :1" )
            .bind(0, startAge)
            .bind(1, endAge)
            .map(mappingFunc)
            .all();
    }
    @Override
    public Flux<User> customQuery2(int startAge, String passPattern)
    {
        return dbClient.sql("select * from user_inf where age > :0 " +
            " and password like :1" )
            .bind(0, startAge)
            .bind(1, passPattern)
            .map(mappingFunc)
            .all();
    }
}
```

上面两个自定义的查询方法都是通过 DatabaseClient 来实现的，该 DatabaseClient 直接调用 sql() 方法指定要执行的 SQL 语句，再调用 bind() 方法为 SQL 语句中的占位符绑定参数。

在为 DatabaseClient 提供要执行的 SQL 语句，并为 SQL 语句中的占位符绑定参数之后，接下来调用 map() 方法将查询出的每行记录映射成 Java 对象。该执行结果是一个 RowsFetchSpec<R> 对象，因此还需要调用如下方法来取出数据。

➢ first()：取出执行结果中的第一行数据。
➢ one()：取出执行结果中的唯一一行数据。如果执行结果中包含多行数据，将会引发异常。
➢ all()：取出执行结果中的所有行数据。

在实际应用开发中，接下来应该是开发 Service 组件——让 Service 组件充当多个 DAO 组件的门面，并根据业务逻辑需要依次调用多个 DAO 组件的方法来实现业务功能，再将 Service 组件注入 Controller，Controller 调用 Service 的方法来处理请求。

但本例只有一个 DAO 组件，而且本例只是测试 DAO 组件的功能，因此这里直接开发一个

Controller,并将 DAO 组件注入 Controller。

提示:
本例没有采用测试用例的方式来测试 R2DBC 的 UserDao 组件,这是因为 R2DBC 本来就是背压式的异步 API。如果直接用测试用例来调用 UserDao 的方法,则需要使用 block()将其转为同步执行的方式,这样就体现不出 R2DBC 的异步特性了。

下面是本例的 Controller 组件的代码。

程序清单:codes\05\5.6\r2dbc\src\main\java\org\crazyit\app\controller\UserController.java

```java
@RestController
@RequestMapping("/user")
public class UserController
{
    @Autowired
    private UserDao userDao;

    @PostMapping
    public Mono<User> testSave(User user)
    {
        return userDao.save(user);
    }
    @GetMapping("/name={name}")
    public Flux<User> testFindByName(@PathVariable String name)
    {
        return userDao.findByName(name);
    }
    @GetMapping("/passPattern={passPattern}")
    public Flux<User> testFindByPasswordLike(@PathVariable String passPattern)
    {
        return userDao.findByPasswordLike(passPattern);
    }
    @GetMapping("/start={start}/end={end}")
    public Flux<User> testFindByAgeBetween(@PathVariable int start,
        @PathVariable int end)
    {
        return userDao.findByAgeBetween(start, end);
    }
    @GetMapping("/subName={subName}/passPrefix={passPrefix}")
    public Flux<User> testFindByNameContainsAndPasswordStartsWith(
        @PathVariable String subName, @PathVariable String passPrefix)
    {
        return userDao.findByNameContainsAndPasswordStartsWith(
            subName, passPrefix);
    }
    @DeleteMapping("/namePattern={namePattern}")
    public Mono<Integer> testDeleteByNameLike(@PathVariable String namePattern)
    {
        return userDao.deleteByNameLike(namePattern);
    }
    @GetMapping("/namePattern={namePattern}/minAge={minAge}")
    public Flux<User> testFindBySql(@PathVariable String namePattern,
        @PathVariable int minAge)
    {
        return userDao.findBySql(namePattern, minAge);
    }
    @PutMapping("/{id}/name={name}")
    @Transactional
    public Mono<Integer> testUpdateNameById(@PathVariable Integer id,
```

```
            @PathVariable String name)
    {
        return userDao.updateNameById(name, id);
    }
    @GetMapping("/startAge={startAge}/endAge={endAge}")
    public Flux<User> testCustomQuery1(@PathVariable int startAge,
            @PathVariable int endAge)
    {
        return userDao.customQuery1(startAge, endAge);
    }
    @GetMapping("/startAge={startAge}/passPattern={passPattern}")
    public Flux<User> testCustomQuery2(@PathVariable int startAge,
            @PathVariable String passPattern)
    {
        return userDao.customQuery2(startAge, passPattern);
    }
}
```

上面的testSave()方法测试了UserDao的save()方法，这个方法来自它继承的ReactiveCrudRepository接口；接下来的testFindByName()、testFindByPasswordLike()、testFindByAgeBetween()、testFindByNameContainsAndPasswordStartsWith()、testDeleteByNameLike()方法测试的是UserDao中的方法名关键字查询方法；再接下来的testFindBySql()、testUpdateNameById()这两个方法测试了@Query定义查询语句的方法；最后的testCustomQuery1()、testCustomQuery2()方法测试的是自定义的查询方法。

在命令行窗口中使用curl命令进行测试，输入如下命令来调用上面的testSave()方法，将会看到如下输出：

```
    curl -H "Content-Type: application/json" -X POST -d @user.json
http://localhost:8080/user
    {"id":9,"name":"fkjava","password":"fkjava123","age":9}
```

上面命令需要在执行命令的当前目录下有一个user.json文件，并在该文件内定义了一个JSON格式的User对象。

上面命令的运行结果显示已经成功向底层数据表中添加了一条记录，打开底层数据表也可以看到如图5.11所示的数据。

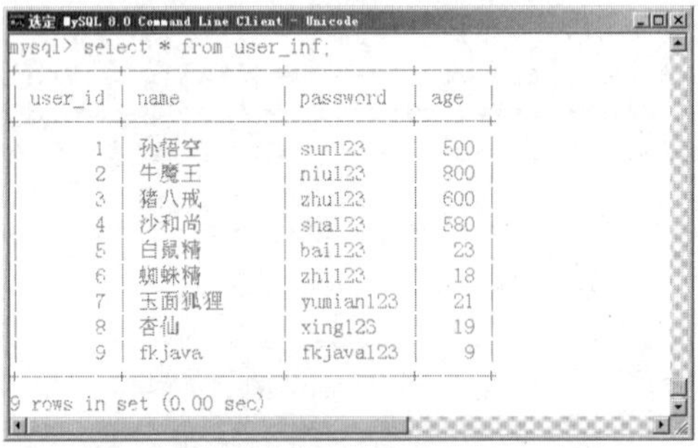
选定 MySQL 8.0 Command Line Client - Unicode

mysql> select * from user_inf;

user_id	name	password	age
1	孙悟空	sun123	500
2	牛魔王	niu123	800
3	猪八戒	zhu123	600
4	沙和尚	sha123	580
5	白鼠精	bai123	23
6	蜘蛛精	zhi123	18
7	玉面狐狸	yumian123	21
8	杏仙	xing123	19
9	fkjava	fkjava123	9

9 rows in set (0.00 sec)

图5.11　使用R2DBC添加数据

运行如下命令来调用上面的testFindByName()方法，可以看到如下输出：

```
    curl http://localhost:8080/user/name=%E8%9C%98%E8%9B%9B%E7%B2%BE
    [{"id":6,"name":"蜘蛛精","password":"zhi123","age":18}]
```

上面命令中的“%E8%9C%98%E8%9B%9B%E7%B2%BE”是“蜘蛛精”三个汉字的URL编码形式，可通过URLEncoder.encode("蜘蛛精", "UTF-8")为任意汉字生成这种编码。

运行如下命令来调用上面的testFindByPasswordLike()方法，可以看到如下输出：

```
curl http://localhost:8080/user/passPattern=xing%25
[{"id":8,"name":"杏仙","password":"xing123","age":19}]
```

上面命令中的"%25"是百分号（%）的 URL 编码形式，相当于上面输入的查询参数就是"xing%"，所以可以查询出所有 password 以"xing"开头的 User 对象。

接下来的测试方法与此类似，读者可自行通过 curl 命令来测试它们。

现在运行如下命令来调用 testDeleteByNameLike()方法，可以看到如下输出：

```
curl -X DELETE http://localhost:8080/user/namePattern=%E8%9C%98%E8%9B%9B%25
1
```

上面命令中的 namePattern 参数值为"蜘蛛%"，因此该命令会删除数据表中 name 以"蜘蛛"开头的记录。上面命令的运行结果显示删除了一条记录，查询数据库中 user_inf 表的记录，也会发现"蜘蛛精"那条记录被删除了。

接下来的 testFindBySql()和 testUpdateNameById()方法都是测试@Query 定义查询语句的方法，其中 testUpdateNameById()测试 updateNameById()修改数据，因此在程序中使用了@Transactional 注解修饰该测试方法，用于添加事务。

运行如下命令来调用 testUpdateNameById()方法，可以看到如下输出：

```
curl -X PUT http://localhost:8080/user/1/name=crazyit
1
```

上面命令将会修改 user_inf 表中 id 为 1 的记录，将其 name 列改为"crayzit"。上面命令的运行结果显示更新了一条记录，查询数据库中 user_inf 表的记录，也会发现 id 为 1 的那条记录的 name 列被成功修改。

最后的 testCustomQuery1()和 testCustomQuery2()方法测试的是自定义的查询方法，以 testCustomQuery1()方法为例，运行如下命令来调用 testCustomQuery1()方法，可以看到如下输出：

```
curl http://localhost:8080/user/startAge=18/endAge=21
[{"id":7,"name":"玉面狐狸","password":"yumian123","age":21},
{"id":8,"name":"杏仙","password":"xing123","age":19}]
```

从上面的运行结果可以看到，程序返回了所有年龄位于 18 和 21 之间的 User 对象。

5.7 使用 JTA 管理分布式事务

前面讲数据源配置时已经介绍了 Spring Boot 的多数据源配置，而多数据源应用使用局部事务控制显然并不合适，必须使用 JTA 全局事务才能保证多数据源的整体一致性。

JTA（Java Transaction API）提供了事务划分的标准接口，尤其是当应用程序的运行需要依赖多个数据库时，应用程序就需要使用 JTA 将多个事务操作包含成一个全局事务。

▶▶ 5.7.1 理解 JTA 分布式事务

当一个业务操作涉及多个数据库时，这就可称为分布式事务处理。实现分布式事务处理的关键是采用一种手段，保证事务涉及的所有数据库的全部动作要么全部生效，要么全部回滚。为了协调多个事务性资源的分布式事务处理，多个事务性资源底层必须使用一种通用的事务协议，目前流行的分布式事务处理规范就是 XA 规范。

X/Open 组织（即现在的 Open Group）定义了分布式事务处理（DTP）模型。X/Open DTP（1994）模型包括应用程序（AP）、事务管理器（TM）、资源管理器（RM）、通信资源管理器（CRM）四部分。一般来说，常见的事务管理器就是事务中间件，常见的资源管理器就是数据库，常见的通信资源管理器是消息中间件（JMS）。

通常来说，应用程序会将单个数据库内部的多个 DML 操作组成一个局部事务，因为无须跨越多个事务性资源，所以直接使用底层数据库的事务支持就足够了；如果应用程序的数据库访问涉及对多个数据库的修改，那么就会面临分布式事务处理——分布式事务处理的对象是全局事务，通过全局事务才可以保证多个数据库之间的一致性。

X/Open 组织为分布式事务制定了事务中间件与数据库之间的接口规范，这种规范就是 XA 规范。事务中间件用它来通知数据库事务的开始、提交或回滚等。

X/Open 组织仅仅制定了分布式事务处理的 XA 规范，而具体的实现则由不同的数据库厂商自行提供；对于大部分主流的商业及开源数据库，如 Oracle、SQL Server、MySQL、PostgreSQL 等，现在都提供了支持 XA 规范的驱动。

XA 规范的理论基础就是两阶段提交（Two Phase Commit，简称 2PC）协议，该协议定义了单个事务管理器如何协调和管理一个或多个数据库的局部事务，该协议大致可分为如下 5 个步骤。

① 应用程序面向事务管理器编程，应用程序调用事务管理器的提交方法。

② 事务管理器通知参与全局事务的每个数据库，告诉它们准备开始提交事务——第一阶段从现在开始。

③ 参与全局事务的各个数据库进行局部事务的预提交。

④ 事务管理器收集各个数据库预提交的结果。

⑤ 第二阶段开始，事务管理器收集所有参与全局事务的各个数据库预提交的结果之后，做出相应的判断：如果所有数据库的局部事务预提交的结果都成功了，事务管理器将向每个数据库发送进行实际提交的命令；如果任意一个数据库的局部事务预提交的结果失败了，事务管理器将向每个数据库发送进行回滚的命令，让所有数据库退回修改之前的状态。

对于单个数据库的局部事务预提交的过程，我们进一步进行解释：当某一数据库收到预提交要求后，如果可以提交属于自己的事务分支，则将自己在该事务分支中所做的操作记录下来，并给事务中间件一个同意提交的应答，此时数据库将不能再向该事务分支中加入任何操作，但此时数据库并没有真正提交该事务，底层数据库对共享资源的操作还未释放（处于上锁状态）。如果由于某种原因数据库无法提交属于自己的事务分支，它将回滚自己的所有操作，释放对共享资源的锁，并返回给事务中间件一个失败的应答。

XA 规范对应用来说，最大的好处在于事务的完整性由事务中间件和数据库来控制，而应用程序只需要关注业务逻辑的实现，无须过多关心事务的完整性，从而大大简化了应用程序开发的难度。

具体来说，如果没有事务中间件，应用系统需要在程序内部以编程的方式来通知底层多个数据库事务的开始、提交或回滚，当出现异常情况时必须由专门的程序对数据库进行反向操作才能完成回滚。对于包含多个事务分支的全局事务，回滚时情况将变得异常复杂。但加入事务管理器之后，全局事务的提交是由事务中间件负责的，应用程序只需要通知事务中间件提交或回滚事务，就可以控制整个事务（底层可能涉及多个数据库）的全部提交或回滚，它完全不用理会这些复杂的控制。

与局部事务不同，JTA 全局事务必须有相应的事务管理器实现，早期 JTA 全局事务往往需要由应用服务器（如 WebLogic、JBoss 等）提供支持，现在也有一些开源的 JTA 事务管理器实现，如 Atomikos、Bitronix 和 JOTM 等。目前 Spring Boot 主要支持的是 Atomikos 和 Bitronix，但 Bitronix 已经被标记为过时，未来将会被删除，因此本书将以 Atomikos 为例来介绍 JTA 事务的用法。

需要说明的是，得益于 Spring Boot 的自动配置：Spring Boot 会自动在容器中配置 id 为 transactionManager 的全局事务管理器，因此底层用哪种 JTA 事务实现，Spring Boot 应用上层的差别并不大。

5.7.2 使用 Atomikos 管理 MyBatis 多数据源应用

Spring Boot 为整合 Atomikos 提供了 spring-boot-starter-jta-atomikos.jar 包,只要为应用添加该依赖 JAR 包,Spring Boot 就会配置 Atomikos 的全局事务管理器,并按顺序保证合适的依赖注入。

在默认情况下,Atomikos 的事务日志将被保存在应用主目录下的 transaction-logs 目录中,如果希望指定自定义的日志目录,则可在 application.properties 文件中指定 spring.jta.log-dir 属性。

如果希望对 Atomikos UserTransactionServiceImp 进行配置,则可通过"spring.jta.atomikos.properties"前缀的属性进行配置,这些配置都由 AtomikosProperties 负责读取并处理。

通常建议为 Atomikos 显式指定唯一的 ID,这是因为只有为每个 Atomikos 实例都配置唯一的 ID,才能保证安全地协调同一个资源管理器。在默认情况下,Atomikos 实例以当前计算机 IP 地址作为 ID。当然,也可通过以下属性为 Atomikos 实例指定 ID。

- ➢ spring.jta.transaction-manager-id
- ➢ spring.jta.atomikos.properties.transaction-manager-unique-name

下面通过示例来介绍使用 Atomikos 全局事务管理多数据源应用,本例先从国内流行的 MyBatis 开始介绍。首先创建一个 Maven 项目,然后让其 pom.xml 文件继承 spring-boot-starter-parent,并添加 spring-boot-starter-jta-atomikos 依赖和 mybatis-spring-boot-starter 依赖。本例会使用 Spring Boot 的测试支持来测试 DAO 组件,因此添加了 spring-boot-starter-test.jar 依赖。由于本例需要访问 MySQL、PostgreSQL 数据库,因此还要添加 MySQL、PostgreSQL 数据库驱动的依赖,具体可以参考本例的 pom.xml 文件。

本例所使用的 MySQL 数据库的脚本和 5.2 节例子的数据库脚本相同,因此本例底层的 MySQL 数据库中包含了如图 5.6 所示的数据表及数据。

本例所使用的 PostgreSQL 数据库的脚本如下。

程序清单:codes\05\5.7\atomikos_mybatis\src\postgresql.sql

```
drop database if exists springboot;
create database springboot;
-- 切换数据库
\c springboot;
-- 创建数据表
create table news_inf
(
 news_id serial primary key,
 news_title varchar(255) not null,
 news_content varchar(255)
);
insert into news_inf (news_title, news_content)
values ('11', '1111111111111');
insert into news_inf (news_title, news_content)
values ('22', '2222222222222');
insert into news_inf (news_title, news_content)
values ('33', '3333333333333');
insert into news_inf (news_title, news_content)
values ('44', '4444444444444');
insert into news_inf (news_title, news_content)
values ('55', '5555555555555');
insert into news_inf (news_title, news_content)
values ('66', '6666666666666');
insert into news_inf (news_title, news_content)
values ('77', '7777777777777');
```

上面的数据库脚本就是在 PostgreSQL 数据库中创建了一个名为"springboot"的数据库,并在其中创建了一个 news_inf 表，该表中包含如图 5.12 所示的数据。

图 5.12　news_inf 表中的数据

接下来为 user_inf 表（MySQL 数据库中的表）和 news_inf 表（PostgreSQL 数据库中的表）开发对应的数据类。

下面是 user_inf 表对应的 User 类。

程序清单：codes\05\5.7\atomikos_mybatis\src\main\java\org\crazyit\app\domain\user\User.java

```java
public class User
{
    private Integer id;
    private String name;
    private String password;
    private int age;
    public User() {}
    public User(String name, String password, int age)
    {
        this.name = name;
        this.password = password;
        this.age = age;
    }
    // 省略 getter、setter 方法和 toString() 方法
    ...
}
```

下面是 news_inf 表对应的 News 类。

程序清单：codes\05\5.7\atomikos_mybatis\src\main\java\org\crazyit\app\domain\user\News.java

```java
public class News
{
    private Integer id;
    private String title;
    private String content;
    public News() {}
    public News(String title, String content)
    {
        this.title = title;
        this.content = content;
    }
    // 省略 getter、setter 方法和 toString() 方法
    ...
}
```

User 和 News 这两个类本身并没有太大的区别，它们与单数据源的 MyBatis 应用中的数据类的区别也不大，只不过此处将它们放在不同的包下，以便程序区分。

接下来为 User 类和 News 类定义 DAO 组件：本例采用 MyBatis 的 Mapper 组件充当 DAO 组件，因此只要定义 Mapper 接口即可，Spring Boot 会为它动态地生成实现类。

下面是 UserMapper 接口的代码。

程序清单：codes\05\5.7\atomikos_mybatis\src\main\java\org\crazyit\app\dao\user\UserMapper.java

```java
@Mapper
public interface UserMapper
{
    @Insert("insert into user_inf values(null, #{name}, #{password}, #{age})")
    Integer save(User user);

    @Update("update user_inf set name = #{name} where user_id = #{id}")
    Integer updateNameById(String name, Integer id);
}
```

下面是 NewsMapper 接口的代码。

程序清单：codes\05\5.7\atomikos_mybatis\src\main\java\org\crazyit\app\dao\news\NewsMapper.java

```java
@Mapper
public interface NewsMapper
{
    @Insert("insert into news_inf(news_title, news_content)" +
        " values(#{title}, #{content})")
    Integer save(News user);

    @Update("update news_inf set news_title = #{title} where news_id = #{id}")
    Integer updateTitleById(String title, Integer id);
}
```

类似地，这两个 Mapper 接口与单数据源的 Mapper 接口并没有什么不同，只不过这里将它们分别放在不同的包中而已——请注意，这里将不同数据源的 Mapper 组件放在不同的包中，这样做是为了方便不同的数据源采用不同的 Mapper 扫描策略。

接下来开始为应用配置两个数据源。首先在 application.properties 文件中定义两个数据源的连接信息，下面是该文件的代码。

程序清单：codes\05\5.7\atomikos_mybatis\src\main\resources\application.properties

```properties
# 配置第 1 个数据源的连接信息
spring.datasource.first.url=jdbc:mysql://localhost:3306/springboot?serverTimezone=UTC
spring.datasource.first.user=root
spring.datasource.first.password=32147
# 配置第 2 个数据源的连接信息
spring.datasource.second.url=jdbc:postgresql://localhost:5432/springboot
spring.datasource.second.user=postgres
spring.datasource.second.password=32147
# 为 Mapper 组件指定日志级别为 DEBUG，用于输出 Mapper 组件执行的 SQL 语句
logging.level.org.crazyit.app.dao=debug
# =====================================================
# 指定 Atomikos 的唯一标识
spring.jta.transaction-manager-id=fkjava001
# 指定 Atomikos 日志的目录
spring.jta.atomikos.properties.log-base-dir=f:/logs
```

上面配置信息的前面部分配置了两个数据源的连接信息，其中第 1 个数据源连接的是 MySQL，第 2 个数据源连接的是 PostgreSQL。

上面配置信息的后面部分指定了 JTA 事务管理器（也就是 Atomikos 实例）的唯一 ID，并指定了 Atomikos 日志的保存目录。

由于本例需要配置两个数据源，因此 Spring Boot 的自动配置是指望不上了，于是为应用添加如下配置类来配置两个数据源。

程序清单：codes\05\5.7\atomikos_mybatis\src\main\java\org\crazyit\app\config\DataSourcesConfig.java

```java
@Configuration
public class DataSourcesConfig
{
    @Bean
    // 通过@ConfigurationProperties注解控制该Bean调用对应的setter方法
    @ConfigurationProperties(prefix = "spring.datasource.first")
    public XADataSource initFirstDatasource()
    {
        return new MysqlXADataSource();
    }
    @Bean(name = "firstDataSource")
    @Primary
    public DataSource firstDataSource()
    {
        System.out.println("创建第1个数据源");
        var xaDataSource = new AtomikosDataSourceBean();
        xaDataSource.setXaDataSource(initFirstDatasource());
        xaDataSource.setUniqueResourceName("mysqlDataSource");
        xaDataSource.setPoolSize(5);
        return xaDataSource;
    }

    @Bean
    // 通过@ConfigurationProperties注解控制该Bean调用对应的setter方法
    @ConfigurationProperties(prefix = "spring.datasource.second")
    public XADataSource initSecondDatasource()
    {
        return new PGXADataSource();
    }
    @Bean(name = "secondDataSource")
    public DataSource secondDataSource()
    {
        System.out.println("创建第2个数据源");
        var xaDataSource = new AtomikosDataSourceBean();
        xaDataSource.setXaDataSource(initSecondDatasource());
        xaDataSource.setUniqueResourceName("pgsqlDataSource");
        xaDataSource.setPoolSize(5);
        return xaDataSource;
    }
}
```

上面程序一共配置了4个数据源，这是因为Atomikos全局事务管理器所要求的数据源不能是传统的DataSource，必须是XADataSource才行。因此上面先分别创建了MysqlXADataSource（MySQL提供的XADataSource实现类）和PGXADataSource（PostgreSQL提供的XADataSource实现类）两个Bean，再用AtomikosDataSourceBean对这两个数据源进行了包装。

由于Atomikos全局事务管理器所要求的数据源必须是AtomikosDataSourceBean，因此应用实际所使用的数据源应该是两个AtomikosDataSourceBean Bean，而不是MysqlXADataSource和PGXADataSource。

接下来就是SqlSessionFactory配置和Mapper组件的扫描处理了——在Spring Boot整合单数据源的MyBatis时，Spring Boot的自动配置可以大派用场，Spring Boot会自动配置SqlSessionFactory，并自动扫描所有带@Mapper注解的Mapper接口。

在连接多数据源之后，Spring Boot还能自动配置吗？答案是否定的，原因是：

➢ Spring Boot的自动配置只会配置一个SqlSessionFactory，它怎么包装两个数据源呢？

➢ Spring Boot的自动配置扫描Mapper组件时，它如何区分不同的Mapper组件使用不同的

SqlSessionFactory 呢？

因此，在连接多数据源之后要处理的事情无非两件：

➢ 为不同的数据源配置 SqlSessionFactory，并为之注入对应的数据源。

➢ 为不同的 SqlSessionFactory 应用不同的 Mapper 扫描策略。

下面先看针对第 1 个数据源（连接 MySQL 数据库）的处理，为应用增加如下配置类。

**程序清单：codes\05\5.7\atomikos_mybatis\src\main\java\org\crazyit\app\config\
UserSqlSessionFactoryConfig.java**

```java
@Configuration
@MapperScan(basePackages = "org.crazyit.app.dao.user",
    sqlSessionFactoryRef = "sqlSessionFactory")
public class UserSqlSessionFactoryConfig
{
    @Autowired // 默认注入有@Primary注解修饰的 DataSource Bean
    private DataSource firstDataSource;

    @Bean
    public SqlSessionFactory sqlSessionFactory() throws Exception
    {
        var factoryBean = new SqlSessionFactoryBean();
        factoryBean.setDataSource(firstDataSource);
        // 如有需要，可调用 factoryBean 的 setMapperLocations 来设置 XML Mapper 的路径
        return factoryBean.getObject();
    }
}
```

上面程序中配置了一个 SqlSessionFactory Bean，且指定将容器中的 firstDataSource 注入该 SqlSessionFactory——这就完成了上面所说的第 1 件事情。

再看上面的@MapperScan 注解——一旦在应用中使用该注解，Spring Boot 关于 Mapper 扫描的自动配置就会失效，该注解指定了扫描的包路径是"org.crazyit.app.dao.user"，注意该包路径是 UserMapper 所在的位置，这就意味着该扫描策略仅扫描 org.crazyit.app.dao.user 包下的 Mapper 组件；该注解还指定了 sqlSessionFactoryRef = "sqlSessionFactory"，这就说明对 UserMapper 生成实现类时注入 sqlSessionFactory Bean——这个 SqlSessionFactory 底层封装的正是连接 MySQL 数据库的数据源，其中包含了 user_inf 表。这就完成了上面所说的第 2 件事情。

针对第 2 个数据源（连接 PostgreSQL 数据库）的处理与此类似，为应用再增加如下配置类。

**程序清单：codes\05\5.7\atomikos_mybatis\src\main\java\org\crazyit\app\config\
NewsSqlSessionFactoryConfig.java**

```java
@Configuration
@MapperScan(basePackages = "org.crazyit.app.dao.news",
    sqlSessionFactoryRef = "sqlSessionFactory2")
public class NewsSqlSessionFactoryConfig
{
    @Autowired
    @Qualifier("secondDataSource")
    private DataSource secondDataSource;

    @Bean
    public SqlSessionFactory sqlSessionFactory2() throws Exception
    {
        SqlSessionFactoryBean factoryBean = new SqlSessionFactoryBean();
        factoryBean.setDataSource(secondDataSource);
        // 如有需要，可调用 factoryBean 的 setMapperLocations 来设置 XML Mapper 的路径
```

```
            return factoryBean.getObject();
    }
}
```

上面的@MapperScan注解指定了basePackages = "org.crazyit.app.dao.news"，这意味着它只扫描org.crazyit.app.dao.news包下的Mapper组件——NewsMapper组件位于该包下；sqlSessionFactoryRef = "sqlSessionFactory2"则指定对 NewsMapper 生成实现类时注入 sqlSessionFactory2 Bean——这个SqlSessionFactory底层封装的正是连接PostgreSQL数据库的数据源，其中包含了news_inf表。

这里有一点需要提醒大家：还记得前面介绍的Spring Boot整合单数据源的MyBatis应用的例子吗？Spring Boot的自动配置除了会在容器中自动配置SqlSessionFactory（在手动配置了该Bean后，Spring Boot的自动配置就失效了），还会自动配置一个SqlSessionTemplate，而这个自动配置的SqlSessionTemplate需要依赖注入SqlSessionFactory。为了避免Spring Boot自动配置SqlSessionTemplate出错，可采用如下3种处理方式（任选其一即可）。

➢ 将多个SqlSessionFactory Bean的其中之一用@Primary注解修饰，Spring Boot自动配置SqlSessionTemplate时自动注入该SqlSessionFactory。
➢ 将多个SqlSessionFactory Bean的其中之一的id指定为sqlSessionFactory，Spring Boot自动配置SqlSessionTemplate时自动注入该SqlSessionFactory。本例采用的是这种方式。

> **提示：**
> 可通过@Bean注解的name或value属性为Bean指定id，如果没有为@Bean注解指定name或value属性，定义该Bean的方法名将作为它的默认id。

➢ 在 Spring 容器中显式配置 SqlSessionTemplate，这样 Spring Boot 就不会自动配置SqlSessionTemplate了。如果应用程序想直接使用SqlSession操作数据库，这种方式比较合适。

通过上面的讲解不难发现，Spring Boot的自动配置虽然方便、易用，但它也存在着一些局限性——当应用程序的默认环境发生了改变时（比如要整合多个数据源，或者要整合Spring Boot本身不能自动配置的框架），Spring Boot的自动配置就指望不上了，需要开发者手动配置各种资源，比如本例中所使用的@MapperScan注解，它就是MyBatis提供的注解，一旦用上了该注解，Spring Boot为Mapper组件提供的自动配置就失效了。

此外，Spring Boot的自动配置有一条基本规则（不排除存在个别特例）：Spring Boot的自动配置会在容器中自动配置一个特定类型的Bean，但在手动配置了该类型的Bean之后，Spring Boot将不再自动配置该类型的Bean。

Spring Boot整合MyBatis连接多数据源的关键就在于"取消自动配置"：
➢ 取消使用Spring Boot自动配置的数据源，改为使用自定义配置的多个数据源。
➢ 取消使用 Spring Boot 自动配置的 SqlSessionFactory，改为使用自定义配置的多个SqlSessionFactory，并注入对应的数据源。
➢ 取消使用Spring Boot自动配置的Mapper扫描策略，改为使用多个@MapperScan注解显式指定自己的扫描策略，从而为不同的Mapper组件注入不同的SqlSessionFactory。

有了上面这些Mapper组件之后，接下来开发的Service组件与单数据源的Service组件没有任何区别。下面是本例所使用的Service组件的接口代码。

程序清单：codes\05\5.7\atomikos_mybatis\src\main\java\org\crazyit\app\service\AppService.java
```
public interface AppService
{
    void saveUserAndNews();
```

```
    void updateUserAndNews();
}
```
Service 组件实现类的代码如下。

程序清单：codes\05\5.7\atomikos_mybatis\src\main\java\org\crazyit\app\service\impl\AppServiceImpl.java

```
@Service
public class AppServiceImpl implements org.crazyit.app.service.AppService
{
    private UserMapper userMapper;
    private NewsMapper newsMapper;
    @Autowired
    public AppServiceImpl(UserMapper userMapper, NewsMapper newsMapper)
    {
        this.userMapper = userMapper;
        this.newsMapper = newsMapper;
    }
    // 全局事务，自动注入容器中 Primary 的 JTA 全局事务管理器
    @Transactional
    @Override
    public void saveUserAndNews()
    {
        var user = new User("fkjava", "fkjava123", 21);
        userMapper.save(user);
        var news = new News("Spring Boot 终极讲义",
            "关于 Spring Boot 的终极之书，精通本书整合的各种技术后，你就是 Java 大神");
        newsMapper.save(news);
    }
    // 全局事务，自动注入容器中 Primary 的 JTA 全局事务管理器
    @Transactional
    @Override
    public void updateUserAndNews()
    {
        System.out.println(newsMapper.updateTitleById("Spring Boot 新书上市", 2));
        // 下面代码将引发异常
        System.out.println(userMapper.updateNameById(null, 2));
    }
}
```

Java 应用都应该在 Service 层进行事务控制，而本例的全局事务更应该在 Service 层进行控制——全局事务可以保证多个数据库的整体一致性，程序对多个数据库的修改要么全部提交，要么全部回滚。

该 Service 组件的事务控制好像特别简单是不是？只要为 Service 组件的方法添加 @Transactional 注解即可，这就实现了全局事务吗？这和 Atomikos 有关系吗？

答案是肯定的，在 Service 组件中似乎感觉不到 Atomikos 的存在，这正是它的优势所在——记得本节开头所讲的吗？不管 Spring Boot 整合哪种全局事务管理器实现，区别其实并不大；甚至不管是用全局事务还是局部事务，开发者要做的无非就是在需要事务控制的方法（通常是 Service 方法）上添加@Transactional 注解即可。

那 Atomikos 到底是怎么对上面 AppService 的方法起作用的呢？别忘了 Spring Boot 的自动配置，在创建项目时我们在 pom.xml 文件中添加了 spring-boot-starter-jta-atomikos.jar 依赖，这个 Starter 会在容器中自动配置一个 JTA 全局事务管理器，该事务管理器底层封装 Atomikos。

在 AppService 组件的方法上添加@Transactional 注解时，该注解有一个 transactionManager 属性，用于指定它所依赖的事务管理器 id，该属性的默认值就是 transactionManager，而 Spring Boot 为 Atomikos 自动配置的全局事务管理器的 id 也是 transactionManager，通过这种看似 "巧合" 的设

计（其实是 Spring Boot 故意的），只要在目标组件（通常是 Service 组件）的方法上添加@Transactional 注解即可为它增加事务控制。

> **提示：**
> 如果应用没有连接多个数据源、没有使用全局事务管理器，Spring Boot 则会自动配置一个局部事务管理器，该局部事务管理器的 id 同样是 transactionManager。总之，Spring Boot 自动配置的事务管理器的 id 总是 transactionManager，就是为了与 @Transactional 的 transactionManager 的默认属性值匹配，从而完成依赖注入。

由此可见，如果手动在 Spring 容器中配置了事务管理器（记住：一旦配置了自定义的事务管理器，Spring Boot 的自动配置就失效了），且该事务管理器的 id 不是 transactionManager，也没有使用@Primary 修饰该事务管理器，那么在使用@Transactional 注解时就必须指定 transactionManager 属性——这样才能显式指定它底层所使用的事务管理器。

在使用@Transactional 注解时，除了可指定 transactionManager 属性，还可指定如下属性。

- propagation：指定事务传播行为，默认值是 Propagation.REQUIRED。
- isolation：指定事务的隔离级别，默认值是 Isolation.DEFAULT。
- timeout：指定事务的超时时长，默认值是-1，代表永不超时。
- readOnly：指定事务是否为只读事务，只读事务只能读取数据，不能修改。其默认值为 false。
- rollbackFor：显式指定对哪些异常强制回滚事务，Spring 默认只对 RuntimeException 或 Error 及其子类回滚事务，如果希望对某些特定的 Checked 异常也回滚事务，则可通过该属性来指定，该属性支持使用数组指定多个异常。
- rollbackForClassName：其作用类似于 rollbackFor，只不过该属性用于指定类名的字符串形式。
- noRollbackFor：显式指定对哪些异常强制不回滚事务，Spring 默认对 RuntimeException 或 Error 及其子类回滚事务，如果希望对某些特定的运行时异常不回滚事务，则可通过该属性来指定，该属性支持使用数组指定多个异常。
- noRollbackForClassName：其作用类似于 noRollbackFor，只不过该属性用于指定类名的字符串形式。

剩下的就是为 Service 组件定义测试用例，该测试用例的代码如下。

程序清单：codes\05\5.7\atomikos_mybatis\src\test\java\org\crazyit\app\service\AppServiceTest.java

```
@SpringBootTest(webEnvironment = SpringBootTest.WebEnvironment.NONE)
public class AppServiceTest
{
    @Autowired
    private AppService appService;
    @Autowired          // 获取Spring容器
    private ApplicationContext ctx;
    @Test
    public void testSaveUserAndNews()
    {
        appService.saveUserAndNews();
    }
    @Test
    public void testUpdateUserAndNews()
    {
        System.out.println("==" + ctx.getBeansOfType(TransactionManager.class));
        appService.updateUserAndNews();
    }
}
```

上面的测试用例测试了 AppService 的 saveUserAndNews()和 updateUserAndNews()方法，其中 saveUserAndNews()方法两次调用的 DAO 方法都可以成功执行，因此在运行 testSaveUserAndNews() 方法时，将会看到 user_inf 表（MySQL 数据库中的表）和 news_inf 表（PostgreSQL 数据库中的表）中各多出一条记录。

但 updateUserAndNews()方法不同，它第 2 次调用的 DAO 方法尝试将 user_inf 表中 user_id 为 2 的记录的 name 修改为 null——先对底层 user_inf 表的 name 列增加非空约束——因此该修改会导致异常，从而引起全局事务回滚，newsMapper 调用 updateTitleById()方法所做的修改也会回滚。运行该方法，将会看到如下输出：

```
=={transactionManager=org.springframework.transaction.jta.JtaTransactionManager
@14d1737a}
...
    java.sql.SQLIntegrityConstraintViolationException: Column 'name' cannot be null
```

上面的第一行输出了 Spring 容器中所有类型为 TransactionManager 的 Bean，从这行输出可以看到，当前容器中仅有 Spring Boot 自动配置的 JtaTransactionManager（全局事务管理器，包装了 Atomikos 事务管理器），且其 id 为 transactionManager，这和前面的讲解是完全一致的。

接下来查看 PostgreSQL 数据库中 news_inf 表的记录，就会发现该表的记录依然保持不变，这就是全局事务的效果。

有一点需要说明，如果在运行该示例时看到如下异常：

```
Caused by: org.postgresql.util.PSQLException: ERROR: prepared transactions are disabled
  建议: Set max_prepared_transactions to a nonzero value.
```

该异常说明底层 PostgreSQL 数据库没有开启事务的预提交特性（JTA 全局事务采用两阶段提交，需要预提交特性的支持），因此需要启用 PostgreSQL 的预提交特性才行。

找到 PostgreSQL 数据目录（默认为 PostgreSQL 安装目录下的 data 目录）下的 postgresql.conf 文件，找到其中的 "max_prepared_transactions" 配置行，删除该行前面的 "#" 符号（取消注释），并将该配置改为一个非零值，然后重启 PostgreSQL 进程即可启用 PostgreSQL 的预提交特性。

▶▶ 5.7.3 使用 Atomikos 管理 Spring Data JPA 多数据源应用

在真正理解了使用 Atomikos 管理 MyBatis 多数据源应用之后，再来使用 Atomikos 管理其他持久化技术（包括 JPA、JDBC、R2DBC 等）的多数据源应用，就应该能做到举一反三、融会贯通，毕竟管理多数据源应用的处理规则只有一条：取消自动配置，改为手动配置。

下面介绍使用 Atomikos 管理 Spring Data JPA 多数据源应用。通过这两个例子的示范，读者应该完全能掌握使用 Atomikos 管理 Spring Data JDBC 多数据源应用，使用 Atomikos 管理 Spring Data R2DBC 多数据源应用，等等。

首先创建一个 Maven 项目，然后让其 pom.xml 文件继承 spring-boot-starter-parent，并添加 spring-boot-starter-jta-atomikos 依赖和 spring-boot-starter-data-jpa 依赖。本例会使用 Spring Boot 的测试支持来测试 DAO 组件，因此添加了 spring-boot-starter-test.jar 依赖。由于本例需要访问 MySQL、PostgreSQL 数据库，因此还要添加 MySQL、PostgreSQL 数据库驱动的依赖，具体可以参考本例的 pom.xml 文件。

本例所使用的数据库脚本和上一节例子的数据库脚本完全相同，因此本例底层的 MySQL 数据库中包含了如图 5.6 所示的数据表及数据；本例底层的 PostgreSQL 数据库中包含了如图 5.12 所示的数据表及数据。

接下来为 user_inf 表（MySQL 数据库中的表）和 news_inf 表（PostgreSQL 数据库中的表）开

发对应的持久化类。

下面是 user_inf 表对应的 User 类。

程序清单：codes\05\5.7\atomikos_datajpa\src\main\java\org\crazyit\app\domain\user\User.java

```java
@Entity
@Table(name = "user_inf")
public class User
{
    @Id
    @Column(name = "user_id")
    @GeneratedValue(strategy = GenerationType.IDENTITY)
    private Integer id;
    private String name;
    private String password;
    private int age;
    public User() {}
    public User(String name, String password, int age)
    {
        this.name = name;
        this.password = password;
        this.age = age;
    }
    // 省略getter、setter方法和toString()方法
    ...
}
```

下面是 news_inf 表对应的 News 类。

程序清单：codes\05\5.7\atomikos_datajpa\src\main\java\org\crazyit\app\domain\user\News.java

```java
@Entity
@Table(name = "news_inf")
public class News
{
    @Id
    @Column(name = "news_id")
    @GeneratedValue(strategy = GenerationType.IDENTITY)
    private Integer id;
    @Column(name = "news_title")
    private String title;
    @Column(name = "news_content")
    private String content;
    public News() {}
    public News(String title, String content)
    {
        this.title = title;
        this.content = content;
    }
    // 省略getter、setter方法和toString()方法
    ...
}
```

User 和 News 这两个类需要是 JPA 的持久化类，因此在程序中为它们添加了 @Entity、@Table、@Id 等注解，这样就能将该持久化类映射到对应的数据表。

接下来为 User 类和 News 类定义 DAO 组件，只要让 DAO 组件的接口继承 Spring Data 提供的 CrudRepository 即可，Spring Boot 会自动为它们生成实现类。

下面是 UserDao 接口的代码。

程序清单：codes\05\5.7\atomikos_datajpa\src\main\java\org\crazyit\app\dao\user\UserDao.java

```java
public interface UserDao extends CrudRepository<User, Integer>
{
    @Query("update User u set u.name = ?1 where u.id = ?2")
    @Modifying
    Integer updateNameById(String name, Integer id);
}
```

下面是 NewsDao 接口的代码。

程序清单：codes\05\5.7\atomikos_datajpa\src\main\java\org\crazyit\app\dao\news\NewsDao.java

```java
public interface NewsDao extends CrudRepository<News, Integer>
{
    @Query("update News n set n.title = ?1 where n.id = ?2")
    @Modifying
    Integer updateTitleById(String title, Integer id);
}
```

类似地，这两个 DAO 接口与单数据源的 DAO 接口并没有什么不同，只不过将它们分别放在不同的包中而已——这样做是为了方便后面为它们分别应用不同的 RepositoryScan 策略。

此处主要是示范如何在应用中连接多个数据源，因此不需要在 DAO 组件中定义太多的方法。如果希望了解如何在 DAO 组件中定义更多的数据库操作方法，则可参考前面 5.1 节的内容。

接下来开始为应用配置两个数据源。首先要在 application.properties 文件中定义两个数据源的连接信息，下面是该文件的代码。

程序清单：codes\05\5.7\atomikos_datajpa\src\main\resources\application.properties

```properties
# 配置第 1 个数据源的连接信息
spring.datasource.first.url=jdbc:mysql://localhost:3306/springboot?serverTimezone=UTC
spring.datasource.first.user=root
spring.datasource.first.password=32147
# 配置第 2 个数据源的连接信息
spring.datasource.second.url=jdbc:postgresql://localhost:5432/springboot
spring.datasource.second.user=postgres
spring.datasource.second.password=32147
# ================================================
# 指定 Atomikos 的唯一标识
spring.jta.transaction-manager-id=fkjava001
# 指定 Atomikos 日志的目录
spring.jta.atomikos.properties.log-base-dir=f:/logs
# 指定显示 SQL 语句
spring.jpa.show-sql=true
# 指定根据实体自动建表
spring.jpa.generate-ddl=true
# 关键配置，下面这行指定 JPA 的事务类型使用 JTA 全局事务
spring.jpa.properties.javax.persistence.transactionType=JTA
```

上面配置文件的前面部分与上一个例子配置文件的前面部分完全相同,都是配置了两个数据源，接下来也配置了与 Atomikos 有关的两个属性。该配置文件的关键是最后一行，这一行非常重要，它指定 Spring Data JPA 的事务类型是 JTA 全局事务。

如果没有在此处将 Spring Data JPA 的事务类型指定为 JTA 全局事务，那么就必须在定义 EntityManagerFactoryBeans 时指定 JPA 的事务类型是 JTA 全局事务——总之必须显式指定，否则 Spring Boot 默认为 JPA 使用局部事务。

> **注意**
>
> 关于 Spring Boot 对 JPA 的事务类型的设置，作者认为它其实属于 Spring Boot 的一个小 Bug。Spring Boot 应该被设计成：当检测到容器中自动配置了 JTA 全局事务管理器时，Spring Boot 就应该自动将 JPA 的事务类型设置为 JTA，而不是等着开发者自行指定。作者已提交此 Bug，在 Spring Boot 的后期版本中应该会修正这个问题。

同样，由于本例需要配置两个数据源，因此不能指望 Spring Boot 的自动配置，于是也需要为应用添加 DataSourcesConfig 配置类来配置两个数据源。该配置类的代码与上一个示例完全相同，此处不再赘述。

接下来就是 EntityManagerFactory 配置和 DAO 组件（Repository）的扫描处理了——在 Spring Boot 整合单数据源的 Spring Data JPA 时，Spring Boot 的自动配置可以大派用场，Spring Boot 会自动配置 EntityManagerFactory，并自动扫描所有 Repository 接口的子接口。

在连接多数据源之后，Spring Boot 就无法自动配置了，因此同样需要完成如下两件事情：

➢ 为不同的数据源配置 EntityManagerFactory，并为之注入对应的数据源。
➢ 为不同的 EntityManagerFactory 应用不同的 DAO 组件扫描策略。

下面先看针对第 1 个数据源（连接 MySQL 数据库）的处理，为应用增加如下配置类。

程序清单：codes\05\5.7\atomikos_datajpa\src\main\java\org\crazyit\app\config\UserEmConfig.java

```java
@Configuration
// 使用该注解指定自行配置 JPA Repository
@EnableJpaRepositories(
        entityManagerFactoryRef = "userEntityManager",
        // 使用默认的事务管理器
        // 当 JTA 全局事务管理器的 id 为 transactionManager 时，该属性可省略
        transactionManagerRef = "transactionManager",
        basePackages = {"org.crazyit.app.dao.user"}) // 设置 DAO 组件所在的位置
public class UserEmConfig
{
    @Autowired // 默认注入有@Primary 注解修饰的 DataSource Bean
    private DataSource firstDataSource;
    @Bean(name = "userEntityManager")
    @DependsOn("transactionManager")
    public LocalContainerEntityManagerFactoryBean userEntityManagerFactory(
            EntityManagerFactoryBuilder builder)
    {
        // 通过自动配置的 EntityManagerFactoryBuilder 创建
        // LocalContainerEntityManagerFactoryBean 时
        // spring.jpa.hibernate.*配置的属性不会自动起作用
        // spring.jpa.*和 spring.jpa.properties.*的属性会自动起作用
        var em = builder.dataSource(firstDataSource)
                // 设置实体类所在的包
                .packages("org.crazyit.app.domain.user")
                .persistenceUnit("userPersistenceUnit")
                .build();
        // 如果在配置文件中没指定 properties.javax.persistence.transactionType
        // 此处就需要通过如下代码来设置使用 JTA 全局事务
        // em.setJpaPropertyMap(Map.of("javax.persistence.transactionType", "JTA"));
        return em;
    }
}
```

上面程序中配置了一个 EntityManagerFactoryBean，且指定将容器中的 firstDataSource 注入该

EntityManagerFactoryBean——这就完成了上面所说的第 1 件事情。此处使用自动配置的 EntityManagerFactoryBuilder 的 create()方法来创建 EntityManagerFactoryBean,它会自动加载并应用以 "spring.jpa" 和 "spring.jpa.properties" 开头的配置属性,这样在前面的配置文件中将 JPA 的事务类型指定为 JTA 的配置就可以生效了。

再看上面的@EnableJpaRepositories 注解——一旦在应用中使用该注解,Spring Boot 关于 JPA Repository(DAO 组件)扫描的自动配置就会失效,该注解指定了扫描的包路径是 "org.crazyit.app.dao.user",注意该包路径是 UserDao 所在的位置,这就意味着该扫描策略仅扫描 org.crazyit.app.dao.user 包下的 DAO 组件;该注解还指定了 entityManagerFactoryRef = "userEntityManager",这就说明对 UserDao 生成实现类时注入 userEntityManager Bean——这个 EntityManagerFactoryBean 底层封装的正是连接 MySQL 数据库的数据源,其中包含了 user_inf 表。这就完成了上面所说的第 2 件事情。

针对第 2 个数据源(连接 PostgreSQL 数据库)的处理与此类似,为应用再增加如下配置类。

程序清单:codes\05\5.7\atomikos_datajpa\src\main\java\org\crazyit\app\config\NewsEmConfig.java

```java
@Configuration
// 使用该注解指定自行配置 JPA Repository
@EnableJpaRepositories(
    entityManagerFactoryRef = "newsEntityManager",
    // 使用默认的事务管理器
    // 当 JTA 全局事务管理器的 id 为 transactionManager 时,该属性可省略
    transactionManagerRef = "transactionManager",
    basePackages = {"org.crazyit.app.dao.news"}) // 设置 DAO 组件所在的位置
public class NewsEmConfig
{
    @Autowired
    @Qualifier("secondDataSource")
    private DataSource secondDataSource;
    @Bean(name = "newsEntityManager")
    @DependsOn("transactionManager")
    public LocalContainerEntityManagerFactoryBean newsEntityManagerFactory(
            EntityManagerFactoryBuilder builder)
    {
        return builder.dataSource(secondDataSource)
                // 设置实体类所在的包
                .packages("org.crazyit.app.domain.news")
                .persistenceUnit("newsPersistenceUnit")
                .build();
    }
}
```

上面的@EnableJpaRepositories 注解指定了 basePackages = {"org.crazyit.app.dao.news"},这意味着它只扫描 org.crazyit.app.dao.news 包下的 DAO 组件——NewsDao 组件位于该包下;entityManagerFactoryRef = "newsEntityManager"则指定对 NewsDao 生成实现类时注入 newsEntityManager Bean——这个 EntityManagerFactoryBean 底层封装的正是连接 PostgreSQL 数据库的数据源,其中包含了 news_inf 表。

由此可见,Spring Boot 用 Spring Data JPA 整合多数据源与用 MyBatis 整合多数据源的差别并不大,同样需要手动配置多个数据源,同样需要手动配置多个基础资源(只不过 MyBatis 需要的是 SqlSessionFactory,而 Spring Data JPA 需要的是 EntityManagerFactoryBean),同样需要使用注解手动指定 DAO 组件的扫描策略(只不过 MyBatis 用的是@MapperScan,而 Spring Data JPA 用的是 @EnableJpaRepositories)。

类似地,如果使用 Spring Data JDBC 来连接多个数据源,则需要使用@EnableJdbcRepositories

注解手动指定 DAO 组件的扫描策略；如果使用 Spring Data R2DBC 来连接多个数据源，那么就需要使用@EnableR2dbcRepositories 注解来手动指定 DAO 组件的扫描策略。

有了上面这些 DAO 组件之后，接下来开发的 Service 组件与单数据源的 Service 组件没有任何区别。下面是本例所使用的 Service 组件的接口代码。

程序清单：codes\05\5.7\atomikos_datajpa\src\main\java\org\crazyit\app\service\AppService.java

```java
public interface AppService
{
    void saveUserAndNews();
    void getUserAndNews();
    void updateUserAndNews();
}
```

Service 组件实现类的代码如下。

程序清单：codes\05\5.7\atomikos_datajpa\src\main\java\org\crazyit\app\service\impl\AppServiceImpl.java

```java
@Service
public class AppServiceImpl implements org.crazyit.app.service.AppService
{
    private UserDao userDao;
    private NewsDao newsDao;
    @Autowired
    public AppServiceImpl(UserDao userDao, NewsDao newsDao)
    {
        this.userDao = userDao;
        this.newsDao = newsDao;
    }

    // 全局事务，自动注入容器中的 JTA 全局事务管理器
    @Transactional
    @Override
    public void saveUserAndNews()
    {
        var user = new User("fkjava", "fkjava21", 20);
        System.out.println("保存后的 User 实体: " + userDao.save(user));
        var news = new News("疯狂软件", "Spring Boot 终极讲义");
        System.out.println("保存后的 News 实体: " + newsDao.save(news));
    }
    // 全局事务，自动注入容器中的 JTA 全局事务管理器
    @Transactional(readOnly = true)
    @Override
    public void getUserAndNews()
    {
        userDao.findById(1).ifPresent(System.out::println);
        newsDao.findById(1).ifPresent(System.out::println);
    }
    // 全局事务，自动注入容器中的 JTA 全局事务管理器
    @Transactional
    @Override
    public void updateUserAndNews()
    {
        System.out.println(userDao.updateNameById("crazyit", 2));
        // 下面代码将会导致异常
        System.out.println(newsDao.updateTitleById(null, 2));
    }
}
```

与前面例子类似的是，只要为 Service 组件的方法添加@Transactional 注解，Spring 就会自动为这些方法增加全局的 JTA 事务控制，而底层正是 Atomikos 的事务管理器实现在大派用场。

由于上面的 getUserAndNews()方法只是读取数据库中的数据，不需要对数据进行修改，因此为@Transactional 注解添加了"readOnly = true"，用于指定它是只读事务，只读事务具有更好的性能。

剩下的就是为 Service 组件定义测试用例，该测试用例的代码如下。

程序清单：codes\05\5.7\atomikos_datajpa\src\test\java\org\crazyit\app\service\AppServiceTest.java

```java
@SpringBootTest(webEnvironment = SpringBootTest.WebEnvironment.NONE)
public class AppServiceTest
{
    @Autowired
    private AppService appService;
    @Test
    public void testSaveUserAndNews()
    {
        appService.saveUserAndNews();
    }
    @Test
    public void testGetUserAndNews()
    {
        appService.getUserAndNews();
    }
    @Test
    public void testUpdateUserAndNews()
    {
        appService.updateUserAndNews();
    }
}
```

上面的测试用例测试了 AppService 的 saveUserAndNews()、getUserAndNews() 和 updateUserAndNews()方法，其中 saveUserAndNews()方法两次调用的 DAO 方法都可以成功执行，因此在运行 testSaveUserAndNews()方法时，将会看到 user_inf 表（MySQL 数据库中的表）和 news_inf 表（PostgreSQL 数据库中的表）中各多出一条记录。

但 updateUserAndNews()方法不同，它第 2 次调用的 DAO 方法尝试将 news_inf 表中 news_id 为 2 的记录的 news_title 修改为 null——先对底层 news_inf 表的 news_title 列添加非空约束——因此该修改会导致异常，从而引起全局事务回滚，userDao 调用 updateNameById()方法所做的修改也会回滚。运行该方法，将会看到如下输出：

```
org.postgresql.util.PSQLException: ERROR: null value in column "news_title"
of relation "news_inf" violates not-null constraint
```

接下来查看 MySQL 数据库中 user_inf 表的记录，就会发现该表的记录依然保持不变，这就是全局事务的效果。

▶▶ 5.7.4　使用 Java EE 容器提供的事务管理器

如果 Spring Boot 应用最终被打包成 WAR 包或 EAR 包，并被部署到 Java EE 应用服务器（如 WebLogic、JBoss 等）中运行，Spring Boot 也支持使用容器提供的 JTA 全局事务管理器。

正如前面所介绍的，其实 Spring Boot 底层使用哪种事务管理器，对应用程序本身几乎没有任何影响，毕竟 Spring Boot 总会自动配置事务管理器 Bean，并将其 id 设为 transactionManager。当使用容器的提供的 JTA 全局事务时，Spring Boot 会尝试搜索 JTA 事务管理器的 JNDI 名（如 java:comp/UserTransaction、java:comp/TransactionManager 等），并自动将它包装、配置成容器中的事务管理器。

> **提示**：
> JNDI 的全称是 Java Naming Directory Interface，即 Java 命名目录服务，它的作用是：允许 Java 程序通过名称来访问真正的 Java 对象。这有点绕对不对？当程序要访问某个 Java 对象时，直接用变量名访问不行吗？当然行，但这种方式只能在同一个 Java 虚拟机、同一个应用程序内使用。如果要跨虚拟机、跨应用程序访问另一个 Java 对象，该怎么办？那就需要用 JNDI 了。简单来说，JNDI 就是为 Java 对象起一个"对外暴露"的名字，这样其他 Java 程序就可通过该 JNDI 名来访问它了。

此外，如果使用应用服务器提供的事务管理器，那么就需要让应用服务器管理的其他资源（如数据源、JMS 等）也通过 JNDI 暴露出来，Spring Boot 会尝试搜索 JMS 连接工厂的 JNDI 名（如 java:/JmsXA、java:/XAConnectionFactory 等），并自动将它包装、配置成容器中的 JMS 资源。

如果需要让 Spring Boot 直接使用应用服务器提供的数据源，则可指定 spring.datasource.jndi-name 属性，该属性指定容器所提供的数据源的 JNDI 名，这样 Spring 容器将不再自行创建、管理数据源，而是直接使用容器所提供的数据源。

5.8 初始化数据库

如果使用 JPA 或 Hibernate 作为底层持久化技术，它们都可以在应用程序启动时根据实体类自动建表。但如果使用 MyBatis、jOOQ 或 JDBC 作为底层持久化技术，并需要在应用程序启动时自动建表，则可通过 SQL 脚本来自动建表甚至初始化数据库。

5.8.1 基于 Spring Data JPA 的自动建表

前面已经介绍了，JPA 具有在应用程序启动时自动建表的功能，指定 JPA 自动建表行为的配置属性有如下两个。

- spring.jpa.generate-ddl：该属性支持 true 或 false，true 代表启用自动建表功能。
- spring.jpa.hibernate.ddl-auto：如果 JPA 底层使用 Hibernate 作为实现，则可通过该属性以更细粒度的方式来控制 Hibernate 的自动建表行为。它支持 none（不建表）、validate（只验证）、update（有数据表就更新，没有就建表）、create（建表）或 create-drop（建表且在应用程序关闭时删除表）这几个属性值。

如果既不指定 spring.jpa.generate-ddl 属性，也不指定 spring.jpa.hibernate.ddl-auto 属性，spring.jpa.hibernate.ddl-auto 属性会根据应用程序所使用的数据库是否为嵌入式数据库来选择相应的默认值——如果是嵌入式数据库（嵌入式数据库通常用于 Demo 或测试），则默认值为 create-drop，否则默认值为 none。只有 HSQLDB、H2 和 Derby 是嵌入式数据库，其他的都不是。

spring.jpa.hibernate.ddl-auto 属性默认值的自动改变可能会导致问题：当应用程序所使用的数据库从嵌入式数据库迁移到普通数据库时，spring.jpa.hibernate.ddl-auto 属性值会自动从 create-drop 变成 none，如果想让应用程序在启动时自动建表，那么就需要手动设置 spring.jpa.hibernate.ddl-auto 属性值。

此外，当 spring.jpa.hibernate.ddl-auto 属性值为 create 或 create-drop 时，应用程序启动时将会自动执行类加载路径下的 import.sql 脚本。这个特性对于项目 Demo 或测试可能比较有用，但在产品的实际发布阶段可能并不希望这样（毕竟谁都不想破坏项目的实际数据库）。不过，这个特性完全属于 Hibernate，与 Spring 没有关系。

5.8.2 执行 SQL 脚本初始化数据库

如果希望应用程序启动时能自动执行 SQL 脚本来初始化数据库，则可根据需要指定如下 3 个属性。

- spring.datasource.initialization-mode：该属性指定数据库的初始化行为，其支持 never、always、embedded（默认值）这三个枚举值。Spring Boot 默认只初始化嵌入式数据库，如果对非嵌入式数据库执行初始化，则应该将该属性值设置为 always。
- spring.datasource.continue-on-error：该属性指定初始化数据库遇到错误时是否继续。该属性的默认值为 false，这表明如果执行数据库的初始化脚本出现错误，应用程序将启动失败。
- spring.datasource.platform：该属性值是一个任意的字符串，用于确定初始化数据库的脚本文件的文件名。在默认情况下，Spring Boot 会执行 schema.sql（DDL）和 data.sql（DML）脚本来初始化数据库；Spring Boot 还会执行 schema-{platform}.sql（DDL）和 data-{schema}.sql（DML）脚本来初始化数据库。

下面通过示例来介绍如何使用 SQL 脚本来初始化数据库。首先创建一个 Maven 项目，然后让其 pom.xml 文件继承 spring-boot-starter-parent，并添加 spring-boot-starter-jdbc 依赖。由于本例需要访问 MySQL、PostgreSQL 数据库，因此还要添加 MySQL、PostgreSQL 数据库驱动的依赖，具体可以参考本例的 pom.xml 文件。

在应用程序的 src/main/resources/ 目录下创建如下 4 份数据库初始化脚本。

下面两份数据库脚本是针对 MySQL 数据库的 DDL 和 DML 的。

程序清单：codes\05\5.8\initdb\src\main\resources\schema-mysql.sql

```sql
drop table if exists user_inf;
-- 创建 user_inf 表
create table user_inf
(
  user_id int primary key auto_increment,
  name varchar(255) not null,
  password varchar(255),
  age int
);
```

程序清单：codes\05\5.8\initdb\src\main\resources\data-mysql.sql

```sql
-- 向 user_inf 表中插入数据
insert into user_inf
values
(null, '孙悟空', 'sun123', 500),
(null, '牛魔王', 'niu123', 800),
(null, '猪八戒', 'zhu123', 600),
(null, '沙和尚', 'sha123', 580),
(null, '白鼠精', 'bai123', 23),
(null, '蜘蛛精', 'zhi123', 18),
(null, '玉面狐狸', 'yumian123', 21),
(null, '杏仙', 'xing123', 19);
```

下面两份数据库脚本是针对 PostgreSQL 数据库的 DDL 和 DML 的。

程序清单：codes\05\5.8\initdb\src\main\resources\schema-postgre.sql

```sql
drop table if exists user_inf;
-- 创建 user_inf 表
create table user_inf
(
```

```
    user_id serial primary key,
    name varchar(255) not null,
    password varchar(255),
    age int
);
```

程序清单：codes\05\5.8\initdb\src\main\resources\data-postgre.sql

```
-- 向 user_inf 表中插入数据
insert into user_inf(name, password, age)
values
('孙悟空', 'sun123', 500),
('牛魔王', 'niu123', 800),
('猪八戒', 'zhu123', 600),
('沙和尚', 'sha123', 580),
('白鼠精', 'bai123', 23),
('蜘蛛精', 'zhi123', 18),
('玉面狐狸', 'yumian123', 21),
('杏仙', 'xing123', 19);
```

下面可通过 spring.datasource.platform 配置属性让 Spring Boot 根据不同数据库选择不同的 SQL 脚本来执行初始化。

例如，配置如下 application.yml 文件。

程序清单：codes\05\5.8\initdb\src\main\resources\application.yml

```
spring:
  datasource:
    # 支持 never、always、embedded（默认值）三个值
    initialization-mode: always
    # 指定初始化数据库遇到错误时是否继续
    continue-on-error: false
  # 指定活动 Profile
  profiles:
    active: mysql
---
spring:
  config:
    activate.on-profile: mysql
  datasource:
    platform: mysql
    url: jdbc:mysql://localhost:3306/springboot?serverTimezone=UTC
    username: root
    password: 32147
---
spring:
  config:
    activate.on-profile: postgre
  datasource:
    platform: postgre
    url: jdbc:postgresql://localhost:5432/springboot
    username: postgres
    password: 32147
```

上面配置文件的前面部分是通用的，后面两段分别对 mysql 和 postgre 两个 Profile 有效。

上面第 1 行粗体字代码指定 spring.datasource.platform 为 mysql，这表明 Spring Boot 会自动执行 schema-mysql.sql 和 data-mysql.sql 脚本来初始化数据库，因此接下来的 3 行代码配置了 MySQL 数据库的连接信息。上面第 2 行粗体字代码指定 spring.datasource.platform 为 postgre，这表明 Spring Boot 会自动执行 schema-postgre.sql 和 data-postgre.sql 脚本来初始化数据库，因此接下来的 3 行代

码配置了 PostgreSQL 数据库的连接信息。

本例没有任何其他组件，只有一个普通的主程序（带@SpringBootApplication 注解的类），运行该主程序来启动 Spring Boot 应用，应用启动完成后，即可看到 MySQL 的 springboot 数据库中多了一个 user_inf 表，且该表中包含 8 条初始化数据。

若将上面的 spring.profiles.active 属性值改为 postgre，将激活 postgre Profile，再次运行该主程序来启动 Spring Boot 应用，应用启动完成后，即可看到 PostgreSQL 的 springboot 数据库中多了一个 user_inf 表，且该表中包含 8 条初始化数据。

▶▶ 5.8.3 使用 R2DBC 初始化数据库

如果应用使用 R2DBC 来操作数据库，那么前面介绍的初始化数据库的方式就都用不上了。实际上，Spring Boot 并没有为 R2DBC 提供配置式的数据库初始化方式，而是建议通过 ResourceDatabasePopulator 类，以同步方式执行 SQL 脚本来完成数据库初始化。

下面通过示例来介绍如何为 R2DBC 应用初始化数据库。首先创建一个 Maven 项目，然后让其 pom.xml 文件继承 spring-boot-starter-parent，并添加 spring-boot-starter-data-r2dbc 依赖。由于本例需要访问 MySQL、PostgreSQL 数据库，因此还要添加 MySQL、PostgreSQL 的 R2DBC 驱动的依赖，具体可以参考本例的 pom.xml 文件。

本例依然使用与上一个例子完全相同的 4 份数据库初始化脚本。

本例依然通过 application.yml 文件来配置 MySQL 和 PostgreSQL 两个数据库的必要信息。

程序清单：codes\05\5.8\r2dbcinit\src\main\resources\application.yml

```yaml
spring:
  # 指定活动 Profile
  profiles:
    active: mysql
---
spring:
  config:
    activate.on-profile: mysql
  # 指定 MySQL 数据库的连接信息
  r2dbc:
    url: r2dbc:mysql://localhost:3306/springboot
    username: root
    password: 32147
---
spring:
  config:
    activate.on-profile: postgre
  # 指定 PostgreSQL 数据库的连接信息
  r2dbc:
    url: r2dbc:postgresql://localhost:5432/springboot
    username: postgres
    password: 32147
```

接下来通过如下配置类来执行 SQL 脚本初始化数据库。

程序清单：codes\05\5.8\r2dbcinit\src\main\java\org\crazyit\app\config\Config.java

```java
@Configuration
public class Config
{
    @Configuration(proxyBeanMethods = false)
    @Profile("mysql")
    static class MySQLInitializationConfiguration
```

```java
{
    @Autowired
    void initializeDatabase(ConnectionFactory connectionFactory)
    {
        var resourceLoader = new DefaultResourceLoader();
        // 加载初始化 MySQL 数据库的 SQL 脚本
        var scripts = new Resource[]{
                resourceLoader.getResource("classpath:schema-mysql.sql"),
                resourceLoader.getResource("classpath:data-mysql.sql")};
        // 调用 block()方法以同步方式执行 SQL 脚本
        new ResourceDatabasePopulator(scripts)
                .populate(connectionFactory).block();
    }
}
@Configuration(proxyBeanMethods = false)
@Profile("postgre")
static class PostgreSQLInitializationConfiguration
{
    @Autowired
    void initializeDatabase(ConnectionFactory connectionFactory)
    {
        var resourceLoader = new DefaultResourceLoader();
        // 加载初始化 PostgreSQL 数据库的 SQL 脚本
        var scripts = new Resource[]{
                resourceLoader.getResource("classpath:schema-postgre.sql"),
                resourceLoader.getResource("classpath:data-postgre.sql")};
        // 调用 block()方法以同步方式执行 SQL 脚本
        new ResourceDatabasePopulator(scripts)
                .populate(connectionFactory).block();
    }
}
}
```

上面 MySQLInitializationConfiguration 类中的粗体字代码显式加载了类加载路径下的 schema-mysql.sql 和 data-mysql.sql 两份 SQL 脚本,然后使用 ResourceDatabasePopulator 来执行这两份 SQL 脚本,这样就完成了数据库的初始化,且该类使用了@Profile("mysql")修饰,这意味着该类仅对 mysql Profile 有效。

上面的 PostgreSQLInitializationConfiguration 类完全采用类似的方式,只不过它加载的是 schema-postgre.sql 和 data-postgre.sql 两份 SQL 脚本,并使用了@Profile("postgre")修饰。

本例同样只有一个普通的主程序,运行该主程序来启动 Spring Boot 应用,应用启动完成后,即可看到 MySQL 的 springboot 数据库中多了一个 user_inf 表,且该表中包含 8 条初始化数据。

若将上面的 spring.profiles.active 属性值改为 postgre,将激活 postgre Profile,再次运行该主程序来启动 Spring Boot 应用,应用启动完成后,即可看到 PostgreSQL 的 springboot 数据库中多了一个 user_inf 表,且该表中包含 8 条初始化数据。

5.9 本章小结

本章主要介绍了 Spring Boot 操作 SQL 数据库的相关内容。本章知识可分为 4 大块:
- 整合 Spring Data 操作 SQL 数据库。
- 整合 MyBatis 操作 SQL 数据库。
- 整合 jOOQ 操作 SQL 数据库。
- 分布式事务控制。

Spring Data 是 Spring 家族的扛鼎之作,它属于规范级的框架,它能对市面上各种持久化层框架进行整合，因此学习本章要熟练掌握 Spring Data 的核心设计和常用 API、Spring Data Repository 的功能和用法、方法名关键字查询、@Query 查询、Example（样本）查询、Specification 查询和自定义查询，并掌握 Spring Boot 整合 Spring Data 所提供的自动配置，重点是掌握这些自动配置背后到底配置了什么，如何对这些自动配置进行扩展、定制，如何对这些自动配置进行替换，只有熟练掌握这些内容，才算真正掌握了 Spring Boot。

学习本章要掌握 Spring Boot 整合 MyBatis 的两种方式，重点是掌握 Spring Boot 的自动配置为 MyBatis 配置了哪些 Bean，各自的作用是什么，并掌握对这些自动配置进行扩展、定制、替换的方法。

学习本章还要掌握 jOOQ，jOOQ 的设计太独特了，以至于 Spring Data 都不得不主动整合它。学习 jOOQ 的关键是掌握"数据库优先"设计，以及类型安全的 SQL 语句的理念，学习重点是使用 DSLContext 操作数据库，并掌握 Spring Boot 为 jOOQ 自动配置了哪些基础 Bean（包括 DSLContext），以及对这些自动配置进行扩展、定制、替换的方法。

本章最后一个重点是 Spring Boot 的 JTA 分布式事务控制，在使用 JTA 分布式事务控制时往往涉及跨数据源访问，此时 Spring Boot 的自动配置帮不上太大的忙，这就是之前为何一直强调——学习 Spring Boot 仅会使用自动配置是不够的——的原因。这个部分重点实践了对 Spring Boot 自动配置的扩展、替换，并整合 Atomikos 实现 JTA 分布式事务控制。

CHAPTER 6

第 6 章
操作 NoSQL 数据库

本章要点

- Redis 源代码编译、安装与配置
- Redis 的用法及 Redis 相关命令
- 使用 Lettuce 操作 Redis
- 使用 RedisTemplate 操作 Redis
- 使用 Spring Data Redis 操作 Redis
- 下载、安装和配置 MongoDB
- MongoDB 的功能和基本用法
- 连接 MongoDB 并使用 MongoTemplate 操作 MongoDB
- 使用 MongoDB 的 Repository 操作 MongoDB
- 图形数据库和 Neo4j
- 下载、安装和配置 Neo4j
- Neo4j 的功能和基本用法
- 使用 CQL 操作 Neo4j
- 连接 Neo4j 并使用 Neo4jTemplate 操作 Neo4j
- 使用 Neo4j 的 Repository 操作 Neo4j
- Cassandra 的数据模型和存储引擎
- 下载、安装和配置 Cassandra
- Cassandra 的功能和基本用法
- 使用 CQL 操作 Cassandra
- 连接 Cassandra 并使用 CassandraTemplate 操作 Cassandra
- 使用 Cassandra 的 Repository 操作 Cassandra
- 理解反向索引库和 Lucene
- 下载、安装和配置 Solr
- 使用 SolrClient 操作 Solr
- 连接并使用 SolrTemplate 操作 Solr
- 使用 Solr 的 Repository 操作 Solr
- 下载、安装和配置 Elasticsearch
- Elasticsearch 的功能和基本用法
- 使用 REST 客户端操作 Elasticsearch
- 使用反应式 REST 客户端操作 Elasticsearch
- 连接 Elasticsearch 并使用 ElasticsearchRestTemplate 操作 Elasticsearch
- 使用 Elasticsearch 的 Repository 操作 Elasticsearch

第 6 章 操作 NoSQL 数据库

本章所介绍的内容同样属于 Spring Boot 整合 Spring Data 的知识。前面已经说过，Spring Data 整合各种持久化技术不仅可以访问 SQL 数据库，也可以访问各种不同的 NoSQL 数据库，包括 key-value 数据库、文档数据库、图形数据库、列数据库、反向索引库等。

本章将以 6 种 NoSQL 技术为代表来介绍 Spring Boot 对 NoSQL 访问的支持，这 6 种 NoSQL 技术都是精心挑选的——Redis 代表 key-value 数据库，MongoDB 代表文档数据库，Neo4j 代表图形数据库，Cassandra 代表 key-value 与列混合型的数据库，Solr 和 Elasticsearch 代表反向索引库。虽然 Spring Boot 还可整合 Geodo、Couchbase 等 NoSQL 技术，但考虑到它们在国内的应用面及代表性，比如 Geodo 也是 key-value 数据库，相当于高级版的 Redis，而 Couchbase 则代表 key-value 与文档混合型的数据库，因此本章没有选择介绍它们。

本章的内容会比较多，因为在介绍 Spring Boot 整合每种 NoSQL 技术之前，还详细介绍了对应 NoSQL 技术的功能和用法。这些内容的扩展性比较强，大家学习本章时可能会有一定的难度，但坚持学完本章知识，直接带来的可能收益就是加薪。

6.1 整合 Redis

Redis 是一个开源、高效的 key-value 数据库，key-value 数据库会以 key-value 对的方式存储数据，其内部通常采用哈希表这种结构来记录数据。在使用时，如果通过 key 来读取或写入相应的数据，则将具有极高的效率，因此在处理单条数据的 CRUD 时非常高效。

key-value 数据库的优势也是它的缺陷，它只能通过 key 来访问数据，数据库并不知道每条数据的其他信息（只知道它的 key）。因此，如果试图通过条件筛选数据，key-value 数据库就变得非常低效了。

Redis 作为一个优秀的 key-value 数据库，主要用于作为 Java EE 应用的缓存实现，也可作为消息代理（Message Broker）使用，偶尔作为 key-value 数据库使用。Redis 客户端有很多选项可供选择，在 Java 领域中，目前使用较为广泛的 Redis 客户端有 Lettuce、Jedis 等，Spring Data Redis 模块默认使用 Lettuce。

▶▶ 6.1.1 Redis 源代码编译、安装与配置

Redis 的正式发布版不是安装程序，也不是可执行程序，直接就是赤裸裸的源代码（开源就是直接给源代码），因此用户需要自行下载 Redis 源代码，然后编译成对应平台的程序。

> **提示：**
> 在网络上或许会找到 Redis 所谓的 Windows 版本，但它们往往都是很老的版本，其实也是别人早期编译好的。

编译 Redis 需要使用 GCC（一套 GNU 的编译器集）和 Make 工具（GNU 的项目生成工具），因此在编译 Redis 之前需要先安装 GCC 和 Make。

由于 GCC 和 Make 是 Linux 平台的编译器与生成工具，Windows 平台默认并不包含这两个工具。但幸好有 MSYS2（Minimal SYStem 2）工具，MSYS2 工具的主要目的就是为 Windows 软件提供构建环境。不过不熟悉它也没关系，毕竟我们只是用它来作为构建工具，用于生成 Redis 程序。

搭建基于 MSYS2 的 GCC 和 Make 编译环境按如下步骤进行。

① 登录 MSYS2 官网的下载页面：http://repo.msys2.org/distrib/，该页面中包含了两个文件夹，即 i686/和 x86_64/，其中 i686/文件夹中是 32 位的 MSYS2，而 x86_64/文件夹中是 64 位的 MSYS2，请根据操作系统的位数来选择下载对应的 MSYS2。

②　本书以下载 64 位的 MSYS2 为例，进入 x86_64/文件夹中下载 MSYS2 的最新版，直接下载 msys2-base-x86_64-yyyyMMdd.tar.xz 压缩包（文件名中的 yyyyMMdd 代表年月日）就行，不需要下载安装文件。

③　将下载得到的 msys2-base-x86_64-yyyyMMdd.tar.xz 压缩包解压缩到任意盘符的根路径下，此处以解压缩到 D:\根路径下为例。

④　考虑到大部分读者访问外网不太方便，这里先修改一下 pacman（MSYS2 集成的软件包管理工具）的镜像地址。打开 MSYS2 解压缩目录下的 etc\pacman.d\路径下的 mirrorlist.mingw32、mirrorlist.mingw64、mirrorlist.msys 这三个文件。

这三个文件的内容差不多，都包含了很多行形如如下格式的配置代码：

```
Server = http://mirror.bit.edu.cn/msys2/mingw/i686/
```

每一行指定一个镜像地址，随便找一个域名以.cn 结尾的镜像地址（比如上面镜像地址的域名是 mirror.bit.edu.cn，该域名就是以.cn 结尾的），将它复制到配置文件的第一行，让 pacman 优先使用该镜像地址下载软件包。

> 提示：
> 如果一个 cn 地址不行就换另一个 cn 地址，尽量将三个文件的首选镜像地址的域名都改为以.cn 结尾，三个文件中的镜像地址各自不同，不要把地址搞混了。

⑤　运行 MSYS2 根目录下的 msys2.exe 文件，第一次运行时会执行一些初始化，等初始化完成后退出 msys2.exe，然后重新启动 msys2.exe，此时将看到一个类似于 Linux 终端的窗口，如图 6.1 所示。

图 6.1　MSYS2 窗口

⑥　在图 6.1 所示的窗口中输入如下命令：

```
pacman -Syu
```

该命令的作用是将 pacman 的软件包数据库与服务器同步到最新状态。运行这个命令，将看到 pacman 执行检查并下载更新，然后询问是否需要安装，如图 6.2 所示。

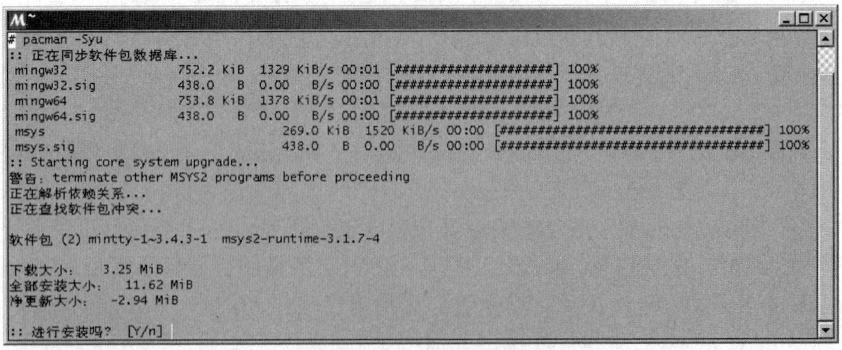

图 6.2　同步 pacman 软件包

在图 6.2 所示的窗口中输入 "Y"，然后按回车键进行安装。当安装到最后时，它会询问：必须关闭该窗口才能完成安装，输入 "Y" 后按回车键继续安装，MSYS2 窗口将会自动关闭。

⑦ 再次运行 MSYS2 根目录下的 msys2.exe 文件来启动 MSYS2，然后在 MSYS2 窗口中输入如下命令：

```
pacman -S gcc make
```

该命令的作用是让 pacman 安装 GCC 和 Make 工具包（pacman 的-S 选项的作用就是安装软件包）。运行这个命令会再次确认是否需要安装，依然是输入 "Y" 后按回车键，接下来 pacman 就会自动下载并安装 GCC 和 Make 工具。

至此，GCC 和 Make 编译环境已经搭建完成，接下来即可编译 Redis 了。

下载和编译 Redis 请按如下步骤进行。

① 登录 Redis 官网：https://redis.io，在该网站首页即可看到 "Redis 6.0.9 is the latest stable version" 的链接（其中 6.0.9 是版本号，本书成书之时，Redis 最新稳定版是 6.0.9），这就是 Redis 最新稳定版的链接。通过该链接下载 Redis 最新版的源代码，下载成功后得到一个 redis-6.0.9.tar.gz 压缩包。

② 将 redis-6.0.9.tar.gz 压缩包解压缩到任意路径下，此处以解压缩到 G:\根路径下为例。

③ 在 MSYS2 窗口中使用 cd 命令进入 Redis 源代码的解压缩路径下，比如进入 G:\根路径下，可输入如下命令：

```
cd /g/redis-6.0.9
```

留意上面路径的写法：/g/redis-6.0.9，这是 Linux 系统路径的写法，不是 Windows 系统路径的写法。对于 Windows 系统的 "G:\" 根路径，Linux 系统的写法就是 "/g/"。

④ 运行如下命令编译 Redis：

```
make PREFIX=/d/Redis-x64-6.0.9 install
```

上面命令中的 PREFIX 就是指定将 Redis 安装到哪个目录下。运行该命令时会看到一些警告，这些警告不会影响最终的生成结果。编译、生成 Redis 可能需要一点时间，等待就可以了。

生成 Redis 完成后，会在 D:\Redis-x64-6.0.9\路径下看到一个 bin 目录，该目录中的 redis-server.exe 就是 Redis 的服务器程序，而 redis-cli.exe（CLI 是 Command Line Interface 的缩写）就是 Redis 的客户端程序。

⑤ 将 MSYS2 安装目录下的 usr/bin 目录中的 msys-2.0.dll 文件（可直接在 MSYS2 安装目录下搜索该文件）复制到 Redis 安装目录的 bin 路径（对于本例，就是 D:\Redis-x64-6.0.9\bin 路径）下。再将 Redis 源代码路径下的 redis.conf 文件（Redis 配置文件的示例）复制到 Redis 安装目录的 bin 路径（D:\Redis-x64-6.0.9\bin）下。为避免破坏该示例文件，建议复制一份并重命名为 redis.windows.conf。

至此，Redis 编译、安装完成。以后只要进入 Redis 安装目录的 bin 路径下，运行 redis-server.exe 即可启动 Redis 服务器，运行 redis-cli.exe 即可启动 Redis 客户端。为了便于以后使用 Redis 的命令，建议将 Redis 安装目录下的 bin 路径添加到系统 PATH 环境变量中。

▶▶ 6.1.2 使用 Redis

Redis 是一个 key-value 数据库（就像一个功能增强版的 Map，且能将数据持久保存在磁盘上），总体来说用起来并不难；Redis 也可作为一个快速、稳定的发布/订阅系统使用。

在运行 Redis 之前，打开 redis.windows.conf 文件，找到其中如下代码行：

```
# requirepass foobared
```

这一行用于为 Redis 配置密码，但它初始处于被注释状态，将它改为如下形式：

```
requirepass 32147
```

修改后的配置将 Redis 的密码改为 32147。

此外，还可以修改其中的 bind、port 等配置，用于改变 Redis 绑定的 IP 地址、端口等。

运行如下命令启动 Redis 服务器：

```
redis-server.exe redis.windows.conf
```

上面命令指定将 redis.windows.conf 作为配置文件来启动 Redis 服务器。

> **提示：**
> 可将该命令定义成一个 run.bat 文件，以后每次运行该 run.bat 文件时即可启动 Redis 服务器。

Redis 服务器启动后显示如图 6.3 所示。

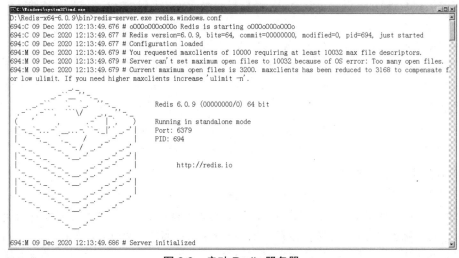

图 6.3　启动 Redis 服务器

从图 6.3 可以看到，Redis 默认绑定 6379 端口（可通过修改 redis.windows.conf 来改变该端口）。正如从图 6.3 所看到的，这种方式被称为"单机模式（standalone）"。

除了单机模式，Redis 还支持如下 3 种集群模式。

- 主从模式：一个主数据库带多个从数据库，主数据库负责接受客户端读/写数据，并将数据自动同步到各从数据库中作为备份。任何从数据库宕机，完全不影响客户端的使用，只是少一个备份而已；如果主数据库宕机，从数据库只能接受客户端读取数据，不再接受写入数据。只有在主数据库重新启动之后，Redis 才能重新接受客户端写入数据。
- 哨兵模式：就是在主从模式上增加哨兵进程，哨兵进程不与客户端交互，它只负责监控所有的主、从数据库，如果主数据库宕机，它会挑选一个从数据库，并修改它的配置文件，使之成为新的主数据库，然后修改其他从数据库的配置文件，让它们从属于新的主数据库；如果原来的主数据库重新启动，那么它的配置文件也会被修改：它会变成从数据库，并从属于新的主数据库。
- Cluster 模式：主要是对哨兵模式的进一步扩展，这种模式支持多个网络节点，从而允许 Redis 将不同数据存储到不同的节点中。Cluster 模式主要是为了解决单机 Redis 容量有限的问题，将大量数据按一定的规则分配到不同的 Redis 节点中，每个 Redis 节点都以哨兵模式运行。

Redis Cluster 模式的配置也比较简单，Redis 提供的配置文件示例（redis.conf）中有详细的说明，按照说明配置即可。

启动 Redis 服务器之后（保持服务器不要关闭），重新打开一个命令行窗口，在其中输入如下命令：

```
redis-cli.exe -a 32147
```

上面命令中的-a 选项用于指定 Redis 的连接密码。该命令可支持-h 选项指定连接的主机（默认连接本机），还可支持-p 选项指定连接的端口（默认连接 6379 端口）。通过--help 选项，可以查看 redis-cli.exe 命令支持的所有选项。

> **提示：**
> 目前有很多第三方为 Redis 提供了图形化的客户端工具，比如 RedisClient、Redis DeskTop Manager、RedisStudio、Another Redis DeskTop Manager 等，本书偶尔会用到 Another Redis DeskTop Manager，读者可登录 https://github.com/qishibo/AnotherRedis-DesktopManager/站点下载并安装该软件。不过，建议读者还是多使用 Redis 本身提供的 redis-cli.exe，它会强制我们多使用 Redis 的常用命令。

在介绍 Redis 的使用之前，先简单介绍一下 Redis 的数据存储知识。Redis 使用 key-value 结构来保存数据，其中 value 支持如下 5 种数据类型。

- String：最基本的数据类型，可保存任何数据。
- Hash：是 key-value 集合（类似于 Java 的 Map），key 和 value 都是 String 类型的数据。这种类型主要用于保存对象。
- List：元素是 String 类型的有序集合，集合中的元素可以重复。
- Set：元素是 String 类型的无序集合，集合中的元素不能重复。
- ZSet：元素是 String 类型的有序集合，集合中的元素不能重复。

Redis 为不同数据类型提供了不同的操作命令，因此对于特定类型的数据需要使用对应类型的命令执行操作。

下面简单介绍一些 Redis 的常用命令。

6.1.3 连接相关命令

与连接相关的常用命令如下。

- AUTH [username] password：验证用户名、密码是否正确，验证成功输出 OK。username 通常可以省略。

> **提示：**
> 只有当 redis.windows.conf 配置文件中配置了 ACL 规则时才需要用户名。

- ECHO message：简单回显输出内容。
- PING：ping 服务器。
- QUIT：关闭连接，退出。
- SELECT index：选择新的数据库。

> **提示：**
> Redis 的数据库也叫作 keyspace，在 redis.windows.conf 配置文件中有一个"databases 16"配置，它指定 Redis 默认有 16 个数据库，可通过修改该配置来改变 Redis 数据库的数量。

➢ SWAPDB index1 index2：交换 index1 和 index2 两个数据库的内容。

图 6.4 显示了执行上面命令的过程。

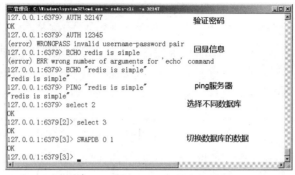

图 6.4　执行 Redis 连接相关命令

从图 6.4 所示的执行结果可以看到，如果回显信息或 ping 信息的字符串中包含空格，则必须用双引号将字符串包起来；如果不包含空格，则不需要用双引号。此外，我们也可以发现，Redis 命令是不区分大小写的。

▶▶ 6.1.4　key 相关命令

与 key 相关的常用命令如下。

➢ DEL key：删除 key 对应的 key-value 对。
➢ DUMP key：导出 key 对应的值。
➢ EXISTS key：判断 key 是否存在。
➢ EXPIRE key seconds：设置 key 对应的 key-value 对经过 seconds 秒后过期。
➢ EXPIREAT key timestamp：设置 key 对应的 key-value 对到 timestamp 时过期。
➢ PEXPIRE key milliseconds：设置 key 对应的 key-value 对经过 milliseconds 毫秒后过期。
➢ PEXPIREAT key milliseconds-timestamp：设置 key 对应的 key-value 对到 milliseconds-timestamp 时过期。
➢ KEYS pattern：返回匹配 pattern 的所有 key。
➢ MOVE key db：将指定 key 移动到 db 数据库中。
➢ PERSIST key：删除 key 的过期时间，key 将持久保持。
➢ PTTL key：以毫秒为单位返回指定 key 剩余的过期时间。
➢ TTL key：以秒为单位返回指定 key 剩余的过期时间。
➢ RANDOMKEY：从当前数据库返回一个随机的 key。
➢ RENAME key newkey：将 key 重命名为 newkey。
➢ RENAMENX key newkey：相当于安全版的 RENAME，仅当 newkey 不存在才能重命名。
➢ TYPE key：返回指定 key 存储的数据类型。

下面的执行过程简单示范了上面命令的用法。

```
127.0.0.1:6379[3]> set name fkjava
OK
127.0.0.1:6379[3]> dump name
"\x00\x06fkjava\t\x00D\x9b%\x9a\a\xe1uB"
127.0.0.1:6379[3]> exists name
(integer) 1
127.0.0.1:6379[3]> del name
(integer) 1
```

```
127.0.0.1:6379[3]> exists name
(integer) 0
127.0.0.1:6379[3]> set user crazyit
OK
127.0.0.1:6379[3]> expire user 1              # 1秒之后再执行该命令
(integer) 1
127.0.0.1:6379[3]> exists user
(integer) 0
127.0.0.1:6379[3]> set user crazyit
OK
127.0.0.1:6379[3]> keys *
1) "user"
127.0.0.1:6379[3]> randomkey
"user"
127.0.0.1:6379[3]> renamenx user test
(integer) 1
127.0.0.1:6379[3]> exists user
(integer) 0
127.0.0.1:6379[3]> exists test
(integer) 1
```

上面示例中除了用到 key 的相关命令，还用到一个"set key value"命令，该命令用于设置 value 为 String 类型的 key-value 对。

6.1.5 String 相关命令

正如前面所言，Redis 为不同数据类型提供了不同的操作命令，当 value 是 String 类型时，需要使用与 String 相关的命令进行操作。与 String 相关的常用命令如下。

- SET key value：设置 key-value 对。
- GET key：返回指定 key 对应的 value。
- GETRANGE key start end：获取指定 key 对应的 value 中从 start 到 end 的子串。
- GETSET key value：为指定 key 设置新的 value，并返回原来的 value。
- MGET key [key ...]：返回一个（或多个）指定 key 对应的 value。
- SETEX key seconds value：设置 key-value 对，并设置过期时间为 seconds 秒。
- SETNX key value：SET 的安全版本，只有当 key 不存在时才能设置该 key-value 对。
- SETRANGE key offset value：设置和覆盖指定 key 对应的 value，从原有 value 的 offset 个字符开始；如果 key 不存在，则将前 offset 个字符设为空（'\U0000'）。
- STRLEN key：获取 key 对应的 value 的字符串长度。
- MSET key value [key value ...]：设置多个 key-value 对。
- MSETNX key value [key value ...]：MSET 的安全版本，仅当所有 key 都不存在时才能设置成功。
- PSETEX key milliseconds value：SETEX 的毫秒版本，过期时间以毫秒计算。
- INCR key：将指定 key 中存储的整数值加 1。
- INCRBY key increment：将指定 key 中存储的整数值增加 increment 整数值。
- INCRBYFLOAT key increment：INCRBY 的浮点数版本，increment 可以是小数。
- DECR key：将指定 key 中存储的整数值减 1。
- DECRBY key decrement：将指定 key 中存储的整数值减少 decrement 整数值。
- APPEND key value：在指定 key 对应的字符串后追加（append）新的 value 内容。

> **提示**：虽然 Redis 的 value 只能是 String 类型，但它内部还是可以对 String 进行判断的，比如"abc"和"1"是不同的，其中"1"代表的是值为数值的字符串。因此，上面的 INCR、DECR 等命令只能用于操作数值型的字符串 value。

下面的执行过程简单示范了上面命令的用法。

```
127.0.0.1:6379[3]> set msg "fkjava is very good"
OK
127.0.0.1:6379[3]> get msg
"fkjava is very good"
127.0.0.1:6379[3]> getrange msg 3 7
"ava i"
127.0.0.1:6379[3]> getset msg "crazyit.org is a good site"
"fkjava is very good"
127.0.0.1:6379[3]> setex book 1 python
OK
127.0.0.1:6379[3]> exists python            # 1 秒之后再执行该命令
(integer) 0
127.0.0.1:6379[3]> setrange msg 2 AZYIT
(integer) 26
127.0.0.1:6379[3]> get msg
"crAZYIT.org is a good site"
127.0.0.1:6379[3]> strlen msg
(integer) 26
127.0.0.1:6379[3]> mset name Yeeku age 25
OK
127.0.0.1:6379[3]> mget name age
1) "Yeeku"
2) "25"
127.0.0.1:6379[3]> incr age
(integer) 26
127.0.0.1:6379[3]> get age
"26"
127.0.0.1:6379[3]> incrby age -2
(integer) 24
127.0.0.1:6379[3]> decr age
(integer) 23
127.0.0.1:6379[3]> decrby age -2
(integer) 25
127.0.0.1:6379[3]> incrbyfloat age -1.3
"23.7"
```

▶▶ 6.1.6 List 相关命令

List 代表有序的集合，可通过命令为 List 添加或删除元素，List 最多可包含 $2^{32}-1$ 个元素。实际上，Redis 的 List 也具有队列的性质，因此它包含了 LPUSH、LPOP、RPUSH、RPOP 等命令，其中 LPUSH、LPOP 表示从 List 的左边（队列头部）压入、弹出元素；RPUSH、RPOP 表示从 List 的右边（队列尾部）压入、弹出元素。

与 List 相关的常用命令如下。

- ➤ LINDEX key index：获取 key 对应的 List 的 index 处的元素。
- ➤ LINSERT key BEFORE|AFTER pivot value：在 key 对应的 List 的 pivot 元素之前或之后插入新的 value 元素。
- ➤ LLEN key：返回 key 对应的 List 的长度。
- ➤ LPOP key：弹出并返回 key 对应的 List 的第一个元素。

- LPUSH key value [value ...]：向 key 对应的 List 的左边（队列头部）添加一个或多个元素。
- LPUSHX key value：LPUSH 的安全版本，仅当 key 对应的 List 存在时有效。
- LRANGE key start stop：获取 key 对应的 List 中从 start 到 stop 范围内的元素。
- LREM key count value：从 key 对应的 value 中删除 count 个 value 元素。如果 count 大于 0，则从左向右删除 count 个元素；如果 count 小于 0，则从右向左删除 count 个元素；如果 count 等于 0，则删除所有元素。
- LSET key index value：将 key 对应的 List 的 index 处的元素改为 value。
- LTRIM key start stop：修剪 List，只保留 key 对应的 List 中从 start 到 stop 之间的元素。
- RPOP key：弹出并返回 key 对应的 List 的最后一个元素。
- RPOPLPUSH source destination：弹出 source 的最后一个元素，添加到 destination 的左边（队列头部），并返回该元素。
- RPUSH key value [value ...]：向 key 对应的 List 的右边（队列尾部）添加一个或多个元素。
- RPUSHX key value：RPUSH 的安全版本，仅当 key 对应的 List 存在时有效。
- BLPOP key [key...] timeout：LPOP 的阻塞版本。弹出并返回多个 List 的第一个元素，如果某个 List 没有元素，该命令会阻塞进程，直到所有 List 都有元素弹出或超时。该命令的 B 代表 Block。
- BRPOP key [key] timeout：RPOP 的阻塞版本。弹出并返回多个 List 的最后一个元素，如果某个 List 没有元素，该命令会阻塞进程，直到所有 List 都有元素弹出或超时。
- BRPOPLPUSH source destination timeout：RPOPLPUSH 的阻塞版本，如果 source 中没有元素，该命令会阻塞进程，直到 source 有元素弹出或超时。

下面的执行过程简单示范了上面命令的用法。

```
127.0.0.1:6379[3]> lpush mylist java              # 向不存在的 List 的头部添加元素
(integer) 1
127.0.0.1:6379[3]> lpushx mylist python kotlin    # 向 List 的头部添加两个元素
(integer) 3
127.0.0.1:6379[3]> llen mylist
(integer) 3
127.0.0.1:6379[3]> lindex mylist 1                # 获取 List 指定位置的元素
"python"
127.0.0.1:6379[3]> linsert mylist before python swift   # 在指定元素之前插入元素
(integer) 4
127.0.0.1:6379[3]> lrange mylist 0 100            # 显示全部的 List 元素
1) "kotlin"
2) "swift"
3) "python"
4) "java"
127.0.0.1:6379[3]> lset mylist 1 rust             # 设置指定位置的元素
OK
127.0.0.1:6379[3]> lrange mylist 0 100
1) "kotlin"
2) "rust"
3) "python"
4) "java"
127.0.0.1:6379[3]> rpush mylist Go                # 向 List 的尾部添加元素
(integer) 5
127.0.0.1:6379[3]> lrange mylist 0 100
1) "kotlin"
2) "rust"
3) "python"
4) "java"
5) "Go"
```

```
127.0.0.1:6379[3]> lpop mylist                          # 弹出 List 头部的元素
"kotlin"
127.0.0.1:6379[3]> rpop mylist                          # 弹出 List 尾部的元素
"Go"
127.0.0.1:6379[3]> lrange mylist 0 100
1) "rust"
2) "python"
3) "java"
127.0.0.1:6379[3]> rpush list2 fkjava                   # 向不存在的 List 的尾部添加元素
(integer) 1
127.0.0.1:6379[3]> rpoplpush mylist list2    # 从源 List 弹出一个元素，添加到目标 List 的头部
"java"
127.0.0.1:6379[3]> rpoplpush mylist list2
"python"
127.0.0.1:6379[3]> rpoplpush mylist list2
"rust"
127.0.0.1:6379[3]> lrange mylist 0 100
(empty array)
127.0.0.1:6379[3]> lrange list2 0 100
1) "rust"
2) "python"
3) "java"
4) "fkjava"
127.0.0.1:6379[3]> rpushx list2 java java
(integer) 6
127.0.0.1:6379[3]> lrem list2 -2 java                   # 从右向左删除 List 中的两个 java 元素
(integer) 2
127.0.0.1:6379[3]> lrange list2 0 100
1) "rust"
2) "python"
3) "java"
4) "fkjava"
127.0.0.1:6379[3]> lpushx list2 rust rust
(integer) 6
127.0.0.1:6379[3]> lrem list2 2 rust                    # 从左向右删除 List 中的两个 rust 元素
(integer) 2
127.0.0.1:6379[3]> lrange list2 0 100
1) "rust"
2) "python"
3) "java"
4) "fkjava"
```

▶▶ 6.1.7　Set 相关命令

Set 代表无序、元素不能重复的集合，因此 Set 中的元素都是唯一的。Set 最多可包含 $2^{32}-1$ 个元素。Set 底层其实是通过 Hash 表实现的，因此它的删除、查找的复杂度都是 $O(1)$，性能很好。

与 Set 相关的常用命令如下。

- ➤ SADD key member [member ...]：向 key 对应的 Set 中添加一个或多个元素。
- ➤ SCARD key：返回 key 对应的 Set 中元素的个数。
- ➤ SDIFF key [key ...]：计算多个 Set 之间的差值。
- ➤ SDIFFSTORE destination key [key ...]：SDIFF 的存储版本，将多个 Set 之间的差值保存到 destination 中。
- ➤ SINTER key [key ...]：返回给定 Set 的交集。
- ➤ SINTERSTORE destination key [key ...]：SINTER 的存储版本，将给定 Set 的交集保存到 destination 中。
- ➤ SISMEMBER key member：判断 member 是否为 key 对应的 Set 的元素。

- SMEMBERS key：返回 key 对应的 Set 的全部元素。
- SMOVE source destination member：将 source 中的 member 元素移到 destination 中。
- SPOP key：弹出 key 对应的 Set 中随机的一个元素。
- SRANDMEMBER key [count]：返回 key 对应的 Set 中随机的 count 个元素（不删除元素）。
- SREM key member [member ...]：删除 key 对应的 Set 中的一个或多个元素。
- SUNION key [key ...]：计算给定 Set 的并集。
- SUNIONSTORE destination key [key ...]：SUNION 的存储版本，将给定 Set 的并集保存到 destination 中。
- SSCAN key cursor [MATCH pattern] [COUNT count]：使用 cursor 遍历 key 对应的 Set。pattern 指定只遍历匹配 pattern 的元素，count 指定最多只遍历 count 个元素。

下面的执行过程简单示范了上面命令的用法。

```
127.0.0.1:6379[3]> sadd myset java python kotlin swift    # 向不存在的 Set 中添加元素
(integer) 4
127.0.0.1:6379[3]> scard myset                            # 获取 Set 的元素个数
(integer) 4
127.0.0.1:6379[3]> sismember myset java                   # 判断 java 是否为 myset 的元素
(integer) 1
127.0.0.1:6379[3]> sadd set2 rust java Go                 # 创建第 2 个 Set
(integer) 3
127.0.0.1:6379[3]> sdiff myset set2                       # 计算两个 Set 之间的差值
1) "python"
2) "kotlin"
3) "swift"
127.0.0.1:6379[3]> sinter myset set2                      # 计算两个 Set 的交集
1) "java"
127.0.0.1:6379[3]> sunion myset set2                      # 计算两个 Set 的并集
1) "kotlin"
2) "python"
3) "java"
4) "Go"
5) "rust"
6) "swift"
127.0.0.1:6379[3]> sscan myset 0 match *o* count 3        # 遍历包含 o 的集合元素
1) "1"
2) 1) "kotlin"
   2) "python"
127.0.0.1:6379[3]> srem myset kotlin                      # 从 myset 中删除 kotlin 元素
(integer) 1
127.0.0.1:6379[3]> smembers myset                         # 查看 myset 的全部元素
1) "python"
2) "java"
3) "swift"
127.0.0.1:6379[3]>
```

6.1.8 ZSet 相关命令

ZSet 相当于 Set 的增强版，它会为每个元素都分配一个 double 类型的 score（分数），并按该 score 对集合中元素进行排序。

ZSet 集合中的元素不允许重复，但元素的 score 是可以重复的。

与 ZSet 相关的常用命令如下。

- ZADD key score member [score member ...]：向 ZSet 中添加一个或多个元素，或者更新已有元素的 score。

- ZCARD key：返回 key 对应的 ZSet 中元素的个数。
- ZCOUNT key min max：返回 ZSet 中 score 位于 min 和 max 之间的元素个数。
- ZDIFF numkeys key [key ...] [WITHSCORES]：计算给定 ZSet 之间的差值。该命令在 Redis 6.2 及更新版本中才可用。
- ZDIFFSTORE destination numkeys key [key ...]：ZDIFF 的存储版本，将给定 ZSet 之间的差值保存到 destination 中。该命令在 Redis 6.2 及更新版本中才可用。
- ZINCRBY key increment member：将 memeber 元素的 score 增加 increment。
- ZINTER numkeys key [key ...]：计算给定 ZSet 的交集。该命令在 Redis 6.2 及更新版本中才可用。
- ZINTERSTORE destination numkeys key [key ...]：ZINTER 的存储版本，将给定 ZSet 的交集保存到 destination 中。交集中元素的 score 是相同元素的 score 之和。
- ZLEXCOUNT key min max：返回 ZSet 中按字典排序时从 min 到 max 之间所有元素的个数。

> 提示：
> 当向 ZSet 中添加多个 score 相等的元素时，ZSet 就会使用字典顺序（英文字典中字母的排序方式）对这些元素进行排序，此时就可按字典顺序来获取指定范围内元素的个数。

- ZPOPMAX key [count]：弹出 ZSet 中 score 最大的元素。
- BZPOPMAX key [key...] timeout：ZPOPMAX 的阻塞版本。该命令会阻塞进程，直到指定 ZSet 有元素弹出或超时。
- ZPOPMIN key [count]：弹出 ZSet 中 score 最小的元素。
- BZPOPMIN key [key ...] timeout：ZPOPMIN 的阻塞版本。该命令会阻塞进程，直到指定 ZSet 有元素弹出或超时。
- ZRANGE key start stop [WITHSCORES]：返回 ZSet 中从 start 索引到 stop 索引范围内的元素（及 score）。索引支持负数，负数表示从最后面开始，比如-1 代表最后一个元素。
- ZRANGEBYLEX key min max [LIMIT offset count]：返回 ZSet 中按字典排序时从 min 到 max 之间的所有元素。
- ZRANGEBYSCORE key min max [WITHSCORES] [LIMIT offset count]：返回 ZSet 中 score 位于 min 和 max 之间的所有元素。
- ZRANK key member：返回 ZSet 中指定元素的索引。score 最小的元素的索引是 0。
- ZREM key member [member ...]：删除 ZSet 中一个或多个元素。
- ZREMRANGEBYLEX key min max：删除 ZSet 中按字典排序时从 min 到 max 之间的所有元素。
- ZREMRANGEBYRANK key start stop：删除 ZSet 中从 start 索引到 stop 索引之间的所有元素。
- ZREMRANGEBYSCORE key min max：删除 ZSet 中 score 位于 min 和 max 之间的所有元素。
- ZREVRANGE key start stop [WITHSCORES]：ZRANGE 的反向版本。
- ZREVRANGEBYLEX key max min [LIMIT offset count]：ZRANGEBYLEX 的反向版本。
- ZREVRANGEBYSCORE key max min [WITHSCORES]：ZRANGEBYSCORE 的反向版本。
- ZREVRANK key member：ZRANK 的反向版本。score 最大的元素的反向索引是 0。
- ZSCORE key member：获取指定元素的 score。

- ➤ ZUNION numkeys key [key ...]：计算给定 ZSet 的并集。该命令在 Redis 6.2 及更新版本中才可用。
- ➤ ZUNIONSTORE destination numkeys key [key ...]：ZUNION 的存储版本，将给定 ZSet 的并集保存到 destination 中。
- ➤ ZMSCORE key member [member ...]：获取多个元素的 score。该命令在 Redis 6.2 及更新版本中才可用。
- ➤ ZSCAN key cursor [MATCH pattern] [COUNT count]：使用 cursor 遍历 key 对应的 ZSet。pattern 指定只遍历匹配 pattern 的元素，count 指定最多只遍历 count 个元素。

下面的执行过程简单示范了上面命令的用法。

```
127.0.0.1:6379[3]> zadd myzset 0.4 java 0.36 python 0.2 kotlin 0.1 swift 0.3 go
(integer) 5
127.0.0.1:6379[3]> zcard myzset              # 返回 ZSet 中元素的个数
(integer) 5
127.0.0.1:6379[3]> zcount myzset 0.1 0.3     # 返回指定 score 范围内元素的个数
(integer) 3
127.0.0.1:6379[3]> zincrby myzset 0.1 java   # 为指定元素增加 score
"0.5"
127.0.0.1:6379[3]> zscore myzset java        # 获取指定元素的 score
"0.5"
127.0.0.1:6379[3]> zadd zset2 0.3 python 0.25 ruby 0.29 JS  # 创建新的 ZSet
(integer) 3
127.0.0.1:6379[3]> zinterstore new_zset 2 myzset zset2  # 计算交集
(integer) 1
127.0.0.1:6379[3]> zscan new_zset 0          # 遍历 ZSet
1) "0"
2) 1) "python"
   2) "0.65999999999999992"
127.0.0.1:6379[3]> zpopmax zset2             # 弹出 ZSet 中 score 最大的元素
1) "python"
2) "0.29999999999999999"
127.0.0.1:6379[3]> zpopmin zset2             # 弹出 ZSet 中 score 最小的元素
1) "ruby"
2) "0.25"
127.0.0.1:6379[3]> zrange myzset 1 3         # 返回 ZSet 中指定索引范围内的元素
1) "kotlin"
2) "go"
3) "python"
127.0.0.1:6379[3]> zrange myzset -3 -1
1) "go"
2) "python"
3) "java"
127.0.0.1:6379[3]> zrevrange myzset 1 3      # 反向返回 ZSet 中指定索引范围内的元素
1) "python"
2) "go"
3) "kotlin"
127.0.0.1:6379[3]> zrevrange myzset -3 -1
1) "go"
2) "kotlin"
3) "swift"
127.0.0.1:6379[3]> zrangebyscore myzset 0.1 0.3  # 返回 ZSet 中指定 score 范围内的元素
1) "swift"
2) "kotlin"
3) "go"
127.0.0.1:6379[3]> zrevrangebyscore myzset 0.3 0.1  # 反向返回 ZSet 中指定 score 范围内的元素
1) "go"
2) "kotlin"
```

```
  3) "swift"
127.0.0.1:6379[3]> zrank myzset swift         # 获取指定元素在 ZSet 中的索引
(integer) 0
127.0.0.1:6379[3]> zrank myzset java
(integer) 4
127.0.0.1:6379[3]> zrevrank myzset java       # 获取指定元素在 ZSet 中的反向索引
(integer) 0
127.0.0.1:6379[3]> zrevrank myzset swift
(integer) 4
127.0.0.1:6379[3]> zunionstore union_zset 2 myzset zset2  # 计算并集
(integer) 6
127.0.0.1:6379[3]> zscan union_zset 0
1) "0"
2) 1) "swift"
   2) "0.10000000000000001"
   3) "kotlin"
   4) "0.20000000000000001"
   5) "JS"
   6) "0.28999999999999998"
   7) "go"
   8) "0.29999999999999999"
   9) "python"
  10) "0.35999999999999999"
  11) "java"
  12) "0.5"
127.0.0.1:6379[3]> zrem zset2 JS              # 删除指定元素
(integer) 1
127.0.0.1:6379[3]> zscan zset2 0
1) "0"
2) (empty array)
127.0.0.1:6379[3]> zremrangebyrank myzset 2 3  # 删除指定索引范围内的元素
(integer) 2
127.0.0.1:6379[3]> zscan myzset 0
1) "0"
2) 1) "swift"
   2) "0.10000000000000001"
   3) "kotlin"
   4) "0.20000000000000001"
   5) "java"
   6) "0.5"
127.0.0.1:6379[3]> zremrangebyscore myzset 0.1 0.5  # 删除指定 score 范围内的元素
(integer) 3
127.0.0.1:6379[3]> zscan myzset 0
1) "0"
2) (empty array)
```

▶▶ 6.1.9 Hash 相关命令

Hash 类型是一个 key 和 value 都是 String 类型的 key-value 对。Hash 类型适合存储对象。每个 Hash 最多可存储 $2^{32}-1$ 个 key-value 对。

与 Hash 相关的常用命令如下。

- ➢ HDEL key field [field ...]：删除 Hash 对象中一个或多个 key-value 对。此处的 field 参数其实代表 Hash 对象中的 key，后面提到的 field 参数皆如此。
- ➢ HEXISTS key field：判断 Hash 对象中指定的 key 是否存在。
- ➢ HGET key field：获取 Hash 对象中指定 key 对应的 value。
- ➢ HGETALL key：获取 Hash 对象中所有的 key-value 对。
- ➢ HINCRBY key field increment：为 Hash 对象中指定的 key 增加 increment。

- HINCRBYFLOAT key field increment：HINCRBY 的浮点数版本，支持小数。
- HKEYS key：获取 Hash 对象中所有的 key。
- HLEN key：获取 Hash 对象中 key-value 对的数量。
- HMGET key field [field...]：HGET 的加强版，可同时获取多个 key 对应的 value。
- HSET key field value：为 Hash 对象设置一个 key-value 对。如果 field 对应的 key 已经存在，新设置的 value 将会覆盖原有的 value。
- HMSET key field value [field value ...]：HSET 的加强版，可同时设置多个 key-value 对。
- HSETNX key field value：HSET 的安全版本，只有当 field 对应的 key 不存在时，才能设置成功。
- HSTRLEN key field：获取 Hash 对象中指定 key 对应的 value 的字符串长度。
- HVALS key：获取 Hash 对象中所有的 value。
- HSCAN key cursor [MATCH pattern] [COUNT count]：遍历 Hash 对象。

下面的执行过程简单示范了上面命令的用法。

```
127.0.0.1:6379[3]> hmset user name fkjava age 23 gender male address guangzhou
OK
127.0.0.1:6379[3]> hexists user name      # 判断 Hash 对象中指定的 key 是否存在
(integer) 1
127.0.0.1:6379[3]> hexists user pass
(integer) 0
127.0.0.1:6379[3]> hget user name         # 获取指定 key 对应的值
"fkjava"
127.0.0.1:6379[3]> hget user age
"23"
127.0.0.1:6379[3]> hgetall user           # 获取所有的 key-value 对
1) "name"
2) "fkjava"
3) "age"
4) "23"
5) "gender"
6) "male"
7) "address"
8) "guangzhou"
127.0.0.1:6379[3]> hincrby user age 2     # 为指定 key 增加一个增量
(integer) 25
127.0.0.1:6379[3]> hkeys user             # 获取所有 key
1) "name"
2) "age"
3) "gender"
4) "address"
127.0.0.1:6379[3]> hvals user             # 获取所有 value
1) "fkjava"
2) "25"
3) "male"
4) "guangzhou"
127.0.0.1:6379[3]> hlen user              # 获取 Hash 对象中 key-value 对的数量
(integer) 4
127.0.0.1:6379[3]> hmget user name address  # 获取多个 key 对应的值
1) "fkjava"
2) "guangzhou"
127.0.0.1:6379[3]> hset user mobile 13588889999  # 设置 key-value 对
(integer) 1
127.0.0.1:6379[3]> hstrlen user name      # 获取指定 key 对应的 value 的字符串长度
(integer) 6
127.0.0.1:6379[3]> hscan user 0           # 遍历 Hash 对象
```

```
 1) "0"
 2) 1) "name"
    2) "fkjava"
    3) "age"
    4) "25"
    5) "gender"
    6) "male"
    7) "address"
    8) "guangzhou"
    9) "mobile"
   10) "13588889999"
```

▶▶ 6.1.10 事务相关命令

Redis 事务保证事务内的多条命令会按顺序作为整体执行，其他客户端发出的请求绝不可能被插入到事务处理的中间，这样可以保证事务内所有的命令作为一个隔离操作被执行。

Redis 事务同样具有原子性，事务内所有的命令要么全部被执行，要么全部被放弃。比如 Redis 在事务执行过程中遇到数据库宕机，假如事务已经执行了一半的命令，Redis 将会自动回滚这些已经执行过的命令。

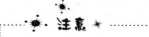
某条命令执行出现错误并不会影响事务的提交。

与事务相关的常用命令如下。
- DISCARD：取消事务，放弃执行事务块内的所有命令。
- EXEC：执行事务。
- MULTI：开启事务。
- WATCH key [key ...]：监视一个或多个 key，如果在事务执行之前这些 key 对应的值被其他命令改动，事务会自动中断。
- UNWATCH：取消 WATCH 命令对所有 key 的监视。

下面的执行过程简单示范了上面命令的用法。

```
127.0.0.1:6379[3]> multi                    # 开启事务
OK
127.0.0.1:6379[3]> hmset customer name yeeku age 29
QUEUED
127.0.0.1:6379[3]> hincrby customer name 1
QUEUED
127.0.0.1:6379[3]> hset customer name fkjava
QUEUED
127.0.0.1:6379[3]> exec                     # 执行事务
1) OK
2) (error) ERR hash value is not an integer
3) (integer) 0
127.0.0.1:6379[3]> hgetall customer
1) "name"
2) "fkjava"
3) "age"
4) "29"
```

上面的执行过程定义了一个事务，该事务包含 3 条命令，其中第 2 条命令执行时遇到了错误，但它并不会影响事务的提交。

6.1.11 发布/订阅相关命令

Redis 内置支持发布/订阅的消息机制,消息订阅者可以订阅一个或多个 channel,每个 channel 也可被多个消息订阅者订阅。只要消息发布者向某个 channel 发布消息,该消息就会同时被该 channel 的多个消息订阅者收到。

图 6.5 显示了发布/订阅模式的示意图。

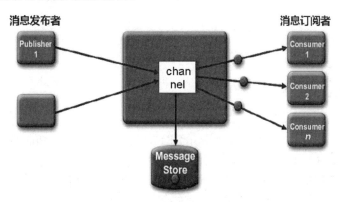

图 6.5 发布/订阅模式示意图

与发布/订阅相关的常用命令如下。

- SUBSCRIBE channel [channel ...]:订阅一个或多个 channel。
- UNSUBSCRIBE [channel [channel ...]]:取消订阅一个或多个 channel,如果不带参数,则表明取消订阅所有 channel。
- PSUBSCRIBE pattern [pattern ...]:按模式匹配的方式订阅一个或多个 channel。
- PUNSUBSCRIBE [pattern [pattern ...]]:按模式匹配的方式取消订阅一个或多个 channel,如果不带参数,则表明取消订阅所有 channel。
- PUBLISH channel message:向指定 channel 发布消息。
- PUBSUB subcommand [argument [argument ...]]:检查订阅/发布系统的状态。

发布/订阅机制需要启动多个 Redis 客户端来示范,下面依次启动多个客户端。

首先启动第 1 个 Redis 客户端,然后输入如下命令来订阅两个 channel:

```
127.0.0.1:6379> subscribe c1 c2
Reading messages... (press Ctrl-C to quit)
1) "subscribe"
2) "c1"
3) (integer) 1
1) "subscribe"
2) "c2"
3) (integer) 2
```

接下来启动第 2 个 Redis 客户端,该客户端也将作为消息订阅者使用。因此依然输入"subscribe c1 c2"命令,此时将会看到与上面所示相同的输出。

最后启动第 3 个 Redis 客户端,该客户端将作为消息发布者使用,输入如下命令:

```
127.0.0.1:6379> publish c1 "redis is funny"
(integer) 1
```

上面命令向 c1 channel 发送了一个字符串。将窗口切换到第 1 个、第 2 个 Redis 客户端,此时将可看到这两个客户端中多出如下输出:

```
1) "message"
```

```
2) "c1"
3) "redis is funny"
```

在第 3 个 Redis 客户端中继续输入如下命令：

```
127.0.0.1:6379> publish c2 "redis is simple"
(integer) 1
```

再次将窗口切换到第 1 个、第 2 个 Redis 客户端，此时将可看到这两个客户端中又多出如下输出：

```
1) "message"
2) "c2"
3) "redis is simple"
```

▶▶ 6.1.12　Lettuce 用法简介

正如前面所说的，Java 领域提供了大量 Redis 客户端（或称"驱动"），这些底层客户端的功能比较相似，都提供了一个 API 来执行前面所介绍的 Redis 命令。鉴于 Spring Data Redis 底层使用的是 Lettuce，此处将先介绍 Lettuce 的基本用法。

Lettuce 用起来其实很简单，主要使用的就是如下 4 个核心 API。

- ➢ RedisURI：用于封装 Redis 服务器的连接信息。
- ➢ RedisClient：代表 Redis 客户端，如果连接 Cluster 模式的 Redis，则使用 RedisClusterClient。
- ➢ StatefulConnection<K,V>：代表 Redis 连接的父接口，它派生了不少子接口来代表不同的连接。
- ➢ RedisCommands：用于执行 Redis 命令的接口，它的方法几乎覆盖了 Redis 的所有命令（前面介绍的那些命令它都支持），它的方法名和 Redis 命令名是一一对应的，你肯定一看就会明白，比如 Redis 对操作 Hash 对象提供了 hmset 命令，那么 RedisCommands 就提供了 hmset()方法，它派生了一个 RedisPubSubCommands<K,V>子接口，用于运行消息发布/订阅的命令。

在实际开发中，RedisCommands 是使用最多的 API，它的功能实际上就相当于 redis-cli.exe。

下面对这 4 个核心 API 进行详细介绍。

RedisURI 就是用于封装服务器的连接信息的，如服务器地址、数据库、密码等。Lettuce 提供了如下 3 种方式来构建 RedisURI。

- ➢ 调用 create()静态方法来构建 RedisURI，例如如下代码：

```
RedisURI.create("redis://localhost/");
```

- ➢ 调用 Builder 来构建 RedisURI，例如如下代码：

```
RedisURI.Builder.redis("localhost", 6379)
    .withPassword("password")
    .withDatabase(1)
    .build();
```

在这种构建方式下，所有信息都通过 Builder 对应的方法逐项传入，因此其可读性最好，这也是作者所推荐的方式。

- ➢ 调用构造器来构建 RedisURI，例如如下代码：

```
new RedisURI("localhost", 6379, Duration.ofSeconds(60));
```

这种构建方式是最不灵活的，因为它只能传入 3 个构造器参数，通过该方式构建 RedisURI 之后，还需要调用它的 setter 方法对其进行设置。这种构建方式是最差的。

上面第 1 种构建方式其实也比较灵活，只是它要求把所有的连接信息都写在 create()方法的

String 参数中。

create()方法支持的 URI 字符串的完整语法如下。

➢ 单机模式的 Redis：

```
scheme://[[username:]password@]host[:port][/database][?[timeout=时长][&database=N]
[&clientName=clientName]]
```

➢ 使用 UNIX Domain Socket 的单机 Redis：

```
redis-socket://[[username:]password@]path[?[timeout=时长][&database=N][&clientName=
clientName]]
```

➢ 哨兵模式的 Redis：

```
redis-sentinel://[[username:]password@]host1[:port1][,host2[:port2]][,hostN
[:portN]][/database][?[timeout=时长][&sentinelMasterId=sentinelMasterId][&database=N]
[&clientName=clientName]]
```

上面的 scheme 支持如下几种。

➢ redis://：单机模式的 Redis。
➢ rediss://：使用 SSL 协议的单机 Redis。
➢ redis-socket://：使用 UNIX Domain Socket 的单机 Redis。
➢ redis-sentinel://：哨兵模式的 Redis。
➢ rediss-sentinel://：使用 SSL 协议的、哨兵模式的 Redis。

上面 URI 字符串中的 timeout 参数可指定超时时长，该时长支持以下时间单位后缀。

➢ d：天。
➢ h：小时。
➢ m：分钟。
➢ s：秒。
➢ ms：毫秒。
➢ us：微妙。
➢ ns：纳秒。

上面 URI 字符串中的 database 参数可指定默认连接的数据库 ID，就相当于 redis-cli.exe 中 SELECT 命令的参数。

有了 RedisURI 之后，接下来以 RedisURI 为参数，调用 RedisClient（或 RedisClusterClient）的 create()静态方法即可创建 RedisClient（或 RedisClusterClient）对象。

有了 RedisClient 或 RedisClusterClient 对象之后，根据 Redis 的运行模式调用对应的 connectXxx() 方法来获取 StatefulConnection 对象。

StatefulConnection 及其派生接口的类图如图 6.6 所示。

正如图 6.6 所显示的，StatefulConnection 只是一个根接口，程序实际使用的往往是 StatefulConnection 的如下子接口。

➢ StatefulRedisConnection：最基本的 Redis 连接。
➢ StatefulRedisPubSubConnection：带消息发布/订阅功能的 Redis 连接。
➢ StatufulRedisMasterSlaveConnection：主从模式的 Redis 连接。
➢ StatefulRedisSentinelConnection：哨兵模式的 Redis 连接。

有了 StatefulRedisXxxConnection 连接对象之后，调用它的如下 3 个方法来创建 RedisXxxCommands 对象。

➢ sync()：创建同步模式的 RedisCommands 对象。

➢ async():创建异步模式的 RedisAsyncCommands 对象。
➢ reactive():创建反应式模式的 RedisReactiveCommands 对象。

通过这 3 个方法可以看出,Lettuce 的功能非常强大,它可通过同步、异步、反应式 3 种方式对 Redis 进行操作。

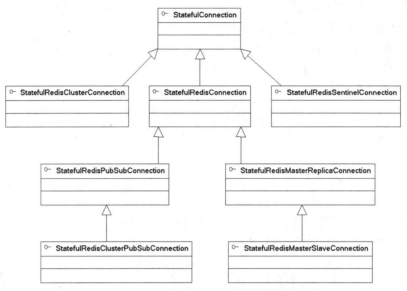

图 6.6 StatefulConnection 及其派生接口的类图

RedisCommands 的作用类似于 redis-cli.exe 工具,可用于执行各种 Redis 命令。其中 RedisAsyncCommands 是异步版本,而 RedisReactiveCommands 则是反应式版本。

RedisCommands 还有一个 RedisPubSubCommand 子接口,用于支持消息发布/订阅功能; RedisAsyncCommands 有一个 RedisPubSubAsyncCommands 子接口,用于支持消息发布/订阅功能; RedisReactiveCommands 有一个 RedisPubSubReactiveCommands 子接口,用于支持消息发布/订阅功能。

总结一下,使用 Lettuce 操作 Redis 数据库的大致步骤如下:

① 定义 RedisURI,再以 RedisURI 为参数,创建 RedisClient 或 RedisClusterClient 对象。

② 调用 RedisClient 或 RedisClusterClient 的 connectXxx()方法连接 Redis 服务器,根据所连接的 Redis 服务器的状态不同,该方法返回 StatefulRedisXxxConnection 连接对象。

③ 调用连接对象的 sync()、async()或 reactive()方法创建同步、异步或反应式模式的 RedisCommands 对象。

④ 调用 RedisCommands 执行 Redis 命令。这一步是变化最大的,因为 RedisCommands 可以执行 Redis 的全部命令。

⑤ 关闭资源。关闭资源时按照惯例"先开后闭",因此先关闭与 Redis 的连接对象,再关闭 RedisClient 对象。

下面通过例子来示范如何使用 Lettuce 操作 Redis 数据库。首先创建一个 Maven 项目,然后在 pom.xml 文件中添加如下依赖:

```xml
<dependency>
    <groupId>io.lettuce</groupId>
    <artifactId>lettuce-core</artifactId>
    <version>6.0.1.RELEASE</version>
</dependency>
```

下面程序示范了以同步方式来操作 Redis 数据库。

程序清单：codes\06\6.1\LettuceTest\src\main\java\org\crazyit\app\SyncTest.java
```java
public class SyncTest
{
    static RedisClient redisClient;
    static StatefulRedisConnection<String, String> conn;
    // 初始化 RedisClient、StatefulRedisConnection 的方法
    public static void init()
    {
        // 创建 RedisURI 对象
        RedisURI redisUri = RedisURI.builder()
                .withHost("localhost")
                .withPassword(new char[]{'3', '2', '1', '4', '7'})
                .withDatabase(0)
                .withPort(6379)
                .withTimeout(Duration.of(10, ChronoUnit.SECONDS))
                .build();
        // 创建 RedisClient
        redisClient = RedisClient.create(redisUri);
        // 获取 StatefulRedisConnection
        conn = redisClient.connect();
    }
    public static void closeResource()
    {
        // 关闭 StatefulRedisConnection
        conn.close();
        // 关闭 RedisClient
        redisClient.shutdown();
    }
    public static void main(String[] args)
    {
        init();
        // 创建 StatefulRedisConnection
        StatefulRedisConnection<String, String> conn = redisClient.connect();
        // 创建同步模式的 RedisCommands
        RedisCommands<String, String> redisCommands = conn.sync();
        // SetArgs，主要用于设置超时时长
        SetArgs setArgs = SetArgs.Builder.nx().ex(2000);
        // 执行 PING 命令
        System.out.println(redisCommands.ping());
        // 执行 SET 命令
        String result1 = redisCommands.set("name", "疯狂软件", setArgs);
        System.out.println(result1);
        // 执行 HSET 命令
        Long result2 = redisCommands.hset("user", Map.of("name",
                "Crazyit", "age", "23", "address", "广州"));
        System.out.println(result2);
        // 执行 GET 命令
        String result3 = redisCommands.get("name");
        System.out.println(result3);
        // 执行 HGET 命令
        System.out.println(redisCommands.hget("user", "address"));
        closeResource();  // 关闭资源
    }
}
```

上面程序中的粗体字代码对应了前面所讲的 Lettuce 的操作步骤，在获得 RedisCommands 对象之后，程序通过它调用了 set()、hset()、get()、hget()方法，也就是执行 Redis 的 SET、HSET、GET、HGET 命令。

在执行这些命令时还额外传入了一个 SetArgs 参数，该参数用于为这些命令传入额外的控制选项，比如超时时长等，上面的 ex(2000)就是设置超时时长为 2000 秒。如果不想设置 key 的超时时长，则可调用 SetArgs 的 keepttl()方法或干脆不传入 SetArgs 参数。

上面程序在调用 set()方法（对应于 SET 命令）时传入了 SetArgs 参数，用于控制 SET 命令设置的 key 将于 2000 秒之后过期。

运行上面程序，将会看到如下输出：

```
PONG
OK
3
疯狂软件
广州
```

通过上面的输出可以看到，RedisCommands 使用同步方式执行 Redis 命令时，这些方法的返回值就是 Redis 命令的返回值。

该程序运行完成后，打开 Another Redis DeskTop Manager 管理器，连接 Redis 服务器查看 DB0 数据库，可以看到如图 6.7 所示的数据。

图 6.7 使用同步方式添加的数据

如果希望使用异步方式来操作 Redis 数据库，只要记住如下两点：

➢ 调用 async()方法来创建 RedisAsyncCommands 对象。
➢ RedisAsyncCommands 执行 Redis 命令后的返回值是 RedisFuture，它包装了实际的返回值。RedisFuture 继承了 JDK 并发编程的 CompletionStage 和 Future，因此可通过异步方式来获取数据。

下面程序示范了以异步方式来操作 Redis 数据库。

程序清单：codes\06\6.1\LettuceTest\src\main\java\org\crazyit\app\AsyncTest.java

```java
public class AsyncTest
{
    static RedisClient redisClient;
    static StatefulRedisConnection<String, String> conn;
    // 省略 init()和 closeResource()方法
    ...
    public static void main(String[] args) throws InterruptedException
    {
        init();
        // 创建异步模式的 RedisAsyncCommands
```

```
        RedisAsyncCommands<String, String> redisCommands = conn.async();
        // 执行 PING 命令
        RedisFuture<String> result = redisCommands.ping();
        result.thenAccept(System.out::println);
        // 执行 LPUSH 命令
        redisCommands.lpush("books",
            "疯狂 Java 讲义", "疯狂 Python 讲义", "疯狂 Java 讲义")
                .thenAccept(System.out::println);
        // 执行 LINDEX 命令
        redisCommands.lindex("books", 1)
                .thenAccept(System.out::println);
        // 执行 SADD 命令
        redisCommands.sadd("languages",
            "Java", "Python", "Kotlin", "Rust");
        // 执行 SRANDMEMBER 命令
        redisCommands.srandmember("languages")
                .thenAccept(System.out::println);
        Thread.sleep(500);      // 程序暂停 0.5 秒, 让异步任务完成
        closeResource();        // 关闭资源
    }
}
```

正如从上面第 1 行粗体字代码所看到的，使用异步方式执行 Redis 命令时，程序调用 async() 方法来创建 RedisAsyncCommands 对象。上面第 2 行粗体字代码显示了以异步方式执行 Redis 命令的返回值：RedisFuture，因此程序使用 thenAccept() 方法来获取 Redis 命令实际返回的数据。

由于 thenAccept() 方法会以异步方式来获取 Redis 命令实际返回的数据，它不会阻塞主线程，因此可能出现的情况是：程序主线程执行完成（程序退出）后，Redis 命令的结果还没有获取到，故上面程序在关闭资源之前让主线程暂停 0.5 秒，保证在程序退出之前能获取到 Redis 命令的执行结果。

运行上面程序，将会看到如下输出：

```
PONG
3
疯狂 Python 讲义
Java
```

该程序运行完成后，打开 Another Redis DeskTop Manager 管理器，连接 Redis 服务器查看 DB0 数据库，可以看到如图 6.8 所示的数据。

图 6.8 使用异步方式添加的数据

从图 6.8 所示的数据库中已经看不到名为 name 的 key 了，这就是因为在设置 name 时指定了它的超时时长是 2000 秒，因此 2000 秒之后该 key 就过期被自动删除了。

如果希望使用反应式方式来操作 Redis 数据库，只要记住如下两点：

➢ 调用 reactive()方法来创建 RedisReactiveCommands 对象。
➢ RedisReactiveCommands 执行 Redis 命令后的返回值是 Mono 或 Flux，它包装了实际的返回值，它们就是反应式 API，因此可通过反应式方式来获取数据。

下面程序示范了以反应式方式来操作 Redis 数据库。

程序清单：codes\06\6.1\LettuceTest\src\main\java\org\crazyit\app\ReactiveTest.java

```java
public class ReactiveTest
{
    static RedisClient redisClient;
    static StatefulRedisConnection<String, String> conn;
    // 省略 init()和 closeResource()方法
    ...
    public static void main(String[] args) throws Exception
    {
        init();
        // 创建反应式模式的 RedisReactiveCommands
        RedisReactiveCommands<String, String> redisCommands = conn.reactive();
        // 执行 PING 命令
        Mono<String> result = redisCommands.ping();
        result.subscribe(System.out::println);
        // 执行 ZADD 命令
        redisCommands.zadd("myzset", 0.3,
                "Kotlin", 0.5, "Java", 0.4, "Python")
                .subscribe(System.out::println);
        // 执行 ZRANK 命令
        redisCommands.zrank("myzset", "Java")
                .subscribe(System.out::println);
        // 执行 ZRANGE 命令
        redisCommands.zrange("myzset", 1, 2)
                .subscribe(System.out::println);
        // 执行 ZPOPMAX 命令
        redisCommands.zpopmax("myzset")
                .subscribe(System.out::println);
        Thread.sleep(500);
        closeResource(); // 关闭资源
    }
}
```

正如从上面第 1 行粗体字代码所看到的，使用反应式方式执行 Redis 命令时，程序调用 reactive()方法来创建 RedisReactiveCommands 对象。上面第 2 行粗体字代码显示了以反应式方式执行 Redis 命令的返回值：Mono，因此程序使用 subscribe()方法来"订阅"反应式源中的数据——这些数据其实来自 Redis 命令的返回值。

同样由于 subscribe()方法会以反应式方式来获取 Redis 命令实际返回的数据，它也不会阻塞主线程，因此上面程序也在关闭资源之前让主线程暂停 0.5 秒，保证在程序退出之前能获取到 Redis 命令的执行结果。

运行上面程序，将会看到如下输出：

```
PONG
3
2
Python
Java
ScoredValue[0.500000, Java]
```

该程序运行完成后，打开 Another Redis DeskTop Manager 管理器，连接 Redis 服务器查看 DB0 数据库，可以看到如图 6.9 所示的数据。

图 6.9　使用反应式方式添加的数据

从 Redis 6.0 开始，Redis 支持使用多线程来接收、处理客户端命令，因此应用程序可使用连接池来管理 Redis 连接。下面例子将示范如何利用 Lettuce 来处理消息发布/订阅，且使用连接池管理发布/订阅的连接对象。

使用 Lettuce 连接池需要 Apache Commons Pool2 的支持，因此在 pom.xml 文件中添加如下依赖：

```xml
<dependency>
    <groupId>org.apache.commons</groupId>
    <artifactId>commons-pool2</artifactId>
    <version>2.9.0</version>
</dependency>
```

接下来即可在程序中通过类似于如下的代码片段来创建连接池：

```
var conf = new GenericObjectPoolConfig<StatefulRedisConnection<String, String>>();
conf.setMaxTotal(20); // 设置允许的最大连接数
// 创建连接池对象（其中连接由 redisClient 的 connect 方法创建）
pool = ConnectionPoolSupport.createGenericObjectPool(
    redisClient::connect, conf);
```

上面连接池管理的连接对象是 StatefulRedisConnection，它由 RedisClient 对象的 connect()方法创建，如上面的粗体字代码所示；如果该连接池管理的是 StatefulRedisPubSubConnection，则该连接对象应该由 RedisClient 的 connectPubSub()方法创建，因此修改上面的粗体字代码即可。

下面程序示范了消息订阅者的代码。

程序清单：codes\06\6.1\LettuceTest\src\main\java\org\crazyit\app\Subscriber.java

```java
public class Subscriber
{
    static RedisClient redisClient;
    static StatefulRedisConnection<String, String> conn;
    // 定义连接池
    static GenericObjectPool<StatefulRedisPubSubConnection<String, String>> pool;
    // 初始化 RedisClient、StatefulRedisConnection 和连接池的方法
    public static void init()
    {
        // 创建 RedisURI 对象
        RedisURI redisUri = RedisURI.builder()
```

```java
            .withHost("localhost")
            .withPassword(new char[]{'3', '2', '1', '4', '7'})
            .withDatabase(0)
            .withPort(6379)
            .withTimeout(Duration.of(10, ChronoUnit.SECONDS))
            .build();
        // 创建RedisClient
        redisClient = RedisClient.create(redisUri);
        // 获取StatefulRedisConnection
        conn = redisClient.connect();
        var conf = new GenericObjectPoolConfig<StatefulRedisPubSubConnection
            <String, String>>();
        conf.setMaxTotal(20);  // 设置允许的最大连接数
        // 创建连接池对象（其中连接由redisClient的connectPubSub方法创建）
        pool = ConnectionPoolSupport.createGenericObjectPool(
            redisClient::connectPubSub, conf);
    }
    public static void closeResource()
    {
        // 关闭连接池
        pool.close();
        // 关闭StatefulRedisConnection
        conn.close();
        // 关闭RedisClient
        redisClient.shutdown();
    }
    public static void main(String[] args) throws Exception
    {
        init();
        RedisCommands<String, String> redisCommands = conn.sync();
        // 设置redisCommands只通知key过期（Ex）的事件
        redisCommands.configSet("notify-keyspace-events", "Ex");
        // 设置该key-value对于3秒之后过期，该过期消息会被订阅者收到
        redisCommands.setex("organization", 3, "疯狂软件");
        // 通过连接池获取连接
        var subConn = pool.borrowObject();
        subConn.addListener(new RedisPubSubAdapter<>()       // ①
        {
            @Override
            // 订阅channel成功时触发该方法
            public void subscribed(String channel, long count)
            {
                System.out.println("订阅成功,channel:" + channel + ", count:" + count);
            }
            // 收到channel的消息时触发该方法
            @Override
            public void message(String channel, String message)
            {
                System.out.println("channel:" + channel
                    + ", message: " + message);
            }
            // 订阅pattern模式的channel成功时触发该方法
            @Override
            public void psubscribed(String pattern, long count)
            {
                System.out.println("订阅成功,pattern:" + pattern + ", count:" + count);
            }
            // 收到pattern模式的channel的消息时触发该方法
            @Override
            public void message(String pattern, String channel, String message)
            {
```

```
                    System.out.println("pattern:" + pattern + ", channel:" + channel
                            + ", message: " + message);
                }
            });
            RedisPubSubCommands<String, String> subCommands = subConn.sync();
            // 订阅 pattern 模式的 channel
            subCommands.psubscribe("__keyevent@0__:expired");
            // 订阅 channel
            subCommands.subscribe("mychannel");
            Thread.sleep(50000);
            closeResource();
    }
}
```

前面第 1 行粗体字代码创建了一个连接池，该连接池管理的连接对象由 RedisClient 的 connectPubSub()方法创建，因此它管理的是 StatefulRedisPubSubConnection。

前面①号粗体字代码为 StatefulRedisPubSubConnection 添加了订阅监听器，当消息订阅者从 channel 收到消息时，对应的监听方法就会被触发。由于本例中的消息订阅者同时订阅了 channel 和 pattern 模式的 channel 的消息，因此该监听器同时实现了两个 message()方法，分别用于监听 channel 和 pattern 模式的 channel 的消息。

前面程序中的最后两行粗体字代码使得 subCommands 分别订阅了 pattern 模式的 channel 和普通 channel。在订阅 pattern 模式的 channel 时，它指定的 pattern 是 "__keyevent@0__:expired"，其可匹配任意 key 过期事件，因此当 Redis 中的 key 过期时，该程序就可收到通知。此外，它还会收到发布到 mychannel 的消息。

首先运行前面的程序，然后启动 redis-cli.exe 客户端，执行如下两条命令来发布消息和设置 key-value 对：

```
127.0.0.1:6379> publish mychannel "Redis is funny"
(integer) 0
127.0.0.1:6379> set item Java Ex 2
OK
```

上面第 1 条命令向 mychannel 发布了一条 String 消息，第 2 条命令设置 key-value 对时指定了 Ex 2，这意味着该 key-value 对会于 2 秒之后过期。

上面两条命令执行完成后，将可以看到 Subscriber 程序的执行窗口中显示如下输出：

```
订阅成功, pattern: __keyevent@0__:expired, count:1
订阅成功, channel: mychannel, count:2
pattern:__keyevent@0__:expired, channel:__keyevent@0__:expired, message: organization
channel:mychannel, message: Redis is funny
pattern:__keyevent@0__:expired, channel:__keyevent@0__:expired, message: item
```

从上面的输出可以看到，该消息订阅者收到了两条 key 过期消息，分别是 organization 和 item 过期消息，其中 organization 是指该程序设置的 key-value 对过期，而 item 则是指 redis-cli.exe 设置的 key-value 对过期。该消息订阅者还收到一条来自 "mychannel" 的 String 消息：Redis is funny，它也来自 redis-cli.exe 发布的消息。

既然 redis-cli.exe 可用来发布消息，那么 RedisPubSubCommands 当仁不让，也可用于发布消息。下面程序示范了如何使用 RedisPubSubCommands 发布消息。

程序清单：codes\06\6.1\LettuceTest\src\main\java\org\crazyit\app\Publisher.java

```
public class Publisher
{
```

```
    static RedisClient redisClient;
    // 定义连接池
    static GenericObjectPool<StatefulRedisPubSubConnection<String, String>> pool;
    // 省略 init()、closeResource()方法
    ...
    public static void main(String[] args) throws Exception
    {
        init();
        // 调用 borrowObject()方法获取连接
        RedisPubSubCommands<String, String> pubCommands = pool.borrowObject().sync();
        pubCommands.publish("mychannel", "I want to learn Redis");
        closeResource();
    }
}
```

看到上面的粗体字代码了吧，使用 RedisPubSubCommands 发布消息就这么简单。

现在先运行前面的 Subscriber 程序作为消息订阅者，然后启动一个或多个 redis-cli.exe，并执行如下命令：

```
127.0.0.1:6379> subscribe mychannel
```

这样一来，Subscriber 程序以及所有执行 "subscribe mychannel" 命令的 redis-cli.exe 客户端都将作为消息订阅者。接下来运行上面的 Publisher 程序，此时将可在 Subscriber 程序运行的控制台看到如下输出：

```
channel:mychannel, message: I want to learn Redis
```

并在所有运行 "subscribe mychannel" 命令的 redis-cli.exe 窗口中看到如下输出：

```
1) "message"
2) "mychannel"
3) "I want to learn Redis"
```

上面示例示范的是同步模式下的消息订阅/发布，Lettuce 当然也支持异步模式、反应式模式的消息订阅/发布。

> 异步模式的消息订阅/发布：调用 StatefulRedisPubSubConnection 的 async()方法即可，该方法返回的是 RedisPubSubAsyncCommands，该返回值会以异步方式执行消息订阅/发布。
> 反应式模式的消息订阅/发布：调用 StatefulRedisPubSubConnection 的 reactive()方法即可，该方法返回的是 RedisPubSubReactiveCommands，该返回值会以反应式方式来执行消息订阅/发布。

由于前面已经详细介绍了 Lettuce 的异步、反应式编程模型，故此处不再重复介绍。

▶▶ 6.1.13 使用 RedisTemplate 操作 Redis

Spring Boot 为支持 Redis 提供了 spring-boot-starter-data-redis.jar，该 Starter 使用 Spring Data Redis 对底层 Lettuce（或 Jedis）进行了封装，并为 Lettuce（或 Jedis）提供了自动配置，且该 Starter 默认以 Lettuce 作为 Redis 客户端，除非显式指定使用 Jedis 客户端。

提示：
虽然 Spring Boot 还提供了一个 spring-boot-starter-data-redis-reactive.jar，但完全没必要使用这个 JAR 包，因为 spring-boot-starter-data-redis.jar 同时包含了传统 API 和反应式 API。

Spring Boot 会为 Redis 自动配置 RedisConnectionFactory、StringRedisTemplate、ReactiveStringRedisTemplate（反应式 API），因此可将它们注入任意其他组件（比如 DAO 组件）。

在默认情况下，RedisConnectionFactory 自动连接位于 localhost:6379 的 Redis 服务器，如果需要改变默认配置，则可通过以 "spring.redis" 开头的属性进行配置。例如以下配置：

```
spring.redis.host=192.168.1.188
spring.redis.port=6380
```

上面配置指定连接位于 192.168.1.188:6380 的 Redis 服务器。

需要说明的是，如果在 Spring 容器中配置自己的 RedisConnectionFactory Bean，Spring Boot 就不会自动配置 RedisConnectionFactory。但 RedisTemplate 可在容器中额外配置很多个，只要额外配置的 RedisTemplate 的 id 不是 redisTemplate，Spring Boot 就依然会自动配置一个 id 为 redisTemplate 的 RedisTemplate。

如果 Spring Boot 在类加载路径下找到 Apache Commons Pool2 依赖库，Spring Boot 会自动池化连接工厂。Redis 连接池相关信息，可通过以 "spring.redis.lettuce.pool" 开头的属性进行配置。例如，以下属性配置了有关连接池的信息：

```
# 指定连接池中最大的活动连接数为 20
spring.redis.lettuce.pool.maxActive = 20
# 指定连接池中最大的空闲连接数为 20
spring.redis.lettuce.pool.maxIdle=20
# 指定连接池中最小的空闲连接数为 2
spring.redis.lettuce.pool.minIdle = 2
```

所有以 "spring.redis" 开头的属性都由 RedisProperties 负责处理，该类的源代码如下：

```
@ConfigurationProperties(prefix = "spring.redis")
public class RedisProperties {
    // 指定默认连接的数据库
    private int database = 0;
    // 指定连接 Redis 服务器的 URL 地址，其格式要符合 RedisURI 要求
    private String url;
    // 指定主机地址
    private String host = "localhost";
    // 指定连接的密码
    private String password;
    // 指定端口
    private int port = 6379;
    // 指定是否启用 SSL 支持
    private boolean ssl;
    // 指定超时时长
    private Duration timeout;
    // 指定连接的客户端名称
    private String clientName;
    // 配置与哨兵模式相关的属性，对应于 spring.redis.sentinel.*属性
    private Sentinel sentinel;
    // 配置与 Cluster 模式相关的属性，对应于 spring.redis.cluster.*属性
    private Cluster cluster;
    // 配置 Jedis 相关属性，对应于 spring.redis.jedis.*属性
    private final Jedis jedis = new Jedis();
    // 配置 Lettuce 相关属性，对应于 spring.redis.lettuce.*属性
    private final Lettuce lettuce = new Lettuce();
    ...
}
```

有了 RedisTemplate（实际上是 StringRedisTemplate）之后，接下来可调用它的如下方法。

➤ ClusterOperations<K,V> opsForCluster()：返回操作 Cluster 的 ClusterOperations 对象。

➤ GeoOperations<K,V> opsForGeo()：返回操作地理数据（Geo）的 GeoOperations 对象。

- \<HK,HV> HashOperations\<K,HK,HV> opsForHash()：返回操作 Hash 对象的 HashOperations 对象。
- ListOperations\<K,V> opsForList()：返回操作 List 对象的 ListOperations 对象。
- SetOperations\<K,V> opsForSet()：返回操作 Set 对象的 SetOperations 对象。
- \<HK,HV> StreamOperations\<K,HK,HV>opsForStream()：返回操作 Stream 对象的 StreamOperations 对象。
- ValueOperations\<K,V> opsForValue()：返回操作 String 对象的 ValueOperations 对象。
- ZSetOperations\<K,V> opsForZSet()：返回操作 ZSet 对象的 ZSetOperations 对象。

通过上面这些方法，你能体会到 RedisTemplate 与 RedisCommands（Lettuce API）在设计上的差异吗？RedisCommands 的做法是它自己为 Redis 所有命令定义了对应的方法；而 RedisTemplate 则不同，它对 Redis 命令进行了分类，不同的命令由不同的接口提供支持——比如操作 List 的命令，由 ListOperations 负责提供；操作 Set 的命令，由 SetOperations 负责提供；而 RedisTemplate 只提供 opsForXxx()方法返回相应的操作接口。

如果要执行更细致的操作，RedisTemplate 则提供了一系列 execute()方法，这些方法都需要传入一个 Lambda 形式（或匿名内部类形式）的 Callback 对象，开发者在实现 Callback 接口中的抽象方法时，可访问到 RedisConnection 等底层 API，从而直接使用 RedisConnection 等底层 API 来操作 Redis 数据库。

此外，RedisTemplate 还提供了一些直接操作 key 的方法，例如 delete(K key)（删除 key）、getExpire(K key)（获取 key 的过期时间）、move(K key, int dbIndex)（移动 key）、rename(K oldKey, K newKey)（重命名 key）等方法，这些方法一看就能明白，具体可参考 RedisTemplate 的 API 文档。

下一节会给出有关 RedisTemplate 的具体示例。

▶▶ 6.1.14 使用 Spring Data Redis

由于 Spring Data 是高层次的抽象，而 Spring Data Redis 只是属于底层的具体实现，因此 Spring Data Redis 也提供了与前面 Spring Data 完全一致的操作。

归纳起来，Spring Data Redis 大致包括如下几方面功能。

- DAO 接口只需继承 CrudRepository，Spring Data Redis 能为 DAO 组件提供实现类。
- Spring Data Redis 支持方法名关键字查询，只不过 Redis 查询的属性必须是被索引过的。
- Spring Data Redis 同样支持 DAO 组件添加自定义的查询方法——通过添加额外的接口，并为额外的接口提供实现类，Spring Data Redis 就能将该实现类中的方法"移植"到 DAO 组件中。
- Spring Data Redis 同样支持 Example 查询。

需要说明的是，Spring Data Redis 支持的方法名关键字查询功能不如 JPA 强大，这是由 Redis 底层决定的——Redis 不支持任何查询，它是一个简单的 key-value 数据库，它获取数据的唯一方式就是根据 key 获取 value。因此它不能支持 GreaterThan、LessThan、Like 等复杂关键字，它只能支持如下简单的关键字。

- And：比如在接口中可以定义"findByNameAndAge"。
- Or：比如"findByNameOrAge"。
- Is、Equals：比如"findByNameIs"、"findByName"、"findByNameEquals"。这种表示相同或相等的关键字不加也行。
- Top、First：比如"findFirst5Name"、"findTop5ByName"，实现查询前 5 条记录。

那问题来了，Spring Data 操作的是数据类（对 JPA 则是持久化类），那么它怎么处理数据类与 Redis 之间的映射关系呢？其实很简单，Spring Data Redis 提供了如下两个注解。

➢ @RedisHash：该注解指定将数据类映射到 Redis 的 Hash 对象。
➢ @TimeToLive：该注解修饰一个数值类型的属性，用于指定该对象的超时时长。

此外，Spring Data Redis 还提供了如下两个索引化注解。

➢ @Indexed：指定对普通类型的属性建立索引，索引化后的属性可用于查询。
➢ @GeoIndexed：指定对 Geo 数据（地理数据）类型的属性建立索引。

在理解了 Spring Data Redis 的设计之后，接下来通过示例来介绍 Spring Data Redis 的功能和用法。首先依然是创建一个 Maven 项目，然后让其 pom.xml 文件继承 spring-boot-starter-parent，并添加 spring-boot-starter-data-redis.jar 依赖和 commons-pool2.jar 依赖。由于本例使用 Spring Boot 的测试支持来测试 DAO 组件，因此还添加了 spring-boot-starter-test.jar 依赖。具体可以参考本例的 pom.xml 文件。

先为本例定义 application.properties 文件，用来指定 Redis 服务器的连接信息。

程序清单：codes\06\6.1\redistest\src\main\resources\application.properties

```
spring.redis.host=localhost
spring.redis.port=6379
# 指定连接 Redis 的 DB1 数据库
spring.redis.database=1
# 连接密码
spring.redis.password=32147
# 指定连接池中最大的活动连接数为 20
spring.redis.lettuce.pool.maxActive = 20
# 指定连接池中最大的空闲连接数为 20
spring.redis.lettuce.pool.maxIdle=20
# 指定连接池中最小的空闲连接数为 2
spring.redis.lettuce.pool.minIdle = 2
```

下面定义本例用到的数据类。

程序清单：codes\06\6.1\redistest\src\main\java\org\crazyit\app\domain\Book.java

```java
@RedisHash("book")
public class Book
{
    // 标识属性，可用于查询
    @Id
    private Integer id;
    // 带@Indexed 注解的属性被称为"二级索引"，可用于查询
    @Indexed
    private String name;
    @Indexed
    private String description;
    private Double price;
    // 定义它的超时时长
    @TimeToLive(unit = TimeUnit.HOURS)
    Long timeout;
    // 省略 getter、setter 方法和构造器
    ...
}
```

上面的 Book 类使用了@RedisHash("book")修饰，这意味着将该类的实例映射到 Redis 中的 key 都会增加 book 前缀。

上面的 id 实例变量使用了@Id 修饰，这表明它是一个标识属性，这一点和所有 Spring Data 的

设计都是一样的。

上面的 name、description 两个实例变量使用了 @Indexed 修饰,这表明它们将会被"索引化"——其实就是为它们创建对应的 key,后面会看到详细示例。

接下来定义本例中 DAO 组件的接口。

程序清单:codes\06\6.1\redistest\src\main\java\org\crazyit\app\dao\BookDao.java

```java
public interface BookDao extends CrudRepository<Book, Integer>,
        QueryByExampleExecutor<Book>
{
    List<Book> findByName(String name);
    List<Book> findByDescription(String subDesc);
}
```

正如从上面代码所看到的,该 DAO 接口继承了 CrudRepository,这是 Spring Data 对 DAO 组件的通用要求。此外,该 DAO 接口还继承了 QueryByExampleExecutor,这意味着它也可支持 Example 查询。

下面为该 DAO 组件定义测试用例,该测试用例的代码如下。

程序清单:codes\06\6.1\redistest\src\test\java\org\crazyit\app\dao\BookDaoTest.java

```java
@SpringBootTest(webEnvironment = SpringBootTest.WebEnvironment.NONE)
public class BookDaoTest
{
    @Autowired
    private BookDao bookDao;

    @Test
    public void testSaveWithId()
    {
        var book = new Book("疯狂 Python",
                "系统易懂的 Python 图书,覆盖数据分析、爬虫等热门内容", 118.0);
        // 显式设置 id,通常不建议设置
        book.setId(2);
        book.setTimeout(5L); // 设置超时时长
        bookDao.save(book);
    }
    @Test
    public void testUpdate()
    {
        // 更新 id 为 2 的 Book 对象
        bookDao.findById(2)
                .ifPresent(book -> {
                    book.setName("疯狂 Python 讲义");
                    bookDao.save(book);
                });
    }
    @Test
    public void testDelete()
    {
        // 删除 id 为 2 的 Book 对象
        bookDao.deleteById(2);
    }
    @ParameterizedTest
    @CsvSource({"疯狂 Java 讲义, 最全面深入的 Java 图书, 129.0",
            "SpringBoot 终极讲义, 无与伦比的 SpringBoot 图书, 119.0"})
    public void testSave(String name, String description, Double price)
    {
        var book = new Book(name, description, price);
```

```
        bookDao.save(book);
    }
    @ParameterizedTest
    @ValueSource(strings = {"疯狂 Java 讲义"})
    public void testFindByName(String name)
    {
        bookDao.findByName(name).forEach(System.out::println);
    }
    @ParameterizedTest
    @ValueSource(strings = {"最全面深入的 Java 图书"})
    public void testFindByDescription(String description)
    {
        bookDao.findByDescription(description).forEach(System.out::println);
    }
    @ParameterizedTest
    @CsvSource({"疯狂 Java 讲义，最全面深入的 Java 图书"})
    public void testExampleQuery1(String name, String description)
    {
        // 创建样本对象 (probe)
        var s = new Book(name, description, 1.0);
        // 不使用 ExampleMatcher, 创建默认的 Example
        bookDao.findAll(Example.of(s)).forEach(System.out::println);
    }
    @ParameterizedTest
    @ValueSource(strings = {"SpringBoot 终极讲义"})
    public void testExampleQuery2(String name)
    {
        // 创建 matchingAll 的 ExampleMatcher
        ExampleMatcher matcher = ExampleMatcher.matching()
            // 忽略 null 属性，该方法可以省略
            //.withIgnoreNullValues()
            .withIgnorePaths("description"); // 忽略 description 属性
        // 创建样本对象 (probe)
        var s = new Book(name, "test", 1.0);
        bookDao.findAll(Example.of(s, matcher)).forEach(System.out::println);
    }
}
```

虽然上面 DAO 组件中只定义了两个方法，但由于 DAO 接口继承了 CrudRepository 和 QueryByExampleExecutor，它们为 DAO 接口提供了大量方法。

运行上面的 testSaveWithId()方法，该方法测试 BookDao 的 save()方法，该方法运行完成后看不到任何输出。但打开 Another Redis DeskTop Manager 连接 DB1，则可看到如图 6.10 所示的数据。

图 6.10　通过 save()方法保存的数据

从图 6.10 可以看到，虽然程序只保存了一个 Book 对象，但 Redis 底层生成了大量 key-value 对，由于前面在 Book 类上增加了@RedisHash("book")注解，因此这些 key 的名字都以 "book" 开头。

先看名为 "book" 的 key，图 6.10 显示了该 key 的内容，该 key 对应一个 Set，该 Set 中的元素就是每个 Book 对象的标识属性值。由于此时系统中仅有一个 Book 对象，因此该 key 对应的 Set 中只有一个元素。

再看名为 "book:标识属性值"（此处就是 book:2）的 key，图 6.11 显示了该 key 的内容。

图 6.11　实际保存的对象

从图 6.11 可以看到，"book:标识属性值" key 所对应的是一个 Hash，它完整地保存了整个 Book 对象的所有数据，这就是 Redis 性能非常好的原因——当程序要根据 id 获取某个 Book 对象时，Redis 直接获取 key 为 "book:id 值" 的 value，这样就得到了该 Book 对象的全部数据。

前面还为 Book 对象的 name、description 属性添加了@Indexed 注解，因此 Spring Data 还会为它们创建对应的 key，从而实现高速查找。接下来看名为 "book:name:疯狂 Python" 的 key 的内容，可以看到如图 6.12 所示的数据。

图 6.12　被索引的属性

从图 6.12 可以看到，"book:name:疯狂 Python" key 对应的是一个 Set，该 Set 的成员就是 Book 对象的 id。此处为何要用 Set 呢？因为当程序保存多个 Book 对象时，完全有可能多个 Book 对象的 name 属性值都是"疯狂 Python",此时它们的 id 都需要由"book:name:疯狂 Python" key 所对应的 Set 负责保存,因此该 key 对应的是一个 Set。

由此可见,当对数据类的某个属性使用@Indexed 注解修饰之后,在保存该数据对象时就会为它保存一个名为"类映射名:属性名:属性值"的 key,在该 key 对应的 Set 中将会添加该对象的标识属性。

最后来看 key 为"book:标识属性值:idx"的内容,可以看到如图 6.13 所示的数据。

图 6.13 保存对象额外的 key

从图 6.13 可以看到,key 为"book:标识属性值:idx"的内容也是 Set,它保存该对象所有额外的 key。

假如程序要查找 name(假设 name 有@Indexed 修饰)为"疯狂 Python"的图书,Spring Data Redis 底层会怎么做呢?Spring Data Redis 会直接获取"book:name:疯狂 Python" key 对应的 Set,该 Set 中包含了所有 name 为"疯狂 Python"的 Book 对象的 id,然后遍历该 Set 的每个元素——每个元素都是一个 id,接下来 Spring Data Redis 再获取"book:id 值"对应的 Hash 对象,这样就获得了所有符合条件的 Book 对象。在这个过程中,Spring Data Redis 的两次操作都是通过 key 来获取 value 的,因此效率非常高,这都得益于 Spring Data Redis 的优良设计和 Redis 的高效性能。

如果要保存一个所有属性都不用@Indexed 修饰的 Book 对象,则只需要改变两个 key。
➢ book:在该 key 对应的 Set 中添加新 Book 对象的 id。
➢ book:id:该 key 保存该 Book 对象的全部数据。

如果要保存一个有 N 个属性使用@Indexed 修饰的 Book 对象,则需要改变如下 key。
➢ book:在该 key 对应的 Set 中添加新 Book 对象的 id。
➢ book:id:该 key 对应的 Hash 对象保存了该 Book 对象的全部数据。
➢ book:id:idx:该 key 对应的 Set 保存了该 Book 对象所有额外的 key。
➢ N 个 book:属性名:属性值:该 key 对应的 Set 保存了所有该属性都具有相同属性值的 Book 对象的 id 值。

运行 testUpdate()方法之后,将会看到 Redis 保存的数据被修改了;运行 testDelete()方法之后,id 为 2 的 Book 对象被删除了,因此图 6.10 所示的全部数据都会被删除。

运行 testSave()方法再次保存两个 Book 对象,此时可以看到 Redis 包含如图 6.14 所示的数据。
图 6.14 所示的数据正好验证了 Spring Data Redis 的映射方式。

接下来运行 testFindByName()、testFindByDescription()方法,它们都是测试 Spring Data Redis 的方法名关键字查询方法。正如前面所介绍的,由于 Book 对象的 name 有@Indexed 修饰,因此当程序要查询 name 为"疯狂 Java 讲义"的 Book 对象时,Redis 直接获取 key 为"book:name:疯狂 Java

讲义"的 Set 即可，该 Set 中就包含所有符合条件的 Book 对象的 id。

图 6.14　保存两个 Book 对象后的数据

接下来运行 testExampleQuery1()、testExampleQuery2()方法，它们都是测试 Spring Data Redis 的 Example 查询方法，Spring Data Redis 样本查询同样不会比较@Id 修饰的属性。实际上，Spring Data Redis 默认只比较样本（probe）中@Indexed 修饰的属性。以上面的 Book 类为例，程序执行 Example 查询时，默认只比较 probe 的 name 和 description 两个属性。程序同样可通过 ExampleMatcher 指定更详细的比较规则，例如上面代码指定了执行 Example 查询时忽略 description 属性，这意味着 testExampleQuery2()查询只比较 name 属性。

此外，正如前面所说的，Spring Data Redis 同样支持让 DAO 组件继承额外的接口来增加自定义的查询方法。修改上面的 BookDao 接口，为它增加继承一个新的 BookCustomDao 接口，该新的接口的代码如下。

程序清单：codes\06\6.1\redistest\src\main\java\org\crazyit\app\dao\BookCustomDao.java

```java
public interface BookCustomDao
{
    void hmset(String key, Map<String, String> hash);
    List<Book> customQuery(double startPrice);
}
```

这是一个自定义的接口，该接口中定义的方法将会被"移植"到 BookDao 组件中，在该接口中可以定义任何自定义的方法。

上面接口中定义的 customQuery()方法会根据 startPrice 进行查询，该方法希望查询所有 price 大于该参数的 Book 对象，Spring Data Redis 默认并不支持这种查询。

接下来为 BookCustomDao 提供实现类，此时就需要自行来操作 Redis 数据库了，可让 Spring Boot 将自动配置的 RedisTemplate 注入该实现类，这样该实现类就可通过 RedisTemplate 来操作 Redis 数据库。下面是该实现类的代码。

程序清单：codes\06\6.1\redistest\src\main\java\org\crazyit\app\dao\BookCustomDaoImpl.java

```java
public class BookCustomDaoImpl implements BookCustomDao
{
    @Autowired
    private StringRedisTemplate redisTemplate;

    @Override
    public void hmset(String key, Map<String, String> hash)
    {
        // 调用 opsForHash()方法获取操作 Hash 对象的 HashOperations，再调用 putAll()方法
```

```
        redisTemplate.opsForHash().putAll(key, hash);
    }
    @Override
    public List<Book> customQuery(double startPrice)
    {
        // 调用 execute(RedisCallback)执行自定义操作
        return redisTemplate.execute((RedisCallback<List<Book>>) connection -> {
            List<Book> result = new ArrayList<>();
            StringRedisConnection conn = (StringRedisConnection) connection;
            // 查询 key 为 book 对应的 Set，该 Set 中保存了所有 Book 对象的 id
            Set<String> ids = conn.sMembers("book");
            // 遍历所有 Book 对象的 id
            for (String idStr : ids)
            {
                // 实际 Book 对象的 key 遵守格式："book:id"
                String objKey = "book:" + idStr;
                // 读取实际对象映射的 Hash 对象
                Map<String, String> data = conn.hGetAll(objKey);
                String priceStr = data.get("price");
                if (priceStr != null)
                {
                    var price = Double.parseDouble(priceStr);
                    if (price > startPrice)
                    {
                        Integer id = Integer.parseInt(idStr);
                        // 读取数据，并转换为 Book
                        String name = data.get("name");
                        String description = data.get("description");
                        // 将所读取的数据封装成 Book 对象
                        var b = new Book(name, description, price);
                        b.setId(id);
                        result.add(b);
                    }
                }
            }
            return result;
        });
    }
}
```

上面第 1 个方法实现比较简单，它先调用 RedisTemplate 的 opsForHash()方法来获取 HashOperations 对象，接下来调用 HashOperations 的 putAll()方法操作 Hash 对象即可。

上面第 2 个方法实现稍微复杂一点，它调用 RedisTemplate 的 execute()方法来执行自定义操作，该方法需要一个 RedisCallback 对象，程序使用 Lambda 表达式创建该对象。该 Lambda 表达式直接使用 RedisConnection 来操作 Redis 数据库，它先获取名为 book 的 key 对应的 Set 对象，该 Set 对象中保存了所有 Book 对象的 id 值。接下来程序通过遍历这些 id 来依次获取每一个 Book 对象，并将符合条件的 Book 对象添加到 List 集合中，最后程序返回该 List 集合。

提示：
需要说明的是，虽然上面这种方式确实可通过比较 price 大小来进行查询，但其效率很低，尤其当 Redis 中保存了很多 Book 对象时，在 book key 对应的 Set 中将包含很多个元素，遍历起来效率非常低，这就是 Spring Data Redis 默认并不支持这种查询方式的原因。如果打算在实际项目中定义这种自定义查询，务必慎重。

在 BookDaoTest 测试用例类中，同样可以添加两个测试方法来测试上面的两个自定义方法，这两个测试方法比较简单，读者可自行参考该类的代码，此处不再赘述。

▶▶ 6.1.15 连接多个 Redis 服务器

一个扩展性的问题：Spring Boot 是否支持连接多个 Redis 服务器呢？

答案是肯定的！回忆第 5 章中处理多数据源的关键——放弃 Spring Boot 的自动配置！Spring Boot 的自动配置只能帮助连接一个 Redis 服务器。

放弃 Spring Boot 为 Redis 提供的自动配置之后，接下来同样需要做如下事情。

- ➢ 手动配置多组 RedisConnectionFactory 和 RedisTemplate，要连接几个 Redis 服务器就配置几组。每个 RedisConnectionFactory 对应连接一个 Redis 服务器。
- ➢ 针对不同的 Redis 服务器，分别开发相应的 DAO 组件类，建议将它们放在不同的包下，以便区分。
- ➢ 使用@EnableRedisRepositories 注解手动开启 DAO 组件扫描。

使用@EnableRedisRepositories 注解时要指定如下两个属性。

- ➢ basePackages：指定扫描哪个包下的 DAO 组件。
- ➢ redisTemplateRef：指定使用哪个 RedisTemplate 来实现 DAO 组件的方法。

通过介绍不难看出，Spring Boot 连接多个 Redis 服务器与 Spring Boot 连接多个数据源的方法基本是一致的，故此处不再赘述。

如果希望对 Redis 客户端进行更多的定制，则可通过在容器中配置任意个 LettuceClientConfigurationBuilderCustomizer 实现类的 Bean，它可以对 Lettuce 进行定制化的设置；如果底层使用 Jedis，则可配置 JedisClientConfigurationBuilderCustomizer 实现类进行定制。

📁 6.2 整合 MongoDB

MongoDB 是一个非常成熟的 NoSQL 数据库，与 Redis 采用 key-value 存储机制不同，MongoDB 是基于文档的 NoSQL 数据库，由于它的每条数据都对应一个 BSON 文档，因此 MongoDB 天然就能很好地支持分布式存储。

在分布式应用中，我们常常面临着海量数据的分片存储问题，而 MongoDB 天然就可作为分布式数据库，因此通常将它作为分布式应用的数据库使用。

▶▶ 6.2.1 下载和安装 MongoDB

下载和安装 MongoDB 按如下步骤进行。

① 登录 MongoDB 官网下载页面 https://www.mongodb.com/try/download/community，在页面的右边可以找到 MongoDB 社区版的下载链接，当前 MongoDB 的最新版是 4.4 系列。但这个系列的 MongoDB 只支持 Windows 10 及以后的系统，如果使用的是 Windows 10 以前的系统，建议下载 4.2 系列。

不用下载 msi 的安装版本，直接下载 zip 压缩包即可。下载完成后，得到一个 mongodb-win32-x86_64-2012plus-4.2.11.zip 压缩包。

② 将第 1 步下载得到的压缩包解压缩到任意盘符的根路径下，本书将其解压缩到 D:\根目录下。为方便起见，将解压缩后的目录重命名为 mongodb-4.2.11。

解压缩后的目录中包含一些授权文档和 bin 目录，该 bin 目录下包含了 MongoDB 数据库的两个重要命令：mongod.exe（服务器端程序）和 mongo.exe（客户端程序）。

提示：
mongod.exe 就相当于 redis-server.exe，而 mongo.exe 就相当于 redis-cli.exe。

为了便于以后使用 MongoDB 的命令，建议将 MongoDB 安装目录下的 bin 路径添加到系统 PATH 环境变量中。

③ 运行 mongod.exe 需要指定大量选项，比如数据存储路径、日志存储路径等，最简单的方式就是在运行 mongod.exe 命令时直接指定这些选项。例如运行如下命令：

```
mongod.exe --dbpath=..\data
```

上面命令通过--dbpath 选项指定了数据文件的存储路径。使用这种方式来运行 MongoDB 服务器指定一两个选项还行，但如果要指定十几个甚至几十个选项，这种方式显然不太合适。

比较主流的方式是提供一个配置文件来指定这些选项，然后使用--config 选项指定配置文件即可。

在 MongoDB 安装目录下提供具有如下内容的配置文件（mongod.conf）：

```
# mongod.conf
# 配置与存储有关的信息
storage:
  dbPath: D:\mongodb-4.2.11\data\db
  journal:
    enabled: true
# 指定与日志有关的信息
systemLog:
  destination: file
  quiet: true
  logAppend: false
  path: D:\mongodb-4.2.11\logs\mongod.log
# 配置与网络有关的信息
net:
  port: 27017
  bindIp: 0.0.0.0
```

上面命令指定在 D:\mongodb-4.2.11\目录（MongoDB 安装目录）下的 data 目录中保存数据文件，在 D:\mongodb-4.2.11\logs 目录中保存日志信息，因此需要手动在 D:\mongodb-4.2.11\目录中创建 data 和 logs 两个子目录，并在 data 目录中创建 db 子目录。

④ 运行如下命令即可启动 MongoDB 服务器。

```
mongod.exe --config "D:\mongodb-4.2.11\mongod.conf"
```

如果希望将 MongoDB 服务器注册成 Windows 服务，让 MongoDB 服务器随着 Windows 系统的启动而自动启动，可运行如下命令来安装 Windows 服务（必须以管理员身份执行，否则无法为 Windows 添加服务）：

```
mongod.exe --config "D:\mongodb-4.2.11\mongod.conf" --install
```

如果希望在不同端口配置多个 MongoDB 服务，只要将 mongod.conf 文件复制一份，并修改其中的 port 配置，然后再次运行上面命令来安装 Windows 服务即可。但再次添加 Windows 服务时应使用--serviceName 与--serviceDisplayName 选项来指定不同的服务名和显示名——Windows 要求所有服务的服务名和显示名都是唯一的。

服务安装成功后，在命令行窗口中输入"services.msc"即可启动 Windows 的"服务"窗口，在该窗口中可以看到刚刚安装的服务，如图 6.15 所示。

图 6.15 添加 MongoDB 服务

通过上面命令安装的服务的服务名和显示名默认都是 MongoDB，从图 6.15 可以看到该服务的显示名,且该服务是"自动"的,这意味着它会随着 Windows 系统的启动而自动启动。

双击打开图 6.15 所示的 MongoDB 服务,并启动该服务,至此,MongoDB 服务器安装、启动完成。以后每次系统重启时都无须手动启动该服务,该服务会随着系统启动而自动启动。

▶▶ 6.2.2 MongoDB 副本集配置

MongoDB 同样支持 Cluster 模式,比如最常用的副本集(Replica Set)架构等,关于 MongoDB 配置的各选项可参考 http://docs.mongodb.org/manual/reference/configuration-options/ 页面。

MongoDB 副本集中的节点可分为 3 类。

- 主(Primary)节点:接收所有的写请求,并将所有修改同步到所有副节点上。
- 副(Secondary)节点:与主节点保持相同的数据集。当主节点宕机后,其中的一个副节点会被选为主节点。
- 仲裁(Arbiter)节点:仲裁节点不保存数据,也不可能被选为主节点,它的作用就是负责选择主节点。仲裁节点对硬件资源的要求很低,通常建议将它与主、副节点保存在不同的机器上。

一个副本集只能有一个主节点,当主节点宕机后,仲裁节点会重新选举出一个主节点。

为 MongoDB 配置副本集非常简单,大致需要如下两步。

① 按前面介绍的方式启动多个 MongoDB 服务——测试时,可以让它们位于同一台机器上运行,只要用不同的 mongod.conf 配置文件将 MongoDB 配置为监听不同端口即可。当然也要为它们指定不同的服务名和显示名。

在副本集模式的配置文件的后面应添加如下配置:

```
replication:
    replSetName: rs
```

上面配置指定了副本集的名称为 rs。

② 在命令行窗口中运行 mongo.exe 命令启动 MongoDB 客户端,然后运行如下命令:

```
# 定义副本集配置
rs_conf={ _id:"rs",
    members:[
      {_id:0,host:'192.168.1.188:27017',priority:1},
      {_id:1,host:'192.168.1.188:27018',priority:2},
      {_id:2,host:'192.168.1.188:27019',arbiterOnly:true}
] }
# 初始化副本集
rs.initiate(rs_conf)
```

上面 rs_conf 定义的配置对象指定了副本集的名称为 rs(与前面的配置对应),且指定该副本集包含 3 个节点:它们位于同一个主机(192.168.1.188)上,只不过在不同的端口监听。其中位于 27019 端口的节点是仲裁节点,它会负责选举主节点。

运行上面命令之后,可以继续运行如下命令来查看副本集的相关信息。

- rs.conf():查看副本集的配置。
- rs.status():查看副本集的状态,可以看到副本集中谁是主节点、谁是副节点、谁是仲裁节点等详细信息。
- db.isMaster():查看当前连接的是否为主节点。

如果客户端当前连接的是副节点,则可运行如下命令。

- rs.slaveOk(boolean):该命令设置在副节点上是否可查看数据。在默认状态下,副节点不允许查看数据。副节点不允许写入数据,除非它变成主节点。

6.2.3 MongoDB 安全配置

在默认情况下，MongoDB 并不需要安全认证即可直接进入，就像前面配置副本集时，直接使用 mongo.exe 即可连接 MongoDB 服务器。

在介绍配置用户之前，先介绍 MongoDB 操作数据库的命令。

- ➢ show databases：查看当前节点的所有数据库（和 MySQL 相同）。
- ➢ db：查看当前连接的数据库。
- ➢ use 数据库名：切换或创建数据库（和 MySQL 相似）。如果切换到的数据库不存在，该命令就会自动创建数据库，只有当新数据库中插入文档之后才会真正创建。
- ➢ db.dropDatabase()：删除数据库。无须指定数据库名，该命令总是删除当前连接的数据库。

在命令行窗口中输入"mongo.exe"命令启动 MongoDB 客户端，然后测试下面的命令：

```
> show databases;
admin    0.000GB
config   0.000GB
local    0.000GB
> use admin
switched to db admin
> db
admin
```

从上面的运行过程可以看到，MongoDB 默认包含 3 个数据库：admin、config 和 local，它们都是 MongoDB 的系统数据库，其中 admin 是最重要的数据库，所有与系统管理相关的信息都需要保存在 admin 数据库中。

不知道大家是否注意到：前面介绍的除了 show、use 等特殊命令，其他命令要么是以"rs"开头的，要么是以"db"开头的，这是因为 MongoDB 命令系统采用了"面向对象"的设计方式，它认为：所有与副本集有关的命令都相当于 rs 对象的方法，所有与数据库有关的命令都相当于 db 对象的方法。这样设计的好处就是可以非常方便地使用这些命令的帮助系统。

比如想知道 db 对象包含哪些方法（命令），只要输入"db.help()"，即可看到如图 6.16 所示的方法列表。

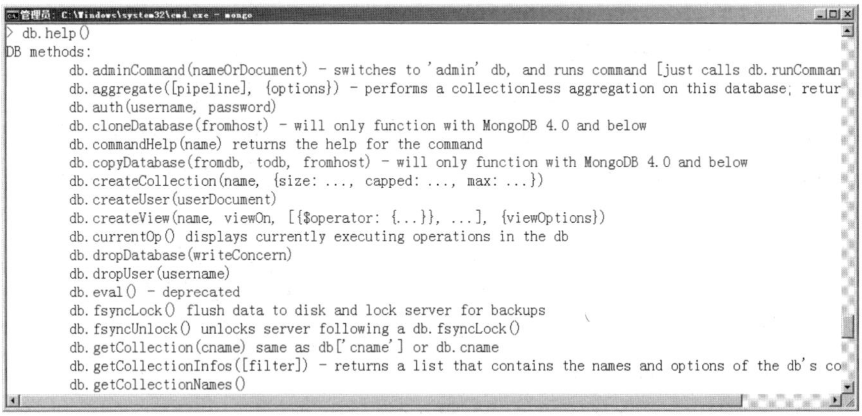

图 6.16 db 对象的所有方法

如果想查看 MongoDB 所有命令的帮助信息，则可直接输入"help"，接下来可看到如下信息：

```
> help
        db.help()                    显示 db 对象的方法
        db.mycoll.help()             显示 mycoll Collection（相当于数据表）中的方法
        sh.help()                    显示 sh 对象的方法
```

```
            rs.help()                显示 rs 对象的方法
            help admin               显示与系统有关的方法
            help connect             显示与连接有关的方法
            help keys                显示 key 快捷键
            help misc                一些杂项帮助
            help mr                  显示与 mapreduce 有关的方法

            show dbs                 显示所有数据库
            show collections         显示当前数据库的所有 Collection
            show users               显示当前数据库的所有用户
            show profile             显示最近的、时间大于 1ms 的 system.profile 项
            show logs                显示所有可访问的日志名
            show log [name]          打印指定日志在内存中的最后片段
            use <db_name>            切换或创建数据库
            db.foo.find()            查询 foo Collection 中的全部记录
            db.foo.find( { a : 1 } ) 查询 foo Collection 中 a 等于 1 的记录，相当于如下命令：
                                     list objects in foo where a == 1
            it                       返回最后一行的计算结果，用作进一步迭代
            DBQuery.shellBatchSize = x  设置在 mongo shell 中默认显示多少项
            exit                     退出
```

没必要在开始学习时就把这些命令都死记硬背下来，只要掌握了 MongoDB 帮助系统的用法，我们可以随时查阅所有命令及每个命令的详细用法，然后在使用过程中逐步加深对常见命令的印象。关于 MongoDB 命令更详细的介绍可参考 https://docs.mongodb.com/manual/reference/method/ 页面。

接下来在命令行窗口中输入"mongo.exe"命令启动客户端，然后在客户端中依次输入如下 3 条命令：

```
use admin
db.createUser({ user: "admin",pwd: "32147",roles: [
    { role: "readWriteAnyDatabase", db: "admin" },
    { role: "userAdminAnyDatabase", db: "admin" },
    { role: "dbAdminAnyDatabase", db: "admin" }]
});
db.createUser({ user: "root",pwd: "32147",roles: [
    { role: "root", db: "admin" }]
});
```

上面第 1 条命令切换到 admin 数据库。

第 2 条命令创建了一个用户名为 admin、密码为 32147 的用户，该用户具有以下 3 种权限：

- ➤ 对 admin 数据库具有 readWriteAnyDatabase 权限。实质是对所有数据库具有 readWrite 权限。
- ➤ 对 admin 数据库具有 userAdminAnyDatabase 权限。实质是对所有数据库具有 userAdmin 权限。
- ➤ 对 admin 数据库具有 dbAdminAnyDatabase 权限。实质是对所有数据库具有 dbAdmin 权限。

第 3 条命令创建了一个用户名为 root、密码为 32147 的用户，该用户具有 1 种权限：

- ➤ 对 admin 数据库具有 root 权限。

MongoDB 支持如下几种权限名。

- ➤ read：允许读取指定数据库中数据的权限。
- ➤ readWrite：允许读/写指定数据库中数据的权限。
- ➤ dbAdmin：允许对指定数据库执行管理函数的权限，如索引创建、删除，查看统计或访问 system.profile。
- ➤ userAdmin：允许对指定数据库执行用户管理的权限，比如创建、删除和修改用户。
- ➤ clusterAdmin：只对 admin 数据库可用，授予用户对所有分片和副本集相关函数的管理权限。

- readAnyDatabase：只对 admin 数据库可用，授予用户对所有数据库的 read 权限。
- readWriteAnyDatabase：只对 admin 数据库可用，授予用户对所有数据库的 readWrite 权限。
- userAdminAnyDatabase：只对 admin 数据库可用，授予用户对所有数据库的 userAdmin 权限。
- dbAdminAnyDatabase：只对 admin 数据库可用，授予用户对所有数据库的 dbAdmin 权限。
- root：只对 admin 数据库可用。超级账号，超级权限。

对于上面的普通权限而言，需要指定它们对哪个数据库有效。比如如下权限：

```
{ role: "readWrite", db: "test" }
```

被授予该权限的用户只对 test 数据库有读/写权限。

再比如如下权限：

```
{ role: "userAdmin", db: "test" }
```

被授予该权限的用户只能在 test 数据库中创建、删除和修改用户。

对于 clusterAdmin、root 及以"AnyDatabase"为后缀的权限，使用它们时花括号中的 db 选项只能是"admin"——因为这些权限只对 admin 数据库可用，但这些权限实际对所有数据库都有效。比如如下权限：

```
{ role: "readAnyDatabase", db: "admin" }   # 此处的 db 选项只能是 admin
```

被授予该权限的用户对所有数据库都有读取数据的权限。

```
{ role: "userAdminAnyDatabase ", db: "admin" }   # 此处的 db 选项只能是 admin
```

被授予该权限的用户在所有数据库中都能创建、删除和修改用户。

所以上面两条命令就是创建了两个用户：admin 和 root，其中 admin 用户对所有数据库都具有 readWrite、userAdmin、dbAdmin 权限，而 root 用户则是超级用户。

有了上面用户之后，接下来开启 MongoDB 的安全控制机制即可。先停止 MongoDB 服务器对应的服务（也就是停止 mongod.exe 服务进程），然后修改 mongod.conf 文件，在该文件的后面增加如下配置：

```
# 启用安全控制
security:
  authorization: enabled
```

再次启动 MongoDB 服务器对应的服务（也就是重启 mongod.exe 服务进程），这样 MongoDB 的用户和安全控制就都配置完成了。接下来可使用如下命令来连接 MangoDB：

```
mongo -u admin -p 32147 127.0.0.1:27017/admin
```

通过该命令连接 MongoDB 之后（初始只能连接 admin 数据库），可使用"use 数据库"命令切换数据库，且 admin 用户几乎可对任何数据库做任何事情（admin 用户被授予了很多权限）。

如果你不想认真理解 MongoDB 中用户权限系统的奇葩设计，本节后面部分可以跳过。

MongoDB 的用户权限系统设计是有一点奇葩的，在使用 db.createUser()命令创建用户时，我们当前一定处于某个数据库中，因此此时创建的用户自然也就被保存在该数据库中。但问题来了，我们在为用户分配权限时（如{ role: "userAdmin", db: "test" }格式），又用 db 选项指定了该权限作用于哪个数据库。

你理解这个设计了吗？简单来说，比如 MongoDB 允许使用 A 数据库存储一个用户"甲"，但用户"甲"的权限却仅对 B 数据库有效，这样用户"甲"就根本不能访问 A 数据库的数据。

而且 MongoDB 的每个数据库都可以保存用户，不止 admin 数据库可以保存用户，这个设计"奇葩"吧！如果你还死守着 MySQL、PostgreSQL 等数据库中用户权限的概念来理解 MongoDB，那么一定会被搞晕。

用户"甲"被保存在哪个数据库中有影响吗？有的！比如用户"甲"被保存在 A 数据库中，那么用户"甲"就只能通过 A 数据库来登录！

前面不是说：用户"甲"根本不能访问 A 数据库的数据吗？怎么这里又说用户"甲"必须通过 A 数据库来登录呢？头晕了吧！大部分人第一次遇到 MongoDB 的用户权限系统时都会头晕。

这里要厘清两件事情的差异：

➢ 访问 A 数据库的数据。
➢ 通过 A 数据库登录。

其实这两件事情本来就不同，只不过习惯上觉得它们应该是关联的。

比如前面配置的 admin 用户，因为它被保存在 admin 数据库中，它只能通过 admin 数据库登录，但登录之后，该用户完全可以操作任何数据库。这就是前面强调：初始连接时，只能连接 admin 数据库的原因。

重新启动命令行窗口，并运行 mongo 命令启动 MongoDB 客户端，然后看如下运行过程：

```
>mongo                          # 启动 MongoDB 客户端，不登录
MongoDB shell version v4.2.11
...
> use test                      # 切换到 test 数据库
switched to db test
> db.auth("admin", "32147")     # 尝试登录，失败
Error: Authentication failed.
0
> use local                     # 切换到 local 数据库
switched to db local
> db.auth("admin", "32147")     # 尝试登录，失败
Error: Authentication failed.
0
> use admin                     # 切换到 admin 数据库
switched to db admin
> db.auth("admin", "32147")     # 尝试登录，成功
1
```

上面的 db.auth(用户名, 密码)命令相当于以指定用户登录，也就是切换用户。

从上面的运行过程可以发现：MongoDB 的 use 命令和 MySQL 的 use 命令差别很大，MongoDB 的 use 命令只表示接下来要使用哪个数据库，当使用"use 数据库"命令切换数据库时，MongoDB 并不会检查权限，甚至都不理会该数据库是否存在。

由于 admin 用户被保存在 admin 数据库中，因此只能通过 admin 数据库来处理 admin 用户的登录。如果希望在初始连接 MongoDB 时就处理 admin 用户的登录，那么初始连接的就应该是 admin 数据库。例如以下命令尝试连接其他数据库，将会看到错误：

```
mongo -u admin -p 32147 127.0.0.1:27017/local
MongoDB shell version v4.2.11
connecting to: mongodb://127.0.0.1:27017/
local?compressors=disabled&gssapiServiceName=mongodb
QUERY    [js] Error: Authentication failed. :
```

这意味着：如果希望初始连接时能连接哪个数据库，那么连接所使用的用户就应该被保存在该数据库中。

例如，如果希望以后 Java 程序能直接连接 springboot 数据库，那么就必须在 springboot 数据库中保存连接所使用的用户。

重新启动命令行窗口，并运行 mongo 命令启动 MongoDB 客户端，然后依次运行如下命令：

```
> use admin                     # 切换到 admin 数据库，准备登录
```

```
switched to db admin
> db.auth("admin", "32147")          # 尝试登录，成功
1
> use springboot                     # 切换到 springboot 数据库
switched to db springboot
> db.createUser({ user: "crazyit",pwd: "32147",roles: [
  { role: "readWrite", db: "springboot" },
  { role: "dbAdmin", db: "spring" }]
});                                  # 创建用户
```

上面第 1 条命令先切换到 admin 数据库（只有这样才能处理 admin 用户的登录）。

第 2 条命令使用 admin 用户登录。

第 3 条命令切换到 springboot 数据库，以后的操作就在 springboot 数据库中进行。

第 4 条命令创建了一个名为 crazyit 的用户，由于该命令是在 springboot 数据库中运行的，因此该用户被保存在 springboot 数据库中。该用户被授予了两种权限：

- 对 springboot 数据库具有 readWrite 权限。
- 对 springboot 数据库具有 dbAdmin 权限。

接下来可运行如下命令来验证：

```
> db                                 # 查看当前所使用的数据库
springboot
> db.auth("crazyit", "32147")        # 尝试登录 crazyit 用户，成功
1
> db.auth("admin", "32147")
Error: Authentication failed.        # 尝试登录 admin 用户，失败
0
```

正如从上面的运行过程所看到的，由于当前处于 springboot 数据库中，该数据库中保存了 crazyit 用户，因此该数据库可以处理 crazyit 用户的登录，但它不能处理 admin 用户的登录——必须切换到 admin 数据库，才能处理 admin 用户的登录。

由于 springboot 数据库中保存了 crazyit 用户，因此可使用 crazyit 用户初始连接 springboot 数据库。例如运行如下命令：

```
> mongo -u crazyit -p 32147 127.0.0.1:27017/springboot
MongoDB shell version v4.2.11
...
> db
springboot
```

从上面的运行过程可以看到，当前已经处于 springboot 数据库中，这表明初始连接了 springboot 数据库。

最后可以得到结论：MongoDB 的用户权限系统与 MySQL、PostgreSQL 等数据库是完全不同的。因此切记，**在 MongoDB 中创建一个数据库之后，应该在该数据库中创建自己存储的用户，否则就无法在初始连接时仅通过该数据库建立连接**。

▶▶ 6.2.4 MongoDB 用法简介

为了更好地理解 MongoDB，下面将 SQL 数据库中的概念与 MongoDB 数据库中的概念进行对照，说明如表 6.1 所示。

表 6.1 SQL 数据库与 MongoDB 数据库中的概念对照

SQL 数据库中的概念	MongoDB 数据库中的概念	说明
database	database	数据库
table	collection	数据库表/集合

续表

SQL 数据库中的概念	MongoDB 数据库中的概念	说明
row	document	数据记录行/文档
column	field	数据字段/域
index	index	索引
table joins		表连接，MongoDB 不支持
primary key	primary key	主键，MongoDB 自动将 _id 字段设置为主键

从表 6.1 可以看出，SQL 数据库中的表（table）对应于 MongoDB 数据库中的集合（collection），SQL 数据库中的行（row，或叫记录）对应于 MongoDB 数据库中的文档（document）。此外，需要明白的是，MongoDB 数据库中的集合对文档的约束很松：在同一个集合中不同的文档可以拥有完全不同的字段。

下面对 MongoDB 的常用命令进行简单介绍，其实这些命令不用死记硬背，通过 MongoDB 的帮助系统可以随时查阅。

1. 创建集合（表）

命令格式：

```
db.createCollection(name, options)
```

该命令需要两个参数。

➢ name：要创建的集合名。
➢ options：可选参数，用于指定有关内存大小及索引等选项。

options 可指定如下字段（field）。

➢ capped：指定是否创建固定集合。固定集合代表大小固定的集合，当其达到最大值时，新添加的文档会自动覆盖最早的文档。在创建固定集合时，必须指定 size 字段。
➢ size：用于为固定集合指定最大值，以 KB 为单位。
➢ max：用于为固定集合指定允许包含文档的最大数量，当插入文档时，MongoDB 首先检查固定集合的 size 字段，然后检查 max 字段。

使用 crazyit 用户登录 springboot 数据库，然后运行如下命令：

```
db.createCollection("users")
{ "ok" : 1 }
db.createCollection("items", {capped:true, size:2048, max: 12})
{ "ok" : 1 }
```

上面第 1 条命令创建了一个普通集合：users；第 2 条命令创建了一个大小固定的集合：items。

此外，MongoDB 也可自动创建集合：如果向不存在的集合中插入文档，MongoDB 就会自动创建集合。

2. 删除集合（表）

命令格式：

```
db.集合名.drop()
```

从上面的命令格式可以看出，当集合被创建之后，该集合也变成了 db 的属性，因此可通过如下命令来查看该集合支持的所有方法。

```
db.集合名.help()
```

看如下运行过程：

```
> db.users.help()
```

```
DBCollection help
    db.users.find().help() - show DBCursor help
    db.users.bulkWrite( operations, <optional params> ) - bulk execute write operations,
    ...
    db.users.drop() drop the collection
```

从上面的粗体字帮助信息可以看到，db.集合名.drop()只是该集合支持的大量方法之一。

运行如下命令，删除前面创建的 items 集合：

```
db.items.drop()
true
```

3. 查看集合（表）

命令格式：

```
show collections
```

或者

```
show tables
```

运行如下命令，查看当前数据库中的集合：

```
> show tables
users
> show collections
users
```

4. 插入文档

命令格式：

```
db.collection.insert(文档或文档数组,
    {
      writeConcern: <document>,
      ordered: <boolean>
    })
```

插入单个文档的命令格式：

```
db.collection.insertOne(文档,
    {
       writeConcern: <document>
    })
```

插入多个文档的命令格式：

```
db.collection.insertMany(文档数组,
    {
       writeConcern: <document>,
       ordered: <boolean>
    }
)
```

虽然上面列出了 3 条命令，但其实只要一条 db.collection.insert()命令就可以代替后面的 insertOne()和 insertMany()。

在插入文档时，后面额外的选项是可以省略的。当插入多个文档时，额外的 ordered 选项指定是否执行有序插入。如果执行有序插入，当某个文档插入发生错误时，MongoDB 将直接返回不再处理剩下的文档。如果执行无序插入，当某个文档插入发生错误时，MongoDB 会继续插入剩下的文档。

运行如下命令来插入两个文档：

```
> db.users.insert({name:"fkjava", age: 29})
WriteResult({ "nInserted" : 1 })
> db.users.insert({address:"guangzhou", zip: "510000"})
WriteResult({ "nInserted" : 1 })
```

MongoDB 的文档是一个 BSON（Binary JSON）文档，BSON 文档相当于增强版的 JSON 格式，它同样支持内嵌的对象和数组，但是 BSON 有 JSON 所没有的一些数据类型，如 Date 和 BinData 类型。从大部分使用场景来看，BSON 文档和 JSON 文档大同小异。

正如前面所提到的，MongoDB 中的集合并不像传统 SQL 数据库中的表，集合对文档几乎没有约束，文档可以包含任意字段，在同一个集合中不同的文档可以包含完全不同的字段。

登录 https://robomongo.org/download 下载 Robo 3T 工具，它是一个简单的 MongoDB GUI 工具，直接下载 zip 压缩包，然后解压缩即可使用。

> **提示：** 上面网站提供了两个软件供用户下载：Robo 3T（免费版）和 Studio 3T（收费商业版），其中 Robo 3T 的功能略少一些，但不需要付费，下载 Robo 3T 就够了。

运行 Robo 3T，使用 admin 用户连接 MongoDB 的 admin 数据库，然后在左边的导航树中选择 springboot 数据库中的 users 集合，可以看到它包含如图 6.17 所示的两个文档。

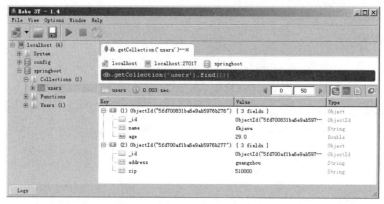

图 6.17 users 集合中的文档

从图 6.17 可以看出，MongoDB 自动为每个文档都添加了一个 _id 字段，该字段是所有 MongoDB 文档都会具有的，它相当于 SQL 数据库中的主键值。

当然，也可以在插入文档时显式指定 _id 字段，例如如下命令：

```
> db.users.insert({_id: 37, gender:"male", email: "sun@fkjava.org"})
WriteResult({ "nInserted" : 1 })
```

如下命令能一次插入多个文档：

```
db.products.insert(
   [
      { _id: 11, item: "pencil", qty: 50, type: "no.2" },
      { item: "pen", qty: 20 },
      { item: "eraser", qty: 25 }
   ]
)
```

上面命令将会添加如下 3 个文档：

```
{ "_id" : 11, "item" : "pencil", "qty" : 50, "type" : "no.2" }
{ "_id" : ObjectId("51e0373c6f35bd826f47e9a0"), "item" : "pen", "qty" : 20 }
{ "_id" : ObjectId("51e0373c6f35bd826f47e9a1"), "item" : "eraser", "qty" : 25 }
```

留意到上面所使用的 products 集合实际并不存在，但这完全没有问题。**在插入文档时，如果集合不存在，则会自动创建集合。**

下面命令以无序插入方式插入 3 个文档：

```
db.products.insert(
   [
     { _id: 20, item: "lamp", qty: 50, type: "desk" },
     { _id: 21, item: "lamp", qty: 20, type: "floor" },
     { _id: 22, item: "bulk", qty: 100 }
   ],
   { ordered: false }
)
```

插入文档命令格式中的 writeConcern 选项可指定 3 个字段。

- w：指定要求确保写入操作能被传播到指定数量的 mongod 实例或指定标签的 mongod 实例。该字段可指定一个数字或"majority"（代表将写入操作传播到绝大部分数据节点）。
- j：指定要求确保写入操作被记录到磁盘日志中。
- wtimeout：指定超时时长。

下面命令插入一个文档，并指定 writeConcern 选项，该选项指定超时时长为 5 秒，且要求写入操作必须被传播到大部分数据节点。

```
db.products.insert(
    { item: "envelopes", qty : 100, type: "Clasp" },
    { writeConcern: { w: "majority", wtimeout: 5000 } }
)
```

除了上面介绍的 db.collection.insert()命令可用于插入文档，db.collection.save()命令也可用于插入文档，该命令的语法格式如下：

```
db.collection.save(文档或文档数组,
   {
      writeConcern: <document>
   }
)
```

insert()和 save()的区别在于：save()有更新功能，而 insert()则总是插入文档，如果文档已经存在，则抛出异常。

那 MongoDB 如何判断一个文档是否已经存在呢？靠的是_id，只有当两个文档的_id 字段的值相同时，MongoDB 才会认为它们是相同的文档。因此，如果使用 save()保存的文档没有指定_id 字段，那么它与 insert()没有区别；只有当使用 save()保存的文档指定了_id 字段，且该字段的值与集合中已有文档的_id 字段的值相同时，才变成了更新该文档。

5. 更新文档

命令格式：

```
db.collection.update(
   <query>,       指定更新条件，类似于 SQL 中 UPDATE 语句的 WHERE 子句
   <update>,      指定更新哪些 field，类似于 SQL 中 UPDATE 语句的 SET 子句
   {
     upsert: <boolean>,        指定当更新的文档不存在时，是否执行插入
     multi: <boolean>,         指定是否更新所有符合条件的文档，默认值是 false
     writeConcern: <document>,
     collation: <document>,
     arrayFilters: [ <filterdocument1>, ... ],
   }
)
```

此外，该命令还有 updateOne()和 updateMany()两个快捷版本，其中 updateOne()表明只更新符合条件的第 1 个文档；而 updateMany 表明更新所有符合条件的文档。

例如，以下命令修改 users 集合中的一个文档：

```
db.users.update(
  { name: "fkjava" },
  {
    $inc: { age: 2 },
    $set: {
      name: "疯狂软件",
      addr: "广州"
    }
  }
)
```

该命令相当于如下 SQL 语句：

```
update users
set age = age + 2,
  name = "疯狂软件",
  addr = "广州"
where name = "fkjava"
```

上面命令会更新文档中已有的 name、age 两个字段，并添加一个 addr 字段——当要更新的字段不存在时，update()就会添加该字段。

上面命令在更新部分用到了$inc 和$set 两个更新选项，其中$inc 选项表示对指定字段增加给定的值，而$set 选项则表示将指定字段设为给定的值。关于 MongoDB 的所有更新选项可参考 https://docs.mongodb.com/manual/reference/operator/update/#id1 页面。

例如，以下命令修改 users 集合中的多个文档：

```
db.users.update(
  { address: {$exists: false} },
  {
    $set: {
      favorite: "Java",
      gender: "男"
    }
  },
  {multi: true}
)
```

该命令相当于如下 SQL 语句：

```
update users
set favorite = "Java",
  gender = "男"
where address not exists
```

由于上面命令还指定了{multi: true}选项，因此它会更新所有符合条件的文档，它还会更新 users 集合中所有不带 address 字段的文档。

从上面的命令中看到，在定义条件时还用了$exists 运算符，它用于判断某个字段是否存在。query 条件支持的各种运算符可参考"7. 查询文档"部分，更多详细信息也可参考 https://docs.mongodb.com/manual/reference/operator/query/#query-selectors 页面。

6. 删除文档

命令格式：

```
db.collection.remove(
```

```
    <query>,         指定删除条件
    <justOne>        是否只删除第一个文档,默认值为 false
)
```

或者

```
db.collection.remove(
  <query>,
  {
    justOne: <boolean>,
    writeConcern: <document>,
    collation: <document>
  }
)
```

上面两个命令的本质是一样,前者是简化形式。

此外,如下两个命令也可用于删除文档。

```
db.collection.deleteOne(
  <query>,
  {
    writeConcern: <document>,
    collation: <document>
  }
)
```

该命令相当于将 remove() 命令的 justOne 选项设置为 true。

```
db.collection.deleteMany(
  <query>,
  {
    writeConcern: <document>,
    collation: <document>
  }
)
```

deleteMany() 命令用于删除所有符合条件的文档。

例如,以下命令删除 users 集合中 _id 为 37 的文档:

```
db.users.remove(
  {_id: 37}
)
```

以下命令删除 products 集合中 item 为 bulk 的文档:

```
db.products.remove(
  {item: "bulk"}
)
```

7. 查询文档

命令格式:

```
db.collection.find(query, projection)
```

其中,query 就是查询条件,和前面更新文档、删除文档中的 query 参数的格式相同。

projection 就是一个形如{字段 1: 0, 字段 2: 1}的文档,其中 0 代表不选出该字段,1 代表选出该字段。一旦在 find() 命令中定义了 projection,所有字段默认都不选出,除非使用选项值 1 明确指定要选出该字段。但_id 字段例外,除非使用选项值 0 明确指定不选出该字段,否则默认选出该字段。

该命令还有一个返回单个文档的版本:

```
db.collection.findOne(query, projection)
```

最简单的查询命令如下：

```
db.collection.find()
```

该命令用于查询 collection 中的所有文档——因为它没有任何 query 条件。

再比如查询命令：

```
db.collection.find({name: "fkjava"})
```

该命令用于查询 collection 中所有 name 为"fkjava"的文档——{name: "fkjava"}就是 query 条件。

MongoDB 的 query 条件也是 BSON 文档，因此要习惯它的写法。比如要求 age 大于 50，应该写成如下形式：

```
{age: {$gt: 50}}
```

发现了吗？它是一个 BSON 对象，其中 age 是 key，其值是{$gt: 50}——这也是一个对象，其中$gt 是 key，其值是 50。

如果要求 age 大于 20、小于 50，则应该写成：

```
{age: {$gt: 20, $lt: 50}}
```

与$gt、$lt 相似的，肯定还有$eq（等于）、$ne（不等于）、$gte（大于或等于）、$lte（小于或等于）、$in（在…集合内）、$nin（不在…集合内）。

实际上"等于"可以直接写，例如要求 age 等于 20，写成如下形式即可：

```
{age: 20}
```

MongoDB 也支持逻辑运算符：$and、$or、%not、$nor，它们同样应写成 BSON 文档。

例如要求 age 大于 20 且 price 小于 50，应该写成：

```
{$and: { age: {$gt: 20}, price: {$lt: 50} }}
```

实际上不需要这么复杂，直接将多个条件写在一个 BSON 文档中就代表 AND，因此上面的 query 条件可直接写成：

```
{ age: {$gt: 20}, price: {$lt: 50} }
```

但如果要求 age 大于 20 或 price 小于 50，就只能写成：

```
{$or: { age: {$gt: 20}, price: {$lt: 50} }}
```

如果要对一个条件求否，则用$not。例如要求年龄不大于 50，可写成：

```
{ $not: { age: {$gt: 50} } }
```

当然，也可直接写成如下形式：

```
{ age: {$lte: 50} }
```

MongoDB 还支持用于对字段本身进行判断的$exists（判断字段是否存在）和$type（判断字段的类型）。

例如，下面条件要求 name 不存在：

```
{ name: { $exists: false } }
```

下面条件要求 gender 存在，且 gender 字段值不能是 Male 或 Female：

```
{ gender: { $exists: true, $nin: [ "Male", "Female" ] } }
```

$type 则用于对字段类型进行判断，例如要求 age 字段为 Double 类型，则可写成：

```
{age : { $type : "double" } }
```

或者

```
{age : { $type : 1 } }
```

这是由于 BSON 为所有内置类型都指定了别名和编号。BSON 支持的类型如表 6.2 所示。

表 6.2　BSON 支持的类型

类型	编号	别名
浮点数（Double）	1	"double"
字符串（String）	2	"string"
对象（Object）	3	"object"
数组（Array）	4	"array"
二进制数据（Binary data）	5	"binData"
对象 ID（ObjectId）	7	"objectId"
布尔值（Boolean）	8	"bool"
日期（Date）	9	"date"
空类型（Null）	10	"null"
正则表达式	11	"regex"
JavaScript	13	"javascript"
32 位整数	16	"int"
时间戳（Timestamp）	17	"timestamp"
64 位整数	18	"long"
十进制小数（Decimal128）	19	"decimal"
最小 key（Min key）	−1	"minKey"
最大 key（Max key）	127	"maxKey"

MongoDB 还支持$expr、$jsonSchema、$mod、$regex、$text、$where 等运算符。

$expr 用于构建表达式。例如要求预期寿命（expectLife）大于实际寿命（life），则可写成：

```
{ $expr: { $gt: [ "$expectLife" , "$life" ] } }
```

$jsonSchema 要求指定文档符合给定的 JSON Schema。

> **提示：**
> 类似于 XML Schema 是 XML 文档的语义约束，JSON Schema 就是 JSON 文档的语义约束。

例如要求被查询文档必须有 name、age 属性，且 name 属性必须是 String 类型，age 属性必须是 32 位整数，范围必须在 20~50 之间，可写成如下形式：

```
db.collection.find(
{
  $jsonSchema: {
     required: [ "name", "age"],
     properties: {
        name: {
           bsonType: "string"
        },
        year: {
           bsonType: "int",
           minimum: 20,
           maximum: 50,
        },
     }
  }
})
```

$mod 用于进行求余运算，要求余数必须是指定值。例如要求 amount 必须是 5 的倍数，则可写成：

```
{ amount: { $mod: [5, 0] } }
```

$mod 后面的数组只能是两个元素，否则会导致错误。

$regex 要求匹配指定的正则表达式。例如要求 name 匹配指定的正则表达式（以"fk"开头），可以写成：

```
{ name: { $regex: /fk.*/ } }
```

如果希望不区分大小写，则可写成：

```
{ name: { $regex: /fk.+/i } }
```

$regex 也可与其他运算符一起使用。例如要求 name 必须以"fk"开头，但不能是"fkjava"，也不能是"fkit"，则可写成：

```
{ name: { $regex: /fk.+/i, $nin: [ 'fkjava', 'fkit' ] } }
```

$text 运算符表明执行全文检索，该运算符的语法格式如下：

```
{
  $text:
    {
      $search: <string>,              检索内容
      $language: <string>,            内容的语言
      $caseSensitive: <boolean>,      是否区分大小写
      $diacriticSensitive: <boolean>  是否区分音调符号
    }
}
```

例如要求 description 字段中包含"疯狂"关键字，但不能包含"Java"关键字，且不区分大小写，则可写成：

```
{description: { $text: {
    $search: "疯狂 -Java",
    $language: "zh",
    $caseSensitive: false
  }
 }
}
```

$where 运算符的用法比较灵活，功能也很强大，它支持用一个 JS 表达式来进行判断，因此使用它可进行各种灵活的判断。

比如要求查询预期寿命（expectLife）大于实际寿命（life）的产品，可以写成：

```
db.products.find( { $where: function() {
  return this.expectLife > this.life
} } );
```

从上面的粗体字代码可以看到，$where 运算符的值就是一个 JS 函数，当该函数返回 true 时，表明符合查询条件，否则表明不符合查询条件。该 JS 函数中的 this 就代表当前正在判断的文档。

再比如要求查询数量（qty）是 5 的倍数的产品，可以写成：

```
db.products.find( { $where: function() {
   return this.qty % 5 == 0
} } );
```

db.collection.find()命令会返回一个 Cursor 对象，该对象提供了大量方法，例如以下两个方法用于分页。

- skip(N)：跳过 N 个文档。
- limit(N)：限制只返回 N 个文档。

以下方法用于排序。

- sort({字段:1 或-1, 字段: 1 或-1 ...})：其中 1 代表升序，-1 代表降序。

Cursor 对象支持的全部方法可参考 https://docs.mongodb.com/manual/reference/method/js-cursor/ 页面。

8．聚集运算

语法格式：

```
db.collection.aggregate(pipeline, options)
```

其中，pipeline 是一个数组，代表一系列聚集操作形成的管道。聚集操作是一系列以$group、$project、$match、$sort 等为 key 的 BSON 文档。聚集运算可实现对文档进行分组等操作。

例如，以下命令对 products 的 item 字段进行分组，并对 qty 进行总和：

```
db.products.aggregate([
    {$group : {_id : "$item", amount : {$sum : "$qty"}}}
])
```

该命令相当于如下 SQL 语句：

```
select item as _id, sum(qty) as amount
from products
group by item
```

聚集运算可包含多个运算形成"管道"，将前一个运算的结果作为后一个运算的输入数据。例如以下命令：

```
db.orders.aggregate([
    { $match: { status: "A" } },
    { $group: { _id: "$cust_id", total: { $sum: "$amount" } } },
    { $sort: { total: -1 } }
])
```

该命令包含了 3 个运算，其中$match 表示只处理 status 为"A"的文档；$group 表示对 cust_id 进行分组，并计算 amount 的总和，总和别名是 total；$sort 表示对 total 属性进行降序排列。

▶▶ 6.2.5　连接 MongoDB 与 MongoTemplate

Spring Boot 为连接 MongoDB 提供了两个 Starter。

- spring-boot-starter-data-mongodb：连接 MongoDB 传统 API 的 Starter。
- spring-boot-starter-data-mongodb-reactive：连接 MongoDB 反应式 API 的 Starter。

其中 spring-boot-starter-data-mongodb 依赖于 mongodb-driver-sync.jar，spring-boot-starter-data-mongodb-reactive 依赖于 mongodb-driver-reactivestreams.jar，mongodb-driver-sync.jar 和 mongodb-driver-reactivestreams.jar 都是 MongoDB 官方提供的数据库驱动。

由于 Spring Boot 为 MongoDB 的传统 API 和反应式 API 分别提供了不同 Starter，因此，若打算使用 MongoDB 的传统 API，则需要添加 spring-boot-starter-data-mongodb 依赖；若打算使用 MongoDB 的反应式 API，则需要添加 spring-boot-starter-data-mongodb-reactive 依赖。

如果使用 spring-boot-starter-data-mongodb 依赖，Spring Boot 将会在容器中自动配置 MongoDatabaseFactory 和 MongoTemplate，如果在容器中配置自己的 com.mongodb.client.MongoClient，Spring Boot 就会用它配置 MongoDatabaseFactory。

如果使用 spring-boot-starter-data-mongodb-reactive 依赖，Spring Boot 将会在容器中自动配置

ReactiveMongoDatabaseFactory 和 ReactiveMongoTemplate，如果在容器中配置自己的 com.mongodb.reactivestreams.client.MongoClient（与前面的 MongoClient 不是同一个），Spring Boot 就会用它配置 ReactiveMongoDatabaseFactory。

MongoClient 是连接 MongoDB 的核心 API，调用它的 getDatabase(String name)方法即可得到指定数据库对应的 MongoDatabase，这个 API 就相当于 MongoDB 客户端中的"db"对象，因此，接下来即可通过 MongoDatabase 的方法来操作该数据库，例如操作 Collection。

如果想对 Spring Boot 自动配置的 MongoDatabaseFactory 或 ReactiveMongoDatabaseFactory 进行定制，只要配置自己的 MongoClient 即可，MongoClient 负责连接 MongoDB 的实际工作，而 MongoDatabaseFactory 或 ReactiveMongoDatabaseFactory 只是一层包装。

从上面介绍不难看出，MongoDB 的传统 API 和反应式 API 是完全分开的，因此使用时也要分开。

在默认情况下，Spring Boot 自动连接 URL 地址为"mongodb://localhost/test"的 MongoDB 服务器，但这显然不行，可通过 spring.data.mongodb.uri 属性改变 MongoDB 服务器的 URL 地址，例如通过如下属性指定 MongoDB 副本集的 URL 地址：

```
spring.data.mongodb.uri=mongodb://user:pass@host1:12345,host2:23456/boot
```

上面配置指定了两个副本：位于 host1:12345 的副本和位于 host2:23456 的副本。

也可以通过如下方式配置 MongoDB 服务器的地址：

```
# 配置 MongoDB 服务器的主机、端口
spring.data.mongodb.host=localhost
spring.data.mongodb.port=27017
# 指定初始连接的数据库
spring.data.mongodb.database=springboot
# 配置连接 MongoDB 服务器的用户名、密码
spring.data.mongodb.username=crazyit
spring.data.mongodb.password=32147
```

所有以"spring.data.mongodb"开头的属性都由 MongoProperties 负责处理，该类的源代码如下：

```
@ConfigurationProperties(prefix = "spring.data.mongodb")
public class MongoProperties {
    // 定义 MongoDB 服务器的默认端口
    public static final int DEFAULT_PORT = 27017;
    // 定义 MongoDB 服务器的默认 URL 地址
    public static final String DEFAULT_URI = "mongodb://localhost/test";
    // 指定 MongoDB 服务器所在的主机
    private String host;
    // 指定 MongoDB 服务器所在的端口
    private Integer port = null;
    // 指定 MongoDB 服务器的 URL 地址
    private String uri;
    // 指定初始连接的数据库
    private String database;
    // 指定用户授权使用的数据库
    private String authenticationDatabase;
    // 指定登录的用户名
    private String username;
    // 指定登录的密码
    private char[] password;
    // 指定副本集的名称
    private String replicaSetName;
    // 指定 field 命名策略类
    private Class<?> fieldNamingStrategy;
```

```
    // 指定将 UUID 转换为 BSON 二进制值所使用的表示形式
    private UuidRepresentation uuidRepresentation = UuidRepresentation.JAVA_LEGACY;
    // 指定是否启用自动索引创建功能
    private Boolean autoIndexCreation;
    ...
}
```

Spring Boot 连接 MongoDB 之后，会在容器中自动配置 MongoTemplate 或 ReactiveMongoTemplate。有了 MongoTemplate 或 ReactiveMongoTemplate 之后，接下来可调用其如下方法。

- insert(T objectToSave)：保存数据对象，对应于插入一个文档。
- remove(Object object)：删除数据对象，对应于删除一个文档。
- remove(Query query, Class<?> entityClass)：从指定集合（由数据类映射）中删除所有符合条件的文档。
- updateFirst(Query query, UpdateDefinition update, Class<?> entityClass)：更新指定集合（由数据类映射）中符合条件的第一个文档。
- updateMulti(Query query, UpdateDefinition update, Class<?> entityClass)：更新指定集合（由数据类映射）中符合条件的所有文档。
- find(Query query, Class<T> entityClass)：从指定集合（由数据类映射）中查找所有符合条件的文档。

上面只是列出了 MongoTemplate 最常用方法的一个版本，实际上它提供了大量方法来简化对 MongoDB 的操作。上面这些方法也有多个重载版本，读者可以自行查阅 API 文档来了解。

可能有人会问：MongoTemplate 的方法与 ReactiveMongoTemplate 的方法有区别吗？当然有区别，MongoTemplate 的方法是同步的、阻塞式的，而 ReactiveMongoTemplate 的方法则是反应式的、非阻塞的。

从用法角度来看，MongoTemplate 提供的方法，ReactiveMongoTemplate 同样也会提供，区别只是 MongoTemplate 的方法返回同步的结果，如 List 等；而 ReactiveMongoTemplate 的方法返回反应式的结果，如 Flux 或 Mono。

如果要进行更细致的操作，MongoTemplate 或 ReactiveMongoTemplate 则提供了一系列 execute() 方法，这些方法都需要传入一个 Lambda 形式（或匿名内部类形式）的 Callback 对象，开发者在实现 Callback 接口中的抽象方法时，可以访问到 MongoCollection 等底层 API，从而直接使用 MongoCollection 等底层 API 来操作 MongoDB 数据库。

下一节会给出有关 MongoTemplate 及 ReactiveMongoTemplate 的具体示例。

▶▶ 6.2.6 使用 MongoDB 的 Repository

得益于 Spring Data 的优秀设计，Spring Data MongoDB 同样提供了与前面 Spring Data 完全一致的操作。

归纳起来，Spring Data MongoDB 大致包括如下几方面功能。

- DAO 接口只需继承 CrudRepository 或 ReactiveCrudRepository，Spring Data MongoDB 能为 DAO 组件提供实现类。
- Spring Data MongoDB 支持方法名关键字查询。
- Spring Data MongoDB 支持使用@Query 注解定义查询语句，只不过该@Query 注解是 Spring Data MongoDB 提供的。
- Spring Data MongoDB 同样支持 DAO 组件添加自定义的查询方法——通过添加额外的接口，并为额外的接口提供实现类，Spring Data MongoDB 就能将该实现类中的方法"移植"到

DAO 组件中。

➢ Spring Data MongoDB 同样支持 Example 查询。

与 Redis 不同，MongoDB 有自己的查询语法，因此 Spring Data MongoDB 支持的方法名关键字同样非常强大。

它的方法名支持如表 6.3 所示的开头关键字。

表 6.3 方法名的开头关键字

开头关键字	返回值	说明
find…By、read…By get…By、query…By search…By、stream…By	Collection 及其子接口、Stream	查询返回符合条件的文档
exists…By、	boolean	返回是否有符合条件的文档
count…By	int	返回符合条件的文档的数量
delete…By, remove…By	void 或 int	返回被删除的文档的数量
…First\<number\>… …Top\<number\>…	Collection 及其子接口、Stream	返回符合条件的前 N 个文档。
…Distinct…	Collection 及其子接口、Stream	去除重复值

方法名支持的关键字如表 6.4 所示。

表 6.4 方法名支持的关键字

关键字	示例	对应的查询
After	findByBirthdateAfter(Date date)	{"birthdate" : {"$gt" : date}}
GreaterThan	findByAgeGreaterThan(int age)	{"age" : {"$gt" : age}}
GreaterThanEqual	findByAgeGreaterThanEqual(int age)	{"age" : {"$gte" : age}}
Before	findByBirthdateBefore(Date date)	{"birthdate" : {"$lt" : date}}
LessThan	findByAgeLessThan(int age)	{"age" : {"$lt" : age}}
LessThanEqual	findByAgeLessThanEqual(int age)	{"age" : {"$lte" : age}}
Between	findByAgeBetween(int from, int to)	{"age" : {"$gt" : from, "$lt" : to}}
Between	findByAgeBetween(Range\<Integer\> range)	用 $gt、$lt 还是用 $gte、$lte，取决于 Range 是否包含边界
In	findByAgeIn(Collection ages)	{"age" : {"$in" : [ages…]}}
NotIn	findByAgeNotIn(Collection ages)	{"age" : {"$nin" : [ages…]}}
IsNotNull, NotNull	findByFirstnameNotNull()	{"firstname" : {"$ne" : null}}
IsNull, Null	findByFirstnameNull()	{"firstname" : null}
Like, StartingWith, EndingWith	findByFirstnameLike(String name)	{"firstname" : name}
NotLike, IsNotLike	findByFirstnameNotLike(String name)	{"firstname" : { "$not" : name }}
Containing（对字符串）	findByFirstnameContaining(String name)	{"firstname" : name}
NotContaining（对字符串）	findByFirstnameNotContaining(String name)	{"firstname" : { "$not" : name}}
Containing（对集合）	findByAddressesContaining(Address address)	{"addresses" : { "$in" : address}}
NotContaining（对集合）	findByAddressesNotContaining(Address address)	{"addresses" : { "$not" : { "$in" : address}}}
Regex	findByFirstnameRegex(String firstname)	{"firstname" : {"$regex" : firstname }}
无关键字	findByFirstname(String name)	{"firstname" : name}
Not	findByFirstnameNot(String name)	{"firstname" : {"$ne" : name}}
Near	findByLocationNear(Point point)	{"location" : {"$near" : [x,y]}}
Near	findByLocationNear(Point point, Distance max)	{"location" : {"$near" : [x,y], "$maxDistance" : max}}
Near	findByLocationNear(Point point, Distance min, Distance max)	{"location" : {"$near" : [x,y], "$minDistance" : min, "$maxDistance" : max}}

续表

关键字	示例	对应的查询
Within	findByLocationWithin(Circle circle)	{"location" : {"$geoWithin" : {"$center" : [[x, y], distance]}}}
Within	findByLocationWithin(Box box)	{"location" : {"$geoWithin" : {"$box" : [[x1, y1], x2, y2]}}}
IsTrue, True	findByActiveIsTrue()	{"active" : true}
IsFalse, False	findByActiveIsFalse()	{"active" : false}
Exists	findByLocationExists(boolean exists)	{"location" : {"$exists" : exists }}

上面这些方法名关键字查询中有两个涉及模糊查询的关键字：Like 和 Regex，其中 Regex 执行正则表达式匹配查询，这一点没有任何问题；但 Like 只是用普通的通配符，比如用 "*" 匹配任意个任意字符。

> **注意**
> Spring Data MongoDB 官方文档对 Like 关键字的解释也是正则表达式匹配，但从实际测试结果来看，Like 关键字并不是用正则表达式进行匹配的。

接下来的问题就是：Spring Data 操作的是数据类（对 JPA 则是持久化类），那它怎么处理数据类与 MongoDB 集合之间的映射关系呢？其实很简单，Spring Data MongoDB 提供了如下注解。
- @Document：该注解指定将数据类映射到 MongoDB 的集合。
- @Field：该注解指定将数据类的属性映射到集合的字段。如果不使用该注解，默认基于同名映射原则。

此外，Spring Data MongoDB 还提供了如下索引化注解。
- @GeoSpatialIndexed：指定对该注解修饰的属性使用 MongoDB 的地理空间索引功能创建索引。
- @HashIndexed：指定被该注解修饰的属性应作为计算 Hash 索引的 key。
- @Indexed：指定对普通类型的属性建立索引。
- @TextIndexed：指定将字段作为全文检索索引的组成部分，MongoDB 的每个集合都只能有一个全文检索索引，所有带@TextIndexed 注解的字段都被合并到一个索引中。

在理解了 Spring Data MongoDB 的设计之后，接下来通过示例来介绍 Spring Data MongoDB 的功能和用法。首先创建一个 Maven 项目，然后让其 pom.xml 文件继承 spring-boot-starter-parent。本例会同时示范 MongoDB 的同步 API 和反应式 API，因此需要同时添加 spring-boot-starter-data-mongodb.jar 依赖和 spring-boot-starter-data-mongodb-reactive.jar 依赖。由于本例使用 Spring Boot 的测试支持来测试 DAO 组件，因此添加了 spring-boot-starter-test.jar 依赖。具体可以参考本例的 pom.xml 文件。

先为本例定义 application.properties 文件，用来指定 MongoDB 服务器的连接信息。

程序清单：codes\06\6.2\mongodbtest\src\main\resources\application.properties

```
# 配置MongoDB服务器的主机、端口
spring.data.mongodb.host=localhost
spring.data.mongodb.port=27017
# 指定初始连接的数据库
spring.data.mongodb.database=springboot
# 配置连接MongoDB服务器的用户名、密码
spring.data.mongodb.username=crazyit
spring.data.mongodb.password=32147
```

下面定义本例用到的数据类。

程序清单：codes\06\6.2\mongodbtest\src\main\java\org\crazyit\app\domain\Book.java

```java
@Document(collection="book")
public class Book
{
    @HashIndexed
    @Id
    // 建议使用 String 类型的 id
    private String id;
    private String name;
    // 利用 MongoDB 的索引功能为该属性建立索引
    @Indexed
    private String description;
    private Double price;
    // 省略 getter、setter 方法和构造器
    ...
}
```

上面 Book 类使用了 @Document(collection="book") 修饰，这意味该类的实例被映射到数据库中名为 book 的集合。

上面 id 实例变量使用了 @Id 修饰，这表明它是一个标识属性，这一点和所有 Spring Data 的设计都是一样的。该 id 实例变量还使用了 @HashIndexed 修饰，这表明 id 实例变量将会被用作计算 Hash 索引的 key。

上面 description 实例变量使用了 @Indexed 修饰，这表明 MongoDB 将会为它建立索引。

接下来定义本例 DAO 组件的接口。

程序清单：codes\06\6.2\mongodbtest\src\main\java\org\crazyit\app\dao\BookDao.java

```java
public interface BookDao extends ReactiveCrudRepository<Book, String>,
        ReactiveQueryByExampleExecutor<Book>, BookCustomDao
{
    // Like 关键字只使用简单的通配符：*
    Flux<Book> findByNameLike(String namePattern);
    // Regex 进行正则表达式匹配
    Flux<Book> findByNameRegex(String regex);
    Flux<Book> findByDescriptionContains(String subDesc);
    Flux<Book> findByPriceBetween(double start, double end);
    @Query("{price: {$gt: ?0, $lt: ?1}}")
    Flux<Book> findByQuery1(double start, double end);
    @Query("{name: {$regex: ?0}}")
    Flux<Book> findByQuery2(String namePattern);
}
```

正如从上面代码所看到的，该 DAO 接口继承了 ReactiveCrudRepository，这就是典型的反应式 API，如果想使用传统的同步 API，只要改为继承普通的 CrudRepository 即可。此外，该 DAO 接口还继承了 ReactiveQueryByExampleExecutor，这意味着它也可支持反应式的 Example 查询。

从上面的方法签名可以看到，使用反应式 API 的 DAO 方法的返回值是 Flux（或 Mono），而传统 DAO 组件的方法的返回值则是 List。这就是反应式 API 与传统的同步 API 在编程上存在的差别。

上面 DAO 接口中的前 4 个方法都是 Spring Data MongoDB 的方法名关键字查询方法，而后 2 个方法则使用了 @Query 注解定义查询语句。该 @Query 注解位于 org.springframework.data.mongodb.repository 包下，该包下提供了如下注解。

➢ @Aggregation：该注解修饰的方法将执行聚集操作。
➢ @CountQuery：该注解修饰的方法将只返回符合查询条件的文档的数量。

➢ @DeleteQuery：该注解修饰的方法将删除符合查询条件的文档。
➢ @ExistsQuery：该注解修饰的方法将只返回是否包含符合查询条件的文档。
➢ @Query：该注解修饰的方法将返回符合查询条件的文档。

其中@CountQuery 注解就相当于方法名关键字中以"countBy"开头的方法；@DeleteQuery 注解就相当于方法名关键字中以"deleteBy"开头的方法；@ExistsQuery 注解就相当于方法名关键字中以"existsBy"开头的方法。

前面介绍 Redis 时使用的是传统的同步 API，本例改为以反应式 API 为主。如果读者希望学习 Spring Data MongoDB 的同步 API，可自行参考本书提供的本例中 SyncBookDao 接口的代码。

上面的 BookDao 还继承了一个 BookCustomDao 接口，这样就可通过该接口新增自定义的查询方法，而自定义的查询方法最终将被"移植"到 BookDao 组件中。BookCustomDao 接口的代码如下。

程序清单：codes\06\6.2\mongodbtest\src\main\java\org\crazyit\app\dao\BookCustomDao.java

```java
public interface BookCustomDao
{
    Flux<Book> customQuery1(String regex, double startPrice);
    Flux<Book> customQuery2(double startPrice, double endPrice);
}
```

在该接口中可以定义任何自定义的方法，这些方法都将被"移植"到 BookDao 组件中。注意到该接口中两个方法的返回值都是 Flux，这就表明该接口使用的依然是反应式 API。本例还提供了一个 SyncBookCustomDao 接口，它使用的是传统的同步 API。

接下来为 BookCustomDao 提供实现类，此时就需要使用 MongoDB 驱动来直接操作 MongoDB 数据库了，可让 Spring Boot 将自动配置的 ReactiveMongoTemplate（传统 API 对应 MongoTemplate）注入该实现类，这样该实现类就可通过 ReactiveMongoTemplate 来操作 MongoDB 数据库。下面是该实现类的代码。

程序清单：codes\06\6.2\mongodbtest\src\main\java\org\crazyit\app\dao\BookCustomDaoImpl.java

```java
public class BookCustomDaoImpl implements BookCustomDao
{
    @Autowired
    private ReactiveMongoTemplate mongoTemplate;

    @Override
    public Flux<Book> customQuery1(String regex, double startPrice)
    {
        // 要求name匹配指定的正则表达式且price大于指定值
        Query query = Query.query(Criteria.where("name").regex(regex)
                .and("price").gt(startPrice));
        // 调用find()方法执行查询
        return mongoTemplate.find(query, Book.class);
    }
    @Override
    public Flux<Book> customQuery2(double startPrice, double endPrice)
    {
        // 调用execute()方法执行自定义查询
        return mongoTemplate.execute(Book.class,
            collection -> {
                // 设置条件，实际上得到{$gte: startPrice, $lte: endPrice}
                var cond = new BasicDBObject();
                cond.put("$gte", startPrice);
                cond.put("$lte", endPrice);
                // 设置查询条件，实际上得到{price: cond}
```

```
            var query = new BasicDBObject("price", cond);
            // 调用 MongoCollection 的 find()方法执行查询
            // 再将查询结果转换成 Flux
            // map()方法则用于将 Flux 中的元素转换成另一种类型
            return Flux.from(collection.find(query)).map(doc -> {
                // 将 Document 转换为 Book
                var b = new Book();
                Object id = doc.get("_id");
                if (id instanceof String)
                {
                    b.setId((String) id);
                }
                else
                {
                    b.setId(((ObjectId) id).toHexString());
                }
                b.setName((String) doc.get("name"));
                b.setDescription((String) doc.get("description"));
                b.setPrice((Double) doc.get("price"));
                return b;
            });
        });
    }
}
```

上面第 1 个方法实现比较简单，它首先调用 Query 对象的方法构建了一个查询条件，该 Query 是 Spring Data MongoDB 提供的类，专门用于构建查询条件。从上面代码可以看出，使用 Query 构建查询条件比较简单，依次调用相应的方法即可。上面构建的查询条件是：要求 name 必须匹配指定的正则表达式，且（由 and()方法表示）price 大于指定值。

使用 Query 构建查询条件之后，接下来调用了 ReactiveMongoTemplate 的 find()方法执行查询。

上面第 2 个方法实现稍微复杂一点，它调用 ReactiveMongoTemplate 的 execute()方法来执行自定义操作，该方法需要一个 ReactiveCollectionCallback 对象，上面程序中使用 Lambda 表达式创建该对象。该 Lambda 表达式直接使用 MongoCollection 来执行查询（MongoCollection 有同步和反应式两个版本，虽然它们的名字相同，但它们位于不同的包下），MongoCollection 就相当于前面 MongoDB 客户端中使用的 db.collection 对象，因此 MongoCollection 提供的方法与 db.collection 提供的方法的功能大致相当。

在代表 ReactiveCollectionCallback 对象的 Lambda 表达式中，程序先使用 BasicDBObject 构建查询条件。有了查询条件之后，调用 MongoCollection 的 find()方法执行查询，该方法返回一个 FindPublisher<Document> 对象（它也是反应式 API），程序直接调用 Flux 的 from()方法将 FindPublisher<Document> 包装成 Flux<Document>——但此时 Flux 中的元素是 Document，因此还要调用 Flux 的 map()方法将 Document 元素转换成 Book 对象。

在 execute()方法的 Lambda 表达式参数中，依次用到了 MongoCollection、BasicDBObject、FindPublisher、Document 等 API，它们都是来自 MongoDB 驱动的底层 API，该方法的实现代码其实就是 Spring Data MongoDB 的底层源代码。如果不是很有必要，直接使用 Spring Data MongoDB 提供的 ReactiveMongoTemplate（或 MongoTemplate）和 Query 两个 API 即可，没必要直接使用 MongoDB 驱动的底层 API 编程。

上面 BookCustomDaoImpl 是基于反应式 API 来实现的，依赖注入的是 ReactiveMongoTemplate。本例还提供了一个 SyncBookCustomDaoImpl，它被注入的是 MongoTemplate，因此它是基于传统的同步 API 来实现的，读者可自行参考该实现类的代码。

从设计上讲，当底层数据库采用反应式 API 编程时，最好在上层结合 Spring WebFlux 框架，使得整个应用从上到下具有响应式编程模型,这样就能以较少的线程处理高并发请求。但本例的重点是介绍 Spring Boot 对 MongoDB 的整合,不想引入过多的枝节,因此没有提供 Web 层组件。

下面直接为该 DAO 组件定义测试用例,该测试用例的代码如下。

程序清单:codes\06\6.2\mongodbtest\src\test\java\org\crazyit\app\dao\BookDaoTest.java

```java
@SpringBootTest(webEnvironment = SpringBootTest.WebEnvironment.NONE)
public class BookDaoTest
{
    @Autowired
    private BookDao bookDao;

    @Test
    public void testSaveWithId()
    {
        var book = new Book("疯狂 Python",
                "系统易懂的 Python 图书,覆盖数据分析、爬虫等热门内容", 118.0);
        // 显式设置 id,通常不建议设置
        book.setId("2");
        bookDao.save(book).block();  // 阻塞执行,保证反应式方法执行完成
    }
    @Test
    public void testUpdate()
    {
        // 更新 id 为 2 的 Book 对象
        bookDao.findById("2")
                .blockOptional()
                .ifPresent(book -> {
                    book.setName("疯狂 Python 讲义");
                    bookDao.save(book).block();
                });
    }
    @Test
    public void testDelete()
    {
        // 删除 id 为 2 的 Book 对象
        bookDao.deleteById("2").block();
    }
    @ParameterizedTest
    @CsvSource({"疯狂 Java 讲义, 最全面深入的 Java 图书, 129.0",
            "SpringBoot 终极讲义, 无与伦比的 SpringBoot 图书, 119.0"})
    public void testSave(String name, String description, Double price)
    {
        var book = new Book(name, description, price);
        bookDao.save(book).block();
    }
    @ParameterizedTest
    @ValueSource(strings = {"疯狂*"})
    public void testFindByNameLike(String namePattern)
    {
        bookDao.findByNameLike(namePattern)
                // 调用 toIterable()方法以阻塞式方式完成查询
                .toIterable().forEach(System.out::println);
    }
    @ParameterizedTest
    @ValueSource(strings = {"疯狂\\w+"})
    public void testFindByNameRegex(String regex)
    {
        bookDao.findByNameRegex(regex)
                .toIterable().forEach(System.out::println
```

```java
    }
    @ParameterizedTest
    @ValueSource(strings = {"Java"})
    public void testFindByDescriptionContains(String subDesc)
    {
        bookDao.findByDescriptionContains(subDesc)
                .toIterable().forEach(System.out::println);
    }
    @ParameterizedTest
    @CsvSource({"110, 120", "100, 110"})
    public void testFindByPriceBetween(double start, double end)
    {
        bookDao.findByPriceBetween(start, end)
                .toIterable().forEach(System.out::println);
    }
    @ParameterizedTest
    @CsvSource({"疯狂 Java 讲义, 最全面深入的 Java 图书"})
    public void testExampleQuery1(String name, String description)
    {
        // 创建样本对象 (probe)
        var s = new Book(name, description, 129.0);
        // 不使用 ExampleMatcher, 创建默认的 Example
        bookDao.findAll(Example.of(s))
                .toIterable().forEach(System.out::println);
    }
    @ParameterizedTest
    @ValueSource(strings = {"SpringBoot 终极讲义"})
    public void testExampleQuery2(String name)
    {
        // 创建 matchingAll 的 ExampleMatcher
        ExampleMatcher matcher = ExampleMatcher.matching()
                // 忽略 null 属性, 该方法可以省略
                //.withIgnoreNullValues()
                .withIgnorePaths("price"); // 忽略 price 属性
        // 创建样本对象 (probe)
        var s = new Book(name, null, 1.0);
        bookDao.findAll(Example.of(s, matcher))
                .toIterable().forEach(System.out::println);
    }
    @ParameterizedTest
    @CsvSource({"110, 120", "120, 130"})
    public void testFindByQuery1(double start, double end)
    {
        bookDao.findByQuery1(start, end)
                .toIterable().forEach(System.out::println);
    }
    @ParameterizedTest
    @ValueSource(strings = {"疯狂\\w+", "疯狂 Python\\w*"})
    public void testFindByQuery2(String namePattern)
    {
        bookDao.findByQuery2(namePattern)
                .toIterable().forEach(System.out::println);
    }
    @ParameterizedTest
    @CsvSource({"疯狂\\w+, 120", "疯狂 Python\\w*, 100"})
    public void testCustomQuery1(String regex, double startPrice)
    {
        bookDao.customQuery1(regex, startPrice)
                .toIterable().forEach(System.out::println);
    }
    @ParameterizedTest
```

```
    @CsvSource({"110, 120", "120, 130"})
    public void testCustomQuery2(double startPrice, double endPrice)
    {
        bookDao.customQuery2(startPrice, endPrice)
            .toIterable().forEach(System.out::println);
    }
}
```

由于上面 BookDao 接口继承了 ReactiveCrudRepository 和 ReactiveQueryByExampleExecutor，因此它们为该 DAO 接口提供了大量方法。

由于本测试用例测试的是反应式 API，这些方法都是异步的，它们不会阻塞主线程，因此可能出现的情况是：测试方法执行完成后，被测试的异步方法还未完成，这样就看不到测试结果了。为了看到测试结果，上面的测试方法调用了 block() 或 toIterable() 方法，用于将反应式方法同步化，以便能看到方法的执行结果——但千万注意：只能在测试时这么干！否则反应式 API 就白搞了。

运行 testSaveWithId() 测试方法，该方法测试 BookDao 的 save() 方法，该方法运行完成后看不到任何输出。但打开 Robo 3T，则可看到如图 6.18 所示的数据。

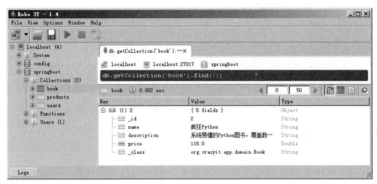

图 6.18　使用 save() 方法保存的数据

从图 6.18 可以看到，当程序保存一个 Book 对象时，就对应为 book 集合添加一个文档。

运行 testUpdate() 测试方法之后，将会看到前面保存的数据被修改了；运行 testDelete() 测试方法之后，id 为 2 的 Book 被删除，因此图 6.18 所示的全部数据都会被删除。

运行 testSave() 测试方法再次保存两个 Book 对象，此时可看到 MongoDB 包含如图 6.19 所示的数据。

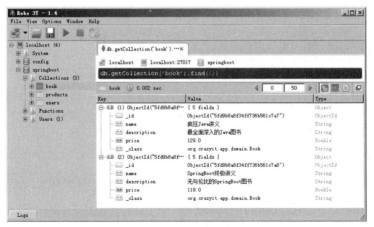

图 6.19　保存两个 Book 对象后的数据

图 6.19 显示的两个 Document 正好对应了程序保存的两个 Book 对象。

在运行接下来的查询方法之前，先再次运行 testSaveWithId()测试方法，向底层数据库中添加一个 Document，此时数据库中就有了 3 条测试数据。

接下来运行 testFindByNameLike()测试方法，注意该方法上注解传入的参数为"疯狂*"，如果它被当成正则表达式的话，那么它只能匹配 name 为"疯""疯狂""疯狂狂"……这种形式的文档。但运行该方法将看到如下输出：

```
Book{id='5fd9b8a8f34ff736b561c7a7', name='疯狂 Java 讲义',
    description='最全面深入的 Java 图书', price=129.0}
Book{id='2', name='疯狂 Python',
    description='系统易懂的 Python 图书，覆盖数据分析、爬虫等热门内容', price=118.0}
```

从上面的输出可以明显地看出，在方法名中使用 Like 关键字查询时，应用的显然不是正则表达式匹配规则，在这一点上，Spring Boot 官方文档弄错了。

接下来运行 testFindByNameRegex(String regex)测试方法，该方法上注解传入的参数为"疯狂\w+"，这是一个典型的正则表达式，它将匹配 name 为以"疯狂"开头的所有文档。

运行 testFindByDescriptionContains(String subDesc)测试方法，该方法上注解传入的参数为"Java"，它将查询出 description 包含"Java"的所有文档。运行该方法将看到如下输出：

```
Book{id='5fd9b8a8f34ff736b561c7a7', name='疯狂 Java 讲义',
    description='最全面深入的 Java 图书', price=129.0}
```

接下来运行 testFindByPriceBetween(double start, double end)测试方法，该方法用于测试 findByPriceBetween()方法，该方法用于选出 price 位于指定区间内的所有 Document。当传入"110, 120"参数时，将看到如下输出：

```
Book{id='5fd9b8a8f34ff736b561c7a8', name='SpringBoot 终极讲义',
    description='无与伦比的 SpringBoot 图书', price=119.0}
Book{id='2', name='疯狂 Python',
    description='系统易懂的 Python 图书，覆盖数据分析、爬虫等热门内容', price=118.0}
```

接下来运行 testExampleQuery1()、testExampleQuery2()测试方法，它们都用于测试 Spring Data MongoDB 的 Example 查询方法，Spring Data MongoDB 的样本查询同样不会比较@Id 修饰的属性，也不会比较样本中属性值为 null 的属性。程序同样可通过 ExampleMatcher 指定更详细的比较规则，例如程序中指定了执行 Example 查询时忽略 price 属性，这意味着 testExampleQuery2()查询只比较 name 属性。

接下来的 testFindByQuery1() 和 testFindByQuery2()测试方法用于测试 findByQuery1()和 findByQuery2()两个方法，这两个方法都使用了@Query 注解来定义查询条件。

运行 findByQuery2()方法，就是使用自定义的"{name: {$regex: ?0}}"条件来执行查询，这个查询条件完全是 MongoDB 的原生语法，因此具有高度的灵活性。本例中的这个查询条件是对 name 进行正则表达式匹配。运行该方法，当传入"疯狂 Python\\w*"参数时，将看到如下运行结果：

```
Book{id='2', name='疯狂 Python', description='系统易懂的 Python 图书，
    覆盖数据分析、爬虫等热门内容', price=118.0}
```

最后的 testCustomQuery1()、testCustomQuery2()测试方法用于测试两个自定义的查询方法：customQuery1()和 customQuery2()，读者可自行运行它们来测试自定义的查询方法。

▶▶ 6.2.7 连接多个 MongoDB 服务器

Spring Boot 是否支持连接多个 MongoDB 服务器呢？

当然支持！同样，只要放弃 Spring Boot 的自动配置就可连接多个 MongoDB 服务器。

放弃 Spring Boot 为 MongoDB 提供的自动配置之后，接下来同样要做如下事情：
- 手动配置多组 ReactiveMongoDatabaseFactory 和 ReactiveMongoTemplate，要连接几个 MongoDB 服务器就配置几组。每个 ReactiveMongoDatabaseFactory 对应连接一个 MongoDB 服务器。同步 API 则使用 MongoDatabaseFactory 和 MongoTemplate。
- 针对不同的 MongoDB 服务器，分别开发相应的 DAO 组件类，建议将它们放在不同的包下，以便区分。
- 使用@EnableReactiveMongoRepositories 注解手动开启 DAO 组件扫描。同步 API 则使用 @EnableMongoRepositories 注解。

使用@EnableReactiveMongoRepositories 注解时要指定如下两个属性。
- basePackages：指定扫描哪个包下的 DAO 组件。
- reactiveMongoTemplateRef：指定使用哪个 ReactiveMongoTemplate 来实现 DAO 组件的方法。同步 API 则使用 mongoTemplateRef 来指定引用 mongoTemplate。

> **提示：**
> 如果想完全控制连接 MongoDB 的过程，除了可在容器中配置自己的 ReactiveMongoDatabaseFactory 或 MongoDatabaseFactory，配置自己的 MongoClient 也行。ReactiveMongoDatabaseFactory 或 MongoDatabaseFactory 只是对 MongoClient 的包装。

通过上面介绍不难看出，Spring Boot 连接多个 MongoDB 服务器与 Spring Boot 连接多个数据源的方法基本是一致的，故此处不再赘述。

Spring Boot 通过 MongoClientSettings 创建自动配置的 MongoClient，如果在容器中定义了自己的 MongoClientSettings，Spring Boot 将直接使用该 MongoClientSettings 来创建 MongoClient，此时所有以"spring.data.mongodb"开头的属性都会被忽略。

如果没有配置自己的 MongoClientSettings，Spring Boot 就会读取并应用以"spring.data.mongodb"开头的配置属性，用于创建自动配置的 MongoClientSettings。

不管是否配置自己的 MongoClientSettings，都可在容器中部署一个或多个 MongoClientSettingsBuilderCustomizer 实现类的 Bean，该 Bean 在实现接口中的 customize(builder)方法时，就可对 MongoClientSettings 进行定制。

在极端情况下，如果希望直接使用 MongoDB 驱动的底层 API 来编程，还可将自动配置的 MongoClient 注入程序组件，这样该组件就可直接使用 MongoClient 操作 MongoDB 数据库（作者不推荐这么做）。

6.3 整合 Neo4j

在存储具有关联关系的数据，以及处理数据之间的图遍历时，相比传统的关系数据库（RDB），图形数据库（Graph Database，简称 GDB 或 GDBMS）具有无可比拟的优势。而 Neo4j 正是全球最领先的图形数据库之一，包括 Microsoft、ebay、NASA（美国国家航空航天局）等都在使用 Neo4j。

6.3.1 理解图形数据库

在学习图形数据库之前，先来回顾一下传统 RDBMS（关系数据库）是如何处理数据之间的关系的。RDBMS 通过主外键约束来建立两个实体之间的关联关系，比如图 6.20 所示的主从表就是 RDBMS 处理关系的典型方式。

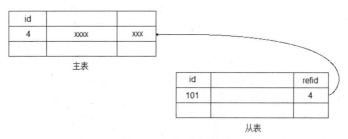

图 6.20 主从表关系

RDBMS 通过在从表中增加一个外键列，让外键列的值引用主表中主键或唯一键的值，从而建立主表记录和从表记录之间的关联关系。

在处理自关联情形时，RDBMS 也可让外键列引用本表中主键或唯一键的值。

在处理多对多关联时，RDBMS 可通过连接表来记录两个主表记录之间的关联关系，这种方式的本质依然是主从表关系，此时连接表充当两个主表的从表。

在处理简单的关联关系时，RDBMS 这种主从表的处理方式还能勉强支撑，比如只需简单记录学生—老师之间的关联关系、顾客—销售员之间的关联关系时，RDBMS 是可以胜任的。

但关联关系一旦复杂起来，RDBMS 立即就变得左支右绌了，就拿学生—老师之间的关联关系来说，学生与老师之间除了有授课关系，可能还有崇拜关系、厌恶关系、follow 关系（社交媒体上的粉丝关系）等。为了记录这种复杂的关联关系，RDBMS 只能让 student 表（学生表）不断地增加外键列，如图 6.21 所示。

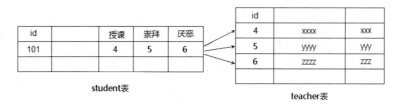

图 6.21 复杂的关联关系

正如图 6.21 所示，RDBMS 需要在 student 表中增加 3 列，分别记录该学生的授课老师是 id 为 4 的老师、其崇拜的老师是 id 为 5 的老师、其厌恶的老师是 id 为 6 的老师——意识到问题了吧？但这还没完，如果还需要记录授课老师在哪个学校授课、在哪个时间段授课、当时的授课方式是什么……RDBMS 怎么处理？

不仅如此，如果系统需要为学生 A（假如就是 id 为 101 的学生）推荐其可能崇拜的其他老师，此时最容易想到的算法是：先找出学生 A 崇拜的老师：id 为 5 的老师，再找出喜欢该老师的其他学生，然后统计这些学生最喜欢的 10 位老师，将他们推荐给学生 A——这就是典型的图遍历，如果还是使用 RDBMS 处理这种需求的话，就会变得无比复杂。

而 GDBMS 天然就可用于处理这种复杂的关联关系，并可轻松地处理图遍历问题。

与传统 RDBMS 相比，GDBMS 的最大改变在于：它正视了关系（relationship）的存在，把关系当成"一等公民"来处理，其与实体具有对等的地位，而不是简单的"主外键"约束。对于上面所举的例子，如果使用 RDBMS，则数据库只保存老师实体（每个老师实体对应于 teacher 表的一条记录）和学生实体（每个学生实体对应于 student 表的一条记录）；如果使用 GDBMS，那么数据库不仅需要保存老师实体（每个老师实体对应于一个节点）和学生实体（每个学生实体对应于一个节点），还需要保存老师与学生之间的关系。

图 6.22 显示了 GDBMS 保存的节点与关系。

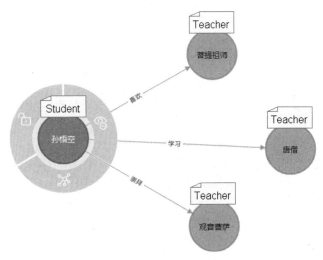

图 6.22　节点与关系

在图 6.22 所示的数据中，GDBMS 实际保存的一共有 7 个数据——4 个数据节点，分别代表 1 个 Student 节点和 3 个 Teacher 节点；3 个关系，分别是喜欢关系、学习关系和崇拜关系。与 RDBMS 不同的是，这 3 个关系也是实实在在保存在数据库中的。

GDBMS 中的节点没什么特别的，它类似于传统 RDBMS 中的一条记录，但由于 GDBMS 并没有表的概念，因此 GDBMS 中的数据节点可以拥有的属性是动态变化的。比如图 6.22 中有 3 个 Teacher 节点，但这 3 个 Teacher 节点所包含的属性可能互不相同——看上去很眼熟吧？是不是很像 MongoDB 中的文档？没错，GDBMS 中的数据节点更像 MongoDB 中的文档。当然，GDBMS 没有所谓集合的概念。

节点是 GDBMS 中的数据节点，从面向对象的角度来看，它相当于一个对象（实例）；从 RDBMS 的角度进行类比，它相当于一条记录；从 MongoDB 的角度进行类比，它相当于一个文档。图 6.23 显示了一个节点示意图，该节点包含 3 个属性和 1 个标签（label）。

图 6.23　节点示意图

节点的标签相当于一种"分类"，但标签又比分类更灵活，因为一个节点通常只能属于一个分类，但一个节点可以拥有无数个标签。就像微信通讯录中的好友，对每个好友都可以指定任意多个标签，这个标签有分类的作用——比如发朋友圈时可选择屏蔽某些标签，从而使得拥有该标签的好友都会被屏蔽。

从功能上看，标签的作用与"分类"非常相似，那为何 GDBMS 不直接使用"分类"的概念，而是使用标签呢？因为现实世界中的实体是很复杂的，其很难被分类，比如图 6.23 中提到的"孙悟空"，他既是一个 Person，也是一个小说角色……从不同的角度来看，他可能拥有更多的分类，而且这种分类需要能动态地增加，因此分类就有点过时了，标签才是更好的选择。

可能有人会想：为何不为节点增加一个属性来标识其分类呢？还是因为这个问题，由于实体所属的分类需要能动态地随时改变，使用属性怎么存储这些分类呢？只能考虑用数组和集合，但这样做的后果就是失去分类的意义了——程序无法根据分类进行快速查询。但标签不同，GDBMS 可以根据标签进行查询。

原则：**如果需要根据某个"分类"进行查询（比如查询某个"分类"下的所有节点），就应该使用标签；如果某个"分类"只用于显示，很少用于查询，则可考虑使用属性来存储该分类信息。**

图 6.24 显示了包含多个标签的节点示意图。

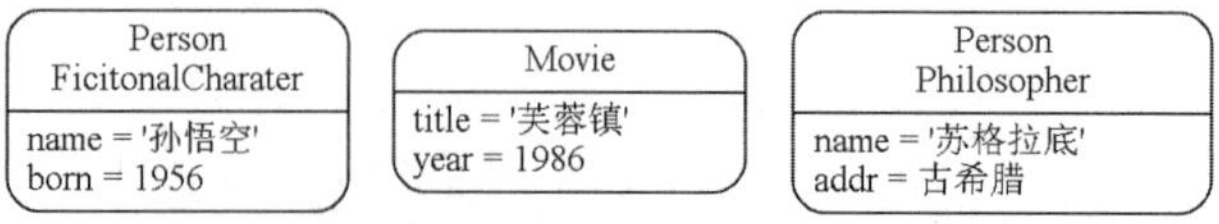

Person
FicitonalCharater
name = '孙悟空'
born = 1956
Movie
title = '芙蓉镇'
year = 1986
Person
Philosopher
name = '苏格拉底'
addr = 古希腊

图 6.24　包含多个标签的节点示意图

关系才是 GDBMS 的重点，对于传统 RDBMS 用户而言，它也是一个全新的概念，因此需要重点说明一下，关系具有如下特征：

➢ 关系用于连接节点，没有节点的关系不可能存在。
➢ 两个节点之间可以存在任意多个关系。
➢ 关系可以包含多个属性，每个属性都是 key-value 对的组合。
➢ 可以为关系指定一个关系类型（relationship type）。
➢ 关系是有方向的，因此每个关系都有源节点（source node）和目标节点（target node）。

记住一点：关系也是实实在在保存在数据库中的。节点可以拥有 *N* 个 key-value 对形式的属性，可以指定 0~*N* 个标签；关系也可拥有 *N* 个 key-value 对形式的属性，但只可为其指定 1 个关系类型，且关系必须有起始节点和结束节点。

图 6.25 显示了节点之间的关系示意图。

Person
Actor
name = '刘晓庆'
age = 25
Person
Director
name = '谢晋'
born = 1951
参演
role = '胡玉音'
导演
Movie
title = '芙蓉镇'
year= 1986

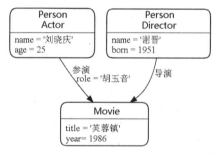

图 6.25　节点之间的关系示意图

图 6.25 定义了两个关系，第 1 个关系的源节点是 Person 节点（该 Person 节点带 2 个标签、2 个属性），目标节点是 Movie 节点（该节点带 1 个标签、2 个属性），该关系的类型是“参演”，该关系带 1 个属性：role='胡玉音'；第 2 个关系的源节点也是 Person 节点，目标节点也是 Movie 节点，该关系的类型是“导演”，该关系没有任何属性。

关系的类型有点类似于节点的标签，一个节点可以有多个标签，但一个关系只能属于一个关系类型——至少目前来看是这样的，也许以后关系抛弃类型的概念，改为使用标签，这样关系也能拥有多个标签，这完全可能是未来的发展趋势。

最后介绍一下 GDBMS 为节点标签、关系类型、属性名推荐的命名规则，如表 6.5 所示。

表 6.5　GDBMS 推荐的命名规则

图形实体	命名规则	示例
节点标签	首字母大写的驼峰写法	:VehicleOwner 比:vehice_owner 更好
关系类型	全部大写，单词之间用下画线分隔	:OWNS_VEHICLE 比 ownsVehicle 更好
属性名	首字母小写的驼峰写法	firstName

如果非要将 RDBMS 与 GDBMS 进行类比的话，大致可以得到如表 6.6 所示的对应关系。

表 6.6　RDBMS 与 GDBMS 的对应关系

RDBMS	GDBMS
行（记录）	节点、关系

续表

RDBMS	GDBMS
列及数据	属性及属性值
主外键约束	关系
唯一约束	唯一约束
索引	索引
多表连接（join）	遍历（traversal）

在掌握了 GDBMS 的基本理论（重点就是理解关系，它是一个全新的概念）之后，下面从 Neo4j 的下载和安装开始介绍。

6.3.2　下载和安装 Neo4j

下载和安装 Neo4j 请按如下步骤进行。

① 登录 Neo4j 下载中心：https://neo4j.com/download-center/#community，通过该页面中的链接下载 Neo4j Server 社区版，如图 6.26 所示。

图 6.26　下载 Neo4j Server 社区版

> **提示：**
> 没必要下载 Neo4j 桌面版（Desktop），虽然桌面版额外提供了一个桌面程序作为 Neo4j 的图形用户界面管理工具，但没多大必要，而且桌面版需要额外的 key。

② 下载完成后得到一个 neo4j-community-4.2.1-windows.zip 压缩包，将该压缩包解压缩到任意盘符的根路径下，本书以解压缩到 D:\根路径下为例。

③ Neo4j 是基于 Java 的应用程序，且本书所介绍的 Neo4j 4.2.1 版本需要 JDK 11 作为运行环境（JDK 8 不行！），请读者自行安装 JDK 11，并配置 JAVA_HOME 环境变量，该环境变量的值指向 JDK 的安装路径（不是 JDK 安装路径下的 bin 目录）。

> **提示：**
> 如果你成功安装过 Tomcat、Maven 等软件，由于它们都需要 JAVA_HOME 环境变量，那么可能 JAVA_HOME 环境变量已经配置成功。

④ 由于 Neo4j 解压缩路径下的 bin 目录中包含了它的执行命令，为了方便以后访问，建议将 Neo4j 解压缩路径下的 bin 目录添加到 PATH 环境变量中。以本书中的环境为例，就是将如下路径添加到 PATH 环境变量中（PATH 环境变量值的多个路径以英文分号隔开）。

```
D:\neo4j-community-4.2.1\bin
```

> **提示：**
> PATH 环境变量的值是一系列路径，这些路径以英文分号隔开。当我们在命令行窗口中执行任一命令时，Windows 就会沿着 PATH 环境变量所指定的一系列路径执行搜索，如果在任意一个路径中找到该命令对应的程序，Windows 就会执行该程序；否则就提示：'...'不是内部或外部命令，也不是可运行的程序。因此，将 Neo4j 解压缩路径下的 bin 目录添加到 PATH 环境变量中，就是为了方便在命令行窗口中执行 Neo4j 提供的命令。

⑤ 经过以上步骤之后，接下来只要打开命令行窗口（cmd），运行如下命令即可启动 Neo4j 服务器。

```
neo4j console -verbose
```

该命令中的 neo4j 位于 Neo4j 解压缩路径下的 bin 目录中，它用于启动 Neo4j 服务器；console 代表在控制台启动；-verbose 选项指定显示详细的运行信息。

如果在 Windows 10 系统上运行上面命令，应该一切都是正常的。但如果在 Windows 7 系统上运行上面命令，很可能会看到如下错误提示：

```
Import-Module ：未能加载指定的模块 "\bin\Neo4j-Management.psd1"，因为在任何模块目录中都没有找到有效的模块文件。
```

这可能是因为 Windows 7 系统自带的 PowerShell 版本太低的缘故，因此需要打开 Neo4j 的 bin 目录中的 neo4j.ps1 脚本文件，将其中如下行：

```
Import-Module "$PSScriptRoot\Neo4j-Management.psd1"
```

改为

```
Import-Module "D:\neo4j-community-4.2.1\bin\Neo4j-Management.psd1"
```

也就是将$PSScriptRoot 改为 Neo4j 的 bin 目录，以便该脚本能正常导入 Neo4j-Management.psd1 模块。

再次运行"neo4j console -verbose"命令，如果又看到如下错误提示：

```
Invoke-Neo4j ：无法对参数"ArgumentList"执行参数验证。该参数为 Null、为空或参数集合的某个元素包含 Null 值。请提供一个不包含任何 Null 值的集合，然后重试此命令。
```

再次打开 Neo4j 的 bin\Neo4j-Management 目录中的 Invoke-Neo4j.ps1，将其中如下行：

```
$thisServer.AdditionalArguments = $AdditionalArguments
```

改为如下形式：

```
if ($AdditionalArguments -ne $null) {
  $thisServer.AdditionalArguments = $AdditionalArguments
}
```

> **提示：**
> 这其实就是 Neo4j 中 Invoke-Neo4j.ps1 脚本的一个 bug，作者已向 Neo4j 官方提交了该 bug 及修复方案，如果未来下载更新的版本，可能就不需要这么麻烦了。

再次运行"neo4j console -verbose"命令，将可看到 Neo4j 启动成功，启动完成后，最后会显示如下几行信息：

```
Bolt enabled on localhost:7687.
Remote interface available at http://localhost:7474/
Started.
```

从该显示信息可以看到，Neo4j 数据库服务器的监听端口是 7687。此外，Neo4j 还提供了一个 Web 形式的远程访问接口，它的监听端口是 7474。

启动浏览器浏览 http://localhost:7474/，将看到如图 6.27 所示的登录页面。

图 6.27　登录 Neo4j 数据库

在图 6.27 所示登录页面的 Username、Password 输入框中都输入"neo4j"（初始密码就是 neo4j），然后单击"Connect"按钮来连接数据库，登录成功后 Neo4j 会提示更改密码，按页面提示输入新密码即可。

此外，Neo4j 的 bin 目录中还提供了一个 cypher-shell.bat 程序，它相当于 Neo4j 客户端。打开命令行窗口，输入如下命令：

```
cypher-shell -a localhost:7687 -u neo4j -p 32147 -d neo4j
```

该命令中的-a 指定 Neo4j 服务器地址，-u 指定登录所使用的用户名，-p 指定密码，-d 指定默认连接的数据库。

运行该命令即可看到如下连接成功的信息：

```
Connected to Neo4j 4.2.1 at neo4j://localhost:7687 as user neo4j.
Type :help for a list of available commands or :exit to exit the shell.
Note that Cypher queries must end with a semicolon.
```

也可以简单地只输入"cypher-shell"命令，该命令将会以交互式的方式提示输入用户名、密码等信息，但这种方式默认连接"localhost:7687"地址的 Neo4j 服务器。

6.3.3　配置 Neo4j

Neo4j 使用位于 conf 目录中的 neo4j.conf 作为配置文件，打开该文件可看到如下配置：

```
#dbms.default_database=neo4j
```

这行配置用于指定 Neo4j 的默认数据库，如果希望更改 Neo4j 的默认数据库，则可取消这行的注释，并将其改为其他数据库。

如下两行用于配置 JVM 的堆内存：

```
#dbms.memory.heap.initial_size=512m
#dbms.memory.heap.max_size=512m
```

正如前面所言，Neo4j 是基于 Java 的数据库，因此它的运行需要 JVM 支持。上面两行指定了 JVM 堆内存的初始值和最大值，如果希望改变这两个值，则可取消上面两行的注释并进行修改。

下面配置用于指定 Neo4j 的绑定端口：

```
dbms.connector.bolt.enabled=true
#dbms.connector.bolt.tls_level=DISABLED
#dbms.connector.bolt.listen_address=:7687
#dbms.connector.bolt.advertised_address=:7687
```

上面配置指定启用 Bolt 连接器，并指定该连接器的监听端口和广播端口是 7687，如果希望更改该端口，则可取消上面配置中后两行的注释，并修改为新的端口。

下面配置用于指定 Neo4j 的远程访问接口：

```
# HTTP Connector. There can be zero or one HTTP connectors.
dbms.connector.http.enabled=true
#dbms.connector.http.listen_address=:7474
#dbms.connector.http.advertised_address=:7474
```

上面配置指定启用 HTTP 连接器，并指定该连接器的监听端口和广播端口是 7474，如果希望更改该端口，则可取消上面配置中后两行的注释，并修改为新的端口。

下面配置用于指定 JVM 专有属性：

```
dbms.jvm.additional=-XX:+UseG1GC
```

上面配置指定 JVM 使用 G1 垃圾回收器，如果 JDK 有合适的垃圾回收器（比如 JDK 11 的 ZGC 垃圾回收器，在超大内存的服务器上 ZGC 表现非常优秀），并希望使用新的垃圾回收器，则修改上面的配置。

在 neo4j.conf 配置文件中还包含了大量其他配置属性及对应的说明，读者可自行修改进行测试。

如果希望将 Neo4j 数据库服务添加成 Windows 服务，以便它能随着系统启动而自动启动，则可在命令行窗口中运行如下命令：

```
neo4j install-service
```

该命令运行成功后，将会看到如下输出：

```
Neo4j service installed
```

在命令行窗口中输入"services.msc"命令，启动 Windows 的"服务"窗口，将可看到 Windows 服务中多出一个显示名为"Neo4j Graph Database - neo4j"、服务名为"neo4j"的 Windows 服务。

该服务名同样可通过 conf\neo4j.conf 配置文件的如下一行来修改：

```
dbms.windows_service_name=neo4j
```

在 Windows 服务安装成功之后，接下来自然可通过 Windows 的"服务"窗口来启动、停止该服务：启动服务就是运行 Neo4j 服务器；停止服务就是停止 Neo4j 服务器。

此外，Neo4j 还提供了如下两个命令来启动、停止服务：

```
neo4j start [-Verbose]    # 启动名为 neo4j 的 Windows 服务
neo4j stop  [-Verbose]    # 停止名为 neo4j 的 Windows 服务
```

上面命令中的 -Verbose 是可选项，用于指定输出详细的运行信息。

需要说明的是，修改 conf 目录中的 neo4j.conf 配置文件之后，已经添加的"neo4j"服务不会自动更新，需要运行如下命令来更新服务：

```
neo4j update-service    # 更新名为 neo4j 的 Windows 服务
```

在更新服务之后，还要重启该服务才能使 neo4j.conf 配置文件的修改生效，可通过运行如下命令来重启服务：

```
neo4j restart     # 重启名为neo4j的Windows服务
```

如果想从 Windows 服务中删除 Neo4j 服务，既可使用 Neo4j 提供的如下命令：

```
neo4j uninstall-service    # 删除名为neo4j的Windows服务
```

也可直接使用 Windows 的 sc 命令来删除服务：

```
sc delete neo4j    # 删除名为neo4j的Windows服务
```

▶▶ 6.3.4 CQL 概述

就像 RDBMS 使用 SQL 作为数据库操作语言，Neo4j 使用 CQL（Cypher Query Language）作为数据库操作语言。与 SQL 相比，CQL 更加简单、易学，毕竟 CQL 不需要处理复杂的多表连接问题，因为 GDBMS 使用关系能更好地处理关联关系。

与 SQL 类似，CQL 语句同样由一系列子句、关键字、表达式、函数组成，其中 WHERE、SET、ORDER BY、SKIP、LIMIT、AND、OR、UNION 与 SQL 语句对应的关键字非常相似。

此外，CQL 还包含如下关键字。

- CREATE：作用类似于 SQL 的 INSERT。
- MATCH：作用类似于 SQL 的 FROM，但要放在开头。
- RETURN：作用类似于 SQL 的 SELECT，但要放在最后。
- DELETE 或 REMOVE：作用类似于 SQL 的 DELETE。

在详细介绍 CQL 之前，先来看一下操作数据库的相关命令。

- CREATE DATABASE 数据库名：创建数据库。Neo4j 社区版不支持，Neo4j 企业版才支持。
- DROP DATABASE 数据库名：删除数据库。Neo4j 社区版不支持，Neo4j 企业版才支持。
- SHOW DATABASES 或:DBS：查看所有数据库。
- SHOW DATABASE 数据库名：查看指定数据库的信息。
- :SYSINFO：查看数据库信息。
- :USE 数据库名：进入指定数据库。

上面这些命令并不区分大小写，因此 create database 和 CREATE DATABASE 是一样的。其中:DBS、:SYSINFO 和:USE 这些命令就是以英文冒号开头的，且:DBS 和:SYSINFO 这两个命令在 cypher-shell 客户端中无效，只能通过浏览器界面来使用。

Neo4j 社区版不允许一个服务器实例运行多个数据库，但可通过修改 conf/neo4j.conf 文件来创建新的数据库。打开 conf/neo4j.conf 文件，将其中如下一行：

```
#dbms.default_database=neo4j
```

改为如下形式：

```
dbms.default_database=springboot
```

上面配置将 Neo4j 的默认数据库改为 springboot。

配置文件被修改之后不会自动生效，必须重启 Neo4j 服务器才能生效。对于以命令行方式（neo4j console）运行的 Neo4j 服务器，只要关闭该命令行窗口，重新运行"neo4j console"命令即可。

对于以 Windows 服务运行的 Neo4j 服务器，则需要按顺序运行如下两条命令：

```
neo4j update-service          # 更新服务
neo4j restart                 # 重启服务
```

再次使用浏览器访问 http://localhost:7474/，并使用 neo4j 及前面修改过的密码登录数据库，然后输入如下命令：

```
show databases;
```

执行上面命令后，可以看到如图 6.28 所示的输出。

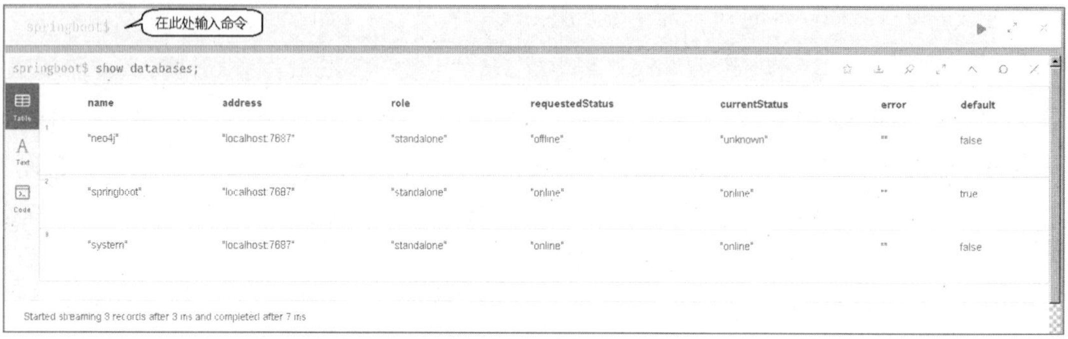

图 6.28 查看数据库

从图 6.28 可以看到，当前系统中包含 3 个数据库：neo4j、springboot、system，其中 neo4j 是之前的默认数据库，当前处于 offline 状态，因此没法使用它；system 是系统数据库，所以也不能使用它，当前唯一可用的数据库就是 springboot。

由此可见，如果使用社区版的 Neo4j 服务器，真正有用的命令也就是 SHOW DATABASES、:DBS 和 :SYSINFO，通过它们可查看当前系统有几个数据库，也仅仅能查看。

也可在命令行窗口中通过 cyber-shell 工具来执行 SHOW DATABASES 命令，启动命令行窗口，执行 cyber-shell 命令并连接 Neo4j 服务器，然后输入如下命令：

```
show databases;
```

执行上面命令后，可以看到如图 6.29 所示的输出。

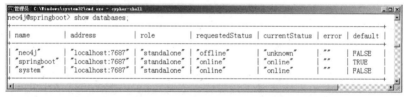

图 6.29 使用 cyber-shell 查看数据库

对比图 6.28 和图 6.29 不难发现，两个界面的区别只是显示方式不同，但本质是一样的。

▶▶ 6.3.5 使用 CREATE 创建节点

语法格式：

```
CREATE (节点名 :标签, :标签, :标签...{属性名:属性值, 属性名:属性值...})
RETURN 节点或属性
```

说明：

- CQL 用圆括号代表节点，因此所有节点信息都应放在圆括号里。
- 如果不需要返回所创建的节点，则可以省略 RETURN 子句。
- Neo4j 并不保存节点名，节点名相当于一个临时变量。如果后面不使用节点名，则可以省略节点名。
- 在创建节点时，可指定任意多个标签，也可不指定标签；如果不指定标签，那就是创建无标签的节点。

> 在创建节点时,可指定任意多个属性,也可不指定属性;如果不指定属性,那就是创建无属性的节点。
> 在最极端的情况下,允许既不指定节点名,不指定任何标签,也不指定任何属性,只用一对空的圆括号来代表节点。

如下命令创建一个无标签、无属性的节点:

```
neo4j@springboot> create ();
```

执行该命令生成如下输出:

```
0 rows available after 5 ms, consumed after another 0 ms
Added 1 nodes
```

上面命令成功创建了一个节点,它没有标签,也没有属性。

再看如下命令的执行及输出:

```
neo4j@springboot> create (:Student);
0 rows available after 20 ms, consumed after another 0 ms
Added 1 nodes, Added 1 labels
```

上面命令成功创建了一个节点,该节点带一个 Student 标签。

再看如下命令的执行及输出:

```
neo4j@springboot> create (:Person :Author: Teacher);
0 rows available after 28 ms, consumed after another 0 ms
Added 1 nodes, Added 3 labels
```

上面命令成功创建了一个节点,该节点带 Person、Author、Teacher 三个标签。

再看如下命令的执行及输出:

```
neo4j@springboot> create (:Person :Author: Teacher {name:"李刚", age:25});
0 rows available after 40 ms, consumed after another 0 ms
Added 1 nodes, Set 2 properties, Added 3 labels
```

上面命令成功创建了一个节点,该节点带 Person、Author、Teacher 三个标签,且带 name 和 age 两个属性。

再看如下命令的执行及输出:

```
neo4j@springboot> create ({name:"疯狂 Java 讲义", price:129});
0 rows available after 23 ms, consumed after another 0 ms
Added 1 nodes, Set 2 properties
```

上面命令成功创建了一个节点,该节点不带任何标签,但带 name 和 price 两个属性。

如果需要命令返回所创建的节点,则可增加 RETURN 子句。由于需要在 RETURN 子句中指定要返回的节点,因此需要在节点语法中指定节点名。

看如下命令的执行及输出:

```
neo4j@springboot> create (b :Book :Python {name:"疯狂 Python 讲义", price:118})
                  return b;
+-----------------------------------------------------------------+
| b                                                               |
+-----------------------------------------------------------------+
| (:Book:Python {name: "疯狂 Python 讲义", price: 118})            |
+-----------------------------------------------------------------+
1 row available after 19 ms, consumed after another 6 ms
Added 1 nodes, Set 2 properties, Added 2 labels
```

上面命令成功创建了一个节点,该节点带 Book、Python 两个标签,且带 name 和 price 两个属性。

与 CREATE 类似的还有一个 MERGE 命令，它与 CREATE 的区别在于：CREATE 总是创建新的节点，而 MERGE 则会检查已有数据，避免创建标签、属性数据重复的节点。

使用 MERGE 命令创建节点时，需要注意以下几点。

➢ 如果试图新建的节点与现有任一节点的属性完全相同，或者是任一节点的属性的子集，MERGE 认为新节点与已有节点的属性重复。

➢ 如果试图新建的节点的标签与现有任一节点的标签相同或是其子集，MERGE 认为新节点与已有节点的标签重复。

➢ 只有当新建的节点的属性和标签被 MERGE 同时认为重复时，节点才会创建失败。

总之，使用 MERGE 命令创建节点时，试图新建的节点要么是对原有节点新增了标签，要么是对原有节点新增了属性，要么是改变了原有节点的属性值，否则 MERGE 创建就会失败。

看如下命令的执行及输出：

```
neo4j@springboot> merge (b :Book {name:"疯狂 Python 讲义", price:118}) return b;
+----------------------------------------------------------------------+
| b                                                                    |
+----------------------------------------------------------------------+
| (:Book:Python {name: "疯狂 Python 讲义", price: 118})                |
+----------------------------------------------------------------------+
1 row available after 19 ms, consumed after another 1 ms
```

上面命令试图创建的节点与前面用 CREATE 创建的最后一个节点的属性完全相同，且试图新建的节点的标签是 Book，而 CREATE 创建的最后一个节点的标签是 Book、Python，因此创建失败。

看如下命令的执行及输出：

```
neo4j@springboot> merge (b :Item {name:"疯狂 Python 讲义", price:118};
0 rows available after 29 ms, consumed after another 0 ms
Added 1 nodes, Set 2 properties, Added 1 labels
```

上面命令试图创建的节点与前面用 CREATE 创建的最后一个节点的属性完全相同，但试图新建的节点的标签是 Item，因此创建成功。

看如下命令的执行及输出：

```
neo4j@springboot> merge (b :Book :Python {name:"疯狂 Python 讲义", price:128});
0 rows available after 19 ms, consumed after another 0 ms
Added 1 nodes, Set 2 properties, Added 2 labels
```

上面命令试图创建的节点的 price 属性值为 128，与前面所有节点的属性值都不相同，因此即使新节点的标签与已有节点的标签完全相同，新节点也依然可以创建成功。

看如下命令的执行及输出：

```
neo4j@springboot> merge (b :Book :Python {name:"疯狂 Python 讲义"});
0 rows available after 1 ms, consumed after another 0 ms
neo4j@springboot> merge (b :Book {name:"疯狂 Python 讲义"});
0 rows available after 28 ms, consumed after another 0 ms
neo4j@springboot> merge (b :Book {price:118});
0 rows available after 31 ms, consumed after another 0 ms
neo4j@springboot> merge (b {price:118});
0 rows available after 49 ms, consumed after another 0 ms
```

上面一共使用了 4 次 MERGE 命令，它们试图创建的 4 个节点的标签、属性都是上面 CREATE 命令所创建的最后一个节点的子集，因此它们全部创建失败。

6.3.6 使用 MATCH 查询节点、属性

语法格式：

```
OPTIONAL MATCH 节点语法, 节点语法, ...
WHERE 条件
RETURN 节点列表, 属性列表
ORDER BY 属性 ASC | DESC, 属性 ASC | DESC...
SKIP n LIMIT m
```

其中的节点语法为如下形式：

(节点名 :标签, :标签, :标签...{属性名:属性值, 属性名:属性值...})

说明：

- MATCH 子句类似于 SQL 中的 FROM 子句，MATCH 后可带任意多个节点语法。
- MATCH 子句中的节点名依然只是临时变量，但通常不能省略，因为后面需要用到它。
- MATCH 子句中的节点语法也相当于过滤条件，比如 MATCH (n: Book {price: 118})...相当于只查询带 Book 标签且 price 为 118 的节点。
- WHERE 子句基本等同于 SQL 的 WHERE 子句，用于添加过滤条件。
- ORDER BY 子句基本等同于 SQL 的 ORDER BY 子句，用于对结果排序。
- SKIP n LIMIT m 子句基本等同于 SQL 的 SKIP n LIMIT m 子句，用于控制分页。
- RETURN 子句类似于 JPQL 的 SELECT 子句，它既可选出节点（相当于对象），也可只选出节点的属性。
- CQL 同样提供了大量运算符（算术运算符、比较运算符、逻辑运算符等），以及 =~（正则表达式匹配）、STARTS WITH、ENDS WITH、CONTAINS 等；也提供了大量函数，如 substring()、toLower()、toUpper()、replace()、size()、abs()、sin()等。WHERE 子句、RETURN 子句可用这些运算符、函数来构建表达式。
- OPTIONAL MATCH 语句会将找不到项用 null 代替；功能有点类似于 SQL 中的 OUTER JOIN。

提示： 关于 CQL 所支持的全部函数，可参考 Neo4j 的 Cypher 参考卡：https://neo4j.com/docs/cypher-refcard。

- 虽然 CQL 支持直接查询用逗号分开的多个节点（代表节点之间没有关系），但这种查询方式将生成一个笛卡儿积，从而产生大量数据，导致性能降低，通常应避免这么做。

看如下命令的执行及输出：

```
neo4j@springboot> match (n) return n;
+-----------------------------------------------------------+
| n                                                         |
+-----------------------------------------------------------+
| ()                                                        |
| (:Student)                                                |
| (:Person:Author:Teacher)                                  |
| (:Person:Author:Teacher {name: "李刚", age: 25})          |
| ({name: "疯狂 Java 讲义", price: 129})                    |
| (:Book:Python {name: "疯狂 Python 讲义", price: 118})     |
| (:Book:Python {name: "疯狂 Python 讲义", price: 128})     |
| (:Item {name: "疯狂 Python 讲义", price: 118})            |
+-----------------------------------------------------------+
```

上面查询语句用的是 match (n)，其中(n)代表节点（圆括号代表节点），而 n 只是节点名（临时变量），它既未指定任何标签，也未指定任何属性；该查询语句也未使用 WHERE 子句指定过滤条

件，因此它将返回数据库中所有节点。

通过浏览器执行上面的查询语句，将会看到如图6.30所示的结果。

图6.30所示界面的主体显示区域内显示了8个圆圈，Neo4j使用圆圈代表节点，因此这8个圆圈就代表了8个节点。该界面的最上方是输入CQL语句的输入框；接下来显示了本次查询执行的CQL语句。

在8个圆圈的上方显示了本次查询返回的全部标签，以及每个标签中包含的节点数，其中*(12)表示所有标签中总节点数是12个，这是由于有些节点同时属于多个标签，因此会形成重复统计。

图6.30所示界面的左边显示了4个按钮，它们用于控制查询数据的显示方式，此时看到的就是Graph（图形）显示方式。

将显式方式切换到Table（表格）方式，将会看到如图6.31所示的效果。

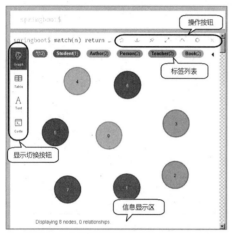

图6.30 使用浏览器执行查询的结果

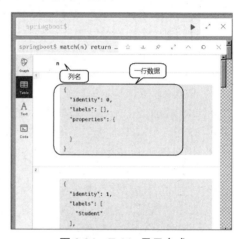

图6.31 Table显示方式

由于上面查询的RETURN子句只返回了代表节点的变量n，因此该表格只有一列，列名为n。与RDBMS不同的是，此处的n不是普通的变量值，它是一个数据节点，因此GDBMS显示的每行记录都是JSON数据，用于代表一个节点。

将显式方式切换到Text（文本）方式，将会看到如图6.32所示的效果。

图6.32所示的显示效果与使用cypher-shell执行该命令的显示效果相同，这说明cypher-shell执行CQL命令返回的结果只是文本显示方式。

将显式方式切换到Code（代码）方式，将会看到如图6.33所示的效果。

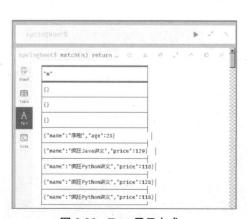

图6.32 Text显示方式

图6.33 Code显示方式

Code 显示方式主要为编程准备，它显示执行查询时 Neo4j 的完整响应。

将显示方式切换到 Graph 方式，在图 6.30 所示的界面上选中任意一个标签，即可对该标签中的所有节点进行显示设置。例如选中"Book"标签，在该界面下方的"信息显示区"就会看到如图 6.34 所示的信息。

图 6.34　设置标签中节点的显示效果

从图 6.34 可以看出，在该区域可设置该标签中所有节点的显示效果（对数据本身没有任何影响）。
- Color：设置该标签中所有节点的颜色。
- Size：设置该标签中所有节点的大小。
- Caption：设置该标签中所有节点显示哪个属性值。

由于此处选择的是"<id>"，这个"<id>"是 Neo4j 为所有节点、关系自动分配的内置 ID，因此可以看到图 6.30 所示的所有节点都显示了它的数字<id>值。

 提示：

> 无论以何种方式创建节点、关系，也无论在创建节点、关系时是否指定了 id、identity 等属性，Neo4j 总会为新创建的节点、关系自动分配一个内置 ID。

在图 6.30 所示界面的右上角还显示了一系列操作按钮，（从左到右）介绍如下。
- Favorites（第 1 个，五角星图标）：用于将当前 CQL 语句设为收藏，以便以后复用。
- Export（第 2 个，导出按钮）：用于导出查询结果。
- Pin at top（第 3 个，图钉图标）：用于将本次查询的整个面板固定在最上面。
- Fullscreen（第 4 个图标）：用于全屏显示。
- Collapse（第 5 个图标）：用于折叠显示。
- Rerun（第 6 个图标）：用于重新执行。
- Close（第 7 个图标）：用于关闭本次查询的执行面板。

单击操作按钮中的第 2 个即 Export 按钮，将弹出如图 6.35 所示的下拉菜单，用于导出不同格式的查询结果。

从图 6.35 可以看出，Neo4j 支持将查询结果导出成 CSV、JSON 格式的数据，也支持将数据节点的图形显示导出成 PNG、SVG 的图片。读者可自行导出不同格式的文件来体会 Neo4j 的查询结果导出功能。

图 6.35　用于导出查询结果的菜单

在浏览器界面的左边还可看到如图 6.36 所示的 6 个切换按钮，其中上 3 个比较有用，分别介绍如下。
- Database：显示数据库信息，包括当前连接的数据库（图 6.36 显示当前连接的数据库是 springboot）、所有节点标签（Node Labels）、所有关系类型（Relationship Types）、所有属性名（Property Keys）等，以及当前的登录名、角色（Connected as）。
- Favorites：显示收藏的 CQL 脚本。打开该面板将会看到收藏的 CQL 脚本，包括用户自己收藏的本地（Local）脚本和 Neo4j 提供的 Samples 脚本。
- Help&Resources：显示 Neo4j 的帮助文档及资源。

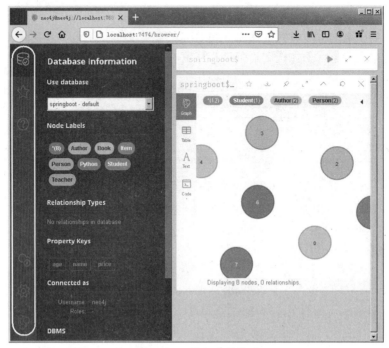

图 6.36 数据库信息

通过上面介绍，相信大家对 Neo4j 提供的图形用户界面已经比较熟悉了，下面接着介绍如何查询节点。看如下命令及其执行结果：

```
neo4j@springboot> match (n :Book) return n;
+-----------------------------------------------------------------------+
| n                                                                     |
+-----------------------------------------------------------------------+
| (:Book:Python {name: "疯狂 Python 讲义", price: 118})                 |
| (:Book:Python {name: "疯狂 Python 讲义", price: 128})                 |
+-----------------------------------------------------------------------+
2 rows available after 8 ms, consumed after another 0 ms
```

上面命令中用的是 match (n :Book)，这表明只匹配带 Book 标签的节点。

再看如下命令及其执行结果：

```
neo4j@springboot> match (n {price : 118}) return n;
+-----------------------------------------------------------------------+
| n                                                                     |
+-----------------------------------------------------------------------+
| (:Book:Python {name: "疯狂 Python 讲义", price: 118})                 |
| (:Item {name: "疯狂 Python 讲义", price: 118})                        |
+-----------------------------------------------------------------------+
2 rows available after 33 ms, consumed after another 0 ms
```

上面命令中用的是 match (n {price : 118})，这表明只匹配 price 为 118 的节点。

再看如下命令及其执行结果：

```
neo4j@springboot> match (n :Book {price : 118}) return n;
+-----------------------------------------------------------------------+
| n                                                                     |
+-----------------------------------------------------------------------+
| (:Book:Python {name: "疯狂 Python 讲义", price: 118})                 |
+-----------------------------------------------------------------------+
1 row available after 50 ms, consumed after another 0 ms
```

上面命令中用的是 match (n :Book {price : 118})，这表明只匹配带 Book 标签且 price 为 118 的节点。

再看如下命令及其执行结果：

```
neo4j@springboot> match (n :Book) where n.price > 120 return n;
+----------------------------------------------------------------+
| n                                                              |
+----------------------------------------------------------------+
| (:Book:Python {name: "疯狂 Python 讲义", price: 128})          |
+----------------------------------------------------------------+
1 row available after 49 ms, consumed after another 6 ms
```

上面命令中用的是 match (n :Book)，这表明只匹配带 Book 标签的节点。该查询语句还用 WHERE 子句增加了查询条件，它要求"n.price > 120"，因此查询只能返回一个节点，它带 Book 标签，且 price 大于 120。

再看如下命令及其执行结果：

```
neo4j@springboot> match (n) return n order by n.price;
+----------------------------------------------------------------+
| n                                                              |
+----------------------------------------------------------------+
| (:Book:Python {name: "疯狂 Python 讲义", price: 118})          |
| (:Item {name: "疯狂 Python 讲义", price: 118})                 |
| (:Book:Python {name: "疯狂 Python 讲义", price: 128})          |
| ({name: "疯狂 Java 讲义", price: 129})                         |
| ()                                                             |
| (:Student)                                                     |
| (:Person:Author:Teacher)                                       |
| (:Person:Author:Teacher {name: "李刚", age: 25})               |
+----------------------------------------------------------------+
8 rows available after 0 ms, consumed after another 1 ms
```

上面命令再次查询了数据库中所有的节点，但增加了"order by n.price"子句，因此查询返回的结果将以 price 升序排列。

从上面的执行结果可以看出，由于后面 4 个节点根本没有 price 属性，因此它们都被排在最后，这是 Neo4j 的默认规则：在排序时 null 值默认被排在最后。

CQL 中关于 null 值的处理规则如下：

➢ null 用于表示缺少或未定义的值。
➢ null 不等于 null。null 代表未知（或缺少）的值，两个未知的值并不意味着它们相等。因此，表达式"null=null"的结果是 null。若要判断某个表达式的值是否为 null，应使用 IS NULL 运算符。
➢ 对于算术表达式、比较表达式、函数（除了 coalesce）调用，只要任一运算符或参数为 null，整个表达式的值就是 null。
➢ 试图访问列表中不存在的元素或节点中不存在的属性将返回 null。
➢ 对应到 OPTIONAL MATCH 子句中，null 将用于匹配缺失的部分。

如果希望改变上面的排序结果，将没有 price 属性的节点排在前面，则可使用如下命令。

```
neo4j@springboot> match (n) return n order by coalesce(n.price, 0)
+----------------------------------------------------------------+
| n                                                              |
+----------------------------------------------------------------+
| ()                                                             |
| (:Student)                                                     |
| (:Person:Author:Teacher)                                       |
```

```
| (:Person:Author:Teacher {name: "李刚", age: 25})              |
| (:Book:Python {name: "疯狂 Python 讲义", price: 118})          |
| (:Item {name: "疯狂 Python 讲义", price: 118})                 |
| (:Book:Python {name: "疯狂 Python 讲义", price: 128})          |
| ({name: "疯狂 Java 讲义", price: 129})                         |
+----------------------------------------------------------------+
8 rows available after 48 ms, consumed after another 68 ms
```

上面 CQL 命令中用到了 coalesce()函数，它专门用于处理 null 值。它的用法为：coalesce(表达式, 表达式)，它将返回两个表达式中第 1 个非 null 的值，通常用于为可能为 null 的表达式指定默认值，其中第 2 个参数就是默认值。

也可对结果进行分页，看如下命令及其执行结果：

```
neo4j@springboot> match (n) return n order by coalesce(n.price, 0) skip 4 limit 2;
+----------------------------------------------------------------+
| n                                                              |
+----------------------------------------------------------------+
| (:Book:Python {name: "疯狂 Python 讲义", price: 118})          |
| (:Item {name: "疯狂 Python 讲义", price: 118})                 |
+----------------------------------------------------------------+
2 rows available after 35 ms, consumed after another 6 ms
```

如果想直接根据节点的<id>属性值（内置 ID）进行查询，则可借助于 Neo4j 提供的 id()函数，该函数的用法是 id(节点名)，它将返回该节点的<id>属性值。看如下命令及其执行结果：

```
neo4j@springboot> match (n) where id(n) in [0, 2] return n
+----------------------------------+
| n                                |
+----------------------------------+
| ()                               |
| (:Person:Author:Teacher)         |
+----------------------------------+
2 rows available after 15 ms, consumed after another 1 ms
```

上面命令中用 id(n)获取节点 n 的内置 ID，然后用"[0, 2]"构建一个列表（list），因此该命令就是查询<id>为 0 或 2 的所有节点。

CQL 除了支持用方括号（[]）构建列表，还为列表提供了如下常用函数。

- ➢ size(列表)：返回列表中元素的个数。
- ➢ reverse(列表)：反转列表中元素的顺序。
- ➢ head(列表)：返回列表的第一个元素。
- ➢ last(列表)：返回列表的最后一个元素。
- ➢ tail(列表)：返回列表的除第一个元素外剩下的所有元素。

最后看如下命令使用了 OPTIONAL MATCH 子句：

```
neo4j@springboot> optional match (n{price:50}) return n;
+---------+
| n       |
+---------+
| NULL    |
+---------+
1 row available after 32 ms, consumed after another 1 ms
```

上面命令的过滤条件是要求返回 price 为 50 的节点，但这样的节点根本不存在，如果直接用 MATCH 子句查询，则不会返回任何数据；上面命令用的是 OPTIONAL MATCH 子句，所以它返回了一行 NULL。

6.3.7 使用 CREATE 创建关系

创建关系分为：为新建节点创建关系和为已有节点创建关系。
为新建节点创建关系的语法格式如下：

```
CREATE 节点语法-[关系名 :关系类型{属性名:属性值,属性名:属性值...}}]->节点语法
RETURN 节点、关系或属性
```

上面节点语法为如下形式：

```
(节点名 :标签, :标签, :标签...{属性名:属性值,属性名:属性值...})
```

说明：
- CQL 用方括号代表关系，因此所有关系信息都应放在方括号里。
- 需要为关系指定方向,而且只能指定一个方向,因此要么在关系的左边使用向左的箭头"<-"，要么在关系的右边使用向右的箭头 "->"。
- CREATE 除了会创建关系，还会同时创建关系前后的两个新节点。
- 如果不需要返回所创建的节点、关系、属性，则可以省略 RETURN 子句。
- Neo4j 并不保存关系名，关系名相当于一个临时变量。如果后面不使用关系名，则可以省略关系名。
- 在创建关系时，必须且只能指定一个关系类型。建议关系类型名用全大写字母表示，且单词之间用下画线分隔。
- 在创建关系时，可指定任意多个属性，也可不指定属性；如果不指定属性，那就是创建无属性的关系。

为已有节点创建关系的语法格式如下：

```
MATCH 节点语法，节点语法 ...
WHERE 条件
CREATE (已有节点名|节点语法) -[关系语法]-> (已有节点名|节点语法)
RETURN 节点、关系或属性
```

与"为新建节点创建关系的语法"相比，该语法主要就是多了 MATCH 子句和 WHERE 子句。由于 MATCH 子句和 WHERE 子句可用于选出节点，因此可在后面的 CREATE 子句中使用选出的节点名。

如果在 CREATE 子句的关系前后都用选出的节点名，那么 CREATE 子句就只创建一个关系，不创建节点；如果在 CREATE 子句的关系前后用选出的节点名，那么 CREATE 子句就创建一个节点和一个关系；如果在 CREATE 子句的关系前后都不用选出的节点名，那么 CREATE 子句就创建两个节点和一个关系，但几乎不会这么做，如果要这么做，那何必使用前面的 MATCH 子句和 WHERE 子句呢？

看下面命令及其执行结果：

```
neo4j@springboot> create (:Book{name:"SSM 终极讲义"})-[:WRITTEN_BY]->(:Author);
0 rows available after 34 ms, consumed after another 0 ms
Added 2 nodes, Created 1 relationships, Set 1 properties, Added 2 labels
```

上面命令创建了两个节点和一个关系,该关系的类型是"WRITTEN_BY"，没有指定任何属性。
在浏览器的图形界面中执行如下命令：

```
match(n) where id(n) > 7 return n;
```

上面命令将会查询出最后创建的两个节点，此时将可看到如图 6.37 所示的关系。

图 6.37 两个节点之间的关系

看下面命令及其执行结果：

```
neo4j@springboot> create (n :Student {name:"孙悟空"})<-[r:TEACHING
                {addr:"灵台方寸山"}]-(m: Teacher {name:"菩提"})
                return r;
+----------------------------------------------+
| r                                            |
+----------------------------------------------+
| [:TEACHING {addr: "灵台方寸山"}]              |
+----------------------------------------------+
1 row available after 27 ms, consumed after another 9 ms
Added 2 nodes, Created 1 relationships, Set 3 properties, Added 2 labels
```

上面命令再次创建了两个节点和一个关系，该关系的类型是"TEACHING"，且该关系带一个 addr 属性。该命令执行完成后返回了 r，该 r 代表刚刚创建的关系。

再次在浏览器的图形用户界面中执行如下命令：

```
match(n) where id(n) > 7 return n;
```

接下来将可看到如图 6.38 所示的节点与关系。

如果为已有节点创建关系，则需要使用 MATCH…WHERE 子句。看如下命令及其执行结果：

```
neo4j@springboot> match (n{name: "孙悟空"}), (m{name: "菩提"})
                create (n)-[:LEARNING]->(m);
0 rows available after 49 ms, consumed after another 0 ms
Created 1 relationships
```

上面命令没有创建节点，只创建了一个关系，该关系的类型是"LEARNING"。由于该命令中的 MATCH 子句可以精确限定节点，不需要其他过滤条件，因此可以省略 WHERE 子句。

再次在浏览器的图形用户界面中执行"match(n) where id(n) > 7 return n;"命令，将可看到如图 6.39 所示的节点与关系。

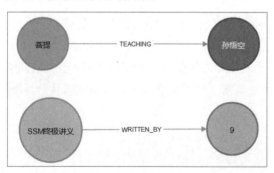

图 6.38 节点与关系

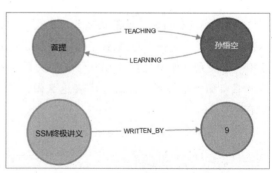

图 6.39 双向关系

正如图 6.39 所示，此时"孙悟空"节点和"菩提"节点之间存在双向关系，这是因为我们分别创建了从"孙悟空"到"菩提"的关系和从"菩提"到"孙悟空"的关系。

事实上，GDBMS 最擅长的就是关系，即使在相同的两个节点之间，也可以存在更多复杂的关系。看如下命令及其执行结果：

```
neo4j@springboot> match (n), (m)
                  where id(n) = 11 and id(m) = 10
                  create (n)-[:EVICT]->(m);
0 rows available after 33 ms, consumed after another 0 ms
Created 1 relationships
```

上面命令没有创建节点，只创建了一个关系，该关系的类型是"EVICT"。上面命令使用 WHERE 子句限制了 n 的<id>是 11，m 的<id>是 10。

再次在浏览器的图形用户界面中执行"match(n) where id(n) > 7 return n;"命令，将可看到如图 6.40 所示的节点与关系。

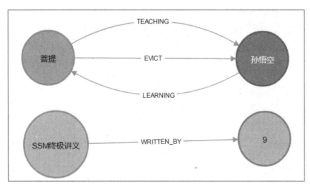

图 6.40　复杂关系

正如从图 6.40 所看到的，此时从"菩提"到"孙悟空"的关系有两个，分别是"TEACHING"和"EVICT"。正如前面所介绍的，GDBMS 允许在相同的两个节点之间创建任意多个关系。

看下面命令及其执行结果：

```
neo4j@springboot> match (n)
                  where id(n) = 9
                  create (n)<-[:WRITTEN_BY]-(:Book {name:"疯狂Android讲义", price: 128});
0 rows available after 34 ms, consumed after another 0 ms
Added 1 nodes, Created 1 relationships, Set 2 properties, Added 1 labels
```

上面命令使用 MATCH 子句和 WHERE 子句选出了一个节点，并在 CREATE 子句创建的关系中引用了这个节点，但关系中另一个节点需要创建，因此上面命令创建了一个节点和一个关系，该关系的类型是"WRITTEN_BY"。

再次在浏览器的图形用户界面中执行"match(n) where id(n) > 7 return n;"命令，将可看到如图 6.41 所示的节点与关系。

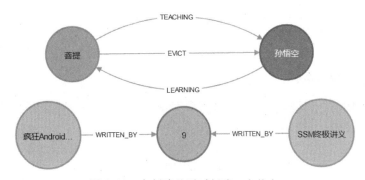

图 6.41　在创建关系时创建一个节点

6.3.8 使用 MATCH 查询关系

语法格式：

```
OPTIONAL MATCH 节点语法<-关系语法->节点语法
WHERE 条件
RETURN 节点名，关系名，属性
```

不难发现，该语法与前面查询节点的语法基本相似，只是在节点之间使用了关系进行连接，而且这里的 WEHRE 子句既可对节点、节点属性进行筛选，也可对关系、关系属性进行筛选。

与前面使用 MATCH 查询节点类似的是，此处在"节点语法"和"关系语法"中指定的节点标签、关系类型、属性都属于过滤条件。

与使用 CREATE 创建关系的语法不同的是，使用 MATCH 查询时，可直接查询双向关系，此时可在关系左右同时使用向左的箭头"<-"和向右的箭头"->"，如上面的语法格式所示。

RETURN 子句既可返回节点名，也可返回关系名，还可返回节点或关系的属性。总之，你希望得到什么数据，RETURN 子句就返回什么数据。这也恰好体现了 GDBMS 的设计：关系也是"一等公民"，拥有与节点相同的地位，因此 MATCH 怎么查询节点，也就怎么查询关系，只是节点和关系的语法不同而已。

看下面命令及其执行结果：

```
neo4j@springboot> match ()-[r]->()
                  return r;
+---------------------------------------------+
| r                                           |
+---------------------------------------------+
| [:WRITTEN_BY]                               |
| [:WRITTEN_BY]                               |
| [:EVICT]                                    |
| [:TEACHING {addr: "灵台方寸山"}]            |
| [:LEARNING]                                 |
+---------------------------------------------+
5 rows available after 22 ms, consumed after another 1 ms
```

上面命令既未对节点有任何限制，也未对关系有任何限制，由于该命令无须返回节点，因此使用了两个空括号来代表任意节点（即使在括号中使用临时变量代表节点名，它也代表任意节点）。

看下面命令及其执行结果：

```
neo4j@springboot> match ()-[r :WRITTEN_BY]->()
                  return r;
+-------------------------------+
| r                             |
+-------------------------------+
| [:WRITTEN_BY]                 |
| [:WRITTEN_BY]                 |
+-------------------------------+
```

上面命令未对节点有任何限制，但在方括号中指定了关系类型为"WRITTEN_BY"，这意味着只查询类型为 WRITTEN_BY 的关系。

看下面命令及其执行结果：

```
neo4j@springboot> match (n :Student)-[r]->(t :Teacher)
                  return n, r;
+-----------------------------------------------------------+
| n                              | r                        |
+-----------------------------------------------------------+
| (:Student {name: "孙悟空"})    | [:LEARNING]              |
+-----------------------------------------------------------+
1 row available after 24 ms, consumed after another 0 ms
```

上面命令对关系的源节点、目标节点进行了限制，它表明查询带 Student 标签的源节点、带 Teacher 标签的目标节点，以及它们之间的关系。并且后面的 RETURN 子句同时使用了 n 和 r，这意味着该命令会同时返回节点和关系，如上面的执行结果所示。

看下面命令及其执行结果：

```
neo4j@springboot> match (n: Author)<-[r]->()
                  return id(n), n, r;
+----------------------------------------------------+
| id(n) | n           | r                            |
+----------------------------------------------------+
| 9     | (:Author)   | [:WRITTEN_BY]                |
| 9     | (:Author)   | [:WRITTEN_BY]                |
+----------------------------------------------------+
2 rows available after 26 ms, consumed after another 0 ms
```

上面命令对关系的一个节点进行了限制，它表明查询带 Author 标签的节点，以及以它为目标节点的关系，因此查询返回了两个从其他节点到带 Author 标签的节点的关系。

另外，请注意上面关系的方向，该方向既有 "<-"，也有 "->"，这表明该命令查询的关系既可是以带 Author 标签的节点为源节点的关系，也可是以带 Author 标签的节点为目标节点的关系。

id()函数不仅可用于获取节点的<id>属性值，也可用于获取关系的<id>属性值（内置 ID），这也是很合理的，毕竟关系和节点一样，它们都是"一等公民"。

看下面命令及其执行结果：

```
neo4j@springboot> match (n)-[r]->()
                  where id(r) = 0
                  return id(n), n, r;
+----------------------------------------------------------------+
| id(n) | n                         | r                          |
+----------------------------------------------------------------+
| 11    | (:Teacher {name: "菩提"}) | [:TEACHING {addr: "灵台方寸山"}]|
+----------------------------------------------------------------+
1 row available after 39 ms, consumed after another 1 ms
```

上面命令中的 MATCH 子句并未对节点、关系有任何限制，但它的 WHERE 子句使用了 id(r) = 0，这意味着仅匹配<id>为 0 的关系，因此该命令只返回一个关系。由于 RETURN 子句使用了 id(n)、n、r，这意味着查询返回关系的源节点、源节点的<id>和关系。

除 id()函数之外，CQL 还提供了如下函数来处理关系。
- startNode(关系)：返回关系的开始节点（源节点）。
- endNode(关系)：返回关系的结束节点（目标节点）。
- type(关系)：返回关系的类型。

看下面命令及其执行结果：

```
neo4j@springboot> match (n)-[r]->(m)
                  where id(endNode(r)) = 9
                  return r;
+------------------------------+
| r                            |
+------------------------------+
| [:WRITTEN_BY]                |
| [:WRITTEN_BY]                |
+------------------------------+
2 rows available after 28 ms, consumed after another 1 ms
```

上面命令中的 MATCH 子句并未对节点、关系有任何限制，但它的 WHERE 子句使用了 id(endNode(r)) = 9，这意味着仅匹配目标节点的<id>为 9 的关系，其实该条件也可简单写成"id(m) = 9"。

如果查询的 RETURN 子句不需要返回关系,则可省略整个方括号。看如下命令及其执行结果:

```
neo4j@springboot> match (n :Teacher)<-->(m)
                  return n, m;
+-----------------------------------------------------------------------+
| n                            | m                                      |
+-----------------------------------------------------------------------+
| (:Teacher {name: "菩提"})     | (:Student {name: "孙悟空"})            |
| (:Teacher {name: "菩提"})     | (:Student {name: "孙悟空"})            |
| (:Teacher {name: "菩提"})     | (:Student {name: "孙悟空"})            |
+-----------------------------------------------------------------------+
3 rows available after 31 ms, consumed after another 0 ms
```

上面命令省略了代表关系的整个方括号,它表示查询带 Teacher 标签的所有节点,以及与这些节点存在任何关联关系的节点,因此查询返回了 3 条完全相同的结果。

如果希望去除重复结果,与 SQL 语句在 SELECT 后使用 DISTINCT 一样,CQL 允许在 RETURN 后使用 DISTINCT(CQL 的 RETURN 类似于 SQL 的 SELECT)。例如以下命令:

```
neo4j@springboot> match (n :Teacher)<-->(m)
                  return distinct n, m;
+-----------------------------------------------------------------------+
| n                            | m                                      |
+-----------------------------------------------------------------------+
| (:Teacher {name: "菩提"})     | (:Student {name: "孙悟空"})            |
+-----------------------------------------------------------------------+
1 row available after 18 ms, consumed after another 1 ms
```

该命令的作用与前一个命令基本相同,只是它使用了 DISTINCT 关键字来去除重复结果。

▶▶ 6.3.9 使用 DELETE 删除节点或关系

语法格式:

```
OPTIONAL MATCH 节点语法<-关系语法->节点语法
WHERE 条件
DETACH DELETE 节点名, 关系名
RETURN 节点名, 关系名, 属性
```

不难看出,该语法与前面的查询语法非常相似,只不过此处增加了 DELETE 子句用于删除节点、关系,只要在 DELETE 子句中列出要删除的节点或关系即可。

在删除节点之前,必须先删除与节点关联的关系。当然,在删除节点时,也可以选择将与该节点关联的关系同时删除,只要使用"DETACH DELETE"即可实现该需求。

先执行如下命令创建一个节点和两个关系:

```
neo4j@springboot> match (n)
                  where id(n) = 9
                  create (b:Book {name:"Spring Boot 终极讲义"}) -[:WRITTEN_BY]->(n),
                  (b)<-[: USING]-(n);
0 rows available after 47 ms, consumed after another 0 ms
Added 1 nodes, Created 2 relationships, Set 1 properties, Added 1 labels
```

上面命令先使用 MATCH…WHERE 查询出<id>为 9 的节点,然后创建了一个带 Book 标签、name 属性值为"Spring Boot 终极讲义"的节点,最后创建了这两个节点之间的双向关联关系。

在浏览器的图形用户界面中执行"match (n :Author) <--> (m) return n, m;"命令,将可看到如图 6.42 所示的节点及其关系。

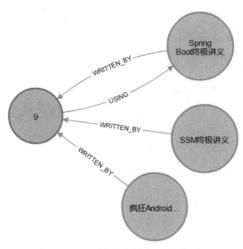

图 6.42　新建的节点及其关系

接下来使用如下命令删除一个关系：

```
neo4j@springboot> match ()<-[r:USING]->()
            delete r;
0 rows available after 37 ms, consumed after another 0 ms
Deleted 1 relationships
```

上面命令中的 MATCH 子句为"match ()<-[r:USING]->()"，这意味它对节点没有任何限制，对关系的方向也没有任何限制，其中 r 将匹配所有类型为 USING 的关系。由于 DELETE 子句中只列出了代表关系的 r 变量，因此该命令将删除所有类型为 USING 的关系。

再看如下命令及其执行结果：

```
neo4j@springboot> match (n {name:"疯狂Android讲义"})<-[r]->(m)
            delete r
            return n, r;
+---------------------------------------------------------------------+
| n                                              | r              |
+---------------------------------------------------------------------+
| (:Book {name: "疯狂Android讲义", price: 128}) | [:WRITTEN_BY]  |
+---------------------------------------------------------------------+
1 row available after 47 ms, consumed after another 1 ms
Deleted 1 relationships
```

上面命令中的 MATCH 子句为"match (n {name:"疯狂 Android 讲义"})<-[r]->(m)"，这意味它会匹配 name 属性值为"疯狂 Android 讲义"的节点的所有关系，对关系的方向、类型则没有任何限制。由于 DELETE 子句中只列出了代表关系的 r 变量，因此该命令将删除"疯狂 Android 讲义"节点的所有关系（但"疯狂 Android 讲义"节点还在）。

由于上面命令中的 RETURN 子句使用了 n、r，因此它会返回符合条件的节点和关系。

再看如下命令及其执行结果：

```
neo4j@springboot> match (n {name:"Spring Boot 终极讲义"})
            detach delete n
            return n;
+----+
| n  |
+----+
| () |
+----+
1 row available after 70 ms, consumed after another 35 ms
```

```
Deleted 1 nodes, Deleted 1 relationships
```

上面命令看似只删除了"Spring Boot 终极讲义"节点,并未删除关系,但请注意,该命令使用了"DETACH DELETE",这意味着它会删除与该节点关联的所有关系。

6.3.10 使用 REMOVE 删除属性或标签

REMOVE 与 DELETE 有点相似,只不过 DELETE 用于删除整个节点、整个关系,而 REMOVE 只能删除节点的属性或标签,或者删除关系的属性,不能删除关系的类型,因为关系总需要有且仅有一个关系类型。

REMOVE 的语法格式如下:

```
OPTIONAL MATCH 节点语法<-关系语法->节点语法
WHERE 条件
REMOVE 要删除的属性,节点名 :要删除的标签
DETACH DELETE 节点名,关系名
RETURN 节点名,关系名,属性
```

从上面的语法格式可以看到,REMOVE 和 DELETE 其实可以同时出现,这样 REMOVE 负责删除符合条件的属性,DELETE 负责删除符合条件的节点或关系。

看如下命令及其执行结果:

```
neo4j@springboot> match (n) where id(n) = 2
                  remove n :Teacher
                  return n;
+--------------------------------+
| n                              |
+--------------------------------+
| (:Person:Author)               |
+--------------------------------+
1 row available after 47 ms, consumed after another 3 ms
Removed 1 labels
```

上面命令中的 MATCH...WHERE 匹配了<id>为 2 的节点,该节点原本包含 3 个标签,该命令使用 REMOVE 删除了其中一个 Teacher 标签,因此该节点只剩下两个标签,如上面的执行结果所示。

看如下命令及其执行结果:

```
neo4j@springboot> match (n {name:"孙悟空"})<-[r: TEACHING]-()
                  remove r.addr
                  return r;
+--------------------------------+
| r                              |
+--------------------------------+
| [:TEACHING]                    |
+--------------------------------+
1 row available after 54 ms, consumed after another 1 ms
Set 1 properties
```

上面命令中的 MATCH...WHERE 匹配的目标为 name 属性值为"孙悟空"的节点和类型为"TEACHING"的关系,该命令使用 REMOVE 删除了该关系的 addr 属性,因此该关系的 addr 属性就不存在了,如上面的执行结果所示。

看如下命令及其执行结果:

```
neo4j@springboot> match (n)
                  where id(n) = 3
                  remove n.age, n :Teacher
                  return n;
```

```
+-------------------------------------------------+
| n                                               |
+-------------------------------------------------+
| (:Person:Author {name: "李刚"})                 |
+-------------------------------------------------+
1 row available after 45 ms, consumed after another 3 ms
Set 1 properties, Removed 1 labels
```

上面命令中的 MATCH...WHERE 匹配了 <id> 为 3 的节点,该命令使用 REMOVE 删除了该节点的 age 属性、Teacher 标签,执行结果如上所示。

看如下命令及其执行结果:

```
neo4j@springboot> match (n :Python), (m)
                  where id(m) = 0
                  remove n.price
                  delete m
                  return n;
+-------------------------------------------------+
| n                                               |
+-------------------------------------------------+
| (:Book:Python {name: "疯狂 Python 讲义"})        |
| (:Book:Python {name: "疯狂 Python 讲义"})        |
+-------------------------------------------------+
2 rows available after 36 ms, consumed after another 1 ms
```

上面命令同时使用了 REMOVE 和 DELETE 子句,其中 REMOVE 用于删除带 Python 标签的所有节点的 price 属性;而 DELETE 则用于删除 <id> 为 0 的节点(它是前面最开始创建的空节点)。

▶▶ 6.3.11 使用 SET 添加、更新属性或添加标签

语法格式:

```
OPTIONAL MATCH 节点语法<-关系语法->节点语法
WHERE 条件
SET 节点名.属性=值, 关系名.属性=值... 节点名:标签名:标签名...
RETURN 节点名, 关系名, 属性
```

从该语法格式可以看出,它与前面 MATCH 查询的语法格式也很相似。这说明:CQL 的查询语法、删除节点和关系的语法、删除属性的语法、更新属性和添加标签的语法都很相似,它们共用了 MATCH...WHERE 部分,用于筛选匹配的节点。接下来的处理为:

- ➢ 若只是返回匹配数据,使用 RETURN 子句返回即可。
- ➢ 若删除整个节点或关系,使用 DELETE 子句。
- ➢ 若删除属性或标签,使用 REMOVE 子句。
- ➢ 若添加、更新属性或添加标签,使用 SET 子句。

看如下命令及其执行结果:

```
neo4j@springboot> match (n :Python)
                  set n.price = 118
                  return id(n), n;
+-------------------------------------------------------------------+
| id(n) | n                                                         |
+-------------------------------------------------------------------+
| 5     | (:Book:Python {name: "疯狂 Python 讲义", price: 118})      |
| 6     | (:Book:Python {name: "疯狂 Python 讲义", price: 118})      |
+-------------------------------------------------------------------+
2 rows available after 17 ms, consumed after another 1 ms
```

上面命令再次为带 Python 标签的两个节点添加了 price 属性。

再看如下命令及其执行结果：

```
neo4j@springboot> match (n :Python)
                  where id(n) = 5
                  set n.price = 128
                  return id(n), n;
+----------------------------------------------------------------------+
| id(n) | n                                                            |
+----------------------------------------------------------------------+
| 5     | (:Book:Python {name: "疯狂 Python 讲义", price: 128})        |
+----------------------------------------------------------------------+
1 row available after 32 ms, consumed after another 1 ms
Set 1 properties
```

上面命令将<id>为 5 且带 Python 标签（该条件其实多余）的节点的 price 属性值设为 128。由于该节点本来就有 price 属性，因此 SET 子句的作用就是修改它的属性值。这说明使用 SET 子句既可添加属性，也可修改属性值：当 SET 的属性不存在时，就是添加属性；当 SET 的属性已存在时，就是修改属性值。

再看如下命令及其执行结果：

```
neo4j@springboot> match (n)
                  where id(n) = 3
                  set n.age = 25, n :Teacher
                  return n;
+----------------------------------------------------------------------+
| n                                                                    |
+----------------------------------------------------------------------+
| (:Person:Author:Teacher {name: "李刚", age: 25})                     |
+----------------------------------------------------------------------+
1 row available after 36 ms, consumed after another 2 ms
Set 1 properties, Added 1 labels
```

上面命令中的 MATCH…WHERE 匹配了<id>为 3 的节点，然后使用 SET 子句为节点添加了 age 属性和 Teacher 标签，因此从执行结果可以看到输出的节点既包含了 age 属性，也包含了 Teacher 标签。

再看如下命令及其执行结果：

```
neo4j@springboot> match (n {name:"孙悟空"})<-[r: TEACHING]-()
                  set r.addr = "灵台方寸山", r.time="500 年前"
                  return r;
+----------------------------------------------------------------------+
| r                                                                    |
+----------------------------------------------------------------------+
| [:TEACHING {addr: "灵台方寸山", time: "500 年前"}]                   |
+----------------------------------------------------------------------+
1 row available after 30 ms, consumed after another 9 ms
```

上面命令中的 MATCH…WHERE 匹配的目标为 name 属性值为"孙悟空"的节点和类型为"TEACHING"的关系，该命令使用 SET 子句为该关系添加了 addr、time 属性，因此该关系就多出了 addr 和 time 两个属性，如执行结果所示。

▶▶ 6.3.12 使用 UNION 和 UNION ALL 计算并集

语法格式：

```
MATCH ... WHERE ... RETURN
UNION | UNION ALL
MATCH ... WHERE ... RETURN
```

UNION 就是用于对两个查询结果执行"并"运算。

与 SQL 的 UNION 运算类似，参与 UNION 运算的两个结果集必须有相同的列名、相同的列类型。

看如下命令及其执行结果：

```
neo4j@springboot> match (n:Book) return n.name
                  union
                  match (n:Author) return n.name;
+-----------------------------+
| n.name                      |
+-----------------------------+
| "疯狂 Python 讲义"            |
| "SSM 终极讲义"                |
| "疯狂 Android 讲义"           |
| NULL                        |
| "李刚"                        |
+-----------------------------+
5 rows available after 16 ms, consumed after another 1 ms
```

上面命令中的两个 MATCH...RETURN 分别查询了带 Book 标签的节点的 name 属性值和带 Author 标签的节点的 name 属性值，最后使用 UNION 将两个结果集"并"在一起，因此可以看到上面所示的执行结果。

与 UNION 不同的是，UNION ALL 不会去除重复行。

看如下命令及其执行结果：

```
neo4j@springboot> match (n:Book) return n.name
                  union all
                  match (n:Author) return n.name;
+-----------------------------+
| n.name                      |
+-----------------------------+
| "疯狂 Python 讲义"            |
| "疯狂 Python 讲义"            |
| "SSM 终极讲义"                |
| "疯狂 Android 讲义"           |
| NULL                        |
| "李刚"                        |
| NULL                        |
+-----------------------------+
7 rows available after 59 ms, consumed after another 0 ms
```

由于该命令使用了 UNION All 计算"并集"，因此它没有去除重复行。

由于参与 UNION 运算的两个结果集必须有相同的列名、相同的列类型，如果原本查询的列名并不相同，则可先使用 AS 为它们指定相同的列别名，然后再进行 UNION 运算。

看如下命令及其执行结果：

```
neo4j@springboot> match (n:Book) return n.name, n.price as price
                  union
                  match (n:Author) return n.name, n.age as price;
+-----------------------------------------+
| n.name                | price           |
+-----------------------------------------+
| "疯狂 Python 讲义"     | 128             |
| "疯狂 Python 讲义"     | 118             |
| "SSM 终极讲义"         | NULL            |
| "疯狂 Android 讲义"    | 128             |
| NULL                  | NULL            |
```

```
| "李刚"                          | 25                   |
+--------------------------------------------------+
6 rows available after 1 ms, consumed after another 0 ms
```

▶▶ 6.3.13 操作索引

索引可用于提升查询速度，当然索引也有其维护成本，在创建索引之后，每次对数据进行增加、删除、修改操作时都需要相应地维护索引。可见，索引降低了增加、删除、修改的速度，但提升了查询的速度，因此只应为经常需要查询的属性创建索引。

为节点标签创建索引的语法格式如下：

```
CREATE INDEX 索引名 IF NOT EXISTS
FOR（节点名 :标签名）
ON（属性名，属性名...）
```

说明：

- ➢ IF NOT EXISTS 可以省略，但建议保留，用于保证只有当该索引不存在时才会创建它。
- ➢ 索引名可以省略；如果不指定索引名，Neo4j 会自动分配索引名。
- ➢ 使用 ON 子句，如果只指定单个属性名，则表明为单个属性创建索引；如果指定多个属性名，则表明为多个列的组合创建索引，而不是为多个列分别创建索引。

看如下命令及其执行结果：

```
neo4j@springboot> create index book_name_index if not exists for (n :Book)
                  on (n.name);
0 rows available after 328 ms, consumed after another 0 ms
Added 1 indexes
```

上面命令为 Book 标签的 name 属性创建了索引。如果执行类似于如下的查询，CQL 将会自动应用该索引来提升查询速度。

```
match (n:Person)
where n.name = "疯狂Python讲义"

match (n:Book)
where n.name in [...]
```

但如果执行如下查询，CQL 不会自动应用索引：

```
match (n:Person)
where toLower(n.name) = "python"
```

由于在上面的过滤条件中使用了 toLower()函数对 name 属性进行计算，因此再使用索引就没有意义了，故 CQL 不会自动应用索引。

CQL 也允许通过"USING INDEX 节点名:标签名(属性名...)"子句显式指定使用某个索引，例如以下命令及其执行结果：

```
neo4j@springboot> match (n :Book)
                  using index n :Book(name)
                  where n.name = "疯狂Python讲义"
                  return n;
+--------------------------------------------------------------------------+
| n                                                                        |
+--------------------------------------------------------------------------+
| (:Book:Python {name: "疯狂Python讲义", price: 128})                       |
| (:Book:Python {name: "疯狂Python讲义", price: 118})                       |
+--------------------------------------------------------------------------+
2 rows available after 132 ms, consumed after another 2 ms
```

如果在 ON 后的括号内列出多个列，那么就意味着创建多列复合索引。

看如下命令及其执行结果：

```
neo4j@springboot> create index if not exists for (n :Book)
                  on (n.name, n.price);
0 rows available after 88 ms, consumed after another 0 ms
Added 1 indexes
```

上面命令为 Book 标签的 name、price 属性创建了复合索引。如果执行类似于如下的查询，CQL 将会自动应用该索引来提升查询速度。

```
neo4j@springboot> match (n :Book)
                  where n.name = "疯狂 Python 讲义" and n.price=128
                  return n;
+-----------------------------------------------------------------+
| n                                                               |
+-----------------------------------------------------------------+
| (:Book:Python {name: "疯狂 Python 讲义", price: 128})           |
+-----------------------------------------------------------------+
1 row available after 29 ms, consumed after another 1 ms
```

看如下命令及其执行结果：

```
neo4j@springboot> create index if not exists for (n :TEACHING)
                  on (n.addr);
0 rows available after 21 ms, consumed after another 0 ms
Added 1 indexes
```

CQL 可通过如下两种方式来查看数据库内的索引。

➢ SHOW INDEXES：使用该命令可查看所有索引。
➢ CALL db.indexes()：CALL 命令用于调用存储过程，其中 db.indexes()是 Neo4j 内置的存储过程，用于显示数据库内所有的索引。Neo4j 还内置了 db.labels()存储过程，用于显示数据库内所有的标签。

图 6.43 显示了上面的命令及其执行结果。

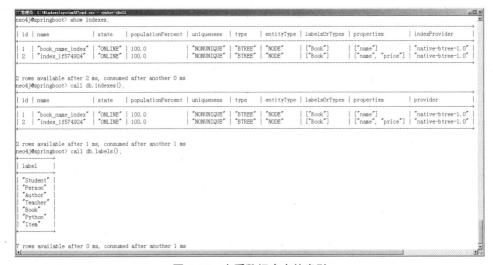

图 6.43　查看数据库内的索引

删除索引的语法格式如下：

```
DROP INDEX 索引名 IF EXISTS
```

其中的 IF EXISTS 可以省略，它用于保证只有当该索引存在时才执行删除。

看如下命令及其执行结果：

```
neo4j@springboot> drop index index_1f574924;
0 rows available after 9 ms, consumed after another 0 ms
Removed 1 indexes
```

上面命令删除了名为"index_1f574924"的索引。

▶▶ 6.3.14 操作约束

为节点标签创建唯一约束（或 key 约束）的语法格式如下：

```
CREATE CONSTRAINT 约束名 ON (节点名:标签名)
ASSERT (属性名, 属性名...) IS UNIQUE | NODE KEY
```

为节点标签创建非空约束的语法格式为：

```
CREATE CONSTRAINT 约束名 ON (节点名:标签名)
ASSERT EXISTS(属性名)
```

为关系类型创建非空约束的语法格式为：

```
CREATE CONSTRAINT 约束名 ON ()-[关系名:关系类型]-()
ASSERT EXISTS(属性名)
```

从上面的语法格式可以看出，节点标签允许创建唯一约束、key 约束（唯一约束＋非空约束）、非空约束；而对关系类型只能创建非空约束。

➢ 唯一约束：意味着该标签内所有节点的带唯一约束的属性的值必须互不相同。
➢ 非空约束：意味着必须为该标签内所有节点的带非空约束的属性指定值；必须为该类型内所有关系的带非空约束的属性指定值。
➢ key 约束：唯一约束＋非空约束。

创建唯一约束和 key 约束的语法其实差不多，都是用 ASSERT...IS 形式；但创建非空约束则直接用 ASSERT EXISTS 形式即可。

不过，Neo4j 社区版只支持唯一约束，不支持非空约束和 key 约束。

看如下命令及其执行结果：

```
neo4j@springboot> create constraint on (n :Teacher)
                  assert n.name is unique;
0 rows available after 98 ms, consumed after another 0 ms
```

上面命令为 Teacher 标签的 name 属性创建了唯一约束，这就意味着 Teacher 标签中所有节点的 name 属性值必须互不相同。

看如下创建节点的命令及其执行结果：

```
neo4j@springboot> create (:Teacher{name:"李刚", addr:"广州"});
Node(3) already exists with label `Teacher` and property `name` = '李刚'
```

上面命令试图创建一个带 Teacher 标签且 name 属性值为"李刚"的节点，由于 Teacher 标签的 name 属性有唯一约束，因此该命令创建节点失败。

CQL 可通过如下两种方式来查看数据库内的约束。

➢ SHOW CONSTRAINTS：使用该命令可查看所有约束。
➢ CALL db.constraints()：CALL 命令用于调用存储过程，其中 db.constraints()是 Neo4j 内置的存储过程，用于显示数据库内所有的约束。

图 6.44 显示了上面的命令及其执行结果。

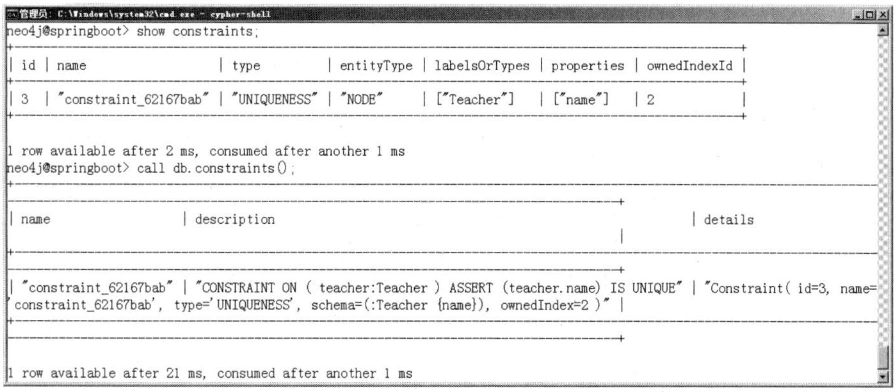

```
┌─────────────────────────────────────────────────────────────────────────┐
│ ■ 管理员: C:\Windows\system32\cmd.exe - cypher-shell              _ □ ×│
│ neo4j@springboot> show constraints;                                     │
│ +─────────────────────────────────────────────────────────────────────+ │
│ | id | name               | type         | entityType | labelsOrTypes | properties | ownedIndexId |│
│ +─────────────────────────────────────────────────────────────────────+ │
│ | 3  | "constraint_62167bab" | "UNIQUENESS" | "NODE"   | ["Teacher"]   | ["name"]   | 2            |│
│ +─────────────────────────────────────────────────────────────────────+ │
│ 1 row available after 2 ms, consumed after another 1 ms                 │
│ neo4j@springboot> call db.constraints();                                │
│ +─────────────────────────────────────────────────────────────────────+ │
│ | name              | description                                      | details                   |│
│ +─────────────────────────────────────────────────────────────────────+ │
│ | "constraint_62167bab" | "CONSTRAINT ON ( teacher:Teacher ) ASSERT (teacher.name) IS UNIQUE" | "Constraint( id=3, name='constraint_62167bab', type='UNIQUENESS', schema=(:Teacher {name}), ownedIndex=2 )" |│
│ +─────────────────────────────────────────────────────────────────────+ │
│ 1 row available after 21 ms, consumed after another 1 ms                │
└─────────────────────────────────────────────────────────────────────────┘
```

图 6.44　查看数据库内的约束

删除约束的语法格式如下：

```
DROP CONSTRAINT 约束名 IF EXISTS
```

其中的 IF EXISTS 可以省略，它用于保证只有当该约束存在时才执行删除。

看如下命令及其执行结果：

```
neo4j@springboot> drop constraint constraint_62167bab;
0 rows available after 5 ms, consumed after another 0 ms
Removed 1 constraints
```

上面命令删除了名为"constraint_62167bab"的约束。

▶▶ 6.3.15　使用 FOREACH、UNWIND 处理列表

FOREACH 既可单独使用，也可结合 MATCH...WHERE 使用，但不管怎么使用，它的作用始终都是用于遍历列表，并将列表元素传给管道的下一个命令。

FOREACH 的语法格式如下：

```
FOREACH( 变量名 IN 列表 | 下一个命令)
```

上面语法格式表示遍历指定列表，并使用变量名代表正在遍历的列表元素，接下来的竖线（代表管道）表示将正在遍历的列表元素传给下一个命令。

看如下命令及其执行结果：

```
neo4j@springboot> foreach(value in ["武松", "金莲", "林冲", "鲁达"] |
            create (:Person {name: value}) );
0 rows available after 37 ms, consumed after another 0 ms
Added 4 nodes, Set 4 properties, Added 4 labels
```

上面命令使用 FOREACH 遍历["武松","金莲","林冲","鲁达"]列表，并利用所遍历的列表元素创建节点，因此该命令将创建 4 个节点，且节点的名称依次为列表的每个元素。

看如下命令及其执行结果：

```
neo4j@springboot> match p = (n)-[*]->(m)
            foreach (n in nodes(p) | set n.tag = "新增标签");
0 rows available after 131 ms, consumed after another 0 ms
Set 28 properties
```

上面命令先使用"match p = (n)-[*]->(m)"匹配所有有关系的节点及关系（其实此处的 n、m 都可以省略），且此处使用变量 p 来保存路径（从一个节点经过关系到另一个节点被称为路径）。

该命令接下来使用 FOREACH 遍历 nodes(p)，也就是遍历路径 p 上所有的节点(nodes()是 Neo4j 的内置函数，用于返回指定路径上所有的节点)，并为这些节点添加 tag 属性。因此该命令的作用

是:为所有存在关联关系的节点都添加一个 tag 属性。

通过如下命令可以看到所有被修改的节点:

```
neo4j@springboot> match (n{tag:"新增标签"}) return n;
+-----------------------------------------------------------------+
| n                                                               |
+-----------------------------------------------------------------+
| (:Book {name: "SSM 终极讲义", tag: "新增标签"})                 |
| (:Author {tag: "新增标签"})                                     |
| (:Student {name: "孙悟空", tag: "新增标签"})                    |
| (:Teacher {name: "菩提", tag: "新增标签"})                      |
+-----------------------------------------------------------------+
4 rows available after 29 ms, consumed after another 1 ms
```

当然,也可以使用如下命令来删除上面为 4 个节点添加的 tag 属性:

```
neo4j@springboot> match p = (n)-[*]->(m)
                  foreach (n in nodes(p) | remove n.tag);
0 rows available after 76 ms, consumed after another 0 ms
Set 4 properties
```

UNWIND 用于将列表转换成多个单独的行,每个列表元素占一行。

看如下命令及其执行结果:

```
neo4j@springboot> unwind [1, 2, 3, null] as x
                  return x, "fkjava" as y;
+--------------------+
| x    | y           |
+--------------------+
| 1    | "fkjava"    |
| 2    | "fkjava"    |
| 3    | "fkjava"    |
| NULL | "fkjava"    |
+--------------------+
4 rows available after 36 ms, consumed after another 0 ms
```

借助于 UNWIND 的功能,可以先将一个包含重复元素的列表转换成多行,去除重复行后再收集成列表,这样即可实现去除重复行的功能。看如下命令及其执行结果:

```
neo4j@springboot> unwind [1, 2, 1, 2, 1] as x
                  with distinct x
                  return collect(x) as newList;
+-------------+
| newList     |
+-------------+
| [1, 2]      |
+-------------+
1 row available after 53 ms, consumed after another 3 ms
```

上面命令使用 UNWIND 去除了[1, 2, 1, 2, 1]列表中的重复值。

上面命令中还用到一个简单的 WITH 子句,其用法类似于 RETURN 子句,但它们的作用不同:RETURN 子句的作用是列出要返回的表达式或变量;WITH 子句也会列出表达式或变量,但是它将列出的表达式或变量作为下一个命令的输入参数。例如,上面命令使用"with distinct x"去除重复的 x,并将去除重复值后的 x 传给 collect()函数,这样就实现了去除重复值。

对于列表元素又是列表的嵌套列表,UNWIND 也能很好地处理,看如下命令及其执行结果:

```
neo4j@springboot> unwind [[1, 2], ["a", "b"], "c"] as x
                  unwind x as y
                  return y;
+-------------+
| y           |
```

```
+------------+
| 1          |
| 2          |
| "a"        |
| "b"        |
| "c"        |
+------------+
5 rows available after 40 ms, consumed after another 0 ms
```

上面命令处理的是[[1, 2], ["a", "b"], "c"]列表,由于该列表的元素包含了嵌套列表,因此该命令使用了两次 UNWIND 进行处理。

借助于 UNWIND 对列表的处理,CQL 也可通过列表来创建多个节点。看如下命令及其执行结果:

```
neo4j@springboot> unwind [{name: "Swift"}, {name: "Kotlin"}] as x
                  create ( :Book {name: "疯狂" + x.name + "讲义"});
0 rows available after 57 ms, consumed after another 0 ms
Added 2 nodes, Set 2 properties, Added 2 labels
```

上面命令处理的列表包含两个元素:Swift 和 Kotlin,因此该命令将会创建两个节点,这两个节点的 name 属性值依次为"疯狂 Swift 讲义"和"疯狂 Kotlin 讲义"。

▶▶ 6.3.16 连接 Neo4j 与 Neo4jTemplate

Spring Boot 为连接 Neo4j 提供了 Starter:spring-boot-starter-data-neo4j。由于 Spring Boot 并没有为 Neo4j 的传统 API 和反应式 API 分开提供不同的 Starter,因此不管是使用传统的同步 API,还是使用反应式 API,都只需要添加 spring-boot-starter-data-neo4j 即可。

在默认情况下,Spring Boot 会在容器中自动配置一个 org.neo4j.driver.Driver Bean,它可被注入其他组件(如 DAO 组件),用于操作 Neo4j 数据库。Driver 是 Neo4j 驱动的底层 API,它可用于获取 Neo4j 的 Session 等其他 API,接下来程序可通过 Session 来执行原生的 CQL 查询,这种方式就是通过 Neo4j 原生 API 来操作数据库的。

下一节会给出利用 Driver 和 Session 操作 Neo4j 数据库的具体示例。

Spring Boot 自动配置 org.neo4j.driver.Driver 时,它默认连接位于"localhost:7687"的 Neo4j 服务器,如果需要更改 Neo4j 服务器的地址,则可在 application.properties 文件中增加如下配置:

```
# 配置连接服务器的 URI
spring.neo4j.uri=bolt://localhost:7687
# 配置用户名、密码
spring.neo4j.authentication.username=neo4j
spring.neo4j.authentication.password=32147
```

所有以"spring.neo4j"开头的属性配置均由 Neo4jProperties 负责处理,该类的源代码如下:

```
@ConfigurationProperties(prefix = "spring.neo4j")
public class Neo4jProperties {
    // 用于配置 Neo4j 服务器的 URI
    private URI uri;
    // 用于配置连接的超时时长
    private Duration connectionTimeout = Duration.ofSeconds(30);
    // 用于配置事务的最大重试时长
    private Duration maxTransactionRetryTime = Duration.ofSeconds(30);
    // 用于配置连接 Neo4j 的认证信息,如用户名、密码等
    private final Authentication authentication = new Authentication();
    // 用于配置连接 Neo4j 的连接池信息,如最大连接数等
    private final Pool pool = new Pool();
    // 用于配置 Neo4j 的安全信息,如是否加密、证书文件位置等
```

```
        private final Security security = new Security();
        ...
}
```

除自动配置 Driver 之外，Spring Boot 还会在容器中自动配置 Neo4jTemplate 和 Neo4jTransactionManager，其中 Neo4jTemplate 是 Spring Data 为操作 Neo4j 提供的一个门面类，它封装了大量方法来执行 CQL 语句，用于操作 Neo4j 数据库。例如以下常用方法。

- count(String cypherQuery, Map<String,Object> parameters)：根据 CQL 查询语句返回符合条件的节点或关系数量。其中 parameters 参数用于为 CQL 查询语句传入参数。
- <T> void deleteAllById(Iterable<?> ids, Class<T> domainType)：根据 ID 删除多个节点。
- <T> void deleteById(Object id, Class<T> domainType)：根据 ID 删除单个节点。
- findAll(String cypherQuery, Map<String,Object> parameters, Class<T> domainType)：根据 CQL 查询语句返回符合条件的节点或关系。其中 parameters 参数用于为 CQL 查询语句传入参数。
- findOne(String cypherQuery, Map<String,Object> parameters, Class<T> domainType)：根据 CQL 查询语句返回符合条件的单个节点或关系。其中 parameters 参数用于为 CQL 查询语句传入参数。
- save(T instance)：保存节点。

上面只是列出了 Neo4jTemplate 常用方法的一个版本，实际上它提供了大量方法来简化对 Neo4j 数据库的操作。上面这些方法也有多个重载版本，读者可以自行查阅 API 文档来了解。

如果 Spring Boot 在项目类加载路径下可以找到 io.projectreactor:reactor-core.jar（它是反应式的核心 JAR 包），它就会在容器中自动配置 ReactiveNeo4jTemplate。但奇葩的是，它不会自动配置 ReactiveNeo4jTransactionManager，因此开发者需要手动配置反应式事务管理器。例如以下配置代码：

```
// 配置反应式事务管理器
@Bean
public ReactiveNeo4jTransactionManager reactiveTransactionManager(Driver driver,
        ReactiveDatabaseSelectionProvider databaseNameProvider)
{
    return new ReactiveNeo4jTransactionManager(driver, databaseNameProvider);
}
```

还记得 Spring Boot 自动配置的原则吗？一旦手动配置了某种 Bean，Spring Boot 将不再自动配置这种类型的 Bean。因此，当手动配置 ReactiveNeo4jTransactionManager 之后，如果应用希望同时使用传统 API，那么还需要手动配置 Neo4jTransactionManager。

需要说明的是，spring-boot-starter-data-neo4j.jar 并没有依赖 io.projectreactor:reactor-core.jar，因此，如果需要使用反应式 API 来操作 Neo4j 数据库，则必须在 pom.xml 文件中额外添加 io.projectreactor:reactor-core.jar 依赖。

ReactiveNeo4jTemplate 的方法与 Neo4jTemplate 的方法有何区别呢？与所有反应式 API 类似，Neo4jTemplate 的方法是同步的、阻塞式的，而 ReactiveNeo4jTemplate 的方法则是反应式的、非阻塞式的。

从用法角度来看，Neo4jTemplate 提供的方法，ReactiveNeo4jTemplate 同样也会提供，区别只是 Neo4jTemplate 的方法返回同步的结果，如 List 等；而 ReactiveNeo4jTemplate 的方法返回反应式的结果，如 Flux 或 Mono。

下一节会给出有关 Neo4jTemplate 和 ReactiveNeo4jTemplate 的具体示例。

6.3.17 使用 Neo4j 的 Repository

Spring Data Neo4j 同样提供了与前面 Spring Data 完全一致的操作。

归纳起来，Spring Data Neo4j 大致包括如下几方面功能。

- DAO 接口只需继承 CrudRepository 或 ReactiveCrudRepository，Spring Data Neo4j 能为 DAO 组件提供实现类。
- Spring Data Neo4j 支持方法名关键字查询。
- Spring Data Neo4j 支持使用@Query 注解定义查询语句，只不过该@Query 注解是 Spring Data Neo4j 提供的。
- Spring Data Neo4j 同样支持 DAO 组件添加自定义的查询方法——通过添加额外的接口，并为额外的接口提供实现类，Spring Data Neo4j 就能将该实现类中的方法"移植"到 DAO 组件中。
- Spring Data Neo4j 同样支持 Example 查询。

与 Spring Data MongoDB 类似，由于 Neo4j 提供了强大的 CQL 查询语法，因此 Spring Data Neo4j 支持的方法名关键字同样非常强大。

它的方法名关键字支持如表 6.7 所示的开头形式。

表 6.7 方法名关键字支持的开头形式

开头关键字	返回值	说明
find…By、read…By get…By、query…By search…By、stream…By	Collection 及其子接口、Stream	查询返回符合条件的节点
exists…By、	boolean	返回是否有符合条件的节点
count…By	int	返回符合条件的节点的数量
delete…By, remove…By	void 或 int	返回被删除的节点的数量
…First<number>… …Top<number>…	Collection 及其子接口、Stream	返回符合条件的前 N 个节点
…Distinct…	Collection 及其子接口、Stream	去除重复值

方法名支持的关键字如表 6.8 所示。

表 6.8 方法名支持的关键字

关键字	对应的 CQL 逻辑关键字
And	AND
Or	OR
After、IsAfter	AFTER
Before、IsBefore	BEFORE
Containing、IsContaining、Contains	CONTAINING
Between、IsBetween	BETWEEN
EndingWith、IsEndingWith、EndsWith	ENDING_WITH
Exists	EXISTS
False、IsFalse	FALSE
GreaterThan、IsGreaterThan	GREATER_THAN
GreaterThanEqual、IsGreaterThanEqual	GREATER_THAN_EQUALS
In、IsIn	IN
Is、Equals、不用关键字	IS
IsEmpty、Empty	IS_EMPTY
IsNotEmpty、NotEmpty	IS_NOT_EMPTY

续表

关键字	对应的 CQL 逻辑关键字
NotNull、IsNotNull	IS_NOT_NULL
Null、IsNull	IS_NULL
LessThan、IsLessThan	LESS_THAN
LessThanEqual、IsLessThanEqual	LESS_THAN_EQUAL
Like、IsLike	LIKE
Near、IsNear	NEAR
Not、IsNot	NOT
NotIn、IsNotIn	NOT_IN
NotLike、IsNotLike	NOT_LIKE
Regex、MatchesRegex、Matches	REGEX
StartingWith、IsStartingWith、StartsWith	STARTING_WITH
True、IsTrue	TRUE
Within、IsWithin	WITHIN

接下来的问题就是：Spring Data 操作的是数据类，那它怎么处理数据类与 Neo4j 的节点、关系之间的映射关系呢？其实很简单，Spring Data Neo4j 提供了如下注解。

➢ @Node：该注解指定将数据类映射到 Neo4j 的节点。

➢ @RelationshipProperties：该注解指定将数据类映射到 Neo4j 的关系。

➢ @Id：该注解指定将数据类的属性映射到节点的标识属性。

➢ @GeneratedValue：通常用于修饰标识属性，指定该属性值由 Neo4j 数据库底层自动生成，也就是对应于节点的<id>属性。

➢ @Property：该注解指定将数据类的属性映射到节点的字段。如果不使用该注解，默认基于同名映射原则。

➢ @Relationship：该注解指定将数据类的属性映射到关系。

➢ @TargetNode：该注解指定将@RelationshipProperties 中的属性作为目标节点。使用这个注解时需要注意，它和 Neo4j 关系中的目标节点并没有关系，该注解修饰的属性既可代表 Neo4j 关系中的开始节点，也可代表 Neo4j 关系中的结束节点；当使用该注解修饰一个属性时，只表示 Spring Data Neo4j 可通过该关系访问该属性代表的节点。

此外，Spring Data Neo4j 还提供了如下索引化注解。

➢ @DateLong：用于修饰 Date 或 Instant 类型的属性，指定 Neo4j 底层以 long 整数保存日期时间类型。

➢ @DateString：用于修饰 Date 或 Instant 类型的属性，指定 Neo4j 底层以 String 保存日期时间类型。

在理解了 Spring Data Neo4j 的设计之后，接下来通过示例来介绍 Spring Data Neo4j 的功能和用法。首先依然是创建一个 Maven 项目，然后让其 pom.xml 文件继承 spring-boot-starter-parent。本例会同时示范使用 Neo4j 的同步 API 和反应式 API，因此需要同时添加 spring-boot-starter-data-neo4j.jar 依赖和 io.projectreactor:reactor-core.jar 依赖。本例使用 Spring Boot 的测试支持来测试 DAO 组件，因此添加了 spring-boot-starter-test.jar 依赖。具体可以参考本例的 pom.xml 文件。

先为本例定义 application.properties 文件，用来指定 Neo4j 服务器的连接信息。

程序清单：codes\06\6.3\neo4jtest\src\main\resources\application.properties

```
# 配置连接服务器的 URI
spring.neo4j.uri=bolt://localhost:7687
```

```
# 配置用户名、密码
spring.neo4j.authentication.username=neo4j
spring.neo4j.authentication.password=32147
# 配置连接池最多允许持有 50 个连接
spring.neo4j.pool.max-connection-pool-size=50
```

为了示范 Neo4j 中关系的用法，本例用到了两个节点和一个关系。下面看本例的第一个节点对应的数据类。

程序清单：codes\06\6.3\neo4jtest\src\main\java\org\crazyit\app\domain\Book.java

```java
@Node(labels = {"Book", "Item"}, primaryLabel = "Book")
public class Book
{
    @Id
    @GeneratedValue
    private Long id;
    private String title;
    private int price;
    @Relationship(type = "WRITTEN_BY", direction = Relationship.Direction.OUTGOING)
    private Author author;
    // 省略 getter、setter 方法和构造器
    ...
}
```

上面 Book 类使用了@Node(labels = {"Book", "Item"}, primaryLabel = "Book")修饰，这意味着该类的实例将被映射到数据库中的节点，且该节点带 Book、Item 两个标签，其中主标签是 Book。

上面 id 实例变量使用了@Id 修饰，这表明它是一个标识属性，这一点和所有 Spring Data 的设计都是一样的，但此处的@Id 注解是 Spring Data Neo4j 提供的。该 id 实例变量还使用了@GeneratedValue 修饰，这表明它的值将会由 Neo4j 底层数据库负责生成。

上面 Book 类还定义了一个 author 实例变量（增加 getter、setter 方法后就变成了属性），该实例变量使用了@Relationship 修饰，这意味着它将被映射成一个关系，该关系的类型是"WRITTEN_BY"，该关系的方向是"OUTGOING"，这说明 Book 节点在该关系中属于起始节点。通过这种方式映射关系时，无法给关系添加额外的属性。

下面看本例的 Author 节点类的代码。

程序清单：codes\06\6.3\neo4jtest\src\main\java\org\crazyit\app\domain\Author.java

```java
@Node(labels = {"Author", "Person", "Dad"}, primaryLabel = "Author")
public class Author
{
    @Id
    @GeneratedValue
    private Long id;
    private String name;
    @Property("author_addr")
    private String addr;
    @Relationship(type = "WROTE", direction = Relationship.Direction.OUTGOING)
    private List<Wrote> books = new ArrayList<>();
    // 省略 getter、setter 方法和构造器
    ...
}
```

上面 Author 类使用了@Node(labels = {"Author", "Person", "Dad"}, primaryLabel = "Author")修饰，这意味着该类的实例将被映射到数据库中的节点，且该节点带 Author、Person、Dad 三个标签，其中主标签是 Author。

该 Author 类的 addr 实例变量使用了@Property("author_addr")修饰，这意味着它对应的属性将

会被映射到节点的 author_addr 属性。

该 Author 类中定义了一个 books 实例变量,且该实例变量使用了@Relationship 修饰,表明它对应的属性也用于映射关系,该关系的方向也是 OUTGOING,这说明 Author 节点在该关系中属于起始节点。但注意该实例变量的类型不是 List<Book>,而是 List<Wrote>,其中 Wrote 专门用于映射关系。

下面是 Wrote 类的代码。

程序清单:codes\06\6.3\neo4jtest\src\main\java\org\crazyit\app\domain\Wrote.java

```java
@RelationshipProperties
public class Wrote
{
    @TargetNode
    private Book book;
    private String year;
    public Wrote() {}
    public Wrote(String year, Book book)
    {
        this.year = year;
        this.book = book;
    }
    // 省略 getter、setter 方法和构造器
    ...
}
```

上面 Wrote 类使用了@RelationshipProperties 修饰,这意味着该类的实例将被专门映射到数据库中的关系。该类中的 book 实例变量使用了@TargetNode 注解修饰,该注解并不用于指定 Neo4j 中关系的方向(关系的方向由@Relationship 注解的 direction 属性指定),它只是说明 Spring Data Neo4j 可通过该关系来访问目标节点:Book。

接下来定义本例中 DAO 组件的接口。

程序清单:codes\06\6.3\neo4jtest\src\main\java\org\crazyit\app\dao\BookDao.java

```java
public interface BookDao extends ReactiveCrudRepository<Book, Long>,
        ReactiveQueryByExampleExecutor<Book>, BookCustomDao
{
    // Like 关键字只使用简单的通配符 "*"
    Flux<Book> findByTitleLike(String titlePattern);
    // Regex(或 Matches)进行正则表达式匹配
    Flux<Book> findByTitleMatches(String regex);
    Flux<Book> findByTitleContains(String subTitle);
    Flux<Book> findByPriceBetween(double start, double end);
    @Query("MATCH (b :Book) - [:WRITTEN_BY] -> () WHERE " +
            "b.price >= $0 AND b.price <= $1 RETURN b")
    Flux<Book> findByQuery1(double start, double end);
    @Query("MATCH (b :Book) - [:WRITTEN_BY] -> () " +
            "WHERE b.title =~ $0 RETURN b")
    Flux<Book> findByQuery2(String titlePattern);
}
```

程序清单:codes\06\6.3\neo4jtest\src\main\java\org\crazyit\app\dao\AuthorDao.java

```java
public interface AuthorDao extends ReactiveCrudRepository<Author, Long>
{
    Mono<Author> findByName(String name);
}
```

正如从上面代码所看到的,BookDao、AuthorDao 接口继承了 ReactiveCrudRepository,这就是

典型的反应式 API；如果想使用传统的同步 API，只要改为继承普通的 CrudRepository 即可。此外，BookDao 接口还继承了 ReactiveQueryByExampleExecutor，这意味着它也可支持反应式的 Example 查询。

从上面的方法签名可以看到，使用反应式 API 的 DAO 方法的返回值是 Flux（或 Mono），而传统 DAO 组件的方法的返回值则是 List。这就是反应式 API 与传统的同步 API 在编程上存在的差别。

BookDao 接口中前 4 个方法都是 Spring Data Neo4j 的方法名关键字查询方法，而后 2 个方法则是使用@Query 注解定义查询语句。该@Query 注解位于 org.springframework.data.neo4j.repository.query 包下，该包下提供了如下注解。

➢ @ExistsQuery：该注解修饰的方法将只返回是否包含符合查询条件的节点或关系。
➢ @Query：该注解修饰的方法将返回符合查询条件的节点或关系。该注解除了可通过 value 属性指定 CQL 查询语句，还可指定 count（指定是否只返回符合条件的节点或关系的数量）、delete（是否删除符合条件的节点或关系）、exists（返回是否包含符合条件的节点或关系）和 countQuery（指定用于统计节点或关系数量的查询语句）。

根据上面介绍不难发现，@ExistsQuery 注解就是 exists 属性为 true 的@Query 注解。

本例同样以反应式 API 为主。如果读者希望学习 Spring Data Neo4j 的同步 API，则可自行参考本书提供的本例中 SyncBookDao、SyncAuthorDao 接口的代码。

上面 BookDao 还继承了一个 BookCustomDao 接口，这样即可通过该接口新增自定义的查询方法，而这个自定义的查询方法最终将被"移植"到 BookDao 组件中。BookCustomDao 接口的代码如下。

程序清单：codes\06\6.3\neo4jtest\src\main\java\org\crazyit\app\dao\BookCustomDao.java
```
public interface BookCustomDao
{
    Flux<Book> customQuery1(String regex, int startPrice);
    Flux<Book> customQuery2(int startPrice, int endPrice);
}
```

在该接口中可以定义任何自定义的方法，这些方法都将被"移植"到 BookDao 组件中。注意到该接口中两个方法的返回值都是 Flux，这就表明该接口用的依然是反应式 API。本例还提供了一个 SyncBookCustomDao 接口，它使用的是传统的同步 API。

接下来为 BookCustomDao 提供实现类，此时就需要使用 Neo4j 底层 API 来直接操作 Neo4j 数据库了。如果想直接使用 Neo4j 驱动提供的 Driver、RxSession（传统 API 对应于 Session）来操作 Neo4j 数据库，则可让 Spring Boot 将 Driver Bean 注入该实现类。

此外，也可让 Spring Boot 将自动配置的 ReactiveNeo4jTemplate（传统 API 对应于 Neo4jTemplate）注入该实现类，这样该实现类还可通过 ReactiveNeo4jTemplate 来操作 Neo4j 数据库。

该实现类同时示范了使用 ReactiveNeo4jTemplate 和 Driver 两种方式来操作 Neo4j 数据库。

程序清单：codes\06\6.3\neo4jtest\src\main\java\org\crazyit\app\dao\BookCustomDaoImpl.java
```
public class BookCustomDaoImpl implements BookCustomDao
{
    @Autowired
    private ReactiveNeo4jTemplate neo4jTemplate;
    @Autowired
    private Driver driver;
    @Override
    public Flux<Book> customQuery1(String regex, int startPrice)
    {
        // 调用 ReactiveNeo4jTemplate 的 findAll()方法执行 CQL 查询
```

```java
            return neo4jTemplate.findAll("match (b :Book) where " +
                "b.title =~ $0 and b.price >= $1 return b",
                Map.of("0", regex, "1", startPrice), Book.class);
    }
    @Override
    public Flux<Book> customQuery2(int startPrice, int endPrice)
    {
        // 获取 RxSession
        RxSession rxSession = driver.rxSession();
        // Flux 的 from 方法用于将 Publisher<Record>转换成 Flux<Record>
        return Flux.from(
            // 调用 RxSession 执行查询
            rxSession.run("MATCH (b: Book)-[r]->(a) " +
                "WHERE b.price >= $startPrice and b.price <= $endPrice RETURN b,a",
                Values.parameters("startPrice", startPrice, "endPrice", endPrice))
                // 调用 records()方法返回 Publisher<Record>
                .records())
                // 将 Flux<Record>映射成 Flux<Book>
                .map(record -> {
                    Node node = record.get("b").asNode();
                    String title = node.get("title").asString();
                    int price = node.get("price").asInt();
                    long id = node.id();
                    Book book = new Book(title, price);
                    book.setId(id);
                    Node authorNode = record.get("a").asNode();
                    String name = authorNode.get("name").asString();
                    String addr = authorNode.get("author_addr").asString();
                    long authorId = authorNode.id();
                    Author author = new Author(name, addr);
                    author.setId(authorId);
                    book.setAuthor(author);
                    return book;
                });
    }
}
```

上面第 1 个方法实现比较简单，它直接调用 ReactiveNeo4jTemplate 的 findAll()方法执行查询。该方法的用法非常简单：第 1 个参数是执行查询的 CQL 语句，第 2 个参数用于为 CQL 语句中的参数传入参数值（如果第 1 个参数代表的 CQL 语句中没有参数，第 2 个参数就可以省略），第 3 个参数指定查询返回的节点对应的数据类。

上面第 2 个方法实现稍微复杂一点，它直接调用了 Neo4j 提供的 Driver 和 RxSession 等底层 API 来操作数据库。该方法调用 RxSession 的 run()方法执行 CQL 查询，这个方法返回 RxResult。

RxResult 也是一个反应式 API，接下来调用它的 records()方法返回 Publisher<Record>，其中 Record 代表 Neo4j 查询返回的一行记录。然后程序直接调用 Flux 的 from()方法将 Publisher<Record> 包装成 Flux<Record>——但此时 Flux 中的元素是 Record，因此还要调用 Flux 的 map()方法将 Record 元素转换成 Book 对象。

BookCustomDaoImpl 是基于反应式 API 来实现的，依赖注入的是 ReactiveNeo4jTemplate，使用的是 RxSession；本例还提供了一个 SyncBookCustomDaoImpl，它被注入的是 Neo4jTemplate，使用的是 Session，因此它是基于传统的同步 API 来实现的，读者可自行参考该实现类的代码。

从设计上讲，当底层数据库采用反应式 API 编程时，最好在上层结合 Spring WebFlux 框架，这得整个应用从上到下具有响应式编程模型，这样就能以较少的线程处理高并发请求。但本例的重点是介绍 Spring Boot 对 Neo4j 的整合，不想引入过多的枝节，因此没有提供 Web 层组件。

下面直接为该 DAO 组件定义测试用例，本例的两个测试用例的代码如下。

程序清单：codes\06\6.3\neo4jtest\src\test\java\org\crazyit\app\dao\AuthorDaoTest.java

```java
@SpringBootTest(webEnvironment = SpringBootTest.WebEnvironment.NONE)
public class AuthorDaoTest
{
    @Autowired
    private AuthorDao authorDao;
    @Test
    public void testSave()
    {
        Author author = new Author("李刚", "广州");
        // 创建 Book 对象，并建立从 Book 到 Author 的关系
        Book book = new Book("疯狂 Python 讲义", 118);
        book.setAuthor(author);
        // 创建 Wrote 关系
        Wrote wrote1 = new Wrote("2018", book);
        // 建立从 Author 到 Book 的关系（由 Wrote 对象代表）
        author.getBooks().add(wrote1);
        // 创建第 2 个 Book 对象，并建立它与 Author 的关系
        Book book2 = new Book("疯狂 Java 讲义", 129);
        book2.setAuthor(author);
        // 创建第 2 个 Wrote 关系
        Wrote wrote2 = new Wrote("2017", book2);
        // 建立从 Author 到 Book 的关系（由 Wrote 对象代表）
        author.getBooks().add(wrote2);
        // 保存 Author 对象
        authorDao.save(author).block();
    }
    @ParameterizedTest
    @ValueSource(longs = {11L})
    public void testFindById(Long id)
    {
        authorDao.findById(id).blockOptional()
            .ifPresent(author -> {
                // 获取与该 Author 关联的关系
                System.out.println(author + "-->" + author.getBooks());
                // 通过与 Author 关联的关系获取关联的图书
                author.getBooks().forEach(writtenBy ->
                    System.out.println(writtenBy.getBook()));
            });
    }
}
```

程序清单：codes\06\6.3\neo4jtest\src\test\java\org\crazyit\app\dao\BookDaoTest.java

```java
@SpringBootTest(webEnvironment = SpringBootTest.WebEnvironment.NONE)
public class BookDaoTest
{
    @Autowired
    private BookDao bookDao;
    @Autowired
    private AuthorDao authorDao;

    @Test
    public void testSave()
    {
        // 先查询 Book 在数据库中对应的节点
        authorDao.findByName("李刚").blockOptional()
            .ifPresent(author -> {
                var book = new Book("疯狂 Android 讲义", 128);
                // 建立从 Author 到 Book 的关系（由 Wrote 对象代表）
```

```java
            author.getBooks().add(new Wrote("2017", book));
            // 建立从 Book 到 Author 的关系
            book.setAuthor(author);
            bookDao.save(book).block();
        });
    }
    @ParameterizedTest
    @ValueSource(longs = {13L})
    public void testFindById(Long id)
    {
        bookDao.findById(id).blockOptional()
            .ifPresent(book -> System.out
            .println(book + "-->" + book.getAuthor()));
    }
    @ParameterizedTest
    @ValueSource(strings = {"疯狂*"})
    public void testFindByTitleLike(String titlePattern)
    {
        bookDao.findByTitleLike(titlePattern)
            // 调用 toIterable() 方法以阻塞式方式完成查询
            .toIterable().forEach(book -> System.out
            .println(book + "-->" + book.getAuthor()));
    }
    @ParameterizedTest
    @ValueSource(strings = {"疯狂.+"})
    public void testFindByTitleMatches(String regex)
    {
        bookDao.findByTitleMatches(regex)
            .toIterable().forEach(book -> System.out
            .println(book + "-->" + book.getAuthor()));
    }
    @ParameterizedTest
    @ValueSource(strings = {"Java", "Python"})
    public void testFindByTitleContains(String subTitle)
    {
        bookDao.findByTitleContains(subTitle)
            .toIterable().forEach(book -> System.out
            .println(book + "-->" + book.getAuthor()));
    }
    @ParameterizedTest
    @CsvSource({"110, 120", "100, 110"})
    public void testFindByPriceBetween(double start, double end)
    {
        bookDao.findByPriceBetween(start, end)
            .toIterable().forEach(book -> System.out
            .println(book + "-->" + book.getAuthor()));
    }
    @ParameterizedTest
    @CsvSource({"疯狂 Java 讲义, 129"})
    public void testExampleQuery1(String title, int price)
    {
        // 创建样本对象（probe）
        var s = new Book(title, price);
        // 不使用 ExampleMatcher，创建默认的 Example
        bookDao.findAll(Example.of(s))
            .toIterable().forEach(book -> System.out
            .println(book + "-->" + book.getAuthor()));
    }
    @ParameterizedTest
    @ValueSource(strings = {"疯狂 Python 讲义"})
    public void testExampleQuery2(String title)
```

```java
{
    // 创建 matchingAll 的 ExampleMatcher
    ExampleMatcher matcher = ExampleMatcher.matching()
            // 忽略 null 属性，该方法可以省略
            //.withIgnoreNullValues()
            .withIgnorePaths("price"); // 忽略 price 属性
    // 创建样本对象 (probe)
    var s = new Book(title, 1);
    bookDao.findAll(Example.of(s, matcher))
            .toIterable().forEach(book -> System.out
            .println(book + "-->" + book.getAuthor()));
}
@ParameterizedTest
@CsvSource({"110, 120", "120, 130"})
public void testFindByQuery1(double start, double end)
{
    bookDao.findByQuery1(start, end)
            .toIterable().forEach(System.out::println);
}
@ParameterizedTest
@ValueSource(strings = {"疯狂.+", "疯狂 Python.*"})
public void testFindByQuery2(String titlePattern)
{
    bookDao.findByQuery2(titlePattern)
            .toIterable().forEach(System.out::println);
}
@ParameterizedTest
@CsvSource({"疯狂.+, 120", "疯狂 Python.*, 110"})
public void testCustomQuery1(String regex, int startPrice)
{
    bookDao.customQuery1(regex, startPrice)
            .toIterable().forEach(System.out::println);
}
@ParameterizedTest
@CsvSource({"110, 120", "120, 130"})
public void testCustomQuery2(int startPrice, int endPrice)
{
    bookDao.customQuery2(startPrice, endPrice)
            .toIterable().forEach(book -> System.out
            .println(book + "-->" + book.getAuthor()));
}
}
```

上面 BookDao 和 AuthorDao 都继承了 ReactiveCrudRepository，而且 BookDao 还继承了 ReactiveQueryByExampleExecutor，因此它们为 DAO 接口提供了大量方法。

由于本测试用例测试的是反应式 API，这些方法都是异步的，它们不会阻塞主线程，因此可能出现的情况是：测试方法执行完成后，被测试的异步方法还未完成，这样就看不到测试结果了。为了看到测试结果，上面的测试方法调用了 block()或 toIterable()方法，用于将反应式方法同步化，以便能看到方法的执行结果——但千万注意：只能在测试时这么做，否则反应式 API 就白搞了。

先运行 AuthorDaoTest 中的 testSave()方法，该方法创建了一个 Author 对象（对应一个节点）、两个 Book 对象（对应两个节点）和两个 Wrote 对象（对应两个关系）——既创建了从 Author 到 Book 的关系（由 Wrote 对象代表），也创建了从 Book 到 Author 的关系（简单关系，无须用对象表示）。最后程序保存了 Author 对象，这样该 Author 对象及其关系，以及关系关联的对象都会被保存到数据库中。

> **提示：** 为了更好地看到本例的效果，最好先执行"match (n) detach delete n"删除 springboot 数据库中所有的节点和关系，让它变成一个完全干净的数据库。

再运行 BookDaoTest 中的 testSave()方法（一定要先运行 AuthorDaoTest 中的 save()方法），该方法先查询出系统中已有的 Author 节点，然后创建一个 Book 对象，并建立从 Book 对象到 Author 节点的关系，也建立了从 Author 节点到 Book 对象的关系。最后程序保存了新创建的 Book 对象。

上面两个方法运行成功后，可以看到数据库中包含如图 6.45 所示的节点和关系。

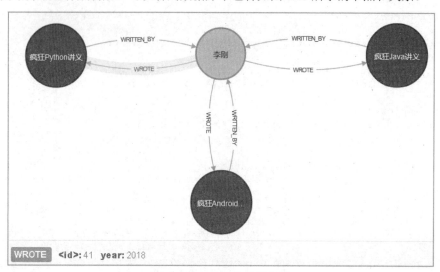

图 6.45　4 个节点及其关系

对于图 6.45 中的 WROTE 关系，它是由 Wrote 类负责映射的，因此它具有额外的 year 属性。如果用鼠标选择任意一个"WROTE"关系，将可以在信息显示区看到该关系的 year 属性，如图 6.45 下方所示。但对于 WRITTEN_BY 关系，由于程序并未使用数据类映射它，它只是简单的关系，因此没有额外的属性。

对于 AuthorDaoTest 和 BookDaoTest 中的 testFindById()方法，它们都要根据节点的<id>进行查询，因此需要先修改这两个方法上@ValueSource(longs = {13L})注解中的数值，只有当该数值等于对应节点的<id>值时，这两个测试方法才能查询到数据。

接下来运行 testFindByTitleLike()方法，为该方法传入的参数是"疯狂*"，将看到如下运行结果：

```
Book{id=2, title='疯狂Java讲义', price=129}-->Author{id=16, name='李刚', addr='广州'}
Book{id=3, title='疯狂Android讲义', price=128}-->Author{id=16, name='李刚', addr='广州'}
Book{id=17, title='疯狂Python讲义', price=118}-->Author{id=16, name='李刚', addr='广州'}
```

从上面的运行结果可以明显地看出，Spring Data Neo4j 在方法名中使用 Like 关键字查询时，依然用的是普通的通配符匹配规则。

接下来运行 testFindByTitleMatches(String regex)方法，该方法上注解传入的参数是"疯狂.+"，这是一个典型的正则表达式，它将匹配 name 为以"疯狂"开头的所有 Book 节点。

接下来运行 testFindByTitleContains(String subTitle)方法，当为该方法传入"Java"参数时，它将查询出 title 包含"Java"的所有 Book 节点。输出如下：

```
Book{id=2, title='疯狂Java讲义', price=129}-->Author{id=16, name='李刚', addr='广州'}
```

接下来运行 testFindByPriceBetween(double start, double end)方法，该方法用于测试

findByPriceBetween()方法，该方法用于选出 price 位于指定区间的所有 Book 节点。当传入"110, 120"参数时，将看到如下输出：

```
Book{id=17, title='疯狂 Python 讲义', price=118}-->Author{id=16, name='李刚', addr='广州'}
```

接下来运行 testExampleQuery1()、testExampleQuery2()方法，它们都用于测试 Spring Data Neo4j 的 Example 查询，Spring Data Neo4j 的样本查询同样不会比较@Id 修饰的属性，也不会比较样本中属性值为 null 的属性。程序同样可通过 ExampleMatcher 指定更详细的比较规则，例如程序中指定执行 Example 查询时忽略 price 属性，这意味着 testExampleQuery2()查询只比较 title 属性。

接下来的 testFindByQuery1() 和 testFindByQuery2()方法分别用于测试 findByQuery1()、findByQuery2()方法，这两个方法都使用了@Query 注解来定义 CQL 查询语句。

运行 findByQuery2()方法，就是使用自定义的 "MATCH (b :Book) - [:WRITTEN_BY] -> () WHERE b.title =~ $0 RETURN b"语句来执行查询，这条 CQL 语句完全由开发者自行发挥，因此具有一定的灵活性。该 CQL 语句的查询条件是对 title 进行正则表达式匹配。运行该方法，当传入"疯狂 Python.*"参数时，将看到如下运行结果：

```
Book{id=17, title='疯狂 Python 讲义', price=118}
```

最后的 testCustomQuery1()和 testCustomQuery2()方法分别用于测试两个自定义的查询方法：customQuery1()和 customQuery2()，读者可自行运行它们来测试自定义的查询方法。

▶▶ 6.3.18 连接多个 Neo4j 服务器

Spring Boot 是否支持连接多个 Neo4j 服务器呢？

当然支持！同样只要放弃 Spring Boot 的自动配置就可连接多个 Neo4j 服务器。

放弃 Spring Boot 为 Neo4j 提供的自动配置之后，接下来同样要做如下事情。

- ➢ 手动配置多组 Driver、ReactiveNeo4jTemplate 和 ReactiveNeo4jTransactionManager，要连接几个 Neo4j 服务器就配置几组。每个 Driver 对应连接一个 Neo4j 服务器。同步 API 则使用 Neo4jTemplate 和 Neo4jTransactionManager。
- ➢ 针对不同的 Neo4j 服务器，分别开发相应的 DAO 组件类，建议将它们放在不同的包下，以便区分。
- ➢ 使用@EnableReactiveNeo4jRepositories 注解手动开启 DAO 组件扫描。同步 API 则使用@EnableNeo4jRepositories 注解。

使用@EnableReactiveNeo4jRepositories 注解时要指定如下属性。

- ➢ basePackages：指定扫描哪个包下的 DAO 组件。
- ➢ neo4jTemplateRef：指定使用哪个 ReactiveNeo4jTemplate 来实现 DAO 组件的方法。同步 API 则通过该属性引用 Neo4jTemplate。
- ➢ transactionManagerRef：显式指定使用哪个事务管理器。

通过上面介绍不难看出，Spring Boot 连接多个 Neo4j 服务器与 Spring Boot 连接多个数据源的方法基本是一致的，故此处不再赘述。

Spring Boot 使用 ConfigBuilder 来创建自动配置的 Driver，如果在容器中定义了自己的 ConfigBuilder，Spring Boot 将直接使用该 ConfigBuilder 来创建 Driver，此时所有 spring.neo4j.*属性都会被忽略。

如果没有配置自己的 ConfigBuilder，Spring Boot 就会读取并应用以"spring.neo4j"开头的配置属性，用于创建自动配置的 ConfigBuilder。

不管是否配置自己的 ConfigBuilder，都可在容器中部署一个或多个 ConfigBuilderCustomizer 实现类的 Bean，该 Bean 在实现接口中的 customize(configBuilder)方法时，就可对 ConfigBuilder 进行定制。

6.4 整合 Cassandra

Cassandra 是一个开源的分布式 NoSQL 数据库系统，使用它可以很好地管理跨服务器的海量数据。由于 Cassandra 采用的是对等式的分布式架构，因此非常易于扩展、管理，不存在单点故障等问题。

Cassandra 同样是一个应用非常广泛的 NoSQL 数据库，包括 Apple、Best Buy、eBay、Uber 等各大公司都在使用它处理公司的海量数据。

▶▶ 6.4.1 Cassandra 数据模型

Cassandra 与传统 RDBMS 是完全不同的（虽然它们使用的语句看上去很相似），传统 RDBMS 在数据建模时制定了严格的"关系范式"（Normal Form），用于尽量保证数据库内数据不存在冗余，且具有一致性。

- 第一范式：每列数据必须是原子的，每列数据必须具有相同类型。
- 第二范式：每行数据的非主键列的值必须依赖所有主键列的值（函数依赖），而不能只依赖部分主键列的值（部分依赖）。
- 第三范式：每行数据的非主键列的值必须只依赖主键列的值，不能依赖其他非主键列的值（传递依赖）。

不管是为了满足第二范式，还是为了满足第三范式，传统 RDBMS 都会大量采用外键约束来建立关联，从而保证数据建模遵守第三范式，减少数据冗余。

Cassandra 并不支持多表连接，甚至不要求遵守第一范式，它要求所有字段（列）必须被组织在单独一个表中，因此 Cassandra 允许数据冗余，并通过这种数据冗余来获得极高的读取性能——因为 Cassandra 完全不需要进行多表连接。

Cassandra 使用如下元素在节点集群内组织数据。

- keyspace（键空间）：它定义了数据集的复制方式，例如需要在哪些数据中心复制，以及复制多少副本。键空间包含表，相当于 RDBMS 的数据库。
- table（表）：它是包含一系列分区的容器，Cassandra 的表可以灵活地添加新列，而无须停止服务器。表包含分区，分区可嵌套包含分区，被嵌套的分区包含列。
- partition（分区）：定义所有主键（primary key）都必须具有的部分。所有高效查询都必须在查询中提供分区 key，所有性能查询在查询时都支持分区 key。
- row（行）：包含一系列的列（其实相当于单元格）。每个行都具有一个唯一主键，该主键由分区 key（partition key，控制该行数据要保存到哪个分区）和可选的聚簇 key（clustering key，控制该行数据在分区内的排序）组成。
- column（列）：属于一个行的最小的数据单元。Cassandra 的列其实相当于一个单元格。

列是 Cassandra 中最基本的数据单元，它其实相当于传统数据库的一个单元格，但它比单元格更"完备"，每个列总会记录固定的 3 个 key-value 对。3 个 key 总是固定的：

- name——记录该列的列名。
- value——记录该列的列值。
- timestamp——记录时间戳。

例如，如下 3 个 key-value 对就代表一个列。

```
{
    name: 'id',
    value: 101,
    timestamp:023456789
}
```

如下 3 个 key-value 对也代表一个列。

```
{
    name: 'name',
    value: '孙悟空',
    timestamp:123456789
}
```

该列指定了列名为"name"，列值为"孙悟空"。
对于如下列：

```
{
    name: 'addr',
    value: '花果山',
    timestamp: 333456789
}
```

该列指定了列名为"addr"，列值为"花果山"。
对于如下列：

```
{
    name: 'age',
    value: 500,
    timestamp: 233456789
}
```

该列指定了列名为"age"，列值为"500"。

将上面 4 个列组合起来，就组成了一个行，其作用类似于如下传统 RDBMS 的一行：

```
+-------------+-------------------+-------------------+-----------------------+
| id          | name              | addr              | age                   |
+-------------+-------------------+-------------------+-----------------------+
| 101         | 孙悟空             | 花果山             | 500                   |
+-------------+-------------------+-------------------+-----------------------+
```

发现了吧！从逻辑上看，Cassandra 的列，其实相当于传统 RDBMS 的一个单元格，只不过它还记录了列名；Cassandra 的行，与传统 RDBMS 的行基本是对应的。

但如果 Cassandra 依然使用传统 RDBMS 的数据记录方式，那何必使用 Cassandra 呢？直接使用 MySQL、PostgreSQL、Oracle 等不就行了吗？

为了有效地介绍 Cassandra 的数据模型，这里假设上面一行数据的 id、name、addr 共同组成主键（primary key），Cassandra 会将主键的第一列当成分区 key，将剩下的 name、addr 当成聚簇 key（clustering key）。

> **提示：**
> 这里千万别看翻译过来的网络资料和书，作者见到所有关于 Cassandra 的资料都把 clustering key 翻译为集群 key 或群集 key。如果单从字面上看，这个翻译没有任何问题，毕竟 cluster 在计算机很多地方都被翻译成集群，尤其是 Cassandra 是一个分布式数据库，它的最大优势就在于管理多节点的集群（cluster）。随着后面的讲解，大家会发现这个翻译多么胡扯（因为它和集群、群集没有一丁点关系），他们完全就是按照字面直译的（可能是用翻译软件翻译的）。

如果希望 Cassandra 将主键的前两列当成分区 key，则应该按如下格式指定主键：

```
primary key((id, name), addr)
```

上面语法中的主键由 id、name 和 addr 组成，其中 id 和 name 作为分区 key，addr 作为聚簇 key。

可能有读者感到疑惑：不都是主键吗？RDBMS 也有主键啊，Cassandra 还要分分区 key 和聚簇 key，这不多此一举吗？

这正是 Cassandra 的优势所在。还记得前面讲过的 Cassandra 的表是由多个分区组成的吗？每个行都有一个分区 key（主键的第一列或第一个括号内的列），Cassandra 会根据该分区 key 决定将这行数据保存到哪个分区内。此时，行的分区 key 就是它的 key，而整个行就是 value。从这个角度来看，Cassandra 也相当于一个 key-value 数据库。但别急着下结论：Cassandra 就是 key-value 数据库。请继续往下阅读。

Cassandra 以行的分区 key 作为它的 key，以整个行作为 value，这意味着 Cassandra 在根据分区 key 查询数据时将会非常快，就像 Redis 根据 key 读取 value 也非常快一样。毕竟它们底层通常采用的都是 Hash 算法。简单来说，就是"一个萝卜一个坑""每个萝卜都有它相应的坑"，当程序要读取某行数据时，Cassandra 直接根据它的分区 key 计算出这行数据应该在哪个分区内，然后直接到该分区内读取数据即可。

看到这里，可以和传统 RDBMS 进行一下对比：当 RDBMS 要读取某行数据时，它需要进行全表扫描才能找到目标行数据；而 Cassandra 则可直接找到对应的分区，然后从该分区读取数据。

当表中数据量不大时，传统 RDBMS 执行全表扫描也很快，此时 Cassandra 的优势完全体现不出来（毕竟 Cassandra 还需要执行额外的计算：根据分区 key 来计算数据在哪个分区内）。

当表中数据量越来越大时，Cassandra 的优势就完全发挥出来了。随着数据量的增加，传统 RDBMS 执行全表扫描的开销是线性增长的。打个比方，假如传统 RDBMS 从 100 万条记录中找到目标行的时间开销是 0.1 秒，那么从 1 亿条记录中找到目标行的时间开销将约为 10 秒；而 Cassandra 完全不存在这个问题，表中记录是 1 万条也好，是 1 亿条也罢，它根本不会执行全表扫描，它直接根据分区 key 计算目标行应该在哪个分区内，然后直接"跑到"该分区内读取数据即可，因此在处理海量数据时，性能优势非常突出。

接下来我们来理解聚簇 key 的作用，也顺便解释 clustering key 为何要翻译为聚簇 key，而不是集群 key 或群集 key。

传统 RDBMS 在底层文件中以"行"为单位来存储表内数据，大致如图 6.46 所示。

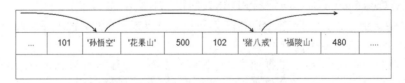

图 6.46 RDBMS 的数据存储方式

对于图 6.46 所示的数据存储方式，假如要执行如下查询语句：

```
select * from user_inf where name = '牛魔王';
```

RDBMS 需要逐条读取每条记录的 name 字段的值，并用该字段的值与目标进行比较，这又产生了一个严重的性能问题：由于 name 字段并不是连续存放的，两条记录的 name 字段之间可能隔着 addr 字段、age 字段……随着表中字段的增加，两条记录的 name 字段之间隔着的字段也随之增加。这样在逐条读取每条记录的 name 字段时，还要计算两个 name 字段之间的偏移量。

于是，我们自然而然就会想到：如果将 name 字段进行连续存放，这样读取起来不就更快了吗？

没错，Cassandra 就是这么做的，Cassandra 的聚簇 key 就能起到该作用。不仅如此，聚簇 key 还会对它所在的字段进行排序。

举例来说，假如 user_inf 表中的 name 列为聚簇 key，那么 Cassandra 会将所有行的 name 列连续存放，并按顺序排列（默认是升序排列）。正是由于聚簇 key 会将它所在的列连续存放——就像聚簇在一起，因此将 clustering key 翻译为聚簇 key，而不是翻译为集群 key 或群集 key。

在理解了 Cassandra 的分区 key 和聚簇 key 的作用之后，举个例子进行详细说明。假设有 user_inf 表，它的主键为 primary key(id, name)，此时它的分区 key 是 id，聚簇 key 是 name。假如要执行如下查询语句：

```
select * from user_inf where id=30 and name = '牛魔王';
```

Cassandra 的做法是怎样的呢？Cassandra 会先根据分区 key 的值"30"计算出这行数据应该在哪个分区内，然后就直接"跑到"该分区中准备读取数据——这一步使用了 key-value 方式来找到分区。

找到分区之后，分区内可能依然会有多条数据（这个数量是可控的），此时 Cassandra 同样需要逐条读取每条记录的 name 列的值，由于 name 列是"聚簇"的，而且是按顺序存放的（对于有序的数据集合，有很多快速查找的方法，比如最基本的二分法查找），因此 Cassandra 要找到 name 为"牛魔王"的列也是非常快的。

这就是 Cassandra 在处理海量数据时性能非常优越的关键，归纳起来，其实就是如下两点。
- key-value：行的分区 key 是 key，行是 value。每行的分区 key 决定该行数据在哪个分区内。
- 聚簇 key：保证聚簇 key 所在的列连续、排序存放。这叫作"列优先"。

由于 Cassandra 存在以上两个特征，因此有人把 Cassandra 简单归纳为列数据库。这肯定是不正确的，因为 Cassandra 首先应该是基于 key-value 的；但它也不是单纯的 key-value 数据库，它是 key-value 和列数据库的混合体。

可能有人会问，如果 Cassandra 的查询条件中既没有分区 key，也没有聚簇 key，那它怎么办？实际上，Cassandra 默认根本就不允许执行这种查询，因为这将让它退化到传统 RDBMS，所以 Cassandra 默认禁止这种查询。如果非要执行这种"退化"的查询，则要显式增加"allow filtering"子句——表明性能降低的风险由自己负责。

此外，Cassandra 明确地选择不实现需要跨分区协调的操作，因为这些操作通常很慢，而且很难提供高度可用的全局语义。例如，Cassandra 不支持：
- 跨分区事务。
- 分布式连接。
- 外键或引用完整性。

▶▶ 6.4.2 Cassandra 存储引擎

Cassandra 的存储引擎由以下 4 个组件组成。
- 提交日志（CommitLog）：提交日志是保存在磁盘上的日志文件，所有写操作都要写入提交日志。
- 内存表（Memtable）：它是常驻内存的数据结构，相当于每个表的数据缓冲区。通常每个表都有一个活动的内存表。
- SS 表（SSTable）：它是保存在磁盘上的数据文件，Cassandra 用它来持久化存储数据。
- Bloom 过滤器（Bloom Filter）：SS 表用它判断被查询的数据是否位于本 SS 表内，因此每个 SS 表都有一个关联的 Bloom 过滤器。

提交日志是 Cassandra 重要的崩溃恢复机制，任何写入 Cassandra 的数据都将首先写入提交日志，然后才写入内存表。当系统遭遇意外宕机、重启时，提交日志中的所有改变都会被重新加载到内存表中。

提交日志在保存所有写入操作时，也进行了优化，从而可以尽量减少写入磁盘的寻道次数；提交日志的最大大小可通过 conf/cassandra.yaml 文件中的如下属性进行配置：

```
commitlog_segment_size_in_mb: 32
```

从上面配置可以看到，提交日志的最大大小是 32MB。当提交日志的大小达到 32MB 后，它就会创建一个新的提交日志。

正常关闭 Cassandra 时，运行如下命令会将内存表中所有数据都写入 SS 表，这样可避免下次重启时将提交日志的数据同步到内存表中（因为没必要，所有改动都被持久化保存到 SS 表中了）。

```
nodetool drain
```

内存表是每个表的数据缓冲区，只有当它的数据被写入 SS 表时才算持久化保存。在如下两种情况下，内存表的数据会被写入 SS 表。

- 内存表的大小已经超过了配置的阈值。
- 提交日志的大小接近其最大大小，系统会强制将内存表的数据写入 SS 表，从而释放提交日志。

内存表的阈值可通过 conf/cassandra.yaml 文件中的如下属性进行配置：

```
memtable_cleanup_threshold: 0.11
```

当将数据从内存表写入 SS 表，或者从其他节点得到的输入数据要写入 SS 表时，Cassandra 总会触发压缩，将多个 SS 表合并为一个，新的 SS 表生成之后，旧的 SS 表就会被删除。

由于数据既可能被存储在内存表中，也可能已经被持久化到 SS 表中，因此 Cassandra 在读取数据时需要从内存表和 SS 表合并读取。同时为了提高运行速度，减少对 SS 表不必要的访问，SS 表会使用 Bloom 过滤器来判断它是否包含当前查询请求的一条或多条数据。如果是，Cassandra 才会尝试从磁盘上的 SS 表中读取数据；否则，Cassandra 将忽略该 SS 表，以减少不必要的磁盘访问。

SS 表在磁盘上由以下几个物理文件组成（大致了解它们就行）。

- Data.db：存储实际数据，例如所有行的数据。
- Index.db：记录分区 key 与分区位置的对应关系。
- Summary.db：对 Index.db 文件的抽样，默认每 128 项抽一个样。
- Filter.db：SS 表中分区 key 的 Bloom 过滤器。
- CompressionInfo.db：关于 Data.db 文件中压缩块的偏移和长度的元数据。
- Statistics.db：记录 SS 表的各种元数据，例如时间戳、聚簇 key、压缩、修复、TTL 等信息。
- Digest.crc32：Data.db 文件的 CRC-32 概要。
- TOC.txt：SS 表组成文件的文本列表。

▶▶ 6.4.3 下载和安装 Cassandra

下载和安装 Cassandra 请按如下步骤进行。

① 登录 https://cassandra.apache.org/download/ 下载 Cassandra 的最新版，本书成书时它的最新版是 3.11.9，下载该版本的 Cassandra。

② 下载得到一个 apache-cassandra-3.11.9-bin.tar.gz 压缩包，将该压缩包解压缩到任意盘符的根路径下，此处以解压缩到 D:\根路径下为例。出于简单考虑，将解压缩后的文件夹重命名为 Cassandra-3.11.9。

该解压缩路径下包含如下子目录。
- bin：该目录下包含了 Cassandra 的常用工具命令。
- conf：保存 Cassandra 配置文件的目录。
- doc：该目录的 cql3 子目录下有一份 CQL.html 文件，它是 CQL 的参考手册。需要说明的是，Cassandra 的 CQL 和 Neo4j 的 CQL 虽然功能相同，但语法截然不同。
- javadoc：该目录下保存了 Cassandra 的 API 文档。
- lib 和 pylib：这两个目录下保存了 Cassandra 程序的核心库及第三方依赖库。通常不需要过多关注这两个目录。
- tools：该目录下保存了 Cassandra 提供的相关工具。

上面这些子目录中的 bin、conf、doc 使用得比较多，其中 bin 目录下包含了 Cassandra 的常用工具命令。

- cassandra.bat：该命令用于启动 Cassandra 服务器，Cassandra 3.x 系统需要 Java 8，不支持 Java 11。
- nodetool.bat：节点管理工具，可查看启动状态。
- cqlsh.bat：命令行交互工具、CQL 客户端，用于执行查询。其类似于 MySQL 的 mysql 命令。但这个工具在 Windows 7 系统上存在诸多问题（如乱码、查询显示不全等），本书中很少使用它。

③ 运行 Cassandra 需要 Java 8，因此需要配置如下两个环境变量。
- JAVA_HOME：该环境变量需要指向 Java 8 的安装路径。通过该环境变量可以让 Cassandra 找到 Java。

提示：
先修改系统中的 JAVA_HOME 环境变量，使之指向 Java 8 的安装路径，这样即可成功启动 Cassandra；等 Cassandra 启动之后，再将 JAVA_HOME 环境变量改为指向 Java 11，这样不会影响 Cassandra，而其他程序依然使用 Java 11。

- PATH：为了方便后续使用 Cassandra，建议将 Cassandra 解压缩路径下的 bin 目录（D:\Cassandra-3.11.9\bin）添加到 PATH 环境变量中，以便在 Windows 命令行能执行 Cassandra 的 bin 目录下的命令。

④ 启动命令行工具，执行如下命令来启动 Cassandra 服务器：

```
cassandra
```

执行上面命令时，会提示一些类似于如下的安全警告：

```
请只运行您信任的脚本。虽然来自 Internet 的脚本会有一定的用处，但此脚本可能会损坏您的计算机。
是否要运行 D:\Cassandra-3.11.9\bin\cassandra.ps1?
```

这是由于 Cassandra 的很多脚本都是用 PowerShell 脚本编写的，Windows 系统提醒这些脚本可能会危害计算机，此处完全没必要担心（担心也没用，毕竟你需要运行 Cassandra），直接输入"R"运行脚本即可。

运行完成后，Cassandra 服务器启动成功，将会在 Cassandra 安装目录下多出一个 data 子目录，该子目录用于保存 Cassandra 数据库的数据文件。

如果在执行"cassandra"命令时提示如下错误：

```
WARNING! Powershell script execution unavailable.
```

这是由于 Cassandra 需要执行 PowerShell 脚本才能启动，但 Windows 系统出于安全考虑，限制了第三方 PowerShell 脚本的执行，因此需要以管理员身份运行 PowerShell 工具（在运行对话框或 cmd 命令行窗口中输入 powershell 命令，即可启动 PowerShell 工具），然后执行如下命令：

```
Set-ExecutionPolicy Unrestricted
```

上面命令用于解除 Windows 系统对执行 PowerShell 脚本的限制。

▶▶ 6.4.4 配置 Cassandra

Cassandra 配置文件都被保存在 conf 目录下，其中 cassandra.yaml 可以完成 Cassandra 的大部分配置，下面主要介绍两个部分的配置。

与 Cassandra 运行时环境相关的配置包括如下几个。

- ➢ cluster_name：配置集群名。同一集群内的多个节点，集群名必须相同。
- ➢ seeds：列出集群中全部机器的 IP 地址，以英文逗号隔开。
- ➢ storage_port：配置 Cassandra 服务器与服务器之间相互通信的端口号，一般不需要修改。该端口应该只对内部公开，不应该向 Internet 暴露。
- ➢ listen_address：配置 Cassandra 服务器与服务器之间相互通信的地址。如果留空，将默认使用服务器的机器名。
- ➢ listen_interface：与 listen_address 的作用类似，但该配置应该指定为物理网卡，而不是主机名或地址。listen_address 和 listen_interface 只能指定其中之一。
- ➢ native_transport_port：指定 CQL 传输器的监听端口，是本地 CQL 客户端与服务器交互的端口。

与 Cassandra 存储目录相关的配置包括如下几个。

- ➢ data_file_directories：指定 Cassandra 数据文件（SS 表）的存放目录，允许指定多个。如果不指定，则默认放在 Cassandra 安装目录下的 data/data 子目录中。
- ➢ commitlog_directory：指定 Cassandra 提交日志（CommonLog）的存放目录。如果不指定，则默认放在 Cassandra 安装目录下的 data/commitlog 子目录中。
- ➢ commitlog_segment_size_in_mb：指定提交日志允许的最大大小。
- ➢ saved_caches_directory：指定缓存的存放目录。

关于 Cassandra 更多详细的配置说明，可参考官方文档：https://cassandra.apache.org/doc/latest/getting_started/configuring.html。

在默认情况下，Cassandra 并未开启安全认证，所有人都可以自由登录该服务器，这肯定是不行的。为 Cassandra 开启安全认证并配置用户请按如下步骤进行。

①修改 Cassandra 安装目录下的 conf/cassandra.yaml 文件。

找到该文件中的如下一行：

```
authenticator: AllowAllAuthenticator
```

上面这行就是 Cassandra 默认的安全配置：允许所有人访问。将这行配置改为如下形式：

```
authenticator: PasswordAuthenticator
```

②使用 Cassandra 的默认用户登录。

重启 Cassandra 服务器，再启动一个命令行窗口，运行如下命令来启动"cqlsh"工具：

```
cqlsh -ucassandra -pcassandra
```

上面命令中的 -u 选项用于指定用户名，-p 选项用于指定密码。Cassandra 默认内置了一个超级用户，其用户名是 cassandra，密码也是 cassandra。

该工具命令需要 Python 2.7 环境，如果运行该命令时看到如下错误提示，则表明机器上安装的是 Python 3 的运行环境。

```
File "D:\Cassandra-3.11.9\bin\\cqlsh.py", line 14
    except ImportError, e:
SyntaxError: invalid syntax
```

提示：
> 吐槽一下，Cassandra 各方面都很好，但它的 3.x 系列所需的运行环境全是老古董，Java 依赖的是 Java 8，Python 依赖的是 Python 2.7。目前处于 Beta 阶段的 Cassandra 已经改变了这个尴尬的现状。

为系统安装 Python 2.7 环境，再次执行如下命令登录 Cassandra：

```
cqlsh -ucassandra -pcassandra
```

登录成功后，将看到如下提示信息：

```
Connected to Test Cluster at 127.0.0.1:9042.
[cqlsh 5.0.1 | Cassandra 3.11.9 | CQL spec 3.4.4 | Native protocol v4]
Use HELP for help.
cassandra@cqlsh>
```

③ 创建新的超级用户，并删除系统默认的超级用户。

在 cqlsh 中用如下命令创建新的超级用户：

```
create user root with password '32147' superuser;
```

上面命令创建了一个新的超级用户，用户名为 root，密码为 32147。新的超级用户创建成功后，执行 "exit" 命令退出 cqlsh 工具。

执行如下命令，使用新的超级用户登录 Cassandra：

```
cqlsh.bat -uroot -p32147
```

再次成功登录之后，在 cqlsh 中执行如下命令删除系统默认的超级用户 cassandra：

```
drop user cassandra;
```

注意：
> 请务必要将默认的超级用户 cassandra 删除，否则将是一个巨大的安全漏洞。

删除成功后，可通过如下命令切换为 system_auth keyspace：

```
use system_auth;
```

然后在 system_auth keyspace 中执行如下命令：

```
select * from roles;
```

执行该命令后，应该看到当前 keyspace 中只有一个 root 用户，这就表明新的超级用户 root 已被创建，且默认的超级用户 cassandra 已被删除，以后就可通过 root 用户登录并使用 Cassandra 了。

6.4.5 管理 keyspace

在开始介绍 DDL 之前，先介绍 Cassandra 的一个万能命令：describe（缩写为 desc），它相当于 MySQL 的 show 和 desc 的合体，它几乎可以用于查看一切。

- desc cluster：查看集群信息。
- desc keyspaces：查看全部 keyspace。

- desc tables：查看当前 keyspace 的全部表。
- desc schema：查看当前 keyspace 的整个 Schema（包括 keyspace、table 等各种对象）信息。
- desc types：查看当前 keyspace 内的各种用户定义类型。
- desc functions：查看当前 keyspace 内的各种函数。
- desc aggregates：查看当前 keyspace 内的各种 aggregate。

此外，也可通过名称查看指定的 keyspace、表、索引、materialized view 等。

发现规律了吧！如果希望查看某类组件（比如表）的全部信息，通常就是"desc 组件复数"；如果只希望查看某个组件的全部信息，通常就是"desc 组件名"，所以说 Cassandra 的 desc 就相当于 MySQL 的 show 和 desc 的合体。

有两个例外：cluster 和 schema，它们始终是单数，这是由于 cluster 代表整个 Cassandra 集群（可以包含多个物理节点），因此它不可能产生复数；而 schema 则代表当前整个 keyspace，因此它也不存在复数。

从外部逻辑来看，Cassandra 与传统 RDBMS 非常相似，其基本提供了近似对等的组件。

- 键空间（keyspace）：相当于 RDBMS 的数据库。
- 表（table）：相当于 RDBMS 的表。
- 列（column）：相当于 RDBMS 的列。

此处所说的列，是逻辑上的一组列，相当于前面所说的列的集合。

CQL 的 DDL（Data Definition Language）与 SQL 的 DDL 相似，也是用于对 keyspace、表等数据库对象执行创建、修改、删除操作。

1. 创建 keyspace

语法格式：

```
CREATE KEYSPACE [ IF NOT EXISTS ] 名称
WITH replication = 复制选项
[AND durable_writes = true];
```

上面语法格式中的复制选项是必须指定的，它是一个 Map 类型的值，其支持如下选项。

- class：指定数据的复制策略。它支持 SimpleStrategy（简单策略）和 NetworkTopologyStrategy（网络拓扑策略）两个值。
- replication_factor：当选择 SimpleStrategy 作为复制策略时，可通过该选项设置复制因子；如果选择 NetworkTopologyStrategy 作为复制策略，则可单独为每个数据中心设置不同的复制因子。

durable_writes 选项用于控制是否启用提交日志来更新该 keyspace，很明显应该启用，因此该选项的默认值就是 true，通常不建议改变。

在 cqlsh 中执行如下命令：

```
create keyspace fkjava
with replication = {
'class': 'SimpleStrategy',
'replication_factor': 3
}
and durable_writes = true;
```

该命令创建了一个 keyspace：fkjava，它采用"SimpleStrategy"复制策略，它的复制因子是 3，也就是说，该 keyspace 需要将数据保存 3 个副本。

durable_writes 选项指定为 true，它是默认值，这意味着启用提交日志来更新该 keyspace。

再在 cqlsh 中执行如下命令：

```
create keyspace crazyit
with replication = {
'class': 'NetworkTopologyStrategy',
'DC1': 2,
'DC2': 3
}
```

该命令创建了一个 keyspace：crazyit，它采用"NetworkTopologyStrategy"复制策略，这种复制策略可以单独为不同的数据中心设置不同的复制因子，例如上面指定 DC1 数据中心的复制因子是 2，DC2 数据中心的复制因子是 3。

执行完上面两条命令之后，再看如下命令及其执行结果：

```
root@cqlsh:system_auth> desc keyspaces;
crazyit          system_auth   fkjava            system_traces
system_schema    system        system_distributed
```

该命令用于查看系统中所有的 keyspace，这里列出的所有以"system_"开头的 keyspace 都是系统 keyspace，应尽量避免直接修改其中的数据；而 crazyit 和 fkjava 就是上面两条命令所创建的 keyspace。

2. 修改 keyspace

语法格式：

```
ALTER KEYSPACE 名称
WITH replication = 复制选项
[AND durable_writes = true];
```

通过上面语法不难发现，修改 keyspace 无非就是修改它的复制选项或 durable_writes 选项的值。例如，执行以下命令可将 fkjava 的复制因子改为 4：

```
alter keyspace fkjava
with replication = {
'class': 'SimpleStrategy',
'replication_factor': 4
};
```

3. 删除 keyspace

语法格式：

```
DROP KEYSPACE [ IF EXISTS ] 名称
```

例如，以下命令可用于删除名为 crazyit 的 keyspace：

```
drop keyspace crazyit;
```

接下来使用如下命令进入指定的 keyspace：

```
use fkjava;
```

也可执行如下命令来查看 fkjava 的信息：

```
root@cqlsh:fkjava> desc fkjava
CREATE KEYSPACE fkjava WITH replication = {'class': 'SimpleStrategy',
 'replication_factor': '4'} AND durable_writes = true;
```

▶▶ 6.4.6 管理表

当进入指定的 keyspace 之后，即可在该 keyspace 中对数据表执行操作，同样无非是创建表、修改表、删除表这些操作。

1. 创建表

语法格式：

```
CREATE TABLE [ IF NOT EXISTS ] 表名
(
列定义...
[主键定义]
) with 建表选项
```

从上面语法可以看出，这个建表语法和 SQL 建表语法非常相似，它同样既可直接在列定义中定义单列主键，也可专门使用 primary key(列 1, 列 2, ...)的形式定义多列复合主键。

上面语法与 SQL 建表语法不同的是，它可指定不同的建表选项，比如指定表的压缩（compact）选项以及聚簇 key 的排序规则（默认是升序排列）。

例如，执行以下命令创建一个表：

```
CREATE TABLE student_inf (
id varint PRIMARY KEY,
name text,
address text,
age varint
) WITH comment='students information';
```

上面命令建表时指定了 comment 选项，该选项只是一个注释，不会有其他作用。

执行如下命令再创建一个表：

```
CREATE TABLE book_inf (
id varint,
name text,
price double,
primary key(id, name)
) WITH compaction = { 'class' : 'LeveledCompactionStrategy' };
```

上面命令建表时指定了 primary key(id, name)，这意味着该表以 id 为分区 key，以 name 为聚簇 key——所有行的 name 列都"聚簇"在一起，默认按升序排列。上面命令还指定了该表的压缩选项，使用 LeveledCompactionStrategy 压缩策略。

与 SQL 建表不同的是，Cassandra 建表时必须指定主键，因为 Cassandra 的主键不仅用于标志一行，它还要起到分区 key、聚簇 key 的作用。

Cassandra 的表采用不同的压缩策略有不同的优势，此处不展开说明，详细内容可参考 https://cassandra.apache.org/doc/latest/cql/ddl.html。

执行如下命令可查看 book_inf 表的全部信息：

```
root@cqlsh:fkjava> desc book_inf;
CREATE TABLE fkjava.book_inf (
    id varint,
    name text,
    price double,
    PRIMARY KEY (id, name)
) WITH CLUSTERING ORDER BY (name ASC)
    AND bloom_filter_fp_chance = 0.1
    AND caching = {'keys': 'ALL', 'rows_per_partition': 'NONE'}
    AND comment = ''
    AND compaction = {'class': 'org.apache.cassandra.db.compaction.LeveledCompactionStrategy'}
    AND compression = {'chunk_length_in_kb': '64',
        'class': 'org.apache.cassandra.io.compress.LZ4Compressor'}
    AND crc_check_chance = 1.0
    AND dclocal_read_repair_chance = 0.1
    AND default_time_to_live = 0
```

```
        AND gc_grace_seconds = 864000
        AND max_index_interval = 2048
        AND memtable_flush_period_in_ms = 0
        AND min_index_interval = 128
        AND read_repair_chance = 0.0
        AND speculative_retry = '99PERCENTILE';
```

通过上面命令查看 book_inf 表的信息时,即可看到该表支持的所有创建选项及默认值。

执行如下命令再创建一个表:

```
CREATE TABLE user_inf (
id varint,
name text,
password text,
age int,
primary key((id, name), password)
) WITH CLUSTERING ORDER BY (password DESC);
```

上面命令建表时指定了 primary key((id, name), password),这意味着该表以 id、name 组合为分区 key,以 password 为聚簇 key。并且上面命令还指定了 CLUSTERING ORDER BY (password DESC),这意味着作为聚簇 key 的 password 列将以降序排列。

关于分区 key 和聚簇 key,下面通过一个例子进行说明。假设有如下数据表:

```
CREATE TABLE t (
    a int,
    b int,
    c int,
    d int,
    PRIMARY KEY ((a, b), c, d)
);
```

上面表中 a、b 两列作为分区 key,而 c、d 两列则作为聚簇 key。

假设该表中有如下数据:

```
SELECT * FROM t;
   a | b | c | d
  ---+---+---+---
   0 | 0 | 0 | 1    // row 1
   0 | 0 | 1 | 0    // row 2
   0 | 1 | 2 | 3    // row 3
   0 | 1 | 3 | 2    // row 4
   1 | 1 | 4 | 4    // row 5
```

对于 row1 和 row2,它们的 a、b 两列的值是一样的,因此它们位于同一个分区内;而 row3 和 row4 的 a、b 两列的值也是一样的,因此它们也位于同一个分区内(与 row1、row2 所在的分区不同);row5 则单独位于另一个分区内。

2. 修改表

语法格式:

```
ALTER TABLE table_表名
ADD 列定义 | DROP 列名, 列名, ... | WITH options
```

从上面语法格式可以看到,修改表无非就是增加列、删除列或修改表选项。

例如,执行以下命令为 book_inf 表增加一列:

```
alter table book_inf
add year text;
```

执行如下命令则可将 student_inf 表删除一列:

```
alter table student_inf
drop age;
```

3. 删除表

语法格式:

```
DROP TABLE [ IF EXISTS ] 表名
```

4. 截断表

语法格式:

```
TRUNCATE [ TABLE ] 表名
```

由于表是唯一可截断的对象,因此在执行截断表的命令时允许省略 TABLE 关键字。

与 SQL 类似的是,截断表将会永久删除表中的全部数据,但保留表结构。由于 TRUNCATE 依然属于 DDL,因此它的执行速度比 DELETE 语句更快。

▶▶ 6.4.7 CQL 的 DML

CQL 的 DML(Data Manipulation Language)与 SQL 的 DML 相似,同样也是对数据库执行 CRUD 操作,而且它的语法和 SQL 语法也非常相似。

1. 插入或修改数据

语法格式:

```
INSERT INTO table_name ( names_values | json_clause )
[ IF NOT EXISTS ]
```

Cassandra 既支持使用传统 SQL 方式插入数据,也支持使用 JSON 方式插入数据。

当使用传统 SQL 方式插入数据时,列名必须要显式指定。关于使用传统 SQL 方式插入数据就不举例说明了。

下面例子示范了使用 JSON 方式来插入数据。

```
insert into book_inf JSON
'{"id":1, "name": "java", "price": 129, "year": "2018"}';
```

这条命令用 JSON 选项指定了一个 JSON 字符串,该 JSON 字符串定义一行数据:该数据就是一个 Map,它的 key 是列名,它的 value 是列值。

接下来通过如下命令来查看 book_inf 表中的数据:

```
select * from book_inf;
 id  | name | price | year
-----+------+-------+------
  1  | java |  129  | 2018
```

还记得前面关于 Cassandra 的介绍吗? Cassandra 首先是基于 key-value 的,因此如果表中存在相同主键的记录,那么该操作插入的记录就会覆盖表中已存在的记录。

再次执行如下命令:

```
insert into book_inf JSON
'{"id":1, "name": "java", "price": 139, "year": "2020"}';
```

book_inf 表的主键是 id 和 name,由于这条记录的 id 和 name 与前面插入的记录的 id 和 name 完全相同,因此该命令不会插入新的记录,只会修改原有的记录。

如果希望 INSERT 语句只会插入记录,不会修改记录,则可在后面加上 "IF NOT EXISTS" 选项,该选项表示只有当记录不存在时执行插入,这样就避免了修改已有的记录。但需要注意的是,使用"IF NOT EXISTS"选项将产生不可忽略的性能成本（内部将使用Paxos），因此应谨慎使用。

2. 更新或插入数据

语法格式：

```
UPDATE 表名
SET 列=值，列=值，...
WHERE 条件
[IF EXISTS]
```

乍一看上去，会觉得这个 UPDATE 语法和 SQL 的 UPDATE 语法非常相似，但请别忘了：Cassandra 首先是基于 key-value 的，因此它只能根据主键更新。简单来说，WHERE 条件后只能跟主键。

看如下命令及其执行结果：

```
update book_inf set price=129 where year = '2020';
InvalidRequest: Error from server: code=2200 [Invalid query]
message="Some partition key parts are missing: id"
```

上面错误提示缺少分区 key：id。

再看如下命令及其执行结果：

```
update book_inf set price=129 where id=1;
InvalidRequest: Error from server: code=2200 [Invalid query]
 message="Some clustering keys are missing: name"
```

上面错误提示缺少聚簇 key：name。

再看如下命令及其执行结果：

```
update book_inf set price=129 where id=1 and name='java' and year='2019';
InvalidRequest: Error from server: code=2200 [Invalid query]
message="Non PRIMARY KEY columns found in where clause: year "
```

上面错误提示：WHERE 条件中出现了非主键列。

只有如下命令才能更新成功：

```
update book_inf set price=129 where id=1 and name='java';
```

上面命令的 WHERE 子句恰好指定了主键的两列，这样才能更新数据。

此外，还是由于 Cassandra 设计的原因，如果使用 UPDATE 语句更新的记录不存在，那么该操作就会插入一条新的记录。使用 UPDATE 插入新的记录时，那些没有设置值的列将保持为 NULL。

如果希望 UPDATE 语句只会更新记录，不会插入记录，则可在后面加上"IF EXISTS"选项，该选项表示只有当记录存在时执行更新，这样就避免了插入新的记录。但需要注意的是，使用"IF EXISTS"选项将产生不可忽略的性能成本（内部将使用Paxos），因此应谨慎使用。

3. 删除数据

语法格式：

```
DELETE [列，列，...]
FROM 表名
WHERE 条件
[IF EXISTS]
```

与 SQL 语句的 DELETE 不同的是，Cassandra 的 DELETE 可以不删除整行，只删除指定列——在 DELETE 后面列出要删除的列即可。

例如，以下命令可用于删除指定行的 price 和 year 两列。

```
delete price, year from book_inf where id>=1 and name='java';
```

与 UPDATE 语句相似的是，DELETE 语句同样只能根据主键删除，因此 WHERE 条件后只能跟主键，且分区 key 只支持使用 "=" 或 "IN" 运算符。

4. 查询数据

语法格式：

```
SELECT [ JSON | DISTINCT ] 列, 列, ... | *
FROM 表名
[ WHERE 条件]
[ GROUP BY group_by_clause ]
[ ORDER BY ordering_clause ]
[ PER PARTITION LIMIT (integer | bind_marker) ]
[ LIMIT (integer | bind_marker) ]
[ ALLOW FILTERING ]
```

乍一看上去，会觉得这个 SELECT 语法和 SQL 的 SELECT 语法非常相似，但它们还是存在一些差异的。

首先就是它支持查询返回 JSON 数据。看如下命令及其执行结果：

```
select json * from book_inf where id=1;
[json]
----------------------------------------------------------------
 {"id": 1, "name": "java", "price": null, "year": null}
```

此外，Cassandra 不支持多表连接查询，也不支持子查询，而且 WHERE 条件必须带分区 key 或索引列，否则就需要使用 ALLOW FILTERING 子句，但使用 ALLOW FILTERING 子句对性能会有所影响。

看如下命令及其执行结果：

```
select * from book_inf where name='java';
InvalidRequest: Error from server: code=2200 [Invalid query]
message="Cannot execute this query as it might involve data
filtering and thus may have unpredictable performance.
```

上面命令仅仅根据聚簇 key 所在的列进行查询，Cassandra 默认是不允许的，除非添加 ALLOW FILTERING 子句。例如以下命令：

```
select * from book_inf where name='java'allow filtering;
 id | name | price | year
-----+--------+-------+------
  1 | java  |  null | null
```

5. 批量操作

通过使用 BATCH 语句可以将多条 INSERT、UPDATE 和 DELETE 语句放在一条语句中执行。通过使用批处理，可以获得如下好处：

> 使用批处理执行多个更新时，可以节省客户端和服务器之间（有时还包括服务器协调器和各副本之间）的网络通信成本。
> 批处理中属于指定分区 key 的所有更新都会在隔离中完成。
> 在默认情况下，批处理中所有操作都会以日志方式执行，确保所有操作要么全部完成（要么全部不做）。当然也可显式指定使用 UNLOGGED 批处理（但不推荐这么做）。

语法格式如下：

```
BEGIN [UNLOGGED] BATCH
多条更新语句
```

```
...
APPLY BATCH
```

上面语法中,如果添加 UNLOGGED 选项,则表明批处理不以日志方式执行。

看如下命令执行一次批处理:

```
BEGIN BATCH
insert into book_inf (id, name, price, year)
values (1, 'Python', 0, '2019');
insert into book_inf (id, name, price, year)
values (2, 'Android', 128, '2018');
update book_inf set price = 118 where id = 1 and name = 'Python';
delete price from book_inf where id = 2 and name = 'Android';
APPLY BATCH;
```

上面命令使用批处理执行了两条 INSERT 语句、一条 UPDATE 语句和一条 DELETE 语句,这样它们将会以整体形式执行,要么全部完成,要么全部不做。

▶▶ 6.4.8 集合类型与用户定义类型

与 RDBMS 类似,Cassandra 在创建表时也需要为数据列指定类型。Cassandra 支持的类型比 RDBMS 要丰富得多,它支持如下 5 种类型:

- ➢ 原生类型。
- ➢ 集合类型。
- ➢ 元组类型。
- ➢ 用户定义类型(User Defined Type)。
- ➢ 自定义类型(Custom Type)。

上面 5 种类型中的自定义类型已被淘汰,Cassandra 保留它仅仅是为了向后兼容,因此通常并不建议使用它,可考虑使用用户定义类型代替自定义类型。

1. 原生类型

Cassandra 支持的原生类型如表 6.9 所示。

表 6.9 Cassandra 支持的原生类型

类型	允许的常量形式	说明
ascii	字符串	ASCII 字符的字符串
bigint	整数	64 位有符号整数
blob	blob	任意二进制数据(不会执行任何验证)
boolean	true 或 false	true 或 false
counter	整数	计数器,64 位有符号整数
date	整数、字符串	日期(不带时间部分)
decimal	整数、小数	可变精度十进制数,可带小数部分
double	整数、小数	64 位浮点数
duration	持续时间	精确到纳秒的一段持续时间
float	整数、小数	32 位浮点数
inet	字符串	IP 地址,既可是 IPv4 格式,也可是 IPv6 格式
int	整数	32 位有符号整数
smallint	整数	16 位有符号整数
text	字符串	UTF8 编码的字符串
time	整数、字符串	精确到纳秒的时间(不带日期部分)
timestamp	整数、字符串	精确到毫秒的时间戳(带日期和时间)
timeuuid	UUID	版本 1 的 UUID,通常使用无冲突的时间戳来生成

续表

类型	允许的常量形式	说明
tinyint	整数	8 位有符号整数
uuid	UUID	任意版本的 UUID
varchar	字符串	UTF8 编码的字符串
varint	整数	任意精度的整数

2. 集合类型

集合类型有如下 3 种。
- map：包含多个 key-value 对的集合。map 的 key 必须是唯一的，且 map 会根据 key 进行排序。
- set：包含多个不可重复元素的集合。set 会对集合元素执行排序。
- list：包含多个允许重复元素的集合。list 按元素的添加顺序记录元素索引，list 可通过索引操作集合元素。

（1）map

例如，执行如下命令创建一个带 map 类型的列的数据表：

```
create table item_inf
(
id int,
name text,
comment map<text, text>,
primary key(id, name)
);
```

接下来可通过{key: value, key: value, ...}的形式来构建 map。例如，执行如下命令可以向 item_inf 表中插入一条记录：

```
insert into item_inf (id, name, comment)
values (1, 'book', {'zhang': 'very good', 'li': 'excellent'});
```

可使用 UPDATE 语句为 map 列的值添加或更新 key-value 对，如果尝试更新的 key 在 map 中已有对应的 key-value 对，那么就是更新；否则就是添加。

例如，执行如下 UPDATE 语句为上面记录中的 comment 列添加一个 key-value 对：

```
update item_inf
set comment += {'wang': 'good'}
where id = 1 and name = 'book';
```

执行如下查询语句来查看 item_inf 表中的数据：

```
root@cqlsh:fkjava> select * from item_inf;
 id  | name  | comment
-----+-------+--------------------------------------------------------------
  1  | book  | {'li': 'excellent', 'wang': 'good', 'zhang': 'very good'}
```

正如从上面查询结果所看到的，comment 列的值是一个 map，该 map 中的 key-value 对自动按 key 从小到大排列（对于字符串 li、wang、zhang，通过它们的第一个字母就能确定大小）。

执行如下 UPDATE 语句也可为 comment 列添加一个 key-value 对：

```
update item_inf
set comment['liu'] = 'not bad'
where id = 1 and name = 'book';
```

由于试图更新的 key——liu 在 map 中是不存在的，因此上面命令将会向 map 中添加一个 key-value 对。

可使用 DELETE 或 UPDATE 语句为 map 列的值删除 key-value 对。

例如，如下命令使用 DELETE 语句为 map 列的值删除一个 key-value 对：

```
delete comment['zhang'] from item_inf
where id = 1 and name = 'book';
```

如下命令则使用 UPDATE 语句为 map 列的值删除两个 key-value 对：

```
update item_inf
set comment -= {'wang', 'li'}
where id = 1 and name = 'book';
```

上面命令直接删除了 map 列的值中 wang、li 两个 key 对应的 key-value 对。通过这条命令可以看到，使用 UPDATE 语句删除 map 列的值的 key-value 对功能更强大：它可以一次删除多个 key-value 对。由于 map 的 value 是跟随 key 的，因此在删除 key-value 对时主要列出想删除的 key 即可。

总结起来可以发现，使用 UPDATE 语句既可为 map 增加 key-value 对（用"+="运算符），也可为 map 删除 key-value 对（用"-="运算符）。

（2）set

例如，执行如下命令创建一个带 set 类型的列的数据表：

```
create table image_inf
(
id int,
name text,
scores set<decimal>,
primary key(id, name)
);
```

接下来可通过{element, element, ... }的形式来构建 set。例如，执行如下命令可以向 image_inf 表中插入一条记录：

```
insert into image_inf(id, name, scores)
values (1, 'mountain', {3.2, 2.4, 4.5});
```

执行如下查询语句来查看 image_inf 表中的数据：

```
root@cqlsh:fkjava> select * from image_inf
 id | name     | scores
----+----------+------------------
  1 | mountain | {2.4, 3.2, 4.5}
```

正如从上面查询结果所看到的，scores 列的值是一个 set，该 set 中所有的元素自动按照从小到大的顺序排列。

如果使用 UPDATE 语句直接对 set 列赋值，那么新赋值的 set 将会替换原有的 set。例如，执行如下命令将会替换上面记录中原有的 set：

```
update image_inf SET scores = {1.9, 1.2, 1.7}
where id = 1 and name = 'mountain';
```

如果再次执行查询语句来查看 image_inf 表中的数据，则会看到原有的 set 被替换成了新的 set。

与 map 类似的是，使用 UPDATE 语句既可为 set 集合添加元素（用"+="运算符），也可为 set 集合删除元素（用"-="运算符）。

例如，执行如下命令可为上面的 set 集合添加一个元素：

```
update image_inf SET scores += {2.3}
where id = 1 and name = 'mountain';
```

执行如下命令可为上面的 set 集合删除一个元素：

```
update image_inf SET scores -= {1.9}
```

```
where id = 1 and name = 'mountain';
```

(3) list

例如，执行如下命令创建一个带 list 类型的列的数据表：

```
create table video_inf
(
id int,
name text,
tags list<text>,
primary key(id, name)
);
```

接下来可通过[element, element, ...]的形式来构建 list。例如，执行如下命令可以向 video_inf 表中插入一条记录：

```
insert into video_inf (id, name, tags)
values (1, 'dolphins', ['j', 'z', 'a']);
```

执行如下查询语句来查看 video_inf 表中的数据：

```
root@cqlsh:fkjava> select * from video_inf;
 id | name     | tags
----+----------+------------------
  1 | dolphins | ['j', 'z', 'a']
```

正如从上面查询结果所看到的，tags 列的值是一个 list，该 list 中的 3 个元素按照它们插入的顺序排列，其中'j'元素的索引是 0，'z'元素的索引是 1，'a'元素的索引是 2。

如果使用 UPDATE 语句直接对 list 列赋值，那么新赋值的 list 将会替换原有的 list。例如，执行如下命令将会替换上面记录中原有的 list：

```
update video_inf SET tags = ['k', 'w', 'b']
where id = 1 and name = 'dolphins';
```

如果再次执行查询语句来查看 video_inf 表中的数据，则会看到原有的 list 被替换成了新的 list。

接下来同样通过 UPDATE 语句既可为 list 集合添加元素（用 "+=" 运算符），也可为 list 集合删除元素（用 "-=" 运算符）。但需要说明的是，由于 list 集合的元素是有顺序的，而 "+=" 运算符其实是一种增强写法，因此它会将新增元素添加到 list 的后面。

例如，执行如下命令为 list 集合添加新的元素（添加到 list 的后面）：

```
update video_inf SET tags += ['foo']
where id = 1 and name = 'dolphins';
```

执行如下命令也为 list 集合添加新的元素，但它是添加到 list 的前面：

```
update video_inf SET tags = ['bar'] + tags
where id = 1 and name = 'dolphins';
```

在 UPDATE 语句中使用 "-=" 运算符也可删除元素。例如，执行如下命令：

```
update video_inf SET tags -= ['k', 'b']
where id = 1 and name = 'dolphins';
```

再次执行查询语句来查看 video_inf 表中的数据：

```
root@cqlsh:fkjava> select * from video_inf;
 id | name     | tags
----+----------+----------------------
  1 | dolphins | ['bar', 'w', 'foo']
```

从上面查询结果可以看到，此时 list 集合中的第一个元素是 "bar"，最后一个元素是 "foo"，而最初插入的 "k" 和 "b" 两个元素已经被删除了。

正如前面所说的，list 集合的元素是有索引的，因此可通过索引来更新或删除元素。例如，执行如下命令对 list 集合中的第一个元素（索引为 0）进行更新：

```
update video_inf SET tags[0] = 'fkjava'
where id = 1 and name = 'dolphins';
```

执行如下命令删除 list 集合中的第二个元素（索引为 1）：

```
delete tags[1] from video_inf
where id = 1 and name = 'dolphins';
```

再次执行查询语句来查看 video_inf 表中的数据，将看到如下查询结果：

```
root@cqlsh:fkjava> select * from video_inf;
 id | name     | tags
----+----------+-------------------
  1 | dolphins | ['fkjava', 'foo']
```

3. 元组类型

元组是一组类型固定、长度固定的值（字段），其中每个值都可以是不同的数据类型。

例如，执行如下命令创建一个带元组类型的列的数据表：

```
create table pet_inf
(
id int,
name text,
detail tuple<text, int, date>,
primary key(id, name)
)
```

接下来可通过(element, element, ...)的形式来构建元组。例如，执行如下命令可以向 pet_inf 表中插入一条记录：

```
insert into pet_inf (id, name, detail)
values (1, 'Tomcat', ('a powerful cat', 18, '1998-02-12'))
```

与集合类型（map、set、list）不同的是，元组是不可变类型，这意味着不允许更新元组中的单个值，只能更新元组本身。

4. 用户定义类型

用户定义类型（User Defined Type，简称 UDT）就是一组字段，每个字段都有名称和类型。通过用户定义类型，可以将多个相关数据存入一列。用户定义类型可通过 CREATE TYPE、ALTER TYPE 和 DROP TYPE 分别来创建、修改和删除。

例如，执行如下命令创建一个 UDT：

```
create type phone (
country_code text,
number text,
);
```

上面 phone 类型包含两个字段：country_code 和 number，这两个字段都是 text 类型。

创建 UDT 之后，它就变成该数据库中的"已有类型"，接下来既可用它来定义列的类型，也可用它来定义 map、list、set 的元素（key 或 value）的类型，甚至可用它来定义下一个 UDT。例如，以下命令使用 phone 类型再次定义一个新的 UDT：

```
create type address (
detail text,
phones frozen<map<text, frozen<phone>>>
);
```

上面 address 类型包含两个字段：detail 和 phones，其中 detail 是 text 类型，而 phones 则是"冻结"的 map 类型，该 map 的 key 是 text 类型，value 则是 frozen<phone>类型。

frozen<...>被称为"冻结类型"。所谓的"冻结类型"其实就是不可变类型，比如前面介绍的 map、set、list 原本允许添加、删除、修改集合元素，但如果使用 frozen 生成"冻结类型"的集合，如 frozen<map<...>>、frozen<set<...>>、frozen<list<...>>，也就是生成了不可变的 map、set 和 list，这样就不允许为它们添加、删除、修改元素了。

类似地，UDT 原本是可变类型，因此可使用 CQL 命令更新 UDT 中一个或多个字段的值，但如果使用 frozen 生成"冻结"的 UDT，那么就得到了不可变的 UDT，也就不允许对 UDT 中任何字段的值进行更新了。

当集合元素类型是 UDT，或者 UDT 中某个字段的类型又是 UDT 时，这样就形成了嵌套，如果被嵌套的 UDT 本身又是可变的，则将变得很复杂，而且性能也不好。

因此 Cassandra 从 3.7 版本开始就制定了一条规则：如果集合元素类型是 UDT，那么只能是"冻结"的 UDT；如果 UDT 中字段类型又是 UDT，那么该字段类型只能是"冻结"的 UDT。

正是基于这条规则，上面定义 address 类型的 phones 字段时，它的类型是 frozen<map<...>>，而 map 的 value 类型是嵌套的 phone 类型，因此 phone 类型必须被"冻结"。

用户定义类型就像表一样，它是保存在当前 keyspace 中的数据库组件，因此可通过如下命令来查看当前 keyspace 中所有的用户定义类型。

```
root@cqlsh:fkjava> desc types;
phone  address
```

下面命令使用上面两个用户定义类型来创建数据表：

```
create table customer_inf (
name text PRIMARY KEY,
mobile phone,
address address
);
```

接下来可通过{name: value, name: value, ... }的形式来构建 UDT 值。例如，执行如下命令可以向 customer_inf 表中插入一条记录：

```
insert into customer_inf (name, mobile, address)
values ('sun', {country_code: '+86', number: '13899998888'},
{
    detail: 'huaguoshan',
    phones: {
        'office': {country_code: '+86', number: '02023580099'},
        'privave': {country_code: '+86', number: '13700002222'}
    }
});
```

该命令比较复杂，这是由于 customer_inf 表本身比较复杂，该表的第 2 列是 phone 类型，因此命令中的"{country_code: '+86', number: '13899998888'}"用于插入第 2 列；该表的第 3 列是一个 address 类型，因此命令中的粗体字代码就是 address 类型的值。

使用 ALTER TYPE 语句可更新已有的类型，包括为它添加字段或重命名字段等。

使用 ALTER TYPE 语句添加字段的语法格式如下：

```
ALTER TYPE 类型名 ADD 字段名 字段类型
```

使用 ALTER TYPE 语句对字段重命名的语法格式如下：

```
ALTER TYPE 类型名 RENAME 原字段名 TO 新字段名
```

使用 DROP TYPE 语句可删除已有的类型，语法格式如下：
```
DROP TYPE 类型名
```

6.4.9 索引操作及索引列查询

创建索引的语法格式如下：
```
CREATE INDEX [IF NOT EXISTS] [索引名]
ON 表名 (列)
```

例如，执行如下命令对 book_inf 表的 year 列创建索引：
```
create index year_index on book_inf (year);
```

在创建索引时，如果该列中已经包含了数据，Cassandra 将会以异步方式对已有数据进行索引。创建索引后，该列的新数据将在插入时自动编制索引。

提示：
> 与 RDBMS 索引的作用类似，它以插入、更新、删除时的性能开销换取查询时的性能提升；对数据列创建索引之后，数据库在插入、更新、删除数据时，都需要额外的开销来维护索引，因此性能会下降；但对索引列执行查询时，性能会大幅提升。

正如前面所介绍的，Cassandra 允许在 WHERE 子句中根据索引列执行查询。因此，当为 book_inf 表的 year 列创建索引后，即可执行如下查询语句：
```
root@cqlsh:fkjava> select * from book_inf where year = '2018';
 id | name    | price | year
----+---------+-------+------
  2 | Android | null  | 2018
```

此外，如果尝试对已经存在索引的列再次创建索引，将会引起错误。为了避免该错误，可使用"IF NOT EXISTS"选项。

对 map 类型的列创建索引时，可选择对 key 或 value 创建索引。如果将列名放在 keys() 函数中，则意味着对 map 列的 key 创建索引，这样以后执行 DML 语句时可以在 WHERE 子句中使用 CONTAINS KEY；否则，Cassandra 默认对 map 列的 value 创建索引。

删除索引的语法格式如下：
```
DROP INDEX [ IF EXISTS ] 索引名
```

如果尝试删除的索引不存在，将会引起错误。为了避免该错误，可使用"IF EXISTS"选项。
例如，执行如下命令可删除上面创建的索引：
```
drop index year_index;
```

可能有人会问，如果不知道索引名那怎么办？或者，怎样才能查看指定表上的所有索引呢？其实很简单，只要执行"desc 表名"即可。

例如，使用如下命令再次为 book_inf 表的 year 列创建索引：
```
create index on book_inf (year);
```

该命令在创建索引时未指定索引名，但依然可通过如下命令来查看它的索引名：
```
root@cqlsh:fkjava> desc book_inf;
CREATE TABLE fkjava.book_inf (
    id varint,
    name text,
    price double,
    year text,
```

```
        PRIMARY KEY (id, name)
) WITH CLUSTERING ORDER BY (name ASC)
    AND bloom_filter_fp_chance = 0.1
    AND caching = {'keys': 'ALL', 'rows_per_partition': 'NONE'}
    AND comment = ''
    AND compaction = {'class': 'org.apache.cassandra.db.
        compaction.LeveledCompactionStrategy'}
    AND compression = {'chunk_length_in_kb': '64',
        'class': 'org.apache.cassandra.io.compress.LZ4Compressor'}
    AND crc_check_chance = 1.0
    AND dclocal_read_repair_chance = 0.1
    AND default_time_to_live = 0
    AND gc_grace_seconds = 864000
    AND max_index_interval = 2048
    AND memtable_flush_period_in_ms = 0
    AND min_index_interval = 128
    AND read_repair_chance = 0.0
    AND speculative_retry = '99PERCENTILE';
CREATE INDEX book_inf_year_idx ON fkjava.book_inf (year);
```

从上面输出可以看出，Cassandra 为刚刚创建的索引自动分配了 "book_inf_year_idx" 作为索引名。

▶▶ 6.4.10 连接 Cassandra 与 CassandraTemplate

Spring Boot 为连接 Cassandra 提供了如下两个 Starter。

➢ spring-boot-starter-data-cassandra：连接 Cassandra 传统 API 的 Starter。

➢ spring-boot-starter-data-cassandra-reactive：连接 Cassandra 反应式 API 的 Starter。

上面两个 Starter 都依赖 com.datastax.oss:java-driver-core 和 com.datastax.oss:java-driver-query-builder，只不过反应式 API 的 Starter 额外多依赖一个 io.projectreactor:reactor-core。

由于 Spring Boot 为 Cassandra 的传统 API 和反应式 API 分别提供了不同的 Starter，因此若打算使用 Cassandra 的传统 API，则添加 spring-boot-starter-data-cassandra 依赖；若打算使用 Cassandra 的反应式 API，则添加 spring-boot-starter-data-cassandra-reactive 依赖。

如果使用 spring-boot-starter-data-cassandra 依赖，Spring Boot 将会在容器中自动配置 SessionFactory、CassandraTemplate 及 Cassandra 的原生 API：CqlSession；如果使用 spring-boot-starter-data-cassandra-reactive 依赖，Spring Boot 将会在容器中自动配置 ReactiveSessionFactory、ReactiveCassandraTemplate 及桥接的、支持反应式 API 的 CqlSession。

从上面介绍不难看出，Cassandra 的传统 API 和反应式 API 是完全分开的，因此使用时也要分开。

Spring Boot 可通过如下配置来指定 Cassandra 服务器的地址：

```
# 配置服务器节点的主机名和端口，多个节点地址之间用逗号隔开
spring.data.cassandra.contact-points=host1:9042, host2:9042
# 配置连接的 keyspace
spring.data.cassandra.keyspace-name=mykeyspace
spring.data.cassandra.local-datacenter=datacenter1
# 配置用户名、密码
spring.data.cassandra.username=root
spring.data.cassandra.password=32147
```

上面配置指定了两个节点，它们分别是位于 host1:9042 的节点和位于 host2:9042 的节点。

所有以 "spring.data.cassandra" 开头的属性都由 CassandraProperties 负责处理，该类的源代码如下：

```
@ConfigurationProperties(prefix = "spring.data.cassandra")
public class CassandraProperties {
```

```
    // 指定 Cassandra 的 keyspace 名
    private String keyspaceName;
    // 指定 Cassandra session 的名称
    private String sessionName;
    // 列出 Cassandra 节点的地址，节点地址为"host:port"格式
    // 如果在节点地址中不指定 port，则自动使用下面 port 属性配置的端口
    private final List<String> contactPoints =
        new ArrayList<>(Collections.singleton("127.0.0.1:9042"));
    // 为所有节点指定默认的服务端口
    private int port = 9042;
    // 配置本地数据中心的名称
    private String localDatacenter;
    // 指定登录服务器的用户名
    private String username;
    // 指定登录服务器的密码
    private String password;
    // 指定使用 Cassandra 二进制协议所支持的压缩方式，如 LZ4、SNAPPY
    private Compression compression = Compression.NONE;
    // 指定在应用启动时对 Schema 执行何种 Action
    private String schemaAction = "none";
    // 指定是否启用 SSL 支持
    private boolean ssl = false;
    // 指定连接配置，如连接超时时长
    private final Connection connection = new Connection();
    // 配置与连接池有关的信息
    private final Pool pool = new Pool();
    // 配置与请求有关的信息
    private final Request request = new Request();
    ...
}
```

Spring Boot 连接 Cassandra 之后，会在容器中自动配置 CassandraTemplate 或 ReactiveCassandraTemplate，有了 CassandraTemplate 或 ReactiveCassandraTemplate 之后，接下来可调用它的如下方法。

- delete(Query query, Class<?> entityClass)：删除 entityClass 映射的表中符合 query 条件的记录。
- exists(Query query, Class<?> entityClass)：判断 entityClass 映射的表中符合 query 条件的记录是否存在。
- insert(T entity)：保存 entity 对象，对应于插入记录。
- select(Query query, Class<T> entityClass)：查询 entityClass 映射的表中符合 query 条件的记录。
- selectOne(Query query, Class<T> entityClass)：返回 entityClass 映射的表中符合 query 条件的单条记录。如果该查询条件返回多条记录，该方法会报错。
- update(Query query, Update update, Class<?> entityClass)：更新 entityClass 映射的表中符合 query 条件的记录。
- batchOps()：该方法返回一个 CassandraBatchOperations 对象，该返回值可用于执行批量操作。

上面只是列出了 CassandraTemplate 最常用方法的一个版本，实际上它提供了大量方法来简化对 Cassandra 的操作。上面这些方法也有多个重载版本，读者可以自行查阅 API 文档来了解。

ReactiveCassandraTemplate 的方法与 CassandraTemplate 的方法有何区别呢？与所有反应式 API 类似，CassandraTemplate 的方法是同步的、阻塞式的，而 ReactiveCassandraTemplate 的方法则是反应式的、非阻塞式的。

从用法角度来看，CassandraTemplate 提供的方法，ReactiveCassandraTemplate 同样也会提供，区别只是 CassandraTemplate 的方法返回同步的结果，如 List 等；而 ReactiveCassandraTemplate 的方法返回反应式的结果，如 Flux 或 Mono。

下一节会给出有关 CassandraTemplate 和 ReactiveCassandraTemplate 的具体示例。

除 CassandraTemplate 之外，Spring Boot 还提供了一个 CqlTemplate（反应式 API 则对应于 ReactiveCqlTemplate），CqlTemplate 是 Spring Data Cassandra 核心包的中心类，它可处理 Cassandra 资源的创建与释放，并完成 CQL 核心流程的基本任务，如创建并执行 Statement、提取执行结果等。

相比 CassandraTemplate，CqlTemplate 是更底层、功能更强大的 API。实际上，CqlTemplate 就是 CassandraTemplate 底层的构建模块。

如果想在 DAO 组件中直接使用 CqlTemplate 来操作 Cassandra 数据库，则需要显式地在容器中配置 CqlTemplate——Spring Boot 默认并未在容器中配置 CqlTemplate。例如，可通过如下代码来配置 CqlTemplate：

```
@Configuration
public class CassandraConfig
{
    // 在容器中配置 CqlTemplate
    @Bean
    public CqlTemplate cqlTemplate(SessionFactory sf)
    {
        return new CqlTemplate(sf);
    }
}
```

在容器中配置 CqlTemplate 之后，该 CqlTemplate 是一个线程安全的对象，因此可以放心地将它注入其他组件（如 DAO 组件）。接下来即可调用 CqlTemplate 的如下方法来操作 Cassandra 数据库。

- execute(String cql, Object... args)：可用于执行 DDL 和 DML 语句，其中 args 参数用于为第一个参数指定的 CQL 语句传入参数。
- query(String cql, RowMapper<T> rowMapper, Object... args)：执行 cql 参数代表的查询语句，args 参数用于为查询语句传入参数，rowMapper 负责将查询出的每行记录映射成对象。
- queryForList(String cql, Class<T> elementType, Object... args)：执行 cql 参数代表的查询语句，args 参数用于为查询语句传入参数，每行记录被自动映射为 elementType 类型的对象。
- queryForMap(String cql, Object... args)：执行 cql 参数代表的查询语句，args 参数用于为查询语句传入参数。该方法以 Map 形式返回查询结果。
- queryForObject(String cql, RowMapper<T> rowMapper, Object... args)：执行 cql 参数代表的查询语句，args 参数用于为查询语句传入参数，rowMapper 负责将查询返回的单行记录映射成对象；如果 CQL 语句返回多行记录，该方法将抛出异常。
- execute(SessionCallback<T> action)：这是最灵活的方法，调用该方法时需要传入一个 SessionCallback 参数，通过该参数可以直接访问 Cassandra 驱动原生 API：CqlSession，这样就允许开发者直接使用 CqlSession 来操作 Cassandra 数据库。这是最原始的操作方式。

CqlTemplate 的反应式版本是 ReactiveCqlTemplate，如果想使用反应式 API 来操作 Cassandra 数据库，则应该使用 ReactiveCqlTemplate。ReactiveCqlTemplate 所提供的方法都是非阻塞式的、反应式的。

下一节会给出有关 CqlTemplate 和 ReactiveCqlTemplate 的具体示例。

6.4.11 使用 Cassandra 的 Repository

Spring Data Cassandra 同样提供了与前面 Spring Data 完全一致的操作。

归纳起来，Spring Data Cassandra 大致包括如下几方面功能。

- DAO 接口只需继承 CrudRepository 或 ReactiveCrudRepository，Spring Data Cassandra 能为 DAO 组件提供实现类。
- Spring Data Cassandra 支持方法名关键字查询。
- Spring Data Cassandra 支持使用@Query 注解定义查询语句，只不过该@Query 注解是 Spring Data Cassandra 提供的。
- Spring Data Cassandra 同样支持 DAO 组件添加自定义的查询方法——通过添加额外的接口，并为额外的接口提供实现类，Spring Data Cassandra 就能将该实现类中的方法"移植"到 DAO 组件中。

需要说明的是，Spring Data Cassandra 不支持 Example 查询。此外，由于 Cassandra 本身对查询的限制较多，因此 Spring Data Cassandra 支持的方法名关键字查询、使用@Query 注解定义查询语句等同样会受到这些限制。道理很简单，Spring Data Cassandra 只是上层封装，底层当然需要 Cassandra 本身来提供支持。常见的限制包括：

- 通常只支持对分区 key 所在列或索引列的查询。
- 如果仅对聚簇列执行查询，则需要在查询语句中使用 ALLOW FILTERING 子句。
- 常规索引列只支持等值查询。如果要使用 LIKE、STARTSWITH、CONTAINS 等查询，则需要为该列创建 SASI 索引。

Spring Data Cassandra 支持的方法名关键字比较少，此处就不一一列出它们了。

接下来的问题是：Spring Data 操作的是数据类，那它怎么处理数据类与 Cassandra 表之间的映射关系呢？其实很简单，Spring Data Cassandra 提供了如下注解。

- @Column：用于将被修饰属性映射到指定列。
- @Frozen：指定被修饰的属性对应"冻结"的列。
- @PrimaryKey：修饰主键列对应的属性。
- @PrimaryKeyClass：当 Cassandra 的表有多个主键列时，需要额外定义一个使用该注解修饰的主键类，并用该主键类作为数据类的主键类型。
- @PrimaryKeyColumn：用于修饰主键类中的实例变量，将它们映射成分区 key 或聚簇 key。
- @Table：指定将被修饰的类映射到 Cassandra 的表。

此外，Spring Data Cassandra 还提供了如下定义索引的注解。

- @Indexed：指定为被修饰属性对应的列创建索引。
- @SASI：指定为被修饰属性对应的列创建 SASI 索引。

> **提示**：
> 只有创建了 SASI 索引的列才支持执行 LIKE 查询，在创建 SASI 索引时，可通过 indexMode 指定索引模式，索引模式支持 CONTAINS 和 PREFIX 两种模式，其中 CONTAINS 模式相当于 SQL 的 "LIKE = "%foo%""，而 PREFIX 模式则相当于 SQL 的 "LIKE = "foo%""。

- @SASI.NonTokenizingAnalyzed：与 @SASI 结合使用，指定创建 SASI 索引时使用 non-tokenizing 分词器。

> @SASI.StandardAnalyzed：与@SASI 结合使用，指定创建 SASI 索引时使用标准分词器。

在理解了 Spring Data Cassandra 的设计之后，接下来通过示例来介绍 Spring Data Cassandra 的功能和用法。首先创建一个 Maven 项目，然后让其 pom.xml 文件继承 spring-boot-starter-parent。本例会同时示范使用 Cassandra 的同步 API 和反应式 API，因此需要同时添加 spring-boot-starter-data-cassandra.jar 依赖和 spring-boot-starter-data-cassandra-reactive.jar 依赖。本例使用 Spring Boot 的测试支持来测试 DAO 组件，因此还添加了 spring-boot-starter-test.jar 依赖。具体可以参考本例的 pom.xml 文件。

先为本例定义 application.properties 文件，用来指定 Cassandra 服务器的连接信息。

程序清单：codes\06\6.4\cassandratest\src\main\resources\application.properties

```
# 指定 Cassandra 的 keyspace 名
spring.data.cassandra.keyspace-name=springboot
# 指定 Cassandra 服务器节点地址
spring.data.cassandra.contact-points=localhost:9042
# 配置用户名、密码
spring.data.cassandra.username=root
spring.data.cassandra.password=32147
# 指定连接超时时长为 8 秒
spring.data.cassandra.connection.connect-timeout=8s
```

由于 Cassandra 与传统 RDBMS 相似，都需要在 keyspace 中创建表，因此本例使用如下脚本来初始化 Cassandra 的 Schema。

程序清单：codes\06\6.4\cassandratest\src\schema.cql

```
create keyspace if not exists springboot
with replication = {'class': 'SimpleStrategy', 'replication_factor': '3'};
use springboot;
create table if not exists book_inf
(
id int primary key,
name text,
description text,
price double
);
-- 创建索引
create custom index ON book_inf (name)
USING 'org.apache.cassandra.index.sasi.SASIIndex'
WITH OPTIONS ={
'mode': 'CONTAINS',
'analyzer_class': 'org.apache.cassandra.index.sasi.analyzer.StandardAnalyzer',
'case_sensitive': 'false'
};
create index on book_inf (price);
create table if not exists author_inf
(
id int,
name text,
password text,
author_addr text,
primary key(id, name, password)
)WITH CLUSTERING ORDER BY (name ASC, password DESC);
```

上面第一段粗体字代码为 book_inf 表的 name 列创建了 SASI 索引，这样才允许对 book_inf 表的 name 列执行 LIKE 等查询。最后一行粗体字代码指定 author_inf 表的 name 列是按照升序排列的聚簇索引，password 列是按照降序排列的聚簇索引。

下面先看本例的 Book 类。

程序清单：codes\06\6.4\cassandratest\src\main\java\org\crazyit\app\domain\Book.java

```java
@Table("book_inf")
public class Book
{
    @PrimaryKey
    private Integer id;
    // 使用 SASI 索引，从而允许使用 LIKE 查询
    @SASI(indexMode = SASI.IndexMode.CONTAINS)
    @SASI.StandardAnalyzed("zh")
    private String name;
    private String description;
    // 指定对 price 映射的列创建索引
    @Indexed
    private Double price;
    // 省略 getter、setter 方法和构造器
    ...
}
```

上面 Book 类使用了@Table("book_inf")修饰，这意味着将该类映射到 book_inf 表。

上面 id 实例变量使用了@PrimaryKey 修饰，表明它映射的列将作为主键，这样该数据表只有一个主键列，因此该主键列将作为分区 key，该数据表没有聚簇 key。

该 Book 类的 name 实例变量（增加 getter、setter 方法后就变成了属性）使用了@SASI 修饰，这意味着为该属性映射的列创建 SASI 索引，这样程序才能对 name 列执行 LIKE 查询。此外，price 实例变量使用了@Indexed 修饰，这意味着也会为该属性映射的列创建索引，程序也允许对该列执行查询。

接下来看本例的 Author 类。由于 Author 映射的 author_inf 表的主键包含 3 列：第一列是分区 key，后面两列是聚簇 key，因此程序必须为 Author 的主键额外定义一个@PrimaryKeyClass 修饰的类。

程序清单：codes\06\6.4\cassandratest\src\main\java\org\crazyit\app\domain\Author.java

```java
@Table("author_inf")
public class Author
{
    @Id
    private AuthorId id;
    @Column("author_addr")
    private String addr;
    public Author(){}
    // 省略 getter、setter 方法和构造器
    ...
}
```

上面 Author 类使用了@Table("author_inf")修饰，这意味着该类将会被映射到 author_inf 表。留意 Author 类的 id 实例变量，它不是使用@PrimaryKey 修饰的，而是使用@Id 修饰的，这意味着该属性映射的列（多列）将作为主键。

> **注意**
> 当映射 Cassandra 表的多列作为主键时，程序应该使用@Id 修饰主键属性，而不是使用@PrimaryKey。

下面定义 Author 类所需的主键类，该主键类需要使用@PrimaryKeyClass 修饰。

程序清单：codes\06\6.4\cassandratest\src\main\java\org\crazyit\app\domain\AuthorId.java

```java
@PrimaryKeyClass
public class AuthorId
{
    // 该列作为分区 key
    @PrimaryKeyColumn(type = PrimaryKeyType.PARTITIONED)
    private Integer id;
    // 该列默认作为聚簇 key
    @PrimaryKeyColumn
    private String name;
    // 显式指定该列作为聚簇 key
    @PrimaryKeyColumn(type = PrimaryKeyType.CLUSTERED,
        ordering = Ordering.DESCENDING)
    private String password;
    public AuthorId() { }
    // 省略 getter、setter 方法和构造器
    ...
}
```

AuthorId 类使用了@PrimaryKeyClass 修饰，表明该类可作为主键类型，接下来该类的属性都使用了@PrimaryKeyColumn 注解修饰，该注解的 type 属性指定到底是映射分区 key，还是映射聚簇 key——如果不指定 type 属性，则默认映射聚簇 key；当映射聚簇 key 时，还可通过 ordering 属性指定聚簇 key 的排序规则。

接下来定义本例中 DAO 组件的接口。

程序清单：codes\06\6.4\cassandratest\src\main\java\org\crazyit\app\dao\BookDao.java

```java
public interface BookDao extends ReactiveCrudRepository<Book, Integer>, BookCustomDao
{
    // like 运算符使用 SQL 的通配符 "%"
    Flux<Book> findByNameLike(String namePattern);
    Flux<Book> findByIdIn(List<Integer> list);
    Mono<Book> findByPrice(double price);
    @Query("select * from book_inf where price >= ?0 and price <= ?1 ALLOW FILTERING")
    Flux<Book> findByQuery1(double start, double end);
    @Query("select * from book_inf where name like ?0")
    Flux<Book> findByQuery2(String namePattern);
}
```

正如从上面代码所看到的，该 DAO 接口继承了 ReactiveCrudRepository，这就是典型的反应式 API，如果想使用传统的同步 API，只要改为继承普通的 CrudRepository 即可。

从上面的方法签名可以看到，使用反应式 API 的 DAO 方法的返回值是 Flux（或 Mono），而传统 DAO 组件的方法的返回值则是 List。这就是反应式 API 与传统的同步 API 在编程上存在的差别。

该 DAO 接口中的前 3 个方法都是 Spring Data Cassandra 的方法名关键字查询方法，而后 2 个方法则使用@Query 注解定义查询语句。该@Query 注解位于 org.springframework.data.cassandra. repository 包下，该包下提供了如下注解。

- ➢ @AllowFiltering：用于为被修饰的查询方法添加 ALLOW FILTERING 子句。
- ➢ @Query：用于指定使用自定义的 CQL 语句执行查询。
- ➢ @CountQuery：将@Query 查询的 count 属性指定为 true 的简化版本。
- ➢ @ExistsQuery：将@Query 查询的 exists 属性指定为 true 的简化版本。

同样本例也是以反应式 API 为主的，如果读者希望学习 Spring Data Cassandra 的同步 API，则可自行参考本书提供的本例中 SyncBookDao 接口的代码。

BookDao 还继承了 BookCustomDao 接口，这样就可通过该接口新增自定义的查询方法，而自

定义的查询方法最终将被"移植"到 BookDao 组件中。BookCustomDao 接口的代码如下。

程序清单：codes\06\6.4\cassandratest\src\main\java\org\crazyit\app\dao\BookCustomDao.java

```java
public interface BookCustomDao
{
    Flux<Book> customQuery1(String namePattern);
    Flux<Book> customQuery2(double startPrice, double endPrice);
}
```

在该接口中可以定义任何自定义的方法，这些方法都将被"移植"到 BookDao 组件中。我们注意到该接口中两个方法的返回值都是 Flux，这就表明该接口使用的依然是反应式 API。本例还提供了一个 SyncBookCustomDao 接口，它使用的是传统的同步 API。

接下来为 BookCustomDao 提供实现类，这就需要以编程方式操作 Cassandra 数据库。Spring Boot 提供了两个 API 来封装 Cassandra 驱动的原生 API：CassandraTemplate 和 CqlTemplate，其中 CassandraTemplate 是高层次的封装，因此其更加简洁、易用；而 CqlTemplate 作为更底层的封装，则提供了更多的灵活性。本例将在 BookCustomDao 实现类中分别使用 CassandraTemplate 和 CqlTemplate 访问数据库。

由于 Spring Boot 并未在容器中自动配置 CqlTemplate，因此需要先通过代码显式配置 CqlTemplate。下面是本例中配置 CqlTemplate 和 ReactiveCqlTemplate 的代码（本例同时支持传统 API 和反应式 API）。

程序清单：codes\06\6.4\cassandratest\src\main\java\org\crazyit\app\CassandraConfig.java

```java
@Configuration
public class CassandraConfig
{
    // 在容器中配置ReactiveCqlTemplate
    @Bean
    public ReactiveCqlTemplate reactiveCqlTemplate(ReactiveSessionFactory sf)
    {
        return new ReactiveCqlTemplate(sf);
    }
    // 在容器中配置CqlTemplate
    @Bean
    public CqlTemplate cqlTemplate(SessionFactory sf)
    {
        return new CqlTemplate(sf);
    }
}
```

有了上面配置之后，接下来即可让容器将 CqlTemplate（或 ReactiveCqlTemplate）注入 DAO 组件实现类，这样程序即可通过 CqlTemplate（或 ReactiveCqlTemplate）来操作 Cassandra 数据库了。下面是 BookCustomDao 实现类的代码。

程序清单：codes\06\6.4\cassandratest\src\main\java\org\crazyit\app\dao\BookCustomDaoImpl.java

```java
public class BookCustomDaoImpl implements BookCustomDao
{
    @Autowired
    private ReactiveCassandraTemplate cassandraTemplate;
    @Autowired
    private ReactiveCqlTemplate cqlTemplate;
    @Override
    public Flux<Book> customQuery1(String namePattern)
    {
        // 创建Query对象，根据name属性执行查询
```

```
            var query = Query.query(Criteria.where("name").like(namePattern));
            // 调用 ReactiveCassandraTemplate 的 select 方法执行查询
            return cassandraTemplate.select(query, Book.class);
    }
    @Override
    public Flux<Book> customQuery2(double startPrice, double endPrice)
    {
            // 调用 ReactiveCqlTemplate 的 query 方法执行 CQL 查询语句
            return cqlTemplate.query("select * from book_inf where " +
                    "price >= ? and price <= ? allow filtering",
                    // 使用 BeanPropertyRowMapper 将每行结果映射成 Book 对象
                    new BeanPropertyRowMapper<>(Book.class), startPrice, endPrice);
    }
}
```

上面第 1 个方法实现比较简单，它首先调用 Query 对象的方法构建了一个查询条件，该 Query 是 Spring Data Cassandra 提供的类，专门用于构建查询条件。从上面代码可以看出，使用 Query 构建查询条件比较简单，依次调用相应的方法即可。上面构建的查询条件是：name 必须 LIKE 作为参数传入的字符串模板。

有了查询条件之后，调用 ReactiveCassandraTemplate 的 select()方法执行查询即可。

上面第 2 个方法实现则调用 ReactiveCqlTemplate 的 query()方法执行查询，它是更底层的 API，因此这里直接使用它来执行 CQL 查询语句。如果有必要，甚至可调用它的 execute(ReactiveSessionCallback<T> action)方法，从而直接使用 Cassandra 驱动的 ReactiveSession 来操作 Cassandra 数据库，这是最原生的方式。

上面 BookCustomDaoImpl 是基于反应式 API 来实现的，依赖注入的是 ReactiveCassandraTemplate 和 ReactiveCqlTemplate。本例还提供了一个 SyncBookCustomDaoImpl，它被注入的是 CassandraTemplate 和 CqlTemplate，因此它是基于传统的同步 API 来实现的，读者可自行参阅该实现类的代码。

本例也为 Author 类提供了 DAO 组件，由于 Author 主要是示范如何映射多列主键，因此该 DAO 组件比较简单。下面是 AuthorDao 接口的代码。

程序清单：codes\06\6.4\cassandratest\src\main\java\org\crazyit\app\dao\AuthorDao.java

```
public interface AuthorDao extends CrudRepository<Author, AuthorId>
{
    // 定义根据分区 key 执行查询的方法
    Optional<Author> findByIdId(Integer id);
}
```

下面直接为 BookDao 组件定义测试用例，该测试用例的代码如下。

程序清单：codes\06\6.4\cassandratest\src\test\java\org\crazyit\app\dao\BookDaoTest.java

```
@SpringBootTest(webEnvironment = SpringBootTest.WebEnvironment.NONE)
public class BookDaoTest
{
    @Autowired
    private BookDao bookDao;
    @ParameterizedTest
    @CsvSource({"1, 疯狂 Java 讲义, 最全面深入的 Java 图书, 129.0",
        "2, SpringBoot 终极讲义, 无与伦比的 SpringBoot 图书, 119.0",
        "3, 疯狂 Python, 系统易懂的 Python 图书,覆盖数据分析、爬虫等热门内容, 118.0"})
    public void testSave(Integer id, String name,
            String description, Double price)
    {
        var book = new Book(id, name, description, price);
```

```java
        bookDao.save(book).block();
    }
    @Test
    public void testUpdate()
    {
        // 更新id为3的Book对象
        bookDao.findById(3)
            .blockOptional()
            .ifPresent(book -> {
                book.setName("疯狂Python讲义");
                bookDao.save(book).block();
            });
    }
    @Test
    public void testDelete()
    {
        // 删除id为3的Book对象
        bookDao.deleteById(3).block();
    }
    @ParameterizedTest
    @ValueSource(strings = {"%疯狂%"})
    public void testFindByNameLike(String namePattern)
    {
        bookDao.findByNameLike(namePattern)
                // 调用toIterable()方法以阻塞式方式完成查询
                .toIterable().forEach(System.out::println);
    }

    @ParameterizedTest
    @CsvSource({"1, 2", "2, 3"})
    public void testFindByIdIn(Integer id1, Integer id2)
    {
        bookDao.findByIdIn(List.of(id1, id2))
            .toIterable().forEach(System.out::println);
    }
    @ParameterizedTest
    @ValueSource(doubles = {119, 129.0})
    public void testFindByPrice(double price)
    {
        bookDao.findByPrice(price)
            .blockOptional()
            .ifPresent(System.out::println);
    }
    @ParameterizedTest
    @CsvSource({"110, 120", "120, 130"})
    public void testFindByQuery1(double start, double end)
    {
        bookDao.findByQuery1(start, end)
            .toIterable().forEach(System.out::println);
    }
    @ParameterizedTest
    @ValueSource(strings = {"%Java%", "%Boot%"})
    public void testFindByQuery2(String namePattern)
    {
        bookDao.findByQuery2(namePattern)
            .toIterable().forEach(System.out::println);
    }
    @ParameterizedTest
    @ValueSource(strings = {"%疯狂%", "%Boot%"})
    public void testCustomQuery1(String namePattern)
    {
        bookDao.customQuery1(namePattern)
```

```
                .toIterable().forEach(System.out::println);
    }
    @ParameterizedTest
    @CsvSource({"110, 120", "120, 130"})
    public void testCustomQuery2(double startPrice, double endPrice)
    {
        bookDao.customQuery2(startPrice, endPrice)
                .toIterable().forEach(System.out::println);
    }
}
```

由于本测试用例测试的是反应式 API,这些方法都是异步的,它们不会阻塞主线程,因此可能出现的情况是:测试方法执行完成之后,被测试的异步方法还未完成,这样就看不到测试结果了。为了能看到测试结果,上面的测试方法调用了 block()或 toIterable()方法,用于将反应式方法同步化,以便能看到方法的执行结果——但千万注意:只能在测试时这么做,否则反应式 API 就白搞了。

运行上面的 testSave()方法,该方法测试 BookDao 的 save()方法,该方法运行完成后看不到任何输出。

前面提到过,Cassandra 自带的 cqlsh 工具显示中文时会出现乱码,因此前面在使用 cqlsh 时都没有使用中文。

为了更好地显示 Cassandra 中的中文内容,可登录 https://razorsql.com 站点,下载并安装 RazorSQL 工具,使用该工具可操作 Cassandra 数据库。

使用 RazorSQL 连接 Cassandra 的 springboot keyspace 后,查看其中 book_inf 表的数据,可以看到如图 6.47 所示的内容。

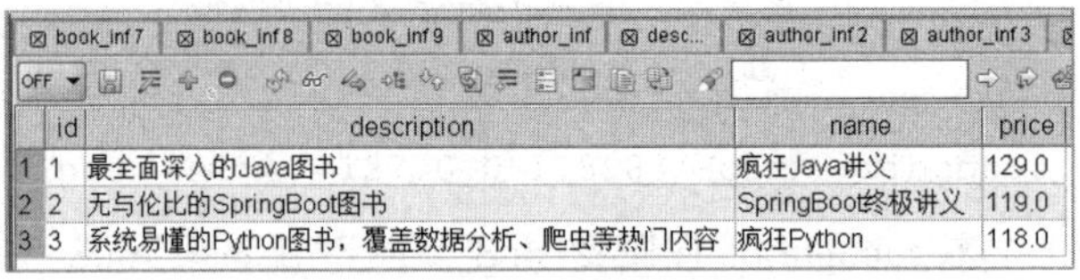

图 6.47 为 book_inf 表插入的 3 条记录

从图 6.47 可以看到,当程序保存一个 Book 对象时,就对应地为 book_inf 表添加一条记录。

运行 testUpdate()方法之后,将会看到 id 为 3 的记录被修改;运行 testDelete()方法之后,id 为 3 的记录被删除。

接下来运行 testFindByNameLike()方法,注意该方法上注解传入的参数:"%疯狂%",此处要求 Book 的 name 属性值包含"疯狂"关键字,这正是因为前面为 book_inf 表的 name 列创建 SASI 索引时指定了 CONTAINS 模式。

如果为 book_inf 表的 name 列创建 SASI 索引时指定的是 PREFIX 模式,则说明只能进行前缀匹配,此处就只能传入参数"疯狂%"——注意"疯狂"前面没有"%",这表示前缀匹配模式。

运行该方法后,将会看到如下输出:

```
Book{id=1, name='疯狂 Java 讲义', description='最全面深入的 Java 图书', price=129.0}
```

接下来运行 testFindByIdIn(Integer id1, Integer id2)方法,该方法用于测试 findByIdIn()方法,该方法用于选出 id 等于集合中任意一个元素的记录。

选出 price 位于指定区间的所有 Document。当传入"1, 2"参数时,将看到如下输出:

```
Book{id=1, name='疯狂 Java 讲义', description='最全面深入的 Java 图书', price=129.0}
Book{id=2, name='SpringBoot 终极讲义',
    description='无与伦比的 SpringBoot 图书', price=119.0}
```

接下来运行 testFindByPrice()方法,由于为 book_inf 表的 price 列创建了普通索引,因此程序可以根据 price 执行查询，但只能执行等值查询——这是 Cassandra 的限制。由于该方法只是执行等值查询，当传入参数为 119 时，可以看到如下输出：

```
Book{id=2, name='SpringBoot 终极讲义',
    description='无与伦比的 SpringBoot 图书', price=119.0}
```

接下来的 testFindByQuery1()、testFindByQuery2()方法分别用于测试 findByQuery1()和 findByQuery2()方法，这两个方法都使用了@Query 注解来定义查询条件。

运行 findByQuery2()方法，就是使用自定义的 "select * from book_inf where name like ?0" 语句来执行查询，这是一条标准的 CQL 查询语句，因此具有高度的灵活性——只要提供的 CQL 语句可以成功执行，那么该查询方法就可成功完成。该方法的查询条件还是对 name 进行 LIKE 匹配。运行该方法，当传入 "%Java%" 参数时，将看到如下执行结果：

```
Book{id=1, name='疯狂 Java 讲义', description='最全面深入的 Java 图书', price=129.0}
```

最后的 testCustomQuery1()、testCustomQuery2()方法分别用于测试自定义的查询方法：customQuery1()和 customQuery2()，读者可自行运行它们来测试自定义的查询方法。

本例也为 AuthorDao 提供了测试用例，该测试用例的代码如下。

程序清单：codes\06\6.4\cassandratest\src\test\java\org\crazyit\app\dao\AuthorDaoTest.java

```java
@SpringBootTest(webEnvironment = SpringBootTest.WebEnvironment.NONE)
public class AuthorDaoTest
{
    @Autowired
    private AuthorDao authorDao;
    @ParameterizedTest
    @CsvSource({"1, 李刚, 123445, 广州",
            "2, ligang, 3432433, guangzhou"})
    public void testSave(Integer id, String name,
            String password, String addr)
    {
        var author = new Author(new AuthorId(id, name, password), addr);
        authorDao.save(author);
    }
    @ParameterizedTest
    @CsvSource({"1, 李刚, 123445", "2, ligang, 3432433"})
    public void testFindById(Integer id, String name, String password)
    {
        authorDao.findById(new AuthorId(id, name, password))
            .ifPresent (System.out::println);
    }
    @ParameterizedTest
    @ValueSource(ints = {1, 2})
    public void testFindByIdId(Integer id)
    {
        authorDao.findByIdId(id).ifPresent(System.out::println);
    }
}
```

运行上面的 testSave()方法，该方法测试 AuthorDao 的 save()方法，该方法运行完成后看不到任何输出。但该方法将会向 Cassandra 数据库的 author_inf 表中插入两条记录。使用 RazorSQL 查看 author_inf 表中的记录，可以看到如图 6.48 所示的内容。

图 6.48 为 author_inf 表插入的两条记录

关于 AuthorDaoTest 的其他测试方法，读者可自行运行它们来进行测试。

▶▶ 6.4.12 连接多个 Cassandra 服务器

Spring Boot 是否支持连接多个 Cassandra 服务器？

当然支持！同样只要放弃 Spring Boot 的自动配置就可连接多个 Cassandra 服务器。

放弃 Spring Boot 为 Cassandra 提供的自动配置之后，接下来同样要做如下事情。

- ➢ 手动配置多组 ReactiveSessionFactory 和 ReactiveCassandraTemplate，要连接几个 Cassandra 服务器就配置几组，每个 ReactiveSessionFactory 对应连接一个 Cassandra 服务器。同步 API 则使用 SessionFactory 和 CassandraTemplate。
- ➢ 针对不同的 Cassandra 服务器，分别开发相应的 DAO 组件类，建议将它们放在不同的包下，以便区分。
- ➢ 使用@EnableReactiveCassandraRepositories 注解手动开启 DAO 组件扫描。同步 API 则使用 @EnableCassandraRepositories 注解。

使用@EnableReactiveCassandraRepositories 注解时要指定如下属性。

- ➢ basePackages：指定扫描哪个包下的 DAO 组件。
- ➢ reactiveCassandraTemplateRef：指定使用哪个 ReactiveCassandraTemplate 来实现 DAO 组件的方法。同步 API 则使用 cassandraTemplateRef 属性来指定引用 CassandraTemplate。

通过上面介绍不难看出，Spring Boot 连接多个 Cassandra 服务器与 Spring Boot 连接多个数据源的方法基本是一致的，故此处不再赘述。

此外，Cassandra 有自己的配置文件加载机制，它会自动加载类加载路径下根目录中的 application.conf 文件。但通常建议使用 Spring Boot 的 application.properties 文件来配置 Cassandra。

如果想对 Cassandra 的 DriverConfigLoaderBuilder 进行自定义，则可以在容器中配置任意多个 DriverConfigLoaderBuilderCustomizer 实现类，通过该实现类中的 customize(builder)方法即可对该 builder 进行自定义设置。

如果想对 Cassandra 的 CqlSession 进行自定义，则可以在容器中配置任意多个 CqlSessionBuilderCustomizer 实现类，通过该实现类中的 customize(CqlSessionBuilder builder)方法即可对该 CqlSessionBuilder 进行自定义设置，而这种设置最终将应用于该 builder 所创建的 CqlSession。

📁 6.5 整合 Solr

当系统中存在海量数据需要进行全文检索时，传统的检索方法的性能开销会随着数据量的增长而线性增加，因此数据量越大，性能越差。而接下来两节所介绍的搜索（全文检索）引擎，则完全不存在这个问题，其性能开销会随着数据量的增长到达一个顶点(在这个顶点依然具有很好的性能)，以后无论数据量怎么增长，搜索引擎的性能开销基本都可以稳定在这个顶点处，因此搜索引擎同样是处理海量数据的必需技术。

▶▶ 6.5.1 LIKE 模糊查询与全文检索

在实际应用中不可避免地会遇到全文检索的需求，例如，从电商网站上查询所有商品描述中包含"疯狂"关键词的商品，或者从站内消息中搜索所有包含"疯狂"关键词的消息……它们共同的特征就是要求查询某个字段包含特定关键词。

如果使用传统 RDBMS 处理这种需求，就需要使用如下 SQL 语句进行查询：

```
select * from 目标表 where 目标列 LIKE '%疯狂%';
```

如果你稍有 SQL 优化的基础，就会知道：这种使用 LIKE 的"模糊查询"本身就是很影响性能的，再加上海量数据、高并发的场景，这种模糊查询是完全不可接受的。所以早期有些论坛系统（如 Discuz），要么彻底禁用全站检索功能，要么只对高级用户开放全文检索功能，而且往往限制每个小时只能检索一次。

为何模糊查询的性能如此之差呢？这和模糊查询的实现机制有关。假如 SQL 模糊查询要检索 description 列中包含“疯狂”的记录，那 RDBMS 会如何处理这个检索需求呢？

很明显，计算机不能像人一样用眼睛一瞟就知道 description 列中是否包含了特定关键词，它只能逐个地搜索，如图 6.49 所示。

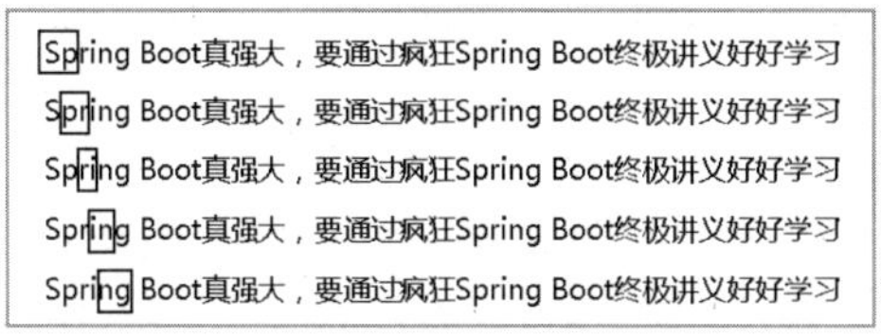

图 6.49　计算机逐个地搜索

发现问题了吧？LIKE 模糊查询只能这样从目标列的值中“逐个”检查，验证是否有要查询的关键词，因此每搜索一条记录，都需要大致固定的时间开销，如果该列的文本内容很长，那么处理时间就会略长一些。

当处理 100 条记录时，整个 LIKE 模糊查询的时间开销就是单条记录的处理时间再乘以 100；当处理千万条记录时，整个 LIKE 模糊查询的时间开销就是单条记录的处理时间再乘以千万，因此传统 LIKE 模糊查询的时间开销与表中记录的数量成正比，这对于处理海量数据检索是完全不可接受的。

6.5.2　反向索引库与 Lucene

为了解决 LIKE 模糊查询的性能问题，Lucene 做了一个革命性的创新：先建立反向索引库，再通过反向索引库进行检索。

反向索引库需要先对目标内容进行分词，然后以分好的关键词为 key 建立索引库，value 保存了该 key 出现在哪些文档中、在文档中哪些位置等信息。

还是以上一节中的 description 列的值为例，建立反向索引库后，示意图如图 6.50 所示。

id	description
1	Spring Boot真强大，要通过疯狂Spring Boot终极讲义好好学习
2	疯狂软件很好，很强大

关键词	出现文档	位置等其他信息
Spring	1	
Boot	1	
强大	1，2	
疯狂	1，2	
……	……	

图 6.50　反向索引库

图 6.50 上方的表格中保存了原始的要检索的数据；下方的表格就是为它建立的反向索引库的示意图，该反向索引库的“关键词”列保存了所有关键词，该列本身也是有聚簇索引的，因此对该列执行查询的效率非常高。例如，程序依然要查询哪些文档中出现了“疯狂”关键词，此时程序不需要在上方的表格中执行查询，而是对下方表格中的“关键词”列执行查询。对“关键词”列执行查询有两个特征：

- 不需要使用 LIKE 模糊查询，性能很好。
- "关键词"列本身带有聚簇索引，性能很好。

因此从"关键词"列中可以迅速地找到"疯狂"关键词，一旦找到"疯狂"关键词之后，接下来就可通过它对应的 value 发现，该关键词出现在 1、2 两个文档中，还可以发现该关键词在 1、2 两个文档中的位置等更多详细信息。

还有一点需要说明的是，不管哪一种语言，它能支持的"词"是有限的，以英语为例，大部分母语为英语的大学生的词汇量在 3 万个左右；类似地，中文的汉字、单词也是有限的。这就意味着：不管目标文档是百万个也好，是百亿个也罢，反向索引库的关键词并不会显著增加，因此对"关键词"列的检索性能总是有保证的。

Lucene 正是因为利用了反向索引库的特征，从而为全文检索提供了性能保证。Lucene 是目前世界上最流行的全文检索框架，它解决了传统 SQL 查询搞不定的情况，或者使用 SQL 语句能够搞定查询，但要用到很多 LIKE...OR，查询速度很慢，此时就要用到 Lucene 全文检索技术。

讲到这里，可能有人会问：Lucene 不是和 Google、Baidu 等搜索很相似吗？那使用 Lucene 能开发出一个类似于 Google、Baidu 的搜索引擎吗？实际上这并非不可能，但是单独使用 Lucene 可能做不到，一个互联网搜索引擎至少需要解决以下 3 个核心问题：

- 全文检索。
- 海量信息的自动搜索，需要用到网络爬虫从互联网上爬取信息。
- 海量信息的分布式存储、管理，例如前面介绍的 Cassandra、MongoDB 等。

因此单独的 Lucene 通常用于实现单个的站内搜索功能，例如为电商网站上的商品增加全文检索功能、为社交平台增加全文检索功能等。对于实现站内检索而言，海量信息已经被保存在系统之内，因此 Lucene 就可专注于实现它的核心功能：全文检索。

但如果直接使用 Lucene，又会存在如下问题：

- Lucene 本身的 API 比较难用，Lucene 框架的开发者自身应该不是 Java 的开发者，因此他设计的 Lucene API 比较晦涩、难用。
- Luence 只是一个 Java 框架，因此只有 Java 程序员才能使用 Lucene 为项目增加全文检索功能。

考虑到其他语言的开发者也需要为应用增加全文检索功能，而他们又没有类似于 Lucene 的搜索引擎框架可供使用，因此 Solr、Elasticsearch 等技术对 Lucene 进行了包装，包装之后的 Solr、Elasticsearch 不再是简单的框架，它们更像搜索引擎的服务器。

虽然 Solr、Elasticsearch 底层都是基于 Lucene 的，但它们自己提供了对 Lucene 索引库的操作、管理，开发者不再需要直接面向 Lucene API 编程，而是面向 Solr、Elasticsearch 所提供的 RESTful 接口编程。这意味着不管开发者使用哪种语言，甚至不管他们会不会编程，只要会用工具（比如 Postman、curl 等）发送请求，就能调用 Solr、Elasticsearch 的 RESTful 接口来操作索引库，包括创建索引库，添加、删除文档，执行全文检索等一切功能。

简单来说，Lucene 是核心的全文检索框架，而 Solr、Elasticsearch 的出现则降低了 Lucene 的使用门槛，甚至非 Java 开发者也能使用 Lucene，只不过也许他们并不知道正在使用 Lucene。

▶▶ 6.5.3 下载和安装 Solr

Apache Solr 是一个开源的搜索引擎，它的底层就是基于 Lucene（全文检索引擎）构建的。现在的 Solr 以独立应用的方式运行，就像一个 NoSQL 存储引擎一样，它既可用于管理 Lucene 索引库，也可用于作为同样的 NoSQL 存储库。

可见，Solr 是一个可部署、可扩展的搜索/存储引擎，在处理全文检索方面有独特的优势。

与 Lucene 相比，Solr 具有如下优势。

- Solr 是独立应用，而不是简单的框架。Lucene 只是一个 Java 框架，如果开发者不懂 Java，那么就没法调用 Lucene 的 API 来编写全文检索功能。
- Solr 提供了 RESTful 接口，开发者能以多种文档格式（XML、JSON 或 CSV）来输入数据，Solr 也能提供对应格式的响应。这种 RESTful 接口完全与编程语言无关。
- Solr 是企业级的存储引擎，既支持独立部署，也支持作为大数据存储的分布式 NoSQL 数据库，还能以云端方式部署。
- 全文检索，Solr 提供了全文检索所需的所有功能，如令牌、短语、拼写检查、通配符和自动完成等。
- 作为独立应用，Solr 提供了一个易于使用、用户友好、功能强大的用户界面，使用它可以执行所有可能的任务，如管理日志以及添加、删除、更新和搜索文档。

总之，如果说 Lucene 是一个优秀的搜索引擎框架，那么 Solr 就是基于 Lucene 的搜索引擎产品——既降低了 Lucene 的使用门槛：不管是否会编程，都可使用 Solr；也扩大了 Lucene 的使用范围：不管是否使用 Java，都能使用 Solr；还提高了 Lucene 的稳定性和可扩展性：即使对菜鸟，Solr 也同样提供了产品级稳定性及云端、分布式支持。

下载和安装 Solr 按如下步骤进行。

① 登录 Solr 官网下载中心，地址是 https://lucene.apache.org/solr/downloads.html，从这个地址可以看出，Solr 依然作为 Lucene 子项目而存在，这说明 Solr 与 Lucene 之间的关系紧密。从该下载中心下载 Solr 的最新版，本书成书之时，Solr 的最新产品版是 8.7.0，因此本书以 Solr 8.7.0 为例进行介绍。

② 下载完成后得到一个 solr-8.7.0.zip 压缩包，将该压缩包解压缩到任意根目录下（此处以 D:\ 根目录为例），得到如下文件结构。

- bin：该目录下存放 Solr 的工具命令。
- contrib：该目录下存放 Solr 所依赖的第三方 JAR 包。
- dist：该目录下存放 Solr 本身的 JAR 包。
- docs：该目录下存放一个 HTML 文档，该文档中只有一个链接，用于导航到 Solr 的官方文档（有点像恶作剧）。
- example：该目录下存放 Solr 的各种示例。其中 exampledocs 和 films 子目录下存放 Solr 索引库的示例文档，初学者可通过导入这些文档来初始化索引库。
- licenses：该目录下保存 Solr 及其第三方框架的各种授权文档。
- server：该目录是 Solr 的核心，整个 Solr 应用程序、索引库默认都保存在该目录下。

③ 为 Solr 配置如下环境变量。

- JAVA_HOME：由于 Solr 和 Lucene 都是基于 Java 的，因此需要 Java 环境。配置该环境变量指向 JDK 的安装路径（不要指向 JDK 的 bin 目录），这就是告诉 Solr 到哪里去找 Java 环境。
- 在 PATH 环境变量中添加 Solr 的 bin 目录所在的路径。这一步是为了让操作系统能找到 Solr 工具。该环境变量不是必需的，但配置该环境变量可以更方便地在命令行窗口中执行 Solr 命令。

经过上面 3 步，Solr 安装完成。接下来只要启动命令行窗口，执行如下命令即可启动 Solr：

```
solr start -p <端口>
```

上面的 solr 命令（位于 Solr 解压缩目录的 bin 目录下）用于在指定端口启动 Solr 服务器。如果不指定-p 选项，那么 Solr 将默认监听 8983 端口。

此外，solr 命令还支持如下常用子命令。

- stop：停止 Solr 服务器。
- restart：重启 Solr 服务器。
- healthcheck：执行状态检查。
- create_core：用于为 Solr 服务器创建 Core。
- create_collection：用于为 Solr 服务器创建 Collection。
- create：根据 Solr 的运行状态选择创建 Core 或 Collection。如果 Solr 以单机模式运行，则该命令是创建 core；若 Solr 以云模式运行，则该命令是创建 Collection。
- delete：删除 Core 或 Collection。
- version：显示 Solr 的版本。

在单机模式下，一个 Core 等于一个 Collection。Solr 的 Core 有点类似于 RDBMS 的表，Solr Core 同样具有支持唯一标识的主键，也需要定义多个 Field。与 RDBMS 不同的是，Core 中存放的是各种文档，且这些文档不需要具有相同的 Field。

在云模式下，一个 Collection 由分布在不同节点上的多个 Core 组成，但这个 Collection 仍然作为一个逻辑索引库，只是它由不同的 Core 包含不同的 Shards 组成。

通过"solr start -p <端口>"命令启动 Solr 之后，启动浏览器，访问 http://localhost:8983/（假设没有使用-p 选项改变 Solr 的默认端口），将看到如图 6.51 所示的管理界面。

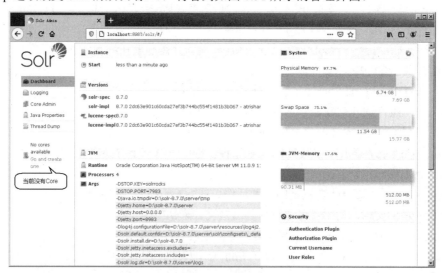

图 6.51　Solr 管理界面

在图 6.51 所示界面的左边可以看到如下 5 个标签。

- Dashboard（仪表盘）：显示 Solr 运行状态一览。
- Logging（日志）：显示 Solr 运行日志。
- Core Admin（Core 管理）：提供了图形用户界面来管理 Core。
- Java Properties（Java 属性）：显示当前运行的 JVM 属性一览。
- Thread Dump（线程 Dump）：显示 Solr 内部的线程 Dump。

在图 6.49 所示界面的右边当前显示的就是 Solr 仪表盘，可以看到各种 JVM 参数、系统内存等属性。后面会介绍如何通过"Core 管理"界面管理 Solr Core。

默认启动的 Solr 不需要用户名、密码，任何人都可直接访问，很明显这是不合适的。为了支持权限控制，Solr 提供了如下几种身份验证插件。

- Kerberos Authentication Plugin：Kerberos 身份验证插件。
- Basic Authentication Plugin：基本身份验证插件。
- Hadoop Authentication Plugin：Hadoop 身份验证插件。
- JWT Authentication Plugin：JWT 身份验证插件。

这些身份验证插件的用法都很简单，此处以"基本身份验证插件"为例进行介绍。

使用基本身份验证插件为 Solr 配置用户名、密码请按如下步骤进行。

① 在 Solr 安装路径下的 server\solr 子目录下添加一个 security.json 文件，该文件的内容如下：

```
{
  "authentication":{
    "blockUnknown": true,
    "class":"solr.BasicAuthPlugin",
    "credentials":{"root":"pPKs8BkTXNNLlzipK0LAm6gh64kBEfIuKx1HYU4rHnc=hOJ+WQ/ubP/DPfTnGbjF+ANOZHmnaQ8jAnJh4xxdYu8="},
    "realm":"FkJava Solr users",
    "forwardCredentials": false
  },
  "authorization":{
    "class":"solr.RuleBasedAuthorizationPlugin",
    "permissions":[{"name":"security-edit",
      "role":"admin"}],
    "user-role":{"root":"admin"}
  }
}
```

上面配置文件中的 blockUnknown 属性指定为 true，表明阻止所有未知用户访问；class 属性指定使用基本身份验证插件；credentials 属性配置了一个超级用户，其用户名是 root，密码是 32147。为了避免输入错误，在本书配套代码的 codes/06/6.5 目录下也存放了该文件，读者可从该目录下获取。

上面 permissions 属性定义了一个 admin 角色，该角色允许执行"security-edit"操作；user-role 属性定义了 root 用户的角色是 admin，这样 root 用户就拥有执行"security-edit"操作的权限。

添加该文件后，重启 Solr 服务器，然后再次启动浏览器访问 http://localhost:8983，将会看到如图 6.52 所示的登录界面。

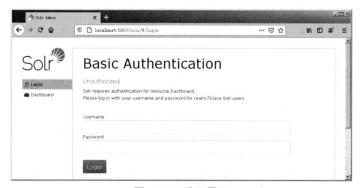

图 6.52 登录界面

在图 6.52 所示界面中输入 root、32147 即可再次登录 Solr 管理界面，这说明 Solr 的身份验证插件已经配置成功。

② 如果希望添加更多的用户，可以先在命令行所在的当前路径（命令行提示符 ">" 前面的

部分）下定义一个 users.json 文件，该文件的内容如下，用于定义一个用户：

```
{"set-user": {"crazyit":"32147"}}
```

然后使用 curl 命令发送请求来添加用户：

```
curl --user root:32147 ^
http://localhost:8983/solr/admin/authentication ^
-H 'Content-type:application/json' -d @users.json
```

上面命令的作用就是以 root 为用户名、32147 为密码向 http://localhost:8983/solr/admin/authentication 发送请求，请求参数为当前路径下的 users.json 文件的内容。

执行上面命令即可为 Solr 添加一个新的用户，其用户名为 crazyit，密码为 32147。添加用户之后，就会发现 server\solr 子目录下的 security.json 文件被修改了，该文件的内容中新增了一个 crazyit 用户。

由此可见，基本身份验证插件就是使用 server\solr 子目录下的 security.json 文件来保存用户信息的。其实完全可直接编辑该文件来添加用户，只是添加用户时无法直接输入密码——因为这个密码是加盐加密的。

如果想要删除某个用户，同样也使用 curl 命令向 http://localhost:8983/solr/admin/authentication 发送请求，只是此时的请求参数应该是删除用户的请求参数。例如定义 delete.json 文件，该文件的内容如下：

```
{"delete-user": ["crazyit"]}
```

然后使用 curl 命令执行如下请求即可删除用户：

```
curl --user root:32147 ^
http://localhost:8983/solr/admin/authentication ^
-H 'Content-type:application/json' -d @delete.json
```

> **提示：** 除了添加用户（添加用户需要输入加盐加密的密码），对用户的其他操作（如删除用户、为用户添加权限等）都可通过直接修改 security.json 文件来实现。

▶▶ 6.5.4 管理 Solr 的 Core

Solr 使用 Core 来保存索引文档，Solr 的 Core 有点类似于 RDBMS 的表。因此，在正式使用 Solr 之前，必须先创建 Core。

Solr 提供了两种方式来创建 Core：
➢ 使用 solr 命令的 create_core 子命令创建 Core。
➢ 通过图形用户界面创建 Core。

使用 solr 命令的 create_core 子命令创建 Core 时，没有提供选项来指定用户名和密码，因此需要先将 security.json 文件中的 blockUnknown 属性设为 false，它表示关闭 Solr 的用户认证功能。

关闭 Solr 的用户认证功能之后，接下来可通过如下命令来创建 Core：

```
solr create_core -c Core 名称 [-d 配置文件目录] [-p 端口]
```

其中的-p 选项用于指定 Solr 实例的端口，如果不指定该选项，该命令将自动使用它搜索得到的第一个 Solr 实例的端口。

使用 create_core 创建 Core 时，需要使用-d 选项指定配置文件目录。正如前面所言，Solr 使用 Core 保存索引文档，因此在每个 Core 中都需要配置唯一标识、字段类型、字段、停用词等大量与索引库相关的信息,这些配置信息需要分别提供各种不同的配置文件。所以 Solr 允许通过-d 选项指定到哪个目录去找配置文件。

通俗地说,Solr 每次创建 Core 时都需要大量的配置文件,而-d 选项就用于指定这些配置模板所在的路径;如果不指定-d 选项,Solr 将默认为该选项使用_default 值,也就是使用 server\solr\configsets 路径下_default 目录下的配置文件作为配置模板。

但不推荐将_default 目录下的配置文件作为产品级的 Core 来使用。在 server\solr\configsets 路径下还提供了一个 sample_techproducts_configs 目录,该目录下的配置文件可作为产品级的 Core 来使用,因此推荐使用该目录作为 Core 配置文件的目录。

例如,执行如下命令即可创建一个产品级的 Core:

```
solr create_core -c fkjava -d sample_techproducts_configs
```

该命令以 sample_techproducts_configs 目录下的配置文件作为配置模板,创建了一个名为 fkjava 的 Core。

> **提示:**
> 对于有经验的开发者来说,可以针对不同特征的索引库预先准备好不同的配置模板,这样就不需要使用 Solr 内置的两个配置模板目录_default 或 sample_techproducts_configs 了,完全可改为使用自定义的配置模板目录。

例如,使用如下命令即可删除 Core:

```
solr delete [-c Core 名称] [-p 端口]
```

执行如下命令即可删除刚刚创建的 fkjava Core:

```
solr delete -c fkjava
```

如果使用图形用户界面来创建 Core,就不存在用户认证问题:用户总是先登录图形用户界面,然后才管理 Core。

使用图形用户界面创建 Core 请按如下步骤进行。

① 通过图 6.52 所示界面登录 Solr 管理界面,然后单击图 6.51 所示界面左边的"Core Admin"标签,进入如图 6.53 所示的 Core 管理界面。

图 6.53 Core 管理界面

在图 6.53 所示界面中显示了一个名为 fkjava 的 Core,这就是上面通过"solr create_core"命令创建的 Core。当该 Core 处于选中状态时,用户可通过上方的"Unload""Rename""Swap""Reload"按钮对该 Core 分别执行删除、重命名、与其他 Core 交换、重加载操作。

② 单击图 6.53 所示界面中的"Add Core"按钮,将显示如图 6.54 所示的界面。

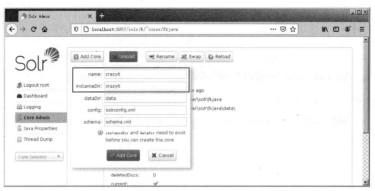

图 6.54 添加 Core

在图 6.54 所示界面中，只需要在 name 和 instanceDir 文本框中分别输入 Core 名称和保存目录。

需要说明的是，在通过图形用户界面创建 Core 时，Solr 并不会为 Core 创建目录及配置文件，因此在通过图 6.54 所示界面中的"Add Core"按钮创建 Core 之前，先要完成如下两步。

① 在 server\solr 路径下创建一个 crazyit 目录——假设将 instanceDir 指定为 crazyit。

② 将 server\solr\configsets\sample_techproducts_configs 目录下的 conf 整个目录复制到第 1 步创建的 crazyit 目录中。

上面第 2 步就是为 Core 预先准备好配置文件，此处直接使用 Solr 内置的 sample_techproducts_configs 目录下的 conf 目录中的配置模板作为该 Core 的配置文件；如果之前预定义好了配置文件，当然也可使用自己的配置文件。

完成上面两步之后，单击图 6.54 所示界面中的"Add Core"按钮即可成功创建 Core。

如果要通过图形用户界面删除 Core，只要在图 6.53 所示界面中选中指定的 Core，然后单击"Unload"按钮即可删除该 Core。

使用"solr delete"命令删除 Core 和通过图形用户界面删除 Core 是有区别的：使用"solr delete"命令删除 Core 时，会把整个 Core 对应的目录都彻底删除；但通过图形用户界面删除 Core 时，只是将该 Core 从 Solr 系统中删除，并未删除该 Core 对应的目录，因此以后还可重载添加回来。

在默认情况下，每个 Core 都对应于 server\solr 目录下的一个子目录，以前面创建的 fkjava Core 为例，它对应于 fkjava 子目录，该子目录下有如下文件夹和文件。

➢ conf：保存该 Core 的配置文件。
➢ data：保存该 Core 的索引库数据。
➢ core.properties 文件。

打开 core.properties 文件，可以看到该文件中只有一行内容：

```
name=fkjava
```

这行内容指定了该 Core 的名称。在 Core 目录的 conf 目录下可以看到如下常见的配置文件。

➢ managed-schema：定义该 Core 的整体 Schema，包括该 Core 包括哪些 Field 类型、Field 约束、哪些 Field、哪些动态 Field、哪些 Copy Field。该文件以前的文件名是 schema.xml，用户可通过文本编辑器直接编辑，现在则推荐使用图形用户界面编辑，这样更安全、有效。

> **提示：**
> 现在依然可直接使用文本编辑器来编辑 managed-schema 文件，但要小心别把该文件改坏了。此外，如果直接使用文本编辑器来编辑该文件，每次保存该文件后，都要重新加载 Core 才能让该文件生效。

- solrconfig.xml：该 Core 的索引库相关配置。
- protwords.txt：该 Core 额外的保护词配置。所谓"保护词"就是停止对该词"词干化"，在正常词干化的处理方式下，如 managing、managed、manageable 这些单词最终都会变成 manage。如果不希望某个单词被词干化，就将该单词添加到此文件中。
- stopword.txt：该 Core 额外的停用词配置。Lucene 不会对停用词创建反向索引库，因此程序也不能对停用词执行搜索。
- synonyms.txt：该 Core 的所有同义词配置。

通过图 6.53 所示界面左边的"Core Selector"列表框（只有当前系统有可用的 Core 时，此处才会显示列表框）可选择要操作的 Core，以选择"fkjava"Core 为例，将会看到如图 6.55 所示的 Core 概览界面。

图 6.55　Core 概览界面

从图 6.55 所示界面中可以看到该 Core 中的 Num Docs、Deleted Docs 都为 0，这说明它是一个新建的 Core，还未曾用过。

单击图 6.55 所示界面左边的"Analysis"标签，将会显示如图 6.56 所示的界面。

图 6.56　分析 Field 的索引和查询

通过图 6.56 所示界面可以对选定的字段进行索引或查询分析。

单击图 6.55 所示界面左边的 "Documents" 标签，将会显示如图 6.57 所示的界面。

图 6.57　文档操作界面

通过图 6.57 所示的界面，用户可以向当前 Core 中添加文档或删除文档。

例如，在 "Document Type" 列表框中选择 "JSON"，然后在 "Document(s)" 框内输入如下 JSON 文档内容：

```
{
    "id": 1,
    "description": "学习 Spring Boot 真有趣"
}
```

该 JSON 文档包含两个 Field：id、description，那这两个 Field 必须是该 Core 的 Schema 定义好的 Field——由于该 Core 是以 Solr 内置的 sample_techproducts_configs 模板来创建的，因此该 Core 默认就内置了 id、description 等 Field。

接下来单击 "Submit Document" 按钮，该文档就会被保存到该 Core 对应的索引库中。

为 Core 添加一个文档之后，单击图 6.57 所示界面左边的 "Overview" 标签，将再次显示 Core 概览界面，此时将会看到 Num Docs 和 Max Doc 都显示为 1。

如果要删除刚刚添加的文档，可以在图 6.57 所示界面的 "Document Type" 列表框中选择 "XML"，然后在 "Document(s)" 框内输入如下内容：

```
<delete>
    <id>1</id>
</delete>
```

输入完成后，单击 "Submit Document" 按钮，该 Core 的索引库中 id 为 1 的文档就会被删除。

如果想使用 JSON 格式的数据来删除文档，则应在图 6.57 所示界面的 "Document Type" 列表框中选择 "Solr Command(raw XML or JSON)"，然后在 "Document(s)" 框内输入如下内容：

```
{"delete":{"id":1}}
```

输入完成后，单击 "Submit Document" 按钮，同样可删除该 Core 的索引库中 id 为 1 的文档。

文档被删除之后，再次单击图 6.57 所示界面左边的 "Overview" 标签，此时在 Core 概览界面中将会看到 Num Docs 和 Max Doc 再次显示为 0，表明该 Core 的索引库中唯一的文档已被删除。

为了方便后面介绍，再次向该 Core 中添加一个文档。

单击图 6.55 所示界面左边的 "Query" 标签，将会显示如图 6.58 所示的查询界面。

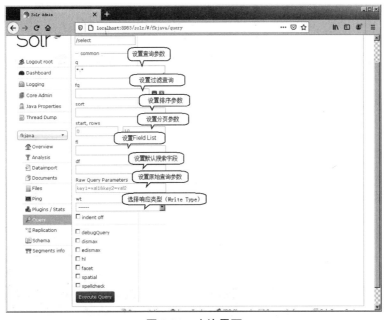

图 6.58 查询界面

在该查询界面中最重要的就是"q"文本框,该文本框用于输入查询参数。例如输入"name:疯狂",这意味着检索 name 字段中出现"疯狂"关键词的所有文档;例如输入"疯狂",这意味着检索默认字段(由"df"文本框指定)中出现"疯狂"关键词的所有文档;例如输入"*:*",这意味着检索任意字段中出现任意关键词的文档——也就是检索所有文档。

> **提示:**
> 关于 Solr 支持的查询语法,可参考 https://lucene.apache.org/solr/guide/8_7/query-syntax-and-parsing.html 页面。

对图 6.58 所示界面中各项简要介绍如下。

➢ fq(Filter Query):对应于 fq 参数,过滤也是一个查询,用于过滤查询结果。在查询时,过滤可以很好地提高查询效率,fq 查询的内容会被缓存,下次使用相同的过滤查询时,可以直接从缓存命中。

➢ sort:对应于 sort 参数,用于指定根据哪个字段的得分进行排序,如"price asc"或"inStock desc, price asc"等。

➢ start, rows:用于控制分页。其中 start 指定从第几个文档开始,rows 指定最多返回几个文档。

➢ fl(Field List):对应于 fl 参数,用于指定搜索结果中需要返回的 Field,这些 Field 需要被索引才能正常返回。多个 Field 之间可通过空格或逗号分隔。Field 列表还支持通配符"*",这意味着返回文档的所有 Field。fl 默认值为"*",也就是返回所有 Field。

➢ df(Default Field):对应于 df 参数,指定默认 Field,如果在 q 参数中没有指定要检索的 Field,则默认检索该参数所指定的 Field。

➢ wt(Write Type):对应于 wt 参数,用于选择响应类型。其默认值是 json,也就是默认查询结果将以 JSON 格式展现。常用的 wt 还可以是 xml。

➢ debugQuery:勾选该复选框之后,相当于将 debugQuery 参数设为 true,这样在返回的结果中就会包含调试信息、"explain"信息("explain"中解释了每个文档的得分过程)。

例如，在"q"文本框中输入"*:*"后单击"Execute Query"按钮，将会看到如图 6.59 所示的查询文档。

图 6.59　查询文档

单击图 6.55 所示界面左边的"Schema"标签，将会显示如图 6.60 所示的 Schema 管理界面。

图 6.60　Schema 管理界面

图 6.60 所示的 Schema 就对应于 Core 目录的 conf 目录下的 managed-schema 文件，用户在该界面上所做的任何修改，最终都会被保存到 managed-schema 文件中。

通过图 6.60 所示界面选中指定的 Field 或 Dynamic Field 后，就可以对该 Field 或 Dynamic Field 执行删除或修改操作。

在图 6.60 所示界面上提供了 3 个按钮，分别用于添加如下类型的 Field。

- Field：普通 Field，就像普通数据表的列。
- Dynamic Field：动态 Field。也就是带通配符的 Field，例如名为 "*_f" 的 Field，它可以匹配 price_f、amount_f、discount_f 等各种以 "_f" 结尾的 Field。
- Copy Field：表示该 Field 的值是从其他 Field 复制过来的。一个 Copy Field 的值可来自多个普通 Field。

在图 6.60 所示界面中选中名为 "text" 的 Copy Field，此时将会显示如图 6.61 所示的界面。

从图 6.61 可以看出，这个名为 "text" 的 Copy Field 的值将会从 author、cat、content、content_type……这些 Field 复制而来，如果要为该 Copy Field 删除某个源 Field，只要单击该源 Field 右边的红叉图标即可。

图 6.61 "text" Copy Field

如果要为某个 Copy Field 添加复制的源 Field，则可单击图 6.61 所示界面中的"Add Copy Field"按钮，将会显示如图 6.62 所示的界面。

图 6.62 添加 Copy Field

在图 6.62 所示的界面中，指定名为"title"的源 Field 的值将会被自动复制到名为"text"的 Copy Field 中——如果名为"text"的 Copy Field 已经存在，则意味着为该 Copy Field 新增一个源 Field；如果名为"text"的 Copy Field 并不存在，则意味着新建一个名为"text"的 Copy Field，其源 Field 就是"title"Field。

6.5.5 使用 SolrClient 连接 Solr

SolrClient 是 Solr 本身提供的一个 API，它是一个操作 Solr 索引库的门面类，它几乎可以完成对索引库的各种操作。

该 API 包含如下常用方法。

➢ add(String collection, Collection<SolrInputDocument> docs, int commitWithinMs)：对 collection 添加或更新多个文档。每个 SolrInputDocument 代表一个文档。commitWithinMs 参数指定在多少毫秒之内提交修改。

> **提示：**
> 每个 Core 内都会定义一个 Field 来代表文档的唯一标识，如果新增文档的唯一标识在 Core 内已经存在，那么就表现为更新文档，而不是新增文档。

➢ add(String collection, SolrInputDocument doc, int commitWithinMs)：添加或更新单个文档。

➢ addBean(String collection, Object obj, int commitWithinMs)：以面向对象的方式添加或更新单个文档。其中 obj 代表映射文档的实体对象。该方法的本质就是添加单个文档的 add() 方法。

➢ addBeans(String collection, Collection<?> beans, int commitWithinMs)：以面向对象的方式添

加或更新多个文档。
- deleteById(String collection, List<String> ids, int commitWithinMs)：根据 id 删除一个或多个文档。其中第 2 个参数既可以是 List 集合，也可以是单个 id 值。
- deleteByQuery(String collection, String query, int commitWithinMs)：删除符合 query 条件的所有文档。
- getById(String collection, String id, SolrParams params)：根据 id 加载文档。其中第 3 个参数 params 用于指定额外的 Solr 参数。
- optimize(String collection, boolean waitFlush, boolean waitSearcher)：优化索引库。
- query(String collection, SolrParams params, SolrRequest.METHOD method)：以 params 参数从 Solr 索引库执行检索。
- request(SolrRequest request, String collection)：向 Solr 索引库发送请求。
- commit(String collection)：提交修改。上面的添加文档的方法若没有指定 commitWithinMs 参数，就需要显式调用该方法来提交修改。
- rollback(String collection)：回滚修改。

上面对文档进行修改的方法都可指定一个 commitWithinMs 参数，该参数指定在多少毫秒内会对所做的修改进行提交；如果上面的修改方法没有指定 commitWithinMs 参数，就必须显式地使用 commit()方法来提交修改。

上面列出的这些方法只是其中一个版本，实际上它们都有多个重载版本，并且每个版本的方法都可以更简单。例如这些方法都可省略 collection 参数，如果省略了该参数，那么就要求程序在创建 SolrClient 时指定 Collection（在单机模式下对应于 Core）。

例如，在创建 SolrClient 时指定的 URL 地址为如下形式：

```
spring.data.solr.host=http://127.0.0.1:8983/solr/springboot
```

上面 URL 地址指定 SolrClient 连接的是 Solr 实例的 springboot 这个 Core，这样该 SolrClient 在执行上面这些方法时就可以省略 collection 参数。

如果在创建 SolrClient 时指定的 URL 地址为如下形式：

```
spring.data.solr.host=http://127.0.0.1:8983/solr/
```

上面 URL 地址仅仅指定 SolrClient 连接的是 Solr 实例，并未指定连接哪个 Core，这样该 SolrClient 在执行上面这些方法时就需要指定 collection 参数。

Spring Boot 为整合 Solr 提供了一个 Starter：spring-boot-starter-data-solr，但这个 Starter 的功能很简陋，也就提供了两个类：SolrAutoConfiguration 和 SolrProperties，其中 SolrProperties 用于加载以"spring.data.solr"开头的属性，SolrAutoConfiguration 则负责在容器中自动配置一个 SolrClient。而且，该 SolrClient 还不支持读取用户名、密码信息。

下面是 SolrProperties 类的源代码。

```java
@ConfigurationProperties(prefix = "spring.data.solr")
public class SolrProperties {
    // 指定 Solr 实例的 URL 地址
    private String host = "http://127.0.0.1:8983/solr";
    // 指定 ZooKeeper 主机地址
    // 如果指定了该属性，host 属性将会被自动忽略
    private String zkHost;
    ...
}
```

从该类的源代码可以看到，以"spring.data.solr"开头的属性只支持 host 和 zk-host，其中 host

用于指定在单机模式下 Solr 实例的地址；zk-host 则用于指定在云模式下 Solr 所在 ZooKeeper 的主机地址。

而本书所使用的 Solr 服务器是配置了用户认证功能的，因此直接使用 Spring Boot 为整合 Solr 提供的 Starter 根本行不通。

在理解了 SolrClient 的功能和 Spring Boot 为 Solr 提供的简单支持后，接下来通过示例介绍如何在 Spring Boot 中使用 SolrClient 来操作 Solr 索引库。首先创建一个 Maven 项目，然后让其 pom.xml 文件继承 spring-boot-starter-parent，并添加 spring-boot-starter-data-solr.jar 依赖和 commons-codec:commons-codec 依赖。由于本例使用 Spring Boot 的测试支持来测试 DAO 组件，因此还添加了 spring-boot-starter-test.jar 依赖。具体可以参考本例的 pom.xml 文件。

先定义本例的 application.properties 文件。

程序清单：codes\06\6.5\solrclient\src\main\resources\application.properties

```
# 指定 Solr 服务器的地址
spring.data.solr.host=http://127.0.0.1:8983/solr
spring.data.solr.username=root
spring.data.solr.password=32147
```

该配置文件中的 spring.data.solr.host 只指定了连接的 Solr 服务器实例的地址，并未指定要操作的 Core，因此后面调用 SolrClient 的方法时需要指定 collection 参数。

该配置文件还配置了用户名和密码，Spring Boot 默认并不会加载这两个属性，因此添加一个自定义的配置类来创建 SolrClient。该类的代码如下。

程序清单：codes\06\6.5\solrclient\src\main\java\org\crazyit\app\SolrConfig.java

```java
@Configuration(proxyBeanMethods = false)
@ConditionalOnClass({HttpSolrClient.class, CloudSolrClient.class})
@EnableConfigurationProperties(SolrProperties.class)
public class SolrConfig
{
    @Value("${spring.data.solr.username}")
    private String username;
    @Value("${spring.data.solr.password}")
    private String password;
    @Bean
    public SolrClient solrClient(SolrProperties properties)
            throws IOException, SolrServerException
    {
        // 设置使用基本认证的客户端
        System.setProperty("solr.httpclient.builder.factory",
            "org.apache.solr.client.solrj.impl.PreemptiveBasicAuthClientBuilderFactory");
        // 设置认证的用户名和密码
        System.setProperty("basicauth", username + ":" + password);
        // 如果 zk-host 属性存在，则使用 CloudSolrClient 创建 SolrClient
        if (StringUtils.hasText(properties.getZkHost()))
        {
            return new CloudSolrClient.Builder(Arrays.asList(
                properties.getZkHost()), Optional.empty()).build();
        }
        // 创建单机模式下的 SolrClient
        return new HttpSolrClient.Builder(properties.getHost()).build();
    }
}
```

上面两行粗体字代码通过系统属性指定了使用基本认证的客户端，这与前面 Solr 配置的认证实现类对应，并为认证信息指定了用户名和密码，这样即可成功地创建 SolrClient。

> **提示:**
> 上面的 SolrConfig 类就是对 Spring Boot 提供的 SolrAutoConfiguration 的改进，主要就是改进了粗体字代码，从而使得该 SolrClient 能连接带用户认证的 Solr 服务器。

接下来为本例定义一个实体类。

程序清单：codes\06\6.5\solrclient\src\main\java\org\crazyit\app\domain\Book.java

```java
public class Book
{
    @Field("id")
    private Integer id;
    @Field
    private String name;
    @Field
    private String description;
    @Field
    private Double price;
    // 省略构造器、getter 和 setter 方法
    ...
}
```

正如从上面代码所看到的，该实体类只需要简单地使用@Field 注解，该注解指定将被修饰的属性（实例变量加上 getter、setter 方法就变成属性）映射到 Core 的哪个字段。在使用@Field 注解时，可通过 value 属性指定将它映射到哪个字段；如果省略该属性，则默认映射同名字段。

接下来即可使用 SolrClient 来操作 Solr 索引库。

程序清单：codes\06\6.5\solrclient\src\test\java\org\crazyit\app\SolrClientTest.java

```java
@SpringBootTest(webEnvironment = SpringBootTest.WebEnvironment.NONE)
public class SolrClientTest
{
    @Autowired
    private SolrClient solrClient;
    @ParameterizedTest
    @CsvSource({"1, 疯狂 Java 讲义, 最全面深入的 Java 图书, 129.0",
        "2, SpringBoot 终极讲义, 无与伦比的 SpringBoot 热点图书, 119.0",
        "3, 疯狂 Python, 系统易懂的 Python 图书, 覆盖数据分析、爬虫等全部热门内容, 118.0"})
    public void testSave(Integer id, String name,
            String description, Double price) throws IOException, SolrServerException
    {
        var book = new Book(id, name, description, price);
        // 指定向 springboot Core 保存文档
        // 调用 addBeans()方法则可保存多个文档
        solrClient.addBean("springboot", book, 100);
    }
    @ParameterizedTest
    @CsvSource({"name, 疯狂",
        "description,热*"})
    public void testQuery(String field, String term) throws IOException,
        SolrServerException
    {
        // 创建 SolrQuery
        SolrQuery query = new SolrQuery();
        // 设置查询语法
        query.setQuery(field + ":" + term);
        // 指定对 springboot Core 执行查询
        QueryResponse queryResponse = solrClient.query("springboot", query);
```

```
        // 获取查询结果
        SolrDocumentList docs = queryResponse.getResults();
        for (var doc : docs)
        {
            System.out.println(doc);
        }
    }
    @ParameterizedTest
    @ValueSource(strings = {"1", "2", "3"})
    public void testDelete(String id) throws IOException, SolrServerException
    {
        // 指定对springboot Core执行删除
        solrClient.deleteById("springboot", id, 100);
    }
}
```

上面的测试用例接受容器依赖注入的 SolrClient 对象，接下来该测试用例定义了 3 个方法。
➢ testSave()：测试保存文档的方法。
➢ testQuery()：测试执行查询的方法。
➢ testDelete()：测试执行删除的方法。

从该测试类的测试方法可以看到，这些测试方法操作的是 springboot Core，因此在运行该测试用例之前，必须先创建一个名为"springboot"的 Core。并且由于上面 Book 类的属性分别映射了 id、name、description、price 这 4 个 Field，因此还必须保证 springboot Core 中有这 4 个 Field。如果是以 sample_techproducts_configs 配置模板来创建的 Core，那么该 Core 中默认已有这 4 个 Field。

> 提示：
> 为了更好地看到测试效果，最好将 name、description 的类型从 text_general 改为 text_cjk，text_cjk 类型能更好地支持中文分词，从而更有效地建立索引库。

运行 testSave()方法，该测试用例将会向 Solr 索引库中添加 3 个文档。该方法运行结束后，进入 Solr 管理界面，选择"springboot" Core，然后查询该 Core 内的所有文档，将会看到如图 6.63 所示的文档。

图 6.63　查询出新添加的 3 个文档

运行 testQuery()方法，将会调用 SolrClient 的 query()方法执行查询，当传入"name,疯狂"参数时，这意味着查询 name Field 中包含"疯狂"关键词的文档；当传入"description,热*"参数时，这意味着查询 description Field 中包含"热*"关键词（如热门、热点等）的文档，将看到如下输出：

```
SolrDocument{id=2, name=SpringBoot 终极讲义, description=无与伦比的 SpringBoot 热点图书,
price=119.0, price_c=119.0,USD, _version_=1687806227171508224, price_c____l_ns=11900}
SolrDocument{id=3, name=疯狂 Python, description=系统易懂的 Python 图书，覆盖数据分析、
爬虫等全部热门内容, price=118.0, price_c=118.0,USD,
_version_=1687806227188285440, price_c____l_ns=11800}
```

从上面 SolrDocument 的输出来看，它除了包含 id、name、description、price 这 4 个 Field，还包含了 price_c、price_c____l_ns Field，这两个 Field 就是典型的 Copy Field，其值来自 price。

运行 testDelete()方法，将会调用 SolrClient 的 deleteById()方法执行删除。运行该测试方法之后，再次返回 Solr 管理界面查询所有文档，将会看到该 Core 中 id 为 1、2、3 的文档被删除了。

▶▶ 6.5.6 使用 Spring Data 连接 Solr 与 SolrTemplate

虽然 Spring Boot 的 SolrAutoConfiguration 只自动配置了一个 SolrClient，但加上 Spring Data Solr，则同样还会自动配置一个 SolrTemplate。当然，该 SolrTemplate 底层其实也是依赖 SolrClient 的。

与所有自动配置的处理方式类似，当开发者在容器中配置了 SolrClient 之后，Spring Boot 将不再自动配置 SolrClient。

SolrTemplate 则是 Spring Data Solr 提供的一个门面类，它提供了如下方法来操作 Solr 索引库。

- count(String collection, SolrDataQuery query, Class<?> domainType)：从 collection 中查询符合 query 条件的文档的数量。
- delete(String collection, SolrDataQuery query, Class<?> domainType)：从 collection 中删除符合 query 条件的文档
- deleteByIds(String collection, Collection<String> ids)：根据 id 从 collection 中删除文档。
- getById(String collection, Object id, Class<T> clazz)：根据单个 id 返回单个文档对应的实体对象。
- getByIds(String collection, Collection<?> ids, Class<T> clazz)：根据多个 id 返回多个文档对应的实体对象。
- query(String collection, Query query, Class<T> clazz, RequestMethod method)：查询多个符合 query 条件的文档对应的实体对象。
- queryForObject(String collection, Query query, Class<T> clazz, RequestMethod method)：查询第一个符合 query 条件的文档对应的实体对象。
- saveBeans(String collection, Collection<?> beans, Duration commitWithin)：保存多个实体对象对应的文档。
- saveDocuments(String collection, Collection<SolrInputDocument> documents, Duration commitWithin)：保存多个文档。
- execute(SolrCallback<T> action)：这是最灵活的方法，调用该方法时需要传入一个 SolrCallback 参数，而程序在实现 SolrCallback 时又可访问到 SolrClient，并通过 SolrClient 操作 Solr 索引库。

同样地，上面列出的这些方法只是其中一个版本，其实每个方法都有多个不同的重载版本，用于支持不同的参数。

将 Solr 本身提供的 SolrClient 与 SolrTemplate 进行对比，不难发现 SolrTemplate 并没有太大的优势，无非就是 SolrTemplate 更加以操作实体为主。实际上，SolrClient 也能面向实体编程，只不过 SolrTemplate 更彻底一些。

下一节会给出有关 SolrTemplate 的具体示例。

6.5.7 使用 Solr 的 Repository

由于 Spring Data 是高层次的抽象，而 Spring Data Solr 只是属于底层的具体实现，因此 Spring Data Solr 也提供了与前面 Spring Data 完全一致的操作。

归纳起来，Spring Data Solr 大致包括如下几方面功能。

- ➢ DAO 接口只需继承 CrudRepository，Spring Data Solr 能为 DAO 组件提供实现类。
- ➢ Spring Data Solr 支持方法名关键字查询，只不过 Solr 查询都是全文检索查询。
- ➢ Spring Data Solr 同样支持 DAO 组件添加自定义的查询方法——通过添加额外的接口，并为额外的接口提供实现类，Spring Data Solr 就能将该实现类中的方法"移植"到 DAO 组件中。

与前面介绍的 NoSQL 技术不同的是，Solr 属于全文检索引擎，因此它的方法名关键字查询也是基于全文检索的。例如，对于 findByName(String name)方法，假如传入参数为"疯狂"，则意味着查询 name 字段中包含"疯狂"关键词的文档，而不是查询 name 字段值等于"疯狂"的文档。

Spring Data Solr 的 Repository 操作的数据类除了用@Field 注解修饰，还可用 Spring Data Solr 提供的@SolrDocument 注解修饰，该注解可指定一个 collection 属性，用于指定该实体类被映射到哪个 Core。

在理解了 Spring Data Solr 的设计之后，接下来通过示例来介绍 Spring Data Solr 的功能和用法。首先创建一个 Maven 项目，然后让其 pom.xml 文件继承 spring-boot-starter-parent，并添加 spring-boot-starter-data-solr.jar 依赖和 commons-codec:commons-codec 依赖。由于本例使用 Spring Boot 的测试支持来测试 DAO 组件，因此还添加了 spring-boot-starter-test.jar 依赖。具体可以参考本例的 pom.xml 文件。

本例所连接的同样是带用户认证功能的 Solr 服务器，因此本例同样需要使用前一个示例所使用的 SolrConfig 类，该类会在容器中配置一个 SolrClient；当该类配置了 SolrClient 之后，Spring Boot 就不会提供自动配置的 SolrClient 了，这样容器的其他 Solr 组件（如 SolrTemplate、SolrRepository）都将基于该 SolrClient 进行创建。

由于本例的 application.properties 文件和 SolrConfig 类与前一个示例完全相同，故此处不再给出。

下面是本例使用到的实体类。

程序清单：codes\06\6.5\solrtest\src\main\java\org\crazyit\app\domain\Book.java

```
@SolrDocument(collection = "springboot")
public class Book
{
    @Id
    @Field
    private Integer id;
    @Field
    private String name;
    @Field
    private String description;
    @Field
    private Double price;
    // 省略构造器、getter 和 setter 方法
    ...
}
```

从上面的粗体字代码可以看到，该 Book 类使用了@SolrDocument(collection = "springboot")修饰，这说明该类被映射到名为"springboot"的 Core，这个映射用于告诉 Solr 的 Repository 要操作哪个 Core。

下面是本例的 DAO 接口的代码。

程序清单：codes\06\6.5\solrtest\src\main\java\org\crazyit\app\dao\BookDao.java

```java
public interface BookDao extends CrudRepository<Book, Integer>, BookCustomDao
{
    // 方法名关键字查询
    List<Book> findByName(String name);
    List<Book> findByIdIn(List<Integer> list);
    List<Book> findByPriceBetween(double start, double end);
    List<Book> findByDescriptionMatches(String descPattern);
    // 使用@Query注解定义查询语句
    @Query("?0: ?1")
    List<Book> findByQuery1(String field, String term);
}
```

上面 DAO 组件先定义了 4 个方法名关键字查询方法，记住这些查询方法都是基于全文检索查询的。第 5 个方法则使用@Query 注解指定了自定义的查询语句，此处的查询语句用的就是原生的 Lucene 查询语法。

BookDao 还继承了 BookCustomDao 接口，该接口用于为该 DAO 组件添加自定义的查询方法。下面是 BookCustomDao 接口的代码。

程序清单：codes\06\6.5\solrtest\src\main\java\org\crazyit\app\dao\BookCustomDao.java

```java
public interface BookCustomDao
{
    List<Book> customQuery1(String name, String description);
}
```

下面为 BookCustomDao 提供实现类，该实现类通过 SolrTemplate 来实现自定义的查询方法。

程序清单：codes\06\6.5\solrtest\src\main\java\org\crazyit\app\dao\BookCustomDaoImpl.java

```java
public class BookCustomDaoImpl implements BookCustomDao
{
    @Autowired
    private SolrTemplate solrTemplate;
    @Override
    public List<Book> customQuery1(String name, String description)
    {
        // 定义查询语句
        Query query = Query.query("name:" + name +
            " AND description:" + description);
        // 调用SolrTemplate的方法执行查询
        return solrTemplate.query("springboot",
            query, Book.class).toList();
    }
}
```

正如从上面代码所看到的，使用 SolrTemplate 执行查询也很简单，程序只要通过查询语句创建 Query 对象，然后调用 SolrTemplate 的 query()方法即可完成查询。

下面是本例所使用的测试用例。

程序清单：codes\06\6.5\solrtest\src\test\java\org\crazyit\app\dao\BookDaoTest.java

```java
@SpringBootTest(webEnvironment = SpringBootTest.WebEnvironment.NONE)
```

```java
public class BookDaoTest
{
    @Autowired
    private BookDao bookDao;
    @ParameterizedTest
    @CsvSource({"1, 疯狂 Java 讲义, 最全面深入的 Java 图书, 129.0",
        "2, SpringBoot 终极讲义, 无与伦比的 SpringBoot 热点图书, 119.0",
        "3, 疯狂 Python, 系统易懂的 Python 图书, 覆盖数据分析、爬虫等全部热门内容, 118.0"})
    public void testSave(Integer id, String name,
            String description, Double price)
    {
        var book = new Book(id, name, description, price);
        bookDao.save(book);
    }
    @Test
    public void testDelete()
    {
        // 删除 id 为 3 的 Book 对象
        bookDao.deleteById(3);
    }
    @ParameterizedTest
    @ValueSource(strings = {"疯狂"})
    public void testFindByName(String name)
    {
        bookDao.findByName(name)
                .forEach(System.out::println);
    }
    @ParameterizedTest
    @CsvSource({"1, 2", "2, 3"})
    public void testFindByIdIn(Integer id1, Integer id2)
    {
        bookDao.findByIdIn(List.of(id1, id2))
                .forEach(System.out::println);
    }
    @ParameterizedTest
    @CsvSource({"110, 120", "120, 130"})
    public void testFindByPriceBetween(double start, double end)
    {
        bookDao.findByPriceBetween(start, end)
                .forEach(System.out::println);
    }
    @ParameterizedTest
    @ValueSource(strings = {"/全.+/", "/热.+/"})
    public void testFindByDescriptionMatches(String descPattern)
    {
        bookDao.findByDescriptionMatches(descPattern)
                .forEach(System.out::println);
    }
    @ParameterizedTest
    @CsvSource({"description, 全部", "description, 全*"})
    public void testFindByQuery1(String field, String term)
    {
        bookDao.findByQuery1(field, term)
                .forEach(System.out::println);
    }
    @ParameterizedTest
    @CsvSource({"疯狂, 深*", "讲*, 热*"})
    public void testCustomQuery1(String name, String description)
    {
```

```
        bookDao.customQuery1(name, description)
            .forEach(System.out::println);
    }
}
```

上面的测试方法分别测试了 CrudRepository 提供的 save()、deleteById()方法,以及方法名关键字查询方法、自定义的查询方法。

运行上面的 testSave()方法,同样会对底层索引库新增(或修改)3 个文档——当底层索引库中已有 id 为 1、2、3 的文档时,该方法就是修改 id 为 1、2、3 的文档。

testFindByName()方法用于测试 findByName()方法,该方法用于查询 name 字段中包含特定关键词的文档。运行该测试方法,将看到如下输出:

```
Book{id=3, name='疯狂 Python', description='系统易懂的 Python 图书,
    覆盖数据分析、爬虫等全部热门内容', price=118.0}
Book{id=1, name='疯狂 Java 讲义', description='最全面深入的 Java 图书', price=129.0}
```

testFindByIdIn()方法用于测试 findByIdIn()方法,该查询方法其实依然是根据文档的 id 执行查询的。

testFindByPriceBetween()方法用于测试 findByPriceBetween()方法,该查询方法可用于查询 price 位于指定范围的文档。运行该测试方法,当传入"110, 120"参数时,可以看到如下输出:

```
Book{id=2, name='SpringBoot 终极讲义', description='无与伦比的
    SpringBoot 热点图书', price=119.0}
Book{id=3, name='疯狂 Python', description='系统易懂的 Python 图书,
    覆盖数据分析、爬虫等全部热门内容', price=118.0}
```

testFindByDescriptionMatches()方法用于测试 findByDescriptionMatches()方法,该查询方法用于查询 description 字段中包含符合特定正则表达式的文档。运行该测试方法,当传入"/全.+/"参数时,可以看到如下输出:

```
Book{id=1, name='疯狂 Java 讲义', description='最全面深入的 Java 图书', price=129.0}
Book{id=3, name='疯狂 Python', description='系统易懂的 Python 图书,
    覆盖数据分析、爬虫等全部热门内容', price=118.0}
```

testFindByQuery1()方法用于测试 findByQuery1()方法,该方法的查询语句是"?0: ?1",这意味着该方法的第 1 个参数指定要查询的字段,第 2 个参数指定要查询的关键词。运行该测试方法,当传入"description, 全*"参数时,表示查询 description 字段中包含以"全"开头的关键词的文档,此时将可看到如下输出:

```
Book{id=1, name='疯狂 Java 讲义', description='最全面深入的 Java 图书', price=129.0}
Book{id=3, name='疯狂 Python', description='系统易懂的 Python 图书,
    覆盖数据分析、爬虫等全部热门内容', price=118.0}
```

testCustomQuery1()方法用于测试自定义的 customQuery1()查询方法,该查询方法由 BookCustomDaoImpl 类通过 SolrTemplate 提供实现,该方法的实现过程很清楚,读者可自行运行该测试方法来体会它的具体实现。

Spring Data Solr 也提供了@EnableSolrRepositories 注解,该注解用于手动启用 Solr Repository 支持。一旦程序显式使用该注解,Spring Data Solr 的 Repository 自动配置就会失效。因此,当需要连接多个 Solr 索引库或进行更多定制时,可手动使用该注解。

使用@EnableSolrRepositories 注解时,也要指定如下几个属性。

- ➢ basePackages:指定扫描哪个包下的 DAO 组件(Repository 组件)。
- ➢ solrClientRef:指定基于哪个 SolrClient 来实现 Repository 组件,默认值是 solrClient。
- ➢ solrTemplateRef:指定基于哪个 SolrTemplate 来实现 Repository 组件,默认值是 solrTemplate。

上面 solrClientRef 与 solrTemplateRef 两个属性只要指定其中之一即可。

6.6 整合 Elasticsearch

Elasticsearch 与 Solr 类似，同样是一个基于 Lucene 的开源的分布式搜索引擎。当年由于 Lucene 的 Java API 比较难用，于是 Shay Banon 就开发出一个叫作 Compass 的框架来对 Lucene 进行封装。Compass 框架用起来十分方便，所以当年作者也是极力推荐使用 Compass 的。

后来发现在 2009 年之后，Compass 项目就不更新了。原来是因为 Shay Banon 用 Elasticsearch 取代了 Compass。由于 Compass 只是一个 Java 框架，所以必须掌握 Java 编程才能使用 Compass；而 Elasticsearch 则是一个独立应用，它提供了 RESTful 的操作接口，因此不管用什么编程语言，甚至不管会不会编程，都可以很方便地使用 Elasticsearch（比如用 Postman 或 curl 工具）。

▶▶ 6.6.1 下载和安装 Elasticsearch

下载和安装 Elasticsearch 请按如下步骤进行。

① 登录 https://www.elastic.co/downloads/elasticsearch 站点下载 Elasticsearch 的最新版本，本书成书之时，其最新版本是 7.10.1，本书基于该版本的 Elasticsearch 进行讲解。

② 下载完成后得到一个 elasticsearch-7.10.1-windows-x86_64.zip 压缩包，将该压缩包解压缩到任意盘符的根路径下（以 D:\根路径为例），解压缩后将看到如下文件结构。

- bin：该目录下包含 Elasticsearch 的各种工具命令。
- config：该目录下包含 Elasticsearch 的各种配置文件，尤其是 elasticsearch.yml 和 jvm.options 两个配置文件很重要，其中 elasticsearch.yml 用于配置 Elasticsearch，jvm.options 用于配置 JVM 的堆内存、垃圾回收机制等选项。
- jdk：该目录下包含一份最新的 JDK。
- lib：该目录下保存 Elasticsearch 的核心 JAR 包及依赖的第三方 JAR 包。
- logs：日志目录。
- plugins：Elasticsearch 的插件目录。

③ Elasticsearch 同样是基于 Java 的，因此需要为它配置如下两个环境变量。

- JAVA_HOME：该环境变量指向 JDK 的安装路径（不要指向 JDK 的 bin 目录），这就是告诉 Elasticsearch 到哪里去找 Java 环境。
- 在 PATH 环境变量中添加 Elasticsearch 的 bin 目录所在的路径。这是为了让操作系统能找到 Elasticsearch 工具。该环境变量不是必需的，但配置该环境变量可以更方便地在命令行窗口中执行 Elasticsearch 命令。

④ 打开 config 目录下的 elasticsearch.yml 文件，可以对该文件中的如下选项进行配置：

```
cluster.name: fkjava-app    # 配置集群名
node.name: node-1    # 配置节点名
#network.host: 192.168.0.1   # 配置 Elasticsearch 绑定的 IP 地址
#http.port: 9200    # 指定 Elasticsearch 服务监听的端口
```

上面配置将 Elasticsearch 的集群名配置为 fkjava-app，将节点名配置为 node-1，这两个名字完全可以自行指定。

Elasticsearch 的集群配置非常简单，在同一个局域网内的多个节点（多个 Elasticsearch 服务器）上只要指定了相同的 cluster.name，它们都会自动加入同一个集群。因此，一个节点只要设置了 cluster.name 就能加入集群，成为集群的一部分。

network.host 用于指定 Elasticsearch 绑定的 IP 地址，默认绑定 127.0.0.1；http.port 用于指定绑定端口，默认绑定 9200 端口。

经过上面 4 步，Elasticsearch 就安装完成了。接下来只要启动命令行窗口，运行如下命令即可启动 Elasticsearch：

```
elasticsearch
```

该命令运行结束后，将看到如下输出：

```
[o.e.h.AbstractHttpServerTransport] [node-1] publish_address {127.0.0.1:9200},
 bound_addresses {127.0.0.1:9200}, {[::1]:9200}
[o.e.n.Node             ] [node-1] started
[o.e.l.LicenseService] [node-1] license [629a3ff5-675a-47b8-9ed3-0d6392a511a8] mode
 [basic] - valid
[o.e.x.s.s.SecurityStatusChangeListener] [node-1] Active license is now [BASIC];
 Security is disabled
```

从上面输出可以看到，当前 Elasticsearch 的发布地址为：127.0.0.1:9200。

可通过 curl 工具测试 Elasticsearch 是否启动成功，启动另一个窗口，运行如下命令：

```
curl http://localhost:9200
```

上面命令向 http://localhost:9200 发送 GET 请求，如果看到如下输出，则表明 Elasticsearch 启动成功：

```
{
  "name" : "node-1",
  "cluster_name" : "fkjava-app",
  "cluster_uuid" : "kdTwIMBsTiijQEosldW6xw",
  "version" : {
    "number" : "7.10.1",
    "build_flavor" : "default",
    "build_type" : "zip",
    "build_hash" : "1c34507e66d7db1211f66f3513706fdf548736aa",
    "build_date" : "2020-12-05T01:00:33.671820Z",
    "build_snapshot" : false,
    "lucene_version" : "8.7.0",
    "minimum_wire_compatibility_version" : "6.8.0",
    "minimum_index_compatibility_version" : "6.0.0-beta1"
  },
  "tagline" : "You Know, for Search"
}
```

上面输出中的 name、cluster_name 就是前面配置的节点名和集群名。从上面输出中也可以看到 Elasticsearch 的版本信息。

▶▶ 6.6.2 Elasticsearch 安全配置

如果想就这样使用 Elasticsearch，当然也是可以的，但很明显安全性不够，下面为 Elasticsearch 启用 SSL 支持，以及配置用户名、密码。

为 Elasticsearch 开启安全认证（SSL+密码）请按如下步骤进行。

① 修改 config 目录下的 elasticsearch.yml 文件，在其中添加如下一行：

```
xpack.security.enabled: true
```

这一行用于启用 XPack 的安全机制。

② 为 Elasticsearch 集群创建用户和设置密码。

先关闭 Elasticsearch 服务器，然后运行 "elasticsearch" 命令重启 Elasticsearch 服务器。这次启动完成后将会看到如下输出：

```
Active license is now [BASIC]; Security is enabled
```

然后运行如下命令来创建用户和设置密码：

```
elasticsearch-setup-passwords interactive
```

运行该命令会先显示它的描述信息，然后生成如图 6.64 所示的提示。

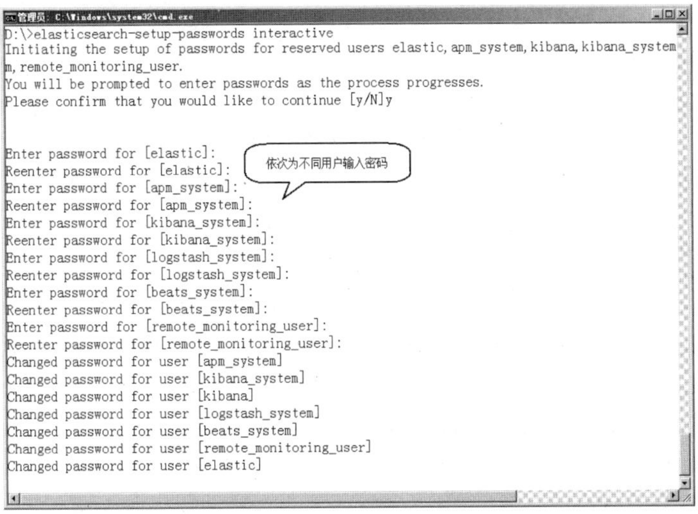

图 6.64 为不同用户设置密码

Elasticsearch 内置了用于不同目的几个用户，故此处要依次为每个用户设置密码，每个密码都要设置两次。这几个用户的大致功能如下。

> elastic：超级用户。
> kibana：Kibana 通过该用户连接 Elasticsearch。
> logstash_system：Logstash 将监控信息存储到 Elasticsearch 中时使用该用户。
> beats_system：Beats 在 Elasticsearch 中存储监视信息时使用该用户。
> apm_system：APM 服务器在 Elasticsearch 中存储监视信息时使用该用户。
> remote_monitoring_user：Metricbeat 用户在 Elasticsearch 中收集和存储监视信息时使用该用户。

③ 为 Elasticsearch 集群创建一个证书颁发机构的证书。运行如下命令：

```
elasticsearch-certutil ca
```

运行该命令开始会输出它的描述信息，然后生成如图 6.65 所示的提示。

图 6.65 生成证书颁发机构的证书

在图 6.65 所示的第 1 个提示输入处要求输入证书颁发机构的证书文件名，此处留空即可，留空则表示使用默认的证书文件名：elastic-stack-ca.p12。在第 2 个提示输入处要求为该证书文件设置密码，比如输入 567890 作为该证书的密码。

上面命令运行完成后，将会在 Elasticsearch 根目录（D:\elasticsearch-7.10.1）下生成一个 elastic-stack-ca.p12 文件。

④ 为 Elasticsearch 集群的每个节点生成各自的证书及私钥。运行如下命令：

```
elasticsearch-certutil cert --ca elastic-stack-ca.p12
```

上面命令的 cert 子命令用于生成证书，--ca 选项用于指定证书颁发机构的证书文件。由于第 3 步生成的证书文件名为 elastic-stack-ca.p12，故此处该选项值指定为 elastic-stack-ca.p12。

运行该命令同样也是先显示它的描述信息，然后生成如图 6.66 所示的提示。

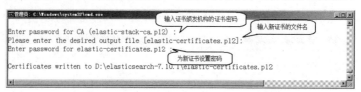

图 6.66　为 Elasticsearch 节点生成证书及私钥

在图 6.66 所示的第 1 个提示输入处要求输入证书颁发机构对应的证书密码，也就是第 3 步为 elastic-stack-ca.p12 文件设置的密码，故此处要输入 567890。在第 2 个提示输入处要求为新证书设置文件名，此处留空即可，留空则表示使用默认的文件名：elastic-certificates.p12。在第 3 个提示输入处要求为新证书设置密码，比如输入 123456 作为该证书的密码。

上面命令运行完成后，将会在 Elasticsearch 根目录（D:\elasticsearch-7.10.1）下生成一个 elastic-certificates.p12 文件。

⑤ 将第 4 步生成的 elastic-certificates.p12 文件复制到 Elasticsearch 的 config 目录下。

⑥ 修改 config 目录下的 elasticsearch.yaml 文件，在其中添加如下几行：

```
# 启用 SSL 支持
xpack.security.transport.ssl.enabled: true
xpack.security.transport.ssl.verification_mode: certificate
xpack.security.transport.ssl.keystore.path: elastic-certificates.p12
xpack.security.transport.ssl.truststore.path: elastic-certificates.p12
# 启用 HTTPS 支持
xpack.security.http.ssl.enabled: true
xpack.security.http.ssl.keystore.path: elastic-certificates.p12
xpack.security.http.ssl.truststore.path: elastic-certificates.p12
```

上面配置为 Elasticsearch 启用了 SSL 和 HTTPS 支持，并指定它们都使用 elastic-certificates.p12 作为证书文件。

⑦ 使用 elasticsearch.keystore 管理证书文件的密码。运行如下命令：

```
elasticsearch-keystore add xpack.security.transport.ssl.keystore.secure_password
```

由于前面在创建 elastic-certificates.p12 证书文件时设置了密码，因此 Elasticsearch 必须知道该证书密码才能读取证书内容。而 Elasticsearch 使用 config 目录下的 elasticsearch.keystore 文件来管理证书的读取密码，因此该命令就是为 "xpack.security.transport.ssl.keystore.path" 指定的证书文件设置读取密码。运行该命令会提示输入 elastic-certificates.p12 证书文件的密码（123456），如图 6.67 所示。

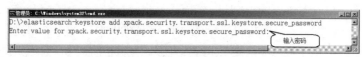

图 6.67　输入证书文件的密码

在图 6.67 所示的提示输入处要求输入 elastic-certificates.p12 证书文件的密码，即前面设置的 123456。此处不要输错了，如果输错了也不会提示错误，只是用 elasticsearch.keystore 文件将该密码保存起来，但后面启动 Elasticsearch 时就会报错：Elasticsearch 将无法读取证书文件的内容。

上面第 6 步一共有 4 个地方配置了要使用 elastic-certificates.p12 证书文件，因此还需要依次运行如下 3 条命令：

```
elasticsearch-keystore add xpack.security.transport.ssl.truststore.secure_password
elasticsearch-keystore add xpack.security.http.ssl.keystore.secure_password
elasticsearch-keystore add xpack.security.http.ssl.truststore.secure_password
```

这 3 条命令的运行过程与图 6.67 所示相同，因此都是输入 elastic-certificates.p12 证书文件的密码。

提示：
可能有人感到困惑，为何 elasticsearch.keystore 要保存 elastic-certificates.p12 证书文件的密码 4 次？这是由于第 6 步中需要证书的 4 个地方，都使用了同一个证书文件——elastic-certificates.p12，因此这里需要分别为 4 个证书文件设置"读取密码"。但由于这 4 个证书文件是同一文件，因此所设置的 4 个"读取密码"都是相同的。

再一次关闭 Elasticsearch 服务器，然后运行"elasticsearch"命令重启 Elasticsearch 服务器。启动完成后，再次使用 curl 来测试 Elasticsearch 服务器，这一次需要输入如下命令：

```
curl -u elastic:e32147 -k https://localhost:9200
```

上面命令中的 -u 选项用于指定用户名和密码，-k 选项用于指定忽略对方站点的 SSL 证书。注意上面请求的地址变成了 https 开头的，这就说明 SSL 和 HTTPS 已被启用。

▶▶ 6.6.3 Elasticsearch 基本用法

在成功安装、配置了 Elasticsearch 之后，接下来就可用它来管理索引库了。即使不会编程，也可使用 Elasticsearch，只要会用 Postman 或 curl 发送请求即可。

在开始介绍 Elasticsearch 的用法之前，先简单了解一下 Elasticsearch 索引库的各种概念。表 6.10 显示了 RDBMS、Elasticsearch、Solr 的概念大致对应关系。

表 6.10 RDBMS、Elasticsearch、Solr 的概念大致对应关系

RDBMS	Elasticsearch	Solr
表	Index	Core（或 Collection）
记录（行）	文档（Document）	文档（Document）
列	字段（Field）	字段（Field）

从表 6.10 可以看出，Elasticsearch 的 Index 就相当于 RDBMS 的表、Solr 的 Core。

早期 Elasticsearch 的 Index 还支持定义 Type，使用不同的 Type 来区分同一个 Index 下不同的文档，早期的 Index 有点类似于 RDBMS 的数据库；但 Elasticsearch 6.0 限制一个 Index 下最多只能定义一个 Type，此时的 Type 已经没有太大的实际意义了。从 Elasticsearch 7.0 开始，Type 已被标记为过时 API，此时的 Index 基本相当于 RDBMS 的表。

1. 操作 Index

添加 Index 使用 PUT 请求，使用如下命令添加一个名为"fkjava"的 Index：

```
curl -k -u elastic:e32147 -X PUT https://localhost:9200/fkjava
```

运行该命令生成如下输出：

```
{"acknowledged":true,"shards_acknowledged":true,"index":"fkjava"}
```

查看当前有哪些 Index，使用如下命令：

```
curl -k -u elastic:e32147 https://localhost:9200/_cat/indices
```

运行该命令生成如下输出：

```
green  open  .security-7          xMi4mOQsTleyvD1h63Q1zw 1 0 53 0 149.8kb 149.8kb
green  open  .apm-custom-link     WeD0WxPVRLKwCvUDoaQgVw 1 0  0 0    208b    208b
yellow open  fkjava               70rWTlXQRqeaLTIQFIpg_w 1 1  0 0    208b    208b
……
```

上面的以点（.）开头的 Index 是 Elasticsearch 内置的 Index，而 fkjava 就是刚刚创建的 Index。

> **提示：**
> Elasticsearch 是一个 RESTful 风格的搜索引擎，因此它为各种不同的服务提供对应的 URL 地址，开发者可使用任何工具（本书用 curl）发送请求，并提交请求参数，Elasticsearch 会生成对应的响应。至于 Elasticsearch 为不同服务所提供的 RESTful 接口，可参考 https://www.elastic.co/guide/en/elasticsearch/reference/current/rest-apis.html 页面来了解。

删除 Index 使用 DELETE 请求，使用如下命令删除一个名为"fkjava"的 Index：

```
curl -k -u elastic:e32147 -X DELETE https://localhost:9200/fkjava
```

运行该命令生成如下输出：

```
{"acknowledged":true}
```

Elasticsearch 内置了一些分词器，但这些分词器对中文支持并不好，这里可选择使用 IK 分词器来处理中文分词。

使用 Elasticsearch 的插件机制即可安装 IK 分词器，运行如下命令来安装 IK 分词器：

```
elasticsearch-plugin install https://github.com/medcl/elasticsearch-analysis-ik/^
releases/download/v7.10.1/elasticsearch-analysis-ik-7.10.1.zip
```

运行该命令将会自动从 GitHub 下载 IK 分词器压缩包，下载完成后请确认是否要安装 IK 分词器，选择 yes 后继续安装。

安装完成后，IK 分词器会被自动安装到 Elasticsearch 的 plugins 目录下，还会在 config 目录下创建一个 analysis-ik 子目录，用于保存 IK 分词器的配置文件。

为 Elasticsearch 安装任何插件后都需要重启 Elasticsearch 服务器，故此处也要重启 Elasticsearch 服务器来加载 IK 分词器。

在命令行所在的当前路径（就是命令行提示符">"前的路径）下定义一个 fkjava.json 文件，内容如下：

```json
{
  "settings": {
    "analysis": {
      "analyzer": {
        "default": {"tokenizer": "ik_max_word"}
      }
    }
  }
}
```

上面文件指定为 Index 设置默认的中文分词器：ik_max_word，该分词器由 IK 分词器提供，它还提供了一个名为"ik_smart"的中文分词器。

然后运行如下命令来创建 Index：

```
curl -k -u elastic:e32147 -X PUT https://localhost:9200/fkjava ^
-d @fkjava.json -H "Content-Type: application/json"
```

该命令中增加了-H 选项，设置 Content-Type 请求头的值为"application/json"；还增加了-d 选项，用于读取 fkjava.json 文件的内容作为请求数据。

运行上面命令生成如下输出：

```
{"acknowledged":true,"shards_acknowledged":true,"index":"fkjava"}
```

执下来对 IK 分词器的分词效果进行简单测试。依然在命令行所在的当前路径下定义一个 analyze.json 文件，内容如下：

```
{
   "analyzer": "ik_max_word",
   "text": "疯狂Spring Boot终极讲义太强大了,对各种前沿技术几乎全覆盖"
}
```

该 JSON 文件指定使用 ik_max_word 分词器，text 属性指定要测试分词的文本内容。

然后运行如下命令：

```
curl -k -u elastic:e32147 -X POST https://localhost:9200/fkjava/_analyze?pretty=true ^
 -d @analyze.json -H "Content-Type: application/json"
```

运行该命令生成如下输出：

```
{
  "tokens" : [
    {
      "token" : "疯狂",
      "start_offset" : 0,
      "end_offset" : 2,
      "type" : "CN_WORD",
      "position" : 0
    },
    {
      "token" : "spring",
      "start_offset" : 2,
      "end_offset" : 8,
      "type" : "ENGLISH",
      "position" : 1
    },
    ...
}
```

该输出显示了上面文本被分出了"疯狂""Spring"等词，每个词都被称作一个 token，每个 token 都对应如下属性。

- start_offset：起始位置。
- end_offset：结束位置。
- type：类型。
- position：词的位置。

2. 操作文档

添加文档使用 POST 请求。

在命令行所在的当前路径下定义一个 book.json 文件，内容如下：

```
{
  "name": "疯狂Java讲义",
  "description": "最全面深入的Java图书",
  "price": 129
}
```

接下来运行如下命令即可添加一个文档：

```
curl -k -u elastic:e32147 -X POST https://localhost:9200/fkjava/book/1 ^
```

```
-d @book.json -H "Content-Type: application/json"
```

该命令向"https://localhost:9200/fkjava/book/1"发送 POST 请求,也就是向 fkjava Index 下添加文档,其中 book 就是 type,而 1 就是被添加文档的 ID,这个 ID 其实是字符串,因此也可指定为"abc"。

运行上面命令将会看到如下输出:

```
{"_index":"fkjava","_type":"book","_id":"1","_version":1,
"result":"created","_shards":{"total":2,"successful":1,"failed":0},
"_seq_no":0,"_primary_term":1}
```

查看指定 Index 下的所有文档,运行如下命令即可:

```
curl -k -u elastic:e32147 https://localhost:9200/fkjava/_search?pretty=true
```

该命令中的 pretty=true 是一个很常见的参数,用于让 Elasticsearch 生成格式良好的响应。从该命令可以看出,查看 Index 下的所有文档,只要在该 Index 后添加"_search"即可。

运行上面命令将会看到如下输出:

```
{
  "took" : 4,
  "timed_out" : false,
  "_shards" : {
    "total" : 1,
    "successful" : 1,
    "skipped" : 0,
    "failed" : 0
  },
  "hits" : {
    "total" : {
      "value" : 1,
      "relation" : "eq"
    },
    "max_score" : 1.0,
    "hits" : [
      {
        "_index" : "fkjava",
        "_type" : "book",
        "_id" : "1",
        "_score" : 1.0,
        "_source" : {
          "name" : "疯狂 Java 讲义",
          "description" : "最全面深入的 Java 图书",
          "price" : 129
        }
      }
    ]
  }
}
```

查看指定 Index 下指定 ID 的文档,运行如下命令即可:

```
curl -k -u elastic:e32147 https://localhost:9200/fkjava/book/1?pretty=true
```

运行该命令将会看到如下输出:

```
{
  "_index" : "fkjava",
  "_type" : "book",
  "_id" : "1",
  "_version" : 1,
  "_seq_no" : 0,
  "_primary_term" : 1,
```

```
    "found" : true,
    "_source" : {
      "name" : "疯狂 Java 讲义",
      "description" : "最全面深入的 Java 图书",
      "price" : 129
    }
}
```

删除指定 ID 对应的文档,运行如下命令即可:

```
curl -k -u elastic:e32147 -X DELETE https://localhost:9200/fkjava/book/1
```

运行该命令将会看到如下输出:

```
{"_index":"fkjava","_type":"book","_id":"1","_version":2,
"result":"deleted","_shards":{"total":2,"successful":1,"failed":0},
"_seq_no":1,"_primary_term":1}
```

再次向 fkjava Index 下添加一个或多个文档,用于测试全文检索功能。

执行全文检索同样是向 Index 后加 "_search" 的 URL 地址发送请求,只不过需要添加 JSON 格式的请求数据而已。

首先在命令行所在的当前路径下定义一个 search.json 文件作为查询数据,内容如下:

```
{
   "query" : { "match" : { "description" : "全面" }}
}
```

Elasticsearch 自己搞了一套查询语法,它要求查询参数满足 JSON 格式,其中 query 属性的值才是实际的查询参数,match 表明使用普通关键词查询,还有 regexp 表示正则表达式查询,fuzzy 表示模糊查询,prefix 表示前缀查询,wildcard 表示通配符查询,range 表示范围查询,也可直接使用 query_string 定义查询字符串。关于查询语法的详细示例,可参考 https://www.elastic.co/guide/en/elasticsearch/reference/current/query-dsl.html 页面。

该查询数据就是要求在文档的 description 字段中包含"全面"关键词。

然后运行如下命令来执行全文检索:

```
curl -k -u elastic:e32147 https://localhost:9200/fkjava/_search ^
-d @search.json -H "Content-Type: application/json"
```

运行该命令将会看到如下输出:

```
{"took":9,"timed_out":false,"_shards":{"total":1,"successful":1,
"skipped":0,"failed":0},"hits":{"total":{"value":1,"relation":"eq"},
"max_score":0.2876821,"hits":[{"_index":"fkjava","_type":"book",
"_id":"1","_score":0.2876821,"_source":{ "name": "疯狂 Java 讲义",
"description": "最全面深入的 Java 图书", "price": 129}}]}}
```

上面输出的就是查询结果,此处为了节省篇幅,没有指定 Elasticsearch 生成格式良好的输出,其实完全可以在请求 URL 地址的 "_search" 后添加 "?pretty=true" 来生成格式良好的输出。

如果要根据查询条件来删除文档,只要向 Index 后加 "_delete_by_query" 的 URL 地址发送 POST 请求即可。例如,以下命令将会根据 search.json 指定的查询条件来删除文档:

```
curl -k -u elastic:e32147 -X POST https://localhost:9200/fkjava/_delete_by_query ^
-d @search.json -H "Content-Type: application/json"
```

运行该命令将会看到如下输出:

```
{"took":65,"timed_out":false,"total":1,"deleted":1,"batches":1,
"version_conflicts":0,"noops":0,"retries":{"bulk":0,"search":0},
"throttled_millis":0,"requests_per_second":-1.0,"throttled_until_millis":0,
"failures":[]}
```

上面介绍了 Elasticsearch RESTful 接口的最常用操作,实际上 Elasticsearch 支持的功能有很多,读者可按本节介绍的方式逐个测试各 RESTful 接口对应的功能。

▶▶ 6.6.4 使用 RESTful 客户端操作 Elasticsearch

如果打算使用 Elasticsearch 自带的 RestClient 来操作 Elasticsearch,甚至不需要添加 spring-boot-starter-data-elasticsearch 依赖,则直接使用最基本的 spring-boot-starter 依赖和 Elasticsearch 提供的 RestClient 依赖即可。

Elasticsearch 官方提供的 RestClient 分为两种:高级 RestClient 和低级 RestClient,它们的简单区别如下。

- 高级 RestClient:开发者面向 Index、文档等高层次的 API 编程,因此更加简单、方便。
- 低级 RestClient:开发者直接面向底层 RESTful 接口编程,发送最原始的请求参数,Elasticsearch 服务器也返回最原始的响应,这种方式需要开发者自行处理请求、响应的序列化和反序列化,相当麻烦,但灵活性最好。

通常建议以高级 RestClient 为主,只有当高级 RestClient 实在搞不定时,才考虑使用低级 RestClient。

Spring Boot 只要检测到类路径下有 elasticsearch-rest-high-level-client 依赖(无须使用 Spring Data Elasticsearch),Spring Boot 就会在容器中创建一个自动配置的 RestHighLevelClient,它就是 Elasticsearch 的高级 RestClient。如果想使用低级 RestClient,只要调用它的 getLowLevelClient()方法即可返回 ResLowLevelClient,它就是 Elasticsearch 的低级 RestClient。

如果需要对 RestClient 进行定制,则可在容器中部署一个或多个 RestClientBuilderCustomizer Bean,该 Bean 的 customize() 方法即可对 RestClientBuilder、HttpAsyncClientBuilder、RequestConfig.Builder 进行定制,这些定制最终将作用于 Elasticsearch 的 RestClient。

当容器中有了自动配置的 RestHighLevelClient 之后,容器可通过依赖注入将它注入其他任何组件(主要是 DAO 组件),接下来该组件可通过它的如下方法来操作 Elasticsearch 索引库。

- count (CountRequest countRequest, RequestOptions options):查询符合条件的文档数量。
- countAsync (CountRequest countRequest, RequestOptions options, ActionListener<CountResponse> listener):以异步方式查询符合条件的文档数量,其中 listener 参数负责处理异步查询的结果。
- delete (DeleteRequest deleteRequest, RequestOptions options):根据 ID 删除文档。
- deleteAsync (DeleteRequest deleteRequest, RequestOptions options, ActionListener<DeleteResponse> listener):以异步方式根据 ID 删除文档,其中 listener 参数负责处理异步删除的结果。
- deleteByQuery (DeleteByQueryRequest deleteByQueryRequest, RequestOptions options):删除符合查询条件的文档。
- deleteByQueryAsync (DeleteByQueryRequest deleteByQueryRequest, RequestOptions options, ActionListener<BulkByScrollResponse> listener):以异步方式删除符合查询条件的文档,其中 listener 参数负责处理异步删除的结果。
- exists (GetRequest getRequest, RequestOptions options):判断指定 ID 对应的文档是否存在。
- existsAsync (GetRequest getRequest, RequestOptions options, ActionListener<Boolean> listener):以异步方式判断指定 ID 对应的文档是否存在。
- get (GetRequest getRequest, RequestOptions options):根据 ID 获取文档。
- getAsync (GetRequest getRequest, RequestOptions options, ActionListener<GetResponse> listener):以异步方式根据 ID 获取文档。

- index (IndexRequest indexRequest, RequestOptions options)：创建索引或文档。
- indexAsync (IndexRequest indexRequest, RequestOptions options, ActionListener<IndexResponse> listener)：以异步方式创建索引或文档。
- mget (MultiGetRequest multiGetRequest, RequestOptions options)：根据多个 ID 获取多个文档。
- mgetAsync (MultiGetRequest multiGetRequest, RequestOptions options, ActionListener<MultiGetResponse> listener)：以异步方式根据多个 ID 获取多个文档。
- msearch (MultiSearchRequest multiSearchRequest, RequestOptions options)：根据多个查询条件返回文档。
- msearchAsync (MultiSearchRequest multiSearchRequest, RequestOptions options, ActionListener <MultiSearchResponse> listener)：以异步方式根据多个查询条件返回文档。
- search (SearchRequest searchRequest, RequestOptions options)：查询文档。
- searchAsync (SearchRequest searchRequest, RequestOptions options, ActionListener<SearchResponse> listener)：以异步方式查询文档。
- update (UpdateRequest updateRequest, RequestOptions options)：根据 ID 更新文档。
- updateAsync (UpdateRequest updateRequest, RequestOptions options, ActionListener<UpdateResponse> listener)：以异步方式根据 ID 更新文档。
- updateByQuery (UpdateByQueryRequest updateByQueryRequest, RequestOptions options)：更新符合条件的所有文档。
- updateByQueryAsync (UpdateByQueryRequest updateByQueryRequest, RequestOptions options, ActionListener<BulkByScrollResponse> listener)：以异步方式更新符合条件的所有文档。

上面这些方法所用的参数风格基本类似，都是使用 XxxRequest 封装主要的请求数据，使用 RequestOptions 封装一些额外的选项；对于异步处理的方法，则使用 listener 监听服务器返回的结果。

此外，它还提供了大量 xxx()方法来返回对应的 XxxClient，如 asyncSearch()方法返回 AsyncSearchClient，cluster()方法返回 ClusterClient，eql()方法返回 EqlClient，indices()方法返回 IndicesClient……这些 XxxClient 又提供了大量的方法来执行相应的操作。

在掌握了 Spring Boot 对 RESTful 客户端的支持，以及 RestHighLevelClient 提供的方法之后，接下来通过一个例子来示范 RestHighLevelClient 的功能与用法。首先依然是创建一个 Maven 项目，然后让其 pom.xml 文件继承 spring-boot-starter-parent，并添加 spring-boot-starter 依赖和 org.elasticsearch.client: elasticsearch-rest-high-level-client 依赖，注意此处并未添加 Spring Data Elasticsearch 的依赖。由于本例使用了 Spring Boot 的测试支持来测试 RestHighLevelClient，因此还添加了 spring-boot-starter-test.jar 依赖。具体可以参考本例的 pom.xml 文件。

先定义本例的 application.properties 文件。

程序清单：codes\06\6.6\restclient\src\main\resources\application.properties

```
# 指定 Elasticsearch 服务器的地址
spring.elasticsearch.rest.uris=https://127.0.0.1:9200
spring.elasticsearch.rest.read-timeout=10s
# 配置用户名和密码
spring.elasticsearch.rest.username=elastic
spring.elasticsearch.rest.password=e32147
```

上面配置文件中配置了以"spring.elasticsearch.rest"开头的属性，这些属性由 ElasticsearchRestClientProperties 类负责加载、处理。

上面配置 Elasticsearch 服务器的地址时指定了 URI 是 https 开头的地址，这意味着本应用使用 HTTPS 协议连接 Elasticsearch 服务器，这就需要让 Spring Boot 应用信任该服务器的证书。如果 Elasticsearch 服务器所使用的证书是第三方机构颁发的证书（这种证书要花钱），那么 Spring Boot 应用默认就会信任该证书，但前面为 Elasticsearch 服务器启用 SSL 支持时所使用的证书是自己签名的，因此 Spring Boot 应用默认不会信任该证书。

要让 Spring Boot 应用信任目标服务器的证书，则需要将目标服务器的证书添加到本应用的 trustStore 中。将目标服务器的证书添加到 trustStore 中按如下步骤进行。

① 启动命令行窗口，在命令行窗口中进入服务器证书所在的路径，本例中 Elasticsearch 服务器所使用的证书文件是 elastic-certificates.p12，它位于 D:\elasticsearch-7.10.1 目录下，因此进入该目录下运行如下命令：

```
keytool -export -alias ca -file elastic.cer -keystore elastic-certificates.p12
```

该命令用于从 elastic-certificates.p12 证书文件中导出公钥证书，导出得到的公钥证书文件名为 elastic.cer。

> **提示：** 如果连接第三方 HTTPS 网站，目标网站会直接提供*.cer 公钥证书文件供下载，因此不需要第 1 步。

运行该命令会提示输入 elastic-certificates.p12 证书文件的密码，与前面创建该证书时设置的密码保持一致，否则无法成功读取该证书。例如，此处输入 123456，输入完成后将会看到如下过程：

```
Enter keystore password:      # 输入证书文件的密码
Certificate stored in file <elastic.cer>
```

② 将目标网站的公钥证书添加到 trustStore 中。运行如下命令：

```
keytool -import -alias ca -file elastic.cer -keystore elastic.store
```

运行该命令将会创建一个新的 trustStore：elastic.store，并将 elastic.cer 公钥证书添加到该 trustStore 中。但如果 elastic.store 已经存在——在实际项目中，往往要让 Spring Boot 应用信任多个目标服务器的证书，因此可能前面已经创建了 trustStore，并在其中存储了其他服务器的证书——该命令将只是向已有的 trustStore 中添加 elastic.cer 证书。

如果 elastic.store 不存在，该命令将会提示两次输入密码，用于为新建的 trustStore 设置密码，此处设置为 345678；如果 elastic.store 已经存在，该命令将会提示输入读取已有 elastic.store 的密码，只有成功输入了对应的密码（关于该密码要去问创建的人），才能将 elastic.cer 证书添加到已有的 trustStore：elastic.store 中。

此处是创建一个新的 elastic.store，因此运行上面命令将会看到如下过程：

```
Enter keystore password:      # 为新建的 trustStore 设置密码
Re-enter new password:        # 再次输入密码
...  这里会显示 elastic.cer 证书的内容
Trust this certificate? [no]: y    # 输入 y 选择信任该证书
Certificate was added to keystore
```

经过上面两步，就成功地将目标服务器的 SSL 证书添加到 trustStore：elastic.store 中了，将 elastic.store 复制到应用的 resources 路径下。

还要通过 javax.net.ssl.trustStore 系统属性告诉 Spring Boot 到哪里去读取 trustStore 文件，并通过 javax.net.ssl.trustStorePassword 属性说明读取 trustStore 的密码。因此本例定义了一个配置类，通过该配置类的类初始化块来设置这两个属性。下面是该配置类的代码。

程序清单：codes\06\6.6\restclient\src\main\java\org\crazyit\app\ElasticConfig.java

```java
@Configuration
public class ElasticConfig
{
    static {
        // 获取 elastic.store 的保存位置
        String storePath = new File(ApplicationContext.class
            .getResource("/").getFile()).getParentFile()
            .getAbsolutePath() + "\\classes\\elastic.store";
        // 设置 trustStore 的位置
        System.setProperty("javax.net.ssl.trustStore",
            storePath);
        // 设置 trustStore 的读取密码
        System.setProperty("javax.net.ssl.trustStorePassword", "345678");
    }
    @Bean
    public RestClientBuilderCustomizer restClientBuilderCustomizer()
    {
        return new RestClientBuilderCustomizer()
        {
            @Override
            public void customize(RestClientBuilder builder)
            {
                // 此处可对 RestClientBuilder 进行定制
            }
            @Override
            public void customize(HttpAsyncClientBuilder builder)
            {
                // 对 HttpAsyncClientBuilder 进行定制
                // 设置验证目标服务器的 SSL 证书时，不验证主机名
                builder.setSSLHostnameVerifier(NoopHostnameVerifier.INSTANCE); // ①
            }
            @Override
            public void customize(RequestConfig.Builder builder)
            {
                // 此处可对 RequestConfig.Builder 进行定制
            }
        };
    }
}
```

上面两行粗体字代码设置了本例所使用的 trustStore 的路径和密码，这样 Spring Boot 应用就可根据该 trustStore 中保存的证书信任目标服务器的 SSL 证书。

上面配置类还在容器中定义了一个 RestClientBuilderCustomizer，它可以对 RestClientBuilder、HttpAsyncClientBuilder 和 RequestConfig.Builder 进行定制，这些定制最终都会被应用于 Elasticsearch 的 RestClient 上。

由于本例连接的目标服务器是 127.0.0.1（本机 IP 地址），这台服务器的主机名依然无法通过证书验证，因此上面①号代码对 HttpAsyncClientBuilder 进行了设置，设置它不验证目标服务器的主机名。

> **提示：** 使用自己签名的证书为 Elasticsearch 开启 SSL 支持确实比较麻烦，如果在调试本例时遇到了解决不了的 SSL 相关异常，则可将 elasticsearch.yaml 文件中的 xpack.security.transport.ssl.enabled 和 xpack.security.http.ssl.enabled 设为 false，然后重启 Elasticsearch 来关闭 SSL，并修改 application.properties 文件中的 "https://127.0.0.1:9200" 值，将其改为以 "http" 开头。下一节会示范如何连接关闭 SSL 的 Elasticsearch 服务器。

经过上面步骤，Spring Boot 才能成功地在容器中自动配置一个 RestHighLevelClient，本例直接使用测试用例来测试这个自动配置的 RestHighLevelClient。

下面是本例的测试用例。

程序清单：codes\06\6.6\restclient\src\main\java\org\crazyit\app\RestHighClientTest.java

```java
@SpringBootTest(webEnvironment = SpringBootTest.WebEnvironment.NONE)
public class RestHighClientTest
{
    // 依赖注入 Spring Boot 自动配置的 RestHighLevelClient
    @Autowired
    private RestHighLevelClient restHighClient;
    @Test
    public void testCreateIndex() throws IOException
    {
        // 定义创建 Index 的设置，和前面 fkjava.json 文件的内容相同
        // 设置该 Index 的默认分词器是 ik_max_word
        var json = "{\n" +
            "  \"settings\": {\n" +
            "    \"analysis\": {\n" +
            "      \"analyzer\": {\n" +
            "        \"default\": {\"tokenizer\": \"ik_max_word\"}\n" +
            "      }\n" +
            "    }\n" +
            "  }\n" +
            "}\n";
        var indexRequest = new CreateIndexRequest("books")
            .source(json, XContentType.JSON);
        AcknowledgedResponse resp = restHighClient.indices()
            .create(indexRequest, RequestOptions.DEFAULT);
        Assertions.assertTrue(resp.isAcknowledged(), "创建失败！");
    }
    @Test
    public void testDeleteIndex() throws IOException
    {
        var indexRequest = new DeleteIndexRequest("books");
        AcknowledgedResponse resp = restHighClient.indices()
            .delete(indexRequest, RequestOptions.DEFAULT);
        Assertions.assertTrue(resp.isAcknowledged(), "删除失败！");
    }
    @ParameterizedTest
    @CsvSource({"1, 疯狂 Java 讲义, 最全面深入的 Java 图书, 129.0",
            "2, SpringBoot 终极讲义, 无与伦比的 SpringBoot 热点图书, 119.0",
            "3, 疯狂 Python, 系统易懂的 Python 图书, 覆盖数据分析、爬虫等全部热门内容, 118.0"})
    public void testSaveDocument(Integer id, String name,
            String description, Double price) throws IOException
    {
        IndexRequest request = new IndexRequest("books")
            .id(id + "")
            .source("name", name,
                "description", description,
                "price", price);
        IndexResponse resp = restHighClient.index(request, RequestOptions.DEFAULT);
        System.out.println(resp);
    }
    @ParameterizedTest
    @ValueSource(ints = {1, 2, 3})
    public void testGetDocument(Integer id) throws IOException
    {
        var request = new GetRequest("books")
```

```
        .id(id + "");
    GetResponse resp = restHighClient.get(request, RequestOptions.DEFAULT);
    System.out.println(resp.getSource());
}
@ParameterizedTest
@CsvSource({"name, 疯狂", "description, 热*"})
public void testSearch(String field, String term) throws IOException
{
    var builder = new SearchSourceBuilder();
    if (term != null && term.contains("*"))
    {
        builder.query(QueryBuilders.wildcardQuery(field, term));
    }
    else
    {
        builder.query(QueryBuilders.matchQuery(field, term));
    }
    var request = new SearchRequest("books")
            .source(builder);
    SearchResponse resp = restHighClient.search(request, RequestOptions.DEFAULT);
    SearchHits hits = resp.getHits();
    hits.forEach(System.out::println);
}
@ParameterizedTest
@ValueSource(ints = {1})
public void testDeleteDocument(Integer id) throws IOException
{
    var request = new DeleteRequest("books")
            .id(id + "");
    DeleteResponse resp = restHighClient.delete(request, RequestOptions.DEFAULT);
    System.out.println(resp.status());
}
```

上面测试用例的测试方法用于测试创建 Index、删除 Index，以及根据 ID 获取文档、查询文档和删除文档。先运行该测试用例的 testCreateIndex()方法，该方法将会创建一个以 ik_max_word 为默认分词器的 Index。运行该方法不会有任何输出。

当该方法运行完成后，打开命令行窗口，运行如下命令来查看 Index：

```
curl -k -u elastic:e32147 https://localhost:9200/_cat/indices
```

运行该命令将会看到新出现一个名为"books"的 Index。

testDeleteIndex()方法用于删除 Index，运行该方法也不会看到任何输出。当该方法运行完成后，再次查看系统中所有的 Index，将发现名为"books"的 Index 不见了，这说明该 Index 被删除了。

testSaveDocument()方法将会向名为"books"的 Index 下添加 3 个文档，运行该方法将看到如下输出：

```
IndexResponse[index=books,type=_doc,id=1,version=1,result=created,
seqNo=0,primaryTerm=1,shards={"total":2,"successful":1,"failed":0}]
```

通过上面输出可以看到文档添加成功，注意该方法每次只添加一个文档，只不过此处使用的是参数化测试，它会控制该方法执行 3 次，这样才会向 books Index 下添加 3 个文档。

从上面输出还可以看到，虽然 Elasticsearch 不建议为 Index 指定 type，上面程序也没有为创建的文档指定 type，但 Elasticsearch 还是为文档分配了默认的 type：_doc，这只不过是为了与旧版本保持兼容，而且现在每个 Index 只能对应一个 type，因此 type 基本没什么实际意义。

当该方法运行完成后，打开命令行窗口，运行如下命令来查看文档：

```
curl -k -u elastic:e32147 https://localhost:9200/books/_search?pretty=true
```

运行该命令将可清楚地看到 books Index 下包含了 3 个文档。

testGetDocument()方法测试根据 ID 获取文档，运行该方法，当传入参数为 2 时，将看到如下输出：

```
{price=119.0, name=SpringBoot 终极讲义, description=无与伦比的 SpringBoot 热点图书}
```

testSearch()方法测试全文检索功能，该方法对传入的 term 关键词进行判断，如果该关键词包含星号（*），就使用通配符查询（Wildcard Query），否则就使用普通查询。运行该方法，当传入 "description, 热*" 参数时，将看到如下输出：

```
{
  "_index" : "books",
  "_type" : "_doc",
  "_id" : "2",
  "_score" : 1.0,
  "_source" : {
    "name" : "SpringBoot 终极讲义",
    "description" : "无与伦比的 SpringBoot 热点图书",
    "price" : 119.0
  }
}
{
  "_index" : "books",
  "_type" : "_doc",
  "_id" : "3",
  "_score" : 1.0,
  "_source" : {
    "name" : "疯狂 Python",
    "description" : "系统易懂的 Python 图书，覆盖数据分析、爬虫等全部热门内容",
    "price" : 118.0
  }
}
```

由于上面这两个文档的 description 分别包含了"热点"和"热门"关键词，因此它们都被查询出来。

testDeleteDocument()方法测试根据 ID 删除文档，运行该方法，将看到如下输出：

```
OK
```

该输出表明 ID 为 1 的文档删除成功。该方法运行完成后，再次打开命令行窗口，运行如下命令来查看所有文档：

```
curl -k -u elastic:e32147 https://localhost:9200/books/_search?pretty=true
```

运行该命令即可看到 ID 为 1 的文档不见了，这也说明 ID 为 1 的文档被删除了。

▶▶ 6.6.5 使用反应式 RESTful 客户端操作 Elasticsearch

由于 Elasticsearch 官方并未提供反应式的 RestClient，因此 Spring Data Elasticsearch 额外补充了一个 ReactiveElasticsearchClient，用于提供反应式 API 支持。ReactiveElasticsearchClient 相当于 RestHighLevelClient 的反应式版本，因此它们二者的功能基本相似。

ReactiveElasticsearchClient 是基于 WebFlux 的 WebClient 的，因此如果要使用反应式的 RestClient，还需要添加 Spring WebFlux 依赖。

在掌握了 ReactiveElasticsearchClient 的内容之后，接下来通过一个例子来示范它的功能与用法。首先创建一个 Maven 项目，然后让其 pom.xml 文件继承 spring-boot-starter-parent，并添加 spring-boot-starter-webflux 依赖和 spring-boot-starter-data-elasticsearch 依赖。由于本例使用 Spring Boot 的测试

支持来测试 ReactiveElasticsearchClient，因此还添加了 spring-boot-starter-test.jar 依赖。具体可以参考本例的 pom.xml 文件。

下面是本例所使用的 application.properties 文件。

程序清单：codes\06\6.6\reactiveclient\src\main\resources\application.properties

```
# 配置 Elasticsearch 服务器的地址
spring.data.elasticsearch.client.reactive.endpoints=127.0.0.1:9200
# 配置不使用 SSL
spring.data.elasticsearch.client.reactive.use-ssl=false
spring.data.elasticsearch.client.reactive.socket-timeout=10s
# 配置连接 Elasticsearch 服务器的用户名、密码
spring.data.elasticsearch.client.reactive.username=elastic
spring.data.elasticsearch.client.reactive.password=e32147
```

上面配置中的 spring.data.elasticsearch.client.reactive.use-ssl 属性值为 false，这说明本例不使用 SSL，因此本例需要关闭 Elasticsearch 的 SSL：将 elasticsearch.yaml 中的 xpack.security.transport.ssl. enabled 和 xpack.security.http.ssl.enabled 两个属性设为 false，重启 Elasticsearch 即可关闭 SSL。

所有以 "spring.data.elasticsearch.client.reactive" 开头的属性都由 ReactiveElasticsearchRestClient- Properties 类负责加载，并由容器中自动配置的 ClientConfiguration 负责处理。

如果觉得上面配置的属性还不够，或者希望完全控制 ReactiveElasticsearchClient 的配置，则可在容器中配置一个自定义的 ClientConfiguration，这样 Spring Boot 将不再提供自动配置的 ClientConfiguration。这样一来，Spring Boot 在自动配置 ReactiveElasticsearchClient 时，就会改为使用自定义的 ClientConfiguration 所提供的配置信息，完全忽略以 "spring.data.elasticsearch.client.reactive" 开头的配置信息。

当容器中有了自动配置的 ReactiveElasticsearchClient 之后，接下来即可将它依赖注入其他任何组件（如 DAO 组件）。本例直接使用测试用例来测试这个自动配置的 ReactiveElasticsearchClient，下面是测试用例的代码。

```java
@SpringBootTest(webEnvironment = SpringBootTest.WebEnvironment.NONE)
public class ReactiveClientTest
{
    // 依赖注入 Spring Boot 自动配置的 ReactiveElasticsearchClient
    @Autowired
    private ReactiveElasticsearchClient reactiveClient;
    @Test
    public void testCreateIndex() throws IOException
    {
        // 定义创建 Index 的设置，和前面 fkjava.json 文件的内容相同
        // 设置该 Index 的默认分词器是 ik_max_word
        var json = "{\n" +
            "  \"settings\": {\n" +
            "    \"analysis\": {\n" +
            "      \"analyzer\": {\n" +
            "        \"default\": {\"tokenizer\": \"ik_max_word\"}\n" +
            "      }\n" +
            "    }\n" +
            "  }\n" +
            "}\n";
        var indexRequest = new CreateIndexRequest("books")
            .source(json, XContentType.JSON);
        Mono<Boolean> resp = reactiveClient.indices().createIndex(indexRequest);
        resp.blockOptional().ifPresent(b -> Assertions.assertTrue(b, "创建失败！"));
    }
    @Test
```

```java
public void testDeleteIndex() throws IOException
{
    var indexRequest = new DeleteIndexRequest("books");
    Mono<Boolean> resp = reactiveClient.indices()
            .deleteIndex(indexRequest);
    resp.blockOptional().ifPresent(b -> Assertions.assertTrue(b, "删除失败！"));
}
@ParameterizedTest
@CsvSource({"1, 疯狂 Java 讲义, 最全面深入的 Java 图书, 129.0",
        "2, SpringBoot 终极讲义, 无与伦比的 SpringBoot 热点图书, 119.0",
        "3, 疯狂 Python, 系统易懂的 Python 图书, 覆盖数据分析、爬虫等全部热门内容, 118.0"})
public void testSaveDocument(Integer id, String name,
        String description, Double price) throws IOException
{
    IndexRequest request = new IndexRequest("books")
            .id(id + "")
            .source("name", name,
                    "description", description,
                    "price", price);
    Mono<IndexResponse> resp = reactiveClient.index(request);
    resp.blockOptional().ifPresent(System.out::println);
}
@ParameterizedTest
@ValueSource(ints = {1, 2, 3})
public void testGetDocument(Integer id) throws IOException
{
    var request = new GetRequest("books")
            .id(id + "");
    Mono<GetResult> resp = reactiveClient.get(request);
    resp.blockOptional().ifPresent(e -> System.out.println(e.getSource()));
}
@ParameterizedTest
@CsvSource({"name, 疯狂", "description, 热*"})
public void testSearch(String field, String term) throws IOException
{
    var builder = new SearchSourceBuilder();
    if (term != null && term.contains("*"))
    {
        builder.query(QueryBuilders.wildcardQuery(field, term));
    } else
    {
        builder.query(QueryBuilders.matchQuery(field, term));
    }
    var request = new SearchRequest("books")
            .source(builder);
    Flux<SearchHit> resp = reactiveClient.search(request);
    resp.toIterable().forEach(System.out::println);
}
@ParameterizedTest
@ValueSource(ints = {1})
public void testDeleteDocument(Integer id) throws IOException
{
    var request = new DeleteRequest("books")
            .id(id + "");
    Mono<DeleteResponse> resp = reactiveClient.delete(request);
    resp.blockOptional().ifPresent(e -> System.out.println(e.status()));
}
```

上面粗体字代码依赖注入了 ReactiveElasticsearchClient，因此本测试用例使用反应式的 RestClient 来操作 Elasticsearch 索引库。

从上面代码可以看出，ReactiveElasticsearchClient 与 RestHighLevelClient 的用法极为相似，只不过在调用 ReactiveElasticsearchClient 的方法时无须传入 RequestOptions 参数，且其方法的返回值都是 Flux 或 Mono（反应式 API），因此上面程序使用了 blockOptional()、toIterable()来保证反应式 API 能执行完成。

读者可自行运行上面的方法进行测试，这些测试方法的效果与前面 RestHighLevelClient 的测试方法基本相同。

6.6.6 使用 Spring Data 连接 Elasticsearch 与 ElasticsearchRestTemplate

如果 Spring Boot 在类加载路径下检测到 Spring Data Elasticsearch，Spring Boot 就会在容器中自动配置一个 ElasticsearchRestTemplate（注意不是 ElasticsearchTemplate，ElasticsearchTemplate 已经过时了）；如果 Spring Boot 在类加载路径下同时检测到 Spring Data Elasticsearch 和 Spring WebFlux，Spring Boot 就会在容器中自动配置一个 ReactiveElasticsearchTemplate。

ElasticsearchRestTemplate 底层依赖于容器中自动配置的 RestHighLevelClient，而 Reactive-Elasticsearch-Template 底层依赖于容器中自动配置的 ReactiveElasticsearchClient，正如 ReactiveElasticsearchClient 是 RestHighLevelClient 的反应式版本，ReactiveElasticsearchTemplate 则是 ElasticsearchRestTemplate 的反应式版本。

与 RestHighLevelClient、ReactiveElasticsearchClient 相比，ElasticsearchRestTemplate、ReactiveElasticsearchTemplate 能以更加面向对象的方法来操作 Elasticsearch 索引库，这些 XxxTemplate 的方法操作的是实体对象，而 Spring Data Elasticsearch 会自动将面向实体对象的操作转化为对索引库的操作。

下一节会介绍 Spring Data Elasticsearch 的功能和用法示例。

6.6.7 使用 Elasticsearch 的 Repository

由于 Spring Data 是高层次的抽象，而 Spring Data Elasticsearch 只是属于底层的具体实现，因此 Spring Data Elasticsearch 也提供了与前面 Spring Data 完全一致的操作。

归纳起来，Spring Data Elasticsearch 大致包括如下几方面功能。

- DAO 接口只需继承 CrudRepository 或 ReactiveCrudRepository，Spring Data Elasticsearch 能为 DAO 组件提供实现类。
- Spring Data Elasticsearch 支持方法名关键字查询，只不过 Elasticsearch 查询都是全文检索查询。
- Spring Data Elasticsearch 同样支持 DAO 组件添加自定义的查询方法——通过添加额外的接口，并为额外的接口提供实现类，Spring Data Elasticsearch 就能将该实现类中的方法"移植"到 DAO 组件中。

与前面介绍的 NoSQL 技术不同的是，Elasticsearch 属于全文检索引擎，因此它的方法名关键字查询也是基于全文检索的。例如，对于 findByName(String name)方法，假如传入参数为"疯狂"，则意味着查询 name 字段中包含"疯狂"关键词的文档，而不是查询 name 字段值等于"疯狂"的文档。

Spring Data Elasticsearch 的 Repository 操作的数据类同样使用@Document 和@Field 注解修饰，其中@Document 修饰的实体类被映射到文档，使用该注解时可指定如下两个常用属性。

- indexName：指定该实体类被映射到哪个 Index。
- createIndex：指定是否根据实体类创建 Index。

@Field 修饰的属性则被映射到索引文档的 Field，使用该注解时可指定如下常用属性。

- name：指定该属性被映射到索引文档的哪个 Field，如果不指定该属性，则默认基于同名映射。
- analyzer：指定该 Field 所使用的分词器。
- searchAnalyzer：指定对该 Field 执行搜索时所使用的分词器。

在理解了 Spring Data Elasticsearch 的设计之后，接下来通过示例来介绍 Spring Data Elasticsearch 的功能和用法。首先创建一个 Maven 项目，然后让其 pom.xml 文件继承 spring-boot-starter-parent，并添加 spring-boot-starter-data-elasticsearch.jar 依赖。由于本例使用 Spring Boot 的测试支持来测试 DAO 组件，因此还添加了 spring-boot-starter-test.jar 依赖。具体可以参考本例的 pom.xml 文件。

本例所连接的同样是启用了 SSL 支持的 Elasticsearch 服务器，因此本例同样需要使用前面 restclient 示例所使用的 trustStore 和 ElasticConfig 类，ElasticConfig 类告诉 Java 到哪里去加载 trustStore，以及 trustStore 的读取密码，并通过 RestClientBuilderCustomizer 设置忽略 SSL 证书的主机名验证。

由于本例的 application.properties 文件、ElasticConfig 类与前面 restclient 示例的完全相同，故此处不再给出。

下面是本例中用到的实体类。

程序清单：codes\06\6.6\elastictest\src\main\java\org\crazyit\app\domain\Book.java

```java
// createIndex 指定自动创建索引
@Document(indexName = "springboot", createIndex = true)
public class Book
{
    @Id
    private Integer id;
    @Field(analyzer = "ik_max_word", searchAnalyzer = "ik_smart")
    private String name;
    @Field(analyzer = "ik_max_word", searchAnalyzer = "ik_smart")
    private String description;
    @Field(analyzer = "ik_max_word", searchAnalyzer = "ik_smart")
    private Double price;
    // 省略构造器、getter 和 setter 方法
    ...
}
```

从上面粗体字代码可以看到，该 Book 类使用了 @Document(indexName = "springboot", createIndex = true)修饰，这说明该类被映射到名为"springboot"的 Index，Spring Data Elasticsearch 可根据该实体类自动创建 Index——如果该 Index 不存在的话。

上面实体类的实例变量（加上 getter、setter 方法就变成属性）还使用了 @Field 注解修饰，该注解用于将被修饰的属性映射到索引文档的 Field。该注解还指定了 analyzer 和 searchAnalyzer 属性，它们用于为该 Field 指定分词器和搜索分词器，此处指定的是 IK 分词器的另外一个分词器：ik_smart。

下面是本例中的 DAO 接口的代码。

程序清单：codes\06\6.6\elastictest \src\main\java\org\crazyit\app\dao\BookDao.java

```java
public interface BookDao extends CrudRepository<Book, Integer>, BookCustomDao
{
    // 方法名关键字查询
    List<Book> findByName(String name);
    List<Book> findByIdIn(List<Integer> list);
    List<Book> findByPriceBetween(double start, double end);
    List<Book> findByDescriptionMatches(String descPattern);
    // 使用@Query 注解定义查询语句
    @Query("{ \"match\": { \"?0\": \"?1\" } } ")
```

```
//    @Query("{ \"query_string\": { \"query\": \"?0:?1\" } } ")
    List<Book> findByQuery1(String field, String term);
}
```

上面 DAO 组件先定义了 4 个方法名关键字查询方法，记住这些查询方法都是基于全文检索查询的。第 5 个方法则使用@Query 注解指定了自定义的查询语句，此处指定的查询语句用的必须是 Elasticsearch 支持的查询语法，因此@Query 的属性值是一个 JSON 字符串。前面 6.6.3 节介绍了 Elasticsearch 的查询语法和参考页面，读者结合那一节来理解此处的查询字符串。

BookDao 还继承了 BookCustomDao 接口，该接口用于为该 DAO 组件添加自定义的查询方法。下面是 BookCustomDao 接口的代码。

程序清单：codes\06\6.6\elastictest\src\main\java\org\crazyit\app\dao\BookCustomDao.java
```
public interface BookCustomDao
{
    List<Book> customQuery1(String name, String description);
}
```

下面为 BookCustomDao 提供实现类，该实现类通过 ElasticsearchRestTemplate 来实现自定义的查询方法。

程序清单：codes\06\6.6\elastictest\src\main\java\org\crazyit\app\dao\BookCustomDaoImpl.java
```
public class BookCustomDaoImpl implements BookCustomDao
{
    @Autowired
    private ElasticsearchRestTemplate restTemplate;
    @Override
    public List<Book> customQuery1(String name, String description)
    {
        // 以面向对象的方式定义查询语句
        Criteria criteria = new Criteria("name").is(name)
                .and("description").is(description);
        // 创建 CriteriaQuery
        Query query = new CriteriaQuery(criteria);
        SearchHits<Book> hits = restTemplate.search(query, Book.class);
        List<Book> books = new ArrayList<>();
        hits.forEach(hit -> books.add(hit.getContent()));
        return books;
    }
}
```

正如从上面代码所看到的，程序可使用 Criteria 来定义查询语句，这种方式比较简单、方便，有了 Criteria 之后，程序即可创建 CriteriaQuery 对象。

如果你依然喜欢使用 Elasticsearch 原生的查询字符串（JSON 风格的查询字符串），则可使用 StringQuery 来创建 Query 对象。

使用 ElasticsearchRestTemplate 执行查询也很简单，在创建了 Query 对象（CriteriaQuery 或 StringQuery 都行）之后，调用 ElasticsearchRestTemplate 的 search()方法即可完成查询。

下面是本例所使用的测试用例。

程序清单：codes\06\6.6\elastictest\src\test\java\org\crazyit\app\dao\BookDaoTest.java
```
@SpringBootTest(webEnvironment = SpringBootTest.WebEnvironment.NONE)
public class BookDaoTest
{
    @Autowired
    private BookDao bookDao;
    @ParameterizedTest
```

```java
@CsvSource({"1, 疯狂 Java 讲义, 最全面深入的 Java 图书, 129.0",
    "2, SpringBoot 终极讲义, 无与伦比的 SpringBoot 热点图书, 119.0",
    "3, 疯狂 Python, 系统易懂的 Python 图书, 覆盖数据分析、爬虫等全部热门内容, 118.0"})
public void testSave(Integer id, String name,
        String description, Double price)
{
    var book = new Book(id, name, description, price);
    bookDao.save(book);
}
@Test
public void testDelete()
{
    // 删除 id 为 3 的 Book 对象
    bookDao.deleteById(3);
}
@ParameterizedTest
@ValueSource(strings = {"疯狂"})
public void testFindByName(String name)
{
    bookDao.findByName(name)
        .forEach(System.out::println);
}
@ParameterizedTest
@CsvSource({"1, 2", "2, 3"})
public void testFindByIdIn(Integer id1, Integer id2)
{
    bookDao.findByIdIn(List.of(id1, id2))
        .forEach(System.out::println);
}
@ParameterizedTest
@CsvSource({"110, 120", "120, 130"})
public void testFindByPriceBetween(double start, double end)
{
    bookDao.findByPriceBetween(start, end)
        .forEach(System.out::println);
}
@ParameterizedTest
@ValueSource(strings = {"全.+", "热.+"})
public void testFindByDescriptionMatches(String descPattern)
{
    bookDao.findByDescriptionMatches(descPattern)
        .forEach(System.out::println);
}
@ParameterizedTest
@CsvSource({"description, 全部", "description, 全*"})
public void testFindByQuery1(String field, String term)
{
    bookDao.findByQuery1(field, term)
        .forEach(System.out::println);
}
@ParameterizedTest
@CsvSource({"疯狂, 深*", "讲*, 热*"})
public void testCustomQuery1(String name, String description)
{
    bookDao.customQuery1(name, description)
        .forEach(System.out::println);
}
}
```

上面的测试方法分别测试了 CrudRepository 提供的 save()、deleteById() 方法，以及方法名关键字查询方法、自定义的查询方法。

运行上面的testSave()方法,同样会对底层索引库新增（或修改）3个文档——当底层索引库中已有id为1、2、3的文档时,该方法就是修改id为1、2、3的文档。

运行testFindByName()方法,测试findByName()方法,该方法用于查询name字段中包含特定关键词的文档。运行该测试方法,将看到如下输出:

```
Book{id=3, name='疯狂 Python', description='系统易懂的 Python 图书,
    覆盖数据分析、爬虫等全部热门内容', price=118.0}
Book{id=1, name='疯狂 Java 讲义', description='最全面深入的 Java 图书', price=129.0}
```

testFindByIdIn()方法用于测试findByIdIn()方法,该查询方法其实依然是根据文档的id来执行查询的。

testFindByPriceBetween()方法用于测试findByPriceBetween()方法,该查询方法可用于查询price位于指定范围的文档。运行该测试方法,当传入"110, 120"参数时,可以看到如下输出:

```
Book{id=2, name='SpringBoot 终极讲义', description='无与伦比的
    SpringBoot 热点图书', price=119.0}
Book{id=3, name='疯狂 Python', description='系统易懂的 Python 图书,
    覆盖数据分析、爬虫等全部热门内容', price=118.0}
```

testFindByDescriptionMatches()方法用于测试findByDescriptionMatches()方法,该查询方法用于查询description字段中包含符合特定正则表达式的文档。运行该测试方法,当传入"全.+"参数时,可以看到如下输出:

```
Book{id=1, name='疯狂 Java 讲义', description='最全面深入的 Java 图书', price=129.0}
Book{id=3, name='疯狂 Python', description='系统易懂的 Python 图书,
    覆盖数据分析、爬虫等全部热门内容', price=118.0}
```

testFindByQuery1()方法用于测试findByQuery1()方法,该方法的查询语句是" {"match": {"?0": "?1"}}",这意味着该方法的第1个参数指定要查询的字段,第2个参数指定要查询的关键词。运行该测试方法,当传入"description, 全*"参数时,表示查询description字段中包含以"全"开头的关键词的文档,此时将可看到如下输出:

```
Book{id=1, name='疯狂 Java 讲义', description='最全面深入的 Java 图书', price=129.0}
Book{id=3, name='疯狂 Python', description='系统易懂的 Python 图书,
    覆盖数据分析、爬虫等全部热门内容', price=118.0}
```

testCustomQuery1()方法用于测试自定义的customQuery1()查询方法,该查询方法由BookCustomDaoImpl类通过ElasticsearchRestTemplate提供实现,该方法的实现过程很清楚,读者可自行运行该测试方法来体会它的具体实现。

上面DAO接口继承了CrudRepository接口,因此它是传统式的,不是反应式的,该DAO组件是基于Elasticsearch提供的RestHighLevelClient实现的。如果想将DAO组件变成反应式API,则需要先添加Spring WebFlux依赖,并让该DAO接口继承ReactiveCrudRepository接口,这样Spring Boot就会使用自动配置的ReactiveElasticsearchClient、ReactiveElasticsearchTemplate来实现反应式的DAO组件。

Spring Data Elasticsearch也提供了@EnableElasticsearchRepositories和@EnableReactiveElasticsearch-Repositories注解,这两个注解用于手动启用Elasticsearch Repository支持。一旦程序显式使用这两个注解,Spring Data Elasticsearch的Repository自动配置就会失效。因此,当需要连接多个Elasticsearch索引库或进行更多定制时,可手动使用这两个注解。

使用@EnableElasticsearchRepositories或@EnableReactiveElasticsearchRepositories注解时,也要指定如下属性。

➢ basePackages:指定扫描哪个包下的DAO组件（Repository组件）。

➢ elasticsearchTemplateRef 或 reactiveElasticsearchTemplateRef：指定基于哪个 ElasticsearchRestTemplate 或 ReactiveElasticsearchTemplate 来实现 Repository 组件。

6.7 本章小结

本章的内容比较多，而且扩展性比较强，学习本章要重点掌握 Redis、MongoDB、Neo4j、Cassandra、Solr 和 Elasticsearch 这 6 种 NoSQL 技术——不仅要掌握它们的安装、配置等基础知识，还要重点掌握它们的功能和用法，而且它们还各自提供了对应的查询语法，比如 MongoDB 使用 BSON 语法，Neo4j 提供了 CQL，Cassandra 也提供了 CQL，但 Neo4j 的 CQL 和 Cassandra 的 CQL 完全不同，Solr 直接使用 Lucene 查询语言，而 Elasticsearch 提供了自己的查询语法。

在掌握了这些 NoSQL 技术的功能和基本用法之后，还要掌握通过 Spring Boot 访问这些 NoSQL 技术的方法。由于 Spring Boot 实际上是整合 Spring Data 来访问 NoSQL 技术的，因此 Spring Boot 在访问这些技术时提供了大致类似的套路：Spring Boot 的自动配置为连接这些 NoSQL 数据库提供了基础配置，通常会自动配置一个 XxxTemplate，该 XxxTemplate 可用于操作对应的 NoSQL 数据库。此外，Spring Data 还能为访问 NoSQL 数据库生成 Repository 实现类，充当 DAO 组件。

第 7 章
消息机制

本章要点

- 理解面向消息的架构及其优势
- 掌握 JMS 基础及两种经典的消息模型
- ActiveMQ 及 Artemis 的安装和使用
- 向 ActiveMQ 或 Artemis 发送 P2P 消息
- 从 ActiveMQ 或 Artemis 同步接收 P2P 消息
- 从 ActiveMQ 或 Artemis 异步接收 P2P 消息
- 发布和订阅 Pub-Sub 消息
- 可靠的 JMS 订阅
- Spring Boot 整合 ActiveMQ 或 Artemis 的配置
- Spring Boot 的 JNDI ConnectionFactory 配置
- 使用 JmsTemplate 发送 JMS 消息
- 通过@JmsListener 监听器接收 JMS 消息
- RabbitMQ 的配置和管理
- RabbitMQ 的工作原理
- 使用默认的 Exchange 支持 P2P 消息模型
- 使用 RabbitMQ 的工作队列（Work Queue）
- 使用 fanout 实现 Pub-Sub 消息模型
- 使用 direct 实现消息路由
- 使用 topic 实现通配符路由
- 使用 RabbitMQ 实现 RPC 模型
- Spring Boot 整合 RabbitMQ 的配置
- 使用 AmqpTemplate 发送消息
- 通过@RabbitListener 监听器接收消息
- ZooKeeper、Kafka 及 CMAK 的安装与配置
- 使用 CMAK 管理 Kafka
- 掌握 Kafka 中主题、分区和生产者的关系
- 通过消息生产者发送消息
- 通过消费者与消费者组接收消息
- 使用 Kafka 核心 API 发送、接收消息
- 使用 Kafka 流 API 在主题之间导流
- Spring Boot 整合 Kafka 的配置
- 使用 KafkaTemplate 发送消息
- 使用@KafkaListener 监听器接收消息
- 在 Spring Boot 应用中使用 Kafka 流 API

本章将会介绍 Spring Boot 与各种主流消息组件的整合。目前主流的消息组件比较多，但其大致可以分为 3 类：
- 基于传统 JMS 规范的实现，比如经典的 ActiveMQ 及 Artemis。
- 基于 AMQP 协议的消息组件，如 RabbitMQ。
- 事件流平台，其代表框架是 Kafka。

本章将会详细介绍 Spring Boot 与 ActiveMQ、Artemis、RabbitMQ、Kafka 的整合，这几个消息组件既是目前最主流的消息组件，也是 Spring Boot 官方提供整合支持的消息组件。

学习本章内容时，即使大家对消息机制并不熟悉也没关系（当然有一定的基础更好），本章并不是简单地讲解如何在 Spring Boot 中使用这几个消息组件，而是会详细介绍这些消息组件的功能和用法，并会讲解在 Java 程序中如何使用这些消息组件，等读者真正掌握了这些消息组件的用法之后，最后才会介绍如何在 Spring Boot 中整合这些消息组件，水到渠成，让读者真正掌握这些消息组件并将其应用在实际企业开发中。

7.1 面向消息的架构和 JMS

面向消息的架构能使分布式应用的两个组件以"彻底解耦"的方式相互通信，这里所说的"彻底解耦"意味着两个组件之间没有任何关联，甚至无须知道对方是否存在。

7.1.1 面向消息的架构

消息机制是不同应用程序之间或同一个应用程序的不同组件之间的通信方法，当一个应用程序或一个组件（该组件被称为生产者）将消息发送到指定的消息目的之后，该消息可以被一个或多个组件（这些组件被称为消费者）读取并处理。

对于面向消息的应用架构来说，消息生产者与消息消费者之间完全隔离，消息生产者只负责将消息发送到消息目的，至于该消息的处理细节则是消息消费者应该关心的；同样地，消息消费者也只面向消息目的，消息消费者从消息目的读取并处理消息。消息生产者和消息消费者双方无须相互了解，它们只要了解交换的消息格式即可。

消息机制实现了"彻底解耦"：消息生产者和消息消费者完全隔离，因此更加灵活。

> **提示：**
> 传统消息机制大致有两种模型：P2P（Peer To Peer，点对点）模型和 Pub-Sub（Publish/Subscribe，发布/订阅）模型。其中 P2P 模型有点类似于大家熟悉的电子邮件，一个用户将邮件发送到邮件服务器上，邮件接收者何时收取邮件、是否收取邮件则超出了邮件发送者的关心范围；而 Pub-Sub 模型则类似于 BBS 上的发帖，一个用户在 BBS 上发帖之后，对该主题感兴趣的其他用户都可查看该主题。当然，上面的类比只是为了加深读者的理解，实际上消息机制与电子邮件、BBS 还是存在不少差异的，其中最大的差异在于消息机制的生产者、消费者都是应用程序或应用程序的组件。

面向消息的架构需要面向消息服务器的支持，消息服务器的作用类似于邮件服务器或 BBS 服务器，消息生产者将消息发送到消息服务器上，消息服务器使用消息队列来保存消息，而消息消费者则通过消息队列来依次读取每条消息，这就是典型的 P2P 模型；对于 Pub-Sub 模型而言，消息生产者将消息发送到消息服务器的指定主题下，而消息服务器则将该消息分发给订阅该主题的每个消息消费者。

消息中间件的发展非常迅速，在分布式事务处理环境中，它往往能够充当通信资源管理（CRM）

的角色,为分布式应用提供实时、高效、可靠、跨操作平台、跨网络系统的消息传递服务,同时消息中间件降低了开发跨平台应用程序的复杂性。在要求可靠传输的系统中,可将消息中间件作为通信平台,向应用程序提供可靠传输功能来传输消息和文件。

消息机制是分布式应用中各组件进行通信的常用方式,使用消息机制可使应用组件之间的通信完全解耦。例如,分布式系统包含订单子系统和库存子系统,当用户下单时,订单子系统就需要通知库存子系统。如果让订单子系统直接调用库存子系统对外暴露的接口,则可能会产生如下问题:

- 如果库存子系统恰好宕机,库存查询就会失败,从而导致订单创建失败。
- 订单子系统与库存子系统耦合,违反了分布式的设计初衷。

如果改为使用消息机制,则变成了如图7.1所示的架构。

图7.1 分布式系统使用消息机制进行通信

从图7.1可以看到,当订单子系统收到下单请求时,订单子系统在系统内部处理下单请求,并将下单消息发送到消息队列中;库存子系统可在空闲时从消息队列中读取下单消息,并根据下单信息更新库存。此时的订单子系统与库存子系统实现了彻底解耦,订单子系统甚至不需要知道库存子系统是否存在。

消息队列也经常用于高并发的流量削锋场景中,典型地,电商系统中的"秒杀"活动常常由于流量突然暴增导致应用死机。为解决这个问题,可以在应用前端加入消息队列,通过消息队列来控制参加活动的人数,缓解瞬时高流量时的系统压力。图7.2显示了消息队列在流量削锋场景中的应用。

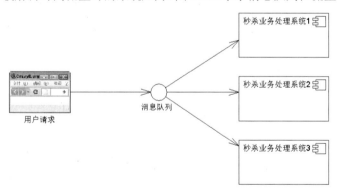

图7.2 消息队列在流量削锋场景中的应用

对于图7.2所示的架构,当瞬时高并发请求到来时,服务器接收所有请求,但并不处理这些请求(可能来不及处理),只是将它们写入消息队列中。当消息队列中的请求数量达到最大值时,用户请求将被转发到错误提示页面,这样可控制参加活动的人数。

当消息队列缓存所有用户请求之后,系统中多个秒杀业务处理系统将会"均分"这些请求消息,并对消息逐一进行处理,通过这种方式既实现了负载均衡,也缓解了瞬时高流量对秒杀业务处理系统的压力。

此外,面向消息的架构还具有如下优势。

- 消息采用异步处理机制,可以避免客户端等待。
- 消息服务器可以持久地保存消息,因而提高了系统的可靠性。

➢ 一条消息可同时发送给多个接收者,这与传统的方法调用有很大的不同,能更好地提高效率。

总之,采用异步机制处理消息可以保证消息生产者快速响应,当消息生产者发出一条消息之后,它无须等待任何回应即可向下执行。在面向消息的架构中,消息生产者将消息发送到一个消息目的(既可以是消息主题,也可以是消息队列),而消息消费者则监听或者订阅这个消息目的——消息生产者和消息消费者并不直接打交道,因此消息生产者无须等待消息消费者的任何响应,消息生产者也无须阻塞自己的线程来等待消息消费者。

▶▶ 7.1.2 JMS 的基础与优势

JMS 是 Java Message Service 的缩写,即 Java 消息服务。JMS 是 Java EE 技术规范中的一个重要组成部分,它是一种企业消息机制的规范。JMS 就像一个智能交换机,负责路由分布式应用中各组件所发出的消息。

JMS 提供了一组通用的 Java 应用程序接口(API),开发者可以通过这组通用的 API 来创建、发送、接收、读取消息。JMS 是一种与具体实现厂商无关的 API,它的作用类似于 JDBC:不管底层采用何种数据库系统,应用程序总是面向通用的 JDBC API 编程。类似地,JMS 则提供了与各厂商无关的 API,不管底层采用何种消息服务器实现,应用程序总是面向通用的 JMS API 编程。借助于 JMS,开发者无须为使用 A 消息服务器产品先学习一次,为使用 B 消息服务器产品又要重新学习一次。

JMS API 示意图如图 7.3 所示。

从图 7.3 可以看出,现有的消息服务器还是非常丰富的,比如有 ActiveMQ、ActiveMQ Artemis、JORAM、JBoss Messaging 等,此外还有各种应用服务器也提供了消息服务器。借助于 JMS 的支持,开发者无须理会各种消息服务器底层的差异,直接面向 JMS API 编程即可。

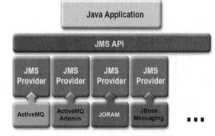

图 7.3 JMS API 示意图

JMS 提供了一组基本的 API 来操作消息系统,JMS 系统中大致包含如下常用的 API。

➢ ConnectionFactory(连接工厂):JMS 客户端使用连接工厂创建 JMS 连接。

➢ Connection(连接):表示客户端与服务器之间的活动连接。JMS 客户端通过连接工厂创建连接。

➢ Session(会话):表示客户端与 JMS 服务器之间的通信状态。JMS 会话建立在连接之上,表示 JMS 客户端与服务器之间的通信线程。会话定义了消息的顺序,JMS 使用会话进行事务性的消息处理。

➢ Destination(消息目的):即消息生产者发送消息的目的地,也是消息消费者获取消息的消息源。

➢ MessageProducer(消息生产者):消息生产者负责创建消息并将消息发送到消息目的。

➢ MessageConsumer(消息消费者):消息消费者负责接收消息并读取消息内容。

▶▶ 7.1.3 理解 P2P 与 Pub-Sub

JMS 消息机制模型主要分为两类。

➢ P2P(点对点)模型:JMS 将每一条消息只传递给一个消息消费者。JMS 系统保证消息被传递给消息消费者,消息不会同时被多个消息消费者接收。如果消息消费者暂时不在连接范围内,JMS 会自动保证消息不会丢失,直到消息消费者进入连接范围内,消息将自动送达。因此，JMS 需要将消息保存到持久性介质上，比如数据库或文件中。
- Pub-Sub（发布/订阅）模型：在这种模型中，每条消息都被发送到一个消息主题下，该主题可以拥有多个订阅者，JMS 系统负责将消息的副本分发给该主题的每个订阅者。在发布消息时，默认只会将消息分发给处于在线状态的订阅者，处于离线状态的订阅者将不会收到消息，即使后续该订阅者上线也不会收到之前的消息。

对于 P2P 消息模型而言，它的消息目的是一个消息队列（Queue），消息生产者每次发送消息时总是将消息送入该消息队列中，消息消费者则总是从消息队列中读取消息，先进入队列的消息将先被消息消费者读取。图 7.4 显示了 P2P 消息模型示意图。

对于 Pub-Sub 模型的消息系统而言，它的消息目的是一个消息主题（Topic），消息生产者每次发送消息时就相当于在该主题下发布了一条消息，而该主题的所有订阅者都会收到该消息。图 7.5 显示了 Pub-Sub 消息模型示意图。

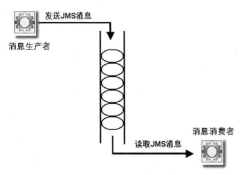

图 7.4　P2P 消息模型示意图

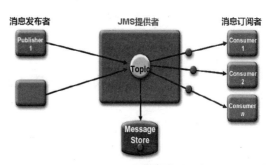

图 7.5　Pub-Sub 消息模型示意图

7.2　整合 JMS

正如前面所言，JMS 是一种规范，因此 Spring Boot 同样面向 JMS 规范编程，整合 JMS 规范，而底层 JMS 的实现则可选择 ActiveMQ、ActiveMQ Artemis 或 JORAM 等。本节将以 ActiveMQ、ActiveMQ Artemis 作为 JMS 实现来介绍 Spring Boot 对 JMS 的支持。

▶▶ 7.2.1　安装和配置 ActiveMQ

ActiveMQ 是最经典、老牌的 JMS 实现，大家可按如下方法来安装和配置它。

登录 http://activemq.apache.org，在该页面中可以看到"ActiveMQ 5 Classic"和"ActiveMQ Artemis"两个项目，其中 ActiveMQ 5 Classic 代表传统的 ActiveMQ，也就是通常所说的 ActiveMQ；ActiveMQ Artemis 则通常简称为 Artemis，它是脱胎于 JBoss 的 HornetQ。下面会逐一介绍这两个消息实现。

单击"ActiveMQ 5 Classic"项目下的"Download Latest"链接，下载得到一个 apache-activemq-5.16.1-bin.zip 文件，将该文件解压缩到任意盘符的根路径下，比如解压缩到 D:\根路径下。

ActiveMQ 需要配置如下两个环境变量。
- JAVA_HOME：该环境变量的值为 JDK（非 JRE）的安装路径，前面介绍的各种 Java 技术都需要配置该环境变量，相信配置该环境变量对大家没啥难度了。
- PATH：将 ActiveMQ 解压缩路径下的 bin 目录添加到 PATH 环境变量中，这样做是为了方便操作系统能找到 bin 目录下的 activemq.bat 和 activemq-admin.bat 两个命令。若不配置该环境变量，则每次都要使用完整的路径才能运行 activemq.bat、activemq-admin.bat 命令。

接下来运行如下命令即可启动 ActiveMQ：

```
activemq start
```

ActiveMQ 启动完成后，使用浏览器访问 http://localhost:8161，将会看到提示登录的对话框。ActiveMQ 内置了如下两个用户。

➢ admin（密码为 admin）：管理员。
➢ user（密码为 user）：普通用户。

在登录对话框中输入 admin/admin 以管理员身份登录系统，接下来可以看到如图 7.6 所示的欢迎界面。

图 7.6　ActiveMQ 欢迎界面

在图 7.6 所示界面的下方有两个链接，单击其中的"Manage ActiveMQ broker"链接，可以看到如图 7.7 所示的管理界面。

图 7.7　ActiveMQ 管理界面

在图 7.7 所示管理界面的上方可以看到有"Queues""Topics""Subscribers""Connections""Network""Scheduled""Send"链接，通过这些链接可以管理该 ActiveMQ 上的消息队列、消息主题、订阅者、连接、网络桥接等内容。该界面是 ActiveMQ 最重要的管理界面。

1. 配置管理界面

如果要修改 ActiveMQ 管理界面的服务端口（默认端口是 8161），可以打开 ActiveMQ 解压缩路径下的 conf/jetty.xml 文件（ActiveMQ 内置了 Jetty 服务器），找到其中如下配置片段：

```
<bean id="jettyPort"
    class="org.apache.activemq.web.WebConsolePort" init-method="start">
    <property name="host" value="127.0.0.1"/>
    <property name="port" value="8161"/>
</bean>
```

修改上面粗体字配置行中的 value 属性，即可修改 ActiveMQ 管理界面的服务端口。

如果要启用 ActiveMQ 管理界面的 HTTPS 支持，关闭 HTTP 支持，可以找到 conf/jetty.xml 文件中的如下配置片段：

```xml
<list>
    <!-- 配置普通 HTTP 支持的连接器 -->
    <bean id="Connector" class="org.eclipse.jetty.server.ServerConnector">
        <constructor-arg ref="Server"/>
        <property name="host" value="#{systemProperties['jetty.host']}"/>
        <property name="port" value="#{systemProperties['jetty.port']}"/>
    </bean>
    <!-- 配置普通 HTTPS 支持的连接器 -->
    <!-- bean id="SecureConnector" class="org.eclipse.jetty.server.ServerConnector">
        <constructor-arg ref="Server"/>
        <constructor-arg>
            <bean id="handlers" class="org.eclipse.jetty.util.ssl.SslContextFactory">
                <property name="keyStorePath" value="${activemq.conf}/broker.ks"/>
                <property name="keyStorePassword" value="password"/>
            </bean>
        </constructor-arg>
        <property name="port" value="8162"/>
    </bean -->
</list>
```

从上面配置可以看到，<list.../>元素中 id 为"Connector"的<bean.../>元素配置了普通 HTTP 支持的连接器，如果要关闭 HTTP 连接支持，则需要将该<bean.../>元素删除或注释掉；id 为"SecureConnector"的<bean.../>元素则配置了普通 HTTPS 支持的连接器，如果要启用 HTTPS 支持，则只要去掉这段配置的注释，使用这段配置即可。

id 为"SecureConnector"的<bean.../>元素默认使用 conf/broker.ks 文件作为 Key Store 文件，这个 broker.ks 文件是 ActiveMQ 默认提供的 Key Store 文件，该 Key Store 文件的密码是 password。出于安全考虑，如果想改为使用自己创建的 SSL 证书，则可按本书 3.3.3 节所介绍的方式来生成 Key Store 文件，保存自己的 SSL 证书，然后修改上面的 keyStorePath、keyStorePassword 两个配置属性的值，将它们改为自己创建的 Key Store 文件的路径和密码。

打开 conf/jetty-realm.properties 文件，在该文件中可以看到如下配置片段：

```
# username: password [,rolename ...]
admin: admin, admin
user: user, user
```

上面的注释说明，该文件每行配置一个用户，且每行按如下格式进行配置：

用户名：密码[,角色名 ...]

上面两行配置了两个用户：admin/admin 和 user/user，其中 admin 用户的角色是 admin，user 用户的角色是 user。

例如，将上面两行修改为如下形式：

```
admin: 32147, admin
user: 32147, user
```

上面配置表示将 ActiveMQ 管理界面的 admin 和 user 两个用户的密码都改为 32147。

2. 消息 Broker 的安全配置

在默认情况下，ActiveMQ 的消息 Broker 没有开启权限限制，这意味着任何程序都可以向它发送消息，也可以从中读取消息。这种默认设置可能会存在一些安全隐患。

ActiveMQ 采用了可插拔式的安全配置，因此它可以支持大量不同的安全配置实现，用户甚至可以实现自己的安全插件，具体细节可参考 http://activemq.apache.org/security.html 页面。

此处使用 ActiveMQ 内置的简单授权插件（Simple Authentication Plugin）来提供安全配置。打开 conf/activemq.xml 文件，在该文件的<broker.../>元素内添加<plugins...>子元素，然后在该子元素内配置简单授权插件。添加的配置片段如下：

```xml
<broker>
    ...
    <!-- 用于配置插件 -->
    <plugins>
        <!-- 配置 ActiveMQ 内置的简单授权插件 -->
        <simpleAuthenticationPlugin>
            <users>
                <!-- 配置 root 用户，指定它属于 users 和 admins 两个组 -->
                <authenticationUser username="root" password="32147"
                    groups="users,admins"/>
            </users>
        </simpleAuthenticationPlugin>
    </plugins>
</broker>
```

上面的粗体字配置片段就是新增的安全配置，其配置了简单授权插件，并配置了一个用户：root/32147，且该用户同时拥有 users 和 admins 两个组的权限。

有了上面的配置后，如果程序想要向 ActiveMQ 发送消息，或者想要从中读取消息，都必须先使用 root/32147 来获取 JMS 连接。

经过上面的配置之后，以后在 ActiveMQ 管理界面操作消息时同样需要先使用该用户名和密码来获取连接。打开 conf/credentials.properties 文件，在该文件中可以看到如下两行：

```
activemq.username=system
activemq.password=manager
```

在 ActiveMQ 管理界面使用上面配置指定的用户名和密码来获取连接，因此这里应该将它们改为如下形式：

```
activemq.username=root
activemq.password=32147
```

完成上面的配置之后，重启 ActiveMQ 服务器，然后访问如下地址：

```
https://localhost:8162/
```

留意该地址中的 HTTPS 协议和 8162 端口，这表明已经为 ActiveMQ 管理界面启用了 HTTPS 连接。访问该地址同样会弹出供用户登录的对话框，此时应该输入修改后的管理界面的用户名和密码（如 root/32147）登录系统，登录成功后同样可以看到如图 7.6 所示的欢迎界面。

▶▶ 7.2.2 安装和配置 Artemis

JBoss 原本想开发一个独立的消息服务器：HornetQ，后来出于种种考虑，JBoss 将 HornetQ 捐献给 Apache 软件基金会，于是 HornetQ 就变成了 ActiveMQ 的一个子项目，并重命名为 ActiveMQ Artemis。所以说 Artemis 其实由 HornetQ 升级而来，和 ActiveMQ 并没有太多的关联。ActiveMQ 通常指的是传统的 ActiveMQ，而 ActiveMQ Artemis 则简称为 Artemis。

登录 http://activemq.apache.org，单击"ActiveMQ Artemis"项目下的"Download Latest"链接，下载得到一个 apache-artemis-2.16.0-bin.zip 文件，将该文件解压缩到任意盘符的根路径下，比如解压缩到 D:\根路径下。

Artemis 需要配置如下两个环境变量。

> JAVA_HOME：该环境变量的值为 JDK（非 JRE）的安装路径，前面介绍的各种 Java 技术都需要配置该环境变量，相信配置该环境变量对大家没啥难度了。
> PATH：将 Artemis 解压缩路径下的 bin 目录添加到 PATH 环境变量中，这样做是为了方便操作系统能找到 bin 目录下的 artemis.bat 命令。若不配置该环境变量，则每次都要使用完整的路径才能运行 artemis.bat 命令。

与 ActiveMQ 不同，Artemis 要求先创建一个消息 Broker 才能启动，而在这个创建过程中就会对该消息 Broker 进行一些默认配置。

如果直接运行 Artemis 的 bin 目录下的 artemis 命令，则将看到如图 7.8 所示的提示信息。

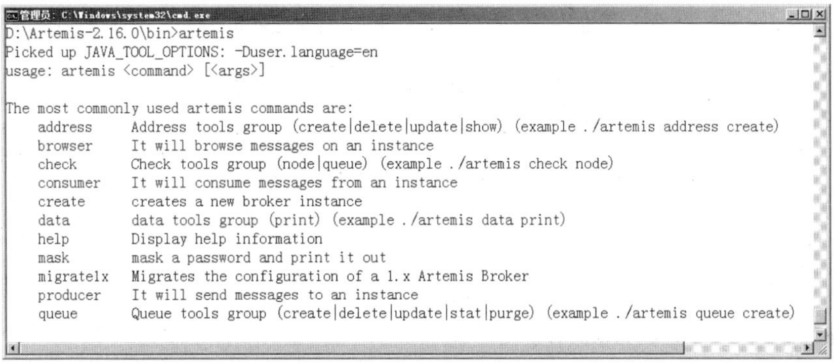

图 7.8 artemis 命令的提示信息

图 7.8 所示的提示信息显示，运行 artemis 命令必须指定要运行的子命令，比如 address、browser 等。在这些子命令中常用的有：

> address：该子命令又可指定"create|delete|update|show"选项，用于创建、删除、更新、显示地址，如"artemis address create"命令用于创建地址。
> browser：浏览消息。如果不指定 URL 地址，则默认浏览本机消息。
> check：该子命令又可指定"node|queue"选项，用于指定检查节点或队列，如"artemis check node"命令用于检查节点。
> consumer：消费消息。如果不指定 URL 地址，则默认消费本机消息。
> create：创建消息 Broker。
> data：可指定"print"选项，用于显示数据，如"artemis data print"命令用于打印数据。
> producer：发送消息。如果不指定 URL 地址，则默认向本机发送消息。
> queue：该子命令又可指定"create|delete|update|stat|purge"选项，用于创建、删除、更新消息队列，显示状态，清洗消息队列，如"artemis queue create"命令用于创建消息队列。

在典型情况下，create 子命令用于创建消息 Broker：

```
artemis create <路径>
```

上面命令用于在指定路径下创建一个消息 Broker。比如运行如下命令：

```
artemis create D:\Artemis-2.16.0\boot
```

该命令指定在 D:\Artemis-2.16.0\boot 目录下创建一个消息 Broker，该命令的执行过程如图 7.9 所示。

按图 7.9 所示过程输入用户名、密码并指定是否允许匿名访问之后，该命令将会创建一个消息 Broker——在 D:\Artemis-2.16.0 目录下可以看到一个 boot 子目录，该 boot 子目录就是这个消息 Broker。

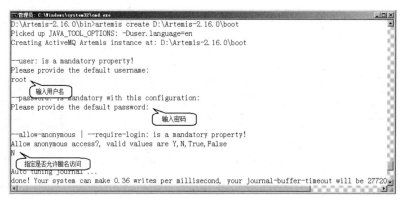

图 7.9 创建消息 Broker

创建完成后,将看到如下提示信息:

```
You can now start the broker by executing:

  "D:\Artemis-2.16.0\boot\bin\artemis" run

Or you can setup the broker as Windows service and run it in the background:

  "D:\Artemis-2.16.0\boot\bin\artemis-service.exe" install
  "D:\Artemis-2.16.0\boot\bin\artemis-service.exe" start

To stop the windows service:
   "D:\Artemis-2.16.0\boot\bin\artemis-service.exe" stop

To uninstall the windows service
   "D:\Artemis-2.16.0\boot\bin\artemis-service.exe" uninstall
```

上面的提示信息告诉我们,通过如下命令可启动消息 Broker:

`D:\Artemis-2.16.0\boot\bin\artemis run`

通过如下命令可将运行消息 Broker 的命令添加成 Windows 服务:

`D:\Artemis-2.16.0\boot\bin\artemis-service.exe install`

通过如下命令可启动运行消息 Broker 的 Windows 服务:

`D:\Artemis-2.16.0\boot\bin\artemis-service.exe start`

通过如下命令可停止运行消息 Broker 的 Windows 服务:

`D:\Artemis-2.16.0\boot\bin\artemis-service.exe stop`

通过如下命令可删除运行消息 Broker 的 Windows 服务:

`D:\Artemis-2.16.0\boot\bin\artemis-service.exe uninstall`

接下来运行如下命令启动 Artemis(当然也可选择将它添加成 Windows 服务):

`D:\Artemis-2.16.0\boot\bin\artemis run`

Artemis 启动完成后,使用浏览器访问 http://localhost:8161/,将可以看到如图 7.10 所示的欢迎界面。

单击图 7.10 所示界面中的"Management Console"链接,提示输入用户名、密码(root/32147)进行登录,输入在图 7.9 所示执行过程中填写的用户名、密码即可完成登录,成功登录后将看到如图 7.11 所示的 Web 控制台界面。

图 7.10　Artemis 欢迎界面

> **提示：**
> Artemis 与 ActiveMQ 不同，Artemis 在配置消息 Broker 时只设置了一组用户名和密码，因此这组用户名和密码既可用于登录 Web 控制台，也可用于管理消息 Broker 上的消息，比如发送消息、消费消息等。

图 7.11　Artemis 的 Web 控制台界面

7.2.3　发送 P2P 消息

正如前面所说的，Java 程序面向 JMS API 编程，底层不管使用哪种 JMS 实现，上层的 Java 程序都不需要任何改变。不管是使用 P2P 消息模型，还是使用 Pub-Sub 消息模型，消息生产者发送消息的步骤都是相似的，可以归纳如下：

① 获取 JMS 连接工厂。对于开源的 JMS 实现，通常是直接创建连接工厂的实例；对于将应用部署到应用服务器的情况，通常是通过 JNDI 查找来获取 JMS 连接工厂的。
② 通过 JMS 连接工厂创建 JMS 连接。
③ 通过 JMS 连接创建 JMS 消息会话。
④ 通过 JMS 消息会话创建消息生产者。
⑤ 通过 JMS 消息会话创建空的 JMS 消息。
⑥ 通过 JMS 消息调用自身的方法填充内容。
⑦ 消息生产者将消息发送到指定的 JMS 消息目的。
⑧ 关闭 JMS 资源。

下面通过例子来示范如何发送 P2P 消息。先新建一个 Maven 项目。

如果使用 ActiveMQ 客户端，则在 pom.xml 文件中添加如下依赖：

```xml
<!-- 添加ActiveMQ All JAR Bundle 依赖 -->
<dependency>
    <groupId>org.apache.activemq</groupId>
    <artifactId>activemq-all</artifactId>
    <version>5.16.1</version>
</dependency>
```

如果使用 Artemis 客户端，则在 pom.xml 文件中添加如下依赖：

```xml
<!-- 添加ActiveMQ Artemis JMS Client 依赖 -->
<dependency>
    <groupId>org.apache.activemq</groupId>
    <artifactId>artemis-jms-client</artifactId>
    <version>2.16.0</version>
</dependency>
```

不管使用哪种客户端，只是在 pom.xml 文件中添加依赖的方式不同而已，程序代码基本没有多大的差别。下面是发送 P2P 消息的程序代码。

程序清单：codes\07\7.2\artemis_test\src\main\java\org\crazyit\app\message\MyProducer.java

```java
public class MyProducer
{
    // 定义消息Broker 的 URL 地址
    private static final String ACTIVEMQ_URL = "tcp://192.168.1.188:61616";
    public static void main(String[] args) throws JMSException
    {
        // 创建连接工厂（不同客户端的连接工厂类不同）
        ActiveMQConnectionFactory connFactory =
            new ActiveMQConnectionFactory(ACTIVEMQ_URL);
        // 通过连接工厂创建连接
        Connection conn = connFactory.createConnection();
        // 通过 JMS 连接创建 JMS 会话
        Session session = conn.createSession(false/*不是事务性会话*/,
            Session.AUTO_ACKNOWLEDGE);
        // 创建消息目的（队列），指定消息队列的名称
        Destination dest = session.createQueue("myQueue");
        // 通过 JMS 会话创建消息生产者
        MessageProducer producer = session.createProducer(dest);
        // 设置消息生产者生产出来的消息的传递模式、有效时间
        producer.setDeliveryMode(DeliveryMode.PERSISTENT);
//        producer.setTimeToLive(20000);
        // 向队列发送 10 个文本消息数据
        for (var i = 1; i <= 10; i++)
        {
            // 创建文本消息
            TextMessage msg = session.createTextMessage("第" + i + "个文本消息");
            // 设置消息属性
            msg.setStringProperty("ContentType", "txt");
            // 发送消息
            producer.send(msg);
            // 在本地打印消息
            System.out.println("已发送的消息：" + msg.getText());
        }
        // 关闭资源
        session.close();
        conn.close();
    }
}
```

上面程序使用的是 Artemis 客户端，在 codes\07\7.2\activemq_test\的对应目录下也有一个与该

程序几乎完全相同的程序,只不过它所使用的 ActiveMQConnectionFactory 位于"org.apache.activemq"包下。

上面程序中的粗体字代码创建 Session 时调用了 Connection 的如下方法。

➢ Session createSession(boolean transacted, int acknowledgeMode):该方法的第 1 个参数表明创建的会话是否具有事务性,第 2 个参数是消息的确认方式。

消息确认是指当消息接收者收到消息并做出相应的处理之后,它将回送一个确认信息。对于非事务性会话,在创建会话时应该指定消息确认方式。JMS 定义了 3 种消息确认方式。

➢ AUTO_ACKNOWLEDGE:对于同步消费者,当 receive()方法调用返回且没有异常发生时,将自动对收到的消息予以确认。对于异步消费者,当 onMessage()方法返回且没有异常发生时,即对收到的消息自动确认。

➢ CLIENT_ACKNOWLEDGE:这种确认方式要求客户端使用 javax.jms.Message.acknowledge()方法完成确认。

➢ DUPS_OK_ACKNOWLEDGE:这种确认方式允许 JMS 不必急于确认收到的消息,可以在收到多条消息后一次完成确认。与 AUTO_ACKNOWLEDGE 相比,这种确认方式在某些情况下可能更有效,因为没有确认,当系统崩溃或网络出现故障时,消息可以被重新传递。

在运行上面的程序之前,需要先启动消息 Broker 服务器,不管是启动前面配置的 ActiveMQ 服务器,还是启动 Artemis 的 Broker 实例,该程序都没有任何改变。

先启动 Artemis 的 Broker 实例,运行上面的程序,运行完成后登录 Artemis 的 Web 控制台,通过 addresses → myQueue → queues → anycast → myQueue 节点即可看到如图 7.12 所示的内容。

图 7.12 显示有 10 条消息

正如从图 7.12 所看到的,该消息 Broker 当前包含 10 条持久化消息,这是因为在程序中包含如下两行代码:

```
// 设置消息生产者生产出来的消息的传递模式、有效时间
producer.setDeliveryMode(DeliveryMode.PERSISTENT);
producer.setTimeToLive(20000);
```

上面代码用于修改消息生产者所生产的消息的传递模式、有效时间。

JMS 支持的消息传递模式有两种,这两种传递模式由 DeliveryMode 接口内的两个常量定义。

➢ NON_PERSISTENT:指定消息是不需要持久化保存的消息。

➢ PERSISTENT:指定消息是需要持久化保存的消息。

除了可通过调用 MessageProducer 对象的 setDeliveryMode()方法改变它所生产的消息的传递模式,也可在调用 MessageProducer 对象的 send()方法时设置消息的传递模式、有效时间。

MessageProducer 中包含了如下 send 方法。

> send(Message message, int deliveryMode, int priority, long timeToLive)：将指定消息发送到消息目的，并且在发送时指定该消息的传递模式、有效时间。

当将消息设置为需要持久化保存的消息之后，JMS 服务器在发送消息之前，会先把该消息保存到数据库或文件中，只有当消息保存完成后才会发送（简称：先保存、后发送）。

对于持久化保存的消息，由于它要么被保存在数据库中，要么被保存在文件中，因此即使系统崩溃，消息内容也不会丢失。

对于非持久化保存的消息，JMS 服务器只在内存中保存消息，如果系统崩溃，所有非持久化保存的消息内容都会丢失。

在实际项目中需要根据具体情况来确定到底是选择持久化保存的消息，还是选择非持久化保存的消息：对于持久化保存的消息，它具有很好的可靠性，但由于 JMS 服务器必须将消息内容存入数据库或磁盘文件中，因此性能略差；而非持久化保存的消息具有较好的性能，但由于它只存在于 JMS 服务器的内存中，因此一旦系统崩溃，该消息内容就会丢失。

> **注意**
> 到底是选择持久化保存的消息，还是选择非持久化保存的消息，其实是一种性能和可靠性的折中，如果应用程序对消息关注并不十分严格，即使少量消息丢失也不会产生严重的问题，那么就可以考虑选择非持久化保存的消息。

需要指出的是，消息是否持久化保存和消息的有效期是两个概念，不要把它们混为一谈。把一条消息设置为持久化保存的消息，只表示要将该消息存入数据库或文件中，并不代表该消息一直有效，比如将该消息的有效期设置为 10 秒，10 秒之后该消息就失效了，JMS 服务器就会自动删除该消息。

单击图 7.12 所示界面上方的"Operations"标签，进入"Operations"操作界面，如图 7.13 所示。

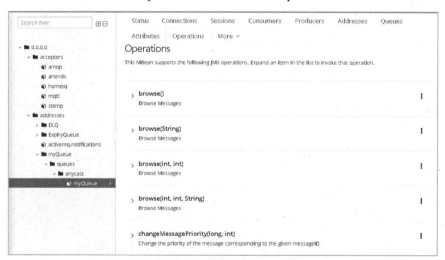

图 7.13 "Operations"操作界面

在图 7.13 所示界面中可以浏览消息（各种 browse()方法都可用于浏览）、改变消息的优先级等。单击图 7.13 所示界面中的"browse()"链接，即可查看该消息队列中的 10 条消息，如图 7.14 所示。

关闭 Artemis 的 Broker 实例，再启动 ActiveMQ 服务器，然后运行 codes\07\7.2\activemq_test\项目中的 MyProducer 程序，运行完成后登录 ActiveMQ 管理界面，单击该界面上方的"Queues"

链接，查看 ActiveMQ 服务器上的消息队列，显示如图 7.15 所示。

图 7.14　查看消息

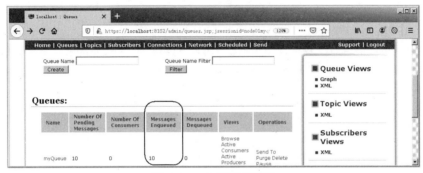

图 7.15　查看消息队列

单击图 7.15 所示界面中的"myQueue"链接，查看该队列下的所有消息，可以看到如图 7.16 所示的消息列表。

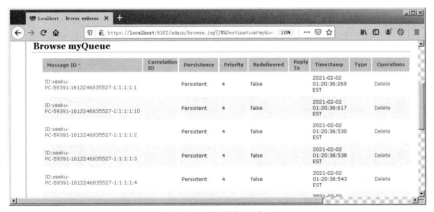

图 7.16　消息列表

7.2.4　同步接收 P2P 消息

同步接收消息的编程步骤如下：

① 获取连接工厂。
② 通过连接工厂创建 JMS 连接。
③ 通过 JMS 连接创建 JMS 会话。
④ 创建消息目的。

⑤ 根据指定的消息目的创建一个消息消费者。
⑥ 消息消费者接收消息。
⑦ 关闭资源。

在同步接收策略中，消息消费者调用 receive()方法从消息目的试图获取消息，该方法有如下两个重载的版本。

> Message receive()：读取下一条消息。如果没有读到消息，该方法将会一直阻塞线程。
> Message receive(long timeout)：读取下一条消息。如果没有读到消息，该方法将会阻塞线程 timeout 毫秒；如果经过 timeout 毫秒依然没有读到下一条消息，该方法将会返回 null。

从上面介绍可以看出，同步接收并不是一个好的策略，因为如果消息消费者没有接收到消息，receive()方法将会阻塞线程，一直等待。而消息消费者一旦接收到消息，receive()方法就将返回这条消息，而程序也将退出，除非使用循环来多次接收消息。总之，每次调用 receive()方法时只能读取一条消息。

此外，消息消费者接收消息还有如下方法。

> Message receiveNoWait()：该方法不会阻塞线程，它尝试从消息队列中读取消息，如果消息队列中有可用的消息，该方法将返回读到的消息；否则将返回 null。

下面程序示范了使用同步方式来读取消息。

程序清单：codes\07\7.2\activemq_test\src\main\java\org\crazyit\app\message\SyncConsumer.java

```java
public class SyncConsumer
{
    // 定义消息 Broker 的 URL 地址
    private static final String ACTIVEMQ_URL = "tcp://192.168.1.188:61616";
    public static void main(String[] args) throws JMSException
    {
        // 创建连接工厂（不同客户端的连接工厂类不同）
        ActiveMQConnectionFactory connFactory =
            new ActiveMQConnectionFactory(ACTIVEMQ_URL);
        // 通过连接工厂创建连接
        Connection conn = connFactory.createConnection("root", "32147");
        // 打开连接
        conn.start();
        // 创建 JMS 会话
        Session session = conn.createSession(false/*不是事务性会话*/,
            Session.AUTO_ACKNOWLEDGE);
        // 创建消息目的（队列），指定消息队列的名称
        Destination dest = session.createQueue("myQueue");
        // 创建消息消费者
        MessageConsumer consumer = session.createConsumer(dest);
        // 循环接收 2 条消息
        for (var i = 0; i < 2; i++)
        {
            // 同步接收消息，如果没有接收到消息，该方法会阻塞线程
            TextMessage msg = (TextMessage) consumer.receive();
            System.out.println(msg);
            System.out.println("同步接收到的消息：" + msg.getText());
        }
        // 关闭资源
        session.close();
        conn.close();
    }
}
```

上面程序就是按照前面介绍的编程步骤来接收消息的。需要指出的是，如果要从 JMS 连接中

读取消息，不要忘记了调用 JMS 连接的 start()方法，该方法用于启动 JMS 连接的消息传递功能。

运行上面的程序，如果该程序不能从消息目的读到消息，它将一直处于阻塞状态，无法运行完成。由于前面运行过发送消息的程序，因此在 ActiveMQ 服务器的"myQueue"队列中已有 10 条消息，运行上面的程序将会依次从"myQueue"消息目的读取到 2 条消息。

在 codes\07\7.2\artemis_test\项目中也有一个几乎相同的 SyncConsumer 程序，但在运行该程序之前，需要先关闭 ActiveMQ 服务器，再启动 Artemis 服务器，这样也会看到相同的运行效果。

▶▶ 7.2.5 异步接收 P2P 消息

JMS 消息的异步接收采用监听器机制来监听消息目的，当有消息到达消息目的时，消息消费者将自动触发它所对应的监听器的监听方法。

消息异步接收的编程必须实现消息监听器，异步接收不会阻塞线程，无须一直等待消息的到来，如果消息目的有多条消息到来，消息监听器的监听方法将自动被触发多次。

JMS 为消息的异步接收提供了 MessageListener 接口，这是一个标准的消息监听器接口，实现该接口的类必须实现如下方法。

➢ public void onMessage(Message m)：当 JMS 消息目的有消息被送达时，JMS 消息监听器的该监听方法将被触发。

由此可见，所谓 JMS 异步消费实际上就是为 JMS 消费者绑定一个消息监听器，当消息目的有消息被送达时，该监听器的 onMessage(Message m)方法就会被触发。

下面是异步消费者的源程序。

程序清单：codes\07\7.2\artemis_test\src\main\java\org\crazyit\app\message\AsyncConsumer.java

```java
public class AsyncConsumer
{
    // 定义消息 Broker 的 URL 地址
    private static final String ACTIVEMQ_URL = "tcp://192.168.1.188:61616";
    public static void main(String[] args) throws JMSException, InterruptedException
    {
        // 创建连接工厂（不同客户端的连接工厂类不同）
        ActiveMQConnectionFactory connFactory =
            new ActiveMQConnectionFactory(ACTIVEMQ_URL);
        // 通过连接工厂创建连接
        Connection conn = connFactory.createConnection("root", "32147");
        // 打开连接
        conn.start();
        // 创建 JMS 会话
        Session session = conn.createSession(false/*不是事务性会话*/,
            Session.AUTO_ACKNOWLEDGE);
        // 创建消息目的（队列），指定消息队列的名称
        Destination dest = session.createQueue("myQueue");
        // 创建消息消费者
        MessageConsumer consumer = session.createConsumer(dest);
        // 设置消息监听器
        consumer.setMessageListener(message -> {
            TextMessage textMessage = (TextMessage) message;
            try
            {
                System.out.println("消费的消息：" + textMessage.getText());
            }
            catch (JMSException e)
            {
                e.printStackTrace();
            }
```

```
        });
        // 暂停5s，在此期间以异步方式接收消息
        Thread.sleep(5000);
    }
}
```

上面程序中的粗体字代码用于为消息消费者绑定消息监听器。当程序为消息消费者绑定监听器之后，如果不是立即有消息到来，程序将会立即退出。因此上面程序在为消息消费者绑定消息监听器之后，调用 Thread.sleep(5000);代码让程序暂停 5s，在此期间如果有消息到来，消息监听器的监听器方法将会被触发。

运行上面程序后，该程序在 5s 内处于阻塞状态，因此前面程序发送的 10 条消息还剩下 8 条没有处理，所以将会看到依次输出 8 条消息。此外，在此期间只要有消息被发送过来，该消息的异步消费者就都会收到消息。

在 codes\07\7.2\activemq_test\项目中也有一个几乎相同的 AsyncConsumer 程序，但这个程序不需要最后的 "Thread.sleep(5000);" 代码，这是因为使用 ActiveMQ 客户端时，在为消息消费者注册监听器后会自动阻塞线程，不会退出程序。在运行该程序之前，需要先关闭 Artemis 服务器，再启动 ActiveMQ 服务器，这样也会看到相同的运行效果。

▶▶ 7.2.6　发布和订阅 Pub-Sub 消息

不管是 P2P 消息模型，还是 Pub-Sub 消息模型，JMS 都采用了统一的 API：ConnectionFactory、Connection、Session、Destination、MessageProducer、MessageConsumer 来进行消息的发送和接收。因此前面为 P2P 消息模型编写的消息生产程序、消息消费程序完全适用于 Pub-Sub 消息模型，只要将程序中创建消息目的的代码：

```
Destination dest = session.createQueue("myQueue");
```

改为如下形式：

```
Destination dest = session.createTopic("myTopic");
```

就变成了创建消息主题，当采用消息主题来生产、消费消息时，它就变成了 Pub-Sub 消息模型，因此它们的运行效果存在如下差异。

> 对于 Pub-Sub 消息模型而言，当多个消息消费者同时订阅某个主题时，只要有消息生产者向该主题发布一条消息，每个消息消费者就都可以接收到该消息的副本；而对于 P2P 消息模型来说，当消息生产者向消息队列中发送一条消息时，只有一个消息消费者可以接收到该消息。

> 对于 Pub-Sub 消息模型而言，当消息生产者将某条消息发布到指定主题下时，即使某个消息消费者订阅了该主题，但如果该消息抵达消息主题时该消息消费者处于离线状态，那么它将无法接收到该消息；而对于 P2P 消息模型来说，当消息生产者向消息队列中发送一条消息时，即使消息消费者处于离线状态，但只要该消息还处于有效期之内，该消息消费者就可以从消息队列中提取到该消息。

在 codes\07\7.2\activemq_test\和 codes\07\7.2\artemis_test\两个项目中都包含了 MyPublisher、MySubscriber 程序，它们和前面介绍的 MyProducer、AsyncConsumer 程序基本相同，只是改变了创建消息目的的类型，大家可自行查看这两个类的源代码。

在运行 MyPublisher、MySubscriber 程序时，首先依然是要启动对应的 ActiveMQ 服务器或 Artemis 服务器。还有一点要说明：要先运行 MySubscriber 订阅者程序，且在该订阅者程序还未退出时运行 MyPublisher 程序，这样所有 MySubscriber 订阅者程序都会接收到 MyPublisher 所发送的 10 条消息。

7.2.7 可靠的 JMS 订阅

在 Pub-Sub 消息模型中,当消息生产者将一条消息送达某个消息主题时,即使某个消息消费者订阅了该主题,但如果该消息消费者当时正处于离线状态,那么它将永远地错过该消息。在大部分情况下,采用 Pub-Sub 消息模型的应用对这种情况是允许的。也就是说,即使消息消费者错过某些消息也无关紧要。尤其是一些时效性很强的消息,Pub-Sub 消息模型更加没有必要持久地保存它们,以提高 JMS 服务器的性能。

但在一些极端的情况下,虽然采用了 Pub-Sub 消息模型,但不允许消息消费者错过任何消息。也就是说,当某条消息被送达时,如果该消息消费者当时处于离线状态,但是当它重新连接进来之后,JMS 服务器应该保证它可以重新获得该主题下它曾经错过的消息。这可以借助于可靠的 JMS 订阅来实现。

使用这种可靠的 JMS 订阅时,客户端必须提供一个唯一的标识符,例如使用该组件的名称作为标识符,这使得服务器能够知道客户端什么时候会重新连接到服务器,以便 JMS 服务器能将它错过的那些消息重新发送给它。

Connection 提供了一个 setClientId(String id)方法来为客户端设置唯一的标识符,代码如下:

```
// 通过连接工厂创建连接
Connection conn = connFactory.createConnection();
// 设置客户端 ID
conn.setClientID("crazyit.org");
```

接下来需要使用 Session 的 createDurableSubscriber(Topic topic, String name)方法来创建一个可靠的消息订阅者,其中第 2 个参数就是要传递到该消息订阅者的客户端 ID。代码如下:

```
// 创建消息消费者
MessageConsumer consumer = session.createDurableSubscriber (
        (Topic) dest, CLIENT_ID);
```

执行上面代码之后,该消息订阅者连同它自身的 ID 将被添加到 JMS 服务器中,以后该消息主题下任何未传递的消息都会被传递到该消息订阅者。

下面程序是一个完整的可靠的消息订阅者程序。

程序清单: codes\07\7.2\artemis_test\src\main\java\org\crazyit\app\message\DurableSubscriber.java

```java
public class DurableSubscriber
{
    // 定义消息 Broker 的 URL 地址
    private static final String ACTIVEMQ_URL = "tcp://192.168.1.188:61616";
    // 定义客户端 ID
    private static final String CLIENT_ID = "crazyit.org";
    public static void main(String[] args) throws JMSException, InterruptedException
    {
        // 创建连接工厂（不同客户端的连接工厂类不同）
        ActiveMQConnectionFactory connFactory =
                new ActiveMQConnectionFactory(ACTIVEMQ_URL);
        // 通过连接工厂创建连接
        Connection conn = connFactory.createConnection("root", "32147");
        // 设置客户端 ID
        conn.setClientID(CLIENT_ID);
        // 打开连接
        conn.start();
        // 创建 JMS 会话
        Session session = conn.createSession(false/*不是事务性会话*/,
                Session.AUTO_ACKNOWLEDGE);
        // 创建消息目的（主题），指定消息主题的名称
```

```
        Destination dest = session.createTopic("myTopic");
        // 创建消息消费者
        MessageConsumer consumer = session.createDurableSubscriber(
            (Topic) dest, CLIENT_ID);
        // 设置消息监听器
        consumer.setMessageListener(message -> {
            TextMessage textMessage = (TextMessage) message;
            try
            {
                System.out.println("消费的消息: " + textMessage.getText());
            }
            catch (JMSException e)
            {
                e.printStackTrace();
            }
        });
        Thread.sleep(20000);
    }
}
```

上面程序中的两行粗体字代码就是实现可靠的 JMS 订阅的关键代码，其中第 1 行粗体字代码用于为客户端设置 ID，第 2 行粗体字代码用于创建一个可靠的消息订阅者。对于这个可靠的消息订阅者而言，当它处于离线状态时，JMS 服务器会自动为它保存所有消息，保证它不会错过任何消息。

当一个可靠的消息订阅者处于离线状态时，JMS 服务器必须保存需要送达该主题的所有消息，这样才能保证可靠的消息订阅者不会错过任何消息。这将强制 JMS 服务器必须保存这些消息的副本，直到所有可靠的消息订阅者都收到这些消息为止。

Session 也提供了一个 unsubscribe() 方法，该方法允许消息消费者删除它订阅的主题，这样就可以让 JMS 服务器不再为该消息消费者保存消息了。

对于上面的程序，可以先运行 DurableSubscriber 程序，向 JMS 服务器注册"持久化订阅"，然后退出 DurableSubscriber 程序，此时它处于离线状态。

接下来运行 MyPublisher 程序向消息主题发送消息，此时 DurableSubscriber 处于离线状态，但 JMS 服务器会为它保存其错过的一些消息，等到它下次上线时将会重新接收到这些错过的消息。

再次运行 DurableSubscriber 程序，将可以看到它接收到其处于离线状态时 MyPublisher 所发送的消息。

▶▶ 7.2.8 Spring Boot 的 ActiveMQ 配置

Spring Boot 隐藏了 JMS 底层的 ConnectionFactory 等细节，只要 Spring Boot 检测到类加载路径下包含了 ActiveMQ 依赖，它就会自动配置 ConnectionFactory，还会自动配置一个 JmsTemplate，通过该对象的方法即可发送消息。

为了对 ActiveMQ 进行配置，可以在 application.properties 文件中添加以"spring.activemq"开头的配置属性，这些属性将由 ActiveMQProperties 类负责处理，该类的源代码如下：

```
@ConfigurationProperties(prefix = "spring.activemq")
public class ActiveMQProperties {
    // 配置消息 Broker 的 URL 地址
    private String brokerUrl;
    // 指定是否使用内存中的 ActiveMQ
    // 如果指定了 brokerUrl 属性，inMemory 属性将会被忽略
    private boolean inMemory = true;
    // 指定连接消息 Broker 的用户名
    private String user;
```

```
    // 指定连接消息 Broker 的密码
    private String password;
    // 指定关闭连接之前的等待时间
    private Duration closeTimeout = Duration.ofSeconds(15);
    // 指定在事务回滚，重发消息之前是否停止消息传递
    // 启用此选项意味着不保留消息的顺序。
    private boolean nonBlockingRedelivery = false;
    // 指定发送消息时的超时时长
    private Duration sendTimeout = Duration.ofMillis(0);
    // 连接池配置
    @NestedConfigurationProperty
    private final JmsPoolConnectionFactoryProperties pool =
      new JmsPoolConnectionFactoryProperties();
    ...
}
```

例如，以下配置文件指定连接外部的 ActiveMQ 服务器。

程序清单：codes\07\7.2\activemq_boot\src\main\resources\application.properties

```
# 指定连接消息 Broker 的 URL 地址、用户名、密码
spring.activemq.broker-url=tcp://192.168.1.188:61616
spring.activemq.user=root
spring.activemq.password=32147
# 是否创建 JmsPoolConnectionFactory、使用连接池
spring.activemq.pool.enabled=true
spring.activemq.pool.max-connections=50
# 是否使用内存中的 ActiveMQ，true 表示使用；false 表示不使用
spring.activemq.in-memory=false
# 是否在事务回滚，重发消息之前停止消息传递，启用此选项意味着不保留消息的顺序
spring.activemq.non-blocking-redelivery=false
```

上面配置使用了 ActiveMQ 原生的连接池，因此本例需要同时添加 Spring 为 ActiveMQ 提供的 Starter 依赖和 PooledJMS 依赖，即在 pom.xml 文件中添加如下依赖。

程序清单：codes\07\7.2\activemq_boot\pom.xml

```xml
<!-- 添加 Spring Boot ActiveMQ 依赖 -->
<dependency>
    <groupId>org.springframework.boot</groupId>
    <artifactId>spring-boot-starter-activemq</artifactId>
</dependency>
<!-- 添加 PooledJMS 依赖 -->
<dependency>
    <groupId>org.messaginghub</groupId>
    <artifactId>pooled-jms</artifactId>
</dependency>
```

只要添加了 spring-boot-starter-activemq 依赖，Spring Boot 应用就既可选择连接外部的 ActiveMQ 服务器，也可选择直接使用内存中的 ActiveMQ（不指定 spring.activemq.broker-url 属性，并将 spring.activemq.in-memory 属性设为 true 即可）。

除在 application.properties 文件中使用属性对 ActiveMQ 的连接工厂进行配置之外，还可在容器中配置任意多个 ActiveMQConnectionFactoryCustomizer Bean，这些 Bean 的 customize() 都可对 ActiveMQ 的连接工厂进行编程式的配置。

也可选择使用默认的 CachingConnectionFactory 来包装原生的 ConnectionFactory，Spring Boot 允许通过以 "spring.jms" 开头的属性进行配置，例如以下配置片段：

```
# 设置开启缓存，指定最多缓存 5 个 Session
spring.jms.cache.enabled=true
spring.jms.cache.session-cache-size=5
```

▶▶ 7.2.9 Spring Boot 的 Artemis 配置

只要 Spring Boot 检测到类加载路径下包含了 Artemis 依赖，它就会自动配置 ConnectionFactory，并会自动配置一个 JmsTemplate，通过该对象的方法即可发送消息。

为了对 Artemis 进行配置，可以在 application.properties 文件中添加以 "spring.artemis" 开头的配置属性，这些属性将由 ArtemisProperties 类负责处理，该类的源代码如下：

```java
@ConfigurationProperties(prefix = "spring.artemis")
public class ArtemisProperties {
    // 指定 Artemis 的部署模式，支持 native 和 embedded 两种模式
    // 默认会自动检测
    private ArtemisMode mode;
    // 指定 Artemis Broker 所在的主机
    private String host = "localhost";
    // 指定 Artemis Broker 所在的端口
    private int port = 61616;
    // 指定 Artemis Broker 的用户名
    private String user;
    // 指定 Artemis Broker 的密码
    private String password;
    // 配置内嵌的 Artemis 消息 Broker
    private final Embedded embedded = new Embedded();
    // 连接池配置
    @NestedConfigurationProperty
    private final JmsPoolConnectionFactoryProperties pool = new
        JmsPoolConnectionFactoryProperties();
    ...
}
```

例如，以下配置文件指定连接外部的 Artemis 服务器。

程序清单：codes\07\7.2\artemis_boot\src\main\resources\application.properties

```
spring.artemis.mode=native
# 指定连接消息 Broker 的主机名、端口、用户名、密码
spring.artemis.host=192.168.1.188
spring.artemis.port=61616
spring.artemis.user=root
spring.artemis.password=32147
# 是否创建 JmsPoolConnectionFactory、使用连接池
spring.artemis.pool.enabled=true
spring.artemis.pool.max-connections=50
# 是否使用内嵌的 Artemis, true 表示使用；false 表示不使用
spring.artemis.embedded.enabled=false
```

上面配置使用了 Artemis 原生的连接池，因此本例需要同时添加 Spring 为 Artemis 提供的 Starter 依赖和 PooledJMS 依赖，即在 pom.xml 文件中添加如下依赖。

程序清单：codes\07\7.2\artemis_boot\pom.xml

```xml
<!-- 添加 Spring Boot Artemis 依赖 -->
<dependency>
    <groupId>org.springframework.boot</groupId>
    <artifactId>spring-boot-starter-artemis</artifactId>
</dependency>
<!-- 添加 PooledJMS 依赖 -->
<dependency>
    <groupId>org.messaginghub</groupId>
    <artifactId>pooled-jms</artifactId>
</dependency>
```

添加了 spring-boot-starter-artemis 依赖之后，Spring Boot 应用只能选择连接外部的 Artemis 服务器。

如果要直接使用内嵌的 Artemis 消息 Broker（不指定 spring.artemis.host、spring.artemis.port 属性，指定 spring.artemis.embedded.enabled 属性为 true，并设置以 "spring.artemis.embedded" 开头的属性）。还需要添加如下依赖：

```xml
<!-- 添加内嵌的 Artemis 消息 Broker 的依赖 -->
<dependency>
    <groupId>org.apache.activemq</groupId>
    <artifactId>artemis-jms-server</artifactId>
</dependency>
```

同样，Artemis 也允许使用默认的 CachingConnectionFactory 来包装原生的 ConnectionFactory，Spring Boot 允许通过以 "spring.jms" 开头的属性进行配置，例如以下配置片段：

```
# 设置开启缓存，指定最多缓存 5 个 Session
spring.jms.cache.enabled=true
spring.jms.cache.session-cache-size=5
```

▶▶ 7.2.10　Spring Boot 的 JNDI ConnectionFactory 配置

如果在应用服务器中运行 Spring Boot 应用，那么 Spring Boot 应用也可直接使用应用服务器所提供的 ConnectionFactory，此时既不需要 ActiveMQ，也不需要 Artemis，而是由应用服务器提供 JMS 消息 Broker。

Spring Boot 默认会查找 java:/JmsXA 或 java:/XAConnectionFactory 这两个 JNDI 来定位 ConnectionFactory。开发者也可以通过 spring.jms.jndi-name 属性显式指定 ConnetionFactory 的 JNDI。例如以下配置：

```
spring.jms.jndi-name=java:/MyConnectionFactory
```

▶▶ 7.2.11　发送消息

Spring Boot 对 JMS 做了进一步封装，它完全消除了底层 JMS 实现的差异，程序只要面向 JmsTemplate 编程即可。Spring Boot 还可将容器中自动配置的 JmsTemplate 注入其他组件（比如 Service 组件）。

下面程序示范了使用 JmsTemplate 来发送消息。

程序清单：codes\07\7.2\activemq_boot\src\main\java\org\crazyit\app\service\MessageService.java

```java
@Service
public class MessageService
{
    private final JmsTemplate jmsTemplate;
    @Autowired
    public MessageService(JmsTemplate jmsTemplate)
    {
        this.jmsTemplate = jmsTemplate;
    }
    public void produce(String message)
    {
        // 使用 P2P 消息模型
        this.jmsTemplate.setPubSubDomain(false);
        this.jmsTemplate.convertAndSend("myQueue", message);
    }
    public void publish(String message)
    {
        // 使用 Pub-Sub 消息模型
```

```
        this.jmsTemplate.setPubSubDomain(true);
        this.jmsTemplate.convertAndSend("myTopic", message);
    }
}
```

正如上面程序中的粗体字代码所示，只要调用 JmsTemplate 的 convertAndSend()方法即可发送消息。如果要发送 P2P 消息，则先调用 JmsTemplate 的 setPubSubDomain(false)方法；如果要发送 Pub-Sub 消息，则先调用 JmsTemplate 的 setPubSubDomain(true)方法。

程序的控制器组件可通过 MessageService 的方法选择发送 P2P 消息或 Pub-Sub 消息，控制器代码如下。

程序清单：codes\07\7.2\activemq_boot\src\main\java\org\crazyit\app\controller\HelloController.java

```
@RestController
public class HelloController
{
    private final MessageService messService;
    public HelloController(MessageService messService)
    {
        this.messService = messService;
    }
    @GetMapping("/produce/{message}")
    public String produce(@PathVariable String message)
    {
        messService.produce(message);
        return "发送队列消息";
    }
    @GetMapping("/publish/{message}")
    public String publish(@PathVariable String message)
    {
        messService.publish(message);
        return "发送主题消息";
    }
}
```

codes\07\7.2\artemis_boot\项目同样提供了 MessageService 和 HelloController 两个类，其代码与上面这两个类的代码完全相同。codes\07\7.2\artemis_boot\项目与 codes\07\7.2\activemq_boot\项目的主要差别在 pom.xml 文件和 application.properties 配置文件上，它们的 Java 程序代码基本是相同的。

▶▶ 7.2.12 接收消息

Spring Boot 会自动将@JmsListener 注解修饰的方法注册为消息监听器。如果没有显式配置监听器容器工厂（JmsListenerContainerFactory），Spring Boot 会自动配置一个监听器容器工厂；如果在容器中配置了 DestinationResolver 或 MessageConverter，它们会被自动关联到默认的监听器容器工厂。

默认的监听器容器工厂是事务性的，如果在 Spring 容器中配置了 JtaTransactionManager，它将会被自动关联到监听器容器工厂；否则将会启用 sessionTransacted，从而允许在监听器方法上添加@Transactional 注解，它会保证只有当局部事务成功完成（处理消息，根据消息内容成功完成对数据库的操作）之后，程序才会向消息 Broker 发送确认信息。

> **提示：** 大部分时候，面向消息架构的应用都是分布式应用，因此基本都配置了支持分布式事务的 JtaTransactionManager，本书 5.7 节详细介绍了分布式事务的功能和用法。

下面程序定义了一个监听消息队列的监听器。

程序清单：codes\07\7.2\activemq_boot\src\main\java\org\crazyit\app\message\QueueListener.java

```java
@Component
public class QueueListener
{
    @JmsListener(destination = "myQueue")
    public void processMessage(String content)
    {
        System.out.println("收到队列消息：" + content);
    }
}
```

上面 processMessage()方法使用了@JmsListener(destination = "myQueue")注解修饰，表明该方法将会监听 myQueue 消息队列。

Spring Boot 的消息监听器默认总是监听消息队列，为了配置监听消息主题的监听器，需要为@JmsListener 注解指定 containerFactory 属性，设置使用自定义的监听器容器工厂。例如，下面程序定义了一个监听消息主题的监听器。

程序清单：codes\07\7.2\activemq_boot\src\main\java\org\crazyit\app\message\TopicListener.java

```java
@Component
public class TopicListener
{
    // 设置使用自定义的 JmsListenerContainerFactory
    @JmsListener(destination = "myTopic", containerFactory = "myFactory")
    public void processMessage(String content)
    {
        System.out.println("收到主题消息：" + content);
    }
}
```

上面@JmsListener 注解指定了 containerFactory 属性，这意味着该消息监听器不再使用默认的监听器容器工厂，而是使用自定义的"myFactory"作为监听器容器工厂，因此本例还定义了如下配置类来定义监听器容器工厂。

程序清单：codes\07\7.2\activemq_boot\src\main\java\org\crazyit\app\JmsConfig.java

```java
@Configuration
public class JmsConfig
{
    @Bean
    public DefaultJmsListenerContainerFactory myFactory(
            DefaultJmsListenerContainerFactoryConfigurer configurer,
            ConnectionFactory connectionFactory)
    {
        // 创建默认的监听器容器工厂
        DefaultJmsListenerContainerFactory factory =
                new DefaultJmsListenerContainerFactory();
        // 使用与自动配置相同的属性来配置监听器容器工厂（factory）
        configurer.configure(factory, connectionFactory);
        // 设置使用 Pub-Sub 消息模型
        factory.setPubSubDomain(true);
        return factory;
    }
}
```

上面配置类中配置了一个监听器容器工厂，程序中的粗体字代码设置该容器工厂使用 Pub-Sub 消息模型，因此该容器工厂内的消息监听器将负责监听消息主题的消息。

此外，如果应用程序所使用的消息服务器不支持事务 Session，那么就必须完全禁用对事务的支持，对于自定义的监听器容器工厂，那没啥好担心的，毕竟它默认就不支持事务；但对于 Spring Boot 自动配置的监听器容器工厂，就必须覆盖它的默认设置来禁用事务。例如，在配置文件中配置如下 Bean：

```
@Bean
public DefaultJmsListenerContainerFactory jmsListenerContainerFactory(
        DefaultJmsListenerContainerFactoryConfigurer configurer,
        ConnectionFactory connectionFactory)
{
    // 创建默认的监听器容器工厂
    DefaultJmsListenerContainerFactory factory =
            new DefaultJmsListenerContainerFactory();
    // 设置连接工厂
    configurer.configure(factory, connectionFactory);
    // 将事务工厂设为 null
    listenerFactory.setTransactionManager(null);
    // 设置关闭事务
    listenerFactory.setSessionTransacted(false);
    return factory;
}
```

上面@Bean 配置定义的监听器容器工厂的 ID 为 jmsListenerContainerFactory，它是 Spring Boot 自动配置的监听器容器工厂的 ID，因此它会覆盖自动配置的监听器容器工厂，并关闭它的事务功能。

codes\07\7.2\artemis_boot\项目同样提供了 QueueListener、TopicListener、JmsConfig 三个类，其代码与上面这三个类的代码完全相同。

该例的主类没有太大的改变，依然只要调用 SpringApplication 的 run()方法启动 Spring Boot 应用即可。运行主类启动 Spring Boot 应用，使用浏览器访问 http://localhost:8080/produce/fkjava（其中 fkjava 是消息内容）即可向服务器发送队列消息，然后可以看到监听消息队列的消息监听器被触发：可在控制台看到接收到的队列消息。

再使用浏览器访问 http://localhost:8080/publish/crazyit（其中 crazyit 是消息内容）即可向服务器发送 Pub-Sub 消息，然后可以看到监听消息主题的消息监听器被触发：可在控制台看到接收到的 Pub-Sub 消息。

7.3 整合 AMQP

高级消息队列协议（Advanced Message Queuing Protocol，AMQP）是一种与平台无关的、线路级（wire-level）的消息中间件协议。AMQP 并不属于 JMS 范畴，AMQP 和 JMS 的区别与联系如下：

➢ JMS 定义了消息中间件的规范，从而实现对消息操作的统一；AMQP 则通过制定协议来统一数据交互的格式。
➢ JMS 限定了必须使用 Java 语言；AMQP 只制定协议，不规定实现语言和实现方式，因此是跨语言的。
➢ JMS 只制定了两种消息模型；而 AMQP 的消息模型更加灵活。

RabbitMQ 就是典型的 AMQP 产品，它是用 Erlang 语言开发的。从灵活性的角度来看，RabbitMQ 比 ActiveMQ 更优秀；从性能上看，RabbitMQ 更是完胜 ActiveMQ。因此，目前很多公司都会优先选择 RabbitMQ 作为消息队列。

7.3.1 安装和配置 RabbitMQ

由于 RabbitMQ 是采用 Erlang 语言编写的，因此运行 RabbitMQ 必须要有 Erlang 环境。如果你的计算机中已有对应版本的 Erlang，则直接使用已有的 Erlang 环境即可，否则需要先安装 Erlang。

下载和安装 Erlang 请按如下步骤进行。

① 登录 https://www.erlang.org/downloads 站点下载 Erlang（OTP）的最新版本。由于本书所使用的 RabbitMQ 是 5.16.x 系列，它需要 Erlang 22.3 或更新版本，因此不要下载太老的版本。此处下载 OTP 23.2，下载完成后得到一个 otp_win64_23.2.exe 安装文件。

> **提示：**
> 初次接触 Erlang 的人肯定会对 OTP 感到好奇，OTP 是什么？OTP 最初是 Open Telecom Platform（开放电信平台）的缩写，OTP 属于 Erlang 的开发、运行平台。在 Ericsson 将 Erlang 开源之前，OTP 还有一定的品牌效应，所以就一直保留了 OTP 这个名称。不过现在 OTP 与开放电信平台已没有多大的关系，它更确切的名字应该是"并发系统平台"。

② 双击 otp_win64_23.2.exe 文件，开始安装该软件。安装过程没啥好说的，但依然建议不要将它安装在带空格的路径下（比如 C:\Program Files\就不是一个好路径），建议将它直接安装在指定磁盘的根路径下（比如 D:\）。

> **提示：**
> 在安装过程中可能会提示安装 "Microsoft Visual C++ 2015-2019 Redistributable"，按照提示安装即可。

有了 Erlang 环境之后，接下来即可按如下步骤安装 RabbitMQ。

① 登录 https://github.com/rabbitmq/rabbitmq-server/releases/站点下载 RabbitMQ 的最新版本，该页面为 RabbitMQ 提供了各种平台上的安装包，比如为 Windows 平台提供了.exe 和.zip 两个安装包，其中.exe 是可执行的安装包，.zip 是解压缩安装包。

② 本书推荐使用解压缩安装包，因此下载 rabbitmq-server-windows-3.8.11.zip 压缩包。

③ 将下载得到的压缩包解压缩到任意盘符的根路径下，比如解压缩到 D:\下。为了便于访问，可将解压缩得到的文件夹重命名为 RabbitMQ-3.8.11。

④ RabbitMQ 需要如下两个环境变量。
- ERLANG_HOME：该环境变量指向 Erlang 的安装路径，用于告诉 RabbitMQ 去哪里找 Erlang 运行环境。假如前面将 Erlang（OTP）安装在 D:\根路径下，那么该环境变量的值就应该为 D:\erl-23.2。
- PATH：将 RabbitMQ 解压缩路径下的 sbin 子目录（D:\RabbitMQ-3.8.11\sbin）添加到 PATH 环境变量中。设置该环境变量，是为了方便操作系统能找到该子目录下的 rabbitmqctl.bat、rabbitmq-plugins.bat、rabbitmq-queues.bat、rabbitmq-server.bat 等常用命令，后面要使用这些命令。

⑤ 运行如下命令来启用"rabbitmq_management"插件：

```
rabbitmq-plugins enable rabbitmq_management
```

上面的 rabbitmq-plugins 就来自 RabbitMQ 解压缩路径下的 sbin 子目录，该命令专门用于管理插件，此处就是指定启用"rabbitmq_management"插件，该插件为 RabbitMQ 的管理界面提供支持。

如果该命令运行成功，将可看到输出如下提示信息：

```
Applying plugin configuration to rabbit@yeeku-PC...
The following plugins have been enabled:
```

```
    rabbitmq_management
    rabbitmq_management_agent
    rabbitmq_web_dispatch

set 3 plugins.
Offline change; changes will take effect at broker restart.
```

如果运行该命令输出的提示信息的最后一行是如下内容：

```
Plugin configuration unchanged.
```

这表明"rabbitmq_management"插件启用失败，可删除用户 Home 目录（C:\Users\<用户名>）下 AppData\Roaming\RabbitMQ 子目录下的 enabled_plugins 文件，然后重新运行上面命令。

⑥ 运行如下命令启动 RabbitMQ 服务器：

```
rabbitmq-server.bat
```

> **提示：**
> 如果希望将 RabbitMQ 安装成 Windows 服务，则可使用 sbin 子目录下的 rabbitmq-service.bat 执行操作，该命令的 install 子命令用于安装 RabbitMQ 服务，remove 子命令用于删除 RabbitMQ 服务，start 子命令用于启动 RabbitMQ 服务，stop 子命令用于停止 RabbitMQ 服务。

RabbitMQ 服务器启动完成后，可以看到如图 7.17 所示的提示信息。

图 7.17 RabbitMQ 服务器启动完成后的提示信息

现在打开浏览器访问"http://localhost:15672/"，将看到登录界面，在该界面中输入内置管理员的账号、密码（guest/guest）登录 RabbitMQ 的 Web 管理界面，如图 7.18 所示。

图 7.18 RabbitMQ 的 Web 管理界面

在图 7.18 所示的管理界面上方可以看到"Connections""Channels""Exchanges""Queues""Admin"等标签,它们分别代表了查看或管理 RabbitMQ 的连接、Channel、Exchange、消息队列、系统管理的标签页,后面会用到这些标签页。

▶▶ 7.3.2 管理 RabbitMQ

RabbitMQ 内置了一个管理员:guest,很显然该管理员账户并不安全。单击图 7.18 所示界面上方的"Admin"标签,将进入如图 7.19 所示的系统管理标签页。

图 7.19 系统管理标签页

在系统管理标签页的右边可以看到"Users""Virtual Hosts"等标签,单击这些标签又可进入用户管理、虚拟主机管理等界面,图 7.19 当前显示的就是用户管理界面。

在图 7.19 所示界面下方的"Add a user"区域即可添加用户,添加用户时需要指定用户名、密码和 Tags,用户名和密码就不用说了,那 Tags 代表什么呢?Tags 代表该用户的标签,主要是给人看的,让人知道该用户大概有什么作用。RabbitMQ 内置了如下标签。

- administrator:超级管理员,可登录管理控制台,查看所有信息,并且可以对用户、策略(policy)进行管理。
- monitoring:监控者,可登录管理控制台,同时可以查看 RabbitMQ 节点的相关信息(进程数、内存使用情况、磁盘使用情况等)。
- policymaker:策略制定者,可登录管理控制台,也可对策略进行管理,但无法查看节点的相关信息。
- management:普通管理者,可登录管理控制台,但无法查看节点信息,也无法对策略进行管理。
- 其他:无法登录管理控制台,通常就是指普通的生产者和消费者。

这里添加一个用户:root,将其密码设置为 32147,将其 Tags 设置为 administrator(单击 Tags 右边灰色区域内的"Admin"链接,就会自动向 Tags 文本框中写入 administrator)。

添加用户完成后,即可在图 7.19 所示界面中看到列出了刚刚添加的 root 用户,但新增的用户没有任何权限,该用户什么也干不了,所以接下来还要为该用户添加权限。

单击 root 用户名(它是一个链接),系统进入如图 7.20 所示的 root 用户的管理界面。

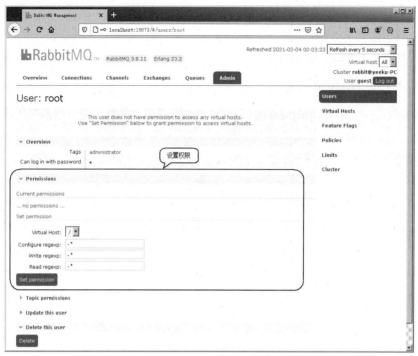

图 7.20 root 用户的管理界面

该界面中包含如下 4 个可折叠/展开的区域。
➢ Permissions：为 root 用户设置针对选定的虚拟主机的权限。
➢ Topic permissions：为 root 用户设置针对选定的虚拟主机、选定的 Exchange 的权限。
➢ Update this user：用于更新 root 用户的密码、Tags 信息。
➢ Delete this user：用于删除 root 用户。

"Update this user"和"Delete this user"两个功能显而易见，没啥好讲的，

我们看"Permissions"区域，该区域用于为 root 用户设置针对选定的虚拟主机的权限，因此可通过"Virtual Host"下拉列表框来选择虚拟主机，接下来的三个框用于指定 root 用户对该虚拟主机下哪些实体具有可配置、可写入、可读取的权限。例如图 7.20 所示的设置，则代表 root 用户对"/"虚拟主机（RabbitMQ 默认自带的虚拟主机）下所有实体具有可配置、可写入、可读取的权限。

按图 7.20 所示来设置权限，然后单击"Set permission"按钮，即可为 root 用户添加针对"/"虚拟主机下所有实体的可配置、可写入、可读取的权限。

> **提示：**
> 如果展开"Topic permissions"区域，将会看到两个下拉列表框，分别用于选择虚拟主机、Exchange，这就代表为指定的虚拟主机、指定的 Exchange 设置权限，很明显这是更细粒度的权限设置。由于上面已经为 root 用户添加了针对"/"虚拟主机下所有实体（当然也包括所有 Exchange）的权限，因此也就没必要在此处设置了。

按上面操作为 root 用户设置完成后，root 用户就变成了超级管理员。单击图 7.20 所示界面右上角的"Log out"按钮退出系统，换成 root 用户登录系统，再次进入如图 7.19 所示的用户管理界面。

单击该界面中列出的"guest"用户，进入 guest 用户的管理界面，通过"Delete this user"区域内的"Delete"按钮可以删除 guest 用户。

实际上，上面这种通过图形用户界面来管理用户的方式主要是针对菜鸟的，如果使用 RabbitMQ 提供的 rabbitmqctl.bat 工具来管理用户将会更简单。

上面介绍的设置过程可通过如下命令来完成。

添加用户：

```
rabbitmqctl add_user root 32147
```

设置标签：

```
rabbitmqctl set_user_tags root administrator
```

添加权限：

```
rabbitmqctl set_permissions -p "/" root ".*" ".*" ".*"
```

删除 guest 用户：

```
rabbitmqctl.bat delete_user guest
```

看到了吧！使用命令是不是简单多了？当然，Web 管理界面的优势在于，它允许通过浏览器实现远程访问。

单击图 7.19 所示界面右边的"Virtual Hosts"标签，系统进入虚拟主机管理界面，如图 7.21 所示。

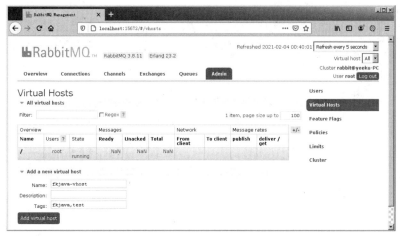

图 7.21　虚拟主机管理界面

按图 7.21 所示输入虚拟主机的 Name、Tags 信息，然后单击"Add virtual host"按钮，即可成功添加虚拟主机。在添加虚拟主机时，只有 Name 是必填信息，Description 和 Tags 都是选填信息。

可能有人会问：创建 RabbitMQ 虚拟主机这么简单吗？这种虚拟主机有什么用？其实 RabbitMQ 虚拟主机只是相当于一个命名空间，用于组织 Exchange 和 Queue，比如 RabbitMQ 可以先在"/"虚拟主机下创建一个名为 my.fanout 的 Exchange，然后又可以在"fkjava-vhost"虚拟主机下创建一个名为 my.fanout 的 Exchange。

上面创建虚拟主机的过程可通过如下命令来完成：

```
rabbitmqctl add_vhost fkjava-vhost --tags "fkjava,test"
```

fkjava-vhost 虚拟主机创建完成后，还需要授权指定用户有访问该虚拟主机的权限。例如运行如下命令，为 root 用户添加针对 fkjava-vhost 虚拟主机下所有实体的可配置、可写入、可读取的权限。

```
rabbitmqctl set_permissions -p "fkjava-vhost" root ".*" ".*" ".*"
```

rabbitmqctl 是一个功能非常强大的工具，使用它可完成 RabbitMQ 的所有管理，输入如下命令可查看该工具的用法：

```
rabbitmqctl help
```

▶▶ 7.3.3 RabbitMQ 的工作机制

正如从 RabbitMQ 的 Web 控制台所看到的，RabbitMQ 支持如下核心概念。

- ➢ Connection：代表客户端（包括消息生产者和消息消费者）与 RabbitMQ 之间的连接。
- ➢ Channel：Channel 位于连接内部，负责实际的通信。
- ➢ Exchange：充当消息交换机的组件。
- ➢ Queue：消息队列。

RabbitMQ 工作机制大致如图 7.22 所示。

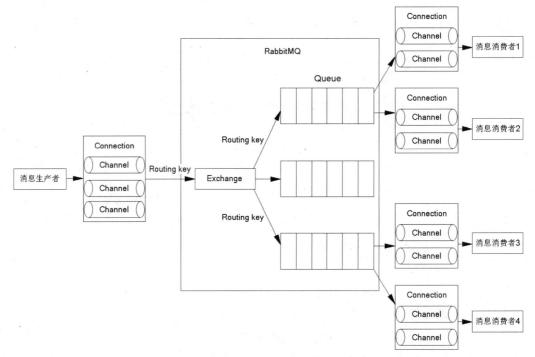

图 7.22　RabbitMQ 工作机制示意图

从图 7.22 可以看到，不管是消息生产者，还是消息消费者，它们都要通过 Connection 建立与 RabbitMQ 之间的连接，因此 Connection 就代表客户端与 RabbitMQ 之间的连接。

但客户端与 RabbitMQ 之间实际通信使用的是 Channel（信道），这是因为 RabbitMQ 采用了类似于 Java NIO 的做法，避免为应用程序中的每个线程都建立单独的连接，而是使用 Channel 来复用连接，这样不仅可以降低性能开销，而且也便于管理。

应用程序的每个线程都能持有自己对应的 Channel，因此 Channel 复用了连接，同时 RabbitMQ 可以确保每个线程的私密性，就像各自拥有独立的连接一样。当每个 Channel 的数据流量不是很大时，复用单一的连接可以有效地节省连接资源；当 Channel 本身的数据流量很大时，多个 Channel 复用一个连接就会产生性能瓶颈，连接本身的流量限制了所有复用它的 Channel 的总流量，此时可考虑建立多个连接，并将这些 Channel 均摊到这些连接中，相关调优策略可根据业务实际情况进行设置。

当消息生产者发送消息时，只需指定如下两个关键信息。

> Exchange：将该消息发送到哪个 Exchange。
> Routing key：消息的路由 key。

与 JMS 消息模型不同，RabbitMQ 的消息生产者不需要指定将消息发送到哪个消息队列，只需指定将消息发送到哪个 Exchange，Exchange 相当于消息交换机，它会根据消息的路由 key（Routing key）将消息分发到一个或多个消息队列（Queue），消息实际依然由消息队列来负责管理。

简单来说，消息生产者将消息发送给 Exchange，Exchange 负责将消息分发给对应的消息队列，Exchange 分发消息的关键在于它本身的类型和路由 key。因此，当消息生产者发送消息时，与消息队列是无关的。

当消息消费者接收消息时，只需从指定消息队列中获取消息即可，与 Exchange 是无关的。

提示：
> RabbitMQ 与 JMS 规范的架构区别在于：JMS 规范中的消息生产者和消息消费者都是直接与消息目的耦合的，消息生产者向消息目的发送消息，消息消费者从消息目的读取消息；而 RabbitMQ 则增加了 Exchange 的概念，通过 Exchange 对消息生产者与消息消费者做了进一步的隔离——消息生产者向 Exchange 发送消息，消息消费者从消息队列读取消息，Exchange 则负责将消息分发到各消息队列。

为了让 Exchange 能将信息分发给消息队列，消息队列需要将自己绑定到 Exchange 上，Exchange 只会将消息分发给绑定到自己的消息队列，没有绑定的消息队列不会得到 Exchange 分发的消息。将消息队列绑定到 Exchange 时，也需要指定一个路由 key。

Exchange 就根据发送消息时指定的路由 key、绑定消息队列时指定的路由 key 来决定将消息分发给哪些消息队列。

Exchange 的类型也会影响它对消息的分发，Exchange 可分为以下几类。

> fanout：广播 Exchange，这种类型的 Exchange 会将消息广播到所有与它绑定的消息队列。这种类型的 Exchange 在分发消息时不看路由 key。

提示：
> fanout 类型的 Exchange 大致相当于 JMS 中的 Pub-Sub 消息模型。

> direct：这种类型的 Exchange 将消息直接发送到路由 key 对应的消息队列。
> topic：这种类型的 Exchange 在匹配路由 key 时支持通配符。
> headers：这种类型的 Exchange 要根据消息自带的头信息进行路由。这种类型的 Exchange 比较少用。

假如存在如图 7.23 所示的绑定示意图。

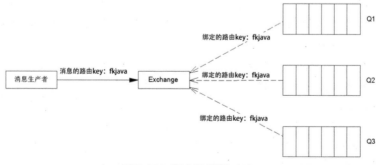

图 7.23　绑定示意图（1）

对于图 7.23 所示的绑定示意图：
- 当 Exchange 为 fanout 类型时，消息生产者向 Exchange 发送的任何消息都会被分发给 3 个队列：Q1、Q2、Q2。fanout 类型的 Exchange 在分发消息时不考虑路由 key。
- 当 Exchange 为 direct 类型时，消息生产者向 Exchange 发送路由 key 为 fkjava 的消息，该消息只会被分发给 Q1 和 Q2 两个队列，因为绑定这两个队列的路由 key 也是 fkjava。

当 Exchange 的类型为 topic 时，路由 key 可以使用通配符，其中*（星号）用于精确匹配一个单词；#（井号）用于匹配零个或多个单词，单词之间用英文点号隔开。假如存在如图 7.24 所示的绑定示意图。

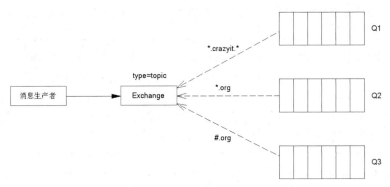

图 7.24 绑定示意图（2）

对于图 7.24 所示的绑定示意图：
- 如果所发送的消息的路由 key 为 fkjava.org 或 crazyit.org，则该消息将会被分发给 Q2 和 Q3 两个队列。
- 如果所发送的消息的路由 key 为 www.crazyit.org，则该消息将会被分发给 Q1 和 Q3 两个队列。
- 如果所发送的消息的路由 key 为 www.crazyit.cn，则该消息将会被分发给 Q1 队列。

总结来说，Exchange 分发消息的逻辑由如下 3 个因素决定。
- Exchange 的类型。
- 发送消息时为消息指定的路由 key。
- 绑定消息队列时所指定的路由 key。

▶▶ 7.3.4 使用默认 Exchange 支持 P2P 消息模型

打开 RabbitMQ 的 Web 控制台，再打开"Exchanges"标签页，可以看到其中列出了 RabbitMQ 内置的 Exchange，如图 7.25 所示。

从图 7.25 可以看到，RabbitMQ 会自动为每个虚拟主机创建 7 个 Exchange，其中 direct 类型的 Exchange 两个，fanout 类型的 Exchange 一个（这种类型的 Exchange 用于模拟 JMS 中的 Pub-Sub 消息模型），headers 类型的 Exchange 两个，topic 类型的 Exchange 两个。

如果需要更多额外的 Exchange，RabbitMQ 也允许创建更多的 Exchange。这里通过 Web 图形用户界面来创建，将图 7.25 所示界面拖动到下方，可以看到如图 7.26 所示的添加 Exchange 的区域。

在添加 Exchange 的区域可以为新增的 Exchange 填写或选择如下信息。
- Virtual Host：选择在哪个虚拟主机（相当于命名空间）下创建 Exchange。
- Name：指定 Exchange 的名称。
- Type：指定 Exchange 的类型，支持 fanout、direct、headers、topic 这些类型。

- Durability：指定该 Exchange 是否需要持久化保存。
- Auto delete：指定该 Exchange 是否会被自动删除。如果启用"自动删除"，则意味着只要该 Exchange 不再使用（没有消息生产者向它发送消息、没有消息队列与它绑定），它就会被自动删除。
- Internal：指定是否创建内部 Exchange。如果指定为 true，则客户端将不能直接向该 Exchange 发送消息，它只能用于与其他 Exchange 绑定，接收其他 Exchange 分发过来的消息。
- Arguments：指定额外的创建参数。

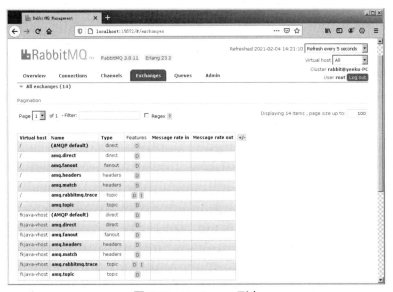

图 7.25　Exchange 列表

图 7.26　添加 Exchange

大部分时候并不需要通过该界面来创建 Exchange，而是直接使用客户端程序（比如 Java 程序）根据需要创建 Exchange 即可。通过程序来创建 Exchange 时，同样可指定图 7.26 所示的这些参数。

持久化的 Exchange 能与持久化的队列结合使用，用于确保消息的持久化。如果不使用持久化的消息，当 RabbitMQ 遇到服务器宕机等故障时，那些未处理的消息有可能会丢失；而使用持久化的消息则可确保消息不会丢失（无论遇到什么情况）。使用持久化的消息需要如下 3 个条件：

- 使用持久化的 Exchange。
- 使用持久化的队列。

➢ 在发送消息时设置使用持久化的分发模式（将 deliveryMode 设为 2），后面 7.3.9 节会给出例子。

单击图 7.25 所示界面上名为"(AMQP default)"的 Exchange（每个虚拟主机都有该 Exchange），此时将看到如图 7.27 所示的界面。

图 7.27　管理默认 Exchange

从图 7.27 可以看到，默认 Exchange 的类型是 direct（Type 为 direct），并且是持久化保存的 Exchange（durable 为 true）。

从"Bindings"区域的介绍中可以看到，默认 Exchange 会被隐式绑定到每个队列（以队列名作为绑定的路由 key），不能执行显式绑定或解绑，默认 Exchange 也不能被删除。这意味着：如果程序向默认 Exchange 发送路由 key 为 abc 的消息，该消息将被分发到名为 abc 的队列；如果程序向默认 Exchange 发送路由 key 为 xyz 的消息，该消息将被分发到名为 xyz 的队列……发现了吗？这不正是 JMS 中的 P2P 消息模型吗？

RabbitMQ 只需要一个内置的默认 Exchange 即可支持 JMS 的 P2P 消息模型，由此可见，RabbitMQ 确实比 JMS 灵活多了。

如果将图 7.27 所示界面拖动到下方的"Publish message"区域，则可看到如图 7.28 所示的发送消息的界面。

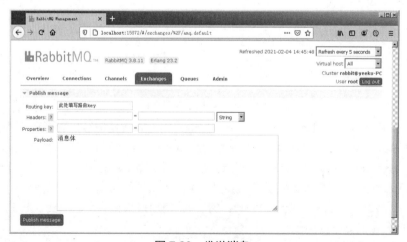

图 7.28　发送消息

在图 7.28 所示界面上填写消息的路由 key（Routing key）、消息体（Payload）、消息头和消息属性，其中消息头的名称可以是任意的；但消息属性的名称只能是 content_type、content_encoding 等有特殊意义的名称，具体可通过单击"Properties"旁边的问号来查看。

填写完成后，单击"Publish message"按钮即可向该 Exchange（默认 Exchange）发送消息，该消息将会由该 Exchange 分发给指定队列：假如所发送的消息的路由 key 为 abc，则该消息将会被分发给名为 abc 的队列；假如所发送的消息的路由 key 为 xyz，则该消息将会被分发给名为 xyz 的队列。

单击图 7.25 所示界面上的任意一个其他 Exchange（只要不是默认 Exchange 即可），此时将看到如图 7.29 所示的界面。

图 7.29　管理 Exchange

通过图 7.29 所示界面上的"Overview"区域，同样可以看到该 Exchange 的类型、持久性等概览信息。在"Bindings"区域可以看到该 Exchange 当前并未绑定任何队列；此外，还可以在该区域为该 Exchange 执行绑定，按图 7.29 所示填写队列名、路由 key，然后单击"Bind"按钮，即可完成该 Exchange 与队列的绑定。

> **提示：**
> Exchange 除了能与队列绑定，还可与其他 Exchange 绑定，比如内部 Exchange 不能接收客户端发送的消息，它只能接收由其他 Exchange 分发过来的消息，因此内部 Exchange 必须与其他 Exchange 绑定才会收到消息。

类似地，大部分时候并不需要通过该界面来执行 Exchange 与队列的绑定，而是直接使用客户端程序（比如 Java 程序）根据需要执行绑定即可。

下面以一个简单的例子来示范如何利用默认 Exchange 实现 P2P 消息模型。首先创建一个 Maven 项目，然后在 pom.xml 文件中添加如下依赖。

程序清单：codes\07\7.3\default_exchange\pom.xml
```
<dependency>
    <groupId>com.rabbitmq</groupId>
```

```xml
    <artifactId>amqp-client</artifactId>
    <version>5.10.0</version>
</dependency>
```

上面依赖代表了 RabbitMQ Java Client，使用该依赖库开发消息消费者的大致步骤如下：

① 创建 ConnectionFactory，设置连接信息，再通过 ConnectionFactory 获取 Connection。
② 通过 Connection 获取 Channel。
③ 根据需要调用 Channel 的 queueDeclare()方法声明消息队列，如果声明的队列已经存在，该方法将会直接获取已有的队列；如果声明的队列还不存在，该方法将会创建新的队列。
④ 调用 Channel 的 basicConsume()方法开始处理消息，在调用该方法时需要传入一个 Consumer 参数，该参数相当于 JMS 中的消息监听器。

对于上面第 3 步，在大部分场景下都应该显式声明消息队列，这是因为 RabbitMQ 没有内置的队列，且大部分程序都是创建自动删除的队列，因此通过声明队列可确保所监听的消息队列是存在的。

接下来按上面步骤开发如下消息消费者程序。

程序清单：codes\07\7.3\default_exchange\src\main\java\org\crazyit\app\message\P2PConsumer.java

```java
public class P2PConsumer
{
    final static String QUEUE_NAME = "firstQueue";
    public static void main(String[] args) throws IOException, TimeoutException
    {
        // 创建与 RabbitMQ 服务器的 TCP 连接
        Connection connection = ConnectionUtil.getConnection();
        // 创建 Channel
        Channel channel = connection.createChannel();
        // 声明消息队列，如果该队列不存在，则会自动创建该队列
        channel.queueDeclare(QUEUE_NAME, true/* 是否持久化 */,
            false/* 是否独享 */, true/* 是否自动删除 */, null);
        // 创建消息消费者
        Consumer consumer = new DefaultConsumer(channel)
        {
            // 每当读到消息队列中的消息时，该方法将会被自动触发
            // Envelope 参数代表信息封包，可获得 Exchange 名称和路由 key
            @Override
            public void handleDelivery(String consumerTag, Envelope envelope,
                AMQP.BasicProperties properties, byte[] body)
            {
                String message = new String(body, StandardCharsets.UTF_8);
                System.out.println(envelope.getExchange() + ","
                    + envelope.getRoutingKey() + "," + message);   // ①
            }
        };
        // 从指定消息队列中获取消息
        channel.basicConsume(QUEUE_NAME, true/* 自动确认 */, consumer);
    }
}
```

上面程序定义了一个工具类用于获取 Connection，该工具类的代码如下。

程序清单：codes\07\7.3\default_exchange\src\main\java\org\crazyit\app\message\ConnectionUtil.java

```java
public class ConnectionUtil
{
    public static Connection getConnection() throws IOException, TimeoutException
    {
        ConnectionFactory factory = new ConnectionFactory();
        factory.setHost("localhost");
```

```
        factory.setPort(5672);
        factory.setUsername("root");
        factory.setPassword("32147");
        // 如果不设置虚拟主机,则使用默认虚拟主机(/)
//      factory.setVirtualHost("fkjava-vhosts");
        // 创建与 RabbitMQ 服务器的 TCP 连接
        return factory.newConnection();
    }
}
```

上面的消息消费者程序首先声明了一个名为"firstQueue"的消息队列,然后调用 Channel 的 basicConsume()方法从该消息队列中读取消息。

从上面程序可以看到,该消息消费者只需从消息队列中读取消息即可,它不需要知道 Exchange 的存在,它与 Exchange 是完全解耦的。如果确实要获取 Exchange 信息,消息消费者可通过消息监听方法的 Envelope 参数来获取,如上面程序中①号代码所示。

运行上面程序,由于该程序的最后并未关闭 Channel 和 Connection,因此它将一直与 RabbitMQ 保持连接,除非强制退出该程序。

打开 RabbitMQ 的 Web 控制台,再打开"Queues"标签页,此时可以看到如图 7.30 所示的队列列表。

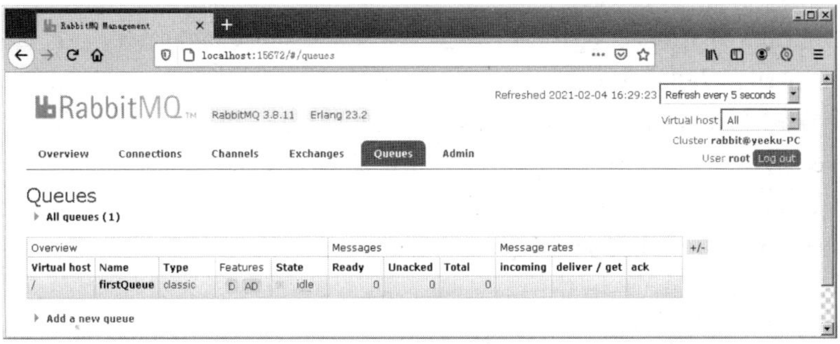

图 7.30 队列列表

从图 7.30 可以看到,在默认虚拟主机(/)下有一个名为"firstQueue"的消息队列,这就是上面程序所创建的队列。由于在创建该消息队列时指定了 autoDelete 为 true,这意味着只要该队列不再使用(没有 Exchange 向该队列发送消息,没有消息消费者监听该队列,该队列中的消息数量为 0),该队列就会被自动删除,因此如果强行退出上面的 P2PConsumer 程序,该消息队列将被自动删除。

打开图 7.30 所示界面上的"Connections"标签页,可以看到如图 7.31 所示的连接列表。

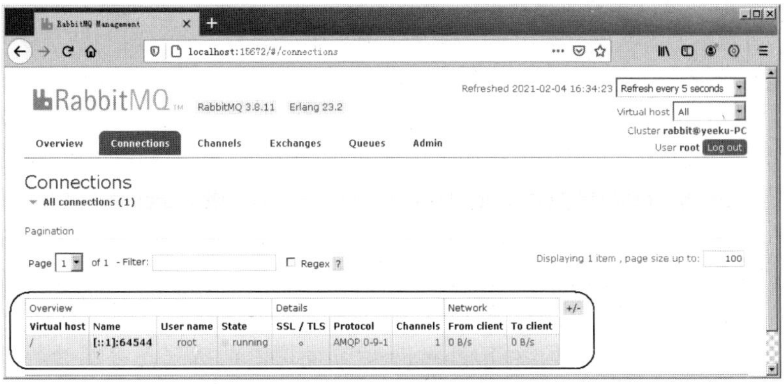

图 7.31 连接列表

从图 7.31 可以看到,此时有一个客户端与 RabbitMQ 的默认虚拟主机(/)保持连接,连接时使用的用户名是 root，该连接内包含一个 Channel，也可以看到该连接的数据传输率。

打开图 7.31 所示界面上的 "Channels" 标签页，可以看到如图 7.32 所示的 Channel 列表。

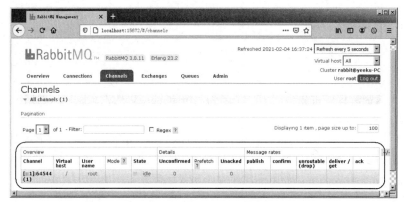

图 7.32　Channel 列表

从图 7.31 可以看到，此时有一个 Channel 与 RabbitMQ 的默认虚拟主机（/）保持通信。

下面来开发消息生产者程序，使用 RabbitMQ Java Client 依赖库开发消息生产者程序的大致步骤如下：

① 创建 ConnectionFactory，设置连接信息，再通过 ConnectionFactory 获取 Connection。

② 通过 Connection 获取 Channel。

③ 根据需要调用 exchangeDeclare()、queueDeclare()方法声明 Exchange 和消息队列，并完成队列与 Exchange 的绑定。类似地，如果声明的 Exchange 还不存在，则创建该 Exchange；否则直接使用已有的 Exchange。

④ 调用 Channel 的 basicConsume()方法开始处理消息，在调用该方法时需要传入一个 Consumer 参数，该参数相当于 JMS 中的消息监听器。

对于上面第 3 步，可能有人会产生疑问：消息生产者要声明 Exchange 是自然而然的事情，毕竟消息生产者要向 Exchange 发送消息，但消息生产者为何还要声明消息队列呢？消息生产者与消息队列不是完全隔离的吗？

的确是这样的，消息生产者与消息队列是完全隔离的，消息生产者发送消息时也不需要关心消息队列，甚至可以不用理会消息队列是否存在。但是，别忘了 RabbitMQ 中的消息队列大多是自动删除的队列，这意味着：假如消息生产者程序先运行，而消息消费者还没有开始监听，那么系统中就可能暂时还没有任何消息队列。在这种情况下，消息生产者向 Exchange 发送的消息将不会分发给任何队列，这些消息直接就被丢弃了。

因此，虽然消息生产者与消息队列是隔离的，消息生产者发送消息时与消息队列无关，但实际上它依然需要确保该 Exchange 所分发消息的队列是存在的，且这些队列已和该 Exchange 执行了绑定，否则有可能该 Exchange 没绑定任何队列，那么发送给该 Exchange 的所有消息都将直接被丢弃。

所以，消息生产者程序通常都需要声明 Exchange 和消息队列，并执行 Exchange 与消息队列的绑定，用于确保该 Exchange 所分发消息的队列是存在的，且与该 Exchange 执行了绑定。

> **注意**
>
> 对于消息生产者程序，建议总是声明 Exchange 和消息队列，并执行 Exchange 与消息队列的绑定，用于确保该 Exchange 所分发消息的队列是存在的，且与该 Exchange 执行了绑定；对于消息消费者程序，则建议总是声明消息队列，用于确保它监听的消息队列是存在的。

由于该消息生产者程序打算使用 RabbitMQ 的默认 Exchange（该 Exchange 不能被删除），因此无须声明 Exchange，且所有队列都会自动绑定到默认 Exchange，所以也不需要显式执行绑定。

接下来按上面步骤开发如下消息生产者程序。

程序清单：codes\07\7.3\default_exchange\src\main\java\org\crazyit\app\message\P2PProducer.java

```java
public class P2PProducer
{
    public static void main(String[] args) throws IOException, TimeoutException
    {
        // 使用自动关闭资源的 try 语句管理 Connection、Channel
        try (
            // 创建与 RabbitMQ 服务器的 TCP 连接
            Connection connection = ConnectionUtil.getConnection();
            // 创建 Channel
            Channel channel = connection.createChannel())
        {
            // 声明消息队列，如果该队列不存在，则会自动创建该队列
            channel.queueDeclare(P2PConsumer.QUEUE_NAME, true/* 是否持久化 */,
                false/* 是否独享 */, true/* 是否自动删除 */, null);
            for (var i = 1; i < 11; i++)
            {
                String msg = "第" + i + "条消息";
                // 最后一个参数是消息体
                channel.basicPublish("", P2PConsumer.QUEUE_NAME/* 路由 key */,
                    null, msg.getBytes(StandardCharsets.UTF_8));
                System.out.println("已发送的消息：" + msg);
            }
        }
    }
}
```

上面程序中第 1 行粗体字代码声明了消息队列，用于确保该消息队列的存在，且该消息队列总会自动绑定到默认 Exchange。第 2 行粗体字代码调用了 Channel 的 basicPublish() 方法向默认 Exchange 发送消息，在发送消息时指定了使用 P2PConsumer.QUEUE_NAME 作为路由 key，这意味着该消息将会被分发给与该路由 key 同名的消息队列。

运行该程序发送 10 条消息，接下来将会看到 P2PConsumer 程序的控制台产生如图 7.33 所示的输出。

图 7.33　接收消息

▶▶ 7.3.5 工作队列（Work Queue）

RabbitMQ 可以让多个消息消费者竞争消费同一个消息队列，这种方式被称为工作队列，如图 7.34 所示。

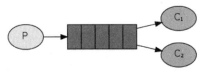

图 7.34　多个消息消费者竞争消费同一个消息队列

当多个消息消费者竞争消费同一个消息队列时，消息队列默认会将消息"均分"给每个消息消费者，但这样做往往并不合适，因为有的消息消费者需要更多的时间来处理一条消息，而有的消息消费者只需要更少的时间即可处理一条消息，如果让它们"均分"这些消息，就会造成资源浪费。

比较理想的做法是"能者多劳",让消息队列将消息多分给需要更少时间的消息消费者,将消息少分给需要更多时间的消息消费者。

那问题就来了,消息队列怎么知道哪个消息消费者需要更多的时间来处理消息呢?其实根本没法知道!但 Channel 提供了一个 basicQos(int prefetchCount)方法,该方法指定消息消费者在同一时间点最多能得到的消息数量。

假如设置 basicQos(1),这意味着每个消息消费者在同一个时间点最多只能得到一条消息。换言之,在消息队列收到该消息消费者的确认之前,消息队列不会将新的消息分发给该消息消费者,而是将消息分给其他处于空闲状态(已经返回确认)的消息消费者。

可见 basicQos(1)依赖于消息消费者返回的确认信息,如果采用自动确认策略,程序只要进入消息消费者的 handleDelivery()方法,程序就会立即向消息队列发送确认信息,完全不管 handleDelivery()方法是否执行完成,甚至不管该方法是否抛出异常。

为了更准确地控制消息确认,本例将取消消息的自动确认,改为在 handleDelivery()方法成功执行完成后手动确认消息。

本例的消息生产者程序与前一个例子完全相同,本例的消息消费者程序如下。

程序清单:codes\07\7.3\work_queue\src\main\java\org\crazyit\app\message\Consumer1.java

```java
public class Consumer1
{
    final static String QUEUE_NAME = "firstQueue";
    public static void main(String[] args) throws IOException, TimeoutException
    {
        // 创建与 RabbitMQ 服务器的 TCP 连接
        Connection connection = ConnectionUtil.getConnection();
        // 创建 Channel
        Channel channel = connection.createChannel();
        // 声明消息队列,如果该队列不存在,则会自动创建该队列
        channel.queueDeclare(QUEUE_NAME, true/* 是否持久化 */,
                false/* 是否独享 */, true/* 是否自动删除 */, null);
        // 设置该 Channel 在同一时间点只能得到一条消息
        channel.basicQos(1);
        // 创建消息消费者
        Consumer consumer = new DefaultConsumer(channel)
        {
            // 每当读到消息队列中的消息时,该方法将会被自动触发
            // Envelope 参数代表信息封包,可获得 Exchange 名称和路由 key
            @Override
            public void handleDelivery(String consumerTag, Envelope envelope,
                    AMQP.BasicProperties properties, byte[] body) throws IOException
            {
                String message = new String(body, StandardCharsets.UTF_8);
                try
                {
                    // 模拟耗时操作
                    Thread.sleep(1000);
                }
                catch (InterruptedException e){}
                System.out.println(envelope.getExchange() + ","
                        + envelope.getRoutingKey() + "," + message);
                // 确认消息处理完成
                channel.basicAck(envelope.getDeliveryTag(),
                        false/* 是否同时确认该消息之前所有未确认的消息 */);
            }
        };
        // 从指定消息队列中获取消息
```

```
        channel.basicConsume(QUEUE_NAME, false/* 不自动确认 */, consumer);
    }
}
```

上面程序中第 1 行粗体字代码调用了 channel.basicQos(1)方法，用于控制该 Channel 在同一时间点只能处理一条消息；最后 1 行粗体字代码取消了消息的自动确认；handleDelivery()方法中的粗体字代码调用了 basicAck()方法手动确认消息，该方法的第 2 个参数指定是否同时确认该消息之前所有未确认的消息。

本例还有一个 Consumer2 程序，Consumer2 程序与 Consumer1 程序的代码基本相同，只是在 Consumer1 的 handleDelivery()方法中执行了 Thread.sleep(1000)来模拟耗时操作，而 Consumer2 的 handleDelivery()方法没有这行模拟耗时操作的代码。

先运行 Consumer1 与 Consumer2 两个消息消费者程序，然后运行消息生产者程序发送 10 条消息，接下来可在 IntelliJ IDEA 控制台看到如图 7.35 所示的输出。

图 7.35　消息消费者竞争消费消息

从图 7.35 可以看到，此时的 Consumer1 只分得 1 条消息，而 Consumer2 则分得剩余的 9 条消息，这就是典型的"能者多劳"。

7.3.6　使用 fanout 实现 Pub-Sub 消息模型

fanout 类型的 Exchange 不会判断消息的路由 key，该 Exchange 直接将消息分发给绑定到它的所有队列。图 7.36 显示了这种分发模式。

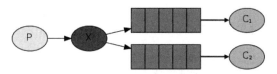

图 7.36　fanout 类型的 Exchange 分发模式

消息生产者发送一条消息到 fanout 类型的 Exchange 后，绑定到该 Exchange 的所有队列都会收到该消息的一个副本，而消息消费者分别从不同的队列中读取消息，互不干扰。fanout 类型的 Exchange 可以很好地模拟 JMS 中的 Pub-Sub 消息模型。

下面开发一个消息生产者程序，该消息生产者会声明一个类型为 fanout 的 Exchange，并声明两个消息队列，且将这两个消息队列绑定到该 Exchange。

程序清单：codes\07\7.3\fanout\src\main\java\org\crazyit\app\message\MyProducer.java

```
public class MyProducer
{
    public final static String EXCHANGE_NAME = "fkjava.fanout";
    public final static String ROUING_KEY = "test1";
    public static void main(String[] args) throws IOException, TimeoutException
    {
        // 使用自动关闭资源的 try 语句管理 Connection、Channel
```

```java
        try (
            // 创建与RabbitMQ服务器的TCP连接
            Connection connection = ConnectionUtil.getConnection();
            // 创建Channel
            Channel channel = connection.createChannel())
        {
            // 声明Exchange，指定该Exchange的类型是fanout
            channel.exchangeDeclare(EXCHANGE_NAME,
                BuiltinExchangeType.FANOUT,
                true/*是否持久化*/,
                false/*是否自动删除*/, null);
            // 声明并绑定两个消息队列，如果它们不存在，则自动创建这些消息队列
            channel.queueDeclare(Consumer1.QUEUE_NAME, true/* 是否持久化 */,
                false/* 是否独享 */, true/* 是否自动删除 */, null);
            channel.queueBind(Consumer1.QUEUE_NAME,
                EXCHANGE_NAME, ROUING_KEY, null);
            channel.queueDeclare(Consumer2.QUEUE_NAME, true/* 是否持久化 */,
                false/* 是否独享 */, true/* 是否自动删除 */, null);
            channel.queueBind(Consumer2.QUEUE_NAME,
                EXCHANGE_NAME, ROUING_KEY, null);
            for (var i = 1; i < 11; i++)
            {
                String msg = "第" + i + "条消息";
                // 向指定Exchange发送消息，路由key为空字符串
                channel.basicPublish(EXCHANGE_NAME, "",
                    null, msg.getBytes(StandardCharsets.UTF_8));
                System.out.println("已发送的消息：" + msg);
            }
        }
    }
}
```

上面程序中的粗体字代码声明了一个类型为 fanout 的 Exchange，这行代码的作用是确保该 Exchange 的存在，但并不保证一定会创建新的 Exchange。因此这行代码存在一个潜在的风险：如果当前虚拟主机上已有同名的 Exchange，且它的类型不是 fanout，那么这行代码将会导致如下异常：

```
inequivalent arg 'type' for exchange 'fkjava.fanout' in vhost '/'
```

所以在大部分应用中，总是创建自动删除的 Exchange 是一种不错的做法：用到 Exchange 时就声明，声明语句总能确保该 Exchange 的存在，用完 Exchange 就自动删除，避免后续引发异常。

不过，上面粗体字代码所创建的 Exchange 并不会自动删除，这是为了方便大家查看该程序所创建的 Exchange。

运行 MyProducer 程序，该程序运行完成后将会创建一个 Exchange 和两个消息队列（由于队列内有消息，因此也不会被删除）。打开 RabbitMQ 的 Web 控制台，再打开"Exchanges"标签页，可以看到如图 7.37 所示的 Exchange。

图 7.37　程序所创建的 Exchange

打开"Queues"标签页，可以看到如图 7.38 所示的两个消息队列，每个消息队列中有 10 条消息。

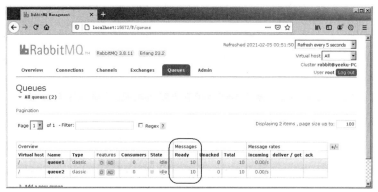

图 7.38　两个消息队列中各有 10 条消息

本例的消息消费者比较简单，就是先声明消息队列来确保队列存在，然后调用 basicConsume() 方法从指定队列中读取消息即可。下面是 Consumer1 的代码。

程序清单：codes\07\7.3\fanout\src\main\java\org\crazyit\app\message\Consumer1.java

```java
public class Consumer1
{
    final static String QUEUE_NAME = "queue1";
    public static void main(String[] args) throws IOException, TimeoutException
    {
        // 创建与 RabbitMQ 服务器的 TCP 连接
        Connection connection = ConnectionUtil.getConnection();
        // 创建 Channel
        Channel channel = connection.createChannel();
        // 声明消息队列，如果该队列不存在，则会自动创建该队列
        channel.queueDeclare(QUEUE_NAME, true/* 是否持久化 */,
            false/* 是否独享 */, true/* 是否自动删除 */, null);
        // 创建消息消费者
        Consumer consumer = new DefaultConsumer(channel)
        {
            // 每当读到消息队列中的消息时，该方法将会被自动触发
            // Envelope 参数代表信息封包，可获得 Exchange 名称和路由 key
            @Override
            public void handleDelivery(String consumerTag, Envelope envelope,
                    AMQP.BasicProperties properties, byte[] body)
            {
                String message = new String(body, StandardCharsets.UTF_8);
                System.out.println(envelope.getExchange() + ","
                    + envelope.getRoutingKey() + "," + message);
            }
        };
        // 从指定消息队列中获取消息
        channel.basicConsume(QUEUE_NAME, true/* 自动确认 */, consumer);
    }
}
```

Consumer2 的代码与此类似，只是将其中 QUEUE_NAME 常量的值改为 queue2。通过上面粗体字代码可以看到，这两个消息消费者各自消费自己的消息队列，互不干扰。

7.3.7　使用 direct 实现消息路由

direct 类型的 Exchange 会根据消息的路由 key 将消息分发给指定的队列，图 7.39 显示了典型的消息路由示意图。

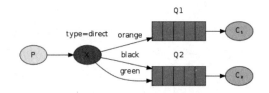

图 7.39　消息路由示意图

通过图 7.39 可以看到，一个队列能与一个 Exchange 绑定多个路由 key，比如图 7.39 中的 Q2 队列与 Exchange 就绑定了两个路由 key：black 和 green。

若消息生产者发送路由 key 为 orange 的消息到 Exchange 时，该消息将会被分发到 Q1 队列；若发送路由 key 为 black 或 green 的消息到 Exchange 时，该消息都将被分发到 Q2 队列。

事实上，RabbitMQ 也允许多个队列绑定相同的路由 key，此时又变成了 Pub-Sub 消息模型。例如，对于图 7.40 所示的绑定方式。

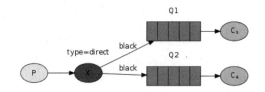

图 7.40　多个队列绑定相同的路由 key

图 7.40 中的 Q1 和 Q2 两个队列都绑定了 black 作为路由 key，这意味着若消息生产者发送路由 key 为 black 的消息时，该消息将会被分发到 Q1 和 Q2 两个队列，这两个队列将会收到各自不同的副本。

当然，也可将上面两种绑定方式组合起来使用，例如，在处理日志时，可考虑使用如图 7.41 所示的绑定方式。

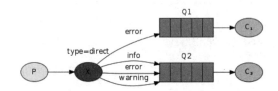

图 7.41　组合使用上面两种绑定方式

图 7.41 中的 Q1 队列绑定了 error 作为路由 key，而 Q2 队列则绑定了 info、error 和 warning 作为路由 key，这意味着若消息生产者发送路由 key 为 error 的消息时，该消息将会被分发到 Q1 和 Q2 两个队列，这两个队列将会同时收到各自的副本；若消息生产者发送路由 key 为 info 或 warning 的消息时，该消息只会被分发到 Q2 队列，Q1 队列不会收到任何消息。

下面开发一个消息生产者程序。

程序清单：codes\07\7.3\direct\src\main\java\org\crazyit\app\message\MyProducer.java

```java
public class MyProducer
{
    public final static String EXCHANGE_NAME = "fkjava.direct";
    final static String[] ROUING_KEYS = {"info", "warning", "error"};
    public static void main(String[] args) throws IOException, TimeoutException
    {
```

```java
        // 使用自动关闭资源的 try 语句管理 Connection、Channel
        try (
            // 创建与 RabbitMQ 服务器的 TCP 连接
            Connection connection = ConnectionUtil.getConnection();
            // 创建 Channel
            Channel channel = connection.createChannel())
    {
        // 声明 Exchange, 指定该 Exchange 的类型是 direct
        channel.exchangeDeclare(EXCHANGE_NAME,
            BuiltinExchangeType.DIRECT,
            true/*是否持久化*/,
            true/*是否自动删除*/, null);
        channel.queueDeclare(Consumer1.QUEUE_NAME, true/* 是否持久化 */,
            false/* 是否独享 */, true/* 是否自动删除 */, null);
        // 为 queue1 只绑定 1 个路由 key
        channel.queueBind(Consumer1.QUEUE_NAME,
            EXCHANGE_NAME, ROUING_KEYS[2], null);
        channel.queueDeclare(Consumer2.QUEUE_NAME, true/* 是否持久化 */,
            false/* 是否独享 */, true/* 是否自动删除 */, null);
        // 采用循环为 queue2 绑定 3 个路由 key
        for (var i = 0; i < ROUING_KEYS.length; i++)
        {
            channel.queueBind(Consumer2.QUEUE_NAME,
                EXCHANGE_NAME, ROUING_KEYS[i], null);
        }
        for (var i = 1; i < 31; i++)
        {
            // 根据 i 的值动态决定路由 key
            var routingKey = i < 11 ? ROUING_KEYS[0] :
                (i < 21 ? ROUING_KEYS[1] : ROUING_KEYS[2]);
            String msg = "第" + i + "条消息";
            // 向指定 Exchange 发送消息, 路由 key 为空字符串
            channel.basicPublish(EXCHANGE_NAME, routingKey,
                null, msg.getBytes(StandardCharsets.UTF_8));
            System.out.println("已发送的消息:" + msg);
        }
    }
    }
}
```

上面程序中第 1 行粗体字代码声明了一个类型为 direct 的 Exchange, 它会根据消息的路由 key 将消息分发到不同队列。

本例的 Consumer1 和 Consumer2 没有什么特别的改动, Consumer1 依然从 queue1 队列消费消息, Consumer2 也依然从 queue2 队列消费消息。

上面的消息生产者发送了 30 条消息, 其中前 10 条消息的路由 key 是 info, 接下来 10 条消息的路由 key 是 warning, 最后 10 条消息的路由 key 是 error。这 30 条消息都会被分发到 queue2, 因为该队列绑定了 3 个路由 key; 只有最后 10 条消息会被分发到 queue1, 因为该队列只绑定了 error 这个路由 key。

先运行本例的 MyProducer, 再运行 Consumer1 和 Consumer2, 将会看到 Consumer1 仅收到最后 10 条消息, 而 Consumer2 收到 30 条消息。

▶▶ 7.3.8 使用 topic 实现通配符路由

topic 类型的 Exchange 支持在路由 key 中使用通配符, 路由 key 一般由一个或者多个单词组成, 多个单词之间以 "." 分隔。通配符支持*（星号）和#（井号）。

➢ *：匹配一个单词。
➢ #：匹配零个或多个单词。

下面示例将会示范如图 7.42 所示的绑定方式。

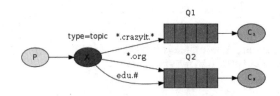

图 7.42 topic 类型的 Exchange 支持在路由 key 中使用通配符

Q1 队列绑定的路由 key 模式为*.crazyit.*，因此它可以匹配 www.crazyit.org、www.crazyit.cn、edu.crazyit.org 等路由 key。Q2 队列绑定的两个路由 key 模式为*.org 和 edu.#，其中*.org 可以匹配 crazyit.org、fkjava.org 等路由 key，但不能匹配 www.crazyit.org、www.fkjava.org 等（*只能匹配一个单词）；而 edu.#则可匹配 edu.crazyit.org、edu.fkjava.org 等路由 key（#可匹配多个单词）。

下面是本例的消息生产者程序。

程序清单：codes\07\7.3\topic\src\main\java\org\crazyit\app\message\MyProducer.java

```java
public class MyProducer
{
    public final static String EXCHANGE_NAME = "fkjava.topic";
    public final static String[] ROUING_KEYS =
        {"www.crazyit.org", "www.crazyit.cn", "edu.crazyit.org",
            "edu.fkjava.org", "fkit.org"};
    public final static String[] KEY_PATTERNS =
        {"*.crazyit.*", "*.org", "edu.#"};
    public static void main(String[] args) throws IOException, TimeoutException
    {
        // 使用自动关闭资源的 try 语句管理 Connection、Channel
        try (
            // 创建与 RabbitMQ 服务器的 TCP 连接
            Connection connection = ConnectionUtil.getConnection();
            // 创建 Channel
            Channel channel = connection.createChannel())
        {
            // 声明 Exchange，指定该 Exchange 的类型是 topic
            channel.exchangeDeclare(EXCHANGE_NAME,
                BuiltinExchangeType.TOPIC,
                true/*是否持久化*/,
                false/*是否自动删除*/, null);
            channel.queueDeclare(Consumer1.QUEUE_NAME, true/* 是否持久化 */,
                false/* 是否独享 */, true/* 是否自动删除 */, null);
            // 为 queue1 只绑定 1 个路由 key 模式
            channel.queueBind(Consumer1.QUEUE_NAME,
                EXCHANGE_NAME, KEY_PATTERNS[0], null);
            channel.queueDeclare(Consumer2.QUEUE_NAME, true/* 是否持久化 */,
                false/* 是否独享 */, true/* 是否自动删除 */, null);
            // 采用循环为 queue2 绑定 2 个路由 key 模式
            for (var i = 1; i < KEY_PATTERNS.length; i++)
            {
                channel.queueBind(Consumer2.QUEUE_NAME,
                    EXCHANGE_NAME, KEY_PATTERNS[i], null);
            }
            for (var i = 0; i < ROUING_KEYS.length; i++)
            {
```

```
                String msg = "第" + (i + 1) + "条消息";
                // 向指定 Exchange 发送消息,路由 key 为空字符串
                channel.basicPublish(EXCHANGE_NAME, ROUING_KEYS[i],
                    null, msg.getBytes(StandardCharsets.UTF_8));
                System.out.println("已发送的消息: " + msg);
            }
        }
    }
}
```

上面程序中第 1 行粗体字代码声明了一个类型为 topic 的 Exchange,它可以支持根据路由 key 的模式匹配将消息分发到不同队列。

本例的 Consumer1 和 Consumer2 没有什么特别的改动,Consumer1 依然从 queue1 队列消费消息,Consumer2 也依然从 queue2 队列消费消息。

上面的消息生产者根据 ROUING_KEYS 数组发送了 5 条消息:数组有几个元素,该程序就会发送几条消息,每条消息分别使用不同的路由 key(大家也可为该数组添加更多的路由 key 来测试该程序)。

先运行本例的 MyProducer,再运行 Consumer1 和 Consumer2,将会看到如图 7.43 所示的结果。

图 7.43　支持通配符的路由

▶▶ 7.3.9　RPC 通信模型

通过使用两个独享队列,可以让 RabbitMQ 实现 RPC(远程过程调用)通信模型,其通信过程其实很简单:客户端向服务器消费的独享队列发送一条消息,服务器收到该消息后,对该消息进行处理,然后将处理结果发送给客户端消费的独享队列。

> **提示:**
> 使用独享队列可以避免其他连接读取该队列中的消息,只有当前连接才能读取该队列中的消息,这样才可以保证服务器能读到客户端发送的每条消息,客户端也能读到服务器返回的每条消息。

为了让服务器知道客户端所消费的独享队列,客户端发送消息时,应该将自己监听的队列名以 reply_to 参数发送给服务器;为了能准确识别服务器应答消息与客户端请求消息之间的对应关系,还需要为每条消息都增加一个 correlation_id 属性,两条具有相同的 correlation_id 属性值的消息,可认为它们是配对的两条消息。

图 7.44 显示了 RPC 通信模型的绑定示意图。

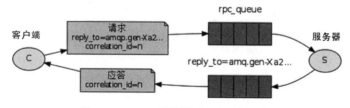

图 7.44　RPC 通信模型的绑定示意图

流程说明：

① 服务器启动时，它会创建一个名为"rpc_queue"的独享队列（名称可以随意），并使用服务器端的消费者监听该独享队列的消息。

② 客户端启动时，它会创建一个匿名的独享队列（由 RabbitMQ 命名），并使用客户端的消费者监听该独享队列的消息。

③ 客户端发送带有两个属性的消息：一个是代表应答队列名的 reply_to 属性；另一个是代表消息标识的 correlation_id 属性。

④ 将消息发送到服务器监听的 rpc_queue 队列中。

⑤ 服务器从 rpc_queue 队列中读取消息，服务器调用处理程序对该消息进行计算，将计算结果以消息的形式发送给 reply_to 属性指定的队列，并为消息添加 correlation_id 属性。

⑥ 客户端从 reply_to 对应的队列中读取消息，当消息出现时，它会检查消息的 correlation_id 属性。如果此属性的值与请求消息的 correlation_id 属性的值匹配，则将它返回给应用。

下面是本例的服务器程序。

程序清单：codes\07\7.3\rpc\src\main\java\org\crazyit\app\message\Server.java

```java
public class Server
{
    public static final String SERVER_QUEUE = "rpc_queue";
    public static void main(String[] args) throws IOException, TimeoutException
    {
        // 创建与 RabbitMQ 服务器的 TCP 连接
        Connection connection = ConnectionUtil.getConnection();
        // 创建 Channel
        Channel channel = connection.createChannel();
        // 声明服务器消费的独享队列，用于创建该队列
        channel.queueDeclare(SERVER_QUEUE, true,
                true, true, null);
        // 创建消费者
        Consumer consumer = new DefaultConsumer(channel)
        {
            // 每当读到消息队列中的消息时，该方法将会被自动触发
            // Envelope 参数代表信息封包，可获得 Exchange 名称和路由 key
            @Override
            public void handleDelivery(String consumerTag, Envelope envelope,
                    AMQP.BasicProperties properties, byte[] body) throws IOException
            {
                int number = Integer.parseInt(new String(body,
                    StandardCharsets.UTF_8));
                // 获取发送应答消息的队列
                var replyQueue = properties.getReplyTo();
                // 获取 correlation_id 属性
                var correlationId = properties.getCorrelationId();
                // 向默认 Exchange 发送消息，使用 replyQueue 作为路由 key
                // 该消息将被分发给 replyQueue 队列
                channel.basicPublish("", replyQueue,
                    new AMQP.BasicProperties.Builder()
                        .correlationId(correlationId + "")
                        .deliveryMode(2) // 使用持久化的消息  // ①
                        .build(),
                    // 以服务器计算结果作为消息体
                    (cal(number) + "").getBytes(StandardCharsets.UTF_8));
            }
        };
        // 读取 SERVER_QUEUE 队列的消息
```

```
            channel.basicConsume(SERVER_QUEUE, true, consumer);
    }
    // 模拟服务器的计算功能
    public static int cal(int n)
    {
        int result = 1;
        for (var i = 2; i <= n; i++)
        {
            result *= i;
        }
        return result;
    }
}
```

上面程序中第 1 行粗体字代码声明了一个独享队列,该服务器程序将会等待消费该队列中的消息,其他连接无法读取该队列中的消息。

接下来程序定义了一个 Consumer 用于监听该队列中的消息,当 Consumer 收到客户端的消息之后,从消息中取出 reply_to 和 correlation_id 两个属性,然后将服务器计算结果以消息的形式返回给 reply_to 队列,并在消息中添加 correlation_id 属性,如程序中第 2 行粗体字代码所示。

本例直接使用 RabbitMQ 的默认 Exchange,该 Exchange 默认就是持久化的,且服务器监听的队列也是持久化的,上面①号代码设置了消息的分发模式为 2(2 代表持久化。这里用枚举多好啊,可惜并没有用),这样保证使用持久化的消息,从而确保客户端发送的消息不会丢失。

下面是本例的客户端程序。

程序清单:codes\07\7.3\rpc\src\main\java\org\crazyit\app\message\Server.java

```java
public class Client
{
    public static void main(String[] args) throws IOException, TimeoutException
    {
        // 创建与 RabbitMQ 服务器的 TCP 连接
        Connection connection = ConnectionUtil.getConnection();
        // 创建 Channel
        Channel channel = connection.createChannel();
        // 声明一个由 RabbitMQ 命名的、独享的、会自动删除的队列
        String replyQueue = channel.queueDeclare().getQueue();
        // 创建消费者
        Consumer consumer = new DefaultConsumer(channel)
        {
            @Override
            public void handleDelivery(String consumerTag, Envelope envelope,
                AMQP.BasicProperties properties, byte[] body)
            {
                String message = new String(body, StandardCharsets.UTF_8);
                // 取出 correlationId,用于获取发出消息的 ID
                var correlationId = properties.getCorrelationId();
                System.out.println(correlationId + "返回的消息为: "
                    + message);
            }
        };
        // 等待从指定队列中获取消息
        channel.basicConsume(replyQueue, true, consumer);
        // 采用循环发送 10 条消息
        for (var i = 1; i < 10; i++)
        {
            // 使用 AMQP.BasicProperties 封装消息属性
            AMQP.BasicProperties props = new AMQP.BasicProperties.Builder()
                .replyTo(replyQueue)
```

```
                    .correlationId(i + "")
                    .build();
            // 向默认 Exchange 发送消息,使用 rpc_queue 作为路由 key
            channel.basicPublish("", Server.SERVER_QUEUE,
                    props, (i + "").getBytes(StandardCharsets.UTF_8));
        }
    }
}
```

上面程序中第 1 行粗体字代码声明了一个由 RabbitMQ 命名的独享队列(如果该队列不存在,就会自动创建该队列),第 2 行粗体字代码则使用 Consumer 等待消费该独享队列中的消息,这样可以保证所有服务器返回的应答消息都由该客户端负责处理。

上面程序中第 3 行粗体字代码向服务器监听的队列发送消息,在发送消息时指定 reply_to 和 correlation_id 两个属性,其中 reply_to 属性代表客户端所监听的独享队列,correlation_id 属性代表请求消息的唯一标识。

先运行本例的 Server 程序(一定要先运行 Server 程序,否则服务器监听的独享队列会不存在),再运行 Client 程序,将可以在客户端看到通过消息机制远程调用服务器方法(RPC)的效果,如图 7.45 所示。

图 7.45　通过消息机制实现 RPC

通过消息机制实现的 RPC 具有很多优势,比如本例的 Client 虽然调用了 Server 的 cal()方法,但 Client 其实不知道 Server 的存在,它与 Server 是完全解耦的,因此 Server 既可以是应用内部的一个程序,也可以是来自另外一个分布式应用的程序,甚至可以是其他语言所实现的程序——这一切都没关系,总之,只要服务器程序也面向消息编程即可。由此可见,消息机制是分布式应用的一个重要基础。

▶▶ 7.3.10　Spring Boot 的 RabbitMQ 支持

Spring Boot 提供了一个 spring-boot-starter-amqp 的 Starter 来支持 RabbitMQ,只要添加该 Starter,它就会添加 spring-rabbit 依赖库。Spring Boot 基于标准的 AMQP 与 RabbitMQ 进行通信。

只要 Spring Boot 检测到类加载路径下包含了 spring-rabbit 依赖库,它就会自动配置 CachingConnectionFactory,还会自动配置 AmqpAdmin 和 AmqpTemplate,其中 AmqpAdmin 提供了如下常用方法。

- ➢ void declareExchange(Exchange exchange):声明 Exchange。
- ➢ String declareQueue(Queue queue):声明队列。
- ➢ Queue declareQueue():声明由服务器命名的、独享的、会自动删除的、非持久化的队列。
- ➢ declareBinding(Binding binding):声明队列或 Exchange 与 Exchange 的绑定。
- ➢ boolean deleteExchange(String exchangeName):删除 Exchange。
- ➢ boolean deleteQueue(String queueName):无条件地删除队列。
- ➢ void deleteQueue(String queueName, boolean unused, boolean empty):删除队列,只有当该队

列不再使用且没有消息时才删除。
- void removeBinding(Binding binding)：解除绑定。

从这些方法可以看出，AmqpAdmin 的作用就是管理 Exchange、队列和绑定。

而 AmqpTemplate 则用于发送、接收消息，它包含了如下常用方法。
- convertAndSend(String exchange, String routingKey, Object message, MessagePostProcessor messagePostProcessor)：自动将 message 参数转换成消息发送给 exchange。在发送之前，还可通过 messagePostProcessor 参数对消息进行修改。
- convertSendAndReceive(String exchange, String routingKey, Object message, MessagePostProcessor messagePostProcessor)：该方法在发送消息之后会等待返回的消息。在发送之前，还可通过 messagePostProcessor 参数对消息进行修改。
- send(String exchange, String routingKey, Message message)：发送消息。
- sendAndReceive(String exchange, String routingKey, Message message)：该方法在发送消息之后会等待返回的消息。
- receive(String queueName, long timeoutMillis)：指定从 queueName 队列中接收消息。

从这些方法可以看出，AmqpTemplate 的作用就是发送、接收消息。不难看出，AmqpAdmin 和 AmqpTemplate 加起来就等于 RabbitMQ Client 中的 Channel 的功能。

为了对 RabbitMQ 进行配置，可以在 application.properties 文件中添加以"spring.rabbitmq"开头的配置属性，这些属性将由 RabbitProperties 类负责处理，该类的源代码如下：

```java
@ConfigurationProperties(prefix = "spring.rabbitmq")
public class RabbitProperties {
    private static final int DEFAULT_PORT = 5672;
    private static final int DEFAULT_PORT_SECURE = 5671;
    // 设置RabbitMQ的主机地址
    private String host = "localhost";
    // 设置RabbitMQ的端口，默认是5672
    // 对于SSL则默认是5671
    private Integer port;
    // 设置用户名
    private String username = "guest";
    // 设置密码
    private String password = "guest";
    // 用于配置SSL
    private final Ssl ssl = new Ssl();
    // 设置虚拟主机
    private String virtualHost;
    // 直接设置RabbitMQ的服务地址
    // 如果设置了该属性，host和port属性将会被忽略
    private String addresses;
    // 设置对配置地址洗牌的方式（在配置多个地址时才需要该属性）
    private AddressShuffleMode addressShuffleMode = AddressShuffleMode.NONE;
    // 设置请求心跳的超时时长
    @DurationUnit(ChronoUnit.SECONDS)
    private Duration requestedHeartbeat;
    // 设置客户端的每个连接最多支持多少个Channel，0 表示不限制
    private int requestedChannelMax = 2047;
    // 设置是否启用发布者返回的功能
    private boolean publisherReturns;
    // 设置发布者的确认类型
    private ConfirmType publisherConfirmType;
    // 设置连接的超时时长，设为0表示永不超时
    private Duration connectionTimeout;
    // 设置RPC的超时时长，设为0表示永不超时
```

```
        private Duration channelRpcTimeout = Duration.ofMinutes(10);
        // 设置关于缓存的配置
        private final Cache cache = new Cache();
        // 设置关于消息监听器的配置
        private final Listener listener = new Listener();
        // 设置关于 AmqpTemplate 的配置
        private final Template template = new Template();
        ...
}
```

例如,以下配置文件指定连接 RabbitMQ 服务器。

程序清单:codes\07\7.3\rabbitmq_boot\src\main\resources\application.properties
```
# 设置 RabbitMQ 的主机和端口
spring.rabbitmq.host=localhost
spring.rabbitmq.port=5672
# 设置用户名和密码
spring.rabbitmq.username=root
spring.rabbitmq.password=32147
# 设置虚拟主机
spring.rabbitmq.virtual-host=fkjava-vhost
```

也可直接使用如下配置来代替上面的前 4 行配置:
```
spring.rabbitmq.addresses=amqp://root:32147@localhost:5672
```

通过 addresses 属性配置时,如果该属性的值以"amqps://"开头,则默认启用 SSL,且默认使用 5671 端口(若未指定端口的话)。

为了让上面的配置生效,对应用必须添加 Spring Boot 为 AMQP 提供的 Starter 依赖库,即在 pom.xml 文件中添加如下依赖。

程序清单:codes\07\7.3\rabbitmq_boot\pom.xml
```xml
<!-- 添加 Spring Boot AMQP 依赖 -->
<dependency>
    <groupId>org.springframework.boot</groupId>
    <artifactId>spring-boot-starter-amqp</artifactId>
</dependency>
```

也可进行与缓存相关的配置,例如以下配置片段。

程序清单:codes\07\7.3\rabbitmq_boot\src\main\resources\application.properties
```
# 设置缓存 Channel 还是 Connection
spring.rabbitmq.cache.connection.mode=channel
# 设置缓存 Channel 的数量
spring.rabbitmq.cache.channel.size=20
# 设置缓存 Connection 的数量
# spring.rabbitmq.cache.connection.size=5
```

spring.rabbitmq.cache.connection.mode 属性用于选择缓存 Channel 还是 Connection,如果将该属性设为 channel,则接下来应该配置 spring.rabbitmq.cache.channel.size 属性,否则就应该配置 spring.rabbitmq.cache.connection.size 属性。

通过以"spring.rabbitmq.template"开头的属性,还可对自动配置的 AmqpTemplate 进行更多额外的配置,如配置它的重试属性(默认没有启用重试功能)、默认 Exchange、默认路由 key 等。例如以下配置片段(程序清单同上):
```
# 启用 AmqpTemplate 的自动重试功能
spring.rabbitmq.template.retry.enabled=true
# 设置自动重试的时间间隔为 2 秒
```

```
spring.rabbitmq.template.retry.initial-interval=2s
# 设置 AmqpTemplate 的默认 Exchange 为""
spring.rabbitmq.template.exchange=""
# 设置 AmqpTemplate 的默认路由 key 为"test"
spring.rabbitmq.template.routing-key=test
```

▶▶ 7.3.11 使用 AmqpTemplate 发送消息

Spring Boot 可以将 AmqpAdmin 和 AmqpTemplate 注入任何其他组件，接下来该组件即可通过 AmqpAdmin 来管理 Exchange、队列和绑定，还可通过 AmqpTemplate 来发送消息。

例如，以下 Service 组件示范了使用 AmqpAdmin 管理 Exchange、队列和绑定，使用 AmqpTemplate 发送消息。

程序清单：codes\07\7.3\rabbitmq_boot\src\main\java\org\crazyit\app\service\MessageService.java

```java
@Service
public class MessageService
{
    public static final String EXCHANGE_NAME = "boot.fanout";
    public static final String[] QUEUE_NAMES = {"myQueue1", "myQueue2"};
    private final AmqpAdmin amqpAdmin;
    private final AmqpTemplate amqpTemplate;
    @Autowired
    public MessageService(AmqpAdmin amqpAdmin, AmqpTemplate amqpTemplate)
    {
        this.amqpAdmin = amqpAdmin;
        this.amqpTemplate = amqpTemplate;
        // 创建 Exchange 对象，根据 Exchange 类型的不同
        // 可使用 DirectExchange、FanoutExchange、
        // HeadersExchange、TopicExchange 不同的实现类
        var exchange = new FanoutExchange(EXCHANGE_NAME,
            true/* 是否持久化 */, true/* 是否自动删除 */);
        // 声明 Exchange
        this.amqpAdmin.declareExchange(exchange);
        // 使用循环声明并绑定了两个队列
        for (String queueName : QUEUE_NAMES)
        {
            var queue = new Queue(queueName, true/* 是否持久化 */,
                false/* 是否独享 */, true/* 是否自动删除 */);
            // 声明队列
            this.amqpAdmin.declareQueue(queue);
            var binding = new Binding(queueName,
                Binding.DestinationType.QUEUE/* 指定绑定的目的为队列 */,
                EXCHANGE_NAME, ""/* 路由 key */, null);
            // 声明绑定
            this.amqpAdmin.declareBinding(binding);
        }
    }
    public void produce(String message)
    {
        this.amqpTemplate.convertAndSend(EXCHANGE_NAME,
            ""/* 路由 key */, message);
    }
}
```

上面程序中第 1 行粗体字代码使用 AmqpAdmin 声明 Exchange，第 2 行粗体字代码使用 AmqpAdmin 声明队列，第 3 行粗体字代码使用 AmqpAdmin 声明 Exchange 与队列之间的绑定。

上面程序中第 4 行粗体字代码使用 AmqpTemplate 发送消息。

> **提示:**
> Spring Boot 还会在容器中自动配置一个 RabbitMessagingTemplate Bean，如果想使用更底层的 RabbitMessagingTemplate 来发送、接收消息，则可使用 RabbitMessagingTemplate 代替上面的 AmqpTemplate，这两个 Template 的注入方式完全相同。

如果想创建更多的 RabbitTemplate 实例（RabbitTemplate 是 AmqpTemplate 的子类），或者覆盖默认的 RabbitTemplate，则可通过 Spring Boot 的 RabbitTemplateConfigurer 来实现。

除在程序中通过 AmqpAdmin 创建队列之外，还可以在 Spring 容器中配置 org.springframework.amqp.core.Queue 类型的 Bean，RabbitMQ 将会自动为该 Bean 创建对应的队列。

为了让程序能调用上面 Service 组件的方法，本例还提供了一个控制器类，下面是该控制器类的代码。

程序清单：codes\07\7.3\rabbitmq_boot\src\main\java\org\crazyit\app\controller\HelloController.java

```java
@RestController
public class HelloController
{
    private final MessageService messService;
    public HelloController(MessageService messService)
    {
        this.messService = messService;
    }
    @GetMapping("/produce/{message}")
    public String produce(@PathVariable String message)
    {
        messService.produce(message);
        return "发送消息";
    }
}
```

▶▶ 7.3.12 接收消息

Spring Boot 会自动将@RabbitListener 注解修饰的方法注册为消息监听器。如果没有显式配置监听器容器工厂（RabbitListenerContainerFactory），Spring Boot 会在容器中自动配置一个 SimpleRabbitListenerContainerFactory Bean 作为监听器容器工厂。如果希望使用 DirectRabbitListenerContainerFactory，则可在 application.properties 文件中添加如下配置：

```
spring.rabbitmq.listener.type=direct
```

如果在容器中配置了 MessageRecoverer 或 MessageConverter，它们会被自动关联到默认的监听器容器工厂。

下面程序定义了一个监听消息队列的监听器。

程序清单：codes\07\7.3\rabbitmq_boot\src\main\java\org\crazyit\app\message\QueueListener1.java

```java
@Component
public class QueueListener1
{
    @RabbitListener(queues = "myQueue1")
    public void processMessage(String content)
    {
        System.out.println("从myQueue1 收到消息: " + content);
    }
}
```

上面 processMessage()方法使用了@RabbitListener (queues = "myQueue1")注解修饰，表明该方

法将会监听 myQueue1 消息队列。

如果要定义更多的监听器容器工厂或者覆盖默认的监听器容器工厂，则可通过 Spring Boot 提供的 SimpleRabbitListenerContainerFactoryConfigurer 或 DirectRabbitListenerContainerFactoryConfigurer 来实现，它们可对 SimpleRabbitListenerContainerFactory 或 DirectRabbitListenerContainerFactory 进行与自动配置相同的设置。例如以下配置片段：

```
@Configuration(proxyBeanMethods = false)
static class RabbitConfiguration
{
    @Bean
    public SimpleRabbitListenerContainerFactory myFactory(
            SimpleRabbitListenerContainerFactoryConfigurer configurer,
            ConnectionFactory connectionFactory)
    {
        // 创建 SimpleRabbitListenerContainerFactory 实例
        SimpleRabbitListenerContainerFactory factory =
            new SimpleRabbitListenerContainerFactory();
        // 使用与自动配置相同的属性来配置监听器容器工厂
        configurer.configure(factory, connectionFactory);
        // 下面可对 SimpleRabbitListenerContainerFactory 进行任意额外的设置
        ...
        return factory;
    }
}
```

上面粗体字代码对 SimpleRabbitListenerContainerFactory 进行了与自动配置相同的设置。简单来说，经过这行粗体字代码之后，就得到了一个与自动配置的 SimpleRabbitListenerContainerFactory 具有相同设置的实例，接下来可对该实例进行额外的定制。

有了自定义的监听器容器工厂之后，可通过@RabbitListener 注解的 containerFactory 属性来指定使用自定义的监听器容器工厂，例如以下注解代码：

```
@RabbitListener(queues = "myQueue1", containerFactory="myFactory")
```

本例还提供了一个 QueueListener2 监听器，它负责等待接收 myQueue2 队列的消息。

该例的主类没有太大的改变，依然只要调用 SpringApplication 的 run()方法启动 Spring Boot 应用即可。运行主类启动 Spring Boot 应用，使用浏览器访问 http://localhost:8080/produce/fkjava（其中 fkjava 是消息内容）即可向服务器发送消息。由于该消息被发送到 fanout 类型的 Exchange，因此该消息将会被分发到绑定到该 Exchange 的两个队列，所以可在控制台看到两个消息监听器（分别监听 myQueue1 和 myQueue2）都收到了消息。

7.4 整合 Kafka

虽然 Kafka 可作为消息组件使用，但它并不是单纯的消息组件，它被定位成"开源的分布式事件流平台（open-source distributed event streaming platform）"，因此它和 JMS 实现或 AMQP 实现存在较大的差异。

▶▶ 7.4.1 安装 Kafka 及 CMAK

由于目前 Kafka 还依赖于 ZooKeeper，因此在安装 Kafka 之前需要先安装、运行 ZooKeeper。下载和安装 ZooKeeper 按如下步骤进行。

 登录 https://zookeeper.apache.org/releases.html 站点下载 ZooKeeper 最新发行版的压缩包（别下载错了，不要下载源代码包），下载完成后得到一个 apache-zookeeper-3.6.2-bin.tar.gz 压缩包。

② 将 apache-zookeeper-3.6.2-bin.tar.gz 压缩包解压缩到任意盘符的根路径下（比如 D:\）。这里将解压缩后的文件夹重命名为 ZooKeeper-3.6.2，这样访问起来更方便。

> **提示：**
> 这个压缩包是一个 Linux 文件系统的压缩包，有些解压缩软件会解压缩失败，使用最新的 7-Zip 解压缩软件可以成功解压缩该压缩包。

③ 将 ZooKeeper 解压缩路径下 conf 子目录下的 zoo_sample.cfg 文件复制一份，并重命名为 zoo.cfg。打开 zoo.cfg 文件，找到其中的如下配置行：

```
dataDir=/tmp/zookeeper
```

上面配置指定了 ZooKeeper 的数据存储目录，这是一个 Linux 风格的路径，但由于该目录只是一个临时目录，因此即使在 Linux 平台上也建议修改该目录。在 Windows 平台上自然也应该修改该目录，将上面这行配置改为如下形式：

```
dataDir=../zookeeper-data
```

上面配置意味着使用 ZooKeeper 解压缩路径下的 zookeeper-data 子目录作为数据存储目录，ZooKeeper 启动时会自动创建 zookeeper-data 子目录。

④ ZooKeeper 需要如下两个环境变量。
- JAVA_HOME：ZooKeeper 需要 Java 环境，因此使用该环境变量指定 JDK 的安装路径。
- PATH：将 ZooKeeper 解压缩路径下的 bin 目录（如 D:\ZooKeeper-3.6.2\bin）添加到 PATH 环境变量中，这样做的目的是便于操作系统能找到 bin 目录下的 zkCli、zkEnv、zkServer 等命令。

⑤ 运行如下命令即可使用 zoo.cfg 作为配置文件来启动 ZooKeeper 服务。

```
zkServer.cmd
```

该命令（在 Linux 系统下使用 zkServer.sh 命令）启动成功后，应该能看到如下一行提示（其中 2181 代表 ZooKeeper 服务端口）：

```
binding to port 0.0.0.0/0.0.0.0:2181
```

⑥ ZooKeeper 服务启动之后，可使用 zkCli.cmd 命令（在 Linux 系统下使用 zkCli.sh 命令）来查看节点状态。运行如下命令：

```
zkCli.cmd -server 127.0.0.1:2181
```

该命令指定使用 zkCli.cmd 连接运行在"127.0.0.1:2181"上的 ZooKeeper 服务器。

运行 zkCli.cmd 命令连接 ZooKeeper 服务器时，有时会显示如下错误提示：

```
java.net.ConnectException: Connection refused: no further information
```

该错误提示通常是由于 ZooKeeper 服务端口不是 2181 所导致的，因此建议检查 zoo.cfg 文件中的如下配置行：

```
clientPort=2181
```

上面 clientPort 配置指定了 ZooKeeper 服务端口。

使用 zkCli.cmd 连接到 ZooKeeper 服务器之后，可通过 ls 子命令查看 ZooKeeper 当前的节点。看如下命令及其执行结果：

```
ls /
[zookeeper]
```

上面的执行结果表明 ZooKeeper 当前只有一个 zookeeper 节点。

zkCli.cmd 就是 ZooKeeper 提供的命令行客户端工具，可用于查看、添加、删除、修改节点等，可通过 help 子命令来获取该工具的帮助信息。

> **提示：**
> ZooKeeper 的本质就是用一个类似于"文件系统"的属性结构来管理节点，并提供了对节点的监控、通知机制，因此它常用于管理分布式应用的多个节点。

安装 Kafka 请按如下步骤进行。

① 登录 https://kafka.apache.org/downloads 站点，可以看到 Kafka 的二进制下载包可能包含类似于如下的链接：

➢ Scala 2.12 - kafka_2.12-2.7.0.tgz (asc, sha512)
➢ Scala 2.13 - kafka_2.13-2.7.0.tgz (asc, sha512)

由于 Kafka 是用 Scala（一种 JVM 语言，编译结果依然运行在 Java 平台上）开发的，因此 Kafka 提供了使用不同版本的 Scala 编译器所编译得到的二进制包，但对于 Java 用户来说，它们都差不多，无论下载哪个都行。

② 将下载得到的 kafka_2.13-2.7.0.tgz 压缩包解压缩到任意盘符的根路径下（比如 D:\）。

③ Kafka 需要如下两个环境变量。

➢ JAVA_HOME：Kafka 需要 Java 环境，因此通过该环境变量指定 JDK 的安装路径。
➢ PATH：对于 Linux 平台，将 Kafka 解压缩路径下的 bin 子目录添加到 PATH 环境变量中；对于 Windows 平台，将 Kafka 解压缩路径下的 bin\windows 子目录（D:\kafka_2.13-2.7.0\bin\windows）添加到 PATH 环境变量中。这样做的目的是便于操作系统能找到 Kafka 的 kafka-topics、kafka-console-producer、kafka-console-consumer 等命令。

可能有人会感到疑惑：为何在 Linux 和 Windows 平台所配置的 PATH 环境变量的值是不同的？这是由 Kafka 本身所导致的，进入 Kafka 解压缩路径下的 bin 目录中，可以发现所有 Linux 命令（以.sh 结尾）都直接放在了该路径下，但所有 Windows 命令（以.bat 结尾）都放在了 bin 目录下的 windows 子目录中，因此为 Windows 平台添加 PATH 环境变量时，添加的是 Kafka 解压缩路径下的 bin\windows 子目录。

④ 打开 Kafka 解压缩路径下 config 子目录中的 server.properties 配置文件，找到其中的如下配置行：

```
log.dirs=/tmp/kafka-logs
```

上面配置指定了 Kafka 的数据存储目录（Kafka 的数据是日志形式的），这是一个 Linux 风格的路径，但由于该目录只是一个临时目录，因此即使在 Linux 平台上也建议修改该目录。在 Windows 平台上自然也应该修改该目录，将上面这行配置改为如下形式：

```
log.dirs=D:/kafka_2.13-2.7.0/kafka-data
```

上面配置意味着使用 Kafka 解压缩路径下的 data/kafka-log 子目录作为数据存储目录，Kafka 启动时会自动创建 data/kafka-log 子目录。

⑤ 启动 Kafka 服务器。请注意：在启动 Kafka 服务器之前，要先启动 ZooKeeper 服务器，然后运行如下命令：

```
kafka-server-start.bat D:\kafka_2.13-2.7.0\config\server.properties
```

该命令的参数需要指定启动 Kafka 服务器所使用的配置文件，但仅指定文件名是不够的（除非恰好在 config 子目录下），因此运行该命令时指定了配置文件的绝对路径。

上面命令运行完成后，就代表 Kafka 的第 1 个节点启动完成。

⑥ 如果要配置 Kafka 集群，也就是启动多个 Kafka 节点，这里以再启动两个 Kafka 节点为例，则应该将 config 子目录下的 server.properties 文件复制两份，重命名为 server-1.properties 和 server-2.properties，并将它们分别修改如下。

config/server-1.properties:

```
# 指定该节点的唯一标识
broker.id=1
# 指定该节点的监听端口
listeners=PLAINTEXT://:9093
# 指定该节点的数据存储目录
log.dirs=D:/kafka_2.13-2.7.0/kafka-data-1
```

config/server-2.properties:

```
broker.id=2
listeners=PLAINTEXT://:9094
log.dirs=D:/kafka_2.13-2.7.0/kafka-data-2
```

接下来依次运行如下命令，先启动第 2 个节点，监听 9093 端口：

```
kafka-server-start.bat D:\kafka_2.13-2.7.0\config\server-1.properties
```

再启动第 3 个节点，监听 9094 端口：

```
kafka-server-start.bat D:\kafka_2.13-2.7.0\config\server-2.properties
```

由于本例是在同一台主机上运行多个 Kafka 节点，因此将 3 个节点的监听端口分别设为 9092（默认端口）、9093（第 2 个节点）和 9094（第 3 个节点）。如果在不同主机上分别启动不同的 Kafka 节点，则可以让它们都使用 9092 默认端口。

> **提示：** 这里把 3 个节点部署在同一台 Windows 主机上，只是为了照顾大部分读者可能只有一台计算机的情况。将 3 个节点部署在同一台 Windows 主机上并不稳定，只适合作为测试环境使用，不建议在生产环境下按这种方式部署。

如果 Kafka 节点与 ZooKeeper 不在同一台主机上，则需要修改 Kafka 的 config 目录下的 server.properties 文件中的如下一行：

```
# 设置 ZooKeeper 的主机和端口
zookeeper.connect=localhost:2181
```

至此，已成功启动了一个包含 3 个节点的 Kafka 集群。

下面安装 Kafka 的 Web 管理工具。Kafka 本身并没有提供 Web 管理工具，而是推荐使用 bin 目录下的各种工具命令来管理 Kafka，这些工具命令其实用起来也不错，只不过对初学者不太友好，而且不够直观。因此这里安装 Kafka 的 Web 管理工具：CMAK。

① 登录 https://github.com/yahoo/CMAK/releases/ 站点下载 CMAK 工具的最新版本（注意，不要下载源代码压缩包）。

② 下载得到一个 cmak-3.0.0.5.zip 压缩包，将它解压缩到任意盘符的根路径下（比如 D:\），并将解压缩后的文件夹重命名为 cmak（不重命名会报错）。

③ 打开 CMAK 解压缩路径下 conf 子目录中的 application.conf 文件，找到其中如下一行：

```
cmak.zkhosts="kafka-manager-zookeeper:2181"
```

这行指定了 Kafka 所使用的 ZooKeeper 所在主机名和端口，因此将这行改为如下形式：

```
cmak.zkhosts="localhost:2181"
```

CMAK 同样需要 JAVA_HOME 环境变量，相信大家早就配置好了这个环境变量。因此运行如下命令来启动 CMAK：

```
D:\cmak\bin\cmak.bat
```

由于没有将 CMAK 的 bin 目录添加到 PATH 环境变量中，因此就需要使用绝对路径来运行 cmak.bat 命令。不过，由于 CMAK 只需要用 cmak.bat 命令启动服务器，并不需要经常使用该命令，因此直接使用绝对路径来运行该命令也不会太麻烦。

7.4.2 使用 CMAK

运行 cmak.bat 命令后，使用浏览器访问 http://localhost:9000/，即可看到如图 7.46 所示的页面。

单击图 7.46 所示页面上方的"Cluster"下拉菜单，选择"Add Cluster"菜单项，即可看到如图 7.47 所示的"Add Cluster"页面。

图 7.46 CMAK 管理页面

图 7.47 添加集群

在"Cluster Name"文本框中输入集群名（可以随意）；在"Cluster ZooKeeper Hosts"文本框中输入 ZooKeeper 的主机地址和端口；在"Kafka Version"中选择最接近的 Kafka 版本，此处选择 2.4.0 即可。

只需设置这 3 项，其他项保持默认即可，然后将该页面拖到最下方，单击"Save"按钮完成添加。返回 CMAK 管理页面，可以看到如图 7.48 所示的集群列表。

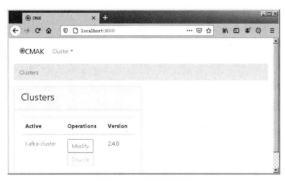

图 7.48 集群列表

单击"Kafka-cluster"（刚刚添加的集群）链接，CMAK 显示如图 7.49 所示的页面。

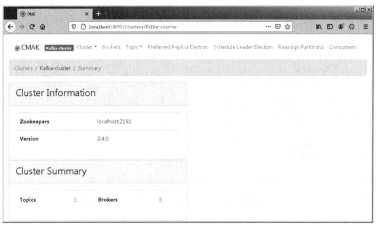

图 7.49　查看集群信息

从图 7.49 可以看到，该 Kafka 集群当前有 3 个 Broker（代理，每个节点就是一个代理）和 1 个主题（Topic）。单击图 7.49 所示页面上方的"Brokers"标签，接下来可以看到如图 7.50 所示的 Broker（节点）列表。

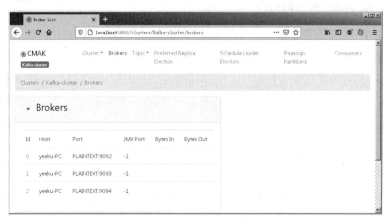

图 7.50　Broker 列表

从图 7.50 可以清楚地看到，当前集群包含了 3 个 Broker（节点），它们的主机名相同，但监听的端口不同。

单击任一 Broker 的 id 链接，即可查看该 Broker 的详细信息，如图 7.51 所示。

图 7.51　查看 Broker 的详细信息

从图7.51可以看到，当前Broker上有1个主题、17个作为"领导者副本（Leader Replica）"的分区。

> **提示：**
> 主题、分区、领导者副本这些都是Kafka的专有概念，后面会进行详细说明，此处只是教大家如何查看它们。

将图7.51所示页面拖到下方，可以看到如图7.52所示的主题列表。

图7.52　查看主题列表

从图7.52可以看到，Kafka默认就有一个名为"__consumer_offsets"的主题，该主题是Kafka自动创建的内部主题：位移主题，用于保存Kafka内部的位移信息。一般不建议手动管理它，让系统自己管理它是最好的。

此外，位移主题的消息格式也是Kafka自定义的，用户不能修改。换言之，开发者不应该向这个主题写入消息；否则，一旦写入的消息格式不满足Kafka的定义，就会导致Broker崩溃。

从图7.52可以看到__consumer_offsets主题内包含50个分区（Partition），这说明Kafka主题由多个分区组成。

通过图7.52还可以看到__consumer_offsets主题的复制因子为1。复制因子的概念很简单，它控制主题内各分区的副本数量，复制因子为1，表明每个分区的副本数量为1——也就是每个分区都仅有一个副本。复制因子必须大于或等于1，这意味着每个分区至少要有一个副本。

Kafka的副本机制（也可称为备份机制）仅提供数据冗余功能，比如将某个主题的复制因子设为3，这意味着该主题内每个分区都有3个副本，这3个副本中有一个是"领导者副本"，该领导者副本负责与客户端交互（接受客户端读/写操作），另外两个是"追随者副本（Follower Replica）"，追随者副本完全不能与客户端交互，追随者副本仅仅是作为领导者副本的后备（自动与领导者副本的数据保持同步，但会有一定的滞后性）：当领导者副本挂掉之后，Kafka会从追随者副本中重新选（专业术语叫选举，elect）一个作为新的领导者副本。

可见，Kafka的副本机制不具备性能提升功能，仅仅提供了数据备份功能。

通过图7.52可以看到当前Broker上的17个分区的编号，这说明Kafka会将主题内的分区"分摊"到不同节点上，从而让不同节点能并行地向客户端提供服务，因此增加节点可以明显地提高Kafka的响应速度。

图7.52还显示了当前Broker上包含17个领导者分区，这说明该Broker上的所有分区都是领导者分区，这是理所当然的事情。由于该主题的复制因子为1，这意味着每个分区仅有一个副本，因此该副本只能是领导者分区，只不过它没有追随者分区。如果该Broker挂掉，这17个分区将全部不能对外提供服务，因为它们都没有后备（追随者分区）。

单击图7.51所示页面上方的"Topic"下拉菜单，选择"List"菜单项，即可看到如图7.53所示的主题列表。

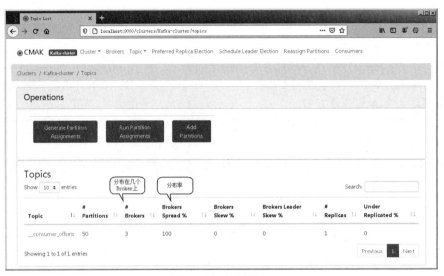

图 7.53 主题列表

通过图 7.53 可以看到每个主题所包含的分区分布在几个 Broker（节点）上、分布率达到多少。从提升性能的角度来看，肯定是分布率越高越好，分布率越高就意味着有更多的节点可以一起为该主题对外提供服务。图 7.53 显示 __consumer_offsets 主题所包含的分区分布在 3 个节点上，分布率达到 100%。

如果想对主题所包含的分区进行重新分布，可通过图 7.53 所示页面上的 "Generate Partition Assignments" 和 "Run Partition Assignments" 按钮进行操作，通过 "Add Partitions" 按钮为指定主题添加分区。

▶▶ 7.4.3 主题和分区

Kafka 的主题虽然也叫 Topic，但它和 Pub-Sub 消息模型中的 Topic 不同，和 AMQP 的 Topic 也不同（AMQP 的 Topic 只是 Exchange 的类型）。

Kafka 的主题只是盛装消息的逻辑容器（注意是逻辑容器），主题之下会分为若干个分区，分区才是盛装消息的物理容器。简而言之，消息存在于分区中，一个或多个分区组成主题。因此 Kafka 的消息组织方式实际上是三级结构：主题 → 分区 → 消息。

主题只是消息的逻辑分类，它是发布消息的类别或消费源的名称。分区才是真正存储消息的地方，分区在物理存储层面就是一个个日志文件。还记得前面为 Kafka 配置的 log.dirs 属性吗？表面上看，该属性用于指定 Kafka 日志的存储目录，但由于 Kafka 的消息实际存储在分区（日志文件）中，因此该属性实际就是指定 Kafka 消息的存储目录。

分区文件是一个有序的、不可变的记录序列，序列的数据项可通过下标访问，下标从 0 开始，具有如图 7.54 所示的存储结构。

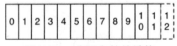

图 7.54 分区文件的结构

说得再具体一点，分区文件的结构有点类似于不可变的 List 集合，只不过 List 集合存储在内存中，而分区文件则持久化地存储在磁盘上。

Kafka 提供了 kafka-topics.bat（.sh）工具命令来操作主题，包括创建主题、删除主题、列出主题、查看主题等。

例如，运行如下命令即可创建一个主题：

```
kafka-topics.bat --create ^
--bootstrap-server localhost:9092 ^
--replication-factor 2 ^
--partitions 3 ^
--topic test1
```

该命令指定了如下几个选项。
- --create：指定创建主题。
- --bootstrap-server：指定 Kafka Broker 的地址。
- --replication-factor：指定复制因子。此处指定的复制因子为2，表明每个分区都有两个副本，即一个领导者副本，一个追随者副本。
- --partitions：指定该主题包含的分区数量。此处指定的分区数量为3，表明该主题由 3 个分区组成。
- --partitions 选项指定该主题由 3 个分区组成，而--replication-factor 选项指定每个分区有 2 个副本，因此实际上该主题包含 6（3×2）个分区，其中 3 个是领导者分区，3 个是追随者分区。
- --topic：指定主题名。

运行该命令后会看到如下输出：

```
Created topic test1.
```

> 复制因子的值必须小于或等于 Kafka Broker（节点）的数量。因此，如果只启动了一个 Kafka Broker，那么就没法创建复制因子为 2 的主题了。

接下来返回 CMAK 管理界面，可以看到如图 7.55 所示的主题列表。

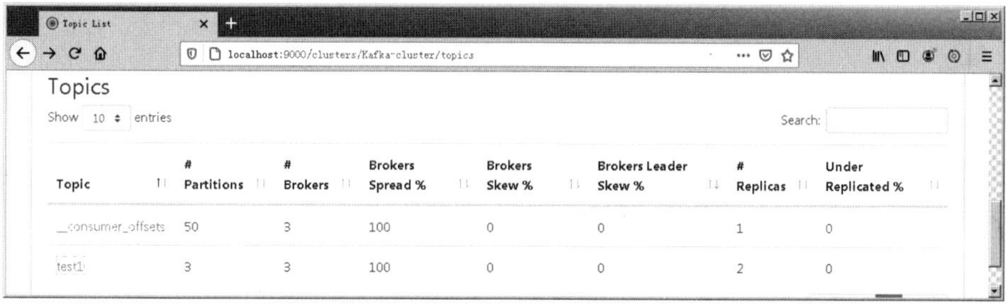

图 7.55　主题列表

当然，也可使用 kafka-topics.bat 的--list 选项来查看主题列表：

```
kafka-topics.bat --list --bootstrap-server localhost:9092
```

该命令的--list 选项用于列出所有主题。运行该命令将看到如下输出：

```
__consumer_offsets
test1
```

如果希望查看指定主题的具体信息，则可使用 kafka-topics.bat 的--describe 选项。例如以下命令：

```
kafka-topics.bat --describe --topic test1 --bootstrap-server localhost:9092
```

运行该命令将看到如图 7.56 所示的输出。

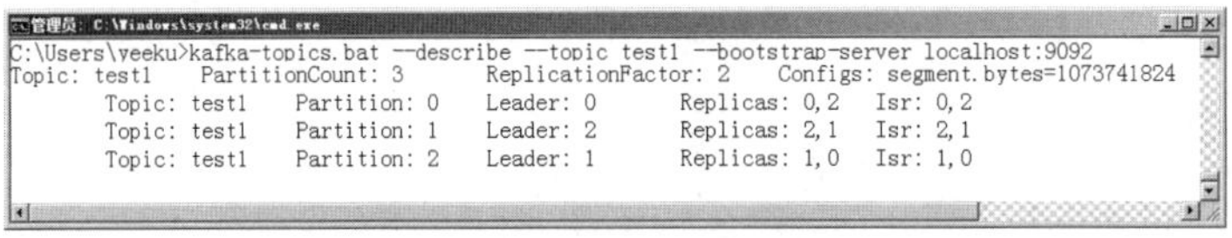

图 7.56 查看主题详情

从图 7.56 可以看到，第 1 行是该主题的概要信息，包括分区数量、复制因子及其他额外的配置信息。

第 2 行显示第 1 个分区的信息，其中"Leader: 0"说明该分区的领导者副本位于 id 为 0 的 Broker 上，"Replicas: 0,2"说明该分区的两个副本（包括领导者副本和追随者副本）分别存储在 id 为 0、2 的两个 Broker 上，"Isr: 0,2"说明该分区的两个 ISR 副本也分别存储在 id 为 0、2 的两个 Broker 上。这意味着该分区的两个副本都是 ISR 副本。

第 3 行和第 4 行则分别显示了第 2 个、第 3 个分区的详细信息。

这里又产生了一个新的概念：ISR 副本。由于 Kafka 副本要采用异步方式与领导者副本进行数据同步，这种同步肯定有一定的延迟性，这个时候 Kafka 需要一种方式来说明哪些副本处于同步状态。

这种方式就是 ISR 副本，简而言之，ISR 副本就是 Kafka 认为与领导者副本的数据同步的副本。根据该定义可以看出，领导者副本天然就是 ISR 副本，毕竟它自己与自己肯定是同步的。甚至在某些情况下，ISR 中只有领导者一个副本。

此外，追随者副本要满足怎样的条件才算 ISR 副本呢？我们看图 7.57 所示的同一个分区的 3 个副本状态。

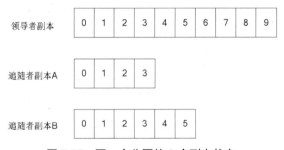

图 7.57 同一个分区的 3 个副本状态

从图 7.57 可以看到，此处领导者副本中已有 10 条消息，而追随者副本 A 中当前只有 4 条消息，追随者副本 B 中当前有 6 条消息。很明显这两个追随者副本都有一定的滞后性，那这两个副本哪个更符合 ISR 标准呢？是副本 B 吗？

答案是否定的。这两个副本都有可能符合 ISR 标准，也都有可能不符合 ISR 标准，甚至有可能副本 A 符合 ISR 标准，而副本 B 不符合 ISR 标准。

判断一个副本是否符合 ISR 标准，取决于 server.properties 文件中的 replica.lag.time.max.ms 配置参数，该参数的默认值为 30000（即 30s），Kafka 建议将该参数配置为 10~30s。

> **提示：**
> 有关 Broker 的所有配置参数及其意义可参考 https://kafka.apache.org/documentation/#brokerconfigs 页面。

replica.lag.time.max.ms 参数的含义是允许追随者副本滞后于领导者副本的最长时间，比如将该参数设置为 15s，则意味着只要一个追随者副本滞后于领导者副本的时间不连续超过 15s，Kafka

就认为该追随者副本符合 ISR 标准，即使该追随者副本中保存的消息明显少于领导者副本中的消息也没关系。

由于追随者副本总在不断地尽力从领导者副本中拉取消息，然后写入自己的日志中，如果这个同步速度持续慢于领导者副本的消息写入速度，那么在达到 replica.lag.time.max.ms 时间后，该追随者副本就会被移出 ISR 集合；如果该追随者副本后来又慢慢地追上了领导者副本的进度，那么它是能够被重新加入 ISR 集合的，因此 ISR 副本也是一个动态调整的集合。

Kafka 将所有不符合 ISR 标准的副本称为非同步副本。通常而言，非同步副本滞后于领导者副本太多，当领导者副本挂掉时，非同步副本不适合被选举为领导者副本，否则会造成数据丢失，这也是 Kafka 的默认设置。

但是，如果剥夺了非同步副本被选举为领导者副本的资格，则势必会造成可用性降低。比如将复制因子设为 4，这意味着一个分区有 1 个领导者副本和 3 个追随者副本，当领导者副本挂掉时，有可能这 3 个追随者副本都不符合 ISR 标准，那么就没法选出新的领导者副本，这个分区也就不可用了。

因此，在允许一定数据丢失的场景中，也可开启"Unclean 领导者选举"，也就是允许选举非同步副本作为领导者副本——只要将 server.properties 文件中的 unclean.leader.election.enable 参数设为 true 即可。

开启"Unclean 领导者选举"可以提高 Kafka 的可用性，但可能会造成数据丢失。

当然，也可在 CMAK 管理界面中通过"Topic"下拉菜单中的"Create"菜单项来创建主题，如图 7.58 所示。

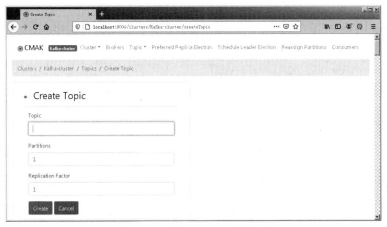

图 7.58　使用 CMAK 创建主题

从图 7.58 可以看到，这里同样允许填写主题的名称、分区数量和复制因子。

当发送消息的主题不存在且希望 Kafka 能自动创建主题时，可以在 config/server.properties 文件中增加如下配置：

```
# 允许自动创建主题
auto.create.topics.enable=true
# 默认复制因子为 3
default.replication.factor=3
# 设置各主题的默认分区数量（原默认值为 1）
num.partitions=2
```

如果要修改主题的分区数量、复制因子等，则可使用 kafka-topics.bat 命令的--alter 选项。例如以下命令：

```
kafka-topics.bat --alter ^
--bootstrap-server localhost:9092 ^
--partitions 4 ^
--topic test1
```

该命令将 test1 主题的分区数量改为 4。如果再次查看该主题的详情，将可以看到该主题包含 4 个分区。

如果要删除主题，则可使用 kafka-topics.bat 命令的--delete 选项。例如以下命令可删除 test1 主题：

```
kafka-topics.bat --delete ^
--bootstrap-server localhost:9092 ^
--topic test1
```

运行该命令后，再次列出 Kafka 当前的所有主题，可以看到 test1 主题已经不存在了。删除该主题后，该主题所包含的全部分区被删除，该主题下的所有消息也被删除了。

再次使用 kafka-topics.bat 命令或 CMAK 创建一个新的 test1 主题，用于接下来向该主题发送消息。

7.4.4 消息生产者

消息就是 Kafka 所记录的数据节点，消息在 Kafka 中又被称为记录（record）或事件（event），本书会统一用消息来代指 Kafka 的数据节点。但在其他资料（包括 Kafka 官方文档）中可能会比较混乱——一会儿说消息，一会儿说事件，一会儿又说记录，其实它们都是同一个东西。

从存储上看，消息就是存储在分区文件（有点类似于 List 集合）中的一个数据项，消息具有 key、value、时间戳和可选的元数据头。下面是一个消息的示例。

> key："fkjava"。
> value："publish a new Book"。
> timestamp："Feb. 15, 2021 at 2:06 p.m."。

消息生产者向消息主题发送消息，这些消息将会被分发到该主题下的分区（此处说的是领导者分区）中保存，主题下的每条消息只会被保存在一个领导者分区中，而不会在多个领导者分区中保存多份。图 7.59 显示了消息生产者、主题和分区之间的关系。

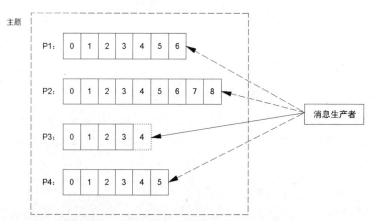

图 7.59 消息生产者、主题和分区之间的关系

分区的主要目的就是实现负载均衡，可以将同一个主题的不同分区放在不同的节点上，因此对

消息的读/写操作也都是针对分区这个粒度进行的。所以，每个节点都能独立地处理各自分区的读/写请求，通过添加新节点即可很方便地提高 Kafka 的吞吐量。

当消息生产者发送一条消息时，它会按如下方式来决定该消息被分发到哪个分区：

① 如果在发送消息时指定了分区，则消息被分发到指定的分区。

② 如果在发送消息时没有指定分区，但消息的 key 不为空，则基于 key 的 hashCode 来选择一个分区。

③ 如果既没有指定分区，且消息的 key 也为空，则用 round-robin（轮询）策略来选择一个分区。

round-robin 策略就是指按顺序来分发消息，比如一个主题有 P0、P1、P2 三个分区，那么第一条消息被分发到 P0 分区，第二条消息被分发到 P1 分区，第三条消息被分发到 P2 分区，依此类推，第四条消息又被分发到 P0 分区……如图 7.60 所示。

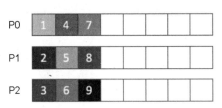

图 7.60　round-robin 策略

Kafka 提供了 kafka-console-producer.bat（.sh）命令来发送消息，例如如下命令：

```
kafka-console-producer.bat ^
--bootstrap-server localhost:9092 ^
--topic test1 ^
--property parse.key=true
```

该命令指定向 test1 主题发送消息，并通过 "parse.key=true" 指定在发送消息时会解析消息的 key，默认的解析规则为：制表符（Tab 键）之前的是 key，制表符（Tab 键）之后的是 value。如果不指定 "parse.key=true" 属性，则默认不解析消息的 key，也就是发送不带 key 的消息。

运行该命令之后，将会打开一个以大于符号（>）开头的交互界面，通过该界面可不断地向 test1 主题发送消息。例如发送如下 3 条消息：

```
>fkjava    111111
>fkjava    222222
>fkjava    333333
```

注意上面 3 条消息之间都要用制表符分隔，制表符前面的是消息 key，制表符后面的是消息 value。上面发送了 3 条带 key 的消息，这 3 条消息的 key 都是 fkjava。

按下 "Ctrl+C" 快捷键结束 kafka-console-producer.bat 命令，然后运行如下命令来发送不带 key 的消息。

```
kafka-console-producer.bat ^
--bootstrap-server localhost:9092 ^
--topic test1
```

该命令指定向 test1 主题发送不带 key 的消息。例如再发送如下 3 条消息：

```
>aaaaaaaaaa
>bbbbbbbbbb
>cccccccccc
```

上面命令向 test1 主题发送了 6 条消息，其中前 3 条消息具有相同的 key，因此它们会进入同一个分区中；后 3 条消息则没有 key，Kafka 将使用轮询机制将它们 "分摊" 到该主题下的所有分区中。

▶▶ 7.4.5　消费者与消费者组

消费者用于从消息主题读取消息。我们先看一下 Kafka 提供的 kafka-console-consumer.bat 命令，该命令可作为命令行的消费者从指定主题甚至指定分区读取消息。该命令支持如下常用选项。
- ➢ --bootstrap-server：指定要连接的 Kafka 主机和端口。
- ➢ --from-beginning：指定从开始处读取消息。
- ➢ --group：指定组 ID。
- ➢ --offset <String: consume offset>：指定从特定下标开始读取消息，比如将该选项设为 1，表明从第 2 条消息开始读取。该选项还支持 earliest 和 latest 两个字符串值，其中 earliest 表示从最开始处读取（类似于--from-beginning 选项的作用），latest 表示从最新处开始读取，即不读取之前的消息。latest 是默认值。
- ➢ --partition <Integer: partition>：用于指定分区。
- ➢ --property：用于指定一些额外属性，比如 print.timestamp=true 表示输出时间戳，print.key=true 表示输出消息 key，print.offset=true 表示打印消息的下标，print.partition=true 表示打印分区信息。
- ➢ --topic：用于指定主题。

例如如下命令：

```
kafka-console-consumer.bat ^
--bootstrap-server localhost:9092 ^
--topic test1 ^
--from-beginning ^
--property print.key=true ^
--property print.offset=true ^
--property print.timestamp=true ^
--property print.partition=true
```

该命令指定从 test1 主题的开始处读取消息，且输出消息的 key、所在分区的下标、时间戳和所在分区。运行该命令，将看到如图 7.61 所示的输出。

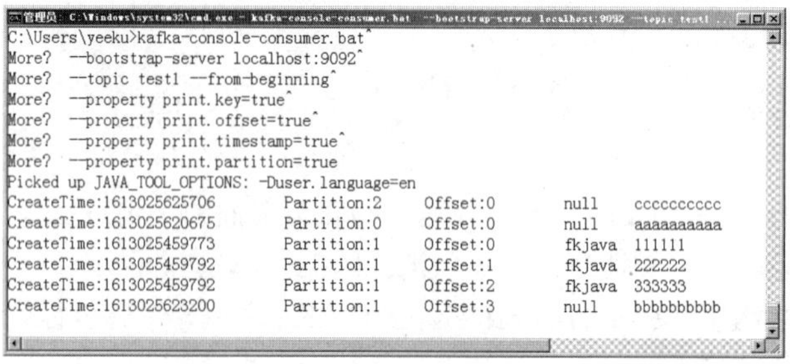

图 7.61　消费队列消息

从图 7.61 可以看到，3 条 key 为 fkjava 的消息都被存储在第 2 个分区中，而 3 条没有 key 的消息则被"分摊"到 3 个分区中。由于第 1 个、第 3 个分区中只有一条消息，因此这两个分区中消息的下标都是 0（是不是和 List 集合很像？）；第 2 个分区中存储了 4 条消息，因此它们的下标分别是 0、1、2、3。

也可使用如下命令来读取指定分区中的消息：

```
kafka-console-consumer.bat ^
--bootstrap-server localhost:9092 ^
--topic test1 ^
--from-beginning ^
--partition 1 ^
--property print.key=true ^
--property print.offset=true ^
--property print.partition=true
```

该命令通过"--partition 1"选项指定读取特定分区中的消息。运行该命令，将会看到如下输出：

```
Partition:1    Offset:0    fkjava 111111
Partition:1    Offset:1    fkjava 222222
Partition:1    Offset:2    fkjava 333333
Partition:1    Offset:3    null   bbbbbbbbbb
```

也可使用如下命令来读取指定分区、从指定下标开始的消息：

```
kafka-console-consumer.bat ^
--bootstrap-server localhost:9092 ^
--topic test1 ^
--offset 2 ^
--partition 1 ^
--property print.key=true ^
--property print.offset=true ^
--property print.partition=true
```

该命令去掉了"--from-beginning"选项，增加了"--offset 2"选项，这表明读取指定分区中的消息，且从下标为 2 的地方开始读取。运行该命令，可以看到如下输出：

```
Partition:1    Offset:2    fkjava 333333
Partition:1    Offset:3    null   bbbbbbbbbb
```

不知道大家是否发现了一个问题：Kafka 的消息主题与 JMS、AMQP 的消息队列是不同的——JMS、AMQP 消息队列中的消息只能被消费一次，当消息被消费时，这条消息就会被移出队列；但 Kafka 主题中的消息完全可以被多次重复消费，甚至可以从指定下标处开始读取消息。

从某种角度来看，Kafka 主题中的消息就像数据表中的记录，它会在一段时间内被持久化保存，客户端（消费者）可根据需要反复地读取它们，这正是 7.4 节一开始就介绍过的：Kafka 并不是单纯的消息组件，而是被定位成"开源的分布式事件流平台（open-source distributed event streaming platform）"。

Kafka 主题中的消息默认保存时间为 7 天，这个默认保存时间可通过 server.properties 文件中的如下配置进行修改。

```
# 设置主题中消息的默认保存时间
log.retention.hours=168
```

上面设置了默认保存时间为 168 小时，也就是 7 天。如果磁盘空间比较小，且存放的消息量比较大，则可以设置缩短该时间。

当消息过期之后，Kafka 可以对消息进行两种处理：delete 或 compact，其中 delete 表示直接删除过期消息，compact 则表示对消息进行压缩整理。通过 server.properties 文件中的如下配置来设置对过期消息的处理策略。

```
# 设置删除过期消息
log.cleanup.policy=delete
```

如果仅想修改某个主题下消息的保存时间，则可专门配置该主题的 retention.ms 属性。修改指定主题的额外属性，推荐使用 kafka-configs.bat（.sh）命令，该命令可指定如下常用选项。

➤ --alter：修改。
➤ --describe：显示。该选项与--alter 选项只能选择其中之一。
➤ --add-config：指定要添加的配置属性，该选项的值应该符合"k1=v1,k2=[v1,v2,v2],k3=v3"的形式。
➤ --delete-config：指定要删除的配置属性，该选项的值应该符合"k1,k2"的形式。
➤ --bootstrap-server：指定要连接的服务器。

> --entity-type：指定要配置的实体类型，该选项可支持 topics（主题）、clients（客户端）、users（用户）、brokers（代理）和 broker-loggers（代理日志）这些值。
> --entity-name：指定要配置的实体名称，该选项与--entity-type 结合使用，用于指定主题名、客户端 ID、用户名、Broker ID。

例如，以下命令将 test1 主题的 retention.ms 属性设为 10 小时：

```
kafka-configs.bat --alter ^
--bootstrap-server localhost:9092 ^
--entity-type topics ^
--entity-name test1 ^
--add-config retention.ms=3600000
```

运行上面命令，将会看到如下输出：

```
Completed updating config for topic test1.
```

该输出表明对 test1 主题修改成功。

以下命令用于显示 test1 主题的配置信息：

```
kafka-configs.bat --describe ^
--bootstrap-server localhost:9092 ^
--entity-type topics ^
--entity-name test1
```

运行该命令，可以看到如下输出：

```
Dynamic configs for topic test1 are:
  retention.ms=3600000 sensitive=false
  synonyms={DYNAMIC_TOPIC_CONFIG:retention.ms=3600000}
```

当然，也可直接使用 kafka-topics.bat 命令来查看指定主题，如图 7.62 所示。

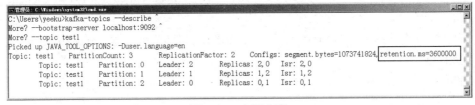

图 7.62 查看主题

通过设置 retention.ms 属性可以强制删除指定主题下的所有消息，例如运行如下命令：

```
kafka-configs.bat --alter ^
--bootstrap-server localhost:9092 ^
--entity-type topics ^
--entity-name test1 ^
--add-config retention.ms=3000
```

上面命令用于将 test1 主题的 retention.ms 属性设为 3 秒，这意味着该主题下的消息只能保存 3 秒。

需要说明的是，将 retention.ms 属性设为 3 秒，并不意味着该主题下的消息会在 3 秒之后被删除，这是因为 Kafka 采用轮询机制来检测消息是否过期，这意味着即使某些消息已经过期，但只要轮询机制还没有处理到这些过期消息，它们就会依然保留在该主题下。

Kafka 轮询检查的时间间隔也在 server.properties 文件中设置，该文件中包含如下配置：

```
# 设置对过期消息进行轮询检查的间隔时间为 5 分钟
log.retention.check.interval.ms=300000
```

上面配置指定了对过期消息进行轮询检查的间隔时间为 5 分钟，这意味着每隔 5 分钟就会检查一次消息是否过期。

如果希望指定主题的 retention.ms 属性配置依然使用默认值，那么只要使用 kafka-configs.bat 命令的--delete-config 选项删除该配置即可。例如以下命令：

```
kafka-configs.bat --alter ^
--bootstrap-server localhost:9092 ^
--entity-type topics ^
--entity-name test1 ^
--delete-config retention.ms
```

如果消费者要以组的名义来订阅主题，则可使用 kafka-console-consumer.bat 命令的--group 选项来指定组 ID。

一个主题包含多个分区，一个消费者组也包含多个消费者实例。同一个消费者组内的所有消费者共享一个公共的 ID，这个 ID 被称为组 ID。

一个消费者组内的多个消费者实例一起协调消费主题所包含的全部分区。记住：每个分区只能由同一个消费者组内的一个消费者实例来消费，但一个消费者实例可负责消费多个分区。这句话读起来有点拗口，让我们来看一张来自 Kafka 官网的图片，如图 7.63 所示。

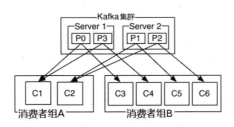

图 7.63 消费者组与主题

从图 7.63 可以看出，当前 Kafka 集群包含两个节点：Server 1 和 Server 2；当前有一个主题，该主题包含 P0、P1、P2、P3 四个分区；客户端一共有 C1、C2、C3、C4、C5、C6 六个消费者实例，其中 C1、C2 属于消费者组 A，C3、C4、C5、C6 属于消费者组 B。

根据图 7.63 的示意可以看到，消费者组 A 的 C1、C2 要负责消费 P0、P1、P2、P3 四个分区，一个都不能漏，否则就会错失该主题下的一些消息，其中 C1 负责消费 P0 和 P3 两个分区。看到了吧？一个消费者实例可负责消费多个分区。但对于消费者组 A 来说，P0 只能由 C1 负责消费，不可能同时也由同一个消费者组内的 C2 来负责消费。看到了吧？每个分区只能由同一个消费者组内的一个消费者实例来消费。

对于图 7.63 所示的消费者组 B 而言，该组恰好有 4 个消费者实例，正好一个消费者实例"分得"一个分区。

在同一个消费者组内，每个分区只能由一个消费者实例来负责消费，这意味着同一个消费者组内的多个消费者实例不可能消费相同的消息，这就是典型的 P2P 消息模型。

由于消费者组之间彼此独立，互不影响，因此它们能订阅相同的主题而互不干涉。如果消费者实例属于不同的消费者组，那么这就是典型的 Pub-Sub 消息模型。

Kafka 仅仅使用消费者组这种机制，就实现了传统消息引擎的 P2P 和 Pub-Sub 两种消息模型。

在理想情况下，消费者组中的消费者实例数恰好等于该组所订阅主题的分区总数，这样每个消费者实例就恰好负责消费一个分区；否则，可能出现如下两种情况。

➢ 消费者实例数大于所订阅主题的分区总数：此时一个消费者实例要负责消费一个分区，但会有消费者实例处于空闲状态。

➢ 消费者实例数小于所订阅主题的分区总数：此时一个消费者实例要负责消费多个分区。

第一种情况无非是造成了消费者实例的浪费（消费者实例也是一个进程，但它永远无事可做）；但大多数时候属于第二种情况，此时就需要处理为消费者实例分配分区的问题。

Kafka 为消费者实例提供了 3 种分配分区的策略：

➢ range 策略。
➢ round-robin 策略。
➢ sticky 策略。

1. range 策略

range 策略是基于每个主题单独分配分区的，其大致步骤如下：

① 将每个主题的分区按数字顺序进行排列，消费者实例则按消费者名称的字典顺序进行排列。

② 用主题的分区总数除消费者实例总数，如果恰好能除尽，则每个消费者实例都分得相同数量（就是除得的商）的分区；如果除不尽，则排在前面的几个消费者实例将会分得额外的分区。

例如有两个消费者实例 C0 和 C1，两个主题 T0 和 T1，且每个主题有 3 个分区：P0、P1、P3，如果采用 range 策略，将会产生如下分配结果。

➢ C0 分得：T0P0、T0P1、T1P0、T1P1。
➢ C1 分得：T0P2、T1P2。

图 7.64 显示了 range 策略的分配方式。

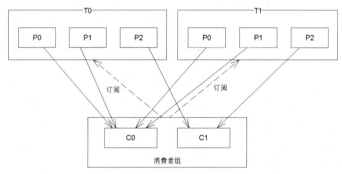

图 7.64　range 策略的分配方式

2. round-robin 策略

round-robin 策略会把所有订阅主题的所有分区按顺序排列，然后采用轮询方式依次分给各消费者实例。由此可见，round-robin 策略与 range 策略最大的不同就是它不再局限于某个主题。

还是以上面的分配场景为例，如果改为使用 round-robin 策略，将会产生如图 7.65 所示的分配结果。

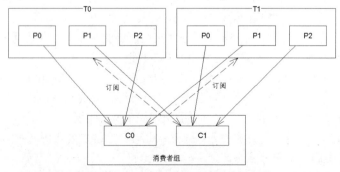

图 7.65　round-robin 策略的分配方式

一般来说，如果消费者组内所有消费者实例所订阅的主题是相同的（如图 7.65 所示），那么使用 round-robin 策略能带来更公平的分配方案，否则使用 range 策略的效果更好。

3．sticky 策略

sticky 策略主要用于处理重平衡（Rebalance）需求，重平衡就是指重新为消费者实例分配分区的过程。比如以下 3 种情况就会触发重平衡：

➢ 消费者组中的消费者实例数发生变化。比如有新的消费者实例加入消费者组，或者有消费者实例退出消费者组。

➢ 订阅的主题数发生改变。当消费者组以正则表达式的方式订阅主题时，符合正则表达式的主题可能会动态地变化。

➢ 订阅主题的分区数发生改变。当主题的分区数增加时，必须为之分配消费者实例来处理它。

当触发重平衡处理时，如果使用 range 策略或 round-robin 策略，Kafka 会彻底抛弃原有的分配方案，对变化后的消费者实例、分区进行彻底的重新分配。

而 sticky 策略则有效地避免了上述两种策略的缺点，sticky 策略会尽力维持之前的分配方案，只对改动部分进行最小的再分配，因此通常认为 sticky 策略在处理重平衡时具有最佳的性能。

7.4.6 使用 Kafka 核心 API

Kafka 包含如下 5 个核心 API。

➢ Producer API（生产者 API）：应用程序通过该 API 向主题发布消息。

➢ Consumer API（消费者 API）：应用程序通过该 API 订阅一个或多个主题，并从所订阅的主题中拉取消息（记录）。

➢ Streams Processor API（流 API）：应用程序可通过该 API 来实现流处理器，将一个主题的消息"导流"到另一个主题，并能对消息进行任意自定义的转换。

➢ Connector API（连接器 API）：应用程序可通过该 API 来实现连接器，这些连接器不断地从源系统或应用程序将数据导入 Kafka，也将 Kafka 消息不断地导入某个接收系统或应用程序。

➢ Admin API（管理 API）：应用程序可通过该 API 管理和检查主题、Broker 以及其他 Kafka 实体。

图 7.66 显示了 Kafka 核心 API 的示意图。

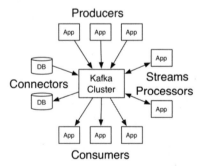

图 7.66　Kafka 核心 API 的示意图

Kafka 的核心 API 使用独立于语言的协议公开了它们的全部功能，因此 Kafka 的核心 API 有各种不同语言的实现，但只有针对 Java 的实现作为 Kafka 主项目的一部分被维护，本节介绍的正是 Java 版本的 Kafka 核心 API。

生产者 API 的核心类是 KafkaProducer，它提供了一个 send() 方法来发送消息，该 send() 方法需要传入一个 ProducerRecord<K,V>对象，该对象代表一条消息（记录），该对象定义了如下构造器。

> ProducerRecord(String topic, Integer partition, K key, V value)：创建一条发送到指定主题和指定分区的消息。
> ProducerRecord(String topic, Integer partition, K key, V value, Iterable<Header> headers)：创建一条发送到指定主题和指定分区的消息，且包含多个消息头。
> ProducerRecord(String topic, Integer partition, Long timestamp, K key, V value)：创建一条发送到指定主题和指定分区的消息，且使用给定的时间戳。
> ProducerRecord(String topic, Integer partition, Long timestamp, K key, V value, Iterable<Header> headers)：创建一条发送到指定主题和指定分区的消息，使用给定的时间戳，且包含多个消息头。
> ProducerRecord(String topic, K key, V value)：创建一条发送到指定主题的消息。
> ProducerRecord(String topic, V value)：创建一条发送到指定主题、不带 key 的消息。

根据 KafkaProducer 和 ProducerRecord 不难看出，使用生产者 API 发送消息很简单，基本只要两步。

① 创建 KafkaProducer 对象，在创建该对象时要传入 Properties 对象，用于对该生产者进行配置。

② 调用 KafkaProducer 对象的 send()方法发送消息，调用 ProducerRecord 的构造器即可创建不同的消息。

下面通过一个例子来示范 Kafka 生产者 API 的用法。首先创建一个 Maven 项目，然后修改该项目的 pom.xml 文件，向其中添加如下依赖。

程序清单：codes\07\7.4\kafka_test\pom.xml

```xml
<!-- 添加 Kafka Clients 依赖, 包括 Producer API、Consumer API 和 Admin API -->
<dependency>
    <groupId>org.apache.kafka</groupId>
    <artifactId>kafka-clients</artifactId>
    <version>2.7.0</version>
</dependency>
```

上面 Kafka Clients 依赖包括生产者 API、消费者 API 和管理 API。下面是一个生产者程序。

程序清单：codes\07\7.4\kafka_test\src\main\java\org\apache\app\Producer.java

```java
public class Producer
{
    public final static String TOPIC = "test1";

    public static void main(String[] args)
    {
        var props = new Properties();
        // 指定 Kafka 的节点地址
        props.put("bootstrap.servers",
                "localhost:9092,localhost:9093,localhost:9094");
        // 指定确认机制, 默认值是 0
        props.put("acks", "all");   // ①
        // 指定发送失败后的重试次数
        props.put("retries", 0);
        // 当多条消息要发送到同一个分区时, 生产者将尝试对多条消息进行批处理
        // 从而减少网络请求数, 这有助于提高客户端和服务器的性能
        // 该参数控制默认的批处理的数据大小
        props.put("batch.size", 16384);
        // 指定消息 key 的序列化器
```

```
        props.put("key.serializer", StringSerializer.class.getName());
        // 指定消息 value 的序列化器
        props.put("value.serializer", StringSerializer.class.getName());
        try (
            // 创建消息生产者
            var producer = new KafkaProducer<String, String>(props))
        {
            for (var messageNo = 1; messageNo < 101; messageNo++)
            {
                var msg = "你好,这是第" + messageNo + "条消息";
                if (messageNo < 51)
                {
                    // 发送带 key 的消息
                    producer.send(new ProducerRecord<>(TOPIC, "fkjava", msg));
                } else
                {
                    // 发送不带 key 的消息
                    producer.send(new ProducerRecord<>(TOPIC, msg));
                }
                // 每生产 20 条消息输出一次
                if (messageNo % 20 == 0)
                {
                    System.out.println("发送的信息:" + msg);
                }
            }
        }
    }
}
```

上面程序的开始部分创建了一个 Properties 对象,该对象用于配置 Kafka 生产者,如配置确认机制、发送失败后的重试次数等,这些属性 key 及其支持的 value 都来自 Kafka 官网,地址如下:

https://kafka.apache.org/documentation/#producerconfigs

比如通过该页面可以找到"ack"属性,它支持如下 acks 属性,且该属性支持 3 个属性值。

➢ acks=0:表示生产者不会等待 Kafka 的确认响应。
➢ acks=1:表示只要领导者分区已将消息写入本地日志文件,Kafka 就会向生产者发送确认响应,无须等待集群中其他机器的确认。
➢ acks=all:表示领导者分区会等待所有追随者分区都同步完成后才发送确认响应。这种确认机制可确保消息不会丢失,这是最强的可用性保证。

通过查看 Kafka 官网页面上关于 ack 属性的说明,即可明白程序中的①号代码就相当于 acks=all 的确认机制。

程序的核心代码就是两行粗体字代码,其中第 1 行粗体字代码创建了 KafkaProducer,第 2 行粗体字代码则调用了 KafkaProducer 的 send()方法发送消息。

程序先发送了 50 条 key 为"fkjava"的消息,这意味着这 50 条消息都会进入一个分区;程序后发送了 50 条不带 key 的消息,这意味着这 50 条消息会被"轮询"进入该主题的 3 个分区。

消费者 API 的核心类是 KafkaConsumer,它提供了如下常用方法。

➢ subscribe(Collection<String> topics):订阅主题。
➢ subscribe(Pattern pattern):订阅符合给定的正则表达式的所有主题。
➢ subscription():返回该消费者所订阅的主题集合。
➢ unsubscribe():取消订阅。
➢ close():关闭消费者。
➢ poll(Duration timeout):拉取消息。

- assign(Collection<TopicPartition> partitions)：手动为该消费者分配分区。
- assignment()：返回分配给该消费者的分区集合。
- commitAsync()：异步提交 offset。
- commitSync()：同步提交 offset。

提示：
如果开启了自动提交 offset，则无须调用 commitAsync()或 commitSync()方法进行手动提交。自动提交 offset 比较方便，但手动提交 offset 则更精确，消费者程序可以等到消息真正被处理后再手动提交 offset。

- enforceRebalance()：强制执行重平衡。
- seek(TopicPartition partition, long offset)：跳到指定的 offset 处，即下一条消息从 offset 处开始拉取。
- seekToBeginning(Collection<TopicPartition> partitions)：跳到指定分区的开始处。
- seekToEnd(Collection<TopicPartition> partitions)：跳到指定分区的结尾处。
- position(TopicPartition partition)：返回指定分区当前的 offset。

KafkaConsumer 的 poll()方法用于拉取消息，该方法返回一个 ConsumerRecords<K,V>对象，通过该对象可迭代访问 ConsumerRecord 对象，每个 ConsumerRecord 对象都代表一条消息。

根据 KafkaConsumer 不难看出，使用消费者 API 拉取消息很简单，基本只要 3 步。

① 创建 KafkaConsumer 对象，在创建该对象时要传入 Properties 对象，用于对该消费者进行配置。

② 调用 KafkaConsumer 对象的 poll()方法拉取消息，该方法返回 ConsumerRecords。

③ 对 ConsumerRecords 执行迭代，即可获取拉取到的每条消息。

下面是一个消费者程序。

程序清单：codes\07\7.4\kafka_test\src\main\java\org\apache\app\ConsumerA.java

```java
public class ConsumerA
{
    // 定义消费的主题
    public final static String TOPIC = "test1";
    // 定义该消费者实例所属的组 ID
    private static final String GROUPID = "groupA";
    private static KafkaConsumer<String, String> consumer;

    public static void main(String[] args) throws InterruptedException
    {
        // 启动一条新线程来处理程序退出
        new Thread(() ->
        {
            var scanner = new Scanner(System.in);
            if (scanner.nextLine().equals(":exit"))
            {
                if (consumer != null)
                {
                    // 取消订阅
                    consumer.unsubscribe();
                    // 关闭消费者
                    consumer.close();
                }
                System.exit(0);
            }
```

```
        }).start();
        var props = new Properties();
        // 指定 Kafka 的节点地址
        props.put("bootstrap.servers",
            "localhost:9092,localhost:9093,localhost:9094");
        // 指定消费者组 ID
        props.put("group.id", GROUPID);
        // 设置是否自动提交 offset
        props.put("enable.auto.commit", "true");
        // 设置自动提交 offset 的时间间隔
        props.put("auto.commit.interval.ms", "1000");
        // Session 超时时长
        props.put("session.timeout.ms", "30000");
        // 程序读取消息的初始 offset
        props.put("auto.offset.reset", "latest");
        // 指定消息 key 的反序列化器
        props.put("key.deserializer", StringDeserializer.class.getName());
        // 指定消息 value 的反序列化器
        props.put("value.deserializer", StringDeserializer.class.getName());
        consumer = new KafkaConsumer<>(props);
        // 订阅主题
        consumer.subscribe(Arrays.asList(TOPIC));
        System.out.println("---------开始消费---------");
        while (true)
        {
            // 拉取消息
            ConsumerRecords<String, String> msgList =
                consumer.poll(Duration.ofMillis(100));
            if (null != msgList && msgList.count() > 0)
            {
                // 遍历取得的消息
                for (ConsumerRecord<String, String> record : msgList)
                {
                    System.out.println("收到消息: key = " + record.key() + ", value = "
                        + record.value() + " offset = " + record.offset());
                }
            } else
            {
                Thread.sleep(1000);
            }
        }
    }
}
```

上面程序的开始部分创建了一个 Properties 对象，该对象用于配置 Kafka 消费者，如配置组 ID、是否自动提交 offset 等，这些属性 key 及其支持的 value 都来自 Kafka 官网，地址如下：

https://kafka.apache.org/documentation/#consumerconfigs

程序的核心代码就是 3 行粗体字代码，其中第 1 行粗体字代码创建了 KafkaConsumer，第 2 行粗体字代码调用了 KafkaConsumer 的 poll()方法拉取消息，第 3 行粗体字代码则对 ConsumerRecords 执行迭代，从而访问拉取到的消息。

本例中还有一个 ConsumerB 程序，其实它和 ConsumerA 程序是相同的，只不过是为了方便测试有两个消费者实例的情形。

由于程序为消费者配置了 auto.offset.reset=latest，这意味着这两个消费者都不会拉取队列中原有的消息（因为初始 offset 被设置到了结尾处），只能拉取它们在运行期间收到的消息。

让 ConsumerA 和 ConsumerB 中的 GROUPID 使用相同的字符串，ConsumerA 和 ConsumerB 模

拟的是 P2P 消息模型，先运行 ConsumerA 和 ConsumerB 两个程序，然后再运行前面的 Producer 程序，此时将看到所有 key 为 fkjava 的消息只会由一个消费者处理，因为所有 key 为 fkjava 的消息都在同一个分区中；而没有 key 的消息则会分别由两个消费者处理，因为没有 key 的消息会被"轮询"分配到不同的分区中。

让 ConsumerA 和 ConsumerB 中的 GROUPID 使用不同的字符串，ConsumerA 和 ConsumerB 模拟的是 Pub-Sub 消息模型，先运行 ConsumerA 和 ConsumerB 两个程序，然后再运行前面的 Producer 程序，此时将看到 ConsumerA 和 ConsumerB 都可拉取到完全相同的 100 条消息，它们之间互不干扰。

▶▶ 7.4.7 使用 Kafka 流 API

流 API 的作用是创建多个主题之间的消息流，从而允许将消息从一个主题"导流"到另一个主题，在消息"导流"的过程中，客户端程序可以对消息进行任意自定义的转换。图 7.67 显示了流 API 的功能示意图。

图 7.67 流 API 的功能示意图

流 API 包括如下几个核心 API。

- StreamsBuilder：从名称就可知道，它的作用是创建 Stream。但是它不直接创建 KafkaStream，而是创建 KStream。
- KStream：KStream 代表 key-value 数据流，它的主要功能就是定义流的拓扑（Topology）结构。通俗地说，就是设置 source 主题（源主题）、sink 主题（目标主题）等。
- Topology：代表流的拓扑结构，它也提供了大量重载的 addSource()、addSink()方法来添加 source 主题和 sink 主题。
- KafkaStreams：代表程序要用到的数据流，调用它的 start()方法开始导流，调用它的 close() 方法可关闭流。

从上面 4 个核心 API 的功能可以看出，使用流 API 的关键就是通过 KStream、Topology 来设置 source 主题和 sink 主题，然后使用 Topology 创建 KafkaStreams。因此使用流 API 编程的大致步骤如下：

① 使用 StreamsBuilder 创建 KStream，在创建 KStream 时已经指定了 source 主题。

② 通过 KStream 设置 sink 主题和流要做到转换处理。KStream 提供了大量重载的 flatMap()、map()、filter()等方法对流进行转换，在调用这些处理方法时，通常都需要传入自定义的处理器，常使用 Lambda 表达式来定义这些处理器。

③ 调用 StreamsBuilder 的 build()方法创建代表流关系的 Topology 对象，该对象已经封装了通过 KStream 所设置的 source 主题、sink 主题等信息。如果需要对流关系进行修改，则可调用 Topology 对象的 addSource()、addSink()方法来添加 source 主题和 sink 主题。

④ 以 Topology 为参数，创建 KafkaStreams 对象，在创建该对象时，还需要传入一个 Properties 对象对该流进行配置。

⑤ 调用 KafkaStreams 对象的 start()方法开始导流，导流结束后调用 close()方法关闭流。

由于 Kafka 流 API 并未包含在 Kafka Clients 依赖中，因此，如果要使用 Kafka 流 API，还得在

第7章 消息机制

pom.xml 文件中添加如下依赖：

```xml
<!-- 添加 Kafka Streams 依赖，包括 Streams Processor API -->
<dependency>
    <groupId>org.apache.kafka</groupId>
    <artifactId>kafka-streams</artifactId>
    <version>2.7.0</version>
</dependency>
```

下面程序示范了流 API 的用法。

程序清单：codes\07\7.4\kafka_test\src\main\java\org\apache\app\Pipe.java

```java
public class Pipe
{
    public final static String SOURCE_TOPIC = "replic";
    public final static String SINK_TOPIC = "test1";
    private static KafkaStreams streams;
    public static void main(String[] args)
    {
        // 启动一条新线程来处理程序退出
        new Thread(() ->
        {
            var scanner = new Scanner(System.in);
            if (scanner.nextLine().equals(":exit"))
            {
                if (streams != null)
                {
                    // 关闭流
                    streams.close();
                }
                System.exit(0);
            }
        }).start();
        var props = new Properties();
        // 程序的唯一标识符，用于区别其他应用程序与同一个 Kafka 集群通信
        props.put(StreamsConfig.APPLICATION_ID_CONFIG, "streams-pipe");
        // 指定 Kafka 的节点地址
        props.put("bootstrap.servers",
            "localhost:9092,localhost:9093,localhost:9094");
        // 指定消息 key 默认的序列化器和反序列化器
        props.put("default.key.serde", Serdes.String().getClass());
        // 指定消息 value 默认的序列化器和反序列化器
        props.put("default.value.serde", Serdes.String().getClass());
        // 创建 StreamsBuilder
        final var builder = new StreamsBuilder();
        // 通过 stream()方法指定 source 主题
        builder.<String, String>stream(SOURCE_TOPIC)
            // 设置对消息进行处理的处理器（可换成 Lambda 表达式）
            .mapValues(new ValueMapper<String, String>()
            {
                @Override
                public String apply(String value)
                {
                    return "疯狂 Java:" + value;
                }
            })
            // 设置对消息进行处理的处理器（可换成 Lambda 表达式）
//            .flatMapValues(new ValueMapper<String, Iterable<String>>()
//            {
//                @Override
//                public Iterable<String> apply(String value)
```

```
//                 {
//                     return Arrays.asList(value.split("\\W+"));
//                 }
//             })
            // 通过to()方法指定sink主题
            .to(SINK_TOPIC);
        // 创建Topology对象
        final Topology topology = builder.build();
        // 输出Topology对象代表的流关系
        System.out.println(topology.describe());
        // 创建KafkaStreams实例
        streams = new KafkaStreams(topology, props);
        // 开始执行"导流"
        streams.start();
    }
}
```

上面程序的开始部分创建了一个Properties对象,该对象用于配置Kafka流,如应用程序ID、key与value的序列化器和反序列化器等,这些属性key及其支持的value都来自Kafka官网,地址如下:

https://kafka.apache.org/documentation/#streamsconfigs

程序的核心代码就是4行粗体字代码,其中第1行粗体字代码使用StreamsBuilder创建了KStream,在创建KStream时调用的是stream()方法,这说明该KStream已经指定了source主题;第2行粗体字代码调用了mapValues()方法对消息value进行处理,在调用该方法时传入一个ValueMapper对象,该对象负责对消息value进行处理,此处的处理逻辑很简单,也就是在消息value前附加一个字符串前缀。

程序中还有一段被注释掉的代码,这段代码用于对消息value进行另一种处理:它会将一条消息转换为多条消息,转换方式是将消息value以"\W"为分隔符进行分隔。通过这段代码可以看出,通过流可以对Kafka消息进行任意的转换,具体的转换逻辑完全由开发者决定。

第3行粗体字代码通过StreamsBuilder创建了代表流关系的Topology对象;第4行粗体字代码则使用Topology对象创建了KafkaStreams对象。接下来就是调用start()方法开始导流,导流结束后调用close()方法关闭流。

由于程序的作用是将"replic"主题的消息导流到"test1"主题,因此在运行该程序之前应先创建一个"replic"主题。然后运行该程序,可立即在IDEA控制台看到如图7.68所示的输出。

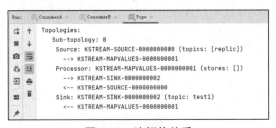

图7.68 流拓扑关系

从图7.68可以看到,该拓扑结构的source主题为replic,由KSTREAM-SOURCE-0000000000流代表,该流向KSTREAM-MAPVALUES-0000000001流执行输出(-->箭头表示向对方输出)。

Processor节点表示该拓扑结构包含一个处理器,该处理器是一个中间流,由KSTREAM-MAPVALUES-0000000001代表,该流向KSTREAM-SINK-0000000002流执行输出(-->箭头表示向对方输出),该流接受KSTREAM-SOURCE-0000000000流的输入(<--箭头表示接受对方输入)。

Sink 节点表示 sink 主题为 test1，由 KSTREAM-SINK-0000000002 流代表，该流不再对外输出，它只接受 KSTREAM-MAPVALUES-0000000001 流的输入。

由此可见，通过 Topology 对象的 describe() 方法可以清晰地看到 Kafka 流的拓扑结构关系，方便在开发过程中进行调试。

程序依然使用前面的 ConsumerA 和 ConsumerB 来消费 test1 主题的消息，然后在命令行窗口中通过 kafka-console-producer.bat 命令向 replic 主题发送消息，如图 7.69 所示。

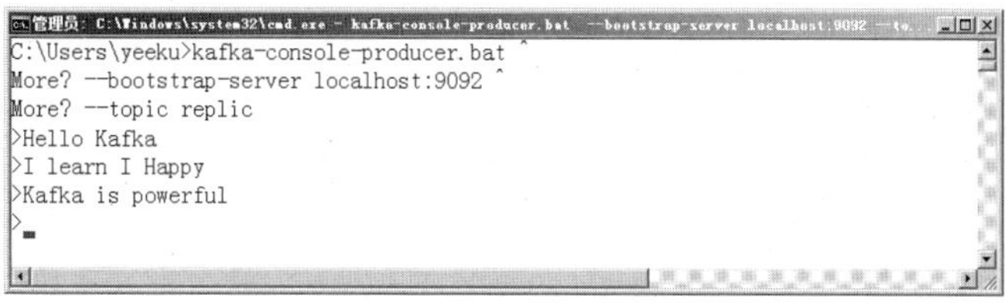

图 7.69 向 replic 主题发送消息

接下来即可在 IntelliJ IDEA 控制台的 ConsumerA 和 ConsumerB 处看到如图 7.70 所示的输出。

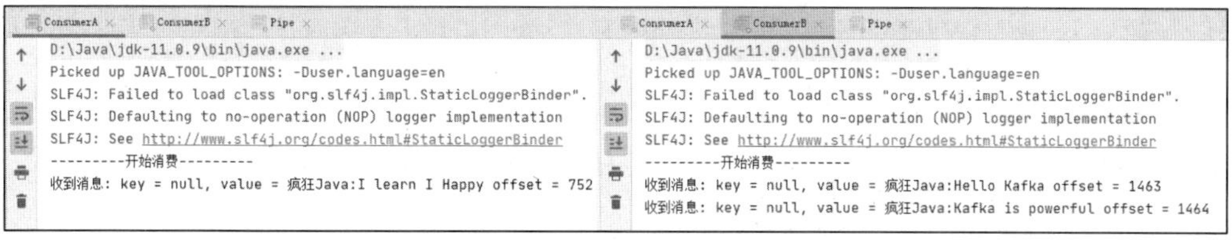

图 7.70 收到"导流"过来的消息

从图 7.70 可以看到，ConsumerA 和 ConsumerB 只负责消费 test1 主题的消息。由于 replic 主题的消息会被"导流"到 test1 主题，因此 ConsumerA 和 ConsumerB 也能访问到发送到 test1 主题的消息，且这些消息前面都添加了"疯狂 Java:"作为前缀。

运行上面程序时，由于 ConsumerA 和 ConsumerB 的 GROUPID 保持相同，因此这两个消费者属于同一个消费者组，它们不会拉取到相同的消息。

大家也可以取消上面程序中那段代码的注释，然后再运行该程序，此时将可看到该流包含两个 Processor 处理器，被"导流"到 test1 主题的消息都经过了这两个处理器的处理。

▶▶ 7.4.8 Spring Boot 对 Kafka 的支持

Sping Boot 并没有为 Kafka 提供 Starter，而是通过 spring-kafka 项目的自动配置来提供支持的，只要 Spring Boot 检测到类加载路径下包含了 spring-kafka 依赖库，Spring Boot 就会自动配置 KafkaAdmin 和 KafkaTemplate，其中 KafkaAdmin 封装了 Kafka 的管理 API，KafkaTemplate 则提供了大量重载的 send() 方法用于发送消息。

为了对 Kafka 进行配置，可以在 application.properties 文件中添加以"spring.kafka"开头的配置属性，这些属性将由 KafkaProperties 类负责处理，该类的源代码如下：

```
@ConfigurationProperties(prefix = "spring.kafka")
public class KafkaProperties {
    // 配置 Kafka 的节点地址
    private List<String> bootstrapServers =
        new ArrayList<>(Collections.singletonList("localhost:9092"));
    // 配置客户端 ID
    private String clientId;
    // 配置 Kafka 的通用属性，具体支持哪些属性名要参考 Kafka 文档
    private final Map<String, String> properties = new HashMap<>();
    // 为消费者配置相关的属性
```

```
        private final Consumer consumer = new Consumer();
        // 为生产者配置相关的属性
        private final Producer producer = new Producer();
        // 为管理者配置相关的属性
        private final Admin admin = new Admin();
        // 为流 API 配置相关的属性
        private final Streams streams = new Streams();
        // 为监听器配置相关的属性
        private final Listener listener = new Listener();
        // 配置 SSL 相关属性
        private final Ssl ssl = new Ssl();
        // 配置 JAAS 相关属性
        private final Jaas jaas = new Jaas();
        // 为 KafkaTemplate 配置相关的属性
        private final Template template = new Template();
        // 配置与安全相关的属性
        private final Security security = new Security();
        ...
    }
```

如果找到上面 KafkaProperties 类中的 Producer 内部类的源代码，即可发现该内部类还定义了如下属性：

```
    public static class Producer {
        // 为生产者配置 SSL 相关属性
        private final Ssl ssl = new Ssl();
        // 为生产者配置与安全相关的属性
        private final Security security = new Security();
        // 配置生产者的确认机制
        private String acks;
        // 配置生产者批处理时每批数据的默认大小
        private DataSize batchSize;
        // 为生产者指定 Kafka 的节点地址
        private List<String> bootstrapServers;
        // 为生产者指定 key 序列化器
        private Class<?> keySerializer = StringSerializer.class;
        // 为生产者指定 value 序列化器
        private Class<?> valueSerializer = StringSerializer.class;
        // 为生产者指定发送失败后的重试次数
        private Integer retries;
        // 为生产者配置额外的属性
        private final Map<String, String> properties = new HashMap<>();
        ...
    }
```

如果打开 KafkaProperties 类的 Consumer、Admin、Streams 等内部类，都可发现与 Producer 类相似的代码，这说明直接以"spring.kafka"开头的属性配置是对生产者、消费者、管理者、流 API 都有效的通用配置。

但如果配置以"spring.kafka.producer"开头的属性，则说明这些配置属性仅对生产者有效；如果配置以"spring.kafka.consumer"开头的属性，则说明这些配置属性仅对消费者有效，其他的依此类推。

不同开头的属性有时能产生相同的配置，例如以下代码：

```
# 配置 Kafka 默认的节点地址列表
spring.kafka.bootstrap-servers=\
localhost:9092,localhost:9093,localhost:9094
# 为生产者配置 Kafka 的节点地址列表
spring.kafka.producer.bootstrap-servers=\
```

```
localhost:9092,localhost:9093,localhost:9094
# 为消费者配置 Kafka 的节点地址列表
spring.kafka.consumer.bootstrap-servers=\
localhost:9092,localhost:9093,localhost:9094
```

此外，不管是 KafkaProperties 类，还是 Producer、Consumer、Admin、Streams 等内部类，它们都定义了一个 Map<String, String>类型的 properties 属性，这个属性用于配置通用属性。比如可以定义如下配置：

```
spring.kafka.properties[prop.one]=first
```

这行代码为 Kafka 配置了一个通用属性，该属性名为 prop.one，属性值为 first。配置这个属性有什么用呢？其实这行代码完全没用。既然没用，那么为何还要这样配置呢？

我们先来看一下 KafkaProperties 类，以及 Producer、Consumer、Admin、Streams 等内部类与 Kafka 配置的对应关系。Spring Boot 为 Kafka 的常用配置属性提供了对应字段，比如 Kafka 的生产者配置支持 key.serializer 属性，Spring Boot 就在 Producer 内部类中定义了一个 keySerializer 字段来与之对应，这样就允许在 application.properties 文件中定义如下配置：

```
spring.kafka.producer.key-serializer=...
```

这行配置其实就对应于为 Kafka 生产者配置的 key.serializer 属性。发现对应关系了吗？只不过是将 Kafka 配置中点号（.）分隔的属性，变成了用短横线分隔。

问题在于 Kafka 支持的配置属性实在太多了（基本没人能记住 Kafka 所有的配置属性，都需要查看 Kafka 官方文档），而且随着版本的升级，Kafka 完全可能会加入更多的配置属性。

因此，为了支持 Kafka 所有的配置属性，KafkaProperties 及 Producer、Consumer、Admin、Streams 等内部类都定义了一个 Map<String, String>类型的 properties 属性，通过 properties 配置的属性将被直接传给 Kafka。例如如下配置：

```
spring.kafka.properties[prop.one]=first
```

它就相当于直接为 Kafka 配置了一个 prop.one 属性，很明显 Kafka 并不支持该配置，所以这行配置没有作用。但对于如下配置：

```
spring.kafka.consumer.properties[max.poll.interval.ms]=240000
```

这行配置为消费者指定了额外的 max.poll.interval.ms 属性。查看 Kafka 官方文档可以发现，该配置的作用是控制两次调用 poll()方法的最大延迟时间，因此这行配置是有效的。由此可见，通过 properties 配置的附加属性是否有效，完全取决于 Kafka 是否支持该属性名，Spring Boot 只是忠实地将这些附加属性传给 Kafka。

例如，以下配置文件指定了 Kafka 服务器的节点地址和生产者相关配置。

程序清单：codes\07\7.4\kafka_boot\src\main\resources\application.properties

```
# 配置 Kafka 默认的节点地址
spring.kafka.bootstrap-servers=\
localhost:9092,localhost:9093,localhost:9094
# 指定生产者的确认机制
spring.kafka.producer.acks=all
# 指定生产者发送失败后的重试次数
spring.kafka.producer.retries=0
# 指定生产者批处理的数据大小
spring.kafka.producer.batch-size=16384
# 指定生产者的消息 key 的序列化器
spring.kafka.producer.key-serializer=\
org.apache.kafka.common.serialization.StringSerializer
# 指定生产者的消息 value 的序列化器
```

```
spring.kafka.producer.value-serializer=\
org.apache.kafka.common.serialization.StringSerialize
```

为了让上面配置生效，应用必须要添加 Spring Kafka 依赖，即在 pom.xml 文件中添加如下依赖。

程序清单：codes\07\7.4\kafka_boot\pom.xml

```xml
<!-- 添加 Spring Kafka 依赖 -->
<dependency>
    <groupId>org.springframework.kafka</groupId>
    <artifactId>spring-kafka</artifactId>
</dependency>
```

如果还要对消费者进行配置，则可添加以"spring.kafka.consumer"开头的配置属性，配置代码如下。

程序清单：codes\07\7.4\kafka_boot\src\main\resources\application.properties

```
# 指定默认的消费者组 ID
spring.kafka.consumer.group-id=defaultGroup
# 设置消费者是否自动提交 offset
spring.kafka.consumer.enable-auto-commit=true
# 设置消费者自动提交 offset 的时间间隔
spring.kafka.consumer.auto-commit-interval=1000
# 程序读取消息的初始 offset
spring.kafka.consumer.auto-offset-reset=latest
# 指定消息 key 的反序列化器
spring.kafka.consumer.key-deserializer=\
org.apache.kafka.common.serialization.StringDeserializer
# 指定消息 value 的反序列化器
spring.kafka.consumer.value-deserializer=\
org.apache.kafka.common.serialization.StringDeserializer
# Session 超时时长
spring.kafka.consumer.properties[session.timeout.ms]=30000
```

上面最后一行粗体字代码就是通过 properties 配置附加属性的例子，这里为消费者配置了 session.timeout.ms 属性，该配置将会被直接传给 Kafka 消费者，而 Kafka 消费者也可支持该属性，它的作用就是控制消费者 Session 的超时时长。

此外，如果想让 Spring Boot 在启动时自动创建主题，则可以在 Spring 容器中部署一个类型为 NewTopic 的 Bean，Spring Boot 将会自动为之创建对应的主题。如果 Kafka 中已有同名的主题，该 Bean 将会被直接忽略。

▶▶ 7.4.9 发送消息

发送消息很简单，Spring Boot 可以将自动配置的 KafkaTemplate 注入任意组件，接下来该组件调用 KafkaTemplate 的 send()方法即可发送消息。

例如，以下 Service 组件调用了 KafkaTemplate 来发送消息。

程序清单：codes\07\7.4\kafka_boot\src\main\java\org\crazyit\app\service\MessageService.java

```java
@Service
public class MessageService
{
    public static final String TOPIC = "test1";
    private final KafkaTemplate<String, String> kafkaTemplate;
    @Autowired
    public MessageService(KafkaTemplate<String, String> kafkaTemplate)
    {
        this.kafkaTemplate = kafkaTemplate;
```

```
    }
    public void produce(String key, String message)
    {
        if (Objects.nonNull(key))
        {
            // 发送带 key 的消息
            this.kafkaTemplate.send(TOPIC, key, message);
        }
        else
        {
            // 发送不带 key 的消息
            this.kafkaTemplate.send(TOPIC, message);
        }
    }
}
```

上面两行粗体字代码示范了通过 KafkaTemplate 发送消息,其中第 1 行粗体字代码用于发送带 key 的消息,第 2 行粗体字代码用于发送不带 key 的消息。

如果定义了 spring.kafka.producer.transaction-id-prefix 属性,Spring Boot 将会自动配置 KafkaTransactionManager,并为 KafkaTemplate 自动应用该事务管理器。

如果在 Spring 容器中配置了 RecordMessageConverter,该 Bean 将会自动作为 KafkaTemplate 的消息转换器。

为了让程序能调用上面 Service 组件的方法,本例还提供了一个控制器类来调用 Service 组件的方法。下面是该控制器类的代码。

程序清单:codes\07\7.4\kafka_boot\src\main\java\org\crazyit\app\controller\HelloController.java

```
@RestController
public class HelloController
{
    private final MessageService messService;
    public HelloController(MessageService messService)
    {
        this.messService = messService;
    }
    @GetMapping("/produce/{key}/{message}")
    public String produce(@PathVariable String message,
        @PathVariable(required = false) String key)
    {
        messService.produce(key, message);
        return "发送消息";
    }
    @GetMapping("/produce/{message}")
    public String produce(@PathVariable String message)
    {
        messService.produce(null, message);
        return "发送消息";
    }
}
```

该控制器类定义了两个处理方法,分别用于发送带 key 的消息和不带 key 的消息。

▶▶ 7.4.10 接收消息

Spring Boot 会自动将@KafkaListener 注解修饰的方法注册为消息监听器。如果没有显式地通过 containerFactory 属性指定监听器容器工厂(KafkaListenerContainerFactory),Spring Boot 会在容器中自动配置一个 ConcurrentKafkaListenerContainerFactory Bean 作为监听器容器工厂。

如果要对 ConcurrentKafkaListenerContainerFactory 进行设置，则可在 application.properties 配置文件中增加以"spring.kafka.listener"开头的配置属性。例如以下配置。

程序清单：codes\07\7.4\kafka_boot\src\main\resources\application.properties

```
# 设置监听器的确认模式
spring.kafka.listener.ack-mode=batch
```

如果在容器中配置了 KafkaTransactionManager，它将会被自动关联到监听器容器工厂。此外，如果在容器中配置了 RecordFilterStrategy、ErrorHandler、AfterRollbackProcessor 或 ConsumerAwareRebalanceListener，它们也会被自动关联到监听器容器工厂。

设置如下属性可将监听器配置成处理单条消息的监听器：

```
spring.kafka.listener.type=single
```

Spring Boot 会自动将容器中的 RecordMessageConverter Bean 关联到默认的监听器容器工厂。

设置如下属性可将监听器配置成批处理的监听器：

```
spring.kafka.listener.type=batch
```

Spring Boot 会自动将容器中的 BatchMessageConverter Bean 关联到默认的监听器容器工厂。但如果容器中只有一个 RecordMessageConverter Bean，且配置了批处理的监听器，那么它就会被包装成 BatchMessageConverter 转换器。

下面程序定义了一个监听消息队列的监听器。

程序清单：codes\07\7.4\kafka_boot\src\main\java\org\crazyit\app\message\TopicListener1.java

```java
@Component
public class TopicListener1
{
    @KafkaListener(topics = "test1", groupId="groupA")
    public void processMessage(ConsumerRecord<String, String> message)
    {
        System.out.println("从test1 收到消息，其 key 为:" + message.key()
            + ", 其 value 为:" + message.value());
    }
}
```

上面 processMessage()方法使用了@KafkaListener(topics = "test1", groupId="groupA")注解修饰，表明该方法将会监听 test1 主题，且该监听器属于 groupA 消费者组。

本例还定义了一个 TopicListener2，它与 TopicListener1 几乎相同，只是它们所属的消费者组不同，因此这两个消费者模拟的是 Pub-Sub 消息模型。

如果要定义更多的监听器容器工厂或者覆盖默认的监听器容器工厂，则可通过 Spring Boot 提供的 ConcurrentKafkaListenerContainerFactoryConfigurer 来实现，其可对 ConcurrentKafkaListener-ContainerFactory 进行与自动配置相同的设置。例如以下配置片段：

```java
@Configuration(proxyBeanMethods = false)
static class KafkaConfiguration
{
    @Bean
    public ConcurrentKafkaListenerContainerFactory myFactory(
        ConcurrentKafkaListenerContainerFactoryConfigurer configurer,
        ConsumerFactory consumerFactory)
    {
        // 创建 ConcurrentKafkaListenerContainerFactory 实例
        ConcurrentKafkaListenerContainerFactory factory =
            new ConcurrentKafkaListenerContainerFactory();
```

```
        // 使用与自动配置相同的属性来配置监听器容器工厂
        configurer.configure(factory, consumerFactory);
        // 下面可对 ConcurrentKafkaListenerContainerFactory 进行任意额外的设置
        ...
        return factory;
    }
}
```

上面粗体字代码对 ConcurrentKafkaListenerContainerFactory 进行了与自动配置相同的设置。简单来说，经过这行粗体字代码之后，就得到了一个与自动配置的 ConcurrentKafkaListenerContainerFactory 具有相同设置的实例，接下来可对该实例进行额外的定制。

有了自定义的监听器容器工厂之后，可通过为 @KafkaListener 注解的 containerFactory 属性来指定使用自定义的监听器容器工厂，例如以下注解代码：

```
@KafkaListener(topics = "test1", containerFactory="myFactory")
```

本例的主类没有太大的改变，依然只要调用 SpringApplication 的 run()方法启动 Spring Boot 应用即可。运行主类启动 Spring Boot 应用，使用浏览器访问 http://localhost:8080/produce/crazyit（其中 crazyit 是消息 value）即可向服务器发送不带 key 的消息；也可使用浏览器访问 http://localhost:8080/produce/fkjava/crazyit（其中 fkjava 是消息 key，crazyit 是消息 value）向服务器发送带 key 的消息。

无论是发送带 key 的消息，还是发送不带 key 的消息，这些消息都会被上面的两个消费者收到，因为它们属于不同的消费者组。

▶▶ 7.4.11　Spring Boot 整合 Kafka 流 API

Spring Boot 为 Kafka 流 API 并未提供太多额外的支持，它只提供了一个 @EnableKafkaStreams 注解，通过该注解能让 Spring Boot 自动配置 StreamsBuilder，当然也能将 StreamsBuilder 注入任意的其他组件，剩下的事情 Spring Boot 就不再参与了。

spring-kafka 项目没有包含 Kafka 流 API 的依赖，因此，如果要在 Spring Boot 项目中使用 Kafka 流，还必须显式添加如下依赖。

程序清单：codes\07\7.4\kafka_boot\pom.xml

```xml
<!-- 添加 Kafka Streams 依赖, 包括 Streams Processor API -->
<dependency>
    <groupId>org.apache.kafka</groupId>
    <artifactId>kafka-streams</artifactId>
</dependency>
```

通过 Spring Boot 使用 Kafka 流 API 时，同样需要指定应用 ID，例如通过如下配置指定。

程序清单：codes\07\7.4\kafka_boot\src\main\resources\application.properties

```
# 指定 Streams API 的应用 ID
spring.kafka.streams.application-id=spring-pipe
```

如果没有配置 spring.kafka.streams.application-id 属性，Spring Boot 默认使用 spring.application.name 属性值作为应用 ID。

与前面所介绍的类似，以 "spring.kafka.producer" 开头的属性用于配置生产者；以 "spring.kafka.consumer" 开头的属性用于配置消费者；以 "spring.kafka.listener" 开头的属性用于配置监听器；以 "spring.kafka.streams" 开头的属性用于配置 Kafka 流。例如以下配置（程序清单同上）：

```
# 指定应用启动时自动创建流
spring.kafka.streams.auto-startup=true
```

如果将 spring.kafka.streams.auto-startup 配置为 false，则意味着开发者需要自行创建流。

同样可通过"spring.kafka.streams.properites[属性名]=属性值"的方式对 Kafka 流配置相关的附加属性，以这种方式配置的属性将被直接传给 Kafka 流本身，因此方括号中的属性名必须是 Kafka 流所支持的属性名才有效。例如以下配置（程序清单同上）：

```
# 指定消息 key 默认的序列化器和反序列化器
spring.kafka.streams.properties[default.key.serde]=\
org.apache.kafka.common.serialization.Serdes.StringSerde
# 指定消息 value 默认的序列化器和反序列化器
spring.kafka.streams.properties[default.value.serde]=\
org.apache.kafka.common.serialization.Serdes.StringSerde
```

上面配置为流的 key、value 指定了默认的序列化器和反序列化器。

下面的配置类在 Spring 容器中配置了一个 Kafka 流。

程序清单：codes\07\7.4\kafka_boot\src\main\java\org\crazyit\app\KafkaConfig.java

```java
@Configuration(proxyBeanMethods = false)
public class KafkaConfig
{
    @Configuration(proxyBeanMethods = false)
    // 启用 Kafka 流
    @EnableKafkaStreams
    public static class KafkaStreamsConfiguration
    {
        public final static String SOURCE_TOPIC = "replic";
        public final static String SINK_TOPIC = "test1";
        @Bean
        // 通过自动注入的 StreamBuilder 来创建 KStream
        public KStream<String, String> kStream(StreamsBuilder builder)
        {
            KStream<String, String> stream = builder
                .stream(SOURCE_TOPIC);
            // 设置对消息进行处理的处理器
            stream.flatMapValues((ValueMapper<String, Iterable<String>>)
                value -> Arrays.asList(value.split("\\W+")))
                // 通过 to() 方法指定 sink 主题
                .to(SINK_TOPIC);
            // 创建 Topology 对象（其实已不需要创建该对象，
            // 此处只是为了方便查看流的拓扑关系）
            System.out.println(builder.build().describe());
            // 直接返回 KStream 就行
            return stream;
        }
    }
}
```

从上面粗体字代码不难看出，在 Spring Boot 中使用 Kafka 流与直接通过 Kafka API 使用流并没有太大的区别，只不过使用 Spring Boot 之后可通过依赖注入的 StreamsBuilder 来创建 KStream。

由于前面配置 spring.kafka.streams.auto-startup 为 true，因此，只要在容器中配置了 KStream，剩下的事情就由 Spring Boot 来完成。

上面程序的流中的处理器是一个"分割器",它会将发送到 replic 主题的一条消息分割成多条消息(以"\\W+"为分隔符),然后转发给 test1 主题。

再次启动 Spring Boot 应用,将会在控制台看到如下流的拓扑结构:

```
Topologies:
   Sub-topology: 0
    Source: KSTREAM-SOURCE-0000000000 (topics: [replic])
      --> KSTREAM-FLATMAPVALUES-0000000001
    Processor: KSTREAM-FLATMAPVALUES-0000000001 (stores: [])
      --> KSTREAM-SINK-0000000002
      <-- KSTREAM-SOURCE-0000000000
    Sink: KSTREAM-SINK-0000000002 (topic: test1)
      <-- KSTREAM-FLATMAPVALUES-0000000001
```

从该拓扑结构可以看到,该流以 replic 为 source 主题,中间经过一个 Processor 进行处理,流的 sink 主题是 test1。

应用启动完成后,使用 kafka-console-producer.bat 命令向 replic 主题发送一条"Kafka is powerful"消息,接下来将可在 IDEA 控制台看到如图 7.71 所示的输出。

图 7.71 通过 Spring Boot 使用 Kafka 流

虽然 kafka-console-producer.bat 命令只向 replic 主题发送了一条消息,但这条消息中包含了两个空格,因此它会被分割成 3 条消息,然后转发给 test1 主题(正如前面所说的,通过处理器可以对消息进行任何所需的处理);而前面为 test1 主题开发了两个处于不同组的消费者(模拟了 Pub-Sub 消息模型),因此可以生成 6 行输出。

7.5 本章小结

本章内容大致可分为 3 大块:
- JMS 消息组件的功能和使用,以及 Spring Boot 与 JMS 消息组件的整合。
- RabbitMQ 消息组件的功能和使用,以及 Spring Boot 与 RabbitMQ 消息组件的整合。
- Kafka 的功能和使用,以及 Spring Boot 与 Kafka 的整合。

学习本章内容需要掌握 ActiveMQ、Artimes、RabbitMQ 和 Kafka 这 4 个消息组件的用法,其中 ActiveMQ 和 Artimes 代表了传统 JMS 规范的开源实现,RabbitMQ 代表了 AMQP 的开源实现,Kafka 则是开源的分布式事件流平台,因此它们之间存在较大的差异(ActiveMQ 和 Artimes 基本相似),学习时要注意它们的功能及特点。

本章还详细介绍了直接通过 Java API 使用 ActiveMQ、Artimes、RabbitMQ 和 Kafka 这 4 个消息组件,掌握这种用法是真正理解 Spring Boot 整合它们的基础,毕竟 Spring Boot 主要就是完成一些自动配置。因此,大家需要同时掌握通过 Java API 如何使用这些消息组件,以及整合 Spring Boot 之后如何使用这些消息组件。

Spring Boot 在整合这些消息组件之后，Spring Boot 基本提供了大致相似的编程方式。
➢ 提供自动配置的 ConnectionFactory 来管理与消息组件之间的连接。
➢ 提供自动配置的 JmsTemplate、AmqpTemplate、KafkaTemplate 用于发送消息。
➢ 提供@JmsListener、@RabbitListener、@KafkaListener 注解将被修饰的方法变成消息监听器，并提供自动配置的监听器容器工厂来管理这些消息监听器。
➢ 如果要定制监听器容器工厂，则可使用 DefaultJmsListenerContainerFactoryConfigurer、SimpleRabbitListenerContainerFactoryConfigurer、DirectRabbitListenerContainerFactoryConfigurer、ConcurrentKafkaListenerContainerFactoryConfigurer 来执行定制。

CHAPTER 8

第 8 章
高并发秒杀系统

本章要点

- 高并发秒杀系统的背景知识和概述
- 基于 Spring Boot 搭建项目开发框架
- 设计和实现项目的领域对象层
- 设计和实现项目的 Mapper 组件
- 基于 Redis 实现分布式 Session
- 实现用户登录功能
- 实现秒杀商品列表页面
- 使用 Redis 缓存秒杀商品列表页面
- 使用前后端分离的方式实现商品秒杀界面
- 实现秒杀功能
- 使用 RabbitMQ 对瞬时高并发请求做削峰处理
- 使用前后端分离的方式实现订单详情页面

本章将会综合运用前面几章的知识来开发一个非常具有代表性的系统：高并发秒杀系统，该系统能为高并发请求提供及时响应，也能对秒杀请求的瞬时高并发进行削峰限流，因此本系统具有很好的技术示范性。

由于 Spring Boot 本身的作用就是为整合各种后端框架、技术提供自动配置，因此，如果将 Spring Boot 所能整合的所有技术和框架都掌握了，那绝对就是 Java 后端开发的集大成者了。本系统会有针对性地挑选目前国内最主流的框架来搭建技术栈——本系统选择使用第 3 章所介绍的 Spring MVC 作为 MVC 框架，第 5 章所介绍的 MyBatis 作为底层的持久层框架，第 6 章所介绍的 Redis 作为 NoSQL 技术，第 7 章所介绍的 RabbitMQ 作为消息组件。一旦读者真正掌握了本系统的开发，就一定可以随意地更换本系统所使用的技术栈，从而达到举一反三的目的。

8.1 项目背景及系统架构

本章将以电商网站常见的秒杀场景为例，为读者示范如何通过 Spring Boot 整合 Spring MVC、MyBatis、Redis、RabbitMQ 等技术来实现高并发秒杀系统。该系统除了包含常规用到的 SSM 技术，还包含了基于 Redis 的分布式 Session、基于 Redis 的数据缓存、基于 Redis 的页面缓存、基于 RabbitMQ 的秒杀限流等。

8.1.1 应用背景

很多电商网站在特殊的时间节点总会做一些促销活动，参与这些促销活动的商品通常价格比较实惠，因此很多用户都会特意等到活动期间来购买商品。这些促销活动就包括此处介绍的"秒杀"活动，这种秒杀活动会让用户在限定时间内以较低的价格来抢购商品，此时就极容易引起瞬时的高并发请求。

秒杀活动引起的瞬时高并发请求只是一种峰值情况，平常并不总需要处理这种极限的高并发，因此应用需要对瞬时高并发请求进行削峰处理，也就是对瞬时高并发请求进行限制、延迟处理，从而避免服务器崩溃。这种削峰处理通常会通过 RabbitMQ 等消息组件来实现。

8.1.2 相关技术介绍

本系统基于 Spring Boot 开发，Spring Boot 的主要作用就是为整合各种框架提供自动配置，实际起作用的依然是 Spring MVC、Spring、MyBatis、Redis、RabbitMQ 等技术。本系统使用 Thymeleaf 作为视图模板技术，并使用 jQuery 作为 JS 工具库来动态地更新页面。本系统将这些技术有机地结合在一起，从而构建一个能从容面对高并发的秒杀系统。

1. 表现层技术：Thymeleaf

本系统使用 Thymeleaf 作为表现层，负责收集用户请求数据，以及业务数据的表示。

Thymeleaf 作为新一代的视图模板技术，不仅比传统的 JSP 页面更为优秀，甚至比 FreeMarker 等传统的视图模板技术也更为优秀。Thymeleaf 页面的最大优势在于：它可以直接用浏览器查看，因此普通美工（完全不懂编程的美工）也可直接设计 Thymeleaf 页面，Spring Boot 官方也推荐使用 Thymeleaf 作为 Spring Boot 的视图模板技术。

此外，本示例还使用 Bootstrap 样式对界面进行简单的美化，并使用 jQuery 作为 JS 工具库来动态地更新页面。关于 Bootstrap 和 jQuery 的介绍可参考《疯狂前端开发讲义》。

2. MVC 框架

本系统使用 Spring MVC 5.3 作为 MVC 框架。Spring MVC 是目前最主流的 MVC 框架，真正做到了简单易用，而且功能强大。Spring MVC 正迅速成长为 MVC 框架中新的王者。本系统的所有用户请求，包括系统的超链接和表单提交等，都不再直接发送到表现层页面，而是必须发送给 Spring MVC 控制器的处理方法，控制器控制所有请求的处理和转发。

本系统使用基于 Spring MVC 拦截器的权限控制，应用中的控制器没有进行权限检查，但每个控制器都需要重复检查调用者是否有足够的访问权限，这种通用操作正是拦截器的用武之地。整个应用有普通员工和经理两种角色，只需要在 Spring MVC 的配置文件中为这两种角色配置不同的拦截器，即可完成对普通员工和经理的权限检查。

3．Spring 框架的作用

Spring 框架是系统的核心部分，Spring 提供的 IoC 容器是业务逻辑组件和 DAO 组件的工厂，它负责生成并管理这些实例。实际上，Spring Boot 也是基于 Spring 框架的 IoC 和 AOP 功能来构建的。

借助于 Spring 的依赖注入，各组件以松耦合的方式组合在一起，组件与组件之间的依赖正是通过 Spring 的依赖注入来管理的。其 Service 组件和 DAO 对象都采用面向接口编程的方式，从而降低了系统重构的成本，极大地提高了系统的可维护性和可修改性。

应用事务采用 Spring 的声明式事务框架。通过声明式事务，无须将事务策略以硬编码的方式与代码耦合在一起，而是放在配置文件中声明，使业务逻辑组件可以更加专注于业务的实现，从而简化开发。同时，声明式事务降低了不同事务策略的切换代价。

4．MyBatis 的作用

MyBatis 作为 SQL Mapping 框架使用，其 SQL Mapping 功能简化了数据库的访问，并在 JDBC 层提供了更好的封装。

MyBatis 作为一个半自动的 SQL Mapping 框架，极大地简化了 Mapper 组件（DAO 组件）的开发步骤，开发者只要定义 Mapper 接口，并通过 XML Mapper 配置文件或注解为接口中的 CRUD 方法编写 SQL 语句，MyBatis 就会自动为 Mapper 接口生成实现类。

半自动的 MyBatis 框架既可简化 DAO 层组件的开发，也可让开发者手动编写 SQL 语句，因此开发者可以充分利用自己的 SQL 知识，写出简单、灵活的 SQL 语句，并对 SQL 语句进行优化，从而提高程序性能。

5. Redis 的作用

在本系统中 Redis 主要有两个作用。

- 管理分布式 Session：由于这种高并发秒杀系统通常都是分布式应用，因此传统的基于单机的 Web Session 就不太适用了，本系统将会使用 Redis 来管理分布式 Session。
- 缓存：本系统不仅会缓存数据库中那些需要频繁访问的数据，甚至会直接缓存那些变化较少、需要频繁访问的静态页面，直接缓存静态页面可以极大地提高应用在面对高并发时的响应速度。

6. RabbitMQ 的作用

RabbitMQ 的主要作用就是对瞬时高并发的秒杀请求进行削峰处理：当秒杀请求到来时，控制器的处理方法接收到该秒杀请求后，该控制器并不直接调用 Service 组件的方法来处理秒杀请求，而是简单地发送一条消息到 RabbitMQ 消息队列。

应用中还会定义一个消息消费者，该消息消费者会按照它的节奏逐条读取 RabbitMQ 消息队列中的消息，每读取一条消息，就处理一个秒杀请求。经过这样的处理，不管来自客户端的瞬时并发请求有多少，控制器的处理方法只管一股脑儿地接收这些请求，并按照"先到先得"的方式将这些请求添加到 RabbitMQ 消息队列中，然后让消息消费者"慢慢"地逐个处理这些瞬时的高并发请求。

▶▶ 8.1.3 系统架构

本系统采用严格的 Java EE 应用结构，其主要有如下几层。

- ➢ 表现层：由 Thymeleaf 页面组成。
- ➢ MVC 层：使用 Spring MVC 框架。
- ➢ 消息组件层：基于 RabbitMQ 实现。
- ➢ 页面缓存层：由 Redis 负责管理。
- ➢ 业务逻辑层：主要由 Spring IoC 容器管理的业务逻辑组件组成。
- ➢ 数据缓存层：由 Redis 负责管理。
- ➢ DAO 层：由 MyBatis Mapper 组件组成。
- ➢ 领域对象层：领域对象负责与结果集完成映射。
- ➢ 数据库服务层：使用 MySQL 数据库存储持久化数据。

整个系统的结构如图 8.1 所示。

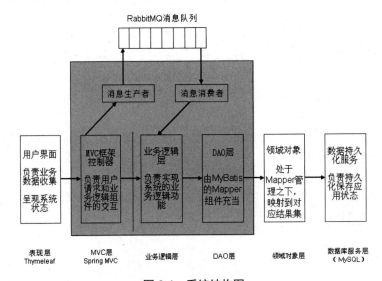

图 8.1 系统结构图

在图 8.1 中，灰色大方框内的控制器组件、业务逻辑组件、消息生产者、消息消费者、Mapper 组件等，都由 Spring IoC 容器负责生成，并管理组件的实例。

▶▶ 8.1.4 系统的功能模块

本系统大致可以分为两个模块：用户模块和秒杀模块。其主要业务逻辑通过 UserService 和 MiaoshaService 两个业务逻辑组件实现，因此可以使用这两个业务逻辑组件来封装 Mapper 组件（DAO 组件）。

> **提示：**
> 提示:通常建议按照细粒度的模块来设计 Service 组件,让业务逻辑组件作为 Mapper 组件的门面，这符合门面模式的设计。同时让 Mapper 组件负责系统持久化逻辑,可以将系统在持久化技术这个维度上的变化独立出去,而业务逻辑组件负责业务逻辑这个维度上的改变。

系统以业务逻辑组件作为 Mapper 组件的门面,封装这些 Mapper 组件,业务逻辑组件底层依赖于这些 Mapper 组件,向上实现系统的业务逻辑功能。

本系统主要有如下 4 个 Mapper 对象。

➢ UserMapper:提供对 user_inf 表的基本操作。
➢ MiaoshaItemMapper:提供对 item_inf 表和 miaosha_item 表的基本操作。
➢ OrderMapper:提供对 order_inf 表的基本操作。
➢ MiaoshaOrderMapper:提供对 order_inf 表和 miaosha_order 的基本操作。

本系统提供了如下两个业务逻辑组件。

➢ UserService:提供用户登录、用户信息查看等业务逻辑功能的实现。
➢ MiaoshaService:提供商品查看、商品秒杀等逻辑功能的实现。

本系统提供了如下两个消息组件。

➢ MiaoshaSender:该组件用于向 RabbitMQ 消息队列中发送消息。
➢ MiaoshaReceiver:该组件用于接收 RabbitMQ 消息队列中的消息。

本系统还提供了一个操作 Redis 的组件:FkRedisUtil,该组件基于 Spring Data Redis 实现。

本系统的中间层主要由上面 9 个组件组成,这些组件之间的关系如图 8.2 所示。

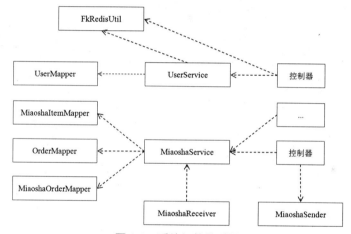

图 8.2 系统组件关系图

8.2 项目搭建

本系统基于 Spring Boot 开发,Spring Boot 负责完成各种框架整合的自动配置,开发者只需要在 pom.xml 文件中添加对应的依赖库即可。

本系统会用到如下框架和技术。

➢ Spring MVC:由 Spring Boot Web 负责提供。
➢ Thymeleaf:由 Spring Boot Thymeleaf 负责提供。
➢ MyBatis:由 MyBatis Spring Boot 负责提供。由于本例需要访问 MySQL 数据库,因此还必须添加 MySQL 驱动库。
➢ Redis:由 Spring Boot Data Redis 负责提供。在连接 Redis 时还需要依赖 Apache Commons Pool2 连接池。
➢ RabbitMQ:由 Spring Boot AMQP 负责提供。

此外,本系统还用到了 Common Lang 3 和 Commons Codec 两个工具库,其中 Common Lang 3

提供了 StringUtils、ArrayUtils、ClassUtils、RegExUtils 等大量工具类，使用这些工具类所提供的静态方法会比较方便；Commons Codec 则包含一些通用的编码/解码算法，比如本系统所要使用的 MD5 加密算法。

在 pom.xml 文件中，将依赖管理部分修改成如下形式。

程序清单：codes\08\miaosha\pom.xml

```xml
<dependencies>
    <!-- Spring Boot Web -->
    <dependency>
        <groupId>org.springframework.boot</groupId>
        <artifactId>spring-boot-starter-web</artifactId>
    </dependency>
    <!-- Spring Boot Thymeleaf -->
    <dependency>
        <groupId>org.springframework.boot</groupId>
        <artifactId>spring-boot-starter-thymeleaf</artifactId>
    </dependency>
    <!-- Spring Boot AMQP -->
    <dependency>
        <groupId>org.springframework.boot</groupId>
        <artifactId>spring-boot-starter-amqp</artifactId>
    </dependency>
    <!-- Spring Boot Data Redis -->
    <dependency>
        <groupId>org.springframework.boot</groupId>
        <artifactId>spring-boot-starter-data-redis</artifactId>
    </dependency>
    <!-- 添加 Apache Commons Pool2 依赖 -->
    <dependency>
        <groupId>org.apache.commons</groupId>
        <artifactId>commons-pool2</artifactId>
        <version>2.9.0</version>
    </dependency>
    <!-- MyBatis Spring Boot -->
    <dependency>
        <groupId>org.mybatis.spring.boot</groupId>
        <artifactId>mybatis-spring-boot-starter</artifactId>
        <version>2.1.4</version>
    </dependency>
    <!-- MySQL 驱动 -->
    <dependency>
        <groupId>mysql</groupId>
        <artifactId>mysql-connector-java</artifactId>
    </dependency>
    <!-- commons-lang3 -->
    <dependency>
        <groupId>org.apache.commons</groupId>
        <artifactId>commons-lang3</artifactId>
        <version>3.11</version>
    </dependency>
    <!-- common-codec -->
    <dependency>
        <groupId>commons-codec</groupId>
        <artifactId>commons-codec</artifactId>
        <version>1.15</version>
    </dependency>
    <dependency>
        <groupId>org.springframework.boot</groupId>
```

```
        <artifactId>spring-boot-devtools</artifactId>
        <optional>true</optional>
    </dependency>
    <dependency>
        <groupId>org.springframework.boot</groupId>
        <artifactId>spring-boot-starter-test</artifactId>
        <scope>test</scope>
    </dependency>
</dependencies>
```

只要在 pom.xml 文件中添加这些依赖，Spring Boot 就会为整合各种框架提供自动配置，这样本系统的项目搭建就完成了。

8.3 领域对象层

通过使用 MyBatis 对领域对象执行持久化操作，可以避免使用传统的 JDBC 方式来操作数据库；通过利用 MyBatis 提供的 SQL Mapping 支持，从而允许程序使用面向对象的方式来操作关系数据库，保证了整个软件开发过程以面向对象的方式进行，即面向对象分析、面向对象设计、面向对象编程。

8.3.1 设计领域对象

面向对象分析，是指根据系统需求提取应用中的对象，将这些对象抽象成类，再抽取出需要持久化保存的类，这些需要持久化保存的类就是领域对象。该系统并没有预先设计数据库，而是完全从面向对象分析开始设计了如下领域对象类。

本系统一共包含如下 5 个领域对象类。

➢ User：对应于秒杀系统的用户。
➢ Item：对应于秒杀系统中的商品，包含商品名称、商品描述等基本信息。
➢ MiaoshaItem：对应于参与秒杀的商品，除包含基本的商品信息之外，还包含秒杀商品的秒杀价、库存、秒杀开始时间和秒杀结束时间等。
➢ Order：对应于订单信息，用于保存订单用户、订单价格、下单时间等必要信息。
➢ MiaoshaOrder：对应于秒杀订单，只保存了用户 ID、订单 ID、商品 ID 等基本信息。

从数据库的角度来看，上面 5 个领域对象类所对应的数据表存在关联关系。下面是本系统中 user_inf 表的建表语句。

程序清单：codes\08\miaosha\src\db.sql

```sql
-- 秒杀用户表
drop table if exists user_inf;
create table user_inf
(
  user_id bigint primary key comment '手机号码作为用户ID',
  nickname varchar(255) not null,
  password varchar(32) comment '保存加盐加密后的密码：MD5(密码, salt)',
  salt varchar(10),
  head varchar(128) comment '头像地址',
  register_date datetime comment '注册时间',
  last_login_date datetime comment '上次登录时间',
  login_count int comment '登录次数'
) comment='秒杀用户表';
```

通过该建表语句所建立的数据表如图 8.3 所示。

user_id	nickname	password	salt	head	register_date	last_login_date	logi...
13500006666	fkit	7fb8f847c09ad032fbf3e3b9fcd2101f	0p9o8i	(NULL)	2021-03-13 00:00:00	2021-03-13 00:00:00	1
13500008888	fkjava	7fb8f847c09ad032fbf3e3b9fcd2101f	0p9o8i	(NULL)	2021-03-13 00:00:00	2021-03-13 00:00:00	1
13500009999	crazyit	7fb8f847c09ad032fbf3e3b9fcd2101f	0p9o8i	(NULL)	2021-03-13 00:00:00	2021-03-13 00:00:00	1
(NULL)	(NULL)	(NULL)	(NULL)	(NULL)	(NULL)	(NULL)	(NULL)

图 8.3 user_inf 表及其数据

从图 8.3 可以看到，user_inf 表使用用户手机号码作为唯一标识（主键），用户密码则以加盐加密（MD5 加密）的形式保存，每个用户的"盐"可以不同。即使对于相同的密码，加不同的盐后得到的密码字符串也是不同的。

 提示：

所谓加盐（salt），就是在原有密码的基础上再拼接出一个其他字符串，这个其他字符串就是所谓的"盐"，然后使用加密算法对拼接后的字符串进行加密，这样得到的加密字符串就是所谓的加盐加密的密码。

下面是本系统中 item_inf 表的建表语句。

程序清单：codes\08\miaosha\src\db.sql

```sql
-- 商品表
drop table if exists item_inf;
create table item_inf
(
  item_id bigint primary key auto_increment comment '商品ID',
  item_name varchar(255) comment '商品名称',
  title varchar(64) comment '商品标题',
  item_img varchar(64) comment '商品的图片',
  item_detail longtext comment '商品的详情介绍',
  item_price decimal(10,2) comment '商品单价',
  stock_num int comment '商品库存,-1 表示没有限制'
) comment='商品表';
```

通过该建表语句所建立的数据表如图 8.4 所示。

item_id	item_name	title	item_img	item_detail	item_price	stock_num
1	疯狂Java讲义	行销几十万册	books/java.png	1) 作...	640B	139.00	2000
2	轻量级Java	源码级剖析S	books/javaweb.png	《轻...	1K	139.00	2300
3	疯狂Android	Java语言实现	books/android.png	<ul><...	555B	138.00	2300
4	疯狂HTML 5/	HTML 5与Jav	books/html.png	知名I...	339B	99.00	2300
5	疯狂Python讲	零基础学Pyt	books/python.png	<ul><...	415B	118.00	2300
6	轻量级Java	S2SH经典图书	books/javaee.png	<h4>1...	527B	139.00	2300
(Auto)	(NULL)	(NULL)	(NULL)	(NULL)	0K	(NULL)	(NULL)

图 8.4 item_inf 表及其数据

下面是本系统中 miaosha_item 表的建表语句。

程序清单：codes\08\miaosha\src\db.sql

```sql
-- 秒杀商品表
drop table if exists miaosha_item;
create table miaosha_item
(
  miaosha_id bigint primary key auto_increment comment '秒杀的商品表',
  item_id bigint comment '商品ID',
  miaosha_price decimal(10,2) comment '秒杀价',
  stock_count int comment '库存数量',
  start_date datetime comment '秒杀开始时间',
  end_date datetime comment '秒杀结束时间',
  foreign key(item_id) references item_inf(item_id)
) comment='秒杀商品表';
```

从上面的建表语句可以看出，miaosha_item 表的 item_id 外键列引用了 item_inf 表的 item_id 列，因此 miaosha_item 表只保存了秒杀商品的秒杀价、秒杀库存、秒杀开始时间和秒杀结束时间等信息。

通过该建表语句所建立的数据表如图 8.5 所示。

miaosha_id	ite...	miaosha_price	stock_count	start_date	end_date
1	1	1.98	8	2021-03-12 00:00:00	2021-03-16 00:00:00
2	2	2.98	8	2021-03-12 00:00:00	2021-03-15 00:00:00
3	3	3.98	8	2021-03-12 00:00:00	2021-03-16 00:00:00
4	4	4.98	8	2021-03-12 00:00:00	2021-03-17 00:00:00
5	5	5.98	8	2021-03-12 00:00:00	2021-03-15 00:00:00
6	6	6.98	8	2021-03-12 00:00:00	2021-03-15 00:00:00
(Auto)	(NULL)	(NULL)	(NULL) (NULL)	(NULL)	

图 8.5　miaosha_item 表及其数据

下面是本系统中 order_inf 表的建表语句。

程序清单：codes\08\miaosha\src\db.sql

```sql
-- 订单表
drop table if exists order_inf;
create table order_inf
(
  order_id bigint primary key auto_increment,
  user_id bigint comment '用户ID',
  item_id bigint comment '商品ID',
  item_name varchar(255) comment '冗余的商品名称，用于避免多表连接',
  order_num int comment '购买的商品数量',
  order_price decimal(10,2) comment '购买价格',
  order_channel tinyint comment '渠道: 1、PC, 2、Android, 3、iOS',
  order_status tinyint comment '订单状态,0 新建未支付, 1 已支付,2 已发货, 3 已收货, 4 已退款,5 已完成',
  create_date datetime comment '订单的创建时间',
  pay_date datetime comment '支付时间',
  foreign key(user_id) references user_inf(user_id),
  foreign key(item_id) references item_inf(item_id)
) comment='订单表';
```

从上面的建表语句可以看出，order_inf 表用于保存基本的订单信息，包括用户 ID、商品 ID、购买数量、购买价格、下单时间、支付时间等信息。

普通时候，用户是可以对同一个商品重复下单的，但在系统进行秒杀活动时，不管是出于商业中饥饿营销的目的，还是出于公平性的考虑，通常都不允许用户对同一个商品进行重复秒杀，否则可能会导致在系统刚上线时同一个用户就将所有商品全部秒杀掉。因此，本系统还要定义一个 miaosha_order 表，用于限制用户不能对同一个商品进行重复秒杀。下面是本系统中 miaosha_order 表的建表语句。

程序清单：codes\08\miaosha\src\db.sql

```sql
-- 秒杀订单表
drop table if exists miaosha_order;
create table miaosha_order
(
  miaosha_order_id bigint primary key auto_increment,
  user_id bigint comment '用户ID',
  order_id bigint comment '订单ID',
  item_id bigint comment '商品ID',
  unique key(user_id, item_id),
  foreign key(user_id) references user_inf(user_id),
  foreign key(order_id) references order_inf(order_id),
  foreign key(item_id) references item_inf(item_id)
) comment='秒杀订单表';
```

从上面的建表语句可以看出,该 SQL 语句针对 miaosha_order 表的 user_id 和 item_id 两列的组合定义了唯一约束,这就限制了用户不能对同一个商品进行重复秒杀。

应用开始启动时,系统中没有订单信息,因此 order_inf 表和 miaosha_order 表中没有任何数据。

8.3.2 创建领域对象类

本系统使用 MyBatis 操作数据库,不过 MyBatis 并不是真正的 ORM 框架,它只是一个结果集映射框架,因此本系统所需要的领域对象只是一些简单的数据类。例如 User 类,下面是 User 类的代码。

程序清单:codes\08\miaosha\src\main\java\org\crazyit\app\domain\User.java

```java
public class User
{
    private Long id;
    private String nickname;
    private String password;
    private String salt;
    private String head;
    private Date registerDate;
    private Date lastLoginDate;
    private Integer loginCount;
    // 省略 setter 和 getter 方法
    ...
}
```

下面是 Item 类的代码。

程序清单:codes\08\miaosha\src\main\java\org\crazyit\app\domain\Item.java

```java
public class Item
{
    private Long id;
    private String itemName;
    private String title;
    private String itemImg;
    private String itemDetail;
    private Double itemPrice;
    private Integer stockNum;
    // 省略 setter 和 getter 方法
    ...
}
```

而 MiaoshaItem 则继承了 Item 类,并新增了一些实例变量,下面是 MiaoshaItem 类的代码。

程序清单:codes\08\miaosha\src\main\java\org\crazyit\app\domain\MiaoshaItem.java

```java
public class MiaoshaItem extends Item
{
    private Long id;
    private Long itemId;
    private double miaoshaPrice;
    private Integer stockCount;
    private Date startDate;
    private Date endDate;
    // 省略 setter 和 getter 方法
    ...
}
```

从上面 3 个领域对象类可以看到,本系统的领域对象类比较简单,其没有利用 MyBatis 的关联关系来处理,因此各领域对象之间也不需要处理关联关系,这样处理起来简单、粗暴。本系统剩下的 Order 类和 MiaoshaOrder 类也是类似的，只需要为各数据列定义实例变量，并提供对应的 setter 和 getter 方法即可。

8.4 实现 Mapper（DAO）层

MyBatis 的主要优势之一就是可以使用 Mapper 组件来充当 DAO 组件，开发者只需要简单地定义 Mapper 接口，并通过 XML 文件为 Mapper 接口中的方法提供对应的 SQL 语句，这样 Mapper 组件就开发完成了。

使用 Mapper 组件充当 DAO 组件，使用 Mapper 组件再次封装数据库操作，这也是 Java EE 应用中常用的 DAO 模式。当使用 DAO 模式时，既体现了业务逻辑组件封装 Mapper 组件的门面模式，也可分离业务逻辑组件和 Mapper 组件的功能：业务逻辑组件负责业务逻辑的变化，而 Mapper 组件负责持久化技术的变化。这正是桥接模式的应用。

当引入 DAO 模式后，每个 Mapper 组件都包含了数据库的访问逻辑；每个 Mapper 组件都可对一个数据库表完成基本的 CRUD 等操作。

DAO 模式是一种更符合软件工程的开发方式，使用 DAO 模式有如下理由。

- ➢ DAO 模式抽象出数据访问方式，业务逻辑组件无须理会底层的数据库访问细节，其只专注于业务逻辑的实现。业务逻辑组件只负责业务功能的改变。
- ➢ DAO 将数据访问集中在独立的一层，所有的数据访问都由 DAO 组件完成，这层独立的 DAO 分离了数据访问的实现与其他业务逻辑，使得系统更具可维护性。
- ➢ DAO 还有助于提高系统的可移植性。独立的 DAO 层使得系统能在不同的数据库之间轻易切换，底层的数据库实现对于业务逻辑组件是透明的。数据库移植时仅仅影响 DAO 层，不同数据库之间的切换不会影响业务逻辑组件，因此提高了系统的可复用性。

▶▶ 8.4.1 实现 Mapper 组件

Mapper 组件提供了对各持久化对象的基本的 CRUD 操作，而 Mapper 接口则负责声明该组件所应该包含的各种 CRUD 方法。

由于 MyBatis Mapper 组件中的方法并不会由框架自动提供，而是必须由开发者自行定义，并为之提供对应的 SQL 语句，因此 Mapper 组件中的方法可能会随着业务逻辑的需求而增加。下面是本系统中各具体 Mapper 接口的源代码。

UserMapper 的接口定义如下。

程序清单：codes\08\miaosha\src\main\java\org\crazyit\app\dao\UserMapper.java

```java
@Mapper
public interface UserMapper
{
    // 根据 user_id 查询 user_inf 表中的记录
    @Select("select user_id as id, nickname, password, salt, head, " +
            "register_date as registerDate, last_login_date as lastLoginDate, " +
            "login_count as loginCount from user_inf where user_id = #{id}")
    User findById(long id);

    // 更新 user_inf 表中的记录
    @Update("update user_inf set last_login_date = #{lastLoginDate}" +
            ", login_count=#{loginCount} where user_id = #{id}")
    void update(User user);
}
```

从上面的源代码可以看出，UserMapper 只根据需要提供了两个业务方法：一个方法是根据 user_id 查询 user_inf 表中的记录；一个方法是更新 user_inf 表中的记录。

MiaoshaItemMapper 的接口定义如下。

程序清单：codes\08\miaosha\src\main\java\org\crazyit\app\dao\MiaoshaItemMapper.java

```java
@Mapper
public interface MiaoshaItemMapper
{
    // 查询所有秒杀商品
    @Select("select it.*,mi.stock_count, mi.start_date, mi.end_date, " +
        "mi.miaosha_price from miaosha_item mi left join item_inf " +
        "it on mi.item_id = it.item_id")
    @Results(id = "itemMapper", value = {
        @Result(property = "itemId", column = "item_id"),
        @Result(property = "itemName", column = "item_name"),
        @Result(property = "title", column = "title"),
        @Result(property = "itemImg", column = "item_img"),
        @Result(property = "itemDetail", column = "item_detail"),
        @Result(property = "itemPrice", column = "item_price"),
        @Result(property = "stockNum", column = "stock_num"),
        @Result(property = "miaoshaPrice", column = "miaosha_price"),
        @Result(property = "stockCount", column = "stock_count"),
        @Result(property = "startDate", column = "start_date"),
        @Result(property = "endDate", column = "end_date")
    })
    List<MiaoshaItem> findAll();

    // 根据商品 ID 查询秒杀商品
    @Select("select it.*,mi.stock_count, mi.start_date, mi.end_date, " +
        "mi.miaosha_price from miaosha_item mi left join item_inf it " +
        "on mi.item_id = it.item_id where it.item_id = #{itemId}")
    @ResultMap("itemMapper")
    MiaoshaItem findById(@Param("itemId") long itemId);

    // 更新 miaosha_item 表中的记录
    @Update("update miaosha_item set stock_count = stock_count - 1" +
        " where item_id = #{itemId}")
    int reduceStock(MiaoshaItem miaoshaItem);
}
```

从上面的源代码可以看出，MiaoshaItemMapper 除提供一个更新库存的方法之外，还提供了两个查询方法：一个方法是查询所有秒杀商品；一个方法是根据商品 ID 查询指定的秒杀商品。

OrderMapper 的接口定义如下。

程序清单：codes\08\miaosha\src\main\java\org\crazyit\app\dao\OrderMapper.java

```java
@Mapper
public interface OrderMapper
{
    // 向 order_inf 表中入新的记录
    @Insert("insert into order_inf(user_id, item_id, item_name, order_num, " +
        "order_price, order_channel, order_status, create_date) values" +
        "(#{userId}, #{itemId}, #{itemName}, #{orderNum}, #{orderPrice}, " +
        "#{orderChannel}, #{status}, #{createDate})")
    // 指定向 order_inf 表中插入记录时所获取的自增长主键值
    @Options(useGeneratedKeys = true, keyProperty = "id")
    long save(Order order);

    // 根据订单 ID 和下单用户的 ID 来获取订单
```

```
    @Select("select order_id as id, user_id as userId, item_id as itemId, " +
        "item_name as itemName, order_num as orderNum, order_price as " +
        "orderPrice, order_channel as orderChannel, order_status as " +
        "status, create_date as createDate, pay_date as payDate from " +
        "order_inf where order_id = #{param1} and user_id = #{param2}")
    Order findByIdAndOwnerId(long orderId, long userId);
}
```

MiaoshaOrderMapper 的接口定义如下。

程序清单：codes\08\miaosha\src\main\java\org\crazyit\app\dao\MiaoshaOrderMapper.java

```
@Mapper
public interface MiaoshaOrderMapper
{
    // 根据用户 ID 和商品 ID 获取秒杀订单
    @Select("select miaosha_order_id as id, user_id as userId, order_id as " +
        "orderId, item_id as itemId from miaosha_order " +
        "where user_id=#{userId} and item_id=#{itemId}")
    MiaoshaOrder findByUserIdItemId(@Param("userId") long userId,
        @Param("itemId") long itemId);

    // 插入秒杀订单
    @Insert("insert into miaosha_order(user_id, item_id, order_id) values " +
        "(#{userId}, #{itemId}, #{orderId})")
    int save(MiaoshaOrder miaoshaOrder);
}
```

上面 MiaoshaOrderMapper 组件提供了一个方法用于向 miaosha_order 表中插入记录，还提供了一个方法用于根据用户 ID 和商品 ID 来查询秒杀订单。由于前面在创建 miaosha_order 表时为 user_id 和 item_id 两列组合指定了唯一约束，因此上面 findByUserIdItemId()方法可根据用户 ID 和商品 ID 来查询唯一的秒杀订单。

正如在上面的 Mapper 接口中所看到的，每个 Mapper 接口都是根据业务需要来定义数据库操作方法的，这些方法是实现业务逻辑方法的基础。

Mapper 接口只需要定义 Mapper 组件应该实现的方法，并在 Mapper 接口中的方法上通过注解配置对应的 SQL 语句即可，这些 SQL 语句就是实现 Mapper 组件中方法的关键代码。

▶▶ 8.4.2 部署 Mapper 组件

由于本系统是基于 Spring Boot 开发的，本系统已经添加了 MyBatis Spring Boot 依赖库，这意味着 Spring Boot 会为整合 MyBatis 提供自动配置，因此开发者只需要在 application.properties 文件中指定连接数据库的必要信息，Spring Boot 就会自动在容器中配置数据源、SqlSessionFactory 等基础组件。有了这些基础组件之后，Spring Boot 会自动扫描到 Mapper 接口上的@Mapper 注解（上面所有 Mapper 接口上都添加了该注解），并将它们部署成容器中的 Bean。

因此部署上面这些 Mapper 组件非常简单，只要在 application.properties 文件中添加如下代码即可。

程序清单：codes\08\miaosha\src\main\resources\application.properties

```
# ----------与数据库有关的配置----------
# 数据库驱动
spring.datasource.driver-class-name=com.mysql.cj.jdbc.Driver
# 数据库 URL 地址
spring.datasource.url=jdbc:mysql://localhost:3306/miaosha_app?serverTimezone=UTC
# 连接数据库的用户名
spring.datasource.username=root
```

```
# 连接数据库的密码
spring.datasource.password=32147
```

此处的简便性再次证明了 Spring Boot 的强大魅力：早期所需要的大量配置都已经消失了，Spring Boot 的自动配置为项目搭建、部署提供了巨大的便利性，因此开发人员可以更好地聚焦于业务功能的实现。

8.5 分布式 Session 及用户登录的实现

正如前面所提到的，这种高并发的秒杀系统通常都是分布式应用，因此需要使用分布式 Session。所以本系统的用户登录及权限管理采用了分布式 Session，这种分布式 Session 是基于 Redis 来实现的。

8.5.1 实现 Redis 组件

本系统的分布式 Session，以及后面的缓存机制，都是基于 Redis 来实现的，因此前面在搭建项目时添加了 Spring Boot Data Redis 依赖，这样 Spring Boot 就能为整合 Redis 提供自动配置。

为了在项目中使用 Redis，首先要做的事情就是按照前面介绍的方式来启动 Redis 服务器。

为了让 Spring Boot 能为整合 Redis 提供自动配置，需要在 application.properties 文件中添加如下配置。

程序清单：codes\08\miaosha\src\main\resources\application.properties

```
# ----------与 Redis 有关的配置----------
spring.redis.host=localhost
spring.redis.port=6379
# 指定连接 Redis 的 DB0 数据库
spring.redis.database=0
# 连接密码
spring.redis.password=32147
# 指定连接池中最大的活动连接数为 20
spring.redis.lettuce.pool.maxActive = 20
# 指定连接池中最大的空闲连接数为 20
spring.redis.lettuce.pool.maxIdle=20
# 指定连接池中最小的空闲连接数为 2
spring.redis.lettuce.pool.minIdle = 2
```

经过上面配置，Spring Boot 就会在容器中为 Redis 自动配置 RedisConnectionFactory、StringRedisTemplate，接下来只要将 StringRedisTemplate 组件依赖注入其他组件即可。

本系统开发了一个工具类对 RedisTemplate 进行封装，使用封装后的工具类可以更方便地操作本系统中的 key-value 对，包括添加 key-value 对、根据 key 获取对应的 value、根据 key 删除指定的 key-value 对、判断指定的 key 是否存在等。

程序清单：codes\08\miaosha\src\main\java\org\crazyit\app\redis\FkRedisUtil.java

```java
@Component
public class FkRedisUtil
{
    private final RedisTemplate<String, String> redisTemplate;
    private static final ObjectMapper objectMapper = new ObjectMapper();
    public FkRedisUtil(RedisTemplate<String, String> redisTemplate)
    {
        this.redisTemplate = redisTemplate;
    }
    // 根据 key 获取对应的 value
```

```java
public <T> T get(KeyPrefix prefix, String key, Class<T> clazz)
{
    // 实际的key由prefix和key组成
    String realKey = prefix.getPrefix() + key;   // ①
    // 根据key获取对应的value
    String str = redisTemplate.opsForValue().get(realKey);
    try
    {
        // 将读取到的字符串恢复成T对象
        return stringToBean(str, clazz);
    }
    catch (JsonProcessingException e)
    {
        e.printStackTrace();
    }
    return null;
}

// 添加key-value对
public <T> Boolean set(KeyPrefix prefix, String key, T value)
{
    String str = null;
    try
    {
        // 将T对象序列化为字符串
        str = beanToString(value);
    }
    catch (JsonProcessingException e)
    {
        e.printStackTrace();
    }
    if (str == null || str.length() <= 0)
    {
        return false;
    }
    // 实际的key由prefix和key组成，且prefix决定了key的过期时间
    String realKey = prefix.getPrefix() + key;
    // 获取过期时间
    int seconds = prefix.expireSeconds();
    // expireSeconds为过期时间, seconds <= 0代表永不过期
    if (seconds <= 0)
    {
        // 此处向Redis中添加普通key, value就是字符串
        // 不设置过期时间，就是永不过期
        redisTemplate.opsForValue().set(realKey, str);
    }
    else
    {
        // 最后一个参数设置过期时间，此处的过期时间以秒为单位
        redisTemplate.opsForValue().set(realKey, str,
            Duration.ofSeconds(seconds));
    }
    return true;
}

// 判断指定key是否存在
public Boolean exists(KeyPrefix prefix, String key)
{
    String realPrefix = prefix.getPrefix() + key;
    return redisTemplate.hasKey(realPrefix);
}
```

```java
    // 根据key删除数据
    public Boolean delete(KeyPrefix prefix, String key)
    {
        String realPrefix = prefix.getPrefix() + key;
        // 删除指定key及对应数据
        return redisTemplate.delete(realPrefix);
    }

    // 对指定key的值加1
    public Long incr(KeyPrefix prefix, String key)
    {
        String realPrefix = prefix.getPrefix() + key;
        return redisTemplate.opsForValue().increment(realPrefix);
    }

    // 对指定key的值减1
    public Long decr(KeyPrefix prefix, String key)
    {
        String realPrefix = prefix.getPrefix() + key;
        return redisTemplate.opsForValue().decrement(realPrefix);
    }

    // 将对象转换成JSON字符串
    public static <T> String beanToString(T value)
            throws JsonProcessingException
    {
        if (value == null)
        {
            return null;
        }
        Class<?> clazz = value.getClass();
        // 如果要转换的对象类型是整型，则通过添加空字符串将其转换成字符串
        if (clazz == Integer.class || clazz == int.class)
        {
            return "" + value;
        }
        else if (Long.class == clazz || clazz == long.class)
        {
            return "" + value;
        }
        else if (clazz == String.class)
        {
            return (String) value;
        }
        else
        {
            // 使用Jackson将对象转换成JSON字符串
            return objectMapper.writeValueAsString(value);
        }
    }

    // 将JSON字符串转换成对象
    public static <T> T stringToBean(String str, Class<T> clazz)
            throws JsonProcessingException
    {
        if (str == null || str.length() <= 0 || clazz == null)
        {
            return null;
        }
        // 如果要恢复的目标对象类型是整型，则调用对应的valueOf()方法进行转换
        if (clazz == int.class || clazz == Integer.class)
```

```java
            {
                return (T) Integer.valueOf(str);
            }
            else if (clazz == long.class || clazz == Long.class)
            {
                return (T) Long.valueOf(str);
            }
            else if (clazz == String.class)
            {
                return (T) str;
            }
            else
            {
                // 使用 Jackson 将 JSON 字符串转换成对象
                return objectMapper.readValue(str, clazz);
            }
        }
    }
}
```

上面程序中第 1 行粗体字代码定义了一个 RedisTemplate 类型的实例变量，它将会由 Spring Boot 来自动完成依赖注入，而该 FkRedisUtil 组件即可通过 RedisTemplate 来操作 Redis 数据库。

第 2 行粗体字代码代表了根据 key 来获取 value 的方法，当使用该方法根据 key 来获取 value 时，实际所使用的 key 由 KeyPrefix 参数和 key 参数共同组成，如程序中①号代码所示——实际的 key 等于 "KeyPrefix 参数的 prefix + key 参数"。

KeyPrefix 是一个自定义的接口，该接口定义了 prefix 及过期时间。该接口的代码如下。

程序清单：codes\08\miaosha\src\main\java\org\crazyit\app\redis\KeyPrefix.java

```java
public interface KeyPrefix
{
    int expireSeconds();
    String getPrefix();
}
```

这样一来，当程序后面需要向 Redis 中添加 key-value 对时，只要传入不同的 KeyPrefix 参数，即可同时实现两个目的：

➢ 控制所添加 key 的前缀部分，从而避免不同地方所添加的 key 引起重复。
➢ 控制该 key-value 对的过期时间，prefix 参数的 expireSeconds() 方法会返回过期时间。

为了便于后面为 KeyPrefix 提供实现类，此处先为 KeyPrefix 提供一个抽象实现类，该抽象实现类将会作为其他 KeyPrefix 类的基类。

程序清单：codes\08\miaosha\src\main\java\org\crazyit\app\redis\AbstractPrefix.java

```java
public abstract class AbstractPrefix implements KeyPrefix
{
    private final int expireSeconds;
    private final String prefix;
    public AbstractPrefix(String prefix)
    {
        // 小于 0 代表永不过期
        this(-1, prefix);
    }
    public AbstractPrefix(int expireSeconds, String prefix)
    {
        // 设置过期时间
        this.expireSeconds = expireSeconds;
        this.prefix = prefix;
    }
```

```java
    @Override
    public int expireSeconds()
    {
        return expireSeconds;
    }
    // 该方法的返回值是"类名:prefix"的形式
    @Override
    public String getPrefix()
    {
        String className = getClass().getSimpleName();
        return className + ":" + prefix;
    }
}
```

上面粗体字代码实现了 getPrefix()方法，该方法的返回值是"类名:prefix"的形式，这意味着实际得到的 key 前缀总是由类名和 prefix 组成。

▶▶ 8.5.2 分布式 Session 的实现

分布式 Session 的实现思路是先将 Session ID 发送到浏览器，让浏览器以 Cookie 的形式来保存 Session ID；然后服务器端用 Redis 来保存 Session 信息，在 Redis 中保存 Session 信息时，以客户端保存的 Session ID 为 key。当用户访问系统时，系统首先会通过读取 Cookie 来获取 Session ID，然后通过该 Session ID 即可读取到分布式 Session 的信息。

该实现的大致流程如下：

① 每次用户访问系统时，系统都会尝试通过 Cookie 来读取 Session ID；如果读不到有效的 Session ID，系统会生成一个随机的 UUID 作为 Session ID，并将该 Session ID 以 Cookie 的形式写入浏览器，交给浏览器保存。

② 当系统需要添加 Session 信息时，程序以 key-value 对的形式将 Session 信息存入 Redis 中，其中 key 由对应的 KeyPrefix 和第 1 步生成的 UUID（Session ID）组成，value 就是要保存的 Session 信息。

③ 当系统需要读取 Session 信息时，程序总是先从 Cookie 中读取 Session ID，然后根据该 Session ID 从 Redis 中取出对应的 value。

为了实现上面的流程，首先定义一个可用于操作 Cookie 的工具类，下面是该工具类的代码。

程序清单：codes\08\miaosha\src\main\java\org\crazyit\app\controller\CookieUtil.java

```java
public class CookieUtil
{
    // 工具方法，该方法将 Session ID 以 Cookie 的形式写入浏览器
    public static void addSessionId(HttpServletResponse response, String token)
    {
        // 使用 Cookie 保存分布式 Session ID
        Cookie cookie = new Cookie(UserKey.COOKIE_NAME_TOKEN, token);
        cookie.setMaxAge(UserKey.token.expireSeconds());
        cookie.setPath("/");
        response.addCookie(cookie);
    }
    // 工具方法，用于读取指定 Cookie 的值
    public static String getCookieValue(HttpServletRequest request,
            String cookieName)
    {
        // 获取所有 Cookie
        Cookie[] cookies = request.getCookies();
        if (cookies == null || cookies.length <= 0)
        {
```

```java
            return null;
        }
        // 遍历所有Cookie
        for (Cookie cookie : cookies)
        {
            // 找到并返回目标Cookie的值
            if (cookie.getName().equals(cookieName))
            {
                return cookie.getValue();
            }
        }
        return null;
    }
    // 工具方法，通过Cookie读取分布式Session ID，如果不存在则创建它
    public static String getSessionId(HttpServletRequest request,
        HttpServletResponse response)
    {
        // 通过Cookie获取分布式Session ID
        String token = CookieUtil.getCookieValue(request,
            UserKey.COOKIE_NAME_TOKEN);
        // 如果Session ID为null，则表明第一次访问该系统或Cookie已过期
        if (token == null)
        {
            // 生成随机字符串，该字符串将作为分布式Session ID
            token = UUIDUtil.uuid();
            // 将分布式Session ID以Cookie的形式写入浏览器
            addSessionId(response, token);
        }
        return token;
    }
}
```

上面工具类定义了如下3个方法。

➢ addSessionId()：该方法将Session ID以Cookie的形式写入浏览器，由浏览器负责保存Session ID。

➢ getCookieValue()：该方法用于读取指定Cookie的值。

➢ getSessionId()：该方法对getCookieValue()做了进一步封装，用于根据指定Cookie读取Session ID的值，如果该Cookie不存在则创建它。

不难发现，getSessionId()工具方法就是分布式Session实现机制的第1步：通过Cookie来读取Session ID；如果读不到有效的Session ID，系统会生成一个随机的UUID作为Session ID，并将该Session ID以Cookie的形式写入浏览器，交给浏览器保存。

接下来在UserController中定义如下两个方法来添加分布式Session和读取分布式Session。

程序清单：codes\08\miaosha\src\main\java\org\crazyit\app\controller\UserController.java

```java
// 该方法使用Redis缓存实现分布式Session
// 该方法将Session信息保存在Redis缓存中，将Session ID以Cookie的形式写入浏览器
private void addSession(HttpServletResponse response, String token, User user)
{
    // 使用Redis缓存保存分布式Session信息
    fkRedisUtil.set(UserKey.token, token, user);
    // 使用Cookie保存分布式Session ID
    CookieUtil.addSessionId(response, token);
}
// 该方法用于根据分布式Session ID读取对应的User
public User getByToken(HttpServletResponse response, String token)
{
```

```
        if (StringUtils.isEmpty(token))
        {
            return null;
        }
        // 根据分布式 Session ID 读取对应的 User
        User user = fkRedisUtil.get(UserKey.token, token, User.class);
        // 延长有效期，保证有效期总是最后一次访问时间加上 Session 过期时间
        if (user != null)
        {
            // 重新在缓存中设置 token，并生成新的 Cookie
            // 这样就达到了延长有效期的目的
            addSession(response, token, user);
        }
        return user;
    }
```

上面 addSession() 方法用于将 User 对象添加到分布式 Session 中，而 getByToken() 方法则用于通过分布式 Session ID 读取 User 对象。

上面两行粗体字代码使用 FkRedisUtil 读/写 key-value 对时，用到了 UserKey 类，该类实现了前面的 KeyPrefix 接口，因此它既指定了所添加 key 的前缀，也指定了所添加 key 的有效时间。

下面是 UserKey 类的源代码。

程序清单：codes\08\miaosha\src\main\java\org\crazyit\app\redis\UserKey.java

```java
public class UserKey extends AbstractPrefix
{
    public static final String COOKIE_NAME_TOKEN = "token";
    public static final int TOKEN_EXPIRE = 1800;
    public UserKey(int expireSeconds, String prefix)
    {
        super(expireSeconds, prefix);
    }
    // 定义用于保存分布式 Session ID 的 key
    public static UserKey token = new UserKey(TOKEN_EXPIRE, "token");
}
```

从上面代码可以看出，User.token 代表的 key 的过期时间为 1800 秒（也就是半个小时），User.token 代表的 key 前缀为 "UserKey:token"，其中 token 就是创建 UserKey 对象时传入的第 2 个参数。

接下来定义一个拦截器来添加分布式 Session ID，该拦截器的代码如下。

程序清单：codes\08\miaosha\src\main\java\org\crazyit\app\access\AccessInterceptor.java

```java
@Component
public class AccessInterceptor implements HandlerInterceptor
{
    private final UserController userController;
    private final FkRedisUtil fkRedisUtil;
    public AccessInterceptor(UserController userController,
        FkRedisUtil fkRedisUtil)
    {
        this.userController = userController;
        this.fkRedisUtil = fkRedisUtil;
    }
    public boolean preHandle(HttpServletRequest request,
        HttpServletResponse response, Object handler) throws Exception
    {
        // 获取或创建分布式 Session ID
```

```
        CookieUtil.getSessionId(request, response);
    }
}
```

上面 AccessInterceptor 实现了 HandlerInterceptor 接口，因此该实现类中的 preHandle() 方法会拦截所有控制器的处理方法（只要将它配置成拦截器即可），而 preHandle() 方法中的粗体字代码则调用了 CookieUtil 的 getSessionId() 方法来获取或创建分布式 Session ID，这意味着只要用户访问该系统中任意控制器的方法，该拦截器就会向访问者的浏览器写入 Cookie，通过该 Cookie 来保存分布式 Session ID。

有了上面的实现之后，接下来开始实现用户登录功能。

▶▶ 8.5.3 用户登录的实现

本系统的登录功能所使用的页面模板是 login.html 页面，当用户提交登录请求后，其输入的用户名、密码被提交到 /user/proLogin，如果登录成功，系统将会跳转到 /item/list，否则依然停留在 login.html 页面，并使用 Layer 库显示提示信息。用户登录流程图如图 8.6 所示。

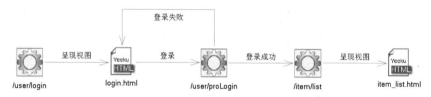

图 8.6 用户登录流程图

从图 8.6 可以看出，用户需要向 "/user/login" 发送请求进入登录页面，并调用 /user/proLogin 方法来处理用户登录。此外，本系统还需要在用户登录时生成图形验证码，因此需要在 UserController 中定义它们。下面是 UserController 类的代码。

程序清单：codes\08\miaosha\src\main\java\org\crazyit\app\controller\UserController.java

```java
@Controller
@RequestMapping("/user")
public class UserController
{
    private final UserService userService;
    private final FkRedisUtil fkRedisUtil;
    public UserController(UserService userService, FkRedisUtil fkRedisUtil)
    {
        this.userService = userService;
        this.fkRedisUtil = fkRedisUtil;
    }
    @GetMapping("/login")
    public String toLogin()
    {
        return "login";
    }
    @GetMapping(value = "/verifyCode", method = RequestMethod.GET)
    @ResponseBody
    public void getLoginVerifyCode(HttpServletRequest request,
        HttpServletResponse response) throws IOException
    {
        // 从 Cookie 中读取分布式 Session ID
        String token = CookieUtil.getSessionId(request, response);
        // 创建验证码图片
        BufferedImage image = userService.createVerifyCode(token);
        OutputStream out = response.getOutputStream();
```

```java
        // 输出验证码
        ImageIO.write(image, "JPEG", out);
        out.flush();
        out.close();
    }
    @PostMapping("/proLogin")
    @ResponseBody
    public Result<Boolean> proLogin(HttpServletRequest request,
            HttpServletResponse response, LoginVo loginVo)
    {
        // 通过 Cookie 获取分布式 Session ID
        String token = CookieUtil.getCookieValue(request,
            UserKey.COOKIE_NAME_TOKEN);
        // 如果代表分布式 Session ID 的 Cookie 存在
        if (token != null)
        {
            // 如果输入的验证码不匹配
            if (!userService.checkVerifyCode(token,
                loginVo.getVercode()))
            {
                return Result.error(CodeMsg.REQUEST_ILLEGAL);
            }
            // 从分布式 Session 中读取用户信息
            User user = getByToken(response, token);
            // 判断从 Session 中读取的信息与登录信息是否匹配
            if (user != null && user.getId().toString().equals(
                loginVo.getMobile()) && MD5Util.passToDbPass(
                loginVo.getPassword(),
                user.getSalt()).equals(user.getPassword()))
            {
                return Result.success(true);   // ①
            }
        }
        try
        {
            // 处理登录,返回符合条件的用户
            User user = userService.login(loginVo);   // ②
            // 使用分布式 Session 保存登录用户的信息
            addSession(response, token, user);
            return Result.success(true);
        }
        catch (MiaoshaException e)
        {
            return Result.error(e.getCodeMsg());
        }
    }
    ...
}
```

上面 3 行粗体字代码分别映射了如下 3 个 URL 地址。

> /user/login:用于进入登录页面。
> /user/verifyCode:用于生成图形验证码。
> /user/proLogin:用于处理用户登录。

/user/proLogin 对应的 proLogin()方法先从客户端 Cookie 中读取 Session ID,然后根据该 Session ID 从 Redis 中读取 User 信息(Session 信息);如果从 Redis 中读取到的 User 信息与登录的 User 信息相同,则表明用户在重复登录,因此直接返回登录成功,如上面①号代码所示。

只有当用户之前不曾登录时,proLogin()方法才会调用 UserService 的 login()方法来处理用户登录。

/user/verifyCode 对应的 getLoginVerifyCode()方法同样也是先从客户端 Cookie 中读取 Session ID，然后调用 UserService 的 createVerifyCode()方法来生成图形验证码，并将图形验证码输出到客户端。

下面是 UserService 类的代码。

程序清单：codes\08\miaosha\src\main\java\org\crazyit\app\service\UserService.java

```java
@Service
public class UserService
{
    private final UserMapper userMapper;
    private final FkRedisUtil fkRedisUtil;
    public UserService(UserMapper userMapper, FkRedisUtil fkRedisUtil)
    {
        this.userMapper = userMapper;
        this.fkRedisUtil = fkRedisUtil;
    }
    // 创建图形验证码
    public BufferedImage createVerifyCode(String token)
    {
        if (token == null)
        {
            return null;
        }
        Random rdm = new Random();
        // 调用 VercodeUtil 的 generateVerifyCode()方法生成图形验证码
        String verifyCode = VercodeUtil.generateVerifyCode(rdm);
        // 计算图形验证码的值
        int rnd = VercodeUtil.calc(verifyCode);
        // 将验证码的值保存到 Redis 中
        fkRedisUtil.set(UserKey.verifyCode, token, rnd);
        // 返回生成的图片
        return VercodeUtil.createVerifyImage(verifyCode, rdm);
    }
    // 检查图形验证码是否正确
    public boolean checkVerifyCode(String token, int verifyCode)
    {
        if (token == null)
        {
            return false;
        }
        // 从 Redis 中读取服务器端保存的图形验证码
        Integer codeOld = fkRedisUtil.get(UserKey.verifyCode,
            token, Integer.class);
        // 如果 codeOld 为空或 codeOld 与 verifyCode 不同，则返回 false
        if (codeOld == null || codeOld - verifyCode != 0)
        {
            return false;
        }
        // 清除服务器端保存的图形验证码
        fkRedisUtil.delete(UserKey.verifyCode, token);
        return true;
    }
    // 处理用户登录的方法
    @Transactional
    public User login(LoginVo loginVo)
    {
        if (loginVo == null)
        {
            throw new MiaoshaException(CodeMsg.SERVER_ERROR);
```

```java
        }
        String mobile = loginVo.getMobile();
        // 根据手机号码获取对应的用户
        User user = getById(Long.parseLong(mobile));   // ①
        // 如果 user 为 null, 则说明该用户不存在
        if (user == null)
        {
            throw new MiaoshaException(CodeMsg.MOBILE_NOT_EXIST);
        }
        // 获取数据库中保存的密码
        String dbPass = user.getPassword();
        // 计算加盐加密后的密码
        String calcPass = MD5Util.passToDbPass(loginVo.getPassword(),
            user.getSalt());
        // 如果加盐加密后的密码与数据库中保存的密码不相等, 则登录失败
        if (!calcPass.equals(dbPass))
        {
            throw new MiaoshaException(CodeMsg.PASSWORD_ERROR);
        }
        // 增加登录次数
        user.setLoginCount(user.getLoginCount() + 1);
        // 更新最后的登录时间
        user.setLastLoginDate(new Date());
        // 更新用户信息
        userMapper.update(user);
        return user;
    }
    // 从 Redis 缓存或数据库中读取用户
    private User getById(long id)
    {
        // 先从 Redis 缓存中根据 ID 读取用户
        User user = fkRedisUtil.get(UserKey.getById,
            "" + id, User.class);
        if (user != null)
        {
            return user;
        }
        // 如果从 Redis 缓存中没有读取到用户, 则从数据库中根据 ID 读取用户
        user = userMapper.findById(id);
        if (user != null)
        {
            // 将读取到的用户存入 Redis 缓存中
            fkRedisUtil.set(UserKey.getById, "" + id, user);
        }
        return user;
    }
}
```

从上面 login()方法中的①号代码可以看到,该方法调用 getById()方法根据手机号码来获取用户,在获取用户之后,先对用户输入的密码进行加盐加密,然后用加盐加密后的密码与数据库中的密码进行比较,如果两个密码相同即可认为登录成功。

从前面 user_inf 表的建表语句即可知道,user_inf 表使用加盐加密的方式保存用户密码,这是为了防止系统后台管理人员能直接查看用户密码,从而造成信息泄露。

此外,使用加盐加密的方式可以让密码更加可靠,因为用户输入的密码往往具有一定的规律,甚至有些用户会选择简单的 123456 作为密码,这就给恶意用户暴力破解密码增加了机会;而所谓加盐,就是在原有用户密码的基础上,再拼接出一个随机的字符串作为"盐",最后对用户密码与盐拼接后的字符串进行加密,这样实际上就相当于对用户密码进行了加固。

本系统所使用的 MD5Util 工具类的代码如下。

程序清单：codes\08\miaosha\src\main\java\org\crazyit\app\util\MD5Util.java

```
public class MD5Util
{
    public static String md5(String src)
    {
        return DigestUtils.md5Hex(src);
    }
    public static String passToDbPass(String formPass, String randSalt)
    {
        String str = "" + randSalt.charAt(0) + randSalt.charAt(2)
                + formPass + randSalt.charAt(5) + randSalt.charAt(4);
        return md5(str);
    }
    public static void main(String[] args)
    {
        // 加盐加密后的密码
        System.out.println(passToDbPass("123456", "0p9o8i"));
    }
}
```

上面程序中的 passToDbPass()方法就用于对指定密码执行加盐加密。

getById()方法的逻辑比较简单，该方法先尝试从 Redis 缓存中根据 ID（手机号码）读取用户；如果 Redis 缓存中没有对应的用户，则尝试从底层数据库中读取用户；如果从底层数据库中读取到了对应的用户，则将该用户存入 Redis 缓存中。

▶▶ 8.5.4 图形验证码

前面 UserService 调用 VercodeUtil 的 generateVerifyCode()方法生成随机的图形验证码，还调用 calc()方法来计算验证码的值，并调用 createVerifyImage()方法生成验证码图片。

VercodeUtil 是用于生成验证码的工具类，本系统使用的验证码不是普通的图形验证码，而是表达式验证码，它会在验证码图片上生成一个表达式，用户必须填写该表达式的值才能通过验证。下面是 VercodeUtil 类的代码。

程序清单：codes\08\miaosha\src\main\java\org\crazyit\app\util\VercodeUtil.java

```
public class VercodeUtil
{
    private static final char[] ops = new char[]{'+', '-', '*'};
    // 生成图形验证码的表达式
    public static String generateVerifyCode(Random rdm)
    {
        // 生成4个随机的整数
        int num1 = rdm.nextInt(10) + 1;
        int num2 = rdm.nextInt(10) + 1;
        int num3 = rdm.nextInt(10) + 1;
        int num4 = rdm.nextInt(10) + 1;
        var opsLen = ops.length;
        // 生成3个随机的运算符
        char op1 = ops[rdm.nextInt(opsLen)];
        char op2 = ops[rdm.nextInt(opsLen)];
        char op3 = ops[rdm.nextInt(opsLen)];
        // 将整数和运算符拼接成表达式
        return "" + num1 + op1 + num2 + op2 + num3 + op3 + num4;
    }
    // 根据图形验证码表达式来生成验证码图片
    public static BufferedImage createVerifyImage(String verifyCode, Random rdm)
    {
```

```java
        var width = 120;
        var height = 32;
        // 创建图形
        var image = new BufferedImage(width, height,
            BufferedImage.TYPE_INT_RGB);
        Graphics g = image.getGraphics();
        // 设置背景色
        g.setColor(new Color(0xDCDCDC));
        g.fillRect(0, 0, width, height);
        // 绘制边框
        g.setColor(Color.black);
        g.drawRect(0, 0, width - 1, height - 1);
        // 生成一些干扰椭圆
        for (int i = 0; i < 50; i++)
        {
            int x = rdm.nextInt(width);
            int y = rdm.nextInt(height);
            g.drawOval(x, y, 0, 0);
        }
        // 设置颜色
        g.setColor(new Color(0, 100, 0));
        // 设置字体
        g.setFont(new Font("Candara", Font.BOLD, 24));
        // 绘制图形验证码
        g.drawString(verifyCode, 8, 24);
        g.dispose();
        // 返回图片
        return image;
    }
    public static int calc(String exp)
    {
        try
        {
            // 获取脚本引擎,用于计算表达式的值
            ScriptEngineManager manager = new ScriptEngineManager();
            ScriptEngine engine = manager.getEngineByName("JavaScript");
            // 计算表达式的值
            return (Integer) engine.eval(exp);
        }
        catch (Exception e)
        {
            e.printStackTrace();
            return 0;
        }
    }
}
```

上面工具类中的前两个方法比较简单：generateVerifyCode()用于生成验证码表达式，它先生成 4 个随机的整数，再生成 3 个随机的运算符，然后将它们拼接起来就组成了验证码表达式；createVerifyImage()方法则使用了 AWT 的 Graphics 来绘制图片，这也是很基础的 Java 内容。

上面工具类中的 calc()方法使用了 ScriptEngine 的 eval()方法来计算表达式的值，此处使用了 JDK 内置的 JavaScript 脚本引擎，Java 6 默认使用 Mozilla 的 Rhino 作为 JavaScript 引擎，从 Java 8 开始则默认使用 Nashorn 作为 JavaScript 引擎，通过使用 JavaScript 请求可以非常方便地计算表达式的值。

▶▶ 8.5.5 登录页面的实现

本系统的登录页面会使用 jQuery 发送请求来执行"异步"登录，并使用 Layer 库来显示登录结果。下面是 login.html 页面的代码。

程序清单：codes\08\miaosha\src\main\resources\templates\login.html

```html
<!DOCTYPE html>
<html xmlns:th="http://www.thymeleaf.org" lang="zh">
<head>
    <meta charset="UTF-8">
    <title>登录</title>
    <!-- jQuery -->
    <script type="text/javascript" th:src="@{/jquery/jquery.min.js}"></script>
    <!-- Bootstrap -->
    <link rel="stylesheet" type="text/css" th:href="@{/bootstrap/css/bootstrap.min.css}"/>
    <script type="text/javascript" th:src="@{/bootstrap/js/bootstrap.min.js}">
    </script>
    <!-- jQuery-Validation -->
    <script type="text/javascript" th:src="@{/jquery-validation/jquery.validate.min.js}">
    </script>
    <script type="text/javascript" th:src=
        "@{/jquery-validation/localization/messages_zh.min.js}"></script>
    <!-- Layer -->
    <script type="text/javascript" th:src="@{/layer/layer.js}"></script>
    <!-- 自定义的 common.js -->
    <script type="text/javascript" th:src="@{/js/common.js}"></script>
    <script>
        function login() {
            // 执行输入校验
            $("#loginForm").validate({
                // 输入校验通过，执行 submitLogin() 函数
                submitHandler: function () {
                    submitLogin();
                }
            });
        }
        function submitLogin() {
            g_showLoading();
            // 发送 POST 请求
            $.post("/user/proLogin", {
                mobile: $("#mobile").val(),
                vercode: $("#vercode").val(),
                password: $("#password").val()
            }, function (data) {
                layer.closeAll();
                // code 为 0 代表成功
                if (data.code == 0) {
                    // 在屏幕上显示类似于 Android Toast 的提示框
                    layer.msg("登录成功");
                    // 登录成功后执行跳转
                    window.location.href = "/item/list";
                } else {
                    // 显示错误信息
                    layer.msg(data.msg);
                }
            });
        }
        $(function () {
            refreshVerifyCode();
        });
        // 定义刷新验证码的函数
        function refreshVerifyCode() {
            $("#verifyCodeImg").attr("src",
```

```html
            "/user/verifyCode?timestamp=" + new Date().getTime());
        }
    </script>
</head>
<body>
<div class="container">
    <img th:src="@{/imgs/logo.png}"
         class="rounded mx-auto d-block" alt="logo"><h4>用户登录</h4>
    <form name="loginForm" id="loginForm" method="post">
        <div class="form-group row">
            <label for="mobile" class="col-sm-3 col-form-label">手机号：</label>
            <div class="col-sm-9">
                <input type="text" id="mobile" name="mobile"
                    required="true" minlength="11" maxlength="11"
                    class="form-control" placeholder="请输入手机号码">
            </div>
        </div>
        <div class="form-group row">
            <label for="password" class="col-sm-3 col-form-label">密码：</label>
            <div class="col-sm-9">
                <input type="password" id="password" name="password"
                    required="true" minlength="6" maxlength="16"
                    class="form-control" placeholder="请输入密码">
            </div>
        </div>
        <div class="form-group row">
            <label for="vercode" class="col-sm-3 col-form-label">验证码：</label>
            <div class="col-sm-7">
                <input type="text" id="vercode" name="vercode" class="form-control"
                    required="true" placeholder="请输入验证码"/>
            </div>
            <div class="col-sm-2">
                <img id="verifyCodeImg" width="80" height="32" alt="验证码"
                    th:src="@{/user/verifyCode}" onclick="refreshVerifyCode()"/>
            </div>
        </div>
        <div class="form-group row">
            <div class="col-sm-6 text-right">
                <button type="submit" class="btn btn-primary"
                    onclick="login()">登录</button>
            </div>
            <div class="col-sm-6">
                <button type="reset" class="btn btn-danger"
                    onclick="$('#loginForm').reset()">重设
                </button>
            </div>
        </div>
    </form>
</div>
</body>
</html>
```

上面程序中的粗体字代码就是通过 jQuery 发送 POST 登录请求的关键代码，从该粗体字代码可以看到，当用户登录成功后，程序会在界面上通过 Layer 库显示"登录成功"的提示信息，并跳转到"/item/list"地址，这与图 8.6 所示的登录流程一致。

运行该程序，并访问 http://localhost:8080/user/login，即可看到如图 8.7 所示的登录界面。

此时如果查看 Redis 数据库，即可看到如图 8.8 所示的缓存信息。

图 8.7 登录界面

图 8.8 使用 Redis 存储验证码

图 8.8 中保存的正是当前验证码表达式的值，其实这就是使用分布式 Session 来保存当前用户的验证码。

当用户输入的手机号码、密码不匹配时，程序将直接在界面上显示如图 8.9 所示的提示信息。

图 8.9 登录失败的提示信息

当用户登录成功后，系统会使用 Redis 来保存当前登录用户的信息——这就是实现分布式 Session 的第 2 步。例如有 3 个用户依次登录本系统后，可以在 Redis 中看到如图 8.10 所示的信息。

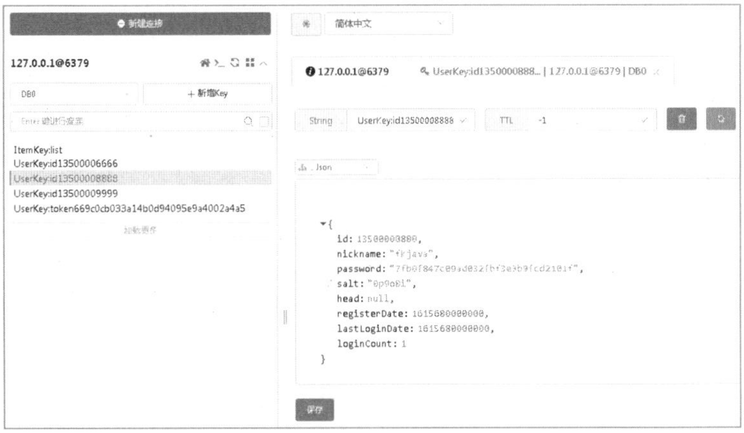

图 8.10 使用 Redis 保存分布式 Session 信息

当用户登录成功后，系统会自动跳转到"/item/list"地址，显示秒杀商品列表。

8.6 秒杀商品列表及缓存的实现

/item/list 用于显示秒杀商品列表。由于秒杀商品列表页面需要被频繁地访问，且该页面并不需要针对不同用户提供不同的界面，因此本系统会对该页面的静态内容进行缓存。

▶▶ 8.6.1 秒杀商品列表

ItemController 控制器定义了显示秒杀商品列表的处理方法，该方法的代码如下。

程序清单：codes\08\miaosha\src\main\java\org\crazyit\app\controller\ItemController.java

```java
@Controller
@RequestMapping("/item")
public class ItemController
{
    private final MiaoshaService miaoshaService;
    private final FkRedisUtil fkRedisUtil;
    // 定义 ThymeleafViewResolver 用于解析 Thymeleaf 页面模板
    private final ThymeleafViewResolver thymeleafViewResolver;
    public ItemController(MiaoshaService miaoshaService, FkRedisUtil fkRedisUtil,
            ThymeleafViewResolver thymeleafViewResolver)
    {
        this.miaoshaService = miaoshaService;
        this.fkRedisUtil = fkRedisUtil;
        this.thymeleafViewResolver = thymeleafViewResolver;
    }
    @GetMapping("/list")
    @ResponseBody
    @AccessLimit  // 限制该方法必须在用户登录之后才能调用
    public String list(HttpServletRequest request,
            HttpServletResponse response, User user)
    {
        // 从 Redis 缓存中读取数据
        String html = fkRedisUtil.get(ItemKey.itemList, "", String.class);
        // 如果缓存中有 HTML 页面，则直接返回 HTML 页面
        if (!StringUtils.isEmpty(html))
        {
            return html;
        }
        // 只有当缓存中没有 HTML 页面时才会去执行查询
        // 查询秒杀商品列表
        List<MiaoshaItem> itemList = miaoshaService.listMiaoshaItem(); // ①
        IWebContext ctx = new WebContext(request, response,
                request.getServletContext(), request.getLocale(),
                Map.of("user", user, "itemList", itemList));
        // 渲染静态的 HTML 页面内容
        html = thymeleafViewResolver.getTemplateEngine().process("item_list", ctx);
        // 将静态的 HTML 页面内容存入缓存中
        if (!StringUtils.isEmpty(html))
        {
            fkRedisUtil.set(ItemKey.itemList, "", html); // ②
        }
        return html;
    }
    ...
}
```

上面的粗体字代码用于从 Redis 缓存中读取渲染后的 HTML 静态内容，只有当该静态内容不存在时，该控制器才会去调用 MiaoshaService 的 listMiaoshaItem()方法来获取所有秒杀商品，如①号代码所示。

通过 listMiaoshaItem()方法获取所有的秒杀商品列表之后，使用 ThymeleafViewResolver 来执行页面渲染，生成静态的 HTML 页面内容，并将静态的 HTML 页面内容存入 Redis 缓存中，如②号代码所示。

这样一来，当多个用户高并发地访问该列表页面时，只有第一次访问"/item/list"的用户才真正需要调用 Service 组件的方法，查询底层数据库，其他用户都会直接使用 Redis 缓存中的 HTML 页面内容。

当缓存 HTML 页面内容时，使用 ItemKey.itemList 作为缓存的 key 前缀，它也决定了该 HTML 页面内容的缓存时间。下面是 ItemKey 类的代码。

程序清单：codes\08\miaosha\src\main\java\org\crazyit\app\key\ItemKey.java

```java
public class ItemKey extends AbstractPrefix
{
    public ItemKey(int expireSeconds, String prefix)
    {
        super(expireSeconds, prefix);
    }
    // 缓存秒杀商品列表页面的 key 前缀
    public static ItemKey itemList = new ItemKey(120, "list");
    // 缓存秒杀商品库存的 key 前缀
    public static ItemKey miaoshaItemStock = new ItemKey(0, "stock");
}
```

从上面的粗体字代码可以看到，ItemKey 决定了缓存秒杀商品列表页面的时间是 120 秒，也就是 2 分钟，这意味着在 2 分钟内不管有多少并发请求，list()处理方法只需要调用 Service 组件一次即可，这样它就可以从容面对高并发请求。

在 MiaoshaService 中获取秒杀商品列表的方法如下。

程序清单：codes\08\miaosha\src\main\java\org\crazyit\app\service\MiaoshaService.java

```java
@Service
public class MiaoshaService
{
    private final FkRedisUtil fkRedisUtil;
    private final MiaoshaItemMapper miaoshaItemMapper;
    private final OrderMapper orderMapper;
    private final MiaoshaOrderMapper miaoshaOrderMapper;
    public MiaoshaService(FkRedisUtil fkRedisUtil,
        MiaoshaItemMapper miaoshaItemMapper,
        OrderMapper orderMapper,
        MiaoshaOrderMapper miaoshaOrderMapper)
    {
        this.fkRedisUtil = fkRedisUtil;
        this.miaoshaItemMapper = miaoshaItemMapper;
        this.orderMapper = orderMapper;
        this.miaoshaOrderMapper = miaoshaOrderMapper;
    }
    public List<MiaoshaItem> listMiaoshaItem()
    {
        return miaoshaItemMapper.findAll();
    }
    ...
}
```

从上面的粗体字代码可以看到，MiaoshaService 组件调用了 MiaoshaItemMapper 组件的 findAll() 方法来获取所有的秒杀商品列表，这很简单。

▶▶ 8.6.2 自定义 User 参数解析器

在 ItemController 的 list() 方法中有一个 User 参数，由于该方法必须是在用户登录之后才能调用的，因此很明显该参数应该由系统从 Redis（分布式 Session）中读取，所以需要使用自定义的 User 参数解析器来处理该 User 参数。

下面定义参数解析器。

程序清单：codes\08\miaosha\src\main\java\org\crazyit\app\config\UserArgumentResolver.java

```java
@Component
public class UserArgumentResolver implements HandlerMethodArgumentResolver
{
    // 该方法返回 true 表示要解析该参数
    @Override
    public boolean supportsParameter(MethodParameter methodParameter)
    {
        // 获取要解析的参数类型
        Class<?> clazz = methodParameter.getParameterType();
        // 只有当该返回值为 true 时，才会调用下面的 resolveArgument() 方法解析参数
        return clazz == User.class;
    }
    @Override
    public Object resolveArgument(MethodParameter methodParameter,
        ModelAndViewContainer modelAndViewContainer,
        NativeWebRequest nativeWebRequest,
        WebDataBinderFactory webDataBinderFactory)
    {
        // 将 UserContext 的 getUser() 方法的返回值作为 User 参数的值
        return UserContext.getUser();
    }
}
```

上面的参数解析器类实现了 HandlerMethodArgumentResolver 接口，因此它的 resolveArgument() 方法将负责解析控制器处理方法中的参数。上面的粗体字代码返回值决定了该参数解析器只会解析 User 参数。

而 resolveArgument() 方法则以 UserContext 的 getUser() 方法的返回值作为 User 参数值，请看 UserContext 类的代码。

程序清单：codes\08\miaosha\src\main\java\org\crazyit\app\access\UserContext.java

```java
public class UserContext
{
    private static final ThreadLocal<User> userHolder = new ThreadLocal<>();
    public static void setUser(User user)
    {
        userHolder.set(user);
    }
    public static User getUser()
    {
        return userHolder.get();
    }
}
```

通过 UserContext 类的代码可以看到，UserContext 只是使用 ThreadLocal 容器来保存 User 信息——ThreadLocal 会保证每个线程都持有一个 User 副本，而 UserArgumentResolver 的 resolveArgument()

方法只是从 ThreadLocal 容器中获取 User 对象，那谁来负责将 User 对象放入该 ThreadLocal 容器中呢？答案是 AccessInterceptor 拦截器，在该拦截器类中添加如下方法。

程序清单：codes\08\miaosha\src\main\java\org\crazyit\app\access\AccessInterceptor.java

```
private User getUser(HttpServletRequest request, HttpServletResponse response)
{
    // 获取名为 token 的请求参数
    String paramToken = request.getParameter(UserKey.COOKIE_NAME_TOKEN);
    // 获取名为 token 的 Cookie 的值
    String cookieToken = CookieUtil.getCookieValue(request,
        UserKey.COOKIE_NAME_TOKEN);
    if (StringUtils.isEmpty(cookieToken) && StringUtils.isEmpty(paramToken))
    {
        return null;
    }
    // 优先使用 paramToken 作为分布式 Session ID
    String token = StringUtils.isEmpty(paramToken) ? cookieToken : paramToken;
    // 根据分布式 Session ID 获取 Session 对象
    return userController.getByToken(response, token);
}
```

从上面的粗体字代码可以看出，该 getUser()方法会从 Redis 中读取 User 信息，也就是从分布式 Session 中读取 User 信息。接下来将 AccessInterceptor 的 preHandle()方法改为如下形式：

```
public boolean preHandle(HttpServletRequest request,
    HttpServletResponse response, Object handler) throws Exception
{
    // 获取或创建分布式 Session ID
    CookieUtil.getSessionId(request, response);
    User user = getUser(request, response);
    // 将读取到的 User 信息存入 UserContext 的 ThreadLocal 容器中
    UserContext.setUser(user);
    ...
}
```

上面粗体字代码就负责将从分布式 Session 中读取到的 User 信息存入 UserContext 的 ThreadLocal 容器中，这样看来，UserArgumentResolver 解析 User 参数本质上依然是从分布式 Session 中读取 User 信息。

▶▶ 8.6.3 访问权限控制

在 ItemController 的 list()方法上有一个@AccessLimit 注解，该注解具有权限控制的作用，该注解修饰的方法默认需要登录后才能调用，且该注解可限制被修饰的方法对于指定用户，在特定时间内只能调用多少次。通过这种方式既可限制同一个用户重复秒杀，也可避免用户多次秒杀引起并发高峰。

下面是@AccessLimit 注解的代码。

程序清单：codes\08\miaosha\src\main\java\org\crazyit\app\access\AccessLimit.java

```
@Retention(RUNTIME)
@Target(METHOD)
public @interface AccessLimit
{
    boolean needLogin() default true;
    // 该注解限制被修饰的方法在指定时间内最多调用几次
    // -1 表示不限制
    int seconds() default -1;
```

```
    int maxCount() default -1;
}
```

从 AccessLimit 上的粗体字元注解信息可以看到,@AccessLimit 注解可用于修饰方法,且该注解可一直被保留到运行时。该注解可支持如下 3 个属性。

➢ needLogin:该属性指定被修饰的方法是否需要登录才能调用,该属性值默认为 true。
➢ seconds:该属性指定多少秒。
➢ maxCount:该属性指定在 seconds 限制的时间内,同一个用户最多只能调用被修饰的方法 maxCount 次。

但该注解本身只是相当于修饰符,并不会起任何作用。为了让该注解起作用,必须定义注解处理程序才有效,此处在 AccessInterceptor 拦截器中读取该注解信息,并根据该注解信息对用户访问进行限制。下面是 AccessInterceptor 拦截器修改后的完整代码。

程序清单:codes\08\miaosha\src\main\java\org\crazyit\app\access\AccessInterceptor.java

```java
@Component
public class AccessInterceptor implements HandlerInterceptor
{
    private final UserController userController;
    private final FkRedisUtil fkRedisUtil;
    public AccessInterceptor(UserController userController,
        FkRedisUtil fkRedisUtil)
    {
        this.userController = userController;
        this.fkRedisUtil = fkRedisUtil;
    }
    public boolean preHandle(HttpServletRequest request,
        HttpServletResponse response, Object handler) throws Exception
    {
        // 获取或创建分布式 Session ID
        CookieUtil.getSessionId(request, response);
        User user = getUser(request, response);
        // 将读取到的 User 信息存入 UserContext 的 ThreadLocal 容器中
        UserContext.setUser(user);
        if (handler instanceof HandlerMethod)
        {
            HandlerMethod hm = (HandlerMethod) handler;
            // 获取被调用方法上的@AccessLimit 注解
            AccessLimit accessLimit = hm.getMethodAnnotation(AccessLimit.class);
            // 如果没有@AccessLimit 注解,则直接返回 true(放行)
            if (accessLimit == null)
            {
                return true;
            }
            int seconds = accessLimit.seconds();
            int maxCount = accessLimit.maxCount();
            boolean needLogin = accessLimit.needLogin();
            String key = request.getRequestURI();
            // 如果 needLogin 为 true,则表明需要登录才能调用该方法
            if (needLogin)
            {
                // 如果 user 为 null,则表明还未登录,直接拒绝调用
                if (user == null)
                {
```

```java
            render(response, CodeMsg.SESSION_ERROR);
            return false;
        }
    }
    // 如果设置了 seconds 和 maxCount 两个属性
    // 则表明要限制在指定时间内指定方法只能被调用几次
    if (seconds > 0 && maxCount > 0)
    {
        key += "_" + user.getId();
        AccessKey ak = AccessKey.withExpire(seconds);
        // 以 ak 为前缀，加上用户手机号码作为真正的 key 来获取调用次数
        Integer count = fkRedisUtil.get(ak, key, Integer.class);
        // 如果 count 为 null，则表明之前不曾调用过
        if (count == null)
        {
            fkRedisUtil.set(ak, key, 1);
        }
        // 如果调用次数还未达到最大次数，则可继续调用
        else if (count < maxCount)
        {
            // 调用次数加 1
            fkRedisUtil.incr(ak, key);
        }
        // 如果调用次数达到限制的次数
        else
        {
            // 生成错误提示
            render(response, CodeMsg.ACCESS_LIMIT_REACHED);
            return false;
        }
    }
    }
    return true;
}
// 该方法用于根据 CodeMsg 生成错误响应
private void render(HttpServletResponse response,
        CodeMsg cm) throws IOException
{
    response.setContentType("application/json;charset=UTF-8");
    OutputStream out = response.getOutputStream();
    // 将 CodeMsg 包装成 Result 对象，再将它转换成字符串
    String str = FkRedisUtil.beanToString(Result.error(cm));
    // 输出响应字符串
    out.write(str.getBytes(StandardCharsets.UTF_8));
    out.flush();
    out.close();
}
private User getUser(HttpServletRequest request, HttpServletResponse response)
{
    // 前面已经讲解了该方法的实现，此处省略
    ...
}
}
```

上面 AccessInterceptor 类中的第 1 段粗体字代码要求用户必须登录才能调用被修饰的方法，否则该方法将会返回 CodeMsg.SESSION_ERROR 错误提示；第 2 段粗体字代码则限制同一个用户在

指定时间内，最多只能调用被修饰的方法多少次。

▶▶ 8.6.4 秒杀商品页面模板

正如从前面 ItemController 类的 list()方法中所看到的，当该方法获取到秒杀商品列表之后，它会调用 ThymeleafViewResolver 渲染页面模板。该方法以 item_list.html 文件作为页面模板，该文件的代码如下。

程序清单：codes\08\miaosha\src\main\resources\templates\item_list.html

```html
<!DOCTYPE html>
<html xmlns:th="http://www.thymeleaf.org" lang="zh">
<head>
    <meta charset="UTF-8">
    <title>商品列表</title>
    <!-- jQuery -->
    <script type="text/javascript" th:src="@{/jquery/jquery.min.js}"></script>
    <!-- Bootstrap -->
    <link rel="stylesheet" type="text/css" th:href="@{/bootstrap/css/bootstrap.min.css}"/>
    <script type="text/javascript" th:src="@{/bootstrap/js/bootstrap.min.js}"></script>
</head>
<body>
<div class="container">
    <div class="card">
        <div class="card-header"><h4>秒杀商品列表</h4></div>
        <div class="card-body">
            <table class="table table-hover" id="itemList">
                <tr>
                    <td>商品名称</td>
                    <td>商品图片</td>
                    <td>商品原价</td>
                    <td>秒杀价</td>
                    <td>库存数量</td>
                    <td>详情</td>
                </tr>
                <tr th:each="item, itemStat : ${itemList}">
                    <td th:text="${item.itemName}"></td>
                    <td>
                        <img th:src="@{'/imgs/'+ ${item.itemImg}}"
                            width="80" height="100"/>
                    </td>
                    <td th:text="${item.itemPrice}"></td>
                    <td th:text="${item.miaoshaPrice}"></td>
                    <td th:text="${item.stockCount}"></td>
                    <td>
                        <a th:href="'/item/item_detail.html?itemId='
                            + ${item.itemId}">秒杀</a>
                    </td>
                </tr>
            </table>
        </div>
    </div>
</div>
</body>
</html>
```

该文件的代码其实比较简单，它就是最基本的 Thymeleaf 页面模板，只不过为了使系统能在 Redis 中缓存该文件所生成的 HTML 页面，这里手动调用了 ThymeleafViewResolver 执行页面渲染。

当用户登录成功后，将会看到如图 8.11 所示的页面效果。

图 8.11　秒杀商品列表

此时如果查看 Redis 数据库，即可看到如图 8.12 所示的缓存信息。

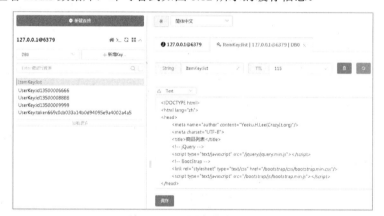

图 8.12　使用 Redis 缓存静态的 HTML 页面

8.7　商品秒杀界面的实现及静态化

当用户单击图 8.11 所示页面中的"秒杀"链接时，系统进入"/item/item_detail.html?itemId=商品 ID"，注意它并不是控制器处理方法的映射地址，而是一个静态的 HTML 页面。

这时可能会有读者感到疑惑：为什么此处直接访问静态的 HTML 页面，而不是访问控制器处理方法的映射地址呢？这样做同样是为了更好地处理高并发请求，如果直接访问控制器处理方法的映射地址，控制器处理方法就需要先调用 Service 组件来获取商品信息，然后再使用页面模板来渲染生成 HTML 页面——这样每次请求的响应都是完整的 HTML 页面。

为了提高应用的响应速度，本系统在进入秒杀界面时直接访问静态的 HTML 页面，这样客户端浏览器就可以对静态页面自动进行缓存，从而避免重复加载 HTML 页面，提高了响应速度，并降低了服务器的负担。

对于该静态页面上要动态更新的部分，本系统将这部分内容做成 RESTful 响应，然后让静态页面通过 jQuery 用异步方式来加载需要动态更新的内容，这样每次请求的响应只是动态更新的数据，而不是完整的 HTML 页面。而静态页面可以由浏览器自动缓存，因此可以大大提高高并发时的响应性能。

> **提示**：
> 这种先访问静态的 HTML 页面，然后通过异步方式来加载动态内容的方式就是典型的"前后端分离"，在更好的前后端分离架构中，可以采用 Angular 或 Vue 作为前端框架。由于本书不想过多地涉及前端开发的知识，因此只使用了 jQuery 来实现异步调用。

这时可能又会有读者提出疑问：前面介绍的直接使用 Redis 缓存渲染后的 HTML 页面不是性能更好吗？为何此处不直接使用 Redis 缓存渲染后的 HTML 页面？

如果你能提出这个问题，说明你已经开始培养高并发请求应用的处理能力了——因为在处理高并发请求的应用时，优先考虑的确实是对渲染后的 HTML 页面进行缓存。由于这种方式完全不需要调用 Service 组件的方法，因此服务器的负担最小。但别忘了，通过这种方式缓存的 HTML 页面在短时间内不会动态更新，且其对所有用户都是一样的——一般不建议为每个用户都缓存一个对应的页面，否则会造成缓存数据爆炸性地增长。

而此处的 item_detail.html 页面需要针对不同用户生成不同的秒杀界面，因此直接使用 Redis 缓存渲染后的 HTML 页面是行不通的。

▶▶ 8.7.1 获取秒杀商品

在 ItemController 控制器中定义如下方法来加载秒杀商品。

程序清单：codes\08\miaosha\src\main\java\org\crazyit\app\controller\ItemController.java

```java
@GetMapping(value = "/detail/{itemId}")
@ResponseBody
@AccessLimit  // 限制该方法必须在用户登录之后才能调用
public Result<ItemDetailVo> detail(User user,
    @PathVariable("itemId") long itemId)
{
    MiaoshaItem item = miaoshaService.getMiaoshaItemById(itemId);
    // 获取秒杀的开始时间
    long startAt = item.getStartDate().getTime();
    // 获取秒杀的结束时间
    long endAt = item.getEndDate().getTime();
    long now = System.currentTimeMillis();
    // 定义距离开始秒杀还有多长时间的变量
    int remainSeconds;
    if (now < startAt)
    {
        // 秒杀还没开始
        remainSeconds = (int) ((startAt - now) / 1000);
    }
    else if (now > endAt)
    {
        // 秒杀已结束
        remainSeconds = -1;
    }
    else
    {
        // 秒杀进行中
        remainSeconds = 0;
    }
    // 定义秒杀还剩多长时间结束的变量
    var leftSeconds = (int) ((endAt - now ) / 1000);
    // 创建 ItemDetailVo，用于封装秒杀商品详情
    ItemDetailVo itemDetailVo = new ItemDetailVo();
    itemDetailVo.setMiaoshaItem(item);
```

```
        itemDetailVo.setUser(user);
        itemDetailVo.setRemainSeconds(remainSeconds);
        itemDetailVo.setLeftSeconds(leftSeconds);
        return Result.success(itemDetailVo);
    }
```

正如从上面粗体字代码所看到的，detail()方法调用了 MiaoshaService 的 getMiaoshaItemById() 方法来获取秒杀商品详情。

MiaoshaService 的 getMiaoshaItemById()方法的代码如下：

```
public MiaoshaItem getMiaoshaItemById(long itemId)
{
    return miaoshaItemMapper.findById(itemId);
}
```

从上面的方法代码可以看出，getMiaoshaItemById()的实现非常简单，只要简单地调用 MiaoshaItemMapper 组件的 findById()方法即可。

在获取 MiaoshaItem 之后，detail()处理方法需要将当前用户信息也传到页面上，因此此处额外定义了一个 ItemDetailVo 类来封装 MiaoshaItem 和 User。下面是 ItemDetailVo 类的代码。

程序清单：codes\08\miaosha\src\main\java\org\crazyit\app\vo\ItemDetailVo.java

```
public class ItemDetailVo
{
    private int remainSeconds = 0;
    private int leftSeconds = 0;
    private MiaoshaItem miaoshaItem;
    private User user;
    // 省略 getter 和 setter 方法
    ...
}
```

> **提示**：
> 此处额外定义一个 ItemDetailVo，只是更"面向对象"的一个选项，其实也可选择使用 Map 将 MiaoshaItem、User 传到页面上。

▶▶ 8.7.2 秒杀界面的页面实现

秒杀界面的页面文件是/item/item_detail.html，该文件的源代码如下。

程序清单：codes\08\miaosha\src\main\resources\static\item\item_detail.html

```html
<!DOCTYPE html>
<html lang="zh">
<head>
    <meta name="author" content="Yeeku.H.Lee(CrazyIt.org)"/>
    <meta charset="UTF-8">
    <title>商品详情</title>
    <!-- jQuery -->
    <script type="text/javascript" src="/jquery/jquery.min.js"></script>
    <!-- Bootstrap -->
    <link rel="stylesheet" type="text/css" href="/bootstrap/css/bootstrap.min.css"/>
    <script type="text/javascript" src="/bootstrap/js/bootstrap.min.js"></script>
    <!-- Layer -->
    <script type="text/javascript" src="/layer/layer.js"></script>
    <!-- 自定义的 common.js -->
    <script type="text/javascript" src="/js/common.js"></script>
    <script>
```

```javascript
// 页面加载完成时执行如下代码,获取商品详情
$(function () {
    // 获取itemId查询参数
    let itemId = g_getQueryString("itemId");
    // 发送异步请求获取秒杀商品详情
    $.get("/item/detail/" + itemId, function (data) {
        if (data.code == 0) {
            render(data.data);
        } else {
            layer.msg(data.msg);
        }
    });
});
// 根据服务器响应的数据动态更新页面内容
function render(detail) {
    // 获取秒杀商品的信息
    let item = detail.miaoshaItem;
    let user = detail.user;
    if (user) {
        $("#userTip").hide();
    }
    // 动态更新页面
    $("#itemName").text(item.itemName);
    $("#title").text(item.title);
    $("#itemImg").attr("src", "/imgs/" + item.itemImg);
    $("#startTime").text(new Date(item.startDate)
        .format("yyyy-MM-dd hh:mm:ss"));
    $("#remainSeconds").val(detail.remainSeconds);
    $("#leftSeconds").val(detail.leftSeconds);
    $("#itemId").val(item.itemId);
    $("#itemPrice").text(item.itemPrice);
    $("#miaoshaPrice").text(item.miaoshaPrice);
    $("#itemDetail").html(item.itemDetail);
    $("#stockCount").text(item.stockCount);
    // 开启倒计时
    countDown();
}
// 定义倒计时的函数
function countDown() {
    // 获取秒杀开始的剩余时间
    let remainSeconds = $("#remainSeconds").val();
    // 获取秒杀结束的剩余时间
    let leftSeconds = $("#leftSeconds").val();
    // 秒杀还没开始
    if (remainSeconds > 0) {
        // 禁用秒杀按钮
        $("#buyButton").attr("disabled", true);
        // 显示倒计时
        $("#miaoshaTip").html("秒杀还未开始,倒计时: "
            + g_secs2hour(remainSeconds));
        // 将倒计时减1秒
        $("#remainSeconds").val(remainSeconds - 1);
        $("#leftSeconds").val(leftSeconds - 1)
        // 设置1秒后再次调用countDown()函数
        setTimeout(countDown, 1000);
    }
    // 秒杀进行中
    else if (remainSeconds == 0) {
        // 显示倒计时
        $("#miaoshaTip").html("秒杀进行中,剩余时间: "
```

```javascript
            + g_secs2hour(leftSeconds));
        // 将倒计时减1秒
        $("#leftSeconds").val(leftSeconds - 1);
        if (leftSeconds - 1 <= 0)
        {
            // 将remainSeconds设为-1,表明秒杀结束
            $("#remainSeconds").val(-1);
        }
        // 设置1秒后再次调用countDown()函数
        setTimeout(countDown, 1000);
        if ($("#buyButton").attr("disabled")){
            // 启用秒杀按钮
            $("#buyButton").attr("disabled", false);
        }
        if ($("#verifyCodeImg").is(":hidden")) {
            // 显示验证码图片
            $("#verifyCodeImg").attr("src", "/miaosha/verifyCode?itemId="
                + $("#itemId").val()  + "&timestamp=" + new Date().getTime());
            $("#verifyCodeImg").show();
        }
        if ($("#verifyCode").is(":hidden"))
        {
            // 显示验证码输入框
            $("#verifyCode").show();
        }
    }
    // 秒杀已经结束
    else {
        // 禁用秒杀按钮
        $("#buyButton").attr("disabled", true);
        $("#miaoshaTip").html("秒杀已结束");
        // 隐藏验证码图片
        $("#verifyCodeImg").hide();
        // 隐藏验证码输入框
        $("#verifyCode").hide();
    }
}
// 定义获取秒杀地址的函数
// 秒杀系统需要隐藏商品的秒杀地址,因此要为每个商品动态生成秒杀地址
function getMiaoshaPath() {
    g_showLoading();
    let itemId = $("#itemId").val();
    $.get("/miaosha/path", {
        itemId: itemId,
        verifyCode: $("#verifyCode").val()
    }, function (data) {
        if (data.code == 0) {
            let path = data.data;
            // 执行秒杀
            proMiaosha(path);
        } else {
            layer.msg(data.msg);
        }
    });
}
// 提交秒杀请求,执行秒杀
function proMiaosha(path) {
    // 发送秒杀请求
    $.post("/miaosha/" + path + "/proMiaosha", {
        itemId: $("#itemId").val()
    }, function (data) {
```

```javascript
                // 当秒杀完成后（只是将秒杀请求添加到RabbitMQ队列中）
                if (data.code == 0) {
                    // 调用getMiaoshaResult()函数获取秒杀结果
                    getMiaoshaResult($("#itemId").val());
                } else {
                    layer.msg(data.msg);
                }
            });
        }
        // 获取秒杀结果
        function getMiaoshaResult(itemId) {
            $.get("/miaosha/result", {
                itemId: $("#itemId").val()
            }, function (data) {
                if (data.code == 0) {
                    let result = data.data;
                    // 如果秒杀失败
                    if (result < 0) {
                        layer.msg("对不起，秒杀失败");
                    // 秒杀还未完成，0.1秒之后再次请求
                    } else if (result == 0) {
                        // 0.1秒之后再次请求
                        setTimeout(function () {
                            getMiaoshaResult(itemId);
                        }, 100);
                    // 秒杀成功
                    } else {
                        // 弹出确认框
                        layer.confirm("恭喜你，秒杀成功！查看订单？",
                            {btn: ["确定", "取消"]},
                            function () {
                                // 跳转到订单详情页面
                                window.location.href =
                                    "/order/order_detail.html?orderId=" + result;
                            }),
                            function () {
                                layer.closeAll();
                            };
                    }
                } else {
                    layer.msg(data.msg);
                }
            });
        }
        // 刷新验证码的函数
        function refreshVerifyCode() {
            $("#verifyCodeImg").attr("src", "/miaosha/verifyCode?itemId="
                + $("#itemId").val() + "&timestamp=" + new Date().getTime());
        }
    </script>
</head>
<body>
<div class="container">
    <img src="/imgs/logo.png"
         class="rounded mx-auto d-block" alt="logo"><h4>秒杀商品详情</h4>
    <div class="row">
        <div class="col-lg-3"><img id="itemImg" width="240" height="340"></div>
        <div class="col-lg-9 p-3">
            <div class="row py-1 pl-5">
                <div class="col-lg"><h3 id="itemName"></h3></div>
```

```html
        </div>
        <div class="row py-1 pl-5">
            <div class="col-lg font-weight-bold text-danger" id="title"></div>
        </div>
        <div class="row py-1 pl-5">
            <div class="col-lg">原价:
                <span class="col-lg" id="itemPrice"></span></div>
        </div>
        <div class="row py-1 pl-5">
            <div class="col-lg">秒杀价:<span class="col-lg text-danger"
                id="miaoshaPrice"></span></div>
        </div>
        <div class="row py-1 pl-5">
            <div class="col-lg">库存数量:<span class="col-lg"
                id="stockCount"></span></div>
        </div>
        <div class="row py-1 pl-5">
            <div class="col-lg">开始时间:<span class="col-lg"
                id="startTime"></span></div>
        </div>
        <div class="row py-1 pl-5">
            <div class="col-lg">
                <input type="hidden" id="remainSeconds"/>
                <input type="hidden" id="leftSeconds"/>
                <span id="miaoshaTip"
                    style="color:red;font-weight: bolder"></span>
            </div>
        </div>
        <div class="row py-1 pl-5">
            <div class="col-lg" id="itemDetail"></div>
        </div>
    </div>
</div>
<div class="row">
    <div class="col-lg">
        <div class="form-inline justify-content-center">
            <img id="verifyCodeImg" width="80" height="32" style="display:none"
                onclick="refreshVerifyCode()"/>
            <input id="verifyCode" class="form-control" style="display:none"
                placeholder="请输入验证码"/>
            <button class="btn btn-primary" type="button" id="buyButton"
                onclick="getMiaoshaPath()">立即秒杀
            </button>
            <input type="hidden" name="itemId" id="itemId"/>
        </div>
    </div>
</div>
</div>
</body>
</html>
```

上面页面代码涉及的 JS 函数较多,这是由于该页面不但要展示秒杀商品详情,同时它也是执行秒杀的界面,因此该页面中的函数大致可分为两类。

(1) 展示秒杀商品相关函数

➢ 页面加载完成后执行的匿名函数:用于向"/item/detail/商品 ID"发送请求来获取秒杀商品详情。

➢ render()函数:用于根据服务器响应来动态更新页面。

➢ countDown()函数:用于在页面上显示当前的秒杀状态、秒杀倒计时。

（2）处理秒杀相关函数
- getMiaoshaPath()：用于动态获取秒杀地址。
- proMiaosha()：用于执行秒杀。
- getMiaoshaResult()：用于获取秒杀结果。
- refreshVerifyCode()：用于刷新验证码。

这里介绍与展示秒杀商品相关的函数。首先是页面加载完成后执行的匿名函数，该函数被放在 $() 内，这样可以保证它在页面加载完成后自动执行。该匿名函数内使用 $.get() 向 "/item/detail/商品ID" 发送异步请求来获取秒杀商品详情，成功获取到商品详情后调用 render() 函数动态更新页面。

在该匿名函数中调用了一个 g_getQueryString() 函数来获取 URL 路径中的请求参数，这是一个定义在 common.js 脚本中的自定义全局函数，该函数的定义代码如下。

程序清单：codes\08\miaosha\src\main\resources\static\js\common.js

```js
// 获取 url 参数
function g_getQueryString(name) {
    let reg = new RegExp("(^|&)" + name + "=([^&]*)(&|$)");
    let r = window.location.search.substr(1).match(reg);
    if (r != null) return unescape(r[2]);
    return null;
}
```

countDown() 函数稍微复杂一些，它的作用有两个：当商品还未开始秒杀时，系统在界面上显示还有多长时间开始秒杀；当秒杀开始后，系统在界面上显示还剩多长时间秒杀结束。

countDown() 函数在界面上使用了两个隐藏域来保存秒杀开始的剩余时间（remainSeconds）和秒杀结束的剩余时间（leftSeconds）。其中 remainSeconds 变量用于控制秒杀状态：
- 当 remainSeconds 大于 0 时，表示秒杀还未开始。
- 当 remainSeconds 等于 0 时，表示正在秒杀中。
- 当 remainSeconds 小于 0 时，表示秒杀已经结束。

因此，该函数先对 remainSeconds 进行判断，根据 remainSeconds 变量的值来显示当前秒杀状态，只有当前处于秒杀状态时，程序界面上才会显示秒杀验证码和验证码输入框，并使秒杀按钮处于可用状态。

而 leftSeconds 变量只用于显示秒杀还剩多长时间结束，因此只有处于秒杀状态时该变量才会显示。

countDown() 函数内部使用了 setTimeout() 来设置定时器，从而保证 countDown() 函数每隔 1 秒执行一次。当秒杀还未开始时，countDown() 函数每执行一次，就将 remainSeconds 和 leftSeconds 都减 1，这意味着让秒杀开始的剩余时间和秒杀结束的剩余时间都减少 1 秒；当秒杀开始后，countDown() 函数每执行一次，只需将 leftSeconds 减 1，这意味着让秒杀结束的剩余时间减少 1 秒。

在 countDown() 函数中调用了一个 g_secs2hour() 函数，该函数用于将秒数转换为 X 小时 X 分 X 秒的形式，从而提供更友好的时间显示格式。该函数同样被定义在 common.js 中，下面是该函数的代码。

程序清单：codes\08\miaosha\src\main\resources\static\js\common.js

```js
// 获取 url 参数
function g_secs2hour(secs) {
    let hours = Math.floor(secs / 3600);
    let mins = Math.floor((secs % 3600) / 60);
    let left = secs % 60;
    return hours + "小时" + mins + "分" + left + "秒";
}
```

当秒杀商品处于秒杀状态时，可以看到如图 8.13 所示的效果。

图 8.13　秒杀中的商品

从图 8.13 可以看到，当秒杀商品处于秒杀状态时，界面上会显示"秒杀进行中"，还在旁边显示秒杀结束的剩余时间，并在界面下方显示秒杀验证码和验证码输入框，且秒杀按钮处于可用状态。

当秒杀商品还未开始秒杀时，可以看到如图 8.14 所示的效果。

图 8.14　还未开始秒杀的商品

从图 8.14 可以看到，当秒杀商品还未开始秒杀时，界面上会显示"秒杀还未开始"，还在旁边显示秒杀开始倒计时时间，且在界面下方不显示秒杀验证码和验证码输入框，秒杀按钮处于不可用状态。

当秒杀商品处于秒杀结束的状态时，可以看到如图 8.15 所示的效果。

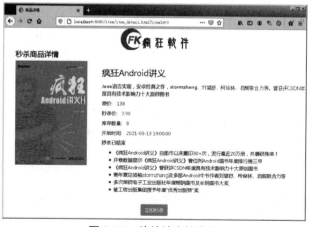

图 8.15　秒杀结束的商品

从图 8.15 可以看到，当秒杀商品处于秒杀结束的状态时，界面上会显示"秒杀已结束"，且在界面下方也不显示秒杀验证码和验证码输入框，秒杀按钮也处于不可用状态。

8.8 秒杀实现及使用 RabbitMQ 实现并发削峰

当秒杀商品处于秒杀状态时，用户单击图 8.13 所示界面下方的"立即秒杀"按钮，即可启动秒杀流程。

▶▶ 8.8.1 生成秒杀图形验证码

正如从图 8.13 所看到的，当系统进入秒杀界面时，该界面同样会要求用户先输入验证码，然后才能执行秒杀，这样做是为了避免恶意用户使用自动化脚本执行自动秒杀。

秒杀相关请求由 MiaoshaController 控制器负责处理，为了提高响应速度，该控制器会在加载时执行初始化，并将所有秒杀商品的库存加载到 Redis 中进行缓存。

下面是该控制器生成秒杀图形验证码的处理方法。

程序清单：codes\08\miaosha\src\main\java\org\crazyit\app\controller\MiaoshaController.java

```java
@Controller
@RequestMapping("/miaosha")
public class MiaoshaController implements InitializingBean
{
    private final MiaoshaService miaoshaService;
    private final FkRedisUtil fkRedisUtil;
    private final MiaoshaSender mqSender;
    // 存放 ItemId 与是否秒杀结束的对应关系
    private final Map<Long, Boolean> localOverMap =
        Collections.synchronizedMap(new HashMap<>());
    public MiaoshaController(MiaoshaService miaoshaService,
            FkRedisUtil fkRedisUtil, MiaoshaSender mqSender)
    {
        this.miaoshaService = miaoshaService;
        this.fkRedisUtil = fkRedisUtil;
        this.mqSender = mqSender;
    }
    @Override
    public void afterPropertiesSet()
    {
        // 获取所有秒杀商品列表
        List<MiaoshaItem> itemList = miaoshaService.listMiaoshaItem();
        if (itemList == null)
        {
            return;
        }
        for (MiaoshaItem item : itemList)
        {
            // 将所有秒杀商品及其对应库存放入 Redis 中缓存
            fkRedisUtil.set(ItemKey.miaoshaItemStock, ""
                    + item.getItemId(), item.getStockCount());
            localOverMap.put(item.getId(), false);
        }
    }

    @GetMapping(value = "/verifyCode")
    @ResponseBody
    @AccessLimit // 限制该方法必须在用户登录之后才能调用
    public void getMiaoshaVerifyCode(HttpServletResponse response,
```

```
        User user, @RequestParam("itemId") long itemId) throws IOException
{
    // 生成图形验证码
    BufferedImage image = miaoshaService.createVerifyCode(user, itemId);
    OutputStream out = response.getOutputStream();
    // 将图形验证码输出到客户端
    ImageIO.write(image, "JPEG", out);
    out.flush();
    out.close();
}
...
}
```

上面控制器类实现了 InitializingBean 接口,因为该控制器将会在依赖关系被注入后自动执行该接口中定义的 afterPropertiesSet()方法,该方法会调用 MiaoshaService 的 listMiaoshaItem()方法获取所有秒杀商品,然后遍历每个秒杀商品,最后将所有秒杀商品的库存加载到 Redis 中。

因此,只要系统启动时加载了 MiaoshaController 控制器,该控制器就会自动使用 Redis 缓存所有秒杀商品及其对应库存,此时可以在 Redis 中看到如图 8.16 所示的缓存数据。

图 8.16 缓存所有秒杀商品及其对应库存

此外,该控制器还定义了一个 Map,用于保存每个秒杀商品与是否秒杀结束的对应关系(如上面程序中粗体字代码所示),这样可以直接通过内存判断秒杀商品是否秒杀结束,从而尽早决定是否需要处理秒杀请求,提高响应速度。

该控制器类的 getMiaoshaVerifyCode()方法调用了 MiaoshaService 的 createVerifyCode()方法来生成秒杀图形验证码,createVerifyCode()方法的代码如下。

程序清单:codes\08\miaosha\src\main\java\org\crazyit\app\service\MiaoshaService.java

```
// 生成秒杀图形验证码
public BufferedImage createVerifyCode(User user, long itemId)
{
    if (user == null || itemId <= 0)
    {
        return null;
    }
    Random rdm = new Random();
    String verifyCode = VercodeUtil.generateVerifyCode(rdm);
    int rnd = VercodeUtil.calc(verifyCode);
    // 将验证码的值保存到 Redis 中
    fkRedisUtil.set(MiaoshaKey.miaoshaVerifyCode,
        user.getId() + "," + itemId, rnd);
    // 返回生成的图片
    return VercodeUtil.createVerifyImage(verifyCode, rdm);
}
```

从上面粗体字代码可以看出,该方法同样是先调用 VercodeUtil 的 generateVerifyCode()方法来生成验证码表达式,然后调用 calc()方法计算表达式的值,并将该表达式的值存入 Redis 中,最后调用 VercodeUtil 的 createVerifyImage()方法来生成验证码图片。

上面方法把验证码的值存入 Redis 中时,使用 MiaoshaKey.miaoshaVerifyCode 作为 key 前缀,该 key 前缀同样会决定该验证码的值在 Redis 中的保存时间。下面是 MiaoshaKey 类的代码。

程序清单:codes\08\miaosha\src\main\java\org\crazyit\app\redis\MiaoshaKey.java

```java
public class MiaoshaKey extends AbstractPrefix
{
    public MiaoshaKey(int expireSeconds, String prefix)
    {
        super(expireSeconds, prefix);
    }
    public static MiaoshaKey miaoshaVerifyCode = new MiaoshaKey(300, "vc");
    // 动态的秒杀路径 60 秒就会过期
    public static MiaoshaKey miaoshaPath = new MiaoshaKey(60, "mp");
    // 0 代表永不过期
    public static MiaoshaKey isItemOver = new MiaoshaKey(0, "over");
}
```

从上面的类代码可以看到,用于保存秒杀图形验证码的 key 前缀是"MiaoshaKey.vc",且该 key 的保存时间是 5 秒。此外,该类中还定义了 miaoshaPath 和 isItemOver 两个实例,它们分别是保存秒杀地址的 key 和保存是否秒杀结束的 key。

▶▶ 8.8.2 获取动态的秒杀地址

从前面的 item_detail.html 页面代码可以看到,当用户单击"立即秒杀"按钮时,将会触发 getMiaoshaPath()函数,该函数会向 MiaoshaController 的"/miaosha/path"地址发送请求来获取商品的秒杀地址。

这里可能有读者会感到疑惑,商品的秒杀地址不是静态的链接吗?为何还要向"/miaosha/path"地址发送请求来获取秒杀地址呢?这也是秒杀系统的特征之一,系统会将秒杀地址隐藏起来,从而避免恶意用户使用自动化脚本执行自动秒杀。

下面是 MiaoshaController 控制器映射"/miaosha/path"地址的处理方法。

程序清单:codes\08\miaosha\src\main\java\org\crazyit\app\controller\MiaoshaController.java

```java
@GetMapping(value = "/path")
@ResponseBody
// 限制该方法必须在用户登录之后才能调用,且每 5 秒内只能调用 5 次
@AccessLimit(seconds = 5, maxCount = 5)
public Result<String> getMiaoshaPath(User user,
        @RequestParam("itemId") long itemId,
        @RequestParam(value = "verifyCode",
                defaultValue = "0") int verifyCode)
{
    // 如果用户输入的验证码不正确
    if (!miaoshaService.checkVerifyCode(user, itemId, verifyCode)) // ①
    {
        return Result.error(CodeMsg.REQUEST_ILLEGAL);
    }
    String path = miaoshaService.createMiaoshaPath(user, itemId);
    return Result.success(path);
}
```

该处理方法使用了@AccessLimit(seconds = 5, maxCount = 5)修饰,这意味着对于同一个用户,该方法在 5 秒内最多只能被调用 5 次,通过该注解可以限制同一个用户执行重复秒杀。

在获取秒杀地址之前，该处理方法中的①号代码先调用 MiaoshaService 的 checkVerifyCode() 方法来判断用户输入的验证码是否正确，如果用户输入的验证码不正确，程序根本就没必要生成动态的秒杀地址。

MiaoshaService 的 checkVerifyCode() 方法自然也很简单，无非就是将用户输入的验证码与 Redis 中保存的验证码进行比较，如下面的代码所示。

程序清单：codes\08\miaosha\src\main\java\org\crazyit\app\service\MiaoshaService.java

```java
// 检查用户输入的验证码是否正确
public boolean checkVerifyCode(User user, long itemId, int verifyCode)
{
    if (user == null || itemId <= 0)
    {
        return false;
    }
    // 获取 Redis 中保存的验证码
    Integer codeOld = fkRedisUtil.get(MiaoshaKey.miaoshaVerifyCode,
        user.getId() + "," + itemId, Integer.class);
    // 将用户输入的验证码与 Redis 中保存的验证码进行比较
    if (codeOld == null || codeOld - verifyCode != 0)
    {
        return false;
    }
    // 删除 Redis 中保存的验证码
    fkRedisUtil.delete(MiaoshaKey.miaoshaVerifyCode,
        user.getId() + "," + itemId);
    return true;
}
```

前面 getMiaoshaPath() 方法中的粗体字代码调用 MiaoshaService 的 createMiaoshaPath() 方法来生成秒杀地址，createMiaoshaPath() 方法的代码如下。

程序清单：codes\08\miaosha\src\main\java\org\crazyit\app\service\MiaoshaService.java

```java
// 生成秒杀地址的方法
public String createMiaoshaPath(User user, long itemId)
{
    if (user == null || itemId <= 0)
    {
        return null;
    }
    // 先生成 UUID 字符串，对 UUID 字符串进行 MD5 加密
    String str = MD5Util.md5(UUIDUtil.uuid());
    // 将动态生成的秒杀地址存入 Redis 中
    fkRedisUtil.set(MiaoshaKey.miaoshaPath, ""
        + user.getId() + "_" + itemId, str);
    return str;
}
```

从上面的方法代码可以看出，程序会动态生成一个用 MD5 加密后的 UUID 字符串作为动态的秒杀地址，并将该秒杀地址保存在 Redis 中。当用户提交秒杀请求时，系统会要求其提交的秒杀地址与 Redis 中保存的秒杀地址一致，从而避免非法的秒杀请求。

▶▶ 8.8.3 处理秒杀请求

在 item_detail.html 页面的 JS 代码中，使用 getMiaoshaPath() 函数成功获取动态的秒杀地址后，调用 proMiaosha() 函数来处理秒杀请求，在 proMiaosha() 函数内使用 jQuery 向 ""miaosha/" + path + "/proMiaosha"" 发送秒杀请求，其中 path 就是动态变化的秒杀地址。

在 MiaoshaController 中定义映射 ""miaosha/" + path + "/proMiaosha"" 的处理方法。

程序清单：codes\08\miaosha\src\main\java\org\crazyit\app\controller\MiaoshaController.java

```java
@PostMapping("/{path}/proMiaosha")
@ResponseBody
@AccessLimit  // 限制该方法必须在用户登录之后才能调用
public Result<Integer> proMiaosha(Model model, User user,
        @RequestParam("itemId") long itemId,
        @PathVariable("path") String path)
        throws JsonProcessingException
{
    model.addAttribute("user", user);
    // 验证动态的秒杀地址是否正确
    boolean check = miaoshaService.checkPath(user, itemId, path);   // ②
    if (!check)
    {
        return Result.error(CodeMsg.REQUEST_ILLEGAL);
    }
    // 通过内存快速获取该商品是否秒杀结束
    Boolean over = localOverMap.get(itemId);
    // 如果秒杀已经结束
    if (over != null && over)   // ③
    {
        return Result.error(CodeMsg.MIAO_SHA_OVER);
    }
    // 预减库存
    long stock = fkRedisUtil.decr(ItemKey.miaoshaItemStock, "" + itemId);
    // 如果库存小于 0，则在内存中记录该商品秒杀结束，并返回秒杀结束的提示
    if (stock < 0)
    {
        localOverMap.put(itemId, true);
        return Result.error(CodeMsg.MIAO_SHA_OVER);
    }
    // 根据用户 ID 和商品 ID 获取秒杀订单
    MiaoshaOrder miaoshaOrder = miaoshaService
            .getMiaoshaOrderByUserIdAndItemId(user.getId(), itemId);   // ④
    // 如果该用户已有对该商品的秒杀订单，则判断为重复秒杀
    if (miaoshaOrder != null)
    {
        return Result.error(CodeMsg.REPEATE_MIAOSHA);
    }
    // 发送消息给 RabbitMQ 消息队列
    var miaoshaMessage = new MiaoshaMessage();
    miaoshaMessage.setUser(user);
    miaoshaMessage.setItemId(itemId);
    // 让秒杀消息进入消息队列中
    mqSender.sendMiaoshaMessage(miaoshaMessage);   // ⑤
    return Result.success(0);
}
```

上面的 proMiaosha()处理方法用于处理秒杀请求，它大致需要如下几步处理：

① 判断秒杀地址是否正确，如果秒杀地址错误，则无须处理。
② 判断该商品是否秒杀结束，如果秒杀已经结束，则无须处理。
③ 判断用户是否已经秒杀了该商品，如果秒杀过该商品，则可判断为重复秒杀，无须处理。
④ 将秒杀请求的消息发送到 RabbitMQ 消息队列中。

正如前面所介绍的，本系统针对秒杀商品动态地生成一个 MD5 加密的 UUID 字符串，该加密字符串被附加在商品的秒杀地址中（商品秒杀地址为/item/MD5 加密的 UUID/proMiaosha），且该加

密字符串也被保存在服务器端的 Redis 中，因此只有使用正确的秒杀地址才能秒杀商品，上面方法中②号粗体字代码调用了 MiaoshaService 的 checkPath()方法来判断用户提交的秒杀地址是否正确。checkPath()方法的实现也很简单，就是用 Redis 中缓存的 UUID 字符串与秒杀地址中的 UUID 字符串进行比较，当二者相同时即可判断为秒杀地址正确。下面是 checkPath()方法的代码。

程序清单：codes\08\miaosha\src\main\java\org\crazyit\app\service\MiaoshaService.java

```java
// 判断用户输入的秒杀地址是否正确
public boolean checkPath(User user, long itemId, String path)
{
    if (user == null || path == null)
    {
        return false;
    }
    // 获取 Redis 缓存的 UUID 字符串
    String pathOld = fkRedisUtil.get(MiaoshaKey.miaoshaPath, ""
        + user.getId() + "_" + itemId, String.class);
    // 将用户输入的 UUID 字符串与 Redis 缓存的 UUID 字符串进行比较
    return path.equals(pathOld);
}
```

由于 MiaoshaController 定义了一个 Map 来记录商品 ID 与秒杀是否结束的对应关系，因此程序可通过该 Map 来快速判断指定商品的秒杀是否结束，如上面③号粗体字代码所示。

为了判断用户是否正在重复秒杀，上面处理方法中的④号粗体字代码调用了 MiaoshaService 的 getMiaoshaOrderByUserIdAndItemId()根据用户 ID 和商品 ID 来获取秒杀订单，如果能获取到秒杀订单，则说明该用户已秒杀过商品，即可表明是重复秒杀。

getMiaoshaOrderByUserIdAndItemId()方法会直接从 Redis 缓存中获取秒杀订单，如果能获取到秒杀订单，则说明是重复秒杀。getMiaoshaOrderByUserIdAndItemId()方法的代码如下。

程序清单：codes\08\miaosha\src\main\java\org\crazyit\app\service\MiaoshaService.java

```java
// 根据用户 ID 和商品 ID 获取秒杀订单
public MiaoshaOrder getMiaoshaOrderByUserIdAndItemId(long userId, long itemId)
{
    // 从 Redis 缓存中读取订单
    return fkRedisUtil.get(OrderKey.miaoshaOrderByUserIdAndItemId,
        "" + userId + "_" + itemId, MiaoshaOrder.class);
}
```

只有当秒杀地址验证通过、秒杀还未结束、用户还未重复秒杀时，proMiaosha()处理方法才会真正开始处理秒杀请求。但此处为了对秒杀请求的瞬时高并发请求进行削峰处理，控制器并未直接调用 Service 组件的方法来处理秒杀请求，而是简单地将秒杀请求转换为 MiaoshaMessage 消息，并将该消息发送到 RabbitMQ 消息队列中，如上面程序中⑤号粗体字代码所示。

MiaoshaMessage 就是一个简单的 DTO，它封装了用户信息和商品 ID，该类的代码如下。

程序清单：codes\08\miaosha\src\main\java\org\crazyit\app\rabbitmq\MiaoshaMessage.java

```java
public class MiaoshaMessage
{
    private User user;
    private long itemId;
    // 省略 getter 和 setter 方法
    ...
}
```

8.8.4 使用 RabbitMQ 限制并发

proMiaosha()在处理秒杀请求的最后调用了 MiaoshaSender 的 sendMiaoshaMessage()方法来发送消息，MiaoshaSender 类的代码很简单，就是简单地使用 AmqpTemplate 发送消息即可。下面是 MiaoshaSender 类的代码。

程序清单：codes\08\miaosha\src\main\java\org\crazyit\app\rabbitmq\MiaoshaSender.java

```java
@Component
public class MiaoshaSender
{
    private final AmqpTemplate amqpTemplate;
    public MiaoshaSender(AmqpTemplate amqpTemplate)
    {
        this.amqpTemplate = amqpTemplate;
    }
    public void sendMiaoshaMessage(MiaoshaMessage miaoshaMessage)
        throws JsonProcessingException
    {
        // 将 MiaoshaMessage 转换成字符串
        String msg = FkRedisUtil.beanToString(miaoshaMessage);
        // 发送消息
        amqpTemplate.convertAndSend(MQConfig.MIAOSHA_QUEUE, msg);
    }
}
```

上面粗体字代码使用 AmqpTemplate 将消息发送到 MQConfig.MIAOSHA_QUEUE 消息队列中。

MQConfig 是一个用@Configuration 修饰的配置类，它会负责在 RabbitMQ 服务器中配置一个消息队列。该配置类的代码如下。

程序清单：codes\08\miaosha\src\main\java\org\crazyit\app\rabbitmq\MQConfig.java

```java
@Configuration
public class MQConfig
{
    public static final String MIAOSHA_QUEUE = "miaosha.queue";
    // 配置 Queue，对应于消息队列
    @Bean
    public Queue queue()
    {
        return new Queue(MIAOSHA_QUEUE, true);
    }
}
```

上面配置类在容器中配置一个 Queue Bean，Spring Boot 会自动根据该 Bean 在 RabbitMQ 上配置一个对应的消息队列——如果该消息队列还不存在的话。

为了让 RabbitMQ 能正常工作，应该在 application.properties 文件中配置 RabbitMQ 的相关信息，比如在该文件中添加如下配置。

程序清单：codes\08\miaosha\src\main\resources\application.properties

```
# -----------与 RabbitMQ 有关的配置-----------
# 配置主机名
spring.rabbitmq.host=localhost
# 配置端口
spring.rabbitmq.port=5672
# 配置用户名
spring.rabbitmq.username=root
# 配置密码
```

```
spring.rabbitmq.password=32147
# 配置虚拟主机
spring.rabbitmq.virtual-host=/
# 下面是与 Listener 有关的配置
# 指定 Listener 程序中线程的最小数量
spring.rabbitmq.listener.simple.concurrency=10
# 指定 Listener 程序中线程的最大数量
spring.rabbitmq.listener.simple.max-concurrency=20
# 指定 Listener 每次从消息队列中抓取消息的数量
spring.rabbitmq.listener.simple.prefetch=1
# 设置监听器容器自动启动
spring.rabbitmq.listener.simple.auto-startup=true
# 设置被拒绝的消息会重新入队
spring.rabbitmq.listener.simple.default-requeue-rejected=true
# 下面是与 AmqpTemplate 有关的配置
# 消息发送失败时执行重发
spring.rabbitmq.template.retry.enabled=true
# 指定重发消息的时间间隔为 1 秒
spring.rabbitmq.template.retry.initial-interval=1000
# 指定最多重发 3 次
spring.rabbitmq.template.retry.max-attempts=3
# 指定重发消息的时间间隔最大为 10 秒
spring.rabbitmq.template.retry.max-interval=10000
# 指定重发消息的时间间隔与前一次时间间隔的倍数
# 比如此处将 multiplier 设为 1.5，且两次重发的初始时间间隔为 1 秒
# 这意味着重发消息的时间间隔依次为 1s、1.5s、2.25s……
spring.rabbitmq.template.retry.multiplier=1.5
```

MiaoshaController 的 proMiaosha() 方法并未真正调用 Service 的方法来处理秒杀请求，它只是将秒杀请求添加到 RabbitMQ 队列中，然后等着消息消费者慢慢处理。

通过这种设计，当秒杀请求达到瞬时高并发时，MiaoshaController 会 "照单全收" 所有的请求，反正它不会处理，它只是将这些请求添加到 RabbitMQ 队列中，剩下的事情就由消息消费者按照它自己的节奏慢慢进行处理——服务器有多强的处理能力，消息消费者就按照相应的能力进行处理。图 8.17 显示了使用消息组件进行高并发削峰处理的调用关系。

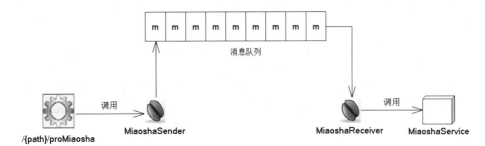

图 8.17 使用消息组件进行高并发削峰处理的调用关系

对于 MiaoshaController 控制器而言，由于它并不需要真正处理高并发的秒杀请求，因此它可以在短时间内尽可能地接收所有并发请求，并将这些请求添加到 RabbitMQ 队列中即可。

对于 MiaoshaReceiver 而言，它只需要按照自己的节奏逐项读取消息队列中的消息，然后调用 MiaoshaService 的方法进行处理即可。由于 MiaoshaReceiver 与 MiaoshaController 是完全分离的，因此不管前端 MiaoshaController 在瞬时接收了多少个秒杀请求，MiaoshaReceiver 总会 "按部就班" 地进行处理，从而避免了服务器后端出现 "瞬时峰值"。

MiaoshaReceiver 类的代码如下。

程序清单：codes\08\miaosha\src\main\java\org\crazyit\app\rabbitmq\MiaoshaReceiver.java

```java
@Component
public class MiaoshaReceiver
{
    private final MiaoshaService miaoshaService;
    public MiaoshaReceiver(MiaoshaService miaoshaService)
    {
        this.miaoshaService = miaoshaService;
    }
    @RabbitListener(queues = MQConfig.MIAOSHA_QUEUE)
    public void receive(String message) throws JsonProcessingException
    {
        // 将字符串类型的消息转换成 MiaoshaMessage 对象
        MiaoshaMessage miaoshaMessage = FkRedisUtil
            .stringToBean(message, MiaoshaMessage.class);
        // 获取秒杀用户
        User user = miaoshaMessage.getUser();
        // 获取秒杀商品的 ID
        long itemId = miaoshaMessage.getItemId();
        // 获取秒杀商品
        MiaoshaItem item = miaoshaService.getMiaoshaItemById(itemId);
        int stock = item.getStockCount();
        // 如果秒杀商品的库存小于 0，则无法继续秒杀，直接返回
        if (stock <= 0)
        {
            return;
        }
        // 根据用户 ID 和商品 ID 从 Redis 缓存中读取秒杀订单
        MiaoshaOrder miaoshaOrder = miaoshaService
            .getMiaoshaOrderByUserIdAndItemId(user.getId(), itemId);
        // 如果秒杀订单存在，则说明用户正尝试重复秒杀，无须处理，直接返回
        if (miaoshaOrder != null)
        {
            return;
        }
        // 调用 MiaoshaService 的 miaosha()方法执行秒杀
        miaoshaService.miaosha(user, item);
    }
}
```

正如从上面粗体字代码所看到的，当 MiaoshaReceiver 接收到秒杀消息后，同样是先判断商品库存是否大于 0，如果不大于 0，则说明库存不足，直接返回；然后根据用户 ID 和商品 ID 从 Redis 缓存中读取秒杀订单，如果秒杀订单不为 null，则说明用户正在进行重复秒杀，直接返回。

当秒杀商品的库存大于 0，且不是重复秒杀时，程序调用 MiaoshaService 的 miaosha()方法执行真正的秒杀处理。

MiaoshaService 的 miaosha()方法的代码如下。

程序清单：codes\08\miaosha\src\main\java\org\crazyit\app\service\MiaoshaService.java

```java
// 执行秒杀的方法
@Transactional
public Order miaosha(User user, MiaoshaItem item)
{
    // 将秒杀商品的库存减 1
    boolean success = reduceStock(item);
    if (success)
    {
        // 创建普通订单和秒杀订单
```

```
            return createOrder(user, item);
    }
    else
    {
        // 如果秒杀失败,则将该商品的秒杀状态设为已结束
        fkRedisUtil.set(MiaoshaKey.isItemOver,
                "" + item.getId(), true);;
        return null;
    }
}
```

miaosha()方法中第1行粗体字代码调用了 reduceStock()方法将秒杀商品的库存减1,如果能成功减少该商品的库存,则调用 createOrder()方法来创建普通订单和秒杀订单;如果减少库存失败,则表明秒杀失败,将该商品的秒杀状态设为已结束。

reduceStock()方法的代码如下(程序清单同上):

```
// 将秒杀商品的库存减1
public boolean reduceStock(MiaoshaItem miaoshaItem)
{
    int ret = miaoshaItemMapper.reduceStock(miaoshaItem);
    return ret > 0;
}
```

从上面代码可以看到,reduceStock()方法其实就是简单地调用 MiaoshaItemMapper 的 reduceStock()方法。

createOrder()方法用于创建订单,该方法会同时创建普通订单和秒杀订单,下面是该方法的代码(程序清单同上)。

```
// 创建普通订单和秒杀订单
@Transactional
public Order createOrder(User user, MiaoshaItem item)
{
    // 创建普通订单
    var order = new Order();
    // 设置订单信息
    order.setUserId(user.getId());
    order.setCreateDate(new Date());
    order.setOrderNum(1);
    order.setItemId(item.getItemId());
    order.setItemName(item.getItemName());
    order.setOrderPrice(item.getMiaoshaPrice());
    order.setOrderChannel(1);
    // 设置订单状态,0 代表未支付订单
    order.setStatus(0);
    // 保存普通订单
    orderMapper.save(order);
    // 创建秒杀订单
    var miaoshaOrder = new MiaoshaOrder();
    // 设置秒杀订单信息
    miaoshaOrder.setUserId(user.getId());
    miaoshaOrder.setItemId(item.getItemId());
    miaoshaOrder.setOrderId(order.getId());
    // 保存秒杀订单
    miaoshaOrderMapper.save(miaoshaOrder);
    // 将秒杀订单保存到 Redis 缓存中
    fkRedisUtil.set(OrderKey.miaoshaOrderByUserIdAndItemId,
            "" + user.getId() + "_" + item.getItemId(), miaoshaOrder);
    return order;
}
```

上面方法的关键是 3 行粗体字代码,其中第 1 行粗体字代码调用 OrderMapper 的 save()方法创建普通订单;第 2 行粗体字代码调用 MiaoshaOrderMapper 的 save()方法保存秒杀订单;第 3 行粗体字代码则调用 FkRedisUtil 的 set()方法将秒杀订单保存到 Redis 缓存中,后面程序可通过 Redis 缓存快速判断用户是否正在进行重复秒杀。

▶▶ 8.8.5 获取秒杀结果

item_detail 页面的 JavaScript 脚本提交完秒杀请求后,就会调用 getMiaoshaResult(itemId)函数来获取秒杀结果,该函数会向"/miaosha/result"发送请求来获取秒杀结果。

MiaoshaController 中映射"/miaosha/result"地址的处理方法如下。

程序清单:codes\08\miaosha\src\main\java\org\crazyit\app\controller\MiaoshaController.java

```java
/**
 * 获取订单状态
 * 返回 orderId:成功
 * 返回-1:秒杀失败
 * 返回 0:排队中
 */
@GetMapping(value = "/result")
@ResponseBody
@AccessLimit // 限制该方法必须在用户登录之后才能调用
public Result<Long> miaoshaResult(Model model, User user,
    @RequestParam("itemId") long itemId)
{
    model.addAttribute("user", user);
    // 调用 MiaoshaService 的 getMiaoshaResult()方法来获取秒杀结果
    long result = miaoshaService.getMiaoshaResult(user.getId(), itemId);
    return Result.success(result);
}
```

正如从上面粗体字代码所看到的,miaoshaResult()方法调用 MiaoshaService 的 getMiaoshaResult()方法来获取秒杀结果。

getMiaoshaResult()方法的代码如下。

程序清单:codes\08\miaosha\src\main\java\org\crazyit\app\service\MiaoshaService.java

```java
// 根据用户 ID 和商品 ID 返回秒杀订单的 ID
// 如果没有秒杀成功,则秒杀结束时返回-1,秒杀未结束时返回 0
public long getMiaoshaResult(Long userId, long itemId)
{
    // 根据用户 ID 和商品 ID 获取秒杀订单
    MiaoshaOrder order = getMiaoshaOrderByUserIdAndItemId(userId, itemId);
    // 如果秒杀订单不为 null, 则返回订单 ID
    if (order != null)
    {
        return order.getOrderId();
    }
    else
    {
        // 根据商品 ID 获取该商品的秒杀状态
        boolean isOver = fkRedisUtil
            .exists(MiaoshaKey.isItemOver, "" + itemId);
        // 如果秒杀已经结束,则返回-1
        if (isOver)
        {
            return -1;
        }
```

```
            // 否则返回 0
            else
            {
                return 0;
            }
        }
    }
```

从上面 3 行粗体字代码可以看到，如果根据用户 ID 和商品 ID 能获取到有效的秒杀订单，那就说明用户秒杀成功，getMiaoshaResult()方法返回秒杀订单的 ID；否则，如果当前商品还处于秒杀中，则返回 0；如果该商品已经秒杀结束，则返回-1。

这样 item_detail 页面中 JavaScript 脚本的 getMiaoshaResult(itemId)函数可根据该返回值来判断秒杀结果，如果秒杀成功，将可看到如图 8.18 所示的提示框。

图 8.18　秒杀成功提示框

秒杀成功后，系统不仅会向底层数据库中插入普通订单的记录和秒杀订单的记录，也会使用 Redis 缓存秒杀订单数据，查看 Redis 将可看到如图 8.19 所示的缓存数据。

图 8.19　Redis 中缓存的秒杀订单数据

8.9　订单界面的实现及静态化

如果用户单击图 8.18 所示的"确定"按钮，系统将会让浏览器导航到 "/order/order_detail.html?orderId=订单 ID"页面。从该导航地址可以看出，订单界面的实现与秒杀界面的实现非常相似，它们都采用了前后端分离的方式的进行处理：浏览器会加载、缓存静态的 HTML 页面，页面上的动态部分则通过异步请求动态加载。

▶▶ 8.9.1 获取订单

系统进入"/order/order_detail.html?orderId=订单 ID"页面后，该页面使用 JavaScript 脚本向"/order/detail"地址发送请求，OrderController 控制器类的代码如下。

程序清单：codes\08\miaosha\src\main\java\org\crazyit\app\controller\OrderController.java

```java
@Controller
@RequestMapping("/order")
public class OrderController
{
    private final MiaoshaService miaoshaService;
    public OrderController(MiaoshaService miaoshaService)
    {
        this.miaoshaService = miaoshaService;
    }
    @GetMapping("/detail")
    @ResponseBody
    @AccessLimit // 限制该方法必须在用户登录之后才能调用
    public Result<OrderDetailVo> detail(User user,
            @RequestParam("orderId") long orderId)
    {
        // 根据订单 ID 和用户 ID 获取订单
        Order order = miaoshaService.getOrderByIdAndOwnerId(orderId,
            user.getId());
        // 如果订单为 null，则表明还没有订单
        if (order == null)
        {
            return Result.error(CodeMsg.ORDER_NOT_EXIST);
        }
        long itemId = order.getItemId();
        MiaoshaItem item = miaoshaService.getMiaoshaItemById(itemId);
        // 使用 OrderDetailVo 封装订单、订单关联的秒杀商品和订单对应的用户
        var orderDetailVo = new OrderDetailVo();
        orderDetailVo.setOrder(order);
        orderDetailVo.setMiaoshaItem(item);
        orderDetailVo.setUser(user);
        // 返回 OrderDetailVo
        return Result.success(orderDetailVo);
    }
}
```

从上面粗体字代码可以看到，detail()处理方法调用 MiaoshaService 的 getOrderByIdAndOwnerId() 方法根据订单 ID 和用户 ID 来获取订单，如果查询的订单为 null，则返回订单不存在的错误信息；如果查询到符合条件的订单，则使用 OrderDetailVo 来封装订单、订单关联的秒杀商品、订单对应的用户，并返回 OrderDetailVo 对象。

OrderDetailVo 只是一个简单的 DTO，用于封装订单、订单关联的秒杀商品、订单对应的用户，下面是 OrderDetailVo 类的代码。

程序清单：codes\08\miaosha\src\main\java\org\crazyit\app\vo\OrderDetailVo.java

```java
public class OrderDetailVo
{
    private MiaoshaItem miaoshaItem;
    private Order order;
    private User user;
    ...
}
```

MiaoshaService 中 getOrderByIdAndOwnerId()方法的代码如下。

程序清单：codes\08\miaosha\src\main\java\org\crazyit\app\service\MiaoshaService.java

```java
// 根据订单 ID 和用户 ID 获取订单的方法
public Order getOrderByIdAndOwnerId(long orderId, long userId)
{
    return orderMapper.findByIdAndOwnerId(orderId, userId);
}
```

从上面代码可以看到，getOrderByIdAndOwnerId()就是调用 OrderMapper 的 findByIdAndOwnerId()方法来获取对应的订单的。

▶▶ 8.9.2 订单界面的实现

当"/order/order_detail.html"页面的 JavaScript 脚本向"/order/detail"地址获取了订单详情后，接下来即可通过该页面的 JavaScript 脚本来动态更新页面。order_detail.html 页面的代码如下。

程序清单：codes\08\miaosha\src\main\resources\static\order\order_detail.html

```html
<!DOCTYPE html>
<html lang="zh">
<head>
    <meta charset="UTF-8">
    <title>订单详情</title>
    <!-- jQuery -->
    <script type="text/javascript" src="/jquery/jquery.min.js"></script>
    <!-- Bootstrap -->
    <link rel="stylesheet" type="text/css" href="/bootstrap/css/bootstrap.min.css"/>
    <script type="text/javascript" src="/bootstrap/js/bootstrap.min.js"></script>
    <!-- Layer -->
    <script type="text/javascript" src="/layer/layer.js"></script>
    <!-- 自定义的 common.js -->
    <script type="text/javascript" src="/js/common.js"></script>
    <script>
        // 页面加载完成后自动执行
        $(function () {
            // 获取订单 ID
            let orderId = g_getQueryString("orderId");
            $.get("/order/detail", {
                orderId: orderId,
            }, function (data) {
                if (data.code == 0) {
                    // 根据服务器响应数据动态更新页面
                    render(data.data);
                } else {
                    layer.msg(data.msg);
                }
            });
        });
        // 动态更新页面的脚本
        function render(detail) {
            // 获取秒杀订单对应的商品
            let miaoshaItem = detail.miaoshaItem;
            // 获取订单信息
            let order = detail.order;
            // 获取秒杀订单的用户
            let user = detail.user;
            // 动态更新页面
            $("#itemName").text(miaoshaItem.itemName);
```

```html
                $("#title").text(miaoshaItem.title);
                $("#itemDetail").text(miaoshaItem.itemDetail);
                $("#itemImg").attr("src", "/imgs/" + miaoshaItem.itemImg);
                $("#orderPrice").text(order.orderPrice);
                $("#createDate").text(new Date(order.createDate)
                    .format("yyyy-MM-dd hh:mm:ss"));
                $("#user").text(user.nickname + " " + user.id);
                let status = "";
                if (order.status == 0) {
                    status = "未支付";
                } else if (order.status == 1) {
                    status = "待发货";
                }
                $("#orderStatus").text(status);
            }
        </script>
    </head>
    <body>
    <div class="container">
        <img src="/imgs/logo.png"
             class="rounded mx-auto d-block" alt="logo"><h4>秒杀订单详情</h4>
        <div class="row">
            <div class="col-lg-3"><img id="itemImg" width="240" height="340"></div>
            <div class="col-lg-9 p-3">
                <div class="row py-1 pl-5">
                    <div class="col-lg"><h3 id="itemName"></h3></div>
                </div>
                <div class="row py-1 pl-5">
                    <div class="col-lg font-weight-bold text-danger" id="title"></div>
                </div>
                <div class="row py-1 pl-5">
                    <div class="col-lg">订单价格:
                        <span class="col-lg" id="orderPrice"></span></div>
                </div>
                <div class="row py-1 pl-5">
                    <div class="col-lg">下单时间:<span class="col-lg"
                        id="createDate"></span></div>
                </div>
                <div class="row py-1 pl-5">
                    <div class="col-lg">收货人:
                        <span id="user" class="col-lg"></span></div>
                </div>
                <div class="row py-1 pl-5">
                    <div class="col-lg">收货地址:<span class="col-lg">
                        广东 广州市天河区</span></div>
                </div>
                <div class="row py-1 pl-5">
                    <div class="col-lg">订单状态:
                        <span id="orderStatus" class="col-lg"></span>
                    </div>
                </div>
                <div class="row py-1 pl-5">
                    <div class="col-lg" id="itemDetail"></div>
                </div>
                <button class="btn btn-primary btn-block"
                    type="button" id="payButton">立即支付</button>
            </div>
        </div>
    </div>
    </body>
</html>
```

从上面粗体字代码可以看到，当页面加载完成后会向"/order/detail"地址发送异步请求，当服务器响应数据到来时，JavaScript 脚本调用 render()方法根据服务器响应数据动态更新页面。

单击图 8.18 所示的"确定"按钮，可以看到如图 8.20 所示的订单详情页面。

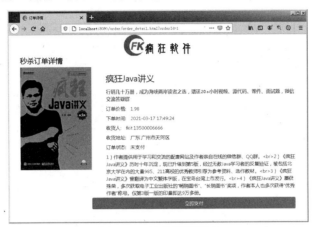

图 8.20　订单详情页面

至此，高并发秒杀系统基本开发完成。该系统使用了大量技术来提高高并发处理能力和响应速度，如果仅通过人工测试该系统可能无法体会它在高并发时的处理能力，建议使用 NeoLoad 或 JMeter 等压力测试工具来模拟高并发对该系统进行测试。由于篇幅关系，本书不再深入介绍压力测试相关工具的用法。

8.10　本章小结

本章介绍了一个完整的 Spring Boot 项目：高并发秒杀系统，该系统使用 Spring Boot 整合了大量框架，如 Spring MVC、MyBatis、Redis、RabbitMQ 等，正是由于 Spring Boot 为整合各框架提供了自动配置，本系统在项目搭建时非常简便，这也是 Spring Boot 所能提供的极大便利。

但由于本系统需要处理的是高并发的秒杀业务，因此本系统要尽可能地提高面对高并发时的处理能力和响应速度。所以，本系统对 Redis 和 RabbitMQ 进行了大量优化，包括基于 Redis 实现分布式 Session、使用 Redis 缓存生成的 HTML 页面代码、使用前后端分离技术提高页面响应速度、使用 RabbitMQ 消息队列对瞬时高并发请求进行削峰处理，这些对初学者可能有一定的难度，但只要读者先认真阅读本书前面 7 章所介绍的知识，并结合本章的讲解，再配合光盘中的案例代码，就一定可以掌握本章所介绍的内容。

本章所介绍的高并发秒杀系统综合运用了本书第 3 章介绍的 Spring MVC 框架（还可更换成 Spring WebFlux 框架）、第 5 章介绍的 MyBatis 框架（其实还可替换成 Spring Data JPA、Spring Data R2DBC，或者干脆替换成 MongoDB 或 Cassandra 等 NoSQL 数据库）、第 6 章介绍的 Redis、第 7 章介绍的 RabbitMQ（其实可替换成 Artemis 或 Kafka），如果读者愿意多花点时间在精通该系统的基础上，对该系统进行举一反三的改造，就可以改造成基于不同技术栈的高并发秒杀系统，比如基于 Spring WebFlux + Spring Data R2DBC + Redis + Kafka 的版本、基于 Spring MVC + MongoDB + Redis + RabbitMQ 的版本……欢迎读者在改造成基于不同技术栈的版本时，通过疯狂图书的技术交流群与广大读者和作者交流。通过这种基于不同技术栈的改造，读者能真正把这些技术应用到实践中，掌握到熟练。